# Thermodynamik mit Mathcad®

von

Prof. Dr.-Ing. Michael Reimann

Oldenbourg Verlag München

**Prof. Dr.-Ing. Michael Reimann** studierte Maschinenbau an der Technischen Universität München. Nach mehrjähriger Tätigkeit als wissenschaftlicher Mitarbeiter am Lehrstuhl für Thermodynamik der TU München war er am Institut für Reaktorbauelemente des Kernforschungszentrums Karlsruhe tätig. Seit 1987 lehrte er als Professor an der Hochschule für Technik und Wirtschaft des Saarlandes (HTW) in Saarbrücken im Fachbereich Maschinenbau, Schwerpunkt Thermische Energietechnik und als Gastprofessor an der Technischen Universität Iaşi (Rumänien).

Bibliografische Information der Deutschen Nationalbibliothek

Die Deutsche Nationalbibliothek verzeichnet diese Publikation in der Deutschen Nationalbibliografie; detaillierte bibliografische Daten sind im Internet über <http://dnb.d-nb.de> abrufbar.


Rosenheimer Straße 145, D-81671 München
Telefon: (089) 45051-0
oldenbourg.de



Lektorat: Anton Schmid
Herstellung: Anna Grosser
Coverentwurf: Kochan & Partner, München
Gedruckt auf säure- und chlorfreiem Papier
Gesamtherstellung: Grafik + Druck GmbH, München

ISBN 978-3-486-59085-2

# Vorwort

Das vorliegende Buch entstand aus Vorlesungen, die ich in mehr als zwei Jahrzehnten an der Hochschule für Technik und Wirtschaft des Saarlandes (HTW) aufgebaut und weiter entwickelt habe. Neben der Vorlesung Thermodynamik im Grundstudium des Maschinenbaus und der Prozesstechnik waren dies im Hauptstudium die Vorlesungen Rechneranwendung in der Prozesstechnik und Thermische Energieanlagen für Studierende der Prozesstechnik und Energietechnik. Folglich umfasst das Buch nicht nur den Lehrstoff, wie er im Grundstudium im Fach Thermodynamik üblicherweise ab dem 3. Semester dargeboten wird, sondern auch Grundlagen für darauf aufbauende Lehrveranstaltungen im Hauptstudium auf den Gebieten der Kraft- und Arbeitsmaschinen sowie einen Einstieg in die Simulation von thermischen Anlagen. Es ist sowohl zum Gebrauch neben Vorlesungen als auch zum Selbststudium geeignet. Dozenten und Assistenten erleichtert es die Einführung von E-Learning-Elementen in den Vorlesungs- und Übungsbetrieb. Eine weitere wichtige Zielgruppe sind in der Praxis tätige Ingenieurinnen und Ingenieure, die in den Fachgebieten der thermischen Energietechnik, Kraftwerkstechnik, Luft- und Raumfahrt und Verbrennungskraftmaschinen, der Kältetechnik, Klimatechnik und Umwelttechnik Berechnungen durchführen. Diesen Lesern wird eine Auffrischung der Grundlagen, Hilfestellung bei der Lösung von Problemen und ein Nachschlagewerk geboten. Alle Zielgruppen sollen angeregt werden, sich bei der täglichen Arbeit moderner Hilfsmittel zu bedienen.

Im Sinne praxisorientierter Vermittlung wissenschaftlicher Methoden nehmen die Beispiele eine zentrale Rolle ein. Dabei spannt sich der Bogen von grundlegenden Beispielen, die einen theoretischen Sachverhalt näher erläutern, über praktische Anwendungen bis hin zu Beispielen, die im Rahmen von Praxissemestern in Kooperation mit Industriebetrieben erstellt wurden. Neuartig ist, diese Beispiele mit einer modernen Computeralgebra-Software, dem Programmsystem Mathcad®, zu bearbeiten. Dies bedeutet, dass der Nutzer von der Mühsal des „Calculus“ befreit ist. Ich hoffe, dass sich bei engagierten Leserinnen und Lesern die gleiche Begeisterung einstellen wird, die ich erfahren habe, als ich feststellen konnte, dass sich beim kreativen Arbeiten mit einer solchen mathematischen Werkbank komplizierte Problemstellungen auf einfache und überschaubare Art lösen ließen. In diesem Sinne halte ich es für gerechtfertigt, von „entfesselter“ Thermodynamik zu sprechen.

In den bisher üblichen Lehrbüchern werden Zustandsgleichungen in Form von Tabellen und Diagrammen aufbereitet und diese Hilfsmittel werden bei der Lösung von Problemen eingesetzt. Durch die konsequente Ausschöpfung der Möglichkeiten von Mathcad® ergibt sich eine in Lehrbüchern neuartige Herangehensweise an die Lösung von Problemen: Da mit der Software auch sehr aufwändige Funktionen ausgewertet und Diagramme angefertigt werden können, wird in diesem Buch fast ausschließlich mit den grundlegenden Algorithmen gearbeitet. Dies ist in der Industrie längst gängige Praxis. Der Leser erwirbt mit diesem Buch auch Unterprogramme, die allgemein verwendbar sind, wie zum Verhalten idealer Gase oder zur Darstellung des Wasserdampfes.

*„Πάντα ρεϊ"*, alles fließt, so formulierte es Heraklit bereits vor mehr als zweitausend Jahren. Um den Zugang zur Thermodynamik zu erleichtern, die von den Studierenden oft als abstraktes und schwieriges Fachgebiet wahrgenommen wird, ist es aus meiner Erfahrung hilfreich, von Anfang an auf Transportvorgänge einzugehen. Dies soll natürlich nicht im Sinne detaillierter Analysen geschehen, wie sie in den Fachgebieten der Strömungslehre und der Wärme- und Stoffübertragung vorgenommen werden, sondern nur durch den fundamentalen Ansatz, dass Transportvorgänge durch treibende Gefälle verursacht werden, die generalisierte Verschiebungen bewirken. Damit werden gewisse Wände beseitigt, die bis heute zwischen der Thermodynamik und diesen Fachgebieten bestehen.

Weiter war es mir ein Anliegen, möglichst deduktiv vom Allgemeinen zur speziellen Anwendung vorzugehen: Ausgehend von allgemein formulierten Prinzipien führen kurze Wege zu speziellen Systemen und von da aus direkt zum praktischen Beispiel. Dies führt zu einer relativ schlanken Darstellung der Theorie mit einigen neuen Aspekten.

An der HTW in Saarbrücken begegnete ich aufgeschlossenen Kolleginnen und Kollegen. Meinen Fachkollegen, Prof. Dr.-Ing. Horst Altgeld, Prof. Dr.-Ing. Klaus Kimmerle und meinem Nachfolger Prof. Dr.-Ing. Christian Gierend verdanke ich zahlreiche Anregungen. Es freut mich besonders, dass im Studiengang Prozesstechnik zurzeit E-Learning-Module Eingang in die Lehre finden. Außerdem habe ich aus interdisziplinären Gesprächen mit zahlreichen Kolleginnen und Kollegen Gewinn gezogen. Stellvertretend seien Prof. Dr.-Ing. Helge Frick (Strömungslehre) und Prof. Dr.-Ing. Alexander Neidenoff (elektrische Messtechnik und Nachrichtentechnik) genannt. Benjamin Theobald, M.Eng. hat als kritischer Leser des Manuskripts zahlreiche wertvolle Verbesserungen angeregt.

Die Wurzeln dieses Buches reichen weit in die Vergangenheit zurück: Am Lehrstuhl A für Thermodynamik der Technischen Universität München erhielt ich meine wissenschaftliche Ausbildung. Für diese Prägungsphase bin ich noch heute meinem akademischen Lehrer Prof. Dr.-Ing. Dr.-Ing. E.h. Ulrich Grigull (1912–2003) zu großem Dank verpflichtet. Mein besonderer Dank gilt Herrn Prof. Dr.-Ing. habil. Johannes Straub, der mir große Hilfe gewährte, als ich die ersten Gehversuche mit Thermodynamik-Vorlesungen unternommen habe.

Das Buch wäre ohne die Unterstützung meiner Frau Alberta nicht in der vorliegenden Form zustande gekommen. Sie hielt mir trotz eigener beruflicher Beanspruchung den Rücken frei und ermutigte mich, wenn sich Hindernisse auftürmten. Sie las die allgemeinen Passagen des Buches kritisch durch und trug damit zum Stil und zur Lesbarkeit des Buches bei. Ich danke ihr sehr für die vielen abendlichen Gespräche, die auch bewirkten, dass bei mir der Tunnelblick, der sich bei einem so umfangreichen Projekt einstellen kann, nicht überhand nahm.

Nicht versäumen möchte ich, dem Oldenbourg Wissenschaftsverlag für die rasche und klare Akzeptanz meines Projekts zu danken. Die Zusammenarbeit mit dem für mein Buch zuständigen Lektor, Herrn Anton Schmid, war stets angenehm, vertrauensvoll und hilfreich.

Lörrach, im Sommer 2010 Michael Reimann

# Inhalt

# Einleitung

Die erste „Wärmekraftmaschine“ wurde von Heron von Alexandria im 1. Jahrhundert n. Chr. gebaut. Er nutzte die Kraft des Dampfes, um eine mit Feuer beheizte und dampfgefüllte, in einer Halterung drehbar gelagerte Hohlkugel mit tangentialen Dampfaustrittsdüsen in Rotation zu versetzen. Das Prinzip blieb mehr als eineinhalb Jahrtausende ungenutzt. Bis ins 18. Jahrhundert wurden Maschinen weitgehend durch Wind, Wasser und Muskelkraft angetrieben. Erst gegen Ende des 17. Jahrhunderts versuchten Papin (1690) und Savery (1698), zunächst allerdings ohne praktische Anwendung, die Dampfkraft zu nutzen. Die erste verwendbare Dampfmaschine wurde 1712 von Thomas Newcomen zum Abpumpen von Wasser aus einem Bergwerk konstruiert. Als James Watt im Jahr 1769 ein Patent auf seine stark verbesserte Version der Dampfmaschine erhielt, eröffnete dies völlig neue Möglichkeiten: Durch seine Erfindung wurde nicht nur die industrielle Revolution ausgelöst, sie war auch die Geburtsstunde eines neuen Zweiges der Physik, der Thermodynamik. Während die Mechanik Newtons ihren Ursprung im Studium der Bewegungen von Himmelskörpern hatte, verfolgte die Thermodynamik zunächst irdischere Ziele: Die Möglichkeiten, aus Wärme nutzbare Bewegung zu erzeugen.

*Abb. 0.1: Heronsball. Quelle: Knight's American Mechanical Dictionary, 1876*

Inzwischen hat sich die Thermodynamik zu einer umfassenden Theorie im Rahmen der Physik und der physikalischen Chemie entwickelt, die allgemein Transformationen des Zustandes der Materie beschreibt, wobei Bewegung, die durch Wärme erzeugt wird, nur eine der Folgen solcher Transformationen ist. Die Thermodynamik als Wissenschaft gründet sich auf zwei fundamentalen Gesetzmäßigkeiten, wobei sich eine auf die Energie bezieht und die andere auf die Entropie. Jedes makroskopische System hat Energie und Entropie. Wenn ein solches System ohne Einflüsse von außen von einem Zustand zu einem anderen übergeht, bleibt die Gesamtenergie erhalten, während die Gesamtentropie nur zunehmen kann.

Die technische Thermodynamik als moderne Fortführung des klassischen Ansatzes der Thermodynamik beschäftigt sich mit der Anwendung dieser Prinzipien auf Systeme zur Umwandlung von Energie unter besonderer Berücksichtigung der Effizienz entsprechender Prozesse. Energie- und verfahrenstechnische Systeme bzw. Prozesse haben zwei Problembereiche: Zum einen wird die optimale Lösung zur Erfüllung der technischen Funktionen nach Kriterien wie geringe Kosten, optimaler Wirkungsgrad und geringer Energie- und Stoffverbrauch gesucht, zum anderen werden in immer stärkerem Maße optimale Lösungen für das Wechselspiel zwischen den technischen Systemen und der Umwelt gefordert. Ein in Jahrzehnten optimiertes System, wie ein Dampfkraftwerk, stellt nach den erstgenannten Kriterien auf dem aktuellen Stand von Wissenschaft und Technik eine weitgehend optimale Lösung dar, wobei neue Entwicklungen aus dem gesamten Bereich der Technik, wie z.B. Fortschritte in den Werkstoffwissenschaften, durch die Steigerung zulässiger Temperaturen eine immer weiter reichende Steigerung der Effizienz ermöglichen. Wegen schädigender Auswirkungen von Emissionen aus Kraftwerken auf die Umwelt wurden in den vergangenen Jahrzehnten Grenzwerte für Schadstoffkonzentrationen in den Rauchgasen von Feuerungen festgelegt. Folglich wurden aufwändige technische Systeme entwickelt, die den Ausstoß von Schadstoffen reduzieren und damit eine Optimierung nach dem zweiten Kriterium realisieren. Durch den Klimawandel rückt die Emission von Kohlendioxid durch thermische Kraftwerke in den Vordergrund, woraus sich ein neues Optimierungskriterium der zweiten Art bis hin zur Forderung des $CO_2$-freien Kraftwerks oder zur Hinwendung zu anderen technischen Lösungen ableitet.

Bei der Analyse technischer Systeme spielen neben der Energieerhaltung auch die beiden anderen Erhaltungssätze, nämlich die Massen- und Impulserhaltung, eine Rolle. Hier besteht eine Brücke zu anderen Grundlagenfächern der Ingenieurwissenschaften, wie z.B. der technischen Mechanik, der Strömungslehre und der Wärme- und Stoffübertragung, die sich alle unter dem Oberbegriff Kontinuumsphysik zusammenfassen lassen. Während bei den genannten Fächern meist eine Analyse von differentiellen Elementen im Vordergrund stehen, für die Differentialgleichungen der Massen-, Impuls- und Energieerhaltung formuliert werden, die dann für technische Systeme mit den entsprechenden Randbedingungen gelöst werden müssen, stehen bei der technischen Thermodynamik Bilanzgleichungen an makroskopischen Systemen im Vordergrund. Wir werden feststellen, dass in einem System Reibung, oder, allgemeiner ausgedrückt, Dissipation auftritt, wir werden aber keine Antwort geben können, wie das System verbessert werden kann. Zur Erläuterung: In einer Dampfturbine tritt Dissipation durch Reibungsgrenzschichten, Umlenkungsverluste oder andere verlustbehaftete Strömungs- und Wärmeübertragungsvorgänge auf. Die thermodynamische Analyse liefert einen inneren Wirkungsgrad, der ein Maß für die Güte der Turbine ist. Die Turbine kann aber nur verbessert werden, wenn die Strömung durch das Schaufelgitter der Turbine analysiert und die Strömungsführung durch die Turbine optimiert wird. Dies ist eine Aufgabe der Strömungsmechanik, wobei durch Optimierung der Strömungsvorgänge ein verbesserter innerer Wirkungsgrad erreicht werden kann. Entsprechendes gilt für Wärmeübertrager: Im Rahmen der technischen Thermodynamik werden wir nur feststellen, dass Energie in Form von Wärme vom heißeren zum kälteren Fluidstrom fließt, wobei die Gesetzmäßigkeit der Zunahme der Gesamtentropie in einem System erzwingt, dass die Temperatur des wärmeabgebenden Fluidstroms stets über der Temperatur des wärmeaufnehmenden Fluidstroms liegen muss. Wir werden auch hier einen Wirkungsgrad angeben können, ohne jedoch Aufschluss zu erhalten, wie der Wärmeübertrager verbessert werden kann. Dies ist Aufgabe der Wärmeübertragung, die mit den Gesetzmäßigkeiten der erzwungenen Konvektion und der Wärmeleitung den Wärmeübergang von einem Fluidstrom zum anderen quantitativ erfasst. Verbesserungen des Wärmedurchgangs führen bei vorgegebener Übertragungsfläche des Wärmeübertragers zu einem höheren Wirkungsgrad oder bei gleichem Wirkungsgrad zu einer kompakteren Ausführung. Die Beispiele zeigen, dass erst im Zusammenwirken der verschiedenen Zweige der Ingenieurwissenschaften technische Systeme ausgelegt werden können.

Die Aufstellung der Bilanzgleichungen für technische, makroskopische Systeme wird als **äußere Thermodynamik** bezeichnet. Die Bilanzgleichungen werden allgemein gültig für beliebige instationäre Systeme formuliert und erst danach auf die Sonderfälle der massedichten und der stationär durchströmten Systeme angewandt. Die thermodynamische Analyse eines Systems kann aber nur gelingen, wenn auch die **innere Thermodynamik** adäquat berücksichtigt wird. Wird ein Fluid einer Zustandsänderung unterworfen, werden also konkret Druck und Temperatur verändert, so ändern sich auch Dichte, innere Energie und Entropie nach bestimmten, für das Fluid spezifischen Gesetzmäßigkeiten. Diese inneren Zusammenhänge werden durch Zustandsgleichungen von Fluiden beschrieben. Stichworte sind hier die Zustandsgleichungen des idealen Gases, des inkompressiblen Fluids und der realen Fluide mit Phasenwechsel. Die Formulierung von Zustandsgleichungen für reale Fluide ist eine weitere wichtige Aufgabe der Thermodynamik.

Bei der inneren Thermodynamik sind zwei Betrachtungsweisen möglich: Die **phänomenologische Betrachtungsweise** basiert auf makroskopischen Erscheinungen und arbeitet mit Größen, die gemessen werden können, wie Masse, Volumen, Druck, Temperatur und anderen. Sie wird auch als die klassische Methode bezeichnet und hat den Vorteil, keiner grundlegenden Hypothesen zu bedürfen. Dagegen ist die auf Moleküle bezogene, **statistische Methode** in der Lage, eine Begründung für die meisten phänomenologisch gefundenen Zusammenhänge zu liefern. In der technischen Thermodynamik steht die phänomenologische Betrachtungsweise fast ausschließlich im Vordergrund. Wir werden die auf Moleküle bezogene Betrachtungsweise nur dort heranziehen, wo das Verständnis für die unterliegenden physikalischen Vorgänge in makroskopischen Systemen gefördert wird.

Trotz der hypothesenfreien Grundlagen der phänomenologischen Thermodynamik sollte nicht aus dem Blick geraten, dass, wie stets bei der Analyse von Vorgängen in der Natur oder Technik, die Realität mit mehr oder weniger stark vereinfachenden Annahmen unter Berücksichtigung von physikalischen Grundlagen durch ein mathematisches Modell abgebildet wird. Die Übereinstimmung mit dem natürlichen Vorgang wird nur dann gegeben sein, wenn die physikalischen Modellierungen hinreichend genau die tatsächlichen Abläufe erfassen. Außerdem sollte man sich stets fragen, wie genau man die Antwort wissen will. Zur Erfassung von Tendenzen oder zur groben Abschätzung eines Prozesses genügt eine geringere Modellierungstiefe und damit ein geringerer Aufwand für eine schnelle Antwort als bei der Auslegung von technischen Maschinen und Apparaten, wo ein Kunde erwarten darf, dass die gekaufte Maschine oder Anlage tatsächlich das leistet, was im Angebot verheißen worden war.

Daraus folgt zum einen die kritische Hinterfragung, ob bei der Analyse eines technischen Systems die äußeren Einflüsse, die auf das System einwirken, hinreichend genau erfasst werden. In der Thermodynamik wendet man z.B. den Begriff des adiabaten oder wärmedichten Systems an, wohl wissend, dass es keine absolut wärmeundurchlässigen Wände gibt. Dann vernachlässigt man in der Analyse geringe Wärmeverluste, die aus dem System abfließen. Vernachlässigt werden darf alles, was die Antwort auf die gestellte Frage nicht so verfälscht, dass die gewünschte Genauigkeitsanforderung nicht erreicht wird.

Eine andere wichtige Festlegung bei der thermodynamischen Analyse muss bei der Auswahl der Rechenvorschrift für eine hinreichend genaue Aussage zur inneren Thermodynamik getroffen werden. Solche Rechenvorschriften sind, wie im nächsten Kapitel ausgeführt, Zustandsgleichungen, die das thermodynamische Verhalten eines Fluids oder Festkörpers beschreiben. Für den verdünnten Zustand der Materie gibt es die Hypothese des idealen Gases, für den kondensierten Zustand der Materie gibt es die Hypothese des inkompressiblen Fluids und Festkörpers. Zwischen diesen beiden Idealisierungen liegt der Bereich des realen Fluids, wobei in gewissen Bereichen Phasenwechsel in Form von Siede- oder Kondensationsvorgängen und von Schmelzen oder Erstarren auftritt. Es ist also zu entscheiden, ob mit den einfachen Hypothesen des idealen Gases oder des inkompressiblen Fluids gearbeitet werden darf oder ob eine aufwändigere Zustandsgleichung verwendet werden muss. Beim idealen Gas und beim inkompressiblen Fluid muss man entscheiden, ob die Hypothese konstanter Wärmekapazität ausreichend ist oder ob die Abhängigkeit der Wärmekapazität von der Temperatur zu berücksichtigen ist.

Gewisse Idealisierungen wie reibungsfreie Strömungen ohne Druckabfall oder das Fließen von Wärme ohne treibendes Temperaturgefälle spielen in der thermodynamischen Analyse eine wichtige Rolle, ebenso wie vollständig umkehrbare oder reversible Prozesse. Solche Vorgänge führen nämlich zum Maximum des Erreichbaren und dienen als Maßstab, an dem der tatsächliche Vorgang gemessen werden kann, der stets ein schlechteres Ergebnis liefert als die Idealisierung. Dies ist der Kernpunkt exergetischer Analysen.

Im ersten Kapitel wird das durch Prozessgrößen beeinflusste thermodynamische System unter Erläuterung der entsprechenden Grundbegriffe eingeführt. Weiter werden die inneren Parameter des Systems und der Begriff der Zustandsgleichung näher erläutert, bevor wir in Kapitel 2 die Bilanzgleichungen bezüglich Masse, Impuls und Energie und in Kapitel 3 nach Einführung der dazu notwendigen Zustandsgrößen die Bilanzgleichungen der Entropie und Exergie im Rahmen des Zweiten Hauptsatzes der Thermodynamik diskutieren. Bei den Zustandsgleichungen werden zunächst die allgemeinen Zusammenhänge geschildert. In den Kapiteln 1 bis 4 beschränken wir uns bei der Behandlung von Zustandsänderungen weitgehend auf das ideale Gas und das inkompressible Fluid, um dann im Kapitel 6 die realen Fluide und die Gesetzmäßigkeiten des Phasenwechsels vertieft zu behandeln. Kreisprozesse werden in Kapitel 5 mit idealen Gasen, in Kapitel 7 mit Dämpfen und in Kapitel 9 mit idealen Gasen und innerer Verbrennung analysiert. In Kapitel 8 über feuchte Luft werden Gemische von idealen Gasen mit einer kondensierenden Komponente untersucht.

Mathematische Voraussetzungen für die thermodynamische Analyse sind die Grundzüge der Differential- und Integralrechnung. Bei den Zustandsgleichungen spielen Funktionen mit zwei unabhängigen Variablen eine besondere Rolle. Zur Durchrechnung der Beispiele wird die mathematische Software Mathcad® angewendet. Da die Notation von Gleichungen in Mathcad® weitgehend der mathematischen Notation entspricht, sind die Ausdrücke in einem

Mathcad®-Programm unmittelbar verständlich und es entfällt eine umständliche Codierung, wie sie in früheren Programmiersprachen notwendig war, die auch heute noch angewendet werden. Einen großen Vorteil bietet die Software durch die Möglichkeit, mit den in der Software enthaltenen Maßeinheiten sowie mit zusätzlichen, selbst definierten Einheiten zu arbeiten. Weiter können mit dieser Software sehr einfach Matrizen bearbeitet werden, wofür einige Grundzüge der Matrizenrechnung erforderlich sind, die bei den entsprechenden Beispielen erläutert werden. Dadurch können Probleme, wie sie zum Beispiel bei Gasmischungen oder bei der Verbrennung auftreten, elegant und übersichtlich gelöst werden.

In den bisher üblichen Lehrbüchern werden Auswertungen von Zustandsgleichungen in Form von Tabellen und Diagrammen zur Verfügung gestellt. Da mit Mathcad® auch sehr aufwändige Funktionen ausgewertet und Diagramme angefertigt werden können, wird in diesem Buch fast ausschließlich mit den grundlegenden Algorithmen gearbeitet, die in Form von Unterprogrammen zur Verfügung stehen und bei der Lösung von Problemen direkt aufgerufen werden. Das mühsame Blättern in Tafeln und Interpolieren zwischen Tafelwerten entfällt ebenso wie das Ablesen von Stoffwerten aus Diagrammen.

Da zu Beginn einfache Beispiele behandelt werden, ersetzt Mathcad® zunächst den Taschenrechner, um dann, mit fortschreitender Komplexität der Problemstellungen, bis zu in Programmblöcken strukturierten Anlagensimulationen zu gelangen. Zur Erstellung von Programmblöcken sind nur eine Handvoll Programmieranweisungen erforderlich. Beim konsequenten Durcharbeiten der Beispiele dieses Buches mit dem Hauptziel, das Verständnis der Thermodynamik zu fördern, erschließt sich dem Nutzer nebenbei die Anwendung von Mathcad®, zumindest in dem Rahmen, der durch die Art der thermodynamischen Problemstellungen abgesteckt ist.

Mathcad® ist eine universelle Software, die zur Lösung von einer Vielzahl von naturwissenschaftlichen und mathematischen Problemen herangezogen werden kann. Eine derartige Software schließt die Lücke zwischen der Lösung von einfachen Problemen mit dem Taschenrechner und der Anwendung von spezialisierter Software, wie sie vielfach in Forschung und Industrie eingesetzt wird. Im Prinzip gibt es aber für Mathcad® keine plausible Grenze für die Komplexität der zu lösenden Probleme. Schon bei einfachen Problemen hat man den immensen Vorteil, auf dem Arbeitsblatt ein lückenloses Protokoll des Lösungswegs zu erhalten, wobei man beim Lösen von Problemen symbolisch oder numerisch vorgehen kann. Da beim Lösen eines Problems Zwischenergebnisse unmittelbar nach dem Eingeben einer auswertbaren Gleichung abgerufen werden können, werden Fehler sofort detektiert, unter anderem auch, weil dabei immer eine Überprüfung der Einheiten erfolgt. In neueren Versionen von Mathcad® wird eine statische Einheitenprüfung durchgeführt, wobei man unmittelbar auf Unstimmigkeiten aufmerksam gemacht wird. Außerdem kann man auf dem Arbeitsblatt an jeder beliebigen Stelle Text einfügen, um die Dokumentation der Lösung nachvollziehbar zu gestalten. Auch dem Leser, der überhaupt keine Erfahrung auf dem Gebiet der Programmierung mitbringt, kann nur empfohlen werden, so bald als möglich ein Arbeitsblatt von Mathcad® zu öffnen. Nach dem Erlernen von einfachen Regeln für die Editierung von Gleichungen, die im Anhang geschildert werden, hat man rasch erste Erfolgserlebnisse und wird bald dieses Instrument bei der täglichen Arbeit bei allen Problemen, die Berechnungen erfordern, nicht mehr missen wollen. Eine kompakte Anleitung für erste Schritte auf dem Mathcad®-Arbeitsblatt findet man im Anhang 10.3.2.

Ein weiterer Vorteil bei der Anwendung von Mathcad® besteht darin, dass man bereits bei der Anfertigung des Arbeitsblattes numerische Ergebnisse unmittelbar durch Diagramme visualisieren kann. Dies erhöht die Anschaulichkeit. Mit etwas Übung kann man auch komplizierte Diagramme gestalten, die direkt in Berichte oder Veröffentlichungen übernommen werden können. Dieses Buch bietet zahlreiche Anwendungen dieser Möglichkeit.

Die Beispiele werden im Text dieses Buches mit den originalen Gleichungen und Ergebnissen des entsprechenden Mathcad®-Arbeitsblatts wiedergegeben. Zur besseren Orientierung werden die Beispiele in Gruppen mit ansteigender Komplexität eingeordnet:

- **Level 1:** Die Beispiele sind auch elementar mit Bleistift und Taschenrechner lösbar, allerdings mit größerem Aufwand.
- **Level 2:** Die Beispiele sind nach Bereitstellung von Tabellen und Diagrammen elementar lösbar, allerdings ebenfalls wieder mit größerem Aufwand.
- **Level 3:** Komplexere Beispiele, die nur mit großem Aufwand elementar lösbar sind, lassen sich mit Computeralgebra einfach und übersichtlich lösen.
- **Level 4:** Diese Beispiele erfordern Programmieraufwand.

Für Studierende im Grundkurs Thermodynamik reicht es aus, sich mit den Beispielen auf Level 1 und 2 zu beschäftigen.

Die Beispiele werden als ausführbare *mcd*-Dateien auf den Webseiten des Verlags (www.oldenbourg-wissenschaftsverlag.de) beim Buchtitel als Zusatzmaterial zur Verfügung gestellt. Unter www.ptc.com/go/try_mathcad steht eine kostenlose 30-Tage-Testversion von Mathcad® zur Verfügung. Einer der Anbieter von Lizenzen zu Mathcad® ist unter www.journeyed.de zu finden. Externe Ressourcen werden nur in den Kapiteln 6 und 7 verwendet, um Daten für Kältemittel aus einer umfangreichen Sammlung von Zustandsgleichungen der Software CoolPack zu importieren, die von der Dänischen Technischen Universität zur allgemeinen Nutzung zur Verfügung steht und im Internet verfügbar ist[1]. Auf weitere Möglichkeiten, Daten zwischen externen, beispielsweise mit Excel, C++ oder MATLAB® verfassten Programmen und Mathcad® auszutauschen, sei ausdrücklich hingewiesen.

1 CoolPack – A Collection of Simulation Tools for Refrigeration, Department of Mechanical Engineering, Technical University of Denmark (http://www.et.web.mek.dtu.dk/Coolpack/UK/reg-download.html)

# 1 Grundbegriffe

## 1.1 Das thermodynamische System

Ein thermodynamisches System ist ein Bilanzbereich, der zum Zwecke einer thermodynamischen Analyse von seiner Umgebung abgegrenzt wird. Das System kann mehrere Teilsysteme umfassen. Die Grenze des Systems, die Bilanzhülle, setzt sich aus festen oder bewegten Wänden (z.B. die Wände von Apparaten oder Strömungsmaschinen, Kolben im Zylinder), aus Flächen, durch die ein Fluid strömt (z.B. ein Rohrquerschnitt) oder aus sonstigen gedachten Flächen zusammen. Folglich umschließt die Bilanzhülle entweder einen Raum konstanter oder, wie z.B. bei einem im Zylinder bewegten Kolben, variabler Größe. Die Festlegung der Systemgrenze steht am Anfang jeder thermodynamischen Analyse. Sie sollte stets mit dem Ziel erfolgen, dass eine möglichst einfache, auf das Ziel gerichtete Lösung des Problems gelingt.

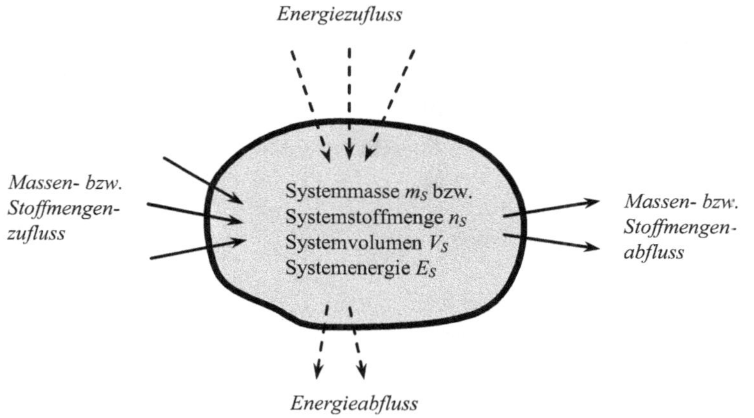


*Abb. 1.1: Thermodynamisches System*

In Abb. 1.1 wird ein solches makroskopisches thermodynamisches System dargestellt. Das System enthält Materie der Masse $m_S$. Die im System enthaltene Materie kann ebenso gut durch die der Molekülzahl proportionale Stoffmenge $n_S$ charakterisiert werden. Außerdem hat das System das Volumen $V_S$ und enthält die Energie $E_S$.

Die Masseneinheit ist im „Système Internationale des Poids et Mésures" (SI) das Kilogramm *(kg)*. Die SI-Einheit für die Stoffmenge ist das Mol *(mol)*. 1 Mol ist die Stoffmenge, welche die durch die Avogadro-Konstante $N_A$ vorgegebene Anzahl von Molekülen enthält. Die Avogadro-Konstante hat den Wert[2]

$$N_A = (6{,}02214179 \pm 0{,}00000030) \cdot 10^{23}\ \frac{1}{mol}\,.$$

Der Quotient

$$M = \frac{m_S}{n_S}$$

wird als **molare Masse** bezeichnet, die für jeden Stoff einen charakteristischen Wert hat.

Die SI-Einheit für Energie ist das Joule *(J)*.

Generell kann sich das System in Bewegung befinden. Dann wird der **äußere Zustand** durch die Lagekoordinaten, den momentanen Bewegungszustand und die auf das System wirkenden Kräfte festgelegt. Die zugehörigen äußeren Energien sind die kinetische Energie $E_{kin}$ und die potentielle Energie $E_{pot}$.

Der **innere Zustand** des Systems wird durch seine inneren Koordinaten, den Druck $p$ und die Temperatur $T$, die chemischen Potentiale $\mu_i$ und die dadurch festgelegten Eigenschaften der Materie determiniert. Zusammenhänge zwischen den inneren Koordinaten und anderen Eigenschaften der Materie, wie z.B. Dichte oder innere Energie, werden durch Zustandsgleichungen beschrieben.

Ein Gesamtsystem kann sich aus verschiedenen Teilsystemen zusammensetzen. Jedes Teilsystem ist in der Regel homogen mit einem Fluid oder definiert heterogen mit den verschiedenen Phasen einer Substanz (Festkörper, Flüssigkeit, Dampf) im Phasengleichgewicht befüllt. Eines dieser Teilsysteme kann auch die Umgebung sein. Ein System, in dem eine stoffliche Veränderug stattfindet, bezeichnet man als heterogen.

Wir gehen von Systemen im **thermodynamischen Gleichgewicht** aus. Dies umfasst

- mechanisches Gleichgewicht $p = const.$,
- thermisches Gleichgewicht $T = const.$ und
- stoffliche Gleichgewichte $\mu_1, \mu_2, \mu_3 \ldots\ldots = const.$

So ist eine Sektflasche, die längere Zeit in einem Kühlschrank gelagert wurde, im thermodynamischen Gleichgewicht. Das heißt, Druck, Temperatur, Alkoholgehalt, Gehalt an in der Flüssigkeit gelöstem Kohlendioxid und weitere Parameter wie der Gehalt an Aromastoffen beschreiben den Zustand des Flascheninhalts als heterogenes System. Es liegt ein stationärer Zustand vor. Dies bedeutet, dass beim Ablauf der Zeit keine Veränderungen der Systemparameter auftreten.

Nehmen wir nun die Sektflasche aus dem Kühlschrank, so tritt sie mit der Umgebung im Wohnzimmer, die eine höhere Temperatur hat, in Wechselwirkung. Dann liegt zwischen dem Raum und der kalten Sektflasche ein treibendes Temperaturgefälle vor. Dieses treibende Gefälle verursacht das Fließen von Wärme vom Raum über die Glaswand der Flasche in den

---

2 Naturkonstanten müssen experimentell gemessen werden. Aktuelle Bestwerte enthält die CODATA-Datenbank des National Institute of Standards and Technology (USA). Die in diesem Kapitel angegebenen Daten geben die 2006 empfohlenen Werte wieder.

Flascheninhalt. In der Flasche wird sich real ein thermodynamisches Nichtgleichgewicht einstellen, da die Flüssigkeit in der Nähe der Flaschenwand nach kurzer Zeit eine höhere Temperatur hat als die Temperatur im Inneren der Flasche.

Öffnen wir nun die Flasche, so wird durch den „Plopp“ des Korkens der Druck in der Flasche abgesenkt. Durch die Störung des mechanischen Gleichgewichts entsteht ein weiteres Ungleichgewicht. Dem Druck, der im Zimmer herrscht, entspricht eine niedrigere Löslichkeit des Kohlendioxids im Sekt. Dadurch entsteht ein treibendes Konzentrationsgefälle, das wiederum einen komplizierten Transportvorgang hervorruft, wodurch Kohlendioxid aus dem gelösten Zustand in den gasförmigen Zustand übergeht und Gasbläschen bildet, die aus der Flasche entweichen.

Lassen wir nun, was man auf keinen Fall tun sollte, die Flasche lange im Zimmer stehen, so wird sich ein neuer Gleichgewichtszustand einstellen: Der Flascheninhalt wird schließlich einheitlich die Zimmertemperatur angenommen haben, und die Bläschenbildung kommt zum Erliegen, da sich das neue Lösungsgleichgewicht eingestellt hat: Der Sekt hat durch Veränderung der inneren Koordinaten seinen Zustand geändert und schmeckt nun schal und abgestanden.

Der geschilderte Vorgang ist ein typisches Beispiel für einen **Ausgleichsvorgang**: Zu Beginn des Vorgangs sind zwischen dem System und seiner Umgebung treibende Gefälle vorhanden, die durch Transportvorgänge so lange abgebaut werden, bis sich das System mit seiner Umgebung im Gleichgewicht befindet.

Es ist klar, dass es ein sehr aufwändiges Unterfangen ist, den zeitlichen und räumlichen Ablauf des Vorgangs zu beschreiben, der durch die treibenden Gefälle im System Flasche in Wechselwirkung mit ihrer Umgebung zu komplizierten Transportvorgängen führt. Ein solcher Vorgang, der von einem Gleichgewichtszustand zu Beginn des Prozesses über eine Kette von Nichtgleichgewichtszuständen zu einem anderen Gleichgewichtszustand am Ende führt, wird als **nicht-statische** Zustandsänderung bezeichnet. Hier sind räumliche und zeitliche Verteilungen der Zustandskoordinaten zu berücksichtigen. Einfache thermodynamische Analysen von nicht-statischen Zustandsänderungen beschränken sich auf Bilanzen zwischen Anfangs- und Endzustand.

Viel einfacher wird die Analyse des Verlaufs der Zustandsänderung in der Flasche, wenn man davon ausgeht, dass der Sekt mit einem Quirl gerührt wird, der die Ausbildung von treibenden Gefällen im Sekt unterdrückt. Das heißt, dass wir beim Flascheninhalt zu jedem Zeitpunkt von einem vollständig vermischten Zustand im thermodynamischen Gleichgewicht ausgehen können. Die Zustandsänderung verläuft dann **quasistatisch** über eine Kette von Gleichgewichtszuständen. Bei einer solchen Zustandsänderung wird jeder Zwischenzustand eindeutig durch die Koordinaten $p, T, \mu_1, \mu_2, \mu_3 \ldots$ beschrieben.

Viele technische Prozesse können durch quasistatische Zustandsänderungen hinreichend genau beschrieben werden. So treten in einem Zylinder/Kolben-System bei der Kompression und Expansion von Gasen erst dann Abweichungen vom quasistatischen Verhalten auf, wenn der Kolben mit hoher Geschwindigkeit in der Größenordnung der Schallgeschwindigkeit des Gases bewegt wird, so dass sich akustische Druckwellen ausbilden. Bei Kolbenmaschinen, auch bei schnell laufenden Verbrennungsmotoren, sind die Kolbengeschwindigkeiten um Größenordnungen niedriger.

Hat das Gas in einem Zylinder/Kolben-System im Ausgangszustand einen Druck, der höher ist als der Umgebungsdruck, so liegt ein treibendes Gefälle vor und es findet wiederum ein Ausgleichsvorgang statt: Das Gas expandiert und treibt den Kolben, der über eine Kolbenstange Arbeit an ein anderes System abgibt. Dort kann z.B. ein Gewicht angehoben werden. Der Kolben kommt zum Stillstand, wenn der Druck im Zylinder gleich dem Umgebungsdruck ist. Der Ausgleichsvorgang kann aber rückgängig gemacht werden, wenn das Gewicht wieder abgesenkt wird und dem Kolben diese Arbeit zugeführt wird. Dann findet im Zylinder eine Kompression des Gases statt, bei der der Druck ansteigt und im Idealfall wieder den Ausgangswert erreicht. Wir halten hier fest, dass treibende Gefälle mechanische Arbeit verrichten können und dass durch die Zufuhr von mechanischer Arbeit treibende Gefälle aufgebaut werden können.

Wenn wir voraussetzen, dass keine Eingriffe von außen erfolgen, so gibt es viele Ausgleichsvorgänge, die, wie beim Beispiel der Sektflasche, nur in einer Richtung ablaufen und andere Ausgleichsvorgänge, die, wie beim Beispiel des Zylinder/Kolben-Systems, mehr oder weniger umkehrbar sind.

Von großer technischer Bedeutung sind Strömungsmaschinen. Eine solche Maschine in der Ausführung als Kraftmaschine wird von einem anderen System stetig mit einem Fluidstrom versorgt, der treibende Gefälle gegenüber der Umgebung aufweist. So wird einer Gasturbine von der Brennkammer ein Gasstrom auf hohem Druck und mit hoher Temperatur zugeführt. In der Gasturbine expandiert das Gas, bis der Umgebungsdruck erreicht wird und gibt über die Turbinenwelle mechanische Leistung an ein anderes System ab, z.B. an einen Generator zur Erzeugung von elektrischem Strom. Hier stellt sich nach einem **instationären Anlaufvorgang** beim Anfahren der Turbine ein stationärer Betriebszustand ein. Das System verbleibt dauerhaft in einem vom Gleichgewicht mit der Umgebung fortgetriebenen Zustand und es wird mechanische Leistung entnommen. In der Strömungsmaschine findet ein **stationärer Fließprozess** statt. Es liegt eine räumliche Verteilung von Druck und Temperatur vor. Man kann mit guter Näherung davon ausgehen, dass sich die Parameter Druck und Temperatur nur in Strömungsrichtung ändern und quer zur Strömungsrichtung konstant sind. Dann herrscht quer zur Strömungsrichtung thermodynamisches Gleichgewicht und die Zustandsänderung verläuft als Aneinanderreihung von Gleichgewichtszuständen in Analogie zu den quasistatischen Ausgleichsvorgängen im **Fließgleichgewicht**. Auch bei diesem Prozess ist die Umkehrung möglich: Durch die Zufuhr von mechanischer Leistung werden in einem Turboverdichter als Arbeitsmaschine Druck und Temperatur erhöht und somit treibende Gefälle gegenüber der Umgebung aufgebaut.

Von besonderer Bedeutung sind in der Thermodynamik stationäre Fließprozesse, die durch eine Temperaturdifferenz zwischen zwei Wärmereservoiren als treibendes Gefälle in Gang gesetzt werden und die Differenz von zu- und abgeführtem Strom thermischer Energie in mechanische Leistung umsetzen. Derartige Prozesse werden **Kreisprozesse** genannt, wobei in jedem Teilsystem ein stationärer Fließprozess stattfindet. So besteht ein Dampfkraftwerk in seiner einfachsten Form aus den Teilsystemen Dampferzeuger (Wärmezufuhr bei hoher Temperatur und hohem Druck), Dampfturbine (Arbeitsabgabe des Dampfes unter Druck- und Temperaturabnahme), Kondensator (Wärmeabfuhr bei niedriger Temperatur und niedrigem Druck) und Speisewasserpumpe (Arbeitsaufnahme des Speisewassers unter Druckzunahme). Dieser Kategorie von Kraftmaschinen gehören alle Systeme an, die zwischen hoher und tiefer Temperatur arbeiten und aus stationär durchströmten Apparaten und Strömungsmaschinen aufgebaut sind. Solche Prozesse sind, sofern nicht innere Verbrennung auftritt, umkehrbar, und können als Arbeitsmaschinen in Form von Wärmepumpen oder Kältemaschinen betrieben werden.

Eine andere Kategorie von Kreisprozessen beruht auf der Basis von Kolbenmaschinen. Dabei tritt in einem System eine sequentielle Abfolge von Kompression, Wärmezufuhr, Expansion und Wärmeabfuhr auf. Alle Einzelvorgänge in diesem System verlaufen im Rahmen der Gleichgewichtsthermodynamik in Form von Ausgleichsvorgängen quasistatisch. Durch die Drehzahl der Welle der Kolbenmaschine erfolgt eine zyklische Wiederholung der sequentiellen Abfolge. Als Resultat fließt dem System im zeitlichen Mittel Wärme auf hohem Temperaturniveau zu, es fließt Wärme auf tiefem Temperaturniveau ab und es kann Wellenleistung entnommen werden. Damit können auch diese Systeme den stationären Kreisprozessen zugeordnet werden, die wiederum im Prinzip umkehrbar sind.

Systeme, in denen chemische Veränderungen stattfinden, werden wir in Kapitel 9 über Verbrennungsvorgänge untersuchen. Verbrennungsvorgänge sind Zustandsänderungen, bei denen das treibende Gefälle durch Differenzen der chemischen Potentiale $\mu$ der Stoffe vor und nach der Reaktion vorgegeben ist. Es handelt sich in einem abgeschlossenen System um einen systeminternen, nicht-statischen Ausgleichsvorgang und bei einem stationären Fließprozess um eine nicht-statische Änderung zwischen den Zuständen am Eintritt und am Austritt des Reaktionsraumes. In beiden Fällen tritt das treibende Gefälle im System auf, während bei allen quasistatischen Zustandsänderungen treibende Gefälle nur zwischen den Systemen auftreten können.

Bei den nachfolgenden Ausführungen schließen wir bis Kapitel 9 stoffliche Veränderungen aus und beschränken uns auf die thermischen Koordinaten $p$ und $T$.

Wir versuchen nun, ein allgemeines System zu analysieren, indem wir die Bilanzhülle um dieses System legen. Dieses System wird durch Austausch mit anderen Systemen beeinflusst, deren Ursache treibende Gefälle zwischen den Systemen sind. Die Systemgrößen Masse bzw. Stoffmenge, Volumen und Energie werden differentiell durch die Zu- und Abfuhr von Materie gemäß

$$dm_S = \sum_i dm_i \quad \text{bzw.} \quad dn_S = \sum_i dn_i$$

und durch die Zu- und Abfuhr von Energie bei konstantem Volumen des Systems gemäß

$$dE_S = \sum_j dE_j$$

verändert. Damit wird im Rahmen der Gleichgewichtsthermodynamik eine differentielle Veränderung der Parameter des Systeminhalts $m_S$ bzw. $n_S$ und $E_S$ bewirkt.

Wir können nun die obigen Gleichungen ohne weiteres durch das Zeitinkrement $d\tau$ dividieren. Dann treten Materieströme in Form von

$$\dot{m}_i = \frac{dm_i}{d\tau} \quad in \quad \frac{kg}{s} \quad bzw. \quad \dot{n}_i = \frac{dn_i}{d\tau} \quad in \quad \frac{mol}{s}$$

sowie Energieströme in Form von

$$\dot{E}_j = \frac{dE_j}{d\tau} \quad in \quad \frac{J}{s} \equiv W$$

auf, die über die Systemgrenze fließen und es folgt

$$\frac{dm_S}{d\tau} = \sum_i \dot{m}_i \quad \text{bzw.} \quad \frac{dn_S}{d\tau} = \sum_i \dot{n}_i$$

sowie

$$\frac{dE_S}{d\tau} = \sum_j \dot{E}_j \,.$$

Beim Einsetzen von Zahlenwerten in die obigen Summen ist darauf zu achten, dass zufließende Ströme stets **positiv** einzusetzen sind und abfließende **negativ**. Da also alles, was in das System hineingeht, positiv gewertet wird und alles, was das System verlässt, negativ, spricht man von einem **„egozentrischen System“**. Überwiegt bei der Aufsummierung der Zufluss, so steigt der zugehörige Systemparameter an, überwiegt der Abfluss, so nimmt er ab.

Die über die Systemgrenze fließenden Energieströme werden in drei Kategorien unterteilt:

- **Wärmeströme** $\dot{Q}$, die durch Temperaturunterschiede zwischen dem System und seinen benachbarten Systemen fließen, und zwar stets von der höheren zur tieferen Temperatur,
- **Energieströme** $\dot{E}_{Mat}$, bei denen Energie von Massen- oder Stoffmengenströmen mitgeführt werden, welche zwischen dem System und seinen benachbarten Systemen stets vom höheren Druck zum niedrigeren Druck oder von der höheren Konzentration zur niedrigeren Konzentration fließen sowie
- **Leistungen oder Arbeitsströme** $\dot{W}$, welche als mechanische oder elektrische Energieströme die Systemgrenze überschreiten.

Die vollständige Identifizierung der auf das System einwirkenden Ströme ist nach der Festlegung der Bilanzhülle der nächste wichtige Schritt zur Analyse des Systems. Weiter können auf ein bewegtes System auch mechanische Einflussgrößen in Form von Kräften einwirken, die ebenfalls erfasst werden müssen.

Ausgleichsvorgänge, instationäre Anlaufvorgänge und stationäre Fließprozesse sind, wie alle Vorgänge im Rahmen der Kontinuumsmechanik, den Prinzipien der

- Massenerhaltung
- Impulserhaltung und
- Energieerhaltung

unterworfen.

## 1.2 Zustandsgrößen und Prozessgrößen

**Zustandsgrößen,** wie zum Beispiel die Lagekoordinaten, die potentielle Energie, das Volumen, der Druck, die Temperatur und die innere Energie, beschreiben den äußeren und inneren Zustand des Systems.

Zustandsgrößen sind vom Weg der Zustandsänderung unabhängig. So leuchtet es sofort ein, dass z.B. die potentielle Energie wieder den gleichen Wert hat, wenn man nach einer Wanderung wieder den Ausgangspunkt erreicht hat. Mathematisch wird dies für eine Zustandsgröße $Z$ ausgedrückt durch

$$\oint dZ = 0$$

und die Integration vom Zustand 1 zum Zustand 2 ergibt

$$\int_1^2 dZ = Z_2 - Z_1 \,.$$

Man unterscheidet

- **intensive** Zustandsgrößen, die unabhängig von der Systemmasse bzw. Zahl der Moleküle im System (Stoffmenge) sind und
- **extensive** Zustandsgrößen, die abhängig von der Masse bzw. Stoffmenge sind.

Druck und Temperatur sind intensive Zustandsgrößen. Potentielle und kinetische Energie, Volumen, innere Energie und alle weiteren Zustandsgrößen, die wir noch einführen werden, sind extensive Zustandsgrößen.

**Prozessgrößen** werden vom System abgegeben bzw. aufgenommen, sie sind abhängig vom Weg der Zustandsänderung. Um beim Beispiel der Wanderung zu bleiben, so ist der dabei erworbene Muskelkater eindeutig wegabhängig und damit auf Prozessgrößen zurückzuführen. In der Thermodynamik sind die Wärme $Q$ und die Arbeit $W$ Prozessgrößen. Formal gilt

$$\oint dQ \neq 0 \quad \text{bzw.} \quad \oint dW \neq 0 \,.$$

Die Integration vom Zustand 1 zum Zustand 2 ergibt

$$\int_1^2 dQ = Q_{12} \quad \text{bzw.} \quad \int_1^2 dW = W_{12} \,.$$

Prozessgrößen sind stets extensiv.

Aus extensiven Zustandsgrößen bzw. Prozessgrößen, die man stets mit Großbuchstaben bezeichnet, werden durch Division durch die Systemmasse $m$ bzw. durch den Massenstrom $\dot{m}$ **spezifische Größen** gebildet. So ist z.B.

$$z = \frac{Z}{m} \quad \text{bzw.} \quad z = \frac{\dot{Z}}{\dot{m}}$$

oder, wenn wir die Wärme als Beispiel für eine Prozessgröße nehmen,

$$q = \frac{Q}{m} \quad \text{bzw.} \quad q = \frac{\dot{Q}}{\dot{m}} \,.$$

Durch Division durch die Stoffmenge $n$ bzw. durch den Stoffstrom $\dot{n}$ entstehen **molare Größen**

$$z_m = \frac{Z}{n} \quad \text{bzw.} \quad z_m = \frac{\dot{Z}}{\dot{n}}$$

oder die entsprechenden molaren Prozessgrößen

$$q_m = \frac{Q}{n} \quad \text{bzw.} \quad q_m = \frac{\dot{Q}}{\dot{n}} \,.$$

# 1.3 Auswirkungen von Prozessgrößen auf den Systemzustand

Auf das thermodynamische System wirken die über die Systemgrenze fließenden Prozessgrößen

- Arbeitsströme oder mechanische bzw. elektrische Leistungen $\sum_k \dot{W}_k$,
- mit den Massenströmen mitgeführte Energien $\sum_i \dot{m}_i\, e_i$ und
- Wärmeströme $\sum_j \dot{Q}_j$

ein. Durch diese Energieströme wird die

- innere Energie $U$

in Abhängigkeit von der Zeit beeinflusst.

Energien und Energieströme sind extensive Größen.

| | | | |
|---|---|---|---|
| $E,\quad J$ | $\dot{E} = \dfrac{dE}{d\tau},\quad W$ | $e = \dfrac{E}{m} = \dfrac{\dot{E}}{\dot{m}},\quad \dfrac{J}{kg}$ | $e_m = \dfrac{E}{n} = \dfrac{\dot{E}}{\dot{n}},\quad \dfrac{J}{mol}$ |

Die Energieeinheit ist das Joule. Es gilt

$$1\,J \equiv 1\,N\,m \equiv 1\,\frac{kg\,m^2}{s^2} \equiv 1\,W\,s\;.$$

Die Leistungseinheit für Energieströme ist das Watt. Es gilt

$$1\,W \equiv 1\,\frac{J}{s} \equiv 1\,\frac{N\,m}{s} \equiv 1\,\frac{kg\,m^2}{s^3}\;.$$

Das Gesetz von der Energieerhaltung, der 1. Hauptsatz der Thermodynamik, kann hier bereits als Energiestrombilanz formuliert werden, wenn sich bei einem bewegten System die Bilanzhülle mit dem System mitbewegt:

$$\frac{dU}{d\tau} = \sum_{k*} \dot{W}_{k*} + \sum_j \dot{Q}_j + \sum_i \dot{m}_i\, e_i\;. \qquad (1.1)$$

Wir werden die Diskussion im Kapitel 2 fortsetzen, nachdem die einzelnen Terme der Gleichung näher erläutert worden sind. Hier wird zunächst als einfaches Beispiel die Energiestrombilanz für ein Dampfkraftwerk im stationären Betriebszustand untersucht.

**Beispiel 1.1 (Level 1):** Ein Dampfkraftwerk (Abb. 1.2) zur Erzeugung von elektrischer Energie verbraucht pro Tag *10537 t* Kohle mit einem Heizwert von *12 MJ/kg*. Durch den Kühlturm und sonstige Wärmeverluste werden aus dem Kraftwerk pro Stunde $3{,}16 \cdot 10^6\ MJ$ abgeführt. Welche elektrische Leistung wird erzeugt und welchen Wirkungsgrad hat das Kraftwerk?

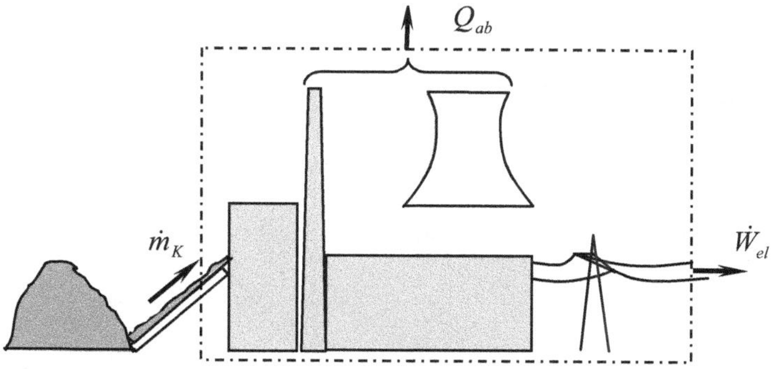


*Abb. 1.2: Dampfkraftwerk zur Erzeugung von elektrischer Energie*

**Voraussetzungen:** Das Kraftwerk wird stationär betrieben. Dann muss, da der innere Zustand des Systems nicht von der Zeit abhängt, nach Gl. (1.1) die Summe der zu- und abgeführten Energieströme gleich Null sein.

**Gegeben:**

$$mp_K := 10537 \cdot \frac{t}{Tag} \qquad Qp_{ab} := -3.16 \cdot 10^6 \cdot \frac{MJ}{h} \qquad H_K := 12 \cdot \frac{MJ}{kg}$$

**Lösung:** Die Bilanzhülle umschließt das gesamte Kraftwerk. Auf die Bilanzhülle wirken drei Energieströme ein: Die Kohle enthält chemisch gebundene Energie, die bei der Verbrennung in thermische Energie umgewandelt wird. Aus Kühlturm und Schornstein wird Wärme an die Umgebung abgeführt. Über die Stromleitungen gibt das Kraftwerk elektrische Energie ab. Die Energiestrombilanz für das Kraftwerk lautet

$$Qp_{zu} + Qp_{ab} + Wp_{el} = 0$$

Mit der zugeführten Wärme

$$Qp_{zu} := mp_K \cdot H_K \qquad Qp_{zu} = 1463.5\ MW$$

folgt für die abgegebene elektrische Leistung

$$Wp_{el} := -Qp_{zu} - Qp_{ab} \qquad Wp_{el} = -585.7\ MW$$

und für den thermischen Wirkungsgrad als Verhältnis vom Nutzen (elektrische Energie) zum Aufwand (Kohle) gilt

$$\eta_{th} := \frac{|Wp_{el}|}{Qp_{zu}} \qquad \eta_{th} = 0.4$$

**Diskussion:** Bei Mathcad® gibt es mehrere Gleichheitszeichen. Das Boolesche Gleichheitszeichen (fett) wird bei Gleichungen verwendet, die analytisch entwickelt werden können, aber numerisch nicht ausgewertet werden. Durch das Symbol „:=“ werden Werte zugewiesen und Gleichungen numerisch ausgewertet. Berechnete Ergebnisse werden mit dem normalen Gleichheitszeichen „=“ realisiert.

Mathcad® enthält in einem Verzeichnis zahlreiche Maßeinheiten, die bei der Zuordnung von gegebenen Größen multiplikativ angefügt werden können. Die Berechnungen erfolgen dann dimensionsbehaftet. Ist eine Einheit nicht im Katalog von Mathcad®, so kann sie definiert werden. Ergebnisse werden zunächst in SI-Einheiten angegeben, so wie hier im Beispiel die Energieströme zunächst in Watt herauskommen. Fügt man die gewünschte Einheit (hier im Beispiel MW) auf dem Mathcad®-Arbeitsblatt in den Platzhalter hinter der Einheit ein, so wird das Ergebnis automatisch in diese Einheit umgerechnet (siehe hierzu auch Anhang 10.3.1).

# 1.4 Thermische Zustandsgrößen und Zustandsgleichungen

## 1.4.1 Volumen und Volumenstrom

Das Volumen und seine zeitabhängige Veränderung, der Volumenstrom, sind extensive Zustandsgrößen.

| | | | |
|---|---|---|---|
| $V, \quad m^3$ | $\dot{V} = \frac{dV}{d\tau}, \quad \frac{m^3}{s}$ | $v = \frac{V}{m} = \frac{\dot{V}}{\dot{m}}, \quad \frac{m^3}{kg}$ | $v_m = \frac{V}{n} = \frac{\dot{V}}{\dot{n}}, \quad \frac{m^3}{mol}$ |

Die Volumeneinheit ist der Kubikmeter oder der Liter ($\ell$). Es gilt

$$1\,m^3 \equiv 1000\,\ell$$

Die Dichte ist der Kehrwert des spezifischen Volumens und die molare Konzentration ist der Kehrwert des molaren Volumens

$$\rho = \frac{1}{v}, \quad \frac{kg}{m^3} \quad bzw. \quad \rho_m = \frac{1}{v_m}, \quad \frac{mol}{m^3} \tag{1.2}$$

## 1.4.2 Druck

### 1.4.2.1 Definition und Druckeinheiten

Der Druck $p$ ist eine intensive Zustandsgröße. Er kommt durch die ungeordnete Bewegung der Moleküle in einem Fluid zustande. Die Moleküle übertragen pro Zeiteinheit Impuls auf Wände, die das Fluid begrenzen. Der Druck ist definiert durch die Kraft $F$, die senkrecht auf die Fläche $A$ wirkt:

$$p = \frac{F}{A}, \quad \frac{N}{m^2}.$$

Die SI-Druckeinheit ist das Pascal ($Pa$). Es gilt:

$$1\,Pa \equiv 1\,\frac{N}{m^2} \equiv 1\,\frac{kg}{m\,s^2} \equiv 1\,\frac{J}{m^3} \equiv 1\,\frac{W\,s}{m^3}.$$

Weiter wird in der Technik als Druckeinheit das Bar ($bar$) verwendet. Es gilt:

$$1\,bar \equiv 10^5\,Pa \equiv 100\,kPa \equiv 1000\,hPa \equiv 0{,}1\,MPa$$

$$1\,mbar \equiv 1\,hPa.$$

Die Einheit Hektopascal (*hPa*) wird vorwiegend in der Meteorologie verwendet.

Der Druck, mit dem die Luft der Atmosphäre auf der Erdoberfläche lastet, wird Atmosphärendruck $p_U$ genannt. Er hängt von den meteorologischen Gegebenheiten und von der Höhe ab. Angaben des Atmosphärendrucks in der Meteorologie werden stets auf Meereshöhe bezogen, um eine Vergleichbarkeit der Angaben zu gewährleisten. Als Normdruck wurde der Luftdruck vereinbart, der bei der Normtemperatur von *0 °C* einer Quecksilbersäule von *760 mm Hg* das Gleichgewicht hält. In der Druckeinheit Bar ist dieser Normdruck

$$p_N = 1\ atm = 1{,}01325\ bar\ .$$

Die meisten Druckmessgeräte registrieren nicht den Absolutdruck $p$, der in dem zu vermessenden System herrscht, sondern den Differenzdruck $p_D$ zwischen Absolutdruck und Umgebungsdruck. Der Zustand in einem Fluid wird jedoch stets durch den Absolutdruck $p$ beschrieben. Daher muss bei Messung des Differenzdrucks $p_D$ zu diesem Wert der Atmosphärendruck $p_U$ addiert werden. Es gilt demnach

$$p = p_D + p_U\ .$$

### 1.4.2.2 Druckaufbau in einem ruhenden Fluid

Hier soll erstmals demonstriert werden, wie die typische Vorgehensweise bei der Lösung von thermodynamischen Problemen ist. Zunächst stellt sich die Frage, welche Erhaltungsprinzipien auf das System einwirken. Bei dem ruhenden Fluid spielen Massen- und Energieerhaltung keine Rolle, da die entsprechenden Transportvorgänge fehlen. Es wirkt aber die Gravitation auf das Fluid, so dass Kräfte auftreten. Deshalb muss die Impulserhaltung im Sinne eines einfachen Kräftegleichgewichts formuliert werden. Da das Fluid in Ruhe verweilt, müssen sich die an einem Fluidelement angreifenden Kräfte aufheben.

Zur Formulierung der Bilanz betrachten wir eine Scheibe der differentiellen Höhe $dz$ in einer zylindrische Säule mit der beliebigen Querschnittsfläche $A$ im Fluid (Abb. 1.3), wobei die Fallbeschleunigung $g$ gegen die $z$-Richtung wirkt.

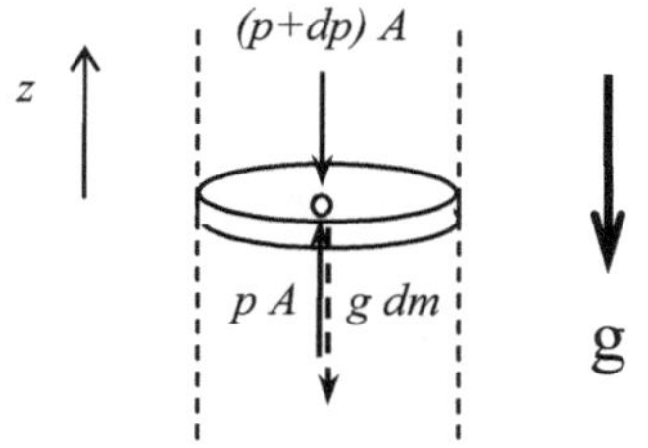


*Abb. 1.3: Differentielle Scheibe in einem ruhenden Fluid*

Die Scheibe stützt sich mit der Druckkraft $p{\cdot}A$ auf das unter ihr liegende Fluid ab. Dieser Druckkraft wirkt die durch die Gravitation verursachte Massenkraft $dm{\cdot}g$ entgegen. Auf der Scheibe lastet die Druckkraft $(p + dp){\cdot}A$. Damit ist die Kräftebilanz

$$p\ A - g\ dm - (p + dp)\ A = 0\ .$$

Die differentielle Masse $dm$ wird durch

$$dm = \rho\ dV = \rho\ A\ dz$$

beschrieben.

Durch Einsetzen in die Kräftebilanz folgt

$$dp = -\rho\ g\ dz\ . \qquad (1.3)$$

Nun stellt sich die Frage, welcher Art das Fluid ist. Im Vorgriff auf den Abschnitt 1.4.4, in dem Zustandsgleichungen diskutiert werden, verwenden wir hier die einfachen Zustandsgleichungen für

- das inkompressible Fluid $v = const.$ und
- das ideale Gas $p\,v = R\,T$.

Beim idealen Gas ist $R$ eine für das Gas charakteristische Konstante und $T$ ist die thermodynamische Temperatur.

Zunächst zum **inkompressiblen Fluid:** Bei konstantem spezifischen Volumen ist die Dichte gemäß Gl. (1.2) ebenfalls konstant. Da die Fallbeschleunigung auch als konstant angenommen werden kann, lässt sich Gl. (1.3) leicht integrieren und es folgt

$$p_2 - p_1 = -\rho\, g\,(z_2 - z_1) \qquad (1.4)$$

**Beispiel 1.2 (Level 1):** Es ist der Luftdruck in bar zu ermitteln, wenn an einem Quecksilber-Barometer (Abb. 1.4) bei *0 °C* eine Höhendifferenz von *760 mm* abgelesen wird.

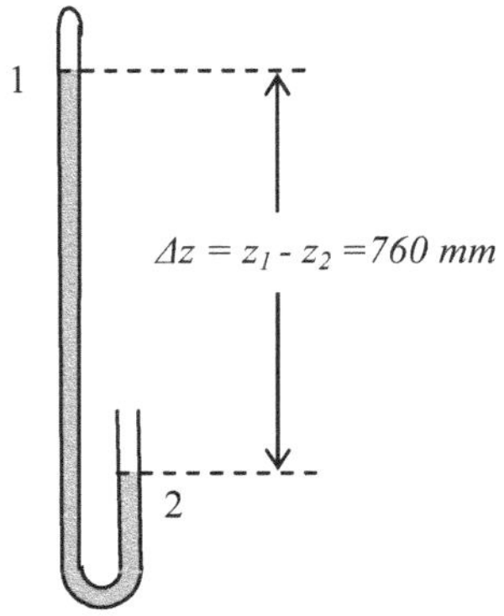


*Abb. 1.4: Quecksilber-Barometer*

**Voraussetzungen:** Flüssiges Quecksilber kann mit sehr guter Näherung als inkompressibles Fluid aufgefasst werden. Am oberen Ende des linken Schenkels des Barometers hat sich ein kleiner Hohlraum gebildet, in dem das flüssige Quecksilber bei der Temperatur von *0 °C* im Gleichgewicht mit seinem Dampf steht. Der Dampfdruck ist außerordentlich klein und kann vernachlässigt werden. Es gilt

$$p_1 \approx 0\,.$$

Der Standard-Wert der Fallbeschleunigung ist, wie viele andere Naturkonstanten, in Mathcad® enthalten mit

$$g = 9.80665\,\frac{m}{s^2}$$

Die Dichte des Quecksilbers bei *0 °C* ist

$$\rho_{Hg} := 13.5951\cdot\frac{kg}{liter}$$

Weitere gegebene Werte sind

$$p_1 := 0\cdot Pa \qquad \Delta z := 760\cdot mm$$

**Lösung:** Durch Einsetzen der gegebenen Werte in Gl. (1.4)

$$p_2 := p_1 + \rho_{Hg}\cdot g\cdot \Delta z$$

folgt

$$p_2 = 1.01325 \times 10^5\, Pa$$

oder

$$p_2 = 1.01325\,bar \qquad p_2 = 1\,atm$$

**Diskussion:** Dies ist der Druck des physikalischen Normzustandes. Man erkennt, dass die Messung des Luftdrucks mit dem Quecksilber-Barometer nur dann präzise ist, wenn man die Temperaturabhängigkeit der Dichte des Quecksilbers berücksichtigt. Außerdem ist der örtliche Wert der Fallbeschleunigung einzusetzen. Durch die Abplattung der Erde an den Polen treten an der Erdoberfläche geringe Abweichungen vom Standard-Wert der Fallbeschleunigung auf. Bei technischen Berechnungen ist es jedoch völlig ausreichend, den Wert $g = 9{,}81\ m/s^2$ zu verwenden. Mathcad® verwendet den Standard-Wert $g = 9{,}80665\ m/s^2$.

Beim idealen Gas hängt die Dichte $\rho$ vom Druck $p$ und von der thermodynamischen Temperatur $T$ gemäß

$$\rho = \frac{p}{R\,T}$$

ab. Durch Einsetzen in Gl. (1.3) und Umordnen folgt

$$\frac{dp}{p} = -\frac{g}{R}\frac{dz}{T},$$

wobei die Temperatur $T$ allgemein von der Höhe $z$ abhängen kann. Die Integration ergibt

$$\ln\left(\frac{p_2}{p_1}\right) = -\frac{g}{R}\int_{z_1}^{z_2}\frac{dz}{T(z)} \qquad (1.5)$$

**Beispiel 1.3 (Level 1):** Welcher Luftdruck in *mm Hg* bzw. in *bar* herrscht in einer Flughöhe von *11 km*, wenn die Temperatur am Boden *0 °C* und der Luftdruck *760 mm Hg* beträgt? Die Temperatur nimmt pro Kilometer Steighöhe linear um *6,5 K* ab.

**Voraussetzungen:** Luft hat eine Gaskonstante von *0,287 kJ/kg K*. Dies entspricht $287\ m^2/s^2\ K$. Der Celsius-Temperatur *0 °C* entspricht die thermodynamische Temperatur *273,15 K*.

**Gegeben:**

$z_1 := 0 \cdot km$ $\qquad z_2 := 11 \cdot km$ $\qquad T_0 := 273.15 \cdot K$

$\gamma := -6.5 \cdot \frac{K}{km}$ $\qquad p_1 := 760 \cdot mmHg$ $\qquad R_L := 0.287 \cdot \frac{kJ}{kg \cdot K}$

**Lösung:** Die lineare Temperaturänderung wird durch die Funktion

$$T(z) := T_0 + \gamma \cdot z$$

beschrieben. Folglich ist die Temperatur in *11 km* Höhe

$$T(z_2) = 201.65\ K$$

Einsetzen in Gl (1.5) und Integration sowie Auflösung nach $p_2$ ergibt

$$p_2 := p_1 \cdot exp\left(-\frac{g}{R_L}\cdot\int_{z_1}^{z_2}\frac{1}{T(z)}\,dz\right) \qquad p_2 = 154.151 \cdot mmHg \qquad p_2 = 0.2055 \cdot bar$$

Die vorstehende Integration wird von Mathcad® numerisch durchgeführt. Es besteht auch die Möglichkeit der analytischen Integration der Gleichung

$$\int_{p_1}^{p_2}\frac{1}{p}\,dp = -\frac{g}{R_L}\cdot\int_{z_1}^{z_2}\frac{1}{T_0 + \gamma \cdot z}\,dz$$

durch das Menü Symbolik/Auswerten/symbolisch mit dem Ergebnis

$$ln(p_2) - ln(p_1) = \frac{-g}{R_L}\cdot\left(\frac{ln(T_0 + z_2\cdot\gamma)}{\gamma} - \frac{ln(T_0 + z_1\cdot\gamma)}{\gamma}\right)$$

Die analytische Lösung der Gleichung nach Umformung des obigen Ergebnisses ist somit

$$ln\left(\frac{p_2}{p_1}\right) = -\frac{g}{R_L \cdot \gamma} \cdot ln\left(\frac{T_0 + \gamma \cdot z_2}{T_0 + \gamma \cdot z_1}\right)$$

und die Auflösung nach $p_2$ ergibt

$$p_2 := p_1 \cdot \left(\frac{T_0 + \gamma \cdot z_2}{T_0 + \gamma \cdot z_1}\right)^{-\frac{g}{R_L \cdot \gamma}} \qquad p_2 = 154.151\ mmHg \qquad p_2 = 0.206\ bar$$

Weitere Ausführungen zu symbolischen Entwicklungen enthält Anhang 10.3.6

## 1.4.3 Temperatur

### 1.4.3.1 Physikalische Deutung der Temperatur und thermisches Gleichgewicht

In einem Fluid wimmeln die Atome oder Moleküle nach Maßgabe einer statistischen Verteilung der Geschwindigkeit durcheinander, ohne dass eine makroskopische Bewegung entsteht. Aber auch in einem Festkörper schwingen die Atome oder Moleküle um eine Ruhelage. Da es drei Dimensionen des Raumes gibt, stehen den Atomen oder Molekülen stets drei Freiheitsgrade der Bewegung zur Verfügung. Die Temperatur ist ein Maß für den Mittelwert der Bewegungsenergie der Moleküle. Hat ein Molekül die Masse $m_M$, so ist der über die Gesamtheit der Moleküle gemittelte Wert der translatorischen Energie eines Moleküls gegeben durch

$$\bar{\varepsilon}_{trans,\,M} = \frac{m_M}{2}\,\bar{v}^2 = \frac{3}{2}\,k\,T\,,$$

wenn $\bar{v}$ die mittlere Geschwindigkeit der Moleküle ist. Dabei ist $k$ die Boltzmann-Konstante, eine Grundgröße der Physik[3], die den Wert

$$k = \left(1{,}3806504 \pm 0{,}0000024\right)\cdot 10^{-23}\ \frac{J}{K}$$

hat. Man erkennt, dass die Temperatur demnach eine intensive Zustandsgröße darstellt, die unabhängig von der Molekülart ist. Verschiedene Systeme, welche die gleiche Temperatur haben, sind im **thermischen Gleichgewicht**. Wegen der gleichen mittleren translatorischen Energie wird keine Energie vom einen System auf das andere übertragen. Wenn zwei Systeme mit unterschiedlichen Temperaturen in Kontakt gebracht werden, so wird vom System höherer Temperatur so lange translatorische Energie auf das System niedriger Temperatur übertragen, bis sich ein neues thermisches Gleichgewicht etabliert hat: Es fließt Wärme, bis sich, wie in Abb. 1.5 dargestellt, in Abhängigkeit von den Wärmekapazitäten[4] der beteiligten Systeme eine Mitteltemperatur zwischen den beiden Ausgangstemperaturen eingestellt hat.

---

3 Siehe Fußnote 2 Seite 8

4 Die Wärmekapazität eines Stoffes ist das Verhältnis von absorbierter Wärme $dQ$ zum Anstieg der Temperatur $dT$

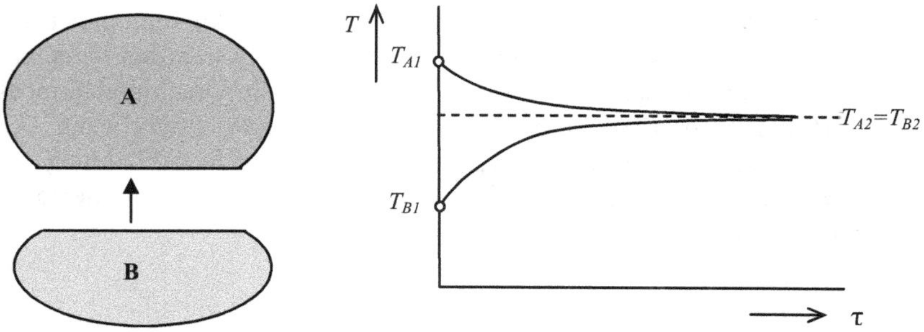


*Abb. 1.5: Ausgleichsvorgang zwischen zwei Körpern mit verschiedenen Temperaturen*

Daraus ergibt sich eine wichtige Konsequenz für die Temperaturmessung mit Thermometern, die mit einem Messobjekt in Kontakt gebracht werden: Die Wärmekapazität des Messobjekts muss wesentlich größer sein als die Wärmekapazität des Messfühlers. Dann wird dem Objekt bei der Messung so wenig Wärme entzogen, dass sich, wie in Abb. 1.6 schematisch dargestellt, seine Temperatur praktisch nicht ändert, während der Messfühler die Temperatur des Messobjekts annimmt.

Aus dem geschilderten Konzept der Verknüpfung von Bewegungsenergie und der Temperatur folgt auch, dass es einen absoluten Nullpunkt geben muss, an welchem die Moleküle vollständig ruhen. Dann ist die translatorische Energie und folglich auch die Temperatur gleich Null. Man kann im Experiment dem absoluten Nullpunkt beliebig nahe kommen, ihn aber nie ganz erreichen. Diese Aussage ist eine der möglichen Formulierungen des **Dritten Hauptsatzes der Thermodynamik**. Im Experiment ist man bis auf etwa *0,2 mK* an den absoluten Nullpunkt herangekommen.

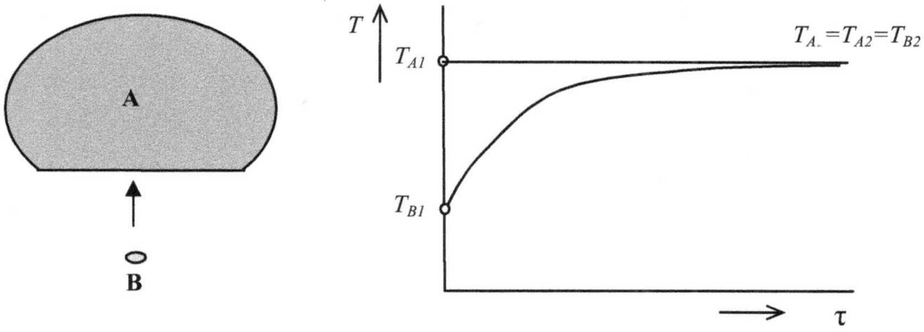


*Abb. 1.6: Ausgleichsvorgang zwischen Thermometer und Messobjekt*

Mit Hilfe der reversiblen Carnot-Maschine konnte Lord Kelvin nachweisen, dass es eine universelle Temperaturskala, die Kelvin-Skala, geben muss. Die **absolute** oder **thermodynamische Temperatur** dieser Skala ist zunächst einer direkten Messung nicht zugänglich. Die Probleme bei der praktischen Temperaturmessung werden später diskutiert.

Die SI-Einheit der Temperatur ist das Kelvin (*K*). Zur Festlegung der Temperatureinheit wählte man die Temperatur des Tripelpunkts von Wasser. Treten in einem Behälter, der mit einer geeigneten Menge von Wasser befüllt wurde, bei quasistatischer Abkühlung gleichzeitig die drei Phasen Eis, flüssiges Wasser und Dampf auf, so hat das System bei weiterem Wärmeentzug keinen thermodynamischen Freiheitsgrad mehr, das heißt, Druck und Temperatur sind so lange fixiert, wie die drei Phasen im thermischen Gleichgewicht vorliegen. Die Temperatur und der Druck können sich erst wieder ändern, wenn bei der Abkühlung die flüssige Phase vollständig verschwunden ist und Dampf und Eis im thermischen Gleichgewicht stehen. Die Tripelpunktsdaten von Wasser sind

$$T_{Tr} = 273{,}16\,K; \quad p_{Tr} = 6{,}11657\,mbar\,.$$

Damit ist die Einheit der Temperatur, das Kelvin, per Definition festgelegt durch

$$1\,K \equiv \frac{T_{Tr}}{273{,}16}\,.$$

### 1.4.3.2 Das Gasthermometer

Fluide dehnen sich in der Regel mit zunehmender Temperatur aus, allerdings sind die Volumenausdehnungskoeffizienten

$$\gamma = \frac{1}{V}\frac{dV}{dT}$$

von fast allen Fluiden auf unterschiedliche Art temperaturabhängig. Ausnahmen sind die idealen Gase. Im Vorgriff auf den Abschnitt 1.4.4 sei schon hier die Zustandsgleichung des idealen Gases angegeben. Sie lautet in extensiver Form

$$p\,V = m\,R\,T$$

und der Volumenausdehnungskoeffizient ist somit bei allen idealen Gasen

$$\gamma = \frac{1}{T}\,.$$

Ein Gasthermometer kann im Prinzip isobar (bei konstantem Druck) oder isochor (bei konstantem Volumen) ausgeführt werden. Wir diskutieren hier die isochore Bauart (Abb. 1.7).

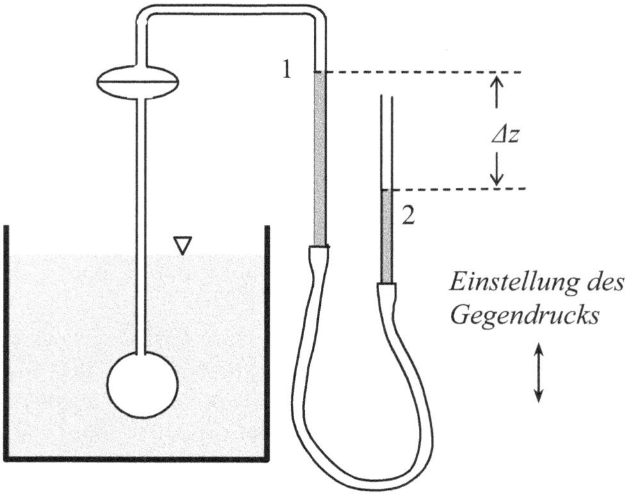


*Abb. 1.7: Schema eines Gasthermometers konstanten Volumens*

Der Messraum dieses Gasthermometers ist mit einem Gas mit nahezu idealem Verhalten, das heißt mit hinreichend niedrigem Druck, befüllt. Dieser Messraum ist über eine Kapillare mit einer Membran verbunden, die das Messgas von dem Gas trennt, mit dem in einem Quecksilbermanometer durch Heben bzw. Senken des einen Schenkels ein Gegendruck so eingestellt wird, dass die Membran spannungslos wird. Dieser Gegendruck wird dann über die Höhendifferenz der Quecksilbersäule und den Umgebungsdruck registriert. Bringt man den Messraum eines solchen Gasthermometers mit einem Flüssigkeitsbad ins thermische Gleichgewicht, das seinerseits wiederum mit einer Tripelpunktszelle im thermischen Gleichgewicht steht, in der die drei Phasen Eis, Wasser und Dampf sichtbar sind, so folgt, dass der Gasraum auf der Referenztemperatur

$$T_{ref} = T_{Tr} = 273{,}16\ K$$

ist. Am Gasthermometer liest man dann den zugehörigen Gegendruck $p_{ref}$ ab. Die Gasgleichung liefert in diesem Fall

$$p_{ref}\ V = m\ R\ T_{ref}\ .$$

Bei jeder anderen Temperatur des Flüssigkeitsbades wird der entsprechende Gegendruck $p$ abgelesen und die Gasgleichung ist

$$p\ V = m\ R\ T\ .$$

Bei der Division der beiden Gleichungen kürzen sich das konstant gehaltene Volumen $V$ und der Term $m\ R$, der die Masse des Gases und über die spezielle Gaskonstante $R$ die Gasart repräsentiert, heraus. Dann gilt

$$T = T_{ref}\ \frac{p}{p_{ref}}\ . \tag{1.6}$$

Das Gasthermometer der Bauart $V = const.$ reduziert unabhängig von der verwendeten Gasart die Temperaturmessung auf eine Druckmessung, die im Quecksilbermanometer auf eine Längenmessung zurückgeführt wird. Bei der Verwendung von Gasen wie Helium oder Wasserstoff, die erst nahe am absoluten Nullpunkt verflüssigt werden können und deren Verhalten bei moderaten Drücken sehr gut durch die Zustandsgleichung des idealen Gases wiedergegeben wird, kann die thermodynamische Temperatur mit sehr geringen Fehlertoleranzen gemessen werden.

**Beispiel 1.4 (Level 1):** Ein Gasthermometer zeigt am Quecksilbermanometer bei der Tripelpunktstemperatur von Wasser eine Höhendifferenz $z_2 - z_1 = -80\ mm\ Hg$ an. Der Umgebungsdruck wird durch Ablesung an einem Quecksilber-Barometer mit $752\ mm\ Hg$ bestimmt. Welche Temperatur herrscht bei einem Ablesewert $z_2 - z_1 = 0$?

**Voraussetzung:** Das Gasthermometer ist mit einem Gas befüllt, das mit der idealen Gasgleichung hinreichend genau beschrieben wird.

**Gegeben:**

$T_{ref} := 273.16 \cdot K \qquad \Delta z_{ref} := -80 \cdot mmHg \qquad p_U := 752 \cdot mmHg \qquad \Delta z_1 := 0 \cdot mmHg$

**Lösung:** Das Kräftegleichgewicht am Quecksilbermanometer führt zum Referenzdruck

$p_{ref} := p_U + \Delta z_{ref} \qquad p_{ref} = 672 \cdot mmHg$

Beim Ablesewert $z_2 - z_1 = 0$ ist der Druck im Messraum gleich dem Umgebungsdruck

$p_1 := p_U + \Delta z_1 \qquad p_1 = 752 \cdot mmHg$

und damit folgt aus Gl. (1.5)

$$T_1 := T_{ref} \cdot \frac{p_1}{p_{ref}} \qquad T_1 = 305.679 K$$

**Diskussion:** Da nur Druckverhältnisse vorkommen, kann jede beliebige Einheit für die absoluten Drücke und damit auch die Druckeinheit *mm Hg* verwendet werden.

### 1.4.3.3 Die Internationale Temperaturskala (ITS-90)

Jede Registrierung der Temperatur mit einem Messgerät oder einer sonstigen physikalischen Vorrichtung führt zu Abweichungen von der thermodynamischen Temperatur. Man misst stets eine **empirische Temperatur**, die möglichst gering von der absoluten Temperatur abweichen sollte. Bereits bei der experimentellen Darstellung der Temperatur des Tripelpunkts von Wasser treten selbst bei höchsten Ansprüchen an die Labortechnik außerordentlich geringe Abweichungen zwischen verschiedenen Tripelpunktszellen auf, die nach Angaben der Physikalisch-Technischen Bundesanstalt (PTB) maximal $0,0002\ K$ betragen.

Die Temperatur des Eispunkts von Wasser liegt um $0,01\ K$ unter dem Tripelpunkt von Wasser:

$$T_{Eis,68} = 273,15\ K\ .$$

Der Eispunkt ist festgelegt durch den Gefrierpunkt von luftgesättigtem Wasser beim physikalischen Standarddruck in der Atmosphäre von $1,01325\ bar$. Die Siedetemperatur von Wasser beim physikalischen Standarddruck lag bis 1990 um $100\ K$ über dem Eispunkt:

$$T_{Siede,68} = 373,15\ K\ .$$

Bereits diese Temperaturangaben stimmen nicht mehr exakt mit der thermodynamischen Temperatur überein, da ein reales Gasthermometer selbstverständlich nur angenähert, aber nie exakt ideale Eigenschaften haben kann. Durch internationale Vereinbarung werden in größeren zeitlichen Abständen Messvorschriften veröffentlicht, die es gestatten, im Labor die so genannte „Internationale Temperaturskala (ITS)“ zu reproduzieren, die nach dem aktuellen Stand von Wissenschaft und Technik die thermodynamische Temperatur am besten reproduziert und die, im entsprechenden Temperaturbereich angewandt, zur Eichung von Thermometern dient. Der derzeit gültige Standard ist die ITS-90, die im Jahr 1990 veröffentlicht worden ist[5] und die den Standard aus dem Jahr 1968, die „Internationale Praktische Temperaturskala (IPTS-68)“, ersetzt hat. Der Index „68“ bei den nachstehenden Temperaturangaben weist darauf hin, dass sie auf die IPTS-68 bezogen sind.

Die ITS-90 erstreckt sich von $0,65\ K$ bis zu den höchsten Temperaturen, die bei der Benutzung des Planckschen Strahlungsgesetzes für monochromatische Strahlung messbar sind. Um einen Eindruck für mögliche Abweichungen der thermodynamischen Temperatur von der praktischen Temperaturskala zu geben, gibt Tabelle 1.1 in dem Bereich, der für die Technik wichtig ist, die Werte von Fixpunkten der ITS-90 im Vergleich mit der IPTS-68 wieder.

Die Fixpunkte der ITS sind Tripelpunkte (T), die eindeutig bestimmt sind, sowie Siedepunkte (S), Schmelzpunkte (Sch) und Erstarrungspunkte (E), bei denen der physikalische Standarddruck eingestellt werden muss. Zwischen den Fixpunkten schreibt die ITS-90 Normal-Thermometer mit den entsprechenden Anwendungs- und Auswertungsvorschriften vor, die zur experimentellen Interpolation dienen. Zwischen $13,81\ K$ und $903,89\ K$ werden Platin-Widerstandsthermometer eingesetzt, darüber bis $1357,77\ K$ Platin/Platin-Rhodium-Thermoelemente und bei noch höheren Temperaturen Strahlungspyrometer.

---

5 Deutsche Fassung: PTB-Mitteilungen 99 (1989), S. 411-418

| Substanz | Fixpunkt | $T_{68}$, K | $T_{90}$, K |
|---|---|---|---|
| *Sauerstoff* | *T* | *54,36* | *54,3584* |
| *Argon* | *T* | *83,80* | *83,8058* |
| *Quecksilber* | *T* | - | *234,3156* |
| *Wasser* | *T* | *273,16* | *273,16* |
| *Wasser* | *S* | *373,15* | - |
| *Gallium* | *Sch* | - | *302,9146* |
| *Indium* | *E* | - | *429,7458* |
| *Zinn* | *E* | *505,12* | *505,078* |
| *Blei* | *E* | - | *600,652* |
| *Zink* | *E* | *692,73* | *692,677* |
| *Aluminium* | *E* | - | *933,473* |
| *Silber* | *E* | *1235,08* | *1234,93* |
| *Gold* | *E* | *1337,58* | *1337,33* |
| *Kupfer* | *E* | - | *1357,77* |

*Tabelle 1.1: Vergleich von ausgewählten Fixpunkten der ITS-90 mit der IPTS-68*

Die ITS-90 enthält mehrere neue Fixpunkte. Der Siedepunkt von Wasser, der in der IPTS-68 noch ein Fixpunkt war, ist entfallen. Der Eispunkt liegt immer noch bei *273,15 K*, der Bestwert der Siedetemperatur von Wasser bei physikalischem Standarddruck nach der ITS-90 ist

$$T_{Siede,90} = 373{,}124\ K\ .$$

Nach der IPTS-68 hatten Eispunkt und Siedepunkt des Wassers noch den früher so benannten Fundamentalabstand von *100 K*, den der schwedische Gelehrte Celsius Mitte des 18. Jahrhunderts mit der nach ihm benannten Temperaturskala eingeführt hat. Dieser Abstand gilt bei der ITS-90 nicht mehr exakt. Der Abstand zwischen Eispunkt und Siedepunkt des Wassers bei Standardbedingungen beträgt nach der ITS-90

$$\Delta T_{S-E,90} = 99{,}974\ K.$$

### 1.4.3.4 Weitere Temperaturskalen

Die Temperatur des Eispunkts ist der Nullpunkt der oben erwähnten Celsius-Skala. Es gilt also

$$T_{Eis} = 273{,}15\ K \quad oder \quad t_{Eis} = 0\ °C\ .$$

Die Celsius-Skala geht demnach durch eine Nullpunktsverschiebung von *273,15 K* aus der thermodynamischen Temperatur hervor. Es gilt die Zahlenwertgleichung

$$\left\{\frac{t}{°C}\right\} = \left\{\frac{T}{K}\right\} - 273{,}15$$

Die Angabe von Celsius-Temperaturen ist für absolute Temperaturen zulässig. Temperaturdifferenzen werden stets in Kelvin angegeben. So ist für eine Raumtemperatur von *293,15 K* die Angabe *20 °C* korrekt. Die Temperaturdifferenz zwischen dieser Raumtemperatur und einer Außentemperatur von *10 °C* beträgt *10 K* ebenso wie die Differenz zwischen *293,15 K* und *283,15 K*.

In den englischsprachigen Ländern wird noch immer die Fahrenheit-Skala verwendet mit den Einheiten Grad Fahrenheit *(°F)* und für die thermodynamische Temperatur Grad Rankine *(°R)*. In der Rankine-Skala liegt der Eispunkt bei *32 °F* und der Fundamentalabstand beträgt *180 °R*. Die Zahlenwertgleichungen für die Umrechnung sind

$$\left\{\frac{T}{K}\right\} = \frac{5}{9}\left\{\frac{T}{°R}\right\}$$

und

$$\left\{\frac{t}{°C}\right\} = \frac{5}{9}\left[\left\{\frac{t}{°F}\right\} - 32\right].$$

#### 1.4.3.5 Thermometrie

Thermometer sind Geräte, die bestimmte physikalische Eigenschaften ausnutzen, die reproduzierbar von der Temperatur abhängen. Grundsätzlich muss jede Temperaturmesseinrichtung in dem Bereich, in dem sie eingesetzt werden soll, kalibriert werden. Die Genauigkeit von Temperaturmessungen hängt neben grundsätzlichen Einschränkungen durch die Bauart des Thermometers von dem Aufwand ab, der bei der Kalibrierung der Messeinrichtung getrieben wird. In Deutschland stellt die Physikalisch-Technische Bundesanstalt (PTB) mit der ITS-90 geeichte Präzisionsthermometer bereit, die von anderen Institutionen wie Eichbehörden, Prüfstellen des Deutschen Kalibrierdienstes, Hochschulinstituten und Industrielaboratorien als Normalgeräte zur Eichung von Thermometern verwendet werden. Methoden und Probleme der Temperaturmessung werden ausführlich im Schrifttum behandelt[6].

Die erste Gruppe von Temperaturmessgeräten umfasst **Berührungsthermometer**, bei denen ein Messkörper mit dem Messobjekt in thermischen Kontakt gebracht wird.

Das physikalische Prinzip bei Flüssigkeits-Glas-Thermometern besteht in der Volumenausdehnung von Flüssigkeiten in Abhängigkeit von der Temperatur. Der Messkörper ist ein kleiner, mit der Messflüssigkeit befüllter Glasballon. Durch die Volumenausdehnung wird die Flüssigkeit in eine Kapillare getrieben. Die erreichbare Genauigkeit und die Auflösung hängen von der Länge der Kapillare ab. In einem relativ kleinen Messbereich ist die erreichbare Genauigkeit solcher Fadenthermometer gut. Nachteilig sind die relativ hohe Wärmekapazität des Messkörpers und die damit verbundene träge Einstellung des thermischen Gleichgewichts.

Ein Bimetall-Thermometer als Beispiel für ein mechanisches Berührungsthermometer nützt das unterschiedliche Ausdehnungsverhalten von Metallen aus: Zwei aufeinander gelötete Metallbänder krümmen sich bei Änderung der Temperatur, wobei das oben liegende Metall mit den höheren thermischen Ausdehnungskoeffizienten das Metall mit dem niedrigeren nach unten drückt. Dabei ist der gesamte Bimetallstreifen der Messkörper. Bimetall-Thermometer sind billig, ungenau und weisen einen mehr oder weniger ausgeprägten Hysteresis-Effekt auf.

---

6 Siehe z.B.: Bernhard, Frank (Hrsg.): „Technische Temperaturmessung" Berlin, Heidelberg, New York: Springer Verlag 2003

Thermofarben zeigen das Erreichen einer bestimmten Temperatur durch irreversiblen Farbumschlag an. Sie werden zur groben Temperaturbestimmung in schwer zugänglichen Messgebieten verwendet. Dem gleichen Zweck dienen Seger-Kegel oder Metallschmelzkörper, deren Erweichung bzw. Abschmelzen das Erreichen einer bestimmten Temperatur anzeigt. Diese Methoden werden z.B. in Brennöfen eingesetzt.

Von besonderer Bedeutung für die industrielle Messtechnik sind elektronische Temperaturmessverfahren mit **Temperatursensoren**, bei denen elektrische Signale der Messwerte über weite Strecken transportiert werden können, wie dies z.B. in einem Kraftwerk vom Dampferzeuger oder vom Turbinengebäude bis in die Schaltwarte der Fall ist.

Widerstandsthermometer nützen die Abhängigkeit des elektrischen Widerstands von der Temperatur aus. Dabei ist der gesamte Widerstand des Messkörpers maßgeblich. Qualität und Preis hängen vom verwendeten Metall (Kupfer, Nickel, Platin) und vom Aufwand bei der elektrischen Messtechnik ab. Widerstandsthermometer aus Platin genügen höchsten Genauigkeitsansprüchen, sie werden, wie erwähnt, zur Realisierung der ITS-90 und als Normalgeräte eingesetzt. Ein Normal-Widerstandsthermometer hat bei *0 °C* einen elektrischen Widerstand von *100 Ω*. Ein durch den Widerstand fließender Strom verfälscht durch Aufheizung des Widerstands die zu messende Temperatur. Deshalb sind elektrische Schaltungen wie Offset-Kompensation (Abb. 1.8) oder Brückenschaltungen zu realisieren, die eine präzise Messung des Widerstands erlauben. Durch Fortschritte in der Dünnschichttechnologie sind heute auch hochohmige Widerstandsthermometer (*1 kΩ*) verfügbar.

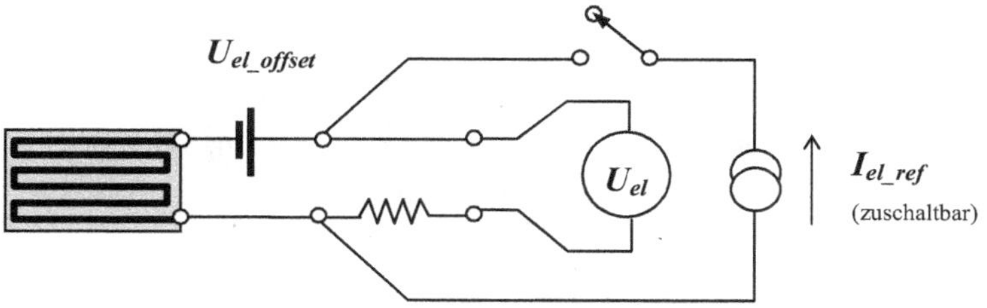


1. Messung von $U_{el}$ ohne $I_{el\_ref}$
2. Messung von $U_{el}$ mit $I_{el\_ref}$

$$R_{el} = \frac{\Delta U_{el}}{\Delta I_{el}}$$

*Abb. 1.8: Widerstandsmessung durch Offset-Kompensation*

Das Signalübertragungsverhalten von elektronischen Bauteilen, wie Thermistoren oder Transistoren in geeigneten integrierten Schaltkreisen, kann ebenfalls zur Temperaturmessung eingesetzt werden. Diese Bauteile sind elektronische Halbleiter, deren Übertragungsverhalten eine stark nichtlineare Abhängigkeit von der Temperatur aufweist. Mit Thermistoren und Transistoren sind rasche Temperaturmessungen mit hohem Signalpegel möglich, sie sind besonders geeignet zur Registrierung von Temperaturfluktuationen. Der Einsatzbereich ist begrenzt, sie sind zerbrechlich und es wird, wie beim normalen Widerstandsthermometer, eine Stromquelle benötigt.

Thermoelemente werden durch einen Leiterkreis mit zwei verschiedenen Metalldrähten gebildet (Abb. 1.9). Bringt man die Lötstellen der Drähte auf verschiedene Temperaturen, so entsteht durch den Seebeck-Effekt eine Thermospannung. Diese Thermospannung kann gemessen werden, wenn man ein empfindliches Voltmeter in den Kreis schaltet.

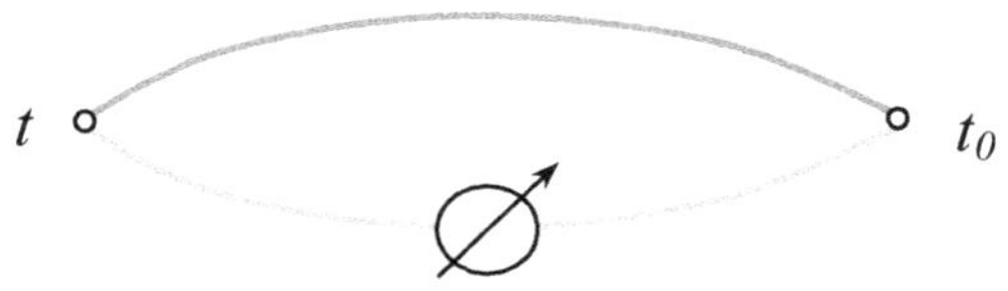


*Abb. 1.9: Thermoelement*

Tabelle 1.2 gibt Anhaltswerte für die Thermospannungen von verschiedenen Metallpaarungen wieder[7]:

| Metallpaarungen | Seebeck-Koeffizient [$\mu V/K$] |
|---|---|
| *Fe-CuNi* | 54 |
| *NiCr-Ni* | 41 |
| *Cu-CuNi* | 41 |
| *PtRh-Pt* | 6,4 |
| *NiCr-CuNi* | 60 |
| *NiCrSi-NiSi* | 39 |
| *Wo-WoMb* | 3 |

*Tabelle 1.2: Thermospannungen von Metallpaarungen*

Während alle bisher genannten Thermometer die Temperatur direkt messen, sind Thermoelemente nur zur Messung von Temperaturdifferenzen geeignet. Zur Bestimmung der absoluten Temperatur muss an der einen Lötstelle eine Referenztemperatur, zweckmäßigerweise die des schmelzenden Eises, eingestellt werden. Bringt man die andere Lötstelle mit dem Messobjekt in Kontakt, so stellt sich eine Thermospannung ein, deren Auswertung direkt die Celsius-Temperatur ergibt.

Thermoelemente haben wegen der Kleinheit des Messkörpers kurze Ansprechzeiten. Die erreichbare Messgenauigkeit hängt von der Qualität der Eichung und der elektrischen Messwertverarbeitung ab. Für den Einsatz in der industriellen Messtechnik gibt es genormte Thermoelemente mit einer Messgenauigkeit von z.B. ± *0,30 K* (Klasse B). Sie sind billig und können in Abhängigkeit von der Metallpaarung von tiefen Temperaturen um *–270 °C* bis weit über *1000 °C* eingesetzt werden. Platin/Rhodium-Platin-Thermoelemente werden zur Realisierung der ITS-90 im Bereich hoher Temperaturen bis zum Kupferpunkt als experimentelle Interpolationsvorschrift eingesetzt. Wolfram-Wolfram/Molybdän-Thermoelemente finden als Einmal-Sonden sogar zur Messung von Temperaturen in Schmelzbädern bis *2600 °C* Verwendung.

Alterungsvorgänge können im Laufe der Zeit zu Abweichungen vom ursprünglichen Verhalten führen, wobei aus Edelmetallen gefertigte Thermoelemente ein weitgehend stabiles Ver-

[7] Siehe Fußnote 6 Seite 26

halten aufweisen. Wegen des geringen auftretenden Thermostroms ist die Verfälschung des Messwerts durch Selbstaufheizung kein Problem. In der modernen industriellen Messtechnik wird die kalte Lötstelle von Thermoelementen vielfach zentral durch ein geregelt beheiztes Flüssigkeitsbad mit einer bekannten Temperatur über der Umgebungstemperatur realisiert oder sie wird elektronisch simuliert. An die elektrische Messtechnik werden erhebliche Anforderungen gestellt. Beim Transport der Messsignale über größere Distanzen sind Messverstärker notwendig.

Die Temperatur eines pulsierenden Stroms heißer Gase, wie im Auspuffkrümmer eines Verbrennungsmotors, misst man mit dem Gaspyrometer. Durch Strahlungsaustausch eines einfachen Thermoelements mit umgebenden kälteren Wänden wird der Messwert stark verfälscht. Lässt man dagegen den Gasstrom auf ein beheiztes Thermoelement einwirken, so wirkt das Gas kühlend, wenn die Temperatur des beheizten Thermoelements über der Gastemperatur liegt und erwärmend, wenn der umgekehrte Fall vorliegt. Die Beheizung wird so eingeregelt, dass die Strahlungsverluste kompensiert werden. Das ist dann der Fall, wenn der Messwert unabhängig von der Strömungsgeschwindigkeit ist. Dann haben das Gas und das Thermoelement die gleiche Temperatur.

Die zweite Gruppe von Temperaturmessgeräten umfasst **berührungsfreie Messmethoden**.

Strahlungspyrometer oder optische Pyrometer sind Geräte zur berührungsfreien Messung von Oberflächentemperaturen von Schmelzen. Sie messen die Strahlung nach einem photometrischen Verfahren. Durch eine Optik wird die strahlende Fläche in eine Ebene abgebildet, in der sich ein Glühfaden befindet. Der Strom, der durch den Glühfaden fließt, wird so lange verändert, bis der Glühfaden auf der zu photometrierenden Fläche verschwindet. Man eicht das Instrument, indem man die Öffnung eines Hohlraumstrahlers mit bekannten Temperaturen, der einen schwarzen Körper realisiert, photometriert und die abgelesenen Stromstärken den Temperaturen zuordnet.

Thermische Pyrometer messen direkt oder indirekt die absorbierte Strahlungsenergie. Beim Thermoelement oder, zur Verstärkung des Messsignals, bei vielen zur Thermosäule hintereinander geschalteten Thermoelementen, wird die eine Sorte von Lötstellen (z.B. Nr. 1, 3, 5 ...) der Strahlung ausgesetzt und die Thermospannung gegen die auf Referenztemperatur gehaltenen Lötstellen (z.B. Nr. 2, 4, 6...) gemessen. Von der absorbierten Strahlung wird auf die Emission geschlossen.

Die dritte Gruppe umfasst **bildgebende Verfahren** zur Bestimmung von Temperaturverteilungen.

Ein Verfahren zur berührungslosen Aufnahme von Temperaturfeldern um beheizte Körper in Fluiden wird durch die Interferometrie bewerkstelligt. Im Interferometer entsteht ein Streifenbild um den beheizten Körper, in dem optische Verstärkung und Auslöschung abwechseln. Durch die Verknüpfung von optischer Brechzahl und Temperatur im Fluid lässt sich jedem Streifen eine bestimmte Temperatur zuordnen. Abb. 1.10 zeigt eine Interferometeraufnahme des Temperaturfelds um einen beheizten, rotierenden Zylinder.

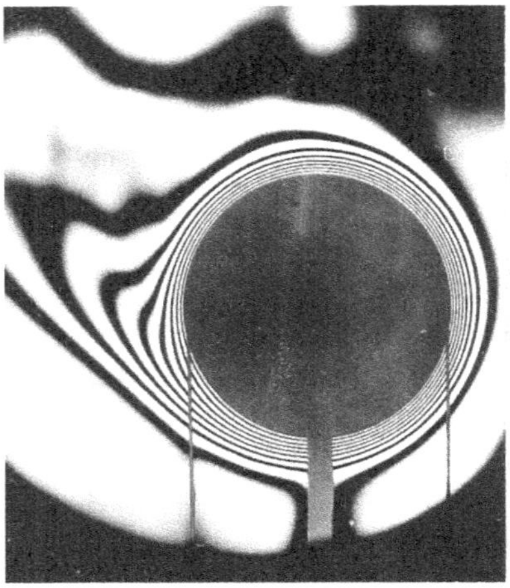

*Abb. 1.10: Interferometrisches Isothermenbild um einen beheizten, rotierenden Zylinder*[8]

Temperaturverteilungen auf Oberflächen bei Temperaturen im Bereich der Umgebung werden berührungsfrei mit Wärmebildgeräten (Thermografen) registriert, die einen meist mit flüssigem Stickstoff gekühlten Infrarot-Sensor enthalten, auf den das zu untersuchende Objekt mittels Rasteroptik punktweise abgebildet und in elektrische Signale umgewandelt wird. Den Grau- oder Farbabstufungen auf der abgebildeten Oberfläche entsprechen jeweils bestimmte Temperaturbereiche. Thermografische Bilder von Gebäuden weisen z.B. auf Wärmebrücken oder sonstige Zonen erhöhter Wärmeverluste durch mangelhafte Wärmedämmung hin.

Ein anderes Verfahren zur Registrierung von Temperaturverteilungen auf Oberflächen ist der Platten-Thermograf. Zwischen zwei dünnen Kunststofffolien befindet sich eine flüssigkristalline Substanz. Wird diese Folie mit der zu untersuchenden Oberfläche in Kontakt gebracht, so werden unterschiedliche Temperaturen durch unterschiedliche Farben sichtbar gemacht. Damit können z.B. in der Medizin Temperaturmuster auf der Haut aufgezeigt werden, die auf Durchblutungsstörungen oder Tumorbildung hinweisen.

### 1.4.4 Thermische Zustandsgleichungen

#### 1.4.4.1 Allgemeine Zusammenhänge

Bei jedem Fluid sind die thermischen Variablen Druck, Temperatur und spezifisches Volumen miteinander verknüpft. Liegt ein einphasiges Fluid vor, so kann man zwei Variablen frei wählen. Die dritte Variable wird dann mit der für das Fluid charakteristischen **thermischen Zustandsgleichung** berechnet.

Für ein beliebiges reales Fluid sind die Gleichungen

$$p = p(v,T)$$

---

[8] Quelle: Lehrstuhl A für Thermodynamik der Technischen Universität München

mit dem spezifischen Volumen und der Temperatur als unabhängige Variablen und

$$v = v(p,T)$$

mit dem Druck und der Temperatur als unabhängige Variablen von praktischer Bedeutung.

Phasenwechsel, wie Verdampfung bzw. Kondensation, Schmelzen bzw. Erstarren sowie Sublimieren bzw. Desublimieren, werden durch die thermische Zustandsgleichung beschrieben. Bei diesen einfachen Phasenübergängen stehen die entsprechenden beiden Phasen (Dampf und Flüssigkeit, Flüssigkeit und Festkörper sowie Dampf und Festkörper) im thermischen Gleichgewicht. Es kann nur noch ein Parameter (Druck oder Temperatur) frei gewählt werden, der andere Parameter stellt sich dann zwangsläufig ein. So siedet Wasser beim Standard-Atmosphärendruck bei ca. *100 °C*, bei erhöhtem Druck steigt die Siedetemperatur und bei Druckabsenkung sinkt die Siedetemperatur. Bei aufgeprägtem Druck kann die Gleichgewichtstemperatur des zweiphasigen Zustands erst wieder verändert werden, wenn eine der Phasen vollständig verschwunden ist. Sind alle drei Phasen (Festkörper, Flüssigkeit und Dampf) im thermischen Gleichgewicht, so ist kein Freiheitsgrad mehr vorhanden: Druck und Temperatur sind im Tripelzustand festgelegt.

Auf das reale Verhalten von Fluiden sowie auf die verschiedenen Phasenwechsel und die damit zusammenhängenden Gesetzmäßigkeiten werden wir in Kapitel 6 näher eingehen.

#### 1.4.4.2 Ideales Gas und Gasgemische

Eine der frühesten quantitativen Beschreibungen des Verhaltens von Gasen geht auf Robert Boyle (1627–1691) zurück. Die gleiche Gesetzmäßigkeit wurde auch von Edme Mariotte (1620–1684) herausgefunden. Danach ist

$$v = \frac{f_1(T)}{p} .$$

Die Veränderung des spezifischen Volumens mit der Temperatur bei konstant gehaltenem Druck wurde von Jacques Charles (1746–1823) untersucht, der den Zusammenhang

$$\frac{v}{T} = f_2(p)$$

herausfand.

Die Kombination der beiden Ansätze führt zu

$$v = \frac{R\,T}{p} , \qquad (1.7)$$

wobei $R$ die für jedes Gas charakteristische spezielle Gaskonstante ist. Dies ist die thermische Zustandsgleichung des **idealen Gases.** Wie man sich leicht überzeugen kann, geht das spezifische Volumen gegen Null, wenn der Druck über alle Grenzen steigt: Das ideale Gas lässt sich auf einen Punkt zusammendrücken, was selbstverständlich physikalisch nicht sinnvoll ist. Die Moleküle sind in der mit dem idealen Gas verbundenen Modellvorstellung demnach Massepunkte ohne Eigenvolumen.

Für alle realen Gase liefert die Zustandsgleichung des idealen Gases eine exzellente Widergabe des experimentell beobachteten Zusammenhangs zwischen Druck, Temperatur und spezifischem Volumen für Drücke bis zu einigen Bar. Bei weiterer Steigerung des Drucks treten in zunehmendem Maße Abweichungen auf, die auf die realen Eigenschaften des Fluids zurückzuführen sind. Das Modell des idealen Gases kann demnach auf Gase und Dämpfe angewendet werden, bei denen die Abstände zwischen den Molekülen hinreichend groß sind.

Das ideale Gas stellt den Grenzfall des Zustands der Materie dar, bei dem die Zahl der Moleküle pro Volumeneinheit hinreichend gering ist, das heißt, das molare Volumen $v_m$ muss hinreichend groß sein. Dagegen stellt das inkompressible Fluid den kondensierten Zustand der Materie dar, bei dem die Moleküle dicht gepackt bei einem Minimum des molaren Volumens vorliegen. Zwischen diesen beiden Extremzuständen liegt das reale Fluid mit den Phasenwechseln.

Wir schreiben zunächst die thermische Zustandsgleichung des idealen Gases mit extensiven Größen an,

$$p\,V = m\,R\,T \tag{1.8}$$

und ersetzen die Masse $m$ durch die Molzahl $n$,

$$p\,V = n\,M\,R\,T\,.$$

Im Jahr 1811 äußerte Amedeo Avogadro (1776–1856) die Vermutung, nach der alle Gase in gleichen Volumina bei gleichem Druck und bei gleicher Temperatur stets die gleiche Anzahl von Molekülen enthalten. Diese Vermutung gilt aus heutiger Sicht streng, wenn die Massen der Moleküle in Massepunkten konzentriert sind, wenn also, wie wir bereits festgestellt haben, ein ideales Gas vorliegt. Wendet man diese Hypothese auf obige Gleichung an, so darf das molare Volumen

$$v_m = \frac{V}{n}$$

nur vom thermischen Zustand und nicht von der Art des Gases abhängen. Die molare Masse $M$ und die spezielle Gaskonstante $R$ sind Größen, die für jedes Gas charakteristische Werte haben. Deshalb muss das Produkt aus molarer Masse $M$ und spezieller Gaskonstante $R$ für alle Gase den gleichen Wert haben. Dies ist die universelle Gaskonstante

$$R_m = M\,R\,,$$

die eine Grundkonstante der Physik ist und den Zahlenwert

$$R_m = 8{,}314472 \pm 0{,}000015\,\frac{J}{mol\,K}$$

hat[9]. Die für alle Arten von idealen Gasen gültige thermische Zustandsgleichung ist somit

$$p\,V = n\,R_m\,T \tag{1.9}$$

oder, molar,

$$p\,v_m = R_m\,T\,. \tag{1.10}$$

Der Normzustand ist festgelegt durch

$$p_N = 760\,mm\,Hg \cong 1{,}01325\,bar; \qquad T_N = 273{,}15\,K \cong 0\,°C\,.$$

Damit ist das Normvolumen

$$V_N = n\,v_{mN}$$

mit dem molaren Volumen im Normzustand

---

[9] Siehe Fußnote 2 Seite 8

$$v_{mN} = \frac{R_m \, T_N}{p_N},$$

das den Zahlenwert

$$v_{mN} = 22{,}4141 \, \frac{m^3}{kmol}$$

hat. Damit ist ein Normvolumen der Stoffmenge oder ein Normvolumenstrom dem Stoffstrom direkt proportional. Die Stoffmenge von *1 kmol* nimmt im Normzustand ein Volumen von *22,4141 Normkubikmetern* ein. In der Technik werden Stoffmengen vielfach in Normkubikmetern *($m^3_N$)* oder Stoffströme in Normkubikmetern pro Sekunde *($m^3_N/s$)* angegeben.

**Beispiel 1.5 (Level 1):** Bei einer Temperatur von *45 °C* und einem Druck von *1,5 bar* wird in einer Gasleitung ein stationärer Volumenstrom von *2,5 m³/s* gemessen. Welche Stoffmenge in Kilomol bzw. in Normkubikmetern strömt in einer Minute aus der Gasleitung?

**Voraussetzung:** Das thermodynamische Verhalten des Gases kann durch die ideale Gasgleichung beschrieben werden.

**Gegeben:** Universelle Gaskonstante und physikalischer Normzustand:

$$R_m := 8.3145 \cdot \frac{kJ}{kmol \cdot K} \qquad p_N := 760 \cdot mmHg \qquad t_N := 0 \cdot °C$$

Druck, Temperatur und Volumenstrom des Gases:

$$p_G := 1.5 \cdot bar \qquad t_G := 45 \cdot °C \qquad Vp_G := 2.5 \cdot \frac{m^3}{s}$$

**Lösung:** Die absolute Temperatur des Gases und die Normtemperatur werden mit der Funktion

$$Tt(t) := t + 273.15 \cdot K$$

umgerechnet mit den Ergebnissen

$$T_G := Tt(t_G) \qquad T_G = 318.15K \qquad T_N := Tt(t_N) \qquad T_N = 273.15K$$

Aus der thermischen Zustandsgleichung des idealen Gases folgt direkt der molare Strom

$$np_G := \frac{p_G \cdot Vp_G}{R_m \cdot T_G}$$

Mit den gegebenen Werten ergibt sich

$$np_G = 141.763 \frac{mol}{s} \qquad np_G = 8.506 \frac{kmol}{min}$$

Durch Division der Gasgleichungen für den allgemeinen Zustand und den Normzustand (Index *N*) ergibt sich

$$Vp_N := Vp_G \cdot \frac{T_N}{T_G} \cdot \frac{p_G}{p_N} \qquad Vp_N = 3.177 \frac{m^3}{s} \qquad Vp_N = 190.649 \frac{m^3}{min}$$

Das gleiche Ergebnis findet man aus

$$v_{mN} := \frac{R_m \cdot T_N}{p_N} \qquad Vp_N := v_{mN} \cdot np_G \qquad Vp_N = 190.649 \cdot \frac{m^3}{min}$$

**Diskussion:** Es ist unerheblich, ob in der Rohrleitung Stickstoff, Wasserstoff oder irgendein anderes Gas strömt. Das thermische Verhalten des strömenden Gases muss nur hinreichend genau durch die ideale Gasgleichung beschrieben werden. Bei geringen Drücken und ausreichend hohen Temperaturen kann auch Wasserdampf durch die ideale Gasgleichung beschrieben werden. Bei den angegebenen Parametern Druck und Temperatur würde allerdings in der Rohrleitung flüssiges Wasser strömen.

Für ein Gemisch von idealen Gasen gilt für die Partialdrücke das Dalton'sche Gesetz, nach dem der Druck einer Komponente $i$ unabhängig von den anderen Komponenten des Gasgemisches ist, wobei vorausgesetzt wird, dass alle Komponenten durch die ideale Gasgleichung beschrieben werden können. Zur Erläuterung der Zusammenhänge betrachten wir in Abb. 1.11 einen Behälter, bei dem zunächst zwei durch eine Trennwand separierte Teilräume mit zwei verschiedenen Gasen bei gleichem Druck und bei gleicher Temperatur befüllt sind. Zieht man die Trennwand heraus, so bleiben Druck und Temperatur erhalten.

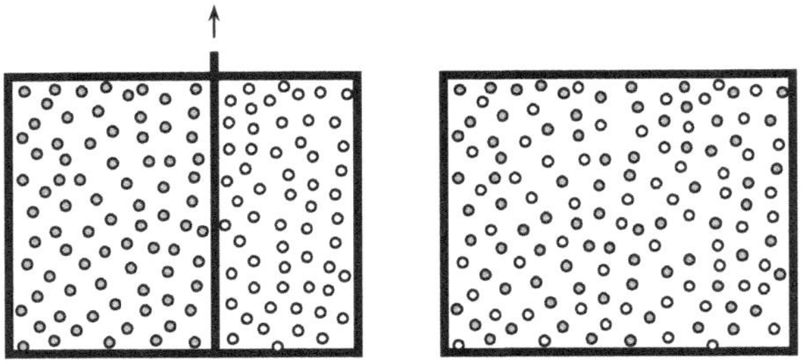

$V_1 + V_2 = V$ $\qquad$ $p_1 + p_2 = p$

*Abb. 1.11: Vermischung von zwei Gasen*

Durch Diffusion mit der Konzentrationsdifferenz als treibendem Gefälle vermischen sich die beiden Gaskomponenten. Für die Komponente $i$ gilt vor der Vermischung

$$p\,V_i = n_i\,R_m\,T$$

und nach der Vermischung

$$p_i\,V = n_i\,R_m\,T\,.$$

Für das Gesamtsystem gilt in beiden Fällen

$$p\,V = n\,R_m\,T\,.$$

Bei $k$ Komponenten der Gasgemischs ist das Gesamtvolumen

$$V = \sum_{i=1}^{k} V_i\,,$$

der Gesamtdruck

$$p = \sum_{i=1}^{k} p_i$$

und die gesamte Stoffmenge

$$n = \sum_{i=1}^{k} n_i\,.$$

Aus der Division der Zustandsgleichungen für die Komponente $i$ durch die Zustandsgleichung für das Gesamtsystem folgen die Beziehungen

$$\frac{n_i}{n} = \frac{V_i}{V} = \frac{p_i}{p}\,,$$

wobei das Verhältnis der Molzahl der Komponente $i$ zur Gesamtmolzahl als Molanteil[10] $\chi_i$ bezeichnet wird. Es gilt also

$$\chi_i = \frac{V_i}{V} = \frac{p_i}{p} \quad \text{und} \quad \sum_{i=1}^{k} \chi_i = 1 \,. \tag{1.11}$$

Molare Größen von Gemischen werden generell nach dem Molanteil gewichtet aufsummiert. Für die molare Masse des Gemischs gilt

$$M_M = \sum_{i=1}^{k} \chi_i \, M_i \tag{1.12}$$

Die auf die Masse bezogenen Gasgleichungen für die Komponente $i$ sind

$$p \, V_i = p_i \, V = m_i \, R_i \, T$$

und für das Gemisch

$$p \, V = m \, R_M \, T \,,$$

wobei $R_M$ die Gaskonstante des Gemischs ist. Daraus folgt

$$\frac{V_i}{V} = \frac{p_i}{p} = \frac{m_i \, R_i}{m \, R_M} \,,$$

wobei das Verhältnis der Gasmasse der Komponente $i$ zur Gesamtmasse des Gemischs den Massenanteil $\xi_i$ darstellt. Damit gilt

$$\xi_i = \frac{m_i}{m} = \chi_i \, \frac{R_M}{R_i} = \chi_i \, \frac{M_i}{M_M} \quad \text{und} \quad \sum_{i=1}^{k} \xi_i = 1 \,. \tag{1.13}$$

Die Gaskonstante des Gemischs wird aus

$$R_M = \frac{R_m}{M_M} \tag{1.14}$$

oder, da auf die Masse bezogene Größen generell nach Massenanteilen gewichtet aufsummiert werden, durch

$$R_M = \sum_{i=1}^{k} \xi_i \, R_i \tag{1.15}$$

ermittelt.

**Beispiel 1.6 (Level 1):** Trockene Luft hat die Zusammensetzung *78,08 Vol.-%* $N_2$, *20,95 Vol-%* $O_2$ und der Rest ist (hauptsächlich) Argon. Die molaren Massen sind *28,01* für Stickstoff, *32,00* für Sauerstoff und *39,95 kg/kmol* für Argon. Wie groß sind die Partialdrücke der Komponenten, wenn der Gesamtdruck *760 mm Hg* beträgt und welche Massenanteile der Komponenten, welche Gaskonstante und welche Dichte bei *25 °C* hat die Luft? Wie ändern sich Partialdrücke, Molanteile, Massenanteile, Gaskonstante und Dichte, wenn bei unverändertem Gesamtdruck als weitere Komponente Wasserdampf mit einem Partialdruck von *30 hPa* hinzukommt? Die molare Masse des Wasserdampfes beträgt *18,015 kg/kmol.*

**Voraussetzung:** Das thermodynamische Verhalten aller Komponenten der Gasgemische kann durch die ideale Gasgleichung beschrieben werden.

Zur eleganten Lösung des Problems arbeiten wir mit Matrizen. Multiplikation einer Matrix $A$ mit einem Skalar $k$ bedeutet, dass durch $C = k \cdot A$ jedes Element der Matrix $A$ mit dem Skalar $k$ multipliziert wird.

---

[10] im Schriftum auch: Molenbruch oder Stoffmengenanteil

Die Multiplikation von zwei Matrizen $A \cdot B = C$ ist nur möglich, wenn $A$ und $B$ verkettet sind, das heißt, wenn die Spaltenzahl von $A$ gleich der Zeilenzahl von $B$ ist. Wenn Matrix $A$ die Ordnung $p$ x $m$ und Matrix $B$ die Ordnung $m$ x $q$ hat, hat die Lösungsmatrix $C$ die Ordnung $p$ x $q$. Das allgemeine Element der Matrix $C$ ist

$$c_{ij} = \sum_{k=1}^{m} a_{ik}\, b_{kj} \; .$$

**Gegeben:**

$$p_{ges} := 760 \cdot mmHg \qquad t := 25 \cdot {}^\circ C \qquad \chi_{tL} := \begin{pmatrix} 0.7808 \\ 0.2095 \\ 0 \\ 0 \end{pmatrix} \qquad M := \begin{pmatrix} 28.01 \\ 32.00 \\ 39.95 \\ 18.015 \end{pmatrix} \cdot \frac{kg}{kmol}$$

$$p_{H2O} := 30 \cdot hPa \qquad T := Tt(t)$$

**Lösung:** Die Matrix der Zusammensetzung der **trockenen Luft** wird ergänzt durch den Beitrag von Argon, der auf Position 2 der Matrix gespeichert wird:

$$\chi_{tL_2} := 1 - \sum_{i=0}^{1} \chi_{tL_i}$$

mit dem Ergebnis

$$\chi_{tL} = \begin{pmatrix} 0.7808 \\ 0.2095 \\ 0.0097 \\ 0 \end{pmatrix}$$

wobei $\chi_{tL}$ das einspaltige Feld der Gaszusammensetzung ist. Mit dem einzeiligen Feld der molaren Massen $M$ wird die molare Masse des Gemischs durch das Matrizenprodukt

$$M_{tL} := \chi_{tL} \cdot M \qquad M_{tL} = 28.962 \frac{kg}{kmol}$$

berechnet.

Die einspaltige Matrix der Partialdrücke wird berechnet mit

$$p_{tL} := p_{ges} \cdot \chi_{tL} \qquad p_{tL} = \begin{pmatrix} 593.408 \\ 159.220 \\ 7.372 \\ 0.000 \end{pmatrix} mmHg$$

Für die Massenanteile gilt

$$i := 0..3 \qquad \xi_{tL_i} := \chi_{tL_i} \cdot \frac{M_i}{M_{tL}} \qquad \xi_{tL} = \begin{pmatrix} 0.7551 \\ 0.2315 \\ 0.0134 \\ 0 \end{pmatrix} \qquad \sum_i \xi_{tL_i} = 1$$

Die Gaskonstante ist

$$R_{tL} := \frac{R_m}{M_{tL}} \qquad R_{tL} = 0.287 \frac{kJ}{kg \cdot K}$$

und für die Dichte der trockenen Luft folgt

$$\rho_{tL} := \frac{p_{ges}}{R_{tL} \cdot T} \qquad \rho_{tL} = 1.184 \frac{kg}{m^3}$$

Bei der **feuchten Luft** haben die trockenen Anteile einen Partialdruck

$$p_L := p_{ges} - p_{H2O}$$

Rechnet man die Zusammensetzung der trockenen Bestandteile auf den Partialdruck der trockenen Luft um und ergänzt die Zusammensetzung durch das Partialdruckverhältnis des Wasserdampfs,

$$p_L := p_{ges} - p_{H2O} \qquad \chi_{fL} := \chi_{tL} \cdot \frac{p_L}{p_{ges}} \qquad \chi_{fL_3} := \frac{p_{H2O}}{p_{ges}}$$

so ist die Zusammensetzung der feuchten Luft

$$\chi_{fL} = \begin{pmatrix} 0.7577 \\ 0.2033 \\ 0.0094 \\ 0.0296 \end{pmatrix} \qquad \sum_i \chi_{fL_i} = 1$$

und die Partialdrücke der Komponenten werden berechnet mit

$$p_{fL} := p_{ges} \cdot \chi_{fL} \qquad p_{fL} = \begin{pmatrix} 575.839 \\ 154.506 \\ 7.154 \\ 22.502 \end{pmatrix} mmHg \qquad \sum_i p_{fL_i} = 760\, mmHg$$

Mit der molaren Masse der feuchten Luft

$$M_{fL} := \chi_{fL} \cdot M \qquad M_{fL} = 28.638 \frac{kg}{kmol}$$

ist die Zusammensetzung in Massenanteilen

$$\xi_{fL_i} := \chi_{fL_i} \cdot \frac{M_i}{M_{fL}} \qquad \xi_{fL} = \begin{pmatrix} 0.7411 \\ 0.2272 \\ 0.0131 \\ 0.0186 \end{pmatrix} \qquad \sum_i \xi_{fL_i} = 1$$

Gaskonstante und Dichte der feuchten Luft sind

$$R_{fL} := \frac{R_m}{M_{fL}} \qquad R_{fL} = 0.29 \frac{kJ}{kg \cdot K} \qquad \rho_{fL} := \frac{p_{ges}}{R_{fL} \cdot T} \qquad \rho_{fL} = 1.171 \frac{kg}{m^3}$$

**Diskussion:** Zur Kontrolle sollte immer die Aufsummierung der gewichteten Komponenten der Gaszusammensetzung durchgeführt werden.

In diesem Beispiel wird bei der Ermittlung der molaren Masse eine einzeilige Matrix der Ordnung *1* x *m* mit einer einspaltigen Matrix der Ordnung *m* x *1* multipliziert. Die Lösungsmatrix hat dann die Ordnung *1* x *1*, sie enthält folglich nur ein Element

$$c_{11} = \sum_{k=1}^{m} a_{1k}\, b_{k1} \,.$$

Bei der Berechnung der Massenanteile wird eine neue Matrix aus zwei Matrizen gleicher Ordnung aufgebaut, wobei jedes Element der Lösung durch die gleiche Rechenoperation entsteht.

Weitere Erläuterungen zur Matrizenrechnung findet man im Anhang 10.3.3.

Feuchte Luft hat eine geringere Dichte als trockene Luft. Dies spielt in der Atmosphäre bei der Wolkenbildung eine entscheidende Rolle, ebenso bei Naturzug-Kühltürmen.

#### 1.4.4.3 Inkompressibles Fluid, Gemische von Flüssigkeiten und Lösungen

Besonders einfach ist die thermische Zustandsgleichung für das **inkompressible Fluid**. Stellt man sich die Moleküle als starre Kugeln vor, die gegeneinander beweglich sind, so nehmen diese Kugeln stets das gleiche Volumen ein, unabhängig davon, welche Kräfte auf die Wände wirken, welche die Kugelschüttung begrenzen. Für das inkompressible Fluid gilt also

$$v = \frac{1}{\rho} = const. \tag{1.16}$$

unabhängig vom Druck, unter dem das Fluid steht. Diese Modellvorstellung gilt auch für den Festkörper, bei dem die Moleküle nicht mehr gegeneinander beweglich sind. Bei Erstarrungsvorgängen tritt meist eine geringe Abnahme des Volumens auf. Eine wichtige Ausnahme ist das Wasser, das unter Volumenzunahme gefriert.

Wir betrachten nun Lösungen oder Gemische von Flüssigkeiten. Eine Lösung besteht aus gelösten Stoffen, z.B. Zucker oder Salz und aus dem Lösungsmittel, z.B. Wasser. Löst man die Massen $m_i$ in der Masse $m_0$ des Lösungsmittels auf, so werden die Massenanteile durch

$$\left.\begin{aligned} &\xi_i = \frac{m_i}{m_0 + \sum_i m_i} = \frac{m_i}{m_{ges}} \quad \text{und} \quad \xi_0 = \frac{m_0}{m_{ges}} \\ &\text{mit} \quad \xi_0 + \sum_i \xi_i = 1 \end{aligned}\right\} \tag{1.17}$$

und die Molanteile durch

$$\left.\begin{aligned} &\chi_i = \frac{n_i}{n_0 + \sum_i n_i} = \frac{n_i}{n_{ges}} \quad \text{und} \quad \chi_0 = \frac{n_0}{n_{ges}} \\ &\text{mit} \quad \chi_0 + \sum_i \chi_i = 1 \end{aligned}\right\} \tag{1.18}$$

festgelegt. Dabei werden die vorstehenden Beziehungen verknüpft durch

$$n_i = \frac{m_i}{M_i} \quad \text{und} \quad n_0 = \frac{m_0}{M_0}.$$

Die molare Masse der Lösung beträgt

$$M_{ges} = \chi_0 \, M_0 + \sum_i \chi_i \, M_i = M_0 + \sum_i \chi_i \left(M_i - M_0\right). \tag{1.19}$$

Die Stoffmengenkonzentration der gelösten Stoffe in der Lösung, die auch als molare Konzentration oder Molarität bezeichnet wird, wird definiert durch

$$c_i = \frac{n_i}{V_{ges}} = \chi_i \, \frac{n_{ges}}{V_{ges}}. \tag{1.20}$$

Kennt man die Dichte der Lösung $\rho$, so folgt

$$c_i = \frac{\rho \, \chi_i}{M_0 + \sum_i \chi_i \left(M_i - M_0\right)}. \tag{1.21}$$

Kann man voraussetzen, dass sich beim Lösungsprozess die Einzelvolumina aller Komponenten addieren, so wird die Dichte mit den Dichten der Komponenten mittels

$$\rho = \left[\frac{\xi_0}{\rho_0} + \sum_i \frac{\xi_i}{\rho_i}\right]^{-1} = \left[\frac{1}{\rho_0} + \sum_i \xi_i \left(\frac{1}{\rho_i} - \frac{1}{\rho_0}\right)\right]^{-1} \tag{1.22}$$

berechnet.

Elektrolytmoleküle zerfallen beim Lösungsvorgang in Ionen, so dass in der Lösung mehr Teilchen vorliegen als es der Anzahl der zugefügten Elektrolytmoleküle entspricht. Entstehen aus einem Elektrolytmolekül bei Dissoziation $k$ Ionen und ist der Dissoziationsgrad $\delta$ das Verhältnis von dissoziierten zu unveränderten Elektrolytmolekülen, so liegen in der Lösung

$$n_i' = n_i\,[1+\delta\,(k-1)] \qquad (1.23)$$

Teilchen vor.

Bei verdünnten Lösungen überwiegt das Lösungsmittel. Es gilt

$$m_0 >> \sum_i m_i \qquad \text{und} \qquad n_0 >> \sum_i n_i \,.$$

**Beispiel 1.7 (Level 1):** Zur Simulation von Meerwasser werden *35 g* Kochsalz in Wasser aufgelöst, so dass *1 kg* Lösung entsteht. Man bestimme die Stoffmengenkonzentration in der Lösung. Die molaren Massen betragen $M_{H2O} = 18{,}015\ g/mol$ und $M_{NaCl} = 58{,}44\ g/mol$.

**Voraussetzungen:** Das Kochsalz dissoziiert vollständig gemäß $NaCl \rightarrow Na^+ + Cl^-$. Die Einzelvolumina der Komponenten addieren sich.

**Gegeben:**

$M_0 := 18.015 \cdot \frac{gm}{mol}$ $\quad M_1 := 58.44 \cdot \frac{gm}{mol}$ $\quad \rho_0 := 997 \cdot \frac{kg}{m^3}$ $\quad \rho_1 := 2170 \cdot \frac{kg}{m^3}$

$m_1 := 35 \cdot gm$ $\quad m_{ges} := 1000 \cdot gm$ $\quad m_0 := m_{ges} - m_1$ $\quad m_0 = 965 gm$

**Lösung:** Die Massenanteile und Stoffmengen betragen

$\xi_1 := \frac{m_1}{m_{ges}}$ $\quad \xi_0 := \frac{m_0}{m_{ges}}$ $\quad \xi_1 = 0.035$ $\quad \xi_0 = 0.965$

$n_1 := \frac{m_1}{M_1}$ $\quad n_0 := \frac{m_0}{M_0}$ $\quad n_1 = 0.599 mol$ $\quad n_0 = 53.566 mol$

Mit der Voraussetzung additiver Volumenvergrößerung beträgt die Dichte der Lösung

$$\rho := \frac{1}{\left[\frac{1}{\rho_0} + \xi_1 \cdot \left(\frac{1}{\rho_1} - \frac{1}{\rho_0}\right)\right]} \qquad \rho = 1016.2\,\frac{kg}{m^3}$$

Damit beträgt das Gesamtvolumen der Lösung

$$V_{ges} := \frac{m_{ges}}{\rho} \qquad V_{ges} = 0.984\ liter$$

Mit dem Dissoziationsgrad $\delta = 1$ und der Aufspaltung des Elektrolytmoleküls in zwei Ionen beträgt die Stoffmenge in der Lösung

$\delta := 1$ $\quad k := 2$ $\quad n_{d1} := n_1 \cdot [1 + \delta \cdot (k-1)]$ $\quad n_{d1} = 1.198 mol$

Damit folgt für die Stoffmengenkonzentration

$$c_{d1} := \frac{n_{d1}}{V_{ges}} \qquad c_{d1} = 1.217\,\frac{mol}{liter}$$

### 1.4.4.4 Osmotischer Druck und das Van't-Hoff'sche Gesetz

Halbdurchlässige oder semipermeable Membranen sind nur für die Moleküle des Lösungsmittels durchlässig, nicht aber für die Moleküle oder Ionen des gelösten Stoffes. Trennt man, wie in Abb. 1.12 skizziert, die Mischphase der Lösung von der reinen Phase des Lösungsmittels durch eine solche Membran, so besteht zwischen der Lösung und dem Lösungsmittel durch Unterschiede im chemischen Potential ein treibendes Gefälle, welches Diffusion verursacht.

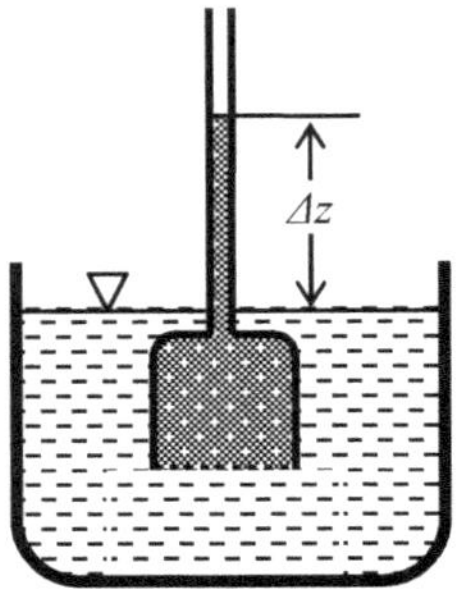


*Abb. 1.12: Osmose*

Dadurch wird das Lösungsmittel durch die Membran in die Lösung getrieben und der Druck in der Lösung erhöht sich so lange, bis sich ein neues Gleichgewicht in Form von gleichen chemischen Potentialen eingestellt hat. Dann sind an der Membran Diffusion infolge des Konzentrationsunterschieds und Gegendiffusion infolge des Druckgefälles im Gleichgewicht. Diesen Vorgang nennt man Osmose.

Jacobus van't Hoff (1852–1911) entwickelte eine einfache Gleichung, um für stark verdünnte Lösungen die Drucksteigerung durch Osmose, den so genannten osmotischen Druck, zu beschreiben. Definiert man die Drucksteigerung durch

$$\Pi = p_{Lös} - p_0 , \tag{1.24}$$

wobei $p_0$ der Druck der reinen Phase und $p_{Lös}$ der Druck in der Mischphase ist, so zeigt das Van't-Hoff'sche Gesetz

$$\Pi = \frac{\sum_i n_i}{V_{ges}} R_m T = \sum_i c_i R_m T \tag{1.25}$$

mit dem Gesamtvolumen der Lösung $V_{ges}$ eine formale Ähnlichkeit zur Gleichung des idealen Gases. Man kann den osmotischen Druck als denjenigen Druck deuten, den die in der Lösung befindlichen Moleküle oder Ionen auf die für sie undurchlässige Membran ausüben. Während beim idealen Gas zwischen den Molekülen leerer Raum ist, werden bei der Lösung die gelösten Moleküle oder Ionen durch die umgebenden Moleküle des Lösungsmittels auf Abstand gehalten.

Das Van't-Hoff'sche Gesetz besagt, dass äquimolare Lösungen verschiedener gelöster Stoffe bei gleicher Temperatur den gleichen osmotischen Druck haben. Wie an Zuckerlösungen experimentell nachgewiesen[11], ist das Gesetz bis zu Stoffmengenkonzentrationen von

$$c_{Grenz} \approx 0{,}3 \, \frac{mol}{\ell}$$

anwendbar. Der dazu gehörende osmotische Druck beträgt bei *25 °C*

$$\Pi_{Grenz} \approx 7{,}4 \, bar .$$

[11] Kondepudi, D., Prigogine, I.: „Modern Thermodynamics", Chichester, New York, Weinheim: John Wiley and Sons 1998, p. 209

Bei höheren molaren Konzentrationen $c > c_{Grenz}$ in Zuckerlösungen treten Abweichungen vom Van't -Hoff'schen Gesetz in Richtung höherer osmotischer Drücke auf.

Der osmotische Druck spielt in der Biologie eine große Rolle, da Zellmembranen semipermeabel sind. In Pflanzenzellen treten osmotische Drücke bis *40 bar* auf. Die Osmose bewirkt den Stofftransport im pflanzlichen Organismus, reguliert den Wasserhaushalt und erzeugt einen Innendruck, welcher der Pflanze Form und Stabilität gibt. Im tierischen und menschlichen Organismus verhindert die Osmoregulation beispielsweise übermäßige Wasserverluste.

# 1.5 Kalorische Zustandsgrößen und Zustandsgleichungen

## 1.5.1 Innere Energie und Enthalpie

Die innere Energie ist nach der kinetischen Theorie die Summe aller Teilenergien der Moleküle. Hat ein Molekül die Energie $\varepsilon_i$, so ist die innere Energie von $N$ Molekülen

$$U = \sum_{i=1}^{N} \varepsilon_i$$

mit

$$\varepsilon_i = \left(\varepsilon_{trans} + \varepsilon_{rot} + \varepsilon_{osz} + \varepsilon_{pot} + \varepsilon_{chem} + \varepsilon_{el} + \varepsilon_{nukl}\right)_i .$$

Mehratomige Moleküle in einem Fluid können nicht nur Translationsenergie haben, sondern es kann ab einer bestimmten Temperatur auch Rotation angeregt werden. Außerdem können bei noch höheren Temperaturen ihre Bestandteile, die Atome, gegeneinander schwingen. Jede solche unabhängige Bewegungsmöglichkeit nennt man einen Freiheitsgrad. Auf jeden Freiheitsgrad entfällt im thermischen Gleichgewicht die gleiche mittlere Energie, und zwar

$$\overline{\varepsilon}_{FG} = \frac{1}{2} k\, T .$$

Ein Molekül mit $f$ Freiheitsgraden enthält also die mittlere Gesamtenergie

$$\overline{\varepsilon}_i = \frac{f}{2} k\, T .$$

Einatomige Gase (Edelgase He, Ne, Ar, Kr, Xe) haben, wie alle anderen Moleküle in Fluiden, die drei Freiheitsgrade der Translation in den drei Richtungen des Raumes. Damit ist

$$\left(\overline{\varepsilon}_{trans}\right)_i = \frac{3}{2} k\, T .$$

Bei mehratomigen Molekülen können Freiheitsgrade der Rotationen hinzukommen, und zwar um die Hauptträgheitsachsen des jeweiligen Moleküls. Wie Abb. 1.13 zeigt, treten zwei Freiheitsgrade bei zweiatomigen oder gestreckt dreiatomigen Molekülen und drei Freiheitsgrade bei dreiatomigen, gewinkelten Molekülen auf.

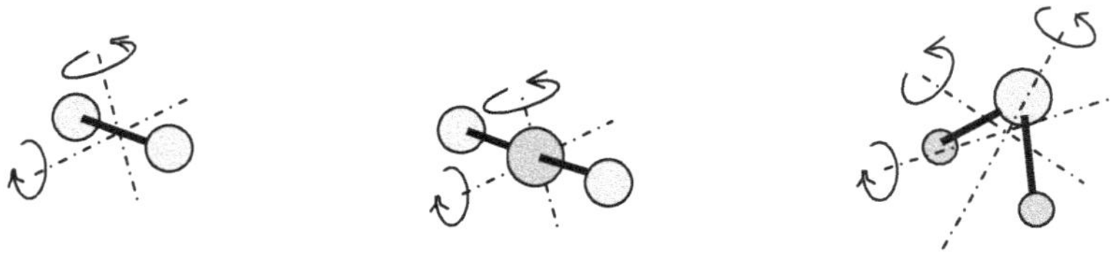

Zweiatomiges Molekül: $f_{rot} = 2$

Dreiatomiges, gestrecktes Molekül: $f_{rot} = 2$

Dreiatomiges, gewinkeltes Molekül: $f_{rot} = 3$

*Abb. 1.13: Freiheitsgrade der Rotation*

Damit ist bei zweiatomigen oder dreiatomigen, gestreckten Molekülen

$$\left(\bar{\varepsilon}_{trans} + \bar{\varepsilon}_{rot}\right)_i = \frac{5}{2}\, k\, T$$

und bei dreiatomigen, gewinkelten Molekülen wie bei komplexeren, räumlich aufgebauten Molekülen

$$\left(\bar{\varepsilon}_{trans} + \bar{\varepsilon}_{rot}\right)_i = 3\, k\, T\,.$$

Hinzu können bei erhöhten Temperaturen noch Schwingungsfreiheitsgrade der Atome gegeneinander im Molekülverband kommen, siehe Abb. 1.14. Wie beim mechanischen Pendel wird kinetische in potentielle Energie umgewandelt und die Summe aus beiden Beiträgen bleibt konstant. Deshalb entfallen auf jede Schwingungsmöglichkeit 2 Freiheitsgrade.

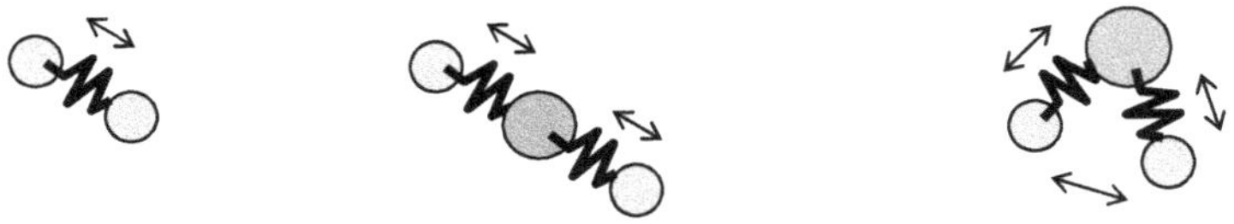

Zweiatomiges Molekül: $f_{osz} = 2$

Dreiatomiges, gestrecktes Molekül: $f_{osz} = 4$

Dreiatomiges, gewinkeltes Molekül: $f_{osz} = 6$

*Abb. 1.14: Freiheitsgrade der Oszillation im Molekülverband*

Die Schwingungen im Molekülverband können bei hoher Temperatur so stark werden, dass der Molekülverband unter Bildung von Ionen zerfällt. Diesen Vorgang nennt man thermische Dissoziation.

Eine interessante Möglichkeit der Erwärmung von wasserhaltigen Substanzen liegt in der resonanten Anregung einer Schwingung im Molekülverband, wie sie im Mikrowellenherd geschieht. Das Wassermolekül ist ein dreiatomiges, gewinkeltes Molekül und es wird die Schwingung der beiden Schenkel, an deren Enden die H-Atome sitzen, angeregt. Da dieser Oszillationsanteil auf dem entsprechenden Temperaturniveau nicht stabil existieren kann, wird die Energie auf andere Freiheitsgrade und letztlich auf eine Erhöhung der Translationsenergie übertragen. Damit steigt die Temperatur an.

Wenn ein Teilchen in ein Kristallgitter eingebaut ist, so kann es keine Translation ausführen und es kann auch nicht rotieren. Es kann aber Schwingungen um die Ruhelage in allen drei Richtungen des Raumes ausführen. Da auch hier die kinetische und die potentielle Energie im Mittel gleich groß sind, hat das Teilchen im Allgemeinen 6 Freiheitsgrade, 3 der kinetischen und 3 der potentiellen Energie.

Bei der Fähigkeit eines Stoffes, Wärme aufzunehmen und damit die innere Energie zu erhöhen, kommt es darauf an, welche weiteren Freiheitsgrade bei der aktuellen Temperatur des Stoffes neben der Translation bzw. der Schwingung der Teilchen um eine Ruhelage aktiviert sind.

Die bisher diskutierten Beiträge zur inneren Energie hängen alle nur von der Temperatur ab. Da die Freiheitsgrade der Rotation und der Oszillation mit ansteigender Temperatur mehr oder weniger langsam „auftauen", hat die innere Energie stoffabhängig einen charakteristischen Anteil, der eine Funktion der Temperatur ist:

$$U(T) = \sum_{i=1}^{N} \left( \varepsilon_{trans} + \varepsilon_{rot} + \varepsilon_{osz} \right)_i$$

Die mittlere Molekülkonzentration und damit die mittlere „Packungsdichte" der Moleküle oder der mittlere zwischenmolekulare Abstand werden durch den Quotienten $V/N$ beschrieben. Zwischen den Molekülen können Wechselwirkungskräfte auftreten. Abb. 1.15 zeigt qualitativ die Wechselwirkungskraft $F_{inter}$, wie sie in Abhängigkeit vom zwischenmolekularen Abstand $r_{inter}$ zwischen zwei Molekülen auftritt.

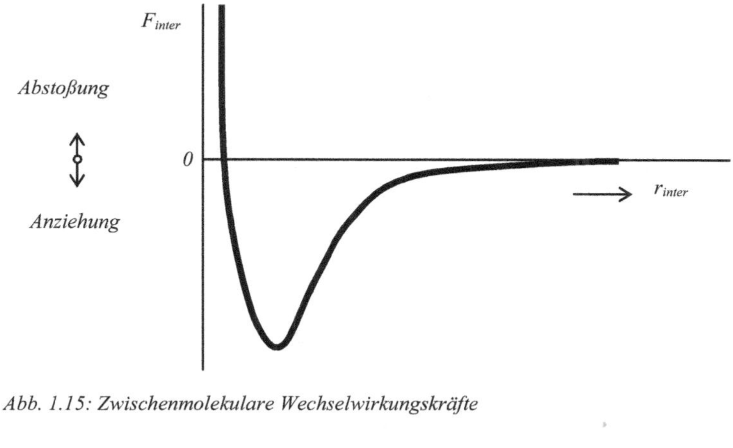


*Abb. 1.15: Zwischenmolekulare Wechselwirkungskräfte*

Sind die zwischenmolekularen Abstände groß, so treten keine Wechselwirkungskräfte auf. Bei Annäherung werden in zunehmendem Maße Anziehungskräfte wirksam, bis schließlich spätestens beim Erreichen des Anziehungsmaximums die Situation instabil wird, die Moleküle „zusammenstürzen" und dicht gepackt einen neuen Gleichgewichtszustand einnehmen, wobei die Abstoßungskräfte eine weitere Verringerung des zwischenmolekularen Abstands praktisch verhindern.

Ein ideales Gas liegt dann vor, wenn der mittlere zwischenmolekulare Abstand so groß ist, dass bei seiner Veränderung keine Wechselwirkungskräfte wirksam werden. Der ideale Gaszustand ist der Zustand der stark verdünnten Materie mit geringer Packungsdichte der Moleküle. Dagegen ist der Grenzfall der dicht gepackten Materie, bei der die Packungsdichte nicht nennenswert erhöht werden kann, das inkompressible Fluid. Dazwischen liegt der Bereich des realen Fluids, dessen Verhalten durch Wechselwirkungskräfte festgelegt wird und bei dem Phasenwechsel (Kondensation bzw. Verdampfung) auftritt.

Wir stellen hier nur fest, dass die innere Energie einen von der Packungsdichte der Moleküle abhängigen Anteil hat:

$$U(V) = \sum_{i=1}^{N} \left(\varepsilon_{pot}\right)_i .$$

Die weiteren Energien eines Moleküls, wie chemische Bindungsenergie, Energie der Elektronenhülle und Kernbindungsenergie, werden bei Zustandsänderungen nur verändert, wenn man Chemie, Elektrochemie oder Kerntechnik betreibt. Im Rahmen der hier behandelten technischen Thermodynamik fassen wir diese Energien zu einem konstanten Sockelbetrag zusammen:

$$U_0 = \sum_{i=1}^{N} \left(\varepsilon_{chem} + \varepsilon_{el} + \varepsilon_{nukl}\right)_i = const.$$

Wie später gezeigt wird, ist in einem System, das eine isobare Zustandsänderung durchläuft, der energetische Zustand durch die Summe aus innerer Energie $U$ und Verschiebearbeit $p\,V$ festgelegt. Daher ist es zweckmäßig, eine neue energetische, extensive Zustandsgröße, die Enthalpie zu definieren. Es ist

$$H = U + p\,V$$

oder, spezifisch bzw. molar

$$h = u + p\,v \quad bzw. \quad h_m = u_m + p\,v_m . \tag{1.26}$$

## 1.5.2 Kalorische Zustandsgleichungen

### 1.5.2.1 Allgemeines Fluid

Da die im letzten Abschnitt aufgeführten temperatur- und volumenabhängigen Effekte in einem realen Fluid auf komplizierte Art zusammenwirken und durch die einfache kinetische Theorie nur in erster Näherung erfasst werden, folgt für die innere Energie eines realen Fluids allgemein

$$U = U(V,T)$$

oder, wenn wir durch Systemmasse bzw. Molzahl des Systems dividieren

$$u = u(v,T) \quad bzw. \quad u_m = u_m(v_m,T) .$$

Dies ist die **kalorische Zustandsgleichung** eines Fluids.

Eine der Hauptsteigungen der kalorischen Zustandsgleichung ist die spezifische bzw. molare Wärmekapazität bei konstantem Volumen

$$c_v = \left(\frac{\partial u}{\partial T}\right)_v \quad bzw. \quad c_{vm} = \left(\frac{\partial u_m}{\partial T}\right)_{v_m} , \tag{1.27}$$

die im allgemeinen Fall ebenfalls von der Temperatur und dem spezifischen bzw. molaren Volumen abhängt.

Der thermodynamische Zustand eines Fluids wird durch die thermische und die kalorische Zustandsgleichung festgelegt. Zur kalorischen Zustandsgleichung $u = u(v,T)$ gehört die thermische Zustandsgleichung $p = p(v,T)$. Wählt man die unabhängigen Variablen Druck und Temperatur, so ist die thermische Zustandsgleichung $v = v(p,T)$. Wählt man als die dazu gehörige kalorische Zustandsgleichung

$$h = h(p,T) \quad bzw. \quad h_m(p,T),$$

so ist die Hauptsteigung dieser Zustandsfläche in Richtung der Temperatur die spezifische Wärmekapazität bei konstantem Druck

$$c_p = \left(\frac{\partial h}{\partial T}\right)_p \quad bzw. \quad c_{pm} = \left(\frac{\partial h_m}{\partial T}\right)_p . \tag{1.28}$$

Wir haben nun die beiden spezifischen Wärmekapazitäten als Hauptsteigungen in Richtung der Temperatur der kalorischen Zustandsgleichungen $u(v,T)$ und $h(p,T)$ eingeführt. Selbstverständlich kann, wie in Kapitel 6 gezeigt wird, die jeweils komplementäre Wärmekapazität aus den entsprechenden Zustandsgleichungen abgeleitet werden, nur ergeben sich dann kompliziertere Kombinationen von Differentialquotienten.

### 1.5.2.2 Ideales Gas

Die innere Energie idealer Gase hängt, wie oben ausgeführt, nur von der Temperatur ab:

$$u = u(T) \quad bzw. \quad u_m = u_m(T).$$

Die spezifische bzw. molare Wärmekapazität

$$c_v(T) = \frac{du}{dT} \quad bzw. \quad c_{vm}(T) = \frac{du_m}{dT}$$

ist ebenfalls eine Funktion der Temperatur. Die differentielle kalorische Zustandsgleichung ist dann

$$du = c_v(T)\, dT \quad bzw. \quad du_m = c_{vm}(T)\, dT .$$

Beim idealen Gas ist der Zusammenhang zwischen den beiden Wärmekapazitäten $c_p$ und $c_v$ einfach. Unter Verwendung der thermischen Zustandsgleichung des idealen Gases

$$p\, v = R\, T \quad bzw. \quad p\, v_m = R_m\, T$$

folgt für die spezifische bzw. molare Enthalpie des idealen Gases

$$h(T) = u(T) + R\, T \quad bzw. \quad h_m(T) = u_m(T) + R_m\, T .$$

Damit ist nachgewiesen, dass die spezifische Enthalpie des idealen Gases ebenso wie die spezifische innere Energie nur von der Temperatur abhängt. Für die spezifische Wärmekapazität bei konstantem Druck folgt

$$c_p = \frac{dh(T)}{dT} = \frac{du(T)}{dT} + R \quad bzw. \quad c_{pm} = \frac{dh_m(T)}{dT} = \frac{du_m(T)}{dT} + R_m$$

oder

$$c_p(T) = c_v(T) + R \quad bzw. \quad c_{pm}(T) = c_{vm}(T) + R_m . \tag{1.29}$$

Die zweite Form der kalorischen Zustandsgleichung des idealen Gases ist demnach

$$dh = c_p(T)\, dT \quad bzw. \quad dh_m = c_{pm}(T)\, dT\,.$$

Dem Verhältnis der beiden Wärmekapazitäten geben wir den Namen Isentropenexponent $\kappa$:

$$\kappa(T) = \frac{c_p(T)}{c_v(T)} = \frac{c_{pm}(T)}{c_{vm}(T)}\,. \tag{1.30}$$

Kombiniert man die Gleichungen (1.29) und (1.30), so werden die beiden Wärmekapazitäten durch

$$c_p(T) = \frac{\kappa(T)}{\kappa(T)-1}\, R \quad bzw. \quad c_{pm}(T) = \frac{\kappa(T)}{\kappa(T)-1}\, R_m \tag{1.31}$$

und

$$c_v(T) = \frac{1}{\kappa(T)-1}\, R \quad bzw. \quad c_{vm}(T) = \frac{1}{\kappa(T)-1}\, R_m \tag{1.32}$$

festgelegt.

Zur Veranschaulichung des physikalischen Hintergrundes der Temperaturabhängigkeit der spezifischen Wärmekapazitäten diskutieren wir zunächst die Ergebnisse der kinetischen Theorie, die für das kalorische Verhalten des idealen Gases die folgenden Aussagen liefert:

Das Produkt der Boltzmann-Konstanten mit der Avogadrozahl ist die bereits eingeführte universelle Gaskonstante

$$R_m = k\, N_A = 8{,}314472\, \frac{J}{mol\, K}\,.$$

Edelgase haben nur die drei Freiheitsgrade der Translation. Die molare innere Energie ist somit bei allen Edelgasen

$$u_m = \frac{3}{2}\, R_m\, T$$

und die molare Wärmekapazität bei konstantem Volumen hat für alle Edelgase den Wert

$$c_{vm} = \frac{3}{2}\, R_m = 12{,}47\, \frac{J}{mol\, K}\,.$$

Die molare Wärmekapazität bei konstantem Druck ist bei Edelgasen folglich

$$c_{pm} = \frac{3}{2}\, R_m + R_m = \frac{5}{2}\, R_m = 20{,}79\, \frac{J}{mol\, K}$$

und der Isentropenexponent hat den Zahlenwert

$$\kappa = \frac{5}{3} = 1{,}6667\,.$$

Nimmt man an, dass z.B. beim Stickstoff als Repräsentant eines zweiatomigen Gases bei *0 °C* neben den 3 Freiheitsgraden der Translation die beiden Freiheitsgrade der Rotation vollständig aktiviert sind, so ist die Gesamtzahl der aktivierten Freiheitsgrade $f = 5$. Damit ist die molare innere Energie bei zweiatomigen Gasen oder dreiatomigen Gasen mit gestreckten Molekülen, bei denen die Rotation voll angeregt ist,

$$u_m = \frac{5}{2} R_m T \ .$$

Die molare Wärmekapazität beträgt bei konstantem Volumen

$$c_{vm} = \frac{5}{2} R_m = 20{,}79 \frac{J}{mol\ K}$$

und bei konstantem Druck

$$c_{pm} = \frac{5}{2} R_m + R_m = \frac{7}{2} R_m = 29{,}10 \frac{J}{mol\ K}$$

mit dem Isentropenexponent

$$\kappa = \frac{7}{5} = 1{,}40 \cdot$$

Wasserdampf bei *0 °C* hat als Vertreter von dreiatomigen, gewinkelten Molekülen bei 3 Freiheitsgraden der Translation und 3 voll aktivierten Freiheitsgraden der Rotation die molare Wärmekapazität bei konstantem Volumen

$$c_{vm} = 3\ R_m = 24{,}94 \frac{J}{mol\ K} \ .$$

und bei konstantem Druck

$$c_{pm} = 3\ R_m + R_m = 4\ R_m = 33{,}26 \frac{J}{mol\ K}$$

mit dem Isentropenexponent

$$\kappa = \frac{4}{3} = 1{,}3333 \cdot$$

Für praktische Berechnungen der von der Temperatur abhängigen spezifischen Wärmekapazitäten bei konstantem Druck werden im Schrifttum Konstantensätze für Polynome 4. Ordnung der Form

$$c_p(T) = R \sum_{i=0}^{4} a_i\ T^i \quad bzw. \quad c_{pm}(T) = R_m \sum_{i=0}^{4} a_i\ T^i \tag{1.33}$$

angegeben[12], die in einem großen Temperaturbereich von *300 K* bis *3000 K* für die technisch wichtigen Gase Wasserstoff, Stickstoff, Sauerstoff, Kohlenmonoxid, Kohlendioxid und Wasserdampf experimentelle Daten approximieren.

[12] Jones, J.R., Dugan, R.E.: Engineering Thermodynamics, New Jersey, 1986, zitiert in: Cerbe, G., Hoffmann, H.J.: „Einführung in die Thermodynamik“ München, Wien: Hanser Verlag 2002, 13. Auflage, S. 470

Abb. 1.16 zeigt die Ergebnisse der molaren Wärmekapazitäten bei konstantem Druck in Abhängigkeit von der Temperatur.

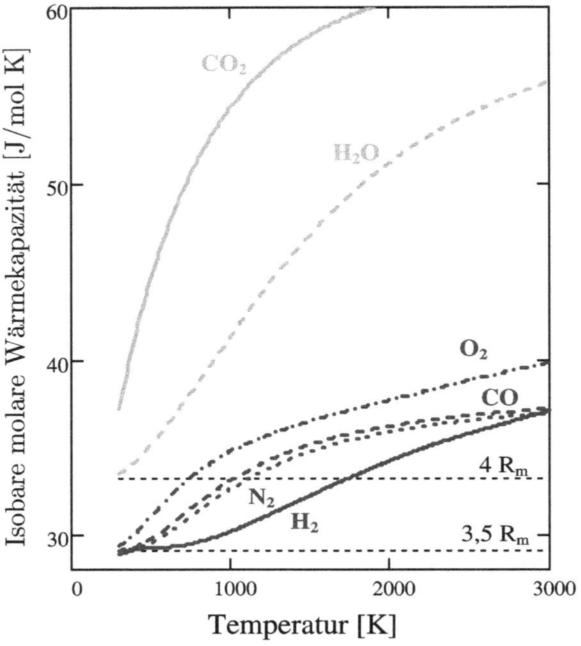


*Abb. 1.16: Temperaturabhängigkeit der molaren Wärmekapazitäten*

Die Temperaturabhängigkeit der Isentropenexponenten

$$\kappa(T) = \frac{c_{pm}(T)}{c_{pm}(T) - R_m}$$

der ausgewählten Gase zeigen Abb. 1.17 und, in einem eingeschränkten Temperaturbereich, Abb. 1.18.

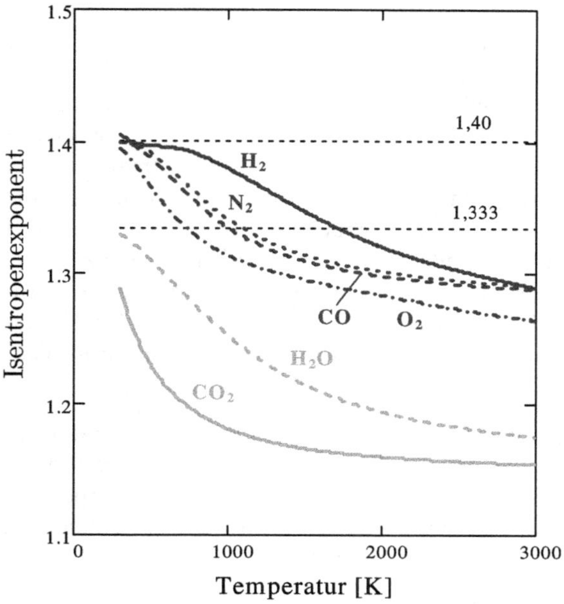


*Abb. 1.17: Temperaturabhängigkeit der Isentropenexponenten*

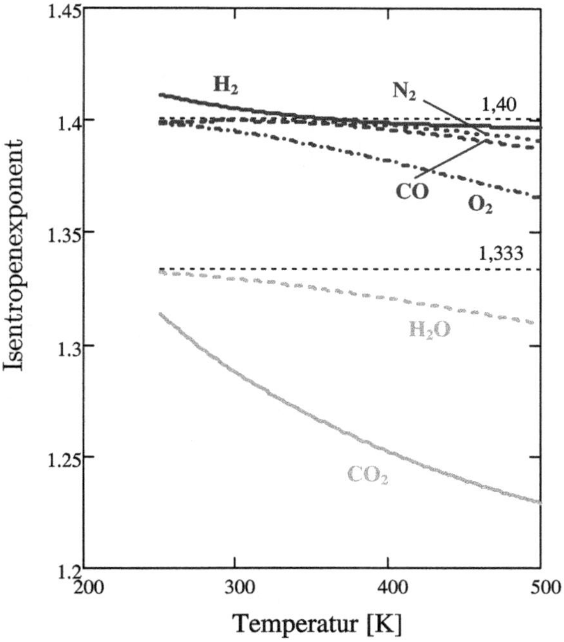


*Abb. 1.18: Temperaturabhängigkeit der Isentropenexponenten bis 227 °C*

In die Diagramme sind auch die Ergebnisse der kinetischen Theorie für zwei- bzw. dreiatomige, gewinkelte Moleküle bei voll angeregter Rotation als horizontale Linien eingetragen.

Wie Abb. 1.18 nachweist, steigt beim Wasserstoff die Rotation mit zunehmender Temperatur an und ist bei ca. *375 K* vollständig angeregt. Bei Kohlenmonoxid, Stickstoff und Sauerstoff hat sich dieser Zustand bereits bei Umgebungstemperatur eingestellt. Bei Sauerstoff und bei Wasserdampf werden offensichtlich mit ansteigender Temperatur Oszillationen aktiviert, die bei Kohlendioxid bereits bei Umgebungstemperatur in erheblichem Ausmaß auftreten. Sieht man von diesem Gas ab, so ist es bei nicht allzu großen Genauigkeitsanforderungen zulässig, bei moderaten Temperaturen für zweiatomige Gase mit dem konstanten Isentropenexponenten $\kappa = 1{,}40$ zu rechnen. Das gilt auch für Luft, deren Hauptbestandteile Stickstoff und Sauerstoff sind. Weiter kann für Wasserdampf der Wert $\kappa = 1{,}33$ verwendet werden, für Kohlendioxid müsste ein erheblich niedrigerer Wert gewählt werden.

Wie bereits festgestellt, haben einatomige Edelgase konstante Wärmekapazitäten und damit ist der Isentropenexponent $\kappa = 1{,}667$. Bei allen anderen Gasen kann man bereichsweise mit konstanten, gemittelten Werten des Isentropenexponenten arbeiten, wenn die Temperaturänderung nicht zu hoch ist. Unter der Voraussetzung konstanter Isentropenexponenten folgt für die differentiellen kalorischen Zustandsgleichungen des idealen Gases

$$du = \frac{1}{\kappa - 1} R \, dT \quad bzw. \quad du_m = \frac{1}{\kappa - 1} R_m \, dT$$

und

$$dh = \frac{\kappa}{\kappa - 1} R \, dT \quad bzw. \quad dh_m = \frac{\kappa}{\kappa - 1} R_m \, dT \cdot$$

Bei einer Zustandsänderung folgt aus der Integration der obigen Gleichungen für die Änderung der inneren Energie

$$u_2 - u_1 = \frac{1}{\kappa - 1} R \, (T_2 - T_1) \quad bzw. \quad u_{m2} - u_{m1} = \frac{1}{\kappa - 1} R_m \, (T_2 - T_1) \qquad (1.34)$$

und für die Änderung der Enthalpie

$$h_2 - h_1 = \frac{\kappa}{\kappa - 1} R \, (T_2 - T_1) \quad bzw. \quad h_{m2} - h_{m1} = \frac{\kappa}{\kappa - 1} R_m \, (T_2 - T_1) \cdot \qquad (1.35)$$

Mit einer modernen Mathematik-Software wie Mathcad® können die in Gl. (1.33) angegebenen Polynome für die spezifischen oder molaren Wärmekapazitäten leicht integriert werden, um Enthalpiedifferenzen zu berechnen. Beziehen wir die spezifische oder molare Enthalpie auf eine Bezugstemperatur $T_0$, so gelten für Gasgemische die Funktionen

$$h(T) = \int_{T_0}^{T} c_p(T) \, dT \quad bzw. \quad h_m(T) = \int_{T_0}^{T} c_{pm}(T) \, dT \, .$$

Bei einer Zustandsänderung ist die Änderung der Enthalpie

$$h(T_2) - h(T_1) = \int_{T_1}^{T_2} c_p(T) \, dT \quad bzw. \quad h_m(T_2) - h_{m1}(T_1) = \int_{T_1}^{T_2} c_{pm}(T) \, dT \, . \qquad (1.36)$$

Differenzen der inneren Energie werden aus der fundamentalen Beziehung

$$u_2 - u_1 = h_2 - h_1 - R \, (T_2 - T_1) \quad bzw. \quad u_{m2} - u_{m1} = h_{m2} - h_{m1} - R_m \, (T_2 - T_1) \qquad (1.37)$$

ermittelt.

Im Schrifttum wird vielfach die mittlere spezifische bzw. molare spezifische Wärmekapazität tabellarisch in Abhängigkeit von der Temperatur angegeben. Diese mittlere Wärmekapazität ist definiert durch

$$\bar{c}_{p0}\,^{t} = \frac{h(t)-h(t_0)}{t-t_0} = \frac{\int_{T_0}^{T} c_p(T)\,dT}{t-t_0}$$

wobei als Bezugstemperatur $t_0$ vielfach $0\ °C$ gewählt wird. Dann folgt

$$h_2 - h_1 = h_2 - h_0 - (h_1 - h_0) = \bar{c}_{p0}\,^{t_2}\, t_2 - \bar{c}_{p0}\,^{t_1}\, t_1 .$$

Bei Gasgemischen werden spezifische Zustandsgrößen über die Massenanteile und molare Zustandsgrößen über die Molenanteile gemittelt. Folglich gilt für die inneren Energien und Enthalpien von Gasgemischen

$$u_M = \sum_{i=1}^{n} \xi_i\, u_i \quad bzw. \quad u_{mM} = \sum_{i=1}^{n} \chi_i\, u_{mi} \tag{1.38}$$

und

$$h_M = \sum_{i=1}^{n} \xi_i\, h_i \quad bzw. \quad h_{mM} = \sum_{i=1}^{n} \chi_i\, h_{mi} \tag{1.39}$$

sowie für die Wärmekapazitäten von Gasgemischen

$$c_{pM}(T) = \sum_{i=1}^{n} \xi_i\, c_{pi}(T) \quad bzw. \quad c_{pmM}(T) = \sum_{i=1}^{n} \chi_i\, c_{pmi}(T) \tag{1.40}$$

und

$$c_{vM} = \sum_{i=1}^{n} \xi_i\, c_{vi} \quad bzw. \quad c_{vmM} = \sum_{i=1}^{n} \chi_i\, c_{vmi} \,. \tag{1.41}$$

Bei der Berechnung des Isentropenexponenten muss auf die Definition zurückgegriffen werden. Es gilt

$$\kappa_M = \frac{c_{pM}}{c_{vM}} = \frac{c_{pmM}}{c_{vmM}} = \frac{\sum_{i=1}^{n} \chi_i \frac{\kappa_i}{\kappa_i - 1} R_m}{\sum_{i=1}^{n} \chi_i \frac{1}{\kappa_i - 1} R_m}$$

oder

$$\kappa_M - 1 = \frac{\sum_{i=1}^{n} \chi_i \frac{\kappa_i}{\kappa_i - 1} - \sum_{i=1}^{n} \chi_i \frac{1}{\kappa_i - 1}}{\sum_{i=1}^{n} \chi_i \frac{1}{\kappa_i - 1}} = \frac{\sum_{i=1}^{n} \chi_i}{\sum_{i=1}^{n} \chi_i \frac{1}{\kappa_i - 1}}$$

oder

$$\kappa_M = 1 + \frac{1}{\sum_{i=1}^{n} \chi_i \frac{1}{\kappa_i - 1}} . \tag{1.42}$$

**Beispiel 1.8 (Level 2):** Ein Luftstrom von *1 kg/s* feuchter Luft der Zusammensetzung aus Beispiel 1.6 strömt mit der Temperatur von *25 °C* einer Heizstrecke zu. Es wird ein Wärmestrom von *1,2 MW* zugeführt. Welche Temperatur hat die Luft beim Austritt aus der Heizstrecke? Welche Temperatur ergibt sich, wenn man die Isentropenexponenten der Gase in Abhängigkeit von der Atomzahl pro Molekül bei voll angeregter Rotation verwendet?

**Voraussetzungen:** Luft ist ein Gemisch idealer Gase mit temperaturabhängigen Wärmekapazitäten. Die Zusammensetzung des Gases muss in Übereinstimmung mit den Koeffizientenmatrizen in der Reihenfolge $H_2$, $N_2$, $O_2$, CO, $CO_2$, $H_2O$, Ar erfolgen. Die molaren Massen der Komponenten werden in der gleichen Reihenfolge in der Matrix $M$ vorgegeben. Die Konstantensätze $C_G$ und $D_G$ werden dem Anhang 10.2 entnommen.

**Gegeben:**

$$t_1 := 25 \cdot °C \qquad mp_L := 1 \cdot \frac{kg}{s} \qquad Qp := 1200 \cdot kW$$

**Lösung:** Die Komponenten der Matrix der Zusammensetzung der feuchten Luft aus Beispiel 1.6 werden so umgespeichert, dass die Positionen für die Bestandteile der Luft in der gleichen Reihenfolge belegt sind wie bei den vorbereiteten Matrizen $M$, $C_G$ und $D_G$:

$$\chi_{fL} := \begin{pmatrix} 0.7577 \\ 0.2033 \\ 0.0094 \\ 0.0296 \end{pmatrix} \qquad \chi_L := \begin{pmatrix} 0 \\ \chi_{fL_0} \\ \chi_{fL_1} \\ 0 \\ 0 \\ \chi_{fL_3} \\ \chi_{fL_2} \end{pmatrix} \qquad M = \begin{pmatrix} 2.016 \\ 28.01 \\ 32 \\ 28.01 \\ 44.01 \\ 18.015 \\ 39.95 \end{pmatrix} \frac{kg}{kmol}$$

Dann folgt für die molare Masse des Gemischs

$$M_L := \chi_L \cdot M \qquad M_L = 28.638 \frac{kg}{kmol}$$

und die Koeffizientenmatrizen des Gemischs sind

$$a_c := C_G \cdot \chi_L \qquad a_h := D_G \cdot \chi_L$$

Damit folgt für die molare Wärmekapazität bei konstantem Druck des Gemischs als Funktion der Temperatur

$$c_{pmL}(T) := R_m \cdot \begin{cases} \sum_{i=0}^{4} \left[ a_{c_i} \cdot \left( \frac{T}{K} \right)^i \right] & \text{if } T \le 1000 \cdot K \\ \sum_{i=0}^{4} \left[ a_{h_i} \cdot \left( \frac{T}{K} \right)^i \right] & \text{otherwise} \end{cases}$$

Mit der beliebig wählbaren Bezugstemperatur

$$T_0 := 273.15K$$

geht die molare Enthalpie durch Integration der molaren Wärmekapazität bei konstantem Druck hervor:

$$h_{mL}(t) := \left| \begin{array}{l} T \leftarrow t + 273.15 \cdot K \\ \int_{T_0}^{T} c_{pmL}(T)\, dT \end{array} \right.$$

Hierbei ist zu beachten, dass die Berechnung der Polynome mit dem dimensionslosen Temperaturparameter *T/[K]* erfolgt und die Temperatur $t$ in *°C* übergeben wird. Das Resultat $h_m$ hat eine Einheit des Typs *J/mol*.

Der Stoffmengenstrom der Luft ist

$$np_L := \frac{mp_L}{M_L} \qquad np_L = 34.919\,\frac{mol}{s}$$

Die Wärmezufuhr dient der Erhöhung der Enthalpie (siehe 1. HS für stationär durchströmte Systeme im Abschnitt 2.3.2). Dann gilt

$$\Delta h_{mL} := \frac{Qp}{np_L} \qquad \Delta h_{mL} = 34.365\,\frac{kJ}{mol}$$

Die molare Enthalpie am Eintritt des Luftstroms beträgt

$$h_{mL1} := h_{mL}(t_1) \qquad h_{mL1} = 0.731\,\frac{kJ}{mol}$$

und damit ergibt sich die molare Enthalpie am Austritt des Luftstroms zu

$$h_{mL2} := h_{mL1} + \Delta h_{mL} \qquad h_{mL2} = 35.096\,\frac{kJ}{mol}$$

Mit Vorgabe eines Schätzwertes für die Austrittstemperatur

$$t_2 := 1000 \cdot °C$$

wird die Endtemperatur iterativ ermittelt durch

$$t_2 := wurzel\left(h_{mL2} - h_{mL}(t_2), t_2\right)$$

mit dem Ergebnis

$$t_2 = 1094.8\ °C$$

Die Isentropenexponenten für die Komponenten des Gemischs sind in der Matrix

$$\kappa := \begin{pmatrix} \frac{7}{5} & \frac{7}{5} & \frac{7}{5} & \frac{7}{5} & \frac{4}{3} & \frac{4}{3} & \frac{5}{3} \end{pmatrix}$$

zusammengefasst. Der Isentropenexponent des Gemischs ist

$$\kappa_L := 1 + \frac{1}{\displaystyle\sum_{i=0}^{6} \frac{\chi_{L_i}}{\left(\kappa^T\right)_i - 1}} \qquad \kappa_L = 1.399$$

Mit diesem konstanten Isentropenexponenten folgt für die Endtemperatur

$$t_{2e} := t_1 + \frac{\kappa_L - 1}{\kappa_L} \cdot \frac{Qp}{np_L \cdot R_m} \qquad t_{2e} = 1204.1\ °C \qquad t_{2e} - t_2 = 109.3\,K$$

**Diskussion:** Die Koeffizientenmatrizen von Gasgemischen werden mit der in Beispiel 1.6 angegebenen Regel der Matrizenmultiplikation berechnet. Die Multiplikation der Koeffizientenmatrizen $C_G$ bzw. $D_G$ mit *5* Zeilen (Polynomkoeffizienten) und *7* Spalten (Gaskomponenten) mit der Matrix $\chi$ mit *7* Zeilen (Gaskomponenten) und einer Spalte der Gaszusammensetzung führt zur Lösungsmatrix $a_c$ bzw. $a_h$ der Ordnung *5 x 1* für die Koeffizienten des Gasgemischs. Weitere Ausführungen hierzu findet man im Anhang 10.3.3

Mit diesem Beispiel wird demonstriert, wie einfach mit einer matrizenbasierten Mathematik-Software wie Mathcad® kalorische Zustandsgrößen von Gasgemischen bestimmt werden können, ohne Tabellen in Anspruch zu nehmen. Auch das numerische Auflösen von transzendenten Gleichungen stellt mit dieser Software kein Problem dar. Bei der Berechnung der spezifischen Wärmekapazität haben wir erstmals einen Programmblock formuliert, wobei mit einer Abfrage das Polynom mit dem Konstantensatz für niedrige Temperaturen bzw. mit dem Konstantensatz für hohe Temperaturen berechnet wird. In solchen Programmblöcken können mit wenigen Programmieranweisungen komplexe Programme aufgebaut werden. Näheres zur Erstellung von Programmblöcken enthält Anhang 10.3.4.

Bei der Berechnung des Isentropenexponenten für voll angeregte Rotation hebt sich der Einfluss des einatomigen Argons gegen den Einfluss des dreiatomigen Wasserdampfs heraus. Die Berechnung mit konstantem Isentropenexponenten ergibt eine Überschätzung der Endtemperatur von ca. *109 K*.

### 1.5.2.3 Inkompressibles Fluid und Festkörper

Generell gilt, dass der Isentropenexponent bei einem realen Fluid abnimmt und sich umso mehr dem Wert 1 annähert, je mehr Freiheitsgrade aktiviert werden. Wie später in Kapitel 6 nachgewiesen wird, werden beim realen Fluid im kondensierten Zustand die Unterschiede zwischen $c_p$ und $c_v$ bei Annäherung an die Gefriergrenze immer geringer.

Beim inkompressiblen Fluid und beim Festkörper kann die Packungsdichte der Moleküle durch Änderungen des Drucks nicht mehr verändert werden. Dies ist die Aussage der thermischen Zustandsgleichung

$$v = const. \tag{1.43}$$

Aus diesem Grund hängt auch beim inkompressiblen Fluid die innere Energie nur von der Temperatur ab und es gilt, wenn auch aus einem anderen Grund, wie beim idealen Gas

$$u = u(T) \text{ und } c_v = \frac{du}{dT}.$$

Die differentielle kalorische Zustandsgleichung des inkompressiblen Fluids ist demnach

$$du = c_v\, dT\,. \tag{1.44}$$

Verwendet man die Definition der spezifischen Wärmekapazität $c_p$ unter Einbeziehung der Definition der spezifischen Enthalpie

$$\left(\frac{\partial h}{\partial T}\right)_p = \left(\frac{\partial u}{\partial T} + \frac{\partial (p\, v)}{\partial T}\right) = \frac{du}{dT} = c_v,$$

so ist die spezifische Wärmekapazität bei konstantem Druck gleich der spezifischen Wärmekapazität bei konstantem Volumen, da die innere Energie nur von der Temperatur abhängt und die Faktoren des Produkts $p\ v$ voraussetzungsgemäß konstant sind.

Die spezifische Wärmekapazität bei konstantem Druck von Wasser wird in Abhängigkeit von der Temperatur bei $p = 1\ bar$ aus der Dampftafel[13] entnommen. Weiter ist in Tabelle 1.3 der integrale Mittelwert mit der Definition

$$\bar{c}^{\,t}_{0\,°C} = \frac{\int_0^t c_p(t)\, dt}{t} \tag{1.45}$$

bei der Bezugstemperatur $t_{ref} = 0\ °C$ angegeben.

13 Wagner, W., Kruse, A.: „Zustandsgrößen von Wasser und Wasserdampf. Der Industriestandard IAPWS-IF97" Berlin, Heidelberg, New York: Springer Verlag 1998, S. 150

| t, °C | 0 | 5 | 10 | 15 | 20 | 25 | 30 | 35 | 40 | 45 | 50 | 60 | 70 | 80 | 90 |
|---|---|---|---|---|---|---|---|---|---|---|---|---|---|---|---|
| $c_p$ | 4,2194 | 4,2050 | 4,1955 | 4,1891 | 4,1848 | 4,1819 | 4.1800 | 4,1790 | 4,1786 | 4,1788 | 4,1796 | 4,1828 | 4,1881 | 4,1955 | 4,2050 |
| $c_{0°C}^{t}$ | 4,2194 | 4,2122 | 4,2062 | 4,2016 | 4,1979 | 4,1950 | 4,1927 | 4,1908 | 4,1893 | 4,1881 | 4,1872 | 4,1862 | 4,1861 | 4,1868 | 4,1883 |

*Tabelle 1.3: Spezifische Wärmekapazitäten bei konstantem Druck [kJ/kg K] von Wasser bei p = 1 bar*

In Abb. 1.19 wird der Verlauf beider Wärmekapazitäten grafisch dargestellt.

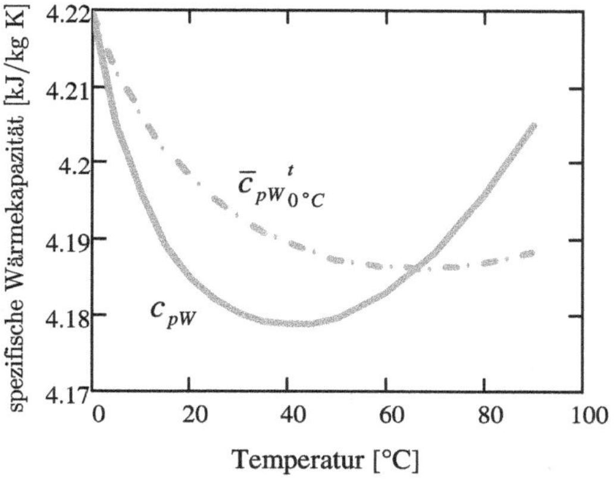


*Abb. 1.19: Spezifische Wärmekapazitäten von flüssigem Wasser bei p = 1 bar*

Damit ist

$$u_2 - u_1 = c_{0°C}^{t_2} \cdot t_2 - c_{0°C}^{t_1} \cdot t_1 \tag{1.46}$$

Setzt man konstante spezifische Wärmekapazität voraus, so ist bei einer Zustandsänderung

$$u_2 - u_1 = c_v \, (T_2 - T_1) \, . \tag{1.47}$$

Die folgende Regel muss immer berücksichtigt werden, wenn inkompressibles Fluid vorausgesetzt wird: **Kommen in den Erhaltungssätzen Terme mit der Enthalpie vor, so muss sie stets durch die Definitionsgleichung** $h = u + p\,v$ **ersetzt werden.** Damit werden Differenzen der spezifischen Enthalpien bestimmt durch

$$h_2 - h_1 = u_2 - u_1 + v\left(p_2 - p_1\right) \tag{1.48}$$

Die kinetische Theorie liefert für Flüssigkeiten und Festkörper die folgenden Aussagen: Das gewinkelte $H_2O$-Molekül hat so viele Freiheitsgrade der Translation, Rotation und Oszillation, dass man die drei Atome fast als völlig unabhängige Einheiten auffassen kann. Jede Einheit hat dann die mittlere Atommasse *M/3* und 6 Freiheitsgrade. Die spezifische Wärmekapazität ist damit rechnerisch

$$c_v = \frac{3\,R_m}{M/3} = 4{,}157\,\frac{kJ}{kg\;K}\,,$$

was wieder gut mit dem auf Messungen basierenden Wert von *4,186 kJ/kg K* übereinstimmt.

Bei Metallen und überhaupt bei Elementkristallen ist bei 6 Freiheitsgraden die molare spezifische Wärmekapazität

$$c_{vm} = 3\,R_m = 24{,}94\,\frac{kJ}{kmol\;K}\,.$$

| Element | $c_v$ *kJ/kg K* | M *kg/kmol* | $c_{vm}$ *kJ/kmol K* |
|---|---|---|---|
| *Li* | *3,485* | *6,94* | *24,2* |
| *C (Diamant)* | *0,502* | *12,01* | *6,0* |
| *Mg* | *1,002* | *24,32* | *24,4* |
| *Si (kristallin)* | *0,710* | *28,06* | *19,9* |
| *Fe* | *0,435* | *55,85* | *24,3* |
| *Ag* | *0,236* | *107,88* | *25,5* |
| *W* | *0,133* | *183,92* | *24,5* |
| *Pb* | *0,125* | *207,21* | *25,9* |

*Tabelle 1.4: Spezifische und molare Wärmekapazitäten einiger kristalliner Elemente bei 0 °C*

Die so genannte Regel von *Dulong und Petit* ist, wie Tabelle 1.4 zeigt[14], für metallische Elemente recht gut erfüllt. Beim Diamant sind bei *0 °C* noch Freiheitsgrade „eingefroren", was bei anderen Elementen, wie Silizium, erst bei wesentlich tieferen Temperaturen auftritt.

Im VDI-Wärmeatlas[15] werden für reine Metalle temperaturabhängige spezifische Wärmekapazitäten angegeben. Einen Auszug für drei Metalle gibt Tabelle 1.5 wieder:

| Metall | ρ, *kg/m³* | 0 °C | 200 °C | 400 °C | 600 °C |
|---|---|---|---|---|---|
| *Aluminium* | *2700* | *837* | *984* | *1080* | *1210* |
| *Eisen* | *7870* | *435* | *519* | *603* | *754* |
| *Kupfer* | *8960* | *381* | *415* | *431* | *456* |

*Tabelle 1.5: Dichte und temperaturabhängige spezifische Wärmekapazitäten [J/kg K] für reine Metalle*

Weiter werden im VDI-Wärmeatlas für feuerfeste Auskleidungen integral gemittelte spezifische Wärmekapazitäten angegeben. Als Beispiel gibt Tabelle 1.6 die Werte für Hartschamotte wieder.

[14] Entnommen aus: Gerthsen, Ch., Kneser, H.O., Vogel, H.: „Physik" Berlin, Heidelberg, New York: Springer Verlag 1989, S. 197

[15] VDI-Wärmeatlas, Berlin, Heidelberg: Springer Verlag 2002, Dea: Stoffwerte von Metallen, Deb: Stoffwerte von feuerfesten Materialien

| t, °C | *200* | *400* | *600* | *800* | *1000* |
|---|---|---|---|---|---|
| $c^{t}_{20\,°C}$, kJ/kg K | *0,90* | *0,96* | *1,00* | *1,03* | *1,04* |

*Tabelle 1.6: Mittlere spezifische Wärmekapazitäten von Hartschamotte, bezogen auf 20 °C (Dichte ρ = 2,0 bis 2,3 kg/m³)*

**Beispiel 1.9 (Level 3):** Ein Aluminiumblock mit einer Masse von *300 kg* wird in einem Gefäß aus Hartschamotte mit einer Masse von *50 kg* von *50 °C* auf *580 °C* aufgeheizt. Welche Wärmemenge ist zuzuführen?

**Voraussetzungen:** Aluminium und Hartschamotte sind Festkörper mit temperaturabhängiger Wärmekapazität

**Gegeben:**

$$t_0 := 0 \cdot °C \qquad t_1 := 50 \cdot °C \qquad t_2 := 580 \cdot °C$$

$$m_{Al} := 300 \cdot kg \qquad m_{Sch} := 50 \cdot kg$$

**Lösung:** Aus den Matrizen der Werte der spezifischen Wärmekapazität des Aluminiums $c_{Al}$ und der zugehörigen Temperaturen $t_{Al}$

$$c_{Al} := \begin{pmatrix} 837 \\ 984 \\ 1080 \\ 1210 \end{pmatrix} \cdot \frac{J}{kg \cdot K} \qquad t_{Al} := \begin{pmatrix} 0 \\ 200 \\ 400 \\ 600 \end{pmatrix} \cdot °C$$

wird durch lineare Interpolation zwischen den Stützstellen die Funktion

$$fc_{Al}(t) := linterp(t_{Al}, c_{Al}, t)$$

aufgebaut. Daraus wird die mittlere spezifische Wärmekapazität durch

$$fc_{Alm}(t) := \frac{\int_{t_0}^{t} fc_{Al}(t)\, dt}{t - t_0}$$

mit der Bezugstemperatur $t = 0\ °C$ ermittelt.

Für den Behälter aus Hartschamotte sind bereits die mittleren Wärmekapazitäten $c_{Schm}$ mit der Bezugstemperatur *20 °C* angegeben. Mit den zugeordneten Temperaturen sind die Matrizen

$$c_{Schm} := \begin{pmatrix} 0.90 \\ 0.96 \\ 1.00 \\ 1.03 \\ 1.04 \end{pmatrix} \cdot \frac{kJ}{kg \cdot K} \qquad t_{Sch} := \begin{pmatrix} 200 \\ 400 \\ 600 \\ 800 \\ 1000 \end{pmatrix} \cdot °C$$

Daraus wird durch lineare Interpolation die Funktion

$$fc_{Schm}(t) := linterp(t_{Sch}, c_{Schm}, t)$$

erstellt.

Die Steigerung der inneren Energie ist dann für das Aluminium

$$\Delta U_{Al} := m_{Al} \cdot \left(fc_{Alm}(t_2) \cdot t_2 - fc_{Alm}(t_1) \cdot t_1\right) \qquad \Delta U_{Al} = 165.198\,MJ$$

Für das Gefäß aus Hartschamotte gilt

$$\Delta U_{Sch} := m_{Sch} \cdot \left[fc_{Schm}(t_2) \cdot (t_2 - 20 \cdot °C) - fc_{Schm}(t_1) \cdot (t_1 - 20 \cdot °C)\right] \qquad \Delta U_{Sch} = 26.605\,MJ$$

Somit muss dem Gesamtsystem eine Wärmemenge von

$$Q_{12} := \Delta U_{Al} + \Delta U_{Sch} \qquad Q_{12} = 191.803\,MJ$$

zugeführt werden.

**Diskussion:** Hier wird gezeigt, wie aus tabellierten Werten durch Interpolation Funktionen aufgebaut werden.

# 1.6 Prozessgrößen

## 1.6.1 Arbeit

### 1.6.1.1 Konservative und nicht-konservative Kräfte, äußere Arbeiten

In der klassischen, Newton'schen Mechanik wirkt auf den Schwerpunkt eines Körpers der Masse $m$ die Gravitationskraft

$$\vec{F}_G = m\,\vec{g}\,.$$

Diese Kraft ist eine konservative Kraft, die ein Potential besitzt, was bedeutet, dass sie durch

$$\vec{F}_G = -grad\;E_{pot}$$

ausgedrückt werden kann. Dabei ist das Potential $E_{pot}$ die potentielle Energie

$$E_{pot} = m\,\vec{g}\left(\vec{r}-\vec{r}_0\right) = m\,g\left(z-z_0\right),$$

wobei $g$ der Betrag des Vektors der Fallbeschleunigung und $z - z_0$ der Höhenunterschied zwischen Massepunkt und Bezugsniveau ist. Weitere konservative Kräfte wirken z.B. in Magnetfeldern auf magnetische Körper oder in elektrischen Feldern auf elektrisch geladene Partikel. Wir beschränken uns hier auf Wirkungen des Gravitationsfeldes.

Lässt man einen zunächst fixierten Körper und als Massepunkt idealisierten Körper los, so wird er durch die angreifende Gravitationskraft in Bewegung versetzt und erhält die kinetische Energie

$$E_{kin} = m\,\frac{\overline{v}^2}{2}\,,$$

wobei $\overline{v}$ der Betrag des Geschwindigkeitsvektors $\vec{v}$ ist.

Die mechanische Gesamtenergie des Körpers ist

$$E_{mG} = E_{kin} + E_{pot} = m\,\frac{\overline{v}^2}{2} + m\,g\left(z-z_0\right)$$

Diese mechanische Gesamtenergie bleibt erhalten, wenn ausschließlich konservative Kräfte, d.h. in unserem Fall die Gravitationskraft, am Körper angreifen. Unter dieser Voraussetzung gilt der Erhaltungssatz der mechanischen Energie

$$dE_{mG} = dE_{kin} + dE_{pot} = 0\,.$$

Ein reibungsfrei schwingendes Pendel gehorcht diesem Gesetz, wobei sich kinetische und potentielle Energie periodisch ändern, die Summe aus beiden Komponenten jedoch konstant bleibt. Die mechanische Gesamtenergie bleibt auch erhalten, wenn man voll-elastische Stöße einbezieht, bei denen eine gespiegelte Umkehr des Geschwindigkeitsvektors erfolgt, die kinetische Energie jedoch unverändert bleibt.

Die mechanische Gesamtenergie kann verändert werden, wenn an dem bewegten Körper nicht-konservative äußere Kräfte angreifen, die vom Bewegungszustand abhängen und für die kein Potential existiert. Durch die Verschiebung des Angriffspunkts dieser Kräfte durch die Bewegung des Körpers wird Arbeit geleistet. Solche nicht-konservativen Kräfte sind Reibungskräfte, wie die Luftreibung und/oder die Reibung in der Pendelaufhängung. Sie führen zur der dem System von außen zugeführten differentiellen äußeren Arbeit

$$dW_a > 0$$

und dämpfen die mechanische Energie des Systems gemäß

$$dE_{mG} + dW_a = dE_{kin} + dE_{pot} + dW_a = 0$$

Die Integration obiger Gleichung ergibt mit konstanter Systemmasse

$$W_{a12} = -m\left[g\left(z_2 - z_1\right) + \frac{1}{2}\left(\overline{v}_2^{\,2} - \overline{v}_1^{\,2}\right)\right]. \tag{1.49}$$

Durch plastischen Stoß eines bewegten Körpers wird die mechanische Gesamtenergie sprunghaft verändert. Die dabei auftretende plastische Formänderungsarbeit wird ebenfalls aus obiger Gleichung ermittelt.

Einem ruhenden, fixierten System kann ebenfalls äußere Arbeit zugeführt werden. So tritt bei einem angeströmten Körper Luftreibung auf und durch Hammerschläge auf ein plastisches System wird z.B. beim Schmieden dem glühenden Metall plastische Formänderungsarbeit zugeführt.

#### 1.6.1.2 Volumenänderungsarbeit und Nutzarbeit

Durch Änderung des Systemvolumens leistet das System innere Arbeit oder Volumenänderungsarbeit. Nach allgemeiner Definition ist Arbeit das Produkt aus Kraft mal Verschiebung. Ist ein Zylinder mit einem kompressiblen Fluid befüllt (Abb. 1.20), so wirkt der Druck $p$ auf den Kolben der Fläche $A$. Damit ist die Druckkraft $p\,A$. Die Arbeit, die bei einer Verschiebung des Kolbens um $dx$ vom Gas an den Kolben abgegeben wird, ist

$$dW_V = -F\,dx = -p\,A\,dx = -p\,dV$$

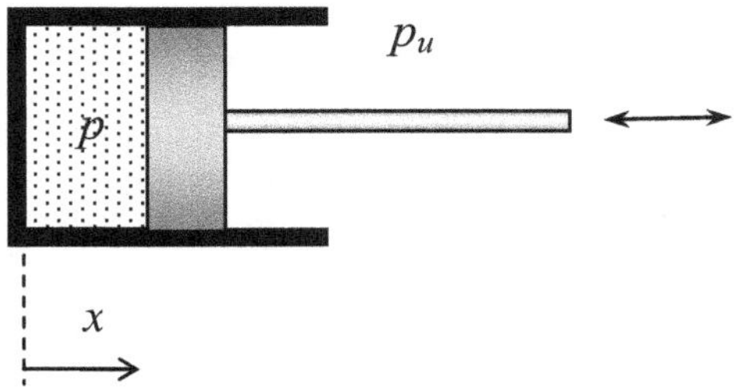


*Abb. 1.20: System Zylinder/Kolben*

Bei einer Expansion bewegt sich der Kolben in positiver $x$-Richtung, bei Kompression in negativer $x$-Richtung. Durch das negative Vorzeichen gibt das Gas bei der Expansion Arbeit an den Kolben ab und bei Kompression wird dem Gas durch den Kolben Arbeit zugeführt. Damit ist die Definition der **Volumenänderungsarbeit** in Einklang mit der Vereinbarung des egozentrischen Systems.

Wird eine Expansion bzw. Kompression vom Volumen $V_1$ zum Volumen $V_2$ durchgeführt, so folgt für die Volumenänderungsarbeit

$$W_{V12} = -\int_{V_1}^{V_2} p\,dV \tag{1.50}$$

Dabei hängt der Druck $p$ zunächst in unbekannter Weise vom Volumen $V$ ab. Dies ist plausibel, da der Zylinder durch die Zu- oder Abfuhr von Wärme und durch den Einfluss von Reibungsvorgängen auf unterschiedliche Art beeinflusst werden kann.

Division durch die Fluidmasse führt zur spezifischen Volumenänderungsarbeit

$$w_{V12} = -\int_{v_1}^{v_2} p\, dv$$

und Division durch die Molzahl zur molaren Volumenänderungsarbeit

$$w_{mV12} = -\int_{v_{m1}}^{v_{m2}} p\, dv_m \,.$$

Von außen wirkt der Umgebungsdruck $p_U$ auf den Kolben. Der Kolben wird sich von selbst in Bewegung setzen und Arbeit leisten, wenn eine Differenz zwischen Gasdruck im Zylinder und Umgebungsdruck, wenn also, allgemeiner ausgedrückt, ein treibendes Gefälle vorliegt. Natürlich kann der Kolben auch durch äußeren Zwang unter Arbeitszufuhr bewegt werden, wobei dann ein treibendes Gefälle aufgebaut wird. Bei Expansion muss der Kolben gegen den Umgebungsdruck Arbeit leisten, bei Kompression schiebt der Umgebungsdruck den Kolben. Deshalb steht an der Kolbenstange die **Nutzarbeit**

$$dW_N = -p\, dV + p_U\, dV$$

zur Verfügung.

Die Integration führt zu

$$W_{N12} = -\int_{V_1}^{V_2} p\, dV + p_U\,(V_2 - V_1)$$

oder

$$W_{N12} = W_{V12} + p_U\,(V_2 - V_1)\,. \qquad (1.51)$$

In Abb. 1.21 werden in $p,V$-Diagrammen Expansions- und Kompressionslinien dargestellt. Die gesamten Flächen unter den Zustandsänderungen stellen die jeweiligen Volumenänderungsarbeiten dar, die jeweils durch die aus den Wirkungen des Umgebungsdrucks resultierenden Rechteckflächen betragsmäßig verringert werden. Es verbleiben die Nutzarbeiten.

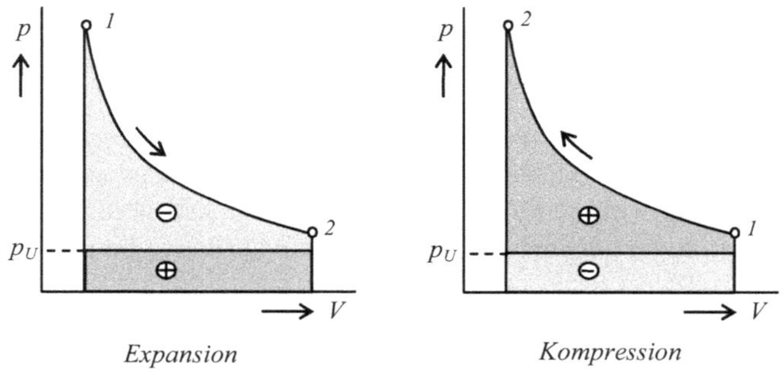


*Abb. 1.21: Volumenänderungsarbeit und Nutzarbeit*

**Beispiel 1.10 (Level 1):** Ein Zylinder mit reibungsfreiem Kolben hat ein Ausgangsvolumen von $5\ m^3$, wobei das ideale Gas im Zylinder zunächst mit der Umgebung ($p_U = 1\ bar,\ t_U = 0\ °C$) im Gleichgewicht ist. Das Gas wird auf $1\ m^3$ komprimiert. Der Zusammenhang zwischen Druck und Temperatur bei der Kompression wird durch

$$p\,V^n = const\,.$$

vorgegeben. Für die drei Fälle $n = 1{,}40;\ 1{,}25;\ 1{,}0$ sind die Volumenänderungsarbeit und die an der Kolbenstange aufzuwendende Arbeit zu bestimmen. Wie muss der Zylinder durch Wärme beeinflusst werden, um die drei Fälle zu realisieren? Welche Drücke und Temperaturen herrschen am Ende der Kompression?

**Voraussetzungen:** Die Zustandsgleichungen der Luft sind

$$p\,V = m\,R\,T \qquad \text{und} \qquad dU = m\,c_v\,dT$$

mit konstanter spezifischer Wärmekapazität. Der Isentropenexponent ist $\kappa = 1{,}40$.

**Gegeben:**

$$p_U := 1\cdot bar \quad p_1 := p_U \quad T_1 := Tt(0\cdot °C) \quad V_1 := 5\cdot m^3 \quad V_2 := 1\cdot m^3 \quad n := \begin{pmatrix} 1.40 \\ 1.25 \\ 1 \end{pmatrix}$$

**Lösung:** Der vom Volumen und dem Exponenten $n$ abhängige Druck wird durch die Funktion

$$p(V,n) := p_1\cdot\left(\frac{V_1}{V}\right)^n$$

beschrieben. Volumenänderungsarbeit und Nutzarbeit sind damit

$$W_{V12}(n) := -\int_{V_1}^{V_2} p(V,n)\,dV \qquad W_{N12}(n) := W_{V12}(n) + p_U\cdot(V_2 - V_1)$$

mit den Ergebnissen

$i := 0..2$

| $W_{V12}(n_i) =$ | | $W_{N12}(n_i) =$ | |
|---|---|---|---|
| 1129.57 | kJ | 729.57 | kJ |
| 990.70 | | 590.70 | |
| 804.72 | | 404.72 | |

Zur Bestimmung des Einflusses der Wärme formulieren wir die Energiebilanz. Dem Gas im Zylinder wird Volumenänderungsarbeit zugeführt und es wird Wärme mit der Umgebung ausgetauscht. Dadurch verändert sich die innere Energie:

$$U_2 - U_1 = W_{V12} + Q_{12}$$

Die Änderung der inneren Energie wird für das Gas mit $c_v = const.$ bestimmt durch

$$U_2 - U_1 = m\cdot c_v\cdot(T_2 - T_1) = \frac{m\cdot R\cdot T_1}{\kappa - 1}\cdot\left(\frac{T_2}{T_1} - 1\right) = \frac{p_1\cdot V_1}{\kappa - 1}\cdot\left(\frac{T_2}{T_1} - 1\right)$$

Aus der Gasgleichung folgt für die Endtemperaturen

$$T_{2_i} := T_1\cdot\frac{p(V_2,n_i)}{p_1}\cdot\frac{V_2}{V_1}$$

Damit folgt für den Wärmetausch mit der Umgebung

$$Q_{12_i} := \frac{p_1\cdot V_1}{\kappa - 1}\cdot\left(\frac{T_{2_i}}{T_1} - 1\right) - W_{V12}(n_i)$$

mit dem Ergebnis

$$Q_{12} = \begin{pmatrix} -0.00 \\ -371.51 \\ -804.72 \end{pmatrix} kJ$$

Mit der Funktion für den Verlauf des Druckes bei der Zustandsänderung werden die Drücke berechnet:

$$p(V,n) := p_1 \cdot \left(\frac{V_1}{V}\right)^n \qquad p_{2_i} := p\left(V_2, n_i\right)$$

Temperaturen und Drücke am Ende der Kompressionen sind

$$T_2 = \begin{pmatrix} 519.98 \\ 408.45 \\ 273.15 \end{pmatrix} K \qquad p_2 = \begin{pmatrix} 9.518 \\ 7.477 \\ 5 \end{pmatrix} bar$$

**Diskussion:** $n = \kappa = 1{,}40$ ist die adiabate Kompression des wärmeisolierten Zylinders. $n = 1$ ist die isotherme, gekühlte Kompression, bei der die gesamte dem Gas zugeführte Volumenänderungsarbeit als Wärme an die Umgebung abfließt. Der dazwischen liegende Fall mit $n = 1{,}25$ stellt eine gekühlte, polytrope Kompression dar. Lässt man in allen drei Fällen nach der Kompression bei konstantem Volumen Abfließen von Wärme in die Umgebung zu, bis das Gas die Umgebungstemperatur erreicht hat, so liefert die Gasgleichung

$$\frac{p_3}{p_2} = \frac{T_3}{T_2}$$

oder, da die Temperatur dann wieder gleich der Ausgangstemperatur ist,

$$\frac{p_3}{p_1} = \frac{p_2}{p_1} \frac{T_1}{T_2}$$

Nach Einsetzen der bereits bestimmten Druck- und Temperaturverhältnisse ist

$$\frac{p_3}{p_1} = \frac{V_1}{V_2} = 5$$

unabhängig von $n$ und damit von der Art der Kompression.

Daraus folgt eine wichtige Konsequenz für den Bau von Kompressoren: Wird die Druckluft aus einem Kompressor in ein Vorratssystem eingespeist, aus dem Wärme in die Umgebung abfließen kann, so wird bei isothermer Kompression die geringste Kompressionsarbeit aufgewendet. Eine isotherme Kompression würde jedoch eine perfekte Kühlung voraussetzen. Praktisch kann nur eine gekühlte Kompression realisiert werden, die durch eine polytrope Zustandsänderung mit $1 < n < \kappa$ in guter Näherung beschrieben wird. Dabei kann ein kleiner Wert von $n$ als Maß für die Qualität der Kühlung angesehen werden. Polytrope Zustandsänderungen werden in Kapitel 4 detailliert behandelt.

Wird in einer Kolbenmaschine mit Kompressions- und Expansionsvorgängen immer wieder das Ausgangsvolumen erreicht, so ist wegen

$$\oint dV = 0$$

die Nutzarbeit gleich der Volumenänderungsarbeit

$$W_N = W_V = -\oint p\, dV \,.$$

Bei der Analyse von Kolbenmaschinen wird der Druck im Zylinder in Abhängigkeit vom Drehwinkel der Kurbelwelle und damit als Funktion des Volumens aufgezeichnet. Aus einem solchen Indikatordiagramm kann durch Bestimmung der Fläche, die in einem Zyklus umfahren wird, die reale innere Arbeit eines Arbeitsspiels ermittelt werden:

$$W_{ind} = -\oint p\, dV \,. \tag{1.52}$$

Abb. 1.22 zeigt schematisch ein solches Indikatordiagramm.

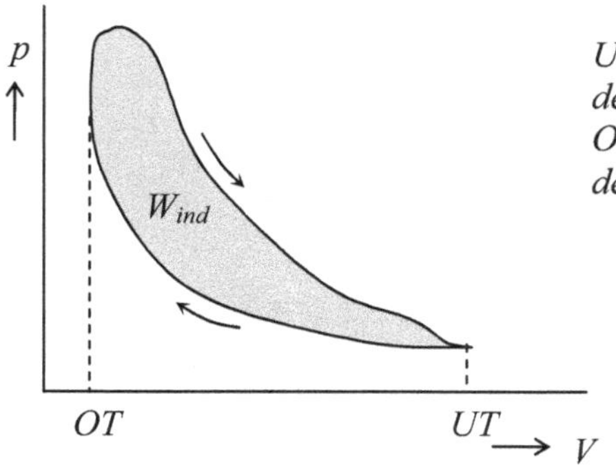


*UT: Unterer Totpunkt des Kolbens*
*OT: Oberer Totpunkt des Kolbens*

*Abb. 1.22: Indikatordiagramm einer Kolbenmaschine*

Der Zyklus eines Arbeitsspiels enthält neben der Kolbenreibung auch sonstige dissipative (zerstreuende) Vorgänge. Bei einer Kraftmaschine, wie in Abb. 1.22, wird der Zyklus im Uhrzeigersinn durchlaufen und die Kompressionslinie bei abnehmendem Volumen liegt unter der Expansionslinie bei zunehmendem Volumen. Damit hat die Fläche $W_{ind}$ ein negatives Vorzeichen, es wird also Arbeit abgegeben. Wichtig ist in diesem Zusammenhang, dass im **Indikatordiagramm** der reale Prozess für ein Arbeitsspiel **mit Verlusten (Reibungsvorgänge o.Ä.)** dargestellt wird. $W_{ind}$ ist somit die reale innere Arbeit, die vom Gas über den Kolben an die Kurbelstange abgegeben wird.

Beim Indikatordiagramm eines Kolbenverdichters wird der Zyklus gegen den Uhrzeigersinn durchlaufen und die Fläche des Indikatordiagramms hat ein positives Vorzeichen. Die Fläche des Indikatordiagramms stellt wieder die reale Arbeit $W_{ind}$ für ein Arbeitsspiel dar, die über Welle und Kurbelstange zugeführt werden muss. Bei einer Kraftmaschine verkleinern die Verluste die Fläche im $p,V$-Diagramm und verringern damit den Betrag der abgegebenen Arbeit, bei der Arbeitsmaschine vergrößern die Verluste die Fläche und damit die zuzuführende Arbeit.

Beim Zylinder/Kolben-System mit Gasfüllung haben wir Druckunterschiede als treibendes Gefälle identifiziert. In gleicher Art kann auch die Änderung des osmotischen Druckes ausgenützt werden. Wir gehen von dem in Abb. 1.23 dargestellten System aus. In einem abgeschlossenen System befindet sich eine Lösung mit einer verschiebbaren semipermeablen Membran.

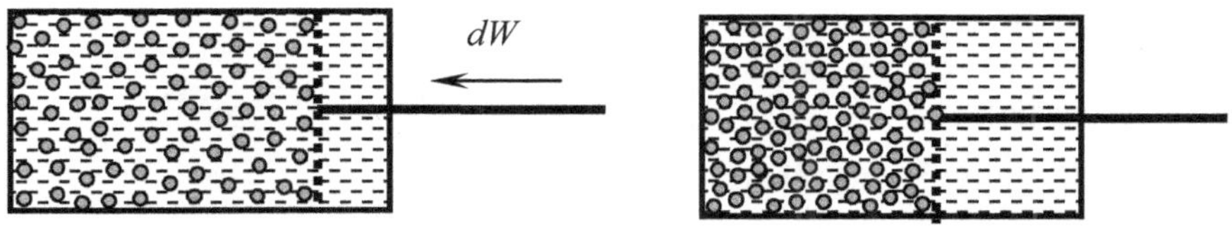


*Abb. 1.23: Osmosesystem mit verschiebbarer Membran*

Im Ausgangszustand herrscht die osmotische Druckdifferenz zwischen Lösung und Lösungsmittel. Verschiebt man unter Zufuhr von Arbeit die Membran nach links, so nehmen die

Konzentration des gelösten Stoffes und damit der osmotische Druck zu. Es gilt für die osmotische Arbeit

$$dW_V = -\Pi \, dV \tag{1.53}$$

oder, wenn verdünnte Lösung vorliegt, mit dem Van't-Hoff'schen Gesetz nach Gl. (1.25)

$$dW_V = -\sum_i n_i \, R_m \, T \, \frac{dV}{V} \, .$$

Diese Gleichung lässt sich, da die Molzahl der gelösten Stoffe in der Lösung konstant bleibt und sich nur das Volumen der Lösung ändert, unmittelbar integrieren mit dem Ergebnis

$$W_{V12} = \sum_i n_i \, R_m \, T \, \ln\left(\frac{V_1}{V_2}\right) . \tag{1.54}$$

In Kapitel 4 werden wir feststellen, dass diese Arbeit der Volumenänderungsarbeit eines idealen Gases bei isothermer Kompression/Expansion entspricht.

Die geschilderte Steigerung der Konzentration der Lösung unter Arbeitszufuhr wird Umkehrosmose genannt. Das Prinzip der Umkehrosmose wird bei der Meerwasserentsalzung und bei der Abwasserreinigung eingesetzt. Voraussetzung hierfür ist, dass man geeignete semipermeable Membranen hat, die für die Ionen des Meerwassers oder für die gelösten Verunreinigungen im Abwasser nicht durchlässig sind.

Der Vorgang der Umkehrosmose ist, wie es schon der Name sagt, umkehrbar. Nimmt die Konzentration in der Lösung unter Aufnahme von Lösungsmittel ab, so wird Arbeit gewonnen. Vollkommene Umkehrbarkeit des Vorgangs würde allerdings eine verlustfreie, ideale Membran erfordern.

#### 1.6.1.3 Wellenarbeit

An einer Welle wirkt ein Drehmoment $M_d$. Die verrichtete Arbeit ist

$$dW_W = M_d \, d\alpha \, ,$$

wobei $d\alpha$ der differentielle Drehwinkel ist. Da ein Drehmoment das Produkt aus Kraft und Hebelarm ist, erkennen wir, dass wiederum das Prinzip *Kraft* x *Verschiebung* vorliegt. Die Wellenleistung ist somit

$$\dot{W}_W = \frac{dW_W}{d\tau}$$

und mit der Winkelgeschwindigkeit

$$\omega = \frac{d\alpha}{d\tau} \, ,$$

oder, wenn die Drehzahl $n_r$ der Welle gegeben ist

$$\omega = 2 \, \pi \, n_r$$

gilt für die Wellenleistung

$$\dot{W}_W = 2 \, \pi \, n_r \, M_d \, . \tag{1.55}$$

Wellenarbeit wird durch eine die Systemgrenze kreuzende Welle übertragen. Bei einem geschlossenen System kann dem System Wellenarbeit zugeführt werden, wie z.B. bei einem Kessel mit Rührwerk, wobei in diesem Fall die eingebrachte Arbeit vollständig im System zerstreut (dissipiert) wird. Wellenarbeit kann aber auch, wie z.B. durch die Feder eines Uhrwerks, im System gespeichert und dann wieder entnommen werden. Im thermodynamischen

Sinne wird sowohl bei der Speicherung als auch beim dissipativen Prozess die innere Energie erhöht.

Strömungsmaschinen als offene, von einem kompressiblen Fluid stationär durchströmte Systeme werden durch Wellenleistungen beeinflusst. In Gas- und Dampfturbinen ist das treibende Gefälle das Druckgefälle zwischen Zuleitung und Ableitung, und wir werden später feststellen, dass dieses Druckgefälle in Abhängigkeit von der Prozessführung mit einem Temperaturgefälle einhergeht. Die Gefälle bewirken die Abgabe von Wellenenergie. Umgekehrt wird im Turboverdichter das Fluid durch die zugeführte Wellenleistung komprimiert und damit ein treibendes Druckgefälle aufgebaut, wobei die Temperatur ansteigt.

Das expandierende Fluid leistet die spezifische Volumenänderungsarbeit $w_{V12}$. Bei Kompression des Fluids muss die entsprechende Volumenänderungsarbeit aufgebracht werden. Zusätzlich muss beim Einströmen des Fluids in die Strömungsmaschine die spezifische Verschiebearbeit $p_1\, v_1$ aufgebracht werden und beim Ausströmen wird dem System die spezifische Verschiebearbeit $p_2\, v_2$ zugeführt. Es ist zu beachten, dass das Fluid der Strömungsmaschine stets im Punkt 1 zuströmt und im Punkt 2 abströmt. Dann gilt

$$w_{W12} = -\int_{v_1}^{v_2} p\, dv - p_1\, v_1 + p_2\, v_2 \quad bzw. \quad w_{mW12} = -\int_{v_1}^{v_2} p\, dv_m - p_1\, v_{m1} + p_2\, v_{m2}\,.$$

Wie Abb. 1.24 zeigt, entsteht bei der grafischen Interpretation der spezifischen technischen Arbeit die Fläche der Zustandsänderung in Projektion auf die $p$-Achse. Diese Fläche wird beschrieben durch

$$w_{W12} = \int_{p_1}^{p_2} v\, dp \quad bzw. \quad w_{mW12} = \int_{p_1}^{p_2} v_m\, dp\,. \tag{1.56}$$

Konsequenterweise wird die innere Arbeit in einer Strömungsmaschine als **Druckänderungsarbeit** bezeichnet.

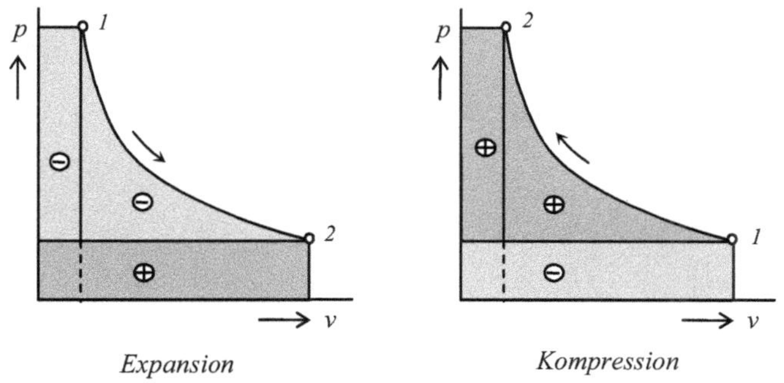


*Abb. 1.24: Spezifische Druckänderungsarbeit in Strömungsmaschinen*

Verluste verändern den Verlauf der Expansions- bzw. Kompressionslinie im $p,v$-Diagramm. Je größer die Verluste sind, desto steiler verläuft die Expansionslinie und desto flacher verläuft die Kompressionslinie.

Die innere Leistung der Strömungsmaschine

$$\dot{W}_{W12} = \dot{m}\ w_{W12} \quad bzw. \quad \dot{W}_{W12} = \dot{n}\ w_{mW12} \tag{1.57}$$

wird im Fall der Turbinen vom expandierenden Gas auf die Welle übertragen und im Fall der Turboverdichter von der Welle auf das zu komprimierende Gas.

**Beispiel 1.11 (Level 1):** Ein Massenstrom von *10 kg/s* wird in Expansionsmaschinen von *10 bar* auf einen Gegendruck von *1 bar* entspannt.

- (a) Die Expansionsmaschine sei eine Gasturbine, der das Druckgas mit einer Temperatur von *20 °C* zugeführt wird.
- (b) In der Expansionsmaschine werde flüssiges Druckwasser entspannt.

Wie groß sind die abgegebenen Leistungen?

**Voraussetzungen:** Im Fall (a) wird ein ideales Gas mit der Zustandsgleichung

$$p\,\dot{V} = \dot{m}\ R\ T$$

mit $R = 287\ kJ/kg\ K$ entspannt. Die Zustandsänderung in der Gasturbine wird wieder durch den Zusammenhang

$$p\ v^n = const.$$

beschrieben, wobei $n = \kappa = 1{,}40$ ist.

Im Fall (b) sei das kalte Wasser ein inkompressibles Fluid mit der Dichte $\rho = 1000\ kg/m^3$.

**Gegeben:**

$$mp := 10\cdot\frac{kg}{s} \qquad p_1 := 10\cdot bar \qquad p_2 := 1\cdot bar$$

Im Fall (a):

$$R := 287\cdot\frac{J}{kg\cdot K} \qquad \kappa := 1.40 \qquad t_1 := 20\cdot °C$$

Im Fall (b):

$$\rho := 1000\cdot\frac{kg}{m^3}$$

**Lösung:** Im Fall (a) sind absolute Temperatur (mit der in den vorangegangenen Beispielen bereits verwendeten Funktion zur Umrechnung von Celsius-Temperaturen in absolute Temperaturen) und spezifisches Volumen im Ausgangszustand

$$T_1 := Tt(t_1) \qquad v_1 := \frac{R\cdot T_1}{p_1}$$

Die Funktion zur Berechnung des spezifischen Volumens während der Zustandsänderung lautet

$$v(p) := v_1\cdot\left(\frac{p_1}{p}\right)^{\frac{1}{\kappa}}$$

Damit wird die spezifische Arbeit berechnet:

$$w_{ta12} := \int_{p_1}^{p_2} v(p)\ dp \qquad w_{ta12} = -141.9\frac{kJ}{kg}$$

Die theoretische Leistung der Gasturbine ist

$$Wp_{ta12} := mp\cdot w_{ta12} \qquad Wp_{ta12} = -1.42\,MW$$

Im Fall (b) ist die differentielle spezifische Arbeit

$$dw_{tb} = v\cdot dp = \frac{1}{\rho}\cdot dp$$

mit dem Ergebnis der Integration

$$w_{tb12} := \frac{p_2 - p_1}{\rho} \qquad w_{tb12} = -0.9 \frac{kJ}{kg}$$

Die Leistung der Expansionsmaschine ist

$$W_{tP12} := mp \cdot w_{tb12} \qquad W_{tP12} = -9\,kW$$

**Diskussion:** Wie in Kapitel 5 nachgewiesen wird, ist das Ergebnis für Fall (a) die adiabate, reibungsfreie und damit reversible innere Expansionsarbeit der Gasturbine. Berechnet man die Endtemperatur dieser Entspannung mit

$$v_2 := v(p_2) \qquad T_2 := \frac{p_2 \cdot v_2}{R} \qquad t_2 := tT(T_2) \qquad t_2 = -121.31\,°C$$

so erkennt man, dass die Temperatur bei der Expansion stark absinkt. Beim inkompressiblen Fluid im Fall (b) ist die Volumenänderungsarbeit gleich Null und es werden nur die Verschiebearbeiten wirksam, wobei die Temperatur bei reibungsfreier Expansion konstant bleibt. Man erkennt, dass in Strömungsmaschinen bei kompressiblen Fluiden durch die Dominanz der Volumenänderungsarbeit die Energieumsätze um einige Zehnerpotenzen größer sind als bei inkompressiblen Fluiden.

#### 1.6.1.4 Elektrische Arbeit

Über elektrische Kabel, die die Systemgrenze kreuzen, kann elektrische Arbeit transportiert werden, die mit dem Transport von elektrischer Ladung $Q_{el}$ verknüpft ist. Die differentielle elektrische Arbeit ist

$$dW_{el} = U_{el}\, dQ_{el} \,,$$

wobei die Spannung als anliegender treibender Potentialunterschied die Verschiebung von elektrischer Ladung bewirkt. Der elektrische Strom $I_{el}$ ist Ladungsverschiebung pro Zeiteinheit

$$I_{el} = \frac{dQ_{el}}{d\tau} .$$

Damit ergibt sich für die elektrische Leistung

$$\dot{W}_{el} = U_{el}\, I_{el} .$$

Mit dem Ohm'schen Gesetz

$$I_{el} = \frac{U_{el}}{R_{el}}$$

folgt

$$\dot{W}_{el} = \frac{U_{el}^{\,2}}{R_{el}} . \tag{1.58}$$

Elektrische Arbeit ist ebenfalls eine gerichtete Energieform. Sie kann im System durch einen Ohm'schen Widerstand vollständig dissipiert werden, wie dies z.B. bei einem Tauchsieder der Fall ist, der Wasser erwärmt. Aus einem elektrischen Kondensator oder Akkumulator kann eingespeicherte elektrische Energie durch den entsprechenden Entladevorgang wieder entnommen werden.

Bei einem Elektromotor wird über das Kabel elektrische Leistung zugeführt. Im verlustfreien Fall wird diese elektrische Energie vollständig in Wellenleistung umgewandelt. Real treten jedoch in den Wicklungen des Elektromotors elektrische Verluste auf, die in Joule'sche Wärme umgesetzt werden. Somit gibt der Elektromotor weniger Wellenleistung ab als elektrische Leistung zugeführt wird.

Einem Generator wird Wellenenergie zugeführt. Im verlustfreien Fall wird diese Wellenenergie vollständig in elektrische Energie umgewandelt. Auch in diesem Fall treten in den Wicklungen des Generators Verluste in Form von Joule'scher Wärme auf. Folglich muss dem Generator mehr Wellenleistung zugeführt werden als elektrische Leistung erzeugt wird.

Sowohl beim Elektromotor als auch beim Generator müssen die Verluste, die vollständig in Wärme verwandelt werden, durch eine ausreichende Kühlung abgeführt werden, um Überhitzungen der verbauten Materialien zu vermeiden.

#### 1.6.1.5 Weitere innere Arbeiten

In der Physik können noch weitere innere Arbeiten wie

- linear elastische Verschiebung durch elastische Verformung eines Stabes,
- Oberflächenvergrößerung an Grenzflächen von Flüssigkeiten,
- Magnetisierungsarbeit und
- elektrische Polarisationsarbeit in einem Dielektrikum

auftreten. Diese speziellen physikalischen Effekte werden in der weiteren Betrachtung keine Rolle spielen. Näheres hierzu kann dem Schrifttum entnommen werden[16].

#### 1.6.1.6 Zusammenfassung der mechanischen und elektrischen Arbeiten

In Übereinstimmung mit der Vorzeichenkonvention des egozentrischen Systems halten wir zusammenfassend fest:

- Abgegebene Arbeit hat negatives Vorzeichen;
- Aufgenommene Arbeit hat positives Vorzeichen;
- Verluste haben stets positives Vorzeichen.

Weiter gilt:

- Generalisierte Kräfte werden durch treibende Gefälle hervorgerufen. Diese Kräfte bewirken Verschiebungen am System und leisten dadurch Arbeit. Kräfte wirken stets in einer bestimmten Richtung, deshalb stellt Arbeit eine „gerichtete" Energieform dar;
- Durch die Verluste wird gerichtete Energie im System zerstreut (dissipiert). Es wird demnach gerichtete Energie in ungerichtete Energie umgewandelt.

In die Bilanzgleichung (1.1) gehen im allgemeinen Fall die folgenden Arbeitsströme unter Einschluss von mechanischen und elektrischen Leistungen ein:

$$\sum_{k*} \dot{W}_{k*} = \dot{W}_a + \dot{W}_V + \sum_{k_1} \dot{W}_{W,k_1} + \sum_{k_2} \dot{W}_{el,k_2} + \ldots.$$

Bewegt sich das System im Schwerefeld der Erde, so folgt für den äußeren Arbeitsstrom aus der Bilanzgleichung für mechanische Energie

$$\dot{W}_a = -\frac{d}{d\tau}\left[E_{kin} + E_{pot}\right]. \qquad (1.59)$$

Der durch Änderung des Systemvolumens verursachte Term ist

16 z.B.: Zemansky, M.W.: „Heat and Thermodynamics" Tokyo, Düsseldorf, Johannesburg, London: Mc Graw Hill Kogakusha 1968, S. 60 ff

$$\dot{W}_V = -p \frac{dV_S}{d\tau}. \tag{1.60}$$

Weiter kreuzen $k_1$ Wellen zur Übertragung von mechanischen Leistungen und $k_2$ Kabel zur Übertragung von elektrischen Leistungen die Systemgrenze. Mechanische Arbeit und elektrische Arbeit werden unter dem Begriff der technischen Arbeit ($w_{t,k}$ mit $k = k_1 + k_2$) zusammengefasst.

Unter den genannten Beschränkungen gilt dann für die auf das System einwirkenden Arbeitsströme

$$\sum_{k^*} \dot{W}_{k^*} = \dot{W}_a - p \frac{dV_S}{d\tau} + \sum_k \dot{W}_{t,k} \tag{1.61}$$

## 1.6.2 Energietransport durch Massen- oder Stoffströme

Massenströme $\dot{m}_i$ oder Stoffströme $\dot{n}_i$ , die über die Systemgrenze treten, transportieren stets auch spezifische Energien $e_i$ bzw. molare Energien $e_{mi}$. Solche Ströme, die man allgemein als konvektive Ströme bezeichnen kann, werden durch Druckdifferenzen als treibende Gefälle in Gang gesetzt. Druckdifferenzen können hierbei auch durch Höhendifferenzen aufgebaut werden, wie das bereits die Erbauer von Wasserspielen in den Schlossparks des 18. Jahrhunderts wussten.

Durchströmte Kanäle oder Rohrleitungen haben immer einen endlichen, mehr oder weniger großen Strömungswiderstand. Die Ermittlung der Größe dieses Strömungswiderstands ist Aufgabe der Strömungsmechanik. Wir werden hier im Rahmen thermodynamischer Analysen von Energieanlagen Druckverluste in Rohrleitungen und Kanälen als bekannt voraussetzen. Als theoretischen Grenzfall werden wir Leitungen mit verschwindendem Strömungswiderstand, d.h. mit isobarer Durchströmung, zulassen. Dann erfolgt der Materietransport umkehrbar oder reversibel.

Unterscheiden sich die verschiedenen Masseströme beim Zu- und Abfluss in das System bezüglich der Höhenlage $z_i$, so ist die erste Komponente der spezifischen Energie $e_i$ die spezifische potentielle Energie $g\, z_i$.

Hat ein Zu- oder Ableitungsrohr für den Massenstrom $\dot{m}_i$ die Querschnittsfläche $A_i$, so kann die mittlere Strömungsgeschwindigkeit $\overline{v}_i$ oder die Massenstromdichte $\dot{m}_i / A_i$ aus der Bilanzgleichung

$$\dot{m}_i = \rho_i\, \dot{V}_i = \rho_i\, \overline{v}_i\, A_i \tag{1.62}$$

ermittelt werden. Formt man daraus die spezifische kinetische Energie $\overline{v}_i^2 / 2$, so erhält man den zweiten Term der spezifischen Energie. Schließlich führt der Massenstrom noch spezifische innere Energie mit sich und außerdem ist wieder die Verschiebearbeit zu berücksichtigen. Damit ist der dritte Term der spezifischen Energie $u_i + p_i\, v_i$ oder, unter Verwendung der Definition der Enthalpie, $h_i$. Bei Stoffströmen müssen die auf die Masse bezogenen mechanischen Energien mit der molaren Masse des Fluids umgerechnet werden. Dann ist der konvektive Term der Energiestrombilanz (1.1)

$$\sum_i \dot{m}_i\, e_i = \sum_i \dot{m}_i \left( g\, z_i + \frac{\overline{v}_i^2}{2} + h_i \right) = \sum_i \dot{n}_i \left[ M \left( g\, z_i + \frac{\overline{v}_i^2}{2} \right) + h_{mi} \right]. \tag{1.63}$$

**Beispiel 1.12 (Level 1):** Bei der Gasturbine aus Beispiel 1.11a befinden sich Zuleitung und Ableitung auf gleicher Höhenlage und die Rohrquerschnitte sind so dimensioniert, dass gleiche Geschwindigkeiten vorliegen. Es ist analytisch nachzuweisen, dass für $n = \kappa$ der adiabate Fall vorliegt. Außerdem ist das Verhältnis der Querschnittsflächen von Zuleitung und Ableitung zu bestimmen.

**Voraussetzungen:** Wie in Beispiel 1.11a. Außerdem hat das ideale Gas die kalorische Zustandsgleichung $dh = c_p \; dT$ mit konstanter spezifischer Wärmekapazität $c_p$.

**Lösung:** Der Gasturbine wird der Energiestrom $\dot{m}_1 \; h_1$ zugeführt und der Energiestrom $\dot{m}_2 \; h_2$ verlässt die Gasturbine. Über die Welle wird die technische Leistung $\dot{W}_{t12}$ entnommen. Außerdem tauscht die Turbine den Wärmestrom $\dot{Q}$ mit der Umgebung aus. Die Turbine wird stationär durchströmt, so dass sich die Parameter im System nicht verändern.

Die Bilanzgleichung für die Masse ist

$$mp_1 + mp_2 = 0 \qquad \text{oder} \qquad mp = mp_1 = -mp_2$$

und damit ist die Bilanzgleichung für die Energieerhaltung

$$mp \cdot \left(h_1 - h_2\right) + Wp_{t12} + Qp_{12} = 0$$

Division durch den Massenstrom ergibt die spezifische Energiebilanz

$$q_{12} = h_2 - h_1 - w_{t12}$$

Die technische Arbeit ist definiert durch

$$w_{t12} = \int v \, dp$$

oder, mit der Vorschrift für die Zustandsänderung

$$w_{t12} = \int_{p_1}^{p_2} v_1 \cdot \left(\frac{p_1}{p}\right)^{\frac{1}{n}} dp$$

Die symbolische Auswertung des Integrals vermittels Symbolik/Auswerten/symbolisch führt zu

$$w_{t12} = \frac{p_2}{p_2^{\frac{1}{n}}} \cdot p_1^{\frac{1}{n}} \cdot v_1 \cdot \frac{n}{(n-1)} - p_1 \cdot v_1 \cdot \frac{n}{(n-1)}$$

oder, mit Symbolik/vereinfachen zu

$$w_{t12} = \left[ v_1 \cdot n \cdot \frac{\left[ p_2^{\frac{(n-1)}{n}} \cdot p_1^{\frac{1}{n}} - p_1 \right]}{(n-1)} \right]$$

Umordnen von Hand ergibt

$$w_{t12} = p_1 \cdot v_1 \cdot \frac{n}{n-1} \cdot \left[ \left(\frac{p_2}{p_1}\right)^{\frac{n-1}{n}} - 1 \right]$$

Aus der Gasgleichung folgt für das Temperaturverhältnis

$$\frac{T_2}{T_1} = \frac{p_2}{p_1} \cdot \frac{v_2}{v_1}$$

Mit der Vorschrift für die Zustandsänderung

$$p_2 \cdot v_2^{\,n} = p_1 \cdot v_1^{\,n}$$

ist das Temperaturverhältnis

$$\frac{T_2}{T_1} = \left(\frac{p_2}{p_1}\right)^{\frac{n-1}{n}}$$

und damit ist die spezifische Arbeit

$$w_{t12} = p_1 \cdot v_1 \cdot \frac{n}{n-1} \cdot \left(\frac{T_2}{T_1} - 1\right)$$

Die Enthalpiedifferenz ist für ein Gas mit konstantem Isentropenexponenten

$$h_2 - h_1 = \frac{\kappa}{\kappa - 1} \cdot R \cdot (T_2 - T_1) \quad \text{oder} \quad h_2 - h_1 = p_1 \cdot v_1 \cdot \frac{\kappa}{\kappa - 1} \cdot \left(\frac{T_2}{T_1} - 1\right)$$

Einsetzen in die Energiebilanz führt zu

$$q_{12} = p_1 \cdot v_1 \cdot \left(\frac{T_2}{T_1} - 1\right) \cdot \left(\frac{\kappa}{\kappa - 1} - \frac{n}{n-1}\right)$$

und für $n = \kappa$ folgt

$$q_{12} = 0$$

Im stationären Betrieb wird ein konstanter Massenstrom durch die Turbine durchgesetzt. Dann gilt

$$\rho_1 \, \overline{v}_1 \, A_1 = \rho_2 \, \overline{v}_2 \, A_2$$

oder, mit der Forderung gleicher Geschwindigkeiten in den Rohrleitungen

$$\frac{A_2}{A_1} = \frac{\rho_1}{\rho_2} = \frac{v_2}{v_1}$$

**Diskussion:** Die Rechenvorschrift für die Zustandsänderung ist die Polytrope, die in Kapitel 4 ausführlich behandelt wird. Bei $n = \kappa$ erfolgt die Expansion adiabat. Hier wird nochmals demonstriert, wie man mit Mathcad® Gleichungen analytisch weiter entwickeln kann. Näheres hierzu findet man im Anhang 10.3.6.

## 1.6.3 Wärmestrom

Ein Wärmestrom fließt alleine auf Grund eines Temperaturunterschieds von einem System zu einem zweiten. Wie man aus Erfahrung weiß, ist der Wärmestrom immer von der höheren thermodynamischen Temperatur zur tieferen gerichtet. Dies ist eine wichtige Aussage des 2. Hauptsatzes der Thermodynamik, auf den wir in Kapitel 3 ausführlich eingehen werden. Auch für den Wärmestrom als gerichteter Energiestrom ist die Ursache das treibende Gefälle $\Delta T$.

Es gibt grundsätzlich zwei physikalische Mechanismen des Wärmetransports:

- Beim molekularen Wärmetransport wird Energie von den schnelleren Molekülen (mit höherer Temperatur) auf die langsameren (mit tieferer Temperatur) übertragen. Im Feststoff spricht man von Wärmeleitung. Durch aufgezwungene Strömungen (erzwungene Konvektion) oder durch selbst induzierte Auftriebsströmungen (freie Konvektion) wird in Fluiden der molekulare Wärmetransport verstärkt.
- Bei der Wärmestrahlung tauschen Körper mit verschiedenen Temperaturen Energie aus, die über elektromagnetische Wellen mit einem großen Spektrum von Wellenlängen durch den Raum von einem Körper zum anderen transportiert wird. Die Netto-Energie dieses Strahlungsaustauschs als Differenz der von den Körpern absorbierten Strahlungsenergien

ist der Wärmestrom, der vom heißeren Körper zum kälteren fließt. Dieser Mechanismus der Wärmeübertragung ist nicht an die Materie gebunden, wodurch auch Wärme durch den leeren Raum übertragen werden kann. Diesem Tatbestand verdanken wir unsere Existenz auf der Erde, die von der Sonne mit Wärme versorgt wird.

Unabhängig vom Wärmetransportmechanismus lautet der grundlegende Ansatz der Wärmeübertragung

$$\dot{Q} = (k\ A)\,\Delta T\,. \tag{1.64}$$

Dabei ist $A$ die Fläche der Wand, durch die der Wärmestrom fließt. Der Wärmedurchgangskoeffizient $k$ enthält alle Einflüsse, die den Wärmetransportprozess festlegen und das Temperaturgefälle $\Delta T$ treibt den Transportmechanismus an.

Der Term $(k\ A)$ kann auch als reziproker thermischer Widerstand (Wärmeleitwiderstand) interpretiert werden. Mit

$$R_{th} = \frac{1}{(k\ A)} \tag{1.65}$$

folgt aus Gl. (1.64)

$$\dot{Q} = \frac{\Delta T}{R_{th}}\,. \tag{1.66}$$

Es besteht eine völlige Analogie zum Ohm'schen Gesetz der Elektrotechnik, wobei das treibende Temperaturgefälle $\Delta T$ der angelegten Spannungsdifferenz $\Delta U_{el}$, der thermische Widerstand $R_{th}$ dem elektrischen Widerstand $R_{el}$ und der Wärmestrom $\dot{Q}$ dem elektrischen Strom $I_{el}$ entspricht.

Wenn wir z.B. das Fließen von Wärme durch die Außenwand eines Gebäudes von einem beheizten Raum in die winterliche Umgebung betrachten, so stellen wir fest, dass Wärme von der Raumluft an die Wand durch freie Konvektion transportiert wird, dann per Wärmeleitung durch die verschiedenen Schichten der Wand fließt und schließlich durch einen weiteren Mechanismus der freien Konvektion an die Umgebung abgegeben wird. Außerdem kann innen und außen noch zusätzlich Wärme durch Strahlung transportiert werden. Eine detaillierte Analyse, wie sie in der Lehre von der Wärmeübertragung durchgeführt wird, führt zu in Reihe geschalteten Wärmeleitwiderständen, deren Addition den Gesamtwiderstand $R_{th}$ ergibt. Für uns ist es im Rahmen thermodynamischer Analysen völlig ausreichend, wenn wir diese Grundtatsachen zur Kenntnis nehmen und festhalten, dass Wärme stets von der höheren zur tieferen Temperatur fließt.

Die Summe aller die Systemgrenze kreuzenden Wärmeströme geht in die Energiestrombilanz nach Gl. (1.1) ein.

**Beispiel 1.13 (Level 1):** In einem Kühlschrank mit elektrisch angetriebenem Kompressor mit einer Leistungsaufnahme von *150 W* wird im stationären Betrieb bei einer Raumtemperatur von *20 °C* eine Temperatur von *0 °C* aufrecht erhalten. Die Kälteleistung des Aggregats beträgt *300 W*. Welche Energieströme wirken auf den Kühlschrank ein und wie lautet die Bilanzgleichung für die Energie? Wie groß ist der Wärmeleitwiderstand des Gehäuses des Kühlschranks? Was geschieht, wenn die elektrische Leistung des Kompressorantriebs auf *100 W* abgesenkt wird und welche stationäre Temperatur stellt sich dann ein, wenn das Verhältnis von Kälteleistung und elektrischer Leistung konstant bleibt?

**Gegeben:**

$$Qp_{zu} := 300 \cdot W \qquad Wp_t := 150 \cdot W \qquad t_R := 20 \cdot °C \qquad t_K := 0 \cdot °C$$

**Theoretische Überlegung:** Dem Kompressor des Kühlschrank wird durch das elektrische Kabel die elektrische Leistung $\dot{W}_t$ zugeführt. Da die Isolierung des Kühlschranks einen endlichen Wärmeleitwiderstand hat und das treibende Temperaturgefälle von $\Delta T = 20\ K$ anliegt, fließt ein Wärmestrom $\dot{Q}_{zu}$ aus dem Raum in den Kühlschrank. Dieser zufließende Wärmestrom muss zur Aufrechterhaltung der niedrigen Temperatur im Kühlschrank durch das Kälteaggregat wieder herausgezogen werden. Dies wird erreicht, indem im Verdampfer des Kälteaggregats eine noch tiefere Temperatur angeboten wird. Der dem Kühlschrank zufließende Wärmestrom ist demnach gleich der Kälteleistung. An der Rückwand des Kühlschranks ist eine Rohrschlange, von der warme Luft in den Raum aufsteigt. Dies ist der Kondensator des Kühlschranks, in dem die Temperatur höher als die Raumtemperatur ist und von dem der Wärmestrom $\dot{Q}_{ab}$ in den Raum abfließt.

**Lösung:** Im stationären Fall sind für das System Kühlschrank die drei Energieströme im Gleichgewicht. Die Energiestrombilanz für den Kühlschrank lautet

$$Qp_{zu} + Qp_{ab} + Wp_t = 0$$

Aus der Bilanzgleichung wird der Wärmestrom bestimmt, der über den Kondensator abgegeben wird:

$$Qp_{ab} := -Qp_{zu} - Wp_t \qquad Qp_{ab} = -450\, W$$

Der thermische Widerstand des Kühlschrankgehäuses ist

$$R_{th} = \frac{1}{kA}$$

Dem Kälteraum strömt durch das Gehäuse der Wärmestrom

$$Qp_{zu} = kA \cdot \Delta T$$

zu. Damit folgt für den reziproken Wärmeleitwiderstand

$$\Delta T := t_R - t_K \qquad kA := \frac{Qp_{zu}}{\Delta T} \qquad kA = 15 \frac{W}{K}$$

Das Verhältnis von Kälteleistung zu elektrischer Leistung ist das Verhältnis von Nutzen zu Aufwand und damit die Effizienz oder Leistungszahl des Kühlschranks

$$\varepsilon_K := \frac{Qp_{zu}}{Wp_t} \qquad \varepsilon_K = 2$$

**Diskussion des Auslegungsfalls:** Wärmeströme kann man nicht sehen, man kann sie aber unschwer identifizieren, wenn man sich überlegt, wo an der Grenze eines Systems treibende Temperaturgefälle auftreten. Die Vorgänge im Inneren des Kühlschranks im Kälteaggregat spielen bei der energetischen Analyse des Systems Kühlschrank keine Rolle. Es sind nur die Energieströme zu berücksichtigen, die die Systemgrenze kreuzen. Die erforderliche Kälteleistung zur Aufrechterhaltung einer bestimmten Temperatur ist umso geringer, je besser die Wärmedämmung des Kühlschranks, das heißt, je kleiner der Wärmedurchgangswert *(k A)* ist.

**Fortführung der Lösung:** Wird die Antriebsleistung des Kompressors auf

$$Wp_{t\_red} := 100 \cdot W$$

reduziert, so sind die Energieströme nicht mehr im Gleichgewicht. Damit ändert sich die innere Energie im System und die Temperatur im Kühlschrank beginnt zu steigen. Die Bilanzgleichung für den instationären Fall ist

$$\frac{dU}{d\tau} = \dot{Q}_{zu} + \dot{Q}_{ab} + \dot{W}_t$$

Die Temperatur steigt so lange an, bis sich ein neuer stationärer Zustand eingestellt hat. Bei gleich bleibender Effizienz des Kühlschranks ist die Kälteleistung

$$Qp_{zu\_red} := \varepsilon_K \cdot Wp_{t\_red} \qquad Qp_{zu\_red} = 200\, W$$

und, da die Wärmedämmung des Kühlschranks unverändert bleibt,

$$\Delta T_{red} := \frac{Qp_{zu\_red}}{kA} \qquad \Delta T_{red} = 13.33\, K$$

Die Temperatur im Kühlschrank steigt demnach auf *6,7 °C* an.

**Diskussion des Lastwechselfalls:** Bei vielen technischen Geräten und Anlagen, wie auch beim hier analysierten Kühlschrank, ist der normale Betriebszustand stationär. An- und Abfahrvorgänge sowie Vorgänge bei Lastwechseln verlaufen instationär und führen nach einer gewissen Zeit wieder zu einem stationären Betriebszustand.

Wände oder sonstige Begrenzungen eines Systems haben stets einen endlichen, mehr oder weniger großen Wärmeleitwiderstand. Als theoretisch denkbare Grenzfälle werden wir den adiabaten Fall ($k \to 0$ bzw. $R_{th} \to \infty$) und den isothermen Fall ($k \to \infty$ bzw. $R_{th} \to 0$) zulassen. Im adiabaten Fall fließt keine Wärme, das System ist gegenüber seiner Umgebung vollkommen wärmeisoliert. Im isothermen Fall bleibt die Temperatur stets gleich der Umgebungstemperatur, da sich durch den verschwindenden Wärmeleitwiderstand und den daraus folgenden unmittelbaren Austausch von Wärme mit der Umgebung kein Temperaturunterschied aufbauen kann. In diesem Grenzfall fließt Wärme ohne treibendes Temperaturgefälle.
Ein Wärmestrom kann im allgemeinen Fall von der Zeit abhängen. Da

$$\dot{Q} = \frac{dQ}{d\tau}$$

ist, kann die im Zeitraum $\Delta\tau$ übertragene Wärmemenge durch

$$Q_{12} = \int_0^{\Delta\tau} \dot{Q}(\tau)\, d\tau \tag{1.67}$$

berechnet werden.

**Beispiel 1.14 (Level 1):** Wird in einem Leichtwasserreaktor (LWR) durch Einschießen der Regelstäbe die nukleare Kettenreaktion unterbrochen, so wird durch den Zerfall von instabilen Spaltprodukten die so genannte Nachzerfallswärme freigesetzt, die über Kühlsysteme abgeführt werden muss. Diese zeitabhängige Wärmeleistung wird näherungsweise durch die Zahlenwertgleichung[17]

$$\frac{\dot{Q}}{\dot{Q}_0} = 0{,}065\left[\left(\frac{\tau}{\{\mathrm{sec}\}}\right)^{-0{,}2} - \left(\frac{\tau}{\{\mathrm{sec}\}} + 6\cdot 10^7\right)^{-0{,}2}\right]$$

beschrieben, wobei $\dot{Q}_0$ die Wärmeleistung des Reaktorkerns im Volllastbetrieb ist. Diese Wärmeleistung beträgt bei modernen LWR etwa *3700 MW*. Es sind die Nachzerfalls-Wärmeleistungen nach einer Stunde bzw. nach einem Tag und die jeweils bis dahin abzuführenden Wärmemengen zu bestimmen.

**Gegeben:**

$$Qp_0 := 3700 \cdot MW$$

**Lösung:** Die Nachzerfallswärme als Funktion der Zeit ist

$$Qp(\tau) := 0.065 \cdot Qp_0 \cdot \left[\left(\frac{\tau}{s}\right)^{-0.2} - \left[\left(\frac{\tau}{s}\right) + 6\cdot 10^7\right]^{-0.2}\right]$$

Die Wärmeleistungen nach 1 Stunde bzw. einem Tag betragen

$$Qp(1\cdot h) = 40.07\,MW \qquad Qp(1\cdot Tag) = 18.07\,MW$$

17 Hassmann, K., Hosemann, J.P., Peehs, M.: „Spaltproduktfreisetzung bei Kernschmelzen“ Köln: Verlag TÜV Rheinland 1987, S. 27

Die integral abgegebenen Wärmemengen

$$Q(\tau) := \int_0^\tau Qp(\tau)\,d\tau$$

sind nach 1 Stunde bzw. nach 1 Tag

$$Q(1\cdot h) = 186.32\,GJ \qquad Q(1\cdot Tag) = 2096.83\,GJ$$

Der Abfall der Nachzerfallswärme im Zeitraum von zwei Tagen wird in Abb. 1.25 grafisch dargestellt.

$\tau := 0, 600\cdot s\,..\,2\cdot Tag$

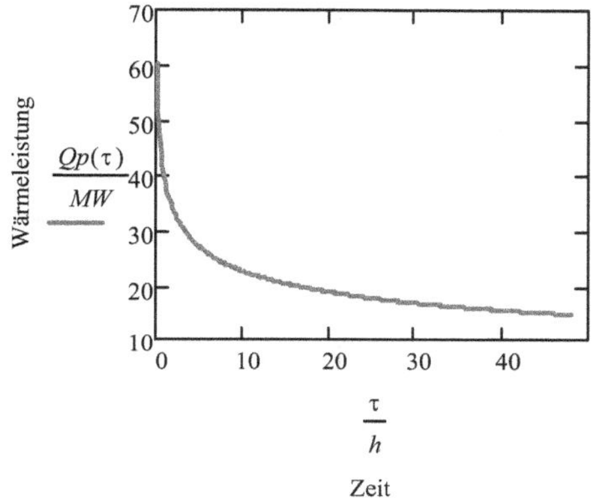


*Abb. 1.25: Nachzerfallswärmestrom als Funktion der Zeit*

**Diskussion:** Die Nachzerfallswärme klingt langsam ab. Deshalb müssen abgebrannte Brennstäbe im Brennelementlagerbecken noch ca. ein Jahr unter Wasser gehalten werden, bis die Nachzerfallswärme so weit abgeklungen ist, dass die verbliebene Nachzerfallswärme in einem Castor-Behälter durch freie Konvektion und Wärmeleitung durch die Castor-Wand an die Umgebung abgeführt werden kann.

Die Anwendung zeigt am Beispiel des Parameters Zeit, wie in Funktionen unterschiedliche Einheiten (Stunde, Tag) ohne weitere Umrechnungen eingesetzt werden können. Funktionen können mit Mathcad® leicht visualisiert werden. Dazu lässt man die unabhängige Variable von einem Anfangswert (hier: *0*) mit einer festgelegten Schrittweite bei Angabe des Folgewerts (hier: *0 + 600 s*) bis zur Endzeit (hier: *2 Tage*) laufen. Eine Anleitung zur Erstellung von Diagrammen enthält Anhang 10.3.5.

# 2 Erhaltungssätze für Masse, Impuls und Energie

## 2.1 Treibende Gefälle

Wie wir bereits in Kapitel 1 festgestellt haben, werden Flüsse durch treibende Gefälle in Gang gesetzt. So fließt Wärme, wenn ein Temperaturunterschied vorhanden ist. Ebenso wird ein Massenstrom in Gang gesetzt, wenn ein Druckunterschied oder ein Höhenunterschied im Gravitationsfeld als treibender Mechanismus vorliegt, wobei ein Massenstrom stets kinetische Energie mit sich führt. Weiter wird durch ein treibendes Gefälle des chemischen Potentials oder, vereinfacht, durch einen Unterschied von Konzentrationen zwischen zwei Systemen ein Stoffstrom in Gang gesetzt wird. So treten an Engstellen zwischen zwei Meeren mit unterschiedlichem Salzgehalt Strömungen von der höheren zur niedrigeren Konzentration auf. Ebenso setzt eine elektrische Spannungsdifferenz einen elektrischen Strom in Gang. Wir können feststellen, dass die Natur stets versucht, treibende Gefälle auszugleichen. Die durch treibende Gefälle in Gang gesetzten Ströme fließen stets vom höheren zum niedrigeren Energieniveau.

Alle treibenden Gefälle enthalten Arbeitsfähigkeit. Darunter versteht man die Möglichkeit, mit geeigneten technischen Vorrichtungen mechanische Energie zu entnehmen. Arbeitsfähigkeit kann aber auch durch Reibung, Verwirbelung und andere physikalische Mechanismen wie Vermischung vollständig zerstreut oder dissipiert werden. Die gesamte Arbeitsfähigkeit kann theoretisch nur dann aus einem Prozess herausgeholt werden, wenn keine dissipativen Vorgänge auftreten würden. Allerdings ist jeder reale Fließvorgang mit Dissipation verbunden. Fließvorgänge ohne Dissipation sind nur als idealisierte Grenzfälle denkbar.

Wir diskutieren nun einige Fälle von Prozessen mit der Entnahme von mechanischer Arbeit. Ein in einem Zylinder gleitender Kolben wird in Bewegung versetzt, wenn ein treibendes Druckgefälle vorliegt, wobei vom Gas oder Dampf Arbeit an den Kolben abgegeben wird. Bei diesem Vorgang wird der Druck abgebaut und der Kolben kommt zum Stillstand, wenn kein Druckunterschied mehr vorhanden ist. Weiter führt in einer Turbine das treibende Druckgefälle, das durch ein anderes System dauerhaft aufrechterhalten wird, zu einer Umwandlung in Wellenenergie. Die geschilderten Prozesse sind eingeschränkt umkehrbar. Durch äußere Zwänge, wie durch zugeführte Flüsse in Form von Volumenänderungsarbeit, Wellenenergie oder elektrischer Energie können in Systemen treibende Gefälle aufgebaut werden. Diese äußeren Zwänge treiben das System vom Gleichgewicht fort oder dienen im stationären Fall der Aufrechterhaltung eines Ungleichgewichts.

Um diese Sachverhalte näher zu erläutern, betrachten wir ein in Abb. 2.1 dargestelltes Pumpspeicherwerk. Durch den Höhenunterschied zwischen Oberwasser und Unterwasser besteht ein treibendes Gefälle. Die durch das treibende Gefälle verursachte Arbeitsfähigkeit wird im Turbinenbetrieb weitgehend zur Erzeugung von Wellenenergie genutzt, wobei in den Rohrleitungen und in der Strömungsmaschine ein möglichst geringer Anteil der Arbeitsfähigkeit durch unvermeidbare Reibungs-, Umlenkungs- und Verwirbelungsvorgänge in ungerichtete Energie umgesetzt oder dissipiert wird. Umgekehrt wird im Pumpbetrieb durch die Zufuhr von Wellenenergie Wasser vom niedrigen Niveau des Unterwassers auf das höhere Niveau des Oberwassers gebracht und damit Arbeitsfähigkeit aufgebaut, wobei zusätzlich die unvermeidbaren dissipativen Verluste abgedeckt werden müssen, was eine Umwandlung von Wellenenergie in Dissipation beinhaltet. Im Idealfall dissipationsfreier Strömungsvorgänge wäre die gewonnene Wellenenergie im Turbinenbetrieb gleich der aufgewendeten Wellenenergie im Pumpbetrieb und wir hätten einen umkehrbaren oder reversiblen Speichervorgang. Durch die dissipativen Vorgänge ist der Aufwand für den Pumpbetrieb immer größer als die Rückgewinnung im Turbinenbetrieb, so dass ein Speicherwirkungsgrad kleiner als eins erreicht wird (siehe dazu Beispiel 2.11).

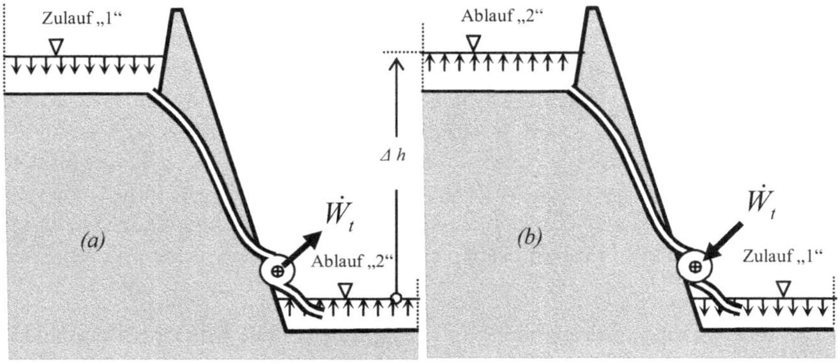


*Abb. 2.1: Pumpspeicherwerk: (a) Turbinenbetrieb und (b) Pumpbetrieb*

Stürzt das Wasser unter dem Einfluss des treibenden Höhenunterschieds in einem Wasserfall herab, so wird die vorhandene Arbeitsfähigkeit durch Verwirbelung vollständig in ungerichtete Energie umgewandelt. Niemand wird erwarten, dass die dissipierte Energie zurück gewonnen werden kann und das Wasser wieder von selbst nach oben steigt, was nach dem Prinzip der Energieerhaltung möglich wäre.

Der treibende Höhenunterschied im Wasserkraftwerk kann auch durch ein treibendes Konzentrationsgefälle ersetzt werden. An der Mündung von Flüssen in das Meer wird der Konzentrationsunterschied zwischen Salzwasser und Süßwasser durch Vermischung dissipiert. Durch ein Osmosekraftwerk[18] kann dieses treibende Gefälle genutzt werden. Kernstück des

[18] Im November 2009 ist am Oslofjord in Norwegen ein Osmose-Kleinstkraftwerk mit einer Leistung von ca. *4 kW* als Prototyp in Betrieb genommen worden. Dabei wird ein nutzbares Druckgefälle von ca. *10 bar* erreicht. Im nächsten Schritt soll ein Osmosekraftwerk mit einer Leistung von *25 MW* gebaut werden, das 2014 in Betrieb gehen soll.

Osmosekraftwerks ist eine semipermeable Membran[19], durch die Süßwasser tritt und im Salzwasser den osmotischen Druck aufbaut. Die durch die Membran tretende Süßwassermenge wird als Mischphase mit hohem Druck einer Wasserturbine zugeführt. Wie eine überschlägige Rechnung zeigt, kann durch Einsetzen der Ergebnisse aus Beispiel 1.7 für Salzwasser in die Van't-Hoff'sche Gleichung (1.25) ein osmotischer Druck von ca. *27 bar* erreicht werden. Dem entspricht eine Fallhöhe von ca. *270 m*. Der Prozess ist umkehrbar. Durch das Verfahren der Umkehrosmose wird durch Arbeitszufuhr aus Meerwasser reines Wasser gewonnen.

Im nächsten Kapitel wird nachgewiesen, dass ein Temperaturunterschied als treibendes Gefälle zwischen einem Wärmereservoir hoher Temperatur und einem Wärmereservoir niedriger Temperatur im Prinzip zu den gleichen Ergebnissen wie beim Pumpspeicherwerk führt: Die durch das treibende Temperaturgefälle vorhandene Arbeitsfähigkeit kann durch geeignete thermische Maschinen bis auf die unvermeidliche Dissipation in Wellenarbeit umgewandelt werden. Durch die Zufuhr von Wellenenergie kann Wärme vom niedrigen auf das hohe Temperaturniveau gepumpt werden, wobei die Dissipation auch wieder den zur Umkehrung notwendigen Aufwand erhöht.

Fließt die Wärme ohne Ausnutzung der Arbeitsfähigkeit, so wird die Arbeitsfähigkeit auch in diesem Falle wieder vollständig dissipiert.

## 2.2 Allgemeine Formulierung der Erhaltungssätze

### 2.2.1 Beeinflussung des Systems

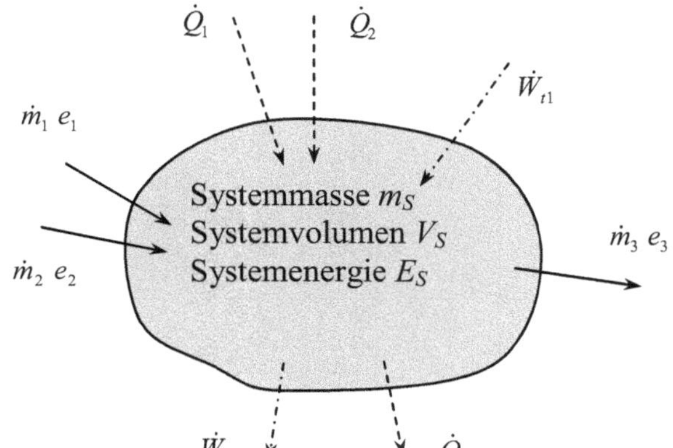


*Abb. 2.2: Einwirkung von Energieströmen auf das thermodynamische System*

[19] Es kommen extrem dünne Membranen zum Einsatz, mit denen derzeit eine Leistungsdichte von ca. *3,5 W/m²* erzielt wird. Durch aktuelle Forschungsaktivitäten wird versucht, die Leistungsdichte weiter zu steigern.

Ein allgemeines, in Abb. 2.2 dargestelltes System mit der Systemmasse $m_S$, dem Systemvolumen $V_S$ und der Systemenergie $E_S$ ist den folgenden Einflüssen unterworfen:

- Die Summe der zu- und abströmenden Massenströme beeinflusst die Systemmasse $m_S$.
- Die Summe der an dem System angreifenden Kräfte und der Impulsströme durch ein- und ausströmendes Medium beeinflusst den Gesamtimpuls $\vec{J}_S$ des Systems.
- Wärmeströme, elektrische und mechanische Energieströme durch Kabel oder Wellen und Energieströme durch ein- oder ausströmendes Medium transportieren Energie über die Systemgrenze und beeinflussen die Systemenergie $E_S$.
- Bei Systemen mit variablem Systemvolumen und dynamischer Systemgrenze wird bei abnehmendem Systemvolumen (Kompression) Volumenänderungsarbeit aufgenommen, bei zunehmendem Volumen (Expansion) wird Volumenänderungsarbeit abgegeben.

## 2.2.2 Massenerhaltung

Das Gesetz der Massenerhaltung ist eine skalare Gleichung. Die zeitliche Änderung der Systemmasse wird bewirkt durch die über die Systemgrenze zu- und abfließenden Massenströme:

$$\frac{dm_S}{d\tau} = \sum_i \dot{m}_i \,. \tag{2.1}$$

**Beispiel 2.1 (Level 1):** Ein Hörsaal hat ein Volumen von *150 m³*. Der Austausch von Raumluft mit Frischluft beträgt *100 m³/h*. Zunächst enthält die Raumluft kein $CO_2$. Zu Vorlesungsbeginn betreten *50* Personen den Hörsaal. Eine Person atmet durchschnittlich einen Luftstrom von *0,5 m³/h* ein und aus. Der $CO_2$-Gehalt der ausgeatmeten Luft beträgt *4,5 Vol.-%*. Wie lange dauert es unter diesen Bedingungen, bis in der Raumluft ein $CO_2$-Gehalt von *0,5 Vol.-%* erreicht wird?

**Voraussetzungen:** Luft und Kohlendioxid sind ideale Gase. Der Druck und die Temperatur im Hörsaal bleiben konstant. Die Gaskomponenten sind ideal durchmischt.

**Klassifizierung des Systems:** Instationäre Stoffmengenbilanz für die Gaskomponente $CO_2$ mit $z$ eintretenden Stoffmengenströmen und einem mit der Abluft austretenden Stoffmengenstrom.

**Gegeben:**

$V_R := 150 \cdot m^3 \qquad Vp_L := 100 \cdot \frac{m^3}{h} \qquad Vp_A := 0.5 \cdot \frac{m^3}{h} \qquad z := 50$

$\chi_{CO2A} := 0.045 \qquad \chi_{CO20} := 0 \qquad \chi_{CO21} := 0.005$

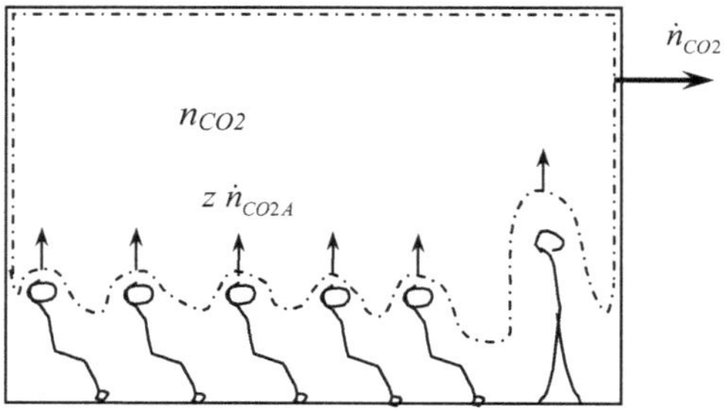


*Abb. 2.3: System Hörsaal*

**Lösung:** Luft ist ein Gemisch idealer Gase. Die Stoffstrombilanz für Kohlendioxid für das System gemäß Abb. 2.3 ist nach Gl. (2.1)

$$\frac{dn_{CO2}}{d\tau} = z\,\dot{n}_{CO2A} - \dot{n}_{CO2}$$

oder, in der Schreibweise von Mathcad

$$\frac{d}{d\tau} n_{CO2} = z \cdot np_{CO2A} - np_{CO2}$$

Mit

$$n_{CO2} = \chi_{CO2} \cdot V_R$$

$$np_{CO2A} := z \cdot \chi_{CO2A} \cdot Vp_A$$

$$np_{CO2} = \chi_{CO2} \cdot Vp_L$$

folgt

$$\frac{d}{d\tau}\chi_{CO2} = \frac{Vp_L}{V_R} \cdot \left[ z \cdot \left( \frac{Vp_A}{Vp_L} \cdot \chi_{CO2A} \right) - \chi_{CO2} \right]$$

Separierung der Variablen und Integration ergibt

$$\tau_1 := \frac{V_R}{Vp_L} \cdot \int_{\chi_{CO20}}^{\chi_{CO21}} \frac{1}{\left[ z \cdot \left( \frac{Vp_A}{Vp_L} \cdot \chi_{CO2A} \right) - \chi_{CO2} \right]} d\chi_{CO2}$$

mit dem Ergebnis

$$\tau_1 = 3174\,s \qquad \tau_1 = 52.9 \cdot min$$

**Diskussion:** Die Stoffmengenbilanz für Luft ist trivial (Zuluft = Abluft). Die Bilanzgleichung für $CO_2$ ergibt die zeitabhängige Anreicherung von $CO_2$ in der Raumluft. Stoffmengenbilanzen für einzelne Komponenten eines Gasgemischs sind zuweilen zur Lösung von Problemen unbedingt erforderlich, z.B. bei feuchter Luft.

### 2.2.3 Impulserhaltung

Das Gesetz der Impulserhaltung ist eine vektorielle Gleichung. Ein mit der Translationsgeschwindigkeit $\vec{v}_S$ bewegtes System hat den Impuls

$$\vec{J}_S = m_S\,\vec{v}_S$$

Die zeitliche Änderung des Systemimpulses ist gleich der Summe der Impulsströme durch ein- und ausströmende Fluide und der Summe der am System angreifenden Kräfte:

$$\frac{d\vec{J}_S}{d\tau} = \sum_i \dot{m}_i\,\vec{v}_i + \sum_n \vec{F}_n\,. \tag{2.2}$$

**Beispiel 2.2 (Level 1):** Eine Rakete mit einer Nutzlast von *35 %* der Startmasse steigt von der Startrampe senkrecht auf. Während der gesamten Brenndauer verbrennen konstant pro Sekunde *1/3 %* der Startmasse. Die mittlere Austrittsgeschwindigkeit der Abgase aus der Laval-Düse der Rakete beträgt konstant *4000 m/s*. Die Reibungsverluste der Rakete in der Atmosphäre bleiben unberücksichtigt. Welche Steighöhe und Endgeschwindigkeit würde unter diesen Bedingungen nach dem Verbrauch des Treibstoffs erreicht?

**Klassifizierung des Systems:** Instationäre Massenbilanz und Impulsbilanz in vertikaler Richtung am bewegten System mit veränderlicher Systemmasse.

**Voraussetzung:** Die Luftreibung wird vernachlässigt, ebenso der Einfluss des Außendrucks auf die Laval-Düse.

**Gegeben:**

$a := 4000 \cdot \frac{m}{s}$ In *3 sec* verbrennen *1 %* der Startmasse der Rakete: $k := \frac{0.01}{3 \cdot s}$

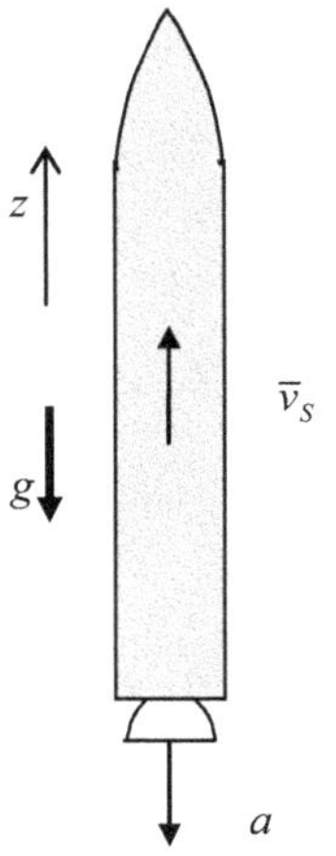


*Abb. 2.4: System Rakete*

**Lösung:** Aus Gl. (2.2) folgt für das System Rakete nach Abb. 2.4 in z-Richtung

$$\frac{dJ_S}{d\tau} = (\bar{v}_S - a)\,\dot{m} - m_S\, g$$

Die Massenerhaltung liefert

$$\dot{m} = \frac{dm_S}{d\tau}$$

Mit $J_S = m_S\,\bar{v}_S$ und $d(m_S\,\bar{v}_S) = m_S\,d\bar{v}_S + \bar{v}_S\,dm_S$ folgt

$$m_S\,(d\bar{v}_S + g\,d\tau) = -a\,dm_S$$

oder, nach Division durch die Systemmasse

$$d\bar{v}_S = -g\,d\tau - a\,\frac{dm_S}{m_S}$$

und nach Integration

$$\bar{v}_S = -g\,\tau - a\,\ln\left(\frac{m_S}{m_{S0}}\right)$$

Nach Einführung der normierten Variablen

$$v = \frac{\bar{v}}{a} \qquad \mu = \frac{m_S}{m_{S0}}$$

gilt

$$\nu = \frac{vel_S}{a} \qquad \mu = \frac{m_S}{m_{S0}}$$

Weiter ist mit dem Abbrand des Raketentreibstoffs die aktuelle Masse der Rakete

$$m_S = m_{S0}\cdot(1 - k\cdot\tau)$$

Die maximale Abbrandzeit (wenn die Rakete vollständig aus Brennstoff bestünde) folgt aus der Bedingung

$$k\cdot\tau_{max} = 1 \qquad \tau_{max} := \frac{1}{k} \qquad \tau_{max} = 300\,s$$

Nach Einführung der normierten Zeit

$$\theta = \frac{\tau}{\tau_{max}}$$

ist die Masse der Rakete in normierter Form

$$\mu = 1 - \theta$$

Damit können wir mit der gegebenen Austrittsgeschwindigkeit *a* die normierte Geschwindigkeit als Funktion der normierten Zeit ausdrücken:

$$\nu(\theta) := -\frac{g}{a}\cdot\tau_{max}\cdot\theta - ln(1-\theta)$$

Die Fallbeschleunigung nimmt mit zunehmender Steighöhe ab. Die geopotentielle Höhe $x$ ist eine Hilfsgröße, in der eine Masse bei konstanter Fallbeschleunigung $g$ die gleiche potentielle Energie aufweist wie in der tatsächlichen Steighöhe $z$. Für die normierte geopotentielle Höhe

$$\xi = x\frac{k}{a}$$

folgt durch Integration

$$\xi(\theta) := \int_0^\theta -\frac{g}{a}\cdot\tau_{max}\cdot\theta - ln(1-\theta)\,d\theta$$

Bei $\theta = 0{,}65$ ist der Treibstoff verbraucht. Nach einer Brenndauer der Rakete von

$$\tau_{end} := 0.65\cdot\tau_{max} \qquad \tau_{end} = 195\,s$$

beträgt die geopotentielle Höhe

$$x := \xi(0.65)\cdot\frac{a}{k} \qquad x = 152.626\ km$$

bei einer Geschwindigkeit

$$vel := \nu(0.65)\cdot a \qquad vel = 2287\,\frac{m}{s}$$

Die Abnahme der Fallbeschleunigung von der Steighöhe ist bei einem Erdradius von

$$R := 6356.766\cdot km$$

gegeben durch die Funktion

$$g_x(x) := g\cdot\left(\frac{R}{R+x}\right)^2$$

Geopotentielle Höhe und Steighöhe sind verknüpft durch

$$H(x) := \frac{1}{g}\cdot\int_0^x g_x(x)\,dx$$

und damit wird die tatsächliche Steighöhe mit einem Vorgabewert iterativ ermittelt:

$$z := x$$

*Vorgabe*

$$H(z) - x = 0$$

$$z := Suchen\ (z) \qquad z = 156.38\ km$$

**Diskussion:** Wegen der Vernachlässigung der Reibungskräfte überschätzt man Steighöhe und Endgeschwindigkeit. Günstig ist, dass die hohen Geschwindigkeiten erst in großer Höhe erreicht werden, wo wegen der abnehmenden Dichte der Atmosphäre der Reibungseinfluss zurückgeht und der Schub durch den abnehmenden Außendruck ansteigt.

### 2.2.4 Energieerhaltung: Der Erste Hauptsatz

Das Gesetz der Energieerhaltung ist eine skalare Gleichung. Wir wählen die Systemgrenze so, dass sie bei einem bewegten System mit dem System mitschwimmt. Dann folgt auf der Basis von Gl. (1.1) mit den in Abschnitt 1.6 getroffenen Beschränkungen und den dort diskutierten Energieströmen nach Gl. (1.61) und Gl. (1.63) für ruhende und bewegte Systeme die Energiestrombilanz[20]

$$\frac{dU_S}{d\tau} = \frac{dW_a}{d\tau} - p_S \frac{dV_S}{d\tau} + \sum_k \dot{W}_{t,k} + \sum_j \dot{Q}_j + \sum_i \dot{m}_i \left( h_i + g\, z_i + \frac{\overline{v}_i^{\,2}}{2} \right) \qquad (2.3)$$

Dies ist die allgemeine Formulierung des **Ersten Hauptsatzes der Thermodynamik**. Danach wird die zeitliche Änderung der inneren Energie des Systems durch Ströme von Arbeit, Wärme und konvektiver Energie bewirkt. Die Terme der Gleichung haben die Leistungseinheit (z.B. Watt). Die Gleichung gilt für alle beliebigen geschlossenen und offenen, stationären und instationären Systeme.

Zusätzlich gilt für Körper, die sich frei im Schwerefeld bewegen, der Energieerhaltungssatz der Mechanik

$$\frac{dW_a}{d\tau} = -\frac{d}{d\tau}\left[ m_S \left( g\, z_S + \frac{\overline{v}_S^{\,2}}{2} \right) \right] \qquad (2.4)$$

Gl. (2.4) kann bei solchen bewegten Systemen in Gl. (2.3) eingesetzt werden.

**Zur Lösung von Problemen stehen im allgemeinen Fall 5 Gleichungen zur Verfügung:**

- **Eine Gleichung für die Massenerhaltung,**
- **drei Gleichungen aus der Impulsgleichung in den drei Richtungen des Raumes und**
- **eine Gleichung für die Energieerhaltung.**

In der technischen Thermodynamik nimmt der Satz der Energieerhaltung, der Erste Hauptsatz der Thermodynamik, eine zentrale Rolle ein. Zahlreiche Probleme lassen sich aber nur unter Hinzuziehung der beiden anderen Erhaltungssätze lösen.

Zur Demonstration der Anwendung des Ersten Hauptsatzes der Thermodynamik behandeln wir zunächst einige instationäre Probleme auf der Basis von Gl. (2.3). Danach erfolgt die Spezialisierung von Gl. (2.3) auf die häufig vorkommenden Fälle des geschlossenen Systems und des stationären Fließsystems mit Anwendung der dort gewonnenen Gleichungen auf weitere Beispiele.

**Beispiel 2.3 (Level 1):** Zur Langzeitspeicherung von thermischer Energie steht ein Behälter mit einem Volumen von *5000 m³* zur Verfügung, der Wasser ($\rho = 999\ kg/m^3$; $c_v = 4{,}186\ kJ/kg\ K$) enthält. Die Wärmedurchgangszahl durch die Behälterwand beträgt $kA = 88\ W/K$. Am 31. Juli enthält der Behälter Wasser von *40 °C*. Die Durchschnittstemperatur der Umgebung in den Monaten August bis Dezember beträgt *8,8 °C*. Welche Temperatur hat das Wasser am 31. Dezember und wie groß ist der Wärmeverlust aus dem Speicher?

**Klassifizierung des Systems:** Instationäres, ruhendes, geschlossenes System (Wasserinhalt) mit konstantem Volumen und mit Wärmeabfluss in Abhängigkeit von dem abnehmenden treibenden Temperaturgefälle. Die Behälterwand wird in der Energiebilanz vernachlässigt.

**Voraussetzungen:** Wasser ist ein inkompressibles Fluid mit konstanter spezifischer Wärmekapazität. Im gesamten Zeitraum wird die konstante Mitteltemperatur der Umgebung zu Grunde gelegt.

---

[20] Herrn Prof. Dr.-Ing. D. Hebecker von der Universität Halle-Wittenberg danke ich für Anregungen zur Wahl der Systemgrenze und zur Formulierung der äußeren Arbeiten.

**Gegeben:**

$$V_B := 5000 \cdot m^3 \qquad \rho := 1000 \cdot \frac{kg}{m^3} \qquad c_v := 4.19 \cdot \frac{kJ}{kg \cdot K} \qquad kA := 88 \cdot \frac{W}{K}$$

$$\Delta\tau := 5 \cdot 30.5 \cdot Tag \qquad t_{anf} := 40 \cdot °C \qquad t_U := 8.8 \cdot °C$$

**Lösung:** Die Energiegleichung (2.3) liefert

$$\frac{d(m_S\, u_S)}{d\tau} = \dot{Q}$$

Mit konstantem $m_S$ und $c_v$ und mit dem Wärmestrom durch die Behälterwand nach Gl. (1.64)

$$\dot{Q} = -kA\,(t - t_U)$$

gilt

$$m_W \cdot c_V \cdot \frac{d}{d\tau} t = -kA \cdot (t - t_U)$$

oder, nach Separierung der Variablen und Integration mit konstantem $t_U$ über den Zeitraum von 5 Monaten:

$$\int_{t_{anf}}^{t_{end}} \frac{1}{t - t_U}\, dt = -\frac{kA}{m_W \cdot c_W} \cdot \Delta\tau$$

Daraus wird mit Symbolik/Auswerten/symbolisch

$$ln(t_{end} - t_U) - ln(t_{anf} - t_U) = \frac{-kA}{m_W \cdot c_W} \cdot \Delta\tau$$

und durch Symbolik/Auflösen/Variable

$$t_{end} = exp\left[\frac{\left(ln(t_{anf} - t_U) \cdot m_W \cdot c_W - kA \cdot \Delta\tau\right)}{m_W \cdot c_W}\right] + t_U$$

Eine Umformung ergibt

$$t_{end} := (t_{anf} - t_U) \cdot exp\left(\frac{-kA}{m_W \cdot c_V} \cdot \Delta\tau\right) + t_U \qquad t_{end} = 38.32\,°C$$

Der integrale Wärmeverlust beträgt:

$$Q_V := m_W \cdot c_V \cdot (t_{end} - t_{anf}) \qquad Q_V = -35193.2\, MJ$$

**Diskussion:** Es handelt sich um eine Abschätzung des Temperaturabfalls und des Wärmeverlusts. Zur genaueren Simulation müsste der Temperaturgang der Umgebung besser berücksichtigt werden. Der relative Verlust der gespeicherten thermischen Energie kann nur bestimmt werden, wenn bekannt ist, bis zu welcher Temperatur die Wärme des Speicherwassers genutzt werden kann.

Durch die qualitative Beschreibung des Transportvorgangs der Wärme nach Gl. (1 64) wird eine Aussage über den zeitlichen Verlauf der Änderung des Systemzustandes ermöglicht. Bei den nachfolgenden Beispielen werden keine Aussagen über die Transportvorgänge getroffen und deshalb sind auch keine Aussagen über die zeitlichen Verläufe der Zustandsänderungen möglich.

**Beispiel 2.4 (Level 1):** Ein Behälter mit einem Volumen von *200 ℓ* wird mit Stickstoff ($R_{N2}$ = *286,7 kJ/kg K*, $\kappa$ = *1,40*) befüllt. Dazu steht ein Versorgungssystem zur Verfügung, in dem der Druck *8 bar* und die Temperatur *15 °C* ist. Der Behälter hat im Ausgangszustand bei *1 bar* eine Temperatur von *20 °C*. Welche Temperatur hat der Stickstoff nach Druckausgleich mit dem Versorgungssystem am Ende des Füllvorgangs? Wieviel Stickstoff ist eingeströmt?

**Klassifizierung des Systems:** Instationäre Massen- und Energiebilanz mit einem Zustrom. Das System (Gasinhalt) ist in Ruhe und wärmedicht (adiabat). Das Volumen des Systems ist konstant. Das Einströmen erfolgt durch den Druckunterschied als treibendes Gefälle.

**Voraussetzungen:**. Im Versorgungssystem wird der Stickstoff aus dem Ruhezustand beschleunigt und nach dem Einströmen im Behälter wieder in einen neuen Ruhezustand versetzt. Geringe Höhenunterschiede werden vernachlässigt. Deshalb führt der einströmende Stickstoff nur Enthalpie mit sich. Der Einströmvorgang verlaufe so rasch, dass keine Wärme mit der Behälterwand ausgetauscht wird. Deshalb ist der Vorgang adiabat. Stickstoff: ideales Gas mit konstantem Isentropenexponenten.

**Gegeben:**

$$V_B := 200 \cdot l \qquad p_1 := 1 \cdot bar \qquad t_1 := 20 \cdot °C \qquad p_2 := 8 \cdot bar \qquad t_{ein} := 15 \cdot °C$$

$$R_{N2} := 286.7 \cdot \frac{J}{kg \cdot K} \qquad \kappa := 1.40$$

**Lösung:** Mit den genannten Voraussetzungen folgt aus Gl. (2.3) für den Einströmvorgang in den Behälter

$$\frac{d}{d\tau} U_S = mp \cdot h_{ein} \qquad h_{ein} = const$$

Integration unter Verwendung der Massenbilanz:

$$U_{S2} - U_{S1} = h_{ein} \cdot (m_{S2} - m_{S1})$$

oder

$$m_{S2} \cdot (u_2 - h_{ein}) = m_{S1} \cdot (u_1 - h_{ein})$$

Mit der Definition der spezifischen Enthalpie gilt

$$\frac{p_2 \cdot V_B}{R \cdot T_2} \cdot (h_2 - h_{ein} - p_2 \cdot v_2) = \frac{p_1 \cdot V_B}{R \cdot T_1} \cdot (h_1 - h_{ein} - p_1 \cdot v_1)$$

und mit der Gasgleichung und den Enthalpiedifferenzen bei konstantem $\kappa$ wird daraus

$$\frac{p_2 \cdot V_B}{R \cdot T_2} \cdot \frac{\kappa}{\kappa - 1} \cdot R \cdot (T_2 - T_{ein}) - p_2 \cdot V_B = \frac{p_1 \cdot V_B}{R \cdot T_1} \cdot \frac{\kappa}{\kappa - 1} \cdot R \cdot (T_1 - T_{ein}) - p_1 \cdot V_B$$

oder

$$p_2 \cdot \frac{\kappa}{\kappa - 1} \cdot \left(1 - \frac{T_{ein}}{T_2}\right) - p_2 = p_1 \cdot \frac{\kappa}{\kappa - 1} \cdot \left(1 - \frac{T_{ein}}{T_1}\right) - p_1$$

Auflösen nach $T_2$ ergibt:

$$T_2 := p_2 \cdot \kappa \cdot T_1 \cdot \frac{T_{ein}}{(p_2 \cdot T_1 + p_1 \cdot \kappa \cdot T_{ein} - p_1 \cdot T_1)} \qquad T_2 = 385.3K \qquad tT(T_2) = 112.15°C$$

Die Massen zu Beginn und am Ende des Einströmvorgangs sind

$$m_1 := \frac{p_1 \cdot V_B}{R_{N2} \cdot T_1} \qquad m_1 = 0.238 kg \qquad m_2 := \frac{p_2 \cdot V_B}{R_{N2} \cdot T_2} \qquad m_2 = 1.448 kg$$

Damit sind in den Behälter

$$\Delta m := m_2 - m_1 \qquad \Delta m = 1.21 kg$$

Stickstoff eingeströmt.

**Diskussion:** Die Temperatur steigt beim Einströmvorgang erheblich an. Dadurch wird im System ein treibendes Temperaturgefälle aufgebaut, durch das Wärme vom Gasinhalt an die Behälterwand fließen kann.

Findet während des Einströmvorgangs Wärmeübertragung an die Behälterwand statt, so muss dies in der Energiebilanz berücksichtigt werden und es stellt sich eine entsprechend niedrigere Temperatur ein. Kommt der Behälter durch Abfließen von Wärme an die Umgebung mit der Umgebung ins Gleichgewicht, so sinkt der Druck ab. Dies ist zu berücksichtigen, wenn in der Praxis beim Befüllen von Behältern ein vorgegebener Solldruck eingestellt werden soll.

**Beispiel 2.5 (Level 1):** Aus einer Flaschenbatterie mit einem Gesamtvolumen von *3* $m^3$, die bei einer Umgebungstemperatur von *15 °C* Helium ($\kappa = 5/3$; $M = 4$ *kg/kmol*) unter einem Druck von *50 bar* enthält, werden zur Befüllung eines Stratosphärenballons *10 kg* Helium entnommen. Es sind der Druck und die Temperatur in der

Flaschenbatterie unmittelbar nach Beendigung des Entnahmevorgangs zu bestimmen. Der Umgebungsdruck beträgt *748 mmHg*. Welche Last hebt der Stratosphärenballon?

**Klassifizierung des Systems:** Instationäre Massen- und Energiebilanz mit einem Abstrom. Das System ist in Ruhe und adiabat. Das Volumen der Flaschenbatterie ist konstant. Das Ausströmen wird durch den Druckunterschied zwischen Flaschenbatterie und Ballonhülle angetrieben.

**Voraussetzungen:** Auch hier wird angenommen, dass die Entnahme aus der Flaschenbatterie so rasch erfolgt, dass kein Wärmeaustausch zwischen Gas und Behälterwand stattfindet. Dann ist der Vorgang adiabat. Das ruhende Gas aus der Flaschenbatterie strömt aus und wird in der Ballonhülle gesammelt. Das strömende Gas transportiert deshalb wieder nur Enthalpie von der Flaschenbatterie in den Ballon. Die Ballonhülle ist schlaff, d.h. das Helium im Ballon hat immer den gleichen Druck und die gleiche Temperatur wie die umgebende Luft. Helium: Ideales Gas mit konstantem Isentropenexponenten.

**Gegeben:**

$$V_B := 3\cdot m^3 \qquad t_1 := 15\cdot °C \qquad p_1 := 50\cdot bar \qquad p_U := 748\cdot mmHg$$

$$\Delta m := 10\cdot kg \qquad M_{He} := 4\cdot\frac{kg}{kmol} \qquad \kappa := \frac{5}{3} \qquad M_L := 29\cdot\frac{kg}{kmol}$$

**Lösung:** Mit den genannten Voraussetzungen liefert der 1. Hauptsatz nach Gl. (2.3) für den Ausströmvorgang aus dem Behälter wie in Beispiel 2.4

$$\frac{d}{d\tau}\left(m_S\cdot u_S\right) = h_S\cdot mp$$

oder, unter Verwendung der Massenbilanz

$$d\left(m_S\cdot u_S\right) = h_S\cdot dm_S$$

oder, nach Anwendung der Kettenregel

$$m_S\cdot du_S + u_S\cdot dm_S = h_S\cdot dm_S$$

Separierung der Variablen führt zu

$$\frac{du_S}{h_S - u_S} = \frac{dm_S}{m_S}$$

oder, mit

$$h_S - u_S = p_S\cdot v_S = R\cdot T_S \qquad du_S = c_V\cdot dT_S$$

ergibt sich

$$\frac{1}{\kappa - 1}\cdot\frac{dT_S}{T_S} = \frac{dm_S}{m_S}$$

Integration führt zu

$$(\kappa - 1)\cdot ln\left(\frac{m_1 - \Delta m}{m_1}\right) = ln\left(\frac{T_2}{T_1}\right)$$

und mit der Anfangsmasse

$$R_{He} := \frac{R_m}{M_{He}} \qquad m_1 := \frac{p_1\cdot V_B}{R_{He}\cdot T_1} \qquad m_1 = 25.044\,kg$$

ergibt die Auflösung nach $T_2$

$$T_2 := T_1\cdot\left(\frac{m_1 - \Delta m}{m_1}\right)^{\kappa-1} \qquad T_2 = 205.14K \qquad tT\left(T_2\right) = -68.01\,°C$$

Mit der Gasgleichung folgt

$$p_2 := \frac{\left(m_1 - \Delta m\right)\cdot R_{He}\cdot T_2}{V_B} \qquad p_2 = 21.383\ bar$$

Das Helium im Ballon verdrängt Luft. Der dadurch entstehende Auftrieb muss etwas größer sein als die Last (einschließlich Eigengewicht der Ballonhaut), damit der Ballon steigt. Es gilt die Grenzbedingung

$$m_{Nutz} = m_L - m_{He}$$

Die Gasgleichung liefert für den Auftrieb

$$m_L - m_{He} = \frac{p_U \cdot V_U}{T_U} \cdot \left( \frac{1}{R_L} - \frac{1}{R_{He}} \right) = \frac{p_U \cdot V_U}{R_m \cdot T_U} \cdot \left( M_L - M_{He} \right) = n_{He} \cdot \left( M_L - M_{He} \right)$$

und mit der Stoffmenge des Heliums

$$n_{He} := \frac{\Delta m}{M_{He}}$$

ist die Grenznutzlast des Ballons

$$m_{Nutz} := n_{He} \cdot \left( M_L - M_{He} \right) \qquad m_{Nutz} = 62.5\,kg$$

**Diskussion:** Beim Ausströmen des Heliums bis zum Druckausgleich sinkt die Temperatur in der Flaschenbatterie stark ab. Dadurch wird ein treibendes Gefälle aufgebaut, womit ein Einströmen von Wärme in das System möglich würde.

Die Abkühlung kann durch das Auskondensieren von Luftfeuchtigkeit zur Reifbildung und Vereisung an der Außenseite der Rohrleitung führen, durch die das Helium ausströmt. Im Ballon nimmt das Helium den Umgebungszustand an. Beim Aufstieg dehnt sich das Helium durch die Veränderung von Druck und Temperatur der Umgebung so lange aus, bis der Ballon prall gefüllt ist und die Ballonhaut eine weitere Ausdehnung verhindert. Dies begrenzt die Steighöhe des Ballons

Aus den allgemein gültigen Erhaltungssätzen der Gln. (2.1) bis (2.4) werden die nun folgenden Sonderfälle des geschlossenen und des stationären Systems abgeleitet.

# 2.3 Sonderfälle der Erhaltungssätze

## 2.3.1 Geschlossene Systeme

Ein geschlossenes System ist ein massedichtes System, es gilt

$$\dot{m}_i \equiv 0 .$$

Damit ist die Systemmasse im geschlossenen System konstant. Sie kann folglich vor den Differentialoperator gezogen werden. Beschränkt man sich auf einen Wärmestrom $j = 1$ und einen Strom technischer Leistung $k = 1$, lässt man den Index „$S$" für das System weg und multipliziert die Gleichung mit dem Zeitinkrement $d\tau$, so gilt

$$dU = dW_a - p\, dV + dQ + dW_t .$$

Integration dieser differentiellen Energiebilanz führt zur Energiebilanz

$$U_2 - U_1 = W_{a12} - \int_1^2 p\, dV + Q_{12} + W_{t12} . \tag{2.5}$$

Für ein geschlossenes, im Gravitationsfeld bewegtes System gilt unter Einbeziehung des Energiesatzes der Mechanik (2.4)

$$m \left[ u_2 - u_1 + g\,(z_2 - z_1) + \frac{1}{2}\left(\overline{v}_2^{\,2} - \overline{v}_1^{\,2}\right) \right] = - \int_1^2 p\, dV + Q_{12} + W_{t12} \tag{2.6}$$

Ist das System in Ruhe und wirken keine äußeren Kräfte ein, so folgt

$$U_2 - U_1 = -\int_1^2 p\,dV + Q_{12} + W_{t12}\,. \tag{2.7}$$

Diese Gleichungen können durch Division durch die Systemmasse in spezifische Energiebilanzen umgewandelt werden.

Setzt sich ein System aus $\mu$ verschiedenen Teilsystemen zusammen, so wird die Änderung der inneren Energie ermittelt aus

$$U_2 - U_1 = \sum_\mu \left(U_{\mu 2} - U_{\mu 1}\right). \tag{2.8}$$

Die vorstehenden Gleichungen für das geschlossene System sind durch die Integration über die Zeit zu Energiebilanzen geworden, die Terme haben die Energieeinheit, z.B. Joule.

Der Impulssatz nimmt für ungleichförmig bewegte, geschlossene Systeme die Form

$$\frac{dJ_S}{d\tau} = \sum_n \vec{F}_n \tag{2.9}$$

an. Ist das System gleichförmig bewegt oder in Ruhe, so ist die zeitliche Änderung des Systemimpulses gleich Null und es herrscht das Kräftegleichgewicht

$$\sum_n \vec{F}_n = 0\,. \tag{2.10}$$

**Beispiel 2.6 (Level 1):** Eine Bleikugel der Masse *10 kg* fliegt in einer Höhe von *10 m* horizontal mit einer Geschwindigkeit von *10 m/s* über einem Boden, der die Eigenschaften eines starren Körpers hat. Wie groß ist die Änderung der inneren Energie der Kugel nach dem Aufschlag auf dem Boden und die damit verbundene mittlere Temperaturerhöhung? Die spezifische Wärmekapazität des Bleis beträgt $c_B = 129{,}4\ J/kg\,K$.

**Klassifizierung des Systems:** Geschlossenes, bewegtes, adiabates System konstanten Volumens.

**Voraussetzungen:** Blei ist ein plastisches Material konstanter Wärmekapazität. Beim Aufschlag auf dem starren Boden wird dem System Kugel die Bewegungsenergie als äußere Arbeit zugeführt und in plastische Verformung umgewandelt. Das Volumen der Kugel bleibt dabei konstant. Der Aufprallvorgang verläuft so rasch, dass keine Wärme von der Kugel an die Umgebung abgegeben werden kann (adiabate Kugel).

**Gegeben:**

$z_1 := 10\cdot m$ $\quad z_2 := 0\cdot m$ $\quad m_B := 10\cdot kg$

$vel_1 := 10\cdot\frac{m}{s}$ $\quad vel_2 := 0\cdot\frac{m}{s}$ $\quad c_B := 129.4\cdot\frac{J}{kg\cdot K}$

**Lösung:** Für das System Kugel folgt aus dem 1. HS unter Einbeziehung des Energiesatzes der Mechanik nach Gl. (2.6)

$$g\cdot(z_2 - z_1) + \frac{1}{2}\cdot\left(vel_2^{\,2} - vel_1^{\,2}\right) + u_2 - u_1 = 0$$

Da $z_2 = 0$ und $vel_2 = 0$ sind, folgt

$$\Delta u := g\cdot z_1 + \frac{vel_1^{\,2}}{2} \qquad \Delta u = 148.066\,\frac{J}{kg}$$

Damit ist die Änderung der inneren Energie der Bleikugel

$$\Delta U := m_B\cdot\Delta u \qquad \Delta U = 1.481\,kJ$$

Somit wird die gesamte, zu Beginn des Fluges vorhandene Bewegungsenergie in eine Erhöhung der inneren Energie der Kugel umgesetzt.

Die mittlere Temperaturerhöhung beträgt

$$\Delta T := \frac{\Delta u}{c_B} \qquad \Delta T = 1.144\ K$$

**Diskussion:** Die anfänglich vorhandene Bewegungsenergie der Bleikugel wird durch plastischen Stoß vollständig zerstreut (dissipiert) und in eine Erhöhung der inneren Energie umgesetzt. Durch die Voraussetzungen der Gleichgewichtsthermodynamik kann nur die mittlere Temperaturerhöhung, nicht aber die Temperaturverteilung in der Kugel nach dem Aufschlag bestimmt werden.

Durch Reibungsvorgänge beim Flug der Kugel in der Luft wird der Kugel bereits äußere Arbeit zugeführt, wobei die Fluggeschwindigkeit leicht verringert wird. Beim Aufschlag wird die verbliebene Bewegungsenergie dissipiert. Dies führt zum gleichen Ergebnis wie beim reibungsfreien Vorgang, wenn man eine Wärmeabgabe der Kugel während des Fluges ausschließt.

**Beispiel 2.7 (Level 4):** Hagelkörner, die in großer Höhe gebildet werden, erreichen, wie jeder Körper im freien Fall, eine konstante Grenzgeschwindigkeit. Man bestimme diese Grenzgeschwindigkeiten, die Aufprallenergien und die durch Luftreibung zugeführten Leistungen, wenn die Körner kugelförmig sind und die Durchmesser zwischen *1,5 mm* und *40 mm* variiert werden.

**Klassifizierung des Systems:** Im freien Fall herrscht Kräftegleichgewicht zwischen Schwerkraft und Reibungskraft. Das Hagelkorn ist ein geschlossenes System mit Zufuhr von äußerer Arbeit. Beim Aufprall auf dem plastisch verformbaren Boden wird die kinetische Energie des Hagelkorns als starrer Körper dem Boden als äußere Arbeit zugeführt und in Formänderungsarbeit umgesetzt.

**Voraussetzungen:** Die Hagelkörner fallen in Luft mit konstanten Stoffwerten. Zur Bestimmung der auf die Kugel ausgeübten Reibungskraft sind Aussagen der Strömungsmechanik notwendig. Danach wird die Reibungskraft bestimmt als Produkt aus Staudruck der Strömung, Projektionsfläche des angeströmten Körpers in Strömungsrichtung und Widerstandsbeiwert

$$F_R = c_W\ p_{Stau}\ A_{Proj} = c_W\ \frac{\rho_L}{2}\,\overline{v}^2\ \frac{D^2\ \pi}{4}$$

mit dem Widerstandsbeiwert der Kugel

$$c_W = f(\mathrm{Re})$$

und mit der Definition der Reynolds-Zahl

$$\mathrm{Re} = \frac{\overline{v}\ D}{\nu_L}$$

wobei $\nu_L$ die kinematische Viskosität der Luft ist.

Der Widerstandsbeiwert für Kugeln wird durch ein Diagramm[21] vorgegeben, wobei für kleine Reynolds-Zahlen eine Funktion angegeben ist und für größere Reynolds-Zahlen Stützstellen, die aus dem Diagramm entnommen worden sind.

**Gegeben:** Stoffwerte:

$$\rho_E := 980\cdot\frac{kg}{m^3} \qquad \rho_L := 1.275\cdot\frac{kg}{m^3} \qquad \nu_L := 135.2\cdot 10^{-7}\cdot\frac{m^2}{s}$$

[21] Siehe: Kümmel, W.: „Technische Strömungsmechanik“ Wiesbaden: Teubner Verlag 2007, S. 231

Durchmesser der Hagelkörner und Stützstellen für den Widerstandsbeiwert:

$$D_S := \begin{pmatrix} 1.25 \\ 2 \\ 5 \\ 10 \\ 15 \\ 20 \\ 25 \\ 30 \\ 35 \\ 40 \end{pmatrix} \cdot mm \qquad c_{WA} := \begin{pmatrix} 0.3911 \\ 0.3911 \\ 0.5101 \\ 0.5101 \\ 0.3517 \\ 0.0620 \\ 0.1425 \\ 0.1732 \\ 0.2031 \end{pmatrix} \qquad Re_A := \begin{pmatrix} 2354.3 \\ 10000 \\ 51320 \\ 280930 \\ 348380 \\ 396400 \\ 1441710 \\ 4228320 \\ 10^7 \end{pmatrix}$$

**Lösung:** Die von der Reynolds-Zahl abhängige Funktion für den Widerstandsbeiwert wird in einem einheitlichen, durch eine Abfrage gesteuerten Programmblock formuliert, wobei für größere Reynoldszahlen zwischen den logarithmierten Stützstellen linear interpoliert wird:

$$c_W(Re) := \left| \begin{array}{l} \left(\left(\frac{24}{Re} + \frac{6}{1+\sqrt{Re}} + 0.26\right)\right) \text{ if } Re \le Re_{A_0} \\ \text{otherwise} \\ \quad \left| \begin{array}{l} lgc_W \leftarrow linterp\left(log\left(Re_A\right), log\left(c_{WA}\right), log(Re)\right) \\ 10^{lgc_W} \end{array} \right. \end{array} \right.$$

Zur Kontrolle wird diese Funktion in Abb. 2.5 grafisch dargestellt:

$i := 0..80 \qquad lgRe_i := -1 + i \cdot 0.1 \qquad Re_i := 10^{lgRe_i}$

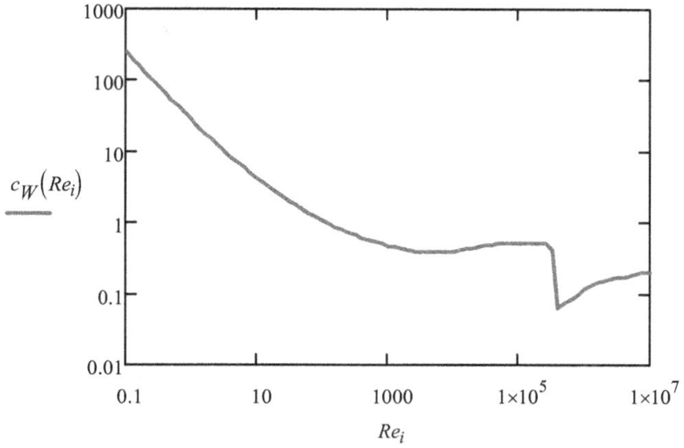


*Abb. 2.5: Widerstandsbeiwert einer Kugel*

Beim Fall mit der Grenzgeschwindigkeit verbleibt aus der Impulsbilanz ein Kräftegleichgewicht. Danach ist die Reibungskraft gleich der Gravitationskraft. Die von Reynolds-Zahl und Hagelkornmasse abhängige Funktion für die Gleichgewichtsbedingung lautet

$$F\left(Re, m_K\right) := c_W(Re) \cdot \frac{\rho_L}{2} \cdot Re^2 \cdot \nu_L^2 \cdot \frac{\pi}{4} - m_K \cdot g$$

Die Lösung mit der Bedingung $F(Re, m_K) = 0$ erfolgt iterativ mit einem Vorgabewert

$$Re_{eq} := 1000$$

*Vorgabe*

$$F\left(Re_{eq}, m_K\right) = 0$$

$$Re_{sol}\left(m_K\right) := Suchen\left(Re_{eq}\right)$$

und liefert zunächst eine von der Hagelkornmasse abhängige Funktion für die Reynolds-Zahl.

Die Kornmasse in Abhängigkeit vom Korndurchmesser ist

$$m_K := \rho_E \cdot \frac{\pi}{6} \cdot D_S{}^3 \qquad m_K =$$

| | 0 |
|---|---|
| 0 | $1.002 \cdot 10^{-3}$ |
| 1 | $4.105 \cdot 10^{-3}$ |
| 2 | 0.064 |
| 3 | 0.513 |
| 4 | 1.732 |
| 5 | 4.105 |
| 6 | 8.018 |
| 7 | 13.854 |
| 8 | 22.000 |
| 9 | 32.840 |

$gm$

Die Leistung, die dem Hagelkorn während des Falls durch Luftreibung zugeführt wird, bestimmt man aus Gl. (2.4) mit $vel = const.$

$$\frac{d}{d\tau} W_a = -m_K \cdot g \cdot \frac{d}{d\tau} z \qquad \frac{d}{d\tau} z = -vel$$

Nimmt man an, dass das Hagelkorn ein starrer Körper ist, der auf einem plastisch verformbaren Boden aufschlägt, so liefert der Energiesatz der Mechanik (Gl. (2.4)) die Aussage, dass dem System Boden beim Aufprall die kinetische Energie des Hagelkorns in Form einer äußeren Arbeit zugeführt wird und plastische Verformung bewirkt.

Die Reynolds-Zahlen werden nun durch Aufruf der Funktion für die Gleichgewichtsbedingung ermittelt. Aus der Definition der Reynolds-Zahl folgen die Grenzgeschwindigkeiten und daraus die Reibleistungen und Aufprallenergien

$$j := 0 .. 9$$

$$Re_{GG_j} := Re_{sol}\left(m_{K_j}\right) \quad vel_j := \frac{Re_{GG_j} \cdot \nu_L}{D_{S_j}} \quad Wp_{a_j} := m_{K_j} \cdot g \cdot vel_j \quad E_{kin_j} := \frac{m_{K_j}}{2} \cdot \left(vel_j\right)^2$$

mit dem Ergebnis

$Re_{GG} =$

| | 0 |
|---|---|
| 0 | 425 |
| 1 | 965 |
| 2 | 4192 |
| 3 | 11706 |
| 4 | 20545 |
| 5 | 30622 |
| 6 | 41734 |
| 7 | 53947 |
| 8 | 67981 |
| 9 | 83056 |

$vel =$

| | 0 |
|---|---|
| 0 | 4.6 |
| 1 | 6.5 |
| 2 | 11.3 |
| 3 | 15.8 |
| 4 | 18.5 |
| 5 | 20.7 |
| 6 | 22.6 |
| 7 | 24.3 |
| 8 | 26.3 |
| 9 | 28.1 |

$\frac{m}{s}$ $Wp_a =$

| | 0 |
|---|---|
| 0 | $4.52 \cdot 10^{-5}$ |
| 1 | $2.63 \cdot 10^{-4}$ |
| 2 | $7.13 \cdot 10^{-3}$ |
| 3 | 0.08 |
| 4 | 0.31 |
| 5 | 0.83 |
| 6 | 1.77 |
| 7 | 3.30 |
| 8 | 5.67 |
| 9 | 9.04 |

$W$ $E_{kin} =$

| | 0 |
|---|---|
| 0 | $1.06 \cdot 10^{-5}$ |
| 1 | $8.74 \cdot 10^{-5}$ |
| 2 | $4.12 \cdot 10^{-3}$ |
| 3 | 0.06 |
| 4 | 0.30 |
| 5 | 0.88 |
| 6 | 2.04 |
| 7 | 4.09 |
| 8 | 7.59 |
| 9 | 12.94 |

$J$

In Abb. 2.6 wird die Aufprallenergie in Abhängigkeit vom Durchmesser der Hagelkörner dargestellt:

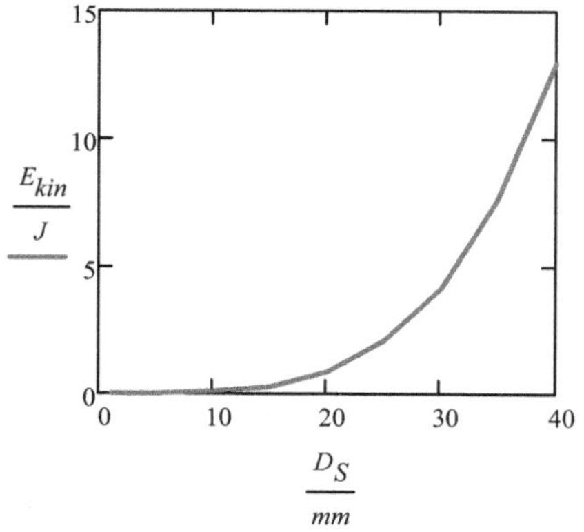


*Abb. 2.6: Aufprallenergie der Hagelkörner*

**Diskussion:** Die Modellrechnung ergibt, dass die Aufprallenergie mit zunehmendem Durchmesser der Hagelkörner stark ansteigt. Dies erklärt, dass große Hagelkörner bleibende Verformungen im Blech einer Autokarosserie hinterlassen können.

In diesem Beispiel wird zunächst gezeigt, wie man in einem Programmblock aus einer bereichsweise vorgegebenen Funktion und zusätzlichen Stützstellen eine einheitliche Funktion aufbauen kann. Weiter wird eine Funktion aufgestellt, welche die iterative Lösung des Problems unter Variation einer Variablen gestattet. Durch die Verwendung von einfachen Matrizen gelingt eine übersichtliche Lösung.

**Beispiel 2.8 (Level 1):** Zur Bestimmung der spezifischen Wärmekapazitäten eines Fluids werden Kalorimeter der Bauart konstanten Drucks oder konstanten Volumens verwendet. Bei der Bauart konstanten Drucks wird durch das Auflegen einer bestimmten Masse auf den frei beweglichen Kolben ein bestimmter Druck eingestellt. Bei der Bauart konstanten Volumens ist im starren Behälter das Volumen festgelegt. Beide Bauarten müssen zur Unterdrückung von Wärmeverlusten sehr gut isoliert sein. Die Beheizung erfolgt mit konstanter elektrischer Leistungszufuhr von *500 W* über einen Zeitraum von *45 sec*. Aus einem Vorversuch mit leerem Kalorimeter wurde die Behälterkonstante mit $C_B = 1{,}56\ kJ/K$ bestimmt. Die Masse des eingefüllten Fluids beträgt *4 kg*. Im Falle des Kalorimeters konstanten Drucks wird ein Temperaturanstieg von *1,834 K* gemessen, im Falle konstanten Volumens steigt die Temperatur um *2,292 K*. Was ergibt die Auswertung der beiden Versuche?

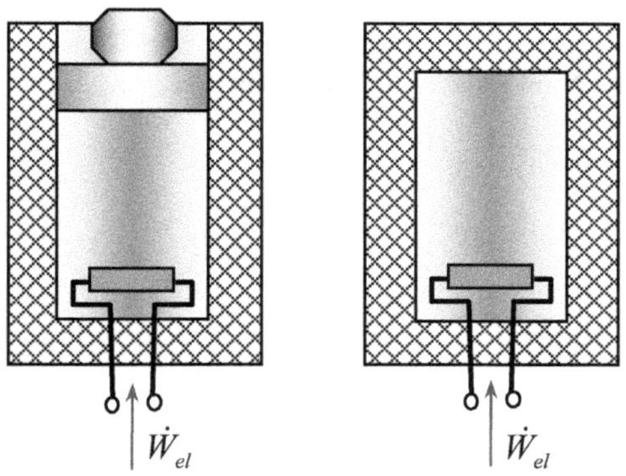


*Abb. 2.7: Kalorimeter konstanten Drucks und konstanten Volumens*

**Klassifizierung des Systems:** Geschlossenes, isoliertes, aus zwei Teilsystemen im thermischen Gleichgewicht bestehendes System mit einer Zufuhr von elektrischer Energie. Beim isobaren Kalorimeter ist zusätzlich die Impulsbilanz als Kräftegleichgewicht am Kolben zur Bestimmung des Innendrucks aufzustellen. Durch die Zufuhr von elektrischer Energie als äußerer Zwang wird das System vom Gleichgewichtszustand weggetrieben.

**Voraussetzungen:** Die Behälter müssen sehr gut isoliert sein, um Wärmeverluste zu minimieren. Im Beispiel seien die Behälter adiabat. Die Aufheizung muss so langsam erfolgen, dass Behälter und Fluid möglichst nahe am thermischen Gleichgewicht sind.

**Gegeben:**

$P_{el} := 500 \cdot W \qquad \Delta\tau := 45 \cdot s \qquad m_i := 4 \cdot kg$

$C_B := 1.56 \cdot \frac{kJ}{K} \qquad \Delta t_{ip} := 1.834 \cdot K \qquad \Delta t_{iv} := 2.292 \cdot K$

**Lösung:** Die konstante Heizleistung $P_{el} = \dot{W}_t = 500\,W$ wirkt *45 sec*. Damit wird die elektrische Energie

$$W_{t\_12} = \int_0^{\Delta\tau} \dot{W}_t \, d\tau = P_{el}\,\Delta\tau$$

zugeführt.

Im Falle des **isobaren Kalorimeters** führt das Kräftegleichgewicht am Kolben zu dem Druck im Behälter

$$p_i = p_U + \frac{m_K \cdot g}{A_K}$$

wobei $m_K$ die Masse und $A_K$ die Querschnittsfläche des Kolbens sind.

Der 1. HS für das Gesamtsystem ist nach Gl. (2.5) für isobare Zustandsänderung

$$U_2 - U_1 = -p_i \cdot \left(V_{B2} - V_{B1}\right) + P_{el} \cdot \Delta\tau$$

Das zusammengesetzte System hat die innere Energieänderung

$$U_2 - U_1 = m_i \cdot \left(u_{i2} - u_{i1}\right) + C_B \cdot \Delta t_{ip}$$

und die Volumenänderungsarbeit bei konstantem Druck ist

$$p_i \cdot \left(V_{B2} - V_{B1}\right) = p_i \cdot m_i \cdot \left(v_{i2} - v_{i1}\right)$$

Mit der Definition der Enthalpie

$$h_i = u_i + p_i \cdot v_i$$

folgt für den 1. HS:

$$m_i \cdot \left(h_{i2} - h_{i1}\right) + C_B \cdot \Delta t_{ip} = P_{el} \cdot \Delta\tau$$

Wir bestimmen durch die Messung die Differenz der spezifischen Enthalpie

$$\Delta h_i := \frac{P_{el} \cdot \Delta\tau - C_B \cdot \Delta t_{ip}}{m_i}$$

und damit die im Messintervall gemittelte spezifische Wärmekapazität bei konstantem Druck $\overline{c}_p\big|_{t_1}^{t_2}$ :

$$c_{p\_avi} := \frac{\Delta h_i}{\Delta t_{ip}} \qquad c_{p\_avi} = 2.677 \frac{kJ}{kg \cdot K}$$

Im Falle des **isochoren Kalorimeters** ist der 1. HS nach Gl. (2.5)

$$U_2 - U_1 = W_{t\_12}$$

und analog zur obigen Ableitung ist

$$\Delta u_i := \frac{P_{el} \cdot \Delta\tau - C_B \cdot \Delta t_{iv}}{m_i}$$

Damit wird die im Messintervall gemittelte spezifische Wärmekapazität bei konstantem Volumen $\overline{c}_v\big|_{t_1}^{t_2}$

$$c_{v\_avi} := \frac{\Delta u_i}{\Delta t_{iv}} \qquad c_{v\_avi} = 2.064 \frac{kJ}{kg \cdot K}$$

bestimmt.

**Diskussion:** Die Kalorimeter dienen zur Bestimmung der beiden Wärmekapazitäten eines beliebigen Fluids. Da jeweils die gemittelte spezifische Wärmekapazität gemessen wird, sollte das Temperaturintervall möglichst klein sein, um eine gute Annäherung an die tatsächliche Wärmekapazität zu erhalten. Je kleiner das Temperaturintervall ist, desto höher sind die Anforderungen an die Temperaturmesstechnik. Außerdem sollte die Behälterkonstante möglichst klein sein.

**Beispiel 2.9 (Level 2):** Ein Stahlblock mit der Masse *14 kg* hat nach dem Schmieden eine Temperatur von *850 °C*. Er wird in einem Behälter, der *100 kg* Wasser von *30 °C* enthält, abgeschreckt. Welche Gleichgewichtstemperatur stellt sich ein, wenn der Behälter nach außen völlig wärmeisoliert ist und seine Wärmekapazität $C_B = 20\ kJ/K$ beträgt?

**Klassifizierung des Systems:** Geschlossenes, vollständig isoliertes System, das aus drei Teilsystemen besteht, von denen zwei (Wasser und Behälter) stets im thermischen Gleichgewicht sind und mit dem dritten System (Stahlblock) einen Ausgleichsvorgang durchführen, wobei die Temperaturdifferenz am Anfang das treibende Gefälle darstellt.

**Voraussetzungen:** Es finden keine Wechselwirkungen mit der Umgebung statt. Durch die Rechnung muss nachgewiesen werden, dass genügend Wasser vorhanden sein muss, um Dampfabgabe an die Umgebung zu verhindern. Stahl: Festkörper mit temperaturabhängiger spezifischer Wärmekapazität, Wasser: Inkompressibles Fluid mit temperaturabhängiger spezifischer Wärmekapazität. (Siehe Abschnitt 1.5.2.3)

**Gegeben:**

$$m_{Fe} := 14 \cdot kg \qquad m_W := 100 \cdot kg \qquad C_B := 20 \cdot \frac{kJ}{K}$$

$$t_0 := 0 \cdot °C \qquad t_{Fe1} := 850 \cdot °C \qquad t_{W1} := 30 \cdot °C$$

Außerdem werden die Matrizen $c_{Fe}$ und $t_{Fe}$ für Eisen nach Tabelle 1.5 und die Matrizen $c_{pW}$ und $t_W$ für Wasser nach Tabelle 1.3 bereitgestellt.

**Lösung:** Die Funktionen für die mittleren spezifischen Wärmekapazitäten werden aus den Stützwerten der Matrizen durch lineare Interpolation für Eisen

$$fc_{Fe}(t) := linterp\left(t_{Fe}, c_{Fe}, t\right)$$

$$fc_{Fe\_av}(t) := \frac{\int_{t_0}^{t} fc_{Fe}(t)\, dt}{t - t_0}$$

und für Wasser

$$c_{pW}(t) := linterp\left(t_W, c_{pW}, t\right)$$

$$fc_{W\_av}(t) := \frac{\int_{0}^{t} c_{pW}(t)\, dt}{t}$$

formuliert.

Der 1. HS für dieses zusammengesetzte System lautet

$$U_2 - U_1 = 0 \qquad U_{Fe2} - U_{Fe1} + U_{W2} - U_{W1} + C_B \cdot \left(t_M - t_{W1}\right) = 0$$

Die einzelnen Terme als Funktionen der Mischungstemperatur sind

$$\Delta U_{Fe}\left(t_M\right) := m_{Fe} \cdot \left(fc_{Fe\_av}\left(t_M\right) \cdot t_M - fc_{Fe\_av}\left(t_{Fe1}\right) \cdot t_{Fe1}\right)$$

$$\Delta U_{WB}\left(t_M\right) := m_W \cdot \left(fc_{W\_av}\left(t_M\right) \cdot t_M - fc_{W\_av}\left(t_{W1}\right) \cdot t_{W1}\right) + C_B \cdot \left(t_M - t_{W1}\right)$$

Die Lösung erfolgt iterativ mit einem Vorgabewert

$t_M := 50 \cdot °C$

$t_M := wurzel\left(\Delta U_{Fe}(t_M) + \Delta U_{WB}(t_M), t_M\right)$ $\quad t_M = 47.09\ °C$

**Diskussion:** Wasser und Behälter wärmen sich um *17,1 K* auf. Die Endtemperatur liegt ausreichend weit vom Siedepunkt des Wassers entfernt, da Wasser bei Atmosphärendruck erst bei ca. *100 °C* verdampft. Dadurch wird sichergestellt, dass der sich um das heiße Werkstück bildende Wasserdampf bereits im Wasserbad kondensiert. Somit sind die Voraussetzungen der Analyse erfüllt.

## 2.3.2 Stationäre Systeme

Viele technische Einrichtungen werden normalerweise im stationären Zustand betrieben. Wie man am Beispiel einer Gasturbine im Normalbetrieb leicht einsieht, ändern sich die Systemgrößen, d.h. die im System enthaltene Masse und Energie sowie das Systemvolumen, nicht. Die räumlichen Verteilungen des Druckes und der Temperatur unterliegen keinen zeitlichen Änderungen. Der stationäre Zustand wird stets über einen instationären Anfahrzustand erreicht.

Bei einem stationären System müssen die zu- und abfließenden Massenströme im Gleichgewicht sein:

$$\sum_i \dot{m}_i = 0 . \tag{2.11}$$

Aus dem Gesetz der Massenerhaltung folgt damit

$$\frac{dm_S}{d\tau} = 0 \qquad m_S = const.$$

Auf ein allgemeines offenes, stationäres System wirken nur die über die Systemgrenze fließenden Energieströme ein. Für solche Systeme lautet die Energiestrombilanz

$$\sum_k \dot{W}_{t,k} + \sum_j \dot{Q}_j + \sum_i \dot{m}_i \left( h_i + g\, z_i + \frac{\overline{v}_i^{\,2}}{2} \right) = 0 . \tag{2.12}$$

Prozesse mit geschlossenen Kreisläufen, in denen ein Arbeitsmedium zirkuliert, wie z.B. Dampfturbinenkreisläufe, Wärmepumpen oder Kältemaschinen, werden als massedichte Systeme wegen

$$\dot{m}_i \equiv 0$$

durch

$$\sum_j \dot{Q}_j + \sum_k \dot{W}_{t,k} = 0 \tag{2.13}$$

beschrieben.

Bei vielen Maschinen und Apparaten werden die Zu- und Ableitungen so dimensioniert, dass sich gleiche Strömungsgeschwindigkeiten einstellen. Außerdem treten nur geringfügige Höhenunterschiede auf, so dass Unterschiede der kinetischen und potentiellen Energie zwischen Zu- und Abstrom vernachlässigt werden können. Ein adiabater Mischer mit Rührwerk wird bilanziert durch

$$\sum_i \dot{m}_i\, h_i + \dot{W}_t = 0 , \tag{2.14}$$

ein adiabater Mischer ohne Rührwerk oder ein Wärmeübertrager durch

$$\sum_i \dot{m}_i \, h_i = 0 \,. \tag{2.15}$$

Bei einfach durchströmten stationären Systemen soll der Zustrom stets in Position 1 erfolgen und der Abstrom in Position 2. In Position 1 strömt dem System der Massenstrom $+\dot{m}$ zu, in Position 2 strömt der gleiche Massenstrom $-\dot{m}$ ab. Für ein solches System gilt

$$\dot{m}\left[ g\,(z_2 - z_1) + \frac{1}{2}\left(\overline{v}_2^{\,2} - \overline{v}_1^{\,2}\right) + h_2 - h_1 \right] = \sum_j \dot{Q}_j + \sum_k \dot{W}_{t,k}$$

oder, bei Beschränkung auf einen Wärmestrom und eine technische Leistung und Division durch den Massenstrom

$$g\,(z_2 - z_1) + \frac{1}{2}\left(\overline{v}_2^{\,2} - \overline{v}_1^{\,2}\right) + h_2 - h_1 = q_{12} + w_{t12} \,. \tag{2.16}$$

Bei einem gleichförmig bewegten stationären System ist der Systemimpuls $J_S$ konstant. Mit dieser Voraussetzung liefert das Gesetz der Impulserhaltung

$$\sum_i \dot{m}_i \, \vec{v}_i + \sum_n \vec{F}_n = 0 \,. \tag{2.17}$$

Für einfach stationär durchströmte Systeme folgt

$$\dot{m}\left(\vec{v}_2 - \vec{v}_1\right) = \sum_n \vec{F}_n \,. \tag{2.18}$$

**Beispiel 2.10 (Level 2):** Aus einer Gasturbine treten *10 kg/s Abgas* der Zusammensetzung *75,1 %* $N_2$, *11,8 %* $O_2$, *4,1 %* $CO_2$ und *8,9 %* $H_2O$ (Vol.-%) mit einer Temperatur von *667 °C* aus. Der Abgasstrom wird mit Luft der Zusammensetzung *76,7 %* $N_2$, *20,4 %* $O_2$ *und 2,9 %* $H_2O$ (Vol.-%) von *20 °C* so vermischt, so dass sich eine Temperatur von *180 °C* einstellt. Welchen Massenstrom und welche Zusammensetzung hat das Gemisch?

**Klassifizierung des Systems:** Adiabater Mischer mit zwei Zuleitungen (Abgas und Luft) und einer Ableitung (Gemisch). Es wirken keine weiteren äußeren Zwänge auf das System. Die Stoffmengenbilanz muss berücksichtigt werden. Die Stoffmengenströme werden mit einem Druckunterschied als treibendem Gefälle durch den Mischer getrieben, der z.B. durch eine Pumpe aufgebaut werden kann und die Reibung im System überwindet. Dies bleibt in diesem Beispiel unberücksichtigt.

**Voraussetzungen:** Die Gase sind im idealen Gaszustand mit temperaturabhängigen Wärmekapazitäten auf der Basis der Konstantensätze aus Anhang 10.2. Die Zu- und Ableitungen liegen auf einer Höhe. Die Rohrleitungen sind so dimensioniert, dass keine Änderungen der Strömungsgeschwindigkeiten auftreten. Durch die Konstruktion des Mischers muss vollständige Durchmischung gewährleistet sein.

**Gegeben:** Zusammensetzungen von Luft und Abgas

$$\chi_L := \begin{pmatrix} 0 \\ 0.767 \\ 0.204 \\ 0 \\ 0 \\ 0.029 \\ 0 \end{pmatrix} \qquad \chi_A := \begin{pmatrix} 0 \\ 0.751 \\ 0.118 \\ 0 \\ 0.042 \\ 0.089 \\ 0 \end{pmatrix}$$

außerdem

$$mp_A := 10 \cdot \frac{kg}{s} \qquad t_{A1} := 667 \cdot °C \qquad t_{L1} := 20 \cdot °C \qquad t_M := 180 \cdot °C$$

**Lösung:** Die molaren Massen von Luft und Abgas sind

$$M_A := \chi_A \cdot M \qquad M_A = 28.272 \frac{kg}{kmol} \qquad M_L := \chi_L \cdot M \qquad M_L = 28.542 \frac{kg}{kmol}$$

Mit den Konstantensätzen

$$a_{Ac} := C \cdot \chi_A \qquad a_{Ah} := D \cdot \chi_A \qquad a_{Lc} := C \cdot \chi_L \qquad a_{Lh} := D \cdot \chi_L$$

werden die Funktionen für die molaren Wärmekapazitäten

$$c_{pmA}(T) := R_m \cdot \begin{vmatrix} \sum_{i=0}^{4} \left[ a_{Ac_i} \cdot \left( \frac{T}{K} \right)^i \right] & \text{if } T \le 1000 \cdot K \\ \sum_{i=0}^{4} \left[ a_{Ah_i} \cdot \left( \frac{T}{K} \right)^i \right] & \text{otherwise} \end{vmatrix} \qquad c_{pmL}(T) := R_m \cdot \begin{vmatrix} \sum_{i=0}^{4} \left[ a_{Lc_i} \cdot \left( \frac{T}{K} \right)^i \right] & \text{if } T \le 1000 \cdot K \\ \sum_{i=0}^{4} \left[ a_{Lh_i} \cdot \left( \frac{T}{K} \right)^i \right] & \text{otherwise} \end{vmatrix}$$

und für die molaren Enthalpien

$$h_{mA}(t) := \begin{vmatrix} T \leftarrow t + 273.15 \cdot K \\ \int_{T_0}^{T} c_{pmA}(T)\, dT \end{vmatrix} \qquad h_{mL}(t) := \begin{vmatrix} T \leftarrow t + 273.15 \cdot K \\ \int_{T_0}^{T} c_{pmL}(T)\, dT \end{vmatrix}$$

erstellt.

Der Stoffmengenstrom des Abgases beträgt

$$np_A := \frac{mp_A}{M_A} \qquad np_A = 0.354 \frac{kmol}{s}$$

Der 1. HS für den adiabaten Mischer nach Gl. (2.15) lautet in molarer Form

$$\sum_{i=1}^{n} \dot{n}_i \, h_{mi} = 0$$

Unter Berücksichtigung der Stoffmengenbilanz

$$\sum_{i=1}^{n} \dot{n}_i = 0$$

folgt

$$np_A \cdot h_{mA}(t_{A1}) + np_L \cdot h_{mL}(t_{L1}) = np_A \cdot h_{mA}(t_M) + np_L \cdot h_{mL}(t_M)$$

Auflösung nach dem Stoffmengenstrom der Luft ergibt

$$np_L := np_A \cdot \frac{h_{mA}(t_{A1}) - h_{mA}(t_M)}{h_{mL}(t_M) - h_{mL}(t_{L1})} \qquad np_L = 1.182 \frac{kmol}{s}$$

Der Stoffmengenstrom des Gemischs ist somit

$$np_M := np_A + np_L \qquad np_M = 1.536 \frac{kmol}{s}$$

Die Massenströme der Luft und des Gemischs werden bestimmt durch

$$mp_L := np_L \cdot M_L \qquad mp_L = 33.736 \frac{kg}{s} \qquad mp_M := mp_A + mp_L \qquad mp_M = 43.736 \frac{kg}{s}$$

Die Zusammensetzung des Abgases erhält man aus

$$\chi_M := \chi_A \cdot \frac{np_A}{np_M} + \chi_L \cdot \frac{np_L}{np_M}$$

mit dem Ergebnis

$$\chi_M{}^T = (0 \quad 0.7633 \quad 0.1842 \quad 0 \quad 0.0097 \quad 0.0428 \quad 0)$$

**Beispiel 2.11 (Level 1):** Durch die adiabate Strömungsmaschine eines Pumpspeicherwerks nach Abb. 2.1 strömen im Turbinen- und im Pumpbetrieb *28800 m³/h* Wasser. Die Höhendifferenz zwischen Obersee und Untersee beträgt $\Delta h = 100\ m$. Die Wellenleistung der Turbine beträgt *7 MW*. Welchen Wirkungsgrad hat der Turbinenbetrieb? Welche Temperaturerhöhung tritt im Auslauf der Turbine auf? Welche Antriebsleistung benötigt die Strömungsmaschine im Pumpbetrieb und welchen Wirkungsgrad hat der Pumpbetrieb? Wie groß ist der Gesamtwirkungsgrad der Speicherung?

**Klassifizierung des Systems:** Adiabates, einfach durchströmtes stationäres System mit Entnahme oder Zufuhr von Wellenenergie. Der Kontrollraum umfasst das Gesamtsystem unter Einschluss von Obersee und Untersee. Beim Turbinenbetrieb treibt der Höhenunterschied den Massenstrom durch Rohrleitungen und Turbine. Beim Pumpbetrieb wird durch den äußeren Zwang der zugeführten Wellenenergie für die hochgepumpte Masse die potentielle Energie vermehrt und dadurch Arbeitsfähigkeit aufgebaut.

**Voraussetzungen:** Es wird vorausgesetzt, dass Obersee und Untersee sehr groß sind. Der Zulauf geschieht durch minimale Absenkung des entsprechenden Wasserspiegels, der Ablauf durch minimale Anhebung des entsprechenden Wasserspiegels. Damit sind die Geschwindigkeiten des Zulaufs und des Ablaufs vernachlässigbar und die Höhendifferenz $\Delta h$ verändert sich nicht. Das Gesamtsystem ist adiabat. Die geringe Änderung des Luftdrucks durch die Höhendifferenz wird vernachlässigt. Wasser wird als inkompressibles Fluid ($\rho = 999\ kg/m^3$, $c = 4{,}189\ kJ/kg$) behandelt.

**Gegeben:**

$$Vp := 28800 \cdot \frac{m^3}{h} \qquad \Delta h := 100 \cdot m \qquad P_T := -7000 \cdot kW$$

$$\rho_W := 999 \cdot \frac{kg}{m^3} \qquad c_W := 4.189 \cdot \frac{kJ}{kg \cdot K}$$

**Lösung:** Der 1. HS lautet nach Gl. (2.16) mit den genannten Voraussetzungen für beide Betriebsarten

$$w_{t12} = g \cdot (z_2 - z_1) + h_2 - h_1$$

Da inkompressibles Fluid vorausgesetzt wird, folgt aus der Definition der spezifischen Enthalpie

$$h_2 - h_1 = u_2 - u_1 + (p_2 - p_1) \cdot v$$

Da hier $p_1 = p_2 = p_U$ ist, folgt

$$w_{t12} = g \cdot (z_2 - z_1) + u_2 - u_1$$

wobei mit konstanter spezifischer Wärmekapazität des Wassers

$$u_2 - u_1 = c_W \cdot (T_2 - T_1)$$

ist.

Der Massenstrom in der Anlage beträgt im Turbinen- und Pumpbetrieb

$$mp := \rho_W \cdot Vp \qquad mp = 7992 \frac{kg}{s}$$

Beim **Turbinenbetrieb** ist nach Abb. 2.1a

$$z_2 - z_1 = -\Delta h$$

und die von der Welle abgegebene spezifische Arbeit $w_{t12}$ ist ebenfalls negativ. Dissipative Vorgänge in den Rohrleitungen und in der Strömungsmaschine führen beim inkompressiblen Fluid zu einer Erhöhung der inneren Energie und damit zu einer Temperaturerhöhung. Für Feststoffe und inkompressible Flüssigkeiten gilt stets

$$T_2 - T_1 = \Delta T \geq 0$$

Damit ist die maximal gewinnbare oder reversible spezifische Arbeit

$$w_{t\_revT} := -g \cdot \Delta h \qquad w_{t\_revT} = -0.981 \frac{kJ}{kg}$$

die durch dissipative Effekte in eine Erhöhung der inneren Energie verwandelte Arbeitsfähigkeit wird beschrieben durch

$$w_{t\_diss} = \Delta u = c_W \cdot \Delta T \geq 0$$

und es folgt für die von der Welle tatsächlich abgegebene spezifische Arbeit

$$w_{t\_T} = w_{t\_revT} + w_{t\_diss}$$

Diese Aussage gilt, wie wir später nachweisen werden, generell.

Die tatsächlich von der Turbine abgegebene spezifische Arbeit ist

$$w_{t\_T} := \frac{P_T}{mp} \qquad w_{t\_T} = -0.876\,\frac{kJ}{kg}$$

Damit wird der dissipative Anteil bestimmt durch

$$w_{t\_diss} := w_{t\_T} - w_{t\_revT} \qquad w_{t\_diss} = 0.105\,\frac{kJ}{kg} \qquad \Delta u := w_{t\_diss}$$

Mit diesen Voraussetzungen wird der innere Turbinenwirkungsgrad definiert durch

$$\eta_{iT} = \frac{w_{t\_T}}{w_{t\_revT}} = \frac{-g\cdot\Delta h + \Delta u}{-g\cdot\Delta h} < 1$$

oder

$$\eta_{iT} := 1 - \frac{\Delta u}{g\cdot\Delta h} \qquad \eta_{iT} = 0.893$$

Durch die Erhöhung der inneren Energie erfolgt eine geringe Temperaturerhöhung des Wassers:

$$\Delta T := \frac{\Delta u}{c_W} \qquad \Delta T = 0.025\,K$$

Beim **Pumpbetrieb** ist nach Abb. 2.1b

$$z_2 - z_1 = \Delta h$$

und folglich ist die reversible spezifische Pumparbeit

$$w_{t\_revP} := g\cdot\Delta h \qquad w_{t\_revP} = 0.981\,\frac{kJ}{kg}$$

Treten bei Strömungsumkehr die gleichen dissipativen Verluste auf, so gilt wieder

$$w_{t\_diss} = \Delta u = c_W\cdot\Delta T \geq 0$$

Der Pumpe muss demnach mehr Wellenarbeit zugeführt werden, um die Erhöhung der potentiellen Energie zu erreichen:

$$w_{t\_P} := w_{t\_revP} + w_{t\_diss} \qquad w_{t\_P} = 1.085\,\frac{kJ}{kg}$$

Folglich ist der Pumpenwirkungsgrad

$$\eta_{iP} = \frac{w_{t\_revP}}{w_{t\_P}} = \frac{g\cdot\Delta h}{g\cdot\Delta h + \Delta u} < 1$$

oder

$$\eta_{iP} := \frac{1}{1 + \frac{\Delta u}{g\cdot\Delta h}} \qquad \eta_{iP} = 0.903$$

Die Antriebsleistung für den Pumpbetrieb beträgt

$$P_P := mp\cdot w_{t\_P} \qquad P_P = 8674.9\,kW$$

Der Gesamtwirkungsgrad der Speicherung von elektrischer Energie durch Pumpen und spätere Entnahme im Turbinenbetrieb wird bestimmt durch

$$\eta_{iT}\cdot\eta_{iP} = 0.807$$

der allerdings durch die Wirkungsgrade der elektrischen Maschine im Motoren- bzw. Generatorbetrieb noch weiter verschlechtert wird.

**Diskussion:** Der gewählte Kontrollraum umfasst die folgenden dissipativen Vorgänge: Einlaufverlust in die Rohrleitung im Obersee, Rohrreibungsverluste vor der Strömungsmaschine, Dissipation in der Strömungsmaschine, Rohrreibungsverluste nach der Strömungsmaschine und Auslaufverluste beim Einströmen in den Untersee im Turbinenbetrieb und die entsprechenden Verluste bei Umkehrung der Strömungsrichtung im Pumpbetrieb. Diese dissipativen Vorgänge werden durch die Wahl des Kontrollraums pauschal berücksichtigt.

Wir stellen hier erstmals fest, dass im Term der Wellenarbeit ein Anteil von reversibler Arbeit und ein Anteil von Dissipation stecken. Im Turbinenbetrieb ist der reversible Anteil die Arbeitsfähigkeit, deren Betrag durch die Dissipation vermindert wird. Im Falle des Pumpbetriebs wird nur ein Teil der zugeführten Wellenenergie in reversible Arbeitsfähigkeit umgesetzt und der komplementäre Teil wird dissipiert.

Mit diesem Beispiel wird der große Vorteil der gewählten Vorzeichenkonvention des „egozentrischen" Systems demonstriert. Hierbei werden, wie im Abschnitt 1.1 ausgeführt, die dem System zufließenden Energieströme stets positiv und abfließende Energieströme stets negativ gewertet, wenn Zahlen oder für unterschiedliche Betriebsweisen einheitliche Symbole (wie hier die Höhendifferenz $\Delta h$) in die Terme der Bilanzgleichungen eingesetzt werden. Das Ergebnis bei Auflösung der Bilanzgleichung nach der gesuchten Größe hat dann stets das richtige Vorzeichen.

**Beispiel 2.12 (Level 2):** In eine horizontale Rohrleitung ist eine Strömungsmaschine eingebaut, die über die Welle angetrieben wird. Das System soll unter der Annahme analysiert werden, die Strömungsmaschine sei
(a) eine Kreiselpumpe, die Wasser und
(b) ein Turboverdichter, der Stickstoff
von *1 bar* auf *10 bar* komprimiert, wobei das Fluid am Einlauf eine Temperatur von *20 °C* hat. Der Massenstrom betrage in beiden Fällen *10 kg/s*.

Im Fall (a) wird im Pumpenauslauf eine um *0,025 K* erhöhte Temperatur festgestellt. Im Fall (b) wird am Verdichteraustritt eine Temperatur von *320 °C* gemessen.

Wie groß sind die erforderlichen Antriebsleistungen und die Querschnittsflächen der Strömungskanäle bei Zu- und Abstrom, wenn die mittlere Strömungsgeschwindigkeit stets *2 m/s* betragen soll?

**Klassifizierung des Systems:** Einfach stationär durchströmtes, adiabates System mit über die Welle zugeführter Antriebsleistung. Durch die zugeführte Wellenleistung als äußerer Zwang wird der Druckunterschied aufgebaut und der Massenstrom durch die Strömungsmaschine getrieben.

**Voraussetzungen:** Durch die horizontale Durchströmung ist $z_1 = z_2$. Die Rohrleitungen beim Zu- und Abstrom werden so dimensioniert, dass $\bar{v}_1 = \bar{v}_2$ ist. Im Fall (a) der Kreiselpumpe ist Wasser ein inkompressibles Fluid der Dichte $\rho = 999\ kg/m^3$, spezifische Wärme $c = 4{,}189\ kJ/kg\ K$. Im Fall (b) des Verdichters ist Stickstoff ein ideales Gas mit temperaturabhängiger spezifischer Wärmekapazität.

**Gegeben:**

$p_1 := 1 \cdot bar \qquad p_2 := 10 \cdot bar \qquad mp := 10 \cdot \frac{kg}{s} \qquad t_1 := 20 \cdot °C \qquad vel := 2 \cdot \frac{m}{s}$

Pumpe: $\Delta T_{KP} := 0.025 \cdot K \qquad \rho_W := 999 \cdot \frac{kg}{m^3} \qquad c_W := 4.189 \cdot \frac{kJ}{kg \cdot K}$

Verdichter: $t_{2V} := 320 \cdot °C$

**Lösung:** Der 1. HS lautet nach Gl. (2.16) mit den genannten Voraussetzungen für beide Strömungsmaschinen

$$w_{tP} = h_2 - h_1$$

**Fall (a):** Bei der Kreiselpumpe mit Wasser als inkompressiblem Fluid muss die Definition der spezifischen Enthalpie angewendet werden. Damit folgt

$$w_{tP} = v \cdot (p_2 - p_1) + u_2 - u_1$$

Wenn wir die im vorigen Beispiel gefundene Beziehung

$$w_{tP} = w_{t\_rev} + w_{t\_diss}$$

anwenden, steckt die Dissipation wieder in einer Erhöhung der inneren Energie und die Erhöhung der Druckenergie ist der reversible Anteil. In Abschnitt 1.6.1.3 haben wir die Druckänderungsarbeit

$$w_{t12} = \int_{p_1}^{p_2} v\, dp$$

eingeführt und wir stellen fest, dass wegen $v = const.$

$$w_{t\_rev} = v \cdot (p_2 - p_1) \qquad w_{t\_rev} := \frac{p_2 - p_1}{\rho_W} \qquad w_{t\_rev} = 0.901 \frac{kJ}{kg}$$

ist. Wir erkennen, dass die Druckänderungsarbeit gleich der Differenz der Verschiebearbeiten $p \cdot v$ zwischen Eintritt und Austritt des strömenden Mediums ist.

Der dissipative Anteil ist

$$w_{t\_diss} = u_2 - u_1 \qquad w_{t\_diss} := c_W \cdot \Delta T_{KP} \qquad w_{t\_diss} = 0.105 \frac{kJ}{kg}$$

Dann muss die innere spezifische Arbeit

$$w_{t\_P} := w_{t\_diss} + w_{t\_rev} \qquad w_{t\_P} = 1.006 \frac{kJ}{kg}$$

aufgebracht werden und die innere Antriebsleistung für die Pumpe ist

$$P_{KP} := mp \cdot w_{t\_P} \qquad P_{KP} = 10.06\, kW$$

Der Massendurchsatz bei Kanalströmung ist gemäß Gl. (1.62)

$$\dot{m} = \rho\, \bar{v}\, A$$

mit der Querschnittsfläche $A$ des Strömungskanals. Bei der Kreiselpumpe mit konstanter Dichte des Wassers ist

$$A := \frac{mp}{\rho_W \cdot vel} \qquad A = 50.05 cm^2 \qquad d_R := \sqrt{\frac{4 \cdot A}{\pi}} \qquad d_R = 79.8 mm$$

**Fall (b):** Für den Verdichter wird die Funktion $h_{mN2}(t)$ auf der Basis der Konstantensätze aus Anhang 10.2 erstellt. Damit wird die innere molare Arbeit des Verdichters berechnet durch

$$w_{tmV} := h_{mN2}(t_{2V}) - h_{mN2}(t_1) \qquad w_{tmV} = 8.834 \frac{kJ}{mol}$$

Mit dem Stoffmengenstrom

$$np := \frac{mp}{M_{N2}} \qquad np = 0.357 \frac{kmol}{s}$$

ist die innere Antriebsleistung des Verdichters

$$P_V := np \cdot w_{tmV} \qquad P_V = 3152.7 kW$$

Mit den absoluten Temperaturen und der Gaskonstanten des Stickstoffs

$$T_1 := Tt(t_1) \qquad T_2 := Tt(t_{2V}) \qquad R_{N2} := \frac{R_m}{M_{N2}}$$

folgt für Flächen und Durchmesser der Rohrleitungen

$$A_{zu} := \frac{mp}{vel \cdot p_1} \cdot R_{N2} \cdot T_1 \qquad A_{zu} = 4.349 m^2 \qquad d_{zu} := \sqrt{\frac{4 \cdot A_{zu}}{\pi}} \qquad d_{zu} = 2.353 m$$

$$A_{ab} := \frac{mp}{vel \cdot p_2} \cdot R_{N2} \cdot T_2 \qquad A_{ab} = 0.88 m^2 \qquad d_{ab} := \sqrt{\frac{4 \cdot A_{ab}}{\pi}} \qquad d_{ab} = 1.059 m$$

**Diskussion:** Zum Antrieb einer Pumpe mit inkompressiblem Fluid müssen nur die Differenz der Verschiebearbeiten und die Dissipation aufgebracht werden. Beim Verdichter mit kompressiblem Fluid kommt noch die Volumenänderungsarbeit hinzu und es wird zusätzlich zum Druckunterschied ein Temperaturunterschied aufgebaut. Deshalb ist die notwendige Antriebsleistung für Verdichter um Größenordnungen höher als bei Pumpen. Gleiches gilt für die Abmessungen der Strömungskanäle.

Weiter weist dieses Beispiel auf die Möglichkeit hin, Abnahmeversuche für Strömungsmaschinen durch Messung der Temperaturen im Zu- und Ablauf durchzuführen. Bei der Kreiselpumpe führt die Messung der Temperaturdifferenz zwischen Druckstutzen und Saugstutzen direkt auf den dissipierten Anteil der zugeführten Wellenenergie. Beim Verdichter ist die Messung der Temperaturen im Saugkanal und im Druckkanal hinreichend, um die tatsächliche, dissipationsbehaftete Arbeit zu ermitteln. Die reversible Arbeit kann erst nach Einführung der Entropie in Kapitel 3 berechnet werden. Bei einem realen Fluid mit der kalorischen Zustandsgleichung $h = h(p,T)$ genügt die Messung von Druck und Temperatur im Einlasskanal und im Auslasskanal der Strömungsmaschine und des Fluiddurchsatzes, um die reale Leistung zu bestimmen.

**Beispiel 2.13 (Level 1):** Ein Strömungskanal veränderlicher Querschnittsfläche wird von einem Massenstrom von *10 kg/s* Wasser stationär durchströmt. Der Zulauf liegt *10 m* unter dem Ablauf. Der Kanal hat beim Einströmen eine Querschnittsfläche von $60\ cm^2$ und beim Ausströmen $4\ cm^2$. Welcher Druck muss am Eintritt in den Kanal herrschen, wenn da Wasser ins Freie austritt und der Umgebungsdruck *1 bar* ist, und mit welcher Geschwindigkeit tritt das Wasser aus? Dissipative Effekte sind zu vernachlässigen.

**Klassifizierung des Systems:** Einfach durchströmtes adiabates System mit Änderung der Höhe, der Geschwindigkeit und des Druckes. Das Fluid wird durch einen hier nicht näher diskutierten äußeren Zwang, z.B. in Form einer Pumpe, welche die Druckerhöhung erzeugt, durch den Strömungskanal getrieben.

**Voraussetzungen:** Wasser ist ein inkompressibles Fluid mit der Dichte $\rho = 999\ kg/m^3$. Die Strömung ist reibungsfrei. Es sind keine äußeren Einflüsse vorhanden.

**Gegeben:**

$$mp := 10 \cdot \frac{kg}{s} \qquad \rho_W := 999 \cdot \frac{kg}{m^3} \qquad p_2 := 1 \cdot bar$$

$$A_1 := 60 \cdot cm^2 \qquad A_2 := 4 \cdot cm^2 \qquad z_1 := 0 \cdot m \qquad z_2 := 10 \cdot m$$

**Lösung:** Der 1. HS ist nach Gl. (2.16)

$$g \cdot (z_2 - z_1) + \frac{vel_2^2 - vel_1^2}{2} + h_2 - h_1 = 0$$

Da Wasser als inkompressibles Fluid behandelt wird, folgt mit der Definition der Enthalpie

$$h_2 - h_1 = u_2 - u_1 + v \cdot (p_2 - p_1)$$

Die dissipativen Effekte bewirken wieder eine Änderung der spezifischen inneren Energie. Da die Strömung reibungsfrei erfolgt, bleibt die innere Energie konstant. Damit folgt

$$g \cdot (z_2 - z_1) + \frac{vel_2^2 - vel_1^2}{2} + v \cdot (p_2 - p_1) = 0$$

Multipliziert man die Gleichung mit der Dichte und sind Höhe, Geschwindigkeit und Druck an einem Punkt des Kanals bekannt, so folgt für jeden beliebigen Ort im Strömungskanal

$$\rho_W \cdot g \cdot z + \rho_W \cdot \frac{vel^2}{2} + p = const$$

Dies ist die Bernoulli'sche Gleichung für reibungsfreie Strömung aus der Strömungsmechanik.

Die Strömungsgeschwindigkeiten sind

$$vel_1 := \frac{mp}{\rho_W \cdot A_1} \qquad vel_1 = 1.67 \frac{m}{s} \qquad vel_2 := \frac{mp}{\rho_W \cdot A_2} \qquad vel_2 = 25.03 \frac{m}{s}$$

Für den Anfangsdruck folgt

$$p_1 := p_2 + \frac{\rho_W}{2} \cdot \left(vel_2^2 - vel_1^2\right) + \rho_W \cdot g \cdot (z_2 - z_1) \qquad p_1 = 5.09\,bar$$

**Diskussion:** Die drei Energiearten der potentiellen Energie, der kinetischen Energie und der Druckenergie sind alles gerichtete Energien, die durch die Gestaltung des Systems ineinander übergeführt werden können. Die Gesamtsumme dieser gerichteten Energien wird nur durch dissipative Effekte verringert.

Das vorstehende Beispiel enthält auch den Energiesatz für durchströmte Rohrleitungen und Strömungskanäle mit Reibung, wie er in der Strömungsmechanik[22] verwendet wird. Danach gilt

$$\rho_W\ g\ z_1 + \rho_W\ \frac{\overline{v}_1^{\,2}}{2} + p_1 = \rho_W\ g\ z_2 + \rho_W\ \frac{\overline{v}_2^{\,2}}{2} + p_2 + \rho_W\ w_{diss\_12}$$

wobei die dissipativen Strömungseffekte durch den Druckverlust

$$\Delta p_{V\_12} = \rho_W\ w_{diss\_12} = \rho_W\ (u_2 - u_1)$$

berücksichtigt werden.

**Beispiel 2.14 (Level 1):** In eine horizontale Rohrleitung ist ein adiabates Drosselventil eingebaut. Es wird (a) Wasser und (b) ein ideales Gas von *10 bar* auf *1 bar* gedrosselt. Für beide Fälle soll die in der Drossel dissipierte spezifische Energie berechnet werden. Wie groß ist in beiden Fällen das Verhältnis der Querschnittsflächen der Rohrleitung vor und nach der Drosselstelle unter der Forderung, dass die mittlere Strömungsgeschwindigkeit konstant bleiben soll. Als weiterer Fall (c) soll die Drosselung eines realen Fluids qualitativ analysiert werden.

**Klassifikation des Systems:** Adiabates, einfach durchströmtes System ohne Änderungen der Höhe und der Geschwindigkeit. Das Fluid wird durch das Druckgefälle durch die Drossel getrieben.

**Voraussetzungen:** Im Fall (a) ist Wasser ein inkompressibles Fluid ($\rho_W = 999\ kg/m^3$, $c_W = 4.186\ kJ/kg\ K$). Im Fall (b) strömt ein ideales Gas mit der Gaskonstanten $R = 0,287\ kJ/kg\ K$ durch die Drossel. Im Fall (c) strömt ein Fluid mit der kalorischen Zustandsgleichung $h = h(p,T)$. Die Temperatur vor der Drossel beträgt *20 °C*.

**Gegeben:**

$$p_1 := 10 \cdot bar \qquad p_2 := 1 \cdot bar \qquad mp := 1 \cdot \frac{kg}{s}$$

$$\rho_W := 999 \cdot \frac{kg}{m^3} \qquad c_W := 4.186 \cdot \frac{kJ}{kg \cdot K}$$

$$R_L := 0.287 \cdot \frac{kJ}{kg \cdot K} \qquad T_L := 293.15 \cdot K$$

**Lösung:** Vom 1. HS nach Gl. (2.16) verbleibt unter den genannten Bedingungen

$$h_2 = const \qquad h_2 - h_1 = 0 \qquad dh = 0$$

**Fall (a):** Die Verwendung der Definition der spezifischen Enthalpie führt zu

$$u_2 - u_1 + v \cdot (p_2 - p_1) = 0$$

Da bei der Drosselung keine Arbeit entnommen wird, muss

$$w_{t\_rev} + w_{t\_diss} = 0$$

gelten. In Form des Druckunterschieds wird dem Kanal ein treibendes Gefälle aufgeprägt, welches das Fluid durch den Strömungswiderstand treibt, dessen Arbeitsfähigkeit dabei vollständig dissipiert wird. Damit folgt

$$w_{t\_rev} := \frac{1}{\rho_W} \cdot (p_2 - p_1) \qquad w_{t\_diss} := -w_{t\_rev} \qquad w_{t\_diss} = 0.901 \frac{kJ}{kg}$$

Der Temperaturanstieg des Wassers ist dabei

$$\Delta u := w_{t\_diss} \qquad \Delta T := \frac{\Delta u}{c_W} \qquad \Delta T = 0.215\,K$$

Da die Dichte des Wassers konstant ist und die Geschwindigkeiten vor und nach der Drosselstelle voraussetzungsgemäß konstant sein sollen, gilt

$$\frac{A_2}{A_1} = 1$$

---

[22] Vergleiche z.B.: Kümmel, W.: „Technische Strömungsmechanik" Wiesbaden: Teubner Verlag 2007, S. 68

**Fall (b):** Die kalorische Zustandsgleichung des idealen Gases ist

$$dh = c_p(T) \cdot dT$$

Daraus folgt unmittelbar mit der Bedingung $dh = 0$

$$dT = 0 \qquad T = const \qquad du = 0 \qquad u = const$$

Nun gilt auch hier

$$w_{t\_rev} + w_{t\_diss} = 0$$

Die reversible, isotherme Arbeit wird unter Einbeziehung der idealen Gasgleichung bestimmt durch

$$w_{t\_rev} = \int_{p_1}^{p_2} v\,dp = R_L \cdot T_L \cdot \int_{p_1}^{p_2} \frac{1}{p}\,dp \qquad w_{t\_rev} := R_L \cdot T_L \cdot ln\left(\frac{p_2}{p_1}\right)$$

und damit ist die dissipierte spezifische Energie

$$w_{t\_diss} := -w_{t\_rev} \qquad w_{t\_diss} = 193.726\,\frac{kJ}{kg}$$

Mit der Voraussetzung konstanter Geschwindigkeit vor und nach der Drosselstelle folgt unter Verwendung der Gleichung des idealen Gases für das Verhältnis der Querschnittsflächen der Rohrleitung vor und nach der Drosselstelle bei isothermer Strömung

$$\frac{A_2}{A_1} = \frac{\rho_1}{\rho_2} = \frac{p_1}{p_2} = 10$$

**Fall (c):** Das totale Differential der kalorischen Zustandsgleichung

$$h = h(p, T)$$

ist

$$dh = \left(\frac{\partial h}{\partial T}\right)_p dT + \left(\frac{\partial h}{\partial p}\right)_T dp$$

Damit hat die Zustandsfläche zwei Hauptsteigungen. Die erste ist die bereits eingeführte spezifische Wärmekapazität bei konstantem Druck und die zweite Hauptsteigung wird als **isothermer Joule-Thomson-Koeffizient** oder Drosselkoeffizient mit der Definition

$$\delta_T = \left(\frac{\partial h}{\partial p}\right)_T$$

eingeführt. Damit gilt bei der Drosselung eines realen Fluids

$$c_p\,dT + \delta_T\,dp = 0$$

Die Drosselung stellt eine isenthalpe Zustandsänderung dar. Deshalb lässt sich vorstehende Gleichung umformen zu

$$\left(\frac{\partial T}{\partial p}\right)_h = -\frac{\delta_T}{c_p}$$

oder, wenn wir die Definition des **isenthalpen Joule-Thomson-Koeffizienten** oder Drosselkoeffizienten

$$\delta_h = \left(\frac{\partial T}{\partial p}\right)_h$$

verwenden

$$\delta_h = -\frac{\delta_T}{c_p}$$

Die spezifische Wärmekapazität hat stets positive Werte. Ob sich bei der Drosselung eines realen Fluids Temperatursteigerung oder Temperaturabfall einstellt, hängt vom Vorzeichen des isothermen Joule-Thomson-Koeffizienten als zweiter Hauptsteigung der kalorischen Zustandsfläche ab. Bei positivem $\delta_T$ erwärmt sich das Fluid bei der Drosselung, bei negativem $\delta_T$ kühlt es sich ab. Bei jedem Fluid gibt es Bereiche mit positivem oder negativem isothermen Joule-Thomson-Koeffizienten, die durch die Inversionslinie $\delta_T = 0$ voneinander abgegrenzt werden.

Viele reale Gase, wie z.B. Druckluft, haben bei Umgebungstemperatur negatives $\delta_T$ und kühlen sich bei Drosselung ab.

Kennt man die kalorische Zustandsgleichung eines realen Fluids, so gilt für den integralen Drosselvorgang

$$h(p_2,t_2)-h(p_1,t_1)=0\,.$$

Aus dieser Bedingung kann bei vorgegebenen Drücken $p_1$ und $p_2$ und bei vorgegebener Ausgangstemperatur $t_1$ die Endtemperatur $t_2$ iterativ ermittelt werden. Der **integrale Joule-Thomson-Effekt**

$$\Delta_h = \left(\frac{t_2 - t_1}{p_1 - p_2}\right)_h = \left(\frac{\Delta T}{\Delta p}\right)_h$$

ist in der Praxis von großem Interesse. Auf diesem Prinzip beruht die Temperaturabsenkung in Kaltdampf-Kälteanlagen. Durch die Drosselung eines gesättigten, flüssigen Kältemittels wird die tiefste Temperatur in der Kälteanlage erreicht (siehe dazu Beispiel 6.6). Eine weitere wichtige Anwendung stellt die Luftverflüssigung nach Linde dar, wo durch Drosselung von Druckluft eine starke Temperaturabsenkung erreicht wird (Beispiele 7.9 und 7.10). Andere Gase unter hohem Druck, wie z.B. Helium, weisen bei Umgebungstemperatur positives $\delta_T$ auf und müssen deshalb auf Zustände unterhalb der Inversionslinie vorgekühlt werden, um durch Drosselung einen Abkühleffekt zu erhalten.

Zur Bestimmung der Arbeitsfähigkeit, die auch bei der Drosselung von realen Fluiden vollständig dissipiert wird, steht uns bisher nur die allgemeine Definition der Arbeit mit der zusätzlichen Auflage reversibler Prozessführung zur Verfügung. Sie ist deshalb noch nicht quantifizierbar.

**Diskussion:** Die Drosselung bewirkt unter den getroffenen Voraussetzungen vollständige Dissipation der durch das Druckgefälle vorhandenen Arbeitsfähigkeit. Bei der Drosselung des inkompressiblen Fluids steigt die Temperatur an, bei der Drosselung des idealen Gases bleibt die Temperatur konstant und bei der Drosselung des realen Fluids ist sowohl Temperaturanstieg als auch Temperaturabsenkung möglich, je nachdem, welches der Ausgangszustand des zu drosselnden Fluids ist.

## 2.4 Aufspaltung von kalorischen Energiedifferenzen in reversible Arbeit und Dissipation

Die drei Energieformen der potentiellen Energie, der kinetischen Energie und der Druckenergie bei reversibler Prozessführung stellen die mechanische Arbeitsfähigkeit des Systems oder, anders ausgedrückt, die im adiabaten System vorhandene reversible Arbeit dar. Demnach gilt für das einfach durchströmte System allgemein

$$w_{t\_rev12} = g\left(z_2 - z_1\right) + \frac{1}{2}\left(\overline{v}_2^{\,2} - v_1^{\,2}\right) + \int_{p_1}^{p_2} v(p)_{rev}\,dp\,, \qquad (2.19)$$

wobei der Index 1 den Eintritt des Fluidstroms in das System und Index 2 den Austritt markiert. Je nach Aufbau des betrachteten Systems kann jede Form der reversiblen Energien in eine der beiden anderen überführt werden. Bei dissipationsfreien Vorgängen im durchströmten System bleibt die Summe der drei reversiblen Energien gleich.

Wie bereits erwähnt, sind reibungsfreie Strömungsvorgänge idealisierte Grenzfälle. Jeder reale Strömungsvorgang ist mit der Erzeugung von Dissipation verbunden. Hierbei wird gerichtete Arbeitsfähigkeit in ungerichtete thermische Energie umgewandelt.

Strömungsmaschinen sind im Allgemeinen adiabat. Bei der Wasserturbine im Beispiel 2.11 herrscht zwischen Ober- und Unterwasser zunächst eine Höhendifferenz als treibendes Gefälle, es ist aber leicht einzusehen, dass diese potentielle Energie in kinetische Energie und

Druckenergie umgesetzt wird, so dass an der Wasserturbine letztlich eine Druckdifferenz als treibendes Gefälle anliegt.

Bei adiabaten Strömungsmaschinen sind die Druckänderungsarbeit als gerichtete Energieform oder Arbeitsfähigkeit und die Dissipation als ungerichtete Energieform im Term der Änderung der spezifischen Enthalpie enthalten:

$$h_2 - h_1 = \int_{p_1}^{p_2} v(p)_{rev}\, dp + w_{t\_diss12}$$

oder

$$w_{t\_diss12} = h_2 - h_1 - \int_{p_1}^{p_2} v(p)_{rev}\, dp\,. \qquad (2.20)$$

Bei Strömungsmaschinen ist der innere Wirkungsgrad oder Gütegrad für die Turbine oder, allgemeiner, für eine stationär durchströmte Expansionsmaschine, als Verhältnis der tatsächlichen Arbeit zur reversiblen Arbeitsfähigkeit

$$\eta_{iT} = \frac{w_t}{w_{t\_rev}} < 1 \qquad (2.21)$$

definiert und für Verdichter und Pumpen als Verhältnis des reversiblen Anteils im Sinne des Aufbaus von Arbeitsfähigkeit durch äußeren Zwang zur tatsächlich zugeführten Antriebsarbeit

$$\eta_{iV,P} = \frac{w_{t\_rev}}{w_t} < 1\,. \qquad (2.22)$$

Die reversiblen Energien im geschlossenen System sind bei zeitlichen Zustandsänderungen des Systems

$$w_{rev12} = g\,(z_2 - z_1) + \frac{1}{2}\left(\overline{v}_2^{\,2} - \overline{v}_1^{\,2}\right) - \int_{v_1}^{v_2} p(v)_{rev}\, dv\ , \qquad (2.23)$$

wobei der Index 1 den Ausgangszustand und Index 2 den Endzustand der zeitlichen Änderung des Systems markiert. Dabei sind die kinetische und die potentielle Energie äußere Energien, wenn sich das System im Gravitationsfeld ohne Arbeiten, die von außen zugeführt werden, in Bewegung befindet. Bei reibungsfreien Vorgängen bleibt die Summe aus den drei Energien gleich. Treten am System außen Reibungsvorgänge auf, so wird der Bewegungszustand gemindert. Tritt im System Dissipation auf, so stecken bei adiabater Kompression oder Expansion in der Änderung der inneren Energie sowohl die reversible Volumenänderungsarbeit als auch die Dissipation und es gilt

$$u_2 - u_1 = -\int_{v_1}^{v_2} p(v)_{rev}\, dv + w_{diss12}$$

oder

$$w_{diss12} = u_2 - u_1 + \int_{v_1}^{v_2} p(v)_{rev}\, dv\,. \qquad (2.24)$$

Bislang konnten die in diesem Abschnitt diskutierten Sachverhalte nur beim inkompressiblen Fluid quantitativ analysiert werden, wobei dissipative Vorgänge immer eine Erhöhung der inneren Energie bewirken. Beim idealen Gas kann die dissipierte Energie nur bei der Drosselung und der damit verbundenen isothermen Strömung quantifiziert werden und beim realen Fluid ist auf der bisher geschaffenen Basis nur eine qualitative Aussage möglich. Um die Analyse weiterführen zu können, sind die Erkenntnisse des zweiten Hauptsatzes der Thermodynamik erforderlich, die im nächsten Kapitel systematisch erläutert werden sollen.

Wie aus den Gln. (2.19) und (2.23) ersichtlich, beruht die in diesem Abschnitt diskutierte mechanische Arbeitsfähigkeit oder reversible Arbeit adiabater Systeme auf den mechanischen treibenden Gefällen der Höhendifferenz und des Druckes unter Einbeziehung von Veränderungen der kinetischen Energie. Im nächsten Kapitel werden wir darüber hinaus treibende Temperaturgefälle einbeziehen und den erweiterten Begriff der technischen Arbeitsfähigkeit oder Exergie einführen.

# 3 Der Zweite Hauptsatz der Thermodynamik

## 3.1 Phänomenologische Annäherung: Irreversible und reversible Vorgänge

### 3.1.1 Vollkommen irreversible Vorgänge

Die Erfahrung lehrt, dass es in der Natur Vorgänge gibt, die von selbst nur in einer Richtung ablaufen. Gemeinsames Merkmal all dieser Vorgänge ist, dass treibende Gefälle eine gerichtete Bewegung oder einen gerichteten Fluss in Gang setzen, der in ungerichtete Dissipation umgewandelt wird.

Zunächst ein einfaches Beispiel:

- Lässt man einen Klumpen Fensterkitt fallen, so ist zunächst die Höhendifferenz im Gravitationsfeld als treibendes Gefälle vorhanden. Beim Fallen wird seine potentielle Energie in kinetische Energie umgewandelt. Beim Aufschlag auf dem Boden wird die kinetische Energie unumkehrbar in Formänderungsarbeit umgewandelt. Dies ist ein dissipativer Vorgang.

Weiter einige Beispiele für stationäre Vorgänge unter dem Einfluss konstanter treibender Gefälle:

- Beim Wasserfall bewirkt das treibende Höhengefälle das Strömen des Wassers, wobei die kinetische Energie des Wasserstroms beim Eintritt in das Unterwasser abgebremst und in irreversible Verwirbelung umgesetzt wird.
- In einem Stromkreis mit einem Ohm'schen Widerstand treibt das Spannungsgefälle elektrischen Strom durch den elektrischen Widerstand. Im Widerstand wird die Arbeitsfähigkeit des treibenden Spannungsgefälles in ungerichtete Joule'sche Wärme umgewandelt.
- Bei der Drosselung treibt das Druckgefälle den Massenstrom durch einen Strömungswiderstand $R_{St} > 0$. Die Arbeitsfähigkeit des treibenden Gefälles wird durch den Strömungsvorgang in Reibung und Verwirbelung umgesetzt und damit dissipiert.
- Beim Wärmedurchgang durch eine Wand treibt das anliegende Temperaturgefälle den Wärmestrom durch den Wärmeleitwiderstand $R_{th} > 0$. Der Wärmestrom fließt nach dem Durchgang durch die Wand der Umgebung zu und wird dort dissipiert.

Sind in vollkommen isolierten oder abgeschlossenen Systemen zu Beginn treibende Gefälle vorhanden, so laufen die entsprechenden Ausgleichsvorgänge so lange ab, bis die treibenden Gefälle abgebaut sind und die ursprünglich vorhandene Arbeitsfähigkeit vollständig dissipiert worden ist.

Solche Ausgleichsvorgänge sind:

- Druckausgleich zwischen zwei Druckspeichern über eine Rohrleitung mit Ventil. Durch die Druckdifferenz als treibendes Gefälle strömt Masse, bis in beiden Behältern der gleiche Druck herrscht.
- Temperaturausgleich zwischen zwei thermischen Speichern durch eine wärmedurchlässige Wand mit einem Wärmeleitwiderstand $R_{th}$. Die Temperaturdifferenz als treibendes Gefälle reduziert sich durch das Strömen von Wärme bis sich in den Speichern gleiche Temperatur eingestellt hat.
- Konzentrationsausgleich in einem Behälter, der zwei mit unterschiedlichen Fluiden befüllte Teilräume hat, nach Entfernung einer Trennwand. Der Konzentrationsunterschied als treibendes Gefälle wird durch den beidseitigen Diffusionsvorgang abgebaut, bis vollständige Vermischung vorliegt.
- Ausgleich von elektrischer Ladung zwischen den Polen einer Gleichstromquelle über einen Ohm'schen Widerstand. Der Spannungsunterschied als treibendes Gefälle treibt den elektrischen Strom durch den Widerstand bis zum Verschwinden der Spannungsdifferenz.

Es liegt demnach ein durch die Erfahrung abgesichertes allgemeines physikalisches Prinzip vor, wonach treibende Gefälle verschiedener Art zu entsprechenden Flüssen führen, die vollständig dissipiert werden können. Durch die Umwandlung von gerichteter Arbeitsfähigkeit in ungerichtete Dissipation laufen alle aufgezählten Beispiele von selbst, das heißt, ohne Eingriffe von außen nur in einer Richtung ab. Sie sind demnach unumkehrbar oder irreversibel.

### 3.1.2 Reversible Vorgänge

Wie im letzten Kapitel bereits festgestellt, ist jeder physikalische Fließvorgang mit Dissipation behaftet. Vollständig umkehrbare oder reversible Vorgänge sind nur als Idealisierungen denkbar.

Wir überlegen nun, wie die im letzten Abschnitt aufgezählten irreversiblen Vorgänge unter der Annahme des Ausschlusses von dissipativen Prozessen reversibel gestaltet werden können:

- Ersetzt man den Klumpen Fensterkitt durch einen vollkommen elastischen Ball, der auf einen starren Boden auftrifft, so wird beim Aufprall des Balls auf dem Boden die kinetische Energie in elastische Formänderungsarbeit umgewandelt, die wiederum unter Umkehrung des Geschwindigkeitsvektors in kinetische Energie umgewandelt wird. Tritt keine Reibung in der Luft auf, so springt der Ball unbegrenzt lange zwischen Boden und anfänglicher Fallhöhe. Somit folgt ein Pendeln zwischen kinetischer und potentieller Energie.

Alle anderen aufgezählten irreversiblen Vorgänge können durch den Einbau von verlustfreien Maschinen reversibel gestaltet werden:

- Baut man zwischen Ober- und Unterwasser des Wasserfalls eine verlustfreie Wasserturbine ein,
- ersetzt man den Widerstand im Stromkreis durch einen verlustfreien Elektromotor,
- ersetzt man die Drossel durch eine verlustfreie Strömungsmaschine und
- ersetzt man den thermischen Widerstand der Wand durch eine verlustfreie thermische Maschine,

so wird die Arbeitsfähigkeit des jeweiligen treibenden Gefälles stets vollständig in Wellenenergie umgesetzt.

Ein wichtiger Sonderfall ist das reversible Fließen von Materie- oder Energieströmen, wenn kein Widerstand vorhanden ist. Dann kann bei Anlegung eines externen Zwanges zwischen zwei Systemen kein treibendes Gefälle aufgebaut werden. So fließt in einer horizontalen Leitung ohne Strömungswiderstand bei verschwindendem Druckgefälle ein Massenstrom, ebenso wie ohne thermischem Widerstand $R_{th} \rightarrow 0$ bei verschwindendem Temperaturgefälle ein Wärmestrom und ohne elektrischem Widerstand bei verschwindendem Spannungsgefälle ein elektrischer Strom reversibel von einem System ins andere fließen, um einen externen Zwang auszugleichen.

Durch den Einbau von verlustfreien Maschinen werden auch die Ausgleichsvorgänge zwischen zwei Speichern reversibel. Sieht man dabei die Möglichkeit vor, Wellenenergie verlustfrei, etwa durch Anheben eines Gewichtes, zu speichern und durch Absenken des Gewichts die eingespeicherte Wellenenergie wieder der Maschine zuzuführen, so ist nur eine Auslenkung aus der Gleichgewichtslage erforderlich und es ergeben sich ungedämpfte Schwingungsvorgänge zwischen

- den Druckspeichern durch eine Strömungsmaschine im Turbinen- und Verdichterbetrieb,
- den Temperaturspeichern durch eine thermische Maschine im Turbinen- und Pumpbetrieb,
- den Teilräumen eines Behälters mit unterschiedlichen Gasen, wobei mit verlustfreien Molekülsieben periodische Entmischung und Vermischung stattfindet und
- den elektrischen Polen durch eine elektrische Maschine, die periodisch im Motor- und im Generatorbetrieb läuft.

In der Physik gibt es häufig resonant schwingende Systeme, wie z.B. das Feder-Masse-System in der Mechanik, den elektrischen Schwingkreis und den akustischen Helmholtz-Resonator. Im Idealfall, d.h. ohne dissipative Effekte, werden diese Systeme zu ungedämpften Resonanzschwingungen angeregt.

### 3.1.3 Zusammenfassende Bemerkung

Bei der Konzeption von technischen Anlagen stellt sich für den Ingenieur die Aufgabe, bei den Prozessen die dissipativen Effekte gering zu halten. Als wichtige Schlussfolgerung aus den beiden vorstehenden Abschnitten halten wir fest:

- **Druckabbau durch Reibung und Verwirbelung bei Strömungsvorgängen,**
- **Fließen von Wärme unter Temperaturgefälle,**
- **Irreversible Vermischung bei Konzentrationsunterschieden und**
- **Abbau von elektrischer Spannung in elektrischen Widerständen**

verursachen Irreversibilität. Für eine möglichst reversible Prozessführung müssen diese Effekte so gering als möglich gehalten werden.

# 3.2 Entropie, freie Energie und freie Enthalpie

## 3.2.1 Reversible Prozessführung im System Zylinder/Kolben

Das in Abb. 3.1 wiedergegebene System Zylinder/Kolben setzt sich nach einem Vorschlag von Ernst Schmidt[23] aus einer Kurvenscheibe, an der ein mit einem Gewicht belastetes Seil abläuft und die über Zahnrad und Zahnstange mit dem im Zylinder gleitenden Kolben gekoppelt ist, zusammen. Dabei ist die Kurvenscheibe so gestaltet, dass der Kolben in jeder Lage bei der Kompression und Expansion im indifferenten Gleichgewicht ist. Stößt man diesen Mechanismus an, so wird bei der Expansion der Druck im Zylinder abgesenkt und das Gewicht angehoben, bis die Kolbenbewegung durch voll-elastischen Stoß umgekehrt wird und die Kompression beginnt. Dabei wird bei Absenkung des Gewichts der Druck wieder aufgebaut. Bei reversibler Prozessführung wird sich eine ungedämpfte Schwingung einstellen.

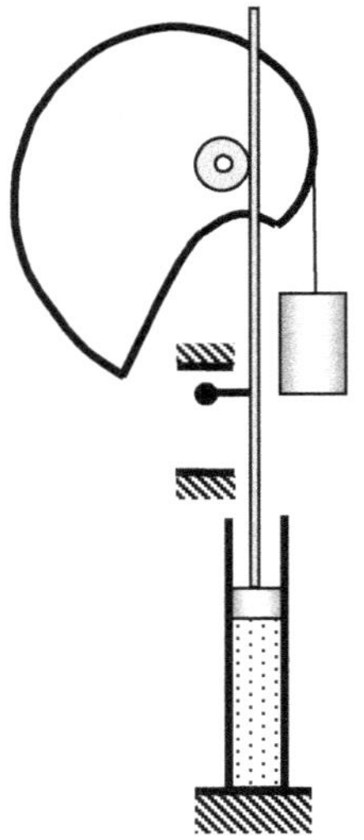

*Abb. 3.1: Reversible Kompression und Expansion eines Gases*

Aus den Schlussfolgerungen des letzten Abschnitts folgen für die periodische Abfolge aus Expansion und Kompression zwei Bedingungen:

- Die Kompressionen und Expansionen müssen reibungsfrei verlaufen und
- Wärme darf entweder
  - (a) überhaupt nicht oder
  - (b) nur ohne treibendes Temperaturgefälle

  mit der Umgebung ausgetauscht werden.

---

[23] Schmidt, E.: „Thermodynamik“ Berlin, Göttingen, Heidelberg: Springer Verlag 1960, S. 73 f

Für eine ungedämpfte Schwingung muss auf jeden Fall Reibungsfreiheit des Kolbens und der in Abb. 3.1 skizzierten Mechanik gewährleistet sein.

Im Fall (a) verlaufen die Kompressionen und Expansionen reversibel adiabat. In diesem Fall ist der Wärmeleitwiderstand der Zylinderwand

$$R_{th} \to \infty .$$

Dabei steigert sich bei der Kompression die Temperatur des Gases im Zylinder, sie sinkt aber bei der Expansion wieder auf den Ausgangswert ab.

Im Fall (b) verlaufen die Kompressionen und Expansionen reversibel isotherm. Dann ist der Wärmeleitwiderstand der Zylinderwand

$$R_{th} \to 0 .$$

Die Gastemperatur im Zylinder kann bei der Kompression nicht ansteigen, da aus dem Zylinder sofort Wärme an die Umgebung abfließt. Bei der Expansion sinkt die Gastemperatur im Zylinder nicht ab, da dem Zylinder sofort wieder Wärme aus der Umgebung zuströmt.

Es ist zu beachten, dass bei der reversibel adiabaten Zustandsänderung im Mechanismus nach Abb. 3.1 eine andere Kurvenscheibe verwendet werden muss als bei reversibel isothermer Zustandsänderung.

### 3.2.2 Adiabate Kompression/Expansion mit Reibung

In Abschnitt 2.3 haben wir die Dissipation bei adiabater Kompression und Expansion in Gl. (2.24) angegeben. Wir schreiben diese Gleichung extensiv und in differentieller Form an:

$$dW_{diss} = dU + p\,dV .$$

Dabei ist der Term $-p\ dV$, wie stets in diesem Kapitel, die reversible Arbeitsfähigkeit des Systems. Bei diesem inneren Parameter lassen wir den Index „*rev*" weg, wohl wissend, dass diese Arbeitsfähigkeit nicht gleich der mit Dissipation behafteten Volumenänderungsarbeit ist, die in der Energiebilanz über die Systemgrenze transportiert wird. Weiter bringen wir den Tatbestand der Umwandlung von gerichteter Arbeitsfähigkeit in ungerichtete Dissipation als irreversiblen Vorgang durch

$$dW_{diss} = dQ_{diss} = dQ_{irr}$$

zum Ausdruck. Damit folgt

$$dQ_{irr} = dU + p\,dV . \tag{3.1}$$

Der irreversible Anteil $dQ_{irr}$ muss stets positiv sein. Die Frage ist nun, ob $dQ_{irr}$ die Eigenschaft einer Zustandsgröße besitzt oder ob sie so verändert werden kann, dass die neue Größe die Eigenschaft einer Zustandsgröße hat.

### 3.2.3 Die Entropie als Zustandsgröße

Jede Zustandsgröße $Z(X,Y)$ hat die Eigenschaft

$$\oint dZ = 0$$

und besitzt das vollständige Differential

$$dZ = \left(\frac{\partial Z}{\partial X}\right)_Y dX + \left(\frac{\partial Z}{\partial Y}\right)_X dY .$$

Die innere Energie ist eine Zustandsgröße. Setzt man ihr vollständiges Differential in Gl. (3.1) ein, so folgt

$$dQ_{irr} = \left(\frac{\partial U}{\partial T}\right)_V dT + \left[\left(\frac{\partial U}{\partial V}\right)_T + p(V,T)\right] dV \,.$$

Oder, mit den Definitionen

$$\alpha(V,T) = \left(\frac{\partial U}{\partial T}\right)_V \qquad \text{und} \qquad \beta(V,T) = \left(\frac{\partial U}{\partial V}\right)_T + p(V,T)$$

erhält man formal

$$dQ_{irr} = \alpha(V,T)\, dT + \beta(V,T)\, dV \,.$$

Der dissipative Term $dQ_{irr}$ hätte dann die Eigenschaft einer Zustandsgröße, wenn die Integrabilitätsbedingung

$$\frac{\partial \alpha}{\partial V} = \frac{\partial \beta}{\partial T}$$

erfüllt ist. Das ist nicht der Fall, da

$$\frac{\partial \alpha}{\partial V} = \frac{\partial^2 U}{\partial T\, \partial V} \qquad \text{und} \qquad \frac{\partial \beta}{\partial T} = \frac{\partial^2 U}{\partial V\, \partial T} + \left(\frac{\partial p}{\partial T}\right)_V$$

ist. $dQ_{irr}$ ist somit ein unvollständiges Differential und es ist formal nachgewiesen, dass $Q_{irr}$ nicht die Eigenschaft einer Zustandsgröße hat.

Die Mathematik stellt die Methode des integrierenden Nenners bereit, um unvollständige Differentiale in vollständige Differentiale überzuführen. Der integrierende Nenner $N(V,T)$ ist nach der mathematischen Theorie keine eindeutig bestimmbare Funktion, sondern kann sehr viele verschiedene Formen haben. In unserem Fall ist die thermodynamische Temperatur $T$ ein solcher integrierender Nenner.

Dies leuchtet unmittelbar ein, wenn man die Zustandsgleichungen des idealen Gases heranzieht. Dann ist die spezifische Gleichung

$$dq_{diss} = c_v(T)\, dT + \frac{R\,T}{v}\, dv$$

und die Überprüfung der Integrabilitätsbedingung scheitert mit

$$\frac{\partial}{\partial v}\left(c_v(T)\right) = 0 \qquad \text{und} \qquad \frac{\partial}{\partial T}\left(\frac{R\,T}{v}\right) = \frac{R}{v} \,.$$

Division durch die thermodynamische Temperatur führt zu

$$\frac{dq_{diss}}{T} = \frac{c_v(T)}{T}\, dT + R\,\frac{dv}{v} \,.$$

Die Überprüfung der Integrabilitätsbedingung ist nun erfüllt mit

$$\frac{\partial}{\partial v}\left(\frac{c_v(T)}{T}\right) = 0 \qquad \text{und} \qquad \frac{\partial}{\partial T}\left(\frac{R}{v}\right) = 0 \,.$$

Es gilt für unser adiabates System ohne Einschränkung der Allgemeingültigkeit

$$\frac{dQ_{irr}}{T} = \frac{dU(V,T) + p(V,T)\, dV}{T} \,.$$

Die neue Zustandsgröße erhält den Namen Entropie und es gilt

$$dS_{irr} = \frac{dQ_{irr}}{T} \geq 0 .$$

Im vorliegenden Fall der adiabaten, mit Dissipation behafteten Kompression und Expansion ist die Irreversibilität gleich der Änderung der Entropie des kompressiblen Fluids im Zylinder:

$$dS_{irr} = dS = \frac{dU + p\, dV}{T} .$$

Der reversible Fall bei adiabaten Kompressionen und Expansionen liegt dann vor, wenn keine dissipativen Effekte auftreten. Dann ist $dS = 0$ oder $S = const.$ Die Zustandsänderungen erfolgen bei konstanter Entropie oder **isentrop**.

### 3.2.4 Kompression/Expansion mit Wärmeaustausch mit der Umgebung

Wenn die Wand des Zylinders, in dem Kompressionen und Expansionen stattfinden, einen endlichen Wärmeleitwiderstand hat, wird Wärme mit der Umgebung ausgetauscht. Bei der Kompression steigt die Temperatur des Fluids und es fließt Wärme ab, während bei der Expansion die Temperatur fällt und Wärme aus der Umgebung zuströmt. Die Änderung der inneren Energie enthält dann auch den Wärmetausch und es gilt für den dissipativen Term

$$dQ_{irr} = dU + p\, dV - dQ .$$

Die Änderung der Entropie im Zylinder wird beschrieben durch

$$dS = \frac{dU + p\, dV}{T}$$

und durch den Wärmeaustausch mit der Umgebung kommt eine zweite Komponente, die äußere Änderung der Entropie

$$dS_a = \frac{dQ}{T_a}$$

hinzu. Dann ist die Irreversibilität

$$dS_{irr} = dS - dS_a \geq 0 .$$

Wir unterstellen hier die Allgemeingültigkeit des Prinzips: Die Änderung der Entropie im System ist gleich dem durch Irreversibilitäten verursachten Quellterm der Entropie und der durch Austauschvorgänge mit der Umgebung bewirkten Änderung der Entropie

$$dS = dS_{irr} + dS_a \quad . \tag{3.2}$$

Eine erste Überprüfung dieses Prinzips liefert die Analyse der isothermen Kompression/Expansion eines idealen Gases im Zylinder. Durch die isotherme Prozessführung ist

$$dU = 0 .$$

Der 1. HS ergibt

$$0 = -p\, dV + dQ$$

oder, integriert

$$Q_{12} = \int_{V_1}^{V_2} p\, dV = m\, R\, T \ln\left(\frac{V_2}{V_1}\right).$$

Die durch den Wärmetausch mit der Umgebung verursachte Änderung der Entropie ist

$$S_{a12} = \frac{Q_{12}}{T_U} = m\,R\,\ln\left(\frac{V_2}{V_1}\right)\frac{T}{T_U}\,.$$

Im isothermen Fall ist

$$dS = \frac{p\,dV}{T}$$

oder, integriert

$$S_2 - S_1 = m\,R\,\ln\left(\frac{V_2}{V_1}\right).$$

Damit ist die Entropieproduktion im Zylinder

$$S_{irr12} = S_2 - S_1 - S_{a12} = m\,R\,\ln\left(\frac{V_2}{V_1}\right)\left(1 - \frac{T}{T_U}\right).$$

Reversibilität ($S_{irr12} = 0$) liegt nur dann vor, wenn die Temperatur im Zylinder gleich der Umgebungstemperatur ist. Das ist nur möglich, wenn die Zylinderwand einen verschwindenden Wärmeleitwiderstand hat. Dann fließt die Wärme zwischen Zylinder und Umgebung in beiden Richtungen ohne treibendes Temperaturgefälle und der Schwingungsvorgang verläuft ungedämpft. Bei endlichem Wärmeleitwiderstand muss bei der Kompression ($V_2 < V_1$) die Zylindertemperatur $T > T_U$ sein, während bei der Expansion ($V_2 > V_1$) die Zylindertemperatur $T < T_U$ sein muss, damit in beiden Fällen die Forderung $S_{irr12} > 0$ erfüllt wird. Dann wird ständig Entropie und damit Dämpfung des Schwingungsvorgangs produziert.

Gehen wir von stationär betriebenen Strömungsmaschinen aus, so folgt in Übereinstimmung mit Gl. (2.18), wenn wir zusätzlich Wärmeaustausch mit der Umgebung zulassen

$$d\dot{S}_{irr} = \frac{d\dot{H} - \dot{V}\,dp}{T} - \frac{d\dot{Q}}{T_a}\,.$$

Dann ist der Entropiestrom in der Strömungsmaschine

$$d\dot{S} = \frac{d\dot{H} - \dot{V}\,dp}{T}\,,$$

der äußere Entropiestrom ist

$$d\dot{S}_a = \frac{d\dot{Q}}{T_a}$$

und die irreversible Entropieerzeugung im System wird beschrieben durch

$$d\dot{S}_{irr} = d\dot{S} - d\dot{S}_a \geq 0\,.$$

Auch hier gilt das Prinzip

$$d\dot{S} = d\dot{S}_{irr} + d\dot{S}_a$$

und der Entropiefluss in der Strömungsmaschine ist gleich der Produktion von Entropie durch Dissipation in der Maschine und dem durch Austausch mit der Umgebung verursachten Entropiefluss.

In Bezug auf die in Abschnitt 2.3 diskutierten Expansions- und Kompressionsvorgänge können wir nun die Aussage treffen, dass solche Vorgänge stets dann reversibel sind, wenn die

Prozessführung so erfolgt, dass der Quellterm der Entropie im System gleich Null ist. Als wichtige Sonderfälle haben wir die reversible Adiabate und die reversible Isotherme kennen gelernt.

Die Entropie ist eine extensive Zustandsgröße. Bei durchströmten Systemen wirken Entropieflüsse und es werden wieder spezifische und molare Größen gebildet.

| | | | |
|---|---|---|---|
| $S, \quad \frac{J}{K}$ | $\dot{S} = \frac{dS}{d\tau}, \quad \frac{W}{K}$ | $s = \frac{S}{m} = \frac{\dot{S}}{\dot{m}}, \quad \frac{J}{kg\,K}$ | $s_m = \frac{S}{n} = \frac{\dot{S}}{\dot{n}}, \quad \frac{J}{mol\,K}$ |

Die Änderung der spezifischen Entropie in der stationären Strömungsmaschine ist

$$ds = \frac{dh - v\,dp}{T}.$$

Mit der Hilfe der Definition der spezifischen Enthalpie wird daraus

$$ds = \frac{du + p\,dv}{T}.$$

Damit besteht bezüglich der Änderung der spezifischen Entropie Übereinstimmung zwischen der stationären Strömungsmaschine und dem System Zylinder/Kolben.

### 3.2.5 Definitionen der freien Energie und der freien Enthalpie

Es ist zweckmäßig, weitere extensive Zustandsgrößen mit der Entropie als Definitionen einzuführen, so wie wir in Abschnitt 1.5.1 die Enthalpie eingeführt haben. Es sind dies

- die freie Energie oder Helmholtz-Funktion

$$F = U - T\,S \tag{3.3}$$

- und die freie Enthalpie oder Gibbs-Funktion

$$G = H - T\,S\,. \tag{3.4}$$

Diese Zustandsgrößen sind wichtig bei Zustandsgleichungen, bei offenen Systemen und bei stofflichen Veränderungen im System.

| | | | |
|---|---|---|---|
| $F, \quad J$ | $\dot{F} = \frac{dF}{d\tau}, \quad W$ | $f = \frac{F}{m} = \frac{\dot{F}}{\dot{m}}, \quad \frac{J}{kg}$ | $f_m = \frac{F}{n} = \frac{\dot{F}}{\dot{n}}, \quad \frac{J}{mol}$ |
| $G, \quad J$ | $\dot{G} = \frac{dG}{d\tau}, \quad W$ | $g = \frac{G}{m} = \frac{\dot{G}}{\dot{m}}, \quad \frac{J}{kg}$ | $g_m = \frac{G}{n} = \frac{\dot{G}}{\dot{n}}, \quad \frac{J}{mol}$ |

## 3.3 Entropie im verallgemeinerten, offenen System

### 3.3.1 Innere und äußere Einwirkungen bei instationären Strömungen

Für die Änderung der Entropie in einem heterogenen System mit *i* Komponenten formulierte J. Willard Gibbs (1839-1903) die Beziehung

$$dS = \frac{dU + p\,dV - \sum_i \overline{\mu}_i\,dm_i}{T}.$$

Hierin sind $\overline{\mu}_i$ das chemische Potential und $m_i$ die Masse der Komponente $i$. Das chemische Potential der Komponente $i$ ist gleich der Gibbs-Funktion[24]. Dann folgt für die differentielle Entropieänderung in einem homogenen System

$$dS = \frac{dU + p\,dV}{T} - \frac{g \sum_i dm_i}{T}. \tag{3.5}$$

Die differentiellen Entropieänderungen beim Austausch des Systems mit $j$ Wärmereservoiren und mit $i$ stofflichen Reservoiren sind

$$dS_a = \sum_j \frac{dQ_j}{T_{a,j}} + \sum_i s_{a,i}\,dm_i\,, \tag{3.6}$$

wobei die Richtung der Wärmeströme durch das treibende Gefälle zwischen dem System und dem entsprechenden Wärmereservoir festgelegt werden und zufließende Stoffströme Entropie im Zustand des stofflichen Reservoirs mit sich führen, während abfließende Stoffströme den thermischen Zustand und damit die Entropie des entsprechenden stofflichen Reservoirs annehmen.

## 3.3.2 Entropiestrombilanz für allgemeine, offene Systeme

Für die Entropieproduktion im homogenen System folgt

$$dS_{irr} = \frac{dU + p\,dV}{T} - \frac{g \sum_i dm_i}{T} - \sum_j \frac{dQ_j}{T_{a,j}} - \sum_i s_{a,i}\,dm_i \tag{3.7}$$

Aus dieser differentiellen Entropiebilanz folgt mit dem allgemein gültigen Prinzip

$$\dot{S} = \dot{S}_{irr} + \dot{S}_a \tag{3.8}$$

für den irreversiblen Quellterm im System als Entropiestrombilanz

$$\dot{S}_{irr} = \frac{d}{d\tau}\left(\frac{dU + p\,dV}{T}\right) - \frac{g \sum_i \dot{m}_i}{T} - \sum_j \frac{\dot{Q}_j}{T_{a,j}} - \sum_i \dot{m}_i\,s_{a,i}\,. \tag{3.9}$$

24 Siehe z.B.: Kondepudi, D., Prigogine, I.: „Modern Thermodynamics“ Chichester, New York, Weinheim: John Wiley & Sons 1998, S. 137

# 3.4 Zustandsgleichungen der Entropie

## 3.4.1 Entropiegleichungen für ein allgemeines Fluid

Für ein Fluid mit der thermischen Zustandsgleichung $p = p(v,T)$ und der kalorischen Zustandsgleichung $u = u(v,T)$ wird die spezifische Entropie in Abhängigkeit von den Variablen $v$ und $T$ bestimmt durch die Gibbs'sche Hauptgleichung der Thermodynamik

$$ds(v,T) = \frac{du(v,T) + p(v,T)\,dv}{T}. \tag{3.10}$$

Ebenso gilt, wenn $p$ und $T$ die unabhängigen Variablen sind,

$$ds(p,T) = \frac{dh(p,T) - v(p,T)\,dp}{T}. \tag{3.11}$$

Die Entropiegleichungen eines Fluids entstehen durch Integration der obigen Gleichungen. Die thermische und die kalorische Zustandsgleichung existieren nicht unabhängig voneinander. In Kapitel 6 wird der Begriff des thermodynamischen Potentials erläutert, aus dem sich alle Gleichgewichtszustandsgrößen konsistent ableiten lassen.

## 3.4.2 Entropiegleichungen des idealen Gases

Ausgehend von den Gln. (3.10) und (3.11) hat das ideale Gas die differentiellen Zustandsgleichungen für die spezifische Entropie

$$ds(v,T) = \frac{c_v(T)}{T}\,dT + R\,\frac{dv}{v} \tag{3.12}$$

bzw.

$$ds(p,T) = \frac{c_p(T)}{T}\,dT - R\,\frac{dp}{p}, \tag{3.13}$$

oder, nach Integration von der Bezugstemperatur $T_0$ zur aktuellen Temperatur $T$ mit dem Referenzwert der Entropie Null bei der Bezugstemperatur und der Integration von den beliebig wählbaren Referenzparametern $v_0$ bzw. $p_0$ zum aktuellen spezifischen Volumen $v$ bzw. zum aktuellen Druck $p$

$$s(v,T) = \int_{T_0}^{T} \frac{c_v(T)}{T}\,dT + R\,\ln\left(\frac{v}{v_0}\right) \tag{3.14}$$

bzw.

$$s(p,T) = \int_{T_0}^{T} \frac{c_p(T)}{T}\,dT - R\,\ln\left(\frac{p}{p_0}\right). \tag{3.15}$$

Bei einer Zustandsänderung vom Zustand 1 zum Zustand 2 erfährt das ideale Gas die Entropieänderung

$$s_2 - s_1 = \int_{T_1}^{T_2} \frac{c_v(T)}{T} + R\,\ln\left(\frac{v_2}{v_1}\right) \tag{3.16}$$

bzw.

$$s_2 - s_1 = \int_{T_1}^{T_2} \frac{c_p(T)}{T} - R \ln\left(\frac{p_2}{p_1}\right). \tag{3.17}$$

Bei konstanten Wärmekapazitäten gilt

$$\frac{s_2 - s_1}{R} = \frac{1}{\kappa - 1} \ln\left(\frac{T_2}{T_1}\right) + \ln\left(\frac{v_2}{v_1}\right) \tag{3.18}$$

bzw.

$$\frac{s_2 - s_1}{R} = \frac{\kappa}{\kappa - 1} \ln\left(\frac{T_2}{T_1}\right) - \ln\left(\frac{p_2}{p_1}\right). \tag{3.19}$$

### 3.4.3 Entropiegleichung des inkompressiblen Fluids und Festkörpers

Die differentielle Änderung der spezifischen Entropie eines inkompressiblen Fluids bzw. Festkörpers ist

$$ds = \frac{c_v(T)}{T} dT .$$

Die Entropieänderung zwischen den Zuständen 1 und 2 ist

$$s_2 - s_1 = \int_{T_1}^{T_2} \frac{c_v(T)}{T} dT \tag{3.20}$$

oder, bei konstanter spezifischer Wärmekapazität,

$$s_2 - s_1 = c_v \ln\left(\frac{T_2}{T_1}\right). \tag{3.21}$$

### 3.4.4 Das *T,s*-Diagramm

Bei geschlossenen Systemen gilt

$$T\ ds = dq + dq_{diss} = du + p\ dv .$$

Bei Strömungsmaschinen gilt die inhaltlich gleiche Beziehung

$$T\ ds = dq + dq_{diss} = dh - v\ dp .$$

Damit folgt für beide Fälle

$$\int_{s_1}^{s_2} T\ ds = q_{12} + q_{diss\_12} .$$

Somit ist in einem *T,s*-Diagramm die Fläche unter der Zustandsänderung gleich der Summe aus ausgetauschter Wärme und Dissipation.

Bei reibungsfreien Systemen ist $q_{diss\_12} = 0$. Die Fläche unter der Zustandsänderung stellt folglich den Wärmeaustausch dar. Verläuft die Zustandsänderung in Richtung zunehmender Entropie, so wird Wärme zugeführt, in Richtung abnehmender Entropie wird gekühlt. Dies wird in Abb. 3.2 wiedergegeben.

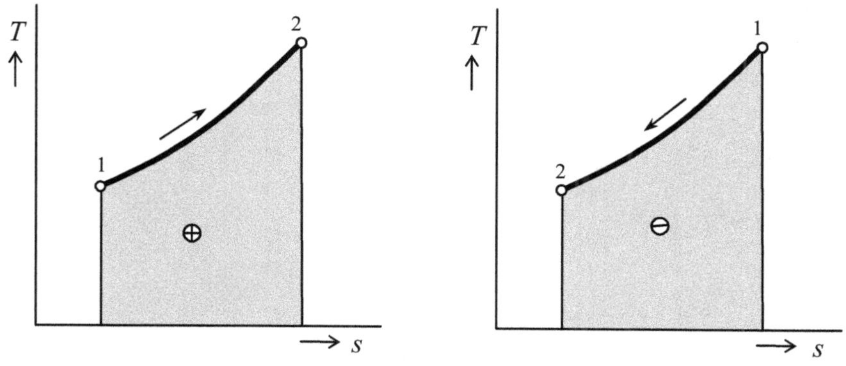


*Abb 3.2: Heizung und Kühlung im T,s-Diagramm*

Bei adiabaten Systemen ist $q_{12} = 0$. Im Falle dissipationsfreier Zustandsänderung liegt ein isentroper Verlauf vor und der senkrechte Verlauf im *T,s*-Diagramm hat die Fläche Null. Bei mit Dissipation behafteten, adiabaten Vorgängen verläuft die Zustandsänderung stets in Richtung zunehmender Entropie. Verläufe mit abnehmender Entropie sind verboten, da dann der 2. HS der Thermodynamik verletzt würde. Abb. 3.3 gibt diesen Sachverhalt wieder.

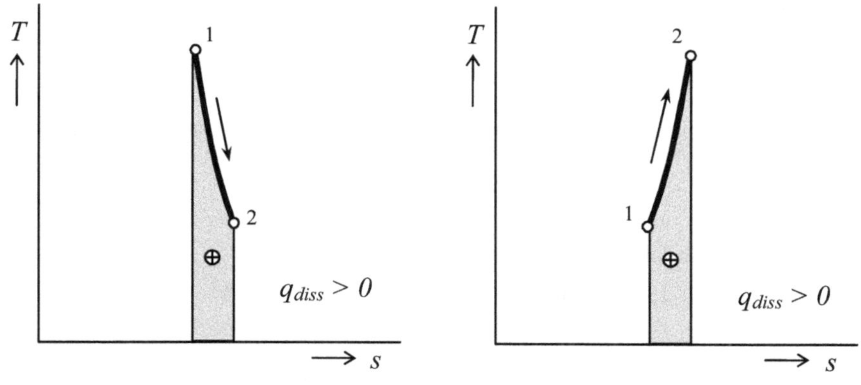


*Abb. 3.3: Adiabate Expansion und Kompression im T,s -Diagramm*

# 3.5 Die Anwendung der Entropiestrombilanz auf verschiedene Systeme

## 3.5.1 Irreversibilität von instationären Vorgängen

Wir wenden nun Gl. (3.7) auf die Beispiele für instationäre Systeme aus Kapitel 2 unter Anwendung der dort aus dem Energieerhaltungssatz abgeleiteten Ergebnisse an.

**Beispiel 3.1 (Level 1):** Für den thermischen Langzeitspeicher aus Beispiel 2.3 ist der irreversible Entropiezuwachs zu bestimmen.

**Lösung:** Nach Gl. (3.9) gilt für das System

$$Sp_{irr} = \frac{d}{d\tau}\left(\frac{U}{T}\right) - \frac{Qp}{T_U}$$

Mit

$$\frac{d}{d\tau}\left(\frac{U}{T}\right) = m_w \cdot c_v \cdot \frac{dT}{T} \cdot \frac{1}{d\tau}$$

und

$$\frac{Qp}{T_U} = -kA \cdot \left(\frac{T(\tau)}{T_U} - 1\right)$$

sowie mit dem Ergebnis aus der Energiebilanz (Beispiel 2.3) und Umrechnung in absolute Temperaturen

$$T(\tau) := T_U + \left(t_{anf} - t_U\right) \cdot exp\left(\frac{-kA}{m_w \cdot c_v} \cdot \tau\right)$$

folgt für die Entropieänderung im System

$$S_{12} := m_w \cdot c_v \cdot ln\left(\frac{T_{end}}{T_{anf}}\right) \qquad S_{12} = -112.7\frac{MJ}{K}$$

und für die durch Wärmeabgabe an die Umgebung abfließende Entropie

$$S_{a12} := -kA \cdot \int_0^{\Delta\tau} \left(\frac{T(\tau)}{T_U} - 1\right) d\tau \qquad S_{a12} = -124.8\frac{MJ}{K}$$

die Entropieproduktion im System

$$S_{irr12} := S_{12} - S_{a12} \qquad S_{irr12} = 12.1\frac{MJ}{K}$$

**Beispiel 3.2 (Level 3):** Für den Behälter mit Einströmung aus Beispiel 2.4 ist die irreversible Entropieproduktion zu bestimmen.

**Lösung:** Es gilt allgemein

$$dS = dS_{irr} - dS_a$$

Die Entropieänderung im System und der von außen zufließende Entropiestrom sind

$$dS = \frac{dU - g \cdot dm}{T} \qquad dS_a = s_U \cdot dm$$

Mit dem 1. HS

$$dU = h_{ein} \cdot dm$$

und mit der Definition der spezifischen freien Enthalpie folgt

$$dS_{irr} = \left(\frac{h_{ein} - h}{T} + s - s_{ein}\right) \cdot dm$$

und damit

$$dS_{irr} = c_p \cdot \left(\frac{T_{ein}}{T} - 1 + ln\left(\frac{T}{T_{ein}}\right) - \frac{\kappa - 1}{\kappa} \cdot ln\left(\frac{p}{p_2}\right)\right) \cdot dm$$

Die Temperatur im Behälter hängt vom Druck ab. Nach Auswertung des 1. HS gilt

$$T(p) := p \cdot \kappa \cdot T_1 \cdot \frac{T_{ein}}{p \cdot T_1 + p_1 \cdot \kappa \cdot T_{ein} - p_1 \cdot T_1}$$

Aus der Gasgleichung folgt

$$\frac{p}{p_1} = \frac{m}{m_1}\frac{T}{T_1}$$

und daraus die Masse als Funktion des Druckes

$$m(p) := m_1 \cdot \frac{p}{p_1} \cdot \frac{T_1}{T(p)}$$

oder, nach Einsetzen von $T(p)$

$$m(p) = \frac{V_B}{R \cdot T_1} \frac{p \cdot T_1 + p_1 \cdot \kappa \cdot T_{ein} - p_1 \cdot T_1}{\kappa \cdot T_{ein}}$$

Die Ableitung dieser Funktion nach dem Druck ergibt

$$ABm_p = \frac{V_B}{R} \cdot \frac{1}{\kappa \cdot T_{ein}}$$

Dann ist die differentielle Masse

$$dm = ABm_p \cdot dp$$

und das Produkt

$$ABm_p \cdot c_p = \frac{V_B}{\kappa - 1} \cdot \frac{1}{T_{ein}}$$

Setzen wir dies in die Gleichung für die differentielle Entropieproduktion ein und integrieren über die Änderung des Drucks, so folgt

$$S_{irr12} := \frac{V_B}{\kappa - 1} \cdot \frac{1}{T_{ein}} \cdot \int_{p_1}^{p_2} \left( \frac{T_{ein}}{T(p)} - 1 + ln\left(\frac{T(p)}{T_{ein}}\right) - \frac{\kappa - 1}{\kappa} \cdot ln\left(\frac{p}{p_2}\right)\right) dp \qquad S_{irr12} = 0.276 \frac{kJ}{K}$$

Fasst man das System als geschlossenes System auf und untersucht die Änderungen der Entropie der Teilmassen $m_1$ (Masse im Behälter zu Beginn des Strömungsvorgangs) und $\Delta m$ (einströmende Masse), so folgt, da kein Austausch mit der Umgebung vorliegt, mit

$$S_{irr12} = m_1 \cdot (s_2 - s_1) + \Delta m \cdot (s_2 - s_{ein})$$

$$m_1 \cdot R_{N2} \cdot \left(\frac{\kappa}{\kappa - 1} \cdot ln\left(\frac{T_2}{T_1}\right) - ln\left(\frac{p_2}{p_1}\right)\right) + \Delta m \cdot R_{N2} \cdot \left(\frac{\kappa}{\kappa - 1} \cdot ln\left(\frac{T_2}{T_{ein}}\right)\right) = 0.276 \frac{kJ}{K}$$

das gleiche Ergebnis.

**Beispiel 3.3 (Level 3):** Für die Flaschenbatterie mit Ausströmung aus Beispiel 2.5 ist die irreversible Entropieproduktion zu bestimmen.

**Lösung:** Es gilt allgemein

$$dS = dS_i + dS_a$$

Die Entropieänderung im System Flaschenbatterie und der nach außen abfließende Entropiestrom sind

$$dS = \frac{dU + p \cdot dV - g \cdot dm}{T} \qquad dS_a = s \cdot dm$$

Mit dem 1. HS

$$dU = h \cdot dm$$

und mit der Definition der spezifischen freien Enthalpie folgt

$$dS = \frac{h \cdot dm - h \cdot dm + T \cdot s \cdot dm}{T} = s \cdot dm$$

Damit folgt

$$dS_i = dS - dS_a = 0$$

Der Ausströmvorgang aus dem Behälter erfolgt demnach reversibel. Dieses Ergebnis war zu erwarten, da die Änderungen von Temperatur und Druck, wie in Beispiel 2.5 nachgewiesen, nach den entsprechenden Isentropengleichungen

$$T(m) := T_1 \cdot \left(\frac{m}{m_1}\right)^{\kappa-1} \qquad p(m) := p_1 \cdot \left(\frac{m}{m_1}\right)^{\kappa}$$

verlaufen (siehe Kapitel 4).

Irreversibilitäten entstehen dadurch, dass das Helium in der Ballonhülle Temperatur und Druck der Umgebung annimmt. Dabei fließt dem Helium Wärme aus der Umgebung zu. Der 1. HS für das System Ballon liefert

$$dU_U + p_U \cdot dV = dQ + h \cdot dm$$

wobei die Volumenänderungsarbeit

$$p_U \cdot dV = R \cdot T_U \cdot dm$$

ist. Damit folgt

$$\left(u_U + R \cdot T_U\right) \cdot dm = dQ + h \cdot dm \qquad \text{oder} \qquad h_U \cdot dm = dQ + h \cdot dm$$

Die zufließende Wärme ergibt sich über die differentielle Bilanz

$$dQ = \left(h_U - h\right) \cdot dm = \frac{\kappa}{\kappa - 1} \cdot R \cdot \left(T_U - T(m)\right) \cdot dm$$

durch Integration zu

$$Q_{12} := \frac{\kappa}{\kappa - 1} \cdot R_{He} \cdot \int_{m_2}^{m_1} \left(T_U - T(m)\right) dm \qquad Q_{12} = 2096.1 kJ$$

Die Änderungen der Entropie im System Ballon und die durch Wärmestrom und Massenstrom verursachte äußere Änderung der Entropie sind

$$dS = \frac{dU_U + p_U \cdot dV - g_U \cdot dm}{T_U} \qquad dS_a = \frac{dQ}{T_U} + s \cdot dm$$

Mit dem bereits diskutierten Ergebnis für die Volumenänderungsarbeit und der Definition der freien Enthalpie folgt

$$dS = s_U \cdot dm$$

Dann ist die Entropieproduktion im System Ballon

$$dS_i = \left(s_U - s\right) \cdot dm - \frac{dQ}{T_U}$$

Dabei ist der Term

$$s_U - s = R \cdot \left(\frac{\kappa}{\kappa - 1} \cdot ln\left(\frac{T_U}{T(m)}\right) - ln\left(\frac{p_U}{p(m)}\right)\right)$$

und die Integration über die einströmende Masse führt zu

$$\Delta S := R_{He} \cdot \int_{m_2}^{m_1} \left(\frac{\kappa}{\kappa - 1} \cdot ln\left(\frac{T_U}{T(m)}\right) - ln\left(\frac{p_U}{p(m)}\right)\right) dm \qquad \Delta S = 81.374 \frac{kJ}{K}$$

Somit ist die Entropieproduktion im Ballon

$$S_{irr12} := \Delta S - \frac{Q_{12}}{T_U} \qquad S_{irr12} = 74.099 \frac{kJ}{K}$$

Die Behandlung als geschlossenes, aus zwei Teilsystemen ($m_1$ und $\Delta m$) zusammengesetztes System erfordert Kenntnis der Temperatur $T_2$ aus der transienten Analyse. Der 1. HS für dieses System lautet

$$m_2 \cdot c_v \cdot \left(T_2 - T_1\right) + \Delta m \cdot c_v \cdot \left(T_U - T_1\right) = -p_U \cdot \Delta V + Q_{12}$$

mit der Volumenänderungsarbeit

$$p_U \cdot \Delta V = \Delta m \cdot R \cdot T_U$$

Damit ist die dem System zufließende Wärme

$$Q_{12} := m_2 \cdot \frac{R_{He}}{\kappa - 1} \cdot (T_2 - T_1) + \Delta m \cdot R_{He} \cdot T_U \qquad Q_{12} = 2096.1\,kJ$$

Die Änderung der Entropie in diesem System ergibt

$$\Delta S := m_2 \cdot R_{He} \cdot \left( \frac{\kappa}{\kappa - 1} \cdot ln\left(\frac{T_2}{T_1}\right) - ln\left(\frac{p_2}{p_1}\right)\right) - \Delta m \cdot R_{He} \cdot ln\left(\frac{p_U}{p_1}\right) \qquad \Delta S = 81.374 \frac{kJ}{K}$$

womit die gleichen Ergebnisse wie bei der transienten Analyse nachgewiesen werden.

**Diskussion:** Es ist wesentlich einfacher, wenn man bei den drei vorangegangenen Beispielen mit geschlossenen Systemen arbeitet, da es ausreichend ist, die Entropieproduktion als Änderung zwischen Endzustand und Anfangszustand zu ermitteln. Bei der transienten Analyse ist die irreversible Entropieproduktion direkt mit dem Ablauf des Prozesses verbunden. Damit ist das Konzept der Entropie grundsätzlich nicht mehr auf unendlich langsam ablaufende, quasistatische Prozesse beschränkt. Erst durch die Integration wird ein übereinstimmendes Ergebnis erzielt.

## 3.5.2 Irreversibilität in geschlossenen Systemen

Bei geschlossenen, massedichten Systemen ist $\dot{m}_i \equiv 0$. Gl. (3.7) wird damit vereinfacht zur differentiellen Entropiebilanz

$$dS_{irr} = \frac{dU + p\,dV}{T} - \sum_j \frac{dQ_j}{T_{a,j}}. \qquad (3.22)$$

Zunächst untersuchen wir die Irreversibilität von den Ausgleichsvorgängen im vollkommen abgeschlossenen System bezüglich Druck, Temperatur und Konzentration.

**(a) Druckausgleich:** Zwei Behälter mit den Volumina $V_A$ und $V_B$ sind durch eine Leitung mit einem Absperrventil verbunden. Zu Beginn sei im Behälter $A$ ein Gas und der Behälter $B$ sei evakuiert. Nach Öffnen des Ventils strömt das Gas so lange vom Behälter $A$ in den Behälter $B$, bis der Druck ausgeglichen ist.

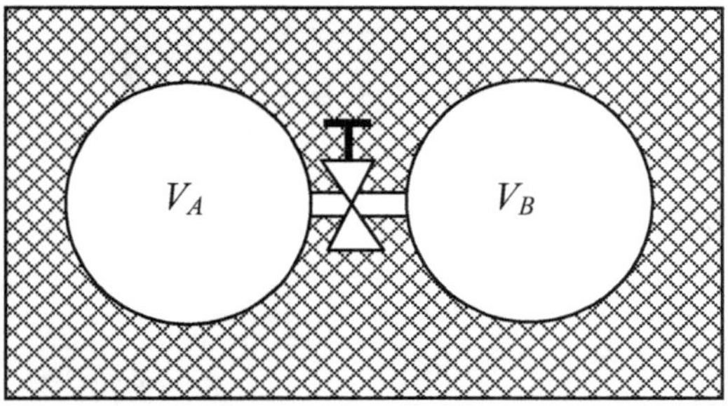


*Abb. 3.4: Druckausgleich zwischen zwei Gasspeichern*

Der 1. HS liefert für das vollständig isolierte System

$$dU = 0\,.$$

Damit ist die Temperatur im System konstant.

Da keine Wechselwirkung mit der Umgebung vorliegt, ist $S_{a12} = 0$. Dann verbleibt

$$S_{irr12} = S_2 - S_1 = m\,R\,\ln\left(\frac{V_A + V_B}{V_A}\right) > 0 \tag{3.23}$$

**(b) Temperaturausgleich:** Zwei thermische Speicher mit konstanten Wärmekapazitäten $C_A$ und $C_B$ haben zu Beginn des Ausgleichsvorgangs die Temperaturen $T_{A1}$ und $T_{B1}$, wobei $T_{A1} > T_{B1}$ ist. Diese Speicher werden über eine diatherme Wand in Kontakt gebracht und es fließt Wärme, bis beide Speicher die gleiche Temperatur $T_{A2} = T_{B2} = T_2$ haben.

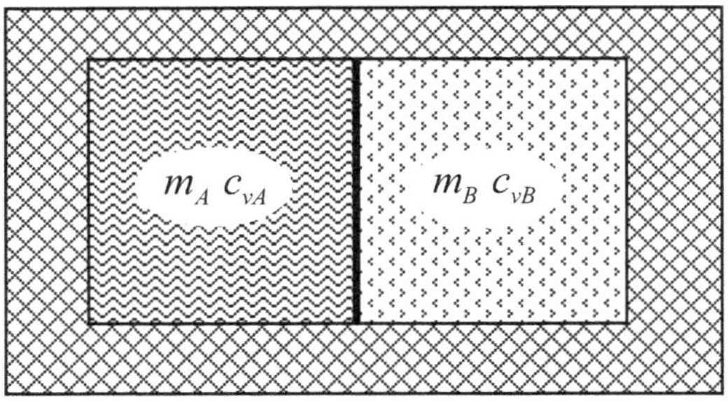


*Abb. 3.5: Temperaturausgleich zwischen zwei thermischen Speichern*

Der 1. HS liefert für das vollständig isolierte Gesamtsystem

$$dU = 0\,.$$

Damit folgt für die beiden Teilsysteme

$$dU_A + dU_B = 0$$

oder

$$m_A\,c_{vA}\,dT_A + m_B\,c_{vB}\,dT_B = 0\,.$$

Die Integration mit konstanten Wärmekapazitäten ergibt

$$m_A\,c_{vA}\left(T_2 - T_{A1}\right) + m_B\,c_{vB}\left(T_2 - T_{B1}\right) = 0\,.$$

Folglich ist die Ausgleichstemperatur

$$T_2 = \frac{m_A\,c_{vA}\,T_{A1} + m_B\,c_{vB}\,T_{B1}}{m_A\,c_{vA} + m_B\,c_{vB}}\,.$$

Die Irreversibilität des Gesamtsystems ist wegen $S_{a12} = 0$

$$S_{irr12} = S_2 - S_1 = S_{A2} - S_{A1} + S_{B2} - S_{B1}$$

oder

$$S_{irr12} = m_A\,c_{vA}\,\ln\left(\frac{T_2}{T_{A1}}\right) + m_B\,c_{vB}\,\ln\left(\frac{T_2}{T_{B1}}\right). \tag{3.24}$$

Die Änderung der Entropie des Teilsystems *A* ist negativ, da $T_2 < T_{A1}$ absinkt, während die Änderung der Entropie des Teilsystems B positiv ist, da $T_2 > T_{B1}$ ansteigt. Im *T,S*-Diagramm ergibt sich das nachstehende Bild (Abb. 3.6)[25].

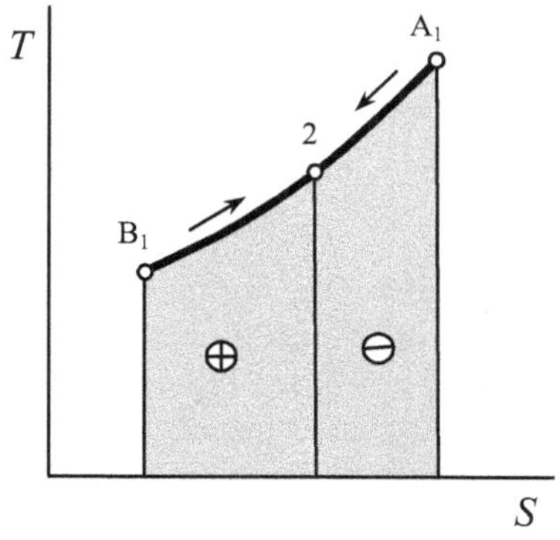


*Abb. 3.6: Temperaturausgleich im T,S-Diagramm*

Fasst man die Teilsysteme *A* und *B* als Einzelsysteme auf, so gibt das Teilsystem *A* Wärme ab, während Teilsystem *B* diese Wärme aufnimmt. Deshalb müssen die Flächen im *T,S*-Diagramm mit unterschiedlichen Vorzeichen gleich sein. Da die Wärmeabgabe von *A* auf höherem Temperaturniveau abläuft als die Wärmeaufnahme von *B*, muss die Zunahme der Entropie von *B* größer sein als die Abnahme der Entropie von *A*:

$$(S_2 - S_{B1}) + (S_2 - S_{A1}) > 0 .$$

Damit ist nachgewiesen, dass der Term der Entropieproduktion beim Temperaturausgleich stets positiv ist.

**(c) Konzentrationsausgleich:** Aus einem Behälter mit zwei Teilräumen A und B, in denen sich verschiedene Gase gleichen thermischen Zustands $p, T$ befinden (siehe Abb. 1.11), wird die Trennwand zwischen den Teilräumen herausgenommen und es findet durch Diffusion Vermischung der beiden Gase statt.

Beim Mischungsvorgang bleiben wegen

$$dU = 0 \quad und \quad n = n_A + n_B$$

Druck, Temperatur und Molzahl im gesamten System gleich. Gas A nimmt vor dem Mischungsvorgang das Teilvolumen $V_A$ ein und Gas B das Teilvolumen $V_B$. Nach der Vermischung nehmen beide Gase das Gesamtvolumen *V* ein. Die Entropieproduktion im System ist wieder

$$S_{irr12} = S_2 - S_1 = S_{A2} - S_{A1} + S_{B2} - S_{B1}$$

oder, bei isothermem Verlauf

$$S_{irr12} = R_m \left[ n_A \ln\left(\frac{V}{V_A}\right) + n_B \ln\left(\frac{V}{V_B}\right) \right]$$

---

25 Man beachte, dass Abb. 3.6 mit der extensiven Entropie *S* erstellt werden muss, damit der Wärmetransfer vom Teilsystem A zum Teilsystem B durch gleiche Flächen abgebildet wird.

Bei der Mischung idealer Gase gilt, wie in Abschnitt 1.4.4 ausgeführt,

$$\chi_A = \frac{n_A}{n} = \frac{V_A}{V} \quad und \quad \chi_B = \frac{n_B}{n} = \frac{V_B}{V} \; .$$

Damit ist die Entropieproduktion der Vermischung

$$S_{irr12} = n\,R_m \left( \chi_A \ln\left(\frac{1}{\chi_A}\right) + \chi_B \ln\left(\frac{1}{\chi_B}\right) \right) > 0 \cdot \tag{3.25}$$

Vorstehende Beziehung gibt positive Resultate, da die Molanteile $\chi_A$ und $\chi_B$ stets kleiner als Eins sind.

Wir versuchen nun den Vermischungsvorgang reversibel zu gestalten. Wie in Abb. 3.7 dargestellt, laufen Molekülsiebe in dem Zylinder, von denen eines für die Molekülsorte A und das andere für die Molekülsorte B durchlässig ist. Über Kolbenstangen werden mit den passenden Kurvenscheiben Gewichte angehoben bzw. abgesenkt. Der Zylinder tausche reversibel Wärme mit der Umgebung aus. Es soll die reversible Entmischungsarbeit bestimmt werden.

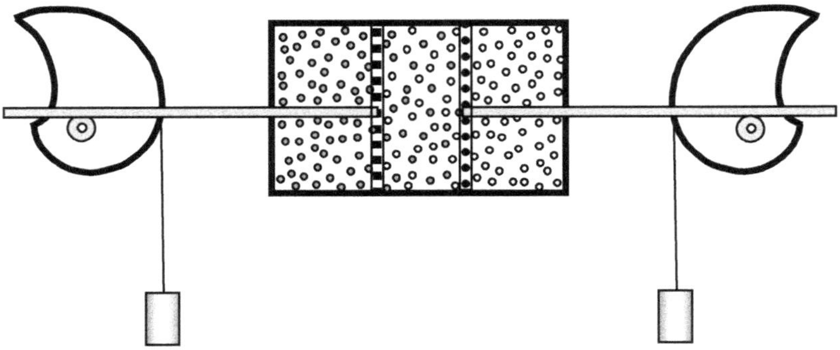

*Abb. 3.7: Reversible Vermischung und Entmischung*

Wegen des reversiblen Wärmetauschs mit der Umgebung erfolgen die Vermischungs- und Entmischungsvorgänge isotherm und damit ist $dU = 0$. Der 1. HS liefert

$$dQ + p\,dV = 0 \,.$$

Das Gas A nimmt ebenso wie das Gas B vor der Entmischung das Gesamtvolumen $V$ ein. Nach der Entmischung befindet sich das Gas A im Volumen $V_{A2}$ und das Gas B im Volumen $V_{B2}$. Die bei der Gastrennung an die Umgebung abfließende Wärme ist

$$Q_{12} = n_A\,R_m\,T \int_V^{V_{A2}} \frac{dV}{V} + n_B\,R_m\,T \int_V^{V_{B2}} \frac{dV}{V}$$

oder, mit

$$\chi_A = \frac{n_A}{n} = \frac{V_{A2}}{V} \quad \text{und} \qquad \chi_B = \frac{n_B}{n} = \frac{V_{B2}}{V}$$

$$Q_{12} = n\,R_m\,T \left[\chi_A \ln(\chi_A) + \chi_B \ln(\chi_B)\right].$$

Die Entropieänderung bei der Gastrennung ist

$$S_2 - S_1 = n\,R_m \left[\chi_A \ln(\chi_A) + \chi_B \ln(\chi_B)\right]$$

und mit

$$S_{irr12} = S_2 - S_1 - \frac{Q_{12}}{T_U}$$

folgt, dass der Entmischungsvorgang reversibel ist, wenn die Temperatur im Zylinder gleich der Umgebungstemperatur ist. Der reversible Trennvorgang ist mit dem minimalen äußeren Zwang verbunden. Die minimale aufzuwendende Arbeit für die Gastrennung ist somit

$$W_{V12} = -Q_{12} = n\,R_m\,T_U\left[\chi_A\,\ln\left(\frac{1}{\chi_A}\right) + \chi_B\,\ln\left(\frac{1}{\chi_B}\right)\right]. \tag{3.26}$$

**Beispiel 3.4 (Level 1):** Ein starrer Behälter ist durch eine Trennwand in zwei Räume unterteilt. Im Teilraum I befinden sich *6 kmol* eines Gasgemischs mit *30 Vol.-%* $H_2$ und *70 Vol.-% He* bei einem Druck von *3 bar* und einer Temperatur von *100 °C*, im anderen Teilraum befinden sich *3 kmol* eines Gasgemischs von *60 Vol.-%* $CO_2$ und *40 Vol.-%* $H_2$ bei einem Druck von *4,5 bar* und einer Temperatur von *20 °C*. Welcher Druck und welche Temperatur stellen sich nach Herausziehen der Wand ein und welche Irreversibilität ist mit diesem Ausgleichsvorgang verbunden?

**Voraussetzungen:** Die Komponenten der Gasgemische sind ideale Gase konstanter Wärmekapazität mit $\kappa_{H2} = 7/5$, $\kappa_{He} = 5/3$ und $\kappa_{CO2} = 1,28$.

**Gegeben:**

$n_I := 6 \cdot kmol \qquad p_I := 3 \cdot bar \qquad t_I := 100 \cdot °C$

$n_{II} := 3 \cdot kmol \qquad p_{II} := 4.5 \cdot bar \qquad t_{II} := 20 \cdot °C$

$$\chi_I := \begin{pmatrix} 0.7 \\ 0.3 \\ 0 \end{pmatrix} \qquad \chi_{II} := \begin{pmatrix} 0 \\ 0.4 \\ 0.6 \end{pmatrix} \qquad \kappa := \begin{pmatrix} \frac{5}{3} \\ \frac{7}{5} \\ 1.28 \end{pmatrix} \qquad \kappa = \begin{pmatrix} 1.667 \\ 1.4 \\ 1.28 \end{pmatrix}$$

**Lösung:** Die Isentropenexponenten der Gemische I und II werden bestimmt durch

$\kappa_I := \chi_I \cdot \kappa \qquad \kappa_I = 1.587 \qquad \kappa_{II} := \chi_{II} \cdot \kappa \qquad \kappa_{II} = 1.328$

Der 1. HS für das vollkommen isolierte System lautet

$$U_2 - U_1 = 0 \qquad n_I \frac{R_m}{\kappa_I - 1} \cdot (t_M - t_{II}) + n_{II} \frac{R_m}{\kappa_{II} - 1} \cdot (t_M - t_I) = 0$$

Daraus wird durch Symbolik/Variable/Auflösen die Mischungstemperatur

$$t_M := \frac{(n_I \cdot t_{II} \cdot \kappa_{II} - n_I \cdot t_{II} + n_{II} \cdot t_I \cdot \kappa_I - n_{II} \cdot t_I)}{(n_I \cdot \kappa_{II} - n_I + n_{II} \cdot \kappa_I - n_{II})} \qquad t_M = 57.77\,°C$$

ermittelt.

Aus den Gasgleichungen für die Systeme I und II folgt für das Gesamtvolumen

$$V_I := \frac{n_I \cdot R_m \cdot Tt(t_I)}{p_I} \qquad V_{II} := \frac{n_{II} \cdot R_m \cdot Tt(t_{II})}{p_{II}} \qquad V_{ges} := V_I + V_{II} \qquad V_{ges} = 78.301\,m^3$$

Mit der Gesamtstoffmenge

$n_{ges} := n_I + n_{II} \qquad n_{ges} = 9\,kmol$

ist der Druck am Ende des Ausgleichsvorgangs

$$p_M := \frac{R_m \cdot n_{ges} \cdot Tt(t_M)}{V_{ges}} \qquad p_M = 3.163\,bar$$

Mit den molaren Anteilen des Gemischs

$$\chi_{MI} := \frac{n_I}{n_{ges}} \qquad \chi_{MII} := \frac{n_{II}}{n_{ges}}$$

ist die molare Zusammensetzung des Gemischs

$$\chi_M := \chi_{MI} \cdot \chi_I + \chi_{MII} \cdot \chi_{II} \quad \chi_M = \begin{pmatrix} 0.467 \\ 0.333 \\ 0.2 \end{pmatrix} \qquad \sum_{i=0}^{2} \chi_{M_i} = 1$$

Da $dS_a = 0$ ist, wird die Irreversibilität des Ausgleichsvorgangs durch $dS_{irr} = dS$ bestimmt.

Damit gilt für die Änderung der Entropie durch thermische Ausgleichsvorgänge

$$\Delta S_{th} := n_{ges} \cdot R_m \cdot \left| \begin{array}{l} \Delta S_I \leftarrow \chi_{MI} \cdot \left( \frac{\kappa_I}{\kappa_I - 1} \cdot ln\left( \frac{Tt(t_M)}{Tt(t_I)} \right) - ln\left( \frac{p_M}{p_I} \right) \right) \\ \Delta S_{II} \leftarrow \chi_{MII} \cdot \left( \frac{\kappa_{II}}{\kappa_{II} - 1} \cdot ln\left( \frac{Tt(t_M)}{Tt(t_{II})} \right) - ln\left( \frac{p_M}{p_{II}} \right) \right) \\ \Delta S_I + \Delta S_{II} \end{array} \right. \qquad \Delta S_{th} = 2.199 \frac{kJ}{K}$$

und die Vermischung verursacht den Beitrag

$$\Delta S_{mix} := n_{ges} \cdot R_m \cdot \left( \chi_{MI} \cdot ln\left( \frac{1}{\chi_{MI}} \right) + \chi_{MII} \cdot ln\left( \frac{1}{\chi_{MII}} \right) \right) \qquad \Delta S_{mix} = 47.631 \frac{kJ}{K}$$

so dass die gesamte Irreversibilität des Ausgleichsvorgangs

$$S_{irr\_th\_mix} := \Delta S_{th} + \Delta S_{mix} \qquad S_{irr\_th\_mix} = 49.83 \frac{kJ}{K}$$

beträgt.

Die gesamte Änderung der Entropie im System kann auch in einem Zug berechnet werden, wenn man die Volumenänderungen der Systeme I und II auf das Gesamtvolumen zugrunde legt. Dann wird mit

$$\Delta S_{th\_mix} := n_{ges} \cdot R_m \cdot \left| \begin{array}{l} \Delta S_I \leftarrow \chi_{MI} \cdot \left( \frac{1}{\kappa_I - 1} \cdot ln\left( \frac{Tt(t_M)}{Tt(t_I)} \right) + ln\left( \frac{V_{ges}}{V_I} \right) \right) \\ \Delta S_{II} \leftarrow \chi_{MII} \cdot \left( \frac{1}{\kappa_{II} - 1} \cdot ln\left( \frac{Tt(t_M)}{Tt(t_{II})} \right) + ln\left( \frac{V_{ges}}{V_{II}} \right) \right) \\ \Delta S_I + \Delta S_{II} \end{array} \right.$$

$$\Delta S_{th\_mix} = 49.83 \frac{kJ}{K}$$

die gleiche Änderung der Entropie im System und damit die gleiche Irreversibilität berechnet.

**Diskussion:** Berechnet man die Änderung der Entropie mit den Änderungen der Drücke im System, so verschiebt sich eine diatherme Trennwand, bis Druck und Temperatur ausgeglichen sind. Im zweiten Schritt findet nach Herausziehen der Trennwand der Mischungsvorgang statt. Berechnet man die Änderung der Entropie mit den Veränderungen der Volumina, so wird die Trennwand zu Beginn des Ausgleichsvorgangs herausgezogen. Thermische Ausgleichsvorgänge und Vermischung laufen in einem Zug ab.

**Beispiel 3.5 (Level 1):** Das Gasgemisch aus Beispiel 3.4 wird auf Umgebungstemperatur von *15 °C* abgekühlt. Welche Irreversibilität ist mit diesem Vorgang verbunden? Wie groß ist die reversible Entmischungsarbeit für die drei Komponenten He, $H_2$ und $CO_2$?

**Gegeben:** Zusätzlich zu den Ergebnissen $p_M$, $t_M$ und $\chi_M$ aus Beispiel 3.4:

$$t_U := 15 \cdot °C$$

**Lösung:** Der Isentropenexponent des Gasgemischs beträgt

$$\kappa_M := \chi_M \cdot \kappa \qquad \kappa_M = 1.5$$

und der Druck nach dem Abkühlvorgang wird bestimmt durch die Gasgleichung

$$p_{MU} := \frac{n_{ges} \cdot R_m \cdot Tt(t_U)}{V_{ges}} \qquad p_{MU} = 2.754\, bar$$

Der 1. HS für den Abkühlvorgang liefert für die vom System an die Umgebung abgegebene Wärme

$$Q_{MU} := n_{ges} \cdot \frac{R_m}{\kappa_M - 1} \cdot (t_U - t_M) \qquad Q_{MU} = -6395.1\, kJ$$

Die Irreversibilität des Abkühlvorgangs wird bestimmt durch

$$dS_{irr} = dS - dS_a$$

Mit der Änderung der Entropie des isochoren Systems

$$\Delta S_{th} := n_{ges} \cdot R_m \cdot \left( \frac{1}{\kappa_M - 1} \cdot ln\left( \frac{Tt(t_U)}{Tt(t_M)} \right) \right) \qquad \Delta S_{th} = -20.693 \frac{kJ}{K}$$

und mit der durch das Abfließen von Wärme bedingten Änderung der Entropie

$$S_{a\_MU} := \frac{Q_{MU}}{Tt(t_U)} \qquad S_{a\_MU} = -22.194 \frac{kJ}{K}$$

berechnet man die Irreversibilität des Abkühlvorgangs zu

$$S_{irr\_MU} := \Delta S_{th} - S_{a\_MU} \qquad S_{irr\_MU} = 1.5 \frac{kJ}{K}$$

Die reversible Trennarbeit beträgt

$$W_{rev\_mix} := n_{ges} \cdot R_m \cdot Tt(t_U) \cdot \sum_{i=0}^{2} \left( \chi_{M_i} \cdot ln\left( \frac{1}{\chi_{M_i}} \right) \right) \qquad W_{rev\_mix} = 22505.9\, kJ$$

**Diskussion:** Beim reversiblen Trennvorgang wird die dem System zugeführte Arbeit in Form von Wärme an die Umgebung abgeführt. Die minimale Trennarbeit liefert einen Maßstab zur Beurteilung von tatsächlichen technischen Trennvorgängen, die oftmals über thermische Prozesse mit Phasenwechsel wie Destillieren oder Rektifizieren realisiert werden und sehr energieintensiv sind.

### 3.5.3 Irreversibilität in stationären Systemen

Bei stationär durchströmten Systemen hängen die Masse im System und der Systemzustand nicht von der Zeit ab. Aus Gl. (3.9) folgt für diesen Fall die Entropiestrombilanz

$$\dot{S}_{irr} = -\sum_j \frac{\dot{Q}_j}{T_{a,j}} - \sum_i \dot{m}_i \, s_{a,i} \, . \tag{3.27}$$

Zunächst untersuchen wir stationäre Systeme, in denen Stoffströme vermischt werden, wie in Mischkammern oder Rührkesseln. Dann stellt sich im System die einheitliche Mischungstemperatur $T_M$ ein. Beim adiabaten Mischer ist

$$\dot{S}_{irr} = -\sum_i \dot{m}_i \, s_{a,i} \, . \tag{3.28}$$

Gehen wir, was bei Mischungen immer empfehlenswert ist, auf molare Größen über und untersuchen ein System, in dem mehrere Stoffströme gemischt werden, so erhalten wir

$$\dot{S}_{irr} = -\sum_i \dot{n}_i \, s_{ma,i} = -\dot{n} \sum_i \frac{\dot{n}_i}{\dot{n}} \left( s_{mp,i}(T_M) - s_{mp,i}(T_{a,i}) - R_m \ln\left( \frac{p_M}{p_i} \right) \right)$$

Unter der Voraussetzung isobarer Durchströmung gilt für Gemische idealer Gase

$$\frac{p_i}{p} = \frac{\dot{n}_i}{\dot{n}} = \chi_i \tag{3.29}$$

und es folgt

$$\dot{S}_{irr} = -\dot{n} \sum_i \chi_i \left( s_{mp,i}\left(T_M\right) - s_{mp,i}\left(T_{a,i}\right) - R_m \ln\left(\frac{1}{\chi_i}\right) \right) . \tag{3.30}$$

Beim Wärmeübertrager mit getrennten Stoffströmen gilt ebenfalls Gl. (3.28). Es treten allerdings keine Vermischungsvorgänge auf. Bei reibungsfreier Durchströmung entfällt der Druckterm.

Eine adiabate Strömungsmaschine hat die Entropieproduktion

$$\dot{S}_{irr\_12} = \dot{m}\left(s_2 - s_1\right). \tag{3.31}$$

Die reversible Arbeit bei reibungsfreier Strömung ist isentrop. Es gilt die Bedingung $s_2 - s_1 = 0$ oder, für ideale Gase mit temperaturabhängiger Wärmekapazität,

$$\int_{T_1}^{T_{2is}} \frac{c_p(T)}{T} dT - R \ln\left(\frac{p_2}{p_1}\right) = 0 . \tag{3.32}$$

Mit der aus dieser Bedingung ermittelten isentropen Temperatur am Austritt der Strömungsmaschine wird die isentrope Änderung der spezifischen Enthalpie

$$w_{tis\_12} = h(t_{2is}) - h(t_1) \tag{3.33}$$

bestimmt. Die reale Strömungsmaschine mit Dissipation hat die Änderung der spezifischen Enthalpie

$$w_{t\_12} = h(t_2) - h(t_1). \tag{3.34}$$

Der Gütegrad oder innere Wirkungsgrad von Turbinen ist demnach

$$\eta_{iT} = \frac{w_{t\_12}}{w_{tis\_12}} = \frac{h(t_2) - h(t_1)}{h(t_{2is}) - h(t_1)}. \tag{3.35}$$

Für Verdichter gilt

$$\eta_{iV} = \frac{w_{tis\_12}}{w_{t\_12}} = \frac{h(t_{is2}) - h(t_1)}{h(t_2) - h(t_1)}. \tag{3.36}$$

**Beispiel 3.6 (Level 1):** Eine Ölschicht in einer Pfanne wird mit einer Heizleistung von *1 kW* beheizt. Am Pfannenboden beträgt die Temperatur *200 °C*, die Umgebungstemperatur beträgt *20 °C*. Welche Entropieproduktion ist mit dem Vorgang verbunden?

**Gegeben:**

$Qp := 1 \cdot kW$ $\qquad t_B := 200 \cdot °C$ $\qquad t_U := 20 \cdot °C$ $\qquad T_0 := 273.15 \cdot K$

**Lösung:**

Die Entropieproduktion des Heizvorgangs der Ölschicht wird beschrieben durch

$$\dot{S}_{irr} = -\sum_{j=1}^{2} \frac{\dot{Q}_j}{T_{a,j}} = -\dot{Q}\left(\frac{1}{T_B} - \frac{1}{T_U}\right)$$

mit dem Ergebnis

$$Sp_{irr} := Qp \cdot \left(\frac{1}{t_U + T_0} - \frac{1}{t_B + T_0}\right) \qquad Sp_{irr} = 1.298 \frac{W}{K}$$

**Diskussion:** Durch den äußeren Zwang des aufgeprägten Wärmestroms wird das treibende Temperaturgefälle dauerhaft aufrechterhalten. Dies ist ein einfaches Beispiel einer dissipativen Struktur. Darunter versteht man Strukturen, die nur so lange existieren, wie im System Energie dissipiert und folglich Entropie erzeugt wird. Bei einem geringen Temperaturunterschied, d.h. bei einem Zustand nahe am Gleichgewicht, erfolgt der Wärmetransport durch Wärmeleitung. Oberhalb eines gewissen Schwellenwerts des treibenden Temperaturgefälles tritt Wärmetransport durch Konvektion hinzu. Dabei entstehen Wirbel, die die Ölschicht in regelmäßige, bienenwabenartige Strömungszellen aufteilen, die so genannte Bénard-Konvektion. Hier begegnen wir dem Dualismus, dass irreversible Prozesse sowohl Ordnung als auch Unordnung entstehen lassen. Näheres hierzu im Schrifttum[26].

**Beispiel 3.7 (Level 2):** Für den im Beispiel 2.12 behandelten Verdichter sind die Entropieproduktion, die molaren Werte der reversiblen Verdichtungsarbeit sowie der Dissipation im Verdichter und der innere Wirkungsgrad zu bestimmen.

**Lösung:** Neben der in Beispiel 2.12 bereitgestellten Funktion für die molare Enthalpie $h_{mN2}(t)$ wird hier die Funktion für die molare Entropie

$$s_{mN2}(t) := \left| \begin{array}{l} T \leftarrow t + 273.15K \\ \displaystyle\int_{T_0}^{T} \frac{c_{pmN2}(T)}{T}\, dT \end{array} \right.$$

benötigt.

Die Entropieproduktion im Verdichter wird berechnet mit

$$Sp_{irr12V} := np \cdot \left( s_{mN2}(t_{2V}) - s_{mN2}(t_1) - R_m \cdot ln\left(\frac{p_2}{p_1}\right)\right) \qquad Sp_{irr12V} = 0.56\frac{kW}{K}$$

Definieren wir die Entropiefunktion

$$f(t_{2is}) := s_{mN2}(t_{2is}) - s_{mN2}(t_1) - R_m \cdot ln\left(\frac{p_2}{p_1}\right)$$

so liegt dann eine reversible Expansion vor, wenn mit einem Vorgabewert

$$t_{2is} := t_{2V}$$

die Nullstelle der Entropiefunktion durch

$$t_{2is} := wurzel\left(f(t_{2is}), t_{2is}\right) \qquad t_{2is} = 289.74\ °C$$

iterativ ermittelt wird.

Die reversible molare Arbeit des isentropen Verdichters ist

$$w_{tmV\_is} := h_{mN2}(t_{2is}) - h_{mN2}(t_1) \qquad w_{tmV\_is} = 7.927\frac{kJ}{mol}$$

und die im Beispiel 2.12 berechnete reale molare Verdichtungsarbeit ist

$$w_{tmV} = 8.834\ \frac{kJ}{mol}$$

Damit ist die molare Dissipation im Verdichter

$$w_{tmV\_diss} := w_{tmV} - w_{tmV\_is} \qquad w_{tmV\_diss} = 0.907\frac{kJ}{mol}$$

und der innere Wirkungsgrad oder Gütegrad des Verdichters ist

$$\eta_{iV} := \frac{w_{tmV\_is}}{w_{tmV}} \qquad \eta_{iV} = 0.897$$

26 Siehe z.B.: „Dissipative Structures“ in: Kondepudi, D., Prigogine, I.: „Modern Thermodynamics“ Chichester, New York, Weinheim, John Wiley & Sons, 1998, S. 427 ff.

**Beispiel 3.8 (Level 2):** Aus der Verbrennungszone der Brennkammer einer Gasturbine tritt ein Gasstrom der Zusammensetzung *68,8 Vol.-%* $N_2$, *9,2 Vol.-%* $CO_2$, *21,15 Vol.-%* $H_2O$ *und 0,85 Vol.-%* Ar mit einer Temperatur von *2200 °C* aus. Dieser Gasstrom wird mit einem Luftstrom der Zusammensetzung *75,8 Vol.-%* $N_2$, *20,3 Vol.-%* $O_2$, *3 Vol.-%* $H_2O$ *und 0,9 Vol.-%* Ar vermischt, der mit einer Temperatur von *409,6 °C* im Bypass um die Verbrennungszone herumgeführt wird. Das homogene Gemisch soll vor dem Eintritt in die Gasturbine eine Temperatur von *1200 °C* haben. Wie ist die Aufteilung zwischen dem Abgasstrom und dem im Bypass zu führende Luftstrom, wenn in die Gasturbine ein Massenstrom von *10 kg/s* eintreten soll? Welche Irreversibilität tritt bei dem Mischungsvorgang auf?

**Voraussetzung:** Ideale Gase mit temperaturabhängigen spezifischen Wärmekapazitäten.

**Gegeben:**

$$\chi_A := \begin{pmatrix} 0 \\ 0.688 \\ 0 \\ 0 \\ 0.092 \\ 0.2115 \\ 0.0085 \end{pmatrix} \qquad \chi_L := \begin{pmatrix} 0 \\ 0.758 \\ 0.203 \\ 0 \\ 0 \\ 0.030 \\ 0.009 \end{pmatrix}$$

$$mp_M := 10 \cdot \frac{kg}{s} \qquad t_L := 409.6 \cdot °C \qquad t_A := 2200 \cdot °C \qquad t_M := 1200 \cdot °C$$

**Lösung:** Die Funktionen $h_{mA}(t)$, $h_{mL}(t)$, $s_{mA}(t)$ und $s_{mL}(t)$ werden auf der Basis der Gaszusammensetzungen erstellt. Die auf die Stoffmengeneinheit des Abgases bezogene Energiebilanz der Vermischung lautet

$$h_{mA}(t_A) + \lambda \cdot h_{mL}(t_L) = h_{mA}(t_M) + \lambda \cdot h_{mL}(t_M)$$

wobei λ der Faktor für die im Bypass zu führende Luft ist. Auflösung dieser Gleichung nach λ ergibt

$$\lambda := \frac{-\left(h_{mA}(t_A) - h_{mA}(t_M)\right)}{\left(h_{mL}(t_L) - h_{mL}(t_M)\right)} \qquad \lambda = 1.549$$

Die Zusammensetzung des Gemischs wird berechnet durch

$$\chi_M(\lambda) := \chi_A + \lambda \cdot \chi_L \qquad Sum\chi_M := \sum_{i=0}^{6} \chi_M(\lambda)_i \qquad \chi_M := \frac{\chi_M(\lambda)}{Sum\chi_M}$$

mit den Ergebnissen für Zusammensetzung und molare Masse

$$\chi_M = \begin{pmatrix} 0 \\ 0.7305 \\ 0.1234 \\ 0 \\ 0.0361 \\ 0.1012 \\ 0.0088 \end{pmatrix} \qquad M_M := \chi_M \cdot M \qquad M_M = 28.181 \frac{kg}{kmol}$$

Damit sind die einzelnen Stoffströme

$$np_{ges} := \frac{mp_M}{M_M} \qquad np_A := \frac{np_{ges}}{1+\lambda} \qquad np_L := \lambda \cdot np_A$$

$$np_{ges} = 354.854 \frac{mol}{s} \qquad np_A = 139.21 \frac{mol}{s} \qquad np_L = 215.644 \frac{mol}{s}$$

mit den molaren Anteilen

$$\chi_A := \frac{np_A}{np_{ges}} \qquad \chi_L := \frac{np_L}{np_{ges}} \qquad \chi_A = 0.392 \qquad \chi_L = 0.608$$

Grundlage zur Berechnung der Irreversibilität ist Gl. (3.30). Die Veränderung des Entropiestroms durch Temperaturausgleich bei der Vermischung beträgt

$$Sp_{th} := np_{ges} \cdot \left[\chi_A \cdot \left(s_{mA}(t_M) - s_{mA}(t_A)\right) + \chi_L \cdot \left(s_{mL}(t_M) - s_{mL}(t_L)\right)\right] \qquad Sp_{th} = 2.575 \frac{kW}{K}$$

und die Vermischung im System verursacht durch die Veränderung der Partialdrücke den Entropiestrom

$$Sp_{mix} := np_{ges} \cdot R_m \cdot \left(\chi_A \cdot ln\left(\frac{1}{\chi_A}\right) + \chi_L \cdot ln\left(\frac{1}{\chi_L}\right)\right) \qquad Sp_{mix} = 1.976 \frac{kW}{K}$$

Die Irreversibilität des Vorgangs setzt sich aus diesen beiden Anteilen zusammen und beträgt

$$Sp_{irr} := Sp_{th} + Sp_{mix} \qquad Sp_{irr} = 4.551 \frac{kW}{K}$$

# 3.6 Exergie und Anergie

## 3.6.1 Einführende Bemerkungen

Treibende Gefälle, wie Druck-, Temperatur- und Konzentrationsunterschiede können allgemein in Maschinen zur Erzeugung von Arbeit genutzt werden, wobei Wärmezufuhr und Wärmeabfuhr sowie Expansionen und Kompressionen ausgeführt werden. Diese Vorgänge werden durch die technische Machbarkeit eingeschränkt, die bei solchen Anlagen gewisse, Dissipation verursachende Prozessführungen zwingend vorschreibt. Zum anderen treten ohnehin in jedem technischen System dissipative Vorgänge auf. Um die Qualität von realen Prozessen beurteilen zu können, ist es notwendig, zu untersuchen, welche Arbeitsfähigkeit zwischen zwei thermischen, durch Druck und Temperatur gekennzeichneten Zuständen vorhanden ist, wenn die reversible Prozessführung in geeigneter Weise vorgeschrieben wird. Diese theoretische Arbeitsfähigkeit gibt bei Expansionen die maximale gewinnbare Arbeit und bei Kompressionen den minimalen Arbeitsaufwand an. In die Betrachtung muss die Umgebung als sehr großes, ruhendes Wärmereservoir einbezogen werden, da jeder Systemzustand, dessen Temperatur über oder unter der Umgebungstemperatur und dessen Druck über oder unter dem Umgebungsdruck liegt, durch die vorhandenen treibenden Gefälle Arbeitsfähigkeit enthält. Ebenso wird angenommen, dass die chemischen Potentiale der Komponenten der Umwelt unverändert bleiben. Dieses Reservoir verändert seinen Zustand nicht, wenn Wärme oder Stoff zufließen oder entzogen werden.

Wie wir festgestellt haben, verlaufen Kompressionen und Expansionen dann reversibel, wenn die Vorgänge reibungsfrei verlaufen und Wärme bei isothermer Prozessführung ohne treibendes Temperaturgefälle ausgetauscht wird. Bei der Untersuchung der theoretischen Arbeitsfähigkeit einer Zustandsänderung führen wir die weitergehende Einschränkung hinzu, dass Wärmeaustausch nur bei der Umgebungstemperatur $T_U$ möglich sein soll.

### 3.6.2 Exergie im Zylinder/Kolben-System

Führt das System Zylinder/Kolben eine Zustandsänderung durch, so enthält, wie wir bereits in Kapitel 2 festgestellt haben, die Änderung der inneren Energie reversible Arbeit, Wärme und Dissipation. Unter Ausschluss von dissipativen Vorgängen gilt

$$dU = -p\; dV + dQ$$

und mit der weiteren Einschränkung des reversiblen Wärmeaustauschs mit der Umgebung ist

$$dQ = T_U \; dS \, .$$

Unter Berücksichtigung des Umgebungsdrucks $p_U$ ist die mechanische Arbeitsfähigkeit

$$dW_N = -p\; dV + p_U \; dV \, .$$

Kombination der vorstehenden drei Gleichungen liefert

$$dW_{N\_rev} = dU - T_U \; dS + p_U \; dV$$

und die Integration führt zu

$$\Delta Ex_{12} = W_{N\_rev12} = U_2 - U_1 - T_U \left(S_2 - S_1\right) + p_U \left(V_2 - V_1\right) \tag{3.37}$$

oder, spezifisch,

$$\Delta ex_{12} = w_{N\_rev12} = u_2 - u_1 - T_U \left(s_2 - s_1\right) + p_U \left(v_2 - v_1\right) . \tag{3.38}$$

Der so abgeleiteten Größe geben wir, wie von Rudolf Planck vorgeschlagen und von Zoran Rant in die Literatur[27] eingeführt, den Namen **Exergie**. Die Exergie ist keine Zustandsgröße. Sie liefert aber unter Einbeziehung des Umgebungszustands durch den vorgeschriebenen Weg der Zustandsänderungen ein nur vom Umgebungszustand abhängiges Ergebnis. Damit teilt sie bei vorgegebenem Umgebungszustand mathematisch gesehen mit den Zustandsgrößen die wichtige Eigenschaft

$$\oint dEx = 0 \, .$$

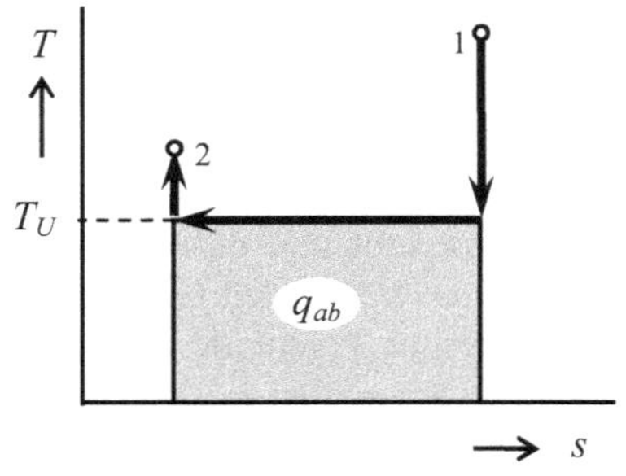


*Abb. 3.8: Reversible Prozessführung*

Abb. 3.8 zeigt diesen vorgeschriebenen reversiblen Verlauf der Prozessführung zwischen den Punkten 1 und 2. Die mit der Umgebung ausgetauschte Wärmemenge wird als Anergie bezeichnet. Jede Energie besteht aus Exergie und Anergie, wobei einer der beiden Anteile auch Null sein kann. Wie leicht einzusehen ist, wird die Anergie bestimmt durch

$$\Delta An_{12} = T_U \left(S_2 - S_1\right) \tag{3.39}$$

[27] Rant, Z.: Exergie, ein neues Wort für technische Arbeitsfähigkeit. Z. Forsch. Ingenieurwes. 22 (1956)

Die Bestimmung des Exergieverlusts bei einer Zustandsänderung im Rahmen einer Exergiebilanz wird in Abschnitt 3.6.5 formuliert.

Wie bereits ausgeführt, ist die Exergie bei der vorgeschriebenen reversiblen Prozessführung die Arbeitsfähigkeit im Sinne der maximalen Arbeitsabgabe bei der Absenkung von Druck und Temperatur und des minimalen Arbeitsaufwands bei der Erhöhung von Druck und Temperatur.

Die Exergie liefert uns einen Maßstab, an dem reale Vorgänge gemessen werden können, in welchem Maße treibende Gefälle nutzbar gemacht oder aufgebaut werden können. Nehmen wir zu den treibenden Gefällen Konzentrationsunterschiede hinzu, so stellt die reversible Trennarbeit von zwei Gasen nach Gl. (3.26) eine Exergieerhöhung dar, da auch hierbei reibungsfreie Molekülsiebe zur Trennung der Gase im Sinne der Kompression der Komponenten Verwendung finden und Wärme ohne treibendes Temperaturgefälle an die Umgebung abfließt. Nach Gl. (3.26) ist der minimale Arbeitsaufwand oder die Exergie zur Trennung von einem Mol Gasgemisch der Zusammensetzung $\chi_A$ und $\chi_B$

$$\Delta ex_{mAB} = -q_{m12} = R_m\ T_U \left[ \chi_A \ln\left(\frac{1}{\chi_A}\right) + \chi_B \ln\left(\frac{1}{\chi_B}\right)\right]. \tag{3.40}$$

## 3.6.3 Exergie im durchströmten, stationären System

Wie wir in Kapitel 2 festgestellt haben, beinhaltet bei strömenden Fluiden die Änderung des Enthalpiestroms einen reversiblen und einen irreversiblen Anteil. Es gilt allgemein

$$dh = v\ dp + dq\ .$$

Führen wir den Prozess wieder reversibel und lassen dabei nur Wärmeaustausch bei Umgebungstemperatur zu, so gilt

$$dq = T_U\ ds$$

und die reversible Arbeit ist

$$dw_{t\_rev} = v\ dp\ .$$

Demnach gilt bei reversibler Prozessführung

$$dex_t = dw_{t\_rev} = dh - T_U\ ds\ .$$

Der resultierende Exergiestrom durch ein stationär durchströmtes System ist demnach

$$\dot{E}x_{t\_ges} = -\sum_i \dot{m}_i\ h_i + T_U \sum_i \dot{m}_i\ s_i\ . \tag{3.41}$$

wobei die Vorzeichenumkehr notwendig ist, um mit der Vorzeichenkonvention des egozentrischen Systems kompatibel zu sein. Der Anergiestrom ist dabei

$$\dot{A}n_{t\_ges} = -T_U \sum_i \dot{m}_i\ s_i\ . \tag{3.42}$$

Bestimmt man den Exergiestroms eines Zustands „*i*“ gegen den Umgebungszustand durch

$$\dot{E}x_{t\_iU} = \dot{m}_i \left(h_i - h_U - T_U\ (s_i - s_U)\right) \tag{3.43}$$

so ist

$$\dot{E}x_{t\_ges} = \sum_i \dot{E}x_{t\_iU} \tag{3.44}$$

und der Anergiestrom ist

$$\dot{A}n_{t\_ges} = T_U \sum_i \dot{m}_i \left(s_i - s_U\right). \qquad (3.45)$$

Gln. (3.43) bis (3.45) haben den Vorteil, dass man bei einer komplexen Anlage zunächst die Exergieströme gegen den Umgebungszustand nach Gl. (3.43) für jeden thermischen Zustand in der Anlage berechnen kann, bevor man Exergiebilanzen für die Komponenten der Anlage (siehe Abschnitt 3.6.5) formuliert.

Für das einfach durchströmte, stationäre System gilt

$$\dot{E}x_{t12} = \dot{m}\left[h_2 - h_1 - T_U\left(s_2 - s_1\right)\right] \qquad (3.46)$$

mit dem Anergiestrom

$$\dot{A}n_t = \dot{m}\, T_U \left(s_2 - s_1\right). \qquad (3.47)$$

Der minimale Aufwand zur Gastrennung ist

$$\dot{E}x_{tAB} = \dot{n}\; ex_{tmAB} \qquad (3.48)$$

wobei die molare Exergieänderung durch Gl. (3.40) beschrieben wird und die Summe aus Exergiestrom und Anergiestrom Null ist.

Exergetische Analysen bei der Umwandlung des chemischen Potentials eines Brennstoffs in Wärme oder Arbeit werden wir in Kapitel 9 diskutieren.

Abb. 3.9 stellt schematisch die Expansion einer adiabaten Strömungsmaschine im *T,s*-Diagramm dar. Die dissipativen Effekte repräsentiert die Fläche unter der Zustandsänderung. Die Prozessführung des exergetischen Vorgangs zeigt die gestrichelte Linie: Isentrope Entspannung vom Ausgangspunkt der Expansion bis zur Umgebungstemperatur, isotherme, reversible Wärmeabgabe bei Umgebungstemperatur und isentrope Kompression bis zum Endpunkt der Entspannung. Die thermische Energie der Dissipation liegt zum größeren Teil über der Umgebungstemperatur und ist deshalb noch nutzbar. Verloren ist nur der Exergieverlust als Rechteckfläche unter der Umgebungstemperatur.

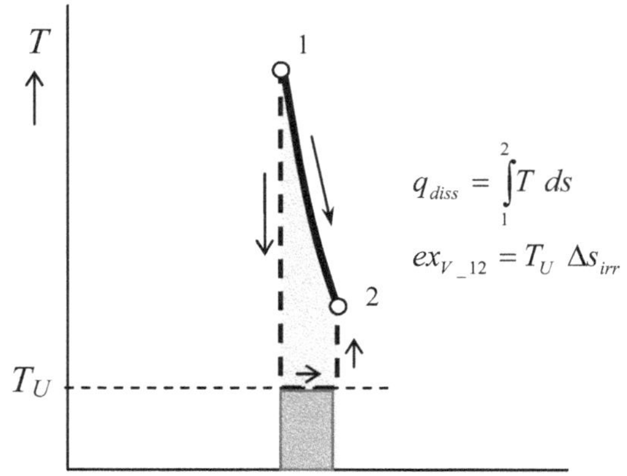


*Abb. 3.9: Adiabate Expansion: Prozessführung der Exergie, Dissipation und Exergieverlust im T,s-Diagramm*

**Beispiel 3.9 (Level 1):** Aus einer Rohrleitung tritt ein Massenstrom von *0,5 kg/s* Wasserdampf von *1 bar* und *100 °C* in die Umgebung mit $p_U = 1\ bar$, $t_U = 20\ °C$ aus. Welche Leistung könnte aus diesem Abdampfstrom maximal gewonnen werden?

**Voraussetzungen:** Die Zustandswerte des realen Fluids Wasserdampf werden aus der Dampftafel entnommen. Beim Druck *1 bar* und der Temperatur *100 °C* sind $h_1 = 2676{,}2\ kJ/kg$ und $s_1 = 7{,}3618\ kJ/kg\ K$. Beim Druck von *1 bar* und der Temperatur *20 °C* liegt flüssiges Wasser vor und es ist $h_2 = 84{,}0\ kJ/kg$ und $s_2 = 0{,}2963\ kJ/kg\ K$.

**Gegeben:**

$$p_U := 1 \cdot bar \qquad t_U := 20 \cdot °C \qquad h_U := 84.0 \cdot \frac{kJ}{kg} \qquad s_U := 0.2963 \cdot \frac{kJ}{kg \cdot K}$$

$$p_1 := p_U \qquad t_1 := 100 \cdot °C \qquad h_1 := 2676.2 \cdot \frac{kJ}{kg} \qquad s_1 := 7.3618 \cdot \frac{kJ}{kg \cdot K}$$

$$mp := 0.5 \cdot \frac{kg}{s}$$

**Lösung:** Die maximale Leistungsausbeute wird durch den Exergiestrom vorgegeben. Im vorliegenden stationären System ist

$$ex_{t1U} := h_U - h_1 - T_U \cdot (s_U - s_1) \qquad ex_{t1U} = -520.95 \frac{kJ}{kg}$$

$$Exp_{1U} := mp \cdot ex_{t1U} \qquad Exp_{1U} = -260.47\ kW$$

**Diskussion:** Dampflokomotiven arbeiteten bis in die Mitte des 20. Jahrhunderts weitgehend als Gegendruckmaschinen, d.h., der Dampf wurde nach der Expansion im Zylinder in die Umgebung ausgeschoben. Der Abdampf ließe sich in einer Kondensationsanlage wie folgt nutzen: Nach Zuleitung in eine Expansionsmaschine wird der Dampf annähernd isentrop in den Bereich unteratmosphärischer Drücke entspannt, bis die Kondensationstemperatur nahe der Umgebungstemperatur erreicht wird. Bei der Kondensation wird Wärme isotherm mit geringem treibendem Temperaturgefälle an die Umgebung abgegeben. Das Kondensat muss mit einer kleinen Pumpe wieder auf Atmosphärendruck gebracht werden. Die Anlage würde dann flüssiges Wasser abgeben. Die Zustandsänderungen in dieser realen Anlage verlaufen nahe an den für die Exergie maßgeblichen Zustandsänderungen. Deshalb kann fast der gesamte Exergiestrom tatsächlich genutzt werden.

## 3.6.4 Das Sankey-Diagramm und das Exergie-Anergie-Flussbild

Zur anschaulichen Analyse von komplexen Anlagen dient ein Energieflussbild, das so genannte Sankey-Diagramm, benannt nach dem irischen Ingenieur Henry Sankey, der erstmals 1898 ein solches veröffentlicht hat. Die einzelnen Anlagenteile werden durch Flüsse verbunden, deren Breite die Größe des übertragenen Energiestroms wiedergibt. So wird es möglich, anschaulich zu verfolgen, welche Energieströme in den einzelnen Komponenten umgesetzt werden und man kann so die Bilanzen des 1. HS grafisch darstellen und kontrollieren.

Jeder Energiestrom kann nun in einen Exergiestrom und einen Anergiestrom aufgeteilt werden. Dann erhält man ein Exergie-Anergie-Flussbild, das erstmals 1964 von Zoran Rant angegeben worden ist. Damit kommen zusätzlich zum 1. HS die Aussagen des 2. HS zum Ausdruck, wobei bei jeder Komponente der Anlage der Exergieverlust sichtbar wird.

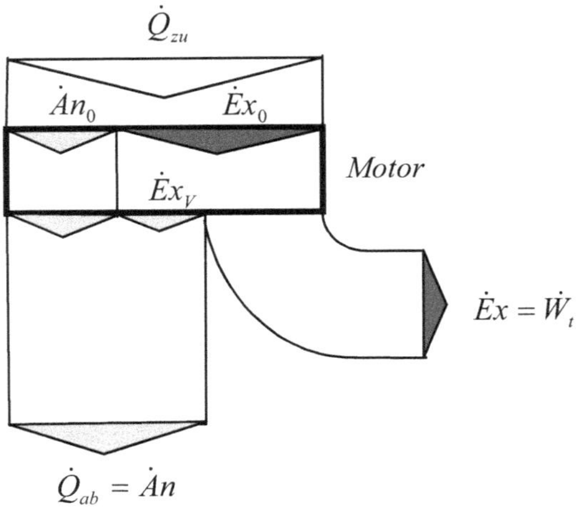


*Abb. 3.10: Exergie-Anergie-Flussbild*

Abb. 3.10 zeigt schematisch das Exergie-Anergie-Flussbild einer Wärmekraftmaschine. Der zugeführte Wärmestrom führt gemäß seinem Temperaturniveau den Exergieanteil $\dot{E}x_0$ und den Anergieanteil $\dot{A}n_0$ mit sich. In der Wärmekraftmaschine tritt zusätzlich der Exergieverluststrom $\dot{E}x_V$ auf. Vom Exergiestrom verbleibt der Wellenenergiestrom $\dot{W}_t$. Nach Abgabe des Abwärmestroms $\dot{Q}_{ab}$ an die Umgebung wird dieser zum Anergiestrom $\dot{A}n$.

## 3.6.5 Exergie und Exergieverluste im allgemeinen instationären System

Nach Multiplikation der allgemein gültigen Entropie-Beziehung mit der Umgebungstemperatur

$$T_U\ dS_{irr} = T_U\ dS - T_U\ dS_a$$

folgt für das allgemeine System

$$T_U\ dS_{irr} = T_U\ dS - T_U \left[\sum_i s_i\ dm_i + \sum_j \frac{dQ_j}{T_{a,j}}\right]$$

oder, integriert,

$$T_U\ S_{irr\_12} = T_U\ (S_2 - S_1) - T_U \sum_i \int_1^2 s_i\ dm_i - T_U \sum_j \int_1^2 \frac{dQ_j}{T_{a,j}}.$$

Die Exergie des allgemeinen Systems ist definiert durch

$$\Delta Ex_{12} = U_2 - U_1 - T_U\ (S_2 - S_1) + p_U\ (V_2 - V_1) + \sum_i \int_1^2 h_i\ dm_i + T_U \sum_i \int_1^2 s_i\ dm_i \qquad (3.49)$$

Die Summe der beiden vorstehenden Gleichungen ist

$$\Delta Ex_{12} + T_U\ S_{irr\_12} = U_2 - U_1 + p_U\ (V_2 - V_1) - \sum_i \int_1^2 h_i\ dm_i - T_U \sum_j \int_1^2 \frac{dQ_j}{T_{a,j}}.$$

Unter Berücksichtigung des 1. HS für das allgemeine System

$$0 = U_2 - U_1 - W_{V12} - \sum_i \int_1^2 e_i \, dm_i - \sum_j \int_1^2 dQ_j - \sum_k \int_1^2 dW_{tk}$$

folgt

$$\Delta Ex_{12} + T_U \, S_{irr\_12} = W_{N12} + \sum_i \int_1^2 \left( g \, z_i + \frac{\overline{v}_i^2}{2} \right) dm_i + \sum_j \int_1^2 \left( 1 - \frac{T_U}{T_{a,j}} \right) dQ_j + \sum_k \int_1^2 dW_{tk} \, .$$

Nun ist, wie im Abschnitt 3.8.2 gezeigt wird, der Term

$$\left( 1 - \frac{T_U}{T_{a,j}} \right) = \varepsilon_{C,j} \tag{3.50}$$

gleich dem Carnot-Wirkungsgrad. Damit folgt

$$\Delta Ex_{12} + T_U \, S_{irr\_12} = W_{N12} + \sum_i \int_1^2 \left( g \, z_i + \frac{\overline{v}_i^2}{2} \right) dm_i + \sum_j \int_1^2 \varepsilon_{C,j} \, dQ_j + \sum_k \int_1^2 dW_{tk} \, . \tag{3.51}$$

Auf der rechten Seite stehen alle reversibel zugeführten oder entnommenen Arbeiten. Der Exergieverlust im System ist damit allgemein

$$Ex_{V\_12} = T_U \, S_{irr\_12} \tag{3.52}$$

und es gilt

$$Ex_{V\_12} = W_{N12} + \sum_i \int_1^2 \left( g \, z_i + \frac{\overline{v}_i^2}{2} \right) dm_i + \sum_j \int_1^2 \varepsilon_{C,j} \, dQ_j + \sum_k \int_1^2 dW_{tk} - \Delta Ex_{12} \, . \tag{3.53}$$

Gl. (3.53) stellt die allgemeine Exergiebilanz zur Ermittlung des Exergieverlusts eines allgemeinen instationären Systems unter der Einwirkung von Nutzarbeit, Massen- und Wärmeströmen sowie Wellenenergieströmen bei einer zeitlichen Änderung vom Zustand 1 zum Zustand 2 dar.

Die Bilanz für das geschlossene System mit jeweils einem Strom von Wärme und Wellenenergie ist

$$Ex_{V\_12} = W_{N12} + \overline{\varepsilon}_C \, Q_{12} + W_{t12} - \Delta Ex_{12} \tag{3.54}$$

mit $\Delta E_{12}$ nach Gl (3.37) oder

$$Ex_{V\_12} = W_{N12} + \overline{\varepsilon}_C \, Q_{12} + W_{t12} + \Delta Ex_{1U} - \Delta Ex_{2U} \, , \tag{3.55}$$

wenn die Exergieänderungen auf den Umgebungszustand bezogen werden.

Die Bilanz für das einfach stationär durchströmte System ist

$$\dot{E}x_{tV} = \dot{m} \left( g \left( z_1 - z_2 \right) + \frac{\overline{v}_1^2}{2} - \frac{\overline{v}_2^2}{2} \right) + \overline{\varepsilon}_C \, \dot{Q} + \dot{W}_t - \dot{E}x_{t12} \tag{3.56}$$

mit $\dot{E}x_{t12}$ nach Gl. (3.46).

Die Carnot-Faktoren in den obigen Gleichungen werden mit integralen Mittelwerten der Temperatur bei den entsprechenden Zustandsänderungen gebildet. Die Terme mit den Carnot-Faktoren haben die auf die Umgebungstemperatur bezogene thermische Arbeitsfähigkeit der ausgetauschten Wärme zum Inhalt.

**Beispiel 3.10 (Level 2):** Abb. 3.11 zeigt das Schema eines Blockheizkraftwerks. Aus dem Heiznetz strömen *2 kg/s* Heizwasser mit einer Rücklauftemperatur von *70 °C* dem Wärmeübertrager $WÜ_I$ zu und werden auf *85 °C* aufgewärmt. Aus dem Motor strömt diesem Wärmeübertrager Kühlwasser mit einer Temperatur von *86 °C* zu, das auf *80 °C* abgekühlt wird. Die weitere Aufwärmung des Heizwassers erfolgt im Abgaswärmeübertrager $WÜ_{II}$. Die Abgase des Motors (Zusammensetzung *71,3 %* $N_2$, *9,5 %* $CO_2$ und *19,5 %* $H_2O$ in Vol.-%) strömen mit einem Massenstrom von *0,0814 kg/s* und *585 °C* ein und verlassen den Wärmeübertrager mit einer Temperatur von *120 °C*. Der abgasseitige Druckverlust beträgt *80 hPa*. Auf der Wasserseite von $WÜ_{II}$ ist der Druckverlust *40 hPa*. $WÜ_I$ hat Druckverluste von *90 hPa* auf der Heizwasserseite und *120 hPa* auf der Kühlwasserseite. Die Pumpe im Kühlwasserkreislauf liefert eine Druckerhöhung von *250 hPa* und hat eine Antriebsleistung von *175 W*. Vor der Pumpe herrscht ein Absolutdruck von *1,15 bar*. Das Heizwasser tritt mit einem Druck von *1,20 bar* in $WÜ_I$ ein.

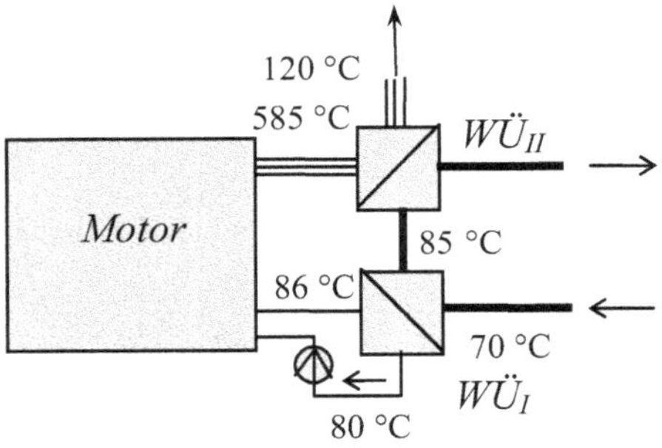


*Abb. 3.11: Schema eines Blockheizkraftwerks (BHKW)*

**Voraussetzungen:** Das Abgas ist ein Gemisch idealer Gase mit temperaturabhängigen molaren Wärmekapazitäten. Wasser ist ein inkompressibles Fluid mit $\rho_W = 999\ kg/m^3$, $c_W = 4{,}186\ kJ/kg\,K$.

**Gegeben:**

$$mp_H := 2\cdot\frac{kg}{s} \qquad t_{HI1} := 70\cdot°C \qquad t_{HI2} := 85\cdot°C \qquad t_{KW1} := 86\cdot°C \qquad t_{KW2} := 80\cdot°C$$

$$mp_A := 0.0814\cdot\frac{kg}{s} \qquad t_{A1} := 585\cdot°C \qquad t_{A2} := 120\cdot°C$$

$$t_U := 0\cdot°C \qquad p_U := 748\cdot mmHg$$

$$\Delta p_{HI} := 90\cdot hPa \qquad \Delta p_{HII} := 40\cdot hPa \qquad \Delta p_{KW} := 120\cdot hPa \qquad \Delta p_A := 80\cdot hPa$$

$$\Delta p_P := 250\cdot hPa \qquad P_P := 175\cdot W$$

$$p_{KWmin} := 1.15\cdot bar \qquad p_{Hmax} := 1.2\cdot bar$$

$$c_W := 4.187\cdot\frac{kJ}{kg\cdot K} \qquad \rho_W := 999\cdot\frac{kg}{m^3} \qquad \chi_A^{\,T} = (0\ \ 0.713\ \ 0\ \ 0\ \ 0.095\ \ 0.192\ \ 0)$$

**Lösung:** Der 1. HS für den $WÜ_I$ liefert

$$mp_{KW} := mp_H\cdot\frac{t_{HI2}-t_{HI1}}{t_{KW1}-t_{KW2}} \qquad mp_{KW} = 5\frac{kg}{s}$$

Mit der molaren Masse des Abgases folgt für den molaren Strom des Abgases

$$M_A := \chi_A\cdot M \qquad M_A = 27.621\frac{kg}{kmol} \qquad np_A := \frac{mp_A}{M_A} \qquad np_A = 2.947\frac{mol}{s}$$

Mit der Funktion $h_{mA}(t)$ für die vorgegebene Abgaszusammensetzung folgt aus dem 1. HS für $WÜ_{II}$ die Vorlauftemperatur

$$t_{HII1} := t_{HI2} \qquad t_{HII2} := t_{HII1} + \frac{np_A}{mp_H \cdot c_W} \cdot \left(h_{mA}(t_{A1}) - h_{mA}(t_{A2})\right) \qquad t_{HII2} = 90.43\,°C$$

Für die Berechnung der auf den Umgebungszustand bezogenen Exergieströme wird für das inkompressible Fluid Wasser unter Berücksichtigung der Definition der spezifischen Enthalpie $h = u + p\,v$ die Funktion

$$Exp_W(mp, t, p) := mp \cdot \left[c_W \cdot (t - t_U) + \frac{p - p_U}{\rho_W} - T_U \cdot c_W \cdot ln\left(\frac{Tt(t)}{T_U}\right)\right]$$

und für das kompressible Abgas unter Verwendung der Funktionen $h_{mA}(t)$ und $s_{mA}(t)$ die Funktion

$$Exp_A(np, t, p) := np \cdot \left[h_{mA}(t) - h_{mA}(t_U) - T_U\left(s_{mA}(t) - s_{mA}(t_U) - R_m \cdot ln\left(\frac{p}{p_U}\right)\right)\right]$$

bereitgestellt.

Die Exergieströme sind am Kühlwassereintritt in $WÜ_I$ mit

$$p_{KW1} := p_{KWmin} + \Delta p_{KW} \qquad t_{KW1} = 86\,°C \qquad p_{KW1} = 1.27\,bar$$

$$Exp_{KW1} := Exp_W(mp_{KW}, t_{KW1}, p_{KW1}) \qquad Exp_{KW1} = 235.313\,kW$$

und am Kühlwasseraustritt von $WÜ_I$ mit

$$p_{KW2} := p_{KWmin} \qquad t_{KW2} = 80\,°C \qquad p_{KW2} = 1.15\,bar$$

$$Exp_{KW2} := Exp_W(mp_{KW}, t_{KW2}, p_{KW2}) \qquad Exp_{KW2} = 205.982\,kW$$

nach der Pumpe

$$w_{tP} := \frac{P_P}{mp_{KW}} \qquad \Delta u := w_{tP} - \frac{\Delta p_P}{\rho_W} \qquad \Delta u = 9.975\,\frac{J}{kg}$$

$$t_{KW3} := t_{KW2} + \frac{\Delta u}{c_W} \qquad t_{KW3} = 80.002\,°C$$

$$p_{KW3} := p_{KWmin} + \Delta p_P \qquad p_{KW3} = 1.4\,bar$$

$$Exp_{KW3} := Exp_W(mp_{KW}, t_{KW3}, p_{KW3}) \qquad Exp_{KW3} = 206.118\,kW$$

am Heizwassereintritt in $WÜ_I$ mit

$$p_{HI1} := p_{Hmax} \qquad t_{HI1} = 70\,°C \qquad p_{HI1} = 1.2\,bar$$

$$Exp_{HI1} := Exp_W(mp_H, t_{HI1}, p_{HI1}) \qquad Exp_{HI1} = 64.368\,kW$$

am Heizwasseraustritt von $WÜ_I$ mit

$$p_{HI2} := p_{HI1} - \Delta p_{HI} \qquad t_{HI2} = 85\,°C \qquad p_{HI2} = 1.11\,bar$$

$$Exp_{HI2} := Exp_W(mp_H, t_{HI2}, p_{HI2}) \qquad Exp_{HI2} = 92.097\,kW$$

am Heizwassereintritt in $WÜ_{II}$ mit

$$Exp_{HII1} := Exp_{HI2}$$

und am Heizwasseraustritt von $WÜ_{II}$ mit

$$p_{HII2} := p_{HI2} - \Delta p_{HII} \qquad t_{HII2} = 90.433\,°C \qquad p_{HII2} = 1.07\,bar$$

$$Exp_{HII2} := Exp_W(mp_H, t_{HII2}, p_{HII2}) \qquad Exp_{HII2} = 103.147\,kW$$

sowie für das Abgas beim Eintritt in $WÜ_{II}$ mit

$$p_{A1} := p_U + \Delta p_A \qquad t_{A1} = 585\,°C \qquad p_{A1} = 1.077\,bar$$

$$Exp_{A1} := Exp_A(np_A, t_{A1}, p_{A1}) \qquad Exp_{A1} = 27.191\,kW$$

und am Austritt von $WÜ_{II}$ mit

$$p_{A2} := p_U \qquad t_{A2} = 120\,°C \qquad p_{A2} = 0.997\,bar$$

$$Exp_{A2} := Exp_A(np_A, t_{A2}, p_{A2}) \qquad Exp_{A2} = 1.878\,kW$$

Die Exergieverluste für die einzelnen Komponenten folgen aus den Exergiebilanzen

$$Exp_{VWÜI} := Exp_{KW1} - Exp_{KW2} + Exp_{HI1} - Exp_{HI2} \qquad Exp_{VWÜI} = 1.602\,kW$$

$$Exp_{VWÜII} := Exp_{A1} - Exp_{A2} + Exp_{HII1} - Exp_{HII2} \qquad Exp_{VWÜII} = 14.263\,kW$$

$$Exp_{VA} := Exp_{A2} \qquad Exp_{VA} = 1.878\,kW$$

$$Exp_{VP} := Exp_{KW2} - Exp_{KW3} + P_P \qquad Exp_{VP} = 0.039\,kW$$

$$Exp_{Vges} := Exp_{VWÜI} + Exp_{VWÜII} + Exp_{VA} + Exp_{VP} \qquad Exp_{Vges} = 17.781\,kW$$

Die Heizwasseraufwärmung in $WÜ_I$ und $WÜ_{II}$ beträgt insgesamt

$$Qp_{tot} := mp_H \cdot c_W \cdot (t_{HII2} - t_{HI1}) \qquad Qp_{tot} = 171.108\,kW$$

mit dem Exergieverlust der Gesamtanlage mit Pumpe von *17,78 kW*. Ca. *80 %* der Verluste treten im Wärmeübertrager $WÜ_{II}$ auf.

# 3.7 Wärmeübertrager

## 3.7.1 Allgemeine Eigenschaften

Ein Rekuperator genannter Wärmeübertrager wird im normalen Betriebszustand von zwei Fluidströmen stationär durchströmt. Die beiden Fluide werden durch dünne Wände voneinander getrennt, wobei über diese Trennwände Wärme vom warmen Fluidstrom (Index $h$) an den kalten (Index $c$) übertragen wird. Dabei kühlt sich der warme Fluidstrom ab und der kalte wird aufgewärmt.

Mögliche Durchströmungsarten von einfachen Rekuperatoren sind

- Gleichstrom,
- Kreuzstrom und
- Gegenstrom.

Für den Kreuzstrom und für die zahlreichen weiteren Bauarten von Wärmeübertragern sei auf die weiterführende Literatur verwiesen. So werden z.B. im VDI-Wärmeatlas[28] Betriebscharakteristiken für 31 Strömungsführungen angegeben.

Wir beschränken uns bei der grundsätzlichen Diskussion von Rekuperatoren auf die Durchströmungen im Gleichstrom und im Gegenstrom (Abb. 3.12).

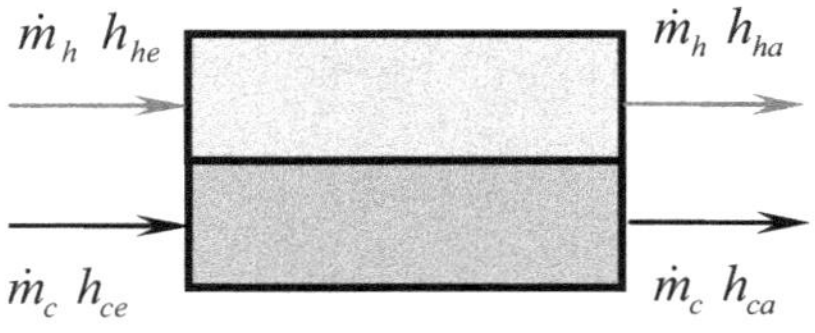


*(a) Gleichstrom*

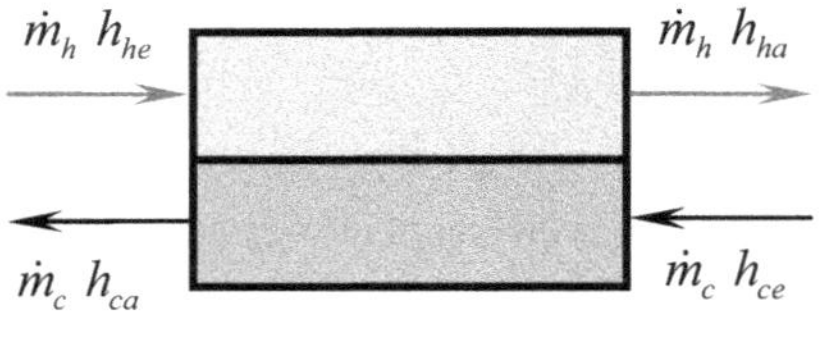


*(b) Gegenstrom*

*Abb. 3.12: Durchströmungsarten von Rekuperatoren*

28 VDI-Wärmeatlas, Abschnitt Ca: Roetzel, W., Spang, B: Berechnung von Wärmeübertragern, Berlin, Heidelberg, Springer Verlag, 2002

Der 1. HS für stationär durchströmte, adiabate Systeme

$$\sum_i \dot{m}_i \, h_i = 0$$

ergibt für Rekuperatoren mit

$$\dot{m}_h \left(h_{he} - h_{ha}\right) = \dot{m}_c \left(h_{ca} - h_{ce}\right) = kA \, \Delta t_m = \dot{Q} \,, \tag{3.56}$$

dass die Abkühlung des warmen Fluidstroms gleich der Aufwärmung des kalten Fluidstroms ist und dass dies gleich dem Wärmestrom ist, der im Rekuperator vom warmen auf den kalten Fluidstrom übertragen wird. Maßgeblich für das Fließen von Wärme ist das treibende Temperaturgefälle zwischen dem warmen und dem kalten Fluidstrom. Um dieses treibende Temperaturgefälle zu erfassen, ist es zweckmäßig, durch die Definition von mittleren Wärmekapazitäten gemäß

$$\overline{c}_{p\_h} = \frac{h_{he} - h_{ha}}{t_{he} - t_{ha}} \quad \text{und} \quad \overline{c}_{p\_c} = \frac{h_{ca} - h_{ce}}{t_{ca} - t_{ce}} \tag{3.57}$$

die Wärmekapazitätsströme

$$\dot{W}_h = \dot{m}_h \, c_{p\_h} \quad \text{und} \quad \dot{W}_c = \dot{m}_c \, c_{p\_c} \tag{3.58}$$

einzuführen. Damit folgt aus der Energiestrombilanz Gl. (3.56) die Beziehung

$$\dot{W}_h \left(t_{he} - t_{ha}\right) = \dot{W}_c \left(t_{ca} - t_{ce}\right) = kA \, \Delta t_m = \dot{Q} \,. \tag{3.59}$$

Wir betrachten nun ein differentielles Element des Rekuperators. In diesem Element wird dem warmen Fluid die Wärmemenge

$$d\dot{Q} = -\dot{W}_h \, dt_h \tag{3.60}$$

entzogen, fließt mit dem treibenden Gefälle zwischen warmem und kaltem Fluid durch den Wärmeleitwiderstand der Trennwand

$$d\dot{Q} = k \, dA \left(t_h - t_c\right), \tag{3.61}$$

wodurch das kalte Fluid gemäß

$$d\dot{Q} = \dot{W}_c \, dt_c \tag{3.62}$$

erwärmt wird. Aus den Gln. (3.60, 3.61) folgt

$$\frac{dt_h}{t_h - t_c} = -\frac{k \, dA}{\dot{W}_h} \,, \tag{3.63}$$

und aus den Gln. (3.61, 3.62)

$$\frac{dt_c}{t_h - t_c} = \frac{k \, dA}{\dot{W}_c} \,. \tag{3.64}$$

Subtraktion der beiden vorstehenden Gleichungen liefert

$$\frac{d\left(t_h - t_c\right)}{t_h - t_c} = -k \, dA \left(\frac{1}{\dot{W}_h} + \frac{1}{\dot{W}_c}\right). \tag{3.65}$$

Zur weiteren Analyse ist es zweckmäßig, das Verhältnis der Wärmekapazitätsströme („Ratio“)

$$R_h = \frac{\dot{W}_h}{\dot{W}_c} \,; \qquad R_c = \frac{\dot{W}_c}{\dot{W}_h} = \frac{1}{R_h} \tag{3.66}$$

und die Anzahl der Übertragungseinheiten („Number of Thermal Units“)

$$NTU_h = \frac{k \, A}{\dot{W}_h} \,; \qquad NTU_c = \frac{k \, A}{\dot{W}_c} \tag{3.67}$$

als normierte Parameter einzuführen. Damit wird aus Gl. (3.65)

$$\frac{d(t_h - t_c)}{t_h - t_c} = -\left(d(NTU_h) + d(NTU_c)\right)$$

oder

$$\frac{d(t_h - t_c)}{t_h - t_c} = -d(NTU_h)(1 + R_h) = -d(NTU_c)(R_c + 1) \cdot$$

Diese Gleichung ist invariant gegenüber der Vertauschung der Indizes „$h$" und „$c$" und kann verallgemeinert für gleichsinnige oder gegensinnige Durchströmung angeschrieben werden:

$$\frac{d(\Delta t)}{\Delta t} = -d(NTU_i)(1 + R_i) \quad \text{oder} \quad \frac{d(\Delta t)}{\Delta t} = -d(NTU_i)(1 - R_i) \tag{3.68}$$

Ferner folgt aus den Gln. (3.59) für das mittlere treibende Temperaturgefälle bei gleichsinniger Durchströmung durch Addition oder bei gegenläufiger Durchströmung durch Subtraktion

$$\Delta t_m = \frac{t_{he} - t_{ha} + t_{ca} - t_{ce}}{NTU_h + NTU_c} \quad \text{oder} \quad \Delta t_m = \frac{t_{he} - t_{ha} - t_{ca} + t_{ce}}{NTU_h - NTU_c} \tag{3.69}$$

Weiter ist es nützlich, normierte Temperaturkennzahlen („Performances") gemäß

$$P_h = \frac{t_{he} - t_{ha}}{t_{he} - t_{ce}}; \qquad P_c = \frac{t_{ca} - t_{ce}}{t_{he} - t_{ce}} \tag{3.70}$$

zu definieren. Für die Austrittstemperaturen erhält man

$$t_{ha} = t_{he} - P_h\,(t_{he} - t_{ce}) \quad \text{und} \quad t_{ca} = t_{ce} + P_c\,(t_{he} - t_{ce})$$

oder

$$\frac{t_{ha} - t_{ce}}{t_{he} - t_{ce}} = 1 - P_h \quad \text{und} \quad \frac{t_{he} - t_{ca}}{t_{he} - t_{ce}} = 1 - P_c \cdot \tag{3.71}$$

Ferner ergeben sich aus der Bilanzgleichung (3.59) die Zusammenhänge zwischen den Temperaturkennzahlen

$$P_c = P_h\, R_h \quad \text{und} \quad P_h = P_c\, R_c\,, \tag{3.72}$$

sowie

$$P_h = NTU_h \frac{\Delta t_m}{t_{he} - t_{ce}} \quad \text{und} \quad P_c = NTU_c \frac{\Delta t_m}{t_{he} - t_{ce}} \cdot \tag{3.73}$$

Schließlich folgen aus den Gln. (3.66) und (3.67) die Beziehungen

$$NTU_c = R_h\, NTU_h \quad \text{und} \quad NTU_h = R_c\, NTU_c \cdot \tag{3.74}$$

Wir können nun die folgenden Fälle unterscheiden:

- Ist $\dot{W}_h$ der schwächere Wärmekapazitätsstrom, so ist $R_h < 1$;
- Ist $\dot{W}_c$ der schwächere Wärmekapazitätsstrom, so ist $R_h > 1$;
- Für $R_h = R_c = 1$ liegt ein symmetrisch durchströmter Rekuperator vor.

## 3.7.2 Gleichstrom-Rekuperator

Haben beide Fluidströme die gleiche Richtung, so tritt das maximale treibende Gefälle stets am Eintritt der Fluidströme und das minimale treibende Gefälle[29] am Austritt auf:

$$\Delta t_{\max} = t_{he} - t_{ce} \qquad \text{und} \qquad \Delta t_{\min} = t_{ha} - t_{ca}. \tag{3.75}$$

Durch Integration der Gleichung (3.68) für gleichsinnige Durchströmung folgt zunächst für die Anzahl der Übertragungseinheiten

$$NTU_i = \frac{-\ln\left(\dfrac{\Delta t_{\min}}{\Delta t_{\max}}\right)}{1+R_i}. \tag{3.76}$$

Durch Einsetzen der Gln. (3.75) in Gl. (3.69) unter Verwendung von Gl. (3.76) erhält man

$$\Delta t_m = \frac{\Delta t_{\max} - \Delta t_{\min}}{\ln\left(\dfrac{\Delta t_{\max}}{\Delta t_{\min}}\right)}. \tag{3.77}$$

Auflösung der Gln. (3.75) nach dem minimalen treibenden Gefälle liefert

$$\Delta t_{\min} = \Delta t_{\max} \exp\left[-(1+R_i)\,NTU_i\right]. \tag{3.78}$$

Schließlich erhält man aus Gl. (3.77) mit den Gln. (3.71) die Betriebscharakteristik für den Gleichstrom-Wärmeübertrager

$$P_i = \frac{1-\exp\left[-(1+R_i)\,NTU_i\right]}{1+R_i}. \tag{3.79}$$

Lässt man die Austauschfläche über alle Grenzen ansteigen $(NTU_i \to \infty)$, so folgt

$$P_{\infty,i} = \frac{1}{1+R_i}. \tag{3.80}$$

Dies bedeutet, dass sich am Austritt solcher Rekuperatoren als Grenzfall stets die Mischungstemperatur der beiden Fluidströme einstellt.

## 3.7.3 Gegenstrom-Rekuperator

Wir orientieren uns stets am schwächeren Wärmekapazitätsstrom, der in positiver Richtung der *NTU*-Achse fließt. Dann liegt bei $NTU = 0$ am Eintritt des schwächeren Wärmekapazitätsstroms das maximale treibende Temperaturgefälle vor und bei $NTU = NTU_{max}$ der minimale Wert dieses Parameters. Es ergeben sich die beiden Fälle

$$\left.\begin{array}{lll} \Delta t_{\max} = t_{he} - t_{ca} & \Delta t_{\min} = t_{ha} - t_{ce} & \text{für } R_h \le 1 \\ \text{und} & & \\ \Delta t_{\max} = t_{ha} - t_{ce} & \Delta t_{\min} = t_{he} - t_{ca} & \text{für } R_h \ge 1. \end{array}\right\} \tag{3.81}$$

Bei gegenläufiger Durchströmung nimmt Gl. (3.68) die Form

$$\frac{d(\Delta t)}{\Delta t} = -d(NTU_i)(1-R_i)$$

an.

---

29 Bei Rekuperatoren wird das minimale treibende Temperaturgefälle auch als Grädigkeit bezeichnet.

Die Integration liefert für die Anzahl der Übertragungseinheiten

$$NTU_i = -\frac{\ln\left(\frac{\Delta t_{\min}}{\Delta t_{\max}}\right)}{1-R_i}. \tag{3.82}$$

Einsetzen der Gln. (3.81) in Gl. (3.69) unter Verwendung von Gl. (3.82) liefert für das mittlere treibende Temperaturgefälle in beiden Fällen mit

$$\Delta t_m = \frac{\Delta t_{\max} - \Delta t_{\min}}{\ln\left(\frac{\Delta t_{\max}}{\Delta t_{\min}}\right)}. \tag{3.83}$$

das gleiche Ergebnis wie beim Gleichstrom-Wärmeübertrager.

Auflösung von Gl. (3.82) nach dem minimalen treibenden Temperaturgefälle liefert

$$\Delta t_{\min} = \Delta t_{\max} \exp[-(1-R_i)\, NTU_i] \tag{3.84}$$

Daraus folgt unter Einbeziehung der Gln. (3.81) und Gln. (3.71) die Betriebscharakteristik des Gegenstrom-Wärmeübertragers für $0 \le R_i < 1$

$$P_i = \frac{1-\exp[-(1-R_i)\, NTU_i]}{1-R_i \exp[-(1-R_i)\, NTU_i]}. \tag{3.85}$$

Lässt man die Austauschfläche über alle Grenzen ansteigen, so erhält man

$$P_{\infty,i} = 1.$$

Dabei ist die Austrittstemperatur des schwächeren Wärmeträgers gleich der Eintrittstemperatur des stärkeren Wärmeträgers.

Für den Fall $R_i = 1$ liefert der Grenzübergang

$$\lim_{R \to 1} \frac{1 - \exp[-\mathrm{NTU}\cdot(1-\mathrm{R})]}{1 - \mathrm{R}\cdot\exp[-\mathrm{NTU}\cdot(1-\mathrm{R})]} \to \frac{\mathrm{NTU}}{(\mathrm{NTU}+1)}$$

die Betriebscharakteristik für den symmetrischen Gegenstrom-Wärmeübertrager

$$P_i = \frac{NTU_i}{NTU_i + 1}. \tag{3.86}$$

### 3.7.4 Wärmeübertrager mit $R_i = 0$

Überwiegt ein Wärmekapazitätsstrom ganz erheblich, so ergibt sich, wie man sich leicht überzeugen kann, bei beiden Durchströmungsarten die gleiche Betriebscharakteristik:

$$P_i = 1 - \exp(-NTU_i) \tag{3.87}$$

Wie in Kapitel 6 ausgeführt, bleibt beim Phasenwechsel eines homogenen Fluids die Temperatur unverändert. So wird in einem Verdampfer dem kälteren, verdampfenden Fluid Wärme zugeführt, ohne dass sich seine Temperatur ändert. Deshalb folgt aus den Gl. (3.57, 3.58), dass in einem Verdampfer $\dot{W}_c \to \infty$ und damit $R_h \to 0$ geht. Ebenso bleibt in einem Kondensator die Temperatur des wärmeren Fluids trotz Wärmeabfuhr konstant. Dann geht $\dot{W}_h \to \infty$ und damit $R_c \to 0$.

**Beispiel 3.11 (Level 1):** Für die Gegenstrom-Wärmeübertrager in Beispiel 3.10 sollen das mittlere treibende Temperaturgefälle und die charakteristischen Kennzahlen bestimmt werden. Es ist zu prüfen, ob Ausführungen als Gleichstrom-Rekuperator in Frage kommen.

**Voraussetzungen und gegebene Werte:** Wie in Beispiel 3.10

**Lösung:** Mit den Ergebnissen von Beispiel 3.10 werden die Wärmekapazitätsströme für Heizwasser, Abgas und Kühlwasser berechnet:

$$W_H := mp_H \cdot c_W \qquad W_H = 8.374 \frac{kW}{K}$$

$$W_A := \frac{mp_A}{M_A} \cdot \frac{h_{mA}(t_{A1}) - h_{mA}(t_{A2})}{t_{A1} - t_{A2}} \qquad W_A = 0.0978 \frac{kW}{K}$$

$$W_{KW} := mp_{KW} \cdot c_W \qquad W_{KW} = 20.935 \frac{kW}{K}$$

Im **Gegenstrom-Rekuperator WÜ$_I$** gibt das aus dem Motor kommende Kühlwasser Wärme an den Heizkreislauf ab. Dabei ist der Kühlwasserstrom der stärkere Wärmeträger. Folglich sind die Verhältnisse der Wärmekapazitätsstrome

$$R_{Ih} := \frac{W_{KW}}{W_H} \qquad R_{Ih} = 2.500 \qquad R_{Ic} := \frac{1}{R_{Ih}} \qquad R_{Ic} = 0.4$$

Das minimale treibende Temperaturgefälle tritt beim Austritt des Kühlwassers auf. Mit den treibenden Gefällen

$$t_{KW1} = 86\,°C \qquad t_{KW2} = 80\,°C$$

$$\Delta t_{Imax} := t_{KW2} - t_{HI1} \qquad \Delta t_{Imin} := t_{KW1} - t_{HI2}$$

$$t_{HI2} = 85\,°C \qquad t_{HI1} = 70\,°C$$

wird das mittlere treibende Temperaturgefälle bestimmt:

$$\Delta t_{mI} := \frac{\Delta t_{Imax} - \Delta t_{Imin}}{ln\left(\frac{\Delta t_{Imax}}{\Delta t_{Imin}}\right)} \qquad \Delta t_{Imax} = 10\,K \qquad \Delta t_{Imin} = 1\,K \qquad \Delta t_{mI} = 3.909\,K$$

Die Temperaturkennzahlen betragen

$$P_{Ih} := \frac{t_{KW1} - t_{KW2}}{t_{KW1} - t_{HI1}} \qquad P_{Ih} = 0.375$$

$$P_{Ic} := R_{Ih} \cdot P_{Ih} \qquad P_{Ic} = 0.938$$

Die Umkehrfunktion der Betriebscharakteristik des Gegenstrom-Wärmeübertragers

$$P = \frac{1 - exp[-NTU \cdot (1 - R)]}{1 - R \cdot exp[-NTU \cdot (1 - R)]}$$

lautet

$$NTU_{Gg}(P, R) := \frac{ln\left[\frac{(P - 1)}{(P \cdot R - 1)}\right]}{(-1 + R)}$$

Damit erhält man für die Anzahl der Übertragungseinheiten

$$NTU_{Ih} := NTU_{Gg}(P_{Ih}, R_{Ih}) \qquad NTU_{Ih} = 1.535 \qquad NTU_{Ic} := NTU_{Ih} \cdot R_{Ih} \qquad NTU_{Ic} = 3.838$$

Eine Ausführung als Gleichstrom-Wärmeübertrager ist nicht möglich, da dann am Austritt das treibende Temperaturgefälle mit

$$\Delta t_{Gl\_Imin} := t_{KW2} - t_{HI2} \qquad \Delta t_{Gl\_Imin} = -5\,K$$

einen negativen Wert annehmen würde. Das ist nicht mit dem 2. HS vereinbar.

Im **Gegenstrom-Rekuperator WÜ$_{II}$** gibt das Abgas aus dem Verbrennungsmotor Wärme zur weiteren Aufheizung des Heizwassers ab. Bei diesem Wärmeübertrager ist das Abgas der wesentlich schwächere Wärmeträger:

$$R_{IIh} := \frac{W_A}{W_H} \qquad R_{IIh} = 0.012 \qquad R_{IIc} := \frac{1}{R_{IIh}} \qquad R_{IIc} = 85.584$$

Mit den treibenden Temperaturgefällen

$$t_{A2} = 120\,°C \qquad t_{A1} = 585\,°C \qquad \Delta t_{IImax} := t_{A1} - t_{HII2} \qquad \Delta t_{IImin} := t_{A2} - t_{HII1}$$

$$t_{HII1} = 85\,K \qquad t_{HII2} = 90.433\,°C$$

folgt für das mittlere treibende Temperaturgefälle

$$\Delta t_{mII} := \frac{\Delta t_{IImax} - \Delta t_{IImin}}{ln\left(\dfrac{\Delta t_{IImax}}{\Delta t_{IImin}}\right)} \qquad \begin{array}{l} \Delta t_{IImax} = 494.567\,K \\[2mm] \Delta t_{IImin} = 35\,K \end{array} \qquad \Delta t_{mII} = 173.531\,K$$

Mit den Temperaturkennzahlen

$$P_{IIh} := \frac{t_{A1} - t_{A2}}{t_{A1} - t_{HII1}} \qquad P_{IIh} = 0.93 \qquad P_{IIc} := P_{IIh} \cdot R_{IIh} \qquad P_{IIc} = 0.0109$$

werden die Anzahlen der Übertragungseinheiten

$$NTU_{IIh} := NTU_{Gg}\left(P_{IIh}, R_{IIh}\right) \quad NTU_{IIh} = 2.68 \qquad NTU_{IIc} := NTU_{IIh} \cdot R_{IIh} \qquad NTU_{IIc} = 0.0313$$

bestimmt.

Bei den vorliegenden Temperaturverhältnissen ist für den Rekuperator WÜ$_{II}$ auch die Ausführung im **Gleichstrom** möglich. Bei gleicher Austauschfläche, d.h. bei gleichen *NTU*-Werten, werden die Temperaturkennzahlen mit der Funktion für die Betriebscharakteristik

$$P_{Gl}(R, NTU) := \frac{1 - exp\left[-(1 + R) \cdot NTU\right]}{1 + R}$$

mit dem Ergebnis

$$P_{Gl\_IIh} := P_{Gl}\left(R_{IIh}, NTU_{IIh}\right) P_{Gl\_IIh} = 0.923 \qquad P_{Gl\_IIc} := P_{Gl\_IIh} \cdot R_{IIh} \qquad P_{Gl\_IIc} = 0.0108$$

ermittelt. Damit werden die Austrittstemperaturen berechnet:

$$t_{Gl\_A2} := t_{A1} - P_{Gl\_IIh} \cdot \left(t_{A1} - t_{HII1}\right) \qquad t_{Gl\_A2} = 123.628\,°C$$

$$t_{Gl\_HII2} := t_{HII1} + P_{Gl\_IIc} \cdot \left(t_{A1} - t_{HII1}\right) \qquad t_{Gl\_HII2} = 90.391\,°C$$

Mit den Maximal- und Minimalwerten des treibenden Temperaturgefälles

$$\Delta t_{Gl\_max} := t_{A1} - t_{HII1} \qquad \Delta t_{Gl\_min} := t_{Gl\_A2} - t_{Gl\_HII2}$$

wird das mittlere treibende Temperaturgefälle berechnet:

$$\Delta t_{Gl\_m} := \frac{\Delta t_{Gl\_max} - \Delta t_{Gl\_min}}{ln\left(\dfrac{\Delta t_{Gl\_max}}{\Delta t_{Gl\_min}}\right)} \qquad \begin{array}{l} \Delta t_{Gl\_max} = 500\,K \\[2mm] \Delta t_{Gl\_min} = 33.237\,K \end{array} \qquad \Delta t_{Gl\_m} = 172.177\,K$$

**Diskussion:** In vielen Fällen kann die Gleichstrom-Bauart von Rekuperatoren nicht realisiert werden. Das ist immer dann der Fall, wenn die Austrittstemperatur des kalten über derjenigen des warmen Fluidstroms liegen würde.

Beim Rekuperator WÜ$_{II}$ überwiegt ein Wärmekapazitätsstrom sehr stark. Bei solchen Wärmeübertragern ist die Durchströmungsrichtung nicht sehr wichtig. Ein Vergleich der beiden Varianten in diesem Beispiel zeigt, dass nur sehr geringe Abweichungen auftreten.

## 3.7.5     Irreversibilität in Wärmeübertragern

Die Entropieproduktion in Wärmeübertragern wird berechnet durch

$$\dot{S}_{irr} = -\sum_i \dot{m}_i\, s_i = \dot{m}_h\left(s_{ha} - s_{he}\right) + \dot{m}_c\left(s_{ca} - s_{ce}\right). \qquad (3.87)$$

Setzt man Fluide mit konstanten spezifischen Wärmekapazitäten voraus, so gilt

$$\dot{S}_{irr} = \dot{W}_h\, ln\left(\frac{T_{ha}}{T_{he}}\right) + \dot{W}_c\, ln\left(\frac{T_{ca}}{T_{ce}}\right), \qquad (3.88)$$

woraus die normierten Kennziffern

$$\left.\begin{aligned}\sigma_{irr\_h} &= \frac{\dot{S}_{irr}}{\dot{W}_h} = \ln\left(\frac{T_{ha}}{T_{he}}\right) + \frac{1}{R_h}\ln\left(\frac{T_{ca}}{T_{ce}}\right) \quad \text{für } R_h \le 1 \\ &\text{und} \\ \sigma_{irr\_c} &= \frac{\dot{S}_{irr}}{\dot{W}_c} = R_h \ln\left(\frac{T_{ha}}{T_{he}}\right) + \ln\left(\frac{T_{ca}}{T_{ce}}\right) \quad \text{für } R_h \ge 1\end{aligned}\right\} \tag{3.89}$$

abgeleitet werden.

**Beispiel 3.12 (Level 4):** Für einen Gleichstrom-Rekuperator mit der Übertragungsfähigkeit $NTU_{max} = 3$ und mit einer Eintrittstemperatur des warmen Fluidstroms von *100 °C* und einem maximalen treibenden Temperaturgefälle von *80 K* sind Temperaturprofile für einige Werte im Bereich $0 \le R_h \le \infty$ zu zeichnen. Ferner sind die Kennziffern für die Irreversibilitäten zu ermitteln.

**Gegeben:**

$$\Delta t_{max} := 80 \qquad t_{he} := 100 \qquad t_{ce} := t_{he} - \Delta t_{max} \qquad NTU_{max} := 3$$

**Theoretische Überlegung:** Es gilt $R_h = R$ und $R_c = 1/R$. Die Integrationsrichtung wird so gewählt, dass das treibende Gefälle in Richtung der NTU-Achse abnimmt. Schreibt man die Gln. (3.63) und (3.64) in der Form

$$dt_h = -\Delta t \cdot d(NTU) \qquad dt_c = -\Delta t \cdot d(NTU)$$

an, so ergeben sich durch Integration unter Verwendung von Gl. (3.78) für das treibende Gefälle $\Delta t$ des Gleichstrom-Wärmeübertragers die Temperaturprofile, und zwar für $R < 1$ mit der Randbedingung $t_h = t_{he}$ für $NTU = 0$

$$t_h - t_{he} = -\int_0^{NTU} \Delta t\,(R, NTU)\, d(NTU) \qquad t_c = t_h - \Delta t\,(R, NTU)$$

und für $R > 1$ mit der Randbedingung $t = t_{ce}$ für $NTU = 0$

$$t_c - t_{ce} = -\int_0^{NTU} \Delta t\left(\frac{1}{R}, NTU\right) d(NTU) \qquad t_h = t_c + \Delta t\left(\frac{1}{R}, NTU\right)$$

**Lösung:** Mit der Funktion für das treibende Gefälle

$$\Delta t_{Gl}(R, NTU) := \Delta t_{max} \cdot exp[-(1 + R) \cdot NTU]$$

werden die Temperaturprofile für das warme Fluid als schwächerer Wärmeträger $R_h < 1$

$$t_{Glh\_h}(R_h, NTU) := t_{he} - \frac{1}{1 + R_h} \cdot \left(\Delta t_{max} - \Delta t_{Gl}(R_h, NTU)\right)$$

$$t_{Glh\_c}(R_h, NTU) := t_{Glh\_h}(R_h, NTU) - \Delta t_{Gl}(R_h, NTU)$$

und für das kalte Fluid als schwächerer Wärmeträger $R_h > 1$

$$t_{Glc\_c}(R_h, NTU) := t_{ce} + \frac{1}{1 + \frac{1}{R_h}} \cdot \left(\Delta t_{max} - \Delta t_{Gl}\left(\frac{1}{R_h}, NTU\right)\right)$$

$$t_{Glc\_h}(R_h, NTU) := t_{Glc\_c}(R_h, NTU) + \Delta t_{Gl}\left(\frac{1}{R_h}, NTU\right)$$

erstellt. Abb. 3.13 zeigt diese Temperaturprofile mit den beiden Grenzfällen des Kondensators und des Verdampfers und mit dem minimalen treibenden Temperaturgefälle am Ausgang des Rekuperators.

$NTU := 0, 0.05 .. 3$

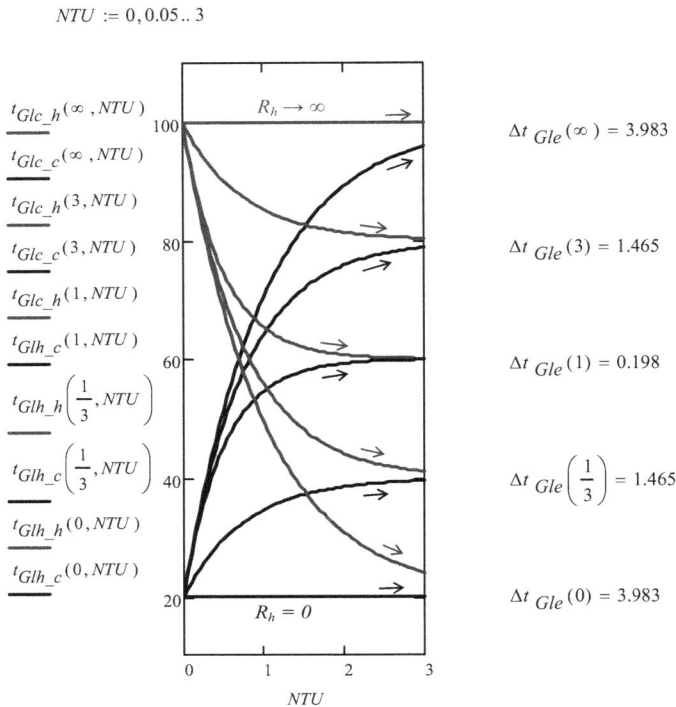

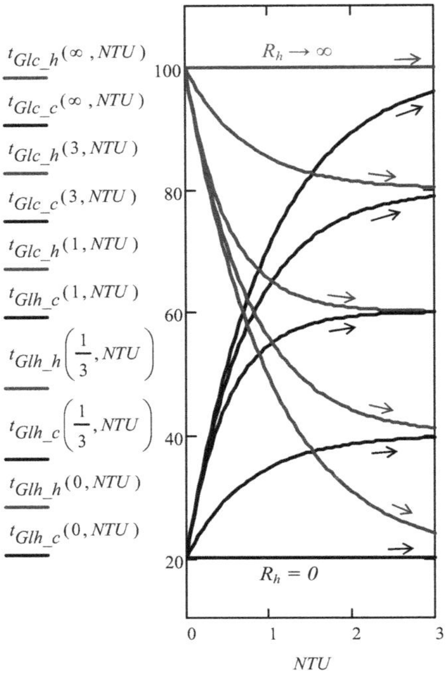


$\Delta t_{Gle}(\infty) = 3.983$

$\Delta t_{Gle}(3) = 1.465$

$\Delta t_{Gle}(1) = 0.198$

$\Delta t_{Gle}\left(\frac{1}{3}\right) = 1.465$

$\Delta t_{Gle}(0) = 3.983$

*Abb. 3.13: Gleichstrom-Rekuperator für $R_h = 0; 1/3; 1; 3; \infty$*

Für den Verdampfer $R_h = 0$ bleibt die Temperatur des kalten Fluids konstant. Mit steigendem $R$ wird das treibende Gefälle am Ende des Rekuperators immer geringer, bis bei $R_h = 1$ symmetrische Strömungsverhältnisse erreicht werden, um für $R_h > 0$ wieder anzusteigen. Beim Kondensator $R_h \rightarrow \infty$ bleibt die Temperatur des warmen Fluids unverändert. Mit dem Gleichstrom-Rekuperator kann selbst bei unendlich großer Austauschfläche $NTU_h \rightarrow \infty$ stets nur die Mischtemperatur der beiden Fluidströme erreicht werden.

Mit

$$Tt(t) := t + 273.15 \qquad NTU := 3$$

werden die Funktionen für die Kennziffern der Irreversibilität für $R_h \leq 1$

$$\sigma_{irr\_Glh}(R_h, NTU) := ln\left(\frac{Tt(t_{Glh\_h}(R_h, NTU))}{Tt(t_{he})}\right) + \frac{1}{R_h} \cdot ln\left(\frac{Tt(t_{Glh\_c}(R_h, NTU))}{Tt(t_{ce})}\right)$$

und für $R_h \geq 1$

$$\sigma_{irr\_Glc}(R_h, NTU) := R_h \cdot ln\left(\frac{Tt(t_{Glc\_h}(R_h, NTU))}{Tt(t_{he})}\right) + ln\left(\frac{Tt(t_{Glc\_c}(R_h, NTU))}{Tt(t_{ce})}\right)$$

Die berechneten Ergebnisse werden für Gleichstrom-Wärmeübertrager unter den obigen Voraussetzungen in der nachstehenden Tabelle wiedergegeben. In der ersten Spalte steht das Verhältnis der Wärmekapazitätsströme $R_h$ und die zweite Spalte enthält die Kennzahlen der Irreversibilität $\sigma_{irr}$.

$Irrev =$

| | 0 | 1 |
|---|---|---|
| 0 | $1\cdot10^{7}$ | 0.0268 |
| 1 | 10 | 0.0248 |
| 2 | 5 | 0.023 |
| 3 | 2 | 0.0189 |
| 4 | 1.3333 | 0.0164 |
| 5 | 1 | 0.0145 |
| 6 | 0.75 | 0.0168 |
| 7 | 0.5 | 0.0199 |
| 8 | 0.2 | 0.0256 |
| 9 | 0.1 | 0.0282 |
| 10 | $1\cdot10^{-7}$ | 0.0315 |

Beim symmetrischen Gleichstrom-Wärmeübertrager $(R_h = 1)$ hat die Kennzahl der Irreversibilität ein Minimum.

**Beispiel 3.13 (Level 4):** Einem Gegenstrom-Rekuperator mit einer Übertragungsfähigkeit $NTU_{max} = 5$ und einem maximalen treibenden Temperaturgefälle $\Delta t_{max} = 40\ K$ strömt für $R_h \geq 1$ das kalte Fluid mit $20\ °C$ zu, für $R_h \leq 1$ beträgt die Eintrittstemperatur des warmen Fluids $100\ °C$.

**Theoretische Überlegung:** Es gilt die gleiche Überlegung wie beim Gleichstrom-Wärmeübertrager. Für das treibende Gefälle des Gegenstrom-Wärmeübertragers wird Gl. (3.84) angewendet.

**Gegeben:**

$$t_{he} := 100 \qquad \Delta t_{max} := 40 \qquad t_{ce} := 20 \qquad NTU_{max} := 5$$

**Lösung:** Mit der Funktion für das treibende Gefälle

$$\Delta t_{Gg}(R, NTU) := \Delta t_{max} \cdot exp[-(1 - R) \cdot NTU]$$

werden die Temperaturprofile für das warme Fluid als schwächerer Wärmeträger $R_h < 1$

$$t_{Ggh\_h}(R_h, NTU) := t_{he} - \frac{1}{1 - R_h} \cdot \left(\Delta t_{max} - \Delta t_{Gg}(R_h, NTU)\right)$$

$$t_{Ggh\_c}(R_h, NTU) := t_{Ggh\_h}(R_h, NTU) - \Delta t_{Gg}(R_h, NTU)$$

und für das kalte Fluid als schwächerer Wärmeträger $R_h > 1$

$$t_{Ggc\_c}(R_h, NTU) := t_{ce} + \frac{1}{1 - \frac{1}{R_h}} \cdot \left(\Delta t_{max} - \Delta t_{Gg}\left(\frac{1}{R_h}, NTU\right)\right)$$

$$t_{Ggc\_h}(R_h, NTU) := t_{Ggc\_c}(R_h, NTU) + \Delta t_{Gg}\left(\frac{1}{R_h}, NTU\right)$$

formuliert. Mit diesen Funktionen werden die Temperaturprofile in Abb. 3.14 generiert.

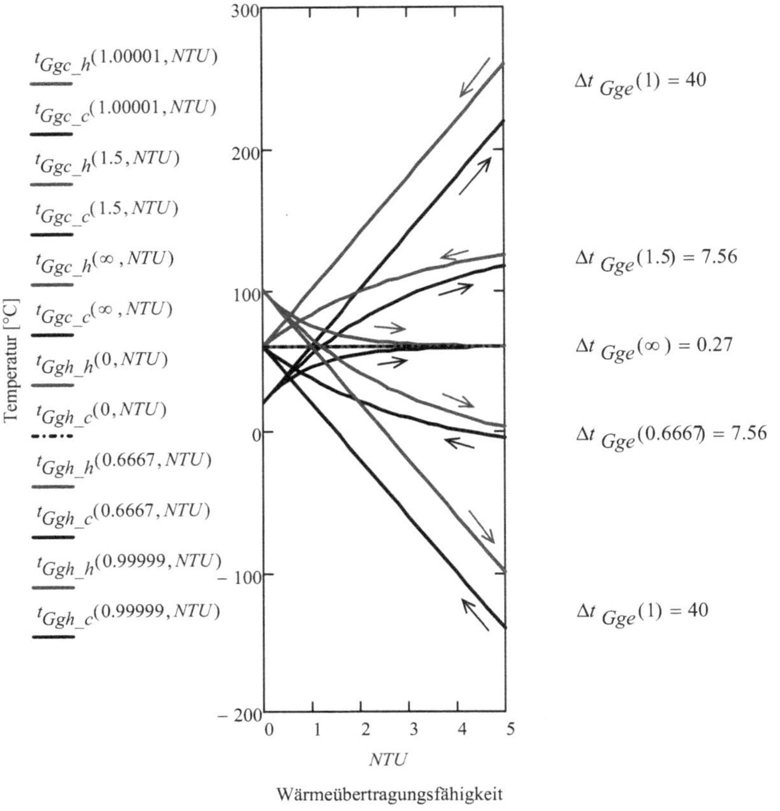


*Abb. 3.14: Gegenstrom-Wärmeübertrager*

Bei dieser Analyse befinden sich in der Mitte von Abb. 3.14 die beiden Fälle des Verdampfers (dem kalten Fluid wird *bei* $t = const. = 60\ °C$ vom warmen Fluid Wärme zugeführt) und des Kondensators (dem warmen Fluid wird bei $60\ °C$ durch das kalte Fluid Wärme entzogen). Wie man leicht zeigen kann, ist für diese Typen von Wärmeübertragern die Durchströmungsrichtung unerheblich, es ergeben sich für Gleichstrom und Gegenstrom die gleichen Lösungen.

Für ansteigende Werte von $R_h$ nimmt die Spreizung zwischen der festgelegten Eintrittstemperatur ($t_{he}$ für $R_h < 0$ bzw. $t_{ce}$ für $R_h > 0$) bei $NTU = NTU_{max}$ rechts im Bild und den komplementären Eintrittstemperaturen ($t_{ce}$ für $R_h < 0$ bzw. $t_{he}$ für $R_h > 0$) bei $NTU = 0$ links im Bild zu und erreicht bei $R = 1$ in beiden Fällen das Maximum.

**Beispiel 3.14 (Level 4):** Für Gegenstrom-Wärmeübertrager mit $NTU_{max} = 5$ und mit den Eintrittstemperaturen von $100\ °C$ für das warme Fluid und von $20\ °C$ des kalten Fluids sollen für einige Werte im Bereich $0 \leq R_h \leq \infty$ die Temperaturprofile gezeichnet werden. Für symmetrische Gegenstrom-Wärmeübertragung soll der Einfluss der Vergrößerung der Anzahl der Übertragungseinheiten *NTU* untersucht werden.

**Gegeben:**

$$t_{he} := 100 \qquad t_{ce} := 20$$

**Lösung:** Zunächst definieren wir Funktionen, die das maximale treibende Temperaturgefälle als Argument enthalten,

$$\Delta t_{Gg}(R, NTU, \Delta t_{max}) := \Delta t_{max} \cdot exp[-(1 - R) \cdot NTU]$$

sowie für $R_h \leq 1$

$$t_{Ggh\_h}\left(R_h, NTU, \Delta t_{max}\right) := t_{he} - \frac{1}{1-R_h} \cdot \left(\Delta t_{max} - \Delta t_{Gg}\left(R_h, NTU, \Delta t_{max}\right)\right)$$

$$t_{Ggh\_c}\left(R_h, NTU, \Delta t_{max}\right) := t_{Ggh\_h}\left(R_h, NTU, \Delta t_{max}\right) - \Delta t_{Gg}\left(R_h, NTU, \Delta t_{max}\right)$$

und für $R_h > 1$

$$t_{Ggc\_c}\left(R_h, NTU, \Delta t_{max}\right) := t_{ce} - \frac{1}{\frac{1}{R_h}-1} \cdot \left(\Delta t_{max} - \Delta t_{Gg}\left(\frac{1}{R_h}, NTU, \Delta t_{max}\right)\right)$$

$$t_{Ggc\_h}\left(R_h, NTU, \Delta t_{max}\right) := t_{Ggc\_c}\left(R_h, NTU, \Delta t_{max}\right) + \Delta t_{Gg}\left(\frac{1}{R_h}, NTU, \Delta t_{max}\right)$$

da $\Delta t_{max}$ iterativ variiert werden muss. Dies wird durch die Funktionen

$$\Delta t_{max\_h}\left(R_h, NTU\right) := \left| \begin{array}{l} \Delta t_0 \leftarrow 10 \\ \Delta t_0 \leftarrow wurzel\left(t_{Ggh\_c}\left(R_h, NTU, \Delta t_0\right) - t_{ce}, \Delta t_0\right) \end{array} \right.$$

für $R_h < 1$ und

$$\Delta t_{max\_c}\left(R_h, NTU\right) := \left| \begin{array}{l} \Delta t_0 \leftarrow 10 \\ \Delta t_0 \leftarrow wurzel\left(t_{Ggc\_h}\left(R_h, NTU, \Delta t_0\right) - t_{he}, \Delta t_0\right) \end{array} \right.$$

für $R_h > 1$ erreicht, um die Eintrittstemperatur des Fluidstroms bei $NTU_{max}$, nämlich $t_{ce}$ für $R_h \leq 1$ und $t_{he}$ für $R_h > 1$ zu erreichen. Nach Zusammenfassung in einer Funktion durch

$$\Delta t_{mx}\left(R_h, NTU\right) := \left| \begin{array}{ll} \Delta t_{max\_h}\left(R_h, NTU\right) & if\ R_h \leq 1 \\ \Delta t_{max\_c}\left(R_h, NTU\right) & otherwise \end{array} \right.$$

mit der Matrix für die ausgewählten Werte für $R_h$

$$R_h^{\ T} = \left(0\quad 0.333\quad 0.667\quad 1\quad 1\quad 1.5\quad 3\quad 1 \times 10^7\right)$$

werden die maximalen treibenden Temperaturgefälle ermittelt durch

$$j := 0..7 \qquad \Delta t_{max_j} := \Delta t_{mx}\left(R_{h_j}, 5\right)$$

mit dem Ergebnis

$$\Delta t_{max}^{\ T} = \left(80.00\quad 53.98\quad 30.51\quad 13.33\quad 13.33\quad 30.51\quad 53.98\quad 80.00\right)$$

Damit wird die Matrix für die Temperaturen

$$i := 0..25 \qquad NTU_i := i \cdot 0.2$$

$$Temp := \left| \begin{array}{l} for\ j \in 0..7 \\ \quad \left| \begin{array}{l} for\ i \in 0..25 \\ \quad \left| \begin{array}{l} if\ R_{h_j} \leq 1 \\ \quad \left| \begin{array}{l} T_{i,2\cdot j} \leftarrow t_{Ggh\_h}\left(R_{h_j}, NTU_i, \Delta t_{max_j}\right) \\ T_{i,2\cdot j+1} \leftarrow t_{Ggh\_c}\left(R_{h_j}, NTU_i, \Delta t_{max_j}\right) \end{array} \right. \\ otherwise \\ \quad \left| \begin{array}{l} T_{i,2\cdot j} \leftarrow t_{Ggc\_h}\left(R_{h_j}, NTU_i, \Delta t_{max_j}\right) \\ T_{i,2\cdot j+1} \leftarrow t_{Ggc\_c}\left(R_{h_j}, NTU_i, \Delta t_{max_j}\right) \end{array} \right. \end{array} \right. \end{array} \right. \\ T \end{array} \right.$$

erstellt, mit der Abb. 3.15 erzeugt wird.

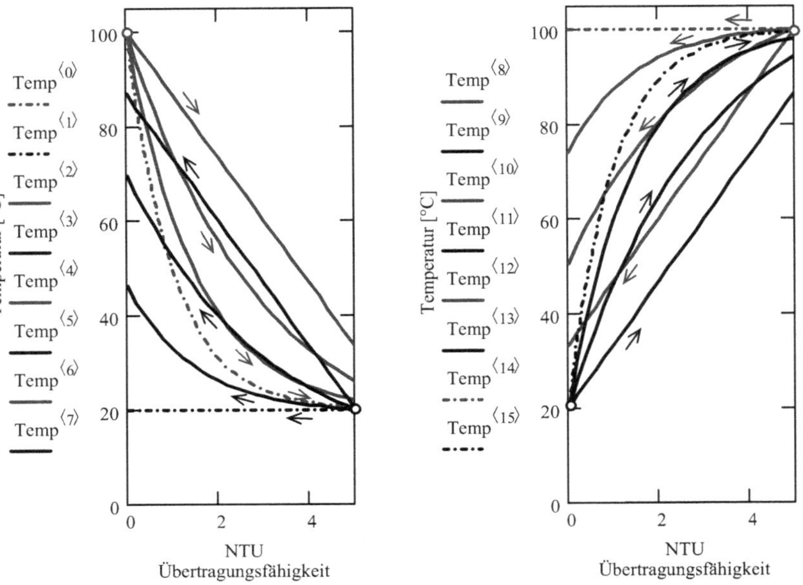


*Abb. 3.15: Gegenstrom-Wärmeübertrager mit vorgegebenen Eintrittstemperaturen*

Das rechte Bild enthält die Profile für $R_h < 1$ und das linke Bild für $R_h > 1$. Bei $R_h = 1$ erfolgt beim Übergang vom rechten zum linken Bild die Umkehr der Fluidströme.

Die Kennziffern für die Irreversibilität werden mit den Funktionen

$$\sigma_{irr\_Ggh}(R,NTU) := \left| \begin{array}{l} \Delta t_0 \leftarrow 10 \\ \Delta t_0 \leftarrow wurzel\left(t_{Ggh\_c}(R,NTU,\Delta t_0) - t_{ce}, \Delta t_0\right) \\ ln\left(\dfrac{Tt\left(t_{Ggh\_h}(R,NTU,\Delta t_0)\right)}{Tt(t_{he})}\right) + \dfrac{1}{R}\cdot ln\left(\dfrac{Tt\left(t_{Ggh\_c}(R,0,\Delta t_0)\right)}{Tt(t_{ce})}\right) \end{array} \right.$$

für $R_h \leq 1$ und

$$\sigma_{irr\_Ggc}(R,NTU) := \left| \begin{array}{l} \Delta t_0 \leftarrow 10 \\ \Delta t_0 \leftarrow wurzel\left(t_{Ggc\_h}(R,NTU,\Delta t_0) - t_{he}, \Delta t_0\right) \\ R\cdot ln\left(\dfrac{Tt\left(t_{Ggc\_h}(R,0,\Delta t_0)\right)}{Tt(t_{he})}\right) + ln\left(\dfrac{Tt\left(t_{Ggc\_c}(R,NTU,\Delta t_0)\right)}{Tt(t_{ce})}\right) \end{array} \right.$$

für $R_h > 1$ ermittelt mit dem Ergebnis

*Irrev* =

| | 0 | 1 |
|---|---|---|
| 0 | $1\cdot10^{-6}$ | 0.0316 |
| 1 | 0.1 | 0.028 |
| 2 | 0.2 | 0.0246 |
| 3 | 0.5 | 0.0158 |
| 4 | 0.75 | 0.0107 |
| 5 | 1 | 0.0081 |
| 6 | 1.3333 | 0.0109 |
| 7 | 2 | 0.0156 |
| 8 | 5 | 0.0223 |
| 9 | 10 | 0.0246 |
| 10 | $1\cdot10^{8}$ | 0.0269 |

In der Matrix enthält die erste Spalte die ausgewählten Werte für $R_h$ und die zweite Spalte die Kennziffern der Irreversibilität. Hierbei tritt wiederum das Minimum bei $R_h = 1$ auf.

Verlängert man bei einem symmetrischen Wärmeübertrager z.B. durch Vergrößerung der Austauschfläche für die Wärmeübertragung die Anzahl der Übertragungseinheiten (*NTU = 5; 8; 11*), so sinkt das treibende Gefälle ab:

$\Delta t_1 := \Delta t_{max\_c}(0.9999, 5)$ $\quad \Delta t_1 = 13.329$

$\Delta t_{11} := \Delta t_{max\_c}(0.9999, 8)$ $\quad \Delta t_{11} = 8.885$

$\Delta t_{12} := \Delta t_{max\_c}(0.9999, 11)$ $\quad \Delta t_{12} = 6.663$

Dies zeigt auch Abb. 3.16:

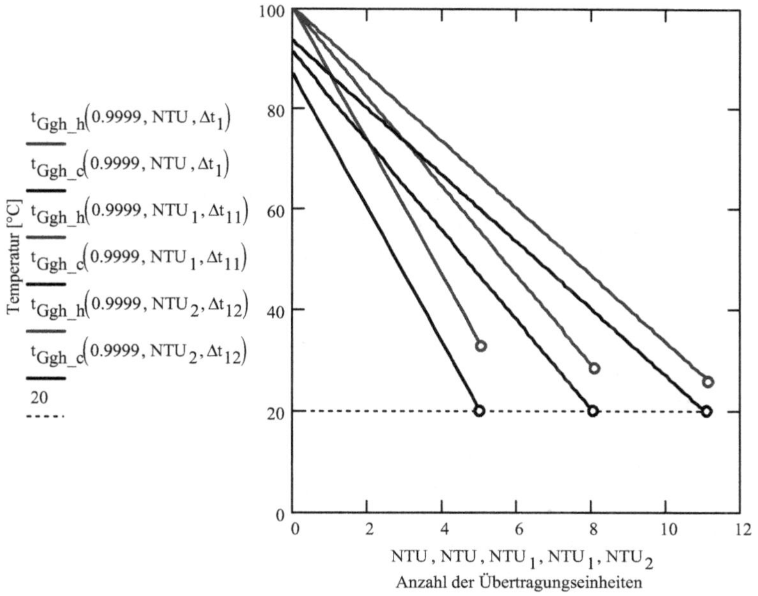


*Abb. 3.16: Erhöhung von NTU beim symmetrischen Gegenstrom-Wärmeübertrager*

Für $NTU \rightarrow \infty$ würde $\Delta T \rightarrow 0$ erreicht. Dann würde Wärme ohne treibendes Temperaturgefälle fließen und es würde ein reversibler Wärmeübertrager vorliegen.

# 3.8 Der Carnot-Prozess

## 3.8.1 Allgemeine Bemerkungen zu Kreisprozessen

Max Planck hat im Jahr 1905 den 2. Hauptsatz der Thermodynamik folgendermaßen formuliert:

> *Es ist unmöglich, eine periodisch arbeitende Maschine zu konstruieren, die weiter nichts bewirkt, als eine Last zu heben und einem Wärmebehälter dauernd Wärme zu entziehen.*

Abb. 3.17 zeigt eine solche Maschine, die einem Reservoir Wärme entzieht und in Arbeit umwandelt. Dies wäre mit dem 1. HS vereinbar und bei dem Energiegehalt der Umwelt stünde eine schier unbegrenzte Quelle zur Erzeugung von mechanischer oder elektrischer Arbeit zur Verfügung. Nach den bisherigen Überlegungen zum 2. HS sieht man jedoch sofort ein, dass ein solches Perpetuum Mobile 2. Art nicht funktionieren kann, da kein treibendes Gefälle vorhanden ist und ungerichtete Wärmeenergie oder Anergie in gerichtete Energie oder Exergie umgewandelt werden sollte.

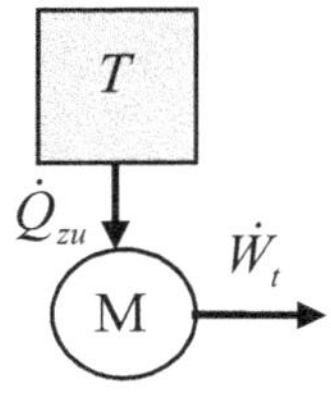


*Abb. 3.17: Perpetuum Mobile 2. Art*

Es ist nur möglich, mit einer periodisch oder kontinuierlich arbeitenden thermischen Maschine Wellenleistung zu erzeugen, die zwischen zwei Wärmereservoire verschiedener Temperaturen geschaltet ist. Dann steht ein treibendes Temperaturgefälle zur Verfügung. Eine solche Anlage gemäß Abb. 3.18 wird Wärmekraftmaschine genannt.

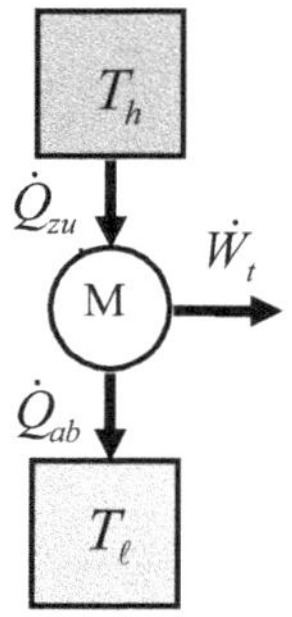


- Dem oberen Reservoir auf hoher Temperatur $T_h$ wird der Wärmestrom $\dot{Q}_{zu}$ entzogen und der thermischen Maschine zugeführt.
- Dem unteren Reservoir auf tiefer Temperatur $T_l$ wird der Wärmestrom $\dot{Q}_{ab}$ zugeführt, den die thermische Maschine abgibt.
- Die Maschine gibt die Wellenleistung $\dot{W}_t$ ab.

*Abb. 3.18: Wärme-Kraftmaschine*

Die Umkehrung als thermische Arbeitsmaschine gemäß Abb. 3.19 ist möglich. Hierbei werden alle Pfeile umgedreht:

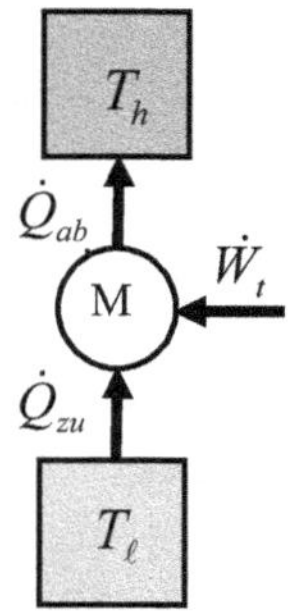


- Der Maschine wird die Wellenleistung $\dot{W}_t$ zugeführt.
- Dem unteren Reservoir auf tiefer Temperatur $T_l$ wird der Wärmestrom $\dot{Q}_{zu}$ entzogen und der thermischen Maschine zugeführt.
- Dem oberen Reservoir auf hoher Temperatur $T_h$ wird der Wärmestrom $\dot{Q}_{ab}$ zugeführt, den die thermische Maschine abgibt.

*Abb. 3.19: Thermische Arbeitsmaschine*

Durch den Arbeitsaufwand wird Arbeitsfähigkeit aufgebaut.

Nun ist es häufig so, dass die Umgebung eines der Wärmereservoire bildet. Dann ergeben sich für Wärmekraftmaschinen die beiden folgenden in Abb 3.20 wiedergegebenen Möglichkeiten:

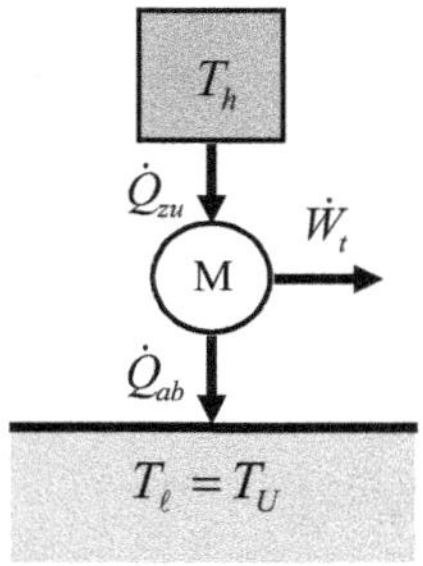


***[Ka]***

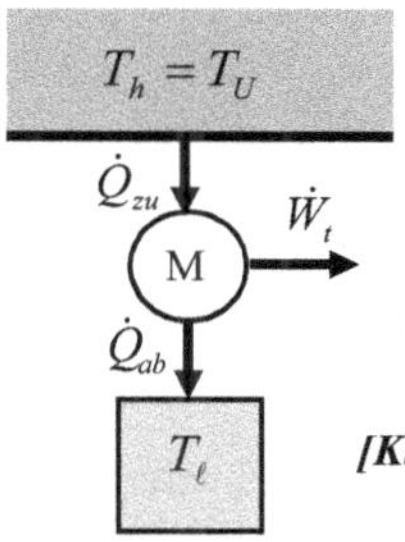


***[Kb]***

*Abb. 3.20: Die beiden Möglichkeiten [Ka] und [Kb] von Kraftmaschinen in Wechselwirkung mit der Umgebung*

Die auf der linken Seite aufgeführte Variante [Ka] ist der Standardfall bei Kraftmaschinen. Das Wärmereservoir auf hoher Temperatur wird vielfach durch Verbrennungsvorgänge bereitgestellt, die zum Teil im Prozess ablaufen. Im englischen Sprachgebrauch werden letztere Anlagen mit „internal combustion engines“ bezeichnet. Natürlich werden auch andere Möglichkeiten wie die Bespeisung des oberen Wärmereservoirs durch Sonnenenergie, Geothermie oder Kernspaltung angewandt. Bei der Variante auf der rechten Seite [Kb] muss ein Wärmereservoir auf tiefer Temperatur, etwa durch Bereitstellung eines Tanks mit flüssiger Luft, bereitgestellt werden. Damit besteht ein treibendes Temperaturgefälle zwischen der Umgebung und der Temperatur der flüssigen Luft. Somit wäre ein Antrieb denkbar, der nur kühle Luft emittiert. Allerdings wird flüssige Luft mit erheblichen Irreversibilitäten und damit mit hohem Energieaufwand erzeugt. Außerdem bewirken dissipative Vorgänge bei tiefen Temperaturen generell hohe Irreversibilitäten, wie man wegen

$$ds_{irr} = \frac{dq_{diss}}{T}$$

unschwer einsieht. Deshalb bleibt diese Variante auf Sonderanwendungen beschränkt, etwa zur Bereitstellung eines Antriebs in einem Raum mit explosibler Atmosphäre.

Verbrennungsvorgänge sind per se mit Irreversibilität verbunden. In der Flamme entstehen hohe Temperaturen. In Verbrennungskraftmaschinen werden hohe Temperaturen von über *2000 °C* wirksam, da diese Temperaturen durch den zyklischen Ablauf des Prozesses nur kurzzeitig wirken und die umgebenden Strukturmaterialien von Zylinderkopf und Zylinderwand durch Kühlung wesentlich niedrigere Temperaturen annehmen. Bei Gasturbinen und Dampfkraftanlagen wirken die Höchsttemperaturen permanent auf die Strukturmaterialien ein und es kommt darauf an, welche maximale Temperatur das Material beim Eintritt des Mediums in die Turbine verträgt. Nach dem heutigen Stand sind das bei großen, stationären Gasturbinen ca. *1300 °C* und bei Dampfturbinen ca. *600 °C*. Die theoretisch möglichen Höchsttemperaturen bei der Verbrennung müssen durch Luftzumischung in der Brennkammer der Gasturbine oder durch große treibende Temperaturgefälle im Dampferzeuger irreversibel und unter Vernichtung von Exergie so weit abgewertet werden, dass die werkstofftechnisch veranlassten Maximaltemperaturen eingehalten werden. Verbrennungskraftmaschinen und Gasturbinen emittieren Abgase mit Temperaturen von ca. *600 °C*. Die Abkühlung dieser heißen Abgase in der Umgebungsluft verursacht ebenfalls starke Irreversibilitäten. Im Kondensator eines Dampfkraftwerks erfolgt die Wärmeabgabe isotherm mit geringem treibendem Temperaturgefälle. Damit gibt die Anlage fast nur Anergie ab. Aus diesen Grundtatsachen lassen sich moderne Tendenzen in der technischen Entwicklung ableiten. So wird z.B. bei Dampfkraftwerken versucht, die Turbineneintrittstemperatur weiter anzuheben und damit Exergieverluste im Dampferzeuger abzubauen. Durch die Kombination von Gasturbine und Dampfkraftwerk mit weitgehender Übertragung der im Abgas der Gasturbine enthaltenen Exergie zur Dampferzeugung in einem Abhitzekessel werden die Vorteile der relativ hohen oberen Prozesstemperatur der Gasturbine mit der isothermen, exergetisch weitgehend ausgenutzten Abgabe von Abwärme im Kondensator des Dampfprozesses kombiniert. Auch bei Verbrennungsmotoren kommen so genannte Bottom-Cycles, das sind Dampfprozesse mit geeigneten organischen Substanzen, zur exergetischen Nutzung der im Abgas enthaltenen Wärme zum Einsatz.

Durch die Dominanz von Prozessen mit Verbrennung bei der Stromerzeugung und bei Fahrzeugantrieben gerät leicht aus dem Blick, dass thermische Prozesse zwischen zwei Wärmereservoiren im Prinzip reversibel ablaufen können.

Durch die Kombination verschiedener Nutzen können besonders effiziente Prozesse gestaltet werden. Wird zum Beispiel verflüssigtes Erdgas (LNG) in Tankschiffen angeliefert, so ist ein geschlossener Gasturbinenkreislauf möglich, der zwischen einem mit Erdgas befeuerten oberen Wärmeübertrager und dem die Verdampfung und Aufwärmung des flüssigen Erdgases bewirkenden unteren Wärmeübertrager nach dem Prinzip von Abb. 3.18 arbeitet. Dadurch wird das treibende Temperaturgefälle vergrößert und die Exergie des LNG so weit als möglich genutzt.

Bei den Arbeitsmaschinen gibt es ebenfalls zwei Varianten, die in Abb. 3.21 gezeigt werden.

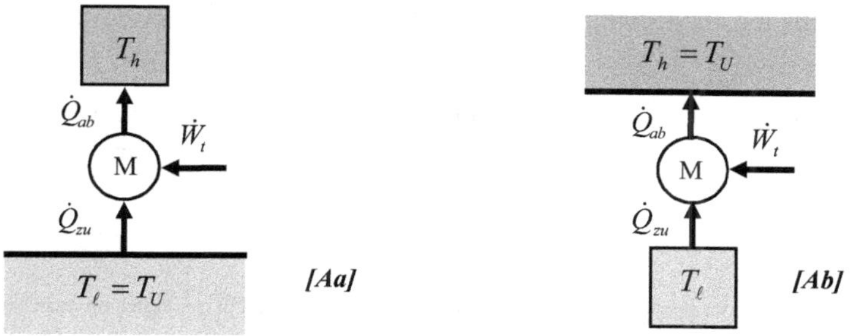


*Abb. 3.21: Die beiden Möglichkeiten [Aa] und [Ab] von thermischen Arbeitsmaschinen in Wechselwirkung mit der Umgebung*

Die linke Variante [Aa] stellt eine Wärmepumpe dar. Dabei wird der Umgebung Anergie entzogen und durch die Zufuhr von Wellenenergie auf das hohe Temperaturniveau des oberen Reservoirs gebracht. Dies kann etwa ein beheizter Wohnraum sein, dessen Wärmeverluste zur Aufrechterhaltung der Raumtemperatur abgedeckt werden müssen. Die rechte Variante [Ab] stellt eine Kältemaschine dar, bei der einem Kälteraum auf tiefer Temperatur Wärme entzogen wird, um die dem Kälteraum aus der Umgebung zuströmenden Wärme zu kompensieren. Diese Wärme wird durch die Zufuhr von Wellenenergie auf das Temperaturniveau der Umgebung hochgepumpt und an die Umgebung abgegeben.

Auch hier sind Kombinationen von Nutzen möglich. In einer Sportanlage besteht z.B. gleichzeitig Kälte- und Wärmebedarf, wenn ein Schwimmbad und eine Eisbahn betrieben werden sollen. Dann ist ein Prozess nach Abb. 3.19 möglich, der mit doppeltem Nutzen gleichzeitig als Kältemaschine und als Wärmepumpe arbeitet.

Die Effizienz von Kreisprozessen ist gegeben durch das Verhältnis von Nutzen zu Aufwand

$$\varepsilon = \frac{Nutzen}{Aufwand} . \tag{3.90}$$

Die Verhältnisse für die unterschiedlichen Varianten der Kreisprozesse werden in der nachstehenden Tabelle zusammengefasst, wobei die Vorzeichen angeben, ob im Prozess Aufnahme oder Abgabe der Energieströme stattfindet.

| Prozess | Aufwand | Nutzen | Effizienz |
|---|---|---|---|
| [Ka] | $\dot{Q}_{zu}$ | $-\dot{W}_t$ | $\varepsilon_{Ka} = \lvert\dot{W}_t\rvert / \dot{Q}_{zu}$ |
| [Kb] | $-\dot{Q}_{ab}$ | $-\dot{W}_t$ | $\varepsilon_{Kb} = \dot{W}_t / \dot{Q}_{ab}$ |
| [Aa] | $\dot{W}_t$ | $-\dot{Q}_{ab}$ | $\varepsilon_{Aa} = \lvert\dot{Q}_{ab}\rvert / \dot{W}_t$ |
| [Ab] | $\dot{W}_t$ | $\dot{Q}_{zu}$ | $\varepsilon_{Ab} = \dot{Q}_{zu} / \dot{W}_t$ |

*Tabelle 3.1: Kraft- und Arbeitsmaschinen*

Die Effizienz von Wärmekraftmaschinen des Typs [Ka] wird auch als thermischer Wirkungsgrad bezeichnet, dessen Wert immer kleiner als eins ist. Die Effizienz von Arbeitsmaschinen vom Typs [Aa] oder [Ab] werden auch Leistungszahlen genannt, die beim Typ [Aa]

(Wärmepumpe) stets größer als eins und beim Typ [Ab] (Kältemaschine) größer oder kleiner als eins sind.

Der 1. HS für alle vier Varianten lautet, wenn man zunächst von offenen Prozessen absieht:

$$\dot{Q}_{zu} + \dot{Q}_{ab} + \dot{W}_t = 0 \qquad (3.91)$$

oder, mit spezifischen Größen

$$q_{zu} + q_{ab} + w_t = 0 \qquad (3.92).$$

**Beispiel 3.15 (Level 1):** Eine elektrisch angetriebene Wärmepumpe soll zur Raumheizung eingesetzt werden. Wie groß muss die Effizienz der Wärmepumpe mindestens sein, damit in einem Kraftwerk nicht mehr Brennstoffenergie eingesetzt wird als in einer hausinternen Heizanlage verfeuert wird? Die thermische Effizienz des Kraftwerks zur Stromerzeugung sei *0,40*, der Kesselwirkungsgrad der hausinternen Heizungsanlage beträgt *0,88*.

**Gegeben:**

$$\varepsilon_{KW} := 0.40 \qquad \varepsilon_H := 0.88$$

**Lösung:** Die Effizienz des Kraftwerks (Typ Ka) ist das Verhältnis von erzeugter elektrischer Energie zur durch den Brennstoff zugeführten und bei der Verbrennung freigesetzten Energie:

$$\varepsilon_{KW} = \frac{|Wp_t|}{Qp_B}$$

Daraus folgt für die elektrische Energie

$$|Wp_t| = \varepsilon_{KW} \cdot Qp_B$$

Die Wärmepumpe (Typ Aa) hat die Effizienz

$$\varepsilon_{WP} = \frac{|Qp_H|}{Wp_t}$$

mit der notwendigen Antriebsleistung

$$Wp_t = \frac{|Qp_H|}{\varepsilon_{WP}}$$

Die Hausheizung nutzt den Brennstoff zu

$$\varepsilon_H = \frac{|Qp_H|}{Qp_B}$$

aus und es gilt

$$|Qp_H| = \varepsilon_H \cdot Qp_B$$

Die Kombination dieser drei Gleichungen ergibt

$$\varepsilon_{WP} := \frac{\varepsilon_H}{\varepsilon_{KW}} \qquad \varepsilon_{WP} = 2.2$$

**Diskussion:** Wie im Energieflussbild (Sankey-Diagramm) von Kraftwerk und Wärmepumpe in Abb. 3.22 dargestellt, sind im Kraftwerk *60 %* der eingesetzten Brennstoffenergie Abwärme, die nach Abgabe an die Umgebung zur Anergie werden.

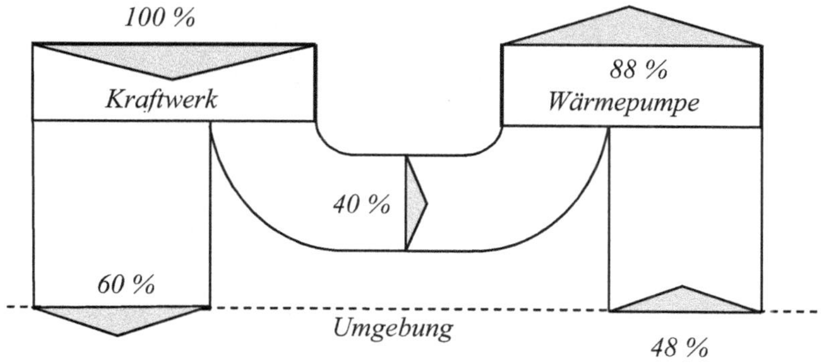


*Abb. 3.22: Energieflussbild (Sankey-Diagramm) von Kraftwerk und Wärmepumpe*

Das Kraftwerk gibt *40 %* in Form von elektrischer Energie ab. Bei Vernachlässigung von Verteilungsverlusten im Netz stehen wieder *40 %* als Antriebsenergie für die Wärmepumpe zur Verfügung. Mit einer Leistungszahl von *2,20* werden $(\varepsilon_{WP} - 1) \cdot 100\,\% = 120\,\%$ der Antriebsleistung oder *48 %* des eingesetzten Brennstoffs in Form von Anergie aus der Umgebung entnommen und ergeben so eine Heizleistung von *88 %* der eingesetzten Brennstoffenergie. Damit wird die gleiche Brennstoffausnutzung erreicht wie bei einem Hausheizkessel mit *12 %* Abgasverlusten. Bei einer Leistungszahl der Wärmepumpe von *3* würde eine Brennstoffausnutzung von $3 \cdot 0{,}40$ oder *120 %* erreicht.

**Beispiel 3.16 (Level 1):** Eine Wärmepumpe mit einer Leistungszahl von *3* wird durch einen Verbrennungsmotor angetrieben. *28 %* der eingesetzten Brennstoffenergie werden in Wellenleistung umgewandelt, *57 %* werden über die Wärmeübertrager für Kühlwasser und Abgas an das Heiznetz abgegeben und *15 %* der Abgaswärme geht als Verlustwärme durch das Auspuffsystem verloren. Wie hoch ist die Brennstoffausnutzung dieser Anlage?

**Gegeben:**

$$\varepsilon_{WP} := 3 \qquad \varepsilon_{Mot} := 0.28$$

**Lösung:** Die Effizienz des Verbrennungsmotors bezüglich der Erzeugung von Wellenleistung und die daraus abgeleitete Wellenleistung des Motors ergeben sich aus

$$\varepsilon_M = \frac{|Wp_t|}{Qp_B} \qquad |Wp_t| = \varepsilon_M \cdot Qp_B$$

Die Effizienz und die Heizleistung der Wärmepumpe werden bestimmt durch

$$\varepsilon_{WP} = \frac{Qp_{H\_WP}}{Wp_t} \qquad Qp_{H\_WP} = \varepsilon_{WP} \cdot \varepsilon_M \cdot Qp_B$$

Die zu Heizzwecken nutzbare Abwärme des Verbrennungsmotors beträgt

$$Qp_{H\_Mot} = 0.57 \cdot Qp_B$$

Somit steht als Heizwärme insgesamt

$$Qp_{H\_ges} = Qp_{H\_Mot} + Qp_{H\_WP} = \left(0.57 + \varepsilon_{WP} \cdot \varepsilon_M\right) \cdot Qp_B$$

zur Verfügung. Die Brennstoffausnutzung beträgt demnach

$$0.57 + \varepsilon_{WP} \cdot \varepsilon_{Mot} = 1.41$$

oder *141 %*.

### 3.8.2 Der reversible Kreisprozess oder Carnot-Prozess

Wie bei der Exergie ist auch bei einem Kreisprozess davon auszugehen, dass optimale Verhältnisse vorliegen, wenn alle Zustandsänderungen im Kreisprozess reversibel ablaufen. Dies ist dann der Fall, wenn sich der Kreisprozess aus **reversibel adiabaten (isentropen)** und **reversibel isothermen** Kompressionen bzw. Expansionen zusammensetzt.

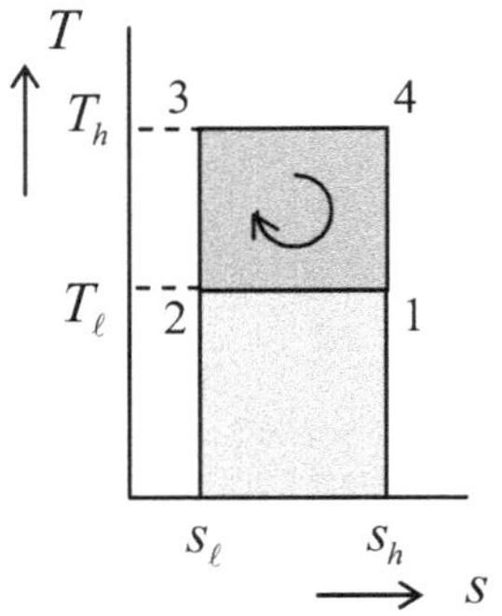

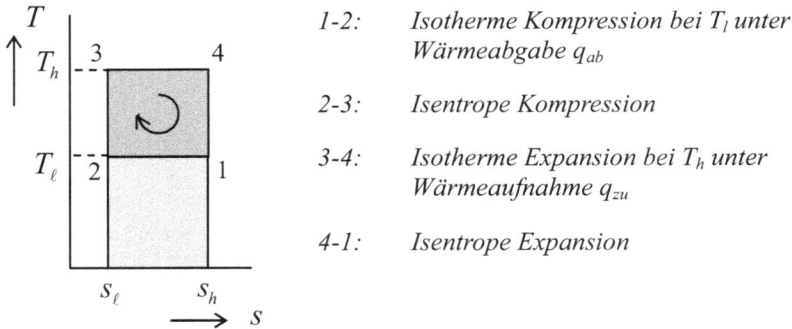

*1-2:* *Isotherme Kompression bei $T_l$ unter Wärmeabgabe $q_{ab}$*

*2-3:* *Isentrope Kompression*

*3-4:* *Isotherme Expansion bei $T_h$ unter Wärmeaufnahme $q_{zu}$*

*4-1:* *Isentrope Expansion*

*Abb. 3.23: Carnot-Kraftmaschine*

Bei den isothermen Kompressionen fließt stets Wärme ohne treibendes Temperaturgefälle an das entsprechende Wärmereservoir ab, bei isothermen Expansionen nimmt der Kreisprozess ohne treibendes Temperaturgefälle Wärme aus dem entsprechenden Wärmereservoir auf. Bei den isentropen Kompressionen und Expansionen wird voraussetzungsgemäß keine Wärme übertragen.

Bei isothermer Wärmezufuhr bzw. Wärmeabfuhr folgt:

$$q_{zu} = q_{34} = T_h\left(s_4 - s_3\right) = T_h\left(s_h - s_\ell\right) \tag{3.93}$$

$$q_{ab} = q_{12} = T_\ell\left(s_2 - s_1\right) = -T_\ell\left(s_h - s_\ell\right). \tag{3.94}$$

Aus dem 1. Hauptsatz folgt

$$-w = \left(T_h - T_\ell\right)\left(s_h - s_\ell\right). \tag{3.95}$$

Die Umlaufrichtung des Kreisprozesses bei Kraftmaschinen erfolgt im Uhrzeigersinn. Deshalb spricht man auch von einem rechtslaufenden Prozess.

Die **Effizienz** des **Carnot-Kraftprozesses** ist im Fall **[Ka]**

$$\varepsilon_{Ka} = \frac{T_h - T_\ell}{T_h} < 1 \cdot \tag{3.96}$$

Diese Effizienz des Prozesses [Ka] wird auch als Carnot-Wirkungsgrad bezeichnet.

Die **Effizienz** des **Carnot-Kraftprozesses** im Fall **[Kb]** wird ermittelt durch

$$\varepsilon_{Kb} = \frac{T_h - T_\ell < 1}{T_\ell \quad > 1}. \tag{3.97}$$

Die Effizienz des Carnot-Prozesses hängt nur von der oberen und der unteren Prozesstemperatur ab. Je größer das treibende Temperaturgefälle, desto effizienter ist der Prozess.

Bisher haben wir noch keine Aussage gemacht, welches Fluid im Kreisprozess verwendet wird. Es besteht lediglich die Forderung, dass Kompressionen und Expansionen durchgeführt werden. Damit ist die Carnot-Effizienz ein allgemeiner Maßstab, an dem die Effizienz von realen Anlagen gemessen werden kann. Alle praktisch realisierten Maschinen haben wegen unvermeidlicher Irreversibilitäten geringere Effizienzen als der entsprechende Carnot-Prozess. Der **exergetische Wirkungsgrad** ist das Verhältnis der Effizienz der realen Maschine zur Effizienz der Carnot-Maschine. Es gilt für alle Kraft- und Arbeitsmaschinen

$$\zeta_{ex} = \frac{\varepsilon_{real}}{\varepsilon_{Carnot}} < 1 \,. \qquad (3.98)$$

**Beispiel 3.17 (Level 1):** Ein Dampfkraftwerk und ein Verbrennungsmotor haben beide einen thermischen Wirkungsgrad von *40 %*. Beim Dampfkraftwerk ist die Frischdampftemperatur von *530 °C* die obere Prozesstemperatur, beim Verbrennungsmotor beträgt die Höchsttemperatur im Zylinder *2100 °C*. Die Umgebungstemperatur beträgt *20 °C*. Wie groß sind die jeweiligen exergetischen Wirkungsgrade?

**Gegeben:**

$t_{h\_M} := 2100 \cdot °C \qquad t_{h\_K} := 530 \cdot °C \qquad t_U := 20 \cdot °C$

$\varepsilon_M = \varepsilon_K = \varepsilon \qquad \varepsilon := 0.40$

**Lösung:**

**Verbrennungsmotor**

$$\varepsilon_{C\_M} := \frac{t_{h\_M} - t_U}{Tt(t_{h\_M})} \qquad \varepsilon_{C\_M} = 0.876 \qquad \zeta_{ex\_M} := \frac{\varepsilon}{\varepsilon_{C\_M}} \qquad \zeta_{ex\_M} = 0.456$$

**Dampfkraftwerk**

$$\varepsilon_{C\_K} := \frac{t_{h\_K} - t_U}{Tt(t_{h\_K})} \qquad \varepsilon_{C\_K} = 0.635 \qquad \zeta_{ex\_K} := \frac{\varepsilon}{\varepsilon_{C\_K}} \qquad \zeta_{ex\_K} = 0.630$$

**Diskussion:** Die gleichen Wirkungsgrade haben unterschiedliche Gründe: Der Verbrennungsmotor arbeitet mit einer sehr hohen Maximaltemperatur und hat deshalb eine hohe Carnot-Effizienz oder, mit anderen Worten, er nutzt ein hohes treibendes Temperaturgefälle. Die Abwertung geschieht durch die Vorgänge im Zylinder, die z.B. durch die Art der Wärmezu- und -abfuhr und durch die Zylinderkühlung mit starken Irreversibilitäten verbunden sind. Das Dampfkraftwerk arbeitet werkstoffbedingt mit einer relativ niedrigen oberen Prozesstemperatur, was wegen des niedrigeren treibenden Temperaturgefälles zu einer niedrigen Carnot-Effizienz führt. Der Kreisprozess weist jedoch, besonders durch die isotherme Wärmeabfuhr im Kondensator, einen besseren exergetischen Wirkungsgrad auf. Bei Steigerung der Frischdampftemperatur auf *700 °C* steigt bei gleichem exergetischen Wirkungsgrad die Effizienz auf *44 %* an.

Im Carnot-Arbeitsprozess (Abb. 3.24) finden die folgenden Zustandsänderungen statt:

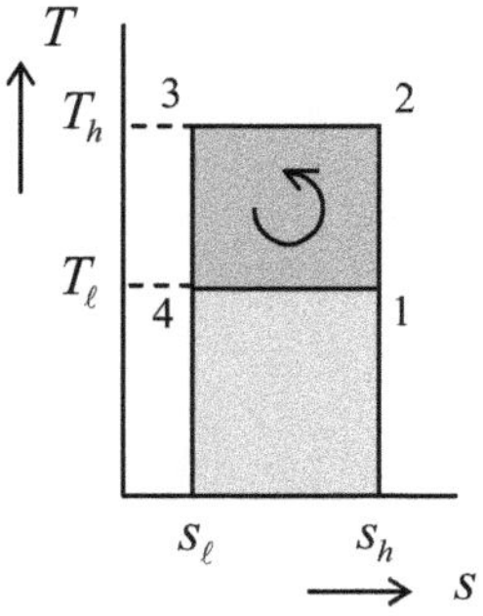

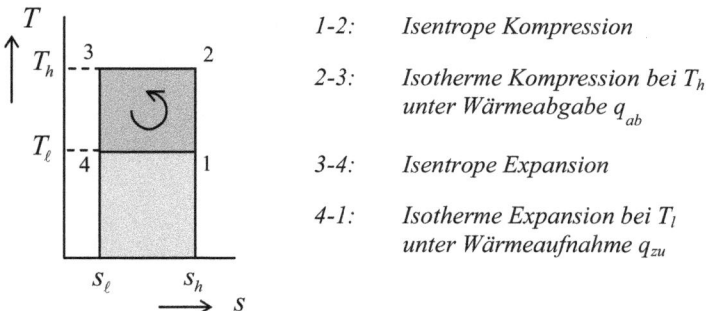

*1-2:* *Isentrope Kompression*

*2-3:* *Isotherme Kompression bei* $T_h$ *unter Wärmeabgabe* $q_{ab}$

*3-4:* *Isentrope Expansion*

*4-1:* *Isotherme Expansion bei* $T_l$ *unter Wärmeaufnahme* $q_{zu}$

*Abb. 3.24: Carnot-Arbeitsmaschine*

Bei isothermer Wärmezufuhr/Wärmeabfuhr folgt

$$q_{zu} = q_{41} = T_\ell \left(s_1 - s_4\right) = T_\ell \left(s_h - s_\ell\right); \tag{3.99}$$

$$q_{ab} = q_{23} = T_h \left(s_3 - s_2\right) = -T_h \left(s_h - s_\ell\right). \tag{3.100}$$

Aus dem 1. Hauptsatz folgt

$$w = \left(T_h - T_\ell\right)\left(s_h - s_\ell\right). \tag{3.101}$$

Die Umlaufrichtung von Arbeitsmaschinen erfolgt gegen den Uhrzeigersinn. Deshalb spricht man hier von einem linksgängigen Prozess.

Die **Effizienzen** der **Carnot-Arbeitsprozesse** sind im Fall [Aa]

$$\varepsilon_{Aa} = \frac{T_h}{T_h - T_\ell} > 1 \tag{3.102}$$

und im Fall [Ab]

$$\varepsilon_{Ab} = \frac{T_\ell}{T_h - T_\ell} \begin{matrix} < 1 \\ > 1 \end{matrix}. \tag{3.103}$$

Im Falle der Wärmepumpe [Aa] ist die Effizienz umso größer, je kleiner die Temperaturspreizung zwischen $T_h$ und $T_l$ ist. Daraus leitet sich unmittelbar die Forderung ab, Heizsysteme mit Wärmepumpen als Niedertemperatursysteme mit möglichst niedriger Vorlauftemperatur auszulegen. Bei Kälteanlagen [Ab] wird die Carnot-Effizienz umso niedriger, je tiefer die gewünschte Temperatur im Kälteraum sein soll. Deshalb ist in der Tieftemperaturtechnik ein hoher energetischer Aufwand nötig.

**Beispiel 3.18 (Level 1):** Eine Wärmepumpe arbeitet mit einer Leistungszahl $\varepsilon_{WP} = 3{,}2$ zwischen der Kondensatortemperatur von *50 °C* und der Verdampfertemperatur von *−5 °C*. Welchen exergetischen Wirkungsgrad hat die Anlage?

**Gegeben:**

$t_{h\_WP} := 50 \cdot °C$ $\quad t_{l\_WP} := -5 \cdot °C$ $\quad \varepsilon_{WP} := 3.2$

**Lösung:**

$\varepsilon_{C\_WP} := \dfrac{Tt\left(t_{h\_WP}\right)}{t_{h\_WP} - t_{l\_WP}}$ $\quad \varepsilon_{C\_WP} = 5.875$ $\quad \zeta_{ex\_WP} := \dfrac{\varepsilon_{WP}}{\varepsilon_{C\_WP}}$ $\quad \zeta_{ex\_WP} = 0.545$

## 3.9 Historischer Exkurs: Der Ursprung des Zweiten Hauptsatzes[30]

*Abb. 3.25: Nicolas Sadi Carnot (1796–1832)*

Das Ende des 18. Jahrhunderts war eine Epoche des Umbruchs. Lazare Carnot (1753–1823) hatte mehrere hochrangige Positionen während und nach der französischen Revolution inne und war durch seine Beiträge zur Mechanik und Mathematik als Wissenschaftler bekannt geworden. Er stand ganz in den Traditionen der Aufklärung und der französischen Enzyklopädisten um Diderot. So wuchs sein Sohn, Nicolas Léonard Sadi Carnot (1796–1832), in einem anregenden intellektuellen Umfeld heran. Schon früh faszinierte den jungen Carnot die rasante technische Entwicklung, die durch die Erfindung der Dampfmaschine ausgelöst worden war. In seinen Aufzeichnungen schrieb er: *„Jedermann weiß, dass Wärme Bewegung erzeugen kann. Dass die Wärme eine erhebliche Bewegungskraft innehat, kann in unseren Tagen niemand bezweifeln, wo sich die Dampfmaschine überall durchsetzt.“* Es waren diese Faszination und das Interesse der Enzyklopädisten an allgemeinen Prinzipien, die Sadi Carnot zu seiner abstrakten Analyse der Dampfmaschine veranlassten. Er dachte über die Prinzipien nach, welche die Arbeitsweise der Dampfmaschine bestimmen und identifizierte das **Fließen von Wärme** als fundamentalen Prozess, der zur Erzeugung von *„Bewegungskraft (Puissance Motrice)“* oder, im modernen Sprachgebrauch, Arbeit bzw. Leistung, notwendig ist.

Carnot ging in seiner Analyse wie folgt vor: Zunächst beobachtete er: *„Wenn ein Temperaturunterschied vorliegt, kann Bewegungskraft erzeugt werden.“* Jede Wärmemaschine, die Arbeit aus dem Fließen von Wärme produziert, muss zwischen zwei Reservoiren unter-

---

30 Dieser Abschnitt bezieht sich auf die Darstellung: „The Birth of the Second Law“ in: Kondepudi, D., Prigogine, I.: „Modern Thermodynamics“ Chichester, New York, Weinheim, John Wiley & Sons, 1998, S. 67 ff

schiedlicher Temperatur betrieben werden. Beim Vorgang des Transports von Wärme erzeugt die Maschine mechanische Arbeit. Carnot spezifizierte dann die Bedingung für die Erzeugung maximaler Arbeit: *„Die notwendige Bedingung für die maximale Bewegungskraft ist, dass in den Vorrichtungen, die zur Realisierung der Bewegungskraft aus Wärme eingesetzt werden, keinerlei Temperaturänderungen auftreten dürfen, die nicht durch Volumenänderungen veranlasst werden. Umgekehrt wird immer dann das Maximum erreicht, wenn diese Bedingung erfüllt wird. Dieses Prinzip sollte beim Bau von Wärmemaschinen nie aus dem Blick geraten, es ist seine fundamentale Grundlage. Wenn es nicht streng erfüllt werden kann, sollte man so wenig als möglich abweichen."*

Auf der Grundlage des obigen Zitats kann man mit Sicherheit davon ausgehen, dass sich Carnot bei den damals üblichen offenen Dampfmaschinen auf die isotherm-isobare Verdampfung des Wassers im Dampfkessel und die wärmeisolierte Expansion des Dampfes im Zylinder der Dampfmaschine, die den Kolben treibt, bezog. Zur Erzeugung der maximal möglichen Arbeit sollte deshalb die Aufnahme von Wärme ohne Temperaturänderung wie bei der Verdampfung und die Absenkung der Temperatur bei der Expansion erfolgen, so dass die Änderung der Temperatur fast gänzlich der Volumenexpansion und nicht dem Zustrom der Wärme zuzuordnen ist. Carnot wandte damals noch die kalorische Theorie der Wärme an, nach der Wärme ein unzerstörbarer Stoff sein sollte. Er hatte aber klar erkannt, dass der Temperaturunterschied als treibendes Gefälle für das Fließen dieses „Wärmestoffs" verantwortlich war. Er erkannte weiter das Prinzip der Umkehrbarkeit des Prozesses, wenn man die gleiche Wärmemenge in umgekehrter Richtung von der niedrigen Temperatur zur hohen Temperatur durch die Maschine fließen lässt. Die nächste Idee, die Carnot einbrachte, war der zyklische Ablauf beim Betrieb der Maschine. Nach einer Abfolge von Zustandsänderungen kehrt die Maschine, nachdem das Fließen von „Wärmestoff" vom heißen zum kalten Reservoir Arbeit verrichtet hat, in den Ausgangszustand zurück und durchläuft einen neuen Zyklus.

Carnot argumentierte, dass die reversibel zyklisch arbeitende Maschine die maximale Arbeit leisten müsse. Er argumentiert weiter: Wenn es eine Maschine gäbe, die mehr Arbeit abgeben würde als eine zyklisch arbeitende reversible Maschine, wäre es möglich, permanent Arbeit durch die folgende Maßnahme zu gewinnen: Man beginne mit der effizienteren Maschine und lasse Wärme vom heißen zum kalten Reservoir fließen. Dann bewege man die gleiche Wärmemenge durch die reversible Maschine vom kalten zum heißen Reservoir. Da durch den Prozess mehr Arbeit gewonnen als aufgewendet worden ist, verbleibt ein Nettogewinn an Arbeit. Bei zyklischem Betrieb wird die gleiche Wärmemenge zwischen dem heißen und dem kalten Wärmereservoir hin- und herbewegt und es entsteht kontinuierlich Arbeit. Dies sei, so folgerte Carnot, unmöglich: *„Dies wäre nicht nur fortwährende Bewegung, sondern sogar unbeschränkte Erzeugung von Bewegungskraft, wobei weder kalorischer Stoff noch irgend ein anderes Agens verbraucht würde. Eine solche Erzeugung widerspricht völlig den heute anerkannten Ideen, den Gesetzen der Mechanik und der vernünftigen Physik. Es ist ganz und gar unannehmbar."*

Folglich müssen alle reversiblen Maschinen die gleiche maximale Arbeit leisten, und zwar unabhängig von ihrer Konstruktion. Da alle reversiblen Maschinen aus einer vorgegebenen Wärmemenge die gleiche Arbeit erzeugen, muss ihre Arbeit unabhängig von den in der Maschine verwendeten Arbeitsstoffen und deren Eigenschaften sein. Die gewinnbare Arbeit hängt ausschließlich von den Temperaturen des heißen und des kalten Reservoirs ab. Dies führt zur wichtigsten Schlussfolgerung Carnots: *„Die Bewegungskraft der Wärme ist unab-*

*hängig von den angewandten Vorrichtungen zu ihrer Realisierung, ihre Größe wird alleine durch die Temperaturen der Körper festgelegt, zwischen denen letztendlich das Fließen von Wärmestoff auftritt."*

Carnot schrieb diese bahnbrechenden Gedanken in seiner einzigen Veröffentlichung: „*Réflections sur la puissance motrice du feu, et sur les machines propres à develloper cette puissance*" nieder. 600 Kopien dieser Arbeit wurden 1824 von Carnot auf eigene Kosten gedruckt. Acht Jahre nach Veröffentlichung seiner „*Réflections*" starb Carnot an der Cholera. Zu seinen Lebzeiten blieb seine Veröffentlichung weitgehend unbeachtet. Obwohl Carnot noch die kalorische Theorie anwandte, um zu seinen Schlussfolgerungen zu kommen, legt er in späteren Notizen dar, dass die kalorische Theorie nicht durch Experimente unterstützt wird. Tatsächlich kannte Carnot das mechanische Wärmeäquivalent und hatte damit Wärme und Arbeit als verschiedene Formen von Energie identifiziert. Er konnte sogar den Umrechnungsfaktor mit ungefähr *3,7 J/cal* abschätzen. (Der heutige Wert beträgt *4,1868 J/cal.*) Leider brachte Hippolyte Carnot, der Bruder von Sadi, der seine Schriften nach seinem Tod im Jahr 1832 verwaltete, diese Erkenntnisse der wissenschaftlichen Öffentlichkeit erst im Jahr 1878 zur Kenntnis. Dies war das Jahr, in dem Joule seine letzte Arbeit veröffentlicht hat. Zu jener Zeit waren sowohl die Äquivalenz von Wärme und Arbeit als auch das Gesetz der Energieerhaltung wohl bekannt durch die Arbeiten von Mayer, Joule, Helmholtz und anderen.

Sadi Carnots brilliante Einsichten blieben zunächst unbeachtet, bis Émile Clapeyron (1799–1864) im Jahr 1833 auf seine Schrift stieß. Er erkannte deren Bedeutung und stellte die grundlegenden Ideen in einem Artikel dar, der 1834 im „*Journal de l'École Polytechnique*" veröffentlicht wurde. Clapeyron stellte Carnots Idee einer reversiblen Maschine in einem $p, V$-Diagramm dar (wie es heute noch benutzt wird) und beschrieb den Prozess im Detail mathematisch. Clapeyrons Artikel wurde später von Lord Kelvin und anderen gelesen, die die fundamentale Bedeutung von Carnots Schlussfolgerungen erkannten und weitergehende Konsequenzen entwickelten.

*Abb. 3.26: William Thomson, ab 1892 Lord Kelvin (1824–1907)*

William Thomson (1824–1907), der spätere Lord Kelvin, führte auf der Grundlage der Erkenntnisse von Carnot im Jahr 1848 die **absolute Temperaturskala** ein. Zunächst ging Thomson von der Erkenntnis von Carnot aus, dass alle reversiblen Maschinen bei gleichem treibendem Temperaturgefälle die gleiche maximale Arbeit leisten, und zwar unabhängig von Konstruktion und Arbeitsstoff. Er betrachtete zwei sukzessive Carnot-Maschinen, wobei eine zwischen $t_1$ und $t'$ und die andere zwischen $t'$ und $t_2$ arbeitet. Wenn $Q'$ die Wärme ist, die bei der Temperatur $t'$ übertragen wird, gilt

$$f(t_2,t_1)=\frac{Q_2}{Q_1}=\frac{Q_2/Q'}{Q'/Q_1}=\frac{f(t_2/t')}{f(t'/t_1)}.$$

Diese Beziehung schließt ein, dass die Funktion $f(t_2,t_1)$ durch das Verhältnis $f(t_2)/f(t_1)$ ersetzt werden darf. Dann kann die Effizienz einer reversiblen Wärmemaschine angeschrieben werden als

$$\eta=1-\frac{Q_2}{Q_1}=1-\frac{f(t_2)}{f(t_1)}.$$

Thomson definierte eine Temperatur $T\equiv f(t)$, die alleine auf die Effizienz reversibler Wärmemaschinen bezogen ist. Dies ist die absolute Temperatur, deren Einheit später nach seiner Erhebung in den Adelsstand durch „Kelvin“ benannt worden ist. Damit ist die Effizienz der reversiblen Wärmemaschine

$$\eta=1-\frac{Q_2}{Q_1}=1-\frac{T_2}{T_1},$$

wobei die Temperaturen $T_1$ und $T_2$ die absoluten Temperaturen des heißen bzw. des kalten Wärmereservoirs sind. Dem absoluten Nullpunkt $T_2 = 0\,K$ ist somit die Effizienz $1$ zugeordnet. Die Effizienz $1$ ergibt sich ebenso, wenn $T_1$ über alle Grenzen anwächst.

Für eine reversible Wärmemaschine, die die Wärme $Q_1$ einem heißen Reservoir mit der Temperatur $T_1$ entzieht und die Wärme $Q_2$ an ein kaltes Reservoir mit der Temperatur $T_2$ abgibt, folgt als Schlussfolgerung aus der Effizienzbetrachtung:

$$\frac{Q_1}{T_1}=\frac{Q_2}{T_2}.$$

Alle realen Wärmemaschinen müssen irreversible Vorgänge, wie das Fließen von Wärme als Folge eines Temperaturgefälles, enthalten, sie haben eine geringere Effizienz. Die Effizienz solcher Maschinen ist $\eta'=1-Q_2/Q_1<1-T_2/T_1$. Daraus folgt für einen realen, mit Irreversibilitäten behafteten Vorgang die Ungleichung

$$\frac{Q_1}{T_1}<\frac{Q_2}{T_2}.$$

Diese Betrachtungen spielten bei den nachfolgenden Überlegungen von Clausius eine zentrale Rolle. Clausius ging davon aus, dass sich jeder beliebige geschlossene Pfad in einem $p,V$-Diagramm in eine unendliche Anzahl von reversiblen Carnot-Prozessen mit differentiellem treibenden Temperaturgefälle $dT$ zerlegen lässt, wobei die Wärme stets von der höheren zur tieferen Temperatur fließt. Da zwischen zwei benachbarten Zyklen stets

$$\frac{Q_1}{T_1}=\frac{Q_2}{T_2}$$

oder, infinitesimal

$$\frac{dQ}{T} = 0$$

ist, folgt für den beliebigen geschlossenen Pfad

$$\oint \frac{dQ}{T} = 0 \cdot$$

Clausius erkannte, dass es sich um eine neue Zustandsgröße handelte. Im Jahr 1865 schrieb er: *„Ich schlage vor, die Größe S die Entropie des Körpers zu nennen, abgeleitet vom griechischen Wort „τροπη", Verwandlung."*

*Abb. 3.27: Rudolf Clausius (1822–1888)*

Damit folgt für einen mit Irreversibilitäten behafteten Vorgang die Clausius'sche Ungleichung

$$dS \geq \frac{dQ}{T} \ ,$$

die im Schrifttum allgemein angegeben wird.

Weniger bekannt ist der folgende Sachverhalt: In seiner 1867 erschienenen Veröffentlichung der *„Mechanischen Theorie der Wärme"* ersetzte Clausius die Ungleichung durch die Gleichung

$$N = S - S_0 - \int \frac{dQ}{T} > 0 \,,$$

wobei $S_0$ die Entropie zu Beginn und $S$ die Entropie am Ende der Zustandsänderung ist. Er führte die Entropieänderung durch Wärmeaustausch mit umgebenden Systemen durch den Term $dQ/T$ ein. *„Die Größe N"*, schrieb Clausius, *„bestimmt die unkompensierte Verwandlung"*. Er folgerte auch: *„Unkompensierte Verwandlungen können nur positiv sein."*

Vielleicht hatte Clausius die Absicht, die unkompensierte Verwandlung quantitativ zu erfassen, aber er ist diesen Weg nicht weiter gegangen. Die Thermodynamik des 19. Jahrhunderts blieb im Rahmen der mechanischen Theorie der Wärme weitgehend auf das Gebiet idealisierter reversibler Prozesse beschränkt. Eine Theorie, welche die Entropie explizit mit irreversiblen Vorgängen in Verbindung bringt, wurde erst im 20. Jahrhundert entwickelt.

Die Ausführungen in diesem Abschnitt haben aufgezeigt, wie stark im 19. Jahrhundert die Entwicklung der Thermodynamik durch das Bestreben motiviert war, eine Theorie für Wärmekraftmaschinen zu gewinnen. Die Universalität der gewonnenen Erkenntnisse als allgemeines physikalisches Prinzip wurde erst allmählich erkannt.

# 4 Zustandsänderungen idealer Gase

## 4.1 Voraussetzungen

Bei einfachen Zustandsänderungen idealer Gase bleibt eine der Zustandsgrößen $p$, $v$, $T$, $s$ konstant. Mit dem Konzept der polytropen Zustandsänderung erfassen wir Vorgänge, bei denen sich alle genannten Zustandsgrößen ändern.

In diesem Kapitel untersuchen wir Zustandsänderungen idealer Gase im Zylinder/Kolben-System und in stationär durchströmten Komponenten. Dabei setzen wir, wie in Kapitel 1 erwähnt, quasistatische Zustandsänderungen oder Fließgleichgewicht voraus.

Zunächst werden Zustandsänderungen ohne dissipative Vorgänge analysiert.

In Abschnitt 4.2 betrachten wir den einfachen Fall von Zustandsänderungen idealer Gase mit konstanten spezifischen Wärmekapazitäten. Diese vereinfachte Analyse führt nur dann zu ausreichend genauen quantitativen Aussagen, wenn einatomige Gase (Edelgase) vorliegen oder wenn bei zwei- oder dreiatomigen Gasen Temperaturen bis ca. *500 °C* auftreten, wobei entsprechende Mittelwerte für die Isentropenexponenten der Gaskomponenten aus Abb. 1.18 zu entnehmen sind. Dann gelten die kalorischen Zustandsgleichungen

$$u_2 - u_1 = c_v \left(T_2 - T_1\right) = \frac{1}{\kappa - 1} R \left(T_2 - T_1\right) \tag{4.1}$$

und

$$h_2 - h_1 = c_p \left(T_2 - T_1\right) = \frac{\kappa}{\kappa - 1} R \left(T_2 - T_1\right). \tag{4.2}$$

Tritt bei einer Zustandsänderung eines mehratomigen Gases eine große Änderung der Temperatur auf, so ist der Einfluss der temperaturabhängigen spezifischen Wärmekapazitäten zu berücksichtigen. Zustandsänderungen dieser Art werden in Abschnitt 4.3 diskutiert.

In Abschnitt 4.4 wird schließlich der Einfluss der Dissipation im Zylinder/Kolben-System und in Strömungsmaschinen untersucht. Abschnitt 4.5 befasst sich mit Strömungen durch Düsen und Diffusoren.

# 4.2 Einfache Zustandsänderungen idealer Gase mit $c_p = const.$

## 4.2.1 Die Isobare $p = const.$ nach der einfachen Theorie

Aus der mit den Zuständen 1 und 2 angesetzten Gasgleichung folgt bei isobarer Zustandsänderung:

$$\begin{aligned} p\, v_2 &= R\, T_2 \\ p\, v_1 &= R\, T_1 \end{aligned} \quad \rightarrow \quad \frac{v_2}{v_1} = \frac{T_2}{T_1}$$

(a) Im Zylinder/Kolben-System tritt dann eine isobare Zustandsänderung auf, wenn Wärmezufuhr oder -abfuhr stattfindet und der Kolben konstant belastet wird. Abb. 4.1 zeigt ein solches System am Beispiel eines Kolbens, der eine Last trägt.

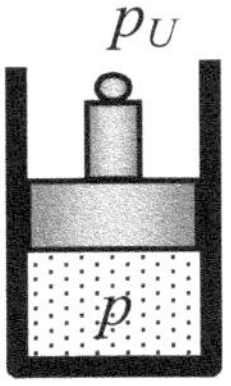


*Abb. 4.1: Isobares System*

Für dieses System folgt

- aus dem Kräftegleichgewicht am Kolben bei reibungsfreier Kolbenbewegung

$$p = p_U + \frac{m_K g}{A} = const.,$$

- für die Volumenänderungsarbeit

$$w_{12} = -\int_1^2 p\, dv = -p\left(v_2 - v_1\right)$$

- und aus dem 1. HS für das System Gas:

$$u_2 - u_1 = -p\ \left(v_2 - v_1\right) + q_{12} \text{ oder } q_{12} = h_2 - h_1 .$$

(b) Für eine stationäre Strömung durch einen Kanal, in dem unter Wärmezufuhr oder -abfuhr keine Änderung der Strömungsgeschwindigkeit auftritt, folgt aus dem 1. HS unmittelbar

$$q_{12} = h_2 - h_1 .$$

Die technische Arbeit ist bei reibungsfreier, isobarer Kanalströmung

$$w_{t12} = \int_1^2 v\, dp = 0 .$$

**Zusammenfassung der Beziehungen für isobare Zustandsänderungen:**

$$\frac{v_2}{v_1} = \frac{T_2}{T_1}; \tag{4.3}$$

$$q_{12} = h_2 - h_1 = c_p \left(T_2 - T_1\right) = \frac{\kappa}{\kappa - 1} R\, T_1 \left(\frac{T_2}{T_1} - 1\right); \tag{4.4}$$

$$w_{v12} = -p\left(v_2 - v_1\right) = -p\, v_1 \left(\frac{T_2}{T_1} - 1\right) = -R\, T_1 \left(\frac{T_2}{T_1} - 1\right); \tag{4.5}$$

$$w_{t12} = 0\,. \tag{4.6}$$

## 4.2.2 Die Isochore $v = const.$ nach der einfachen Theorie

Eine isochore Zustandsänderung liegt dann vor, wenn das spezifische (oder molare) Volumen bei der Zustandsänderung konstant bleibt. Aus der in den Zuständen 1 und 2 angesetzten Gasgleichung folgt bei isochorer Zustandsänderung:

$$\begin{matrix} p_2\, v = R\, T_2 \\ p_1\, v = R\, T_1 \end{matrix} \quad \rightarrow \quad \frac{p_2}{p_1} = \frac{T_2}{T_1}$$

(a) Bei Wärmezufuhr in einen oder Wärmeabfuhr aus einem starren, geschlossenen Behälter folgt für die Volumenänderungsarbeit

$$w_{v12} = \int_1^2 p\, dv = 0$$

und der 1. HS liefert

$$q_{12} = u_2 - u_1\ .$$

(b) Bei einem stationär durchströmten System mit konstantem spezifischen Volumen wird die technische Arbeit

$$w_{t12} = v\left(p_2 - p_1\right)$$

bei Wärmezufuhr entnommen und bei Wärmeabfuhr zugeführt.
Der 1. HS liefert

$$h_2 - h_1 = q_{12} + w_{t12}$$

oder

$$q_{12} = h_2 - h_1 - v\left(p_2 - p_1\right) = u_2 - u_1\,.$$

**Zusammenfassung der Beziehungen für isochore Zustandsänderungen:**

$$\frac{p_2}{p_1} = \frac{T_2}{T_1}; \tag{4.7}$$

$$q_{12} = u_2 - u_1 = c_v \left(T_2 - T_1\right) = \frac{1}{\kappa - 1} R\, T_1 \left(\frac{T_2}{T_1} - 1\right); \tag{4.8}$$

$$w_{v12} = 0 ; \qquad (4.9)$$

$$w_{t12} = v\,(p_2 - p_1) = p_1\ v \left( \frac{p_2}{p_1} - 1 \right) = R\ T_1 \left( \frac{T_2}{T_1} - 1 \right) . \qquad (4.10)$$

### 4.2.3 Die Isotherme *T = const.* nach der einfachen Theorie

Bei einer isothermen Zustandsänderung bleibt die Temperatur konstant. Aus der in den Zuständen 1 und 2 angesetzten Gasgleichung folgt bei isothermer Zustandsänderung:

$$\begin{aligned} p_2\ v_2 &= R\ T \\ p_1\ v_1 &= R\ T \end{aligned} \quad \rightarrow \quad \frac{p_2\ v_2}{p_1\ v_1} = 1$$

(a) Im System Zylinder/Kolben erfolgt dann eine isotherme Kompression bzw. Expansion, wenn die Zylinderwand einen verschwindend kleinen Wärmeleitwiderstand $R_{th} \rightarrow 0$ hat. Wegen $dT = 0$, ist auch $du = c_v\ dT = 0$. Der 1. HS liefert

$$0 = w_{v12} + q_{12}$$

oder

$$q_{12} = -w_{v12}$$

oder, mit der Definition der Volumenänderungsarbeit

$$w_{v12} = -\int_1^2 p\ dv = -R\ T \int_1^2 \frac{dv}{v} = -R\ T\ \ln\left( \frac{v_2}{v_1} \right) = R\ T\ \ln\left( \frac{p_2}{p_1} \right)$$

(b) Im stationär durchströmten System ist wegen $dT = 0$ auch $dh = c_p\ dT = 0$. Der 1. HS liefert

$$0 = q_{12} + w_{t12}$$

oder

$$q_{12} = -w_{t12}$$

oder, mit der Definition der technischen Arbeit

$$w_{t12} = \int_1^2 v\ dp = R\ T \int_1^2 \frac{dp}{p} = R\ T\ \ln\left( \frac{p_2}{p_1} \right) = -R\ T\ \ln\left( \frac{v_2}{v_1} \right) .$$

**Zusammenfassung der Beziehungen für isotherme Zustandsänderungen:**

$$\frac{p_2}{p_1} = \frac{v_1}{v_2} ; \qquad (4.11)$$

$$q_{12} = -w_{v12} = -w_{t12} ; \qquad (4.12)$$

$$w_{v12} = w_{t12} = -R\ T\ \ln\left( \frac{v_2}{v_1} \right) = R\ T\ \ln\left( \frac{p_2}{p_1} \right) . \qquad (4.13)$$

### 4.2.4 Die Isentrope $s = const.$ nach der einfachen Theorie

Wie wir in Kapitel 3 festgestellt haben, erfolgen isentrope Zustandsänderungen im Zylinder/Kolben-System und bei Strömungsmaschinen adiabat und dissipationsfrei. Deshalb gilt für diese Systeme $q_{12} = 0$. Die Zylinderwand oder das Gehäuse der Strömungsmaschine haben demnach den Wärmeleitwiderstand $R_{th} \to \infty$.

Aus der in den Zuständen 1 und 2 angesetzten Gasgleichung folgt bei isentroper Zustandsänderung nur der allgemein gültige Zusammenhang:

$$\frac{p_2\, v_2}{p_1\, v_1} = \frac{T_2}{T_1}\,.$$

(a) Die Gibbs'sche Hauptgleichung der Thermodynamik in der für geschlossene Systeme bequem anwendbaren Form lautet

$$ds = \frac{du + p\, dv}{T}\,.$$

Mit den hier gültigen Voraussetzungen folgt daraus

$$c_v\,\frac{dT}{T} + R\,\frac{dv}{v} = 0$$

und nach Integration der vorstehenden Gleichung

$$\frac{1}{\kappa - 1}\ln\left(\frac{T_2}{T_1}\right) + \ln\left(\frac{v_2}{v_1}\right) = 0$$

oder, nach Delogarithmierung

$$\frac{T_2}{T_1} = \left(\frac{v_1}{v_2}\right)^{\kappa - 1}.$$

Der 1. HS für das System Zylinder/Kolben liefert

$$u_2 - u_1 = w_{v12}\,.$$

(b) Entsprechend folgt aus der für stationär durchströmte Systeme bequem anwendbaren Form der Gibbs'schen Hauptgleichung der Thermodynamik

$$ds = \frac{dh - v\, dp}{T}$$

mit den hier gültigen Voraussetzungen

$$c_p\,\frac{dT}{T} - R\,\frac{dp}{p} = 0\,.$$

Die Integration führt zu

$$\frac{\kappa}{\kappa - 1}\ln\left(\frac{T_2}{T_1}\right) - \ln\left(\frac{p_2}{p_1}\right) = 0$$

oder, nach Delogarithmierung

$$\frac{T_2}{T_1} = \left(\frac{p_2}{p_1}\right)^{\frac{\kappa - 1}{\kappa}}.$$

Der 1. HS für die adiabate Strömungsmaschine lautet

$$h_2 - h_1 = w_{t12} \,.$$

Kombination der beiden für die Temperaturverhältnisse ermittelten Gleichungen führt zu

$$\frac{v_1}{v_2} = \left(\frac{p_2}{p_1}\right)^{\frac{1}{\kappa}} .$$

**Zusammenfassung der Beziehungen für isentrope Zustandsänderungen:**

$$\frac{T_2}{T_1} = \left(\frac{v_1}{v_2}\right)^{\kappa-1}; \qquad \frac{T_2}{T_1} = \left(\frac{p_2}{p_1}\right)^{\frac{\kappa-1}{\kappa}}; \qquad \frac{p_2}{p_1} = \left(\frac{v_1}{v_2}\right)^{\kappa}; \tag{4.14}$$

$$q_{12} = 0 ; \tag{4.15}$$

$$w_{v12} = u_2 - u_1 = \frac{1}{\kappa - 1} R\, T_1 \left(\frac{T_2}{T_1} - 1\right); \tag{4.16}$$

$$w_{t12} = h_2 - h_1 = \frac{\kappa}{\kappa - 1} R\, T_1 \left(\frac{T_2}{T_1} - 1\right) = \kappa\, w_{v12} \,. \tag{4.17}$$

**Beispiel 4.1 (Level 1):** Ein Waggon mit einer Gesamtmasse von *10 t* läuft mit *1 m/s* Geschwindigkeit auf *2* Luftpuffer. In jedem der Zylinder dieser Luftpuffer ist ein Luftvolumen von *0,1 m³* eingeschlossen, der Querschnitt eines Kolbens beträgt *0,2 m²*. Der Zustand der Luft in den Zylindern vor dem Auflaufen des Waggons entspricht dem der Umgebung (*1 bar, 20 °C*). Wie tief werden die Kolben in die Zylinder gedrückt und welchen Zustand hat die Luft (ideales Gas, $\kappa = 1{,}40$) in den Zylindern im Augenblick maximaler Kompression?

**Voraussetzungen:** Die beim Aufprall des Waggons erfolgende Kompression der Luft im Zylinder erfolgt so rasch, dass zwischen der Luft und dem Zylinder keine Wärme übertragen wird. Die Bewegung des Kolbens wird als reibungsfrei mit masselosem Kolben angenommen. Die Kompression erfolgt somit adiabat und reibungsfrei und damit isentrop.

**Gegeben:**

$m_W := 10 \cdot t \qquad vel_W := 1 \cdot \frac{m}{s} \qquad V_1 := 100 \cdot liter$

$A_Z := 0.2 m^2 \qquad p_1 := 1 \cdot bar \qquad t_1 := 20 \cdot °C$

$\kappa := 1.40 \qquad p_U := p_1$

**Lösung:** Der Kolbenstange eines Puffers wird die halbe kinetische Energie des Waggons als Nutzarbeit zugeführt:

$$W_{N12} = \frac{E_{kinW}}{2} \qquad W_{N12} := m_W \cdot \frac{vel_W^{\,2}}{4} \qquad W_{N12} = 2.5 \cdot kJ$$

Die Volumenänderungsarbeit und die Nutzarbeit als Funktionen des Volumens sind

$$W_V(V) := \frac{p_1 \cdot V_1}{\kappa - 1} \cdot \left[\left(\frac{V_1}{V}\right)^{\kappa-1} - 1\right] \qquad W_N(V) := W_V(V) + p_U \cdot (V - V_1)$$

Die transzendente Gleichung wird mit einem Schätzwert gelöst durch

$$V_2 := \frac{V_1}{2}$$

*Vorgabe*

$$W_N(V_2) = W_{N12}$$

$$V_2 := Suchen\left(V_2\right) \qquad V_2 = 53.194\,liter$$

Eine weitere Möglichkeit der Nullstellensuche

$$V_2 := \frac{V_1}{2}$$

$$V_2 := wurzel\left(W_N(V_2) - W_{N12}, V_2\right) \qquad V_2 = 53.194\,liter$$

führt zum gleichen Ergebnis.

Der Bremsweg des Waggons beträgt

$$\Delta z := \frac{V_1 - V_2}{A_Z} \qquad \Delta z = 0.234\,m$$

Mit den Isentropenbeziehungen

$$T_2 := Tt(t_1)\cdot\left(\frac{V_1}{V_2}\right)^{\kappa-1} \qquad p_2 := p_1\cdot\left(\frac{V_1}{V_2}\right)^{\kappa}$$

sind die Temperatur und der Druck im Zylinder unmittelbar nach dem Aufprall

$$T_2 = 377.349\,K \qquad p_2 = 2.42\,bar$$

**Diskussion:** Transzendente Gleichungen sind mit Mathcad® leicht lösbar, wenn man einen geeigneten Schätzwert vorgibt. Durch eine Darstellung der Funktion als Diagramm kann leicht festgestellt werden, wie viele Wurzeln in einem vorgegebenen Bereich vorhanden sind und es können aus dem Diagramm geeignete Vorgabewerte abgelesen werden.

## 4.2.5 Die Polytrope $n = const.$ nach der einfachen Theorie

Die Isentrope

$$p\,v^{\kappa} = c$$

kann auch als Funktion des spezifischen Volumens

$$p(v) = c\,v^{-\kappa}$$

angeschrieben werden. Die erste Ableitung dieser Funktion ist

$$\left(\frac{\partial p}{\partial v}\right)_s = -\kappa\,c\,v^{-\kappa-1}.$$

Nach Ersetzen der Konstanten $c$ durch die Ausgangsgleichung folgt für die Steigungen von Isentropen im $p,v$-Diagramm

$$\left(\frac{\partial p}{\partial v}\right)_s = -\kappa\,\frac{p}{v}. \tag{4.18}$$

Analog gilt für die Isotherme

$$p\,v = c$$

oder

$$p(v) = c\,v^{-1}$$

mit der ersten Ableitung

$$\left(\frac{\partial p}{\partial v}\right)_T = -\,c\,v^{-2}\,.$$

Nach Einsetzen der Ausgangsgleichung folgt für die Steigungen von Isothermen im $p,v$-Diagramm

$$\left(\frac{\partial p}{\partial v}\right)_T = -\,\frac{p}{v}\,. \tag{4.19}$$

Im $p,v$-Diagramm ist die Isotherme eines idealen Gases eine Hyperbel. Durch Vergleich von Gl (4.18) mit Gl. (4.19) stellen wir fest, dass die Isentropen im $p,v$-Diagramm um den Faktor $\kappa$ steiler verlaufen als die Hyperbeln der Isothermen.

Verallgemeinern wir die Zustandsänderung durch die Einführung eines variablen Steigungsfaktors, des Polytropenexponenten $n$, so gilt

$$p\,v^n = c$$

oder, nach Differentiation und Multiplikation mit $v^{n-1}$

$$v\,dp + n\,p\,dv = 0$$

und nach Division durch das Produkt $p\,v$ ergibt sich

$$\frac{dp}{p} = -n\,\frac{dv}{v}\,.$$

Daraus werden die Beziehungen für polytrope Zustandsänderungen

$$\frac{T_2}{T_1} = \left(\frac{v_1}{v_2}\right)^{n-1}; \qquad \frac{T_2}{T_1} = \left(\frac{p_2}{p_1}\right)^{\frac{n-1}{n}}; \qquad \frac{p_2}{p_1} = \left(\frac{v_1}{v_2}\right)^{n} \tag{4.20}$$

abgeleitet, die jenen für isentrope Zustandsänderungen entsprechen.

Die Steigungen polytroper Zustandsänderungen im $p,v$-Diagramm sind gegeben durch

$$\left(\frac{\partial p}{\partial v}\right)_n = -n\,\frac{p}{v}\,. \tag{4.21}$$

Damit sind, wie in Tabelle 4.1 aufgeführt, alle einfachen Zustandsänderungen Sonderfälle der Polytropen.

| | | | | |
|---|---|---|---|---|
| $n = 0$ | $p\,v^0 = const.$ | $p = const.$ | *Isobare* | $(\partial p/\partial v)_p = 0$ |
| $n = 1$ | $p\,v = const.$ | $T = const.$ | *Isotherme* | $(\partial p/\partial v)_T = -p/v$ |
| $n = \kappa$ | $p\,v^\kappa = const.$ | $s = const.$ | *Isentrope* | $(\partial p/\partial v)_s = -\kappa\,p/v$ |
| $n \to \infty$ | $p^{\frac{1}{\infty}}\,v = const.$ | $v = const.$ | *Isochore* | $(\partial p/\partial v)_v = \infty$ |

*Tabelle 4.1: Einfache Zustandsänderungen als Sonderfälle der Polytropen*

Für die Volumenänderungsarbeit und die technische Arbeit einer polytropen Zustandsänderung folgt in Analogie zur Isentropen

$$w_{v12} = \frac{1}{n-1} R\, T_1 \left( \frac{T_2}{T_1} - 1 \right) \tag{4.22}$$

sowie

$$w_{t12} = n\, w_{v12}\,. \tag{4.23}$$

Bei isentroper Zustandsänderung wird keine Wärme mit der Umgebung ausgetauscht. Im Gegensatz dazu ist die polytrope Zustandsänderung eine verallgemeinerte Zustandsänderung, bei der Wärme mit umgebenden Systemen ausgetauscht wird. Der 1. HS für das System Zylinder/Kolben lautet

$$u_2 - u_1 = w_{v12} + q_{12}$$

und daraus folgt für den Wärmetausch mit umgebenden Systemen

$$q_{12} = \left( \frac{1}{\kappa - 1} - \frac{1}{n-1} \right) R\, T_1 \left( \frac{T_2}{T_1} - 1 \right)$$

oder

$$q_{12} = \frac{n-\kappa}{\kappa - 1} w_{v12} = \frac{1}{n} \frac{n-\kappa}{\kappa-1} w_{t12}\ . \tag{4.24}$$

Die differentielle Änderung der Entropie ist bei polytroper Zustandsänderung mit

$$\frac{dp}{p} = \frac{n}{n-1} \frac{dT}{T}$$

$$ds = \left( \frac{\kappa}{\kappa-1} - \frac{n}{n-1} \right) R \frac{dT}{T} = \frac{n-\kappa}{(\kappa-1)(n-1)} R \frac{dT}{T}\,.$$

Mit umgebenden Systemen wird die differentielle Wärme

$$dq = \frac{n-\kappa}{(\kappa-1)(n-1)} R\, dT$$

ausgetauscht. Es folgt, dass die polytrope Zustandsänderung gemäß

$$ds_{irr} = ds - \frac{dq}{T_a} \tag{4.25}$$

dann reversibel verläuft, wenn die Wärme ohne treibendes Temperaturgefälle ($T = T_a$) mit umgebenden Systemen ausgetauscht wird.

Oft wird bei polytropen Zustandsänderungen nach einem Vorschlag von Stodola[31] auch das Polytropenverhältnis ν verwendet. Dann werden die Arbeiten definiert durch

$$dw_v = -\nu_v\, p\, dv = du \qquad \text{bzw.} \qquad dw_t = \nu_p\, v\, dp = dh\,.$$

Daraus ergibt sich unter Verwendung der Gasgleichung

$$-\nu_v \frac{dv}{v} = \frac{1}{\kappa-1} \frac{dT}{T} \qquad \text{bzw.} \qquad \nu_p \frac{dp}{p} = \frac{\kappa}{\kappa-1} \frac{dT}{T}\,. \tag{4.26}$$

---

31 Stodola, A.: Dampf- und Gasturbinen, zitiert in: Baehr, H.D.: „Thermodynamik", Berlin, Heidelberg, Springer Verlag, 1996, S. 230

Hier erkennt man unmittelbar, dass Zustandsänderungen mit dem Polytropenverhältnis $\nu = 1$ isentrop und mit dem Polytropenverhältnis $\nu = 0$ isotherm verlaufen. Dies sind die Grenzfälle der reversiblen Adiabaten, wobei der Wärmeleitwiderstand der begrenzenden Strukturen $R_{th} \to \infty$ strebt, und der reversiblen Isothermen, bei denen der Wärmeleitwiderstand dieser Strukturen mit $R_{th} \to 0$ verschwindend gering ist.

Nimmt man an, dass diese Polytropenverhältnisse bei den jeweiligen Zustandsänderungen konstant bleiben, so folgt nach Integration

$$\nu_v = \frac{\frac{1}{\kappa - 1} \ln\left(\frac{T_2}{T_1}\right)}{\ln\left(\frac{v_1}{v_2}\right)} \quad \text{bzw.} \quad \nu_p = \frac{\frac{\kappa}{\kappa - 1} \ln\left(\frac{T_2}{T_1}\right)}{\ln\left(\frac{p_2}{p_1}\right)} \tag{4.27}$$

und wir erhalten für die Arbeiten

$$w_{v12} = \frac{1}{\nu_v} \frac{R}{\kappa - 1} \left(T_2 - T_1\right) \quad \text{bzw.} \quad w_{t12} = \frac{1}{\nu_p} \frac{\kappa}{\kappa - 1} R \left(T_2 - T_1\right). \tag{4.28}$$

Der 1. HS liefert für den Wärmeaustausch

$$q_{12} = \left(1 - \frac{1}{\nu_v}\right) \frac{R}{\kappa - 1} \left(T_2 - T_1\right) \quad \text{bzw.} \quad q_{12} = \left(1 - \frac{1}{\nu_p}\right) \frac{\kappa}{\kappa - 1} R \left(T_2 - T_1\right). \tag{4.29}$$

Für den Zusammenhang zwischen Polytropenexponent und Polytropenverhältnis ergeben sich aus den Bedingungen

$$\frac{1}{\nu_v \left(\kappa - 1\right)} = \frac{1}{n - 1} \quad \text{bzw.} \quad \frac{\kappa}{\nu_p \left(\kappa - 1\right)} = \frac{n}{n - 1}$$

die Ergebnisse

$$\nu_v = \frac{n - 1}{\kappa - 1} \quad \text{bzw.} \quad \nu_p = \frac{\kappa \left(n - 1\right)}{n \left(\kappa - 1\right)} \tag{4.30}$$

oder

$$n = 1 + \nu_v \left(\kappa - 1\right) \quad \text{bzw.} \quad n = \frac{\kappa}{\kappa - \nu_p \left(\kappa - 1\right)}. \tag{4.31}$$

### 4.2.6 Darstellung von Zustandsänderungen im $p,V$- und im $T,s$-Diagramm

Im $p,v$-Diagramm werden Polytropen durch die Funktion

$$p_n(v, n) = p_1 \left(\frac{v_1}{v}\right)^n \tag{4.32}$$

dargestellt. Abb. 4.2 zeigt die Verläufe der Isotherme ($n = 1$), der Isentropen ($n = \kappa$) und von zwei Polytropen ($n = 1{,}2$ und $n = 1{,}7$) durch den Referenzpunkt $p_1 = 2\ bar$ und $v_1 = R\ T_1 / p_1$ mit $t_1 = 50\ °C$. Bei Zustandsänderungen in linker Richtung vom Referenzpunkt finden Kompressionen statt, in rechter Richtung Expansionen.

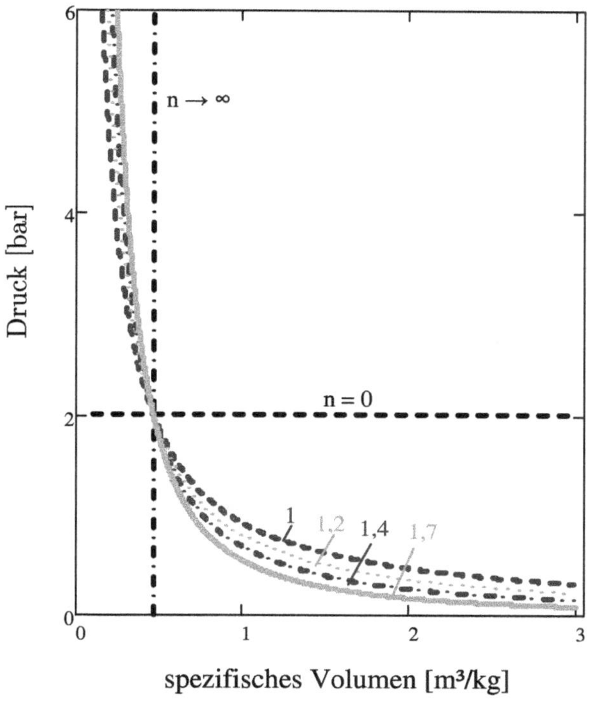


*Abb. 4.2: Isotherme, Isentrope und die Polytropen n = 1,2 und n = 1,7 im p,v-Diagramm*

Im *T,s*-Diagramm wird die Entropie für den Referenzpunkt durch

$$s_1 - s_0 = R\left(\frac{\kappa}{\kappa - 1}\ln\left(\frac{T_1}{T_0}\right) - \ln\frac{p_1}{p_0}\right) \tag{4.33}$$

bestimmt, wobei an einem beliebig zu wählenden Punkt $p_0$, $T_0$ die Entropie $s_0 = 0$ gesetzt wird. Mit dieser Voraussetzung wird für die Polytrope durch den Referenzpunkt $s_1$, $T_1$ aus

$$s - s_1 = R\left(\frac{\kappa}{\kappa - 1}\ln\left(\frac{T}{T_1}\right) - \ln\left(\frac{p}{p_1}\right)\right) = R\left(\frac{\kappa}{\kappa - 1} - \frac{n}{n-1}\right)\ln\left(\frac{T}{T_1}\right)$$

durch Auflösen nach der Temperatur *T* bestimmt:

$$T_n(s, n) = T_1 \exp\left[\frac{n - \kappa}{(\kappa - 1)(n - 1)}\frac{s - s_1}{R}\right]. \tag{4.34}$$

Abb. 4.3 zeigt die Verläufe der Isobaren ($n = 0$), der Isochoren ($n \to \infty$) und der Polytropen ($n = 1,2$ und $n = 1,7$) im *T,s*-Diagramm. Rechts vom Referenzpunkt wird bei einer Zustandsänderung Wärme zugeführt, links davon wird gekühlt.

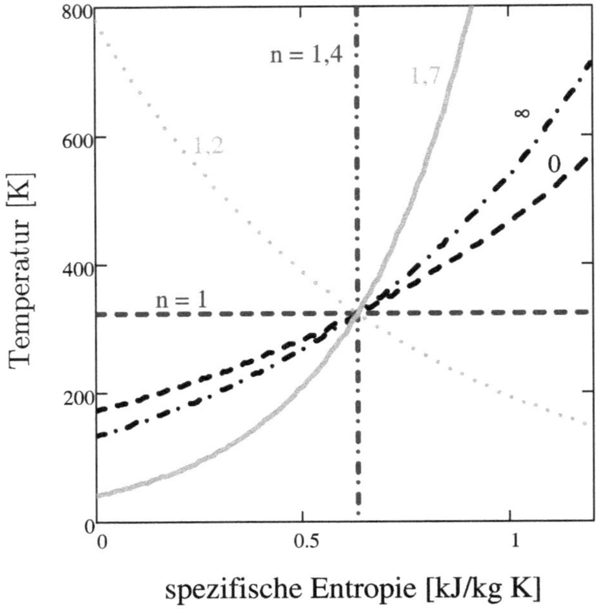


*Abb. 4.3: Isobare, Isochore und die Polytropen n = 1,2 und n = 1,7 im T,s-Diagramm*

**Beispiel 4.2 (Level 1)**: Im Zylinder eines Kolbenverdichters hat die Luft nach dem Ansaugen $p_1 = 1\ bar$, $t_1 = 20\ °C$. Das dazu gehörige Zylindervolumen beträgt $2\ \ell$. Die Kompression erfolgt polytrop mit $n = 1,2$, bis der Enddruck $p_2 = 9\ bar$ erreicht wird. Zum Vergleich sind die isentrope Kompression und die isotherme Kompression heranzuziehen. Für die drei Fälle sind die Volumina und die Temperaturen nach der Kompression zu bestimmen. Danach wird nach Öffnen des Auslassventils die Druckluft isobar aus dem Zylinder ausgeschoben und auf die Anfangstemperatur zurückgekühlt. Die jeweils erforderlichen Kompressions- und Verschiebearbeiten und der Wärmetausch mit umgebenden Systemen sind zu berechnen. Die Vorgänge sind im *p,V*- und im *T,S*-Diagramm darzustellen.

**Gegeben:**

$p_1 := 1 \cdot bar$ $\quad t_1 := 20 \cdot °C$ $\quad V_1 := 2 \cdot l$ $\quad p_2 := 9 \cdot bar$ $\quad n := 1.2$

$\kappa := 1.40$ $\quad t_3 := t_1$

**Lösung:** Für die Fälle isothermer ($n = 1$), polytroper ($n = 1,2$) und isentroper ($n = \kappa$) Kompression

$$nn := \begin{pmatrix} 1.000000001 \\ 1.2 \\ \kappa \end{pmatrix} \qquad k := 0..2$$

liefern die Funktionen für die Polytropenbeziehungen

$$V_2(n) := V_1 \cdot \left(\frac{p_1}{p_2}\right)^{\frac{1}{n}}$$

$$T_2(n) := Tt(t_1) \cdot \left(\frac{p_2}{p_1}\right)^{\frac{n-1}{n}} \qquad t_2(n) := tT(T_2(n))$$

die Ergebnisse

$t_2(nn_k) =$ | | $V_2(nn_k) =$ |
|---|---|---|---|
| 20 | °C | 0.222 | *liter* |
| 149.65 | | 0.320 | |
| 276.05 | | 0.416 | |

Die technischen Arbeiten und der jeweilige Kühlbedarf werden berechnet mit

$$W_{t12}(n) := \frac{n}{n-1} \cdot p_1 \cdot V_1 \cdot \left[\left(\frac{p_2}{p_1}\right)^{\frac{n-1}{n}} - 1\right]$$

$$Q_{12}(n) := \frac{n-\kappa}{(\kappa-1)} \cdot W_{t12}(n) \cdot \frac{1}{n} \qquad Q_{23}(n) := p_1 \cdot V_1 \cdot \left(1 - \frac{T_2(n)}{T_3}\right)$$

mit den Ergebnissen

| $W_{t12}(nn_k) =$ | | $Q_{12}(nn_k) =$ | | $Q_{23}(nn_k) =$ | |
|---|---|---|---|---|---|
| 439.44 | *J* | -439.445 | *J* | -0 | *J* |
| 530.70 | | -221.125 | | -88.45 | |
| 611.41 | | 0 | | -174.689 | |

Zur Anfertigung der Diagramme ist Programmieraufwand nötig **(Level 4)**. Für das *p, V*-Diagramm wird das Volumen als Funktion des Druckes

$$V_n(p, n) := V_1 \cdot \left(\frac{p_1}{p}\right)^{\frac{1}{n}}$$

unter Variation des Druckes

$$\delta p := \frac{p_2 - p_1}{20} \qquad p := p_1, p_1 + \delta p .. p_2 \qquad p_n := p \qquad p_\kappa := p \qquad p_T := p$$

bereitgestellt.

Weiter werden Matrizen zum Anfertigen von Hilfslinien aufgebaut.

$$VV_2 := \begin{pmatrix} 0 \\ V_n(p_2, 1) \\ V_n(p_2, n) \\ V_n(p_2, \kappa) \end{pmatrix} \qquad i := 0..3 \qquad VV_1 := \begin{pmatrix} 0 \\ V_1 \end{pmatrix} \qquad j := 0..1$$

Mit diesen Voraussetzungen wird das in Abb. 4.4 wiedergegebene *p, V*-Diagramm erzeugt.

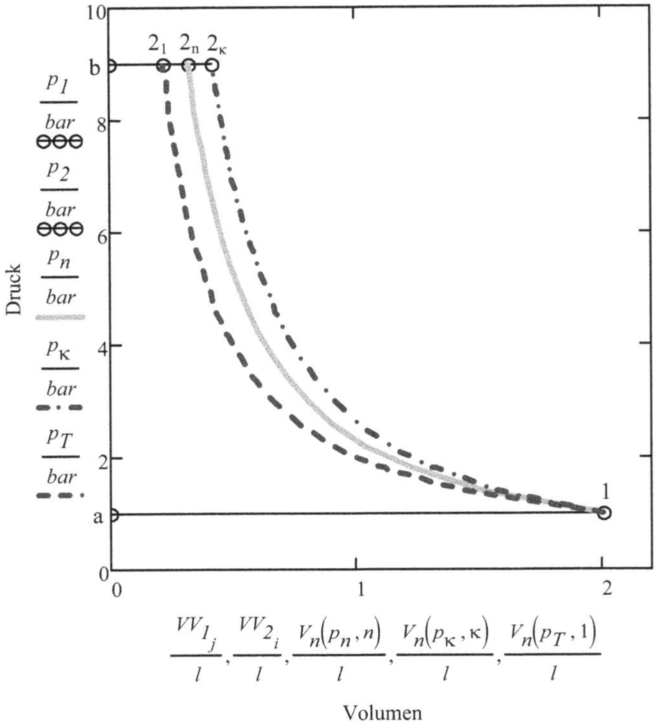


*Abb. 4.4: Kompressionslinien (isentrop, polytrop und isotherm) im p,V-Diagramm*

Die technische Arbeit

$$w_{t12} = \int_1^2 v\, dp$$

ist die Fläche $A_{a,1,2,b}$ links von der jeweiligen Kompressionslinie zwischen den Hilfslinien. Sie umfasst die Kompressionsarbeit und die isobare Ausschiebearbeit nach Öffnung des Auslassventils. Diese Arbeit ist bei isentroper Kompression am größten und bei isothermer Kompression am geringsten.

Für das *T,S*-Diagramm wird mit den Parametern $p_1$, $t_1$ und $V_1$ des Ausgangszustands das Produkt *mR* berechnet. Weiter wird die Entropie im Ausgangszustand willkürlich festgelegt:

$$mR := \frac{p_1 \cdot V_1}{Tt(t_1)} \qquad S_1 := 3 \cdot mR$$

Für polytrope Zustandsänderungen wird aus der Gasgleichung unter Verwendung der Polytropengleichung die Temperatur in Abhängigkeit vom Druck

$$T_Z(p,n) := Tt(t_1) \cdot \frac{p}{p_1} \cdot \frac{V_n(p,n)}{V_1}$$

und mit der allgemeinen Gleichung für die Entropie

$$S_Z(p,n) := mR \cdot \left( \frac{\kappa}{\kappa - 1} \cdot ln\left( \frac{T_Z(p,n)}{Tt(t_1)} \right) - ln\left( \frac{p}{p_1} \right) \right) + S_1$$

Temperatur und Entropie im Bereich der im Zylinder stattfindenden Druckänderung dargestellt. Für $n = 1$ erfolgt die Kompression isotherm, für $n = \kappa$ isentrop und für $n = 1{,}2$ polytrop.

Weiter werden Isobaren

$$T_p(S, T_{ref}) := T_{ref} \cdot exp\left(\frac{\kappa - 1}{\kappa} \cdot \frac{S - S_1}{mR}\right)$$

im Bereich

$$S := 0.5 \cdot \frac{J}{K}, 0.502 \cdot \frac{J}{K} .. 2.5 \cdot \frac{J}{K}$$

eingetragen. Bei der Entropie $S_1$ und bei der Referenztemperatur $t_1$ entsteht die Isobare $p_1$. Setzt man die Referenztemperatur auf die isentrope Endtemperatur

$$T_{2is} := Tt(t_1) \cdot \left(\frac{p_2}{p_1}\right)^{\frac{\kappa - 1}{\kappa}}$$

so entsteht die Isobare $p_2$. Die Entropie im Endpunkt der polytropen Kompression wird berechnet mit

$$S_2 := S_Z(p_2, n)$$

Mit den Matrizen

$$TT_2 := \begin{pmatrix} 0 \\ T_Z(p_2, n) \end{pmatrix} \qquad TT_1 := \begin{pmatrix} 0 \\ Tt(t_1) \end{pmatrix}$$

werden die Hilfslinien des Diagramms aufgebaut.

Das *T,S*-Diagramm der Kompressionsvorgänge zeigt Abb. 4.5:

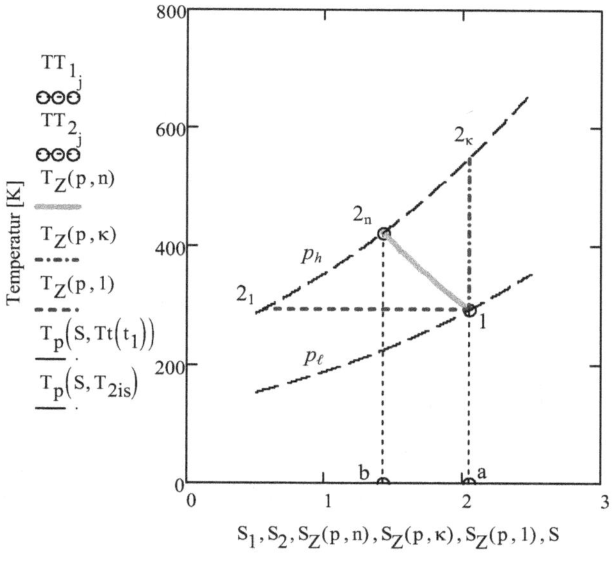


*Abb. 4.5: Kompressionsvorgang im T,S-Diagramm*

Im Diagramm sind zwischen den Isobaren $p_1$ und $p_2$ neben der polytropen Kompressionslinie $n = 1,2$ die isentrope Kompression $n = \kappa$ und die isotherme Kompression $n = 1$ eingetragen. Die Fläche $A_{a,1,2n,b}$ unter der polytropen Kompressionslinie

$$q_{12_n} = \int_1^{2_n} T \, ds$$

ist die aus dem Zylinder abgeführte Kühlwärme.

**Diskussion:** Um Druckluft von Umgebungstemperatur herzustellen, erfordert die isotherme Kompression die geringste Kompressionsarbeit. Dazu müsste allerdings der Zylinder ideal ($R_{th} \rightarrow 0$) gekühlt werden, wobei der Wärmetausch mit der Umgebung reversibel erfolgen würde. Bei isentroper Kompression entstehen die Irreversibilitäten durch die isobare Rückkühlung. Die polytrope Kompression liegt mit $1 < n < \kappa$ zwischen den beiden Fällen. Je besser die Kühlung ist, desto niedriger ist der Polytropenexponent und desto besser wird der Fall der reversibel isothermen Kompression angenähert. Man beachte die parametrische Erstellung der Polytropen im *T,S*-Diagramm: Alle verwendeten Funktionen werden über die Änderung des Druckes gesteuert.

**Beispiel 4.3 (Level 1):** Ein horizontaler Zylinder mit adiabaten Wänden ist an beiden Enden gasdicht verschlossen und enthält einen wärmeundurchlässigen, reibungsfreien Freikolben.

Auf jeder Seite des Kolbens befinden sich *54 Liter* Helium (*ideales Gas,* $\kappa = 5/3$) bei einem Druck von $p_1 = 1\ bar$ und einer Temperatur von $t_1 = 20\ °C$. Das Gas in der rechten Kammer wird nun über eine eingebaute elektrische Heizspirale langsam erwärmt, bis sich ein Druck von $p_2 = 1{,}5\ bar$ eingestellt hat.

1. Welche Kompressionsarbeit nimmt die linke Kammer auf?
2. Welche Endtemperaturen erreicht das Gas in der linken bzw. rechten Kammer?
3. Welche elektrische Energiemenge muss dem Gas der rechten Kammer zugeführt werden?
4. Welche Irreversibilität hat der Vorgang?

Die Zustandsänderungen der Gase in der linken und in der rechten Kammer sind im *p,V*- und *T,S*-Diagramm darzustellen.

**Voraussetzungen:** Der Freikolben ist masselos, d.h., auf den Kolben wirkende Beschleunigungskräfte sind vernachlässigbar. Wände und Freikolben sind adiabat ($R_{th} \rightarrow \infty$).

**Gegeben:**

$$V_0 := 54 \cdot liter \qquad \kappa := \frac{5}{3} \qquad p_0 := 1 \cdot bar \qquad T_0 := 293.15 \cdot K \qquad p_1 := 1.5 \cdot bar$$

**Lösung:** Das Helium in der **linken Kammer** wird adiabat und reibungsfrei, d.h. isentrop, komprimiert:

$$T_{1l} := T_0 \cdot \left(\frac{p_1}{p_0}\right)^{\frac{\kappa-1}{\kappa}} \qquad T_{1l} = 344.768\,K$$

$$V_{1l} := V_0 \cdot \left(\frac{p_0}{p_1}\right)^{\frac{1}{\kappa}} \qquad V_{1l} = 42.339\,liter$$

$$W_{V1} := \frac{p_0 \cdot V_0}{\kappa - 1} \cdot \left(\frac{T_{1l}}{T_0} - 1\right) \qquad W_{V1} = 1.426\,kJ$$

Am Freikolben herrscht Kräftegleichgewicht. Daraus folgt, dass während der gesamten Zustandsänderung der Druck in der linken Kammer gleich dem Druck in der rechten Kammer ist. Außerdem gelten für die **rechte Kammer** die Bedingungen:

$$\Delta V := V_0 - V_{1l} \qquad V_{1r} := V_0 + \Delta V \qquad W_{Vr} := -W_{Vl}$$

Aus der Gasgleichung folgt für die Endtemperatur in der rechten Kammer

$$T_{1r} := T_0 \cdot \frac{p_1}{p_0} \cdot \frac{V_{1r}}{V_0} \qquad T_{1r} = 534.682\,K$$

Der 1. HS für die rechte Kammer liefert

$$U_{1r} - U_{0r} = W_{Vr} + W_{t\_01}$$

$$W_{t\_01} := \frac{p_0 \cdot V_0}{\kappa - 1} \cdot \left(\frac{T_{1r}}{T_0} - 1\right) - W_{Vr} \qquad W_{t\_01} = 8.1 \cdot kJ$$

Die Irreversibilität des Gesamtsystems wird bestimmt durch die Entropiebilanz

$$S_{irr01} = (S_1 - S_0) - S_{a12}$$

Das Gesamtsystem ist adiabat. Deshalb ist $S_{a12} = 0$. Die Änderung der Entropie des Gesamtsystems ist gleich der Summe der Änderungen der Entropie in der linken und in der rechten Kammer. Da die Zustandsänderung in der rechten Kammer isentrop erfolgt, verbleibt für das Gesamtsystem die Entropieproduktion in der linken Kammer

$$S_{irr01} := p_0 \cdot \frac{V_0}{T_0} \cdot \left( \frac{\kappa}{\kappa - 1} \cdot ln\left( \frac{T_{1r}}{T_0} \right) - ln\left( \frac{p_1}{p_0} \right) \right) \qquad S_{irr01} = 20.208 \frac{J}{K}$$

Zur Erstellung der Diagramme ist auch hier wieder erhöhter Aufwand notwendig **(Level 4)**. Für das *p,v*-Diagramm wird die Funktion

$$p(V) := p_0 \cdot \left( \frac{V_0}{V} \right)^{\kappa}$$

bereitgestellt. Das Intervall der Volumenänderung wird in 20 Schritte zerlegt:

$$\delta V := \frac{\Delta V}{20} \qquad Vol := 0, \delta V .. \Delta V$$

Für die Hilfslinien werden die Matrizen

$$p_{end} := \begin{pmatrix} 0 \\ p_1 \end{pmatrix} \qquad p_{anf} := \begin{pmatrix} 0 \\ p_0 \end{pmatrix} \qquad j := 0..1$$

benötigt. Das *p,v*-Diagramm Abb. 4.6 zeigt die Kompression der linken Kammer und die Expansion der rechten Kammer. Die Flächen unter den Zustandsänderungen sind die Volumenänderungsarbeiten, die mit entgegen gesetzten Vorzeichen gleich sind.

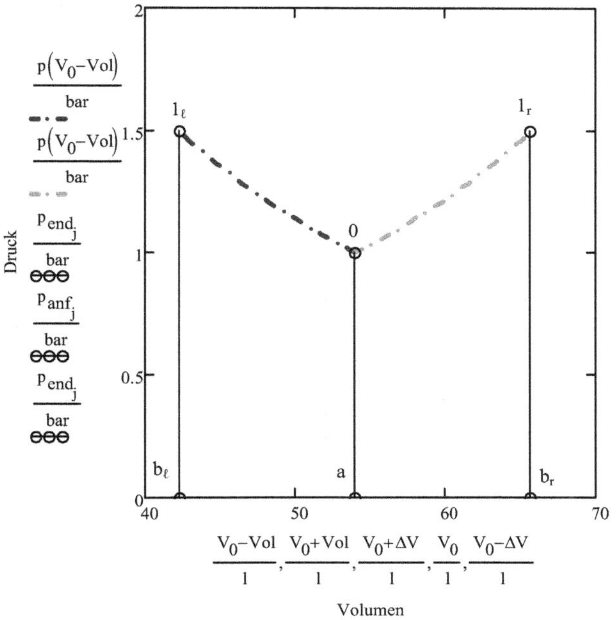


*Abb. 4.6: p,V-Diagramm der Zustandsänderungen*

Zur Erstellung des *T,S*-Diagramms werden zunächst ein willkürlicher Startwert für die Entropie im Ausgangszustand und die aus der Gasgleichung im Ausgangszustand folgende Abkürzung festgelegt:

$$S_0 := 10 \cdot \frac{J}{K} \qquad mR := \frac{p_0 \cdot V_0}{T_0}$$

Zur Erstellung des Verlaufs der Zustandsänderung in der rechten Kammer in Abhängigkeit von der Volumenänderung werden die Auswertung der Gasgleichung zur Ermittlung der Temperatur

$$T_r(Vol) := T_0 \cdot \frac{p\left(V_0 - Vol\right)}{p_0} \cdot \frac{V_0 + Vol}{V_0}$$

und mit der allgemeinen Definition der Entropie die Funktion für die Entropie

$$S_r(Vol) := mR \cdot \left( \frac{1}{\kappa - 1} \cdot ln\left( \frac{T_r(Vol)}{T_0} \right) + ln\left( \frac{V_0 + Vol}{V_0} \right) \right) + S_0$$

bereitgestellt. Ferner werden Isobaren in das Diagramm eingetragen, für die die Funktion

$$T\left(S, T_{ref}\right) := T_{ref} \cdot exp\left( \frac{\kappa - 1}{\kappa} \cdot \frac{S - S_0}{mR} \right)$$

gültig ist. Für Hilfslinien und zur Erstellung der isentropen Zustandsänderung werden die Matrizen

$$T_{is} := \begin{pmatrix} 0 \\ T_0 \\ T_{1l} \end{pmatrix} \qquad T_{end} := \begin{pmatrix} 0 \\ T\left(S_r(\Delta V), T_0\right) \\ T\left(S_r(\Delta V), T_{1l}\right) \end{pmatrix} \qquad i := 0..2$$

aufgebaut. Damit wird das Diagramm Abb. 4.7 erstellt.

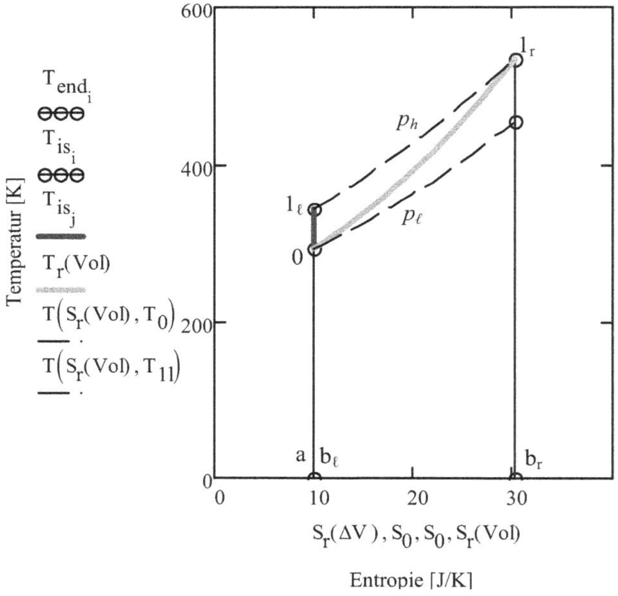


*Abb. 4.7: T,S-Diagramm der Zustandsänderungen*

Die Fläche $A_{a,0,1r,br}$ unter der Zustandsänderung der rechten Kammer stellt die dissipierte elektrische Energie dar.

**Diskussion:** Die Zustandsänderung in der rechten Kammer wird durch die Zustandsänderung der linken Kammer über Gleichgewichtsbedingungen am Freikolben aufgeprägt. Der treibende Mechanismus für beide Zustandsänderungen ist die Zufuhr von elektrischer Energie in die rechte Kammer.

# 4.3 Zustandsänderungen idealer Gase mit $c_p = c_p(T)$

## 4.3.1 Isobare $p = const.$ nach der erweiterten Theorie

Die Gleichung zur Verknüpfung der thermischen Variablen (4.3) sowie die Gleichungen für die Arbeiten (4.5) und (4.6) gelten auch hier.

Mit einer beliebigen Bezugstemperatur $T_0$ gilt:

$$h(T) = \int_{T_0}^{T} c_p(T) \,. \tag{4.35}$$

Für die bei isobarer Zustandsänderung ausgetauschte Wärme folgt

$$q_{12} = h(T_2) - h(T_1) \,. \tag{4.36}$$

## 4.3.2 Isochore $v = const.$ nach der erweiterten Theorie

Auch hier bleiben die Gleichung (4.7) zur Verknüpfung der thermischen Variablen sowie die Gleichungen (4.9) und (4.10) zur Bestimmung der Arbeiten erhalten.

Der 1. HS für die ausgetauschte Wärme bei isochorer Zustandsänderung lautet

$$q_{12} = u(T_2) - u(T_1) \,. \tag{4.37}$$

Die spezifische innere Energie wird ermittelt aus

$$u(T) = h(T) - p\,v = h(T) - R_m\,T \,. \tag{4.38}$$

## 4.3.3 Isotherme $T = const.$ nach der erweiterten Theorie

Bei isothermen Zustandsänderungen idealer Gase gelten auch hier die Gl. (4.11) für die Verknüpfung der thermischen Variablen und die Gln. (4.12) und (4.13) für Arbeit und ausgetauschte Wärme.

Die Gleichungen für die Arbeiten und ausgetauschte Wärme gelten im Prinzip auch für allgemeine, kompressible Fluide, die Zustandsänderungen der Form

$$p\,V = C \tag{4.39}$$

ausführen, dann aber nicht notwendigerweise isotherm sind:

$$w_{v12} = w_{t12} = -C \ln\left(\frac{v_2}{v_1}\right) = C \ln\left(\frac{p_2}{p_1}\right) \tag{4.40}$$

$$q_{12} = -w_{v12} = -w_{t12} \,. \tag{4.41}$$

## 4.3.4 Isentrope $s = const.$ nach der erweiterten Theorie

Zur Bestimmung der isentropen Arbeit bei Kompressionen und Expansionen in Strömungsmaschinen gehen wir von der allgemeinen Gleichung für die Entropie des idealen Gases

$$s(p,T) = s_0 + \int_{T_0}^{T} \frac{c_p(T)}{T}\,dT - R \ln\left(\frac{p}{p_0}\right) \tag{4.42}$$

aus. Isentrope Zustandsänderung vom Zustand 1 zum Zustand 2 liegt dann vor, wenn

$$s_2 - s_1 = \int_{T_0}^{T_2} \frac{c_p(T)}{T} - \int_{T_0}^{T_1} \frac{c_p(T)}{T} - R \ln\left(\frac{p_2}{p_1}\right) = 0$$

ist. Mit der bereits in Abschnitt 3.5.3 eingeführten Funktion

$$s_p(T) = \int_{T_0}^{T} \frac{c_p(T)}{T} \tag{4.43}$$

für den von der Temperatur abhängigen Term der Entropie folgt aus obiger Gleichung

$$s_{p2} = s_p(T_1) + R \ln\left(\frac{p_2}{p_1}\right) . \tag{4.44}$$

Die isentrope Endtemperatur $T_{2is}$ wird aus der Bedingung $s_p(T) = s_{p2}$ iterativ bestimmt. Für die technische Arbeit bei isentroper Entspannung folgt

$$w_{t12} = h(T_{2is}) - h(T_1) .$$

Zur Bestimmung der isentropen Arbeit bei Kompressionen und Expansionen in geschlossenen Systemen gehen wir von der allgemeinen Gleichung für die Entropie des idealen Gases

$$s(v,T) = s_0 + \int_{T_0}^{T} \frac{c_v(T)}{T} dT + R \ln\left(\frac{v}{v_0}\right) , \tag{4.45}$$

aus, wobei

$$c_v(T) = c_p(T) - R$$

ist. Isentrope Zustandsänderung vom Zustand 1 zum Zustand 2 liegt dann vor, wenn

$$s_2 - s_1 = \int_{T_0}^{T_2} \frac{c_p(T) - R}{T} - \int_{T_0}^{T_1} \frac{c_p(T) - R}{T} + R \ln\left(\frac{v_2}{v_1}\right) = 0$$

ist. Mit der Abkürzung

$$s_v(T) = \int_{T_0}^{T} \frac{c_p(T) - R}{T} \tag{4.46}$$

für den von der Temperatur abhängigen Term der Entropie folgt aus obiger Gleichung

$$s_{v2} = s_v(T_1) - R \ln\left(\frac{v_2}{v_1}\right) . \tag{4.47}$$

Die isentrope Endtemperatur $T_{2is}$ wird aus der Bedingung $s_v(T) = s_{v2}$ iterativ bestimmt. Für die Volumenänderungsarbeit bei isentroper Entspannung folgt mit Gl. (4.31)

$$w_{v12} = u(T_{2is}) - u(T_1) . \tag{4.48}$$

## 4.3.5 Polytrope $v = const.$ nach der erweiterten Theorie

Hängen die spezifischen Wärmekapazitäten von der Temperatur ab, so gelten für die differentiellen Arbeiten die Beziehungen

$$dw_v = -v_v \ p \ dv = c_v(T) \, dT \qquad \text{bzw.} \qquad dw_t = v_p \ v \ dp = c_p(T) \, dT .$$

Daraus folgt mit der Gasgleichung für die Polytropenverhältnisse

$$-R\frac{dv}{v}=\frac{1}{\nu_v}\frac{c_v(T)}{T}dT \qquad \text{bzw.} \qquad R\frac{dp}{p}=\frac{1}{\nu_p}\frac{c_p(T)}{T}dT$$

oder, nach Integration, wenn die Polytropenverhältnisse bei den Zustandsänderungen konstant bleiben, mit den Definitionen für die von der Temperatur abhängigen Terme der Entropie

$$\nu_v=\frac{s_v(T_2)-s_v(T_1)}{R\ln\left(\frac{v_1}{v_2}\right)} \qquad \text{bzw.} \qquad \nu_p=\frac{s_p(T_2)-s_p(T_1)}{R\ln\left(\frac{p_2}{p_1}\right)}. \qquad (4.49)$$

Dann sind die Arbeiten

$$w_{v12}=\frac{1}{\nu_v}\left(u(T_2)-u(T_1)\right) \qquad \text{bzw.} \qquad w_{t12}=\frac{1}{\nu_p}\left(h(T_2)-h(T_1)\right). \qquad (4.50)$$

Für den Wärmeaustausch folgt aus dem 1. HS

$$q_{12}=\left(1-\frac{1}{\nu_v}\right)\left(u(T_2)-u(T_1)\right) \qquad \text{bzw.} \qquad q_{12}=\left(1-\frac{1}{\nu_p}\right)\left(h(T_2)-h(T_1)\right). \qquad (4.51)$$

Die hier diskutierten polytropen Zustandsänderungen sind wieder dann reversibel, wenn die Wärme mit den umgebenden Systemen mit verschwindendem Temperaturgefälle ausgetauscht wird.

**Beispiel 4.4 (Level 2):** Im Zylinder eines Verbrennungsmotors beträgt am Ende des Verbrennungsvorgangs das Zylindervolumen *0,160 ℓ* bei einer Temperatur von *1140 °C* und nach der Expansion beim Öffnen der Auslassventile sind die Parameter *0,452 ℓ* und *580 °C*. Im Zylinder befinden sich *0,0161 mol* Abgas mit der Zusammensetzung *55,6 Vol.-%* $N_2$, *14,8 Vol.-%* $CO_2$ und *29,6 Vol.-%* $H_2O$. Wie groß sind die bei der Expansion abgegebene Arbeit im Vergleich mit isentroper Expansion und der Wärmetausch mit dem Kühlsystem? Welche Irreversibilität tritt bei der Expansion auf?

**Voraussetzung:** Die Expansion wird durch eine polytrope Zustandsänderung angenähert

**Gegeben:**

$V_1 := 0.169\cdot liter \qquad V_2 := 0.451\cdot liter \qquad t_1 := 1140\cdot °C \qquad t_2 := 580\cdot °C$

$n_A := 0.0161\cdot mol \qquad \chi_A^{\,T} = (0\ \ 0.556\ \ 0\ \ 0\ \ 0.148\ \ 0.296\ \ 0)$

**Lösung:** Die Funktionen $c_{pmA}(T)$ und $h_{mA}(t)$ und die für das geschlossene System gültige Entropiefunktion

$$s_{mvA}(t) := \left| \begin{array}{l} T \leftarrow t + 273.15K \\ \displaystyle\int_{T_0}^{T}\frac{c_{pmA}(T)-R_m}{T}\,dT \end{array}\right.$$

sowie die Funktion für die molare innere Energie

$$u_{mA}(t) := h_{mA}(t) - R_m\cdot(t + 273.15K)$$

werden mit der gegebenen Abgaszusammensetzung bereitgestellt. Wir berechnen das Polytropenverhältnis für die Expansion:

$$\nu_v := \frac{s_{mvA}(t_2)-s_{mvA}(t_1)}{R_m\cdot ln\left(\frac{V_1}{V_2}\right)} \qquad \nu_v = 1.914$$

Damit beträgt die Expansionsarbeit

$$W_{Vn12} := n_A \cdot \frac{1}{\nu_v} \cdot \left( u_{mA}(t_2) - u_{mA}(t_1) \right) \qquad W_{Vn12} = -0.147\,kJ$$

und für die Wärmeabfuhr an das Kühlwasser folgt aus dem 1. HS:

$$Q_{n12} := n_A \cdot \left( 1 - \frac{1}{\nu_v} \right) \cdot \left( u_{mA}(t_2) - u_{mA}(t_1) \right) \qquad Q_{n12} = -0.134\,kJ$$

Mit der Bestimmungsgleichung für isentrope Expansion

$$s_{mvA2} := s_{mvA}(t_1) - R_m \cdot ln\left( \frac{V_2}{V_1} \right)$$

wird die isentrope Endtemperatur iterativ bestimmt durch

$$t_{2is} := t_2$$

*Vorgabe*

$$s_{mvA2} - s_{mvA}(t_{2is}) = 0$$

$$t_{2is} := Suchen\,(t_{2is}) \qquad t_{2is} = 822.36\,K$$

Die isentrope Expansionsarbeit beträgt

$$W_{Vis12} := n_A \cdot \left( u_{mA}(t_{2is}) - u_{mA}(t_1) \right) \qquad W_{Vis12} = -0.164\,kJ$$

Zur Erstellung des *T,S*-Diagramms ist wieder geringer Programmieraufwand notwendig **(Level 4)**. Zunächst wird ein willkürlicher Referenzwert für die Entropie im Ausgangszustand festgelegt:

$$S_0 := 0.9 \cdot \frac{J}{K}$$

Mit der Bedingung

$$R_m \cdot ln\left( \frac{V}{V_1} \right) = \frac{1}{\nu_v} \cdot \left( s_{mv}(t_1) - s_{mv}(t) \right)$$

folgt für die Entropie der polytropen Zustandsänderung als Funktion der Temperatur

$$S_Z(t) := n_A \cdot \left( 1 - \frac{1}{\nu_v} \right) \cdot \left( s_{mvA}(t) - s_{mvA}(t_1) \right) + S_0$$

und für die beiden Isochoren $V_\ell = V_1$ und $V_h = V_2$

$$S_{Vl}(t) := n_A \cdot \left( s_{mvA}(t) - s_{mvA}(t_1) \right) + S_0$$

$$S_{Vh}(t) := n_A \cdot \left( s_{mvA}(t) - s_{mvA}(t_1) + R_m \cdot ln\left( \frac{V_2}{V_1} \right) \right) + S_0$$

Mit den Entropien am Ausgangspunkt und an den Endpunkten der polytropen und der isothermen Expansion

$$S_1 := S_Z(t_1) \qquad S_{2n} := S_Z(t_2) \qquad S_{2T} := S_{Vh}(t_1)$$

und den Hilfsmatrizen

$$S_T := \begin{pmatrix} S_1 \\ S_{2T} \end{pmatrix} \qquad T_S := \begin{pmatrix} T_1 \\ Tt(t_{2is}) \end{pmatrix} \qquad TT_1 := \begin{pmatrix} 0 \\ T_1 \end{pmatrix} \qquad TT_2 := \begin{pmatrix} 0 \\ T_2 \end{pmatrix}$$

wird das *T,S*-Diagramm erstellt, das in Abb. 4.8 wiedergegeben wird.

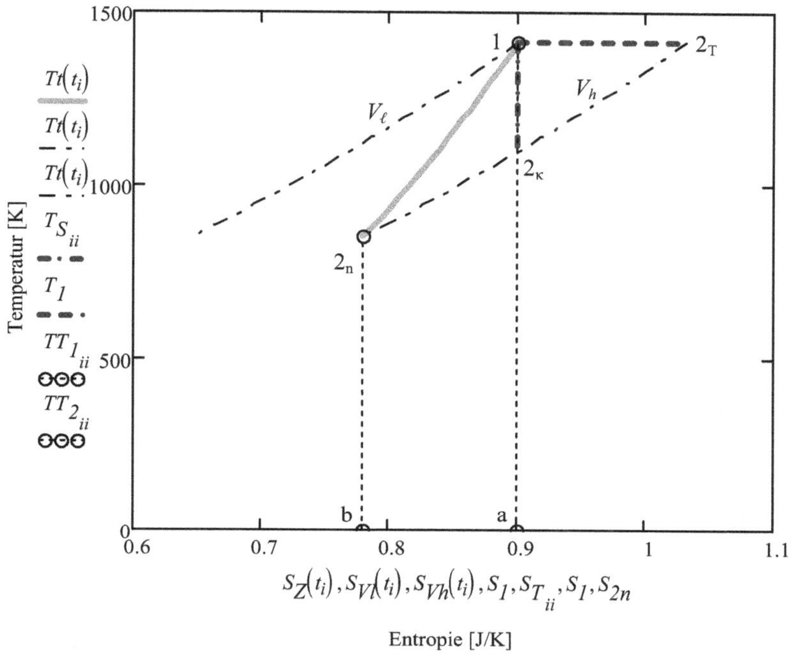


*Abb. 4.8: Vergleich von isothermer, isentroper und polytroper Expansion im T,S-Diagramm*

Die Fläche unter der polytropen Zustandsänderung von 1 nach $2_n$ repräsentiert die Kühlwärme.

Zum Vergleich rechnen wir nun mit der einfachen Theorie. Mit der Matrix für die Isentropenexponenten

$$\kappa_A^T = (1.4 \ \ 1.4 \ \ 1.4 \ \ 1.4 \ \ 1.28 \ \ 1.3 \ \ 1.67)$$

folgt für den Isentropenexponenten des Abgases

$$\kappa := \chi_A \cdot \kappa_A \qquad \kappa = 1.353$$

Polytropenverhältnis und Polytropenexponent sind hierbei

$$\nu_{ve} := \frac{\dfrac{1}{\kappa - 1} \cdot ln\left(\dfrac{Tt(t_2)}{Tt(t_1)}\right)}{ln\left(\dfrac{V_1}{V_2}\right)} \qquad n := 1 + \nu_{ve} \cdot (\kappa - 1) \qquad n = 1.514$$

Damit ist die Volumenänderungsarbeit

$$W_{Vn12e} := \frac{1}{n-1} \cdot n_A \cdot R_m \cdot (t_2 - t_1) \qquad W_{Vn12e} = -0.146\,kJ$$

und die an das Kühlwasser abgeführte Wärme beträgt unter dieser Voraussetzung

$$Q_{n12e} := \frac{n - \kappa}{\kappa - 1} \cdot W_{Vn12} \qquad Q_{n12e} = -0.067\,kJ$$

**Diskussion:** Mit $\nu_v > 1$ findet eine gekühlte Expansion statt. Die Expansionsarbeit wird verringert, wenn man sie mit der isentropen Zustandsänderung vergleicht. Die Kühlung von Verbrennungsmotoren ist somit thermodynamisch ungünstig, sie ist jedoch aus werkstofftechnischen Gründen geboten. Fortschritte in der Werkstofftechnik ermöglichen eine Entwicklung in Richtung der adiabaten Expansion.

Ein Vergleich der Ergebnisse aus der Theorie mit $c_{pA}(T)$ mit jenen der einfachen Theorie liefert

$$\Lambda := \begin{pmatrix} W_{Vn12} & Q_{n12} & W_{Vis12} \\ W_{Vn12e} & Q_{n12e} & W_{Vis12e} \end{pmatrix} \qquad \Lambda = \begin{pmatrix} -146.69 & -134.033 & -164.169 \\ -145.81 & -67.171 & -156.955 \end{pmatrix} J$$

Daraus folgt, dass mit der einfachen Theorie bei der Arbeit zwar sehr gute Übereinstimmung mit der erweiterten Theorie erzielt wird, dagegen wird die Wärmeabgabe erheblich unterschätzt. Die isentrope Volumenänderungsarbeit aus der einfachen Theorie ist ebenfalls zu niedrig. Generell gilt, dass bei hohen Temperaturen, wie sie in Verbrennungskraftmaschinen vorkommen, nur mit der erweiterten Theorie befriedigende quantitative Ergebnisse erzielt werden.

# 4.4 Zustandsänderungen mit dissipativen Vorgängen

## 4.4.1 Reibungsvorgänge im Zylinder/Kolben-System

### 4.4.1.1 Zylinder/Kolben-System unter konstanter Last

Tritt beim Zylinder/Kolben-System unter konstanter Last, wie in Abb. 4.1 dargestellt, am Kolben Reibung auf, so ist die Reibungskraft nach dem einfachsten Ansatz

$$F_R = \mu_R\, F_N > 0\,,$$

wobei $\mu_R$ der Koeffizient bei gleitender Reibung und $F_N$ die Normalkraft ist, die z.B. durch vorgespannte Dichtungsringe auf die Oberfläche des Zylinders wirkt. Die Reibungskraft wirkt stets gegen die Bewegungsrichtung. Das Kräftegleichgewicht am Kolben bei Aufwärtsbewegung des Kolbens (Wärmezufuhr) liefert unter Berücksichtigung dieser Reibungskraft

$$p_\uparrow = p_U + \frac{1}{A}\left(m_K\, g + F_R\right)$$

und bei Abwärtsbewegung (Wärmeabfuhr)

$$p_\downarrow = p_U + \frac{1}{A}\left(m_K\, g - F_R\right).$$

Somit laufen die Zustandsänderungen des Gases im Zylinder immer noch isobar ab, allerdings ist der Systemdruck bei der Aufwärtsbewegung größer als bei der Abwärtsbewegung

$$p_\uparrow > p_\downarrow\,.$$

Wir betrachten nun einen kompletten Zyklus des Anhebens der Last unter Wärmezufuhr und des darauf folgenden Absenkens bei Wärmeabfuhr, bis der Ausgangszustand wieder erreicht wird. Die Summe aus reversibler und dissipierter Arbeit muss gleich Null sein, da keine Arbeit nach außen abgegeben wird. Dann gilt

$$W_{V\uparrow} + W_{V\downarrow} + W_{diss} = 0$$

und mit

$$W_{V\uparrow} = -p_\uparrow\left(V_2 - V_1\right) = -p_\uparrow\,\Delta V$$

sowie

$$W_{V\downarrow} = -p_\downarrow\left(V_1 - V_2\right) = p_\downarrow\,\Delta V$$

folgt

$$W_{diss} = \left(p_\uparrow - p_\downarrow\right)\Delta V = 2\,\frac{F_R}{A}\,\Delta V\,. \tag{4.52}$$

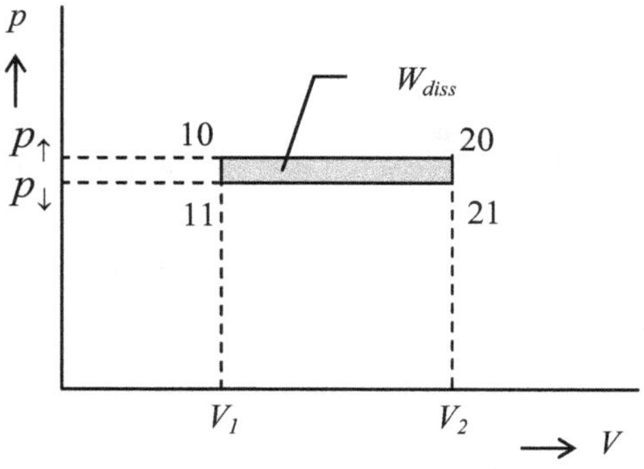


*Abb. 4.9: Dissipation im Zylinder/Kolben-System unter konstanter Last*

Der gesamte, in Abb. 4.9 wiedergegebene Zyklus setzt sich aus zwei Isobaren und zwei Isochoren zusammen. Für die Wärmeumsätze folgt mit den Bezeichnungen von Abb. 4.9

$$Q_{\uparrow p} = m\left(h_{20} - h_{10}\right)$$

$$Q_{\downarrow V} = m\left(u_{21} - u_{20}\right)$$

und

$$Q_{\downarrow p} = m\left(h_{11} - h_{21}\right)$$

$$Q_{\uparrow V} = m\left(u_{10} - u_{11}\right).$$

Da beim Zyklus keine Arbeit entnommen wird, gilt nach Abschnitt 3.5

$$Q_{diss} = \oint T\, dS = \sum_j Q_j \tag{4.53}$$

oder, nach Umordnung der Terme für jeden Eckpunkt des Prozesses

$$Q_{diss} = m\left(h_{20} - u_{20} - h_{21} + u_{21} + h_{11} - u_{11} - h_{10} + u_{10}\right)$$

und, mit

$$h - u = p\, v$$

folgt schließlich über

$$Q_{diss} = p_\uparrow V_2 - p_\downarrow V_2 + p_\downarrow V_1 - p_\uparrow V_1$$

das gleiche Ergebnis wie oben

$$W_{diss} = Q_{diss} = \left(p_\uparrow - p_\downarrow\right)\Delta V = 2\,\frac{F_R}{A}\,\Delta V\,. \tag{4.54}$$

#### 4.4.1.2 Reibung in einer Kolbenmaschine

Sinngemäß kann man die obigen Prinzipien auch für Kolbenmaschinen anwenden, in denen zyklische Kompressionen und Expansionen ablaufen. Dem Kolben muss über die Kolbenstange durch den Einfluss der Reibung mehr Kompressionsarbeit zugeführt werden, der Betrag der über die Kolbenstange abgegebenen Expansionsarbeit wird durch die Reibung verringert. Dies wird berücksichtigt durch

$$dW_{KS} = -p\, A\, dx + F_R\,|dx|\,.$$

Über einen Zyklus der Kolbenmaschine beträgt die Arbeit an der Kolbenstange

$$W_{KS} = -\oint p\, dV + \frac{F_R}{A}(2\,\Delta V). \tag{4.55}$$

Nun ist, wie in Abschnitt 1.6.1.2 ausgeführt, das Kreisintegral in obiger Gleichung die reale innere Arbeit der Kolbenmaschine, die aus einem Indikatordiagramm der Maschine ermittelt wird

$$W_{ind} = -\oint p\, dV.$$

Die durch Kolbenreibung verursachte Arbeit

$$W_{RK} = \frac{F_R}{A}(2\,\Delta V) > 0$$

ist in Bezug auf das System Gas ein äußerer Verlust. Wird die Arbeit der Kolbenstange über einen Kurbeltrieb auf die Kurbelwelle übertragen, so treten weitere Reibungsverluste auf. Unter Einbeziehung dieser zusätzlichen Verluste ist die Wellenarbeit

$$W_W = W_{ind} + W_{R\_ges}. \tag{4.56}$$

Diese äußeren Verluste werden durch den mechanischen Wirkungsgrad berücksichtigt. Für Kraftmaschinen gilt

$$\eta_{mech\_KM} = \frac{W_W}{W_{ind}} < 1. \tag{4.57}$$

Dann ist die Reibungsarbeit

$$W_{R\_ges} = (\eta_{mech\_KM} - 1) W_{ind} = \left(1 - \frac{1}{\eta_{mech\_KM}}\right) W_W.$$

Analog folgt für Arbeitsmaschinen

$$\eta_{mech\_AM} = \frac{W_{ind}}{W_W} < 1 \tag{4.58}$$

mit der Reibungsarbeit

$$W_{R\_ges} = (1 - \eta_{mech\_AM}) W_W = \left(\frac{1}{\eta_{mech\_AM}} - 1\right) W_{ind}.$$

## 4.4.2 Dissipation in einfach durchströmten Systemen

### 4.4.2.1 Dissipation in Apparaten mit Wärmezufuhr und Wärmeabfuhr

Bei reibungsfreier Durchströmung von Rohrleitungen oder Apparaten erfolgt die Heizung oder Kühlung eines Fluidstroms isobar, wie in den vorangegangenen Abschnitten dargestellt. Dagegen ist jeder reale Strömungsvorgang mit Reibung verbunden. Dadurch wird bei durchströmten Systemen ein Druckverlust verursacht, der mit den Methoden der Strömungsmechanik ermittelt wird. Wir untersuchen hier Strömungen durch Rohrleitungen oder Apparate unter Wärmeaustausch mit anderen Systemen mit vorgegebenem Druckverlust. Dann gilt

$$\Delta p = p_2 - p_1 \qquad \text{mit} \qquad \Delta p < 0.$$

Der 1. HS für solche Systeme liefert wie bei den reibungsfreien Systemen

$$q_{12} = h_2 - h_1.$$

Da bei absinkendem Druck keine Arbeit entnommen und die gesamte Arbeitsfähigkeit in Dissipation umgesetzt wird, gilt

$$w_{t\_rev} + w_{diss} = 0\,,$$

wobei die Arbeitsfähigkeit mittels

$$w_{t\_rev} = \int v(p)_{rev}\, dp$$

bestimmt wird. Mit der Gasgleichung folgt

$$w_{t\_rev} = R \int_{p_1}^{p_2} \frac{T(p)}{p}\, dp\,. \tag{4.59}$$

Zur Lösung benötigt man eine Aussage, wie die Temperatur vom Druck abhängt. Wird bei einer durchströmten, beheizten oder gekühlten Rohrleitung die Wärme gemäß

$$\dot{Q} = kA\,\Delta T$$

mit konstantem treibendem Temperaturgefälle $\Delta T$ zwischen einem Wärme abgebenden und einem Wärme aufnehmenden Fluidstrom oder mit konstantem Wärmefluss entlang der Rohrleitung übertragen, so ändert sich die Temperatur in der Rohrleitung linear. Ebenso wird vorausgesetzt, dass sich der Druck in der Rohrleitung linear ändert. Mit diesen Voraussetzungen folgt für die Temperaturfunktion der lineare Zusammenhang

$$T(p) = \frac{T_2 - T_1}{p_2 - p_1}(p - p_1) + T_1 \tag{4.60}$$

und damit erhält man die Arbeitsfähigkeit, die vollständig dissipiert wird:

$$w_{t\_rev} = -w_{diss} = \frac{T_2 - T_1}{p_2 - p_1} R \left[ p_2 - p_1 + p_1 \ln\left(\frac{p_1}{p_2}\right)\right] - R\,T_1 \ln\left(\frac{p_1}{p_2}\right). \tag{4.61}$$

Die dissipierte Energie kann auch über den 2. HS bestimmt werden. Die Entropiefunktion für die Zustandsänderung ist

$$s(p) = R\left(\frac{\kappa}{\kappa - 1} \ln\left(\frac{T(p)}{T_1}\right) - \ln\left(\frac{p}{p_1}\right)\right) \tag{4.62}$$

und die Ableitung dieser Funktion ergibt

$$\frac{ds(p)}{dp} = R\left(\frac{\kappa}{\kappa - 1} \frac{T_2 - T_1}{(p_2 - p_1)T(p)} - \frac{1}{p}\right).$$

Nach Abschnitt 3.5 gilt

$$q + q_{diss} = \int_1^2 T\, ds$$

oder, mit den obigen Ansätzen

$$q + q_{diss} = \int_{p_1}^{p_2} T(p) \frac{ds(p)}{dp}\, dp\,. \tag{4.63}$$

**Beispiel 4.5 (Level 1):** Ein Luftstrom tritt in eine beheizte Rohrleitung mit $p_{H1} = 1{,}2\ bar$ und $t_{H1} = 20\ °C$ ein. Am Austritt herrschen $p_{H2} = 1{,}1\ bar$ und $t_{H2} = 200\ °C$. Danach gibt der Luftstrom Wärme an einen Verbraucher ab und tritt mit $p_{K2} = 1{,}0\ bar$ und $t_{K2} = 20\ °C$ aus. Wie groß sind in beiden Fällen die dissipierten Energien.

**Voraussetzung:** Luft ist ein ideales Gas mit $\kappa = 1{,}40$, $R = 287\ J/kg\ K$.

**Gegeben:**

$$\kappa := 1.40 \qquad R := 287 \cdot \frac{J}{kg \cdot K}$$

$$t_{H1} := 20 \cdot °C \qquad t_{H2} := 200 \cdot °C \qquad p_{H1} := 1.2 \cdot bar \qquad p_{H2} := 1.1 \cdot bar$$

$$t_{K1} := 200 \cdot °C \qquad t_{K2} := 20 \cdot °C \qquad p_{K1} := 1.1 \cdot bar \qquad p_{K2} := 1.0 \cdot bar$$

**Lösung:** Im Falle der beheizten Rohrleitung gilt

$$w_{tH\_rev} := \frac{T_{H2} - T_{H1}}{p_{H2} - p_{H1}} \cdot R \cdot \left( p_{H2} - p_{H1} + p_{H1} \cdot ln\left( \frac{p_{H1}}{p_{H2}} \right) \right) - R \cdot T_{H1} \cdot ln\left( \frac{p_{H1}}{p_{H2}} \right)$$

$$w_{tH\_rev} = -9.601 \cdot \frac{kJ}{kg} \qquad w_{tH\_diss} := -w_{tH\_rev} \qquad w_{tH\_diss} = 9.601 \cdot \frac{kJ}{kg}$$

Die zugeführte Wärme ist

$$q_H := \frac{\kappa}{\kappa - 1} \cdot R \cdot \left( T_{H2} - T_{H1} \right) \qquad q_H = 180.81 \frac{kJ}{kg}$$

Mit der Temperaturfunktion und der Ableitung der Entropie nach dem Druck

$$TH(p) := \frac{T_{H2} - T_{H1}}{p_{H2} - p_{H1}} \cdot \left( p - p_{H1} \right) + T_{H1}$$

$$ABs_H(p) := R \cdot \left[ \frac{\kappa}{(\kappa - 1)} \cdot \frac{T_{H2} - T_{H1}}{\left( p_{H2} - p_{H1} \right) \cdot TH(p)} - \frac{1}{p} \right]$$

folgt für die Summe aus zugeführter Wärme und Dissipation

$$q_{H\_ges} := \int_{p_{H1}}^{p_{H2}} TH(p) \cdot ABs_H(p)\, dp \qquad q_{H\_ges} = 190.411 \frac{kJ}{kg}$$

und damit ergibt sich für die dissipierte Energie mit

$$q_{H\_diss} := q_{H\_ges} - q_H \qquad q_{H\_diss} = 9.601 \frac{kJ}{kg}$$

das gleiche Ergebnis wie aus der Analyse mit der dissipierten Arbeitsfähigkeit.

Für die gekühlte Rohrleitung im Verbraucher folgt

$$w_{tK\_rev} := \frac{T_{K2} - T_{K1}}{p_{K2} - p_{K1}} \cdot R \cdot \left( p_{K2} - p_{K1} + p_{K1} \cdot ln\left( \frac{p_{K1}}{p_{K2}} \right) \right) - R \cdot T_{K1} \cdot ln\left( \frac{p_{K1}}{p_{K2}} \right)$$

$$w_{tK\_rev} = -10.442 \cdot \frac{kJ}{kg} \qquad w_{tK\_diss} := -w_{tK\_rev} \qquad w_{tK\_diss} = 10.442 \cdot \frac{kJ}{kg}$$

Die dem Verbraucher zugeführte Wärme ist

$$q_{K12} := \frac{\kappa}{\kappa - 1} \cdot R \cdot \left( T_{K2} - T_{K1} \right) \qquad q_{K12} = -180.81 \frac{kJ}{kg}$$

Bei der Erstellung eines $p,v$-Diagramms ist wieder Programmierung **(Level 4)** nötig. Wir verwenden die Funktionen für die Zustandsänderungen bei Heizung und Kühlung

$$vH(p) := \frac{R \cdot TH(p)}{p} \qquad vK(p) := \frac{R \cdot TK(p)}{p} \qquad \Delta p_H := p_{H2} - p_{H1} \qquad \Delta p_K := p_{K2} - p_{K1}$$

mit den Variablen

$$p_H := p_{H1}, p_{H1} + \frac{\Delta p_H}{10} .. p_{H2} \qquad p_K := p_{K1}, p_{K1} + \frac{\Delta p_K}{10} .. p_{K2}$$

und die Funktion zur Erzeugung von Isothermen

$$v(p\ ,T) := \frac{R \cdot T}{p} \qquad p := 2 \cdot bar\ , 1.9 \cdot bar\ ..\ 0.8 \cdot bar$$

sowie die Matrizen für Hilfslinien

$$pp_H := \begin{pmatrix} p_{H1} \\ p_{H1} \end{pmatrix} \qquad vv_H := \begin{pmatrix} 0 \\ v(p_{H1}, T_{H1}) \end{pmatrix} \qquad i := 0..\ 1$$

$$pp_{H2} := \begin{pmatrix} p_{H2} \\ p_{H2} \end{pmatrix} \ vv_{H2} := \begin{pmatrix} 0 \\ v(p_{H2}, T_{H2}) \end{pmatrix} \quad pp_{K2} := \begin{pmatrix} p_{K2} \\ p_{K2} \end{pmatrix} \quad vv_{K2} := \begin{pmatrix} 0 \\ v(p_{K2}, T_{K2}) \end{pmatrix}$$

Damit wird das *p,v*-Diagramm der Zustandsänderungen in Abb. 4.10 erstellt.

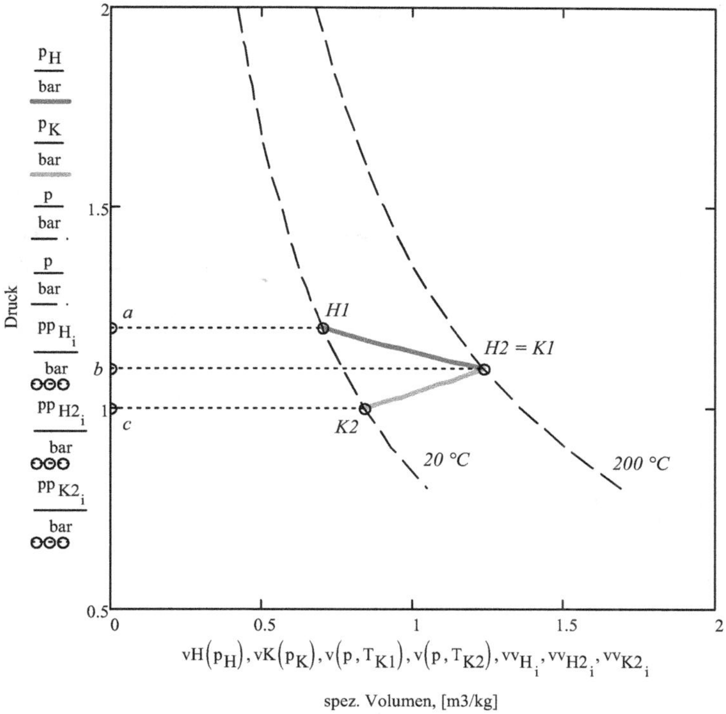


*Abb. 4.10: Dissipation bei Heizung und Kühlung mit Druckverlust*

**Diskussion:** Im Diagramm sind die Isothermen *20 °C* und *200 °C* eingezeichnet. Die Arbeitsfähigkeiten (Fläche $A_{a,H1,H2,b}$ bei Heizung und Fläche $A_{b,K1,K2,c}$ bei Kühlung werden dissipiert. Die Flächen $\int_{H2}^{H1} v\,dp$ und $\int_{K2}^{K1} v\,dp$ sind somit gleich der spezifischen dissipierten Energie bei irreversibler Prozessführung. Der reversible Fall liegt dann vor, wenn die Zustandsänderung in beiden Fällen entlang der Mittellinie isobar verläuft.

### 4.4.2.2 Dissipative Vorgänge in Strömungsmaschinen mit Wärmeaustausch

Die Diskussion von dissipativen Vorgängen in Strömungsmaschinen erfolgt unter der Voraussetzung, dass bei der Durchströmung der Maschine keine Änderungen der kinetischen und der potentiellen Energie auftreten. Mit diesen Voraussetzungen lautet der 1. HS

$$q_{12} + w_{t12} = h_2 - h_1 \,. \tag{4.64}$$

Dabei steckt, wie in Abschnitt 2.3 ausgeführt, im Term der Enthalpiedifferenz auch die Dissipation, die im System erzeugt wird und es gilt

$$w_{t12} = h_2 - h_1 - q_{12} = \int_1^2 v(p)_{rev}\, dp + w_{t\_diss} \,. \tag{4.65}$$

Fasst man Wärmetausch und Dissipation zusammen, so gilt

$$h_2 - h_1 = \int_1^2 v(p)_{rev}\, dp + \int_1^2 T\, ds \,. \tag{4.66}$$

Daraus folgt für einen Kreisprozess

$$\oint v(p)_{rev}\, dp + \oint T\, ds = 0 \,. \tag{4.67}$$

Betrachten wir zunächst den reversiblen Strömungsprozess, so erfolgt die Zustandsänderung in Übereinstimmung mit den Aussagen der Abschnitte 4.2 und 4.3 polytrop. Für das Polytropenverhältnis gilt wieder Gl. (4.49)

$$\nu_p = \frac{s_p\left(T_{2\_rev}\right) - s_p\left(T_1\right)}{R \ln\left(\dfrac{p_2}{p_1}\right)}$$

und für die reversible Arbeit nach Gl. (4.50)

$$w_{t\_rev} = \frac{1}{\nu_p}\left(h\left(T_{2\_rev}\right) - h\left(T_1\right)\right).$$

Kombination dieser Gleichungen ergibt

$$w_{t\_rev} = \frac{h\left(T_{2\_rev}\right) - h\left(T_1\right)}{s_p\left(T_{2\_rev}\right) - s_p\left(T_1\right)} R \ln\left(\frac{p_2}{p_1}\right), \tag{4.68}$$

wobei der von der Temperatur abhängige Term die mittlere Temperatur der Zustandsänderung repräsentiert.

Ist der Wärmetausch der Strömungsmaschine mit umgebenden Systemen bekannt, so erhält man aus dem 1. HS für die reversible Prozessführung die Bedingung

$$q = \left(h\left(T_{2\_rev}\right) - h\left(T_1\right)\right)\left[1 - \frac{R \ln\left(\dfrac{p_2}{p_1}\right)}{s_p\left(T_{2\_rev}\right) - s_p\left(T_1\right)}\right] = \left(h\left(T_{2\_rev}\right) - h\left(T_1\right)\right)\left(1 - \frac{1}{\nu_p}\right). \tag{4.69}$$

zur Bestimmung der Temperatur am Ende des reversiblen Prozesses. Damit können das Polytropenverhältnis aus Gl. (4.49) und die reversible Arbeit gemäß Gl. (4.68) bestimmt werden.

Mit den allgemein gültigen Definitionen der inneren Wirkungsgrade von Kraftmaschinen (Turbine) und Arbeitsmaschinen (Verdichter)

$$\eta_{iT} = \frac{w_t}{w_{t\_rev}} \qquad \text{bzw.} \qquad \eta_{iV} = \frac{w_{t\_rev}}{w_t}$$

liefert der 1. HS für den realen, mit Dissipation behafteten Prozess für die Turbine

$$\frac{h(T_2)-h(T_1)}{h(T_{2\_rev})-h(T_1)} = \left(1-\frac{1}{\nu_p}\right) + \frac{\eta_{iT}}{\nu_p} \tag{4.70}$$

und für den Verdichter

$$\frac{h(T_2)-h(T_1)}{h(T_{2\_rev})-h(T_1)} = \left(1-\frac{1}{\nu_p}\right) + \frac{1}{\eta_{iV}\,\nu_p}\,. \tag{4.71}$$

Damit hat man Bedingungen zur Bestimmung der realen Austrittstemperatur, wenn der innere Wirkungsgrad bekannt ist, oder man kann den inneren Wirkungsgrad bestimmen, wenn man die Temperatur beim Austritt aus der Strömungsmaschine kennt. Man beachte, dass sich für $\nu_p = 1$ unmittelbar die Gln. (3.35) und (3.36) für adiabate Maschinen ergeben.

Nach der einfachen Theorie mit konstanten Wärmekapazitäten erhält man für das Polytropenverhältnis den einfachen Ausdruck

$$\nu_p = \frac{\dfrac{\kappa}{\kappa-1}\ln\left(\dfrac{T_{2\_rev}}{T_1}\right)}{\ln\left(\dfrac{p_2}{p_1}\right)} \tag{4.72}$$

und damit ist die reversible Arbeit

$$w_{t\_rev} = \frac{T_{2\_rev}-T_1}{\ln\left(\dfrac{T_{2\_rev}}{T_1}\right)} R \ln\left(\frac{p_2}{p_1}\right). \tag{4.73}$$

Die Bedingung zur Bestimmung der reversiblen Austrittstemperatur bei bekanntem Wärmetausch lautet

$$q = \left[\frac{\kappa}{\kappa-1}\left(T_{2\_rev}-T_1\right) - \frac{T_{2\_rev}-T_1}{\ln\left(\dfrac{T_{2\_rev}}{T_1}\right)}\ln\left(\frac{p_2}{p_1}\right)\right]. \tag{4.74}$$

Für den realen Prozess erhalten wir die Bedingungen für Turbine und Verdichter

$$\frac{T_2-T_1}{T_{2\_rev}-T_1} = \left(1-\frac{1}{\nu_p}\right) + \frac{\eta_{iT}}{\nu_p} \quad \text{bzw.} \quad \frac{T_2-T_1}{T_{2\_rev}-T_1} = \left(1-\frac{1}{\nu_p}\right) + \frac{1}{\eta_{iV}\,\nu_p}\,. \tag{4.75}$$

Mit Gl. (4.72) lässt sich der Verlauf der Temperatur bei der Zustandsänderung in Abhängigkeit vom Druck angeben:

$$T_{2\_rev}(p) = T_1\left(\frac{p}{p_1}\right)^{\nu_p\frac{\kappa-1}{\kappa}}. \tag{4.76}$$

Man beachte, dass dieser Zusammenhang nur für das ideale Gas mit konstanten spezifischen Wärmekapazitäten besteht und die Anwendung der Polytropengleichungen aus Abschnitt 4.2 nur in diesem Fall zu konsistenten Ergebnissen führt.

**Beispiel 4.6 (Level 1):** In einen gekühlten Turboverdichter treten *10 kg/s* Stickstoff von *1 bar, 20 °C* ein. Das Verdichtungsverhältnis beträgt $\Pi = 16$. Am Austritt des Verdichters wird eine Temperatur von *230 °C* gemessen. Der Kühlwärmestrom beträgt *1214 kW*.

- Wie groß sind innere Leistung, Dissipation und Exergieverlust?
- Welche Werte ergeben sich, wenn der Kompressionsvorgang adiabat verläuft?

**Voraussetzung:** Wegen der niedrigen Temperaturen ist es ausreichend, den Stickstoff als ein ideales Gas mit konstanten spezifischen Wärmekapazitäten ($\kappa = 1{,}40$, $M_{N2} = 28\ kg/kmol$) zu behandeln.

**Gegeben:**

$$t_1 := 20\cdot °C \qquad t_2 := 236\cdot °C \qquad p_1 := 1\cdot bar \qquad p_2 := 16\cdot bar$$

$$Qp_K := -1.214\cdot MW \qquad mp := 10\cdot\frac{kg}{s} \qquad \kappa := 1.40 \qquad M_{N2} := 28\cdot\frac{kg}{kmol}$$

**Lösung:** Die molare Kühlwärme beträgt

$$q_m := \frac{Qp_K}{mp}\cdot M_{N2} \qquad q_m = -3.399\,\frac{kJ}{mol}$$

Mit einem Schätzwert wird die reversible Temperatur am Austritt des Verdichters aus Gl. (4.74) iterativ ermittelt:

$$T_{2\_rev} := 473.15\cdot K$$

*Vorgabe*

$$q_m = \frac{\kappa}{\kappa-1}\cdot R_m\cdot\left(T_{2\_rev} - T_1\right) - \frac{T_{2\_rev} - T_1}{\ln\left(\frac{T_{2\_rev}}{T_1}\right)}\cdot R_m\cdot\ln\left(\frac{p_2}{p_1}\right)$$

$$T_{2\_rev} := \mathit{Suchen}\left(T_{2\_rev}\right) \qquad T_{2\_rev} = 474.732\,K$$

Damit ist die reversible molare Arbeit

$$w_{mt\_rev} := \frac{T_{2\_rev} - T_1}{\ln\left(\frac{T_{2\_rev}}{T_1}\right)}\cdot R_m\cdot\ln\left(\frac{p_2}{p_1}\right) \qquad w_{mt\_rev} = 8.683\,\frac{kJ}{mol}$$

und das Polytropenverhältnis sowie der Polytropenexponent

$$\nu_p := \frac{\frac{\kappa}{\kappa-1}\cdot\ln\left(\frac{T_{2\_rev}}{T_1}\right)}{\ln\left(\frac{p_2}{p_1}\right)} \qquad \nu_p = 0.609$$

$$n := \frac{\kappa}{\kappa - \nu_p\cdot(\kappa-1)} \qquad n = 1.21$$

Aus dem 1. HS in der Form

$$\frac{\kappa}{\kappa-1}\cdot R_m\cdot\left(T_2 - T_1\right) = q_m + \frac{w_{mt\_rev}}{\eta_{iV}}$$

wird mit der gegebenen Temperatur am Austritt des Verdichters der innere Wirkungsgrad ermittelt:

$$\eta_{iV} := w_{mt\_rev}\cdot\frac{(\kappa-1)}{\left(\kappa\cdot R_m\cdot T_2 - \kappa\cdot R_m\cdot T_1 - q_m\cdot\kappa + q_m\right)} \qquad \eta_{iV} = 0.897$$

Damit ist die molare Verdichtungsarbeit

$$w_{mt} := \frac{w_{mt\_rev}}{\eta_{iV}} \qquad w_{mt} = 9.685\,\frac{kJ}{mol}$$

und die innere Verdichtungsleistung

$$P_{i\_K} := \frac{mp}{M_{N2}} \cdot w_{mt} \qquad P_{i\_K} = 3.459\,MW$$

wobei im Verdichter ein Energiestrom von

$$Qp_{diss\_K} := \frac{mp}{M_{N2}} \cdot \left(w_{mt} - w_{mt\_rev}\right) \qquad Qp_{diss\_K} = 0.358\,MW$$

dissipiert wird.

Die mittlere Temperatur der Wärmeabfuhr durch die Kühlung wird aus der Bedingung

$$q_m = \int_1^2 T\,ds_m = T_{mq} \cdot \left(s_{m2\_rev} - s_{m1}\right)$$

ermittelt. Mit der Funktion für die molare Entropie eines idealen Gases

$$s_{m0} := 0 \cdot \frac{kJ}{mol \cdot K} \qquad s_m(p, T) := R_m \cdot \left(\frac{\kappa}{\kappa - 1} \cdot ln\left(\frac{T}{T_1}\right) - ln\left(\frac{p}{p_1}\right)\right) + s_{m0}$$

werden die für die Kühlung maßgeblichen Werte der molaren Entropie berechnet:

$$s_{m2\_rev} := s_m\left(p_2, T_{2\_rev}\right) \quad s_{m2\_rev} = -9.024\,\frac{J}{mol \cdot K} \qquad s_{m1} := s_m\left(p_1, T_1\right) \quad s_{m1} = 0\,\frac{J}{mol \cdot K}$$

Dann folgt für die mittlere Temperatur der Kühlung

$$T_{mq} := \frac{q_m}{s_{m2\_rev} - s_{m1}} \qquad T_{mq} = 376.674\,K$$

und für den Carnot-Faktor

$$\varepsilon_C := 1 - \frac{T_U}{T_{mq}} \qquad \varepsilon_C = 0.222$$

Die Zunahme der Exergie durch den Verdichtungsvorgang beträgt

$$s_{m2} := s_m\left(p_2, T_2\right) \qquad ex_{mt} := \frac{\kappa}{\kappa - 1} \cdot R_m \cdot \left(t_2 - t_1\right) - T_U \cdot \left(s_{m2} - s_{m1}\right) \qquad ex_{mt} = 8.334\,\frac{kJ}{mol}$$

Die Irreversibilität des Verdichtungsvorgangs wird bestimmt durch

$$\Delta s_{irr} := \left(s_{m2} - s_{m1}\right) - \frac{q_m}{T_U} \qquad \Delta s_{irr} = 4.608\,\frac{J}{mol \cdot K}$$

Der Exergieverlust wird aus der Exergiebilanz Gl. (3.56) ermittelt:

$$ex_{mtV} := w_{mt} + \varepsilon_C \cdot q_m - ex_{mt} \qquad ex_{mtV} = 0.597\,\frac{kJ}{mol}$$

$$Exp_V := \frac{mp}{M_{N2}} \cdot ex_{mtV} \qquad Exp_V = 0.213\,MW$$

Hierbei gilt, wie man sich leicht überzeugen kann,

$$T_U \cdot \Delta s_{irr} = w_{mt} - ex_{mt} \qquad T_U \cdot \Delta s_{irr} = 1.351\,\frac{kJ}{mol}$$

und die Verkleinerung des Exergieverlustes beruht auf der Tatsache, dass die Kühlwärme noch Arbeitsfähigkeit enthält.

Die entsprechenden Werte für den adiabaten Verdichter sind

$$T_{2\_is} := T_1 \cdot \left(\frac{p_2}{p_1}\right)^{\frac{\kappa - 1}{\kappa}} \qquad T_{2\_is} = 647.328\,K$$

$$w_{mt\_is} := \frac{\kappa}{\kappa - 1} \cdot R_m \cdot \left(T_{2\_is} - T_1\right) \qquad w_{mt\_is} = 10.307 \frac{kJ}{mol}$$

$$w_{mt\_ad} := \frac{w_{mt\_is}}{\eta_{iV}} \qquad w_{mt\_ad} = 11.496 \frac{kJ}{mol}$$

$$P_{i\_ad} := \frac{mp}{M_{N2}} \cdot w_{mt\_ad} \qquad P_{i\_ad} = 4.106\,MW$$

$$Qp_{diss\_ad} := \frac{mp}{M_{N2}} \cdot \left(w_{mt\_ad} - w_{mt\_is}\right) \qquad Qp_{diss\_ad} = 0.425\,MW$$

$$ex_{mtV\_ad} := w_{mt\_ad} - ex_{mt\_ad} \qquad ex_{mtV\_ad} = 0.522 \frac{kJ}{mol}$$

$$Exp_{V\_ad} := \frac{mp}{M_{N2}} \cdot ex_{mtV\_ad} \qquad Exp_{V\_ad} = 0.186\,MW$$

Zur Anfertigung eines $T,s_m$-Diagramms werden für die gekühlte Kompression die Funktionen

$$T_{K0}(p) := T_1 \cdot \left(\frac{p}{p_1}\right)^{\frac{n-1}{n}}$$

$$C_v := \left(1 - \frac{1}{v_p}\right) + \frac{1}{\eta_{iV} \cdot v_p} \qquad C_v = 1.19$$

$$T_{K1}(p) := T_1 + C_v \cdot \left(T_{K0}(p) - T_1\right)$$

und für die adiabate Kompression die Funktionen

$$T_{A0}(p) := T_1 \cdot \left(\frac{p}{p_1}\right)^{\frac{\kappa-1}{\kappa}}$$

$$T_{A1}(p) := T_1 + \frac{1}{\eta_{iV}} \cdot \left(T_{A0}(p) - T_1\right)$$

formuliert. Mit der für das ideale Gas gültigen Entropiefunktion

$$s_{m0} := 0 \cdot \frac{kJ}{mol \cdot K}$$

$$s_m(p, T) := R_m \cdot \left(\frac{\kappa}{\kappa - 1} \cdot ln\left(\frac{T}{T_1}\right) - ln\left(\frac{p}{p_1}\right)\right) + s_{m0}$$

werden nach Vorgabe von Drücken durch

$$i_{end} := 20 \qquad \delta p := \frac{p_2 - p_1}{i_{end}} \qquad i := 0 .. i_{end} \qquad p_i := p_1 + i \cdot \delta p$$

Felder für die Temperaturen

$$T_{K\_rev_i} := T_{K0}\left(p_i\right) \qquad T_{is_i} := T_{A0}\left(p_i\right)$$

$$T_{K_i} := T_{K1}\left(p_i\right) \qquad T_{ad_i} := T_{A1}\left(p_i\right)$$

und für die molaren Entropien

$$s_{m\_rev_i} := s_m\left(p_i, T_{K\_rev_i}\right) \qquad s_{m\_K_i} := s_m\left(p_i, T_{K_i}\right)$$

$$s_{m\_is_i} := s_m\left(p_i, T_{is_i}\right) \qquad s_{m\_ad_i} := s_m\left(p_i, T_{ad_i}\right)$$

erstellt. Mit den entsprechenden Hilfslinien wird das Diagramm Abb. 4.11 aufgebaut.

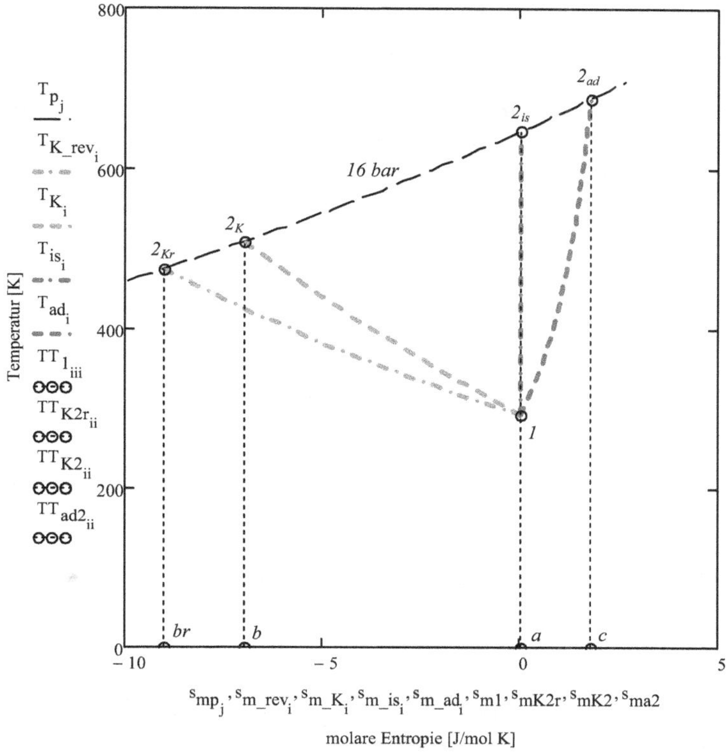


*Abb. 4.11: Gekühlte und adiabate Kompression*

**Diskussion:** Bei der gekühlten Kompression wird die abgeführte Wärme durch die Fläche $A_{a,1,2Kr,br}$ (−) charakterisiert. Die Fläche $A_{a,1,2K,b}$ (−) stellt die Summenfläche aus Kühlwärme (−) und Dissipation (+) dar. Bei der adiabaten Kompression repräsentiert die Fläche $A_{a,1,2ad,c}$ (+) die dissipierte Arbeit.

Die Antriebsleistung beträgt bei der gekühlten Kompression nur *84 %* der adiabaten Antriebsleistung.

# 4.5 Strömungen in Düsen und Diffusoren

## 4.5.1 Schallgeschwindigkeit und Machzahl

In einem kompressiblen Fluid breiten sich Druckschwankungen geringer Amplitude mit einer bestimmten Geschwindigkeit, der Schallgeschwindigkeit, aus. Dabei verlaufen Änderungen des Drucks in Abhängigkeit von der Dichte reversibel adiabat bzw. isentrop. Für diese Zustandsgröße eines kompressiblen Fluids gilt

$$a = \sqrt{\left(\frac{\partial p}{\partial \rho}\right)_s}$$

oder, wenn wir die Dichte durch das spezifische Volumen ersetzen,

$$a = \sqrt{-v^2 \left(\frac{\partial p}{\partial v}\right)_s} \,. \tag{4.77}$$

Gehen wir von den Gleichungen (3.12) und (3.13) für die differentielle Änderung der Entropie eines idealen Gases aus, so folgt mit $ds = 0$ für isentrope Zustandsänderung

$$\frac{c_p(T)}{T}\, dT = R\,\frac{dp}{p}$$

und

$$\frac{c_v(T)}{T}\, dT = -R\,\frac{dv}{v} \,.$$

Aus der Division dieser Gleichungen erhalten wir

$$\kappa(T) = -\left(\frac{\partial p}{\partial v}\right)_s \frac{v}{p}$$

und damit durch Einsetzen in Gl. (4.77)

$$a = \sqrt{\kappa(T)\, p\, v} = \sqrt{\kappa(T)\, R\, T} \,. \tag{4.78}$$

Zur Klassifizierung von Strömungen ist die nach dem österreichischen Physiker Ernst Mach (1838–1916) benannte Mach-Zahl

$$Ma = \frac{\overline{v}}{a}$$

geeignet. Bei $Ma = 1$ hat die Strömung Schallgeschwindigkeit, $Ma < 1$ bedeutet Unterschallströmung, $Ma > 1$ Überschallströmung.

## 4.5.2 Energieerhaltung in Düsen und Diffusoren

Düsen und Diffusoren sind Strömungskanäle mit veränderlichen Querschnittsflächen, in denen ein kompressibles Fluid strömt. Wegen der hohen Durchströmungsgeschwindigkeiten kann man den Wärmeaustausch mit der Umgebung zumeist vernachlässigen. Wir beschränken uns daher auf adiabate Systeme. Außerdem findet kein Transfer von Arbeit statt.

Der 1. HS für solche einfach stationär durchströmte Systeme bei Durchströmung ohne Änderung der Höhe $z$ lautet

$$h_2 - h_1 + \frac{1}{2}\left(\overline{v}_2^{\,2} - \overline{v}_1^{\,2}\right) = 0 \,. \tag{4.79}$$

Definiert man die totale Enthalpie durch

$$h_t = h + \frac{\overline{v}^2}{2} \,, \tag{4.80}$$

so wird aus Gl. (4.79)

$$h_{t2} - h_{t1} = 0 \,. \tag{4.81}$$

Demnach ändert sich die totale Enthalpie bei der Durchströmung von Düsen oder Diffusoren nicht.

Bei einer Düse wird durch Absenkung der Enthalpie ($h_2 < h_1$) kinetische Energie aufgebaut $\left(\overline{v}_2^{\,2} > \overline{v}_1^{\,2}\right)$. Dagegen wird im Diffusor die kinetische Energie abgesenkt $\left(\overline{v}_2^{\,2} < \overline{v}_1^{\,2}\right)$ und dadurch die Enthalpie ($h_2 > h_1$) erhöht.

Wie wir bereits in Abschnitt 2.4 festgestellt haben, enthält bei adiabaten Systemen die Differenz der Enthalpien mechanische Arbeitsfähigkeit und Dissipation.

$$h_2 - h_1 = \int_1^2 v\,dp + q_{diss\_12} = h_{2is} - h_1 + q_{diss\_12}\,. \qquad (4.82)$$

Betrachten wir zunächst reibungsfreie Durchströmung, so gilt

$$h_{2is} - h_1 = -\frac{1}{2}\left(\overline{v}_2^{\,2} - \overline{v}_1^{\,2}\right)$$

oder

$$\frac{\kappa}{\kappa - 1}\,R\left(T_{2is} - T_1\right) = -\frac{1}{2}\left(\overline{v}_2^{\,2} - \overline{v}_1^{\,2}\right). \qquad (4.83)$$

## 4.5.3 Durchströmung von konvergenten Düsen

Wir betrachten einen großen Behälter, aus dem ein ideales Gas durch eine konvergente Düse in einen großen Raum ausströmt. „Groß" bedeutet hierbei, dass die Zustände im Behälter und in dem umgebenden Raum durch das Ausströmen nicht verändert werden.

Der Zustand im Behälter ist durch den Ruhedruck $p_0$ und die Ruhetemperatur $T_0$ festgelegt. Die Geschwindigkeit $\overline{v}_0$ ist gleich Null. Dann ist die Ruhetemperatur gleich der Totaltemperatur, die während des gesamten Strömungsvorgangs konstant bleibt. Im engsten Querschnitt der Düse wird die Geschwindigkeit $\overline{v}_e$ erreicht.

Aus Gl. (4.79) folgt für diese Ausströmgeschwindigkeit

$$\overline{v}_e = \sqrt{2\left(h_0 - h_e\right)}\,.$$

Daraus wird für ein ideales Gas konstanter spezifischer Wärmekapazität unter Verwendung der Isentropenbeziehungen Gln. (4.14) und (4.17)

$$\overline{v}_e = \sqrt{2\,\frac{\kappa}{\kappa - 1}\,R\,T_0\left(1 - \left(\frac{p_e}{p_0}\right)^{\frac{\kappa-1}{\kappa}}\right)}\,. \qquad (4.84)$$

Nach der Kontinuitätsbedingung Gl. (1.62) gilt bei stationärer Strömung

$$\dot{m} = \rho\,\overline{v}\,A = const.$$

Damit ist der aus dem Behälter austretende Massenstrom

$$\dot{m}_e = \rho_e\,\overline{v}_e\,A_e \qquad (4.85)$$

unter Einbeziehung der Isentropengleichung (4.14)

$$\frac{v_0}{v_e} = \left(\frac{p_e}{p_0}\right)^{\frac{1}{\kappa}}$$

$$\dot{m} = A_e \frac{p_0}{R\,T_0} \left(\frac{p_e}{p_0}\right)^{\frac{1}{\kappa}} \sqrt{2 \frac{\kappa}{\kappa - 1} R\,T_0 \left(1 - \left(\frac{p_e}{p_0}\right)^{\frac{\kappa-1}{\kappa}}\right)}$$

oder

$$\dot{m} = A_e \frac{p_0 \sqrt{2 \dfrac{\kappa}{\kappa-1}}}{\sqrt{R\,T_0}} \left(\frac{p_e}{p_0}\right)^{\frac{1}{\kappa}} \sqrt{\frac{\kappa}{\kappa-1} \left(1 - \left(\frac{p_e}{p_0}\right)^{\frac{\kappa-1}{\kappa}}\right)} . \tag{4.86}$$

Die Massenstromdichte der Strömung im engsten Querschnitt folgt aus Gl. (4.85):

$$\frac{\dot{m}}{A_e} = \rho_e \, \overline{v}_e \, .$$

Bringt man bei vorgegebenem Ruhezustand auch noch den vom Ruhezustand abhängigen Term auf die linke Seite der Gleichung (4.86) für den Massenstrom, so folgt mit

$$\frac{\dot{m}}{A_e} \frac{\sqrt{R\,T_0}}{\sqrt{2 \dfrac{\kappa}{\kappa - 1}}\, p_0} = \left(\frac{p_e}{p_0}\right)^{\frac{1}{\kappa}} \sqrt{1 - \left(\frac{p_e}{p_0}\right)^{\frac{\kappa-1}{\kappa}}} \tag{4.87}$$

eine Funktion, die als Durchfluss- oder Ausflussfunktion $\psi$ bekannt ist[32]. Wie man leicht einsieht, hat diese Funktion zwei Nullstellen, nämlich bei $p_e / p_0 = 0$ und bei $p_e / p_0 = 1$. Während letztere Nullstelle plausibel ist, da bei gleichem Druck im Behälter und an der Mündung kein treibendes Gefälle vorhanden ist, kann die erste Nullstelle physikalisch nicht existieren, da sonst aus einem Behälter mit Loch nichts ins Vakuum ($p_e = 0$) ausströmen würde.

Differenzieren wir die Durchflussfunktion $\psi$ nach dem Druckverhältnis und setzen die Ableitung gleich Null, so erhalten wir mit

$$\left(\frac{p_{opt}}{p_0}\right) = \left(\frac{\kappa + 1}{2}\right)^{-\frac{\kappa}{\kappa-1}} \tag{4.88}$$

das optimale Druckverhältnis, mit dem die Durchflussfunktion den maximalen Wert $\psi_{max}$ annimmt.

Die Mach-Zahl im engsten Querschnitt ist

$$Ma_e = \frac{\overline{v}_e}{a_e} = \frac{\sqrt{2 \dfrac{\kappa}{\kappa - 1} R\,T_0 \left(1 - \left(\dfrac{p_e}{p_0}\right)^{\frac{\kappa-1}{\kappa}}\right)}}{\sqrt{\kappa\, R\, T_e}}$$

oder, unter Einbeziehung der Isentropengleichung

32 Im Schrifttum wird häufig die Größe $\sqrt{2\,\kappa/(\kappa-1)}\;\psi$ als Ausfluss- oder Durchflussfunktion bezeichnet.

$$Ma_e = \sqrt{\frac{2}{\kappa - 1}\left(\left(\frac{p_0}{p_e}\right)^{\frac{\kappa-1}{\kappa}} - 1\right)} \ . \qquad (4.89)$$

Löst man Gl. (4.89) für $Ma_e = 1$ nach dem Druckverhältnis auf, so erhält man mit

$$\left(\frac{p_s}{p_0}\right) = \left(\frac{\kappa + 1}{2}\right)^{-\frac{\kappa}{\kappa-1}}$$

Übereinstimmung mit Gl. (4.88) und es gilt $p_s = p_{opt}$. Wir erkennen, dass sich beim Ausfluss aus einem Behälter im engsten Querschnitt Schallgeschwindigkeit und der maximale Wert der Durchflussfunktion $\psi_{max}$ einstellen, wenn das optimale Druckverhältnis herrscht. Dieses optimale Druckverhältnis ist von Ernst Schmidt[33] als Laval[34]-Druckverhältnis bezeichnet worden.

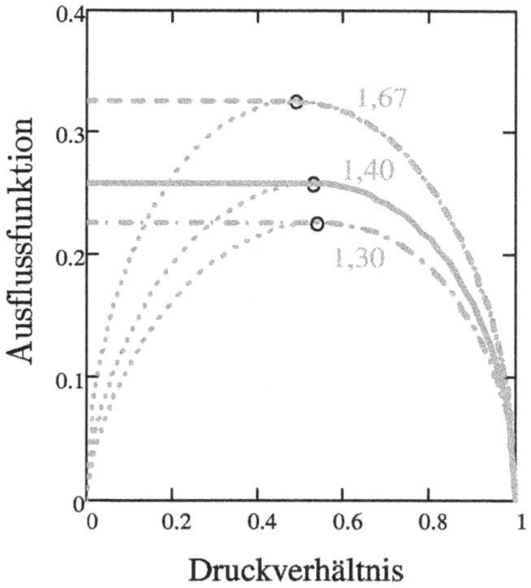


*Abb. 4.12: Durchflussfunktion für κ = 1,67; 1,40 und 1,33*

Wir betrachten in Abb. 4.12 den Fall, dass bei konstantem Ruhezustand der Außendruck abgesenkt wird. Dann steigt, ausgehend vom Druckverhältnis $\Pi = 1$, die Durchflussfunktion $\psi$ an, bis sich beim kritischen Druckverhältnis Schallgeschwindigkeit im engsten Querschnitt einstellt. Wird der Außendruck weiter abgesenkt, so bleibt, wie aus Abb. 4.12 ersichtlich, der Ausfluss konstant. Dies bedeutet, dass in einer Düse, die sich kontinuierlich verjüngt, der Druck nicht unter den Laval-Druck abfallen kann. Der Gasstrahl tritt bei Druckverhältnissen, die das Optimum nach Gl. (4.88) unterschreiten, mit höherem Druck in den umgebenden Raum aus. Durch Nachexpansion erfolgen periodische Kontraktion und Ausdehnung des Strahls sowie Verwirbelung. Damit wird die verbliebene Arbeitsfähigkeit in Schallemission

33 Schmidt, E.: „Thermodynamik“ Berlin, Göttingen, Heidelberg: Springer Verlag 1960, 8. Auflage, S. 279

34 Nach dem schwedischen Ingenieur Carl Gustaf de Laval (1845–1913), der 1887 die nach ihm benannte konvergent-divergente Düse eingeführt hat.

und Dissipation umgesetzt. Man spricht hierbei von nicht angepassten konvergenten Düsen, im Gegensatz zu angepassten konvergenten Düsen, bei denen der Außendruck gleich dem Laval-Druck ist.

### 4.5.4 Überschallströmungen in Laval-Düsen

De Laval fand im Jahr 1887 heraus, dass man, reibungsfreie Strömung vorausgesetzt, die gesamte, im Enthalpiegefälle enthaltene Arbeitsfähigkeit in kinetische Energie umsetzen kann, wenn man an die konvergente Düse eine schlanke Erweiterung anschließt, wobei die Fläche $A_s$ im engsten Querschnitt auf die Fläche $A_e$ am Austritt zunimmt. Im konvergenten Teil der Laval-Düse wird der Druck bis zum Laval-Druck abgebaut und es herrscht im engsten Querschnitt $A_s$ Schallgeschwindigkeit. Dadurch wird der Massendurchsatz durch die Düse festgelegt und es gilt

$$\dot{m}\,\frac{\sqrt{R\,T_0}}{\sqrt{2\,\frac{\kappa}{\kappa-1}}\;p_0} = const = A_s\,\psi_{\max}\ . \qquad (4.90)$$

Wendet man Gl. (4.87) auf den erweiterten Teil der Laval-Düse an, so muss in diesem Bereich bei vorgegebenem Ruhezustand der Massendurchsatz konstant bleiben und es gilt

$$A\,\psi = A_s\,\psi_{\max}\,. \qquad (4.91)$$

Mit dem erweiterten Teil der Laval-Düse aktiviert man, wie Abb. 4.13 zeigt, den linken Ast der Durchflussfunktion.

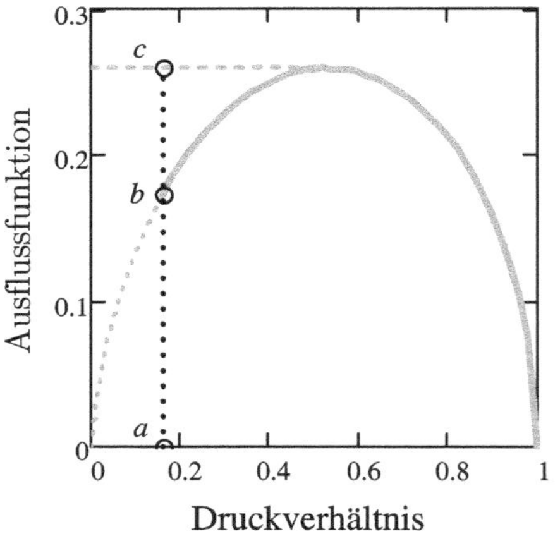


*Abb. 4.13: Angepasste Laval-Düse für $p_e/p_0 = 0{,}128$; ($\kappa = 1{,}40$)*

Das Streckenverhältnis $ca/ba$ entspricht dem Verhältnis $\psi_{max}/\psi_e$ und damit nach Gl. (4.91) dem Flächenverhältnis $A_e/A_s$.

Liegt der Druck am Austritt der Laval-Düse über dem Umgebungsdruck ($p_e > p_U$), so bleibt die Strömung in der Düse unverändert und es tritt auch hier im Strahl Vernichtung der Arbeitsfähigkeit durch Nachexpansion auf, was zu Schallemission und Verwirbelung führt, wie das bereits bei der konvergenten Düse diskutiert wurde. Man beachte, dass bei nicht angepassten Düsen an der Austrittsfläche die Druckkraft

$$F_p = A_e\,(p_e - p_U)$$

wirkt, die z.B. in der Impulsbilanz an einem Flugtriebwerk zur Bestimmung des Schubes berücksichtigt werden muss.

Wird eine Laval-Düse bei einem Umgebungsdruck $p_U$ betrieben, der über dem notwendigen Anpassungsdruck $p_e$ liegt, so tritt im divergenten Teil der Laval-Düse ein mit Irreversibilitäten verbundener Verdichtungsstoß auf, das heißt, ein sprunghafter Übergang von Überschallströmung zu Unterschallströmung. Diese Stoßfront wandert bei weiterer Steigerung des Umgebungsdrucks immer weiter stromauf. Im Bereich der Düse, der stromab hinter der Stoßfront liegt, wirkt die Erweiterung bei Unterschallströmung wie ein Diffusor mit Anstieg des Drucks und Abnahme der Geschwindigkeit, bis der Umgebungsdruck erreicht wird. Schließlich wird der engste Querschnitt der Düse erreicht und bei weiterer Steigerung des Umgebungsdrucks herrscht in der gesamten Laval-Düse Unterschallströmung.

Als wichtige Konsequenz dieses Verhaltens folgt: Setzt man Laval-Düsen zur Erzeugung von Überschallströmungen ein, so ist darauf zu achten, dass stets $p_e > p_U$ ist.

**Beispiel 4.7 (Level 1):** Am Ende einer angepassten Laval-Düse tritt ein Luftstrahl von *2 kg/s* beim Atmosphärendruck von *1 bar* mit der Umgebungstemperatur von *20 °C* und mit einer Machzahl *Ma = 2* aus. Welcher Ruhezustand muss im Behälter aufrechterhalten werden? Welche Querschnittsflächen hat die Laval-Düse?

**Voraussetzungen:** Reibungsfreie Strömung eines idealen Gases mit $\kappa = 1{,}40$.

**Gegeben:**

$$Ma_e := 2 \qquad p_e := 1\cdot bar \qquad t_e := 20\cdot °C \qquad mp := 2\cdot\frac{kg}{s} \qquad \kappa := 1.40 \qquad R_L := 287\cdot\frac{J}{kg\cdot K}$$

**Lösung:** Mit der vom Druckverhältnis abhängigen Funktion für die Mach-Zahl nach Gl. (4.89)

$$Ma(\Pi) := \sqrt{\frac{2}{\kappa - 1}}\cdot\sqrt{\Pi^{-\frac{\kappa-1}{\kappa}} - 1}$$

wird das Druckverhältnis mit einem Vorgabewert iterativ ermittelt:

$\Pi := 0.4$

*Vorgabe*

$Ma(\Pi) = Ma_e$

$\Pi_L := suchen(\Pi) \qquad \Pi_L = 0.128$

Damit ist der Ruhedruck im Behälter

$$p_0 := \frac{p_e}{\Pi_L} \qquad p_0 = 7.824\ bar$$

Der Entspannungsvorgang in der Düse verläuft isentrop. Folglich wird die Ruhetemperatur bestimmt durch

$$T_0 := T_e\cdot\Pi_L^{-\frac{\kappa-1}{\kappa}} \qquad T_0 = 527.67K \qquad t_0 := tT(T_0) \qquad t_0 = 254.52\,°C$$

Das Laval-Druckverhältnis wird mit Gl. (4.88) bestimmt

$$\Pi_{opt}(\kappa) := \left(\frac{\kappa - 1}{2} + 1\right)^{-\frac{\kappa}{\kappa-1}} \qquad \Pi_s := \Pi_{opt}(\kappa) \qquad \Pi_s = 0.528$$

und damit ist der Druck im engsten Querschnitt der Düse bei Schallgeschwindigkeit

$$p_s := p_0 \cdot \Pi_s \qquad p_s = 4.134\,bar$$

Bei diesem Druckverhältnis nimmt die Durchflussfunktion den Wert

$$\psi(\Pi,\kappa) := \Pi^{\frac{1}{\kappa}} \cdot \sqrt{1 - \Pi^{\frac{\kappa-1}{\kappa}}} \qquad \psi_{max} := \psi(\Pi_s,\kappa) \qquad \psi_{max} = 0.259$$

an. Aus der Bedingung nach Gl. (4.90)

$$\frac{mp}{A_s} \cdot \frac{\sqrt{R_L \cdot T_0}}{\sqrt{2 \cdot \frac{\kappa}{\kappa - 1}} \cdot p_0} = \psi_{max}$$

ergeben sich Fläche und Durchmesser des engsten Querschnitts zu

$$A_s := mp \cdot \frac{\sqrt{R_L \cdot T_0}}{\sqrt{2 \cdot \frac{\kappa}{\kappa - 1}} \cdot \psi_{max} \cdot p_0} \qquad A_s = 14.527\,cm^2 \qquad D_s := \sqrt{\frac{A_s \cdot 4}{\pi}} \qquad D_s = 43.01\,mm$$

Mit dem Wert der Durchflussfunktion am Austritt

$$\psi_e := \psi(\Pi_L,\kappa) \qquad \psi_e = 0.153$$

werden Fläche und Durchmesser am Austritt der Düse aus Gl. (4.91) berechnet:

$$A_e := A_s \cdot \frac{\psi_{max}}{\psi_e} \qquad A_e = 24.514\,cm^2 \qquad D_e := \sqrt{\frac{A_e \cdot 4}{\pi}} \qquad D_e = 55.87\,mm$$

Die in Abb. 4.13 dargestellte Durchflussfunktion wurde mit den Daten dieses Beispiels angefertigt.

### 4.5.5 Reale Durchströmung von Düsen und Diffusoren

Ausflussdüsen müssen sorgfältig gerundet ausgeführt werden, damit der austretende Strahl die gesamte Austrittsfläche am Ende der Düse einnimmt. Hat der Behälter ein scharfkantiges Loch, so erfolgt, wie Abb. 4.14 schematisch zeigt, Strahleinschnürung.

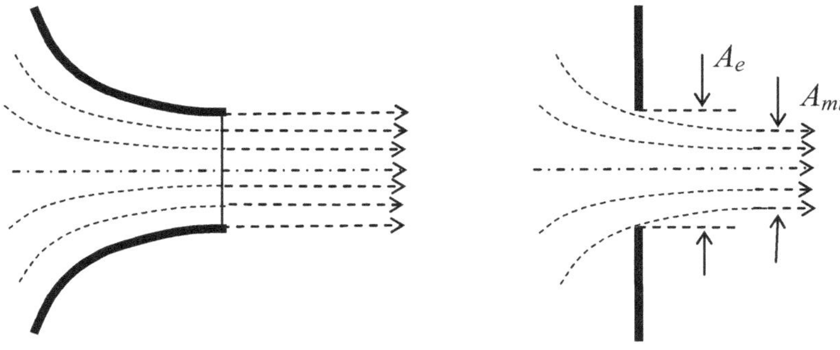


*Abb. 4.14: Gerundete Düse und scharfkantiges Loch*

Dieser Effekt wird durch die Einschnürungsziffer

$$\mu = \frac{A_{\min}}{A_e} < 1$$

berücksichtigt.

Außerdem tritt bei der Durchströmung Wandreibung auf. Unterteilen wir die Enthalpiedifferenz in den reversiblen und den dissipativen Anteil, so erhalten wir

$$h_2 - h_1 = \int_1^2 v(p)_{rev}\, dp + q_{diss\_12} = h_{2\_is} - h_1 + q_{diss\_12}\,. \tag{4.92}$$

Den 1. HS für durchströmte, adiabate Kanäle haben wir in Gl. (4.79) angegeben. Verwenden wir für den Ausgangszustand die totale Enthalpie, so gilt die Analyse auch für Strömungskanäle, in die das Fluid mit endlicher Geschwindigkeit eintritt. Wir erhalten den 1. HS in der Form

$$h_2 - h_{t1} = -\frac{\overline{v}_2^{\,2}}{2}$$

und für den reversiblen Fall

$$h_{2is} - h_{t1} = -\frac{\overline{v}_{2is}^{\,2}}{2}\,.$$

Den Einfluss dissipativer Vorgänge in Düsen und Diffusoren und die daraus abgeleiteten inneren Wirkungsgrade kann man am besten in den *h,s*-Diagrammen Abb. 4.15a,b diskutieren.

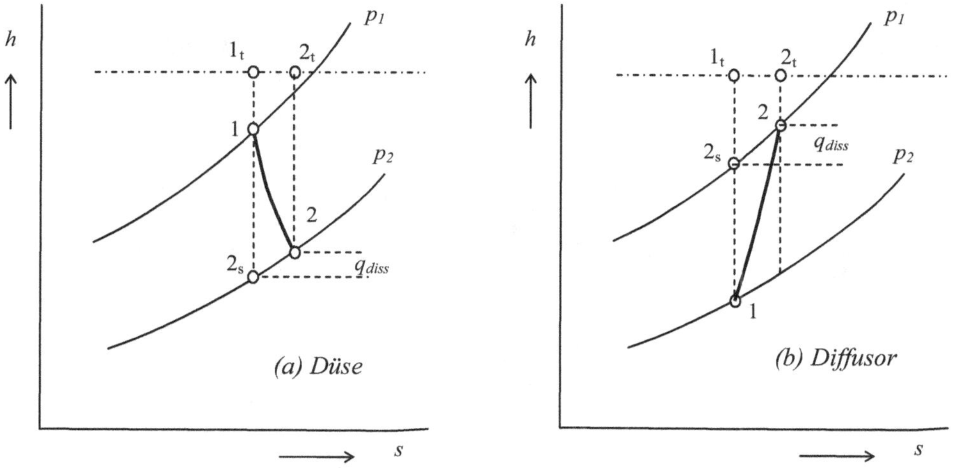


*Abb. 4.15: Reibungsvorgänge bei (a) beschleunigter und (b) verzögerter Strömung*

Die Enthalpiedifferenzen in den *h,s*-Diagrammen werden nun wie folgt gedeutet: Nach Gl. (4.81) bleiben bei Düse bzw. Diffusor die totalen Enthalpien konstant.

In den Abb. 4.15a und 4.15b repräsentieren die Enthalpiedifferenzen die folgenden kinetischen Energien:

$$\left.\begin{aligned} &\bullet \quad h_{t1} - h_1 = \frac{\overline{v}_1^{\,2}}{2} \\ &\bullet \quad h_{t2} - h_2 = \frac{\overline{v}_2^{\,2}}{2} \\ &\bullet \quad h_{t1} - h_{2is} = \frac{\overline{v}_{2is}^{\,2}}{2} \end{aligned}\right\} \tag{4.93}$$

Der innere Wirkungsgrad der Düse ist damit nach Abb. 4.15a das Verhältnis der Strecken

$$\eta_{i\_Düs} = \frac{h_2 - h_{t1}}{h_{2is} - h_{t1}} = \left(\frac{\overline{v}_2}{\overline{v}_{2is}}\right)^2 = \frac{-\dfrac{\overline{v}_2^{\,2}}{2}}{w_{tis} - \dfrac{\overline{v}_1^{\,2}}{2}} \le 1, \tag{4.94}$$

und aus Abb. 4.15b folgt für den inneren Wirkungsgrad des Diffusors

$$\eta_{i\_Dif} = \frac{h_{2is} - h_1}{h_2 - h_1} = \frac{\dfrac{\overline{v}_1^{\,2}}{2} - \dfrac{\overline{v}_{2is}^{\,2}}{2}}{\dfrac{\overline{v}_1^{\,2}}{2} - \dfrac{\overline{v}_2^{\,2}}{2}} = \frac{w_{tis}}{\dfrac{\overline{v}_1^{\,2}}{2} - \dfrac{\overline{v}_2^{\,2}}{2}} \le 1. \tag{4.95}$$

## 4.5.6 Düsen und Diffusoren mit Reibung nach der erweiterten Theorie

Hängen die Wärmekapazitäten von der Temperatur ab, so ist zunächst die Bestimmung von isentropen Temperaturen aus der Bedingung

$$s(T_{is}) = s(T_0) + R \ln\left(\frac{p}{p_0}\right)$$

als Funktion des Druckverhältnisses $\Pi = p / p_0$ erforderlich.

Damit folgt unter Einbeziehung des Wirkungsgrades für die Geschwindigkeiten

$$\left.\begin{aligned} &\overline{v}(\Pi) = \sqrt{2\,\eta_{i\_Düs}\,\left(h(T_0) - h(T_{is}(\Pi))\right)} && \text{für die Düse} \\ &\text{und} \\ &\overline{v}(\Pi) = \sqrt{2\left(\frac{h(T_0) - h(T_{is}(\Pi))}{\eta_{i\_Dif}}\right)} && \text{für den Diffusor.} \end{aligned}\right\} \tag{4.96}$$

Da die totale Enthalpie beim Strömungsvorgang konstant bleibt, wird die Enthalpie festgelegt durch

$$h(\Pi) = h(T_0) - \frac{\overline{v}(\Pi)^2}{2}, \tag{4.97}$$

woraus die Temperatur aus der Bedingung

$$h(\Pi) = h(T)$$

aus der vorliegenden Enthalpiefunktion des Gases ermittelt wird.

Da der Massendurchsatz konstant ist, erhalten wir für die Massenstromdichte

$$\frac{\dot{m}}{A} = \rho\,\bar{v} = \frac{p}{R\,T}\,\bar{v}(\Pi).$$

Erweitern wir so, dass in obiger Gleichung auf der rechten Seite nur dimensionslose Ausdrücke stehen,

$$\frac{\dot{m}}{A}\frac{R\,T_0}{p_0}\frac{1}{\sqrt{2\,h(T_0)}} = \Pi\,\frac{T_0}{T(\Pi)}\sqrt{1-\frac{h(\Pi)}{h(T_0)}} \tag{4.98}$$

so erhalten wir die modifizierte Durchströmungsfunktion

$$\psi(\Pi) = \Pi\,\frac{T_0}{T(\Pi)}\sqrt{1-\frac{h(\Pi)}{h(T_0)}}\,. \tag{4.99}$$

Gl. (4.78) gibt die Schallgeschwindigkeit für die erweiterte Theorie. Damit folgt für die Mach-Zahl

$$Ma(T) = \sqrt{\frac{2\,(h(T_0)-h(T))}{\kappa(T)\,R\,T}}\,.$$

Für $Ma = 1$ (Schallgeschwindigkeit) erhalten wir eine Bedingung für das Laval-Druckverhältnis

$$2\,(h(T_0)-h(T(\Pi_{Lav}))) = \kappa(T(\Pi_{Lav}))\,R\,T(\Pi_{Lav}), \tag{4.100}$$

die iterativ gelöst wird. Mit dem Laval-Druckverhältnis erhält man aus Gl. (4.99) den Maximalwert der Durchflussfunktion.

**Beispiel 4.8:** Das Antriebssystem einer Raketenoberstufe für den Transport von Satelliten, die bei einem Umgebungsdruck von *1 kPa* betrieben wird, wird mit Flüssig-Sauerstoff und Flüssig-Wasserstoff gespeist. Der bei der Verbrennung entstehende Wasserdampf strömt mit $T_t = 3000\ K$ und $p_t = 36\ bar$ einer adiabaten Laval-Düse zu, die einen inneren Wirkungsgrad von *0,96* hat. Die Durchmesser betragen am Düsenhals *125 mm* und am Düsenaustritt *1050 mm*. Massenstrom, Austrittszustand und Schub sind zu bestimmen.

**Voraussetzung:** Der Wasserdampf sei ein ideales Gas mit $c_p(T)$.

**Gegeben:**

$T_{t1} := 3000\cdot K \qquad t_{t1} := tT(T_{t1}) \qquad p_1 := 36\cdot bar \qquad p_U := 1\cdot kPa$

$d_H := 125\cdot mm \qquad D_e := 1050\cdot mm \qquad \eta_{i\_Düs} := 0.96$

**Lösung:** Die Funktionen $c_{pmH2O}(T)$, $h_{mH2O}(t)$ und $s_{mpH2O}(t)$ werden bereitgestellt. Weiter wird eine Funktion für die Schallgeschwindigkeit benötigt:

$$a_S(t) := \left|\begin{array}{l} T \leftarrow t + 273.15K \\ \kappa \leftarrow \dfrac{c_{pmH2O}(T)}{c_{pmH2O}(T) - R_m} \\ \sqrt{\kappa\cdot\dfrac{R_m}{M_{H2O}}\cdot T} \end{array}\right.$$

Die totale molare Enthalpie im Ausgangszustand hat den Wert

$$h_{mt1} := h_{mH2O}(t_{t1}) \qquad h_{mt1} = 127.409\,\frac{kJ}{mol}$$

der während der gesamten Zustandsänderung konstant bleibt.

Die vom Druckverhältnis $\Pi = p/p_1$ abhängige Temperatur wird iterativ berechnet:

$$t_{is}(\Pi) := \left| \begin{array}{l} t_e \leftarrow 1500 \cdot °C \\ s_{me} \leftarrow s_{mpH2O}(t_{t1}) + R_m \cdot ln(\Pi) \\ t_e \leftarrow wurzel\left(s_{mpH2O}(t_e) - s_{me}, t_e\right) \end{array} \right.$$

Aus der Definition des Wirkungsgrads der Düse mit $vel_1 \approx 0$ wird die Funktion für die Geschwindigkeit formuliert:

$$vel(\Pi) := \sqrt{2 \cdot \eta_{i\_Düs} \cdot \left( \frac{h_{mt1} - h_{mH2O}(t_{is}(\Pi))}{M_{H2O}} \right)}$$

Damit lässt sich aus der Bedingung konstanter Totalenthalpie die molare Enthalpie bestimmen:

$$h_m(\Pi) := h_{mt1} - \frac{vel(\Pi)^2}{2} \cdot M_{H2O}$$

womit die Temperatur ermittelt wird:

$$t_e(\Pi) := \left| \begin{array}{l} t \leftarrow 1500 \cdot °C \\ t \leftarrow wurzel\left(h_m(\Pi) - h_{mH2O}(t), t\right) \end{array} \right.$$

Wir bestimmen nun zunächst für $Ma = 1$ aus der Bedingung $a = vel$ das Laval-Druckverhältnis

$$\Pi_{Lav} := 0.5$$

$$\Pi_{Lav} := wurzel\left(a_S\left(t_e\left(\Pi_{Lav}\right)\right) - vel\left(\Pi_{Lav}\right), \Pi_{Lav}\right) \qquad \Pi_{Lav} = 0.555$$

Druck und Temperatur im Düsenhals sind

$$t_{Lav} := t_e\left(\Pi_{Lav}\right) \qquad t_{Lav} = 2483\,°C \qquad p_{Lav} := p_1 \cdot \Pi_{Lav} \qquad p_{Lav} = 19.977\,bar$$

Mit der Querschnittsfläche im Düsenhals

$$A_{Lav} := \frac{d_H^2 \cdot \pi}{4}$$

wird der Massendurchsatz durch Bedingung $\dot{m} = \rho\ A\ \bar{v}$ im Düsenhals festgelegt:

$$mp := \frac{p_{Lav} \cdot M_{H2O}}{R_m \cdot Tt\left(t_{Lav}\right)} \cdot A_{Lav} \cdot vel\left(\Pi_{Lav}\right) \qquad mp = 23.595\,\frac{kg}{s}$$

Mit der Austrittsfläche der Düse erhalten wir das Erweiterungsverhältnis:

$$A_e := \frac{D_e^2 \cdot \pi}{4} \qquad QA := \frac{A_e}{A_{Lav}} \qquad QA = 70.56$$

Die Durchströmungsfunktion lautet

$$\psi(\Pi) := \left| \begin{array}{ll} 0 & if\ \Pi \le 0.0001 \vee \Pi \ge 1 \\ \left( \Pi \cdot \frac{T_{t1}}{Tt\left(t_e(\Pi)\right)} \cdot \sqrt{1 - \frac{h_m(\Pi)}{h_{mt1}}} \right) & otherwise \end{array} \right.$$

mit dem Maximalwert

$$\psi_{max} := \psi\left(\Pi_{Lav}\right) \qquad \psi_{max} = 0.197$$

Aus Gl. (4.91) folgt der Wert der Durchflussfunktion am Düsenaustritt

$$\psi_e := \psi_{max} \cdot \frac{A_{Lav}}{A_e} \qquad \psi_e = 2.787 \times 10^{-3}$$

Das Druckverhältnis am Düsenaustritt wird iterativ ermittelt

$\Pi_e := 0.1$

*Vorgabe*

$\psi(\Pi_e) = \psi_e$

$\Pi_e := Suchen(\Pi_e) \qquad \Pi_e = 1.084 \times 10^{-3}$

Damit sind der Druck und die Temperatur am Ende der Düse festgelegt:

$p_e := \Pi_e \cdot p_1 \qquad p_e = 3.903\,kPa \qquad t_e(\Pi_e) = 757.3\,°C$

Da $p_e > p_U$ ist, erfolgt die Ausströmung überkritisch mit Nachexpansion. Strahlgeschwindigkeit und Schallgeschwindigkeit im Düsenaustritt sind bei dieser nicht angepassten Laval-Düse

$vel_e := vel(\Pi_e) \qquad vel_e = 3320.5\frac{m}{s} \qquad a_e := a_S(t_e(\Pi_e)) \qquad a_e = 770.85\frac{m}{s}$

mit der Mach-Zahl

$Ma_e := \frac{vel_e}{a_e} \qquad Ma_e = 4.308$

Im Impulssatz zur Berechnung des Schubs wird neben dem Impulsstrom auch die Druckkraft auf die Öffnung der Düse berücksichtigt mit dem Ergebnis

$F_S := mp \cdot vel_e + A_e \cdot (p_e - p_U) \qquad F_S = 80.861\,kN$

# 5 Kreisprozesse mit idealen Gasen

## 5.1 Offene und geschlossene Prozesse

Bisher haben wir von den thermodynamischen Kreisprozessen nur den Carnot-Prozess als Konzept der reversiblen Prozessführung kennen gelernt, ohne die Frage nach der technischen Machbarkeit zu stellen. Wir wollen nun in diesem Abschnitt Kreisprozesse mit Gasen als Prozessmedium unter dem Gesichtspunkt der technischen Realisierung aufbauen. Prozesse mit Gasen können grundsätzlich in geschlossenen Kreisläufen stattfinden. Dabei zirkuliert ein Prozessgas. Wärmezufuhr und die Wärmeabfuhr erfolgen über Wärmeübertrager. Geschlossene Kreisprozesse können rechtslaufend als Kraftmaschinen ausgeführt werden. Zum Betrieb einer solchen Anlage müssen lediglich zwei Wärmereservoire unterschiedlicher Temperatur vorhanden sein. Das heißt praktisch, dass beliebige Wärmequellen, so auch Abwärme oder Solarwärme, genutzt werden können und dass solche Prozesse auch betrieben werden können, wenn ein unterhalb der Umgebungstemperatur liegendes Wärmereservoir angeboten wird. Geschlossene Kreisläufe können als Arbeitsmaschinen linkslaufend in Form von Kältemaschinen oder Wärmepumpen ausgeführt werden. Dabei wird Arbeit zugeführt und Wärme von der tiefen Temperatur zur hohen Temperatur gepumpt.

Bei offenen Prozessen findet die Wärmezufuhr durch Verbrennung eines Brennstoffs im Prozess statt. Diese Verbrennungskraftmaschinen, im Englischen „internal combustion engines“, sind in Form von offenen Gasturbinenprozessen und Verbrennungsmotoren weit verbreitet, und zwar sowohl als mobile Antriebe für Fahrzeuge aller Art als auch als stationäre Anlagen zur Erzeugung von mechanischer oder elektrischer Energie.

In diesem Kapitel werden wir zeigen, unter welchen vereinfachenden Voraussetzungen offene Prozesse und geschlossene Prozesse den gleichen Vergleichsprozess haben. Mit diesen Vereinfachungen sind zwar keine sehr präzisen Aussagen zu erwarten, die Modellierung ist jedoch geeignet, um Trends zu erkennen und eine grobe Auslegung von solchen Maschinen vorzunehmen. In Kapitel 9 wird dann nach der Behandlung von Verbrennungsvorgängen eine ausführlichere Modellierung der offenen Prozesse vorgenommen.

## 5.2 Vergleichsprozesse für die Gasturbinenanlage: Der Joule-Prozess

### 5.2.1 Der einfache Joule-Prozess

Im 19. Jahrhundert gab es auf dem Gebiet der thermischen Maschinen zwei konkurrierende Entwicklungen: Die Dampfmaschine und die Heißluftmaschine. John Barber reichte im Jahr 1791 ein Patent für das Prinzip der Gasturbine ein. Um die Mitte des 19. Jahrhunderts formulierte James Prescott Joule (1818–1889) den so genannten Joule-Prozess als Idealprozess für die Heißluftmaschine, der heute als Vergleichsprozess für Gasturbinen und Strahltriebwerke verwendet wird. Im amerikanischen Schrifttum wird dieser Vergleichsprozess Brayton-Prozess nach dem Ingenieur George Brayton aus Boston benannt, der diesen Prozess um 1870 vorgeschlagen hat.

In Abb. 5.1 wird das Wärmeschaltbild einer einfachen Gasturbinenanlage mit geschlossenem Kreislauf wiedergegeben. Wir gehen von adiabaten Strömungsmaschinen aus und betrachten zunächst dissipationsfreie Strömungen in Verdichter und Turbine. Kompression und Expansion verlaufen folglich isentrop. Gehen wir weiter von reibungsfreier Strömung in den Wärmeübertragern und Rohrleitungen aus, so erfolgt die Wärmezufuhr im Wärmeübertrager $WÜ_1$ isobar bei hohem Druck $p_h$ und die Wärmeabfuhr im Wärmeübertrager $WÜ_2$ isobar bei niedrigem Druck $p_\ell$. In den einzelnen Komponenten finden die folgenden Wärmeumsätze statt:

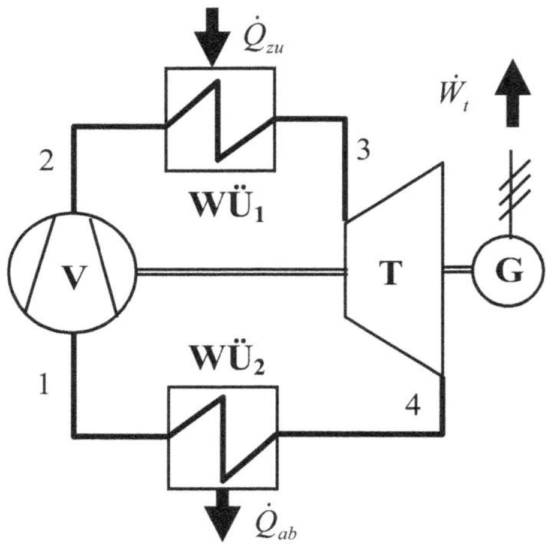


$1 \rightarrow 2$ *isentrope Kompression* $p_\ell \rightarrow p_h$
$s_\ell = const. \qquad q_{12} = 0$

$2 \rightarrow 3$ *isobare Wärmezufuhr* $s_\ell \rightarrow s_h$
$p_h = const. \qquad q_{23} = h_3 - h_2$

$3 \rightarrow 4$ *isentrope Expansion* $p_h \rightarrow p_\ell$
$s_h = const. \qquad q_{34} = 0$

$4 \rightarrow 1$ *isobare Wärmeabfuhr* $s_\ell \rightarrow s_h$
$p_\ell = const. \qquad q_{41} = h_1 - h_4$

*Abb. 5.1: Einfacher Gasturbinenprozess*

Der 1. HS für die stationär betriebene Anlage lautet

$$\sum_j \dot{Q}_j + \dot{W}_t = 0 .$$

Bei Kreisprozessen können die Indizes „$v$" und „$t$" für Volumenänderungsarbeit oder technische Arbeit fortgelassen werden, da in einem geschlossenen Zyklus

$$-\oint p\, dV = \oint V\, dp$$

ist.

Division durch den in der Anlage umgewälzten Gasmassenstrom führt zum 1. HS mit spezifischen Größen

$$w + q_{23} + q_{41} = 0$$

oder, mit den oben angegebenen Wärmeumsätzen

$$-w = h_3 - h_2 + h_1 - h_4 .$$

Für ideales Gas mit konstanten spezifischen Wärmekapazitäten folgt

$$-w = c_p\left(T_3 - T_2 + T_1 - T_4\right) \tag{5.1}$$

$$q_{zu} = c_p\left(T_3 - T_2\right) \tag{5.2}$$

$$q_{ab} = c_p\left(T_1 - T_4\right). \tag{5.3}$$

Die Effizienz oder der thermische Wirkungsgrad der Anlage ist

$$\varepsilon = \eta_{th} = \frac{|w|}{q_{zu}} = 1 - \frac{T_4 - T_1}{T_3 - T_2}, \tag{5.4}$$

wenn die Wärmezufuhr im $WÜ_1$ den Aufwand darstellt und die Wärme in $WÜ_2$ an die Umgebung abgegeben wird.

Der 1. HS kann auch für die Welle der Anlage angesetzt werden. Die Turbine überträgt ihre Arbeit auf die Welle und treibt Verdichter und Generator an:

$$w_{tT} = w_{tV} + w_{tG}.$$

Der 1. HS für die Strömungsmaschinen liefert

$$w_{tV} = h_2 - h_1 \qquad \text{und} \qquad w_{tT} = h_4 - h_3.$$

Damit erhalten wir mit

$$-w = -w_{tG} = c_p\left(T_3 - T_4 + T_1 - T_2\right)$$

das gleiche Ergebnis wie aus dem 1. HS für die Gesamtanlage.

Bei einem offenen Prozess mit innerer Verbrennung saugt der Verdichter Luft an, in die komprimierte Luft wird in der Brennkammer Brennstoff eingespritzt oder eingedüst und die Verbrennungsgase expandieren in der Turbine. Die entspannten Abgase verlassen die Anlage. Wenn der Brennstoff pro Kilogramm chemisch gebundene Energie in Form eines Heizwerts $\Delta H_H$ [35] enthält, lautet die Energiestrombilanz unter Berücksichtigung der Massenbilanz

$$\dot m_L\, h_{L1} + \dot m_B\, \Delta H_H - \left(\dot m_L + \dot m_B\right) h_{A4} + \dot W_t = 0$$

oder, bezogen auf den Luftmassenstrom

$$-w = h_{L1} + \frac{\dot m_B}{\dot m_L}\Delta H_H - \left(1 + \frac{\dot m_B}{\dot m_L}\right) h_{A4}. \tag{5.5}$$

Schreiben wir den 1. HS für das System Brennkammer an

$$\dot m_L\, h_{L2} + \dot m_B\, \Delta H_H - \left(\dot m_L + \dot m_B\right) h_{A3} = 0$$

und lösen dies, bezogen auf den Luftmassenstrom, nach der Brennstoffzufuhr auf, so gilt

$$\frac{\dot m_B}{\dot m_L}\Delta H_H = \left(1 + \frac{\dot m_B}{\dot m_L}\right) h_{A3} - h_{L2}. \tag{5.6}$$

[35] Der Heizwert $\Delta H_H$ ist eine spezifische, auf das kg Brennstoff bezogene Größe. Die Verwendung des Großbuchstabens weist auf die stofflichen Veränderungen beim Verbrennungsvorgang hin. Er wird auf einen genormten thermischen Zustand bezogen. Dies ist zumeist der chemische Normzustand mit einer Temperatur von *25 °C*. Wird der Brennstoff mit einer anderen Temperatur zugeführt, so ist dies in der Bilanzgleichung zu berücksichtigen. Näheres hierzu siehe Kapitel 9.

Einsetzen in die Energiestrombilanz für die Gesamtanlage Gl. (5.5) führt zu

$$-w = h_{L1} - h_{L2} + \left(1 + \frac{\dot{m}_B}{\dot{m}_L}\right)\left(h_{A3} - h_{A4}\right). \tag{5.7}$$

Offene Gasturbinenanlagen werden mit hohem Luftüberschuss gefahren. Definieren wir das Brennstoff/Luft-Verhältnis durch

$$\beta = \frac{\dot{m}_B}{\dot{m}_L} \tag{5.8}$$

so gilt mit dieser Voraussetzung $\beta << 1$ näherungsweise

$$\left(1 + \frac{\dot{m}_B}{\dot{m}_L}\right) \approx 1 .$$

Vernachlässigen wir weiter die Unterschiede zwischen Luft und Abgas und legen ein einheitliches Gas mit $c_p$ = *const.* zugrunde, so folgt

$$-w = c_p\left(T_1 - T_2 + T_3 - T_4\right).$$

Dieses Ergebnis stimmt mit Gl. (5.1) überein. Damit haben wir nachgewiesen, dass unter den getroffenen Voraussetzungen der offene Prozess den gleichen Vergleichsprozess wie der geschlossene hat. Die spezifische Wärmezufuhr beim offenen Prozess ist

$$q_{zu} = c_p\left(T_3 - T_2\right) = \beta\,\Delta H_H . \tag{5.9}$$

In Abb. 5.2 wird das $p,v$-Diagramm des Joule-Prozesses in den normierten Koordinaten $\Pi = p / p_1; \chi = v / v_1$ wiedergegeben:

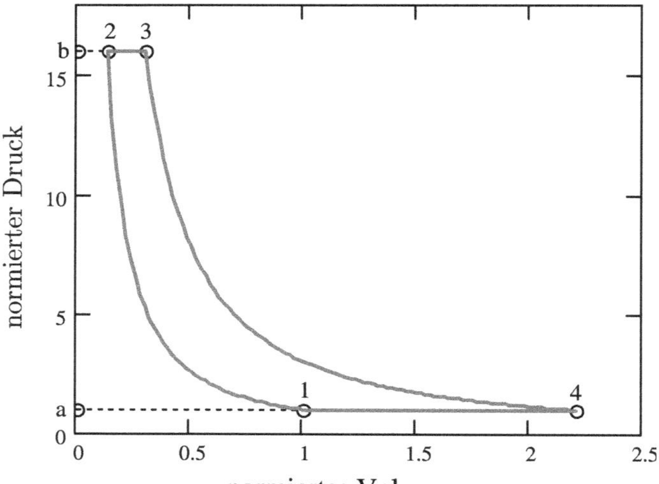


*Abb. 5.2: p,v-Diagramm des Joule-Prozesses in normierten Koordinaten*

Die Expansionsarbeit der Turbine wird durch die Fläche $A_{b,3,4,a}$ (–) repräsentiert, die Kompressionsarbeit des Verdichters durch die Fläche $A_{a,1,2,b}$ (+). Es verbleibt nach dem auf die Welle bezogenen 1. HS die von der Anlage abgegebene Arbeit als die vom Kreisprozess eingeschlossene Fläche $A_{1,2,3,4}$(–).

Führen wir das Druckverhältnis

$$\Pi = \frac{p_h}{p_\ell} \tag{5.10}$$

ein und berücksichtigen wir, dass $p_h = p_2 = p_3$ und $p_\ell = p_1 = p_4$ ist, so ergibt sich für die isentrope Kompression im Verdichter

$$\frac{T_2}{T_1} = \left(\frac{p_2}{p_1}\right)^{\frac{\kappa-1}{\kappa}} = \Pi^{\frac{\kappa-1}{\kappa}}$$

und für die isentrope Expansion in der Turbine

$$\frac{T_4}{T_3} = \left(\frac{p_4}{p_3}\right)^{\frac{\kappa-1}{\kappa}} = \Pi^{-\frac{\kappa-1}{\kappa}} .$$

Damit folgt unmittelbar

$$\frac{T_2}{T_1} = \frac{T_3}{T_4} \quad \text{oder} \quad \frac{T_3}{T_2} = \frac{T_4}{T_1} .$$

Mit diesen Beziehungen folgt für die Effizienz

$$\varepsilon = \eta_{th} = 1 - \frac{T_2}{T_1} \frac{T_4/T_1 - 1}{T_3/T_2 - 1}$$

oder

$$\varepsilon = \eta_{th} = 1 - \frac{T_2}{T_1} = 1 - \Pi^{\frac{\kappa-1}{\kappa}} . \tag{5.11}$$

Demnach hängt die Effizienz des einfachen Joule-Prozesses nur vom Temperaturverhältnis bzw. vom Druckverhältnis des Verdichters ab.

Thermische Kreisprozesse werden durch das treibende Temperaturgefälle angetrieben. Die höchste Temperatur im Joule-Prozess tritt nach $WÜ_1$ am Eintritt der Turbine im Punkt 3 mit $T_h = T_3$ auf, die tiefste Temperatur herrscht nach $WÜ_2$ beim Eintritt in den Verdichter im Punkt 1 mit $T_\ell = T_1$. Bei einem Prozess mit Wärmeabfuhr an die Umgebung ist die Temperatur $T_1$ durch die Umgebungstemperatur festgelegt. Die Temperatur $T_3$ sollte so hoch wie möglich sein, sie ist durch Werkstoffeigenschaften der Turbine begrenzt. Heute werden große, stationäre Gasturbinen mit Eintrittstemperaturen bis *1300 °C* gebaut. Demnach ist das Temperaturverhältnis

$$\Phi = \frac{T_h}{T_\ell} \tag{5.12}$$

ein wichtiger Parameter für jeden thermischen Kreisprozess.

Definieren wir für die vom Kreisprozess abgegebene Arbeit den normierten Parameter

$$\omega = \frac{w}{c_p\, T_1}, \tag{5.13}$$

so folgt, wenn wir durch geeignete Erweiterung nur bekannte Temperaturverhältnisse zulassen,

$$-\omega = \frac{T_3}{T_1} - \frac{T_2}{T_1} + 1 - \frac{T_4}{T_3}\frac{T_3}{T_1}$$

oder

$$-\omega = \Phi - \Pi^{\frac{\kappa-1}{\kappa}} + 1 - \Pi^{-\frac{\kappa-1}{\kappa}}\,\Phi\,.$$

Vorstehende Gleichung kann umgeformt werden mit dem Ergebnis:

$$-\omega = \left(1 - \Pi^{-\frac{\kappa-1}{\kappa}}\right)\left(\Phi - \Pi^{\frac{\kappa-1}{\kappa}}\right). \tag{5.14}$$

Definieren wir weiter für die zugeführte Wärme den normierten Parameter

$$\theta = \frac{q_{zu}}{c_p\,T_1} \tag{5.15}$$

so ergibt sich

$$\theta = \Phi - \Pi^{\frac{\kappa-1}{\kappa}} \tag{5.16}$$

und für die Effizienz folgt mit

$$\varepsilon = \eta_{th} = \frac{|\omega|}{\theta}$$

das bereits aus Gl. (5.11) bekannte Ergebnis

$$\varepsilon = \eta_{th} = 1 - \Pi^{-\frac{\kappa-1}{\kappa}}\,.$$

Mit der Einführung normierter Parameter hängen die abgegebene Arbeit (Parameter $\omega$), die zugeführte Wärme (Parameter $\theta$) und die Effizienz (Parameter $\varepsilon$) nur vom Temperaturverhältnis $\Phi$ und vom Druckverhältnis $\Pi$ ab. Die einzige verbliebene Stoffeigenschaft des Prozessgases ist der Isentropenexponent $\kappa$.

Wie aus Gl. (5.14) ersichtlich, hat $\omega$ zwei Nullstellen, nämlich $\Pi = 1$ und $\Phi = \Pi^{\frac{\kappa-1}{\kappa}}$, wobei bei der ersten Bedingung auf der gleichen Isobaren nur Wärme zu- und abgeführt und bei der zweiten Bedingung auf die Kompression unmittelbar die Expansion ohne Wärmezufuhr und -abfuhr folgt. Daraus ergibt sich, dass bei vorgegebenem Temperaturverhältnis $\Phi$ das Druckverhältnis $\Pi$ nicht beliebig gesteigert werden kann. Das optimale Druckverhältnis liegt beim Maximum des Parameters $\omega$. Zur Ermittlung dieses Optimums differenzieren wir Gl. (5.14) und setzen die Ableitung gleich Null

$$\left(\frac{\partial\omega}{\partial\Pi}\right)_{\Phi} = 0$$

mit dem Ergebnis

$$\Phi = \Pi^{\frac{2\,\kappa-2}{\kappa}}\,.$$

Damit ist das optimale Druckverhältnis festgelegt:

$$\Pi_{opt} = \Phi^{\frac{\kappa}{2\,(\kappa-1)}}\,. \tag{5.17}$$

In Abb. 5.3 werden für die Scharparameter $\Phi$ = *3,0; 3,5; 4,0; 4,5; 5,0; 5,5; 6,0* die Verläufe der normierten Arbeit $\omega$ über dem Druckverhältnis $\Pi$ sowie die Kurve für den Maximalwert von ω für einatomige Gase mit dem Isentropenexponent $\kappa = 5/3$ dargestellt. Abb. 5.4 zeigt die gleiche Auftragung für ein zweiatomiges Gas mit $\kappa = 1{,}40$.

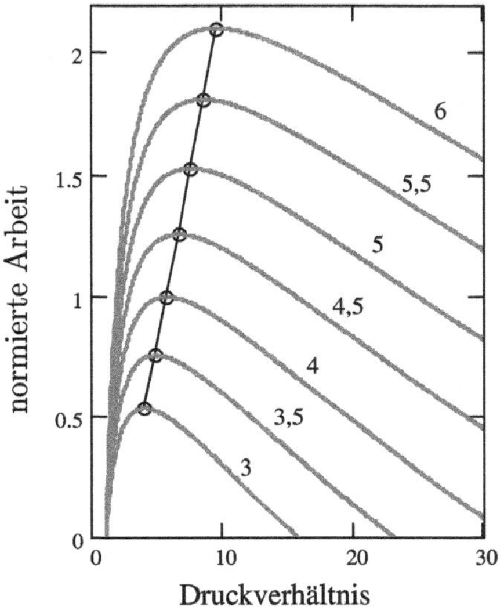


*Abb. 5.3: Darstellung der normierten Arbeit in Abhängigkeit vom Druckverhältnis für $\kappa = 5/3$*

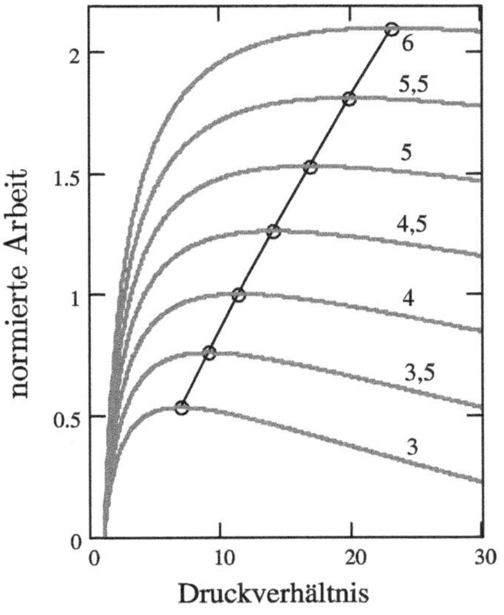


*Abb. 5.4: Darstellung der normierten Arbeit in Abhängigkeit vom Druckverhältnis für $\kappa = 1{,}40$*

Bei einatomigen Edelgasen als Prozessmedium sind zur Erreichung des Optimums von $\omega$ wesentlich geringere Druckverhältnisse $\Pi_{opt}$ in den Strömungsmaschinen erforderlich als bei zweiatomigen Gasen. Außerdem ist bei Helium die molare Masse mit $M = 4\ kg/kmol$ wesentlich geringer als z.B. bei Stickstoff mit $M = 28\ kg/kmol$. Wegen der sich daraus ergebenden hohen spezifischen Wärmekapazität von Helium muss wegen $w = c_p\, T_1\, \omega$ und $\dot{W} = \dot{m}\, w$ erheblich weniger Helium als Massenstrom umgewälzt werden als bei Stickstoff. Außerdem hat Helium im gleichen thermischen Zustand im Vergleich mit Stickstoff eine wesentlich geringere Dichte. Beide Effekte führen dazu, dass dissipative Vorgänge in der Anlage mit Helium geringere Auswirkungen haben.

Zur weiteren Analyse führen wir das Konzept der mittleren Temperaturen der Wärmezufuhr und der Wärmeabfuhr ein. Die isobare Wärmezufuhr wird im $T,s$-Diagramm in ein flächengleiches Rechteck verwandelt:

$$q_{zu} = c_p\left(T_3 - T_2\right) = T_{mh}\left(s_3 - s_2\right). \tag{5.18}$$

Für die Änderung der Entropie bei isobarer Zustandsänderung gilt

$$s_3 - s_2 = c_p \ln\left(\frac{T_3}{T_2}\right)$$

und somit folgt die mittlere Temperatur der Wärmezufuhr

$$T_{mh} = \frac{T_3 - T_2}{\ln\left(\dfrac{T_3}{T_2}\right)}. \tag{5.19}$$

Eine analoge Entwicklung führt zur mittleren Temperatur der Wärmeabfuhr

$$T_{m\ell} = \frac{T_4 - T_1}{\ln\left(\dfrac{T_4}{T_1}\right)}. \tag{5.20}$$

Wie aus Abb. 5.5 ersichtlich, wird der Joule-Prozess zwischen den Temperaturen $T_h$ und $T_\ell$ ersetzt durch einen äquivalenten Carnot-Prozess zwischen den Temperaturen $T_{mh}$ und $T_{m\ell}$. Damit ist die Effizienz des Joule-Prozesses auch

$$\varepsilon = \frac{T_{mh} - T_{m\ell}}{T_{mh}}. \tag{5.21}$$

Der exergetische Wirkungsgrad

$$\zeta_{ex} = \frac{\varepsilon}{\varepsilon_C} = \frac{T_{mh} - T_{m\ell}}{T_{mh}}\,\frac{T_h}{T_h - T_\ell} \tag{5.22}$$

gibt den Grad der Carnotisierung des Joule-Prozesses an.

Die normierten Koordinaten in Abb. 5.5 sind

$$\Phi = \frac{T}{T_1} \quad und \quad \sigma = \frac{s}{s_1}.$$

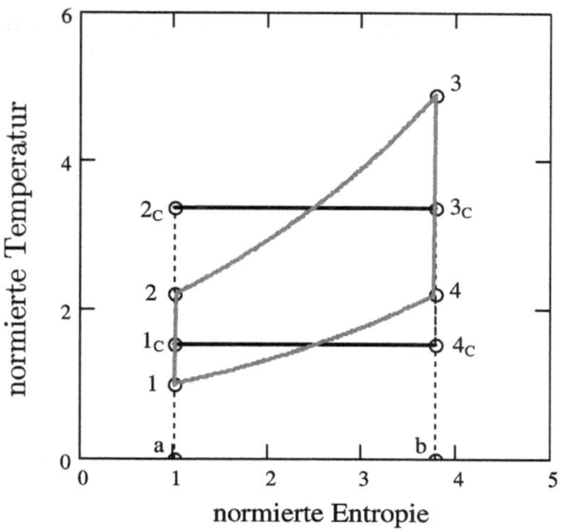


*Abb. 5.5: T,s-Diagramm des Joule-Prozesses und des gleichwertigen Carnot-Prozesses in normierten Koordinaten mit den Parametern $\Phi_{opt} = 4{,}876$; $\Pi = 16$; $\varepsilon = 0{,}547$; $\omega = 1{,}460$*

Die Fläche $A_{a,2,3,b}$ ist die isobare Wärmezufuhr (+), die Fläche $A_{b,4,1,a}$ ist die isobare Wärmeabfuhr (–). Nach dem 1. HS für die Anlage ist die abgegebene Arbeit (–) gleich Wärmezufuhr (+) plus Wärmeabfuhr (–) und es verbleibt als abgegebene Arbeit die vom Kreisprozess eingeschlossene Fläche $A_{1,2,3,4}$ (–). Der äquivalente Carnot-Prozess liefert die gleiche Arbeit mit der Fläche $A_{1c,2c,3c,4c}$.

## 5.2.2 Thermodynamische Verbesserung des Joule-Prozesses

Je größer das treibende Gefälle zwischen $T_{mh}$ und $T_{m\ell}$ ist, desto höher ist die Effizienz des Joule-Prozesses. Maßnahmen zur thermodynamischen Verbesserung sind dann erfolgreich, wenn es gelingt, $T_{mh}$ anzuheben und $T_{m\ell}$ abzusenken. Wenn die Turbinenaustrittstemperatur $T_4$ höher ist als die Verdichteraustrittstemperatur $T_2$, eröffnet sich die Möglichkeit, in einem Rekuperator oder Regenerator R eine innere Wärmeübertragung durchzuführen. Das modifizierte Wärmeschaltbild der Anlage zeigt Abb. 5.6 (a).

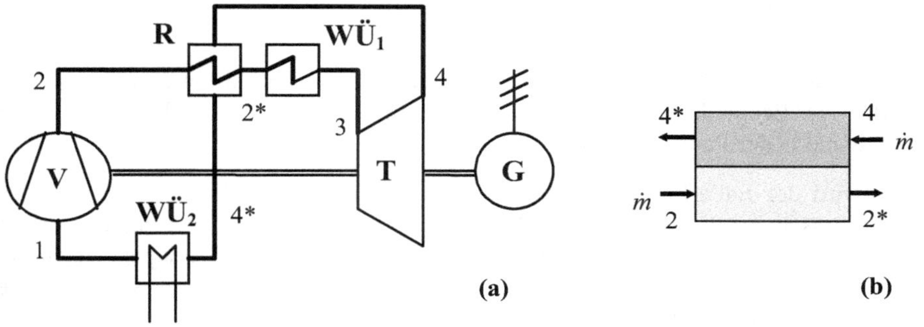


*Abb. 5.6: Gasturbinenanlage mit innerer Wärmeübertragung (a) und Durchströmung des Regenerators (b)*

Rekuperatoren (siehe Abschnitt 3.7) sind stationär durchströmte Wärmeübertrager, in denen die Wärme durch eine Wand vom heißen Fluid auf das kalte Fluid übertragen wird. Beim Regenerator wird Wärme vom heißen Fluid an ein langsam rotierendes Speicherelement übertragen. Die eingespeicherte Wärme wird vom Speicherelement an das kalte Fluid abgegeben. Der 1. HS für den Wärmeübertrager R ist

$$\sum_{i=1}^{4} \dot{m}_i \, h_i = 0 \,.$$

Mit den Bezeichnungen von Abb. 5.6 (b) folgt

$$\dot{m}\left(h_2 - h_{2*} + h_4 - h_{4*}\right) = 0$$

oder, für ideales Gas mit konstanten spezifischen Wärmekapazitäten

$$T_2 - T_{2*} + T_4 - T_{4*} = 0 \,. \tag{5.23}$$

Beim Wärmeübertrager R muss nach dem 2. HS die Temperatur des wärmeabgebenden Gases (Zustandsänderung 4 – 4*) stets über der Temperatur des wärmeaufnehmenden Gases (Zustandsänderung 2 – 2*) liegen. Deshalb gilt nach Abb. 5.6 (b)

$$\Delta T = T_4 - T_{2*} = T_{4*} - T_2 \geq 0 \,. \tag{5.24}$$

$\Delta T$ ist die Grädigkeit des Wärmeübertragers. Darunter versteht man generell das minimale treibende Temperaturgefälle in einem Wärmeübertrager. Bei symmetrischer Durchströmung, d.h. bei gleichem primär- und sekundärseitigem Wärmekapazitätsstrom $\dot{W} = \dot{m}\, c_p$ , ist das treibende Temperaturgefälle $\Delta T$ im gesamten Wärmeübertrager konstant. Diese Voraussetzung trifft hier zu.

Je größer die Übertragungsfläche des Wärmeübertragers R ist, desto kleiner ist die Grädigkeit $\Delta T$. Ideale Wärmeübertragung findet dann statt, wenn der Wärmeübertrager $R$ eine unendlich große Übertragungsfläche hat. Dann ist $\Delta T = 0$ und es gilt

$$T_4 = T_{2*} \quad \text{und} \quad T_{4*} = T_2 \,. \tag{5.25}$$

In diesem Fall erfolgt die innere Wärmeübertragung reversibel.

Die im Wärmeübertrager $WÜ_1$ von außen zugeführte Wärme ist

$$q_{zu} = q_{2*3} = c_p\left(T_3 - T_{2*}\right) = c_p\left(T_3 - T_4\right) \tag{5.26}$$

und die im Wärmeübertrager $WÜ_2$ nach außen abgeführte Wärme ist

$$q_{ab} = q_{4*1} = c_p\left(T_1 - T_{4*}\right) = c_p\left(T_1 - T_2\right). \tag{5.27}$$

Der 1. HS für die Gesamtanlage liefert mit

$$-w = c_p\left(T_3 - T_4 + T_1 - T_2\right) \tag{5.28}$$

wieder das Ergebnis der einfachen Anlage, nach dem die spezifische Arbeit durch die Temperaturen an den vier Eckpunkten des Kreisprozesses festgelegt wird. Damit bleibt bei gleichen Parametern $\Phi$ und $\Pi$ der Parameter $\omega$ unverändert.

In Abb. 5.7 wird der Joule-Prozess mit innerer Wärmeübertragung dargestellt. Die Fläche $A_{d,4,4*,b}$ (–) repräsentiert die vom Abgas nach der Turbine abgegebene Wärme, sie wird auf die Fläche $A_{a,1,2,2*,c}$ (+) übertragen, welche die Wärmeaufnahme des Druckgases nach dem Verdichter darstellt. Die äußere Wärmezufuhr im Wärmeübertrager $WÜ_1$ zeigen die Flächen $A_{c,2*,3,d} = A_{c,2c,3c,d}$ (+), die Wärmeabfuhr im Kühler $WÜ_2$ die Flächen $A_{b,4*,1,a} = A_{b,4c,1c,a}$ (–).

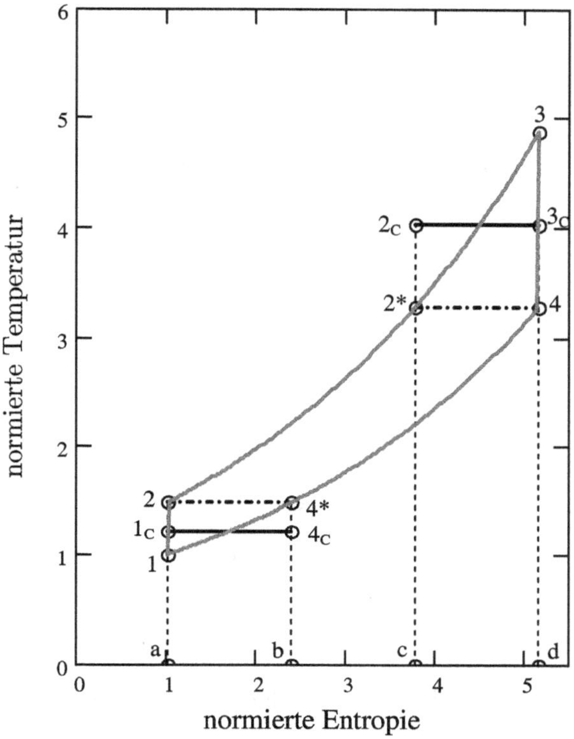


*Abb. 5.7: T,s-Diagramm des Gasturbinenprozesses mit innerer Wärmeübertragung in normierten Koordinaten mit den Parametern $\Phi_{opt}$ = 4,876; $\Pi$ = 4; $\varepsilon$ = 0,695; $\omega$ = 1,109*

Die Effizienz oder der thermische Wirkungsgrad der Anlage mit Wärmeübertrager R ist

$$\varepsilon = \eta_{th} = 1 - \frac{T_2 - T_1}{T_3 - T_4} = 1 - \frac{T_1}{T_3} \frac{T_2/T_1 - 1}{1 - T_4/T_3}$$

oder

$$\varepsilon = \eta_{th} = 1 - \frac{1}{\Phi} \Pi^{\frac{\kappa - 1}{\kappa}} . \tag{5.29}$$

In Abb. 5.8 werden die Verläufe der Effizienz über dem Druckverhältnis Π aufgetragen, und zwar für den einfachen Joule-Prozess und für Anlagen mit innerer Wärmeübertragung für die normierten Temperaturen im Bereich $3 \leq \Phi \leq 6$.

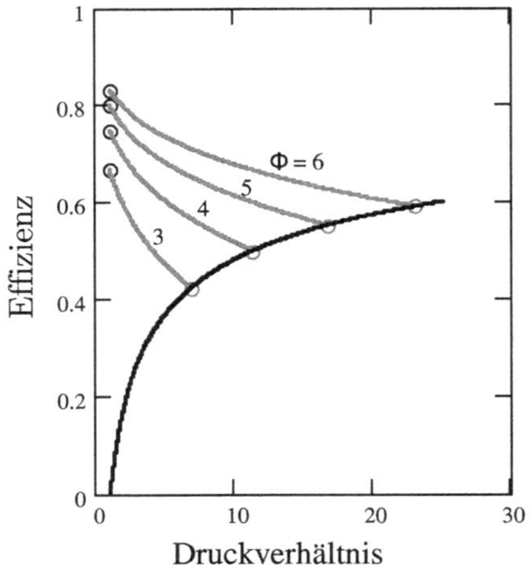


*Abb. 5.8: Effizienzen des Gasturbinenprozesses mit innerer Wärmeübertragung und des einfachen Prozesses in Abhängigkeit vom Druckverhältnis.*

Für $\Pi = 1$ ergibt sich zwar die Carnot-Effizienz

$$\varepsilon_C = 1 - \frac{1}{\Phi} ,$$

ohne die Abgabe von Arbeit, man erkennt jedoch den starken Abfall der Effizienz mit zunehmendem Druckverhältnis und zunehmender Abgabe von Arbeit, bis die Effizienz des einfachen Prozesses erreicht wird. Die Schnittpunkte mit der Kurve des einfachen Prozesses sind dadurch charakterisiert, dass die Turbinenaustrittstemperatur $T_4$ und die Verdichteraustrittstemperatur $T_2$ gleich sind, so dass keine innere Wärmeübertragung mehr möglich ist. Dies fällt mit dem Optimum der Arbeitsabgabe des einfachen Prozesses zusammen. Der Prozess mit innerer Wärmeübertragung hat den Nachteil, dass die spezifische Arbeit abfällt, wenn die Effizienz gesteigert wird.

Dieser Nachteil kann durch eine Schaltung nach dem in Abb. 5.10 wiedergegebenen Schema überwunden werden. Die Kompression erfolgt in einem Niederdruckverdichter $V_1$ und nach Zwischenkühlung im Kühler $K_2$ im Hochdruckverdichter $V_2$. Nach Durchströmen des Wärmeübertragers R erfolgt die äußere Wärmezufuhr im Wärmeübertrager $H_1$. Die Entspannung erfolgt zunächst in der Hochdruckturbine $T_1$ und nach Zwischenwärmezufuhr im Wärmeübertrager $H_2$ in der Niederdruckturbine $T_2$.

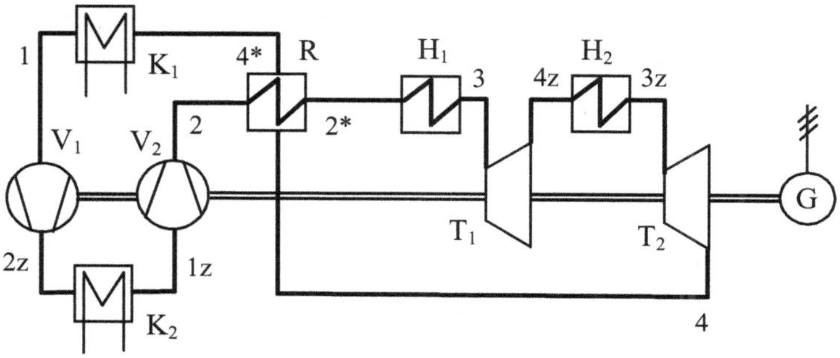


*Abb. 5.9: Gasturbinenprozess mit Zwischenkühlung, Zwischenwärmezufuhr und innerer Wärmeübertragung*

Abb. 5.10 gibt das *p,v*-Diagramm, Abb. 5.11 das *T,s*-Diagramm dieser Anlage wieder.

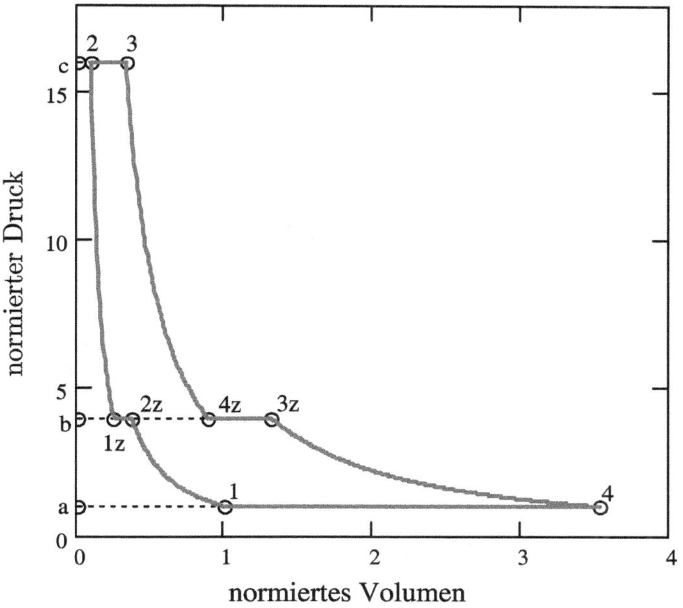


*Abb. 5.10: p,v-Diagramm der Gasturbinenanlage mit innerer Wärmeübertragung, mit Zwischenkühlung und mit Zwischenwärmezufuhr*

In Abb. 5.10 sind bei gleichem Druckverhältnis in der ND-Stufe und in der HD-Stufe die Kompressionsarbeiten gleich ($A_{a,1,2z,b} = A_{b,1z,2,c}$), ebenso die Expansionsarbeiten ($A_{c,3,4z,b} = A_{b,3z,4,a}$). Beide Stufen liefern folglich die gleiche Arbeit.

Aus dem Vergleich der *T,s*-Diagramme der zweistufigen Anlage in Abb. 5.11 mit der einstufigen Anlage in Abb. 5.7 erkennt man, dass die Temperaturen der mittleren Wärmezufuhr und Wärmeabfuhr und damit die Effizienzen gleich geblieben sind. Die spezifische Arbeit als Fläche $A_{1,2,3,4}$ des einfachen Prozesses hat sich beim zweistufigen Prozess durch die

Aneinanderreihung der Flächen $A_{1,2z,3z,4}$ und $A_{1z,2,3,4z}$ verdoppelt. Hier erkennt man unmittelbar, dass die Arbeiten in beiden Stufen gleich sind.

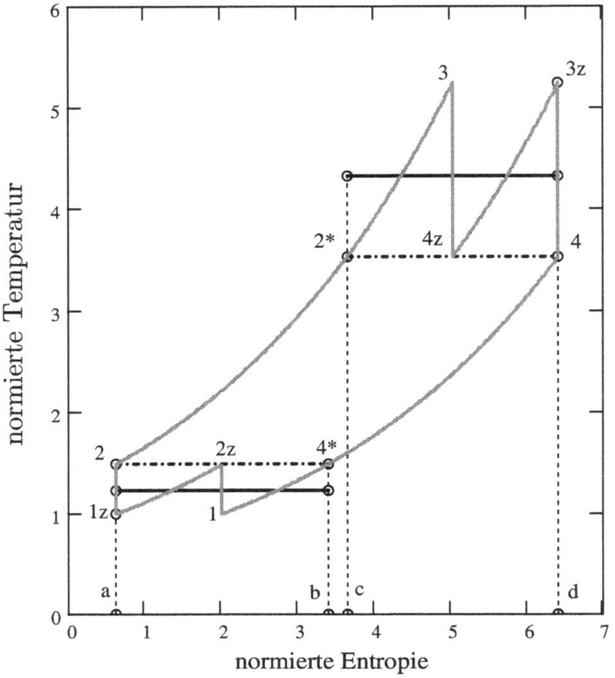


*Abb. 5.11: T,s-Diagramm der Gasturbinenanlage mit innerer Wärmeübertragung, mit Zwischenkühlung und mit Zwischenwärmezufuhr mit den normierten Parametern $\Phi_{opt} = 4{,}876$; $\Pi_{ND} = 4$; $\Pi_{HD} = 4$; $\varepsilon = 0{,}695$; $\omega = 2{,}458$*

Theoretisch sind unendlich viele Zwischenstufen möglich. Dann erfolgt die Kompression isotherm bei $T_\ell$ mit der Kühlwärme

$$q_{ab} = -T_\ell \; R \ln(\Pi) \tag{5.30}$$

und die Expansion isotherm bei $T_h$ mit der Wärmezufuhr

$$q_{zu} = q_{34} = T_h \; R \ln(\Pi)\,. \tag{5.31}$$

Der 1. HS liefert für die vom Prozess abgegebene Arbeit

$$-w = \left(T_h - T_\ell\right) R \ln\left(\Pi\right). \tag{5.32}$$

Die Effizienz des Prozesses ist folglich mit

$$\varepsilon = \eta_{th} = \frac{T_h - T_\ell}{T_h} \tag{5.33}$$

gleich der Effizienz eines Carnot-Prozesses. Dieser nach John Ericsson (1803–1889) benannte Ericsson-Prozess, der auch als Ackeret-Keller-Prozess bezeichnet wird, stellt den Grenzfall des vollständig reversiblen Gasturbinenprozesses dar.

Mit den oben eingeführten normierten Parametern folgt

$$-\omega = \frac{\kappa - 1}{\kappa}\left(\Phi - 1\right) \ln\left(\Pi\right) \tag{5.34}$$

$$\varepsilon = \eta_{th} = 1 - \frac{1}{\Phi}. \tag{5.35}$$

Abb. 5.12 zeigt das *T,s*-Diagramm des Ericsson-Prozesses.

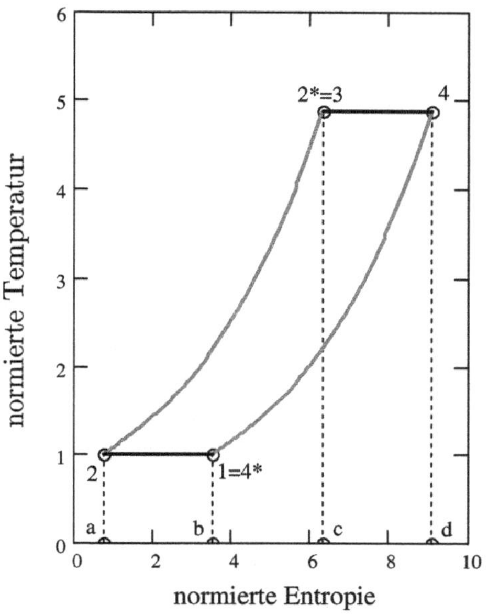


*Abb. 5.12: T,s-Diagramm des Ericsson-Prozesses in normierten Koordinaten mit den Parametern $\Phi$ = 4,876; $\Pi$ = 16; $\varepsilon$ = 0,795; $\omega$ = 3,071*

Der durch die Vorgabe der Höchsttemperatur und des maximalen Druckverhältnisses zur Verfügung stehende Bereich wird vollständig genutzt. Somit ergibt sich die maximal mögliche spezifische Arbeit. In einem Carnot-Prozess mit gleicher Effizienz würde ein sehr hoher Spitzendruck auftreten.

## 5.2.3 Das Strahltriebwerk

### 5.2.3.1 Voraussetzungen für das Strahltriebwerk

Das Strahltriebwerk ist ein offener Prozess mit innerer Verbrennung. Die Modellbildung erfolgt mit den bereits getroffenen Vereinfachungen für stationäre Anlagen, wonach

- das Brennstoff/Luft-Verhältnis sehr viel kleiner als eins ist: $\beta << 1$

und

- Luft und Abgas als einheitliches ideales Gas mit $c_p = const.$ betrachtet werden,

unter den folgenden Voraussetzungen:

- Das Flugzeug ist im gleichförmigen Horizontalflug mit konstanter Geschwindigkeit $\overline{v}_1$
- Angepasste Düse (Druck im Düsenaustritt gleich Umgebungsdruck),
- Reibungsfreie, adiabate Strömung in Diffusor, Verdichter, Turbine und Düse.

Die Schallgeschwindigkeit $a$ als Ausbreitungsgeschwindigkeit einer Druckstörung in einem idealen Gas ist nach Gl. (4.78)

$$a = \sqrt{\kappa\, R\, T}\,. \tag{5.36}$$

Die Mach-Zahl eines mit der Geschwindigkeit $\overline{v}$ strömenden Fluids vergleicht die Strömungsgeschwindigkeit $\overline{v}$ mit der Schallgeschwindigkeit $a$:

$$Ma = \frac{\overline{v}}{a}\,. \tag{5.37}$$

Bei Unterschallströmungen ist $Ma < 1$, bei Überschallströmungen ist $Ma > 1$.

In einem Triebwerk wird nach Maßgabe des 1. Hauptsatzes thermische Energie in kinetische Energie umgesetzt und umgekehrt. Es ist zweckmäßig, die totale spezifische Enthalpie

$$h_t = h + \frac{\overline{v}^2}{2} \tag{5.38}$$

oder, für das ideale Gas, die totale Temperatur

$$T_t = T + \frac{\overline{v}^2}{2\,c_p} \tag{5.39}$$

einzuführen. Unter Verwendung der Definitionen der Mach-Zahl und der spezifischen Wärmekapazität $c_p = \frac{\kappa}{\kappa - 1} R$ folgt

$$\frac{T_t}{T} = 1 + \frac{\kappa - 1}{2}\, Ma^2\,. \tag{5.40}$$

Für isentrope Strömung wird der totale Druck festgelegt durch

$$\frac{p_t}{p} = \left(\frac{T_t}{T}\right)^{\frac{\kappa}{\kappa-1}} = \left(1 + \frac{\kappa - 1}{2}\, Ma^2\right)^{\frac{\kappa}{\kappa-1}} \tag{5.41}$$

Mit den Bezeichnungen der nachstehenden Prinzipskizze in Abb. 5.13 können zunächst aus den oben genannten Voraussetzungen die folgenden Schlussfolgerungen gezogen werden:

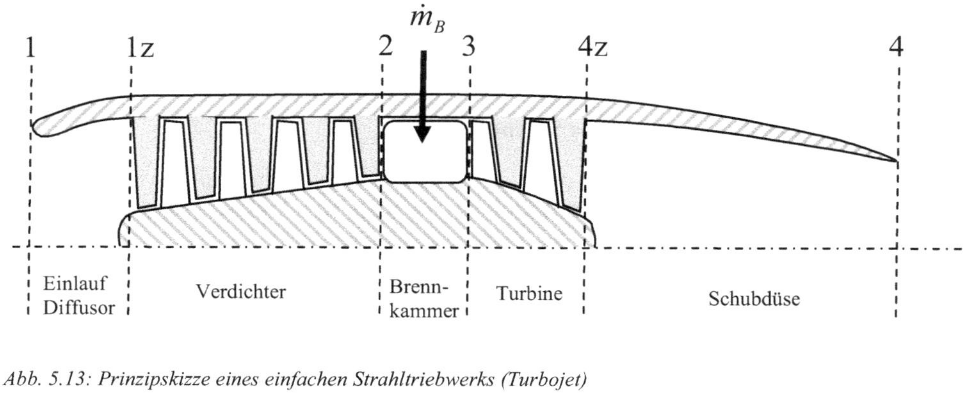


*Abb. 5.13: Prinzipskizze eines einfachen Strahltriebwerks (Turbojet)*

- Die Verbrennung erfolgt isobar bei $p_{th} = p_{t2} = p_{t3}$ und bei angepasster Schubdüse ist $p_\ell = p_4 = p_1$. Der Prozess verläuft demnach zwischen zwei Isobaren, dem Brennkammerdruck $p_h$ und dem Umgebungsdruck $p_\ell$. Das totale Druckverhältnis ist

$$\Pi_{tot} = \frac{p_{th}}{p_\ell}. \tag{5.42}$$

- Die Verdichtung im Diffusor und nachfolgend im Verdichter verläuft isentrop. Das Temperaturverhältnis ist

$$\frac{T_{t2}}{T_1} = \Pi_{tot}^{\frac{\kappa-1}{\kappa}}. \tag{5.43}$$

- Die Expansion in der Turbine und nachfolgend in der Schubdüse erfolgt isentrop. Das Temperaturverhältnis ist

$$\frac{T_4}{T_{t3}} = \Pi_{tot}^{-\frac{\kappa-1}{\kappa}}. \tag{5.44}$$

Der Gesamtprozess zwischen zwei Isobaren und zwei Isentropen ist ein Joule-Prozess. Aus den Isentropengleichungen folgt

$$\frac{T_4}{T_1} = \frac{T_{t3}}{T_{t2}}. \tag{5.45}$$

### 5.2.3.2 Verknüpfungen der Temperaturen im Triebwerk

Für die totale Temperatur im Austritt der Düse gilt

$$T_{t4} = T_4\left(1+\frac{\kappa-1}{2}Ma_4^{\,2}\right) = T_1\,\frac{T_{t3}}{T_1}\,\frac{T_{t4z}}{T_{t3}}\,\frac{T_{t4}}{T_{t4z}}, \tag{5.46}$$

wobei auf der rechten Seite der Gleichung mit der Eintrittstemperatur sowie mit den totalen Temperaturen am Turbineneintritt und am Turbinenaustritt erweitert wurde. Das Temperaturverhältnis $T_{t4}/T_{t4z} = 1$, da bei isentroper Expansion ohne Arbeitsentnahme in der Schubdüse die totale Enthalpie und damit die totale Temperatur konstant bleibt.

Der totale Druck im Austritt der Düse ist

$$p_{t4} = p_4\left(1+\frac{\kappa-1}{2}Ma_4^{\,2}\right)^{\frac{\kappa}{\kappa-1}} = p_1\,\frac{p_{t1}}{p_1}\,\frac{p_{t1z}}{p_{t1}}\,\frac{p_{t2}}{p_{t1z}}\,\frac{p_{t3}}{p_{t2}}\,\frac{p_{t4z}}{p_{t3}}\,\frac{p_{t4}}{p_{t4z}}. \tag{5.47}$$

Auch hier ist bei isentroper Kompression ohne Arbeitszufuhr im Diffusor $p_{t1z}/p_{t1} = 1$ und bei isentroper Expansion ohne Arbeitsentnahme in der Schubdüse $p_{t4z}/p_{t4} = 1$. Außerdem ist bei isobarer Wärmezufuhr $p_{t3} = p_{t2}$ und bei angepasster Düse $p_4 = p_1$. Damit verbleibt

$$\left(1+\frac{\kappa-1}{2}Ma_4^{\,2}\right)^{\frac{\kappa}{\kappa-1}} = \frac{p_{t1}}{p_1}\,\frac{p_{t2}}{p_{t1z}}\,\frac{p_{t4z}}{p_{t3}}$$

Die verbliebenen Druckquotienten werden durch die entsprechenden Isentropengleichungen in Temperaturquotienten umgewandelt. Dann folgt

$$\left(1+\frac{\kappa-1}{2}Ma_4^{\,2}\right) = \frac{T_{t1}}{T_1}\,\frac{T_{t2}}{T_{t1z}}\,\frac{T_{t4z}}{T_{t3}}.$$

Definiert man die dimensionslosen Temperaturverhältnisse am Diffusor, im Verdichter und in der Turbine zu

$$\Phi_1 = \frac{T_{t1}}{T_1}; \quad \Phi_V = \frac{T_{t2}}{T_{t1z}}; \quad \Phi_T = \frac{T_{t3}}{T_{t4z}} \tag{5.48}$$

sowie für das maximal auftretende Temperaturgefälle

$$\Phi_{max} = \frac{T_{t3}}{T_1} \tag{5.49}$$

so folgt mit

$$\left(1 + \frac{\kappa - 1}{2} Ma_4^{\ 2}\right) = \Phi_1 \frac{\Phi_V}{\Phi_T}$$

für das Temperaturverhältnis $T_4/T_1$

$$\frac{T_4}{T_1} = \frac{\Phi_{max}}{\Phi_V \, \Phi_1} \ . \tag{5.50}$$

Die Mach-Zahl am Düsenaustritt als Funktion der Kenngrößen ist

$$Ma_4 = \sqrt{\frac{2}{\kappa - 1}\left(\Phi_1 \frac{\Phi_V}{\Phi_T} - 1\right)} \ . \tag{5.51}$$

Die Turbine treibt den Verdichter an. Der 1. Hauptsatz liefert für dieses System

$$w_{tT} + w_{tV} = 0$$

oder

$$T_{t3} - T_{t4z} = T_{t2} - T_{t1z}$$

oder

$$\frac{T_{t4z}}{T_{t3}} = 1 - \frac{T_{t2}}{T_{t3}} + \frac{T_{t1z}}{T_{t3}} = 1 - \frac{T_{t1z}}{T_{t3}}\left(\frac{T_{t2}}{T_{t1z}} - 1\right).$$

Mit $T_{t1z} / T_{t1} = 1$ folgt

$$\frac{T_{t1z}}{T_{t3}} = \frac{T_{t1}/T_1}{T_{t3}/T_1} = \frac{\Phi_1}{\Phi_{max}}$$

und damit wird nach Einsetzen in die obige Gleichung unter Verwendung der Temperaturverhältnisse eine Verknüpfung zwischen diesen Kenngrößen geliefert:

$$\frac{1}{\Phi_T} = 1 - \frac{\Phi_1}{\Phi_{max}}\left(\Phi_V - 1\right). \tag{5.52}$$

### 5.2.3.3 Schub, Brennstoffverbrauch und Wirkungsgrade

Das Flugzeug befindet sich im Horizontalflug in gleichförmiger Bewegung $\overline{v}_1 = const.$ Aus dem Impulssatz folgt bei angepasster Düse für die Schubkraft

$$F = \dot{m}_L \left[\left(1 + \frac{\dot{m}_B}{\dot{m}_L}\right)\overline{v}_4 - \overline{v}_1\right] \qquad \textit{(Dim.: N)}. \tag{5.53}$$

Mit der Vernachlässigung $\frac{\dot{m}_B}{\dot{m}_L} << 1$ gilt

$$F = \dot{m}_L \left[\, \overline{v}_4 - \overline{v}_1 \right]$$

oder für den spezifischen Schub

$$f = \overline{v}_4 - \overline{v}_1 = Ma_4\; a_4 - Ma_1\; a_1\,.$$

Führen wir die normierte, auf die Schallgeschwindigkeit der Umgebung bezogene Größe $\phi = f/a_1$ ein, so folgt

$$\phi = Ma_4\sqrt{\frac{T_4}{T_1}} - Ma_1\,. \tag{5.54}$$

Der 1. Hauptsatz für die Brennkammer lautet

$$\dot{m}_L\; h_{t2} + \dot{m}_B\;\Delta H_H - \left(\dot{m}_L + \dot{m}_B\right) h_{t3} = 0$$

oder

$$\frac{\dot{m}_B}{\dot{m}_L}\,\Delta H_H = \left(1 + \frac{\dot{m}_B}{\dot{m}_L}\right) h_{t3} - h_{t2}\,. \tag{5.55}$$

Definiert man das Brennstoff/Luft-Verhältnis

$$\beta = \frac{\dot{m}_B}{\dot{m}_L}\,, \tag{5.56}$$

so gilt für ideales Gas mit der Voraussetzung $\beta << 1$

$$\frac{\beta\;\Delta H_H}{c_p} = T_{t3} - T_{t2} = T_1\left(\frac{T_{t3}}{T_{t1}} - \frac{T_{t2}}{T_{t1z}}\,\frac{T_{t1z}}{T_1}\right)$$

oder

$$\beta = \frac{c_p\; T_1}{\Delta H_H}\left(\Phi_{\max} - \Phi_V\;\Phi_1\right)\cdot \tag{5.57}$$

Die Turbine treibt den Verdichter an. Das an die Turbine anschließende Enthalpiegefälle $c_p\left(T_{4z} - T_4\right)$ wird in der Düse in kinetische Energie umgesetzt.

Aus dem 1. Hauptsatz für das gesamte Triebwerk folgt

$$h_1 + \frac{\overline{v}_1^{\,2}}{2} - (1+\beta)\left(h_4 + \frac{\overline{v}_4^{\,2}}{2}\right) + \beta\;\Delta H_H = 0 \tag{5.58}$$

oder, mit $\beta << 1$

$$\frac{\overline{v}_4^{\,2}}{2} - \frac{\overline{v}_1^{\,2}}{2} = \beta\;\Delta H_H - c_p\;\left(T_4 - T_1\right)\cdot$$

Mit dem Ergebnis des 1. Hauptsatzes für die Brennkammer

$$q_{zu} = \beta\;\Delta H_H = c_p\;\left(T_{t3} - T_{t2}\right) \tag{5.59}$$

und mit der Wärmeabgabe an die Umgebung

$$q_{ab} = c_p\;\left(T_1 - T_4\right)$$

lässt sich die spezifische Arbeit des Kreisprozesses in der üblichen Form

$$-w = q_{zu} + q_{ab}$$

anschreiben, wobei die aus dem Kreisprozess gewonnene spezifische Arbeit

$$-w = \frac{\overline{v}_4^{\,2}}{2} - \frac{\overline{v}_1^{\,2}}{2} \tag{5.60}$$

die Zunahme der kinetischen Energie des Strahls ist.

Die spezifische Arbeit des Kreisprozesses ist demnach

$$-w = q_{zu} + q_{ab} = c_p \left(T_{t3} - T_{t2} - T_4 + T_1\right).$$

Der thermische Wirkungsgrad des Kreisprozesses ergibt sich zu

$$\eta_{th} = 1 - \frac{T_4 - T_1}{T_{t3} - T_{t2}} = 1 - \frac{T_1}{T_{t2}} \frac{T_4/T_1 - 1}{T_{t3}/T_{t2} - 1}$$

oder unter Verwendung der obigen Temperaturbeziehung

$$\eta_{th} = 1 - \frac{T_1}{T_{t2}}.$$

Dabei ist das Temperaturverhältnis

$$\frac{T_{t2}}{T_1} = \frac{T_{t2}}{T_{t1z}} \frac{T_{t1z}}{T_1} = \Phi_V \ \Phi_1$$

und es folgt

$$\eta_{th} = 1 - \frac{1}{\Phi_V \ \Phi_1}. \tag{5.61}$$

Der Vortriebswirkungsgrad ist das Verhältnis von Vortriebsleistung zur Nutzleistung

$$\eta_v = \frac{P_v}{P_N}. \tag{5.62}$$

Die Vortriebsleistung ist gegeben durch

$$P_v = \overline{v}_1 \ F = \dot{m}_L \ \overline{v}_1 \left(\overline{v}_4 - \overline{v}_1\right) \tag{5.63}$$

und die Nutzleistung ist

$$P_N = \dot{m}_L \ w = \frac{\dot{m}_L}{2} \left(\overline{v}_4^{\,2} - \overline{v}_1^{\,2}\right). \tag{5.64}$$

Damit gilt

$$\eta_v = \frac{2 \ \overline{v}_1}{\overline{v}_4 + \overline{v}_1} = \frac{2 \ Ma_1}{Ma_4 \dfrac{a_4}{a_1} + Ma_1}$$

oder

$$\eta_v = \frac{2 \ Ma_1}{Ma_4 \sqrt{\dfrac{T_4}{T_1}} + Ma_1}. \tag{5.65}$$

Der Gesamtwirkungsgrad des Triebwerks ist das Verhältnis von Vortriebsleistung zu Brennstoffzufuhr und es folgt

$$\eta_{tot} = \eta_{th} \ \eta_v. \tag{5.66}$$

#### 5.2.3.4 Optimales Verdichterdruckverhältnis

Die Arbeit des Kreisprozesses ist

$$-w = c_p \ T_1 \left(\frac{T_{t3}}{T_1} - \frac{T_{t2}}{T_1} + 1 - \frac{T_4}{T_1}\right).$$

Die normierte Kennzahl für die Arbeit ist unter Verwendung der bereits abgeleiteten Temperaturverhältnisse somit

$$-\omega = \Phi_{max} - \Phi_1\ \Phi_V + 1 - \frac{\Phi_{max}}{\Phi_1\ \Phi_V}$$

oder umgeformt

$$-\omega = \left(\Phi_{max} - \Phi_1\ \Phi_V\right)\left(1 - \frac{1}{\Phi_1\ \Phi_V}\right). \tag{5.67}$$

Aus der Umformung ist ersichtlich, dass die Funktion zwei Nullstellen hat und dass die Bedingungen

$$\Phi_{max} > \Phi_1\ \Phi_V \quad \text{und} \quad \Phi_1\ \Phi_V > 1$$

erfüllt werden müssen.

Für den isentropen Verdichter gilt

$$\Phi_V = \Pi_V^{\frac{\kappa-1}{\kappa}}.$$

Damit folgt

$$-\omega = \Phi_{max} - \Phi_1\ \Pi_V^{\frac{\kappa-1}{\kappa}} + 1 - \frac{\Phi_{max}}{\Phi_1}\ \Pi_V^{-\frac{\kappa-1}{\kappa}}. \tag{5.68}$$

Damit ist die spezifische Arbeit eine Funktion des Verdichterdruckverhältnisses bei vorgegebenem $\Phi_{max}$ und $\Phi_1$. Zur Bestimmung des optimalen Verdichterdruckverhältnisses wird diese Funktion partiell nach $\Pi_V$ abgeleitet und die Ableitung gleich Null gesetzt. Dann folgt

$$\left(\frac{\partial\omega}{\partial\Pi_V}\right)_{\Phi_{max},\Phi_1} = -\frac{\kappa-1}{\kappa}\ \Phi_1\ \Pi_V^{\frac{\kappa-1}{\kappa}-1} + \frac{\kappa-1}{\kappa}\ \frac{\Phi_{max}}{\Phi_1}\ \Pi_V^{-\frac{\kappa-1}{\kappa}-1} = 0$$

und somit

$$\Pi_V^{2\frac{(\kappa-1)}{\kappa}} = \frac{\Phi_{max}}{\Phi_1^2}$$

oder

$$\Pi_{V\,opt} = \left(\frac{\sqrt{\Phi_{max}}}{\Phi_1}\right)^{\frac{\kappa}{\kappa-1}}. \tag{5.69}$$

Beim optimalen Verdichterdruckverhältnis tritt bei vorgegebenem Schub und bei konstantem $\Phi_{max}$ der geringste Massendurchsatz auf. Wird die obere Prozesstemperatur erhöht, so muss auch das Verdichtungsverhältnis erhöht werden, damit der spezifische Brennstoffverbrauch konstant bleibt.

**Beispiel 5.1 (Level 1):** Ein durch Turbojet-Triebwerke angetriebenes Flugzeug befindet sich mit einer Reisegeschwindigkeit von *800 km/h* in einer Höhe von *10 km* über Grund. Die Temperatur der Außenluft beträgt *–65 °C*. Die maximal auftretende Temperatur vor Eintritt in die Gasturbine des Triebwerks beträgt *1000 °C*. Das Druckverhältnis des Verdichters ist zu variieren.

**Voraussetzungen:** Zu Beginn des Abschnitts genannt.

**Gegeben:**

$\kappa := 1.40$ $\quad R_L := 0.287\cdot\frac{kJ}{kg\cdot K}$ $\quad t_U := -65\cdot °C$ $\quad t_{max} := 1000\cdot °C$ $\quad v_1 := 800\cdot\frac{km}{h}$

**Lösung:** Die Schallgeschwindigkeit der Umgebungsluft und Mach-Zahl des Flugzeugs sind

$$a_1 := \sqrt{\kappa \cdot R_L \cdot T_1} \qquad a_1 = 289.197\frac{m}{s} \qquad Ma_1 := \frac{v_1}{a_1} \qquad Ma_1 = 0.768$$

Das Temperaturverhältnis im Diffusor ist definiert durch $\Phi_1 = T_{t1}/T_1$ und somit

$$\Phi_1 := 1 + \frac{\kappa - 1}{2} \cdot Ma_1^{\,2} \qquad \Phi_1 = 1.118$$

Weiter ist das maximale Temperaturverhältnis

$$\Phi_{max} := \frac{T_{max}}{T_1} \qquad \Phi_{max} = 6.117$$

Mit dem reziproken Temperaturverhältnis der Turbine

$$\Phi_{RT}(\Phi_V) := 1 - \frac{\Phi_1}{\Phi_{max}} \cdot (\Phi_V - 1)$$

lassen sich alle weiteren Größen als Funktion des Temperaturverhältnisses im Verdichter ausdrücken:

- Mach-Zahl am Düsenaustritt:

$$Ma_4(\Phi_V) := \sqrt{\frac{2}{\kappa - 1} \cdot \left(\Phi_1 \cdot \Phi_V \cdot \Phi_{RT}(\Phi_V) - 1\right)}$$

- Spezifischer Schub:

$$\phi(\Phi_V) := Ma_4(\Phi_V) \cdot \sqrt{\frac{\Phi_{max}}{\Phi_1 \cdot \Phi_V}} + Ma_1$$

- Spezifische Arbeit:

$$\omega(\Phi_V) := \Phi_{max} - \Phi_1 \cdot \Phi_V + 1 - \frac{\Phi_{max}}{\Phi_1 \cdot \Phi_V}$$

- Wirkungsgrade:

$$\eta_{th}(\Phi_V) := 1 - \frac{1}{\Phi_V \cdot \Phi_1} \qquad \eta_v(\Phi_V) := \frac{2 \cdot Ma_1}{Ma_4(\Phi_V) \cdot \sqrt{\frac{\Phi_{max}}{\Phi_1 \cdot \Phi_V}} + Ma_1}$$

$$\eta_{tot}(\Phi_V) := \eta_{th}(\Phi_V) \cdot \eta_v(\Phi_V)$$

Die optimalen Temperatur- und Druckverhältnisse des Verdichters sind

$$\Phi_{Vopt} := \frac{\sqrt{\Phi_{max}}}{\Phi_1} \qquad \Phi_{Vopt} = 2.212 \qquad \Pi_{Vopt} := \Phi_{Vopt}^{\frac{\kappa}{\kappa - 1}} \qquad \Pi_{Vopt} = 16.096$$

Mit einem Heizwert für Kerosin von $\Delta H_H = 42\ MJ/kg$ ist das Brennstoff/Luft-Verhältnis

$$\beta(\Phi_V) := \frac{c_{pL} \cdot T_1}{\Delta H_H} \cdot (\Phi_{max} - \Phi_V \cdot \Phi_1) \qquad \beta(\Phi_{Vopt}) = 0.018$$

Die Darstellung der Kenngrößen für den spezifischen Schub und die Arbeit in Abb. 5.14 zeigt, dass bei optimalem Verdichter Schub und Arbeit maximiert werden.

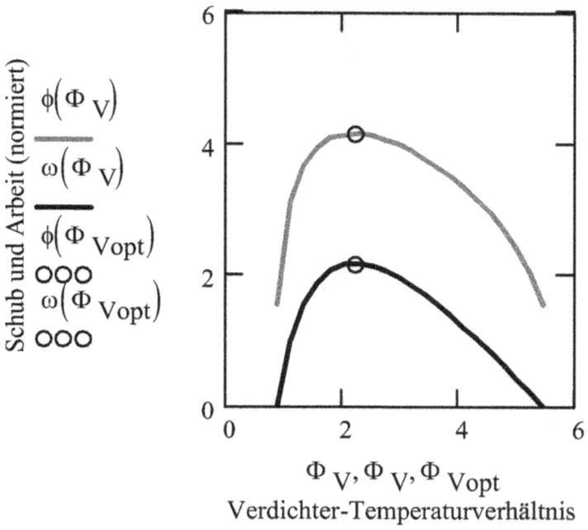


*Abb. 5.14: Kenngrößen für den spezifischen Schub und die Arbeit des Turbojet-Triebwerks*

Thermischer Wirkungsgrad, Vortriebswirkungsgrad und Gesamtwirkungsgrad sowie die Position des Optimums werden in Abb. 5.15 wiedergegeben:

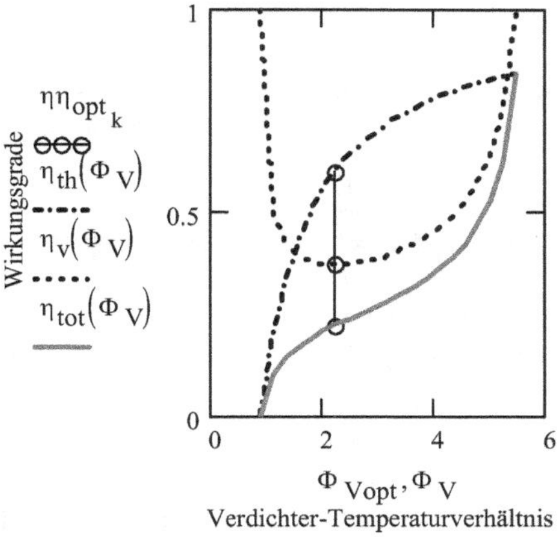


*Abb. 5.15: Wirkungsgrade des Turbojet-Triebwerks*

Der Gesamtprozess bei optimalem Verdichterverhältnis $\Phi_{Vopt}$ wird in Abb. 5.16 im $T,s$-Diagramm in den normierten Koordinaten

$$\Theta = T/T_1 \qquad \text{und} \qquad \sigma = s/s_1$$

dargestellt. Die Fläche $A_{a,2,3,b}$ repräsentiert die Wärmezufuhr in der Brennkammer, die Fläche $A_{b,4,1,a}$ die Wärmeabfuhr an die Umgebung. Die Temperaturdifferenz $\Theta_2 - \Theta_{1z}$ charakterisiert die dem Verdichter zuzuführende Arbeit, die Temperaturdifferenz $\Theta_{4z} - \Theta_3$ die von der Turbine abgegebene Arbeit. Beide Strecken sind gleich, um das Gleichgewicht an der Welle des Triebwerks zu gewährleisten.

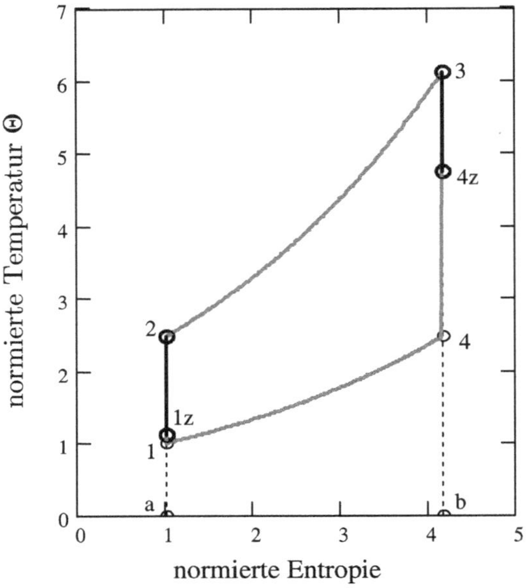


*Abb. 5.16: Joule-Prozess des Turbojet-Triebwerks im T,s-Diagramm*

**Diskussion:** Nachdem in Kapitel 4 die Erzeugung von Abbildungen mehrfach beschrieben worden ist, werden hier und in den weiteren Beispielen nur noch die Ergebnisse angegeben. Die dazu notwendigen Definitionen von Funktionen, Matrizen und Laufvariablen können dem entsprechenden Mathcad®-Arbeitsblatt entnommen werden.

## 5.2.4 Innere und äußere Verluste beim Gasturbinenprozess

In einem realen Gasturbinenprozess treten die folgenden dissipativen Effekte auf:

- Dissipation in Rohrleitungen und Wärmeübertragern verursacht Druckverluste $p_1 > p_2$;
- in den Wärmeübertragern treten Grädigkeiten $\Delta T > 0$ auf;
- Dissipation in den Strömungsmaschinen wird durch innere Wirkungsgrade $\eta_i$ erfasst.

Die Druckverluste in den Rohrleitungen und Wärmeübertragern reduzieren das in der Gasturbine zur Verfügung stehende Druckgefälle

$$\Pi_V > \Pi_T \, . \qquad (5.70)$$

Grädigkeiten der Wärmeübertrager für die äußere Wärmezufuhr und -abfuhr reduzieren das nutzbare Temperaturverhältnis Φ. Die Grädigkeit des Wärmeübertragers R für die innere Wärmeübertragung ist, wie bereits ausgeführt

$$\Delta T = T_4 - T_{2*} = T_{4*} - T_2 > 0 \, .$$

Daraus folgt

$$T_{2*} = T_4 - \Delta T \qquad \text{und} \qquad T_{4*} = T_2 + \Delta T \, . \qquad (5.71)$$

Die Dissipation in den adiabaten Strömungsmaschinen wird, wie im Kapitel 3 ausgeführt, durch die Gln. (3.32) bis (3.36) mit dem Konzept des inneren Wirkungsgrades berücksichtigt.

Die Ergebnisse werden an dieser Stelle nochmals angegeben. Für den Verdichter gilt

$$\eta_{iV} = \frac{h_{2is} - h_1}{h_2 - h_1} \quad \text{oder, mit } c_p = const.: \quad \eta_{iV} = \frac{T_{2is} - T_1}{T_2 - T_1}. \tag{5.72}$$

Die entsprechenden Beziehungen für die Turbine sind

$$\eta_{iT} = \frac{h_4 - h_3}{h_{4is} - h_3} \quad \text{oder, mit } c_p = const.: \quad \eta_{iT} = \frac{T_4 - T_3}{T_{4is} - T_3}. \tag{5.73}$$

Beim Vorliegen dissipativer Vorgänge im Prozess lassen sich für die Formulierung des äquivalenten Carnot-Prozesses die folgenden Aussagen treffen: Die über die Wärme zugeführte Exergie wird im Prozess zum einen Teil in Arbeit und zum anderen Teil in Dissipation verwandelt. Die Dissipation wird zusammen mit dem reversiblen Anteil der abgegebenen Wärme am kalten Ende des Prozesses abgegeben. Deshalb muss zur Bestimmung sowohl der mittleren Temperatur der Wärmezufuhr als auch der mittleren Temperatur der Wärmeabfuhr die maximale Differenz der Entropie bei der Wärmeabgabe zugrunde gelegt werden. Die allgemeinen Beziehungen hierfür lauten

$$T_{mh} = \frac{\sum_{jz} \xi_{jz}\, q_{zu\_jz}}{\sum_j \xi_j \left(s_{\max} - s_{\min}\right)_j} \quad \text{und} \quad T_{m\ell} = \frac{\sum_j \xi_j\, q_{ab\_j}}{\sum_j \xi_j \left(s_{\min} - s_{\max}\right)_j} \tag{5.74}$$

mit den auf den Gesamtmassenstrom bezogenen Massenanteilen $\xi$ in den verschiedenen Strängen einer Anlage.

Der mit diesen Temperaturen gebildete Wirkungsgrad des äquivalenten Carnot-Prozesses

$$\eta_{C\_äq} = 1 - \frac{T_{m\ell}}{T_{mh}} \tag{5.75}$$

ist gleich dem durch die übliche Definition gebildeten thermischen Wirkungsgrad

$$\eta_{th} = \frac{\left|\sum_k \xi_k\, w_{tk}\right|}{\sum_{jz} \xi_{jz}\, q_{zu\_jz}}. \tag{5.76}$$

Die bisher diskutierten Verluste sind **innere Verluste** des Kreisprozesses, sie beeinflussen die Berechnung des Kreisprozesses direkt. Mit dem Ergebnis dieser Berechnung, der spezifischen Arbeit $w$, folgt für die innere Leistung des Kreisprozesses

$$P_i = \dot{m}\, w\ . \tag{5.77}$$

Zusätzlich treten **äußere Verluste** auf, welche die Thermodynamik des Kreisprozesses nicht beeinflussen. Es sind dies Lagerreibung, Kupplungsverluste und der Antrieb von Hilfsaggregaten wie Pumpen und Gebläse, wenn diese direkt von der Welle angetrieben werden. All diese Verluste werden im mechanischen Wirkungsgrad

$$\eta_m = \frac{P_{Welle}}{P_i} \tag{5.78}$$

zusammengefasst.

Dazu kommen elektrische Verluste, wenn mit der Wellenleistung ein Generator angetrieben wird.

Diese Verluste werden im elektrischen Wirkungsgrad zusammengefasst:

$$\eta_{el} = \frac{P_{el}}{P_{Welle}} \,. \tag{5.79}$$

Von der vom Generator abgegebenen elektrischen Bruttoleistung ist der Eigenbedarf von Hilfsaggregaten abzuziehen, wenn diese elektrisch angetrieben werden.

**Beispiel 5.2 (Level 1):** Das Einloop-Konzept des Hochtemperaturreaktors (HTR) umfasst einen vollständig in den Betondruckbehälter integrierten Helium-Gasturbinenkreislauf, der wie folgt aufgebaut ist:

Die Verdichtung erfolgt zweistufig adiabat (V1, V2, Gütegrad *0,82*) mit einfacher Rückkühlung im Kühler RK auf die untere Prozesstemperatur von *25 °C*. Der Ansaugdruck des Verdichters beträgt *23,3 bar*. Die Druckverhältnisse der Niederdruck- und der Hochdruckstufe des Verdichters betragen jeweils $\sqrt{3}$. Das verdichtete Gas wird beim oberen Prozessdruck zunächst im Rekuperator R aufgeheizt und sodann im Reaktorkern C des HTR auf die Höchsttemperatur von *800 °C* gebracht. Die einstufige adiabate Entspannung in der Heliumturbine erfolgt mit einem Gütegrad von *0,85*. Das entspannte Gas wird beim unteren Prozessdruck in den Rekuperator zurückgeführt. Die Grädigkeit des Rekuperators beträgt *25 K*. Danach wird das Gas im Kühler K auf die untere Prozesstemperatur gebracht. Die Druckverluste der Apparate betragen $\Delta p_{Rl} = 200\ hPa$ im Rekuperator auf der Niederdruckseite sowie $\Delta p_{Rh} = 600\ hPa$ auf der Hochdruckseite und $\Delta p_{WÜ} = 100\ hPa$ in den Wärmeübertragern für die äußere Wärmezufuhr und Kühlung.

Die elektrische Leistung an den Generatorklemmen sei *1220 MW*. Im mechanischen Wirkungsgrad sind mit $\eta_m = 0{,}95$ die Einflüsse der Lagerreibung, der Hilfsaggregate und des Generators zusammengefasst.

- Welche Drücke und Temperaturen treten an den Eckpunkten des Kreisprozesses auf?
- In einem *T,s*-Diagramm sollen die dem Kern zugeführte Wärme, die in den Kühlern K und RK abgeführte Wärme und die Wärmeübertragung im Rekuperator markiert werden.
- Wie groß ist der thermische Wirkungsgrad des Kreisprozesses?
- Wie viel Helium muss umgewälzt werden. Wie groß ist der maximal auftretende Volumenstrom?

**Voraussetzung:** Helium ist ein Edelgas mit konstanten Wärmekapazitäten ($\kappa = 5/3$).

**Gegeben:**

$t_{min} := 25 \cdot °C \quad t_{max} := 800 \cdot °C \quad \kappa := \frac{5}{3} \quad p_1 := 23.3 \cdot bar \quad \Pi_V := 3$

$\eta_{iV} := 0.82 \quad \eta_{iT} := 0.85 \quad \Delta T_R := 25 \cdot K \quad \Delta p_{Rl} := 200 \cdot hPa \quad \Delta p_{Rh} := 600 \cdot hPa$

$\Delta p_{WÜ} := 100 \cdot hPa \quad P_{el} := -1220 \cdot MW \quad \eta_{mel} := 0.95$

**Lösung:** Die Drücke am zweistufigen Verdichter sind

$p_1 = 23.3\,bar \quad p_{2z} := p_1 \cdot \sqrt{\Pi_V} \quad p_{2z} = 40.357\,bar$

$p_{1z} := p_{2z} - \Delta p_{WT} \quad p_{1z} = 40.257\,bar \quad p_2 := p_{1z} \cdot \sqrt{\Pi_V} \quad p_2 = 69.727\,bar$

Die zugehörigen Temperaturen sind

$T_1 := Tt(t_{min}) \quad T_1 = 298.15K$

$T_{2zis} := T_1 \cdot \left(\sqrt{\Pi_V}\right)^{\frac{\kappa-1}{\kappa}} \quad T_{2z} := T_1 + \frac{T_{2zis} - T_1}{\eta_{iV}} \quad T_{2zis} = 371.415K \quad T_{2z} = 387.497K$

$T_{1z} := T_1 \quad T_2 := T_{2z}$

Die weiteren Drücke der Anlage sind

$p_{2s} := p_2 - \Delta p_{Rh}$

$p_3 := p_2 - \Delta p_{Rh} - \Delta p_{WÜ} \quad p_3 = 69.03 \cdot bar$

$p_4 := p_1 + \Delta p_{WÜ} + \Delta p_{Rl} \quad p_4 = 23.6 \cdot bar$

$p_{4s} := p_4 - \Delta p_{Rl} \quad p_{4s} = 23.4 \cdot bar$

Daraus folgt für das Druckverhältnis in der Turbine

$$\Pi_T := \frac{p_3}{p_4} \qquad \Pi_T = 2.925$$

Die Temperaturen am Turbineneintritt und -austritt sind

$$T_3 := Tt(t_{max}) \qquad T_3 = 1073.2\,K$$

$$T_{4is} := T_3 \cdot \Pi_T^{-\frac{\kappa-1}{\kappa}} \qquad T_4 := T_3 + \eta_{iT} \cdot (T_{4is} - T_3) \qquad T_4 = 754.768\,K$$

$$T_{4is} = 698.583\,K$$

Die Austrittstemperaturen des Gases aus dem Rekuperator sind

$$T_{2s} := T_4 - \Delta T_R \qquad T_{2s} = 729.768\,K$$

$$T_{4s} := T_2 + \Delta T_R \qquad T_{4s} = 412.497\,K$$

Mit der molaren Wärmekapazität

$$c_{pm} := \frac{\kappa}{\kappa - 1} \cdot R_m$$

werden die mit äußeren Systemen ausgetauschten molaren Wärmen berechnet:

$$q_{zu} := c_{pm} \cdot (T_3 - T_{2s}) \qquad q_{zu} = 7.138\,\frac{kJ}{mol}$$

$$q_{abK} := c_{pm} \cdot (T_1 - T_{4s}) \qquad q_{abK} = -2.377\,\frac{kJ}{mol}$$

$$q_{abRK} := c_{pm} \cdot (T_{1z} - T_{2z}) \qquad q_{abRK} = -1.857\,\frac{kJ}{mol}$$

Der 1. HS liefert die molare Arbeit

$$w := -q_{zu} - q_{abK} - q_{abRK} \qquad w = -2.904\,\frac{kJ}{mol}$$

Für den thermischen und den exergetischen Wirkungsgrad des Prozesses folgt

$$\eta_{th} := \frac{|w|}{q_{zu}} \qquad \eta_{th} = 0.407 \qquad \zeta_{ex} := \eta_{th} \cdot \frac{T_3}{T_3 - T_1} \qquad \zeta_{ex} = 0.563$$

Legt man zur Bestimmung der Entropien den beliebig wählbaren Referenzpunkt durch

$$s_{m0} := 0 \cdot \frac{kJ}{kmol \cdot K} \qquad t_0 := -100 \cdot {}^\circ C \qquad p_0 := 50 \cdot bar \qquad T_0 := Tt(t_0) \qquad T_0 = 173.15K$$

fest, so lautet die Bestimmungsgleichung für die molare Entropie

$$s_m(p, T) := s_{m0} + R_m \cdot \left( \frac{\kappa}{\kappa - 1} \cdot ln\left(\frac{T}{T_0}\right) - ln\left(\frac{p}{p_0}\right) \right)$$

Damit werden die für die Wärmeabfuhr maßgeblichen Entropien bestimmt:

$$s_1 := s_m(p_1, T_1) \qquad s_{2z} := s_m(p_{2z}, T_2) \qquad s_{1z} := s_m(p_{1z}, T_1) \qquad s_{4s} := s_m(p_{4s}, T_{4s})$$

$$s_1 = 17.645\,\frac{J}{mol \cdot K} \qquad s_{2z} = 18.526\,\frac{J}{mol \cdot K} \qquad s_{1z} = 13.098\,\frac{J}{mol \cdot K} \qquad s_{4s} = 24.357\,\frac{J}{mol \cdot K}$$

Das $T,s_m$-Diagramm wird in Abb. 5.17 wiedergegeben.

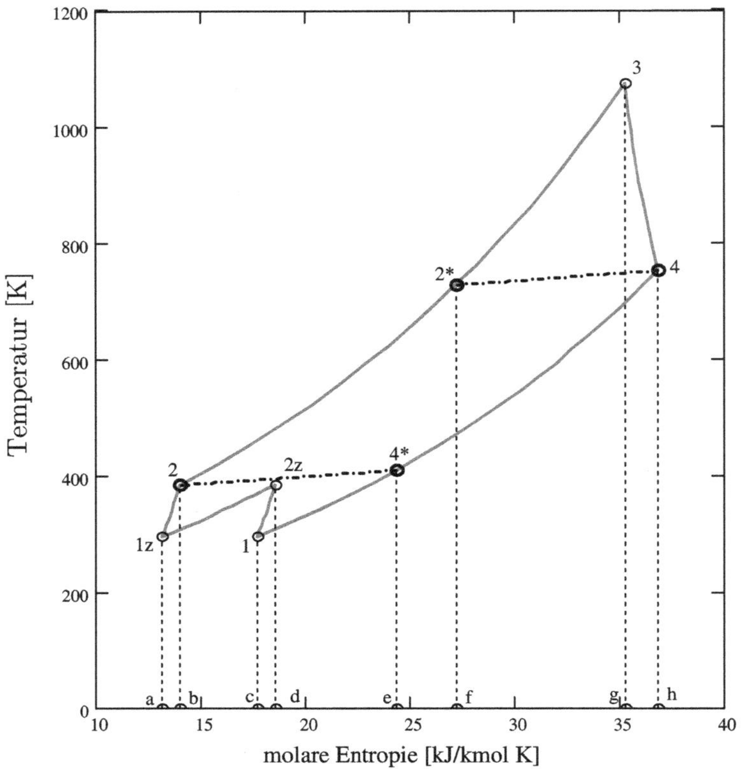


*Abb. 5.17: T,$s_m$-Diagramm des Helium-Gasturbinenkreislaufs*

Die mittleren Temperaturen der Wärmezufuhr und der Wärmeabfuhr für den äquivalenten Carnot-Prozess betragen nach Gl. (5.74)

$$T_{mh} := \frac{q_{zu}}{s_{2z} - s_{1z} + s_{4s} - s_1} \qquad T_{mh} = 587.943\,K$$

$$T_{ml} := \frac{q_{abK} + q_{abRK}}{s_{1z} - s_{2z} + s_1 - s_{4s}} \qquad T_{ml} = 348.768\,K$$

Die Effizienz des mit diesen Temperaturen gebildeten äquivalenten Carnot-Prozesses

$$\eta_{C\_äq} := 1 - \frac{T_{ml}}{T_{mh}} \qquad \eta_{C\_äq} = 0.407$$

stimmt mit dem weiter oben berechneten thermischen Wirkungsgrad überein.

Die innere Leistung und der umzuwälzende Helium-Stoffstrom werden bestimmt durch

$$P_i := \frac{P_{el}}{\eta_{mel}} \qquad P_i = -1284.2\,MW \qquad np_{He} := \frac{P_i}{w} \qquad np_{He} = 442.3\,\frac{kmol}{s}$$

Der maximale Volumenstrom tritt am Austritt der Turbine auf:

$$Vp_{max} := \frac{np_{He} \cdot R_m \cdot T_4}{p_4} \qquad Vp_{max} = 1176.1\,\frac{m^3}{s}$$

**Diskussion:** Die positiven Flächen unter den Verdichtungs- und Entspannungslinien ($A_{a,1z,2,b}$, $A_{c,1,2z,d}$ und $A_{g,3,4,h}$) repräsentieren die dissipativen Vorgänge in den adiabaten Strömungsmaschinen. Die Dissipation in der ersten Verdichterstufe muss zusätzlich im Zwischenkühler abgeführt werden. Die dissipativen Vorgänge in der zweiten Verdichterstufe und in der Turbine führen im Vergleich mit isentropen Zustandsänderungen zu erhöhten Temperaturen. Die abgegebene Arbeit des Prozesses ist keine geschlossene Fläche mehr, sie ist bei Prozessen mit Dissipation

$$w = \oint T \, ds_m + \sum_k q_{m\_diss\_k} \quad ,$$

wobei das Kreisintegral $A_{1,2z,1z,2,3,4}$ ein negatives Vorzeichen hat und die positiven dissipativen Flächen die abgegebene Arbeit verringern. Die innere Wärmeübertragung im Rekuperator erfolgt von der rechten Seite des entspannten, wärmeabgebenden Gases durch die Grädigkeit „bergab" auf die linke Seite des aufzuwärmenden Druckgases ($A_{h,4,4^*,e}=A_{b,2,2^*,f}$).

## 5.2.5 Umkehrung des Joule-Prozesses: Die Kaltgas-Kältemaschine

Grundsätzlich lässt sich jeder rechtslaufende thermodynamische Kreisprozess, der mit einem geschlossenen Kreislauf arbeitet, in dem ein Arbeitsfluid zirkuliert, linkslaufend umkehren und als Wärmepumpe oder Kältemaschine einsetzen. Wird als Arbeitsfluid ein Gas weit weg von seinem Verflüssigungsgebiet verwendet, so handelt es sich um Kaltgasprozesse. Eine in der Kältetechnik übliche Realisierung ist die Kaltgasmaschine auf der Basis des Joule-Prozesses mit innerer Wärmeübertragung. Das Schaltbild einer solchen Anlage zeigt Abb. 5.18. Der Wärmeübertrager R ist notwendig, um das Druckgas vor der Turbinenentspannung möglichst weit vorzukühlen. Dieses von Siemens 1857 vorgeschlagene und von Linde 1895 erstmals zur Luftverflüssigung angewandte Prinzip ermöglichte die Entwicklung der Tieftemperaturtechnik.

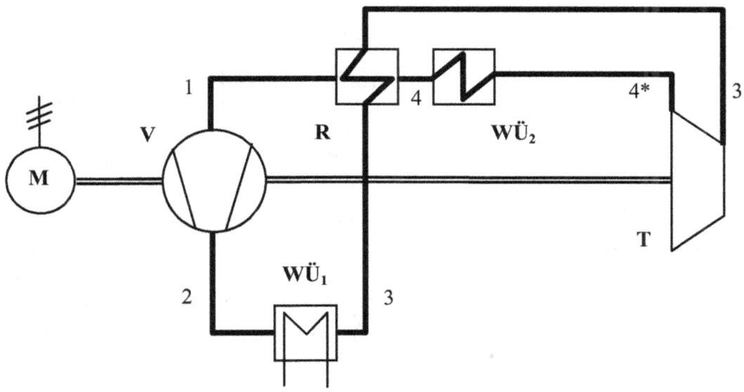


*Abb. 5.18: Kaltgasmaschine mit Vorkühlung nach dem Joule-Prinzip*

Das Arbeitsgas wird im Verdichter V adiabat komprimiert und im anschließenden Kühler $WÜ_1$ bis möglichst nahe an die Umgebungstemperatur rückgekühlt. Nach Vorkühlung im Rekuperator R erfolgt die adiabate Entspannung in der Turbine T bei weiterer Temperaturabsenkung bis zur tiefsten Temperatur des Arbeitsgases. Der folgende Wärmeübertrager $WÜ_2$ nimmt die dem Kälteraum als Kälteleistung entzogene Wärme auf, wobei sich das Arbeitsgas bei gleitender Temperatur aufwärmt. Nach weiterer Aufwärmung des Arbeitsgases im Rekuperator R schließt sich der Kreislauf.

Für die Auslegung des Kaltgasprozesses sind zwei Temperaturen von Bedeutung: Die Umgebungstemperatur $T_U$ und die Temperatur des Kälteraums $T_K$. Die Temperatur $T_3$ des Prozesses liegt um die Grädigkeit $\Delta T_1$ des Rückkühlers WÜ$_1$ über der Umgebungstemperatur

$$T_3 = T_U + \Delta T_1 \,, \tag{5.80}$$

die Temperatur $T_4$ liegt um die Grädigkeit $\Delta T_2$ des Wärmeübertragers WÜ$_2$ unter der Temperatur des Kälteraums $T_K$

$$T_4 = T_K - \Delta T_2 \tag{5.81}$$

und die Grädigkeit des Rekuperators $\Delta T_R$ legt fest, wie weit das Druckgas vorgekühlt werden kann:

$$T_{3*} = T_4 + \Delta T_R \,. \tag{5.82}$$

Die thermodynamische Analyse des Prozesses wird analog zum rechtslaufenden Prozess durchgeführt. Die Temperaturen des äquivalenten Carnot-Prozesses werden aufgrund der folgenden Überlegungen formuliert: Dem Prozess fließt am kalten Ende reversibel Wärme zu. Durch die Zufuhr von Arbeit wird die Temperatur angehoben und es muss zusätzlich die Dissipation abgedeckt werden, die im Prozess auftritt. Dies führt zu einer Anhebung der mittleren Temperatur der Wärmeabgabe. Es folgt

$$T_{m\ell} = \frac{\sum\limits_j \xi_j \, q_{zu\_j}}{\sum \xi_j \left(s_{\max} - s_{\min}\right)_j} \quad \text{und} \quad T_{mh} = \frac{\sum\limits_{ja} \xi_{ja} \, q_{ab\_ja}}{\sum\limits_j \xi_j \left(s_{\min} - s_{\max}\right)_j} \,. \tag{5.83}$$

Die mit diesen Temperaturen gebildeten Effizienzen für Kältemaschinen und Wärmepumpen

$$\varepsilon_{C\ddot{a}q\_KM} = \frac{T_{m\ell}}{T_{mh} - T_{m\ell}} \quad \text{bzw.} \quad \varepsilon_{C\ddot{a}q\_WP} = \frac{T_{mh}}{T_{mh} - T_{m\ell}} \tag{5.84}$$

führen zu dem gleichen Ergebnis wie aus

$$\varepsilon_{KM} = \frac{\sum\limits_j \xi_j \, q_{zu\_j}}{\sum\limits_k \xi_k \, w_{tk}} \quad \text{bzw.} \quad \varepsilon_{WP} = \frac{\left|\sum\limits_{ja} \xi_{ja} \, q_{ab\_ja}\right|}{\sum\limits_k \xi_k \, w_{tk}} \,. \tag{5.85}$$

**Beispiel 5.3 (Level 1):** Eine mit Helium betriebene Kaltgasmaschine mit innerer Wärmeübertragung nach Schaltbild Abb. 5.18 arbeitet zwischen der Umgebungstemperatur $t_U = 20\ °C$ und der Temperatur im Kälteraum $t_K = -90\ °C$. In den Verdichter tritt Helium mit einem Ansaugdruck von *23,3 bar* ein und wird mit dem Druckverhältnis von $\Pi = 3$ komprimiert. Die Grädigkeiten und Druckverluste betragen $\Delta T_{1,2} = 5\ K$; $\Delta p_{1,2} = 100\ hPa$ für die Wärmeübertrager WÜ$_1$ und WÜ$_2$ sowie $\Delta T_R = 15\ K$; $\Delta p_{Rl} = 200\ hPa$; $\Delta p_{Rh} = 600\ hPa$ für den Rekuperator R. Die inneren Wirkungsgrade der Strömungsmaschinen betragen $\eta_{iV} = 0,84$ für den Verdichter und $\eta_{iT} = 0,80$ für die Turbine.

**Gegeben:**

| | | | |
|---|---|---|---|
| $\Pi := 3$ | $p_1 := 23.3 \cdot bar$ | $t_U := 20 \cdot °C$ | $t_K := -90 \cdot °C$ |
| $\eta_{iV} := 0.84$ | $\eta_{iT} := 0.80$ | $\Delta T_R := 15 \cdot K$ | |
| $\Delta T_1 := 5 \cdot K$ | $\Delta T_2 := 5 \cdot K$ | $\kappa := \frac{5}{3}$ | |
| $\Delta p_1 := 100 \cdot hPa$ | $\Delta p_2 := 100 \cdot hPa$ | $\Delta p_{Rl} := 200 \cdot hPa$ | $\Delta p_{Rh} := 600 \cdot hPa$ |

**Lösung:** Die Temperaturen am Verdichter und bei der Rückkühlung sind

$$T_U := Tt(t_U) \qquad T_3 := T_U + \Delta T_1 \qquad T_1 := T_U + \Delta T_1 - \Delta T_R$$

$$T_{2is} := T_1 \cdot \Pi^{\frac{\kappa-1}{\kappa}} \qquad T_2 := T_1 + \frac{(T_{2is} - T_1)}{\eta_{iV}}$$

Die Drücke der Anlage sind

$$p_2 := p_1 \cdot \Pi \qquad p_3 := p_2 - \Delta p_1 \qquad p_4 := p_1 + \Delta p_{Rl}$$

$$p_{3s} := p_2 - \Delta p_1 - \Delta p_{Rh} \qquad p_{4s} := p_1 + \Delta p_{Rl} + \Delta p_2$$

mit dem Druckverhältnis der Turbine

$$\Pi_T := \frac{p_{3s}}{p_{4s}} \qquad \Pi_T = 2.932$$

Die Temperaturen der Turbinenentspannung betragen

$$T_K := Tt(t_K) \qquad T_4 := T_K - \Delta T_2$$

$$T_{3s} := T_4 + \Delta T_R$$

$$T_{4sis} := T_{3s} \cdot \Pi_T^{-\frac{\kappa-1}{\kappa}} \qquad T_{4s} := T_{3s} + \eta_{iT} \cdot (T_{4sis} - T_{3s})$$

Zusammenfassung der Drücke und Temperaturen an den Eckpunkten des Kreisprozesses:

$$p_1 = 23.3\,bar \qquad p_2 = 69.9\,bar \qquad p_3 = 69.8\,bar \qquad p_{3s} = 69.2\,bar$$

$$p_{4s} = 23.6\,bar \qquad p_4 = 23.5\,bar$$

$$T_1 = 283.15\,K \qquad T_2 = 469.17\,K \qquad T_3 = 298.15\,K \qquad T_{3s} = 193.15\,K$$

$$T_{4s} = 139.12\,K \qquad T_4 = 178.15\,K$$

Die molaren energetischen Daten der Anlage sind

$$c_{pm} := \frac{\kappa}{\kappa - 1} \cdot R_m \qquad c_{pm} = 20.786 \frac{kJ}{kmol \cdot K}$$

$$q_{zu} := c_{pm} \cdot (T_4 - T_{4s}) \qquad q_{zu} = 0.811 \frac{kJ}{mol}$$

$$q_{ab} := c_{pm} \cdot (T_3 - T_2) \qquad q_{ab} = -3.555 \frac{kJ}{mol}$$

$$w := -q_{zu} - q_{ab} \qquad w = 2.743 \frac{kJ}{mol}$$

mit der Effizienz und dem exergetischen Wirkungsgrad

$$\varepsilon := \frac{q_{zu}}{w} \qquad \varepsilon = 0.296 \qquad \zeta_{ex} := \varepsilon \cdot \frac{T_U - T_K}{T_K} \qquad \zeta_{ex} = 0.178$$

Die mit dem Referenzpunkt

$$s_{m0} := 0 \cdot \frac{kJ}{kmol \cdot K} \qquad p_0 := 50 \cdot bar \qquad t_0 := -120 \cdot °C \qquad T_0 := Tt(t_0) \qquad T_0 = 153.15K$$

aufgebaute Entropiefunktion

$$s_m(p\,,T) := s_{m0} + R_m \cdot \left(\frac{\kappa}{\kappa - 1} \cdot ln\left(\frac{T}{T_0}\right) - ln\left(\frac{p}{p_0}\right)\right)$$

führt zu den molaren Entropien am kalten Ende des Prozesses

$$s_{4s} = 4.245 \frac{J}{mol \cdot K} \qquad s_4 = 9.421 \frac{J}{mol \cdot K}$$

Die mittleren Temperaturen des Wärmeaustausches für den äquivalenten Carnot-Prozess betragen

$$T_{ml} := \frac{q_{zu}}{s_4 - s_{4s}} \qquad T_{ml} = 156.753\,K \qquad T_{mh} := \frac{q_{ab}}{s_{4s} - s_4} \qquad T_{mh} = 686.781\,K$$

woraus die Effizienz des äquivalenten Carnot-Prozesses

$$\varepsilon_{Cäq\_KM} := \frac{T_{ml}}{T_{mh} - T_{ml}} \qquad \varepsilon_{Cäq\_KM} = 0.296$$

folgt, die wiederum mit der zuvor berechneten Effizienz übereinstimmt.

In Abb. 5.19 wird der Prozess im $T,s_m$-Diagramm dargestellt:

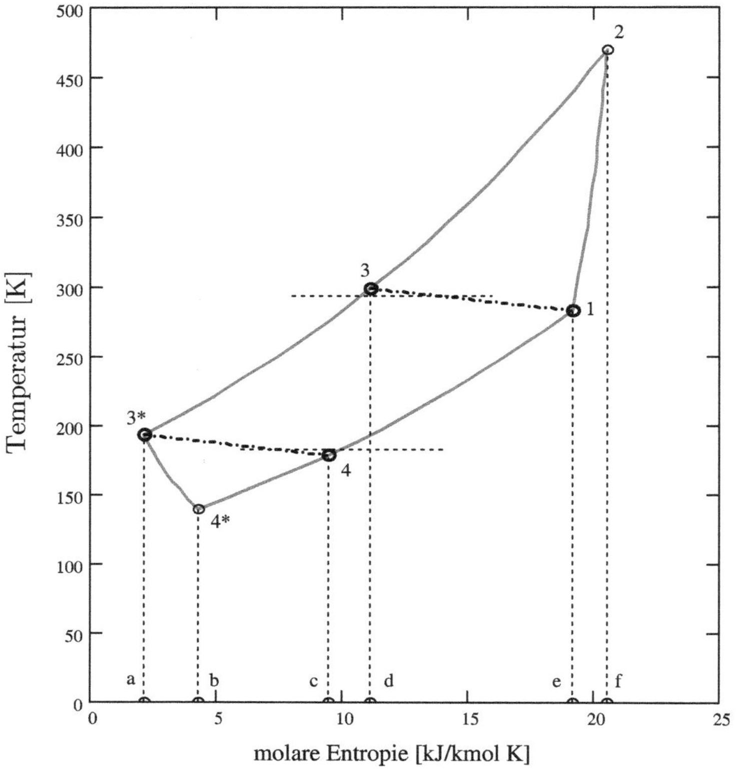


*Abb. 5.19: $T,s_m$-Diagramm des Joule-Kaltgasprozesses mit innerer Wärmeübertragung*

**Diskussion:** Die dissipativen Vorgänge in den adiabaten Strömungsmaschinen sind in Abb. 5.19 wieder als positive Flächen ($A_{a,3*,4*,b}$ und $A_{e,1,2,f}$) sichtbar. Die dem Prozess zuzuführende Arbeit ist

$$w_m = \oint T\,ds_m + \sum_k q_{m\_diss\_k} \quad ,$$

wobei das Kreisintegral ein positives Vorzeichen hat und die Zufuhr von Arbeit durch die Dissipation in den Strömungsmaschinen vergrößert wird. Die innere Wärmeübertragung erfolgt vom vorzukühlenden Druckgas durch die Grädigkeit des Rekuperators „bergab" auf das wärmeaufnehmende entspannte Gas ($A_{d,3,3*,a} = A_{c,4,1,e}$).

## 5.2.6 Der Gasturbinenprozess mit $c_p = c_p(T)$

Wie in den vorstehenden Kapiteln werden Zustandsänderungen eines Gemischs von idealen Gasen auf der Basis von Polynomen zur Berechnung der molaren Wärmekapazitäten bei konstantem Druck für die Komponenten des Gemischs durchgeführt. Die maßgeblichen kalorischen Größen bei der Analyse von Zustandsänderungen sind dann die molare Enthalpie bzw. die molare innere Energie sowie die molare Entropie.

Die inneren Wirkungsgrade der Strömungsmaschinen nach Gln (5.72) und (5.73) werden mit der für das Gasgemisch zutreffenden Enthalpiefunktion $h_m(t)$ ermittelt.

**Beispiel 5.4 (Level 2):** Eine geschlossene Gasturbinenanlage mit Rekuperator, einstufiger Verdichtung ($\Pi_V = 5{,}3$) und einstufiger Entspannung nach Schaltbild Abb. 5.6 dient zur Stromerzeugung. Der Verdichter saugt das Gas mit einem Druck von *7,34 bar* an. Im Erhitzer $WÜ_1$ wird das Prozessgas (trockene Luft mit *79 Vol.-%* Stickstoff und *21 Vol.-%* Sauerstoff) auf *800 °C* aufgewärmt und der Gasturbine zugeführt. Das entspannte Prozessgas durchströmt den Rekuperator R ($\Delta T_R = 25\ K$; $\Delta p_{Rl} = 320\ hPa$) und wird im Kühler $WÜ_2$ auf *25 °C* gekühlt. Nach dem Verdichter wird das komprimierte Gas im Rekuperator ($\Delta p_{Rh} = 800\ hPa$) aufgewärmt. Die Druckverluste von Erhitzer und Kühler betragen jeweils *200 hPa*. In der Anlage wird ein Massenstrom von *450 kg/s* umgewälzt.

**Voraussetzung:** Trockene Luft ist ein Gemisch idealer Gase mit von der Temperatur abhängigen Wärmekapazitäten.

**Gegeben:**

$\Pi_V := 5.3$ $\quad p_1 := 7.34 \cdot bar$ $\quad t_1 := 25 \cdot °C$ $\quad t_3 := 800 \cdot °C$

$\Delta T_R := 25 \cdot K$ $\quad \Delta p_{Rh} := 800 \cdot hPa$ $\quad \Delta p_{Rl} := 320 \cdot hPa$ $\quad \Delta p_{WÜ} := 200 \cdot hPa$

$mp := 450 \cdot \frac{kg}{s}$ $\quad \eta_{iT} := 0.88$ $\quad \eta_{iV} := 0.85$ $\quad \eta_{mel} := 0.95$

**Lösung:** Die Funktionen der molaren Enthalpie $h_m(t)$ und des Temperaturterms der molaren Entropie $s_{mp}(t)$ sowie die molare Masse $M_L$ für die trockene Luft der gegebenen Zusammensetzung werden bereitgestellt.

Zunächst wird mit der molaren Entropie am Ende der isentropen Kompression

$$s_{m2is} := s_m(t_1) + R_m \cdot ln(\Pi_V)$$

die isentrope Endtemperatur der Verdichtung mit einem Schätzwert aus der einfachen Theorie iterativ berechnet:

$$T_{2is} := Tt(t_1) \cdot \Pi_V^{\frac{0.4}{1.4}} \qquad t_{2is} := tT(T_{2is}) \qquad t_{2is} = 206.99\ °C$$

$$t_{2is} := wurzel\left(s_m(t_{2is}) - s_{m2is}, t_{2is}\right) \qquad t_{2is} = 204.73\ °C$$

Die Enthalpie am Ende der Verdichtung ist mit dem inneren Wirkungsgrad des Verdichters

$$h_1 := h_m(t_1)$$

$$h_{2is} := h_m(t_{2is}) \qquad h_2 := h_1 + \frac{h_{2is} - h_1}{\eta_{iV}} \qquad h_2 = 6.949 \frac{kJ}{mol}$$

und die zugehörige Temperatur wird iterativ ermittelt:

$$t_2 := t_{2is}$$

$$t_2 := wurzel\left(h_m(t_2) - h_2, t_2\right) \qquad t_2 = 235.96\ °C$$

Die Drücke an den Eckpunkten des Kreisprozesses sind

$$p_2 := p_1 \cdot \Pi_V \qquad p_{2s} := p_2 - \Delta p_{Rh} \qquad p_3 := p_{2s} - \Delta p_{WÜ}$$

$$p_{4s} := p_1 + \Delta p_{WÜ} \qquad p_4 := p_{4s} + \Delta p_{Rl}$$

und das Druckverhältnis der Turbinenentspannung beträgt

$$\Pi_T := \frac{p_3}{p_4} \qquad \Pi_T = 4.822$$

Die molare Entropie am Ende der isentropen Expansion wird ermittelt durch

$$s_{m4is} := s_m(t_3) - R_m \cdot ln(\Pi_T)$$

Damit wird die isentrope Endtemperatur am Ende der Turbinenentspannung mit einem Schätzwert aus der einfachen Theorie iterativ berechnet:

$$T_{4is} := Tt(t_3) \cdot \Pi_T^{-\frac{0.4}{1.4}} \qquad t_{4is} := tT(T_{4is}) \qquad t_{4is} = 411.47\ °C$$

$$t_{4is} := wurzel\left(s_m(t_{4is}) - s_{m4is}, t_{4is}\right) \qquad t_{4is} = 443.77\ °C$$

Mit dem inneren Wirkungsgrad der Turbine sind die molare Enthalpie und die Temperatur am Austritt der Turbine

$$h_3 := h_m(t_3) \qquad h_{4is} := h_m(t_{4is}) \qquad h_4 := h_3 + \eta_{iT} \cdot (h_{4is} - h_3) \qquad h_4 = 14.703 \frac{kJ}{mol}$$

$$t_4 := t_{4is}$$

$$t_4 := wurzel\left(h_m(t_4) - h_4, t_4\right) \qquad t_4 = 487.88\ °C$$

Temperatur und molare Enthalpie am Austritt des Druckgases aus dem Rekuperator R sind

$$t_{2s} := t_4 - \Delta T_R \qquad h_{2s} := h_m(t_{2s}) \qquad h_{2s} = 13.914 \frac{kJ}{mol}$$

Der 1. HS für den Rekuperator R liefert die molare Enthalpie am Austritt des wärmeabgebenden entspannten Gases

$$h_{4s} := h_2 + h_4 - h_{2s} \qquad h_{4s} = 7738.1 \frac{kJ}{kmol}$$

und die Temperatur

$$t_{4s} := t_2$$

$$t_{4s} := wurzel\left(h_m(t_{4s}) - h_{4s}, t_{4s}\right) \qquad t_{4s} = 262.231\ °C \qquad t_{4s} - t_2 = 26.27 K$$

An den Eckpunkten des Kreisprozesses sind die molaren Enthalpien

$$h_1 = 0.73 \frac{kJ}{mol} \qquad h_2 = 6.949 \frac{kJ}{mol} \qquad h_{2s} = 13.914 \frac{kJ}{mol} \qquad h_3 = 24.892 \frac{kJ}{mol}$$

$$h_4 = 14.703 \frac{kJ}{mol} \qquad h_{4s} = 7.738 \frac{kJ}{mol}$$

und die Temperaturen

$$t_1 = 25\ °C \qquad t_2 = 235.961\ °C \qquad t_{2s} = 462.884\ °C \qquad t_3 = 800\ °C$$

$$t_4 = 487.884\ °C \qquad t_{4s} = 262.231\ °C$$

Die energetischen Größen des Prozesses sind

$$q_{zu} := h_3 - h_{2s} \qquad w_{tT} := h_4 - h_3$$

$$q_{ab} := h_1 - h_{4s} \qquad w_{tV} := h_2 - h_1$$

und die vom Kreisprozess abgegebene Arbeit kann aus dem 1. HS für die Gesamtanlage oder aus dem 1. HS an der Welle mit dem gleichen Ergebnis berechnet werden:

$$w := -q_{zu} - q_{ab} \qquad w = -3.969 \frac{kJ}{mol}$$

$$w_W := w_{tV} + w_{tT} \qquad w_W = -3.969 \frac{kJ}{mol}$$

Effizienz und exergetischer Wirkungsgrad der Anlage sind

$$\varepsilon := \frac{|w|}{q_{zu}} \qquad \varepsilon = 0.362 \qquad \zeta_{ex} := \varepsilon \cdot \frac{Tt(t_3)}{t_3 - t_1} \qquad \zeta_{ex} = 0.501$$

Die für die Wärmeabgabe maßgeblichen Entropien werden berechnet durch

$$s_1 := s_m(t_1) \qquad s_1 = 2.556\frac{J}{mol\cdot K} \qquad s_{4s} := s_m(t_{4s}) \qquad s_{4s} = 19.824\frac{J}{mol\cdot K}$$

Damit werden die mittleren Temperaturen der Zufuhr und Abfuhr von Wärme

$$T_{mh} := \frac{q_{zu}}{s_{4s} - s_1} \qquad T_{mh} = 635.695\,K \qquad T_{ml} := \frac{q_{ab}}{s_1 - s_{4s}} \qquad T_{ml} = 405.875\,K$$

ermittelt. Der thermische Wirkungsgrad des äquivalenten Carnot-Prozesses beträgt

$$\eta_{Cäq} := 1 - \frac{T_{ml}}{T_{mh}} \qquad \eta_{Cäq} = 0.362$$

und stimmt mit der bereits ermittelten Effizienz überein.

Mit dem molaren Gasstrom wird die innere Leistung und mit dem mechanisch-elektrischen Wirkungsgrad die elektrische Leistung an den Klemmen des Generators berechnet:

$$np := \frac{mp}{M_G} \qquad np = 15.599\,\frac{kmol}{s}$$

$$P_i := np\cdot w \qquad P_i = -61.907\,MW$$

$$P_{el} := P_i\cdot\eta_{mel} \qquad P_{el} = -58.811\,MW$$

Im $T,s_m$-Diagramm Abb. 5.20 wird der Prozess mit dem Prozess aus der einfachen Theorie verglichen.

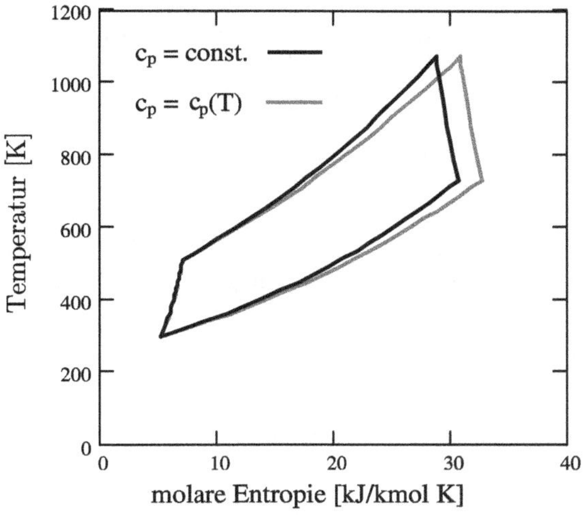


*Abb. 5.20: Vergleich des Prozesses mit dem Prozess aus der einfachen Theorie*

**Diskussion:** Die Abweichungen zwischen den Prozessberechnungen mit temperaturabhängigen und mit konstanten Wärmekapazitäten ($\kappa$ = *1,40*) des Arbeitsgases werden umso größer, je höher die Temperaturen sind. Die abgegebene Arbeit wird durch die einfache Theorie um 6,3 % unterschätzt, die Effizienz ist nach der einfachen Theorie um 3,7 % zu niedrig.

# 5.3 Vergleichsprozesse für Stirling-Maschinen

## 5.3.1 Der Stirling-Motor

Im Jahr 1816 erhielt der schottische Geistliche Robert Stirling (1790–1878) ein Patent auf eine Heißluftmaschine, die eine Alternative zur damals in Entwicklung befindlichen Hochdruck-Dampfmaschine eröffnen sollte. Obwohl im 19. Jahrhundert solche Maschinen gebaut wurden, erreichten sie nie die Bedeutung der Dampfmaschine. Das Patent wurde in den dreißiger Jahren des 20. Jahrhunderts vom niederländischen Konzern Philips aufgegriffen und weiter entwickelt, um mit Kleinaggregaten den relativ hohen Bedarf an elektrischer Energie der damals mit Elektronenröhren bestückten Radiogeräte unabhängig vom Netz abzudecken. Moderne Entwicklungen arbeiten mit Wasserstoff oder Helium als Arbeitsgas auf hohem Druckniveau. Zur Aufrechterhaltung der hohen Temperatur $T_h$ kann jede beliebige Wärmequelle benutzt werden, da die Wärme dem Motor von außen zugeführt wird. Zunächst sind beliebige, auch minderwertige Brennstoffe bei der Wärmeerzeugung durch Verbrennung einsetzbar. Durch die stationär ablaufende, äußere Verbrennung bei relativ niedriger Temperatur sind die Schadstoffemissionen ebenso gering wie bei der Verbrennung in Heizanlagen. Darüber hinaus können beliebige andere Wärmequellen, wie thermische Abwärme oder Solarwärme verwendet werden. Da der heiße Teil des Motors, wie bei der Gasturbine, ständig auf der oberen Prozesstemperatur $T_h$ gehalten werden muss, sind werkstoffseitig Grenzen gesetzt. Moderne Stirling-Motoren arbeiten bei oberen Prozesstemperaturen bis *800 °C*. Sie zeichnen sich durch nahezu geräuschlosen und vibrationsfreien Lauf aus.

Der Stirling-Motor ist eine zyklisch arbeitende Kolbenmaschine mit einem heißen Expansionszylinder auf $T_h$, einem kalten Kompressionszylinder auf $T_\ell$, zwei Kolben und einem zwischengeschalteten Regenerator. Durch eine besondere, abwechselnd gleich- und gegensinnige Bewegung der beiden Kolben und durch zyklische thermische Be- und Entladung des Regenerators wird der folgende, in Abb. 5.21 schematisch dargestellte Zyklus realisiert.

- $1 \rightarrow 2$: Isotherme Kompression im kalten Zylinder ($T_\ell = const;\ V_h \rightarrow V_\ell$)
- $2 \rightarrow 3$: Isochores Überschieben mit Entspeicherung des Regenerators
  ($V_\ell = const;\ T_\ell \rightarrow T_h$)
- $3 \rightarrow 4$: Isotherme Expansion im heißen Zylinder ($T_h = const;\ V_\ell \rightarrow V_h$)
- $4 \rightarrow 1$: Isochores Überschieben mit Aufladung des Regenerators ($V_h = const;\ T_h \rightarrow T_\ell$)

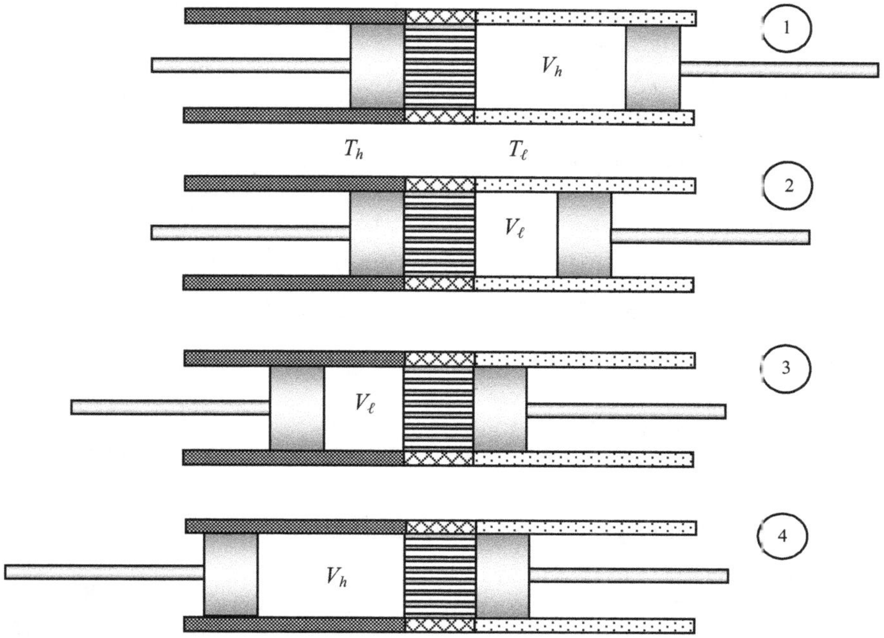


*Abb 5.21: Prinzip des Stirling-Motors*

Das skizzierte Prinzip wird in Maschinen realisiert, die getrennte Kompressions- und Expansionszylinder mit zwischengeschaltetem Regenerator haben. Andere Konstruktionen arbeiten mit einem Arbeitskolben und einem Verdrängerkolben, durch den das isochore Überschieben über eine Überströmleitung mit Regenerator zwischen heißem und kalten Zylinderteil realisiert wird. Auf diese Bauart wird hier nicht näher eingegangen.

Im Regenerator wird durch das isochore Überschieben bei $V_h$ vom kalten Zylinder in den heißen Zylinder dem Speichermaterial des Regenerators Wärme entzogen und das Arbeitsgas aufgewärmt. Durch das isochore Überschieben bei $V_\ell$ vom heißen in den kalten Zylinder wird dem Speichermaterial Wärme zugeführt und das Arbeitsgas abgekühlt. Dadurch wird eine zyklische innere Wärmeübertragung realisiert. Bei der isothermen Expansion im heißen Zylinder fließt dem Arbeitsgas Wärme zu, bei der isothermen Kompression im kalten Zylinder fließt Wärme aus dem Arbeitsgas an das Kühlsystem ab.

Beim idealen Prozess erfolgt diese zyklische Wärmeübertragung reversibel, das heißt, die Wärme fließt ohne treibendes Temperaturgefälle vom Arbeitsgas zum Speichermaterial des Regenerators und umgekehrt.

Idealisiert erfolgt die äußere Wärmezufuhr bei der isothermen Expansion des Arbeitsgases bei $T_h$ mit

$$q_{zu} = T_h \; R \ln\left(\frac{V_h}{V_\ell}\right) \tag{5.86}$$

und die äußere Wärmeabfuhr bei der isothermen Kompression des Arbeitsgases bei $T_\ell$ mit

$$q_{ab} = -T_\ell \; R \ln\left(\frac{V_h}{V_\ell}\right). \tag{5.87}$$

Die in einem Zyklus gewonnene spezifische Arbeit ist nach dem 1. HS

$$-w = q_{zu} + q_{ab}$$

oder

$$-w = \left(T_h - T_\ell\right) R \ln\left(\frac{V_h}{V_\ell}\right). \tag{5.88}$$

Die Effizienz des theoretischen Vergleichsprozesses für den Stirling-Motor ist mit

$$\varepsilon = \eta_{th} = \frac{|w|}{q_{zu}} = \frac{T_h - T_\ell}{T_h} \tag{5.89}$$

wie beim Ericsson-Prozess, gleich der Carnot-Effizienz.

Zur Formulierung des Prozesses in normierten Größen führen wir das Kompressionsverhältnis sowie die normierten Parameter für Arbeit und Wärme

$$\chi = \frac{V_h}{V_\ell}; \quad \omega^* = \frac{w}{R\,T_\ell}; \quad \theta^* = \frac{q}{R\,T} \tag{5.90}$$

ein. Dann ist

$$-\,\omega^* = \left(\Phi - 1\right) \ln\left(\chi\right) \tag{5.91}$$

und

$$\theta^* = \Phi \; \ln\left(\chi\right). \tag{5.92}$$

Für die Effizienz folgt aus den Gln. (5.91) und (5.92) die Carnot-Effizienz

$$\varepsilon = \eta_{th} = 1 - \frac{1}{\Phi}.$$

Im $T,s_m$-Diagramm in Abb. 5.22 wird der ideale Prozess mit den Isobaren $p_{max}$ und $p_{min}$ wiedergegeben.

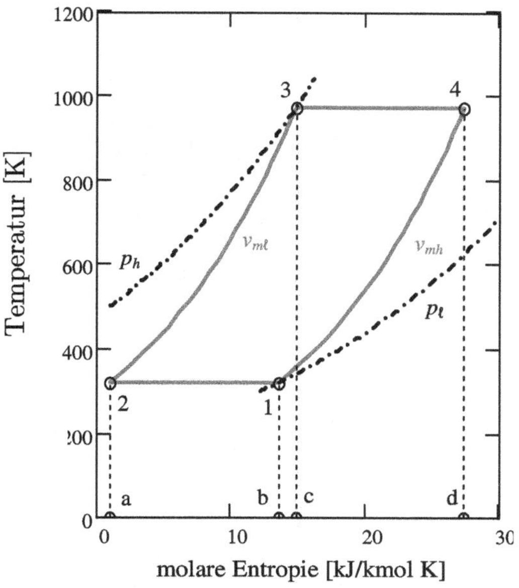


*Abb. 5.22: Idealer Prozess des Stirling-Motors im $T,s_m$-Diagramm*

Die regenerative innere Wärmeübertragung erfolgt durch das isochore Überschieben, wobei Fläche $A_{d,4,1,b}$ (–) die Wärmeabgabe des Arbeitsgases zur thermischen Bespeicherung des Regenerators und Fläche $A_{a,2,3,c}$ (+) die Wärmeaufnahme des Arbeitsgases zur thermischen Entspeicherung des Regenerators darstellt. Fläche $A_{c,3,4,d}$ (+) ist die externe isotherme Wärmezufuhr, Fläche $A_{b,1,2,a}$ (–) die Kühlwärme.

Der Minimaldruck tritt bei Position 1 des Prozesses auf:

$$p_1 = p_{\min}$$

Bei der isothermen Kompression steigt der Druck auf

$$p_2 = p_{\min} \frac{V_1}{V_2} = p_{\min}\, \chi$$

an. Weiterer Druckanstieg auf den Maximaldruck $p_{max}$ erfolgt beim isochoren Überschieben:

$$p_3 = p_2 \frac{T_3}{T_2} = p_{\min}\, \chi\, \Phi = p_{\max}\,.$$

Bei der isothermen Expansion sinkt der Druck auf

$$p_4 = p_3 \frac{V_3}{V_4} = p_3 \frac{1}{\chi} = p_{\min}\, \Phi$$

um nach dem isochoren Überschieben wieder den Minimaldruck zu erreichen. Das maximale Druckverhältnis ist somit

$$\Pi_{\max} = \frac{p_{\max}}{p_{\min}} = \chi\, \Phi\,. \qquad (5.93)$$

Bei einer Kolbenmaschine treten erhebliche Abweichungen vom idealen Prozess auf. Trägt man die Kolbenstellung über der Zeit auf, so würde der ideale Prozess nur dann realisiert, wenn sich die Kolben in einer Phase entweder überhaupt nicht oder gleichförmig mit konstanter Geschwindigkeit bewegen. Man erhält dann in Abb. 5.23 die aus Geraden gebildeten Linienzüge. Das kann so nicht realisiert werden. Die Kolben führen harmonische Bewegungen mit konstanter Phasendifferenz aus. Setzen wir vereinfachend sinusförmig verlaufende Änderungen der Volumina im kalten Zylinder (unten) und im heißen Zylinder (oben) voraus, so führt dies dazu, dass sich Kompression, Überschieben und Expansion überschneiden. Damit wird bei der Kompression ein kleiner Teil des Gases im heißen Zylinder unter Wärmeaufnahme verdichtet, während bei der Expansion Gas im kalten Zylinder unter Wärmeaufnahme expandiert. Dieser harmonische Stirling-Prozess wird in nachfolgendem Beispiel analysiert.

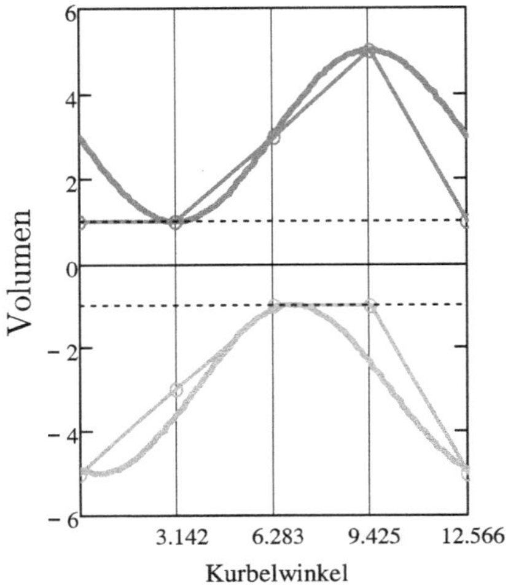


*Abb. 5.23: Idealer Zyklus im Vergleich mit harmonischer Bewegung des Kolbens*

**Beispiel 5.5 (Level 3):** Ein Stirling-Motor mit getrenntem Kompressions- und Expansionszylinder nach Abb. 5.24 hat bei einem Innendurchmesser der Zylinder von $d = 60\ mm$ Kolbenhübe von $h = 2 \cdot r = 80\ mm$, wobei $r$ der Radius der Kurbelwelle ist. Die Schubstangen haben eine Länge von $\ell_S = 120\ mm$. Die Gasvolumina im Regenerator betragen im heißen bzw. kalten Zylinder $8\ \%$ des Hubvolumens. Der Motor ist mit $0{,}35\ mol$ Helium als Arbeitsgas befüllt. Der Kolben des kalten Zylinders läuft mit einer Phasenverschiebung von $0{,}55 \cdot \pi$ hinter dem Kolben des heißen Zylinders. Die maximale Gastemperatur beträgt $700\ °C$, die minimale $40\ °C$. Der Motor wird mit einer Drehzahl von $1500\ 1/min$ betrieben. Der theoretische Vergleichsprozess ist mit dem Prozess mit harmonischer Kolbenbewegung zu vergleichen.

**Voraussetzungen:** Helium ist ein ideales Gas mit konstantem Isentropenexponenten ($\kappa = 5/3$).

**Gegeben:**

$$d_Z := 60 \cdot mm \qquad h_Z := 80 \cdot mm \qquad n_{ges} := 0.35 \cdot mol \qquad r := \frac{h_Z}{2} \qquad l_S := 140 \cdot mm$$

$$t_h := 700 \cdot °C \qquad t_l := 40 \cdot °C \qquad \phi_0 := -0.55 \cdot \pi \qquad nr := 1500 \cdot \frac{1}{min} \qquad \kappa := \frac{5}{3}$$

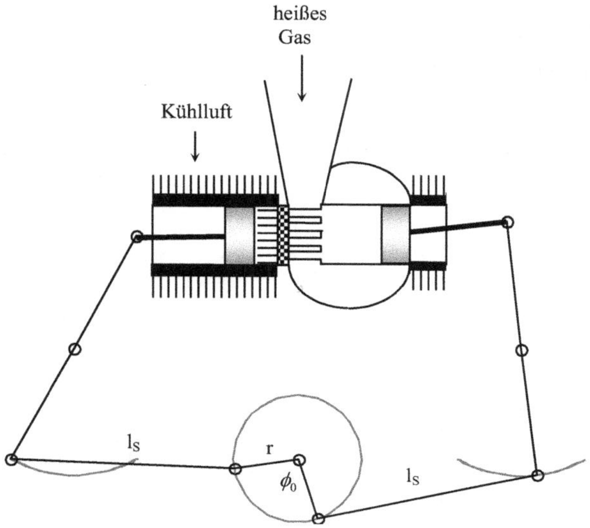


*Abb. 5.24: Kurbeltrieb eines Stirling-Motors*

**Lösung:** Die Analyse wird zunächst in normierten Koordinaten durchgeführt. Mit dem Hubvolumen und dem Maximalvolumen

$$V_H := \frac{d_Z^2 \cdot \pi}{4} \cdot h_Z \qquad V_H = 226.19 \cdot cm^3 \qquad V_{max} := 1.08 \cdot V_H \qquad V_{max} = 244.29 \cdot cm^3$$

sowie dem Referenzdruck und dem maximalen Temperaturverhältnis

$$p_{ref} := \frac{n_{ges} \cdot R_m \cdot T_l}{V_{max}} \qquad p_{ref} = 37.304 \cdot bar \qquad \Phi_{max} := \frac{T_h}{T_l} \qquad \Phi_{max} = 3.108$$

sind die Parameter

$$\chi = \frac{V}{V_{\max}}; \quad \Pi = \frac{p}{p_{ref}}; \quad \nu = \frac{n}{n_{ges}}$$

Mit den Parametern für die Volumina

$$\chi_0 := \frac{V_{max} - V_H}{V_{max}} \qquad \chi_H := \frac{V_H}{V_{max}} \qquad \chi_0 = 0.074 \qquad \chi_H = 0.926$$

und dem Schubstangenverhältnis

$$q_S := \frac{r}{l_S} \qquad q_S = 0.286$$

sowie mit der Funktion der harmonischen Kolbenbewegung in einem Kurbeltrieb in Abhängigkeit vom Drehwinkel $\phi$, die durch

$$f(\phi) := 1 - cos(\phi) + \frac{1}{q_S} \cdot \left[1 - \sqrt{1 - \left(q_S \cdot sin(\phi)\right)^2}\right]$$

beschrieben wird[36], formulieren wir die Funktionen für die Volumina im heißen und im kalten Zylinder der Maschine

[36] Zur Kinematik des Kurbeltriebes siehe z.B. Merker, G. et al. : „Verbrennungsmotoren“ Stuttgart, Leipzig, Wiesbaden: Teubner Verlag 2004, 2. Auflage, S. 8 ff

$$\chi_h(\phi) := \chi_0 + \chi_H \cdot \frac{f(\phi)}{2} \qquad \chi_l(\phi) := \chi_0 + \chi_H \cdot \frac{f(\phi + \phi_0)}{2}$$

und das Gesamtvolumen $\Delta\chi$ zwischen den Kolben der beiden Zylinder ist

$$\Delta\chi\,(\phi) := \chi_l(\phi) + \chi_h(\phi)$$

Die Verläufe der Volumina im beheizten Expansionszylinder (oben) und im gekühlten Kompressionszylinder (unten, in negativer Auftragung) zeigt Abb. 5.25.

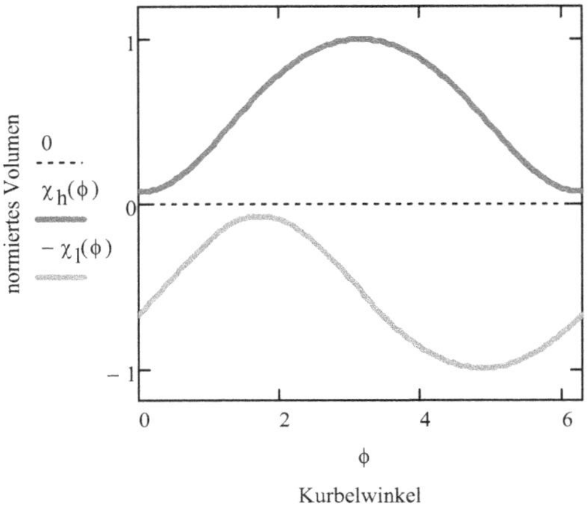


*Abb. 5.25: Zylindervolumina bei einem Zyklus des Motors*

Die Volumina in den Zylindern und das Gesamtvolumen in Abhängigkeit vom Drehwinkel werden in Abb. 5.26 dargestellt:

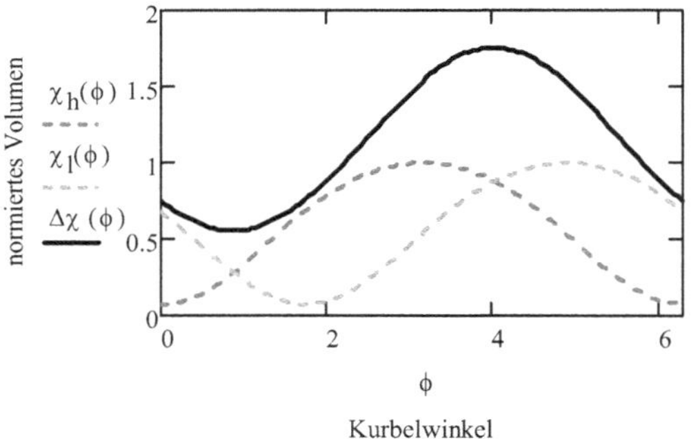


*Abb. 5.26: Volumina in den Zylindern und Gesamtvolumen*

Die Drücke in den beiden Zylindern müssen stets gleich sein. Aus der Gasgleichung folgt die Bedingung

$$\frac{n_h \cdot T_h}{V_h} = \frac{(n_{ges} - n_h) \cdot T_l}{V_l}$$

oder

$$\nu_h(\phi) := \frac{1}{\Phi_{max} \cdot \chi_l(\phi) + \chi_h(\phi)} \cdot \chi_h(\phi)$$

Die gesamte Stoffmenge des Heliums ist stets konstant. Deshalb gilt

$$\nu_l(\phi) := 1 - \nu_h(\phi)$$

Diese normierten Stoffmengen im heißen und im kalten Zylinder werden in Abb. 5.27 über dem Drehwinkel aufgetragen:

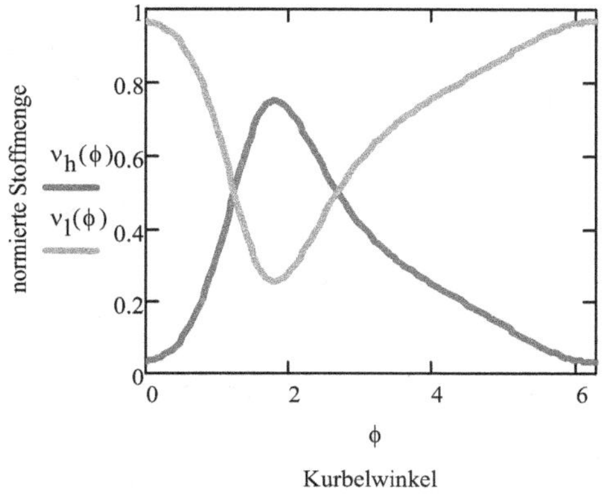


*Abb. 5.27: Stoffmengen im heißen und im kalten Zylinder*

Das minimale Gesamtvolumen wird iterativ bestimmt durch

$$\phi_{mi} := 0.9$$

*Vorgabe*

$$\frac{d}{d\phi_{mi}} \Delta\chi\left(\phi_{mi}\right) = 0$$

$$\phi_{min} := Suchen\left(\phi_{mi}\right) \qquad \Delta\chi_{min} := \Delta\chi\left(\phi_{min}\right) \qquad \Delta\chi_{min} = 0.55$$

Ebenso wird das maximale Gesamtvolumen ermittelt mit dem Ergebnis

$$\Delta\chi_{max} = 1.753$$

Das Kompressionsverhältnis des Motors ist

$$\chi_{komp} := \frac{\Delta\chi_{max}}{\Delta\chi_{min}} \qquad \chi_{komp} = 3.186$$

Die Drücke im heißen und im kalten Zylinder sind voraussetzungsgemäß stets gleich. Aus den beiden Funktionen mit identischen Ergebnissen

$$\Pi_h(\phi) := \frac{\nu_h(\phi) \cdot \Phi_{max}}{\chi_h(\phi)} \qquad \Pi_l(\phi) := \frac{\nu_l(\phi)}{\chi_l(\phi)} \qquad \Pi(\Phi) := \Pi_h(\Phi)$$

erhält man die in Abb. 5.28 dargestellte Funktion

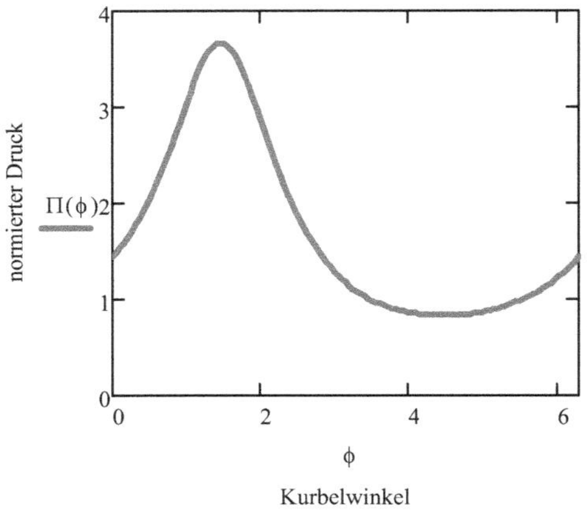


*Abb. 5.28: Normierter Druck über dem Drehwinkel*

Die Extrema dieser Funktion werden wieder iterativ ermittelt mit den Ergebnissen:

$\Pi_{harh} := \Pi(\phi_{exth}) \qquad \Pi_{harh} = 3.663 \qquad \Pi_{harl} := \Pi(\phi_{extl}) \qquad \Pi_{harl} = 0.832$

Zum Zeichnen des Vergleichsprozesses werden die Isothermengleichungen

$$\Pi_{Th}(\chi) := \frac{\Phi_{max}}{\chi} \qquad \Pi_{Tl}(\chi) := \frac{1}{\chi}$$

benötigt. Im Bereich

$$\chi := \Delta\chi_{min}, \Delta\chi_{min} + \frac{\Delta\chi_{max} - \Delta\chi_{min}}{30} .. \Delta\chi_{max}$$

werden in Abb. 5.29 der harmonische Prozess und der theoretische Vergleichsprozess dargestellt. Die Arbeit pro Umdrehung ist der vom Kreisprozess eingeschlossenen Fläche proportional, sie ist beim harmonischen Prozess geringer als beim theoretischen Prozess. Allerdings wird beim harmonischen Prozess der Spitzendruck erheblich abgesenkt und der minimale Druck leicht angehoben. Die Arbeit des harmonischen Prozesses ist

$$\omega_{harm} = -\int \Pi \, d\chi = -\int \Pi \cdot \frac{d\chi}{d\phi} \, d\phi$$

Mit den Ableitungen der Volumenfunktionen

$$AB\chi_h(\phi) := \frac{d}{d\phi}\chi_h(\phi) \qquad AB\chi_l(\phi) := \frac{d}{d\phi}\chi_l(\phi)$$

folgt

$$\omega_{harm} := -\int_0^{2\cdot\pi} \Pi(\phi)\cdot\left(AB\chi_h(\phi) + AB\chi_l(\phi)\right) d\phi$$

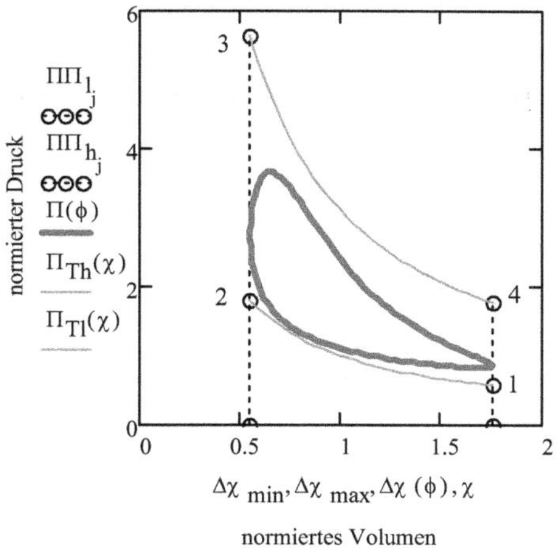


*Abb. 5.29: Harmonischer Prozess und theoretischer Vergleichsprozess des Motors (Durchlauf im Uhrzeigersinn)*

Das daraus folgende Ergebnis wird mit dem Ergebnis des theoretischen Vergleichsprozesses

$$\omega_{theo} := -(\Phi_{max} - 1) \cdot ln\left(\frac{\Delta\chi_{max}}{\Delta\chi_{min}}\right)$$

verglichen:

$$\omega_{harm} = -1.19 \qquad \omega_{theo} = -2.442$$

Der 1. HS für das offene System des heißen Zylinders lautet

$$dQ_h = p \cdot dV_h - h_{mh} \cdot d_{nh} \qquad d\theta_h = \Pi \cdot d\chi_h - \frac{\kappa}{\kappa - 1} \cdot \Phi_{max} \cdot d\nu_h$$

Mit der Ableitung der Stoffmenge nach dem Drehwinkel

$$AB\nu_h(\phi) := \frac{AB\chi_h(\phi) \cdot (\Phi_{max} \cdot \chi_l(\phi) + \chi_h(\phi)) - \chi_h(\phi) \cdot (\Phi_{max} \cdot AB\chi_l(\phi) + AB\chi_h(\phi))}{(\Phi_{max} \cdot \chi_l(\phi) + \chi_h(\phi))^2}$$

ist die dem heißen Zylinder von außen zugeführte und durch den Regenerator ausgetauschte Wärme

$$\theta_h := \int_0^{2\cdot\pi} \Pi(\phi) \cdot AB\chi_h(\phi) - AB\nu_h(\phi) \cdot \frac{\kappa}{\kappa - 1} \cdot \Phi_{max} \, d\phi \qquad \theta_h = 1.755$$

und ebenso ist die aus dem kalten Zylinder abgeführte und durch den Regenerator ausgetauschte Wärme

$$\theta_l := \int_0^{2\cdot\pi} \Pi(\phi) \cdot AB\chi_l(\phi) + AB\nu_h(\phi) \cdot \frac{\kappa}{\kappa - 1} \, d\phi \qquad \theta_l = -0.565$$

Daraus wird die Arbeit des harmonischen Prozesses aus dem 1. HS der Gesamtanlage

$$\omega_\theta := -\theta_h - \theta_l \qquad \omega_\theta = -1.19$$

mit dem gleichen Ergebnis wie oben bestimmt.

Die ersten Terme in den beiden Gleichungen zur Berechnung der Wärme sind die von außen zu- bzw. abgeführten Wärmeströme,

$$\theta p_{ein}(\phi) := \Pi(\phi) \cdot AB\chi_h(\phi) \qquad \theta p_{aus}(\phi) := \Pi(\phi) \cdot AB\chi_l(\phi)$$

die zweiten Terme repräsentieren den Wärmefluss über den Regenerator

$$\theta p_R(\phi) := ABv_h(\phi)\cdot\frac{\kappa}{\kappa-1}\cdot(\Phi_{max}-1)$$

Die von außen zu- und abgeführten Wärmeströme über dem Drehwinkel der Welle werden in Abb. 5.30 wiedergegeben.

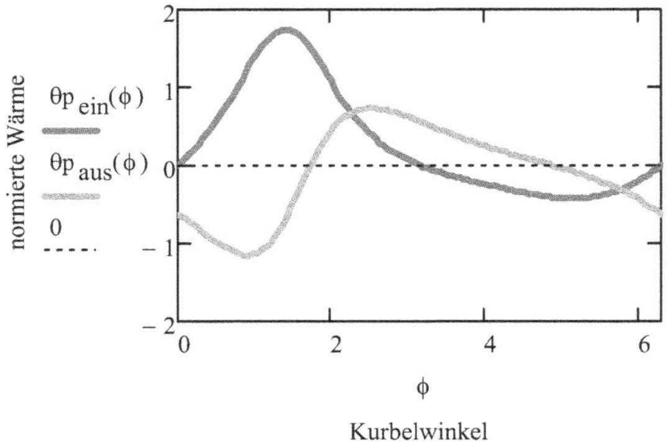


*Abb. 5.30: Normierte zu- und abfließende Wärmeströme des Stirling-Motors*

Bei isothermer Prozessführung sind Wärme und Arbeit verknüpft durch

$$\omega p_{exp}(\phi) := -\theta p_{ein}(\phi) \qquad \omega p_{kmp}(\phi) := -\theta p_{aus}(\phi)$$

Deshalb geben die Kurven in Abb. 5.30 gleichzeitig den Verlauf der Arbeit im heißen und im kalten Zylinder wieder. Man erkennt, dass der Motor nur im vorderen Drehwinkelbereich Arbeit abgibt und im übrigen Bereich als Arbeitsmaschine oder Wärmepumpe läuft. Dies erklärt die Verringerung der abgegebenen Arbeit des harmonischen Prozesses gegenüber dem theoretischen Vergleichsprozess.

Die integral von außen zugeführte Wärme ist

$$\theta_{ein} := \int_0^{2\cdot\pi} \theta p_{ein}(\phi)\,d\phi \qquad \theta_{ein} = 1.755$$

Die Effizienz des harmonischen Prozesses wird bestimmt durch

$$\varepsilon_{harm} := \frac{|\omega_{harm}|}{\theta_{ein}} \qquad \varepsilon_{harm} = 0.678$$

sie ist gleich der Carnot-Effizienz

$$\varepsilon_C := 1 - \frac{1}{\Phi_{max}} \qquad \varepsilon_C = 0.678$$

Die maximalen und minimalen Drücke sind beim harmonischen Prozess

$$p_{har\_max} := p_{ref}\cdot\Pi_{harh} \qquad p_{har\_max} = 136.63\cdot bar$$

$$p_{har\_min} := p_{ref}\cdot\Pi_{harl} \qquad p_{har\_min} = 31.02\cdot bar$$

und beim theoretischen Vergleichsprozess

$$p_{th\_max} := p_{ref}\cdot\Pi_{max} \qquad p_{th\_max} = 210.72\cdot bar$$

$$p_{th\_min} := p_{ref}\cdot\Pi_{min} \qquad p_{th\_min} = 21.28\cdot bar$$

Der harmonische Prozess gibt die Arbeit bzw. Leistung

$$W_{harm} := p_{ref} \cdot V_{max} \cdot \omega_{harm} \qquad W_{harm} = -1.085 \cdot kJ$$

$$P_{i\_harm} := nr \cdot W_{harm} \qquad P_{i\_harm} = -27.11 \cdot kW$$

ab. Dabei wird die Wärme bzw. der Wärmestrom

$$Q_{harm\_zu} := p_{ref} \cdot V_{max} \cdot \theta_{ein} \qquad Q_{harm\_zu} = 1.599 \cdot kJ$$

$$Qp_{harm\_zu} := nr \cdot Q_{harm\_zu} \qquad Qp_{harm\_zu} = 39.98 \cdot kW$$

zugeführt.

**Diskussion:** Aus der Analyse des Stirling-Prozesses folgt die wichtige Schlussfolgerung, dass der harmonische Prozess ebenso wie der theoretische Vergleichsprozess mit Carnot-Effizienz verläuft, da in beiden Fällen die externe Wärmezufuhr isotherm bei $T_h$, die externe Wärmeabfuhr isotherm bei $T_\ell$ und die Prozessführung durch die getroffenen Voraussetzungen reversibel erfolgen. Die Verkleinerung der vom Prozess abgegebenen Arbeit $|W_{harm}| < |W_{VP}|$ ist kein Verlust im üblichen Sinne, der durch Irreversibilitäten hervorgerufen wird, sie wird dadurch verursacht, dass der Motor pro Umdrehung (zum geringeren Teil) auch als Wärmepumpe läuft. Bei ausgeführten Stirling-Motoren wird angegeben[37], dass bei modernen Maschinen exergetische Wirkungsgrade bis etwa *56 %* erreicht werden. Mit einem solchen exergetischen Wirkungsgrad betragen die innere Leistung und der innere Wirkungsgrad des Motors

$$P_i := \zeta_{ex} \cdot P_{i\_harm} \qquad P_i = -15.184 \cdot kW \qquad \eta_i := \frac{|P_i|}{Qp_{harm\_zu}} \qquad \eta_i = 0.38$$

Ursache für die exergetischen Verluste sind innere irreversible Vorgänge, wie Druckverluste bei den Strömungsvorgängen, treibende Temperaturgefälle im Regenerator sowie im heißen und im kalten Zylinder und Leckagen des Arbeitsgases an den Kolben. Zu diesen inneren Verlusten kommen noch äußere Verluste, charakterisiert durch den mechanischen Wirkungsgrad und, wenn Strom erzeugt wird, den elektrischen Wirkungsgrad.

## 5.3.2 Die Stirling-Kaltgas-Kältemaschine

Der Stirling-Prozess kann auch als linkslaufender Prozess oder als Arbeitsmaschine betrieben werden. Dann findet die isotherme Kompression im warmen Raum unter Wärmeabgabe statt, während die isotherme Expansion im kalten Raum unter Wärmeaufnahme verläuft. In Abb. 5.21 müssen dann $T_h$ und $T_\ell$ vertauscht werden. Gibt der warme Zylinder bei der Kompression des Arbeitsgases Wärme an die Umgebung ab und entzieht der kalte Zylinder bei der Expansion des Arbeitsgases einem Medium Wärme, so haben wir eine Kältemaschine.

Eine solche Kältemaschine wurde vom niederländischen Konzern Philips im Jahr 1955 auf den Markt gebracht. Derartige auch als Philips-Kaltgasmaschinen bezeichnete Anlagen werden zur Verflüssigung kleiner Mengen tiefsiedender Gase, wie z.B. Luft, verwendet. Zur vollständigen Verflüssigung von Luft ist eine Temperatur von ca. *78 K* nötig. Dies kann durch eine einstufige Maschine realisiert werden. Einstufige Mehrzylindermaschinen liefern bis zu *400 ℓ/h* flüssige Luft. Zweistufige Maschinen werden als Vorkühlaggregate zur Heliumverflüssigung eingesetzt.[38] Weitere Einsatzgebiete sind im Bereich der Kryotechnik die Kühlung von supraleitenden Spulen, Infrarotdetektoren und paramagnetischen Verstärkern. Bei der Herstellung mikroelektronischer Bauteile werden Kryopumpen eingesetzt, die mit Stirling-Kaltgas-Kältemaschinen gekühlt werden und an deren kaltem Ende unerwünschte Gase kondensieren, um hochreine Gasatmosphären oder Vakua zu kreieren.

---

37 Hargreaves, C.M.: "The Philips Stirling Engine" Amsterdam, London, New York: Elsevier Verlag 1991, S. 121

38 Jungnickel, H., Agsten, R., Kraus, W.E.: „Grundlagen der Kältetechnik" Berlin: VEB Verlag Technik 1985, S. 239

Beim theoretischen Vergleichsprozess wird durch die isotherme Kompression des Arbeitsgases bei $T_h$ die Wärme

$$q_{ab} = -T_h\, R \ln\left(\frac{V_h}{V_\ell}\right) \tag{5.94}$$

abgegeben. Die äußere Wärmezufuhr erfolgt bei der isothermen Expansion des Arbeitsgases bei $T_\ell$ mit

$$q_{zu} = T_\ell\, R \ln\left(\frac{V_h}{V_\ell}\right). \tag{5.95}$$

Die in einem Zyklus aufzuwendende spezifische Arbeit ist nach dem 1. HS

$$w = -q_{zu} - q_{ab}$$

oder

$$w = \left(T_h - T_\ell\right) R \ln\left(\frac{V_h}{V_\ell}\right). \tag{5.96}$$

Die Effizienz des theoretischen Vergleichsprozesses der Stirling-Kaltgasmaschine ist mit

$$\varepsilon = \frac{q_{zu}}{w} = \frac{T_\ell}{T_h - T_\ell} \tag{5.97}$$

gleich der Carnot-Effizienz. Selbstverständlich kann die Maschine auch als Wärmepumpe eingesetzt werden.

Die Analyse des harmonischen Prozesses wird in nachfolgendem Beispiel durchgeführt.

**Beispiel 5.6 (Level 3):** Eine Stirling-Kaltgasmaschine mit getrenntem Kompressions- und Expansionszylinder hat die gleichen geometrischen Abmessungen wie der Stirling-Motor in Beispiel 5.5 *(d = 60 mm, h = 2r = 80 mm,* $l_S$ *= 140 mm)*. Die Maschine ist mit *0,7 mol* Helium ($\kappa$ = *5/3*) als Arbeitsgas befüllt. Der Kolben des kalten Zylinders läuft mit einer Phasenverschiebung von *0,55* · $\pi$ vor dem Kolben des heißen Zylinders. Die maximale Gastemperatur beträgt *40 °C*, die minimale *–203 °C*. Die Drehzahl der Maschine beträgt *1500 1/min*. Der theoretische Vergleichsprozess ist mit dem Prozess mit harmonischer Kolbenbewegung zu vergleichen.

**Voraussetzungen:** Wie in Beispiel 5.5. Da die Analyse in Analogie zu Beispiel 5.5 erfolgt, werden hier nur die wichtigen Ergebnisse für die Stirling-Kaltgasmaschine angegeben.

**Gegeben:**

$d := 60 \cdot mm \qquad h := 80 \cdot mm \qquad n_{ges} := 0.7 \cdot mol \qquad \kappa := \frac{5}{3}$

$t_h := 40 \cdot °C \qquad t_l := -203 \cdot °C \qquad l_S := 140 \cdot mm \qquad \phi_0 := 0.55 \cdot \pi \qquad nr := 1500 \cdot \frac{1}{min}$

**Lösung:** Mit den Volumina

$V_H := \frac{d^2 \cdot \pi}{4} \cdot h \qquad V_H = 226.19 \cdot cm^3 \qquad V_{max} := 1.08 \cdot V_H$

sind Referenzdruck und maximales Temperaturverhältnis

$p_{ref} := \frac{n_{ges} \cdot R_m \cdot T_l}{V_{max}} \qquad p_{ref} = 16.71 \cdot bar \qquad \Phi_{max} := \frac{T_h}{T_l} \qquad \Phi_{max} = 4.464$

Mit dem Schubstangenverhältnis

$r := \frac{h}{2} \qquad q_S := \frac{r}{l_S} \qquad q_S = 0.286$

und den normierten Volumenparametern

$$\chi_0 := \frac{V_{max} - V_H}{V_{max}} \qquad \chi_H := \frac{V_H}{V_{max}}$$

und mit der Funktion für den Kurbeltrieb

$$f(\phi) := 1 - cos(\phi) + \frac{1}{q_S} \cdot \left[1 - \sqrt{1 - \left(q_S \cdot sin(\phi)\right)^2}\right]$$

lauten die Funktionen für die Zylindervolumina bei harmonischen Kolbenbewegungen der Kaltgasmaschine

$$\chi_h(\phi) := \chi_0 + \chi_H \cdot \frac{f(\phi)}{2} \qquad \chi_l(\phi) := \chi_0 + \chi_H \cdot \frac{f(\phi + \phi_0)}{2}$$

$$\Delta\chi\ (\phi) := \chi_l(\phi) + \chi_h(\phi)$$

Dabei ist $\Delta\chi$ das Gesamtvolumen in Abhängigkeit vom Drehwinkel. Die Verläufe der Volumina im beheizten Expansionszylinder (oben) und im gekühlten Kompressionszylinder (unten, in negativer Auftragung) zeigt Abb. 5.31:

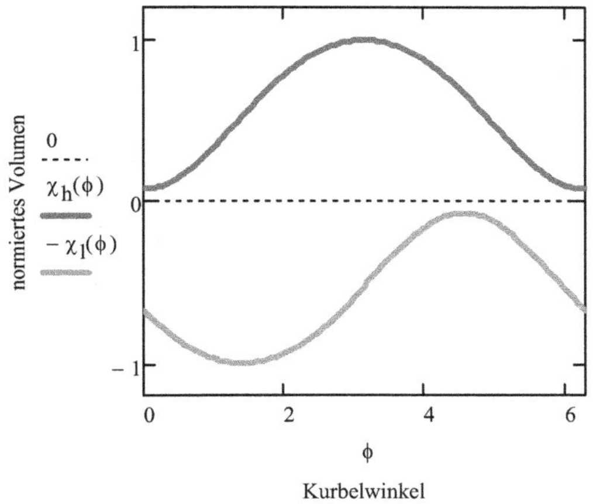


*Abb. 5.31: Zylindervolumina bei einem Zyklus der Kaltgasmaschine*

Den Druckverlauf als Funktion des Drehwinkels der Welle zeigt Abb. 5.32.

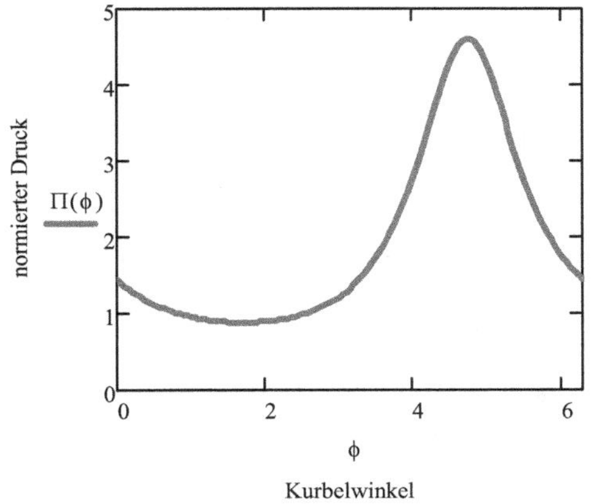


*Abb. 5.32: Druckverlauf für einen Zyklus der Kaltgasmaschine*

Die normierten Parameter für die Arbeit des harmonischen Prozesses und des theoretischen Vergleichsprozesses sind

$\omega_{harm} = 1.718 \qquad \omega_{theo} = 4.014$

und für die aus dem Kälteraum zufließende Wärme folgt

$\theta_{harm\_zu} = 0.496$

Damit ist die Effizienz des harmonischen Prozesses mit

$$\varepsilon_{harm} := \frac{\theta_{harm\_zu}}{\omega_{harm}} \qquad \varepsilon_{harm} = 0.289$$

gleich der Carnot-Effizienz

$$\varepsilon_C := \frac{1}{\Phi_{max} - 1} \qquad \varepsilon_C = 0.289$$

Die Darstellung eines Zyklus im $\Pi,\chi$-Diagramm zeigt Abb. 5.33.

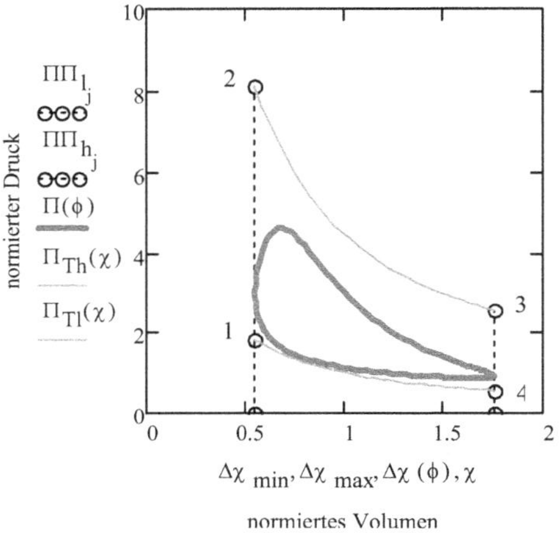


*Abb. 5.33: Harmonischer Prozess und theoretischer Vergleichsprozess der Kaltgasmaschine (Durchlauf gegen den Uhrzeigersinn)*

Die von außen zu- und abgeführten Wärmeströme über dem Drehwinkel der Welle werden in Abb. 5.34 wiedergegeben. Bei Vorzeichenumkehr repräsentieren die Kurven die Volumenänderungsarbeit im heißen bzw. im kalten Zylinder. Dem Prozess wird nicht nur Arbeit zugeführt, sondern er gibt bereichsweise auch Arbeit ab.

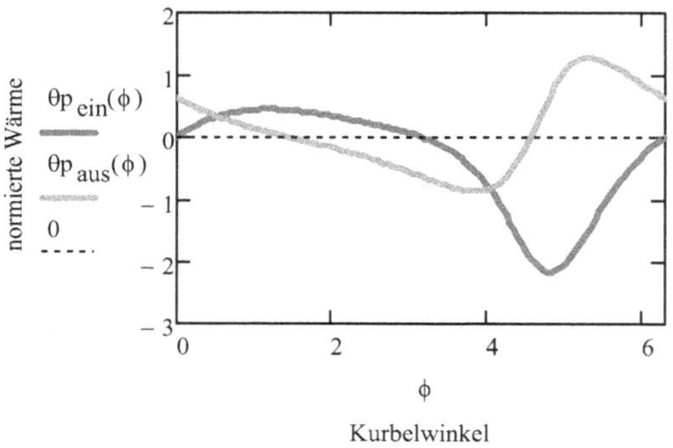


*Abb. 5.34: Normierte zu- und abfließende Wärmeströme der Stirling-Kaltgasmaschine*

Maximaler und minimaler Druck des harmonischen Prozesses sind

$$p_{har\_max} := p_{ref} \cdot \Pi_{harh} \qquad p_{har\_max} = 77.12 \cdot bar$$

$$p_{har\_min} := p_{ref} \cdot \Pi_{harl} \qquad p_{har\_min} = 14.73 \cdot bar$$

Die theoretischen Werte der Arbeit und Antriebsleistung der Kaltgasmaschine sind

$$W_{harm} := p_{ref} \cdot V_H \cdot \omega_{harm} \qquad W_{harm} = 0.65 \cdot kJ \qquad P_{i\_harm} := nr \cdot W_{harm} \qquad P_{i\_harm} = 16.24 \cdot kW$$

und die theoretischen Werte für die aus dem Kälteraum zufließende Wärme sowie für die Kälteleistung betragen

$$Q_{harm\_zu} := p_{ref} \cdot V_H \cdot \theta_{harm\_zu} \qquad Q_{harm\_zu} = 0.188 \cdot kJ \qquad Qp_K := nr \cdot Q_{harm\_zu} \qquad Qp_K = 4.69 \cdot kW$$

**Diskussion:** Auch beim linkslaufenden Prozess der Stirling-Kaltgasmaschine werden durch die Effekte der harmonischen Kolbenbewegungen alle energetischen Parameter verkleinert. Bei ausgeführten Kaltgasmaschinen zur Luftverflüssigung werden exergetische Wirkungsgrade von etwa *40 %* erreicht[39]. Das ist ein relativ hoher, mit anderen Kälteprozessen kaum erzielbarer Wert. Die notwendige innere Antriebsleistung der realen Maschine unter Einbeziehung der irreversiblen Vorgänge ist

$$P_i := \frac{P_{i\_harm}}{\zeta_{ex}} \qquad P_i = 40.594 \cdot kW$$

Das führt zur inneren Effizienz der realen Kaltgasmaschine:

$$\varepsilon_i := \frac{Qp_K}{P_i} \qquad \varepsilon_i = 0.115$$

Hinzu kommen äußere Verluste der Maschine und des Antriebs.

# 5.4 Vergleichsprozesse für Verbrennungsmotoren

## 5.4.1 Allgemeine Bemerkungen

Bereits im Jahr 1791 reichte John Barber ein Patent für eine Kolbenmaschine ein, die durch periodische Explosionen eines Brenngases im Zylinder betrieben werden sollte. Im Jahr 1860 baute der Autodidakt und Erfinder Étienne Lenoir den ersten, funktionsfähigen Gasmotor, einer mit Leuchtgas betriebenen verdichtungslosen Zweitakt-Wärmekraftmaschine, mit der bereits ein Fahrzeug und ein Boot angetrieben wurden. Auf der Basis dieser Erfindung entwickelte ab 1867 der deutsche Ingenieur Nikolaus Otto (1832–1891) den ventilgesteuerten, nach dem Viertaktverfahren arbeitenden Gasmotor mit Kompression und anschließender Fremdzündung des Brenngas/Luft-Gemisches. Rudolf Diesel (1858–1913) versuchte mit seinem im Jahr 1892 eingereichten Patent, eine Wärmekraftmaschine nach dem Prinzip von Carnot mit isothermer Verbrennung zu realisieren, wobei das Patentamt auch nicht erkannt hat, dass dies nicht durchführbar ist. Nach einer fast fünfjährigen, mit manchem Rückschlag verbundenen Entwicklungsarbeit in der Maschinenfabrik Augsburg (später MAN AG) war 1897 der erste Diesel-Motor fertig, der mit Lampenpetroleum betrieben wurde und mit Selbstzündung und mit angenäherter Gleichdruckverbrennung arbeitete.

Auf der Basis dieser Erfindungen erfolgte der beispiellose Siegeszug der Verbrennungskraftmaschinen, durch den die Weltbevölkerung im wahrsten Sinne des Wortes automobil wurde. Nach mehr als hundert Jahren Entwicklung hat der Verbrennungsmotor einen hohen Reifegrad erreicht und er wird mit modernsten Methoden weiter perfektioniert. Verbren-

[39] Siehe Fußnote 38 S. 267

nungsmotoren dienen heute als Antriebssysteme für Land-, Wasser- und Luftfahrzeuge, für Dauer- und Notstromaggregate, für Blockheizkraftwerke sowie für Klima- und Kälteanlagen. Erst in neuester Zeit erscheinen konkurrierende Systeme wie Brennstoffzellen oder, bei Fahrzeugen, elektrische Antriebe mit Hochleistungsbatterien.

Im Verbrennungsmotor findet in den Zylindern ein offener Prozess mit innerer Verbrennung statt. Konventionelle Otto-Motoren arbeiten mit externer Gemischbildung und mit einer in der Regel elektrischen Zündung des Gemisches. Der Verbrennungsvorgang verläuft als Verpuffung. Unter der Annahme, dass der Verbrennungsvorgang spontan abläuft und keine Zeit beansprucht, findet Gleichraumverbrennung statt. Beim Dieselmotor wird mit einer Einspritzpumpe Kraftstoff in hoch verdichtete Luft eingebracht und zerstäubt. Es erfolgt Selbstzündung. Im Idealfall läuft eine Gleichdruckverbrennung ab. Bei modernen, schnell laufenden Verbrennungsmotoren überschneiden sich die Eigenschaften der Gleichraum- und Gleichdruckverbrennung.

Beide Typen können als Viertakt- oder als Zweitaktmotoren ausgeführt werden. Beim Viertaktverfahren erfolgt im ersten Takt das Ansaugen von Luft oder Gemisch, im zweiten Takt die Kompression, im dritten Takt die Verbrennung und Expansion der Verbrennungsgase sowie das Auspuffen und im vierten Takt wird das im Zylinderraum verbliebene Abgas in das Auspuffsystem ausgeschoben. Der Zyklus wird durch Ein- und Auslassventile gesteuert. Beim Zweitaktverfahren erfolgt die Steuerung durch Ein- und Auslassschlitze, die durch den Kolben versperrt oder freigegeben werden. Im ersten Takt wird durch einen Spülvorgang Ausschieben der Abgase und Zuführung der Luft oder des Gemisches kombiniert und es schließt sich die Kompression an. Im zweiten Takt erfolgen die Verbrennung, die Expansion und das Auspuffen sowie die Einleitung des Spülvorgangs.

Ein großer Vorteil der Verbrennungskraftmaschinen besteht aus thermodynamischer Sicht darin, dass durch den inneren Verbrennungsvorgang eine sehr hohe Spitzentemperatur der Gase im Zylinder erreicht wird. Durch den zyklischen Ablauf wird diese Temperatur bereits bei der Expansion der Gase stark abgesenkt und durch den Ladungswechsel wird die Gastemperatur im Zylinder wieder nahezu auf Umgebungstemperatur zurückgeführt. Die Gastemperatur ist somit extrem starken Oszillationen unterworfen. Durch Wärmeleitwiderstände, die aus den Wärmeübergangsmechanismen zwischen Gas und Zylinderwänden resultieren, sind die Oszillationen der Temperatur am Zylinderkopf und an den Zylinderwänden stark gedämpft. Durch die Kühlung dieser Bauteile wird eine verträgliche thermische Belastung der Werkstoffe erreicht.

Zur Untersuchung der thermodynamischen Grundlagen formulieren wir zunächst vereinfachte Vergleichsprozesse für die Gleichraum- und die Gleichdruckverbrennung unter den folgenden Annahmen:

- Der Zylinder enthält stets Gas derselben Menge und Zusammensetzung. Chemische Änderungen der Gaszusammensetzung werden nicht berücksichtigt. Daraus folgt, dass die Wärmeentwicklung durch den inneren Verbrennungsvorgang durch Wärmezufuhr von außen ersetzt wird. Ebenso wird der Ladungswechsel durch eine Wärmeabfuhr bei konstantem Volumen nach außen ersetzt. Das bedeutet, dass der Ladungswechsel keine Zeit beansprucht und im unteren Totpunkt des Kolbens stattfindet, wobei das Abgas spontan durch Frischluft oder frisches Gemisch ersetzt wird.
- Kompression und Expansion erfolgen reibungsfrei bei adiabaten Zylinderwänden. Damit verlaufen diese Vorgänge isentrop.

- Das Prozessgas sei ein ideales Gas, zunächst mit konstanter Wärmekapazität und zum Vergleich mit temperaturabhängiger Wärmekapazität.

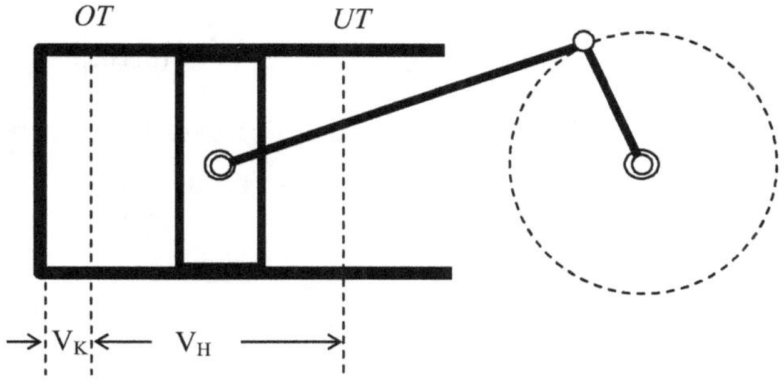


*Abb. 5.35: Schema eines Verbrennungsmotors*

Wie in Abb. 5.35 schematisch dargestellt, bewegt sich der Kolben im Zylinder zwischen dem unteren Totpunkt UT und dem oberen Totpunkt OT. Das Differenzvolumen zwischen diesen beiden Punkten ist das Hubvolumen $V_H$, das im oberen Totpunkt verbleibende Volumen ist das Kompressionsvolumen $V_K$. Das Maximalvolumen ist das Gesamtvolumen im unteren Totpunkt $V_h = V_H + V_K$, das Minimalvolumen ist das Kompressionsvolumen $V_\ell = V_K$. Das Kompressionsverhältnis wird definiert durch

$$\chi = \frac{V_h}{V_\ell} = \frac{V_H + V_K}{V_K}\ . \tag{5.98}$$

Weitere wichtige dimensionslose Parameter für den Motor sind das Temperaturverhältnis

$$\Phi = \frac{T_h}{T_\ell} \tag{5.99}$$

und das Druckverhältnis

$$\Pi = \frac{p_h}{p_\ell} \tag{5.100}$$

als Verhältnis der jeweils im Prozess vorkommenden Maximal- und Minimalwerte.

## 5.4.2 Der Gleichraumprozess

Der Vergleichsprozess für Gleichraumverbrennung läuft mit den getroffenen Voraussetzungen in den folgenden Prozessschritten ab:

- 1 → 2: Kolbenbewegung von UT nach OT: Isentrope Kompression; $q_{12} = 0$;
- 2 → 3: Kolben im OT: Isochore Wärmezufuhr; $q_{23} = u_3 - u_2$;
- 3 → 4: Kolbenbewegung von OT nach UT: Isentrope Expansion; $q_{34} = 0$;
- 4 → 1: Kolben im UT: Isochore Wärmeabfuhr; $q_{41} = u_1 - u_4$.

Für Gas mit konstanter spezifischer Wärmekapazität ist die Wärmezufuhr

$$q_{zu} = q_{23} = c_v\left(T_3 - T_2\right); \tag{5.101}$$

die Wärmeabfuhr

$$q_{ab} = q_{41} = c_v \left(T_1 - T_4\right) \tag{5.102}$$

und nach dem 1. HS für den Gasraum im Zylinder folgt für die spezifische Arbeit eines Zyklus

$$-w = q_{zu} + q_{ab} = c_v \left(T_3 - T_2 + T_1 - T_4\right). \tag{5.103}$$

Der Aufwand für den Prozess ist die Wärmezufuhr als Ersatz für den Brennstoffverbrauch. Dann ist die Effizienz des Gleichraumprozesses

$$\varepsilon = \eta_{th} = 1 - \frac{T_4 - T_1}{T_3 - T_2}. \tag{5.104}$$

Bei den Zustandsänderungen gelten die folgenden Gesetzmäßigkeiten:

- 1 → 2: Isentrope Kompression; $\frac{T_2}{T_1} = \left(\frac{V_1}{V_2}\right)^{\kappa-1} = \chi^{\kappa-1}$; $\frac{p_2}{p_1} = \left(\frac{V_1}{V_2}\right)^{\kappa} = \chi^{\kappa}$;
- 2 → 3: Isochore Wärmezufuhr; $\frac{T_3}{T_2} = \frac{p_3}{p_2}$;
- 3 → 4: Isentrope Expansion; $\frac{T_4}{T_3} = \left(\frac{V_3}{V_4}\right)^{\kappa-1} = \chi^{-(\kappa-1)}$; $\frac{p_4}{p_3} = \left(\frac{V_3}{V_4}\right)^{\kappa} = \chi^{-\kappa}$;
- 4 → 1: Isochore Wärmeabfuhr; $\frac{T_4}{T_1} = \frac{p_4}{p_1}$.

Aus den Isentropengleichungen folgt unmittelbar

$$\frac{T_2}{T_1} = \frac{T_3}{T_4} \qquad \text{oder} \qquad \frac{T_4}{T_1} = \frac{T_3}{T_2}.$$

Für die Effizienz folgt dann durch Ausklammern von $T_1$ im Zähler und von $T_2$ im Nenner

$$\varepsilon = 1 - \frac{T_1}{T_2} \frac{T_4/T_1 - 1}{T_3/T_2 - 1} = 1 - \frac{T_1}{T_2}$$

oder

$$\varepsilon = \eta_{th} = 1 - \chi^{-(\kappa-1)}. \tag{5.105}$$

Der normierte Parameter $\omega$, der die abgegebene Arbeit charakterisiert, wird bestimmt durch

$$-\omega = -\frac{w}{c_p\, T_1} = \frac{1}{\kappa}\left[\frac{T_3}{T_1} - \frac{T_2}{T_1} + 1 - \frac{T_4}{T_3}\frac{T_3}{T_1}\right].$$

Die maximale Temperatur des Prozesses tritt im Punkt 3 nach der Wärmezufuhr, die minimale im Punkt 1 nach dem Ladungswechsel auf. Damit ist $\Phi = T_3/T_1$. Mit den isentropen Temperaturverhältnissen folgt

$$-\omega = \frac{1}{\kappa}\left(\Phi - \chi^{\kappa-1} + 1 - \chi^{-(\kappa-1)}\,\Phi\right) = \frac{1}{\kappa}\left(1 - \chi^{-(\kappa-1)}\right)\left(\Phi - \chi^{\kappa-1}\right). \tag{5.106}$$

Der normierte Parameter $\theta$ für die Wärmezufuhr ist

$$\theta = \frac{q_{zu}}{c_p\, T_1} = \frac{1}{\kappa}\left(\frac{T_3}{T_1} - \frac{T_2}{T_1}\right)$$

oder

$$\theta = \frac{1}{\kappa}\left(\Phi - \chi^{\kappa-1}\right). \tag{5.107}$$

Für die Effizienz ergibt die Definition

$$\varepsilon = \eta_{th} = \frac{|\omega|}{\theta}$$

wieder das bereits in Gl. (5.105) angegebene Ergebnis.

Der Maximaldruck wird nach der isochoren Wärmezufuhr in Punkt 3 erreicht. Das Druckverhältnis wird bestimmt durch

$$\frac{p_3}{p_1} = \frac{p_3}{p_2}\frac{p_2}{p_1} = \frac{T_3}{T_2}\chi^{\kappa} = \frac{T_3}{T_1}\frac{T_1}{T_2}\chi^{\kappa};$$

daraus folgt mit den bekannten Temperaturverhältnissen

$$\Pi = \Phi\,\chi.$$

Abschließend wird noch das optimale Kompressionsverhältnis bestimmt, für das der Gleichraumprozess bei vorgegebenem Temperaturverhältnis $\Phi$ die maximale Arbeit abgibt. Die Differentiation der Funktion $\omega = \omega(\Phi, \chi)$ ergibt

$$\left(\frac{\partial\omega}{\partial\chi}\right)_{\Phi} = \frac{1}{\kappa}\left(-(\kappa-1)\,\chi^{\kappa-2} + \Phi\,(\kappa-1)\,\chi^{-\kappa}\right)$$

und aus der Bedingung

$$\left(\frac{\partial\omega}{\partial\chi}\right)_{\Phi} = 0$$

erhält man

$$\chi_{opt} = \Phi^{\frac{1}{2(\kappa-1)}}. \tag{5.108}$$

## 5.4.3 Der Gleichdruckprozess

Beim Gleichdruckprozess wird die isobare Wärmezufuhr durch gesteuerte Kraftstoffeinspritzung während des Einspritzvolumens

$$\Delta V_E = V_3 - V_2$$

realisiert. Die Prozessschritte sind

- 1 → 2: Kolbenbewegung von UT nach OT: Isentrope Kompression $q_{12} = 0$;
- 2 → 3: Kolbenbewegung von OT bis $\Delta V_E$: Isobare Wärmezufuhr $q_{23} = h_3 - h_2$;
- 3 → 4: Kolbenbewegung von $\Delta V_E$ bis UT: Isentrope Expansion $q_{34} = 0$;
- 4 → 1: Kolben im UT: Isochore Wärmeabfuhr $q_{41} = u_1 - u_4$.

Für ein ideales Gas mit konstanten Wärmekapazitäten ist die zugeführte Wärme

$$q_{zu} = c_p\,(T_3 - T_2), \tag{5.109}$$

die abgeführte Wärme

$$q_{ab} = c_v\,(T_1 - T_4) \tag{5.110}$$

und aus dem 1. HS für den Gasraum des Zylinders bei einem Zyklus folgt für die abgegebene spezifische Arbeit

$$-w = q_{zu} + q_{ab} = c_p \left(T_3 - T_2\right) + c_v \left(T_1 - T_4\right). \tag{5.111}$$

Die Effizienz des Prozesses ist

$$\varepsilon = \eta_{th} = 1 - \frac{1}{\kappa} \frac{T_4 - T_1}{T_3 - T_2}.$$

Neben den bereits eingeführten dimensionslosen Parametern $\chi$, $\Phi$ und $\Pi$ definieren wir das Einspritzverhältnis

$$\xi = \frac{V_K + \Delta V_E}{V_K} = \frac{V_3}{V_2}.$$

Weiter führen wir einen Hilfspunkt 3* so ein, dass zwischen OT und UT über das gesamte Hubvolumen $V_H$ eine isentrope Expansion stattfindet. Dann werden die Temperaturen in folgender Weise mit Volumenverhältnissen verknüpft:

- 1 → 2: Isentrope Kompression $\frac{T_2}{T_1} = \left(\frac{V_1}{V_2}\right)^{\kappa-1} = \chi^{\kappa-1}$; $\frac{p_2}{p_1} = \left(\frac{V_1}{V_2}\right)^{\kappa} = \chi^{\kappa}$;
- 2 → 3: Isobare Expansion $\frac{T_3}{T_2} = \frac{V_3}{V_2} = \xi$;
- 3*→ 4: Isentrope Expansion $\frac{T_4}{T_{3*}} = \left(\frac{V_{3*}}{V_4}\right)^{\kappa-1} = \chi^{-(\kappa-1)}$;
- 3*→ 3: Isentrope Kompression $\frac{T_{3*}}{T_3} = \left(\frac{V_3}{V_{3*}}\right)^{\kappa-1} = \left(\frac{V_3}{V_2}\right)^{\kappa-1} = \xi^{\kappa-1}$.

Mit diesen Beziehungen wird die Effizienz des Gleichdruckprozesses durch entsprechende Erweiterung der Temperaturverhältnisse

$$\varepsilon = \eta_{th} = 1 - \frac{1}{\kappa} \frac{\frac{T_4}{T_{3*}} \frac{T_{3*}}{T_3} \frac{T_3}{T_2} - \frac{T_1}{T_2}}{\frac{T_3}{T_2} - 1} = 1 - \frac{1}{\kappa} \frac{\chi^{-(\kappa-1)} \xi^{\kappa-1} \xi - \chi^{-(\kappa-1)}}{\xi - 1}$$

und damit

$$\varepsilon = \eta_{th} = 1 - \frac{1}{\kappa} \chi^{-(\kappa-1)} \frac{\xi^{\kappa} - 1}{\xi - 1}. \tag{5.112}$$

Der normierte Parameter für die Arbeit des Gleichdruckprozesses ergibt

$$-\omega = -\frac{w}{c_p T_1} = \frac{T_2}{T_1} \left[\frac{T_3}{T_2} - 1 + \frac{1}{\kappa} \left(\frac{T_1}{T_2} - \frac{T_4}{T_{3*}} \frac{T_{3*}}{T_3} \frac{T_3}{T_2}\right)\right]$$

oder, nach Einsetzen der Temperaturquotienten

$$-\omega = \chi^{\kappa-1} \left[\xi - 1 + \frac{1}{\kappa} \left(\chi^{-(\kappa-1)} - \chi^{-(\kappa-1)} \xi^{\kappa-1} \xi\right)\right]$$

oder

$$-\omega = -\frac{w}{c_p\,T_1} = \chi^{\kappa-1}\,(\xi-1) - \frac{1}{\kappa}\left(\xi^{\kappa}-1\right). \tag{5.113}$$

Der normierte Parameter $\theta$ für die Wärmezufuhr ist

$$\theta = \frac{q_{zu}}{c_p\,T_1} = \frac{T_2}{T_1}\left(\frac{T_3}{T_2}-1\right)$$

oder

$$\theta = \frac{q_{zu}}{c_p\,T_1} = \chi^{\kappa-1}\,(\xi-1). \tag{5.114}$$

Da $p_2 = p_3$ ist, folgt für das Druckverhältnis

$$\Pi = \chi^{\kappa}. \tag{5.115}$$

Das Temperaturverhältnis $\Phi$ ist definiert durch

$$\Phi = \frac{T_3}{T_1} = \frac{T_3}{T_2}\,\frac{T_2}{T_1}$$

oder

$$\Phi = \xi\,\chi^{\kappa-1}. \tag{5.116}$$

Damit kann die Arbeit auch als Funktion von Kompressionsverhältnis $\chi$ und Temperaturverhältnis $\Phi$ angeschrieben werden:

$$-\omega = \Phi - \chi^{-(\kappa-1)} - \frac{1}{\kappa}\left(\Phi^{\kappa}\,\chi^{-\kappa(\kappa-1)}-1\right).$$

Bei vorgegebenem Temperaturverhältnis $\Phi$ wird das Maximum der abgegebenen Arbeit bestimmt durch

$$\left(\frac{\partial\omega}{\partial\chi}\right)_{\Phi} = 0$$

mit dem Ergebnis

$$\chi_{opt} = \Phi^{\frac{\kappa}{\kappa^2-1}}. \tag{5.117}$$

### 5.4.4 Der Seiliger-Prozess

Beim Seiliger-Vergleichsprozess erfolgt die Wärmezufuhr im ersten Schritt isochor und im zweiten Schritt isobar. Dadurch kann die Wärmezufuhr durch den Verbrennungsvorgang bei schnell laufenden Motoren nach dem Otto- als auch nach dem Diesel-Verfahren realistischer nachgebildet werden. Die Prozessschritte sind:

- 1 → 2: Kolbenbewegung von UT nach OT: Isentrope Kompression $q_{12} = 0$;
- 2 → $3^+$: Kolben im OT: Isochore Wärmezufuhr $q_{23^+} = u_{3^+} - u_2$;
- $3^+$→ 3: Kolbenbewegung von OT bis $\Delta V_E$: Isobare Wärmezufuhr $q_{3^+3} = h_3 - h_{3^+}$;
- 3 → 4: Kolbenbewegung von $\Delta V_E$ bis UT: Isentrope Expansion $q_{34}=0$;
- 4 → 1: Kolben im UT: Isochore Wärmeabfuhr $q_{41} = u_1 - u_4$.

Die spezifischen Werte der zu- und abgeführten Wärmen sind

$$q_{zu} = q_{23^+} + q_{3^+3} = c_v \left(T_{3^+} - T_2\right) + c_p \left(T_3 - T_{3^+}\right) \tag{5.118}$$

und

$$q_{ab} = q_{41} = c_v \left(T_1 - T_4\right). \tag{5.119}$$

Nach dem 1. HS ist die von einem Zyklus abgegebene Arbeit

$$-w = q_{zu} + q_{ab} = c_p \left(\frac{1}{\kappa}\left(T_{3^+} - T_2\right) + \left(T_3 - T_{3^+}\right) + \frac{1}{\kappa}\left(T_1 - T_4\right)\right) \tag{5.120}$$

und die Effizienz oder der thermische Wirkungsgrad

$$\varepsilon = \eta_{th} = \frac{|w|}{q_{zu}} = 1 - \frac{T_4 - T_1}{T_{3^+} - T_2 + \kappa\left(T_3 - T_{3^+}\right)}.$$

Neben den bereits eingeführten dimensionslosen Parametern $\chi$, $\Phi$ und $\Pi$ charakterisieren wir die isochore Wärmezufuhr durch das isochore Druckverhältnis

$$\psi = \frac{p_{3^+}}{p_2} \tag{5.121}$$

und die isobare Wärmezufuhr durch das bereits eingeführte Volumenverhältnis

$$\xi = \frac{V_K + \Delta V_E}{V_K} = \frac{V_3}{V_{3^+}}. \tag{5.122}$$

Man beachte, dass $V_2 = V_{3^+} = V_{3*}$ ist. Der bereits eingeführte Hilfspunkt 3* bewirkt, dass zwischen OT und UT über das gesamte Hubvolumen $V_H$ eine isentrope Expansion stattfindet. Dann werden die Temperaturen in folgender Weise mit Volumenverhältnissen verknüpft:

- 1 → 2: Isentrope Kompression $\frac{T_2}{T_1} = \left(\frac{V_1}{V_2}\right)^{\kappa-1} = \chi^{\kappa-1}$; $\frac{p_2}{p_1} = \chi^{\kappa}$;
- 3*→ 4: Isentrope Expansion $\frac{T_4}{T_{3*}} = \left(\frac{V_{3*}}{V_4}\right)^{\kappa-1} = \chi^{-(\kappa-1)}$;
- 3*→ 3: Isentrope Kompression $\frac{T_{3*}}{T_3} = \left(\frac{V_3}{V_{3*}}\right)^{\kappa-1} = \left(\frac{V_3}{V_2}\right)^{\kappa-1} = \xi^{\kappa-1}$;
- 2 → 3$^+$: Isochore Drucksteigerung: $\frac{p_{3^+}}{p_2} = \frac{T_{3^+}}{T_2} = \psi$;
- 3$^+$ → 3: Isobare Expansion $\frac{T_3}{T_{3^+}} = \frac{V_3}{V_{3^+}} = \xi$.

Mit diesen Temperaturverhältnissen kann das Temperaturverhältnis

$$\frac{T_4}{T_1} = \frac{T_4}{T_{3*}} \frac{T_{3*}}{T_3} \frac{T_3}{T_{3+}} \frac{T_{3+}}{T_2} \frac{T_2}{T_1}$$

ausgedrückt werden durch

$$\frac{T_4}{T_1} = \xi^{\kappa} \psi.$$

Damit werden die Effizienz oder der thermische Wirkungsgrad

$$\varepsilon = \eta_{th} = 1 - \chi^{-(\kappa-1)} \frac{\xi^{\kappa}\,\psi - 1}{\psi - 1 + \kappa\,\psi\,(\xi - 1)} \tag{5.123}$$

und die normierten Parameter für die Arbeit

$$\omega = -\frac{w}{c_p\,T_1} = \frac{1}{\kappa}\left\{\chi^{\kappa-1}\left[\kappa\,\psi\,(\xi-1) + \psi - 1\right] - \xi^{\kappa}\,\psi + 1\right\} \tag{5.124}$$

sowie für die zugeführte Wärme

$$\theta = \frac{q_{zu}}{c_p\,T_1} = \frac{1}{\kappa}\left\{\chi^{\kappa-1}\left[\kappa\,\psi\,(\xi-1) + \psi - 1\right]\right\} \tag{5.125}$$

als Funktionen der drei Parameter $\chi$, $\psi$ und $\xi$ ausgedrückt.

Der Maximaldruck tritt bei der isobaren Wärmezufuhr $p_3{}^+ = p_3$ auf. Das Druckverhältnis ist

$$\Pi = \frac{p_3}{p_1} = \frac{p_{3^+}}{p_2}\,\frac{p_2}{p_1} = \psi\,\chi^{\kappa} \tag{5.126}$$

und das Temperaturverhältnis kann ebenfalls mit den drei Parametern beschrieben werden:

$$\Phi = \frac{T_3}{T_1} = \frac{T_3}{T_{3^+}}\,\frac{T_{3^+}}{T_2}\,\frac{T_2}{T_1} = \xi\,\psi\,\chi^{\kappa-1}. \tag{5.127}$$

Aus diesen Gleichungen lassen sich das Druckverhältnis $\psi$ und das Volumenverhältnis $\xi$ bei der Wärmezufuhr durch die Parameter $\Pi$ und $\Phi$ ausdrücken:

$$\psi = \Pi\,\chi^{-\kappa} \tag{5.128}$$

und

$$\xi = \frac{\Phi\,\chi}{\Pi}. \tag{5.129}$$

Der Wirkungsgrad und die normierten Parameter für Arbeit und Wärme als Funktionen von $\chi$, $\Pi$ und $\Phi$ sind

$$\varepsilon = \eta_{th} = 1 - \frac{\Phi^{\kappa}\,\Pi^{-(\kappa-1)} + 1}{\kappa\left(\Phi - \frac{\Pi}{\chi}\right) + \frac{\Pi}{\chi} - \chi^{\kappa-1}}, \tag{5.130}$$

$$-\omega = \frac{1}{\kappa}\left[\kappa\left(\Phi - \frac{\Pi}{\chi}\right) + \frac{\Pi}{\chi} - \chi^{\kappa-1} - \Phi^{\kappa}\,\Pi^{-(\kappa-1)} + 1\right] \tag{5.131}$$

und

$$\theta = \frac{1}{\kappa}\left[\kappa\left(\Phi - \frac{\Pi}{\chi}\right) + \frac{\Pi}{\chi} - \chi^{\kappa-1}\right]. \tag{5.132}$$

## 5.4.5 Zusammenfassende Diskussion der Vergleichsprozesse

Trägt man in Abb. 5.36 das optimale Kompressionsverhältnis $\chi$ über dem Temperaturverhältnis $\Phi$ für den Gleichraumprozess und für den Gleichdruckprozess auf, so steigt das optimale Kompressionsverhältnis mit steigender Spitzentemperatur an. Das Gleichdruckverfahren erfordert stets höhere Kompressionsverhältnisse als das Gleichraumverfahren.

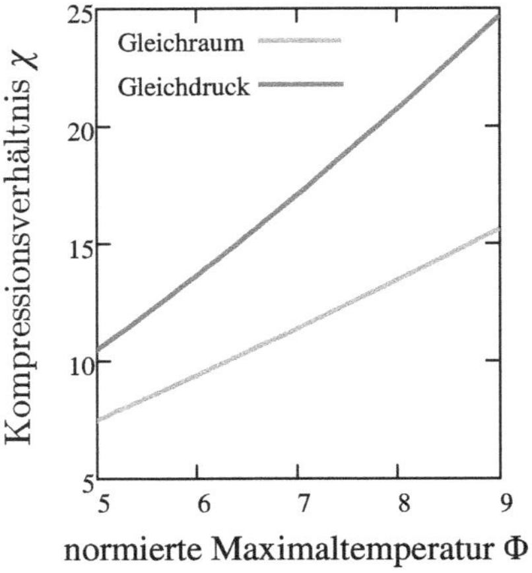


*Abb. 5.36: Optimales Kompressionsverhältnis als Funktion der normierten Maximaltemperatur des Gleichraum- und Gleichdruckprozesses*

Bei der Analyse von Verbrennungskraftmaschinen spielt der Mitteldruck zur Beurteilung der Leistung eine wichtige Rolle. Der Mitteldruck ist allgemein definiert als das Verhältnis der von einem Zyklus oder Arbeitsspiel abgegebenen Arbeit zum Hubvolumen

$$p_m = \frac{\oint p \, dV}{V_H} = \frac{m\,|w|}{V_H}. \tag{5.133}$$

Die Gasmasse im Zylinder folgt aus der Gasgleichung

$$m = \frac{p_1 V_1}{R T_1}$$

wobei das Maximalvolumen

$$V_h = V_1 = V_H + V_K$$

ist. Division durch das Kompressionsvolumen $V_K = V_\ell$ unter Verwendung der Definition des Kompressionsverhältnisses $\chi$ und Auflösung nach $V_\ell$ führen zu

$$V_\ell = \frac{V_H}{\chi - 1},$$

und mit $V_h = \chi V_\ell$ folgt

$$V_h = \frac{\chi}{\chi - 1} V_H.$$

Außerdem ist die spezifische Arbeit

$$w = c_p T_1 \omega = \frac{\kappa}{\kappa - 1} R T_1 \omega \cdot$$

Definieren wir den normierten Mitteldruck

$$\Pi_m = \frac{p_m}{p_1}, \tag{5.134}$$

so sind die normierten Parameter für Mitteldruck und Arbeit über die einfache Beziehung

$$\Pi_m = \frac{\chi}{\chi - 1}\,\frac{\kappa}{\kappa - 1}\,|\omega| \tag{5.135}$$

verknüpft.

Abb. 5.37 zeigt den Verlauf des Mitteldrucks über dem optimalen Kompressionsverhältnis, wobei beide Parameter vom Temperaturverhältnis abhängen. Zwischen dem Gleichraumverfahren (linke Kurve) und dem Gleichdruckverfahren (rechte Kurve) sind in Abb. 5.37 für drei Temperaturen die Kurven aus dem Seiliger-Prozess eingetragen, wobei Druck- und Kompressionsverhältnis zwischen den optimalen Werten aus dem Gleichraumverfahren und aus dem Gleichdruckverfahren variiert werden.

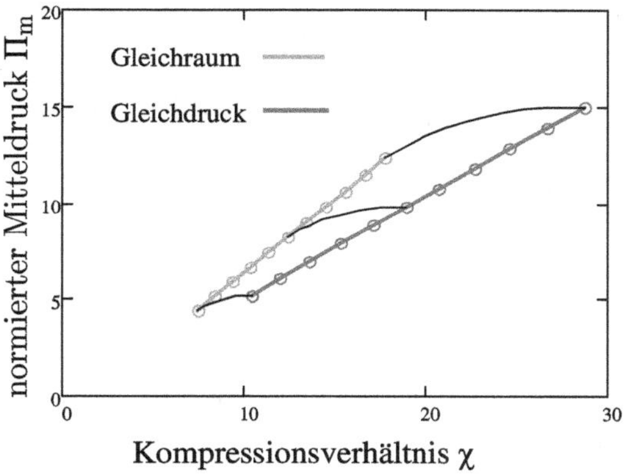


*Abb. 5.37: Normierter Mitteldruck als Funktion des Kompressionsverhältnisses*

Weitere Eigenschaften werden im folgenden Beispiel diskutiert.

**Beispiel 5.7 (Level 1):** Ein Dieselmotor arbeitet zwischen der Ansaugtemperatur von *30 °C* und der Höchsttemperatur von *1900 °C*. Der minimale Druck beträgt *0,95 bar*, der maximale Druck *65 bar*. Der theoretische Vergleichsprozess bezieht sich auf die optimalen Kompressionsverhältnisse von Gleichraumprozess und Gleichdruckprozess.

**Voraussetzungen:** In den Zylindern des Motors befinde sich ein ideales Gas mit $\kappa = 1{,}38 = const.$ Stoffliche Veränderungen durch den Verbrennungsvorgang werden nicht berücksichtigt und es wird angenommen, dass sich die Stoffmenge im Zylinder nicht verändert.

**Gegeben:**

$t_h := 1900\cdot °C \qquad t_l := 30\cdot °C \qquad p_h := 65\cdot bar \qquad p_l := 0.95\cdot bar \qquad \kappa := 1.38$

**Lösung:** Die normierten Kennzahlen für Druck und Temperatur der Vergleichsprozesse sind

$\Phi := \frac{Tt(t_h)}{Tt(t_l)} \qquad \Phi = 7.169 \qquad \Pi := \frac{p_h}{p_l} \qquad \Pi = 68.421$

Für den optimalen Gleichraumprozess folgt für die Kompressionsverhältnisse und Druckverhältnisse

$\chi_V(\Phi) := \Phi^{\frac{1}{2\cdot(\kappa-1)}} \qquad \chi_{opt\_V} := \chi_V(\Phi) \qquad \chi_{opt\_V} = 13.353$

$\Pi_V(\Phi) := \Phi\cdot\chi_V(\Phi) \qquad \Pi_{opt\_V} := \Pi_V(\Phi) \qquad \Pi_{opt\_V} = 95.72$

und für den optimalen Gleichdruckprozess

$$\chi_p(\Phi) := \Phi^{\frac{\kappa}{\kappa^2-1}} \qquad \chi_{opt\_p} := \chi_p(\Phi) \qquad \chi_{opt\_p} = 20.197$$

$$\Pi_p(\Phi) := \chi_p(\Phi)^{\kappa} \qquad \Pi_{opt\_p} := \Pi_p(\Phi) \qquad \Pi_{opt\_p} = 63.283$$

Mit diesen Ergebnissen erhalten wir für das Kompressionsverhältnis des Seiliger-Vergleichsprozesses

$$\chi_{opt} := \chi_{opt\_V} + \frac{\Pi - \Pi_{opt\_V}}{\Pi_{opt\_p} - \Pi_{opt\_V}} \cdot \left(\chi_{opt\_p} - \chi_{opt\_V}\right) \qquad \chi_{opt} = 19.113$$

Die Funktionen für die Kennzahlen der Arbeit und für den Mitteldruck sind für den Gleichraumprozess

$$\omega_V(\Phi,\chi) := -\frac{1}{\kappa}\cdot\left[\Phi - \chi^{\kappa-1} + 1 - \Phi\cdot\chi^{-(\kappa-1)}\right]$$

$$\Pi_{mV}(\Phi,\chi) := \frac{\chi}{\chi-1}\cdot\frac{\kappa}{\kappa-1}\cdot\left|\omega_V(\Phi,\chi)\right|$$

für den Gleichdruckprozess

$$\omega_p(\Phi,\chi) := -\left[\Phi - \chi^{\kappa-1} - \frac{1}{\kappa}\cdot\left[\Phi^{\kappa}\cdot\chi^{-\kappa\cdot(\kappa-1)} - 1\right]\right]$$

$$\Pi_{mp}(\Phi,\chi) := \frac{\chi}{\chi-1}\cdot\frac{\kappa}{\kappa-1}\cdot\left|\omega_p(\Phi,\chi)\right|$$

und für den Seiliger-Prozess

$$\omega_{Seil}(\Pi,\Phi,\chi) := -\frac{1}{\kappa}\cdot\left[\kappa\cdot\left(\Phi - \frac{\Pi}{\chi}\right) + \frac{\Pi}{\chi} - \chi^{\kappa-1} - \Phi^{\kappa}\cdot\Pi^{-(\kappa-1)} + 1\right]$$

$$\Pi_{mSeil}(\Pi,\Phi,\chi) := \frac{\chi}{\chi-1}\cdot\frac{\kappa}{\kappa-1}\cdot\left|\omega_{Seil}(\Pi,\Phi,\chi)\right|$$

Dies führt zu den Ergebnissen für die Kennzahlen des Mitteldrucks und für die theoretische Arbeit eines Arbeitsspiels des Motors

$$\Pi_{mV} := \Pi_{mV}\left(\Phi,\chi_{opt\_V}\right) \qquad \Pi_{mV} = 8.004 \qquad W_V := -p_1\cdot V_H\cdot\Pi_{mV} \qquad W_V = -0.380\,kJ$$

$$\Pi_{mp} := \Pi_{mp}\left(\Phi,\chi_{opt\_p}\right) \qquad \Pi_{mp} = 9.511 \qquad W_p := -p_1\cdot V_H\cdot\Pi_{mp} \qquad W_p = -0.452\,kJ$$

$$\Pi_{mS} := \Pi_{mSeil}\left(\Pi,\Phi,\chi_{opt}\right) \qquad \Pi_{mS} = 9.503 \qquad W_S := -p_1\cdot V_H\cdot\Pi_{mS} \qquad W_S = -0.451\,kJ$$

Mit den Funktionen für die zugeführte Wärme

$$\theta_V(\Phi,\chi) := \frac{1}{\kappa}\cdot\left(\Phi - \chi^{\kappa-1}\right)$$

$$\theta_p(\Phi,\chi) := \Phi - \chi^{\kappa-1}$$

$$\theta_{Seil}(\Pi,\Phi,\chi) := \frac{1}{\kappa}\cdot\left[\kappa\cdot\left(\Phi - \frac{\Pi}{\chi}\right) + \frac{\Pi}{\chi} - \chi^{\kappa-1}\right]$$

sind die Effizienzen oder thermischen Wirkungsgrade der Prozesse

$$\varepsilon_V := \frac{\left|\omega_V\left(\Phi,\chi_{opt\_V}\right)\right|}{\theta_V\left(\Phi,\chi_{opt\_V}\right)} \qquad \varepsilon_V = 0.627$$

$$\varepsilon_p := \frac{\left|\omega_p\left(\Phi,\chi_{opt\_p}\right)\right|}{\theta_p\left(\Phi,\chi_{opt\_p}\right)} \qquad \varepsilon_p = 0.617$$

$$\varepsilon_S := \frac{\left|\omega_{Seil}\left(\Pi,\Phi,\chi_{opt}\right)\right|}{\theta_{Seil}\left(\Pi,\Phi,\chi_{opt}\right)} \qquad \varepsilon_S = 0.626$$

Abb. 5.38 zeigt das $p,V$-Diagramm, Abb. 5.39 das $T,S$-Diagramm für den Seiliger-Prozess im Vergleich mit dem Gleichraum- und dem Gleichdruckprozess.

gabe des Auslassschlitzes durch den Kolben früher abgebrochen. Nach Freigabe der Einlassöffnung beginnt der Spülvorgang, bei dem sich ebenfalls eine kleine, gegen den Uhrzeigersinn durchlaufene Schleife ergibt. Beim Viertaktmotor umfasst ein Arbeitsspiel zwei Umdrehungen der Kurbelwelle ($k = 2$), beim Zweitaktmotor wird bei jeder Umdrehung ein Arbeitsspiel durchlaufen ($k = 1$). Aus solchen am Versuchsstand aufgenommenen Diagrammen wird für ein Arbeitsspiel der indizierte Mitteldruck

$$p_{m,i} = \frac{1}{V_H} \oint p \, dV \tag{5.136}$$

ermittelt. Für die indizierte oder auch innere Leistung eines Mehrzylindermotors mit der Zylinderzahl $z$ und mit der Drehzahl $n_r$ folgt

$$P_i = z \frac{n_r}{k} p_{m,i} V_H \tag{5.137}$$

mit $k = 1$ für Zweitaktmotoren und $k = 2$ für Viertaktmotoren.

Der innere Wirkungsgrad vergleicht die innere Arbeit eines Arbeitsspiels mit der theoretischen Arbeit. Dann gilt

$$\eta_i = \frac{W_i}{W_{theor}} = \frac{p_{m,i}}{p_{m,theor}} \tag{5.138}$$

wobei $p_{m,theor}$ aus Gl. (5.135) ermittelt wird. Der thermische Wirkungsgrad einer Verbrennungskraftmaschine ist, wie stets bei thermischen Maschinen, das Verhältnis von Nutzen zu Aufwand. Der Nutzen ist die innere Leistung, der Aufwand die Brennstoffzufuhr $\dot{m}_B$ mit dem Heizwert des Brennstoffs $\Delta H_H$. Damit gilt für den inneren thermischen Wirkungsgrad als Verhältnis von innerer Leistung zu Brennstoffverbrauch

$$\eta_{i,th} = \frac{P_i}{\dot{m}_B \, \Delta H_H} \tag{5.139}$$

Für überschlägige Berechnungen haben Benzin oder Dieselkraftstoff einen mittleren Heizwert von etwa $\Delta H_H = 42\ MJ/kg$.

Weiter gilt die Beziehung

$$\eta_{i,th} = \eta_i \, \eta_{th} \, . \tag{5.140}$$

Äußere Verluste sind wiederum mechanische Verluste durch Reibungsvorgänge im Triebwerk sowie Verluste durch Hilfsantriebe (Ventiltrieb, Ölpumpe, Wasserpumpe, Energieversorgung der Zündeinrichtung und/oder Einspritzpumpe). Diese Verluste werden durch Messung von Drehzahl $n_r$ und Drehmoment $M$ des Motors auf dem Motorprüfstand aus der Ermittlung der effektiven Leistung

$$P_{eff} = 2 \pi n_r M \tag{5.141}$$

durch den mechanischen Wirkungsgrad

$$\eta_m = \frac{P_{eff}}{P_i} \tag{5.142}$$

erfasst.

Die effektive Leistung und der effektive Wirkungsgrad einer Verbrennungskraftmaschine sind somit

$$P_{eff} = \eta_m \, \eta_{i,th} \, \dot{m}_B \, \Delta H_H \tag{5.143}$$

und

$$\eta_{eff} = \eta_m \; \eta_{i,th} = \eta_m \; \eta_i \; \eta_{th} \tag{5.144}$$

**Beispiel 5.8 (Level 1):** Durch ein Indikatordiagramm wird der Mitteldruck eines Viertakt-Diesel-Motors zu $p_{mi} = 7{,}86\ bar$ ermittelt. Auf dem Motorenprüfstand wird an der Vierzylindermaschine mit einem Hubraum von $2000\ cm^3$ bei einer Drehzahl von $3000\ 1/min$ ein Drehmoment von $117\ Nm$ gemessen, wobei der Kraftstoffverbrauch $7{,}9\ kg/h$ beträgt. Der Kraftstoff hat einen Heizwert von $42\ MJ/kg$.

**Gegeben:**

$p_{mi} := 7.86 \cdot bar \qquad z := 4 \qquad k := 2 \qquad V_H := 2000 \cdot cm^3$

$n_r := 3000 \cdot \frac{1}{min} \qquad M_M := 117 \cdot N \cdot m \qquad mp_B := 7.9 \cdot \frac{kg}{h} \qquad \Delta H_H := 42 \cdot \frac{MJ}{kg}$

**Lösung:** Die innere Leistung des Motors beträgt

$$P_i := \frac{n_r}{k} \cdot p_{mi} \cdot V_H \qquad P_i = 39.3\,kW$$

und die effektive Wellenleistung wird ermittelt mit

$$P_{eff} := 2 \cdot \pi \cdot n_r \cdot M_M \qquad P_{eff} = 36.76\,kW$$

Damit wird der mechanische Wirkungsgrad bestimmt durch

$$\eta_m := \frac{P_{eff}}{P_i} \qquad \eta_m = 0.935$$

Der durch den Kraftstoff zugeführte Wärmestrom beträgt

$$Qp_{zu} := mp_B \cdot \Delta H_H \qquad Qp_{zu} = 92.17\,kW$$

Damit berechnet man den inneren thermischen Wirkungsgrad durch

$$\eta_{i\_th} := \frac{P_i}{Qp_{zu}} \qquad \eta_{i\_th} = 0.426$$

und den effektiven Wirkungsgrad des Motors durch

$$\eta_{eff} := \eta_m \cdot \eta_{i\_th} \qquad \eta_{eff} = 0.399$$

# 6 Reale Fluide mit Phasenwechsel

## 6.1 Der Realgasfaktor

In Abschnitt 1.4.4 hatten wir festgestellt, dass bei jedem Fluid Druck, Temperatur und spezifisches Volumen in der thermischen Zustandsgleichung auf charakteristische Weise miteinander verknüpft sind. Je nach Wahl der unabhängigen Variablen kann man die thermische Zustandsgleichung für ein reales Fluid in der Form

$$v = v(p,T) \qquad \text{oder} \qquad p = p(v,T)$$

aufstellen. Bisher haben wir nur die einfachen Sonderformen der thermischen Zustandsgleichungen des inkompressiblen Fluids für den dicht gepackten Zustand der Materie und des idealen Gases für den stark verdünnten Zustand der Materie benutzt. In diesem Kapitel wollen wir Zustände von Fluiden untersuchen, die nicht durch die beiden Extremzustände beschrieben werden können.

Das Verhalten eines realen Gases folgt aus Messwerten von Druck, Temperatur und spezifischem Volumen. Liegen solche Stützstellen in genügender Zahl vor, so kann man mit den Methoden der numerischen Approximation die zugehörige Zustandsgleichung aufbauen. Bilden wir mit einer solchen Zustandsgleichung die Funktion

$$Z(p,T) = \frac{p\,v(p,T)}{R\,T} \tag{6.1}$$

so liefert uns dieser Realgasfaktor, der für das ideale Gas den Wert $Z = 1$ hat, die Abweichung des realen Gases vom idealen Gaszustand. Der Realgasfaktor kann größer oder kleiner als eins sein.

Das Programmpaket CoolPack[41] enthält solche Zustandsgleichungen für eine Vielzahl von Fluiden, die in der Kältetechnik eingesetzt werden. Mit den Daten für trockene Luft aus CoolPack wird in Mathcad® Abb. 6.1 generiert, die den Realgasfaktor in Abhängigkeit von der Temperatur und vom Druck zeigt.

---

41 CoolPack: A Collection of Simulation Tools for Refrigeration, Department of Mechanical Engineering, Technical University of Denmark

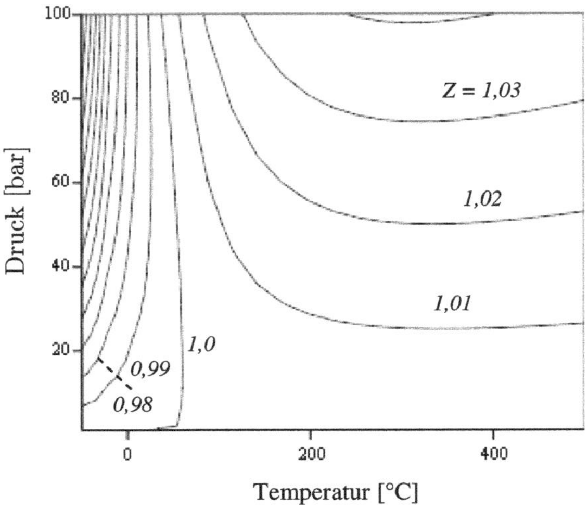


*Abb. 6.1: Realgasfaktor Z von trockener Luft*

Für Temperaturen $t > 0\ °C$ liegen bei Drücken bis zu *25 bar* die Abweichungen vom Verhalten des idealen Gases unter *1 %*. In diesem Bereich werden z.B. Turboverdichter zur Verdichtung von Luft und Gasturbinen betrieben. Bei Verbrennungskraftmaschinen treten höhere Spitzendrücke auf, bei denen die Abweichungen vom Verhalten des idealen Gases bereits über *2 %* betragen. Abb. 6.1 zeigt deutlich, dass bei niedrigen Temperaturen und hohen Drücken starke Abweichungen vom idealen Gasverhalten auftreten, die umso höher werden, je mehr man sich der Verflüssigung des Gases nähert. Bei sehr niedrigen Drücken gilt allerdings $Z \approx 1$ bis zum Beginn des Phasenwechsels.

## 6.2 Experimenteller Befund der Verflüssigung, weitere Phasenwechsel

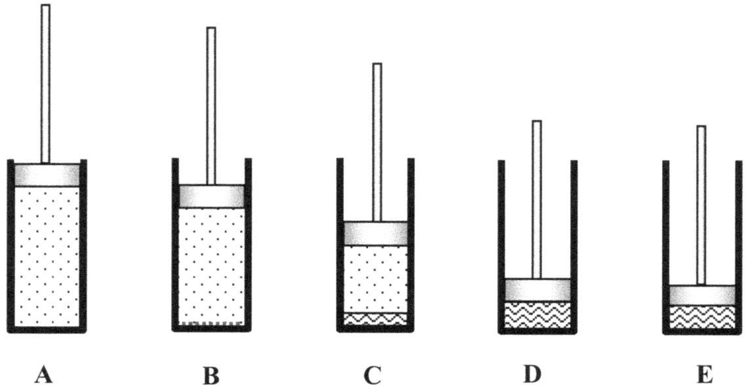


*Abb. 6.2: Isotherme Kompression mit Phasenwechsel*

Bei dem in Abb. 6.2 dargestellten Gedankenexperiment gehen wir davon aus, dass der Zylinder, der eine bestimmte Menge Wassersubstanz enthält, mit dem Wärmeleitwiderstand $R_{th} \rightarrow 0$ von außen durch ein Ölbad temperiert wird, mit dem konstante Temperaturen eingestellt werden können. Im ersten Versuch sei der Zylinder auf *100 °C* temperiert. Bei einem Innendruck < *1 bar* ist der Zylinder mit Wasserdampf befüllt. Verkleinert man das Volumen durch Einschieben des Kolbens, so steigt zunächst der Druck an, wie man das von einem Gas erwartet. Beim Erreichen von einem Innendruck von ca. *1 bar* (Kolbenstellung B) beobachtet man, dass sich im Zylinder erste Tropfen flüssigen Wassers bilden. Führt man den Versuch so langsam aus, dass die gebildete Nässe sich unter dem Einfluss der Schwerkraft am Boden ansammelt, so nimmt bei weiterer Kompression die Flüssigkeitsmenge stetig zu, ohne dass sich der Druck ändert. Der Phasenwechsel erfolgt isotherm-isobar und es herrscht während des Phasenwechsels zwischen Flüssigkeit und Dampf mechanisches und thermisches Gleichgewicht. Dabei wird Wärme aus dem Zylinder an das Ölbad abgegeben. Ist bei Kolbenstellung D nur noch flüssiges Wasser im Zylinder, so ist der Phasenwechsel abgeschlossen. Das flüssige Wasser hat eine sehr geringe Kompressibilität, so dass der Druck bei weiterer Volumenverkleinerung stark ansteigt. Der Versuch kann auch umgekehrt ausgeführt werden. Dann bildet sich bei Kolbenstellung D der erste Dampf und bei Kolbenstellung A verschwindet die letzte Flüssigkeit, wobei der Druck zwischen D und A wieder ca. *1 bar* beträgt. Dabei wird von außen Wärme aufgenommen. Die Messwerte des Volumens in Abhängigkeit von Kolbenstellung und Druck kann man nun in ein *p, V*-Diagramm (Abb. 6.3) eintragen[42].

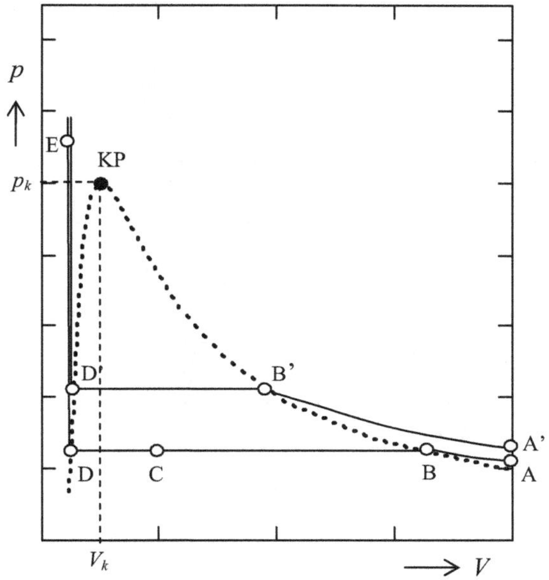


*Abb. 6.3: Isothermen mit Phasenwechsel im p, V-Diagramm*

42 Die Darstellungen in den Abb. 6.2 und 6.3 sind qualitativ. Real ergäben sich die Phasenwechsel für die Kompression von 1,67 Liter auf 1,0 cm³ bei 100 °C und von 0,19 Liter auf 1,1 cm³ bei 180 °C.

Wiederholt man den Versuch bei der konstanten Temperatur von *180 °C*, so beobachtet man wieder den Phasenwechsel, diesmal aber bei einem Druck von ca. *10 bar*. Das erste Auftreten von Flüssigkeit (Punkt B') stellt man im Vergleich zum vorangegangenen Versuch bei erheblich geringerem Volumen fest, während der letzte Dampf (Punkt D') bei geringfügig größerem Volumen verschwindet.

Bei weiterer Steigerung der aufgeprägten Temperatur findet der Phasenwechsel auf weiter ansteigendem Druckniveau statt und die Volumendifferenz zwischen (B) und (D) verkürzt sich immer mehr, bis schließlich bei der Temperatur *374 °C* die Punkte B und D zusammenfallen, so dass die Isotherme bei einem Druck von *221 bar* nur noch eine horizontale Wendetangente aufweist. Diesen Zustand nennt man kritischen Punkt (KP). Führt man Kompressionen bei überkritischen Temperaturen durch, so erhält man eine kontinuierliche Steigerung des Druckes. Der kritische Zustand von Wasser wird durch die heute gültigen Bestwerte[43]

$$t_{K\_H2O} = 373{,}946\,°C; \quad p_{K\_H2O} = 220{,}64\,bar; \quad v_{k\_H2O} = 0{,}003106\,m^3/kg$$

gekennzeichnet.

Bei Flüssigmetallen wie z.B. Quecksilber liegt der kritische Punkt bei sehr hohen Werten

$$t_{k\_Hg} = 1460\,°C; \quad p_{k\_Hg} = 1056\,bar; \quad v_{k\_Hg} = 0{,}0002\,m^3/kg\,,$$

während Helium mit den Daten

$$t_{k\_He} = -267{,}9\,°C; \quad p_{k\_He} = 2{,}29\,bar; \quad v_{k\_He} = 0{,}0145\,m^3/kg$$

erst nahe am absoluten Nullpunkt verflüssigt werden kann.

In der nachstehenden Tabelle werden weitere kritische Daten für einige Fluide, geordnet nach abnehmender kritischer Temperatur, angegeben:

| Fluid | Chem. Formel | $t_k$, *°C* | $p_k$, *bar* | $v_k$, *m³/kg* |
|---|---|---|---|---|
| Butan | $CH_3CH{=}CH_2$ | *150,80* | *37,18* | *0,00490* |
| Ammoniak | $NH_3$ | *132,53* | *113,53* | *0,00427* |
| Propan | $CH_3CH_2CH_3$ | *96,67* | *42,36* | *0,00507* |
| Propen | $CH_3CH{=}CH_2$ | *91,75* | *46,13* | *0,00441* |
| Ethan | $CH_3CH_3$ | *32,73* | *50,10* | *0,00460* |
| Kohlendioxid | $CO_2$ | *31,06* | *73,83* | *0,00216* |
| Ethylen | $CH_2{=}CH_2$ | *9,50* | *50,75* | *0,00462* |
| Methan | $CH_4$ | *-82,59* | *45,99* | *0,00623* |
| Argon | Ar | *-122,45* | *48,64* | *0,00195* |
| Stickstoff | $N_2$ | *-146,95* | *34,00* | *0,00318* |

*Tabelle 6.1: Kritische Daten von Fluiden (entnommen aus CoolPack)*

[43] Entnommen aus: Wagner, W., Kruse, A.: „Zustandsgrößen von Wasser und Wasserdampf. Der Industrie-Standard IAPWS-IF97“ Berlin, Heidelberg, New York: Springer Verlag 1998

Allgemein kann gesagt werden, dass der Übergang von der flüssigen Phase in die dampf- bzw. gasförmige Phase (**Verdampfung**) und der umgekehrte Vorgang (**Kondensation**) nur bei Temperaturen unterhalb der jeweiligen kritischen Temperatur eines Fluids möglich sind. Es gibt für diese Phasenwechsel jedoch für jedes Fluid auch eine untere Grenztemperatur: Die Tripelpunktstemperatur. Im Tripelpunkt koexistieren die drei Phasen fest, flüssig und gasförmig im Gleichgewicht, er ist charakterisiert durch die Tripelpunktstemperatur $t_{Tr}$ und durch den Tripelpunktsdruck $p_{Tr}$. Für Wasser betragen, wie bereits in Abschnitt 1.4.3 angegeben, diese Werte

$$t_{Tr\_H2O} = 0{,}01\ °C; \quad p_{Tr\_H2O} = 6{,}11657\ mbar,$$

wobei der Tripelzustand des Wassers zur Definition der Temperatureinheit $K$ herangezogen worden ist. Der Tripelpunktsdruck von Wasser liegt sehr niedrig. Ammoniak und Stickstoff haben die Daten

$$t_{Tr\_NH3} = -77{,}7\ °C; \quad p_{Tr\_NH3} = 60{,}7\ mbar,$$

$$t_{Tr\_N2} = -210{,}0\ °C; \quad p_{Tr\_N2} = 125{,}3\ mbar,$$

während bei Kohlendioxid der Tripelpunktsdruck mit den Daten

$$t_{Tr\_CO2} = -56{,}6\ °C; \quad p_{Tr\_CO2} = 5187\ mbar$$

extrem hoch liegt. Unterhalb des Tripelpunktdruckes können nur die feste Phase und/oder die gasförmige Phase existieren. Dadurch wird klar, dass beim Umgebungsdruck von ca. *1 bar* niemals flüssiges Kohlendioxid beobachtet werden kann, sondern es liegen nur die Gasphase oder die feste Phase in Form von $CO_2$-Schnee oder Trockeneis mit der Temperatur *−78,5 °C* vor.

Erreicht man durch Absenkung der Temperatur eines Fluids mit flüssiger und gasförmiger Phase die Tripelpunktstemperatur, so beginnt die Ausbildung der festen Phase. Bei weiterer Wärmeabfuhr verschiebt sich das Gleichgewicht zwischen den drei Phasen, wobei Druck und Temperatur so lange konstant bleiben, bis die flüssige Phase verschwunden ist. Dann steht die feste Phase mit der gasförmigen Phase im Gleichgewicht. Druck und Temperatur sinken bei weiterer Kühlung ab. Den Vorgang des Übergangs von der festen in die gasförmige Phase nennt man **Sublimation**, den umgekehrten Vorgang **Desublimation**.

Bei Temperaturen über der Tripelpunktstemperatur wird, wie allgemein bekannt, ein weiterer Phasenwechsel beobachtet. Den Übergang von der flüssigen Phase zur festen Phase nennt man **Erstarren**, oder, bei Wasser, **Gefrieren**, während der umgekehrte Vorgang mit **Schmelzen** bezeichnet wird.

Um die genannten Vorgänge weiter zu erläutern, wird in Abb. 6.4 das gesamte Verhalten eines Fluids, die Fläche der thermischen Zustandsgleichung, qualitativ im $p,v,t$-Raum dargestellt.

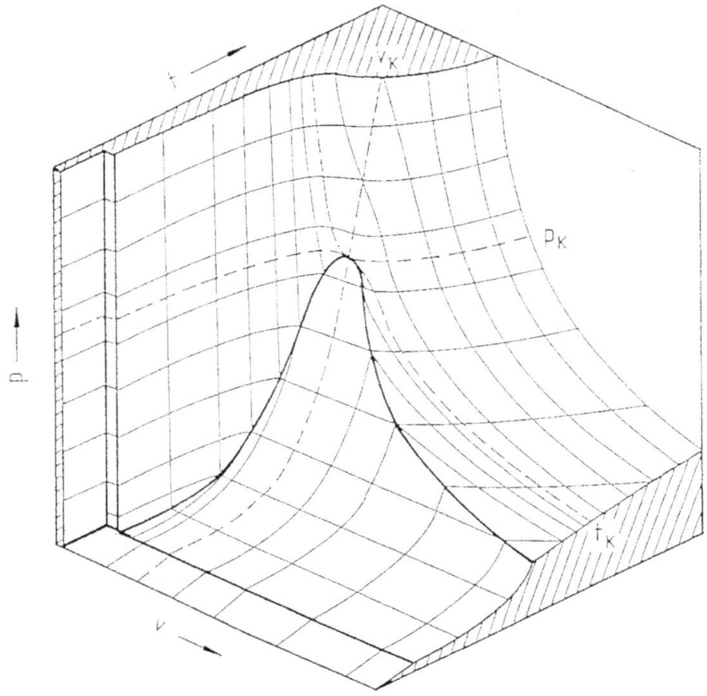


*Abb. 6.4: Zustandsfläche eines Fluids im p,v,t-Raum*[44]

Am Schnittpunkt von kritischer Isotherme $t_k$ und kritischer Isobare $p_k$ befindet sich der kritische Punkt. Auf der rechten Seite sieht man tendenziell, wie sich die Isothermen immer mehr dem hyperbelförmigen Verlauf des idealen Gases annähern. Auf der linken Seite nähert sich die Zustandsfläche einer zur *p,t*-Ebene parallelen Steilwand und damit dem inkompressiblen Fluid *v* = *const.* an. Die einfach gekrümmte Fläche des Phasenwechsels von flüssig nach dampfförmig unterhalb des kritischen Punkts wird durch die Tripellinie begrenzt, die einen leichten Knick in der Fläche des Phasenwechsels markiert. Unterhalb der Tripellinie geht der Feststoff, der wiederum durch eine zur *p,t*-Ebene nahezu parallele Zustandsfläche charakterisiert wird, direkt in die gasförmige Phase über. Der Phasenwechsel des Schmelzens erfolgt in der Stufe zwischen Festkörper und Flüssigkeit.

Der Zustand des einphasigen Fluids wird durch zwei unabhängige Variable, z.B. Druck und Temperatur, festgelegt. Bei allen Phasenwechseln hat man nur einen Freiheitsgrad: Bei vorgegebenem Systemdruck stellt sich die zugehörige Temperatur des Phasenwechsels ein. Projiziert man die Zustandsfläche in die *p,t*-Ebene, so bilden sich alle Phasenwechsel als Linienzüge ab. Dann erhält man das in Abb. 6.5 wiedergegebene Diagramm. Zwischen dem kritischen Punkt *KP* und der dem Tripelpunkt *TP* findet der Phasenwechsel flüssig/dampf-

[44] Quelle von Abb. 6.4: Stephan, Schaber, Stephan, Mayinger: Thermodynamik Bd. 1, Berlin, Heidelberg, New York: Springer Verlag 2007, 17. Auflage, S. 243. Mit freundlicher Genehmigung von Prof. Dr.-Ing. F. Mayinger und von Springer Science and Business Media.

förmig statt. Der flüssige Zustand auf der auch als Dampfdruckkurve bezeichneten **Sättigungslinie** wird mit gesättigter Flüssigkeit bezeichnet. Der dampfförmige Zustand nach Abschluss des Phasenwechsels liegt im Diagramm auf dem gleichen Punkt, er wird gesättigter Dampf oder Sattdampf benannt.

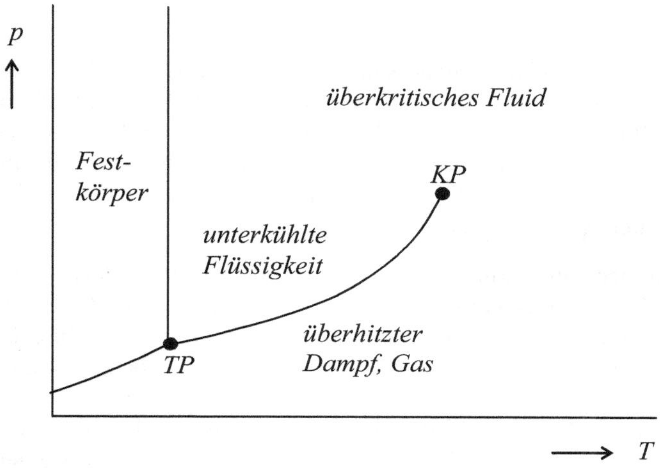


*Abb. 6.5: Darstellung der Zustandsfläche im p,t-Diagramm*

Liegt der Zustandspunkt links von der Sättigungslinie, so hat man unterkühlte Flüssigkeit. Rechts von der Sättigungslinie liegt der überhitzte Dampf, oder, bei kleinem Druck, das Gas. Unterkühlte Flüssigkeit, überkritisches Fluid und überhitzter Dampf oder Gas sind nur Arbeitsbegriffe, die nicht durch definierte Grenzen voneinander getrennt sind. Alle Begriffe werden mit dem Begriff des einphasigen Fluids zusammengefasst.

Auch auf der Sublimationslinie unterhalb des Tripelpunkts liegen zwei Zustände vor, der des gesättigten Festkörpers und des gesättigten Dampfes oder Gases. Schließlich stehen auf der Schmelzlinie der Festkörper und die Flüssigkeit im Gleichgewicht.

Da bei allen Phasenwechseln Druck und Temperatur gekoppelt sind, können die Funktionen

$$p_{sat} = p_{sat}(t)$$

für den Übergang von der Flüssigkeit zum Dampf,

$$p_{sub} = p_{sub}(t)$$

für den Übergang vom Festkörper zum Dampf und

$$p_{schm} = p_{schm}(t)$$

für den Übergang vom Festkörper zur Flüssigkeit aufgestellt werden.

Allgemein verringert sich beim Erstarren eines Fluids das Volumen. Deshalb muss man in der Gießereitechnik beim Formenbau ein gewisses Schwundmaß berücksichtigen. Die Schmelzlinie eines solchen Fluids ist im $p,t$-Diagramm gegenüber der Vertikalen leicht nach rechts geneigt. Demnach bewegt man sich bei Druckerhöhung vom gesättigten Festkörperzustand weiter in das Gebiet des Festkörpers. Wasser weist ein entgegengesetztes Verhalten auf. Wie man weiß, zerspringen Wasserleitungen bei strengem Frost, wenn man sie nicht entleert hat, da das Volumen beim Gefrieren zunimmt. Die Stufe in Abb. 6.4, die den zweiphasigen Zustand beim Schmelzen markiert, verläuft bei Wasser in entgegen gesetzter Richtung hin zur Vergrößerung des spezifischen Volumens. Weiter ist die Schmelzlinie in Abb. 6.5 mit der Steigung

$$\left(\frac{dp}{dT}\right)_{Schmelz} = -135\,\frac{bar}{K}$$

leicht nach links gegen die Vertikale geneigt. Deshalb kann bei steigendem Druck Verflüssigung des Festkörpers auftreten. Dies kann man durch ein einfaches Experiment nachweisen: Legt man eine dünne Drahtschlinge über einen Eisblock und belastet diese Schlinge durch ein ausreichend hohes Gewicht, so wandert der Draht wegen der Druckverflüssigung allmählich durch den Eisblock, wobei die gebildete Flüssigkeit nach Passieren des Drahts sofort wieder erstarrt und die Durchtrennung des Eises „ausheilt".

Man überlege sich, welche enormen Auswirkungen das anormale Verhalten des Wassers auf die Vorgänge in der Natur hat: Das Dichtemaximum des flüssigen Wassers bei *4 °C* bewirkt bei der Abkühlung von Gewässern ein Absinken des Wassers mit der maximalen Dichte, das sich auf dem Grund des Gewässers ansammelt und wärmeres Wasser nach oben verdrängt. Erst wenn dieser durch Dichtedifferenz getriebene Ausgleichsvorgang zum Erliegen kommt, können die oben liegenden Wasserschichten weiter abkühlen und schließlich beginnt der Gefriervorgang von oben. Außerdem schwimmt Eis durch die geringere Dichte im Wasser, während bei einem normalen Fluid der Festkörper auf den Boden absinkt. Dadurch bildet sich in einem Gewässer eine stabile Schichtung aus, die den Gefriervorgang verlangsamt. Deshalb kommt es in unseren Breiten nur außerordentlich selten vor, dass Gewässer bis zum Grund einfrieren.

Bei bestimmten Wetterlagen trifft Regen auf den nach einer Frostperiode unterkühlten Boden und es bildet sich Blitzeis. Dabei tritt ein Phasenwechsel von flüssig nach fest auf. Sublimation oder Desublimation findet in der Meteorologie immer dann statt, wenn die Umgebungstemperatur unter der Tripelpunktstemperatur liegt. Dann findet an Flächen, die noch kälter sind als die Lufttemperatur, ein Desublimationsvorgang des gasförmigen Wasserdampfs aus der Luft statt und es bildet sich Reif. Bei tiefen Temperaturen verschwinden Schnee oder Reif in der Sonne allmählich durch einen Sublimationsvorgang.

Projiziert man die in Abb. 6.4 dargestellte Zustandsfläche in die $p,v$-Ebene, so ergibt sich die bereits aus Abb. 6.3 bekannte Darstellung, ergänzt durch Tripellinie, Sublimationsgebiet und Schmelzbereich (Abb. 6.6).

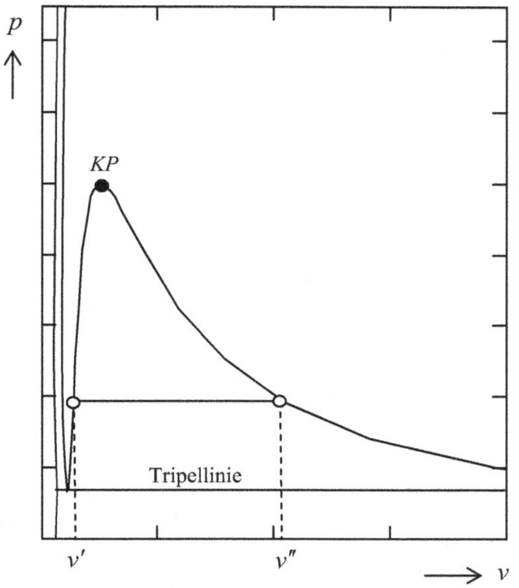


*Abb. 6.6: Phasenwechsel im p,v-Diagramm*

Der in Abb. 6.6 eingetragene Phasenwechsel verläuft von der gesättigten Flüssigkeit mit dem spezifischen Volumen $v'$ bis zum gesättigten Dampf mit dem spezifischen Volumen $v''$. Ist beim Schmelzen oder Sublimieren der Festkörper beteiligt, so bezeichnen wir das spezifische Volumen des gesättigten Festkörpers mit $v'''$. Die kalorischen Größen der gesättigten Zustände wollen wir ebenso mit $h', h'', h'''$ für die spezifische Enthalpie und mit $s', s'', s'''$ für die spezifische Entropie bezeichnen.

Für alle Arten des Phasenwechsels gilt die Gibbs'sche Phasenregel: Wenn

- ***F*** die Zahl der Freiheitsgrade, das heißt, die Zahl der frei wählbaren Zustandsgrößen,
- ***K*** die Zahl der Komponenten eines Gemisches, in unserem Fall für Einstoffsysteme $K = 1$ und
- ***P*** die Zahl der Phasen ist,

so gilt

$$\boldsymbol{F = K + 2 - P.}$$

Für ein einphasiges, homogenes Fluid mit $K = 1$ und $P = 1$ ergibt sich die Zahl der Freiheitsgrade $F = 2$. Damit sind z.B. Druck und Temperatur frei wählbar. Für ein zweiphasiges, definiert heterogenes Fluid mit $K = 1$ und $P = 2$ erhält man mit $F = 1$ nur noch einen Freiheitsgrad. Somit ist nur noch der Druck oder die Temperatur frei wählbar. Für das dreiphasige, definiert heterogene Fluid im Tripelzustand ist mit $K = 1$ und $P = 3$ der Freiheitsgrad $F = 0$. Dann ist der thermische Zustand eindeutig festgelegt.

## 6.3 Latente Wärme des Phasenwechsels, Gleichung von Clausius-Clapeyron

Wir gehen davon aus, dass wir zusätzlich zur thermischen Zustandsgleichung die kalorische Zustandsgleichung kennen:

$$v = v(p,t) \qquad \text{und} \qquad h = h(p,t)\,.$$

Durch die Hauptgleichung der inneren Thermodynamik nach Gibbs

$$ds = \frac{dh(p,t) - v(p,t)\,dp}{T}$$

kann dann zusätzlich die Funktion

$$s = s(p,t)$$

ermittelt werden. Nähere Zusammenhänge zwischen der thermischen und der kalorischen Zustandsgleichung werden wir in Abschnitt 6.5 diskutieren.

Da beim isobar-isothermen Vorgang der Verdampfung die kalorische Zustandsgleichung in gleicher Art wie die thermische Zustandsgleichung zwei Werte, nämlich die spezifische Enthalpie des gesättigten Wassers $h'$ und die spezifische Enthalpie des Sattdampfes $h''$ liefert, lautet der 1. HS der Thermodynamik für den Verdampfungsvorgang

$$q_{12} = h'' - h' = r(t)\;. \tag{6.2}$$

Die Wärmezufuhr bei der Verdampfung hängt nur von der Temperatur ab und hat die Eigenschaft einer Zustandsgröße, die als Verdampfungswärme bezeichnet wird. Für Wasser beträgt die Verdampfungswärme bei der Tripelpunktstemperatur

$$r(0{,}01\,°C) = 2500{,}89\; kJ/kg\;,$$

sie verschwindet für alle Stoffe am kritischen Punkt, da dort kein Phasenwechsel mehr auftritt. Die Phasenwechsel verlaufen bei homogenen Stoffen isobar-isotherm. Da sich die Temperatur nicht ändert, wird die für den Phasenwechsel notwendige Wärme als latente Wärme bezeichnet, im Gegensatz zum Wärmeaustausch im einphasigen Gebiet, die stets mit Änderungen der Temperatur verbunden ist und als fühlbare Wärme bezeichnet wird.

Tabelle 6.2 enthält Siedetemperaturen und Verdampfungswärmen bei einem Systemdruck von *1 bar*, mit Ausnahme von Kohlendioxid, wo die Werte beim Tripelpunktsdruck angegeben werden.

| Fluid | Chem. Formel | $t_{sat}$, *°C* | r, *kJ/kg* |
|---|---|---|---|
| Butan | $CH_3CH{=}CH_2$ | *-0,84* | *382,67* |
| Ammoniak | $NH_3$ | *-33,59* | *1368,47* |
| Propan | $CH_3CH_2CH_3$ | *-48,03* | *439,75* |
| Propen | $CH_3CH{=}CH_2$ | *-42,20* | *424,51* |
| Ethan | $CH_3CH_3$ | *-89,07* | *488,63* |
| Kohlendioxid | $CO_2$ | *-56,55* | *351,76* |
| Ethylen | $CH_2{=}CH_2$ | *-103,99* | *481,61* |
| Methan | $CH_4$ | *-161,68* | *511,06* |
| Argon | Ar | *-185,98* | *162,30* |
| Stickstoff | $N_2$ | *-195,91* | *199,39* |

*Tabelle 6.2: Siedetemperatur und Verdampfungswärme bei 1 bar (Ausnahme: $CO_2$ am Tripelpunkt bei p = 5,187 bar) (aus CoolPack)*

Von den betrachteten Fluiden hat Wasser die höchste Verdampfungswärme, gefolgt von Ammoniak, während alle anderen Fluide wesentlich geringere Verdampfungswärmen aufweisen.

Jeder Phasenwechsel erfordert latente Wärme, das heißt Wärmezufuhr, bei der sich die Temperatur nicht ändert. Die unterschiedlichen latenten Wärmen der Phasenwechsel bezeichnen wir mit

- $r$ (Verdampfungswärme) beim Verdampfen,
- $r_{schm}$ (Schmelzwärme) beim Schmelzen und
- $r_{sub}$ (Sublimationswärme) beim Sublimieren.

Mit den Zustandsgleichungen kann für das Zweiphasengebiet der Verdampfung ein *T,s*-Diagramm aufgebaut werden.

Wie Abb. 6.7 zeigt, ist nach dem 2. HS der Thermodynamik die Verdampfungswärme mit

$$r = T\left(s'' - s'\right) \tag{6.3}$$

gleich der Rechteckfläche unter der Isotherme der Verdampfung. Aus dem Vergleich von Gl. (6.3) mit Gl. (6.2) folgt der allgemein gültige Zusammenhang

$$h'' - h' = T\left(s'' - s'\right) \qquad \text{oder} \qquad s'' - s' = \frac{r}{T}\,. \tag{6.4}$$

Ordnen wir in vorstehender Gleichung die Größen für gesättigtes Wasser auf die eine Seite und die Größen des gesättigten Dampfes auf die andere Seite des Gleichheitszeichens, so erhalten wir

$$h' - T\,s' = h'' - T\,s''$$

und mit der Definition der spezifischen freien Enthalpie $g = h - T\,s$ die wichtige Aussage, dass die spezifische freie Enthalpie beim Phasenwechsel gleich bleibt:

$$g' = g''\,. \tag{6.5}$$

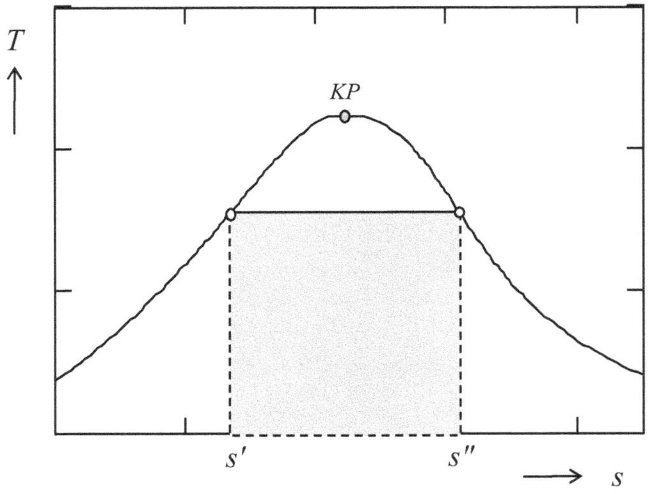


*Abb. 6.7: Verdampfungsvorgang im T,s-Diagramm*

Wenn wir nun unterstellen, dass der isobar-isotherme Verdampfungsvorgang in Abb. 6.6 im $p,v$-Diagramm und in Abb. 6.7 im $T,s$-Diagramm sich auf den selben Sättigungszustand bezieht, so können wir in beide Diagramme einen infinitesimalen Kreisprozess eintragen, nämlich im $p,v$-Diagramm mit dem treibenden Gefälle $dp$ und im $T,s$-Diagramm mit dem treibenden Gefälle $dT$. Da für die reversible Arbeit von Kreisprozessen allgemein

$$w = \oint v \, dp \qquad \text{bzw.} \qquad w = \oint T \, ds$$

gilt, können wir für den betrachteten differentiellen Prozess

$$dw = \left(v'' - v'\right) dp \qquad \text{bzw.} \qquad dw = \left(s'' - s'\right) dT$$

anschreiben. Die Kombination dieser Gleichungen ergibt

$$\left(\frac{dp}{dT}\right)_{sat} = \frac{s'' - s'}{v'' - v'}$$

oder, unter Einbeziehung von Gl. (6.4),

$$\left(\frac{dp}{dT}\right)_{sat} = \frac{r}{T\left(v'' - v'\right)} . \tag{6.6}$$

Die Gleichung von Clausius-Clapeyron, die hier für die Verdampfung abgeleitet wurde, gilt allgemein für alle Arten von Phasenwechsel. Wenden wir diese Gleichung auf das Schmelzen an, so wird deutlich, dass mit

$$\left(\frac{dp}{dT}\right)_{schm} = \frac{r_{schm}}{T\left(v' - v'''\right)} \tag{6.7}$$

die Steigung der Schmelzkurve bei Wasser negativ ist, da das spezifische Volumen des flüssigen Wassers kleiner ist als das spezifische Volumen des Eises.

Betrachten wir die Verhältnisse im Tripelzustand, so muss die Verdampfungswärme abgeführt werden, wenn aus Dampf flüssiges Wasser gebildet wird und zusätzlich die Schmelzwärme, wenn aus Wasser Eis entsteht. Damit gilt im Tripelzustand

$$r_{sub} = r + r_{schm} . \tag{6.8}$$

und die Neigung der Sublimationskurve ist mit

$$\left(\frac{dp}{dT}\right)_{sub} = \frac{r_{sub}}{T\,(v'' - v''')} \tag{6.9}$$

größer als jene der Sättigungslinie bei Verdampfung. Die Schmelzwärme von Wassereis beträgt

$$r_{schm} = 333{,}5\ kJ/kg\ .$$

Folglich ist die Sublimationswärme

$$r_{sub} = 2834{,}4\,\frac{kJ}{kg}\ .$$

Da der Tripelpunktsdruck bei Fluiden im Allgemeinen weit unter einem *bar* liegt (Ausnahme: Kohlendioxid), ist es zulässig, das spezifische Volumen des Eises gegenüber dem spezifischen Volumen des Dampfes zu vernachlässigen $(v''' << v'')$. Nimmt man zusätzlich konstante Sublimationswärme an und beschreibt den Dampf durch die Zustandsgleichung des idealen Gases, so folgt nach Separierung der Variablen

$$\frac{dp}{p} = \frac{r_{sub}}{R}\frac{dT}{T^2}\ .$$

Integration mit der unteren Integrationsgrenze des Tripelzustands liefert

$$\ln\left(\frac{p}{p_{Tr}}\right) = \frac{r_{sub}}{R}\left(\frac{1}{T_{Tr}} - \frac{1}{T}\right)$$

oder, aufgelöst nach dem Druck

$$p_{sub}(T) = p_{Tr}\,\exp\left(\frac{r_{sub}}{R}\left(\frac{1}{T_{Tr}} - \frac{1}{T}\right)\right)\ . \tag{6.10}$$

Diese Gleichung wird auch zuweilen mit der Verdampfungswärme $r$ als grobe Näherung zur Beschreibung der Sättigungslinie bei der Verdampfung benutzt.

Im Feststoff gibt es noch weitere Phasenwechsel. Von Wassereis sind sieben verschiedene Kristallisationen bekannt. Fester Kohlenstoff hat die Modifikationen Graphit (amorph) und Diamant (kristallin). Fester Schwefel kann amorph, rhombisch kristallisiert oder monoklin kristallisiert vorliegen. Jeder Phasenwechsel im Feststoff ist mit der Zu- bzw. Abfuhr von latenter Wärme verbunden.

# 6.4 Van-der-Waals-Zustandsgleichung

Im Jahr 1873 führte der niederländische Physiker Johannes Diderik van der Waals (1837–1923) die nach ihm benannte Zustandsgleichung ein. Dabei betrachtete er in seinem Modell die Moleküle eines Fluids als starre Kugeln, die anziehenden Dipol-Wechselwirkungen unterworfen sind. Er korrigierte die Zustandsgleichung des idealen Gases so, dass er den Kugeln, welche die Moleküle repräsentieren, ein Eigenvolumen, das so genannte Kovolumen $b$ zuordnete. Weiter postulierte er, dass die Anziehungskräfte zwischen den Molekülen bedingen, dass die Randmoleküle ins Innere des Fluids gezogen werden. Der Druck, den ein Gas auf eine Behälterwand ausübt, resultiert aus Stößen von Molekülen an die Wand. Die zwischenmolekularen Anziehungskräfte reduzieren demnach sowohl die Häufigkeit als auch die

Auswirkung der Stöße auf die Wand. Folglich hängt der dadurch entstehende Binnendruck oder Kohäsionsdruck in doppelter Weise von der Packungsdichte der Moleküle ab, die durch die Dichte repräsentiert wird. Der Binnendruck wird durch den Term

$$p_B = \frac{a}{v_m^{\,2}} \tag{6.11}$$

berücksichtigt, wobei die Konstante $a > 0$ ebenso wie das Kovolumen $b$ stoffspezifisch sind.

Aufgrund dieser Überlegungen erhielt van der Waals durch Einführung der Korrekturen in die Gleichung des idealen Gases

$$p + p_B = \frac{R_m\,T}{v_m - b}$$

oder

$$p = \frac{R_m\,T}{v_m - b} - \frac{a}{v_m^{\,2}}\,. \tag{6.12}$$

In der Literatur[45] werden für zahlreiche Fluide solche Konstanten angegeben. Van der Waals führte mit seiner Gleichung das Theorem korrespondierender Zustände ein. Dies bedeutet, dass eine generalisierte Zustandsgleichung unter Anpassung einiger Konstanten auf eine große Zahl von Fluiden angewendet werden kann.

Die Van-der-Waals-Gleichung liefert bei den meisten Anwendungen zu ungenaue Ergebnisse. Weiterentwicklungen auf der Basis dieser Gleichung führten über die Redlich-Kwong-Gleichung zu weiteren Modifikationen[46]. Generalisierte Zustandsgleichungen werden meist auf Gruppen von Fluiden angewendet, die experimentell noch wenig erforscht sind.

Die Van-der-Waals-Gleichung gibt allerdings das Verhalten eines Fluids beim Phasenwechsel qualitativ sehr gut wieder. Sie ist deshalb geeignet, grundlegende Zusammenhänge darzustellen. Wie wir bereits festgestellt haben, hat die kritische Isotherme im $p,v$-Diagramm am kritischen Punkt eine horizontale Wendetangente mit den Bedingungen

$$\left(\frac{\partial p}{\partial v}\right)_{T_k} = 0 \quad \text{und} \quad \left(\frac{\partial^2 p}{\partial v^2}\right)_{T_k} = 0 \tag{6.13}$$

Aus diesen Bedingungen folgen bei Vorgabe der kritischen Parameter $T_k$, $p_k$ und $v_k$ drei Gleichungen für die Parameter $a$, $b$ und $R$:

$$p_k = \frac{R\,T_k}{v_k - b} - \frac{a}{v_k^{\,2}}$$

$$0 = -\frac{R\,T}{(v_k - b)^2} + \frac{2\,a}{v_k^{\,3}}$$

$$0 = \frac{2\,R\,T}{(v_k - b)^3} - \frac{6\,a}{v_k^{\,3}}$$

mit den Lösungen

---

[45] Siehe z.B.: http://de.wikipedia.org/wiki/Van-der-Waals-Gleichung (April 2009)

[46] Siehe z.B.: Lüdecke, C., Lüdecke, D.: „Thermodynamik“ Berlin, Heidelberg, New York: Springer Verlag 2000, S. 301 ff

$$b = \frac{v_k}{3}; \quad a = 3\, p_k\, v_k; \quad R = \frac{8\, p_k\, v_k}{3\, T_k}. \tag{6.14}$$

Mit den auf den kritischen Punkt normierten Variablen

$$\Pi = \frac{p}{p_k}; \quad \mathrm{X} = \frac{v}{v_k}; \quad \Theta = \frac{T}{T_k} \tag{6.15}$$

nimmt die Van-der-Waals-Gleichung die einfache und für alle Fluide zutreffende Form

$$\Pi = \frac{8\,\Theta}{3\,\mathrm{X} - 1} - \frac{3}{\mathrm{X}^2} \tag{6.16}$$

an.

In Abb. 6.8 werden mit Mathcad® die Isothermen des Van-der-Waals-Fluids im Bereich

$\Theta := 0.4, 0.5 .. 1.6$

aufgetragen und der kritische Punkt markiert. Das Durchschwingen der Isothermen für unterkritische Isothermen wird in Abschnitt 6.6 erläutert.

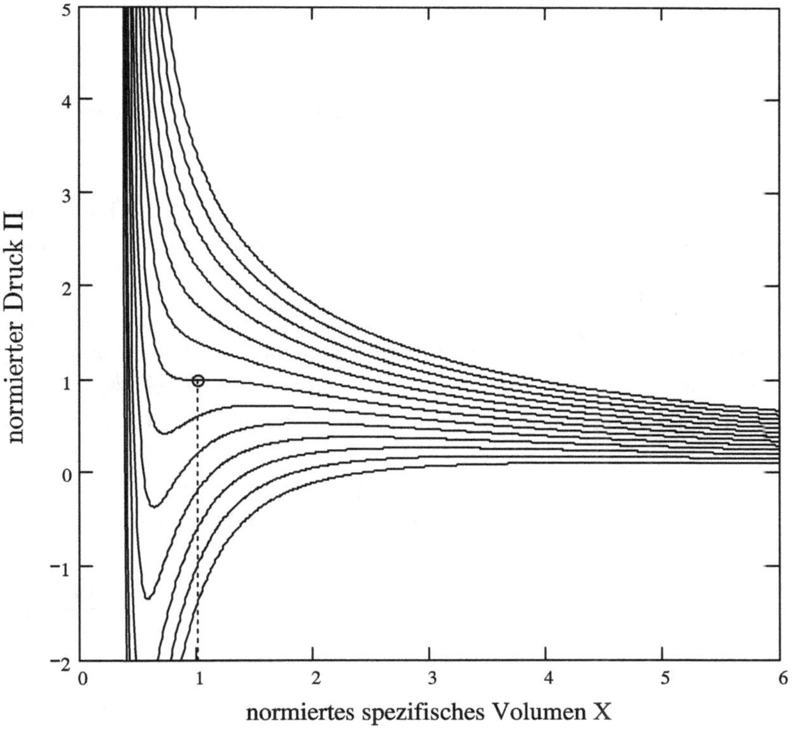


*Abb. 6.8: Isothermen des Van-der-Waals-Fluids in Π,X-Koordinaten*

In dieser Form gibt die Gleichung nach Van-der-Waals die unmittelbare Umgebung des kritischen Punktes realistisch wieder. Je weiter der Zustand des Fluids vom kritischen Punkt entfernt ist, desto mehr weicht das reale Fluid von dieser einfachen Zustandsgleichung ab.

## 6.5 Thermodynamisch konsistente, kanonische Zustandsgleichungen

Lösen wir die Hauptgleichungen der inneren Thermodynamik von Gibbs nach den kalorischen Zustandsgrößen auf, so erhalten wir

$$dh = T\ ds + v\ dp \qquad \text{oder} \qquad du = T\ ds - p\ dv\,.$$

Wenn wir Funktionen mit den unabhängigen Variablen für die kalorischen Zustandsgrößen

$$h = h(s,p) \qquad \text{oder} \qquad u = u(s,v)$$

postulieren und die totalen Differentiale dieser Funktionen anschreiben,

$$dh = \left(\frac{\partial h}{\partial s}\right)_p ds + \left(\frac{\partial h}{\partial p}\right)_s dp \qquad \text{oder} \qquad du = \left(\frac{\partial u}{\partial s}\right)_v ds + \left(\frac{\partial u}{\partial v}\right)_s dv\,,$$

so liefert ein Koeffizientenvergleich mit den Hauptgleichungen

$$T = \left(\frac{\partial h}{\partial s}\right)_p\,;\quad v = \left(\frac{\partial h}{\partial p}\right)_s \qquad \text{oder} \qquad T = \left(\frac{\partial u}{\partial s}\right)_v\,;\quad p = \left(\frac{\partial u}{\partial v}\right)_s\,.$$

Daraus folgt, dass die Funktionen

$$h = h(s,p) \qquad \text{oder} \qquad u = u(s,v) \tag{6.17}$$

thermodynamische Potentialfunktionen darstellen, da bei Vorgabe der unabhängigen Variablen

$$s,p \Rightarrow h,T,v \qquad \text{oder} \qquad s,v \Rightarrow u,T,p$$

die noch fehlenden Zustandsgrößen durch die Potentialfunktion und die ersten Ableitungen dieser Potentialfunktion ermittelt werden. Somit enthalten die Potentialfunktionen alle thermischen und kalorischen Informationen.

Unter Verwendung der Definitionen der freien Enthalpie (Gibbs-Funktion) oder der freien Energie (Helmholtz-Funktion) erhalten wir für die Differentiale der kalorischen Größen

$$dh = dg + s\ dT + T\ ds \qquad \text{oder} \qquad du = df + s\ dT + T\ ds\,.$$

Setzen wir dies in die Hauptgleichungen der inneren Thermodynamik nach Gibbs ein, so folgt

$$dg = -s\ dT + v\ dp \qquad \text{oder} \qquad df = -s\ dT - p\ dv\,.$$

Der Koeffizientenvergleich mit dem totalen Differential der Gibbs-Funktion bzw. der Helmholtz-Funktion liefert

$$s = -\left(\frac{\partial g}{\partial T}\right)_p\,;\quad v = \left(\frac{\partial g}{\partial p}\right)_T \qquad \text{oder} \qquad s = -\left(\frac{\partial f}{\partial T}\right)_v\,;\quad p = -\left(\frac{\partial f}{\partial v}\right)_T$$

Deshalb sind die Funktionen

$$g = g(p,T) \qquad \text{oder} \qquad f = f(v,T) \tag{6.18}$$

ebenfalls thermodynamische Potentiale. Auch hier stellen wir fest, dass bei Vorgabe der unabhängigen Variablen

$$p,T \Rightarrow g,\ v,\ s \qquad \text{oder} \qquad v,T \Rightarrow f,\ p,\ s$$

wieder alle noch fehlenden Zustandsgrößen ermittelt werden, wenn man die Definitionen der freien Enthalpie oder der freien Energie mit einbezieht.

Aus der Analyse folgt die wichtige Erkenntnis, dass

- ein thermodynamisches Potential stets alle thermischen und kalorischen Informationen zum Verhalten eines Fluids enthält und dass
- die thermische und die kalorische Zustandsgleichung nicht unabhängig voneinander existieren.

Die ersten Ableitungen nach dem Druck oder, im zweiten Fall, nach dem spezifischen Volumen stellen die thermischen Zustandsgleichungen in den bekannten Formen

$$v(p,T)=\left(\frac{\partial g}{\partial p}\right)_T \qquad \text{oder} \qquad p(v,T)=-\left(\frac{\partial f}{\partial v}\right)_T \tag{6.19}$$

dar. Hat man eine entsprechende thermische Zustandsgleichung, so kann man daraus die zugehörige Potentialfunktion aufbauen. Aus den vorstehenden Gleichungen erhält man unmittelbar

$$g(p,T)=\int v(p,T)\,dp+g(T) \quad \text{oder} \quad f(v,T)=-\int p(v,T)\,dv+f(T). \tag{6.20}$$

Nun liegt es nahe, die von der Temperatur abhängigen Integrationskonstanten durch die Eigenschaften des idealen Gases zu beschreiben. Für das ideale Gas liegen Messungen der spezifischen Wärmekapazitäten vor, die über $c_p(T)=c_v(T)+R$ miteinander verknüpft sind.

Für die Entropiefunktionen des idealen Gases wählt man einen beliebigen Bezugsdruck $p^*$. Es ist zweckmäßig, die thermische Zustandsgleichung in einen Term des idealen Gases und einen zweiten Term, der das Realverhalten repräsentiert, aufzuteilen:

$$v(p,T)=\frac{R\,T}{p}+v_r(p,T) \quad \text{oder} \quad p(v,T)=\frac{R\,T}{v}+p_r(v,T). \tag{6.21}$$

Die so genannte kanonische Zustandsgleichung entsteht für die unabhängigen Variablen *p, T* durch Integration mit dem Druck null als untere Integrationsgrenze, wobei man mit dem idealen Gas vom Bezugsdruck $p^*$ auf den Druck $p = 0$ hinunter geht und die thermische Zustandsgleichung von $p = 0$ bis $p$ integriert:

$$g(p,T)=g_0(T)+R\,T\ln[p]_{p^*}^{0}+R\,T\ln[p]_0^p+\int_0^p v_r(p,T).$$

Dies führt zu

$$g(p,T)=g_0(T)+R\,T\ln\left(\frac{p}{p^*}\right)+\int_0^p v_r(p,T) \tag{6.22}$$

mit

$$g_0(T)=\int_{T_0}^{T} c_p(T)\,dT-T\int_{T_0}^{T}\frac{c_p(T)}{T}\,dT\,. \tag{6.23}$$

Die analoge Entwicklung mit den unabhängigen Variablen *v, T* mit dem spezifischen Volumen $v\to\infty$ als unterer Integrationsgrenze führt mit

$$v^*=\frac{R\,T}{p^*}$$

zu

$$f(v,T)=f_0(T)-R\,T\ln\left(\frac{p^*\,v}{R\,T}\right)-\int_{\infty}^{v} p_r(v,T)\,dv \tag{6.24}$$

mit

$$f_0(T) = \int_{T_0}^{T} c_v(T)\, dT - T \int_{T_0}^{T} \frac{c_v(T)}{T}\, dT \,. \tag{6.25}$$

Besonders zweckmäßig ist es, die kanonische Zustandsgleichung in normierter Form

$$\zeta(p,T) = \frac{g(p,T)}{R\,T} \qquad \text{oder} \qquad \psi(v,T) = \frac{f(v,T)}{R\,T} \tag{6.26}$$

anzuschreiben.

Abschließend stellen wir fest, dass beim Vorliegen einer zuverlässigen thermischen Zustandsgleichung Messungen der spezifischen Wärmekapazität des idealen Gases als einzige kalorische Information vorliegen müssen, um die Gleichungen $g_0(T)$ bzw. $f_0(T)$ zu erstellen und die zugehörige kanonische Zustandsgleichung aufzubauen.

Mit den Potentialfunktionen und ihren ersten Ableitungen

$$g;\quad g_p = \left(\frac{\partial g}{\partial p}\right)_T;\quad g_T = \left(\frac{\partial g}{\partial T}\right)_p \qquad \text{oder} \qquad f;\quad f_v = \left(\frac{\partial f}{\partial v}\right)_T;\quad f_T = \left(\frac{\partial f}{\partial T}\right)_v \tag{6.27}$$

werden alle für die Praxis wichtigen Zustandsgrößen gebildet:

$$\left.\begin{array}{lcl} h = g - T\, g_T\,; & & u = f - T\, f_T\,; \\ u = g - T\, g_T - p\, g_p\,; & & h = f - T\, f_T - v\, f_v\,; \\ f = g - p\, g_p; & \text{oder} & g = f - v\, f_v\,; \\ v = g_p\,; & & p = -f_v\,; \\ s = -g_T\,; & & s = -f_T\,. \end{array}\right\} \tag{6.28}$$

Die Definitionen für die zweiten Ableitungen lauten

$$\left.\begin{array}{lcl} g_{pp} = \left(\dfrac{\partial^2 g}{\partial p^2}\right)_T; & & f_{vv} = \left(\dfrac{\partial^2 f}{\partial v^2}\right)_T; \\ g_{TT} = \left(\dfrac{\partial^2 g}{\partial T^2}\right)_p; & \text{oder} & f_{TT} = \left(\dfrac{\partial^2 f}{\partial T^2}\right)_v; \\ g_{pT} = \left(\dfrac{\partial^2 g}{\partial p\, \partial T}\right); & & f_{vT} = \left(\dfrac{\partial^2 f}{\partial v\, \partial T}\right). \end{array}\right\} \tag{6.29}$$

Die Tatsache, dass es bei der Bildung von gemischten Ableitungen nicht auf die Reihenfolge der Differentiation ankommt, führt zu den Aussagen

$$g_{pT} = g_{Tp} \qquad \text{oder} \qquad f_{vT} = f_{Tv}$$

und damit zu

$$\left(\frac{\partial v}{\partial T}\right)_p = -\left(\frac{\partial s}{\partial p}\right)_T \qquad \text{oder} \qquad \left(\frac{\partial p}{\partial T}\right)_v = \left(\frac{\partial s}{\partial v}\right)_T. \tag{6.30}$$

Außerdem gilt die allgemein gültige mathematische Aussage

$$\left(\frac{\partial x}{\partial y}\right)_z \left(\frac{\partial y}{\partial z}\right)_x \left(\frac{\partial z}{\partial x}\right)_y = -1\,. \tag{6.31}$$

Mit diesen Voraussetzungen erhält man die spezifischen Wärmekapazitäten $c_p$ und $c_v$, den Isentropenexponenten $k$ und die Schallgeschwindigkeit $a$ sowie die Drosselkoeffizienten $\delta_h$ und $\delta_T$ als weitere Zustandsgrößen:

$$\left.\begin{aligned}
c_p &= \left(\frac{\partial h}{\partial T}\right)_p : & c_p &= -T\, g_{TT} & &\text{oder} & c_p &= -T\left(f_{TT} - \frac{f_{Tv}^{\,2}}{f_{vv}}\right);\\
c_v &= \left(\frac{\partial u}{\partial T}\right)_v : & c_v &= -T\left(g_{TT} - \frac{g_{Tp}^{\,2}}{g_{pp}}\right) & &\text{oder} & c_v &= -T\, f_{TT};\\
k &= -\frac{v}{p}\left(\frac{\partial p}{\partial v}\right)_s : & k &= \frac{g_p}{p\left(-g_{pp} + \dfrac{g_{Tp}^{\,2}}{g_{TT}}\right)} & &\text{oder} & k &= -\frac{v}{f_p}\left(f_{vv} - \frac{f_{Tv}^{\,2}}{f_{TT}}\right);\\
a &= v\sqrt{-\left(\frac{\partial p}{\partial v}\right)_s} : & a &= \frac{g_p}{\sqrt{-g_{pp} + \dfrac{g_{Tp}^{\,2}}{g_{TT}}}} & &\text{oder} & a &= v\sqrt{f_{vv} - \frac{f_{Tv}^{\,2}}{f_{TT}}};\\
\delta_h &= \left(\frac{\partial T}{\partial p}\right)_h : & \delta_h &= \frac{g_p - T\, g_{Tp}}{T\, g_{TT}} & &\text{oder} & \delta_h &= \frac{-\left(\dfrac{f_{Tv}}{f_{vv}} + \dfrac{v}{T}\right)}{-f_{TT} + \dfrac{f_{Tv}^{\,2}}{f_{vv}}};\\
\delta_T &= \left(\frac{\partial h}{\partial p}\right)_T : & \delta_T &= g_p - T\, g_{Tp} & &\text{oder} & \delta_T &= v + T\,\frac{f_{Tv}}{f_{vv}}.
\end{aligned}\right\} \quad (6.32)$$

Wegen des Verhaltens eines Fluids am kritischen Punkt ist es nahe liegend, wenn man als unabhängige Variable *v, T* oder *ρ, T* wählt und die kanonische Zustandsgleichung in Form des Helmholtz-Potentials *f(v,T)* aufbaut. Dann ist eine Beschreibung des fluiden Verhaltens über einen großen Gültigkeitsbereich mit einer Gleichung möglich. So deckt eine solche Gleichung für Wasser und Wasserdampf[47] den gesamten fluiden Bereich von den Temperaturen auf der Sublimations- bzw. Schmelzkurve bis *1000 °C* und von *1 mbar* bis *10 000 bar* mit hoher Präzision ab. Für praktische Berechnungen ist allerdings die Wahl von *p, T* als unabhängige Variable mit der kanonischen Zustandsgleichung auf der Basis des Gibbs-Potentials *g(p,T)* günstiger, da diese Parameter häufig vorgegeben sind. Dann wird nur in einem kleinen Bereich in der Umgebung und oberhalb des kritischen Punkts mit dem Helmholtz-Potential gearbeitet und der technisch wichtige Bereich des Druckwassers und des überhitzten Dampfes wird durch Funktionen auf der Basis des Gibbs- Potentials abgedeckt. Wir werden später für Wasser und Wasserdampf ausschließlich den Industrie-Standard der IAPWS (International Association for the Properties of Water and Steam)[48] nutzen.

---

47 Wagner, W. Pruß, A.: The IAPS Formulation 1995 for the Thermodynamic Properties of Ordinary Water Substance for General and Scientific Use, J. Phys. Chem. Ref. Data, Vol. 31, No. 2, 2002, p. 387–535

48 Wagner, W., Kruse, K.: „Zustandsgrößen von Wasser und Wasserdampf. Der Industrie-Standard IAPWS-IF97" Berlin, Heidelberg, New York: Springer Verlag, 1998

## 6.6 Abgrenzung des Zweiphasengebiets, Maxwell-Kriterium

In Abb. 6.8 haben wir gezeigt, dass die unterkritischen Isothermen ein Maximum und ein Minimum aufweisen. Wie man leicht einsehen kann, ist der Verlauf des ansteigenden Drucks zwischen Maximum und Minimum physikalisch nicht möglich, da bei einer Volumenvergrößerung (Expansion) der Druck ansteigen würde. Damit würde Arbeitsfähigkeit gewonnen, was dem 2. HS der Thermodynamik widerspricht. Zustände auf dieser Linie können nicht existieren, sie sind instabil.

Wir haben festgestellt, dass für die Festlegung des Sättigungsdrucks bei vorgegebener Temperatur zwei Kriterien erfüllt werden müssen: Sowohl der Druck als auch die Gibbs-Funktion muss für die gesättigte Flüssigkeit als auch für den Sattdampf gleich sein

$$p' = p'' = p_{sat} \quad und \quad g' = g'' .$$

Erfüllt man diese Forderungen, so ergibt sich das in Abb. 6.9 dargestellte Bild.

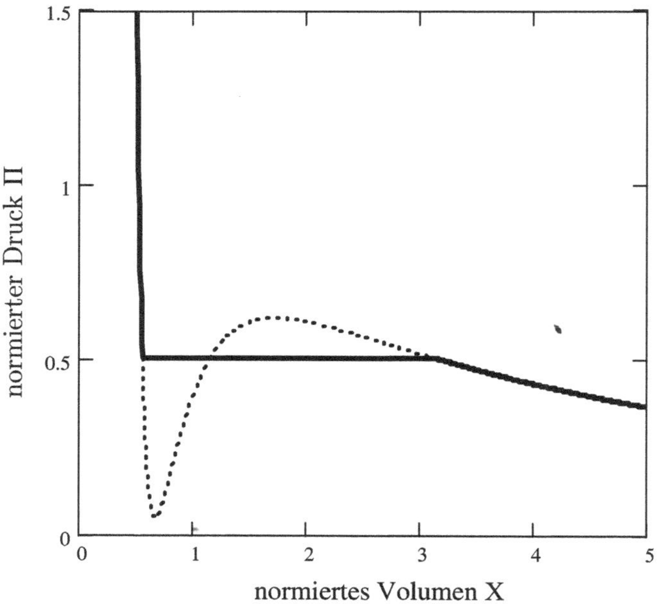


*Abb. 6.9: Isotherme im Durchgang durch das Zweiphasengebiet*

Beschreibt man das Verhalten eines Fluids durch das Helmholtz-Potential *f*, so wird die freie Enthalpie durch

$$g = f + p\,v$$

festgelegt. Wenn wir voraussetzen, dass beide Kriterien für den Sättigungszustand erfüllt sind, so erhalten wir

$$f' + p_s\,v' = f'' + p_s\,v'' .$$

Nun ist

$$f'' - f' = -\int_{v'}^{v''} p(v,T)\, dv \,.$$

Setzen wir dies in obige Beziehung ein, so folgt

$$\int_{v'}^{v''} p(v,T)\, dv = p_s\,(v''-v') \cdot \qquad (6.33)$$

Diese Beziehung wird als Maxwell-Kriterium bezeichnet. Es besagt, dass die Volumenänderungsarbeit beim stabil verlaufenden Phasenwechsel (Rechteckfläche) gleich der fiktiven Volumenänderungsarbeit unter der aus der Zustandsgleichung berechneten Isotherme sein muss.

Zustände auf der in Abb. 6.9 dünn eingezeichneten Kurve vor dem Minimum und nach dem Maximum sind physikalisch durchaus möglich. Damit können auf der Flüssigkeitsseite überhitztes Wasser und auf der Dampfseite unterkühlter Dampf auftreten. Solche metastabilen Phasen verkraften kleine Störungen, wobei die Toleranz gegen solche Störungen immer geringer wird, je weiter die Überhitzung bzw. Unterkühlung fortschreitet. Es wird dann früher oder später zwangsläufig eine Stabilitätsgrenze erreicht, wobei es sogar zu explosionsartigem Ausdampfen bzw. zu Kondensationsschlägen kommen kann. In chemischen Laboratorien ist beim Erhitzen von Flüssigkeiten in glatten Glasgefäßen der Siedeverzug, das heißt, ein schlagartiges Ausdampfen von überhitzter Flüssigkeit, ein gefürchtetes Phänomen. Abhilfe bewirken Siedesteinchen, das sind kleine, poröse Gebilde, die in der erhitzten Flüssigkeit Störstellen bilden, an denen die Dampfbildung bevorzugt einsetzt. Beim Kochen von Wasser braucht man keinen Siedeverzug zu befürchten, da am Topfboden genügend viele Störstellen in Form von Siedekeimen vorhanden sind, an welchen sich die Dampfblasen bilden. Dazu reichen bereits die Grenzen zwischen den Kristallen eines metallischen Werkstoffs. Allerdings ist bei kochendem Wasser die Grenzschicht am Topfboden immer leicht überhitzt.

Der Industriestandard IAPWS-IF97 liefert bei Überschreitung des Sättigungszustands auch für die beiden metastabilen Bereiche der überhitzten Flüssigkeit und des unterkühlten Dampfes physikalisch sinnvolle Werte.

Wir werden in den von uns untersuchten technischen Systemen nur den stabilen Phasenwechsel analysieren.

**Beispiel 6.1 (Level 3):** Für ein Van-der-Waals-Fluid ist das Zweiphasengebiet abzugrenzen. Die Sättigungslinie ist im Π,Θ-Diagramm und Π,X-Diagramm unter Einzeichnung der Isothermen darzustellen.

**Theoretische Bearbeitung:** Aus der thermischen Zustandsgleichung

$$\Pi(\Theta, X) := \frac{8\cdot\Theta}{3\cdot X - 1} - \frac{3}{X^2}$$

wird zur Beschreibung des Helmholtz-Potentials die Stammfunktion der thermischen Zustandsgleichung entwickelt:

$$\int \frac{8\cdot\Theta}{3\cdot X - 1} - \frac{3}{X^2}\, dX \rightarrow \frac{8\cdot\Theta\cdot\ln\left(X - \frac{1}{3}\right)}{3} + \frac{3}{X}$$

Dies ist hier ausreichend, da die von der Temperatur abhängige Integrationskonstante sich beim Sättigungszustand heraushebt. Mit dieser Helmholtz-Funktion

$$\Phi_r(\Theta, X) := -\left(\frac{8}{3}\cdot ln(3\cdot X - 1)\cdot\Theta + \frac{3}{X}\right)$$

und der thermischen Zustandsgleichung wird die zugehörige Gibbs-Funktion

$$\zeta_r(\Theta, X) := \Phi_r(\Theta, X) + \Pi(\Theta, X)\cdot X$$

formuliert. Die Ableitungen der thermischen Zustandsgleichung

$$\frac{d}{dX}\Pi(\Theta, X) \rightarrow \frac{6}{X^3} - \frac{24\cdot\Theta}{(3\cdot X - 1)^2}$$

und der Gibbs-Funktion

$$\frac{d}{dX}\zeta_r(\Theta, X) \rightarrow X\cdot\left[\frac{6}{X^3} - \frac{24\cdot\Theta}{(3\cdot X - 1)^2}\right]$$

weisen nach, dass

$$\frac{d}{dX}\zeta_r(\Theta, X) = X\cdot\left(\frac{d}{dX}\Pi(\Theta, X)\right)$$

gilt und dass die Maxima und Minima der Gibbs-Funktion und der thermischen Zustandsgleichung für jeden Sättigungszustand jeweils die gleichen Koordinaten X haben.

**Lösung**: Mit der Bedingung für den Sättigungszustand (gleicher Druck und gleiches Gibbs-Potential) werden zwei Lösungsblöcke mit unterschiedlichen Vorgabewerten (der eine für niedrige Temperaturen und der andere für Temperaturen bei Annäherung an den kritischen Punkt) aufgestellt:

$X_{s1} := 0.52 \qquad X_{s2} := 4$

*Vorgabe*

$$\Pi(\theta, X_{s1}) - \Pi(\theta, X_{s2}) = 0$$

$$\zeta_r(\theta, X_{s1}) - \zeta_r(\theta, X_{s2}) = 0$$

$$vsat_l(\theta) := Suchen(X_{s1}, X_{s2})$$

$X_{s1} := 0.69 \qquad X_{s2} := 1.7$

*Vorgabe*

$$\Pi(\theta, X_{s1}) - \Pi(\theta, X_{s2}) = 0$$

$$\zeta_r(\theta, X_{s1}) - \zeta_r(\theta, X_{s2}) = 0$$

$$vsat_h(\theta) := Suchen(X_{s1}, X_{s2})$$

Mit dem Temperaturfeld

$\Theta^T =$

| | 0 | 1 | 2 | 3 | 4 | 5 | 6 | 7 | 8 | 9 |
|---|---|---|---|---|---|---|---|---|---|---|
| 0 | 0.65 | 0.7 | 0.75 | 0.8 | 0.85 | 0.9 | 0.95 | 0.98 | 0.99 | 0.995 |

werden die Werte für die Volumina der gesättigten Flüssigkeit und des Sattdampfes berechnet:

$i := 0..9 \qquad j := 0..1$

$$Satvol_{i,j} := \begin{array}{|ll} vsat_l(\Theta_i)_j & if\ i \le 6 \\ vsat_h(\Theta_i)_j & otherwise \end{array}$$

mit dem Ergebnis

$Satvol =$

| | 0 | 1 |
|---|---|---|
| 0 | 0.449 | 11.176 |
| 1 | 0.467 | 7.811 |
| 2 | 0.490 | 5.643 |
| 3 | 0.517 | 4.172 |
| 4 | 0.553 | 3.128 |
| 5 | 0.603 | 2.349 |
| 6 | 0.684 | 1.727 |
| 7 | 0.776 | 1.376 |
| 8 | 0.831 | 1.243 |
| 9 | 0.875 | 1.162 |

Zur Kontrolle setzen wir die ermittelten Werte in die Funktionen für Druck und Gibbs-Potential ein

| $\zeta_r(\Theta_i, Satvol_{i,0}) =$ | $\zeta_r(\Theta_i, Satvol_{i,1}) =$ | $\Pi(\Theta_i, Satvol_{i,0}) =$ | $\Pi(\Theta_i, Satvol_{i,1})$ |
|---|---|---|---|
| -4.7859 | -4.7859 | 0.13584 | 0.13584 |
| -4.6246 | -4.6246 | 0.20046 | 0.20046 |
| -4.4740 | -4.4740 | 0.28246 | 0.28246 |
| -4.3330 | -4.3330 | 0.38336 | 0.38336 |
| -4.2007 | -4.2007 | 0.50449 | 0.50449 |
| -4.0763 | -4.0763 | 0.64700 | 0.64700 |
| -3.9591 | -3.9591 | 0.81188 | 0.81188 |
| -3.8919 | -3.8919 | 0.92191 | 0.92191 |
| -3.8700 | -3.8700 | 0.96048 | 0.96048 |
| -3.8592 | -3.8592 | 0.98012 | 0.98012 |

und erhalten für das Gibbs-Potential und den Druck übereinstimmende Werte. Mit der Ergänzung des Feldes durch den kritischen Zustand

$$\Theta_{10} := 1 \qquad \Pi_{s_{10}} := 1 \qquad Satvol_{10,0} := 1 \qquad Satvol_{10,1} := 1$$

und der Berechnung der Sättigungsdrücke durch

$$\Pi_{s_i} := \Pi\left(\Theta_i, Satvol_{i,1}\right)$$

wird in Abb. 6.10 die Sättigungslinie in der $\Pi,\Theta$-Ebene gezeichnet:

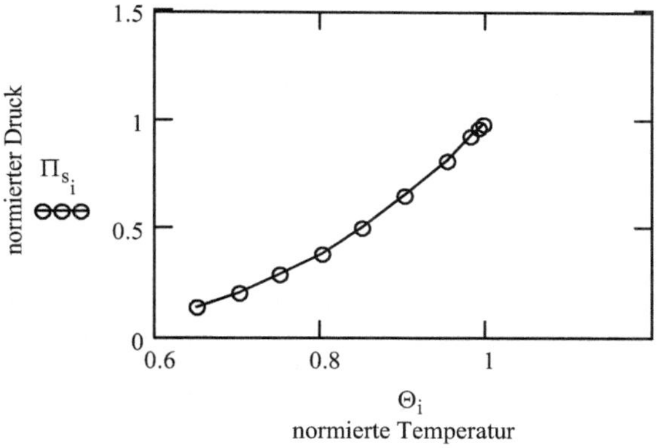


*Abb. 6.10: Sättigungslinie des Van-der-Waals-Fluids*

Fügt man dem Temperaturfeld die überkritischen Temperaturwerte

$$k := 10..25 \qquad \Theta_k := \begin{vmatrix} [1 + (k - 10)\cdot 0.02] & \text{if } k < 12 \\ [1 + (k - 11)\cdot 0.05] & \text{otherwise} \end{vmatrix}$$

$$Satvol_{k,0} := 1 \qquad Satvol_{k,1} := 1$$

hinzu und generiert die Isothermen mit dem Gleichgewichtszustand beim Phasenwechsel

$$j := 0..25 \qquad \Pi_{Tsat}(j,\chi) := \begin{vmatrix} \Pi_{s_j} & \text{if } Satvol_{j,0} \le \chi \le Satvol_{j,1} \\ \left(\Pi\left(\Theta_j, \chi\right)\right) & \text{otherwise} \end{vmatrix}$$

$$Satvol_{k,0} := 1 \qquad Satvol_{k,1} := 1$$

so erhält man das $\Pi$,X-Diagramm in Abb. 6.11.

$\chi := 0.38, 0.385..10$

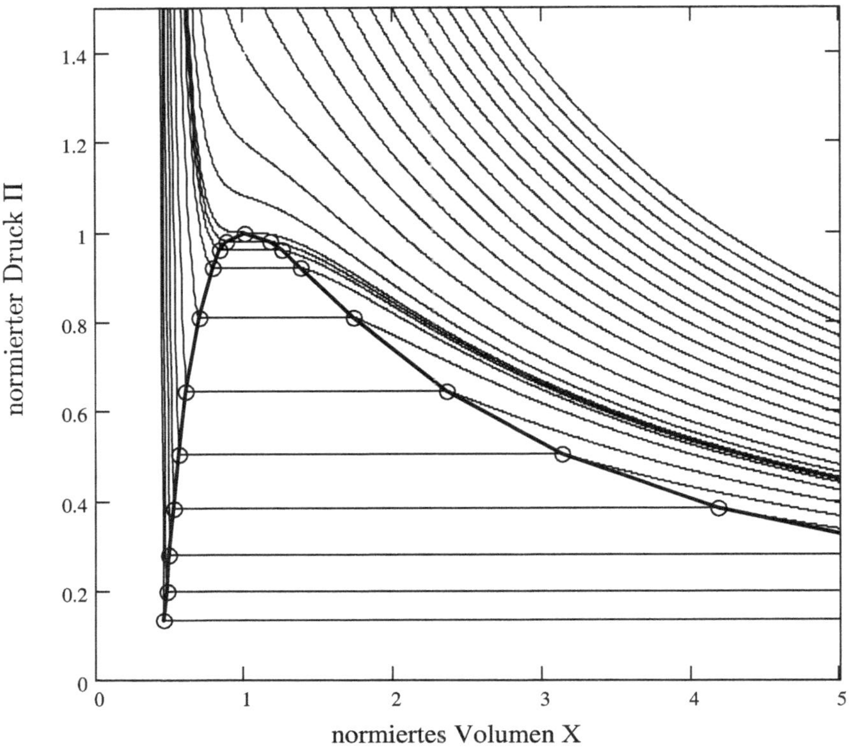


*Abb. 6.11: Isothermen mit stabiler Verdampfung im Zweiphasengebiet*

**Diskussion:** Am Modellfluid nach Van der Waals wird gezeigt, wie beim Aufstellen der kanonischen Zustandsgleichung durch die Anwendung der Bedingungen für den Sättigungszustand das Gebiet abgegrenzt wird, in dem Dampf und Flüssigkeit im stabilen Gleichgewicht stehen. Aus den berechneten und in Abb. 6.10 wiedergegebenen Sättigungsdrücken kann durch mathematische Approximation die Funktion *p(t)* gewonnen werden.

# 6.7 Programme zur Berechnung von Zustandsgrößen

## 6.7.1 Die Zustandsgleichung IAPWS-IF97 für Wasser und Wasserdampf

Im Jahr 1997 wurde von der IAPWS (International Association for the Properties of Water and Steam) das Programmpaket IAPWS-IF97 zur Berechnung von Zustandsgrößen für Wasser und Wasserdampf verabschiedet, welches international als Industrie-Standard anerkannt wird. Dieses Programmpaket ist auch Grundlage der 1998 herausgegebenen Dampftafel[49], in

49 Siehe Fußnote 48, S. 305

der neben den tabellierten Zustandswerten auch die Algorithmen beschrieben werden, mit denen diese Zustandswerte berechnet worden sind. In Übereinstimmung mit der allgemeinen Vorgehensweise in diesem Buch werden wir nicht mit der Dampftafel arbeiten, sondern direkt mit den Algorithmen. Auch werden Diagrammdarstellungen nur zur Verdeutlichung von Sachverhalten herangezogen und es wird nicht quantitativ mit den Diagrammen gearbeitet, die der Dampftafel beigefügt sind.

Der Gültigkeitsbereich der IAPWS-IF97 erstreckt sich

- für $p \le 1000\ bar$ im Temperaturbereich $0\ °C \le t \le 800\ °C$ und
- für $p \le 100\ bar$ im Temperaturbereich $800\ °C \le t \le 2000\ °C$.

Wie bereits erwähnt, sind für praktische Berechnungen die unabhängigen Variablen *p, t* von großem Vorteil. Andererseits kann die Umgebung des kritischen Punkts nur mit den unabhängigen Variablen *v, t* abgebildet werden. Deshalb ist das als „Formulation" bezeichnete Programmpaket aus mehreren kanonischen Zustandsfunktionen aufgebaut, die bestimmte Unterbereiche abdecken. Diese Bereiche werden in Abb. 6.12 dargestellt.

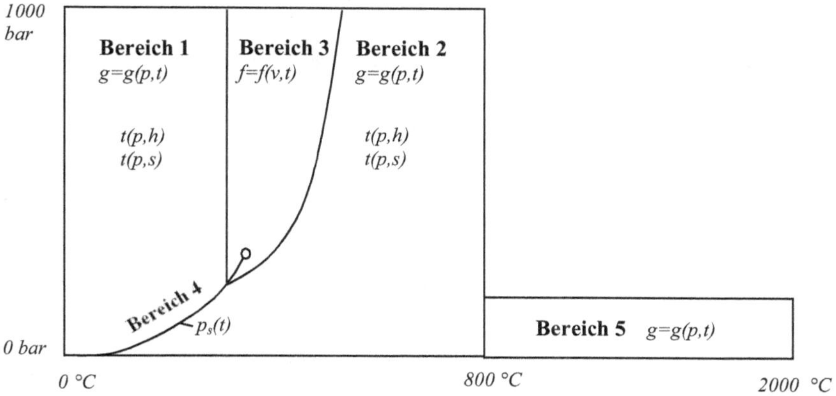


*Abb. 6.12: Bereiche und Gleichungen der IAPWS-IF97*

In den Bereichen 1 (unterkühltes Wasser), 2 (überhitzter Dampf) und 5 (stark überhitzter Dampf) wird das Gibbs-Potential *g(p,t)* als Grundlage für die Beschreibung des thermodynamischen Verhaltens gewählt. Lediglich im Bereich 3 sind mit dem Helmholtz-Potential *f(v,t)* spezifisches Volumen und Temperatur die unabhängigen Variablen. Aus den kanonischen Zustandsgleichungen werden die Ableitungen gebildet und damit die Funktionen für die Zustandswerte aufgebaut. Die Dampftafel ist auch elektronisch verfügbar[50] und liefert im gesamten Gültigkeitsbereich bei Eingabe von Druck und Temperatur neben den Zustandswerten für Dichte, spezifische Enthalpie und spezifische Entropie auch die spezifische Wärmekapazität und die Schallgeschwindigkeit. Weiter werden die Transportgrößen dynamische Viskosität $\eta$ und Wärmeleitfähigkeit $\lambda$ berechnet, für die gesonderte Gleichungen gelten. Außerdem können mit dieser Software beliebige Tabellen und Diagramme generiert werden.

50 Wasserdampf IAPWS-IF97 auf CD: Die neue Industrie-Formulation, Berlin, Heidelberg: Springer Verlag 2000, Version 1.52

Für die Anwendungen des Wassers und Wasserdampfs im Rahmen dieses Buches reicht es aus, die Zustandsbereiche 1 (unterkühltes Wasser) und 2 (überhitzter Dampf) zur Verfügung zu haben. Damit erhält man auf der Sättigungslinie (Bereich 4) Zustandsgrößen nur bis *350 °C*. Die Algorithmen werden in geeigneten Programmblöcken zusammengestellt, die wie die Wasserdampftafel gehandhabt werden können. Hat man den Programmblock Dampftafel in ein Arbeitsblatt von Mathcad® eingefügt und die Schaltvariable $i_{sel} = 0$ gesetzt, so erhält man bei Aufruf der entsprechenden Funktionen die folgenden Zustandswerte.

- In den Bereichen 1 und 2 im einphasigen Zustand liefert bei Vorgabe von Druck und Temperatur der Aufruf der Funktion

  **Einphas(*p,t*) [*p* in *bar*; t in *°C*]**

  das Ergebnis in Form einer Matrix

  $$\begin{pmatrix} v \\ s \\ h \end{pmatrix}$$ **[*v* in *m³/kg*; *s* in *kJ/kg K*; *h* in *kJ/kg*]**.

- Bei Vorgabe der Sättigungstemperatur wird durch den Aufruf

  **psat(*t*) [*t* in *°C*]**

  der **Sättigungsdruck in *bar*** berechnet.

- Die Sättigungszustände für das Zweiphasengebiet (Bereich 4) werden bei Vorgabe der Temperatur durch den Aufruf

  **Zweiphas(*t*) [*t* in *°C*]**

  berechnet mit dem Ergebnis in Form einer Matrix

  $$\begin{pmatrix} v1 & v2 \\ s1 & s2 \\ h1 & h2 \end{pmatrix}$$ **[*v* in *m³/kg*; *s* in *kJ/kg K*; *h* in *kJ/kg*].**

  Dabei sind v1, s1, h1 die Werte des gesättigten Wassers und v2, s2, h2 die Werte des Sattdampfes.

Damit erhält man für $i_{sel} = 0$ alle thermischen und kalorischen Zustandswerte, die auf der entsprechenden Potentialfunktion und ihren ersten Ableitungen beruhen. Wählt man für die Schaltvariable einen anderen Wert, z.B. $i_{sel} = 1$, so werden in den Ergebnismatrizen zusätzlich die spezifischen Wärmekapazitäten $c_p$ und $c_v$ *[kJ/kg K]* sowie die Schallgeschwindigkeit $a_S$ *[m/s]* angegeben. In diese Zustandsgrößen gehen auch zweite Ableitungen der Potentialfunktion ein.

**Beispiel 6.2 (Level 2):** Für Druckwasser im Temperaturbereich $0\ °C \le t \le 100\ °C$ mit Drücken zwischen *1,1 bar* und *1000 bar* sollen Diagramme für die spezifischen Wärmekapazitäten und die Schallgeschwindigkeit erzeugt werden.

**Voraussetzungen:** Dampftafelprogramme

**Lösung:** Mit der Schaltvariablen

$$i_{sel} := 1$$

vor dem ausgeblendeten Programmblock Dampftafel (siehe Anhang 10.3.7) wird die Berechnung der Wärmekapazitäten und der Schallgeschwindigkeit aktiviert. Diese Zustandsgrößen stehen auf den Positionen 3, 4 und 5 der Lösungsmatrizen. Zur Auswertung werden die Funktionen

$$c_p(p,t) := Einphas(p,t)_3 \quad c_v(p,t) := Einphas(p,t)_4 \quad a_S(p,t) := Einphas(p,t)_5$$

bereitgestellt. Damit werden die Diagramme Abb. 6.13 und Abb. 6.14 erzeugt.

$i := 0..20 \qquad t_i := i \cdot 5$

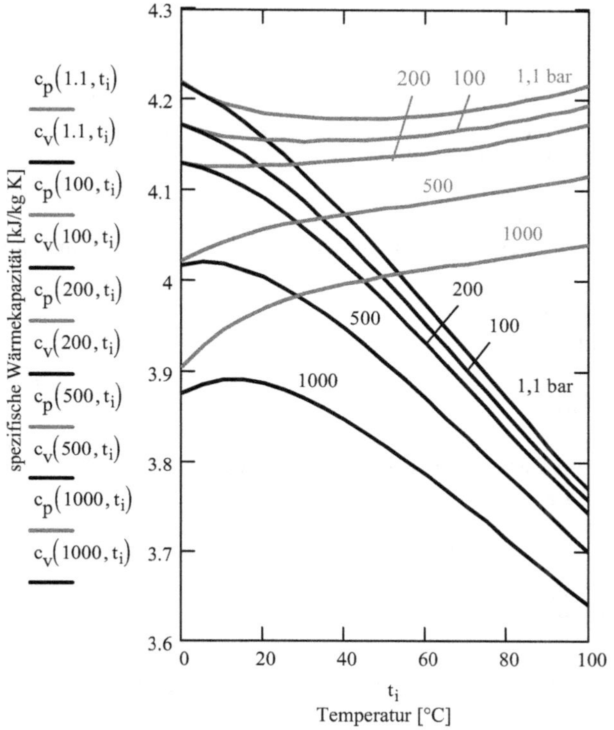


*Abb. 6.13: Spezifische Wärmekapazitäten von Druckwasser*

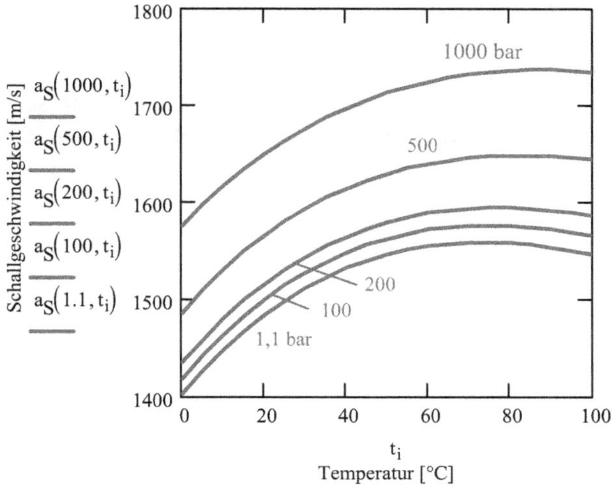


*Abb. 6.14: Schallgeschwindigkeit in Druckwasser*

**Diskussion:** Bei Annäherung an die Gefriergrenze von Druckwasser werden die Unterschiede zwischen der isobaren und der isochoren spezifischen Wärmekapazität sehr gering. Ansteigender Druck senkt die Wärmekapazitäten ab und erhöht die Schallgeschwindigkeit.

Um thermische Prozesse möglichst ohne Iterationen durchzurechnen, werden weitere Umkehrfunktionen bereitgestellt, die Bestandteil der IAPWS-IF97 sind und die nachfolgend aufgelistet werden:

- Bei Vorgabe des Sättigungsdrucks wird durch den Aufruf

  **tsat(*p*) [*p* in *bar*]**

  die **Sättigungstemperatur in °C** berechnet.
- Im Bereich des unterkühlten Wassers (Bereich 1) werden die folgenden Umkehrfunktionen bereitgestellt:

  **ts1(*p*,*s*) [*p* in *bar*, *s* in *kJ/kg K*];**
  **Ergebnis: Temperatur in °*C***
  und
  **th1(*p*,*h*) [*p* in *bar*, *h* in *kJ/kg*];**
  **Ergebnis: Temperatur in °*C*.**
- Die entsprechenden Funktionen im Bereich des **überhitzten Dampfes (Bereich 2)** sind

  **ts2(*p*,*s*) [*p* in *bar*, *s* in *kJ/kg K*];**
  **Ergebnis: Temperatur in °*C***
  und
  **th2(p,h) [*p* in *bar*, *h* in *kJ/kg*];**
  **Ergebnis: Temperatur in °*C*.**

## 6.7.2 Das Programmpaket CoolPack für Kältemittel

Zur Bestimmung der Zustandswerte von 45 Kältemitteln steht das Programmpaket CoolPack[51] als Freeware im Internet zur Verfügung. Klickt man nach Aufruf dieser Software das Icon „Refrigerant Calculator" an und wählt eines der Kältemittel aus, so erhält man für gesättigte Flüssigkeit, gesättigten Dampf und im überkritischen und überhitzten Gebiet bei Vorgabe von zwei Parametern im einphasigen Bereich und von einem Parameter für Sättigungszustände durch Anklicken der entsprechenden Buttons die gewünschten Zustandsgrößen. Neben *v*, *h* und *s* sind auch Berechnungen der spezifischen Wärmekapazitäten, der Schallgeschwindigkeit und der Transportgrößen möglich. Abb. 6.15 gibt das Bedienungsfeld des „Refrigerant Calculators" wieder.

---

[51] siehe Fußnote 41, S. 287

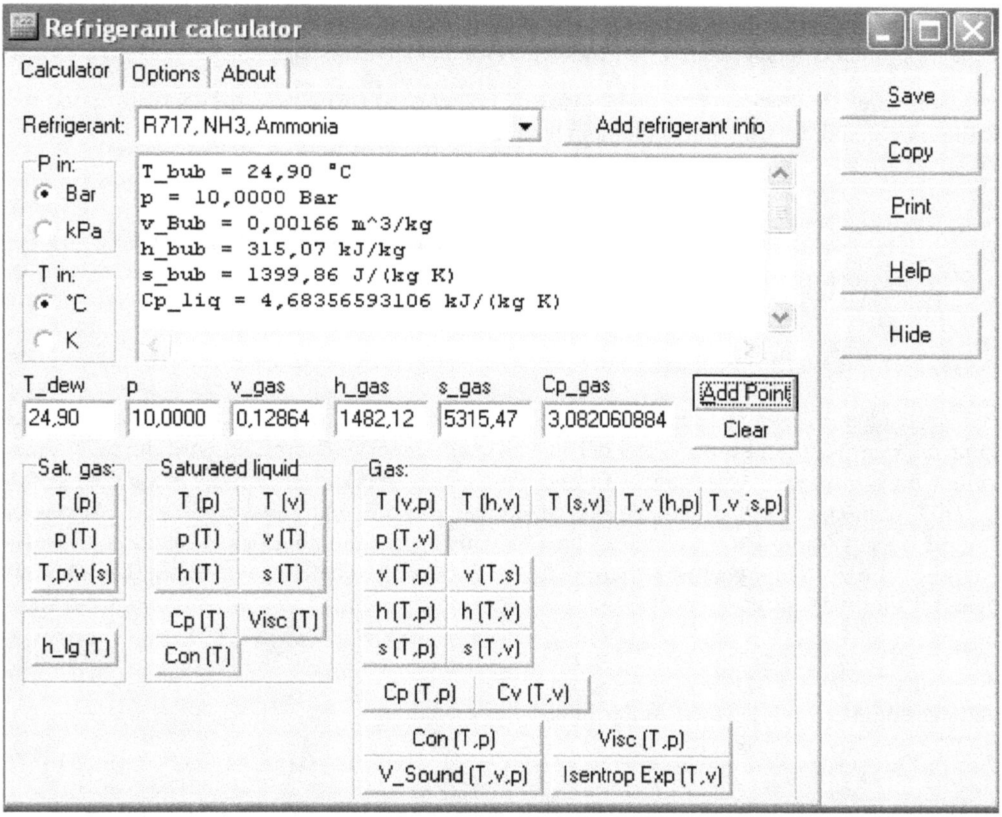


*Abb. 6.15: „Refrigerant Calculator" aus Coolpack*

Als Beispiel wurde die Berechnung der Sättigungswerte von Ammoniak bei *10 bar* durchgeführt. Nach Einstellung des Kältemittels und Eingabe des Druckes wurde unter *„saturated liquid"* mit der Taste *T(p)* die Sättigungstemperatur berechnet. Mit den Tasten *v(T), h(T), s(T)* und *Cp(T)* werden die gewünschten Zustandswerte für gesättigte Flüssigkeit berechnet und mit der Taste *„Add Point"* abgespeichert. Durch Drücken der Taste *T(p)* unter *„Sat. gas"* wird die Sättigungstemperatur auf der Dampfseite berechnet, die bei einem homogenen Fluid gleich der auf der Flüssigkeitsseite berechneten Temperatur ist. Bei Gemischen von Kältemitteln ergeben sich unterschiedliche Werte. Durch die Tasten *v(p,T), h(p,T) s(p,T)* und *Cp(p,T)* unter *„Gas"* werden die gewünschten Zustandswerte auf der Dampfseite berechnet. Diese Werte können wiederum durch *„Add Point"* abgespeichert werden.

Bei Berechnungen von Zustandsänderungen sind ebenfalls keine Iterationen notwendig, da bei der Vorgabe von zwei beliebigen Zustandsgrößen zur Berechnung der gesuchten Zustandsgrößen die entsprechenden Buttons, wie z.B *T,v(h,p)* oder *T,v(s,p)* bereit stehen. Jeder Berechnungsschritt wird abgespeichert.

Durch Anklicken von „Refrigeration Utilities" erhält man eine Symbolleiste, mit der man Tafeln mit Zustandswerten im einphasigen Bereich, Sättigungstafeln und Diagramme in *log(p),h-*, *T,s-* und *h,s*-Koordinaten erzeugen kann.

Die in CoolPack erzeugten Daten werden in eine Datei eingespeichert und dann, wie in Anhang 10.3.8 näher ausgeführt, in das Mathcad-Arbeitsblatt transferiert.

Die Software CoolPack enthält viele andere Werkzeuge zur Analyse von Kreisprozessen mit Kältemitteln, auf die hier nicht näher eingegangen wird.

# 6.8 Zustände und einfache Zustandsänderungen im Zweiphasengebiet

## 6.8.1 Dampfgehalt

Bei Zuständen im Zweiphasengebiet ist nur ein Parameter frei wählbar, die Sättigungstemperatur oder der Sättigungsdruck. Bei der isobar-isothermen Verdampfung wird durch Wärmezufuhr die Sattdampfmasse vergrößert und gleichzeitig verkleinert sich die Masse der gesättigten Flüssigkeit. Der zweiphasige Zustand bei diesem Phasenwechsel wird als nasser Dampf oder **Nassdampf** bezeichnet. Zur eindeutigen Bestimmung des Zustands von Nassdampf ist die Festlegung einer weiteren Größe, des Dampfgehalts $x$, notwendig. Der Dampfgehalt ist definiert durch

$$x = \frac{m_D}{m_D + m_F} = \frac{m_D}{m_{ges}} \tag{6.34}$$

und der komplementäre Anteil ist der Flüssigkeitsgehalt $y$

$$y = 1 - x = \frac{m_F}{m_D + m_F} = \frac{m_F}{m_{ges}}\,. \tag{6.35}$$

Der Dampfgehalt variiert zwischen $x = 0$ (gesättigte Flüssigkeit) und $x = 1$ (Sattdampf).

Alle auf die Masse bezogenen, spezifischen Größen für Nassdampf werden gemäß

$$v = v'\left(1-x\right) + v''\,x = v' + x\left(v'' - v'\right) \tag{6.36}$$

$$h = h'\left(1-x\right) + h''\,x = h' + x\left(h'' - h'\right) = h' + x\,r \tag{6.37}$$

$$s = s'\left(1-x\right) + s''\,x = s' + x\left(s'' - s'\right) = s' + x\,\frac{r}{T} \tag{6.38}$$

eindeutig bestimmt.

## 6.8.2 Die Isobare $p = const.$ im Nassdampfgebiet

Allgemein gilt für isobare Zustandsänderungen

$$\begin{aligned} q_{12} &= h_2 - h_1\,, \\ w_{v12} &= -p\left(v_2 - v_1\right), \\ w_{t12} &= 0\,. \end{aligned} \tag{6.39}$$

Liegen Anfangs- und Endpunkt der Zustandsänderung im Nassdampfgebiet, so folgt aus Gl. (6.37) für den isobar-isothermen Verdampfungsvorgang

$$q_{12} = \left(x_2 - x_1\right)\left(h'' - h'\right) = \left(x_2 - x_1\right) r\,. \tag{6.40}$$

Die Volumenänderungsarbeit beträgt bei diesem Vorgang

$$w_{v12} = p\left(x_2 - x_1\right)\left(v'' - v'\right). \tag{6.41}$$

**Die Isobare ist im Nassdampfgebiet gleichzeitig Isotherme.**

### 6.8.3 Die Isotherme $T = const.$ im einphasigen Gebiet

Die Arbeiten für isotherme Kompression und Expansion werden in geschlossenen Systemen durch

$$w_{v12} = u\left(v_2, T\right) - u\left(v_1, T\right) - T\left(s\left(v_2, T\right) - s\left(v_1, T\right)\right) \tag{6.42}$$

mit dem Austausch von Wärme

$$q_{12} = T\left(s\left(v_2, T\right) - s\left(v_1, T\right)\right) \tag{6.43}$$

und im durchströmten System durch

$$w_{t12} = h\left(p_2, T\right) - h\left(p_1, T\right) - T\left(s\left(p_2, T\right) - s\left(p_1, T\right)\right) \tag{6.44}$$

mit dem Austausch von Wärme

$$q_{12} = T\left(s\left(p_2, T\right) - s\left(p_1, T\right)\right) \tag{6.45}$$

festgelegt. Isotherme Zustandsänderungen bei Umgebungstemperatur stellen bei der Kompression den minimalen Arbeitsaufwand und bei der Expansion die maximal gewinnbare Arbeit dar.

### 6.8.4 Die Isochore $v = const.$ im Nassdampfgebiet

In einem starren, geschlossenen Behälter wird das spezifische Volumen durch die Füllmasse des Fluids gemäß

$$v = \frac{V}{m} \tag{6.46}$$

festgelegt.

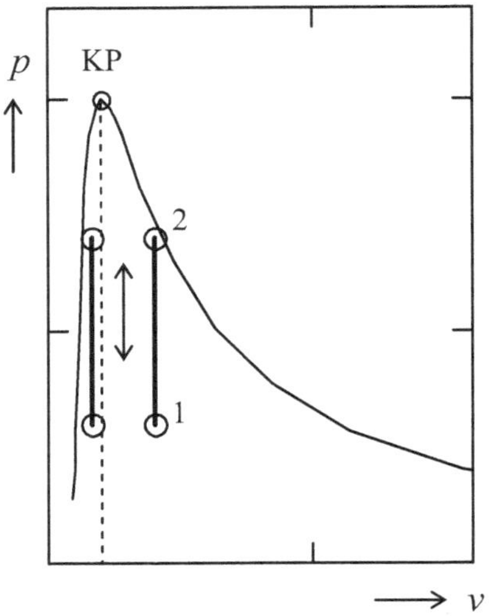


*Abb. 6.16: Isochore Zustandsänderungen*

Wie Abb. 6.16 zeigt, treten bei der Wärmezufuhr zwei Fälle auf: Ist das spezifische Volumen kleiner als das spezifische kritische Volumen $v < v_k$, so steigt bei Wärmezufuhr *(1 → 2)* der Flüssigkeitsspiegel (Phasengrenze zwischen Wasser und Dampf) an, da die Zustandsänderung im $p,v$-Diagramm in Richtung der Grenzlinie des gesättigten Wassers verläuft. Bei $v > v_k$ sinkt der Flüssigkeitsspiegel ab. Hat man genau den kritischen Wert des spezifischen Volumens eingestellt, so bleibt der Flüssigkeitsspiegel bei Wärmezufuhr stehen und er verschwimmt, wenn man den kritischen Punkt passiert.

Liegt der Ausgangspunkt der Zustandsänderung im Zweiphasengebiet, so ist der Endpunkt dann zweiphasig, wenn die Bedingung $v_2' < v < v_2''$ erfüllt wird. Dann folgt aus der Bedingung $v = const.$ für den Dampfgehalt im Endpunkt

$$x_2 = \frac{v_1' - v_2' + x_1\left(v_1'' - v_1'\right)}{v_2'' - v_2'} \,. \tag{6.47}$$

Bei isochoren Zustandsänderungen gilt allgemein

$$q_{12} = u_2 - u_1 \tag{6.48}$$

$$w_{12} = 0 \,. \tag{6.49}$$

**Beispiel 6.3 (Level 2):** Ein geschlossener, starrer Behälter ist bei einem Druck von *1 bar* mit Wasser und Wasserdampf im thermischen Gleichgewicht befüllt, wobei das gesättigte Wasser *1/5* des Volumens und der Sattdampf *4/5* des Volumens einnimmt. Wie groß ist der Dampfgehalt im Ausgangszustand? Welche Temperatur hat der Dampf, wenn der Druck durch Wärmezufuhr auf *10 bar* ansteigt? Ist der Wasserspiegel angestiegen oder abgesunken? Welche Wärmemenge muss zugeführt werden?

**Voraussetzungen:** Dampftafelprogramme mit $i_{sel} = 0$. Da Volumen und Masse konstant sind, liegt eine isochore Zustandsänderung vor.

**Gegeben:**

$$V := 50 \cdot liter \qquad V_F := \frac{1}{5} \cdot V \qquad V_D := \frac{4}{5} \cdot V \qquad p_1 := 1 \cdot bar \qquad p_2 := 10 \cdot bar$$

**Lösung:** Im Ausgangszustand beträgt die Temperatur des Sättigungszustandes

$$t_{s1} := tsat\left(\frac{p_1}{bar}\right) \cdot °C \qquad t_{s1} = 99.606 \text{ °C}$$

Die Stoffwerte des Sättigungszustandes folgen aus dem Aufruf der Funktion

$$\Gamma_1 := Zweiphas\left(\frac{t_{s1}}{°C}\right) \qquad \Gamma_1 = \begin{pmatrix} 0.001 & 1.694 \\ 1.303 & 7.359 \\ 417.436 & 2674.95 \end{pmatrix} \qquad \Gamma T_1 := \Gamma_1^T$$

wobei die spezifischen Volumina in der Spalte null der transponierten Matrix enthalten sind:

$$v_{1sat} := \Gamma T_1^{\langle 0 \rangle} \cdot \frac{m^3}{kg} \qquad v_{1sat} = \begin{pmatrix} 1.043 \times 10^{-3} \\ 1.694 \end{pmatrix} \frac{m^3}{kg}$$

Aus den Massen des Dampfes und der gesättigten Flüssigkeit

$$m_{F1} := \frac{V_F}{v_{1sat_0}} \qquad m_{F1} = 9.586 kg \qquad m_{D1} := \frac{V_D}{v_{1sat_1}} \qquad m_{D1} = 0.024 kg$$

mit der Gesamtmasse

$$m_{ges} := m_{F1} + m_{D1} \qquad m_{ges} = 9.610 kg$$

berechnen wir das spezifische Volumen, das während der Zustandsänderung konstant bleibt

$$v := \frac{V}{m_{ges}} \qquad v = 0.0052 \frac{m^3}{kg}$$

und den Dampfgehalt im Ausgangszustand nach der Definition Gl. (6.34)

$$x_1 := \frac{m_{D1}}{m_{ges}} \qquad x_1 = 0.00246$$

Für den Dampfgehalt erhalten wir aus Gl. (6.36)

$$x_1 := \frac{v - v_{1sat_0}}{v_{1sat_1} - v_{1sat_0}} \qquad x_1 = 0.00246$$

das gleiche Ergebnis.

Die Sättigungstemperatur bei der Steigerung des Druckes im Behälter durch Wärmezufuhr beträgt nach Erreichen des Enddruckes von *10 bar*

$$t_{s2} := tsat\left(\frac{p_2}{bar}\right) \cdot °C \qquad t_{s2} = 179.89 \text{ °C}$$

Durch Aufruf der Sättigungstafel durch

$$\Gamma_2 := Zweiphas\left(\frac{t_{s2}}{°C}\right) \qquad \Gamma_2 = \begin{pmatrix} 0.001 & 0.194 \\ 2.138 & 6.585 \\ 762.683 & 2777.12 \end{pmatrix} \qquad \Gamma T_2 := \Gamma_2^T$$

erhalten wir aus der transponierten Matrix die spezifischen Volumina beim Sättigungszustand von *10 bar*

$$v_{2sat} := \Gamma T_2^{\langle 0 \rangle} \cdot \frac{m^3}{kg} \qquad v_{2sat} = \begin{pmatrix} 1.127 \times 10^{-3} \\ 0.194 \end{pmatrix} \frac{m^3}{kg}$$

dass das konstante spezifische Volumen $v$ zwischen den Werten für gesättigtes Wasser und Sattdampf liegt. Deshalb liegt der Endpunkt der Zustandsänderung im Zweiphasengebiet. Dann hat der Dampfgehalt den Wert

$$x_2 := \frac{v - v_{2sat_0}}{v_{2sat_1} - v_{2sat_0}} \qquad x_2 = 0.021$$

und die Massen von Dampf und Flüssigkeit im Endzustand sind

$$m_{D2} := x_2 \cdot m_{ges} \qquad m_{D2} = 0.203kg \qquad m_{F2} := m_{ges} - m_{D2} \qquad m_{F2} = 9.407kg$$

Daraus folgt die Aufteilung im Behälter zwischen Flüssigkeit und Dampf

$$V_{F2} := v \cdot m_{F2} \qquad V_{F2} = 48.945 liter \qquad V_{D2} := v \cdot m_{D2} \qquad V_{D2} = 1.055 liter$$

Die spezifischen Enthalpien in den beiden Sättigungszuständen sind

$$h_{1sat} := \Gamma T_1^{\langle 2 \rangle} \cdot \frac{kJ}{kg} \qquad h_{1sat} = \begin{pmatrix} 417.44 \\ 2674.95 \end{pmatrix} \frac{kJ}{kg} \qquad h_{2sat} := \Gamma T_2^{\langle 2 \rangle} \cdot \frac{kJ}{kg} \qquad h_{2sat} = \begin{pmatrix} 762.68 \\ 2777.12 \end{pmatrix} \frac{kJ}{kg}$$

Mit den zugehörigen Dampfqualitäten werden die spezifischen Enthalpien im Anfangs- und Endpunkt

$$h_1 := h_{1sat_0} + x_1 \cdot \left(h_{1sat_1} - h_{1sat_0}\right) \qquad h_2 := h_{2sat_0} + x_2 \cdot \left(h_{2sat_1} - h_{2sat_0}\right)$$

berechnet. Unter Verwendung des 1. HS beträgt die Wärmezufuhr

$$Q_{12} = U_2 - U_1 \qquad \Delta U := m_{ges} \cdot (h_2 - h_1) - V \cdot (p_2 - p_1) \qquad \Delta U = 3.628 MJ$$

**Diskussion:** Das spezifische Volumen ist in diesem Fall kleiner als der kritische Wert. Deshalb ist am Ende der Zustandsänderung das Flüssigkeitsvolumen größer geworden und das Dampfvolumen hat sich verkleinert, folglich ist die Phasentrennfläche nach oben gewandert.

### 6.8.5 Die Isentrope $s = const.$ im Nassdampfgebiet

Wie aus Abb. 6.17 ersichtlich, nimmt der Dampfgehalt bei der isentropen Entspannung von gesättigter Flüssigkeit zu. Dagegen sinkt der Dampfgehalt bei der isentropen Entspannung von Sattdampf. Bei der isentropen Entspannung von Fluid im kritischen Zustand bleibt der Dampfgehalt ungefähr gleich ($x \approx 0,5$). Bei beliebiger Lage des Ausgangspunktes im einphasigen Gebiet ist bei isentroper Entspannung auf den Gegendruck $p_2$ der Endpunkt dann im Zweiphasengebiet, wenn die Bedingung $s_2' < s < s_2''$ erfüllt wird.

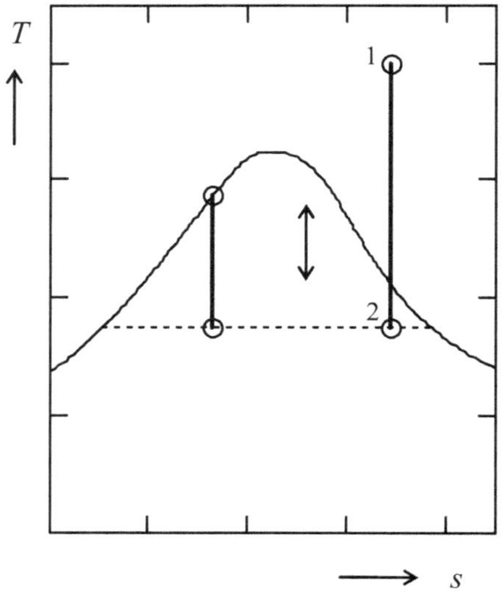


*Abb. 6.17: Isentrope Entspannungen*

Für isentrope Zustandsänderungen (Kompressionen und Expansionen) gelten allgemein die Beziehungen

$$w_{v12} = u_2 - u_1 \tag{6.50}$$

$$w_{t12} = h_2 - h_1 \tag{6.51}$$

$$q_{12} = 0 \tag{6.52}$$

**Beispiel 6.4 (Level 2):** Welche Arbeit gibt Sattdampf von *20 bar* ab, wenn er

- reversibel adiabat auf *1 bar* oder
- reversibel in Wasser im Umgebungszustand umgewandelt wird?

**Voraussetzungen:** Dampftafelprogramme. Die reversibel adiabate Zustandsänderung verläuft isentrop. Bringt man den Dampf reversibel in den thermischen Zustand der Umgebung, so wird die Exergie gewonnen. Umgebungszustand *1 bar, 20 °C*.

**Gegeben:**

$$p_1 := 20 \cdot bar \qquad p_2 := 1 \cdot bar \qquad t_U := 20 \cdot {}^\circ C$$

**Lösung:** Aus dem Sättigungsdruck wird die Sättigungstemperatur bestimmt und die Sättigungstafel aufgerufen:

$$t_{s1} := tsat\left(\frac{p_1}{bar}\right) \cdot {}^\circ C \qquad t_{s1} = 212.38{}^\circ C \qquad \Gamma_1 := Zweiphas\left(\frac{t_{s1}}{{}^\circ C}\right) \qquad \Gamma T_1 := \Gamma_1^{\,T}$$

Mit den Umspeicherungen

$$h_{1sat} := \Gamma T_1^{\langle 2 \rangle} \cdot \frac{kJ}{kg} \qquad s_{1sat} := \Gamma T_1^{\langle 1 \rangle} \cdot \frac{kJ}{kg \cdot K}$$

sind die Ausgangswerte für die Zustandsänderung

$$h_1 := h_{1sat_1} \qquad h_1 = 2798.4 \frac{kJ}{kg} \qquad s_1 := s_{1sat_1} \qquad s_1 = 6.3392 \frac{kJ}{kg \cdot K}$$

Beim Gegendruck $p_2$ sind die Sättigungstemperatur und der Aufruf der Sättigungstafel

$$t_{s2} := tsat\left(\frac{p_2}{bar}\right) \cdot {}^\circ C \qquad t_{s2} = 99.606{}^\circ C \qquad \Gamma_2 := Zweiphas\left(\frac{t_{s2}}{{}^\circ C}\right) \qquad \Gamma T_2 := \Gamma_2^{\,T}$$

mit der Umspeicherung

$$h_{2sat} := \Gamma T_2^{\langle 2 \rangle} \cdot \frac{kJ}{kg} \qquad h_{2sat} = \begin{pmatrix} 417.44 \\ 2674.95 \end{pmatrix} \frac{kJ}{kg} \qquad s_{2sat} := \Gamma T_2^{\langle 1 \rangle} \cdot \frac{kJ}{kg \cdot K} \qquad s_{2sat} = \begin{pmatrix} 1.303 \\ 7.359 \end{pmatrix} \frac{kJ}{kg \cdot K}$$

Der Endpunkt der Entspannung muss im Zweiphasengebiet liegen, wie man aus Abb. 6.17 erkennen kann. Dies kann formal überprüft werden: Der Wert der spezifischen Entropie $s_1$ liegt zwischen den Sättigungswerten im Zustand 2. Der Dampfgehalt ergibt sich aus

$$x_2 := \frac{s_1 - s_{2sat_0}}{s_{2sat_1} - s_{2sat_0}} \qquad x_2 = 0.832$$

Damit betragen die spezifische Enthalpie im Endpunkt

$$h_2 := h_{2sat_0} + x_2 \cdot \left(h_{2sat_1} - h_{2sat_0}\right) \qquad h_2 = 2294.9 \frac{kJ}{kg}$$

und die isentrope Expansionsarbeit

$$w_t := h_2 - h_1 \qquad w_t = -503.514 \frac{kJ}{kg}$$

Beim Umgebungszustand liegt unterkühltes Wasser vor, dessen Zustandswerte durch

$$\Gamma_U := Einphas\left(\frac{p_2}{bar}, \frac{t_U}{{}^\circ C}\right) \qquad \Gamma_U = \begin{pmatrix} 1.002 \times 10^{-3} \\ 0.296 \\ 84.012 \end{pmatrix}$$

und nach Umspeicherung mit

$$h_U := \Gamma_{U_2} \cdot \frac{kJ}{kg} \qquad h_U = 84.01 \frac{kJ}{kg} \qquad s_U := \Gamma_{U_1} \cdot \frac{kJ}{kg \cdot K} \qquad s_U = 0.2965 \frac{kJ}{kg \cdot K}$$

ermittelt werden. Die Exergie zwischen dem Ausgangszustand und dem Umgebungszustand beträgt

$$e_{t\_1U} := h_U - h_1 - Tt(t_U) \cdot (s_U - s_1) \qquad e_{t\_1U} = -942.96 \frac{kJ}{kg}$$

**Diskussion:** Die Zustandsänderungen bei der Exergie verlaufen isentrop bis zum Sättigungsdruck bei Umgebungstemperatur

$$psat\left(\frac{t_U}{°C}\right) \cdot bar = 0.023\ bar$$

Danach wird Wärme isobar-isotherm durch Kondensation an die Umgebung abgeführt und schließlich wird das Wasser isentrop auf den Umgebungszustand verdichtet. Deshalb ist die Exergie wesentlich höher als die isentrope Expansionsarbeit bei Entspannung auf *1 bar*.

### 6.8.6 Die Isenthalpe $h = const.$

Wie bereits in Beispiel 2.13 diskutiert, verläuft ein adiabater Drosselvorgang dann mit konstanter Enthalpie, wenn die Änderungen der Strömungsgeschwindigkeiten vor und nach der Drosselstelle vernachlässigbar gering sind. Dies erreicht man durch Anpassung der durchströmten Flächen auf der Grundlage der für stationäre Strömungen gültigen Kontinuitätsgleichung

$$\dot{m} = \rho\, \overline{v}\, A = const. \tag{6.53}$$

mit dem Ergebnis

$$\frac{A_2}{A_1} = \frac{\rho_1}{\rho_2} = \frac{v_2}{v_1}\,. \tag{6.54}$$

Ist diese Voraussetzung erfüllt, so liegt eine isenthalpe Zustandsänderung vor. Im Gegensatz zur Isentrope, die reversibel in Form von Expansion oder Kompression in beiden Richtungen verlaufen kann, verläuft der Drosselvorgang als irreversible Zustandsänderung stets in der Richtung zunehmender Entropie.

Isentrope und isenthalpe Zustandsänderungen werden vielfach im *h,s*-Diagramm analysiert. In Abb. 6.18 wird die Sättigungslinie für Wasser und Wasserdampf in *h,s*-Koordinaten aufgetragen, wobei Anfangs- und Endpunkt der Sättigungslinie auf der *0 °C*-Isotherme liegen. Bei dieser Darstellung liegt der kritische Punkt auf dem ansteigenden Ast der Kurve. Der maximale Wert der spezifischen Enthalpie wird bei einer Sättigungstemperatur von ca. *230 °C* erreicht. Links und oberhalb von der Sättigungslinie liegt der Bereich des einphasigen Fluids, rechts und unterhalb davon das Nassdampfgebiet.

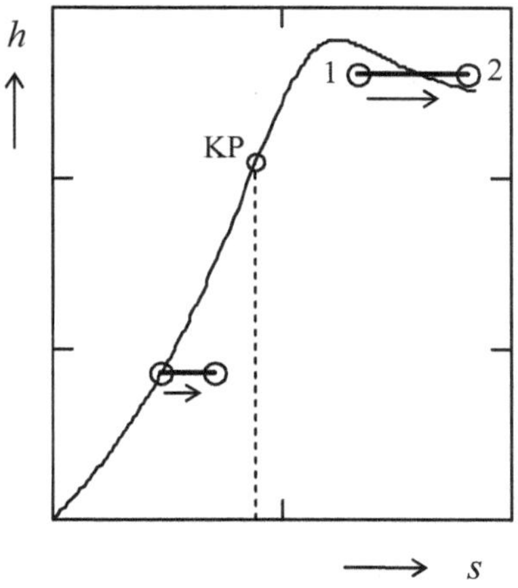


*Abb. 6.18: Drosselung im h,s-Diagramm*

Wie Abb. 6.18 zeigt, nimmt der Dampfgehalt bei der Drosselung von gesättigter Flüssigkeit zu, ebenso wie bei der Drosselung von Nassdampf mit hohem Dampfgehalt. In beiden Fällen sinkt die Temperatur stark ab. Hat man Nassdampf mit hohem Dampfgehalt, so wird bei ausreichender Druckabsenkung der einphasige Bereich des überhitzten Dampfes erreicht. Dieser Effekt wird benutzt, um den Dampfgehalt einer Nassdampfströmung zu bestimmen. Drosselt man eine geringe Entnahmemenge aus einer Rohrleitung mit strömendem Nassdampf so, dass der einphasige Bereich erreicht wird, so ist der Zustand nach der Drosselung durch die beiden Parameter $p_2$ und $t_2$ eindeutig bestimmt. Setzt man diese Parameter in die kalorische Zustandsgleichung $h(p_1,t_1)$ ein, so kennt man die spezifische Enthalpie $h_2$ im Endpunkt. Mit der Bedingung $h_1 = h_2$ für die Drosselung erhält man

$$h_2 = h_1' + x_1\left(h_1'' - h_1'\right)$$

oder, aufgelöst nach dem Dampfgehalt des Nassdampfes,

$$x_1 = \frac{h_2 - h_1'}{h_1'' - h_1'}\,. \tag{6.55}$$

Die Drosselung einer Flüssigkeit, die nahezu den Sättigungszustand erreicht hat, stellt eine wichtige Grundoperation in der Kältetechnik dar, da sie mit starker Temperaturabsenkung einhergeht.

**Beispiel 6.5 (Level 2):** Eine Probeentnahme aus einer mit Dampf von *18 bar* durchströmten Rohrleitung wird in einem Drosselkalorimeter isenthalp auf *1 bar* gedrosselt. Im Fall (a) misst man hinter dem Drosselventil *105 °C*. Nach Änderung des Dampfzustandes in der Rohrleitung misst man im Fall (b) *160 °C*. Welche Zustände hat der Dampf in der Rohrleitung? Welche Änderungen der Temperatur treten auf? Wie sind die Flächenverhältnisse der Rohrleitungen vor und nach der Drossel? Die Irreversibilitäten und die Exergieverluste der Drosselvorgänge sind zu bestimmen.

**Voraussetzungen:** Dampftafelprogramme

**Gegeben:**

$p_1 := 18\cdot bar \quad p_2 := 1\cdot bar \quad t_{2a} := 105\cdot °C \quad t_{2b} := 160\cdot °C \quad t_U := 20\cdot °C$

**Lösung:** Mit der Sättigungstemperatur bei *18 bar* wird das Dampftafelprogramm zur Berechnung des Sättigungszustands aufgerufen

$$t_{s1} := tsat\left(\frac{p_1}{bar}\right)\cdot °C \qquad t_{s1} = 207.12\ °C$$

$$\Gamma_{s1} := Zweiphas\left(\frac{t_{s1}}{°C}\right) \qquad \Gamma T_{s1} := \Gamma_{s1}^{\ T}$$

Dis Stoffwerte auf der Sättigungslinie im Zustand 1 sind

$$v_{1sat} := \Gamma T_{s1}^{\langle 0\rangle}\cdot\frac{m^3}{kg} \qquad s_{1sat} := \Gamma T_{s1}^{\langle 1\rangle}\cdot\frac{kJ}{kg\cdot K} \qquad h_{1sat} := \Gamma T_{s1}^{\langle 2\rangle}\cdot\frac{kJ}{kg}$$

$$v_{1sat} = \begin{pmatrix}0.0012\\0.1104\end{pmatrix}\frac{m^3}{kg} \qquad s_{1sat} = \begin{pmatrix}2.398\\6.378\end{pmatrix}\frac{kJ}{kg\cdot K} \qquad h_{1sat} = \begin{pmatrix}884.61\\2795.99\end{pmatrix}\frac{kJ}{kg}$$

Die Sättigungstemperatur bei *1 bar* beträgt

$$t_{s2} := tsat\left(\frac{p_2}{bar}\right)\cdot °C \qquad t_{s2} = 99.606\ °C$$

Mit *105 °C* liegt im Fall (a) der Zustandspunkt nach der Drosselung im überhitzten Gebiet. Die Zustandsgrößen werden ermittelt durch

$$\Gamma_{2a} := Einphas\left(\frac{p_2}{bar}, \frac{t_{2a}}{°C}\right) \qquad v_{2a} := \Gamma_{2a_0}\cdot\frac{m^3}{kg} \qquad s_{2a} := \Gamma_{2a_1}\cdot\frac{kJ}{kg\cdot K} \qquad h_{2a} := \Gamma_{2a_2}\cdot\frac{kJ}{kg}$$

$$v_{2a} = 1.72\frac{m^3}{kg} \qquad s_{2a} = 7.388\cdot\frac{kJ}{kg\cdot K} \qquad h_{2a} = 2686.1\cdot\frac{kJ}{kg}$$

Da

$$h_{2a} < h_{1sat_1}$$

ist, liegt der Endpunkt im Fall (a) im Nassdampfgebiet. Mit der Bedingung $h_{2a} = h_{1a}$ beträgt der Dampfgehalt

$$x_{1a} := \frac{h_{2a} - h_{1sat_0}}{h_{1sat_1} - h_{1sat_0}} \qquad x_{1a} = 0.943$$

Damit werden das spezifische Volumen und die spezifische Entropie des Nassdampfes bestimmt:

$$v_{1a} := v_{1sat_0} + x_{1a}\cdot\left(v_{1sat_1} - v_{1sat_0}\right) \qquad v_{1a} = 0.104\frac{m^3}{kg}$$

$$s_{1a} := s_{1sat_0} + x_{1a}\cdot\left(s_{1sat_1} - s_{1sat_0}\right) \qquad s_{1a} = 6.149\frac{kJ}{kg\cdot K}$$

Im Fall (b) liegt der Zustand nach der Drosselung ebenfalls im Einphasengebiet mit den Zustandswerten

$$\Gamma_{2b} := Einphas\left(\frac{p_2}{bar}, \frac{t_{2b}}{°C}\right) \qquad v_{2b} := \Gamma_{2b_0}\cdot\frac{m^3}{kg} \qquad s_{2b} := \Gamma_{2b_1}\cdot\frac{kJ}{kg\cdot K} \qquad h_{2b} := \Gamma_{2b_2}\cdot\frac{kJ}{kg}$$

$$v_{2b} = 1.984\frac{m^3}{kg} \qquad s_{2b} = 7.661\cdot\frac{kJ}{kg\cdot K} \qquad h_{2b} = 2796.4\cdot\frac{kJ}{kg}$$

Da nun

$$h_{2b} > h_{1sat_1}$$

ist, strömt in der Dampfleitung leicht überhitzter Dampf.

Die Temperatur des Dampfes wird mit Bedingung $h_{2b} = h_{1b}$ durch die zutreffende Umkehrfunktion bestimmt:

$$t_{1b} := th2\left(\frac{p_1}{bar}, \frac{h_{2b}}{\frac{kJ}{kg}}\right)\cdot °C \qquad t_{1b} = 207.259\cdot °C$$

Die Zustandsgrößen der Dampfströmung ergeben sich aus

$$\Gamma_{1b} := Einphas\left(\frac{p_1}{bar}, \frac{t_{1b}}{°C}\right) \qquad v_{1b} := {\Gamma_{1b}}_0 \cdot \frac{m^3}{kg} \qquad s_{1b} := {\Gamma_{1b}}_1 \cdot \frac{kJ}{kg\cdot K} \qquad h_{1b} := {\Gamma_{1b}}_2 \cdot \frac{kJ}{kg}$$

$$v_{1b} = 0.11\frac{m^3}{kg} \qquad s_{1b} = 6.378\frac{kJ}{kg\cdot K} \qquad h_{1b} = 2796.4\frac{kJ}{kg}$$

Dabei wird kontrolliert, dass $h_{2b} = h_{1b}$ ist.

Die Temperaturen sinken bei den Drosselvorgängen um

$$t_{2a} - t_{s1} = -102.12\ K \qquad t_{2b} - t_{1b} = -47.259\ K$$

ab.

Die notwendigen Querschnittserweiterungen für isenthalpe Strömung $A_2/A_1$ betragen

$$QA_{21a} := \frac{v_{2a}}{v_{1a}} \qquad QA_{21a} = 16.529 \qquad QA_{21b} := \frac{v_{2b}}{v_{1b}} \qquad QA_{21b} = 17.970$$

Irreversibilität und Exergieverlust beim Drosselvorgang erhält man aus

$$s_{irr\_12a} := s_{2a} - s_{1a} \qquad s_{irr\_12a} = 1.240\cdot\frac{kJ}{kg\cdot K}$$

$$s_{irr\_12b} := s_{2b} - s_{1b} \qquad s_{irr\_12b} = 1.282\cdot\frac{kJ}{kg\cdot K}$$

$$ex_{V12a} := Tt(t_U)\cdot(s_{2a} - s_{1a}) \qquad ex_{V12a} = 363.418\cdot\frac{kJ}{kg}$$

$$ex_{V12b} := Tt(t_U)\cdot(s_{2b} - s_{1b}) \qquad ex_{V12b} = 375.962\cdot\frac{kJ}{kg}$$

**Diskussion:** Bei der Drosselung von Nassdampf und von leicht überhitztem Dampf sinkt die Temperatur stark ab. Im Fall (b) kann der Zustand der einphasigen Strömung in der Dampfleitung aus der direkten Messung von Druck und Temperatur ermittelt werden, im Fall (a) kann man bei der Nassdampfströmung nur Druck und Sättigungstemperatur direkt messen und der Drosselvorgang ist notwendig, um überhitzten, einphasigen Dampf zu erhalten, dessen Zustand eindeutig bestimmbar ist.

**Beispiel 6.6 (Level 2):** Gesättigter, flüssiger Ammoniak von *10 bar* wird adiabat auf *1 bar* gedrosselt. Welche Temperaturabsenkung tritt auf und welchen Zustand hat der Ammoniak nach der Drosselung? Welche Querschnittserweiterung ist notwendig, damit vor und nach der Drosselung die gleiche Strömungsgeschwindigkeit auftritt? Welche Arbeit ließe sich gewinnen, wenn das Drosselventil durch eine isentrope Expansionsmaschine ersetzt würde?

**Voraussetzungen:** Stoffwerte aus CoolPack.

**Lösung:** Mit den gegebenen Drücken werden in Coolpack mit dem Icon „Refrigerant Calculator" nach Einstellung des Kältemittels R 744 ($NH_3$) die Zustandswerte auf der Sättigungslinie berechnet und abgespeichert (siehe Abb. 6.15). Die mit den Maßeinheiten versehenen gespeicherten Daten werden im txt-Format abgespeichert. Die Daten werden dann in älteren Versionen von Mathcad mit „Einfügen > Komponenten > Daten lesen–schreiben > Daten aus einer Datei lesen > Öffnen > Fertig stellen" in das Mathcad-Arbeitsblatt übertragen. Die Vorgehensweise bei Verwendung von Mathcad 14 wird im Anhang 10.3.8 beschrieben.

In der so erstellten Datei verbleiben die Zahlenwerte ohne Maßeinheiten und den in der txt-Datei vorhandenen Text: Man erhält

:=

C:\..\NH3_Dross.txt

und benennt diese Datei z.B. mit NH3. Die Stoffwerte befinden sich in diesem Fall in der Spalte 2 dieser Matrix

$$SatNH3 := NH3^{\langle 2 \rangle}$$

mit dem Ergebnis *t,p,v,h,s* für die berechneten Punkte. Umspeicherung und Hinzufügung der zutreffenden Maßeinheiten führt zu

$$t_{s1} := SatNH3_0 \cdot °C \quad p_1 := SatNH3_1 \cdot bar \quad v_{sat1} := \begin{pmatrix} SatNH3_2 \\ SatNH3_8 \end{pmatrix} \cdot \frac{m^3}{kg} \quad h_{sat1} := \begin{pmatrix} SatNH3_3 \\ SatNH3_9 \end{pmatrix} \cdot \frac{kJ}{kg}$$

$$t_{s2} := SatNH3_{13} \cdot °C \quad p_2 := SatNH3_{14} \cdot bar \quad v_{sat2} := \begin{pmatrix} SatNH3_{15} \\ SatNH3_{22} \end{pmatrix} \cdot \frac{m^3}{kg} \quad h_{sat2} := \begin{pmatrix} SatNH3_{16} \\ SatNH3_{23} \end{pmatrix} \cdot \frac{kJ}{kg}$$

Bei der Drosselung sinkt die Temperatur von $t_{s1} = 24.9\ °C$ auf $t_{s2} = -33.6\ °C$ ab. Die Zustandsgrößen des $NH_3$ im Ausgangszustand betragen

$$v_1 := v_{sat1_0} \qquad h_1 := h_{sat1_0}$$

$$p_1 = 10\,bar \qquad t_{s1} = 24.9\,°C \qquad v_1 = 1.66 \times 10^{-3}\,\frac{m^3}{kg} \qquad h_1 = 315.07\,\frac{kJ}{kg}$$

Im Endzustand wird der Dampfgehalt bestimmt durch

$$h_1 = h_2 \qquad x_2 := \frac{h_1 - h_{sat2_0}}{h_{sat2_1} - h_{sat2_0}} \qquad x_2 = 0.195$$

mit dem spezifischen Volumen

$$v_2 := v_{sat2_0} + x_2 \cdot \left( v_{sat2_1} - v_{sat2_0} \right) \qquad v_2 = 0.222\,\frac{m^3}{kg}$$

Zur Erfüllung der Forderung gleicher Geschwindigkeiten vor und nach der Drossel beträgt das notwendige Querschnittsverhältnis der Rohrleitungen

$$QA_{21} := \frac{v_2}{v_1} \qquad QA_{21} = 134.02$$

Mit der spezifischen Entropie im Ausgangszustand

$$s_1 := SatNH3_4 \cdot \frac{J}{kg \cdot K} \qquad s_1 = 1.400\,\frac{kJ}{kg \cdot K}$$

und den Sättigungswerten der spezifischen Entropie beim Gegendruck

$$s_{sat2} := \begin{pmatrix} SatNH3_{17} \\ SatNH3_{24} \end{pmatrix} \cdot \frac{J}{kg \cdot K} \qquad s_{sat2} = \begin{pmatrix} 0.411 \\ 6.123 \end{pmatrix} \frac{kJ}{kg \cdot K}$$

beträgt der Dampfgehalt nach der isentropen Expansion

$$x_{2is} := \frac{s_1 - s_{sat2_0}}{s_{sat2_1} - s_{sat2_0}} \qquad x_{2is} = 0.173 \qquad x_2 = 0.195$$

Damit wird die spezifische Enthalpie am Endpunkt

$$h_{2is} := h_{sat2_0} + x_{2is} \cdot \left( h_{sat2_1} - h_{sat2_0} \right) \qquad h_{2is} = 285.572\,\frac{kJ}{kg}$$

und die Expansionsmaschine würde die isentrope Arbeit

$$w_{tis} := h_{2is} - h_1 \qquad w_{tis} = -29.498\,\frac{kJ}{kg}$$

leisten.

**Diskussion:** In diesem Beispiel wird die Drosselung eines realen Fluids von *10 bar* auf *1 bar* nachgeholt, die in Beispiel 2.14 quantitativ noch nicht durchgeführt werden konnte. Dabei sinkt die Temperatur stark ab.

Wie man aus dem *T,s*-Diagramm in Abb. 6.19 erkennt, weicht der Verlauf der Drosselkurve nur geringfügig von der isentropen Entspannungslinie ab. Die Arbeitsfähigkeit in einer Expansionsmaschine wäre so gering, dass sie durch unvermeidbare dissipative Vorgänge aufgezehrt würde.

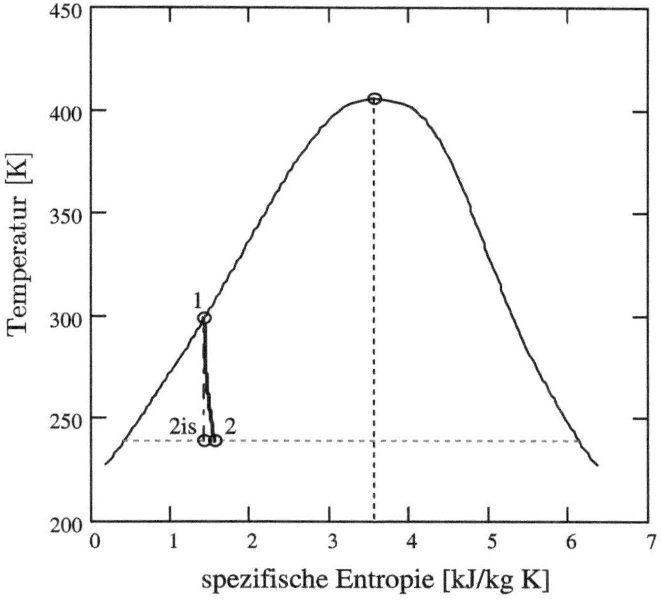


*Abb. 6.19: Isenthalpe Drosselung im T,s-Diagramm*

Benötigt man, wie in dieser Aufgabe, nur wenige Zustandswerte, so können diese auch von Hand übertragen werden. Die Methode der Datenübertragung wird hier ausführlich erläutert, um die Übertragung von großen Datenmengen aus externen Quellen zu ermöglichen. So wurde z.B. die Sättigungslinie in Abb. 6.19 aus 90 Stützwerten der mit CoolPack erzeugten Sättigungstafel generiert.

**Beispiel 6.7 (Level 2):** Ein Dampferzeuger liefert Dampf von *100 bar* und *530 °C*. Für einen Versuch wird ein Massenstrom von *3,6 t/h* Dampf bei gleichem Druck mit einer Temperatur von *490 °C* benötigt. Die Absenkung der Temperatur wird durch Einspritzen von gesättigtem Druckwasser von *110 bar* realisiert. Welche Massenströme des Dampfes und des Druckwassers werden benötigt? Weiter sind Irreversibilität und Exergieverlust des Vorgangs zu bestimmen.

**Voraussetzungen:** Dampftafelprogramme. Der Vorgang verläuft adiabat.

**Gegeben:**

$p_1 := 100 \cdot bar \quad t_1 := 530 \cdot °C \quad t_2 := 490 \cdot °C \quad mp_{ges} := 3.6 \cdot \frac{t}{h} \quad p_W := 110 \cdot bar \quad t_U := 20 \cdot °C$

**Lösung:** Die benötigten Zustandsgrößen für den Frischdampf aus dem Dampferzeuger und den Dampf nach dem Mischungsvorgang

$$\Gamma_1 := Einphas\left(\frac{p_1}{bar}, \frac{t_1}{°C}\right) \qquad h_1 := {\Gamma_1}_2 \cdot \frac{kJ}{kg} \qquad s_1 := {\Gamma_1}_1 \cdot \frac{kJ}{kg \cdot K}$$

$$\Gamma_2 := Einphas\left(\frac{p_1}{bar}, \frac{t_2}{°C}\right) \qquad h_2 := {\Gamma_2}_2 \cdot \frac{kJ}{kg} \qquad s_2 := {\Gamma_2}_1 \cdot \frac{kJ}{kg \cdot K}$$

sowie für das gesättigte Druckwasser

$$t_{sW} := tsat\left(\frac{p_W}{bar}\right)\cdot °C \quad \Gamma_{sW} := Zweiphas\left(\frac{t_{sW}}{°C}\right) \quad h_W := \Gamma_{sW_{2,0}}\cdot\frac{kJ}{kg} \quad s_W := \Gamma_{sW_{1,0}}\cdot\frac{kJ}{kg\cdot K}$$

werden mit dem Ergebnis

$$h_1 = 3451.7\frac{kJ}{kg} \quad s_1 = 6.697\frac{kJ}{kg\cdot K} \quad h_2 = 3349.1\frac{kJ}{kg} \quad s_2 = 6.566\frac{kJ}{kg\cdot K}$$

$$h_W = 1450.3\frac{kJ}{kg} \quad s_W = 3.430\frac{kJ}{kg\cdot K}$$

berechnet.

Der 1. HS für das stationär durchströmte System unter Berücksichtigung der Massenstrombilanz lautet

$$\sum_i \left(mp_i\cdot h_i\right) = 0 \qquad mp_D\cdot h_1 + \left(mp_{ges} - mp_D\right)\cdot h_W - mp_{ges}\cdot h_2 = 0$$

Daraus werden die Massenströme des Frischdampfes und des Druckwassers bestimmt:

$$mp_D := -mp_{ges}\cdot\frac{\left(h_W - h_2\right)}{\left(h_1 - h_W\right)} \quad mp_W := mp_{ges} - mp_D \quad mp_D = 3.416\frac{t}{h} \quad mp_W = 0.184\frac{t}{h}$$

Der im System erzeugte Entropiestrom wird aus Gl. (3.28) ermittelt:

$$Sp_{irr} = -\sum_i \left(mp_i\cdot s_{a_i}\right) \quad Sp_{irr} := -mp_D\cdot s_1 - mp_W\cdot s_W + \left(mp_D + mp_W\right)\cdot s_2 \quad Sp_{irr} = 36.39\cdot\frac{W}{K}$$

Der Exergieverlust folgt aus Gl. (3.56) mit Gl. (3.41)

$$Ep_{tV} = -Ep_{t\_ges} = -\sum_i \left(mp_i\cdot h_i\right) + T_U\cdot\sum_i \left(mp_i\cdot s_i\right) \quad Ep_{tV} := -Tt\left(t_U\right)\cdot Sp_{irr} \quad Ep_{tV} = -10.668\,kW$$

# 7 Kreisprozesse mit Dämpfen

## 7.1 Der einfache Clausius-Rankine-Prozess

Der deutsche Physiker Rudolf Clausius (1822–1888) und der schottische Ingenieur und Physiker William Rankine (1820–1872) haben grundlegende Arbeiten zur Theorie der Dampfmaschine durchgeführt. Deshalb wird der einfachste Vergleichsprozess für Dampfkraftwerke nach diesen beiden bedeutenden Forschern benannt.

In Analogie zum Joule-Prozess für Gasturbinenanlagen wird beim Clausius-Rankine-Prozess ein geschlossener, rechtslaufender Prozess zwischen zwei Isobaren aufgebaut. Als Prozessfluid zirkuliert Wassersubstanz. Die Kompression erfolgt in der flüssigen Phase des Fluids und die Expansion in der Dampfphase. Die isobare Wärmezufuhr führt zur Verdampfung bei hohem Druck und die Wärmeabfuhr veranlasst isobar-isotherme Kondensation bei niedrigem Druck. Zunächst setzen wir reibungsfreie Strömungsvorgänge voraus. Dann verlaufen Wärmezufuhr und Wärmeabfuhr isobar sowie Kompression und Expansion isentrop.

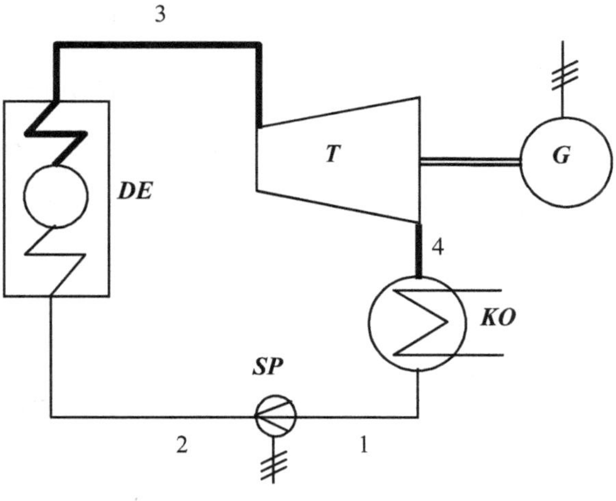


12 *Speisewasserpumpe* ***SP***
*adiabat* $q_{12} = 0$

23 *Dampferzeuger* ***DE***
*isobar* $q_{23} = h_3 - h_2$

34 *Dampfturbine* ***T***
*adiabat* $q_{34} = 0$

41 *Kondensator* ***KO***
*isobar/isotherm*
$q_{41} = h_1 - h_4$

*Abb. 7.1: Einfache Dampfkraftanlage*

In der in Abb. 7.1 dargestellten Dampfkraftanlage bringt die adiabate Speisewasserpumpe das Kondensat auf den Druck $p_h$ des Dampferzeugers. Im Dampferzeuger wird das Druckwasser auf Siedetemperatur gebracht, verdampft und überhitzt. Der Frischdampf wird in der Dampfturbine auf den Kondensatordruck $p_\ell$ entspannt. Im Kondensator erfolgt durch die Kühlung der isobar-isotherme Kondensationsvorgang. Damit schließt sich der Kreislauf.

Die Energiestrombilanz der gesamten Anlage im stationären Betriebszustand

$$\sum_j \dot{Q}_j + \sum_k \dot{W}_t = 0$$

wird durch Division durch den in der Anlage umgewälzten Massenstrom zu

$$q_{DE} + q_{KO} + w_{tSP} + w_{tT} = 0 \,. \tag{7.1}$$

Die Netto-Arbeit

$$w = w_{tT} + w_{tSP} \tag{7.2}$$

wird bestimmt durch

$$-w = q_{DE} + q_{KO} \,.$$

Mit der Wärmezufuhr im Dampferzeuger

$$q_{DE} = q_{23} = h_3 - h_2 \,. \tag{7.3}$$

und der Wärmeabfuhr im Kondensator

$$q_{KO} = q_{41} = h_1 - h_4 \tag{7.4}$$

folgt für die Netto-Arbeit der Anlage

$$-w = h_3 - h_2 + h_1 - h_4 \,. \tag{7.5}$$

Damit wird die Netto-Arbeit durch die spezifischen Enthalpien an den vier Eckpunkten des Kreisprozesses bestimmt. Die Effizienz oder der thermische Wirkungsgrad des Prozesses ist damit

$$\varepsilon = \eta_{th} = \frac{|w|}{q_{DE}} = 1 - \frac{h_4 - h_1}{h_3 - h_2} \,. \tag{7.6}$$

Die Speisepumpenarbeit beträgt nach dem 1. HS für diese Komponente

$$w_{tSP} = h_2 - h_1 \tag{7.7}$$

und die Dampfturbine gibt die Arbeit

$$w_{tT} = h_4 - h_3 \tag{7.8}$$

ab. Das mechanische Gleichgewicht an der Welle

$$w_t = w_{tSP} + w_{tT} = h_2 - h_1 + h_4 - h_3 \tag{7.9}$$

führt zum gleichen Ergebnis wie Gl. (7.5). Bei isentropen Zustandsänderungen in diesen Komponenten gilt

$$h_2 = h_{2is}; \quad h_4 = h_{4is} \,.$$

In die Abb. 7.2 und 7.3 sind die isentropen Kompressions- und Expansionslinien zwischen den beiden Isobaren eingetragen. Die Wärmezufuhr zwischen Punkt 2 und Punkt 3 umfasst Speisewasseraufwärmung, Verdampfung und Überhitzung. Der Beginn der Verdampfung VA und das Ende VE sind in Abb. 7.2 markiert.

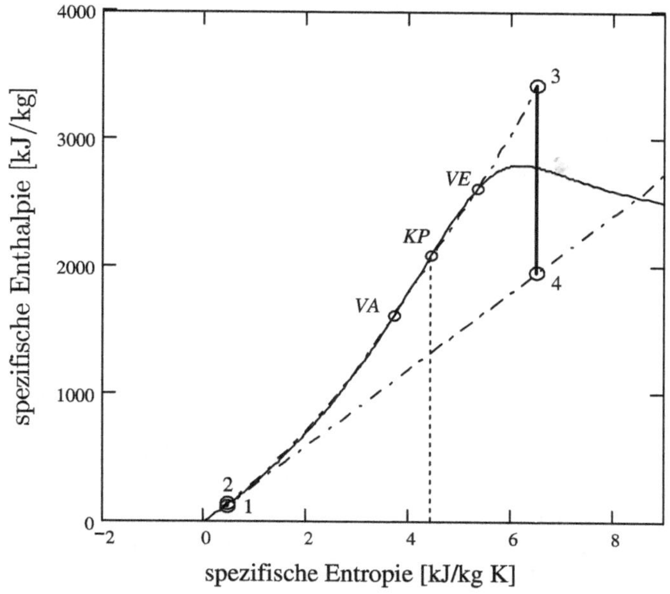


*Abb. 7.2: h,s-Diagramm des Clausius-Rankine-Prozesses*

Da alle Zustandsänderungen im Prozess mit Enthalpiedifferenzen verbunden sind, kann man im *h,s*-Diagramm der Abb. 7.2 die Energiebilanz nachvollziehen: Zugeführt werden die Speisepumpenarbeit $w_{tSP}$ und die Wärme $q_{DE}$ und abgeführt werden die Turbinenarbeit $w_{tT}$ und die Abwärme im Kondensator $q_{KO}$. Die zugehörigen Energieströme halten sich die Waage.

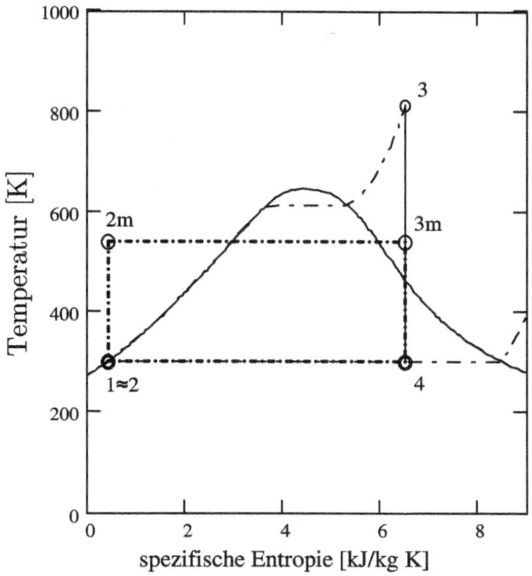


*Abb. 7.3: T,s-Diagramm des Clausius-Rankine-Prozesses*

In beiden Darstellungen erkennt man unmittelbar einen großen Vorteil des Prozesses: Die Speisepumpenarbeit ist gegenüber der Turbinenarbeit sehr klein:

$$w_{tSP} << |w_{tT}| \,. \tag{7.10}$$

In den Diagrammen sind die Unterschiede zwischen den Punkten 1 und 2 so gering, dass sie unter der Zeichengenauigkeit liegen. Daraus folgt, dass die Dampfturbine nur für eine unwesentlich größere Leistung als die Nennleistung der Anlage ausgelegt werden muss. Im Gegensatz dazu ist bei einer Gasturbinenanlage die Arbeit, die dem Verdichter zugeführt werden muss, erheblich. Deshalb muss die Gasturbine für eine Leistung ausgelegt werden, die deutlich über der Nennleistung der Anlage liegt.

Generell gilt nach dem 2. HS

$$q + q_{diss} = \int T\ ds \,.$$

Im $T,s$-Diagramm werden die zugeführte Wärme als positive Fläche unter der Zustandsänderung von Punkt 2 nach Punkt 3 und die abgeführte Wärme als negative Fläche unter der Zustandsänderung von Punkt 4 nach Punkt 1 sichtbar. In dieser Darstellung erkennen wir den zweiten großen Vorteil des Clausius-Rankine-Prozesses: Die Wärmeabfuhr im Kondensator erfolgt isotherm. Die Kondensatortemperatur hängt von den Kühlbedingungen und von der Auslegung des Kondensators ab. Bei Frischwasserkühlung erreicht man die niedrigsten Temperaturen im Kondensator, im Betrieb mit Nasskühlturm mit Verdunstungskühlung liegen die Werte etwas höher und bei Trockenkühltürmen noch höher. Ein typischer Wert für die Temperatur im Kondensator ist *35 °C*. Damit fließt die Abwärme mit äußerst geringer Exergie an die Umgebung ab. Deshalb kann der Prozess am „kalten Ende" kaum verbessert werden.

Will man die Effizienz des Clausius-Rankine-Prozesses verbessern, so muss man die mittlere Temperatur der Wärmezufuhr anheben. Ein weiteres Ziel ist die Steigerung der spezifischen Arbeit des Kreisprozesses, da dann weniger Fluid in der Anlage umgewälzt werden muss. Außerdem muss die Bedingung erfüllt werden, dass keine unzulässige Nässe in der Endstufe der Dampfturbine auftritt.

Beim realen Prozess treten Druckverluste in Rohrleitungen, Armaturen und im Dampferzeuger auf, die bei der Berechnung der spezifischen Enthalpien berücksichtigt werden. Die Verluste in den Strömungsmaschinen werden durch innere Wirkungsgrade erfasst. Die dissipativen Vorgänge im Prozess verursachen den Exergieverlust

$$ex_{tV} = T_{KO}\ \Delta s_{irr} \,. \tag{7.11}$$

Demnach fließt über den Kondensator nicht nur die reversible Wärme, sondern auch der Exergieverlust ab. Die Differenz

$$s_3 - s_2 + \Delta s_{irr} = s_4 - s_1 > 0 \tag{7.12}$$

ist die maximale Entropiedifferenz, die im Prozess auftritt. Die mittlere Temperatur der äußeren Wärmezufuhr wird in Übereinstimmung mit Gl. (5.74) bestimmt durch

$$T_{mh} = \frac{h_3 - h_2}{s_4 - s_1} \,. \tag{7.13}$$

Wie Abb. 7.3 zeigt, entsteht durch die mittlere Temperatur der Wärmezufuhr ein Carnot-Prozess, der die gleiche Effizienz hat wie der Clausius-Rankine-Prozess:

$$\varepsilon = \eta_{th} = 1 - \frac{h_4 - h_1}{h_3 - h_2} = 1 - \frac{T_{KO}}{T_{mh}}. \tag{7.14}$$

**Beispiel 7.1 (Level 2):** Ein Dampferzeuger liefert Frischdampf von *150 bar* und *540 °C*. Die Entspannung des Dampfes erfolgt in der Dampfturbine mit einem inneren Wirkungsgrad von *0,90* auf den Sättigungsdruck im Kondensator, in dem der Abdampf bei einer Temperatur von *35 °C* kondensiert. Die Speisewasserpumpe komprimiert das Kondensat mit einem inneren Wirkungsgrad von *0,80*. Der Druck nach der Speisewasserpumpe beträgt *155 bar*. Die mechanischen Verluste und die Generatorverluste werden durch $\eta_{m\_el} = 0{,}95$ berücksichtigt. Die Anlage soll für eine elektrische Leistung von *100 MW* ausgelegt werden. Die Speisepumpe wird elektrisch angetrieben, der mechanisch-elektrische Wirkungsgrad des Antriebs beträgt *0,91*.

Die Zustandswerte an den Eckpunkten des Prozesses sind zu bestimmen. Welchen thermischen Wirkungsgrad hat der Prozess? Welcher Massenstrom wird umgewälzt und welche Wärmeleistung muss dem Dampferzeuger zugeführt werden? Welche Effizienz hat die Anlage?

**Voraussetzungen:** Dampftafelprogramme. Bei der direkten Auswertung der Dampftafelprogramme zur Berechnung der Zustandswerte an den Eckpunkten des Kreisprozesses wird auf Maßeinheiten verzichtet, da die Bearbeitung dann kompakter wird.

Die Strömungsmaschinen sind adiabat. Es treten keine Wärmeverluste an den Rohrleitungen oder am Dampferzeuger auf.

**Gegeben:**

$p_3 := 150 \quad t_3 := 540 \quad t_{s4} := 35 \quad p_2 := 155 \quad \eta_{iT} := 0.90 \quad \eta_{iP} := 0.80$

$P_{el} := -100 \cdot MW \quad \eta_{mel\_G} := 0.95 \quad \eta_{mel\_M} := 0.91$

**Lösung:** Der Sättigungszustand im Kondensator wird berechnet durch

$p_{s4} := psat(t_{s4}) \quad p_{s4} = 0.056 \quad \Gamma_{s4} := Zweiphas(t_{s4}) \quad \Gamma T_{s4} := \Gamma_{s4}^{T}$

$h_{s4} := \Gamma T_{s4}^{\langle 2 \rangle} \quad h_{s4} = \begin{pmatrix} 146.64 \\ 2564.58 \end{pmatrix} \quad s_{s4} := \Gamma T_{s4}^{\langle 1 \rangle} \quad s_{s4} = \begin{pmatrix} 0.505 \\ 8.352 \end{pmatrix}$

Die Speisepumpe saugt Kondensat an. Die geringe Unterkühlung zur Vermeidung von Kavitation wird vernachlässigt.

$t_1 := t_{s4} \quad p_1 := p_{s4} \quad s_1 := s_{s4_0} \quad h_1 := h_{s4_0} \quad s_1 = 0.505 \quad h_1 = 146.64$

Mit der Umkehrfunktion wird die Temperatur bei der isentropen Kompression und damit die isentrope spezifische Enthalpie am Ende der Kompression berechnet:

$t_{2is} := ts1(p_2, s_1) \quad t_{2is} = 35.401 \quad \Gamma_{2is} := Einphas(p_2, t_{2is}) \quad h_{2is} := \Gamma_{2is_2} \quad h_{2is} = 162.168$

Mit dem inneren Wirkungsgrad der Speisewasserpumpe errechnet man die spezifische Enthalpie am Ende der Kompression

$$h_2 := h_1 + \frac{h_{2is} - h_1}{\eta_{iP}} \qquad h_2 = 166.05$$

Daraus folgen mit der Umkehrfunktion die Temperatur und die zugehörige spezifische Entropie am Pumpenaustritt

$t_2 := th1(p_2, h_2) \quad t_2 = 36.337 \quad \Gamma_2 := Einphas(p_2, t_2) \quad s_2 := \Gamma_{2_1} \quad s_2 = 0.518$

Die Zustandswerte des Frischdampfes sind

$\Gamma_3 := Einphas(p_3, t_3) \quad s_3 := \Gamma_{3_1} \quad s_3 = 6.490 \quad h_3 := \Gamma_{3_2} \quad h_3 = 3423.2$

Wegen

$$s_3 < s_{s4_1}$$

erkennt man, dass der Endpunkt der isentropen Entspannung im Nassdampfgebiet liegt.

Dann sind Dampfgehalt und isentrope spezifische Enthalpie

$$x_{4is} := \frac{s_3 - s_{s4_0}}{s_{s4_1} - s_{s4_0}} \qquad x_{4is} = 0.763 \qquad h_{4is} := h_{s4_0} + x_{4is} \cdot \left(h_{s4_1} - h_{s4_0}\right) \qquad h_{4is} = 1990.79$$

und mit dem inneren Wirkungsgrad der Turbinenentspannung ermittelt man die spezifische Enthalpie am Ende der Turbine:

$$h_4 := h_3 + \eta_{iT} \cdot \left(h_{4is} - h_3\right) \qquad h_4 = 2134.03$$

Da

$$h_4 < h_{s4_1}$$

ist, liegt der Endpunkt der realen Turbinenentspannung auch im Nassdampfgebiet und es folgt für den Dampfgehalt und die Entropie am Turbinenaustritt

$$x_4 := \frac{h_4 - h_{s4_0}}{h_{s4_1} - h_{s4_0}} \qquad x_4 = 0.822 \qquad s_4 := s_{s4_0} + x_4 \cdot \left(s_{s4_1} - s_{s4_0}\right) \qquad s_4 = 6.955$$

Mit den berechneten spezifischen Enthalpien werden die spezifischen Arbeiten und Wärmen im Prozess bestimmt:

$$w_{tT} := \left(h_4 - h_3\right) \cdot \frac{kJ}{kg} \qquad w_{tSP} := \left(h_2 - h_1\right) \cdot \frac{kJ}{kg} \qquad w_{tT} = -1289.2 \frac{kJ}{kg} \qquad w_{tSP} = 19.40 \frac{kJ}{kg}$$

$$q_{DE} := \left(h_3 - h_2\right) \cdot \frac{kJ}{kg} \qquad q_{KO} := \left(h_1 - h_4\right) \cdot \frac{kJ}{kg} \qquad q_{DE} = 3257.2 \frac{kJ}{kg} \qquad q_{KO} = -1987.4 \frac{kJ}{kg}$$

Der thermische Wirkungsgrad des Prozesses beträgt

$$w_t := w_{tT} + w_{tSP} \qquad \eta_{th} := \frac{\left|w_t\right|}{q_{DE}} \qquad \eta_{th} = 0.390$$

Die mittlere Temperatur der Wärmezufuhr berechnet man durch

$$T_{mh} := \frac{h_3 - h_2}{s_4 - s_1} \cdot K \qquad T_{mh} = 505.03 K \qquad t_{mh} := tT\left(T_{mh}\right) \qquad t_{mh} = 231.88\,°C$$

Der äquivalente Carnot-Prozess hat den gleichen thermischen Wirkungsgrad:

$$\eta_{thC} := 1 - \frac{Tt\left(t_{s4} \cdot °C\right)}{T_{mh}} \qquad \eta_{thC} = 0.390$$

Zur Kontrolle wird die Energiebilanz der gesamten Anlage erstellt:

$$q_{DE} + w_{tSP} + w_{tT} + q_{KO} = 2.328 \times 10^{-13} \frac{kJ}{kg}$$

Der Generator gibt die elektrische Bruttoleistung

$$P_{brutto} = \eta_{mel\_G} \cdot mp_W \cdot w_{tT}$$

ab. Davon geht der Eigenbedarf der Anlage für den Antrieb der Speisepumpe

$$P_{eigen} = mp_W \cdot \frac{w_{tSP}}{\eta_{mel\_M}}$$

ab und somit folgt für die Nettoleistung des Generators

$$P_{netto} = P_{brutto} + P_{eigen} = mp_W \cdot \left(\eta_{mel\_G} \cdot w_{tT} + \frac{w_{tSP}}{\eta_{mel\_M}}\right)$$

Daraus wird der Massenstrom bestimmt, der in der Anlage umgewälzt werden muss:

$$mp_W := \frac{P_{el}}{\eta_{mel\_G} \cdot w_{tT} + \dfrac{w_{tSP}}{\eta_{mel\_M}}} \qquad mp_W = 83.10 \frac{kg}{s} \qquad mp_W = 299.15 \frac{t}{h}$$

Dem Dampferzeuger muss der Wärmestrom

$Qp_{DE} := mp_W \cdot q_{DE}$ $\qquad Qp_{DE} = 270.66\,MW$

zugeführt werden. Die Bruttoleistung des Generators wird bestimmt durch

$P_{brutto} := \eta_{mel\_G} \cdot mp_W \cdot w_{tT}$ $\qquad P_{brutto} = -101.772\,MW$

und die Effizienz der gesamten Anlage unter Einbeziehung der äußeren Verluste beträgt

$\varepsilon_{DKW} := \dfrac{|P_{el}|}{Qp_{DE}}$ $\qquad \varepsilon_{DKW} = 0.369$

**Diskussion:** Die Speisepumpenarbeit beträgt nur *1,8 %* der Arbeit der Dampfturbine. In der Praxis wird die Speisewasserpumpe elektrisch oder, alternativ, mit Anzapfdampf durch eine kleine Turbine direkt angetrieben.

# 7.2 Verbesserung des Clausius-Rankine-Prozesses

## 7.2.1 Zwischenüberhitzung

Teilt man die Dampfturbine in einen Hochdruckteil und einen Niederdruckteil auf und führt den Dampf nach der Entspannung in der Hochdruckturbine zurück in den Dampferzeuger, so wird in einem zusätzlichen Rohrregister dem Dampf erneut Wärme zugeführt (Anlagenschema Abb. 7.4). Beim Eintritt in den Niederdruckteil der Dampfturbine wird zumeist wieder die Frischdampftemperatur ($t_{3*} = t_3$) erreicht.

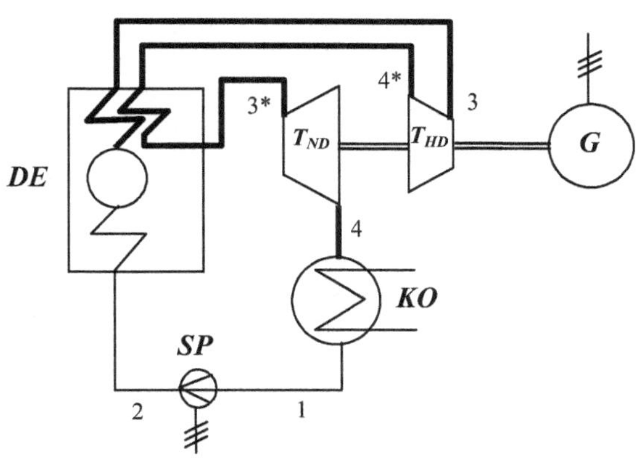


*Zusätzliche Zustandsänderung:*

*Zwischenüberhitzung **ZÜ**:*

$$q_{4*3*} = h_{3*} - h_{4*}$$

*Abb. 7.4: Dampfkraftanlage mit Zwischenüberhitzung*

Die Energiebilanz über die gesamte modifizierte Anlage lautet

$$q_{DE} + q_{ZU} + q_{KO} + w_{tHD} + w_{tND} + w_{tSP} = 0\,. \qquad (7.15)$$

Mit der Netto-Arbeit des Prozesses

$$w = w_{tHD} + w_{tND} + w_{tSP}$$

folgt

$$-w = q_{DE} + q_{ZÜ} + q_{KO}$$

oder

$$-w = h_3 - h_2 + h_{3*} - h_{4*} + h_1 - h_4 \tag{7.16}$$

mit der Wärmezufuhr

$$q_{zu} = h_3 - h_2 + h_{3*} - h_{4*} \tag{7.17}$$

und der Wärmeabfuhr

$$q_{ab} = h_1 - h_4 . \tag{7.18}$$

Damit ist die Effizienz oder der thermische Wirkungsgrad des Prozesses

$$\varepsilon = \eta_{th} = 1 - \frac{h_4 - h_1}{h_3 - h_2 + h_{3*} - h_{4*}} . \tag{7.19}$$

Die mittlere Temperatur der Wärmezufuhr beträgt bei diesem Prozess

$$T_{mh} = \frac{h_3 - h_2 + h_{3*} - h_{4*}}{s_4 - s_1} . \tag{7.20}$$

**Beispiel 7.2 (Level 2):** Die in Beispiel 7.1 berechnete Anlage wird modifiziert, indem bei *30 bar* der Dampf in einem Zwischenüberhitzer mit einem Druckverlust von *0,2 bar* wieder auf die Frischdampftemperatur aufgewärmt wird. Wie verändern sich die Daten der Anlage?

**Voraussetzungen:** Wie bei Beispiel 7.1. Die Ergebnisse aus Beispiel 7.1 werden übernommen.

**Gegeben:** Zusätzlich zu den Angaben für Beispiel 7.1:

$p_{4a} := 30 \qquad p_{3a} := 29.8 \qquad t_{3a} := t_3$

**Lösung:** Speisewasserpumpe und Wärmezufuhr im Dampferzeuger wie in Beispiel 7.1. Beim Zwischendruck am Ende der HD-Turbine sind die spezifischen Entropien und Enthalpien im Sättigungszustand

$t_{s4a} := tsat(p_{4a}) \qquad t_{s4a} = 233.86 \qquad \Gamma_{s4a} := Zweiphas(t_{s4a}) \qquad \Gamma T_{s4a} := \Gamma_{s4a}^{T}$

$s_{s4a} := \Gamma T_{s4a}^{\langle 1 \rangle} \qquad s_{s4a} = \begin{pmatrix} 2.646 \\ 6.186 \end{pmatrix} \qquad h_{s4a} := \Gamma T_{s4a}^{\langle 2 \rangle} \qquad h_{s4a} = \begin{pmatrix} 1008.4 \\ 2803.3 \end{pmatrix}$

Da mit

$s_3 = 6.490 \qquad s_3 > s_{s4a_1}$

ist, liegt der Endpunkt der isentropen Entspannung im Bereich des überhitzten Dampfes und die isentrope Enthalpie wird unter Verwendung der Umkehrfunktion berechnet mit

$t_{4a\_is} := ts2(p_{4a}, s_3) \qquad \Gamma_{4a\_is} := Einphas(p_{4a}, t_{4a\_is}) \qquad h_{4a\_is} := \Gamma_{4a\_is_2} \qquad h_{4a\_is} = 2965.1$

Mit dem inneren Wirkungsgrad der Turbine beträgt die spezifische Enthalpie am Ende der HD-Entspannung

$h_{4a} := h_3 + \eta_{iT} \cdot (h_{4a\_is} - h_3) \qquad h_{4a} = 3010.9$

Die zugehörige spezifische Entropie beträgt

$t_{4a} := th2(p_{4a}, h_{4a}) \qquad \Gamma_{4a} := Einphas(p_{4a}, t_{4a}) \qquad s_{4a} := \Gamma_{4a_1} \qquad s_{4a} = 6.570$

Der Zustandswerte nach der ZÜ folgen durch

$\Gamma_{3a} := Einphas(p_{3a}, t_{3a}) \qquad h_{3a} := \Gamma_{3a_2} \qquad h_{3a} = 3547.2 \qquad s_{3a} := \Gamma_{3a_1} \qquad s_{3a} = 7.352$

Da mit

$s_{s4_1} = 8.352 \qquad s_{3a} < s_{s4_1}$

ist, liegt der Endpunkt der isentropen ND-Entspannung im Nassdampfgebiet. Mit dem Dampfgehalt

$x_{4is} := \dfrac{s_{3a} - s_{s4_0}}{s_{s4_1} - s_{s4_0}} \qquad x_{4is} = 0.873$

beträgt die isentrope spezifische Enthalpie

$h_{4is} := h_{s4_0} + x_{4is} \cdot \left(h_{s4_1} - h_{s4_0}\right) \qquad h_{4is} = 2256.6$

Mit dem inneren Wirkungsgrad der Turbine wird die spezifische Enthalpie am Ende der ND-Entspannung bestimmt:

$$h_4 := h_{3a} + \eta_{iT} \cdot (h_{4is} - h_{3a}) \qquad h_4 = 2385.7$$

wobei wegen

$$h_{s4_1} = 2564.6 \qquad h_4 < h_{s4_1}$$

dieser Endpunkt ebenfalls im Nassdampfgebiet liegt. Mit dem Dampfgehalt am Ende der ND-Entspannung wird die spezifische Entropie berechnet:

$$x_4 := \frac{h_4 - h_{s4_0}}{h_{s4_1} - h_{s4_0}} \qquad x_4 = 0.926 \qquad s_4 := s_{s4_0} + x_4 \cdot \left(s_{s4_1} - s_{s4_0}\right) \qquad s_4 = 7.771$$

Die spezifische Turbinenarbeit als Summe der Arbeiten des HD- und ND-Teils beträgt

$$w_{tHD} := (h_{4a} - h_3) \cdot \frac{kJ}{kg} \qquad w_{tHD} = -412.27 \frac{kJ}{kg} \qquad w_{tND} := (h_4 - h_{3a}) \cdot \frac{kJ}{kg} \qquad w_{tND} = -1161.6 \frac{kJ}{kg}$$

$$w_{tT} := w_{tHD} + w_{tND} \qquad w_{tT} = -1573.8 \frac{kJ}{kg}$$

Im Kessel wird die Wärme zur Dampferzeugung und zur ZÜ zugeführt:

$$q_{ZÜ} := (h_{3a} - h_{4a}) \cdot \frac{kJ}{kg} \qquad q_{ZÜ} = 536.28 \frac{kJ}{kg} \qquad q_K := q_{DE} + q_{ZÜ} \qquad q_K = 3793.5 \frac{kJ}{kg}$$

und die Wärmeabgabe im Kondensator beträgt

$$q_{KO} := (h_1 - h_4) \cdot \frac{kJ}{kg} \qquad q_{KO} = -2239.0 \frac{kJ}{kg}$$

Damit wird der thermische Wirkungsgrad des Prozesses bestimmt:

$$w_t := w_{tT} + w_{tSP} \qquad \eta_{th} := \frac{|w_t|}{q_K} \qquad \eta_{th} = 0.410$$

Für die mittlere Temperatur der Wärmezufuhr berechnet man

$$T_{mh} := \frac{h_3 - h_2 + h_{3a} - h_{4a}}{s_4 - s_1} \cdot K \qquad T_{mh} = 522.082 K \qquad t_{mh} := tT(T_{mh}) \qquad t_{mh} = 248.93\,°C$$

wobei der äquivalente Carnot-Prozess wieder den gleichen thermischen Wirkungsgrad hat:

$$\eta_{thC} := 1 - \frac{Tt(t_{s4} \cdot °C)}{T_{mh}} \qquad \eta_{thC} = 0.410$$

Durch die Anlage muss nun, wenn die gleiche elektrische Netto-Leistung erzeugt werden soll, der Massenstrom

$$mp_{WZ} := \frac{P_{el}}{\eta_{mel\_G} \cdot w_{tT} + \frac{w_{tSP}}{\eta_{mel\_M}}} \qquad mp_{WZ} = 67.85 \frac{kg}{s} \qquad mp_{WZ} = 244.26 \frac{t}{h}$$

umgewälzt werden. Damit muss dem Dampfkessel die Wärmeleistung

$$Qp_{KZÜ} := mp_{WZ} \cdot q_K \qquad Qp_{KZÜ} = 257.39\, MW$$

zugeführt werden. Damit ergibt sich die Effizienz der Anlage unter Einbeziehung der äußeren Verluste:

$$\varepsilon_{DKWZ} := \frac{|P_{el}|}{Qp_{KZÜ}} \qquad \varepsilon_{DKWZ} = 0.389$$

**Diskussion:** Durch die Zwischenüberhitzung sind die Effizienz der Anlage, die spezifische Arbeit und der Dampfgehalt am Austritt der Dampfturbine angestiegen.

## 7.2.2 Regenerative Speisewasservorwärmung

In den bisher diskutierten Prozessen tritt das Speisewasser mit niedriger Temperatur aus der Speisewasserpumpe aus, die nur unwesentlich über der Temperatur des Kondensats liegt. Das Speisewasser muss im Dampferzeuger auf Siedetemperatur aufgeheizt werden. Wie aus Abb. 7.3 ersichtlich, wird dadurch die mittlere Temperatur der Wärmeübertragung herunter gezogen. Wird die Speisewasservorwärmung durch inneren Wärmetausch bewerkstelligt, so kann dieser Mangel behoben werden. Dies sei zunächst an einem idealen Sattdampfprozess mit dem in Abb. 7.5 dargestellten Anlagenschema diskutiert.

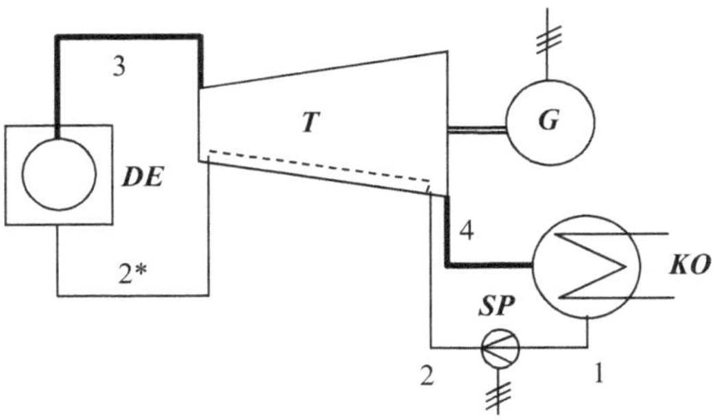


*Abb. 7.5: Sattdampfturbine mit Speisewasservorwärmung*

Wird dem Dampf bei seiner Entspannung kontinuierlich Wärme entzogen und das Speisewasser aufgewärmt, so tritt das Speisewasser im Idealfall mit Sättigungstemperatur aus. Im Dampferzeuger erfolgt bei einem Sattdampfprozess lediglich die Verdampfung bei der Temperatur $T_h$. Im Kondensator wird die Wärme bei der Temperatur $T_\ell$ abgeführt. Damit liegt, wie das $T,s$-Diagramm des Prozesses in Abb. 7.6 zeigt, eine vollständige Carnotisierung des Prozesses vor.

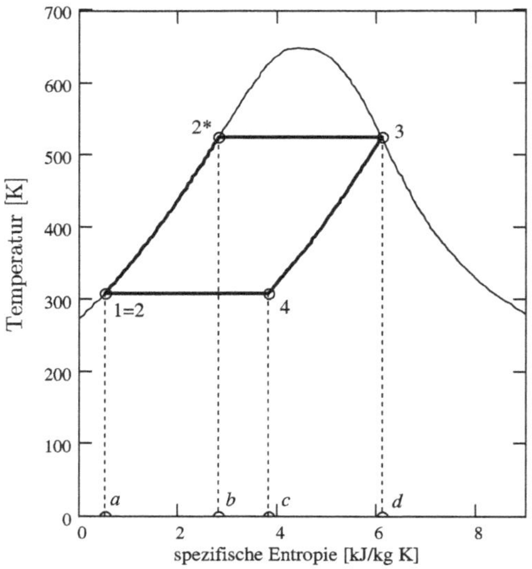


*Abb. 7.6: Carnotisierung durch inneren Wärmetausch*

Die Abkühlung des Dampfes wird durch die Fläche $A_{d,3,4,c}$ repräsentiert, sie bewirkt die Aufwärmung des Speisewassers (Fläche $A_{a,1,2*,b}$).

Man erkennt allerdings in Abb. 7.6 auch, warum diese Art von Speisewasservorwärmung nicht machbar ist: Die Entspannungslinie endet bei sehr hoher Dampfnässe. Da nach Maßgabe der Energiestrombilanz Wärmetransport auch mittels Massentransport erfolgen kann, wird in der Praxis der innere Wärmetausch durch Massenentnahme aus der Dampfturbine über Anzapfleitungen durchgeführt.

Wie im Anlagenschema Abb. 7.7 gezeigt, wird der Anzapfdampf an den Entnahmestellen bei den Drücken $p_c > p_b > p_a$ den Vorwärmern $V_c$, $V_b$ und $V_a$ zugeführt. Der Dampf kondensiert in den Vorwärmern auf unterschiedlichem Temperaturniveau. Das Kondensat aus dem Vorwärmer mit höherem Anzapfdruck wird auf die darunter liegende Stufe und schließlich aus dem Vorwärmer $V_a$ auf den Kondensatordruck gedrosselt.

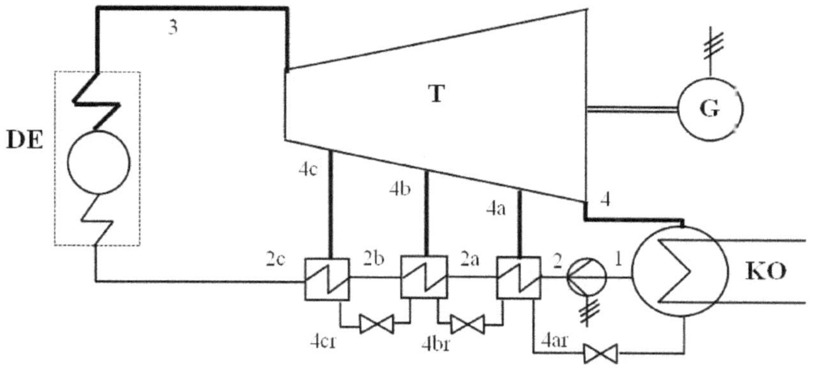


*Abb. 7.7: Speisewasservorwärmung mit drei Vorwärmstufen*

Für die Vorwärmer gilt der 1. HS in der Form

$$\sum_i \dot{m}_i \, h_i = 0$$

oder, bezogen auf den Gesamtmassenstrom mit dem Massenanteil $\xi$

$$\sum_i \xi_i \, h_i = 0 \,. \tag{7.21}$$

Dann gilt für

$$\left.\begin{aligned}
&\bullet\ \text{Vorwärmer } V_c\text{: } \xi_c \left(h_{4c} - h_{4cr}\right) = h_{2c} - h_{2b} = \Delta h_c \\
&\bullet\ \text{Vorwärmer } V_b\text{: } \xi_b \, h_{4b} + \xi_c \, h_{4cr} - \left(\xi_b + \xi_c\right) h_{4br} = h_{2b} - h_{2a} = \Delta h_b \\
&\bullet\ \text{Vorwärmer } V_a\text{: } \xi_a \, h_{4a} + \left(\xi_b + \xi_c\right) h_{4br} - \left(\xi_a + \xi_b + \xi_c\right) h_{4ar} = h_{2a} - h_2 = \Delta h_a
\end{aligned}\right\} \tag{7.22}$$

Trägt man in Abb. 7.8 die Temperatur $t$ über der gewichteten Enthalpie $\xi{\cdot}h$ auf, so wird in der schematischen Darstellung in der Stufe $V_c$ überhitzter Dampf entnommen, enthitzt, kondensiert und unterkühlt. Bei den anderen beiden Stufen $V_b$ und $V_a$ wird Nassdampf entnommen, der kondensiert und unterkühlt wird. Im Gegenstrom wird das Speisewasser stufenweise aufgewärmt.

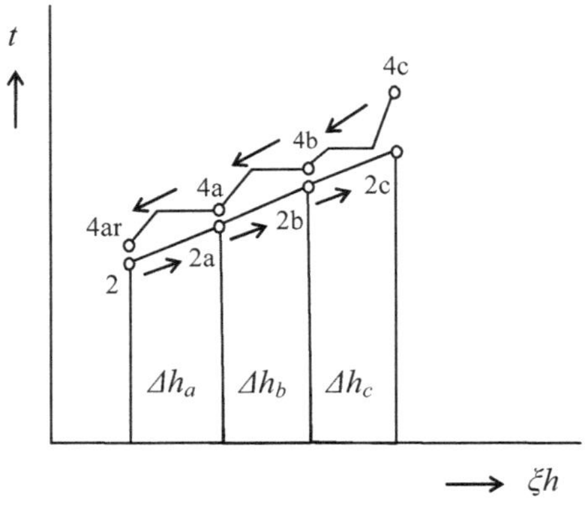


*Abb. 7.8: t,ξh-Diagramm der Anzapfung und Speisewasservorwärmung*

Im $T,s$-Diagramm, das spezifische Größen zeigt, die auf den Gesamtmassenstrom $\dot{m}$ bezogen sind, wird der Wärmeumsatz im Vorwärmer $i$ als Flächenstück

$$\left(\int T\,ds\right)_i = \frac{\Delta \dot{H}_i}{\dot{m}} = \Delta h_i \tag{7.23}$$

dargestellt, das in Verbindung mit dem entsprechenden Temperaturverlauf dem Dampf bei der Entspannung in Form eines Enthalpiestroms entzogen und dem Speisewasser zugefügt wird.

In Abb. 7.9 wird die dreistufige Speisewasservorwärmung im $T,s$-Diagramm dargestellt. Beim Anzapfdampf wird die mittlere Temperatur bei der Abgabe der Wärme eingetragen. Steigert man die Zahl der Anzapfstufen, so nähert man immer besser den idealen Verlauf in Abb. 7.6 an.

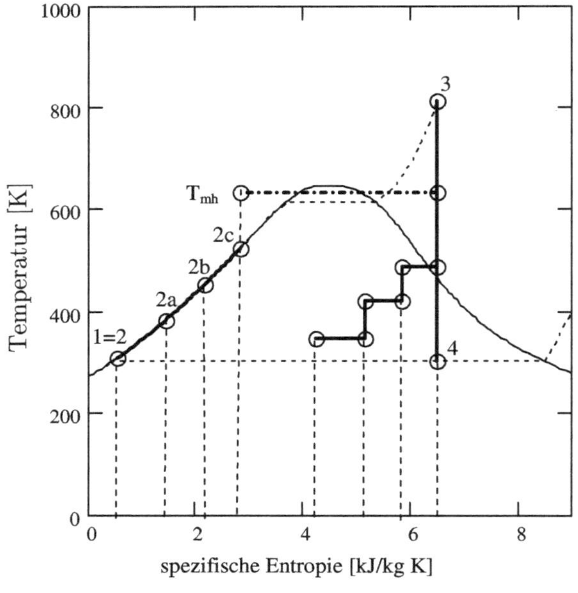


*Abb. 7.9: Dreistufige Speisewasservorwärmung im T,s-Diagramm*

Das Speisewasser wird regenerativ bis zur Temperatur $t_{2c}$ aufgewärmt. Im Dampferzeuger wird die spezifische Wärme

$$q_{DE} = h_3 - h_{2c} \tag{7.24}$$

zugeführt und dadurch steigt die mittlere Temperatur der Wärmezufuhr

$$T_{mh} = \frac{h_3 - h_{2c}}{\left(1 - \sum \xi\right)\left(s_4 - s_1\right)} \tag{7.25}$$

erheblich an.

In der Dampfturbine wird der Dampfmassenstrom durch die Anzapfungen sukzessiv verringert. Die innere Turbinenleistung beträgt

$$P_T = \dot{m}\left[\begin{array}{c}(h_{4c} - h_3) + (1-\xi_c)(h_{4b} - h_{4c}) + (1-\xi_b-\xi_c)(h_{4a} - h_{4b}) + \\ + (1-\xi_a-\xi_b-\xi_c)(h_4 - h_{4a})\end{array}\right] \tag{7.26}$$

Da die Drosselung mit Exergieverlusten verbunden ist, wird in modernen Kraftwerksschaltungen das Kondensat aus einem Vorwärmer oder aus einer Gruppe von Vorwärmern durch eine separate Pumpe auf den Druck des Speisewassers gebracht und diesem nach der Vorwärmung zugemischt (siehe Abb. 7.10). Ein Vorteil dieser Variante besteht auch darin, dass durch die Vorwärmgruppe weniger Speisewasser durchgesetzt wird als bei der Drosselung, wo der gesamte Rückstrom an den Kondensator abgegeben wird und so der volle Kondensatstrom durch die Vorwärmer geht.

Außerdem hat jedes Dampfkraftwerk einen Speisewasserbehälter, der meist zwischen Hochdruck- und Niederdruckturbine angeordnet ist. In diesem Behälter wird durch überhitzten Anzapfdampf der Sättigungszustand aufrechterhalten und es wird gesättigtes Wasser entnommen. Damit trägt der Speisewasserbehälter als Mischvorwärmer zur regenerativen Speisewasservorwärmung bei.

**Beispiel 7.3 (Level 2):** Die in Beispiel 7.2 analysierte Anlage wird wie folgt modifiziert (Abb. 7.10): Am Ende der HD-Turbine wird ein Teilmassenstrom entnommen und einem Vorwärmer zugeführt. Dabei soll das minimale treibende Temperaturgefälle im Vorwärmer *1 K* betragen. Wie ändern sich die Daten der Anlage?

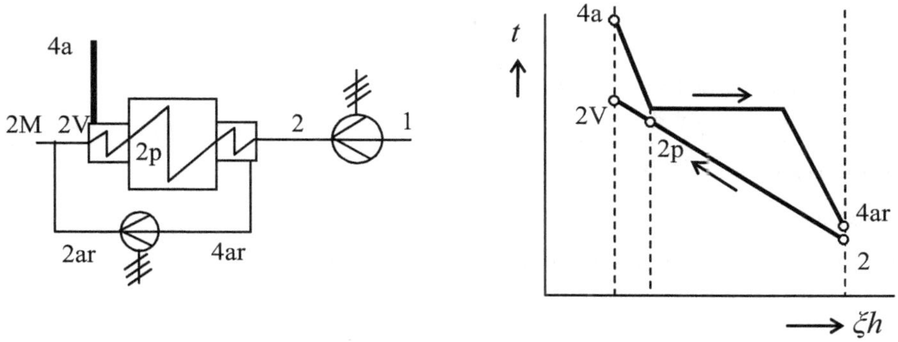


*Abb. 7.10: Vorwärmer mit t,ξh-Diagramm*

**Voraussetzungen:** Wie in den Beispielen 7.1 und 7.2. Die zutreffenden Ergebnisse aus diesen Beispielen werden übernommen.

**Gegeben:** Zusätzlich zu den Daten der Beispiele 7.1 und 7.2:

$\Delta T := 1$

**Lösung:** Mit dem minimalen treibenden Temperaturgefälle am Eintritt des Speisewassers in den Vorwärmer betragen die Temperatur und die Stoffwerte des Kondensats beim Austritt aus dem Vorwärmer

$t_{4ar} := t_2 + \Delta T \qquad t_{4ar} = 37.337 \qquad \Gamma_{4ar} := Einphas(p_{4a}, t_{4ar})$

$h_{4ar} := \Gamma_{4ar_2} \qquad h_{4ar} = 159.082 \qquad s_{4ar} := \Gamma_{4ar_1} \qquad s_{4ar} = 0.536$

Bei Beginn der Kondensation tritt wieder das minimale treibende Temperaturgefälle auf und damit betragen die Temperatur und die spezifische Enthalpie des Speisewassers

$t_{s4a} = 233.858 \qquad t_{2p} := t_{s4a} - \Delta T \qquad t_{2p} = 232.858$

$\Gamma_{2p} := Einphas(p_2, t_{2p}) \qquad h_{2p} := \Gamma_{2p_2} \qquad h_{2p} = 1006.23$

Aus dem 1. HS für die Kondensation und Unterkühlung des Anzapf-Massenstroms

$$\xi_a \cdot \left(h_{s4a_1} - h_{4ar}\right) = (1 - \xi_a)\cdot(h_{2p} - h_2)$$

wird der notwendige Anzapf-Anteil bestimmt:

$$\xi_a := \frac{(h_{2p} - h_2)}{\left(h_{s4a_1} - h_{4ar} + h_{2p} - h_2\right)} \qquad \xi_a = 0.241$$

Mit dem 1. HS für den gesamten Vorwärmer

$$\xi_a \cdot (h_{4a} - h_{4ar}) = (1 - \xi_a)\cdot(h_2 - h_{2e})$$

wird die spezifische Enthalpie des Speisewassers am Ende des Vorwärmers berechnet:

$$h_{2e} := h_2 + \frac{\xi_a}{1 - \xi_a}\cdot(h_{4a} - h_{4ar}) \qquad h_{2e} = 1072.22$$

Für die Kompression des Kondensats aus dem Vorwärmer folgt für die isentrope Enthalpie

$t_{2ar\_is} := ts1(p_2, s_{4ar}) \qquad \Gamma_{2ar\_is} := Einphas(p_2, t_{2ar\_is}) \qquad h_{2ar\_is} := \Gamma_{2ar\_is_2}$

und mit dem Pumpenwirkungsgrad die spezifische Enthalpie am Pumpenaustritt

$$h_{2ar} := h_{4ar} + \frac{h_{2ar\_is} - h_{4ar}}{\eta_{iP}} \qquad h_{2ar} = 174.74$$

Mit dem 1. HS für die Vermischung des komprimierten Kondensats mit dem Speisewasser werden die spezifische Enthalpie und die spezifische Entropie beim Eintritt in den Dampferzeuger berechnet:

$\xi_a \cdot h_{2ar} + (1 - \xi_a)\cdot h_{2e} = h_{2M} \qquad h_{2M} := \xi_a \cdot h_{2ar} + (1 - \xi_a)\cdot h_{2e} \qquad h_{2M} = 855.81$

$t_{2M} := th1(p_2, h_{2M}) \qquad t_{2M} = 199.44 \qquad \Gamma_{2M} := Einphas(p_2, t_{2M}) \qquad s_{2M} := \Gamma_{2M_1} \qquad s_{2M} = 2.304$

Bezogen auf den Hauptmassenstrom werden im Kessel die Wärmen

$q_{DEA} := (h_3 - h_{2M})\cdot\frac{kJ}{kg} \qquad q_{DEA} = 2567.41\frac{kJ}{kg} \qquad q_{ZÜA} := (1 - \xi_a)\cdot q_{ZÜ} \qquad q_{ZÜA} = 406.971\frac{kJ}{kg}$

zugeführt und im Kondensator die Wärme

$$q_{KOA} := (1 - \xi_a)\cdot q_{KO} \qquad q_{KOA} = -1699.1\frac{kJ}{kg}$$

abgeführt. Die Entspannungsarbeit der Hochdruck-Turbine bleibt unverändert. Für die Nierderdruck-Turbine gilt

$w_{tHD} = -412.275\frac{kJ}{kg} \qquad w_{tNDA} := (1 - \xi_a)\cdot w_{tND} \qquad w_{tNDA} = -881.483\frac{kJ}{kg}$

und für die Speisewasserpumpe und die Pumpe für die Kondensatrückführung erhält man

$w_{tSPA} := (1 - \xi_a)\cdot w_{tSP} \qquad w_{tSPA} = 14.73\frac{kJ}{kg}$

$w_{tRA} := \xi_a \cdot (h_{2ar} - h_{4ar})\cdot\frac{kJ}{kg} \qquad w_{tRA} = 3.775\frac{kJ}{kg}$

Damit werden im Kessel insgesamt

$$q_{KA} := q_{DEA} + q_{ZÜA} \qquad q_{KA} = 2974.4\frac{kJ}{kg}$$

zugeführt. Die technische Arbeit der Turbine beträgt

$$w_{tTA} := w_{tHD} + w_{tNDA} \qquad w_{tTA} = -1293.76\frac{kJ}{kg}$$

und die der Pumpen

$$w_{tPA} := w_{tSPA} + w_{tRA} \qquad w_{tPA} = 18.50\frac{kJ}{kg}$$

woraus der thermische Wirkungsgrad der Anlage

$$\eta_{thA} := \frac{|w_{tTA} + w_{tPA}|}{q_{KA}} \qquad \eta_{thA} = 0.429$$

berechnet wird. Die Überprüfung der Bilanz der Gesamtanlage ergibt

$$w_{tTA} + w_{tPA} + q_{KA} + q_{KOA} = -2.328 \times 10^{-13}\frac{kJ}{kg}$$

Mit der mittleren Temperatur der Wärmezufuhr

$$T_{mhA} := \frac{h_3 - h_{2M} + (1 - \xi_a)\cdot(h_{3a} - h_{4a})}{(1 - \xi_a)\cdot(s_4 - s_1)}\cdot K \qquad T_{mhA} = 539.427K$$

hat der äquivalente Carnot-Prozess den gleichen thermischen Wirkungsgrad:

$$\eta_{thCA} := 1 - \frac{Tt(t_{s4}\cdot °C)}{T_{mhA}} \qquad \eta_{thCA} = 0.429 \qquad \eta_{thA} = 0.429$$

Mit dem notwendigen Massenstrom

$$mp_{WA} := \frac{P_{el}}{\eta_{mel\_G}\cdot w_{tTA} + \dfrac{w_{tSPA} + w_{tRA}}{\eta_{mel\_M}}} \qquad mp_{WA} = 82.73\frac{kg}{s} \qquad mp_{WA} = 297.83\frac{t}{h}$$

beträgt die Wärmeleistung des Kessels

$$Qp_{KA} := mp_{WA}\cdot q_{KA} \qquad Qp_{KA} = 246.07\,MW$$

und die Effizienz des Prozesses ist bei dieser Variante

$$\varepsilon_{DKWA} := \frac{|P_{el}|}{Qp_{KA}} \qquad \varepsilon_{DKWA} = 0.406$$

**Diskussion:** Bei der Speisewasservorwärmung steigt der Massenstrom in der Anlage wieder an. Da bei einstufiger Vorwärmung durch das Fließen von Wärme unter Temperaturgefälle erhebliche Irreversibilitäten auftreten, verbleibt eine Steigerung der Effizienz der Anlage von lediglich ca. *1,1 %*. Bei mehrstufiger Speisewasservorwärmung verringern sich die Irreversibilitäten im Vorwärmer (siehe Abb. 7.12) und die spezifische technische Arbeit der Turbine steigt an, da der Massenstrom nur schrittweise verringert wird. Damit fällt die Steigerung der Effizienz wesentlich deutlicher aus.

**Beispiel 7.4 (Level 4):** Für die Anlage in Beispiel 7.3 ist der optimale Zwischendruck zu ermitteln.

**Lösung:** Die Berechnung der Pumpen und der Turbinen in den vorangegangenen Beispielen wurde so durchgeführt, wie man es mit der Dampftafel schrittweise aufbauen würde. Insbesondere bei den Turbinenentspannungen sind zahlreiche Abfragen notwendig, um zu entscheiden, ob die Entspannung im Gebiet des überhitzten Dampfes oder im Nassdampfgebiet endet. Um umfangreichere Probleme lösen zu können, ist es zweckmäßig, Programm-Module für Pumpen und Turbinen aufzubauen.

Zunächst wird ein Programmblock für Pumpen erstellt. Bei Vorgabe von Druck und Temperatur im Ausgangszustand, vom Druck am Austritt der Pumpe und vom inneren Wirkungsgrad der Pumpe enthält die Lösungsmatrix Temperatur, spezifische Entropie und spezifische Enthalpie am Austritt.

$$Pump(p_1, t_1, p_2, \eta_{iP}) := \left| \begin{array}{l} \Gamma_1 \leftarrow Sub1(p_1, t_1) \\ t_{2is} \leftarrow ts1\left(p_2, \Gamma_{1_1}\right) \\ \Lambda_{2is} \leftarrow Sub1(p_2, t_{2is}) \\ h_2 \leftarrow \Gamma_{1_2} + \dfrac{\Lambda_{2is_2} - \Gamma_{1_2}}{\eta_{iP}} \\ t_2 \leftarrow th1(p_2, h_2) \\ \Gamma_0 \leftarrow wurzel(h_2 - Einphas(p_2, t_2)_2, t_2) \\ \Lambda \leftarrow Sub1(p_2, \Gamma_0) \\ \Gamma_1 \leftarrow \Lambda_1 \\ \Gamma_2 \leftarrow h_2 \\ \Gamma \end{array} \right.$$

Für die Turbinenentspannung werden zunächst die folgenden Programmblöcke bereitgestellt: Bei Vorgabe von Enthalpie und Entropie im Ausgangszustand, Gegendruck und innerem Wirkungsgrad wird die Enthalpie am Endpunkt der Entspannung durch

$$Expan1(h_1, s_1, p_2, \eta_{iT}) := \left| \begin{array}{l} t_{is2} \leftarrow ts2(p_2, s_1) \\ \Lambda_{is2} \leftarrow Einphas(p_2, t_{is2}) \\ h_2 \leftarrow h_1 + \eta_{iT} \cdot \left(\Lambda_{is2_2} - h_1\right) \\ h_2 \end{array} \right.$$

für den Fall berechnet, dass der isentrope Endpunkt im einphasigen Bereich liegt und durch

$$Expan2(h_1, s_1, \Lambda s_2, \eta_{iT}) := \left| \begin{array}{l} x_{is2} \leftarrow \dfrac{s_1 - \Lambda s_{2_{1,0}}}{\Lambda s_{2_{1,1}} - \Lambda s_{2_{1,0}}} \\ h_{is2} \leftarrow \Lambda s_{2_{2,0}} + x_{is2} \cdot \left(\Lambda s_{2_{2,1}} - \Lambda s_{2_{2,0}}\right) \\ h_2 \leftarrow h_1 + \eta_{iT} \cdot (h_{is2} - h_1) \\ h_2 \end{array} \right.$$

wenn sich der isentrope Endpunkt im Zweiphasengebiet befindet. Mit der Eingabe von Gegendruck und des Ergebnisses eines der vorangegangenen Programmblöcke wird in einer Lösungsmatrix Temperatur, Entropie und Dampfgehalt bestimmt, und zwar im ersten Programmblock für den Fall, dass der Endpunkt im einphasigen Bereich liegt (dann wird der Dampfgehalt mit dem Wert „*1*" übergeben)

$$Expan11(p_2, h_2) := \left| \begin{array}{l} \Gamma_0 \leftarrow th2(p_2, h_2) \\ \Lambda \leftarrow Einphas(p_2, \Gamma_0) \\ \Gamma_1 \leftarrow \Lambda_1 \\ \Gamma_2 \leftarrow 1 \\ \Gamma \end{array} \right.$$

oder im zweiten Programmblock für den Fall, dass der Endpunkt im Nassdampfgebiet liegt:

$$Expan21\left(ts_2, h_2, \Lambda s_2\right) := \left| \begin{array}{l} \Gamma_0 \leftarrow ts_2 \\ x_2 \leftarrow \dfrac{h_2 - \Lambda s_{2_{2,0}}}{\Lambda s_{2_{2,1}} - \Lambda s_{2_{2,0}}} \\ \Gamma_1 \leftarrow \Lambda s_{2_{1,0}} + x_2 \cdot \left(\Lambda s_{2_{1,1}} - \Lambda s_{2_{1,0}}\right) \\ \Gamma_2 \leftarrow x_2 \\ \Gamma \end{array} \right.$$

Im zusammenfassenden Programmblock werden die Abfragen so getätigt, dass alle Möglichkeiten abgedeckt werden.

$$Turb\left(s_1, h_1, p_2, \eta_{iT}\right) := \left| \begin{array}{l} ps_g \leftarrow psat(350) \\ \text{if } p_2 \le ps_g \\ \quad \left| \begin{array}{l} \left(ts_2 \leftarrow tsat(p_2)\right) \\ \Lambda s_2 \leftarrow Zweiphas\left(ts_2\right) \end{array} \right. \\ \left[ \Lambda s_2 \leftarrow \begin{pmatrix} 0 & 0 \\ 0 & 0 \\ 0 & 0 \end{pmatrix} \right] \text{ otherwise} \\ \left(h_2 \leftarrow Expan1\left(h_1, s_1, p_2, \eta_{iT}\right)\right) \text{ if } s_1 \ge \Lambda s_{2_{1,1}} \\ \left(h_2 \leftarrow Expan2\left(h_1, s_1, \Lambda s_2, \eta_{iT}\right)\right) \text{ otherwise} \\ \left(\Gamma \leftarrow Expan11\left(p_2, h_2\right)\right) \text{ if } h_2 \ge \Lambda s_{2_{2,1}} \\ \left(\Gamma \leftarrow Expan21\left(ts_2, h_2, \Lambda s_2\right)\right) \text{ otherwise} \\ \Lambda_0 \leftarrow \Gamma_0 \\ \Lambda_1 \leftarrow \Gamma_1 \\ \Lambda_2 \leftarrow h_2 \\ \Lambda_3 \leftarrow \Gamma_2 \\ \Lambda \end{array} \right.$$

Die Lösungsmatrix enthält Temperatur, Enthalpie, Entropie und Dampfgehalt am Ende der Turbinenentspannung. Sättigungszustände über *350 °C* werden nicht einbezogen (kritisches Gebiet).

Weiter wird ein Programmblock aufgestellt, der einen Vorwärmer nach Abb. 7.10 beschreibt, in den das Speisewasser mit $p_2$, $t_2$, $h_2$ und der Anzapfdampf mit $p_a$, $h_a$ eintreten und der das minimale treibende Temperaturgefälle $\Delta T$ hat. Die Rückförderung des kondensierten und unterkühlten Anzapf-Massenstroms am Austritt des Vorwärmers erfolgt mit einer Pumpe mit dem inneren Wirkungsgrad $\eta_{iP}$ und anschließender Vermischung mit dem Speisewasser am Austritt aus dem Vorwärmer. Werte, die bei der Berechnung des Prozesses konstant bleiben, werden vor dem Programmblock vorgegeben.

Wie im vorangegangenen Beispiel bilden unter zusätzlicher Berücksichtigung einer möglichen Reduzierung des Speisewasserstroms durch andere Anzapfungen der 1. HS für Kondensation und Unterkühlung im Vorwärmer zur Bestimmung der Anzapfung

$$h2_a \cdot \xi_a - h_{ar} \cdot \xi_a + \left(1 - \xi_a - \Sigma\xi\right) \cdot \left(h_2 - h_{2p}\right) = 0 \qquad \xi_a = \frac{(1 - \Sigma\xi) \cdot \left(h_{2p} - h_2\right)}{h2_a - h_{ar} + h_{2p} - h_2}$$

und der 1. HS für den gesamten Vorwärmer zur Bestimmung der spezifischen Enthalpie am Austritt des Vorwärmers

$$\xi_a\cdot\left(h_a - h_{ar}\right) + \left(1 - \xi_a - \Sigma\xi\right)\cdot\left(h_2 - h_{2e}\right) = 0 \qquad h_{2e} = h_2 + \frac{\xi_a\cdot\left(h_a - h_{ar}\right)}{1 - \xi_a - \Sigma\xi}$$

mit den gegebenen Daten die Grundlage für den Modul für Vorwärmer

$$\eta_{iT} := 0.87 \qquad \eta_{iP} := 0.80 \qquad \Delta T := 1$$

$$Vorw_{RP}\left(p_2, t_2, \Sigma\xi, s_3, h_3, p_a\right) := \left|\begin{array}{l}
\Gamma_2 \leftarrow Einphas\left(p_2, t_2\right)\\
t_{ar} \leftarrow t_2 + \Delta T\\
\Gamma_{ar} \leftarrow Einphas\left(p_a, t_{ar}\right)\\
t_{sa} \leftarrow tsat\left(p_a\right)\\
\Lambda_a \leftarrow Turb\left(s_3, h_3, p_a, \eta_{iT}\right)\\
\Gamma_{sa} \leftarrow Zweiphas\left(t_{sa}\right)\\
t_{2p} \leftarrow t_{sa} - \Delta T\\
\Gamma_{2p} \leftarrow Einphas\left(p_2, t_{2p}\right)\\
if\ \Lambda_{a_2} \geq \Gamma_{sa_{2,1}}\\
\quad\left|\begin{array}{l}
\xi_a \leftarrow \dfrac{(1 - \Sigma\xi)\cdot\left(\Gamma_{2p_2} - \Gamma_{2_2}\right)}{\Gamma_{sa_{2,1}} - \Gamma_{ar_2} + \Gamma_{2p_2} - \Gamma_{2_2}}\\
h_{2e} \leftarrow \Gamma_{2_2} + \dfrac{\xi_a\cdot\left(\Lambda_{a_2} - \Gamma_{ar_2}\right)}{1 - \xi_a - \Sigma\xi}
\end{array}\right.\\
otherwise\\
\quad\left|\begin{array}{l}
\xi_a \leftarrow \dfrac{(1 - \Sigma\xi)\cdot\left(\Gamma_{2p_2} - \Gamma_{2_2}\right)}{\Lambda_{a_2} - \Gamma_{ar_2} + \Gamma_{2p_2} - \Gamma_{2_2}}\\
h_{2e} \leftarrow \Gamma_{2p_2}
\end{array}\right.\\
\Lambda_P \leftarrow Pump\left(p_a, t_{ar}, p_2, \eta_{iP}\right)\\
h_{2M} \leftarrow \dfrac{\xi_a\cdot\Lambda_{P_2} + \left(1 - \xi_a - \Sigma\xi\right)\cdot h_{2e}}{1 - \Sigma\xi}\\
\Lambda \leftarrow \Lambda_a\\
\Lambda_4 \leftarrow \xi_a\\
\Lambda_5 \leftarrow h_{2e}\\
\Lambda_6 \leftarrow h_{2M}\\
\Lambda_7 \leftarrow \Lambda_{P_2} - \Gamma_{ar_2}\\
\Lambda
\end{array}\right.$$

Die Lösungsmatrix enthält die Daten $t_a$, $s_a$, $h_a$ und $x_a$ aus der Turbinenentspannung auf den Anzapfdruck $p_a$ sowie den Massenanteil der Anzapfung $\xi_a$, die Enthalpien des Speisewassers am Austritt aus dem Vorwärmer $h_{2e}$ und nach der Vermischung $h_{2M}$ sowie die Enthalpiedifferenz in der Pumpe $h_{2r} - h_{4r}$.

Mit diesen Modulen wird die Aufgabe wie folgt gelöst: Nach Bereitstellung der Sättigungswerte im Kondensator werden die Speisewasserpumpe durch

$$\Lambda_2 := Pump(p_1, t_1, p_2, \eta_{iP}) \qquad t_2 := \Lambda_{2_0} \qquad s_2 := \Lambda_{2_1} \qquad h_2 := \Lambda_{2_2} \qquad h_2 = 166.049$$

und der Frischdampfzustand durch

$$\Gamma_3 := Einphas(p_3, t_3) \quad s_3 := \Gamma_{3_1} \qquad s_3 = 6.490 \qquad h_3 := \Gamma_{3_2} \qquad h_3 = 3423.2$$

berechnet. Mit den gegebenen Größen wird ein Programmblock für den gesamten Prozess

$$Prozess(p_{4a}) := \left| \begin{array}{l} p_{3a} \leftarrow p_{4a} \\ \Gamma_{3a} \leftarrow Einphas(p_{3a}, t_{3a}) \\ \Lambda_4 \leftarrow Turb\left(\Gamma_{3a_1}, \Gamma_{3a_2}, p_{s4}, \eta_{iT}\right) \\ \Lambda_{VW} \leftarrow Vorw_{RP}(p_2, t_2, 0, s_3, h_3, p_{4a}) \\ w_{tT} \leftarrow \Lambda_{VW_2} - h_3 + \left(1 - \Lambda_{VW_4}\right)\cdot\left(\Lambda_{4_2} - \Gamma_{3a_2}\right) \\ w_{tP} \leftarrow \left(1 - \Lambda_{VW_4}\right)\cdot\left(h_2 - h_1\right) + \Lambda_{VW_4}\cdot\Lambda_{VW_7} \\ q_{DE} \leftarrow h_3 - \Lambda_{VW_6} \\ q_{ZÜ} \leftarrow \left(1 - \Lambda_{VW_4}\right)\cdot\left(\Gamma_{3a_2} - \Lambda_{VW_2}\right) \\ \Lambda_0 \leftarrow \dfrac{\left|w_{tT} + w_{tP}\right|}{q_{DE} + q_{ZÜ}} \\ \Lambda_1 \leftarrow w_{tT} + w_{tP} \\ \Lambda_2 \leftarrow \Lambda_{VW_6} \\ \Lambda \end{array} \right.$$

zur Berechnung des thermischen Wirkungsgrades und der spezifischen Arbeit erstellt. Die Lösungsmatrix enthält die Effizienz, die Netto-Arbeit sowie die spezifische Enthalpie des Speisewassers nach der Vermischung.

Bei Variation des Anzapfdruckes zwischen *35 bar* und *7 bar* werden die Verläufe des thermischen Wirkungsgrades in Abb. 7.11 und der spezifischen Arbeit in Abb. 7.12 aufgezeichnet.

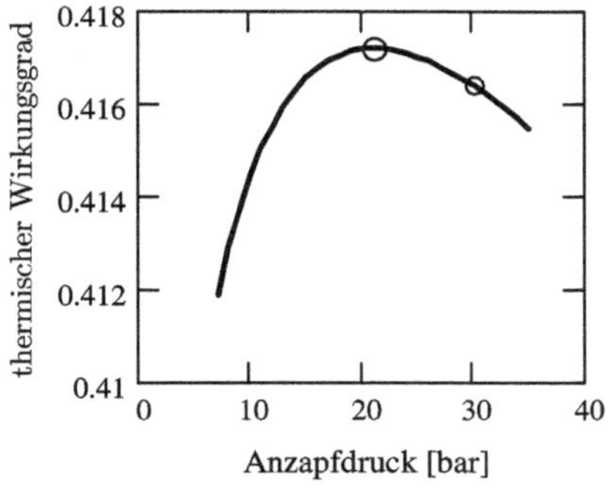


*Abb. 7.11: Thermischer Wirkungsgrad des Prozesses*

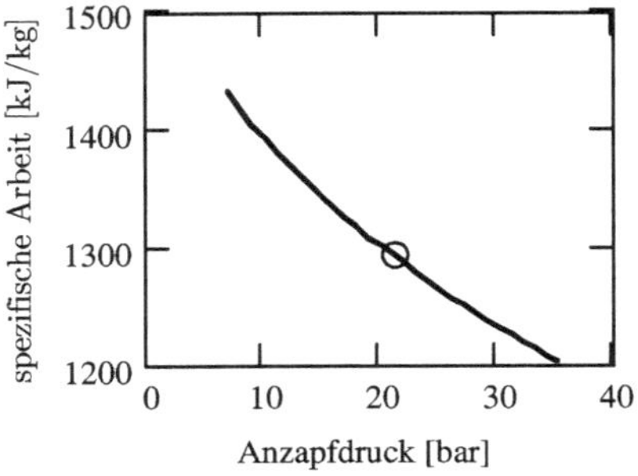


*Abb. 7.12: Spezifische Arbeit des Prozesses*

**Diskussion:** Mit den in diesem Beispiel erstellten Programmblöcken für Pumpen, Turbinen und Vorwärmer wird die Möglichkeit eröffnet, komplexe Schaltungen von Dampfprozessen übersichtlich zu analysieren.

Das Maximum des thermischen Wirkungsgrades wird erreicht, wenn der Exergieverlust im Vorwärmer den Exergiegewinn im Dampferzeuger zu überwiegen beginnt. Es liegt in diesem Beispiel bei einem Anzapfdruck von *21 bar* und das Speisewasser wird dabei regenerativ auf *184 °C* vorgewärmt. Die auf den maximalen Massenstrom bezogene Anzapfmenge beträgt $\xi_a = 0{,}224$. Wie aus Abb. 7.12 ersichtlich, fällt die spezifische Arbeit des Prozesses mit ansteigendem Anzapfdruck stark ab. Deshalb ist ein Anzapfdruck $p < p_{opt}$ von Vorteil.

**Beispiel 7.5 (Level 4):** Die Turbine des in Abb. 7.13 dargestellten Dampfkraftwerks[52] hat fünf Anzapfungen. Der Frischdampf tritt mit *120 bar* und *540 °C* in die Turbine ein und wird auf den Kondensatordruck bei *35 °C* entspannt. Bei der Entspannung soll der Dampfgehalt $x = 0{,}88$ nicht unterschritten werden. Die Turbine hat einen inneren Wirkungsgrad $\eta_{iT} = 0{,}87$ und die Pumpen $\eta_{iP} = 0{,}80$. In der Vorwärmstrecke soll das Speisewasser auf *250 °C* aufgewärmt werden und es tritt mit einem Druck von *125 bar* in den Dampferzeuger ein. Der Druck im Speisewasserbehälter mit der Anzapfung 4c beträgt *4,5 bar*. Die minimalen treibenden Temperaturdifferenzen in den Vorwärmern betragen *2 K*.

Die Anlage soll eine elektrische Nettoleistung von *100 MW* abgeben. Der Generator hat den mechanisch-elektrischen Wirkungsgrad $\eta_{mel\_G} = 0{,}98$ und jener der Antriebe der Pumpen beträgt $\eta_{mel\_P} = 0{,}91$.

Bei welchen Drücken müssen die Anzapfungen vorgenommen werden und welche Massenströme werden entnommen? Welchen Wirkungsgrad hat die Anlage? Wie groß sind der umgewälzte Massenstrom und der Eigenbedarf der Anlage?

**Voraussetzungen:** Dampftafelprogramme und Module für Turbinen und Pumpen. Die Strömungsmaschinen sind adiabat. Es treten keine Wärmeverluste an den Rohrleitungen oder am Dampferzeuger auf. Druckverluste in der Vorwärmstrecke bleiben unberücksichtigt.

**Gegeben:**

$p_3 := 120 \quad t_3 := 540 \quad t_{s4} := 35 \quad \eta_{iT} := 0.87 \quad \eta_{iP} := 0.80 \quad \Delta T := 2$

$p_2 := 4.5 \quad p_{4c} := 4.5 \quad p_{SPP} := 125 \quad t_{SPe} := 250 \quad p_{SPe} := 125$

$P_{el} := -100 \cdot MW \quad \eta_{mel\_G} := 0.98 \quad \eta_{mel\_M} := 0.91$

52 Herrn Dr. Dietmar Bies, Evonik New Energies GmbH, danke ich für Anregungen zu diesem Beispiel

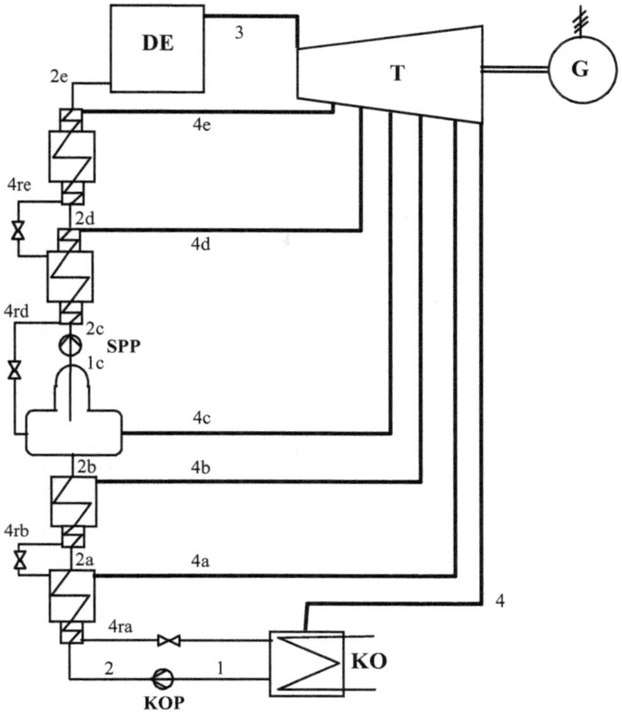


*Abb. 7.13: Wärmeschaltbild einer 100-MW-Dampfkraftanlage*

**Lösung:** Für die Vorwärmer mit Rückdrosselung des Kondensats aus der vorangehenden Stufe gelten die Gleichungen zur Bestimmung der Anzapfmenge

$$\xi_a \cdot h2_a + \xi_r \cdot h_r - \left(\xi_a + \xi_r\right) \cdot h_{ar} + (1 - \Sigma\xi) \cdot \left(h_2 - h_{2p}\right) = 0$$

$$\xi_a = \frac{(1 - \Sigma\xi) \cdot \left(h_{2p} - h_2\right) - \xi_r \cdot \left(h_r - h_{ar}\right)}{\left(h2_a - h_{ar}\right)}$$

und der spezifischen Enthalpie am Austritt des Speisewassers

$$\xi_a \cdot h_a + \xi_r \cdot h_r - \left(\xi_a + \xi_r\right) \cdot h_{ar} + (1 - \Sigma\xi) \cdot \left(h_2 - h_{2e}\right) = 0$$

$$h_{2e} = h_2 + \frac{\xi_a \cdot \left(h_a - h_{ar}\right) + \xi_3 \cdot \left(h_r - h_{ar}\right)}{1 - \Sigma\xi}$$

Für diesen Typ von Vorwärmern wird der folgende Modul erstellt:

$$Vorw_{RD}(t_2, p_2, \xi_r, h_r, \Sigma\xi, s_3, h_3, p_a) := \left|\begin{array}{l} \Gamma_2 \leftarrow Einphas(p_2, t_2) \\ t_{ar} \leftarrow t_2 + \Delta T \\ \Gamma_{ar} \leftarrow Einphas(p_a, t_{ar}) \\ \Lambda_a \leftarrow Turb(s_3, h_3, p_a, \eta_{iT}) \\ t_{sa} \leftarrow tsat(p_a) \\ \Gamma_{sa} \leftarrow Zweiphas(t_{sa}) \\ t_{2p} \leftarrow t_{sa} - \Delta T \\ \Gamma_{2p} \leftarrow Einphas(p_2, t_{2p}) \\ if\ \Lambda_{a_2} \geq \Gamma_{sa_{2,1}} \\ \quad \left| \begin{array}{l} \xi_a \leftarrow \dfrac{(1-\Sigma\xi)\cdot\left(\Gamma_{2p_2} - \Gamma_{2_2}\right) - \xi_r\cdot\left(h_r - \Gamma_{ar_2}\right)}{\Gamma_{sa_{2,1}} - \Gamma_{ar_2}} \\ h_{2e} \leftarrow \Gamma_{2_2} + \dfrac{\xi_a\cdot\left(\Lambda_{a_2} - \Gamma_{ar_2}\right) + \xi_r\cdot\left(h_r - \Gamma_{ar_2}\right)}{1-\Sigma\xi} \end{array}\right. \\ otherwise \\ \quad \left| \begin{array}{l} \xi_a \leftarrow \dfrac{(1-\Sigma\xi)\cdot\left(\Gamma_{2p_2} - \Gamma_{2_2}\right) - \xi_r\cdot\left(h_r - \Gamma_{ar_2}\right)}{\Lambda_{a_2} - \Gamma_{ar_2}} \\ h_{2e} \leftarrow \Gamma_{2p_2} \end{array}\right. \\ \Lambda \leftarrow \Lambda_a \\ \Lambda_4 \leftarrow \xi_a \\ \Lambda_5 \leftarrow h_{2e} \\ \Lambda_6 \leftarrow \Gamma_{ar_2} \\ \Lambda \end{array}\right.$$

Zunächst werden die Parameter für den Frischdampf

$\Gamma_3 := Einphas(p_3, t_3)$ $\quad s_3 := \Gamma_{3_1}$ $\quad s_3 = 6.624$ $\quad h_3 := \Gamma_{3_2}$ $\quad h_3 = 3455.8$

für den Zustand im Speisewasserbehälter

$t_{s4c} := tsat(p_{4c})$ $\quad t_{s4c} = 147.908$ $\quad \Gamma_{s4c} := Zweiphas(t_{s4c})$ $\quad \Gamma T_{s4c} := \Gamma_{s4c}^{T}$

$h_{s4c} := \Gamma T_{s4c}^{\langle 2 \rangle}$ $\quad h_{s4c} = \begin{pmatrix} 623.224 \\ 2743.386 \end{pmatrix}$ $\quad s_{s4c} := \Gamma T_{s4c}^{\langle 1 \rangle}$ $\quad s_{s4c} = \begin{pmatrix} 1.821 \\ 6.856 \end{pmatrix}$

und für den Zustand im Kondensator

$p_{s4} := psat(t_{s4})$ $\quad p_{s4} = 0.056$ $\quad \Gamma_{s4} := Zweiphas(t_{s4})$ $\quad \Gamma T_{s4} := \Gamma_{s4}^{T}$

$h_{s4} := \Gamma T_{s4}^{\langle 2 \rangle}$ $\quad h_{s4} = \begin{pmatrix} 146.64 \\ 2564.58 \end{pmatrix}$ $\quad s_{s4} := \Gamma T_{s4}^{\langle 1 \rangle}$ $\quad s_{s4} = \begin{pmatrix} 0.505 \\ 8.352 \end{pmatrix}$

berechnet.

Danach werden die Zustände am Austritt aus der Kondensatpumpe

$t_1 := t_{s4} \quad p_1 := p_{s4} \quad s_1 := s_{s4_0} \quad h_1 := h_{s4_0} \quad s_1 = 0.505 \quad h_1 = 146.64$

$\Lambda_2 := Pump(p_1, t_1, p_2, \eta_{iP}) \quad t_2 := \Lambda_{2_0} \quad s_2 := \Lambda_{2_1} \quad h_2 := \Lambda_{2_2}$

$t_2 = 35.034 \quad s_2 = 0.505 \quad h_2 = 147.19$

und am Austritt aus der Speisewasserpumpe

$t_{1c} := t_{s4c} \quad p_{1c} := p_{4c} \quad p_{2c} := p_{SPP} \quad h_{1c} := h_{s4c_0}$

$\Lambda_{2c} := Pump(p_{1c}, t_{1c}, p_{2c}, \eta_{iP}) \quad t_{2c} := \Lambda_{2c_0} \quad s_{2c} := \Lambda_{2c_1} \quad h_{2c} := \Lambda_{2c_2}$

$t_{2c} = 149.956 \quad s_{2c} = 1.828 \quad h_{2c} = 639.57$

bestimmt. Am Ende der Vorwärmstrecke hat das Speisewasser den Zustand

$t_{2e} := t_{SPe} \quad p_{2e} := p_{SPe} \quad \Gamma_{2e} := Einphas(p_{2e}, t_{2e}) \quad h_{2e} := \Gamma_{2e_2} \quad s_{2e} := \Gamma_{2e_1}$

$t_{2e} = 250 \quad h_{2e} = 1085.8 \quad s_{2e} = 2.773$

Der Zuwachs der Enthalpie des Speisewassers bei der HD-Vorwärmung beträgt

$\Delta h_{HD} := h_{2e} - h_{2c} \quad \Delta h_{HD} = 446.276$

und wird auf die beiden HD-Vorwärmer aufgeteilt. Damit ist die spezifische Enthalpie am Austritt des Vorwärmers (d)

$$h_{2d} := h_{2c} + \frac{\Delta h_{HD}}{2} \qquad h_{2d} = 862.708$$

und die zugehörige Temperatur beträgt

$t_{2d} := thl(p_{SPe}, h_{2d}) \quad t_{2d} = 201.3$

Mit der Funktion zur iterativen Berechnung der HD-Vorwärmer

$p_{4E} := 20$

*Vorgabe*

$h_{2E} = Vorw_{RD}(t_2, p_2, \xi_r, h_r, \Sigma\xi, s_3, h_3, p_{4E})_5$

$p_{4HD}(t_2, p_2, \xi_r, h_r, \Sigma\xi, s_3, h_3, h_{2E}) := Suchen(p_{4E})$

werden die beiden HD-Vorwärmer berechnet:

$p_{4e} := p_{4HD}(t_{2d}, p_{2e}, 0, 0, 0, s_3, h_3, h_{2e}) \quad p_{4e} = 36.495$

$\Lambda_{4e} := Vorw_{RD}(t_{2d}, p_{2e}, 0, 0, 0, s_3, h_3, p_{4e}) \quad \xi_e := \Lambda_{4e_4} \quad h_{re} := \Lambda_{4e_6}$

$p_{4d} := p_{4HD}(t_{2c}, p_{2e}, \xi_e, h_{re}, 0, s_3, h_3, h_{2d}) \quad p_{4d} = 15.543$

$\Lambda_{4d} := Vorw_{RD}(t_{2c}, p_{2e}, \xi_e, h_{re}, 0, s_3, h_3, p_{4d}) \quad \xi_d := \Lambda_{4d_4} \quad h_{rd} := \Lambda_{4d_6}$

$\xi_e = 0.098 \quad h_{re} = 868.04 \quad \xi_d = 0.087 \quad h_{rd} = 641.346$

Mit dem Zustand in der Turbine bei der Anzapfung (c) für den Speisewasserbehälter

$$\Lambda_{4c} := Turb(s_3, h_3, p_{4c}, \eta_{iT}) \qquad \Lambda_{4c} = \begin{pmatrix} 151.097 \\ 6.874 \\ 2.751 \times 10^3 \\ 1 \end{pmatrix}$$

folgt aus dem 1. HS für den Speisewasserbehälter

$$(\xi_d + \xi_e) \cdot h_{rd} + \xi_c \cdot \Lambda_{4c_2} + (1 - \xi_c - \xi_d - \xi_e) \cdot h_{2b} - h_{1c} = 0$$

mit der Wahl der Anzapfmenge

$\xi_c := 0.060$

die spezifische Enthalpie und die Temperatur am Ende der ND-Vorwärmstrecke

$$h_{2b} := \frac{h_{1c} - \xi_c \cdot \Lambda_{4c_2} - (\xi_d + \xi_e) \cdot h_{rd}}{1 - \xi_c - \xi_d - \xi_e} \qquad h_{2b} = 449.753$$

$$t_{2b} := thl(p_2, h_{2b}) \qquad t_{2b} = 107.2$$

Mit der Aufwärmung des Speisewassers in der ND-Vorwärmung

$$\Delta h_{ND} := h_{2b} - h_2 \qquad \Delta h_{ND} = 302.567$$

sind spezifische Enthalpie und Temperatur des Speisewassers am Austritt des Vorwärmers (a)

$$h_{2a} := h_2 + \frac{\Delta h_{ND}}{2} \qquad t_{2a} := thl(p_2, h_{2a}) \qquad h_{2a} = 298.469 \qquad t_{2a} = 71.22$$

Die Reduktion des Speisewasserstroms in der ND-Vorwärmung beträgt

$$\xi_{HD} := \xi_e + \xi_d + \xi_c \qquad \xi_{HD} = 0.245$$

Die iterative Berechnung der ND-Vorwärmer erfolgt mit der Funktion

$$p_{4E} := 1$$

*Vorgabe*

$$h_{2E} = Vorw_{RD}(t_2, p_2, \xi_r, h_r, \Sigma\xi, s_3, h_3, p_{4E})_5$$

$$p_{4ND}(t_2, p_2, \xi_r, h_r, \Sigma\xi, s_3, h_3, h_{2E}) := Suchen(p_{4E})$$

mit den Ergebnissen

$$p_{4b} := p_{4ND}(t_{2a}, p_2, 0, 0, \xi_{HD}, s_3, h_3, h_{2b}) \qquad p_{4b} = 1.396$$

$$\Lambda_{4b} := Vorw_{RD}(t_{2a}, p_2, 0, 0, \xi_{HD}, s_3, h_3, p_{4b}) \qquad \xi_b := \Lambda_{4b_4} \qquad h_{rb} := \Lambda_{4b_6}$$

$$p_{4a} := p_{4ND}(t_2, p_2, \xi_b, h_{rb}, \xi_{HD}, s_3, h_3, h_{2a}) \qquad p_{4a} = 0.358$$

$$\Lambda_{4a} := Vorw_{RD}(t_2, p_2, \xi_b, h_{rb}, \xi_{HD}, s_3, h_3, p_{4a}) \qquad \xi_a := \Lambda_{4a_4} \qquad h_{ra} := \Lambda_{4a_6}$$

$$\xi_b = 0.05 \qquad h_{rb} = 306.595 \qquad \xi_a = 0.047 \qquad h_{ra} = 155.172$$

Der Dampfgehalt bei der Anzapfung (a) beträgt

$$x_{4a} := \Lambda_{4a_3} \qquad x_{4a} = 0.906$$

Bei Entspannung auf Kondensatordruck

$$Turb(s_3, h_3, p_{s4}, \eta_{iT}) = \begin{pmatrix} 35 \\ 7.224 \\ 2.217 \times 10^3 \\ 0.856 \end{pmatrix}$$

tritt in der Turbine zu viel Nässe auf. Somit muss der Dampf vor Eintritt in die letzte Stufe getrocknet werden. Dies geschieht mit einer in das Turbinengehäuse eingedrehten Rille, in der sich die Wassertröpfchen des zweiphasigen Gemisches durch die an ihnen angreifenden Zentrifugalkräfte sammeln. Aus der Schleuderrille wird gesättigtes Wasser entnommen und dem Vorwärmer (a) zugeführt.

Mit der Definition des Dampfgehalts

$$x = \frac{m_D}{m_{ges}}$$

beträgt die konstant bleibende Dampfmenge an der Anzapfung (a)

$$(1 - \xi_{HD} - \xi_b) \cdot x_{4a} = const$$

Strebt man durch Wasserentzug einen Dampfgehalt von

$$x_{4aT} := 0.94$$

an, so gilt für diesen Dampfgehalt nach obiger Definition

$$x_{4aT} = \frac{(1-\xi_{HD}-\xi_b)\cdot x_{4a}}{(1-\xi_{HD}-\xi_b)-\xi_{liq}}$$

wobei die Steigerung des Dampfgehalts durch den Wasserentzug $\xi_{liq}$ erfolgt. Auflösung nach dem Wasserentzug ergibt

$$\xi_{liq} := (1-\xi_{HD}-\xi_b)\cdot\left(1-\frac{x_{4a}}{x_{4aT}}\right) \qquad \xi_{liq} = 0.026$$

Die für den Vorwärmer (a) notwendige zusätzliche Anzapfmenge des getrockneten Dampfes folgt mit

$$h_{4aT} := h_{s4a_0} + x_{4aT}\cdot\left(h_{s4a_1} - h_{s4a_0}\right) \qquad h_{4aT} = 2492.08$$

$$s_{4aT} := s_{s4a_0} + x_{4aT}\cdot\left(s_{s4a_1} - s_{s4a_0}\right) \qquad s_{4aT} = 7.304$$

aus dem 1. HS für den Vorwärmer

$$\xi_{aT} := \frac{(1-\xi_{HD})\cdot(h_{2a}-h_2) - \xi_{liq}\cdot\left(h_{s4a_0}-h_{ra}\right) - \xi_b\cdot(h_{rb}-h_{ra})}{h_{4aT}-h_{ra}} \qquad \xi_{aT} = 0.044$$

Die Entspannung des getrockneten Dampfes in der Endstufe der Turbine

$$\Lambda_4 := Turb(s_{4aT}, h_{4aT}, p_{s4}, \eta_{iT}) \quad h_4 := \Lambda_{4_2} \quad s_4 := \Lambda_{4_1} \quad x_4 := \Lambda_{4_3}$$

$$h_4 = 2274.3 \quad s_4 = 7.410 \quad x_4 = 0.88$$

ergibt nun die zulässige Nässe am Austritt der Turbine. Der bei der ND-Entspannung entzogene Massenanteil

$$\xi_{ND} := \xi_b + \xi_{aT} + \xi_{liq} \qquad \xi_{ND} = 0.12$$

wird nach dem Vorwärmer (a) auf den Kondensatordruck gedrosselt.

Die gewichteten Energieumsätze betragen im Dampferzeuger

$$q_{DE} := h_3 - h_{2e} \qquad q_{DE} = 2369.9$$

im Kondensator

$$q_{KO} := (1-\xi_{HD})\cdot h_1 - (1-\xi_{HD}-\xi_{ND})\cdot h_4 - \xi_{ND}\cdot h_{ra} \qquad q_{KO} = -1352.7$$

in den Stufen der Dampfturbine

$$w_{te} := \Lambda_{4e_2} - h_3 \qquad w_{te} = -315.265$$

$$w_{td} := (1-\xi_e)\cdot\left(\Lambda_{4d_2} - \Lambda_{4e_2}\right) \qquad w_{td} = -162.107$$

$$w_{tc} := (1-\xi_e-\xi_d)\cdot\left(\Lambda_{4c_2} - \Lambda_{4d_2}\right) \qquad w_{tc} = -171.083$$

$$w_{tb} := (1-\xi_{HD})\cdot\left(\Lambda_{4b_2} - \Lambda_{4c_2}\right) \qquad w_{tb} = -127.518$$

$$w_{ta} := (1-\xi_{HD}-\xi_b)\cdot\left(\Lambda_{4a_2} - \Lambda_{4b_2}\right) \qquad w_{ta} = -119.651$$

$$w_{tend} := (1-\xi_{HD}-\xi_{ND})\cdot\left(\Lambda_{4_2} - h_{4aT}\right) \qquad w_{tend} = -138.387$$

und in den Pumpen

$$w_{tKOP} := (1-\xi_{HD}+\xi_{ND})\cdot(h_2 - h_1) \qquad w_{tKOP} = 0.474$$

$$w_{tSPP} := h_{2c} - h_{1c} \qquad w_{tSPP} = 16.346$$

Die Turbine leistet die innere Brutto-Arbeit

$$w_{tT} := w_{te} + w_{td} + w_{tc} + w_{tb} + w_{ta} + w_{tend} \qquad w_{tT} = -1034$$

Die Bilanz der zu- und abgeführten Energien ergibt mit

$$q_{DE} + w_{tKOP} + w_{tSPP} = 2386.75 \qquad q_{KO} + w_{tT} = -2386.74$$

auch bei diesem komplexen Beispiel einen sehr geringen Fehler durch Rundungen.

In Abb. 7.14 wird der Verlauf der Entspannung in der Dampfturbine mit der Entwässerung vor der Endstufe im *h,s*-Diagramm dargestellt.

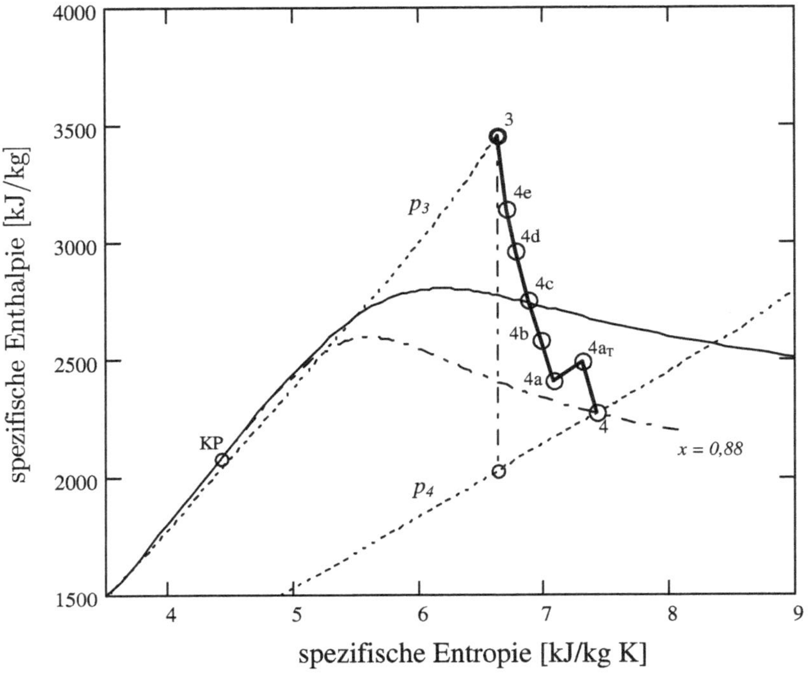


*Abb. 7.14: h,s-Diagramm der Entspannung in der Dampfturbine*

Der thermische Wirkungsgrad des Prozesses wird bestimmt durch

$$\eta_{th} := \frac{|w_{tT} + w_{tKOP} + w_{tSPP}|}{q_{DE}} \qquad \eta_{th} = 0.429$$

Mit der aus dem Kondensator abfließenden Wärme unter Einschluss der Exergieverluste wird die mittlere Temperatur der Wärmezufuhr des äquivalenten Carnot-Prozesses berechnet:

$$T_{mh} := \frac{q_{DE}}{(1 - \xi_{HD} - \xi_{ND})\cdot(s_4 - s_1) + \xi_{ND}\cdot(s_{ar} - s_1)} \qquad T_{mh} = 539.87$$

Der mit dieser Temperatur gebildete Carnot-Wirkungsgrad ergibt wieder das obige Ergebnis:

$$\eta_{thC} := 1 - \frac{Tt(t_{s4})}{T_{mh}} \qquad \eta_{thC} = 0.429$$

Die auf den maximalen Massenstrom bezogene Turbinenarbeit wird mit dem mechanisch-elektrischen Wirkungsgrad im Generator in elektrische Energie umgewandelt. Von dieser Bruttoarbeit geht der Eigenbedarf für die Pumpen mit dem mechanisch-elektrischen Wirkungsgrad der Pumpenantriebe ab. Damit beträgt die Nettoarbeit

$$w_{el\_netto} := \left(\eta_{mel\_G}\cdot w_{tT} + \frac{w_{tKOP} + w_{tSPP}}{\eta_{mel\_M}}\right)\cdot\frac{kJ}{kg} \qquad w_{el\_netto} = -994.848\frac{kJ}{kg}$$

Daraus folgen der Massenstrom, der in der Anlage umgewälzt wird

$$mp_W := \frac{P_{el}}{w_{el\_netto}} \qquad mp_W = 100.518\frac{kg}{s}$$

und der elektrische Eigenbedarf

$$P_{eigen} := mp_W \cdot \frac{w_{tKOP} + w_{tSPP}}{\eta_{mel\_M}} \cdot \frac{kJ}{kg} \qquad P_{eigen} = 1.858\,MW$$

**Diskussion:** Die Anlage in diesem Beispiel wurde als Kraftwerk zur Stromerzeugung abgehandelt. Kondensationsturbinen dieser Größenordnung ohne Zwischenüberhitzung werden in Kraftwerken an Industriestandorten realisiert. Sie werden meist unter Entnahme von Prozessdampf als Kraft-Wärme-Kopplungsanlagen betrieben.

# 7.3 Kälteprozesse

## 7.3.1 Der einfache Kaltdampfprozess

Wie jeder geschlossene Prozess ist der Clausius-Rankine-Prozess umkehrbar und kann linkslaufend als Wärmepumpe oder als Kältemaschine betrieben werden Die Kompressionskältemaschine wird heute in jedem Haushalt als Aggregat im Kühlschrank eingesetzt, sie zeichnet sich durch Betriebssicherheit und hohen Automatisierungsgrad aus. In der konventionellen Kältetechnik mit Temperaturen bis etwa $-110\ °C$ finden sich wichtige Anwendungen in der Klima- und Lebensmitteltechnik sowie in der chemischen Verfahrenstechnik.

Der einfache Prozess mit einem geeigneten Kältemittel als Arbeitsfluid (Anlagenschema Abb. 7.15) verläuft wieder, bei Vernachlässigung von Druckverlusten, zwischen zwei Isobaren. Die isobar-isotherme Wärmezufuhr erfolgt bei niedrigem Druck und niedriger Temperatur im Verdampfer. Der aus dem Verdampfer austretende Kältemitteldampf wird im Verdichter auf den hohen Druck gebracht. Im Kondensator wird der komprimierte Kältemitteldampf enthitzt und kondensiert. Das austretende Kondensat wird in einem adiabaten Drosselventil entspannt. Dabei bildet sich ein zweiphasiges Gemisch aus Sattdampf und gesättigter Flüssigkeit des Kältemittels, das wieder dem Verdampfer zugeführt wird.

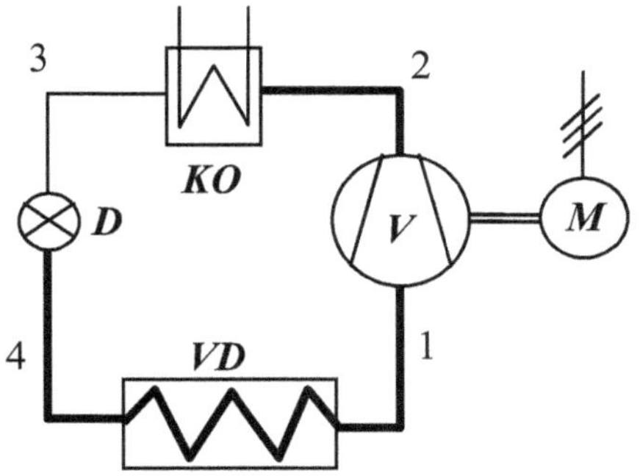


*12 Verdichter **V***
*adiabat* $q_{12} = 0$

*23 Enthitzer und Kondensator **KO***
*isobar* $q_{23} = h_3 - h_2$

*34 Drossel **D***
*adiabat* $q_{34} = 0; \quad h_3 = h_4$

*41 Verdampfer **VD***
*isobar-isotherm* $q_{41} = h_1 - h_4$

*Abb. 7.15: Kaltdampf-Kältemaschine*

Der 1. HS für die Anlage lautet

$$w_t + q_{KO} + q_{VD} = 0\,. \tag{7.27}$$

Im Verdampfer wird die Wärme

$$q_{VD} = q_{41} = h_1 - h_4 \tag{7.28}$$

zugeführt und aus dem Enthitzer und Kondensator wird die Wärme

$$q_{KO} = q_{23} = h_3 - h_2 \tag{7.29}$$

abgeführt. Außerdem gilt in der adiabaten Drossel mit angepassten Querschnittsflächen der Rohrleitungen

$$h_3 = h_4 . \tag{7.30}$$

Damit folgt für die Arbeit, die dem Prozess zugeführt werden muss

$$w_t = h_2 - h_1 . \tag{7.31}$$

Dieses Ergebnis hätten wir auch direkt aus der Anwendung des 1. HS für den Verdichter erhalten.

Die Effizienz oder Leistungszahl des Prozesses beträgt im Falle der Kältemaschine

$$\varepsilon_{KM} = \frac{q_{VD}}{w_t} = \frac{h_1 - h_4}{h_2 - h_1} \tag{7.32}$$

und im Falle der Wärmepumpe

$$\varepsilon_{WP} = \frac{|q_{KO}|}{w_t} = \frac{|h_3 - h_2|}{h_2 - h_1} . \tag{7.33}$$

In den Abb. 7.16 und 7.17 ist der Vergleichsprozess zwischen den beiden Isobaren in die in der Kältetechnik üblicherweise verwendeten Diagramme eingetragen. Da auch hier wieder alle Zustandsänderungen mit Änderungen der spezifischen Enthalpie verbunden sind, kann man im *log(p),h*-Diagramm (Abb. 7.16) die Energiebilanz nachvollziehen: Zugeführt werden die Wärme im Verdampfer $q_{VD}$ und die Arbeit des Verdichters $w_t$ und abgeführt wird die Wärme aus Enthitzer und Kondensator $q_{KO}$.

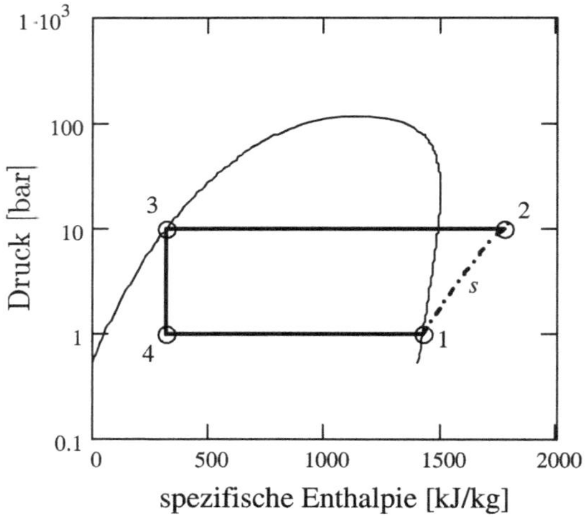


*Abb. 7.16: log(p),h-Diagramm des Kaltdampfprozesses*

Im *T,s*-Diagramm werden die zugeführte Wärme im Verdampfer als positive Fläche der Zustandsänderung von Punkt 4 nach Punkt 1 ($A_{b,4,1,c}$) und die abgeführte Wärme als negative Fläche der Zustandsänderung von Punkt 2 nach Punkt 3 ($A_{c,2,3,a}$) sichtbar. Die Differenz zwischen den beiden Flächen ist nach dem 1. HS die zugeführte Arbeit und man erkennt, dass diese Arbeit auch die Dissipation in der Drossel (Fläche $A_{a,3,4,b}$) abdecken muss. Hier wird ein Sachverhalt erkennbar, der generell für alle Kreisprozesse gilt:

$$w = \oint T\,ds + \sum_k q_{diss\_k}\,. \tag{7.34}$$

Die dissipativen Terme treten in Strömungsmaschinen, Drosselventilen und Wärmeübertragern auf, die zwischen der Wärmezufuhr von außen und der Wärmeabfuhr nach außen in den Prozess integriert sind.

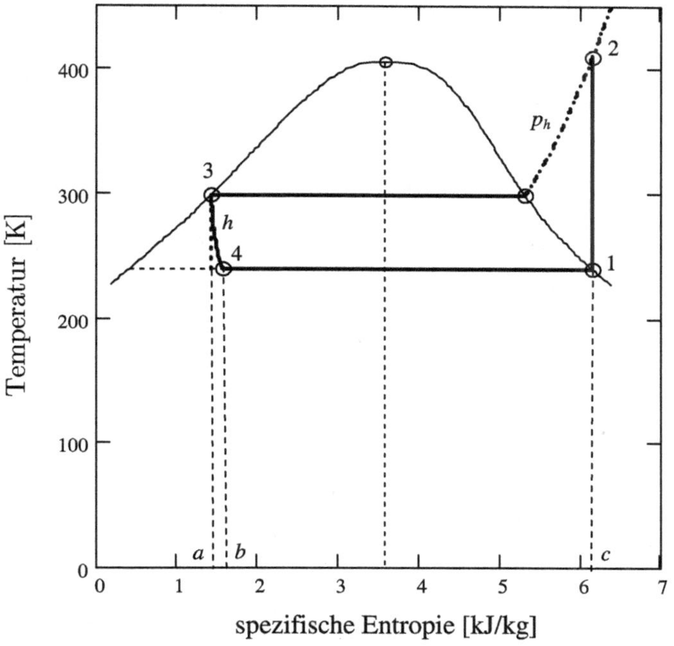


*Abb. 7.17: T,s-Diagramm des Kaltdampfprozesses*

Bei Arbeitsprozessen erhöhen dissipative Vorgänge die Arbeit, die dem Prozess zugeführt wird. Der damit verbundene Exergieverlust fließt über den Kondensator ab. Die für die mittlere Temperatur der Wärmeabfuhr maßgebliche Entropiedifferenz beträgt nun

$$s_3 - s_2 + \Delta s_{irr} = s_4 - s_1 < 0\,. \tag{7.35}$$

Damit ist die mittlere Temperatur der Wärmeabfuhr in Übereinstimmung mit Gl. (5.83)

$$T_{mh} = \frac{h_3 - h_2}{s_4 - s_1} \tag{7.36}$$

und die Leistungszahlen für den äquivalenten Carnot-Prozess betragen für die Kältemaschine bzw. für die Wärmepumpe

$$\varepsilon_{KM\_\ddot{a}C} = \frac{T_\ell}{T_{mh} - T_\ell} \qquad \text{bzw.} \qquad \varepsilon_{WP\_\ddot{a}C} = \frac{T_{mh}}{T_{mh} - T_\ell}\,. \tag{7.37}$$

Da nach dem 2. HS Wärme nur mit einem treibenden Temperaturgefälle fließt, müssen das Temperaturniveau des Kälteraums über der Verdampfertemperatur und die Temperatur im Kondensator über der Umgebungstemperatur liegen. Die Größe dieser treibenden Temperaturgefälle ist ein Maß für die Güte der Apparate. Große treibende Temperaturgefälle führen zu einer Steigerung des Druckverhältnisses bei der Verdichtung und damit zu einer Erhöhung der Verdichterarbeit und einer schlechteren Effizienz des Prozesses.

Der wirkliche Kreisprozess unterscheidet sich vom idealen Prozess durch Verluste im Verdichter, die durch den inneren Wirkungsgrad berücksichtigt werden, sowie durch Druckverluste in den Rohrleitungen und Apparaten. Bei den Beispielen werden wir nur den inneren Wirkungsgrad des Verdichters berücksichtigen. Die Druckverluste werden vernachlässigt.

**Beispiel 7.6 (Level 2):** Eine Kältemaschine arbeitet mit dem Kältemittel R134a zwischen der Verdampfungstemperatur $-10\ °C$ und der Kondensationstemperatur $35\ °C$. Der Verdichter saugt gesättigtes Kältemittel an, die adiabate Verdichtung erfolgt mit einem inneren Wirkungsgrad von $0{,}78$.

(a) Die Zustände an den Eckpunkten des Kreisprozesses sind zu bestimmen.

Die Kälteleistung der Anlage beträgt $10\ kW$. Der Verdichter wird mit einem Elektromotor angetrieben, dessen mechanisch-elektrischer Wirkungsgrad $0{,}90$ ist.

(b) Welcher Massenstrom wird in der Anlage umgewälzt und welche Leistung muss dem Elektromotor zugeführt werden?

**Voraussetzungen:** Stoffwerte aus CoolPack. Die Drosselung erfolgt isenthalp. Verdampfer, Enthitzer und Kondensator haben keine Druckverluste.

**Gegeben:**

$$t_{VD} := -10 \cdot °C \qquad t_{KO} := 35 \cdot °C \qquad \eta_{iV} := 0.78 \qquad Qp_K := 10 \cdot kW \qquad \eta_{mel} := 0.90$$

$$p_{VD} := psat\left(t_{VD}\right) \qquad p_{VD} = 2.007 \cdot bar \qquad p_{KO} := psat\left(t_{KO}\right) \qquad p_{KO} = 8.868 \cdot bar$$

**Lösung:** Zunächst wird für das Kältemittel R134a mit CoolPack unter „Refrigeration Utilities“ eine Sättigungstafel zwischen $-60\ °C$ und $t_{krit} = 101{,}1\ °C$ erzeugt und importiert mit dem als Ausschnitt wiedergegebenen Ergebnis (Spalte 0: $t\ [°C]$; Spalte 1: $p\ [bar]$; Spalte 2: $v'\ [liter/kg]$; Spalte 3: $v''\ [m^3/kg]$; Spalte 4: $h'\ [kJ/kg]$; Spalte 5: $h''\ [kJ/kg]$; Spalte 6: $r\ [kJ/kg]$; Spalte 7: $s'\ [kJ/kg\ K]$; Spalte 8: $s''\ [kJ/kg\ K]$)

$SatR134a =$

| | 0 | 1 | 2 | 3 | 4 | 5 | 6 | 7 | 8 |
|---|---|---|---|---|---|---|---|---|---|
| 48 | -12 | 1.854 | 0.75 | 0.107 | 184.36 | 390.12 | 205.76 | 0.942 | 1.73 |
| 49 | -11 | 1.929 | 0.751 | 0.103 | 185.65 | 390.72 | 205.08 | 0.947 | 1.729 |
| 50 | -10 | 2.007 | 0.753 | 0.099 | 186.93 | 391.32 | 204.39 | 0.952 | 1.728 |
| 51 | -9 | 2.088 | 0.755 | 0.095 | 188.22 | 391.92 | 203.69 | 0.956 | 1.728 |
| 52 | -8 | 2.17 | 0.757 | 0.092 | 189.52 | 392.51 | 202.99 | 0.961 | 1.727 |
| 53 | -7 | 2.256 | 0.759 | 0.089 | 190.82 | 393.1 | 202.29 | 0.966 | 1.726 |
| 54 | -6 | 2.344 | 0.761 | 0.085 | 192.12 | 393.7 | 201.58 | 0.971 | 1.726 |
| 55 | -5 | 2.434 | 0.763 | 0.082 | 193.42 | 394.28 | 200.86 | 0.976 | 1.725 |
| 56 | -4 | 2.527 | 0.764 | 0.079 | 194.73 | 394.87 | 200.14 | 0.981 | 1.724 |
| 57 | -3 | 2.623 | 0.766 | 0.077 | 196.04 | 395.46 | 199.42 | 0.986 | 1.724 |
| 58 | -2 | 2.722 | 0.768 | 0.074 | 197.36 | 396.04 | 198.68 | 0.99 | 1.723 |
| 59 | -1 | 2.824 | 0.77 | 0.071 | 198.68 | 396.62 | 197.95 | 0.995 | 1.722 |
| 60 | 0 | 2.928 | 0.772 | 0.069 | 200 | 397.2 | 197.2 | 1 | 1.722 |
| 61 | 1 | 3.036 | 0.774 | 0.067 | 201.33 | 397.78 | 196.45 | 1.005 | 1.721 |
| 62 | 2 | 3.146 | 0.776 | 0.064 | 202.66 | 398.36 | 195.7 | 1.01 | 1.721 |
| 63 | 3 | 3.26 | 0.778 | 0.062 | 203.99 | 398.93 | 194.94 | 1.014 | 1.72 |

Daraus werden Funktionen für die Sättigungszustände erstellt:

$$psat(t) := linterp\left(SatR134a^{\langle 0\rangle}, SatR134a^{\langle 1\rangle}, \frac{t}{°C}\right)\cdot bar$$

$$tsat(p) := linterp\left(SatR134a^{\langle 1\rangle}, SatR134a^{\langle 0\rangle}, \frac{p}{bar}\right)\cdot °C$$

$$v1(t) := linterp\left(SatR134a^{\langle 0\rangle}, SatR134a^{\langle 2\rangle}, \frac{t}{°C}\right)$$

$$v2(t) := linterp\left(SatR134a^{\langle 0\rangle}, SatR134a^{\langle 3\rangle}, \frac{t}{°C}\right) \qquad vsat(t) := \begin{pmatrix} v1(t)\cdot 10^{-3} \\ v2(t) \end{pmatrix}\cdot\frac{m^3}{kg}$$

$$h1(t) := linterp\left(SatR134a^{\langle 0\rangle}, SatR134a^{\langle 4\rangle}, \frac{t}{°C}\right)$$

$$h2(t) := linterp\left(SatR134a^{\langle 0\rangle}, SatR134a^{\langle 5\rangle}, \frac{t}{°C}\right) \qquad hsat(t) := \begin{pmatrix} h1(t) \\ h2(t) \end{pmatrix}\cdot\frac{kJ}{kg}$$

$$s1(t) := linterp\left(SatR134a^{\langle 0\rangle}, SatR134a^{\langle 7\rangle}, \frac{t}{°C}\right)$$

$$s2(t) := linterp\left(SatR134a^{\langle 0\rangle}, SatR134a^{\langle 8\rangle}, \frac{t}{°C}\right) \qquad ssat(t) := \begin{pmatrix} s1(t) \\ s2(t) \end{pmatrix}\cdot\frac{kJ}{kg\cdot K}$$

Diese Funktionen stehen auch bei anderen Aufgabenstellungen mit dem Kältemittel R134a zur Verfügung.

Die Drücke im Verdampfer und im Kondensator werden berechnet mit

$$p_{VD} := psat(t_{VD}) \qquad p_{VD} = 2.007bar \qquad p_{KO} := psat(t_{KO}) \qquad p_{KO} = 8.868bar$$

und das Druckverhältnis beträgt

$$\Pi_V := \frac{p_{KO}}{p_{VD}} \qquad \Pi_V = 4.419$$

Die weiteren Zustandswerte für die Sättigungszustände im Verdampfer und im Kondensator folgen aus

$$hs_{VD} := hsat(t_{VD}) \qquad hs_{VD} = \begin{pmatrix} 186.93 \\ 391.32 \end{pmatrix}\frac{kJ}{kg}$$

$$ss_{VD} := ssat(t_{VD}) \qquad ss_{VD} = \begin{pmatrix} 0.952 \\ 1.728 \end{pmatrix}\frac{kJ}{kg\cdot K}$$

$$hs_{KO} := hsat(t_{KO}) \qquad hs_{KO} = \begin{pmatrix} 248.75 \\ 415.9 \end{pmatrix}\frac{kJ}{kg}$$

$$ss_{KO} := ssat(t_{KO}) \qquad ss_{KO} = \begin{pmatrix} 1.166 \\ 1.708 \end{pmatrix}\frac{kJ}{kg\cdot K}$$

Der Verdichter saugt Sattdampf mit den Zustandswerten

$$h_1 := hs_{VD_1} \qquad h_1 = 391.32\frac{kJ}{kg} \qquad s_1 := ss_{VD_1} \qquad s_1 = 1.728\frac{kJ}{kg\cdot K}$$

an. Die isentrope Kompression des Kältemitteldampfes wird mit CoolPack mit „Refrigerant Calculator" vom Sättigungszustand des Verdampfers ausgehend mit dem Button Tv(p,s) erzeugt und als Datei „Komp" importiert. Temperatur und spezifische Entropie sind am Ende der isentropen Kompression

$$h_{2is} := Komp_{10}\cdot\frac{kJ}{kg} \qquad h_{2is} = 422.02\frac{kJ}{kg} \qquad t_{2is} := Komp_7\cdot °C \qquad t_{2is} = 40.43\,°C$$

Mit dem inneren Wirkungsgrad beträgt die spezifische Enthalpie am Austritt aus dem Verdichter

$$h_2 := h_1 + \frac{h_{2is} - h_1}{\eta_{iV}} \qquad h_2 = 430.679\,\frac{kJ}{kg}$$

Mit diesem Wert werden im Refrigerant Calculator die Temperatur mit dem Button Tv(p,h) und die spezifische Entropie bestimmt und die so ergänzte Datei „Komp“ wieder importiert mit dem Ergebnis

$$t_2 := Komp_{14} \cdot {}^\circ C \qquad t_2 = 48.26\,{}^\circ C \qquad s_2 := Komp_{18} \cdot \frac{J}{kg \cdot K} \qquad s_2 = 1.756 \frac{kJ}{kg \cdot K}$$

Nach dem Kondensator hat das austretende flüssige gesättigte Kältemittel den Zustand

$$h_3 := hs_{KO_0} \qquad h_3 = 248.75 \frac{kJ}{kg} \qquad s_3 := ss_{KO_0} \qquad s_3 = 1.166 \frac{kJ}{kg \cdot K}$$

und nach der isenthalpen Drosselung auf den Verdampferdruck beträgt der Dampfgehalt

$$h_4 := h_3 \qquad x_4 := \frac{h_4 - hs_{VD_0}}{hs_{VD_1} - hs_{VD_0}} \qquad x_4 = 0.302$$

und die spezifische Entropie des Nassdampfes

$$s_4 := ss_{VD_0} + x_4 \cdot \left( ss_{VD_1} - ss_{VD_0} \right) \qquad s_4 = 1.186 \frac{kJ}{kg \cdot K}$$

Die umgesetzten spezifischen Energien werden bestimmt durch

$$w_{tV} := h_2 - h_1 \qquad q_{KO} := h_3 - h_2 \qquad q_{VD} := h_1 - h_4$$

$$w_{tV} = 39.36 \frac{kJ}{kg} \qquad q_{KO} = -181.93 \frac{kJ}{kg} \qquad q_{VD} = 142.57 \frac{kJ}{kg}$$

Daraus folgt die Effizienz oder Leistungszahl des Prozesses:

$$\varepsilon_{KM} := \frac{q_{VD}}{w_{tV}} \qquad \varepsilon_{KM} = 3.622$$

Mit der mittleren Temperatur der Wärmeabfuhr aus dem Kondensator

$$T_{mh} := \frac{h_3 - h_2}{s_4 - s_1} \qquad T_{mh} = 335.8\,K$$

ergibt sich die gleiche Effizienz des äquivalenten Carnot-Prozesses

$$\varepsilon_{KM\_C} := \frac{Tt(t_{VD})}{T_{mh} - Tt(t_{VD})} \qquad \varepsilon_{KM\_C} = 3.622$$

Der Massenstrom des in der Anlage umgewälzten Kältemittels beträgt

$$mp_{R134a} := \frac{Qp_K}{q_{VD}} \qquad mp_{R134a} = 70.141 \frac{gm}{s} \qquad mp_{R134a} = 252.508 \frac{kg}{h}$$

Dem Elektromotor muss die Leistung

$$P_{el} := \frac{mp_{R134a} \cdot w_{tV}}{\eta_{mel}} \qquad P_{el} = 3.067\,kW$$

zugeführt werden.

## 7.3.2 Verbesserungen des Kaltdampfprozesses

### 7.3.2.1 Innerer Wärmetausch

Führt man im modifizierten Anlagenschema (Abb. 7.18) den Kältemitteldampf niedriger Temperatur vor dem Verdichter einem Wärmeübertrager zu und kühlt damit das Kondensat nach dem Austritt aus dem Kondensator ab, so wird im Prozess innerer Wärmetausch praktiziert.

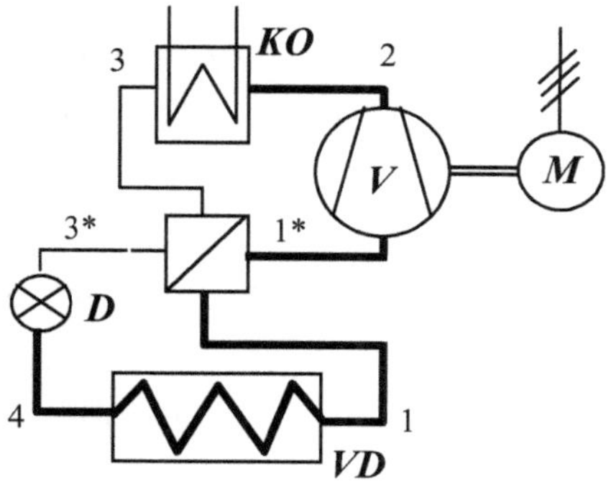


12 *Verdichter* ***V***
*adiabat* $q_{1*2} = 0$

23 *Enthitzer und Kondensator* ***KO***
*isobar* $q_{23} = h_3 - h_2$

34 *Drossel* ***D***
*adiabat* $q_{3*4} = 0; \quad h_{3*} = h_4$

41 *Verdampfer* ***VD***
*isobar-isotherm* $q_{41} = h_1 - h_4$

*Abb. 7.18: Kaltdampfmaschine mit Temperaturwechsler*

Die Bilanzgleichung für diesen Wärmeübertrager ergibt

$$h_1 - h_{1*} + h_3 - h_{3*} = 0 \tag{7.38}$$

wobei $h_{3*}$ den Eintrittszustand in die Drossel und $h_{1*}$ den Eintrittszustand in den Verdichter festlegt.

**Beispiel 7.7 (Level 2):** Die Anlage aus Beispiel 7.6 wird durch den Einbau eines Temperaturwechslers modifiziert, in dem der Kältemitteldampf vor Eintritt in den Verdichter auf *10 °C* aufgewärmt wird.

**Voraussetzungen:** Wie in Beispiel 7.6. Die zutreffenden Ergebnisse werden übernommen.

**Lösung:** Mit der gegebenen Austrittstemperatur des Dampfes aus dem Temperaturwechsler wird mit dem Refrigerant Calculator in CoolPack der Ansaugzustand durch Vorgabe von $p_1$, $t_{1a}$ und die isentrope Kompression mit dem Button Tv(p,s) berechnet. Nach Import der berechneten Werte und Umspeicherung in die Datei „R134aa" sind die Ergebnisse

$t_{1a} := R134aa_7 \cdot °C \qquad h_{1a} := R134aa_{10} \cdot \frac{kJ}{kg} \qquad s_{1a} := R134aa_{11} \cdot \frac{J}{kg \cdot K}$

$t_{1a} = 10\,°C \qquad h_{1a} = 408.85 \frac{kJ}{kg} \qquad s_{1a} = 1.792 \frac{kJ}{kg \cdot K}$

$t_{2is} := R134aa_{14} \cdot °C \qquad h_{2is} := R134aa_{17} \cdot \frac{kJ}{kg}$

$t_{2is} = 59.38\,°C \qquad h_{2is} = 442.75 \frac{kJ}{kg}$

Mit dem inneren Wirkungsgrad beträgt die spezifische Enthalpie am Austritt des Verdichters

$h_2 := h_{1a} + \frac{h_{2is} - h_{1a}}{\eta_{iV}} \qquad h_2 = 452.312 \frac{kJ}{kg}$

Mit diesem Wert werden in Coolpack mit dem Button Tv(p,h) die Temperatur (siehe Abb. 6.15) und danach die spezifische Entropie bestimmt, importiert und umgespeichert mit dem Ergebnis

$t_2 := R134a\_2_{21} \cdot °C \qquad h_2 := R134a\_2_{24} \cdot \frac{kJ}{kg} \qquad s_2 := R134a\_2_{25} \cdot \frac{J}{kg \cdot K}$

$t_2 = 68.31\,°C \qquad h_2 = 452.31 \frac{kJ}{kg} \qquad s_2 = 1.792 \frac{kJ}{kg \cdot K}$

Aus dem 1. HS für den Temperaturwechsler folgt die Abkühlung des Kondensats

$\Delta h_{liq} := h_{1a} - h_1 \qquad \Delta h_{liq} = 17.53 \frac{kJ}{kg}$

und mit der spezifischen Wärmekapazität des Kondensats wird die Temperaturänderung berechnet:

$$c_{liq} := R134a_5 \cdot \frac{kJ}{kg \cdot K} \qquad c_{liq} = 1.288 \frac{kJ}{kg \cdot K} \qquad \Delta T_{liq} := \frac{\Delta h_{liq}}{c_{liq}} \qquad \Delta T_{liq} = 13.61 K$$

Damit sind Temperatur und spezifische Enthalpie vor dem Eintritt in das Drosselventil

$$h_{3a} := h_3 - \Delta h_{liq} \qquad h_{3a} = 231.22 \frac{kJ}{kg} \qquad t_{3a} := t_3 - \Delta T_{liq} \qquad t_{3a} = 21.39\,°C$$

Nach der isenthalpen Drosselung werden der Dampfgehalt

$$x_4 := \frac{h_{3a} - h_{sat_{0,0}}}{h_{sat_{0,1}} - h_{sat_{0,0}}} \qquad x_4 = 0.217$$

und die spezifische Entropie

$$s_4 := s_{sat_{0,0}} + x_4 \cdot \left( s_{sat_{0,1}} - s_{sat_{0,0}} \right) \qquad s_4 = 1.120 \frac{kJ}{kg \cdot K}$$

berechnet.

In Abb. 7.19 wird der Prozess im *log p,h*-Diagramm dargestellt. Der innere Wärmetausch wird durch die gleich großen Strecken 1 – 1a (Aufwärmung des Kältemittels nach dem Verdampfer) und 3 – 3a (Abkühlung des Kondensats nach dem Kondensator) wiedergegeben.

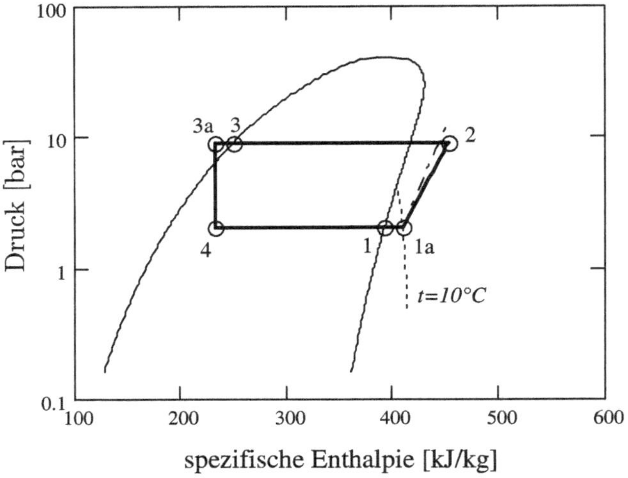


*Abb. 7.19: Prozess im log p,h-Diagramm*

Die nach außen wirkenden Energieumsätze in der Anlage folgen aus

$$w_{tV} := h_2 - h_{1a} \qquad q_{VD} := h_1 - h_4 \qquad q_{KO} := h_3 - h_2$$

$$w_{tV} = 43.46 \frac{kJ}{kg} \qquad q_{VD} = 160.1 \frac{kJ}{kg} \qquad q_{KO} = -203.56 \frac{kJ}{kg}$$

und die Effizienz des Prozesses beträgt

$$\varepsilon_{KM} := \frac{q_{VD}}{w_{tV}} \qquad \varepsilon_{KM} = 3.684$$

Mit der mittleren Temperatur der Wärmeabgabe im Kondensator

$$T_{mh} := \frac{q_{KO}}{s_4 - s_1} \qquad T_{mh} = 334.59\,K$$

ergibt sich die gleiche Effizienz des äquivalenten Carnot-Prozesses

$$\varepsilon_{KM\_C} := \frac{Tt(t_l)}{T_{mh} - Tt(t_l)} \qquad \varepsilon_{KM\_C} = 3.684$$

In der Anlage wird der Kältemittel-Massenstrom

$$mp_{R134a} := \frac{Qp_K}{q_{VD}} \qquad mp_{R134a} = 62.461\,\frac{gm}{s} \qquad mp_{R134a} = 224.859\,\frac{kg}{h}$$

umgewälzt. Die elektrische Antriebsleistung beträgt

$$P_{el} := \frac{mp_{R134a} \cdot w_{tV}}{\eta_{mel}} \qquad P_{el} = 3.016\,kW$$

**Diskussion:** Gegenüber Beispiel 7.6 wird die Effizienz des Prozesses mit *1,7 %* nur leicht verbessert. Der Kältemittel-Massenstrom wird um ca. *10 %* reduziert. Ein Nachteil dieser Variante ist der Anstieg der Austrittstemperatur aus dem Verdichter.

### 7.3.2.2 Zweistufiger Kaltdampfprozess

Je tiefer die geforderte Kühltemperatur ist, desto höher wird das Druckverhältnis zwischen Verdampfer und Kondensator. Damit steigt bei einem einstufigen Prozess die Austrittstemperatur aus dem Verdichter an. Bei Druckverhältnissen zwischen 4 und 10 empfiehlt es sich, auch wegen exergetischer Vorteile, zweistufige Verdichtung mit Zwischenkühlung und inneren Wärmetausch in einer Mitteldruckflasche durchzuführen. Das Anlagenschema für diesen Prozess mit Hochdruck- und Niederdruck-Kreislauf zeigt Abb. 7.20.

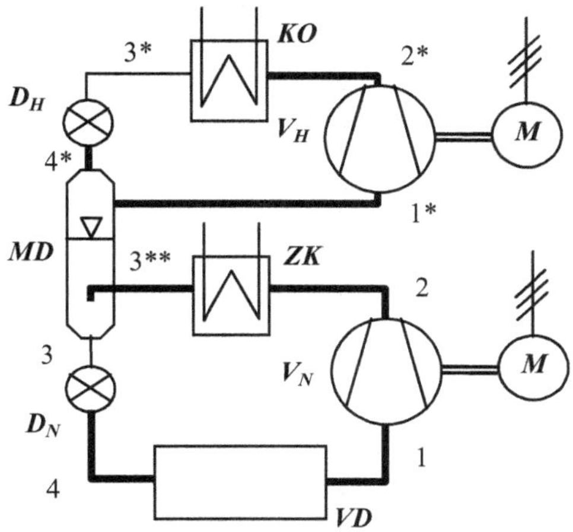


*Im Hochdruck-Kreislauf zirkuliert der volle Massenstrom „1";*

*Im Niederdruck-Kreislauf zirkuliert der auf den vollen Massenstrom bezogene spezifische Massenanteil „ξ".*

*Für die Drosselungen gilt:*

$h_{4*} = h_{3*}; \quad h_4 = h_3$.

*Wärmezufuhr:*

$q_{zu} = \xi\,(h_1 - h_4)$

*Wärmeabfuhr:*

$q_{ab} = \xi\,(h_{3**} - h_2) + (h_{3*} - h_{2*})$

*Abb. 7.20: Kaltdampf-Kältemaschine mit zweistufiger Verdichtung und Entspannung*

Der Zwischendruck wird zweckmäßigerweise durch

$$p_{MD} = \sqrt{p_{KO}\ p_{VD}} \tag{7.39}$$

festgelegt.

Der 1. HS für die Mitteldruckflasche liefert

$$\xi\,h_{3**} - \xi\,h_3 + h_{4*} - h_{1*} = 0$$

oder

$$\xi = \frac{h_{1*} - h_{4*}}{h_{3**} - h_3}. \tag{7.40}$$

Dabei werden der Mitteldruckflasche gesättigter Dampf $h_{1*} = h''(p_{MD})$ und gesättigte Flüssigkeit $h_3 = h'(p_{MD})$ entnommen. Im Zwischenkühler ZK, der auf dem gleichen Druck ist wie die Mitteldruckflasche, wird der Kältemitteldampf auf die gleiche Temperatur wie am Austritt des Kondensators gekühlt, $t_{3**} = t_{3*}$, wenn die Austrittstemperatur $t_2$ aus dem Niederdruckverdichter über der Temperatur des Kühlmediums liegt.

Der 1. HS für die gesamte Anlage liefert

$$w = h_{2*} - h_{3*} + \xi\left(h_2 - h_{3**} + h_4 - h_1\right). \tag{7.41}$$

Wie man unter Einbeziehung des 1. HS für die Mitteldruckflasche und der Drosselungsbeziehungen zeigen kann, ist dies gleich der Antriebsarbeit für die Verdichter

$$w_t = h_{2*} - h_{1*} + \xi\left(h_2 - h_1\right). \tag{7.42}$$

Die mittlere Temperatur der Wärmeabfuhr aus Kondensator und Zwischenkühler folgt aus

$$T_{mh} = \frac{\left|q_{KO} + q_{ZK}\right|}{\xi\left(s_1 - s_4\right)} \tag{7.43}$$

und die Effizienz oder Leistungszahl des Prozesses wird bestimmt durch

$$\varepsilon_{KM} = \frac{q_{VD}}{w_t} = \frac{\xi\left(h_1 - h_4\right)}{h_{2*} - h_{1*} + \xi\left(h_2 - h_1\right)} = \frac{T_\ell}{T_{mh} - T_\ell}. \tag{7.44}$$

**Beispiel 7.8 (Level 2):** Eine Kälteanlage mit zweistufiger Verdichtung und Drosselung arbeitet zwischen der Kondensationstemperatur *35 °C* und der Verdampfertemperatur *−40 °C*. Der innere Wirkungsgrad der Verdichter beträgt $\eta_{iV} = 0{,}78$, der mechanisch-elektrische Wirkungsgrad der Antriebsmotoren $\eta_{mel} = 0{,}90$. Der zweistufige Prozess ist mit dem einstufigen Prozess zu vergleichen.

**Voraussetzungen:** Wie in Beispiel 7.6. Die Funktionen für die Zustandsgrößen auf der Sättigungslinie stehen zur Verfügung.

**Gegeben:**

$t_{VD} := -40\cdot°C \qquad t_{KO} := 35\cdot°C \qquad \eta_{iV} := 0.78 \qquad \eta_{mel} := 0.90 \qquad Qp_K := 50\cdot kW$

**Lösung:** Die Sättigungsdrücke im Verdampfer und im Kondensator betragen

$p_{VD} := psat\left(t_{VD}\right) \qquad p_{VD} = 0.516\,bar \qquad p_{KO} := psat\left(t_{KO}\right) \qquad p_{KO} = 8.868\,bar$

mit dem Druckverhältnis

$$\Pi_{max} := \frac{p_{KO}}{p_{VD}} = 17.186$$

Druck und Sättigungstemperatur im Mittelbehälter betragen

$p_{MD} := \sqrt{p_{VD}\cdot p_{KO}} \qquad p_{MD} = 2.139\,bar \qquad t_{MD} := tsat\left(p_{MD}\right) \qquad t_{MD} = -8.376\,°C$

Die weiteren Zustandsgrößen für die drei Sättigungszustände werden berechnet durch

$$hs_{VD} := hsat\left(t_{VD}\right) \qquad hs_{VD} = \begin{pmatrix} 149.97 \\ 372.85 \end{pmatrix} \frac{kJ}{kg}$$

$$ss_{VD} := ssat\left(t_{VD}\right) \qquad ss_{VD} = \begin{pmatrix} 0.803 \\ 1.759 \end{pmatrix} \frac{kJ}{kg\cdot K}$$

$$hs_{MD} := hsat(t_{MD}) \qquad hs_{MD} = \begin{pmatrix} 189.031 \\ 392.288 \end{pmatrix} \frac{kJ}{kg}$$

$$ss_{MD} := ssat(t_{MD}) \qquad ss_{MD} = \begin{pmatrix} 0.959 \\ 1.727 \end{pmatrix} \frac{kJ}{kg \cdot K}$$

$$hs_{KO} := hsat(t_{KO}) \qquad hs_{KO} = \begin{pmatrix} 248.75 \\ 415.9 \end{pmatrix} \frac{kJ}{kg}$$

$$ss_{KO} := ssat(t_{KO}) \qquad ss_{KO} = \begin{pmatrix} 1.166 \\ 1.708 \end{pmatrix} \frac{kJ}{kg \cdot K}$$

Die Ausgangszustände für die beiden Kompressionen betragen

$$h_1 := hs_{VD_1} \qquad h_1 = 372.85 \frac{kJ}{kg} \qquad h_{1a} := hs_{MD_1} \qquad h_{1a} = 392.288 \frac{kJ}{kg}$$

Die beiden isentropen Kompressionen werden in CoolPack mit „Refrigerant Calculator" mit dem Button Tv(p,s) berechnet und importiert mit den Ergebnissen

$$h_{2is} := R134a_{is_{10}} \cdot \frac{kJ}{kg} \qquad h_{2is} = 400.87 \frac{kJ}{kg} \qquad h_{2ais} := R134a_{is_{24}} \cdot \frac{kJ}{kg} \qquad h_{2ais} = 421.67 \frac{kJ}{kg}$$

Mit dem inneren Wirkungsgrad der Verdichtung betragen die spezifischen Enthalpien nach dem Niederdruck- bzw. Hochdruckverdichter

$$h_2 := h_1 + \frac{h_{2is} - h_1}{\eta_{iV}} \qquad h_2 = 408.773 \frac{kJ}{kg} \qquad h_{2a} := h_{1a} + \frac{h_{2ais} - h_{1a}}{\eta_{iV}} \qquad h_{2a} = 429.957 \frac{kJ}{kg}$$

und mit dem Button Tv(p,h) ergeben sich die zugehörigen Temperaturen und spezifischen Entropien

$$t_2 := R134a_{is_{35}} \cdot °C \qquad t_2 = 10.31\,°C \qquad s_2 := R134a_{is_{39}} \cdot \frac{J}{kg \cdot K} \qquad s_2 = 1.787 \frac{kJ}{kg \cdot K}$$

$$t_{2a} := R134a_{is_{28}} \cdot °C \qquad t_{2a} = 47.6\,°C \qquad s_{2a} := R134a_{is_{32}} \cdot \frac{J}{kg \cdot K} \qquad s_{2a} = 1.753 \frac{kJ}{kg \cdot K}$$

Die spezifischen Enthalpien vor den beiden Drosselventilen haben die Werte

$$h_{3a} := hs_{KO_0} \qquad h_{3a} = 248.75 \frac{kJ}{kg} \qquad h_3 := hs_{MD_0} \qquad h_3 = 189.031 \frac{kJ}{kg}$$

und die Dampfgehalte nach den Drosselungen folgen aus

$$h_{4a} := h_{3a} \qquad x_{4a} := \frac{h_{4a} - hs_{MD_0}}{hs_{MD_1} - hs_{MD_0}} \qquad x_{4a} = 0.294$$

$$h_4 := h_3 \qquad x_4 := \frac{h_4 - hs_{VD_0}}{hs_{VD_1} - hs_{VD_0}} \qquad x_4 = 0.175$$

mit der spezifischen Entropie nach der Drosselung im Verdampfer

$$s_4 := ss_{VD_0} + x_4 \cdot \left(ss_{VD_1} - ss_{VD_0}\right) \qquad s_4 = 0.971 \frac{kJ}{kg \cdot K}$$

Aus dem 1. HS für den Mitteldruckbehälter

$$h_{4a} - h_{1a} + \xi \cdot h_2 - \xi \cdot h_3 = 0$$

wird der Massenanteil $\xi$ bestimmt, der im unteren Kreislauf zirkuliert

$$\xi := \frac{\left(-h_{4a} + h_{1a}\right)}{\left(h_2 - h_3\right)} \qquad \xi = 0.653$$

Damit werden die Energieumsätze des Prozesses ermittelt

$q_{VD} := \xi \cdot (h_1 - h_4)$ $\quad q_{VD} = 120.073 \frac{kJ}{kg}$

$q_{KO} := h_{3a} - h_{2a}$ $\quad q_{KO} = -181.207 \frac{kJ}{kg}$

$w := -q_{KO} - q_{VD}$ $\quad w = 61.135 \frac{kJ}{kg}$

Die technische Arbeit für den Verdichterantrieb

$w_t := \xi \cdot (h_2 - h_1) + h_{2a} - h_{1a}$ $\quad w_t = 61.135 \frac{kJ}{kg}$

führt zu dem gleichen Wert, wie er aus der Energiebilanz der gesamten Anlage folgt.

Die Effizienz des zweistufigen Prozesses beträgt

$\varepsilon_{KM} := \frac{q_{VD}}{w}$ $\quad \varepsilon_{KM} = 1.964$

Mit der mittleren Temperatur der Wärmeabfuhr

$T_{mh} := \frac{q_{KO}}{\xi \cdot (s_4 - s_1)}$ $\quad T_{mh} = 351.877\ K$

nimmt der Wirkungsgrad des äquivalenten Carnot-Prozesses mit

$\varepsilon_{KM\_C} := \frac{Tt(t_{VD})}{T_{mh} - Tt(t_{VD})}$ $\quad \varepsilon_{KM\_C} = 1.964$

den gleichen Wert an.

In der Anlage wird der Massenstrom

$mp_K := \frac{Qp_K}{q_{VD}}$ $\quad mp_K = 0.416 \frac{kg}{s}$

umgewälzt und die notwendige elektrische Antriebsleistung beträgt

$P_{el} := \frac{mp_K \cdot w_t}{\eta_{mel}}$ $\quad P_{el} = 28.286\ kW$

**Diskussion:** Ein einstufiger Prozess hat im Vergleich mit dem zweistufigen Prozess die folgenden Eigenschaften:

- Höhere Austrittstemperatur aus dem Verdichter

  $t_{2E} = 64.66\ °C$ $\quad t_{2a} = 47.6\ °C$

- Höhere spezifische Arbeit

  $w_E = 75.564 \frac{kJ}{kg}$ $\quad w = 61.135 \frac{kJ}{kg}$

- Nahezu gleiche spezifische Wärmeaufnahme im Verdampfer

  $q_{EVD} = 124.1 \frac{kJ}{kg}$ $\quad q_{VD} = 120.073 \frac{kJ}{kg}$

- Geringere Effizienz

  $\varepsilon_{EKM} = 1.642$ $\quad \varepsilon_{KM} = 1.964$

### 7.3.3 Der Linde-Prozess zur Luftverflüssigung

Der Ingenieur, Unternehmer und Hochschullehrer Carl von Linde (1842–1934) entwickelte im Jahr 1895 ein Verfahren zur Verflüssigung von Luft, aus dem die Gaszerlegung als neuer Geschäftszweig in seinem Unternehmen entstand. Das Luftverflüssigungsverfahren nach Linde (Abb. 7.21) basiert auf der Abkühlung von Luft bei adiabater Drosselung.

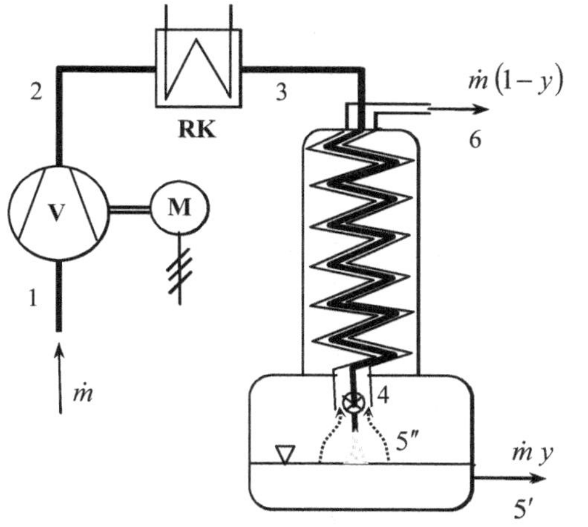


*12 Verdichtung*

*23 Rückkühlung der Druckluft*

*34 Vorkühlung der Druckluft durch rückströmende Kaltluft*

*45 Adiabate Drosselung*

*5' Entnahme von flüssiger Luft*

*5" Rückströmende Kaltluft*

*6 Ausströmung der aufgewärmten Luft*

*Abb. 7.21: Luftverflüssigung nach Linde*

Zur Verflüssigung von Luft ist zunächst ein hoher Druck von über *100 bar* nötig. Im Rückkühler RK wird die Druckluft auf Umgebungstemperatur zurückgekühlt. Der 1. HS für die aus Vorkühler, Drossel und Separationsbehälter zusammengesetzte Säule liefert

$$\dot{m}\, h_3 - \dot{m}\left(1-x\right) h_{5'} - \dot{m}\, x\, h_6 = 0 \tag{7.45}$$

Daraus folgt für den Dampfanteil

$$x = \frac{h_3 - h_{5'}}{h_6 - h_{5'}} \tag{7.46}$$

und für den Flüssigkeitsanteil

$$y = 1 - x = \frac{h_6 - h_3}{h_6 - h_{5'}} \;. \tag{7.47}$$

Demnach ist die Ausbeute an flüssiger Luft umso höher, je größer die Differenz der spezifischen Enthalpien zwischen der aus der Säule ausströmenden entspannten Luft und der in die Säule einströmenden Druckluft ist. Sie ist festgelegt durch die Verhältnisse am warmen Ende der Säule. Je nach Qualität des Vorkühlers liegt die Austrittstemperatur der entspannten Luft unter der Temperatur der Druckluft, sie kann bei idealem Wärmetausch gleich der Temperatur der Druckluft sein. Da die spezifische Enthalpie des idealen Gases nur von der Temperatur abhängt, wäre die Ausbeute gleich null. Das Linde-Verfahren hängt von den realen Eigenschaften der Luft ab. Bei gleicher Temperatur ist die spezifische Enthalpie der Druckluft wesentlich niedriger als jene der entspannten Luft.

Um im Prozess Eisbildung zu vermeiden, muss die Luft vor Eintritt in den Verdichter sorgfältig getrocknet werden. Führt man den austretenden Luftstrom der auf den Gesamtmassenstrom bezogenen Teilmenge *1 − y* zum Verdichtereintritt zurück, so muss lediglich die Teilmenge *y* getrocknet werden.

Der minimale Aufwand zur Verdichtung der Luft wird bei isothermer Kompression benötigt:

$$w_{tV\_\min} = h_3 - h_1 - T_U\left(s_3 - s_1\right) . \tag{7.48}$$

Diese theoretische Verdichtungsarbeit liegt unter dem tatsächlichen Aufwand $w_{tV}$ bei mehrstufiger Verdichtung mit adiabaten Kompressoren mit innerem Wirkungsgrad und mit anschließender Rückkühlung.

Die auf die Ausbeute bezogene Verdichtungsarbeit

$$w_{tV\_y} = \frac{w_{tV}}{y}$$

liefert im Vergleich mit der minimalen Verdichtungsarbeit den Gütegrad der Anlage

$$\eta_{V\_y} = \frac{w_{tV\_\min}}{w_{tV\_y}}. \tag{7.49}$$

**Beispiel 7.9 (Level 2):** Einer einfachen Linde-Luftverflüssigungsanlage wird getrocknete Luft von *1 bar* und *20 °C* zugeführt.

(a) Es soll die Ausbeute an flüssiger Luft in Abhängigkeit vom Maximaldruck und von der Endtemperatur der rückströmenden Luft ermittelt werden.
(b) Bei $p_{max}$ = *160 bar* und $\Delta T_{min}$ = *5 K* sollen die Temperaturen und der Exergieverlust des Gegenströmers in der Säule berechnet werden.
(c) Welche elektrische Antriebsleistung ist bei einem mechanischen Wirkungsgrad von *0,98* und einem elektrischen Wirkungsgrad von *0,96* nötig, um *360 kg/h* flüssige Luft zu erzeugen?

**Voraussetzungen:** Stoffwerte der Luft aus CoolPack. Druckverluste in Rohrleitungen und Apparaten werden vernachlässigt.

**Gegeben:**

$$mp_L := 360\cdot\frac{kg}{h} \qquad p_U := 1\cdot bar \qquad p_{max} := 160\cdot bar \qquad p_{min} := p_U$$

$$\eta_{iV} := 0.90 \qquad t_U := 20\cdot°C \qquad t_r := 15\cdot°C \qquad \eta_m := 0.98 \qquad \eta_{el} := 0.96$$

**Lösung:** (a) Mit dem „Refrigerant Calculator" in CoolPack werden die Sättigungswerte beim unteren Prozessdruck bestimmt, abgespeichert, importiert und umgespeichert:

$$t_{sat} := \begin{pmatrix} Sat_0 \\ Sat_7 \end{pmatrix}\cdot°C \qquad h_{sat} := \begin{pmatrix} Sat_3 \\ Sat_{10} \end{pmatrix}\cdot\frac{kJ}{kg} \qquad s_{sat} := \begin{pmatrix} Sat_4 \\ Sat_{11} \end{pmatrix}\cdot\frac{J}{kg\cdot K}$$

$$t_{sat} = \begin{pmatrix} -194.5 \\ -191.44 \end{pmatrix}°C \qquad h_{sat} = \begin{pmatrix} 99.38 \\ 307.1 \end{pmatrix}\frac{kJ}{kg} \qquad s_{sat} = \begin{pmatrix} 0.029 \\ 2.622 \end{pmatrix}\frac{kJ}{kg\cdot K}$$

Weiter werden unter „Refrigeration Utilities" Tafeln für die Isobaren *1 bar* und *160 bar* im Temperaturbereich von *–190 °C* bis *20 °C* sowie für die Isotherme *20 °C* im Bereich zwischen *100 bar* und *200 bar* erzeugt, abgespeichert und importiert. Aus den Feldern *Isob_l* und *Isoth_h* werden die Funktionen

$$h\_l(t) := linterp\left(Isob\_l^{\langle 0\rangle}, Isob\_l^{\langle 2\rangle}, \frac{t}{°C}\right)\cdot\frac{kJ}{kg}$$

$$h\_h(p) := linterp\left(Isoth\_h^{\langle 1\rangle}, Isoth\_h^{\langle 2\rangle}, \frac{p}{bar}\right)\cdot\frac{kJ}{kg}$$

und

$$s\_l(t) := linterp\left(Isob\_l^{\langle 0\rangle}, Isob\_l^{\langle 3\rangle}, \frac{t}{°C}\right)\cdot\frac{kJ}{kg\cdot K}$$

$$s\_h(p) := linterp\left(Isoth\_h^{\langle 1\rangle}, Isoth\_h^{\langle 3\rangle}, \frac{p}{bar}\right)\cdot\frac{kJ}{kg\cdot K}$$

erzeugt. Die Flüssigkeitsausbeute pro kg verdichteter Luft wird bestimmt durch

$$y(p_{max}, t_r) := \frac{h\_l(t_r) - h\_h(p_{max})}{h\_l(t_r) - h_{sat_0}}$$

Bei Variation des Druckes zwischen *100 bar* und *200 bar* erhält man für Ausströmtemperaturen zwischen *20°C* ($\Delta T = 0$ *K*) und *5 °C* ($\Delta T = 15$ *K*) die in Abb. 7.22 wiedergegebene Ausbeute an flüssiger Luft. Der Punkt markiert den Betriebspunkt mit den im zweiten Teil der Aufgabe gegebenen Werten.

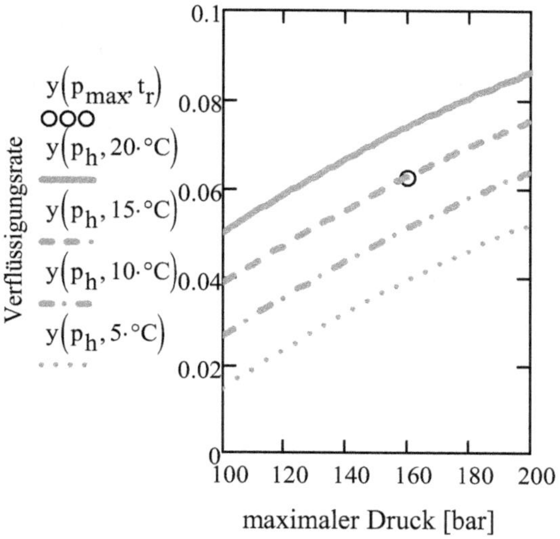


*Abb. 7.22: Ausbeute flüssiger Luft*

(b) Mit den gegebenen Werten für $p_{max}$, $t_r$ und $t_U$ betragen die Ausbeute an flüssiger Luft

$$y_0 := y(p_{max}, t_r) \qquad y_0 = 0.063$$

und die Zustandswerte an den Eckpunkten des Prozesses

$$t_3 := t_U \qquad h_3 := h\_h(p_{max}) \quad s_3 := s\_h(p_{max}) \qquad h_3 = 490.95\frac{kJ}{kg} \qquad s_3 = 2.372\frac{kJ}{kg\cdot K}$$

$$t_6 := t_r \qquad h_6 := h\_1(t_r) \quad s_6 := s\_1(t_r) \qquad h_6 = 517.06\frac{kJ}{kg} \qquad s_6 = 3.910\frac{kJ}{kg\cdot K}$$

$$h_{51} := h_{sat_0} \qquad h_{51} = 99.38\frac{kJ}{kg} \qquad s_{51} := s_{sat_0} \qquad s_{51} = 0.029\frac{kJ}{kg\cdot K}$$

$$h_{52} := h_{sat_1} \qquad h_{52} = 307.1\frac{kJ}{kg} \qquad s_{52} := s_{sat_1} \qquad s_{52} = 2.622\frac{kJ}{kg\cdot K}$$

Mit dem 1. HS für den Gegenströmer wird die spezifische Enthalpie vor der Drossel berechnet:

$$h_4 := h_3 + (1 - y_0)\cdot(h_{52} - h_6) \qquad h_4 = 294.11\frac{kJ}{kg}$$

Mit den Funktionen für die Isobare *160 bar*:

$$s\_160\ (t) := linterp\left(Isob\_160^{\langle 0\rangle}, Isob\_160^{\langle 3\rangle}, \frac{t}{°C}\right)\cdot\frac{kJ}{kg\cdot K}$$

$$t\_160\ (h) := linterp\left(Isob\_160^{\langle 2\rangle}, Isob\_160^{\langle 0\rangle}, \frac{h}{\frac{kJ}{kg}}\right)\cdot °C$$

werden die zugehörige Temperatur und die spezifische Entropie bestimmt:

$$t_4 := t\_160(h_4) \qquad t_4 = -102.919°C \qquad s_4 := s\_160(t_4) \qquad s_4 = 1.477\frac{kJ}{kg\cdot K}$$

Zusammengefasst sind die Daten am warmen Ende des Wärmeübertragers

$$h_3 = 490.95 \frac{kJ}{kg} \qquad (1 - y_0)\cdot h_6 = 484.74 \frac{kJ}{kg}$$

$$t_3 = 20\ °C \qquad t_6 = 15\ °C$$

$$t_3 - t_6 = 5\,K$$

und am kalten Ende

$$h_4 = 294.11 \frac{kJ}{kg} \qquad (1 - y_0)\cdot h_{52} = 287.90 \frac{kJ}{kg}$$

$$t_4 = -102.92\ °C \qquad t_{52} = -191.44\ °C$$

$$t_4 - t_{52} = 88.52\,K$$

In Abb. 7.23 werden die Temperaturen über der auf den Gesamtmassenstrom bezogenen Enthalpie aufgetragen.

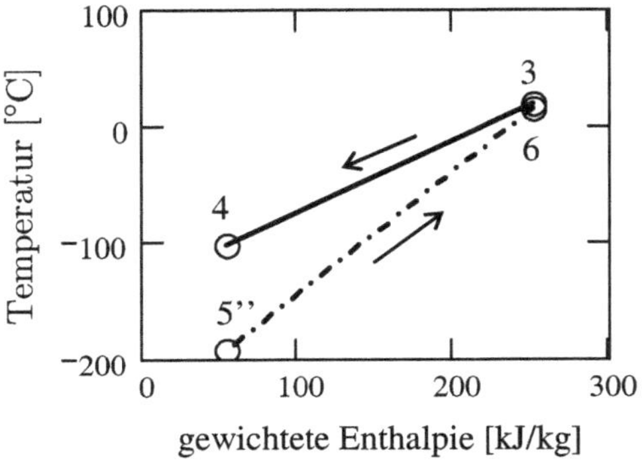


*Abb. 7.23: t,ξh-Diagramm des Gegenströmers*

Es handelt sich um einen stark asymmetrischen Wärmeübertrager, bei dem am kalten Ende eine starke Temperaturdifferenz auftritt.

Die Irreversibilitäten in stationär durchströmten, adiabaten Systemen werden bestimmt durch die Bilanzgleichung

$$\Delta s_{irr} = -\sum_i \xi_i\ s_i\,.$$

Die Irreversibilität im Gegenströmer beträgt

$$\Delta s_{irr\_WT} := -s_3 + s_4 - (1 - y_0)\cdot(s_{52} - s_6) \qquad \Delta s_{irr\_WT} = 0.312 \frac{kJ}{kg\cdot K}$$

und in der Drossel

$$\Delta s_{irr\_D} := -s_4 + y_0\cdot s_{51} + (1 - y_0)\cdot s_{52} \qquad \Delta s_{irr\_D} = 0.984 \frac{kJ}{kg\cdot K}$$

Damit wird der Exergieverlust der Säule berechnet mit

$$\Delta s_{irr\_S} := \Delta s_{irr\_WT} + \Delta s_{irr\_D} \qquad ex_S := T_U\cdot\Delta s_{irr\_S} \qquad ex_S = 379.89 \frac{kJ}{kg}$$

Die minimale Verdichtungsarbeit wird bestimmt durch

$$e_t(p_{max}, t_r) := h\_h(p_{max}) - h\_l(t_r) - T_U\cdot(s\_h(p_{max}) - s\_l(t_r))$$

$$w_{tV\_min} := e_t(p_{max}, t_r) \qquad w_{tV\_min} = 424.914 \frac{kJ}{kg}$$

Die Drucksteigerung in den Verdichtern wird in drei Stufen aufgeteilt. Das Druckverhältnis in jeder Stufe wird festgelegt durch

$$\Pi_{St} := \left(\frac{p_{max}}{p_{min}}\right)^{\frac{1}{3}} \qquad \Pi_{St} = 5.429$$

Damit sind die Drücke in der Anlage

$$p_V := \begin{pmatrix} p_{min} \\ p_{min} \cdot \Pi_{St} \\ p_{min} \cdot \Pi_{St}^2 \\ p_{max} \end{pmatrix} \qquad p_V = \begin{pmatrix} 1 \\ 5.429 \\ 29.472 \\ 160 \end{pmatrix} bar$$

Die Anfangszustände der Verdichtungen liegen auf der *20°C*-Isotherme. Die isentropen Endzustände jeder Verdichterstufe werden mit dem Refrigerant Calculator von CoolPack mit dem Button Tv(p,s) berechnet, im File „Komp" abgespeichert und importiert. Die spezifischen Enthalpien und Entropien der isentropen Verdichtungen betragen

$$h_V := \begin{pmatrix} Komp_3 & Komp_{10} \\ Komp_{17} & Komp_{24} \\ Komp_{31} & Komp_{38} \end{pmatrix} \cdot \frac{kJ}{kg} \qquad h_V = \begin{pmatrix} 522.11 & 705.02 \\ 521.06 & 704.61 \\ 515.51 & 703.36 \end{pmatrix} \frac{kJ}{kg}$$

Die spezifischen isentropen Verdichtungsarbeiten ergeben sich aus

$$w_{tis} := h_V^{\langle 1 \rangle} - h_V^{\langle 0 \rangle} \qquad w_{tis} = \begin{pmatrix} 182.91 \\ 183.55 \\ 187.85 \end{pmatrix} \frac{kJ}{kg}$$

Damit betragen mit dem inneren Wirkungsgrad der Verdichter die spezifischen Arbeiten und Enthalpien

$$w_{tV} := \frac{w_{tis}}{\eta_{iV}} \qquad h_{Ve} := h_V^{\langle 0 \rangle} + w_{tV} \qquad w_{tV} = \begin{pmatrix} 203.233 \\ 203.944 \\ 208.722 \end{pmatrix} \frac{kJ}{kg} \qquad h_{Ve} = \begin{pmatrix} 725.343 \\ 725.004 \\ 724.232 \end{pmatrix} \frac{kJ}{kg}$$

Mit diesen Enthalpien und den zugehörigen Drücken werden in Coolpack mit dem Button Tv(p,h) die Temperaturen am Ende der Verdichterstufen berechnet:

$$t_{Ve} := \begin{pmatrix} Komp2_{42} \\ Komp2_{49} \\ Komp2_{56} \end{pmatrix} \cdot °C \qquad t_{Ve} = \begin{pmatrix} 220.07 \\ 220.86 \\ 223.9 \end{pmatrix} °C$$

Die spezifischen Entropien zu Beginn und am Ende der Verdichterstufen haben die Werte

$$s_{V0} := \begin{pmatrix} Komp_4 \\ Komp_{18} \\ Komp_{32} \end{pmatrix} \cdot \frac{J}{kg \cdot K} \qquad s_{V0} = \begin{pmatrix} 3.928 \\ 3.439 \\ 2.936 \end{pmatrix} \frac{kJ}{kg \cdot K} \qquad s_{Ve} := \begin{pmatrix} Komp2_{46} \\ Komp2_{53} \\ Komp2_{60} \end{pmatrix} \cdot \frac{J}{kg \cdot K} \qquad s_{Ve} = \begin{pmatrix} 3.97 \\ 3.481 \\ 2.979 \end{pmatrix} \frac{kJ}{kg \cdot K}$$

Nach den Umspeicherungen

$$i := 0..2 \qquad s_{Komp_{2 \cdot i}} := s_{V_{i,0}} \qquad s_{Komp_{2 \cdot i+1}} := s_{Ve_i} \qquad s_{Komp_6} := s_3$$

$$t_{Komp_{2 \cdot i}} := t_1 \qquad t_{Komp_{2 \cdot i+1}} := t_{Ve_i} \qquad t_{Komp_6} := t_3$$

$$h_{Komp_{2 \cdot i}} := h_{V_{i,0}} \qquad h_{Komp_{2 \cdot i+1}} := h_{Ve_i} \qquad h_{Komp_6} := h_3$$

ergeben sich die spezifischen Werte der Kühlwärme und der Arbeit aus

$$q_K := \sum_i \left(h_{Komp_{2\cdot i+2}} - h_{Komp_{2\cdot i+1}}\right) \qquad q_K = -647.061\,\frac{kJ}{kg}$$

$$w_{t\_Komp} := \sum_i w_{tV_i} \qquad w_{t\_Komp} = 615.9\,\frac{kJ}{kg}$$

Abb. 7.24 zeigt den Verlauf der Verdichtungs- und Kühlungslinien.

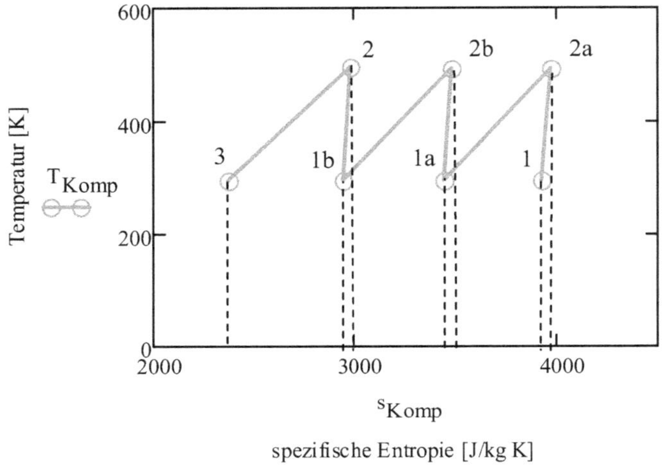


*Abb. 7.24: Adiabate Verdichtung und Rückkühlung*

Der exergetische Wirkungsgrad der Verdichtung ergibt sich aus

$$\zeta_{ex\_V} := \frac{w_{tV\_min}}{w_{t\_Komp}} \qquad \zeta_{ex\_V} = 0.69$$

woraus der Gütegrad des Prozesses

$$\eta_{V\_y} := \zeta_{ex\_V} \cdot y_0 \qquad \eta_{V\_y} = 0.043$$

folgt.

(c) Um *360 kg/h* zu erzeugen, muss ein Massenstrom von

$$mp_{51} := 360 \cdot \frac{kg}{h} \qquad mp := \frac{mp_{51}}{y_0} \qquad mp = 1.599\,\frac{kg}{s} \qquad mp = 5757.9\,\frac{kg}{h}$$

verdichtet werden. Dem Antrieb wird die elektrische Leistung

$$P_{el} := \frac{mp \cdot w_{t\_Komp}}{\eta_m \cdot \eta_{el}} \qquad P_{el} = 1047.1\,kW$$

zugeführt.

Um den bescheidenen Gütegrad der einfachen Linde-Anlage zu verbessern, sind zahlreiche Schaltungen vorgeschlagen worden. Erhebliche Verbesserungen stellen sich ein, wenn die Drosselung mit einer Entspannungsmaschine kombiniert wird. Wegen der notwendigen Entspannung ins Zweiphasengebiet führt der Betrieb auf der Basis einer reinen Entspannungsmaschine nicht zu stabilen Ergebnissen. In Kombination mit Drosselung sind jedoch erhebliche Verbesserungen bei stabilem Betrieb möglich.

In Abb. 7.25 ist eine solche Kombination dargestellt, wie sie von Heylandt im Jahr 1920 vorgeschlagen wurde. Hierbei wird ein Teilmassenstrom $\xi$ des Druckgases bei Umgebungstemperatur entnommen und über die Turbine entspannt. Das entspannte Gas wird der rückströmenden Kaltluft zugefügt. Dann liegen zwei Wärmeübertrager vor. Im unten liegenden Wärmeübertrager wird die rückströmende Luft nach der Drosselung mit der auf den Gesamtmassenstrom bezogenen Teilmenge $1 - (1 - \xi)(1 - y)$ auf die Temperatur des Gases nach der Turbine $t_4$ aufgewärmt. Nach Hinzufügung des Teilmengenstroms $\xi$ durchströmt den oberen Wärmeübertrager die Teilmenge $1 - (1 - \xi)\, y$ und wärmt sich auf die Temperatur $t_8$ auf.

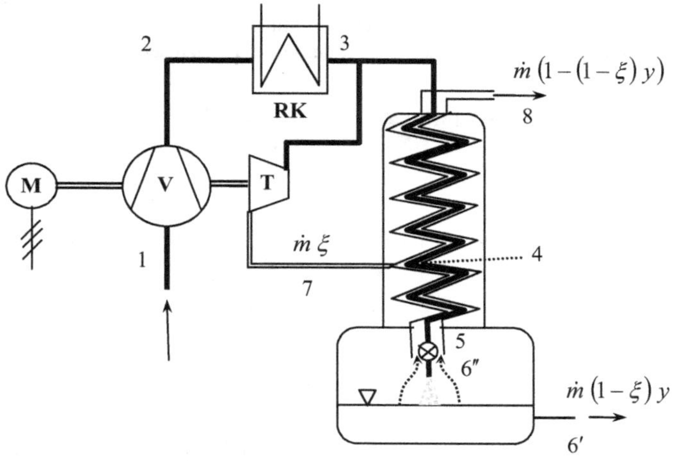


*Abb. 7.25: Luftverflüssigung nach Heylandt*

Ein früherer Vorschlag aus dem Jahr 1902 von Claude arbeitet mit wesentlich geringerem Druck $p_{max}$ und Entnahme des Teilmassenstroms nach Vorkühlung des Druckgases in einem oberen Wärmeübertrager. Bei konsequenter Auslegung entfällt der untere Wärmeübertrager. In der Kältetechnik werden die Prozesse mit Entspannung einer Teilmenge der Druckluft unter dem Begriff Claude-Heylandt-Verfahren zusammengefasst.

**Beispiel 7.10 (Level 2):** Die Anlage aus Beispiel 7.9 wird durch eine Entspannungsturbine mit dem inneren Wirkungsgrad *0,75* nach Abb. 7.25 modifiziert.

**Voraussetzungen:** Wie in Beispiel 7.9. Zutreffende Ergebnisse aus diesem Beispiel werden übernommen.

**Gegeben:** Mit den Bezeichnungen aus Abb. 7.25 werden Ergebnisse aus Beispiel 7.9 umgespeichert.

$$t_8 := t_6 \qquad h_8 := h_6 \qquad s_8 := s_6$$

$$h_{61} := h_{sat_0} \qquad h_{62} := h_{sat_1} \qquad s_{61} := s_{sat_0} \qquad s_{62} := s_{sat_1}$$

Weiter sind der innere Wirkungsgrad und der mechanische Wirkungsgrad der Turbine gegeben:

$$\eta_{iT} := 0.75 \qquad \eta_{mT} := 0.98$$

**Lösung:** Aus den spezifischen Entropien

$$s_3 = 2.372\,\frac{kJ}{kg \cdot K} \qquad s_{62} = 2.622\,\frac{kJ}{kg \cdot K}$$

folgt wegen $s_3 < s_{62}$, dass der Endpunkt der isentropen Entspannung des Druckgases auf Umgebungsdruck im Nassdampfgebiet liegt. Mit dem Dampfgehalt

$$x_{7is} := \frac{s_3 - s_{61}}{s_{62} - s_{61}} \qquad x_{7is} = 0.903$$

beträgt die isentrope spezifische Enthalpie

$$h_{7is} := h_{61} + x_{7is} \cdot \left(h_{62} - h_{61}\right)$$

woraus mit dem inneren Wirkungsgrad der Turbinenentspannung die spezifische Enthalpie beim Austritt aus der Turbine berechnet wird:

$$h_7 := h_3 + \eta_{iT} \cdot \left(h_{7is} - h_3\right) \qquad h_7 = 338.00 \frac{kJ}{kg} \qquad h_{62} = 307.1 \frac{kJ}{kg}$$

Da $h_7 > h_{62}$ ist, liegt der Endpunkt der Entspannung im überhitzten Gebiet. Mit dem „Refrigerant Calculator" (Button Tv(p,h) in CoolPack) werden die zugehörigen Werte der Temperatur und der spezifischen Entropie bestimmt:

$$t_7 := EP_0 \cdot °C \qquad s_7 := EP_4 \cdot \frac{J}{kg \cdot K} \qquad t_7 = -161.91\,°C \qquad s_7 = 2.946 \frac{kJ}{kg \cdot K}$$

Aus dem 1. HS für die Säule der Anlage

$$h_3 + \xi \cdot h_7 = (1 - \xi) \cdot y \cdot h_{61} + \xi \cdot h_3 + [1 - (1 - \xi) \cdot y] \cdot h_8$$

wird der Flüssigkeitsgehalt nach der Drosselung als Funktion der auf den gesamten Massenstrom bezogenen Anzapfmenge $\xi$ ermittelt:

$$y(\xi) := \frac{h_8 - \xi \cdot h_7 - (1 - \xi) \cdot h_3}{(1 - \xi) \cdot \left(h_8 - h_{61}\right)}$$

Wir wählen zunächst

$$\xi_0 := 0.60 \qquad \xi_0 := 0.581168$$

und korrigieren diesen Wert mehrmals nach einem weiter unten erläuterten Kriterium. Dann ergibt sich der Flüssigkeitsgehalt nach der Drosselung durch

$$y_0 := y\left(\xi_0\right) \qquad y_0 = 0.657$$

woraus spezifische Enthalpie und Temperatur des Druckgases vor der Drosselung folgen:

$$h_5 := h_{62} - y_0 \cdot \left(h_{62} - h_{61}\right) \quad h_5 = 170.546 \frac{kJ}{kg} \qquad t_5 := t\_160\left(h_5\right) \qquad t_5 = -162.45\,°C$$

Aus dem 1. HS für den Wärmeübertrager vor der Drossel

$$(1 - \xi) \cdot \left(h_4 - h_5\right) + (1 - \xi) \cdot (1 - y) \cdot \left(h_{62} - h_7\right) = 0$$

wird die Änderung der spezifischen Enthalpie des Druckgases berechnet:

$$\Delta h_P := \left(1 - y_0\right) \cdot \left(h_7 - h_{62}\right) \qquad \Delta h_P = 10.59 \frac{kJ}{kg}$$

Damit werden die spezifische Enthalpie und die Temperatur beim Eintritt des Druckgases in den Wärmeübertrager bestimmt:

$$h_4 := h_5 + \Delta h_P h_4 = 181.13 \frac{kJ}{kg} \qquad t_4 := t\_160\left(h_4\right) \qquad t_4 = -156.91\,°C$$

Zur Probe wird die Gesamtbilanz des Wärmeübertragers im oberen Teil der Säule ausgewertet:

$$\left(1 - \xi_0\right) \cdot \left(h_3 - h_4\right) + \left[1 - \left(1 - \xi_0\right) \cdot y_0\right] \cdot \left(h_7 - h_8\right) = 0 \frac{kJ}{kg}$$

Für diesen Wärmeübertrager ergeben sich dann minimale Exergieverluste, wenn symmetrische Durchströmung vorliegt, wobei unten und oben die gleichen treibenden Temperaturgefälle auftreten.

$$t_3 - t_8 = 5K \qquad t_4 - t_7 = 5K$$

Da in diesem Fall die Wärmekapazitätswerte (siehe Abschnitt 3.7)

$$w_c = \xi \frac{\Delta h}{\Delta t}$$

gleich sein müssen, ergibt sich aus der Bedingung

$$(1-\xi_0)\cdot\frac{(h_3-h_4)}{t_3-t_4} = \left[1-(1-\xi_0)\cdot y_0\right]\cdot\frac{h_8-h_7}{t_8-t_7}$$

der neue Wert für die bezogene Anzapfmenge

$$\xi_0 := 1 - \frac{\frac{h_8-h_7}{t_8-t_7}}{\left(\frac{h_3-h_4}{t_3-t_4}+\frac{h_8-h_7}{t_8-t_7}\cdot y_0\right)} \qquad \xi_0 = 0.581168$$

der oben eingesetzt wird, bis Übereinstimmung auftritt.

Den Verlauf der Temperatur über der gewichteten Enthalpie in den beiden Wärmeübertragern der Säule zeigt Abb. 7.26. Die Druckluft wird bis zum Zustand vor der Drossel abgekühlt und die rückströmende Luft erwärmt sich im Gegenzug. Im oberen Wärmeübertrager wird die Wärme mit einem konstanten treibenden Temperaturgefälle von 5 K nahezu reversibel übertragen. Im unteren, stark asymmetrischen Wärmeübertrager wird nur noch eine geringe Abkühlung der Druckluft erreicht.

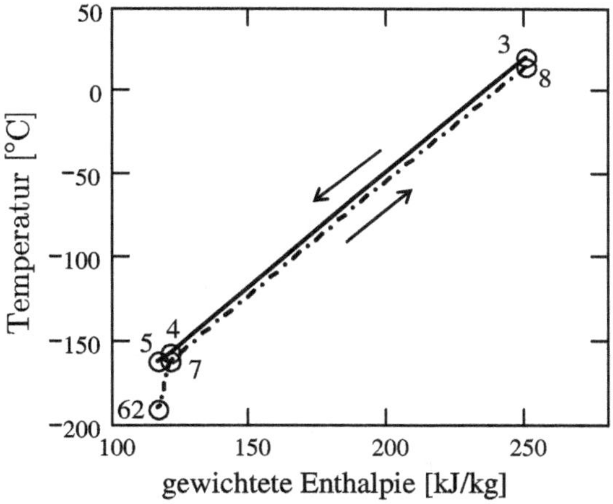


*Abb. 7.26: t,ξh-Diagramm der Wärmeübertrager*

Die Irreversibilitäten in der Säule und der daraus folgende Exergieverlust haben sich mit

$$\Delta s_{irr\_S} := -s_3 + (1-\xi_0)\cdot y_0\cdot s_{61} + \left[1-(1-\xi_0)\cdot y_0\right]\cdot s_8 + \xi_0\cdot(s_3-s_7) \qquad \Delta s_{irr\_S} = 0.136\frac{kJ}{kg\cdot K}$$

$$ex_{tV\_S} := T_U\cdot\Delta s_{irr\_S} \qquad ex_{tV\_S} = 39.98\frac{kJ}{kg}$$

gegenüber der einfachen Anlage ganz erheblich verringert. Stellt man die Bilanz für das System Säule und Entspannungsturbine auf, so folgt mit

$$\Delta s_{irr\_ST} := -s_3 + (1-\xi_0)\cdot y_0\cdot s_{61} + \left[1-(1-\xi_0)\cdot y_0\right]\cdot s_8 \qquad \Delta s_{rr\_ST} = 0.470\frac{kJ}{kg\cdot K}$$

$$ex_{tV\_ST} := T_U\cdot\Delta s_{irr\_ST} \qquad ex_{tV\_ST} = 137.76\frac{kJ}{kg}$$

Das gleiche Ergebnis erhält man aus Gl. (3.56) mit

$$ex_{tV\_ST0} := h_3 - \left(1 - \xi_0\right)\cdot y_0 \cdot h_{61} - \left[1 - \left(1 - \xi_0\right)\cdot y_0\right]\cdot h_8 + T_U\cdot\Delta s_{irr\_ST} + w_{tT}$$

$$ex_{tV\_ST0} = 137.76\frac{kJ}{kg}$$

da die zusätzlichen Terme den 1. HS repräsentieren. Die Differenz

$$ex_{tV\_ST} - ex_{tV\_S} = 97.78\frac{kJ}{kg}$$

ist, wie man sich leicht überzeugen kann, der Exergieverlust in der Turbine. Man erkennt, dass der Prozess weiter verbessert werden kann, wenn der innere Wirkungsgrad der Turbine gesteigert wird.

In Abb. 7.27 wird der Prozess im *t,s*-Diagramm zwischen den beiden Isobaren mit den Verläufen der Drosselung und der Turbinenentspannung dargestellt.

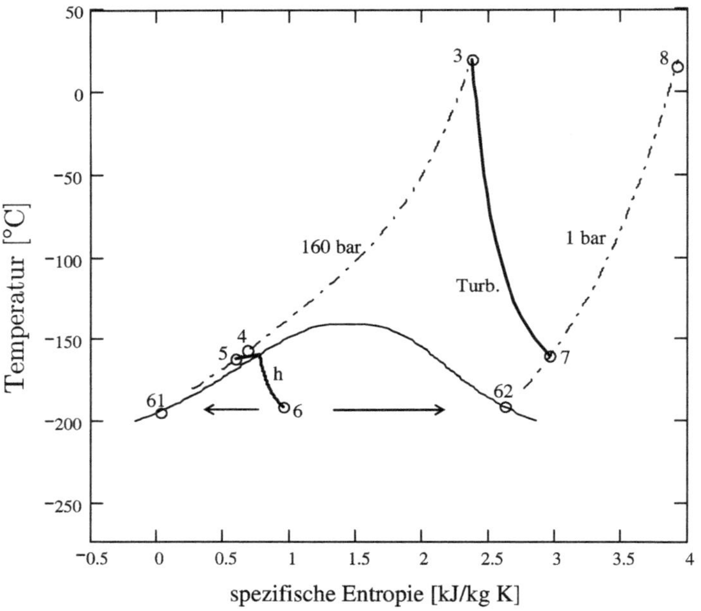


*Abb. 7.27: t,s-Diagramm des Prozesses der Luftverflüssigung mit Entspannungsturbine*

Die auf den Gesamtmassenstrom bezogene Ausbeute an flüssiger Luft

$$y_P := \left(1 - \xi_0\right)\cdot y_0 \qquad y_P = 0.275$$

wird im Vergleich mit der einfachen Säule ganz erheblich gesteigert. Deshalb verringert sich bei vorgegebenem Massenstrom von flüssiger Luft der Luftdurchsatz durch den Verdichter

$$mp := \frac{mp_{51}}{y_P} \qquad mp = 0.363\frac{kg}{s} \qquad mp = 1307.5\frac{kg}{h}$$

Gleichzeitig verringert sich die spezifische Verdichterarbeit durch die Entspannungsarbeit der Turbine

$$w_{tW} := \frac{w_{t\_Komp}}{\eta_m} - w_{tT}\cdot\eta_{mT} \qquad w_{tW} = 715.58\frac{kJ}{kg}$$

so dass die notwendige elektrische Antriebsleistung mit

$$P_{el} := \frac{mp \cdot w_{tW}}{\eta_{el}} \qquad P_{el} = 270.72\ kW$$

nur noch knapp *26 %* der einfachen Anlage beträgt.

# 8 Feuchte Luft

## 8.1 Bezeichnungen und Definitionen

Die Luft der Atmosphäre enthält stets Wasserdampf. Durch Verdunstung und Niederschläge findet der Wasserkreislauf in der Natur statt. Befeuchtung und Trocknung von Luft ist ein wichtiges Aufgabengebiet in der Klimatechnik oder bei der Produktion oder Lagerung von Lebensmitteln. Dabei laufen die Prozesse in der Regel bei atmosphärischem, nahezu konstant bleibendem Druck ab, dass alle in der Gasphase vorkommenden Komponenten, auch der Wasserdampf, durch die thermische Zustandsgleichung des idealen Gases beschrieben werden können. In den vorangegangenen Kapiteln wurde der Dampfgehalt von $H_2O$ in der feuchten Luft als eine solche Komponente aufgefasst. Allerdings wird Wasserdampf nur bis zum Erreichen des von der Temperatur abhängigen Sättigungsdrucks von Wasser dampfförmig aufgenommen. In der gasförmigen Phase muss stets

$$p_{H2O} \leq p_S(t) \tag{8.1}$$

gelten, wobei der Sättigungsdruck im Temperaturbereich $0\ °C \leq t \leq 70\ °C$ vereinfacht durch die Antoine-Gleichung

$$\log_{10}\left(\frac{p_S(t)}{mbar}\right) = 8,27947 - \frac{1776.102}{237,026 + \frac{t}{°C}} \tag{8.2}$$

beschrieben wird, wobei die Konstanten so angepasst worden sind, dass eine möglichst genaue Wiedergabe des durch die IF-97 (siehe dazu Kapitel 6) vorgegebenen Standards erreicht wird.

Ist bei feuchter Luft der Partialdruck von Wasserdampf kleiner als der Sättigungsdruck, so sprechen wir von **ungesättigter Luft**. Wird diese Luft abgekühlt, so sinkt der Sättigungsdruck bei konstant bleibendem Partialdruck $p_{H2O}$ ab, bis er gleich dem Partialdruck ist. Dann liegt **gesättigte Luft** vor und der Taupunkt wird erreicht. Bei weiterer Absenkung der Temperatur tritt Kondensation auf und es liegt **übersättigte Luft** vor. Bei diesem Übergang von der gasförmigen in die flüssige Phase entsteht feuchter Nebel, was bedeutet, dass winzige Flüssigkeitströpfchen in der Luft schweben. Werden diese Tröpfchen durch fortschreitende Kondensation größer, so findet unter dem Einfluss der Schwerkraft eine Trennung der auskondensierten flüssigen Phase von der gasförmigen Phase statt: Es regnet. In technischen Apparaten wird die auskondensierte Phase vielfach durch geeignete Einrichtungen so weit als möglich mechanisch abgeschieden. Das flüssige Wasser wird ausreichend genau durch die Zustandsgleichungen der inkompressiblen Flüssigkeit mit konstanter spezifischer Wärmekapazität beschrieben.

Bei Temperaturen unterhalb der Tripelpunktstemperatur $t_{Tr} < 0{,}01\ °C$ ist, wie in Kapitel 6 ausführlich dargestellt, die flüssige Phase nicht mehr existent. Der Sättigungszustand wird in diesem Temperaturbereich bis $-30\ °C$ ausreichend genau durch die Gleichung von Clausius-Clapeyron

$$p_{S,sol}(t) = p_{Tr}\,\exp\left[\frac{r_{sub}}{R}\left(\frac{1}{T_{Tr}} - \frac{1}{T}\right)\right] \tag{8.2}$$

beschrieben mit dem Tripelpunktsdruck und der latenten Wärme für den Phasenübergang

$$p_{Tr} = 6{,}117\ mbar; \quad r_{sub} = 2834{,}4\ \frac{kJ}{kg}.$$

Bei der Abkühlung von ungesättigter, kalter Luft unterhalb der Tripelpunktstemperatur wird der durch diese Bedingung vorgegebene Sättigungszustand erreicht und es bildet sich Eisnebel aus, bei dem kleine Eiskristalle in der Luft schweben. Es findet Phasenwechsel direkt von der gasförmigen Phase in die feste Phase statt. Dieser Vorgang wird mit Desublimation bezeichnet. An kalten Flächen schlagen sich die desublimierten Eiskristalle in Form von Reif nieder.

Die nachfolgend behandelten Gesetzmäßigkeiten gelten auch für andere Gemische idealer Gase, bei denen eine Komponente verdunstet (bzw. sublimiert) oder kondensiert (bzw. desublimiert), wobei die kondensierte (bzw. desublimierte Phase) ebenfalls als inkompressibles Fluid (bzw. als Festkörper) beschrieben wird.

Wir betrachten demnach zwei Komponenten

| | |
|---|---|
| Trockene Luft (oder andere Gase im idealen Gaszustand) | Dampf/Wasser/Eis (oder andere Fluide mit gasförmiger/flüssiger/fester Phase) |

und behandeln das System nach der Grundregel, dass die Masse $m_L$ (oder der Massenstrom $\dot{m}_L$) der trockenen Luft bei Zustandsänderungen die konstant bleibende Bezugsgröße ist und der Wasserdampfanteil der Luft sich durch Befeuchtung oder Trocknung verändert.

Der Wassergehalt $x$ der Luft als Beladung der trockenen Luft mit Dampf, Wasser und Eis wird definiert als

$$x = \frac{m_F}{m_L} = \frac{\dot{m}_F}{\dot{m}_L}. \tag{8.3}$$

Demnach ergibt die Befeuchtung von $1\ kg$ trockener Luft mit $x\ kg$ Feuchtigkeit $1 + x\ kg$ feuchte Luft. Der Wassergehalt kann in drei Phasen vorliegen:

$$x = x_D + x_W + x_E = \frac{m_D}{m_L} + \frac{m_W}{m_L} + \frac{m_E}{m_L}. \tag{8.4}$$

Für trockene Luft ist $x = 0$, bei $x \to \infty$ liegen reiner Dampf oder flüssiges Wasser oder Eis vor.

Analog wird der molare Wassergehalt definiert als

$$\kappa = \frac{n_F}{n_L} = \frac{m_F/M_F}{m_L/M_L}. \tag{8.5}$$

Der Zusammenhang zwischen dem auf die Masse bezogenen Wassergehalt $x_F$ und dem molaren Wassergehalt $\kappa_F$ ist demnach

$$\kappa = x_F \frac{M_L}{M_F} = 1{,}61\, x \qquad \text{bzw.} \qquad x = 0{,}622\, \kappa\,. \tag{8.6}$$

Wir wenden uns nun dem dampfförmigen Feuchtigkeitsgehalt in einem System mit dem Gesamtdruck $p$ zu. Für gesättigte Luft gilt mit dem Sättigungsdruck $p_D' = p_S(t)$

$$\kappa' = \frac{p_D'}{p_L} = \frac{p_D'}{p - p_D'} \qquad \text{bzw.} \qquad x' = 0{,}622 \frac{p_D'}{p_L} = 0{,}622 \frac{p_D'}{p - p_D'}\,. \tag{8.7}$$

Der Feuchtigkeitsgehalt ungesättigter Luft wird vielfach durch die relative Luftfeuchtigkeit

$$\phi = \frac{p_D}{p_D'} = \frac{\kappa (p - p_D)}{\kappa' (p - p_D')} \tag{8.8}$$

angegeben. In der Klimatechnik arbeitet man teilweise mit dem Sättigungsgrad

$$\psi = \frac{x}{x'} = \frac{\kappa}{\kappa'} = \phi \frac{p - p_D'}{p - p_D} = \phi \frac{p - p_D'}{p - \varphi\, p_D'}\,. \tag{8.9}$$

Bei tiefen Temperaturen treten kleine Partialdrücke des Dampfes auf. Dann gilt

$$\phi \approx \psi \quad \textit{für} \quad p_D' << p\,. \tag{8.10}$$

## 8.2 Die Dichte feuchter Luft

Für die Komponenten trockene Luft und dampfförmige Feuchtigkeit gelten die thermischen Zustandsgleichungen des idealen Gases

$$p_L\, V = m_L\, R_L\, T \quad \text{oder} \quad \frac{m_L}{V} = \frac{p_L}{R_L\, T}$$

$$p_D\, V = m_D\, R_D\, T \quad \text{oder} \quad \frac{m_D}{V} = \frac{p_D}{R_D\, T}\,.$$

Die Dichte der feuchten Luft wird bestimmt durch

$$\rho_{fL} = \frac{m_L + m_D}{V}$$

oder, mit den vorstehenden Beziehungen

$$\rho_{fL} = \frac{p}{R_L\, T} \left( \frac{p_L}{p} + \frac{p_D}{p} \frac{R_L}{R_D} \right). \tag{8.11}$$

Mit den Druckverhältnissen

$$\frac{p_L}{p} = \frac{n_L}{n_L + n_D} = \frac{1}{1 + \kappa} = \frac{1}{1 + 1{,}61\, x}$$

und

$$\frac{p_D}{p} = \frac{n_D}{n_L + n_D} = \frac{\kappa}{1 + \kappa} = \frac{1{,}61\, x}{1 + 1{,}61\, x}$$

folgt für die Dichte der feuchten Luft in Abhängigkeit von der Dichte der trockenen Luft und vom Dampfgehalt mit $R_L/R_D = M_D/M_L = 0{,}622$

$$\rho_{fL} = \frac{1+0{,}622\,\kappa}{1+\kappa}\,\rho_L = \frac{1+x}{1+1{,}61\,x}\,\rho_L. \qquad (8.12)$$

Da der Vorfaktor in vorstehender Gleichung stets kleiner als eins ist, hat bei gleichem thermischem Zustand feuchte Luft eine geringere Dichte als trockene Luft. Deshalb wirkt auf befeuchtete Luft in trockenerer Luft eine Auftriebskraft. Dies ist zum Beispiel wichtig bei der Wolkenbildung in der Meteorologie: Durch Verdunstung befeuchtete Luft über Gewässern steigt auf, bis bei der mit zunehmender Höhe abnehmenden Temperatur der Taupunkt unterschritten wird und Wassertröpfchen oder Eiskristalle ausfallen, aus denen die Wolken bestehen. Der Auftriebseffekt wird bei Naturzug-Nasskühltürmen technisch genutzt, wo durch die Befeuchtung von warmer Luft durch Verdunstungsvorgänge an den Wassertropfen des abregnenden Kühlwassers der Naturzug verstärkt wird. Bei bestimmten Wetterlagen bilden sich über dem Kühlturm Wolken, wenn sich die mit Feuchtigkeit beladene warme Luft mit der kälteren, trockeneren Luft der Umgebung vermischt.

## 8.3 Das $h,x$-Diagramm

Bei den nachfolgenden Analysen vernachlässigen wir den geringen Unterschied zwischen der Tripelpunktstemperatur und dem Nullpunkt der Celsius-Skala. Um die spezifischen Enthalpien der Komponenten der feuchten Luft zu berechnen, reicht es im betrachteten Temperaturbereich bis ca. *100 °C* aus, mit konstanten, gemittelten Wärmekapazitäten zu rechnen. Diese sind

$$c_{pL} = 1{,}005\,\frac{kJ}{kg\;K} \qquad \text{für die trockene Luft,}$$

$$c_{pD} = 1{,}86\,\frac{kJ}{kg\;K} \qquad \text{für den Wasserdampf,}$$

$$c_W = 4{,}19\,\frac{kJ}{kg\;K} \qquad \text{für das flüssige Wasser und}$$

$$c_E = 2{,}05\,\frac{kJ}{kg\;K} \qquad \text{für das Eis.}$$

Außerdem werden die Verdampfungswärme und die Schmelzwärme des Eises am Tripelpunkt benötigt:

$$r_{D0} = 2500{,}89\,\frac{kJ}{kg}; \qquad r_{E0} = 333{,}5\,\frac{kJ}{kg}.$$

In Übereinstimmung mit der Dampftafel wird die spezifische Enthalpie des flüssigen Wassers am Tripelpunkt gleich Null gesetzt. Die spezifische Enthalpie des Wasserdampfes wird, wenn wir den geringen Unterschied zwischen der Tripelpunktstemperatur $t_{Tr} = 0{,}01\ °C$ und dem Nullpunkt der Celsius-Skala $t = 0\ °C$ vernachlässigen, genügend genau durch die Gleichung

$$h_D = r_{D0} + c_{pD}\,t \qquad (8.13)$$

und des flüssigen Wassers mit

$$h_W = c_W\, t \tag{8.14}$$

beschrieben. Folglich gilt für die Verdampfungswärme

$$r_D = h''_D - h'_W = r_{D0} + \left(c_{pD} - c_W\right) t_{sat} \tag{8.15}$$

Bei der Bildung von Eis muss die Schmelzwärme des Eises berücksichtigt werden. Bezogen auf den Nullpunkt der Enthalpieskala gilt

$$h_E = -r_{E0} + c_E\, t \tag{8.16}$$

Mit diesen Voraussetzungen sind die spezifischen Enthalpien und die Gradienten in Richtung der sich ändernden Komponente des Feuchtigkeitsgehalts:

- Für ungesättigte Luft $x \le x'$:

$$h = c_{pL}\, t + x\left(c_{pD}\, t + r_{D0}\right) \tag{8.17}$$

$$\left(\partial h/\partial x\right)_t = c_{pD}\, t + r_{D0}$$

- Für feuchten Nebel $x > x'$

$$h = c_{pL}\, t + x'\left(c_{pD}\, t + r_{D0}\right) + \left(x - x'\right) c_W\, t \tag{8.18}$$

$$\left(\partial h/\partial x\right)_t = c_W\, t$$

- Für Eisnebel $x > x'$

$$h = c_{pL}\, t + x'\left(c_{pD}\, t + r_{D0}\right) + \left(x - x'\right)\left(-r_{E0} + c_E\, t\right) \tag{8.19}$$

$$\left(\partial h/\partial x\right)_t = c_E\, t - r_{E0}$$

Da $r_{D0} >> c_{pD}\, t$ ist, verlaufen die Isothermen für ungesättigte Luft bei Auftragung der spezifischen Enthalpie über dem Wassergehalt in rechtwinkligen Koordinaten sehr steil. Aus diesem Grund wählt man nach einem Vorschlag von R. Mollier[53] die Auftragung von $h$ über $x$ in schiefwinkligen Koordinaten, wobei die $x$-Achse um die Verdampfungswärme $r_{D0} = 2500{,}89$ $kJ/kg$ gedreht wird.

In dieser schiefwinkligen Auftragung sind die Isenthalpen Geraden, die mit der Steigung $-r_{D0}$ verlaufen. Die Geradengleichung durch einen Punkt $h_{ref}$, $x_{ref}$ lautet

$$h_M = h_{ref} + \left(x_{ref} - x\right) r_{D0}\,. \tag{8.20}$$

Die spezifischen Enthalpien und die Gradienten in Richtung des sich verändernden Feuchtigkeitsgehalts sind in Mollier-Koordinaten

- für ungesättigte Luft

$$h_M = \left(c_{pL} + x\, c_{pD}\right) t \tag{8.21}$$

$$\left(\partial h_M/\partial x\right)_t = c_{pD}\, t$$

- für feuchten Nebel

$$h_M = \left(c_{pL} + x'\, c_{pD}\right) t + \left(x - x'\right)\left(c_W\, t - r_{D0}\right) \tag{8.22}$$

$$\left(\partial h_M/\partial x\right)_t = c_W\, t - r_{D0}$$

---

53 Mollier, R.: Das *i,x*-Diagramm für Dampf-Luft-Gemische, Z. VDI 73 (1929), 1009 - 1013

- für Eisnebel

$$h_M = \left(c_{pL} + x' \, c_{pD}\right) t + \left(x - x'\right)\left(c_E \, t - \left(r_{D0} + r_{E0}\right)\right) \tag{8.23}$$

$$\left(\partial h_M / \partial x\right)_t = c_E \, t - \left(r_{D0} + r_{E0}\right)$$

**Beispiel 8.1 (Level 4):** Die folgenden Mollier-Diagramme für feuchte Luft (Umgebungsdruck *1 bar*) sollen aufgebaut werden:

- Eintragen der Sättigungslinie $\phi = 1$ und der Kurven konstanter relativer Feuchtigkeit $\phi = 0{,}8$ und $\phi = 0{,}6$, der Isothermen *20 °C, 30 °C, 40 °C, 50 °C* und der Isenthalpen $h = const.$ durch die Schnittpunkte der Isothermen mit der Sättigungslinie.
- Eintragen der Sättigungslinie $\phi = 1$, der Isothermen *−5 °C, 0 °C* und *10 °C* und der Isenthalpen $h = const.$ durch die Schnittpunkte der Isothermen mit der Sättigungslinie.

**Voraussetzungen:** Trockene Luft und Wasserdampf sind ideale Gase mit konstanten spezifischen Wärmekapazitäten, flüssiges Wasser und Eis haben ebenfalls konstante spezifische Wärmekapazitäten. Die Funktionen für die Enthalpien werden mit der Verdampfungswärme und der Schmelzwärme am Tripelpunkt aufgebaut.

**Lösung:** Mit den Konstanten

$$M_L := 28.964 \cdot \frac{kg}{kmol} \qquad M_D := 18.015 \cdot \frac{kg}{kmol} \qquad R_m := 8.31451 \cdot \frac{J}{mol \cdot K}$$

$$c_{pL} := 1.005 \cdot \frac{kJ}{kg \cdot K} \qquad c_{pD} := 1.86 \cdot \frac{kJ}{kg \cdot K} \qquad c_W := 4.19 \cdot \frac{kJ}{kg \cdot K} \qquad c_E := 2.05 \cdot \frac{kJ}{kg \cdot K}$$

$$r_{D0} := 2500.89 \cdot \frac{kJ}{kg} \qquad r_E := 333.5 \cdot \frac{kJ}{kg} \qquad p_U := 1 \cdot bar \qquad p_{tr} := 611.657 \cdot Pa$$

und mit dem Verhältnis der molaren Massen

$$q_M := \frac{M_D}{M_L} \qquad q_M = 0.622$$

sowie der Gaskonstanten für Wasserdampf und der Sublimationswärme

$$R_D := \frac{R_m}{M_D} \qquad R_D = 0.462 \frac{kJ}{kg \cdot K} \qquad r_{sub} := r_{D0} + r_E \qquad r_{sub} = 2834.4 \frac{kJ}{kg}$$

wird die Sättigungsfunktion für Eis, Wasser und Wasserdampf

$$ps(t) := \begin{array}{|l} \text{if } t \geq 0.01 \cdot °C \\ \quad \begin{array}{|l} Arg \leftarrow 8.27947 - \dfrac{1776.102}{237.026 + \dfrac{t}{°C}} \\ ps \leftarrow 10^{Arg} \cdot 10^2 \cdot Pa \end{array} \\ \text{otherwise} \\ \quad \begin{array}{|l} T \leftarrow t + 273.15K \\ ps \leftarrow p_{tr} \cdot exp\left[\dfrac{r_{sub}}{R_D} \cdot \left(\dfrac{1}{273.15K} - \dfrac{1}{T}\right)\right] \end{array} \\ ps \end{array}$$

aufgebaut. Mit den von der relativen Luftfeuchtigkeit abhängigen Funktionen für den Feuchtigkeitsgehalt und die spezifische Enthalpie in Mollier-Koordinaten

$$x_\phi(t, \phi) := q_M \cdot \frac{\phi \cdot ps(t)}{p_U - \phi \cdot ps(t)}$$

$$h_{M\phi}(t, \phi) := \begin{array}{|l} x \leftarrow x_\phi(t, \phi) \\ \left(c_{pL} \cdot t + x \cdot c_{pD} \cdot t\right) \cdot \dfrac{kg}{kJ} \end{array}$$

werden im *h,x*-Diagramm die Linien konstanter relativer Luftfeuchtigkeit festgelegt. Der Verlauf der Isothermen im Gebiet der untersättigten Luft, dem feuchten Nebel und dem Eisnebel wird durch die Funktion

$$h_{M\_iso}(t,x) := \left| \begin{array}{l} x_s \leftarrow x_\phi(t,1) \\ h_M \leftarrow c_{pL}\cdot t + x\cdot c_{pD}\cdot t \ \ if\ x \le x_s \\ otherwise \\ \quad \left| \begin{array}{l} if\ t \ge 0.01\cdot °C \\ \quad \left| \begin{array}{l} h_M \leftarrow \left(c_{pL} + x_s\cdot c_{pD}\right)\cdot t \\ h_M \leftarrow h_M + \left(x - x_s\right)\cdot\left(c_W\cdot t - r_{D0}\right) \end{array}\right. \\ otherwise \\ \quad \left| \begin{array}{l} h_M \leftarrow \left(c_{pL} + x_s\cdot c_{pD}\right)\cdot t \\ h_M \leftarrow h_M + \left(x - x_s\right)\cdot\left[c_E\cdot t - \left(r_{D0} + r_E\right)\right] \end{array}\right. \end{array}\right. \\ h_M\cdot\frac{kg}{kJ} \end{array}\right.$$

ermittelt. Die Geraden für die Isenthalpen durch die Schnittpunkte der Isothermen mit der Sättigungslinie im schiefwinkligen Mollier-Diagramm werden mit

$$h_{M\_h}\left(x,x_s,h_s\right) := \left[h_s + \left(x_s - x\right)\cdot r_{D0}\right]\cdot\frac{kg}{kJ}$$

berechnet.

Für die Temperaturen

$$t_1 := 20\cdot °C \qquad t_2 := 30\cdot °C \qquad t_3 := 40\cdot °C \qquad t_4 := 50\cdot °C$$

sind die Werte der Sättigungsenthalpien in den Mollier-Koordinaten

$$h_{Ms1} := h_{M\phi}\left(t_1,1\right)\cdot\frac{kJ}{kg} \qquad h_{Ms2} := h_{M\phi}\left(t_2,1\right)\cdot\frac{kJ}{kg}$$

$$h_{Ms3} := h_{M\phi}\left(t_3,1\right)\cdot\frac{kJ}{kg} \qquad h_{Ms4} := h_{M\phi}\left(t_4,1\right)\cdot\frac{kJ}{kg}$$

und der Wassergehalte bei Sättigung

$$x_{s1} := x_\phi\left(t_1,1\right) \qquad x_{s2} := x_\phi\left(t_2,1\right) \qquad x_{s3} := x_\phi\left(t_3,1\right) \qquad x_{s4} := x_\phi\left(t_4,1\right)$$

mit den Ergebnissen

$$h_{Ms1} = 20.654\frac{kJ}{kg} \qquad h_{Ms2} = 31.689\frac{kJ}{kg} \qquad h_{Ms3} = 43.888\frac{kJ}{kg} \qquad h_{Ms4} = 58.397\frac{kJ}{kg}$$

$$x_{s1} = 0.0149 \qquad x_{s2} = 0.0276 \qquad x_{s3} = 0.0496 \qquad x_{s4} = 0.0876$$

Die den Isenthalpen zugeordneten spezifischen Enthalpien werden mit der Funktion für die Enthalpie

$$h_\phi(t,\phi) := \left| \begin{array}{l} x \leftarrow x_\phi(t,\phi) \\ \left[c_{pL}\cdot t + x\cdot\left(c_{pD}\cdot t + r_{D0}\right)\right] \end{array}\right.$$

bestimmt mit dem Ergebnis

$$h_1 := h_\phi\left(t_1,1\right) \qquad h_2 := h_\phi\left(t_2,1\right) \qquad h_3 := h_\phi\left(t_3,1\right) \qquad h_4 := h_\phi\left(t_4,1\right)$$

$$h_1 = 57.93\frac{kJ}{kg} \qquad h_2 = 100.676\frac{kJ}{kg} \qquad h_3 = 167.86\frac{kJ}{kg} \qquad h_4 = 277.486\frac{kJ}{kg}$$

Mit diesen Voraussetzungen wird Abb. 8.1 aufgebaut. Die in Abb. 8.1 eingezeichneten punktierten Geraden sind Isenthalpen, denen die berechneten spezifischen Enthalpien zugeordnet sind.

$t := 0\cdot°C, 2\cdot°C .. 70\cdot°C$ $\qquad$ $x := 0, 0.0005 .. 0.15$

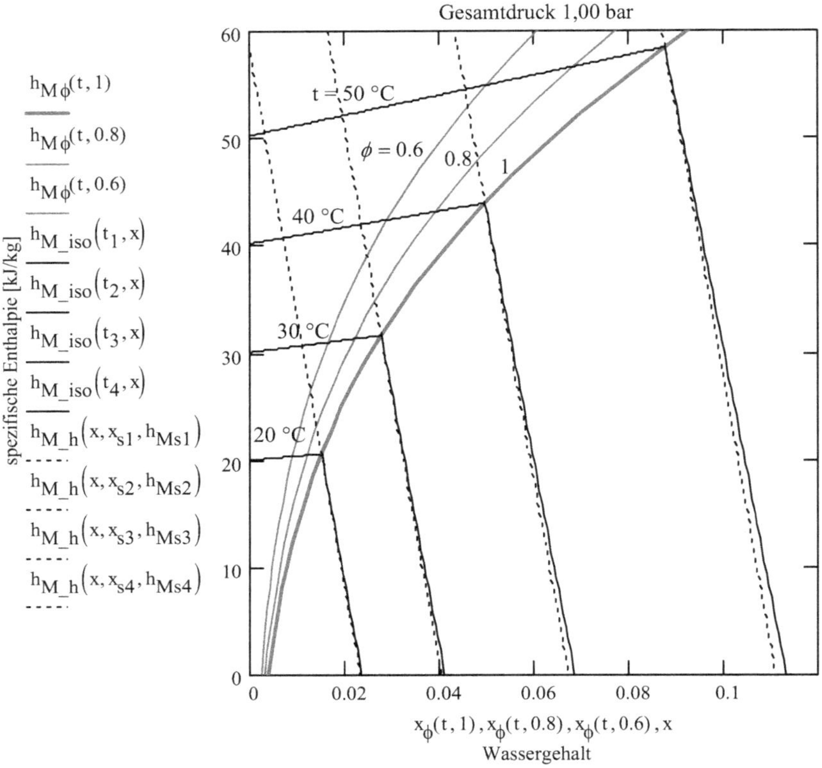


*Abb. 8.1: Mollier-h,x-Diagramm für die Isothermen zwischen 20 °C und 50 °C*

Nach der gleichen Methode wird das Mollier-Diagramm für tiefe Temperaturen erstellt. Mit den Temperaturen

$$t_{tr} := 0.01\cdot °C$$

$$t_1 := -5\cdot °C \qquad t_2 := 0\cdot °C \qquad t_3 := t_{tr} \qquad t_4 := 5\cdot °C$$

werden die Werte der Sättigungsenthalpien in Mollier-Koordinaten berechnet durch

$$h_{Ms1} := h_{M\phi}(t_1, 1)\cdot \frac{kJ}{kg} \qquad h_{Ms2} := h_{M\phi}(t_2, 1)\cdot \frac{kJ}{kg} \qquad h_{Ms4} := h_{M\phi}(t_4, 1)\cdot \frac{kJ}{kg}$$

$$x_{s1} := x_{\phi}(t_1, 1) \qquad x_{s2} := x_{\phi}(t_2, 1) \qquad x_{s4} := x_{\phi}(t_4, 1)$$

mit dem in Abb. 8.2 wiedergegebenen Ergebnis. Die den punktierten Geraden (Isenthalpen) zugeordneten Werte der spezifischen Enthalpie sind

$$h_1 := h_{\phi}(t_1, 1) \qquad h_2 := h_{\phi}(t_2, 1) \qquad h_4 := h_{\phi}(t_4, 1)$$

$$h_1 = 1.233\,\frac{kJ}{kg} \qquad h_2 = 9.573\,\frac{kJ}{kg} \qquad h_4 = 18.774\,\frac{kJ}{kg}$$

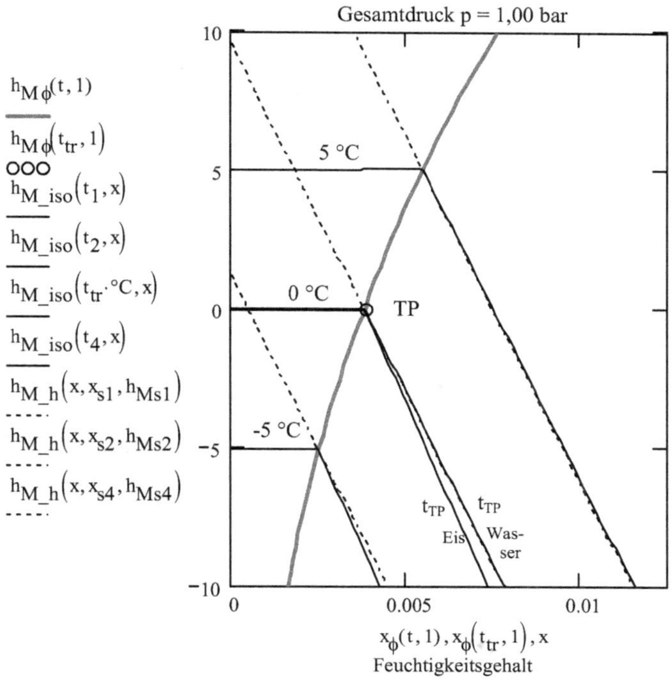


*Abb. 8.2: Mollier-h,x-Diagramm für Isothermen zwischen −5 °C und 5 °C*

**Diskussion:** Am Tripelpunkt in Abb. 8.2 gibt es im Nebelgebiet zwei Isothermen, die des feuchten Nebels und die des Eisnebels. Im Zwickel zwischen diesen beiden Isothermen sind Wassertröpfchen, Eiskristalle und Wasserdampf im Tripelzustand mit der Luft im Gleichgewicht. Die Isothermen des Eisnebels sind um die Schmelzwärme des Eises stärker geneigt als die Isenthalpen. Der Linienzug der gesättigten Luft hat bei der Tripelpunktstemperatur einen in Abb. 8.2 kaum sichtbaren Knick, da bei höheren Temperaturen die Antoine-Gleichung und bei niedrigeren Temperaturen die Gleichung nach Clausius-Clapeyron verwendet wird.

# 8.4 Zustandsänderungen feuchter Luft

## 8.4.1 Lufttrocknung

Bei der Lufttrocknung wird der Wasserdampfgehalt ungesättigter Luft verringert. Dazu sind die in Abb. 8.3 skizzierten Verfahrensschritte nötig:

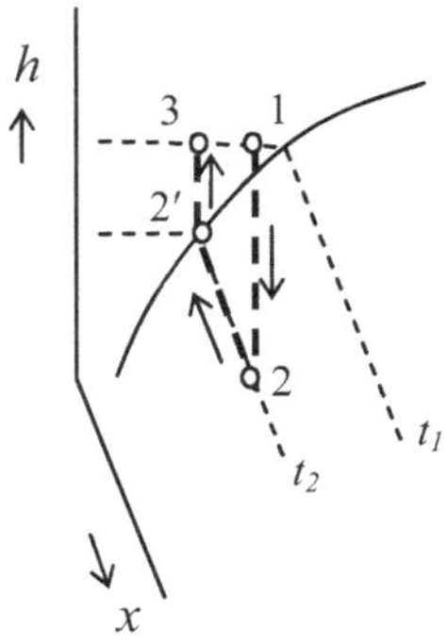


*Abb. 8.3: Trocknung feuchter Luft im h,x-Diagramm*

- **Schritt 1 → 2:** Abkühlung der Luft von der Temperatur $t_1$ auf die Temperatur $t_2$ bis in das Gebiet des feuchten Nebels bei konstant bleibendem Feuchtigkeitsgehalt $x_1 = x_2$. Dabei wird die Wärme
  $$q_{12} = h_2 - h_1$$
  abgeführt.
- **Schritt 2 → 2':** Möglichst weitgehende Abscheidung der auskondensierten Tröpfchen, im Idealfall vollständig. Dann verbleibt gesättigte Luft der Temperatur $t_2$.
- **Schritt 2' → 3:** Wiederaufwärmung der Luft durch Wärmerückgewinnung. Dabei wird die Wärme
  $$q_{2'3} = h_3 - h_{2'}$$
  zugeführt.

Die minimale Trocknungswärme ist im Idealfall vollständiger Wärmerückgewinnung
$$q_T = h_2 - h_1 + h_3 - h_{2'}\,. \tag{8.24}$$
Dann tritt die getrocknete Luft mit der Ausgangstemperatur $t_1$ aus der Anlage aus.

## 8.4.2 Mischvorgänge

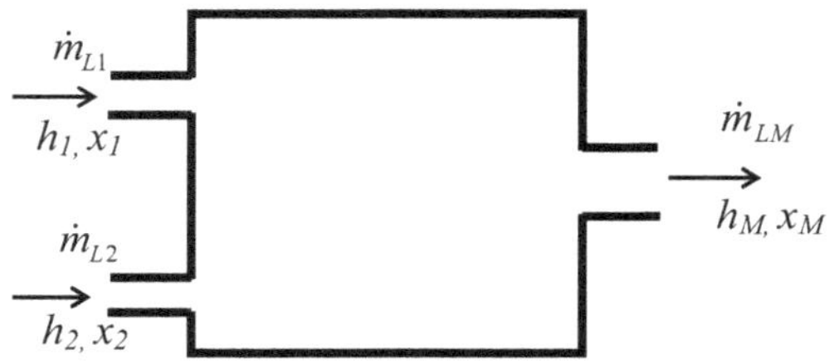


*Abb. 8.4: Mischkammer*

In der in Abb. 8.4 dargestellten Mischkammer werden zwei Massenströme feuchter Luft vermischt.

Zunächst werden die Massenbilanzen für die trockene Luft

$$\dot{m}_{L1} + \dot{m}_{L2} + \dot{m}_{LM} = 0 \tag{8.25}$$

und für die Feuchtigkeit

$$\dot{m}_{L1}\, x_1 + \dot{m}_{L2}\, x_2 + \dot{m}_{LM}\, x_M = 0 \tag{8.26}$$

aufgestellt.

Der 1. HS für den adiabaten Mischer lautet

$$\dot{m}_{L1}\, h_1 + \dot{m}_{L2}\, h_2 + \dot{m}_{LM}\, h_M = 0\,. \tag{8.27}$$

Die Massenbilanz der trockenen Luftströme ergibt bei Normierung auf den Massenstrom $\dot{m}_{L1}$

$$\frac{\dot{m}_{LM}}{\dot{m}_{L1}} = -\left(1 + \frac{\dot{m}_{L2}}{\dot{m}_{L1}}\right). \tag{8.28}$$

Unter Verwendung dieser Beziehung folgt aus der Massenbilanz für die Feuchtigkeit

$$\frac{\dot{m}_{L2}}{\dot{m}_{L1}} = \frac{x_M - x_1}{x_2 - x_1} \tag{8.29}$$

und aus der Energiestrombilanz

$$\frac{\dot{m}_{L2}}{\dot{m}_{L1}} = \frac{h_M - h_1}{h_2 - h_1}\,. \tag{8.30}$$

Die Kombination

$$\frac{h_M - h_1}{h_2 - h_1} = \frac{x_M - x_1}{x_2 - x_1} \tag{8.31}$$

stellt im *h,x*-Diagramm eine Geradengleichung dar, die so genannte Mischungsgerade. Diese Mischungsgerade wird im Verhältnis $\dot{m}_{L2}/\dot{m}_{L1}$ unterteilt, wobei der Mischpunkt näher am höheren Luftstrom liegt.

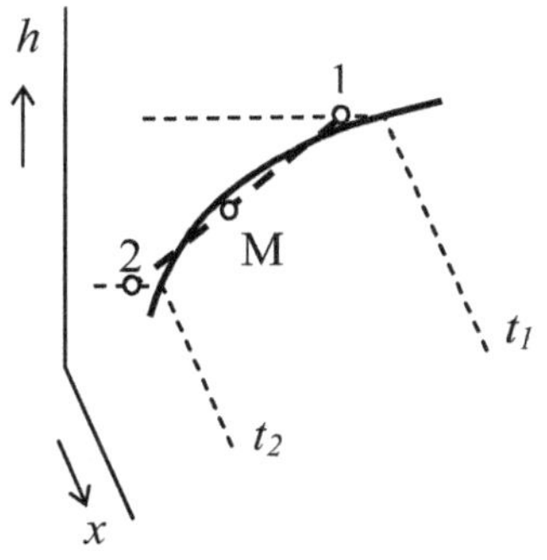


*Abb. 8.5: Vermischung von warmer und kalter Luft*

Wie aus Abb. 8.5 ersichtlich, kann der Mischpunkt auch dann im Nebelgebiet liegen, wenn beide Ausgangspunkte außerhalb des Nebelgebiets im Bereich der ungesättigten Luft liegen. Dies kann man zum Beispiel im Winter beobachten, wenn sich die warme, feuchte Atemluft mit der kalten Umgebungsluft vermischt und dabei Nebel bildet. Auch über Kühltürmen oder in der Meteorologie spielt dieser Effekt eine Rolle, wenn sich ein warmer, feuchter Luftstrom mit kalter Luft vermischt und sich dabei Nebel oder Wolken bilden. Der Effekt kann auch an der Flüssigkeitsoberfläche in einer Tasse mit heißem Tee oder Kaffee beobachtet werden, wo sich ein Nebelschleier ausbildet.

Die Vermischung von zwei gesättigten Luftströmen ergibt immer Nebel.

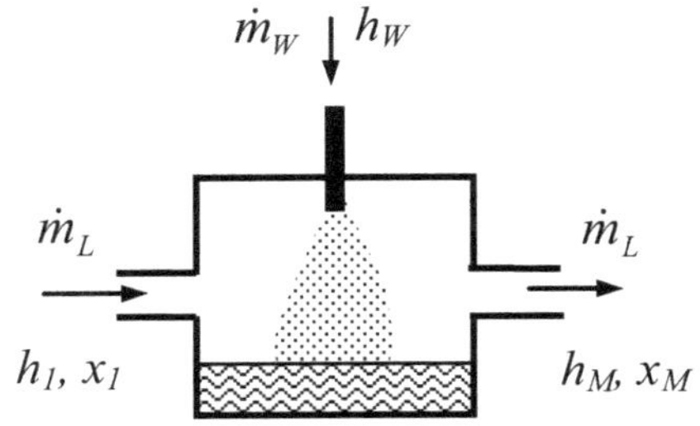


*Abb. 8.6: Eindüsen von Wasser*

Wird feuchte Luft, wie in Abb. 8.6 dargestellt, durch das Zerstäuben von Wasser oder das Eindüsen von Dampf befeuchtet, so lauten die Bilanzen für die Feuchtigkeit

$$\dot{m}_L\, x_1 + \dot{m}_W = \dot{m}_L\, x_M \tag{8.32}$$

und für die Energie

$$\dot{m}_L\, h_1 + \dot{m}_W\, h_W = \dot{m}_L\, h_M\,. \tag{8.33}$$

Daraus folgt

$$\frac{\dot{m}_W}{\dot{m}_L} = x_M - x_1 \tag{8.34}$$

und

$$\frac{\dot{m}_W}{\dot{m}_L} = \frac{h_M - h_1}{h_W}\,. \tag{8.35}$$

Die Kombination ergibt

$$h_W = \frac{h_M - h_1}{x_M - x_1}\,.$$

Demnach ist im *h,x*-Diagramm durch die spezifische Enthalpie des zugeführten Wassers oder Wasserdampfs die Steigung der Mischungsgeraden vorgegeben, da die Linien $\Delta h/\Delta x = const.$ in diesem Diagramm Ursprungsgeraden sind. Dabei ist zu beachten, dass die Isenthalpen $h = const.$ um den negativen Wert der Verdampfungswärme $-r_{D0}$ verdreht worden sind. Folglich ist die in das schiefwinklige Koordinatensystem einzutragende Steigung

$$\left(\frac{\Delta h}{\Delta x}\right)_{Mollier} = -r_{D0} + h_W\,. \tag{8.36}$$

Bei den üblichen *h,x*-Diagrammen, die zur quantitativen Bearbeitung von Anwendungen mit feuchter Luft herangezogen werden, sind die Richtungen der einschlägigen Enthalpien von Wasser und Wasserdampf in Verbindung mit einem Pol als ein das Diagramm einrahmender Randmaßstab vorgegeben.

Durch Parallelverschiebung der durch Pol und Randmaßstab vorgegebenen Richtung durch den Zustandspunkt der Luft, der das Wasser oder der Wasserdampf zugeführt wird, erhält man die Mischungsgerade (siehe Abb. 8.7). Durch Auftragung der Befeuchtung $x_M - x_1$ wird der Mischpunkt ermittelt.

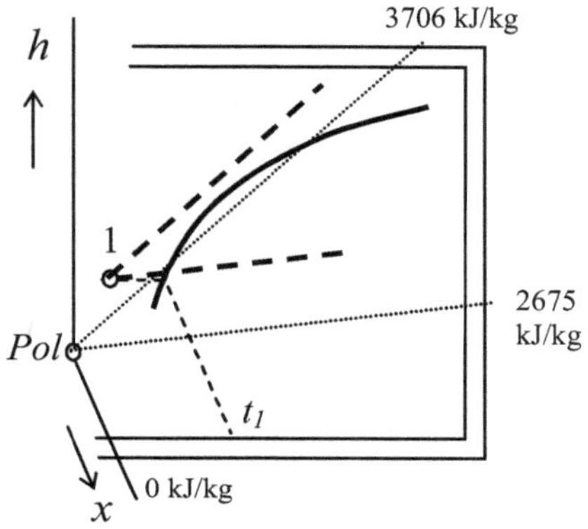


*Abb. 8.7: Vermischung von Sattdampf mit kalter Luft*

Sattdampf von *1 bar* hat eine spezifische Enthalpie von *2674,95 kJ/kg*. Nach der obigen Beziehung wird im schiefwinkligen Mollier-Diagramm am Randmaßstab für diesen Wert die schwach positive Steigung von *174,0 kJ/kg* vorgegeben. Bei Vermischung von ausströmendem Sattdampf mit kalter, untersättigter Luft liegt, wie Abb 8.7 zeigt, der Mischpunkt im Nebelgebiet.

Wird überhitzter Dampf von *600 °C* mit einer spezifischen Enthalpie von *3705,57 kJ/kg* in die Luft eingeblasen, so schneidet die Mischungsgerade nicht mehr das Nebelgebiet. Folglich tritt kein Nebel auf.

**Beispiel 8.2 (Level 2):** In einem Hallenbad soll die Luft *22 °C* und einen Sättigungsgrad $\psi = 0,6$ haben. Aus dem Badebecken verdunsten *108 kg/h* Wasser. Zur Wärmerückgewinnung werden in einem Gegenstrom-Wärmeübertrager (Abb. 8.8) *2 kg/s* Luft ausgetauscht, wobei die Abluft mit einem minimalen treibenden Temperaturgefälle von *1 K* Wärme an die mit Feuchtigkeit gesättigte Frischluft von *0 °C* abgibt.

Mit welchen Temperaturen verlassen Zuluft und Abluft den Wärmeübertrager?
Wie viel flüssiges Wasser fließt aus dem Wärmeübertrager ab, wenn die Abluft gesättigt austritt? Welcher Anteil der aus dem Badebecken verdunstenden Feuchtigkeit wird durch den Wärmeübertrager abgeführt?

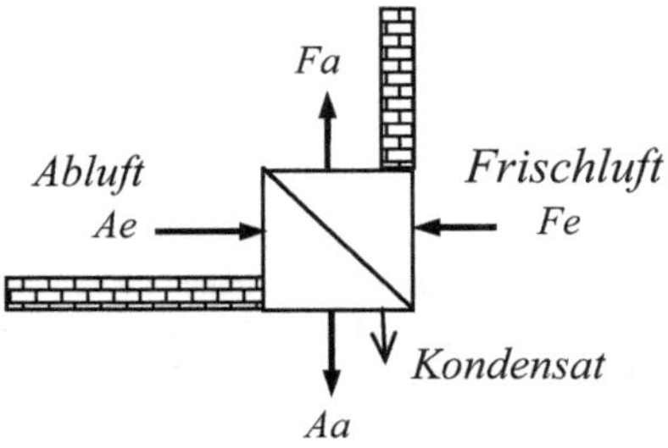


*Abb. 8.8: Wärmerückgewinnung*

Die restliche Verdunstungsfeuchtigkeit wird der Luft mit einer Kältemaschine entzogen, die zwischen der Hallentemperatur und *4 °C* arbeitet. Dabei tauscht die angesaugte Raumluft in einem vorgeschalteten Wärmeübertrager Wärme aus, wobei das minimale treibende Temperaturgefälle wiederum *1 K* beträgt. Die Kältemaschine arbeitet mit einer Kälteziffer $\varepsilon_K = 1{,}8$ (Abb. 8.9).

- Für welchen Luftdurchsatz ist die Anlage auszulegen?
- Wie groß sind Kälteleistung und Antriebsleistung der Kältemaschine? Welche Wärmeleistung steht zu Heizzwecken im Hallenbad zur Verfügung?

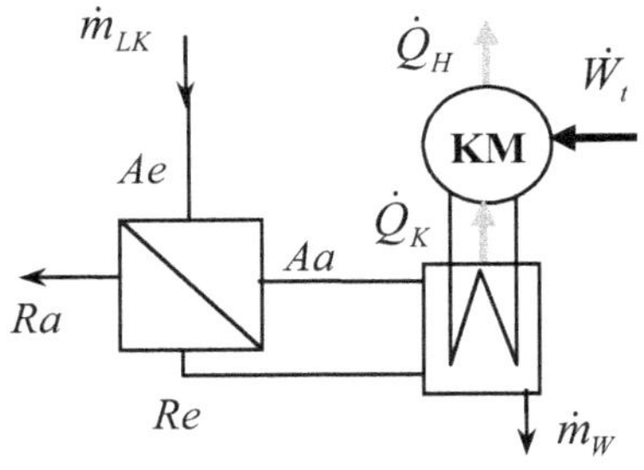


*Abb. 8.9: Entfeuchtungsanlage*

**Voraussetzungen:** Wie in Beispiel 8.1. Es werden dieselben Konstanten und Funktionen verwendet.

**Gegeben:**

$$mp_L := 2\cdot\frac{kg}{s} \qquad t_{Ae} := 22\cdot °C \qquad \psi_A := 0.6 \qquad t_{Fe} := 0\cdot °C \qquad \psi_{Fe} := 1$$

$$\Delta T_{WT} := 1\cdot K \qquad mp_{Fges} := 108\cdot\frac{kg}{h} \qquad t_K := 4\cdot °C \qquad \varepsilon_K := 1.8$$

**Lösung:** Zur Bearbeitung werden neben den Konstanten und Funktionen aus Beispiel 8.1 zusätzlich die Funktionen zur Berechnung von spezifischer Enthalpie und relativer Luftfeuchtigkeit

$$h(t,x) := \begin{array}{|l} x_s \leftarrow x_\phi(t,1) \\ \left[c_{pL}\cdot t + x\cdot\left(c_{pD}\cdot t + r_{D0}\right)\right] \;\; if\;\; x \le x_s \\ \left[c_{pL}\cdot t + x_s\cdot\left(c_{pD}\cdot t + r_{D0}\right) + \left(x - x_s\right)\cdot c_W\cdot t\right] \;\; otherwise \end{array} \qquad \phi(t,x) := \begin{array}{|l} p_s \leftarrow ps(t) \\ rqm \leftarrow \dfrac{M_L}{M_D} \\ \dfrac{p_U}{p_s}\cdot\dfrac{rqm\cdot x}{1 + rqm\cdot x} \end{array}$$

benötigt.

Zunächst werden die Wassergehalte der Abluft und der Frischluft

$$x_{sA} := x_\phi\left(t_{Ae},1\right) \quad x_A := \psi_A\cdot x_{sA} \qquad x_A = 0.0101 \qquad x_F := x_\phi\left(t_{Fe},1\right) \qquad x_F = 0.0038$$

und die zugehörigen spezifischen Enthalpien

$$h_{Ae} := h\left(t_{Ae},x_A\right) \qquad h_{Ae} = 47.89\frac{kJ}{kg} \qquad h_{Fe} := h\left(t_{Fe},x_F\right) \qquad h_{Fe} = 9.57\frac{kJ}{kg}$$

bestimmt.

Bei Wärmeübertragern, die nach dem Gegen- oder Kreuzstromprinzip arbeiten, gibt es eine einfache Regel: Das kleinste treibende Temperaturgefälle tritt immer dort auf, wo der „schwächere" Wärmeträger austritt, weil der schwächere Wärmeträger die größere Temperaturänderung erfährt (siehe Abschnitt 3.7). Bei gleichem trockenem Luftstrom ist der feuchtere Strom immer der stärkere Wärmeträger. Deshalb ist der Austrittszustand der Frischluft

$$t_{Fa} := t_{Ae} - \Delta T_{WT} \qquad h_{Fa} := h\left(t_{Fa},x_F\right) \quad h_{Fa} = 30.83\frac{kJ}{kg}$$

wobei der Feuchtigkeitsgehalt der Frischluft konstant bleibt.

Mit dem 1. HS für den Wärmeübertrager, bei dem die Massenströme der trockenen Luft gleich sind,

$$h_{Fe} - h_{Fa} + h_{Ae} - h_{Aa} = 0$$

ist die spezifische Enthalpie der Abluft am Austritt aus dem Wärmeübertrager

$$h_{Aa} := h_{Fe} - h_{Fa} + h_{Ae} \qquad h_{Aa} = 26.64\,\frac{kJ}{kg}$$

und die zugehörige Temperatur wird iterativ bestimmt durch

$$t_{Aa} := 5\cdot °C \qquad t_{Aa} := wurzel\left(h_{Aa} - h\left(t_{Aa}, x_A\right), t_{Aa}\right) \qquad t_{Aa} = 8.68\,°C$$

Mit diesen Daten beträgt die relative Feuchte

$$\phi\left(t_{Aa}, x_A\right) = 1.427$$

Die Luft ist stark übersättigt (Nebel).

Die Feuchtigkeitsbilanz ergibt die durch den Wärmeübertrager aus der Schwimmhalle abtransportierte Feuchtigkeit

$$mp_F := mp_L\cdot\left(x_A - x_F\right) \qquad mp_F = 45.47\,\frac{kg}{h}$$

und es verbleibt die Differenz

$$mp_{FK} := mp_{Fges} - mp_F \qquad mp_{FK} = 62.53\,\frac{kg}{h}$$

die durch die Kältemaschine entfernt werden muss.

Der Feuchtigkeitsgehalt und die spezifische Enthalpie am Austritt des Kühlers (gesättigte Luft) betragen

$$x_R := x_\phi\left(t_K, 1\right) \qquad x_R = 0.0051 \qquad h_{Re} := h\left(t_K, x_R\right) \qquad h_{Re} = 16.821\,\frac{kJ}{kg}$$

und die Feuchtigkeitsbilanz liefert den notwendigen Luftdurchsatz

$$mp_{LK}\cdot\left(x_A - x_R\right) = mp_{FK} \qquad mp_{LK} := \frac{mp_{FK}}{x_A - x_R} \qquad mp_{LK} = 3.45\,\frac{kg}{s}$$

Auch hier tritt wieder das minimale treibende Temperaturgefälle am Austritt der getrockneten Luft als schwächerem Wärmeträger auf und es folgt

$$t_{Ra} := t_{Ae} - \Delta T_{WT} \qquad t_{Ra} = 21\,°C \qquad h_{Ra} := h\left(t_{Ra}, x_R\right) \qquad h_{Fa} = 34.068\,\frac{kJ}{kg}$$

Der 1. HS für das System Vorkühler und Kühler liefert den notwendigen Kühlwärmestrom

$$Qp_K := -mp_{LK}\cdot\left(h_{Ae} - h_{Ra}\right) + mp_{FK}\cdot h_W \qquad Qp_K = -47.35\,kW$$

Dieser Kühlwärmestrom wird dem Verdampfer VD der Kältemaschine zugeführt und mit der Leistungszahl der Kälteanlage erhält man die notwendige Antriebsleistung

$$Qp_{VD} := -Qp_K \qquad P_{KM} := \frac{Qp_{VD}}{\varepsilon_K} \qquad P_{KM} = 26.31\,kW$$

Der von der Kältemaschine im Kondensator KO abgegebene Wärmestrom dient zur Heizung der Schwimmhalle

$$Qp_{KO} := -Qp_{VD} - P_{KM} \qquad Qp_H := -Qp_{KO} \qquad Qp_H = 73.66\,kW$$

**Beispiel 8.3 (Level 2)**: Im Sommerbetrieb einer Klimaanlage (Abb. 8.10) werden Frischluft (*t = 30 °C, $\phi$ = 60 %*) und Umluft (*t = 23 °C, $\phi$ = 70 %*) in der Mischkammer M im Massenverhältnis *2:1* gemischt. Nach der Vorkühlung im Doppelrohrkühler V durchströmt die Luft den Plattenkühler K, in dem mit Kaltwasser eine Plattentemperatur von *14 °C* aufrechterhalten wird. Der kondensierte Feuchtigkeitsanteil wird der Luft entzogen und nach Durchströmung des Vorkühlers erreicht die aufbereitete Zuluft für das Gebäude die geforderte Temperatur von *20 °C*.

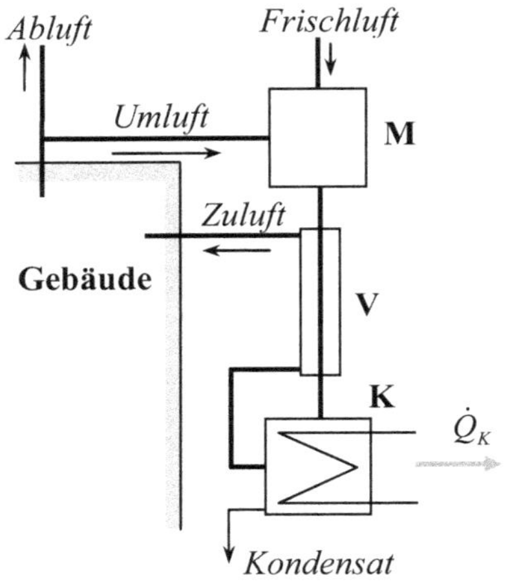


*Abb. 8.10: Klimaanlage im Sommerbetrieb*

- Der Luftzustand nach der Mischung, die Temperatur und die relative Luftfeuchtigkeit nach dem Vorkühler sowie die relative Luftfeuchtigkeit der zubereiteten Luft sind zu bestimmen.
- Welche Wärme muss durch den Plattenkühler abgeführt werden, wenn die aufbereitete Luft *8 t/h* betragen soll? Welche Kondensatmenge wird stündlich abgeschieden?

**Voraussetzungen:** Konstanten und Funktionen aus Beispiel 8.2. Im Kühler K wird die kondensierte Feuchtigkeit vollständig ausgeschieden.

**Gegeben:**

$t_F := 30 \cdot °C$ $\qquad \phi_F := 0.60$ $\qquad t_U := 23 \cdot °C$ $\qquad \phi_U := 0.70$

$t_K := 12 \cdot °C$ $\qquad t_Z := 20 \cdot °C$

**Lösung:** Mit den Funktionen für feuchte Luft werden die spezifischen Enthalpien und die Feuchtigkeitsgehalte für die gegebenen Luftzustände bestimmt:

$x_F := x_\phi(t_F, \phi_F)$ $\qquad x_F = 0.0163$ $\qquad x_U := x_\phi(t_U, \phi_U)$ $\qquad x_U = 0.0125$

$h_F := h(t_F, x_F)$ $\qquad h_F = 71.73 \frac{kJ}{kg}$ $\qquad h_U := h(t_U, x_U)$ $\qquad h_U = 54.88 \frac{kJ}{kg}$

In der Mischkammer wird die Mischungsgerade zwischen den beiden Luftzuständen F und U im Verhältnis 2:1 unterteilt:

$$x_M := \frac{2 \cdot x_U + x_F}{3} \qquad x_M = 0.0137 \qquad h_M := \frac{2 \cdot h_U + h_F}{3} \qquad h_M = 60.50 \frac{kJ}{kg}$$

Den Plattenkühler verlässt nach der Kondensatabscheidung gesättigte Luft. Der Wassergehalt beträgt

$x_Z := x_\phi(t_K, 1)$ $\qquad x_Z = 0.0089$

er bleibt bei der Aufwärmung im Vorkühler konstant. Die spezifischen Enthalpien am Eintritt und am Austritt des Vorkühlers betragen

$$h_{Ze} := h(t_K, x_Z) \qquad h_{Ze} = 34.4 \cdot \frac{kJ}{kg} \qquad h_Z := h(t_Z, x_Z) \qquad h_Z = 42.57 \cdot \frac{kJ}{kg}$$

Mit dem 1. HS für den Vorkühler

$$h_{Ve} - h_{Va} + h_{Ze} - h_Z = 0 \qquad h_{Ve} := h_M$$

wird die spezifische Enthalpie der Mischluft am Austritt des Vorkühlers bestimmt:

$$h_{Va} := h_{Ve} + h_{Ze} - h_Z \qquad h_{Va} = 52.32 \cdot \frac{kJ}{kg}$$

Die zugehörige Temperatur wird iterativ bestimmt durch

$$t_{Va} := t_K \qquad t_{Va} := wurzel\left(h_{Va} - h\left(t_{Va}, x_M\right), t_{Va}\right) \qquad t_{Va} = 18.3 \cdot °C$$

Die austretende Luft ist gemäß

$$\phi_{Va} := \phi\left(t_{Va}, x_M\right) \qquad \phi_{Va} = 1.027$$

leicht übersättigt (Nebel).

Die Zuluft hat die relative Luftfeuchtigkeit

$$\phi_Z := \phi\left(t_Z, x_Z\right) \qquad \phi_Z = 0.600$$

Mit dem gegebenen Zuluft-Massenstrom ist der im Plattenkühler abgeschiedene Kondensatstrom

$$mp_Z := 8000 \cdot \frac{kg}{h} \qquad mp_W := mp_Z \cdot \left(x_M - x_Z\right) \qquad mp_W = 39.13 \cdot \frac{kg}{h}$$

Im Plattenkühler muss der Wärmestrom

$$h_{Ke} := h_{Va} \qquad h_{Ka} := h_{Ze} \qquad Qp_{ab} := mp_Z \cdot \left(h_{Ka} - h_{Ke}\right) \qquad Qp_{ab} = -39.83 \cdot kW$$

abgeführt werden.

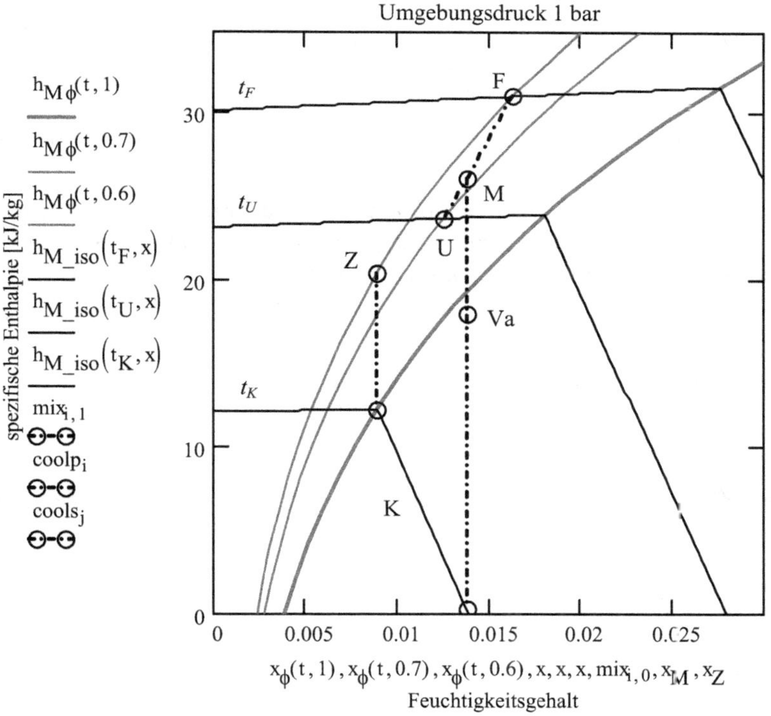


*Abb. 8.11: Zustandsänderungen der feuchten Luft in der Klimaanlage*

Bei der Anfertigung des Diagramms (Abb. 8.11) auf der Grundlage von Beispiel 8 1 werden die relevanten Linien konstanter relativer Luftfeuchtigkeit $\phi = 1;\ 0{,}7;\ 0{,}6$ sowie die Isothermen

$$t_F = 30 \cdot °C \qquad t_U = 23 \cdot °C \qquad t_K = 12 \cdot °C$$

eingezeichnet.
Für die Zustandsänderungen werden die Matrizen

$$mix := \begin{pmatrix} x_F & h_{M\_iso}(t_F, x_F) \\ x_M & h_{M\_iso}(t_M, x_M) \\ x_U & h_{M\_iso}(t_U, x_U) \end{pmatrix} \qquad coolp := \begin{pmatrix} h_{M\_iso}(t_M, x_M) \\ h_{M\_iso}(t_{Va}, x_M) \\ h_{M\_iso}(t_K, x_M) \end{pmatrix} \qquad cools := \begin{pmatrix} h_{M\_iso}(t_Z, x_Z) \\ h_{M\_iso}(t_K, x_Z) \end{pmatrix}$$

benötigt, um die Mischungsgerade, die Abkühlung im Vorkühler sowie im Plattenkühler bei $x_M = const.$ sowie die Aufwärmung der entwässerten Luft im Vorkühler einzutragen.

## 8.4.3 Wechselwirkung zwischen einer Wasseroberfläche und feuchter Luft

An einer Wasseroberfläche ist die Luft stets mit Feuchtigkeit gesättigt. Die zugehörige Temperatur bezeichnen wir mit $t'_L$. Streicht feuchte Luft über die Wasseroberfläche, so stellen sich mit den entsprechenden treibenden Temperaturgefällen Wärmetransportvorgänge ein. Mit dem entsprechenden Wärmeübergangskoeffizienten $\alpha$ als reziprokem Wärmeleitwiderstand ist der auf ein Flächenelement bezogene Wärmetransport von der Luft an die Wasseroberfläche

$$\left(\frac{\dot{Q}}{A}\right)_L = \alpha_L \left(t_L - t'_L\right) \tag{8.37}$$

und von der Wasseroberfläche an das Wasser

$$\left(\frac{\dot{Q}}{A}\right)_W = \alpha_W \left(t'_L - t_W\right). \tag{8.38}$$

Weiter tritt auch Stoffübergang auf. Das treibende Gefälle wird dabei durch Unterschiede im Feuchtigkeitsgehalt realisiert. Mit dem Verdunstungskoeffizienten $\beta_x$ als reziprokem Widerstand für den Feuchtigkeitstransport ist der auf die Fläche bezogene Massenstrom

$$\left(\frac{\dot{m}}{A}\right)_{FT} = \beta_x \left(x - x'\right) \tag{8.39}$$

Der mit dem Stoffübergang verbundene Wärmeumsatz ist

$$\left(\frac{\dot{Q}}{A}\right)_{FT} = r_D \, \beta_x \left(x - x'\right). \tag{8.40}$$

An der Wasseroberfläche muss im Beharrungszustand nach dem 1. HS die Energiestrombilanz

$$\left(\frac{\dot{Q}}{A}\right)_L + \left(\frac{\dot{Q}}{A}\right)_W + \left(\frac{\dot{Q}}{A}\right)_{FT} = 0$$

oder

$$\alpha_L \left(t_L - t'_L\right) + \alpha_W \left(t_W - t'_L\right) + r_D \, \beta_x \left(x - x'\right) = 0 \tag{8.41}$$

mit

$$r_D = r_{D0} + \left(c_{pD} - c_W\right) t'_L \tag{8.42}$$

erfüllt werden.

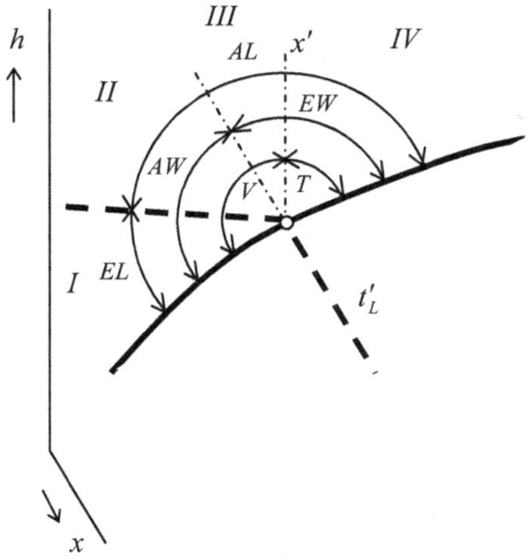


*Abb. 8.12: Wechselwirkungen von Luft mit einer Wasseroberfläche*

Wir betrachten nun die Wechselwirkung zwischen Luft und Wasser unterschiedlicher Zustände und halten den Sättigungszustand auf der Wasseroberfläche (Isotherme $t'_L$) fest. Dann können wir folgende, aus Abb. 8.12 ersichtlichen Bereiche identifizieren: Auf dem äußeren Kreis sind die Auswirkungen auf die Luft aufgetragen. Ist die Luft kälter als die Sättigungstemperatur, so wird der Luft Wärme zugeführt (EL). Bei Luftzuständen im restlichen Winkelraum kühlt sich die Luft ab (AL). Die Grenzlinie zwischen Abkühlung des Wassers (AW) und Erwärmung des Wassers (EW) auf dem mittleren Kreis in Wechselwirkung mit der Luft liegt auf der Verlängerung der Nebelisothermen. Auf dieser Mischungsgeraden bleibt die Temperatur der Feuchtigkeit, die als Nebel oder als Bodensatz vorliegen kann, unverändert. Schließlich trennt auf dem inneren Kreis die Grenzlinie $x' = const.$ die Bereiche von Verdunstung (V) und Tau (T), da bei Verdunstung $x < x'$ und bei Tau (Niederschlag) $x > x'$ ist.

Auf der Grenzlinie $t'_L$ zwischen den Bereichen I und II ist $\left(\dot{Q}/A\right)_L = 0$. Die dem Wasser entzogene Wärme wird vollständig in Verdunstung umgesetzt und es gilt

$$\alpha_W \left(t_W - t'_L\right) + r_D \, \beta_x \left(x - x'\right) = 0 \tag{8.43}$$

mit $t_W > t'_L$ und $x < x'$.

Bei Luftzuständen auf der Verlängerung der Nebelisothermen als Grenzlinie zwischen den Bereichen II und III ist $\left(\dot{Q}/A\right)_W = 0$. Dann wird der Luft Wärme entzogen und vollständig in Verdunstung umgesetzt und es gilt

$$\alpha_L \left(t_L - t'_L\right) + r_D \, \beta_x \left(x - x'_D\right) = 0 \tag{8.44}$$

mit $t_L > t'_L$ und $x < x'$.

Schließlich markiert die Grenzlinie $x' = const.$ Luftzustände, bei denen kein Stofftransport, das heißt, weder Verdunstung noch Tau auftritt. Dann dient die Abkühlung der Luft ausschließlich der Erwärmung des Wassers und es gilt

$$\alpha_L \left(t_L - t'_L\right) + \alpha_W \left(t_W - t'_L\right) = 0 \tag{8.45}$$

mit $t_L > t'_L$ und $t_W < t'_L$.

Wir diskutieren nun den Fall, dass ein endlicher Wasservorrat von untersättigter Luft konstanter Temperatur und Feuchtigkeit angeströmt wird. Wenn wir annehmen, dass Luft und Wasser die gleiche Ausgangstemperatur haben (Grenze zwischen Bereich I und II), so wird der endlichen Wassermenge Wärme entzogen, sie kühlt sich ab. Dadurch sinkt auch die Oberflächentemperatur ab. Der Sättigungszustand rutscht im $h,x$-Diagramm so lange nach links, bis schließlich bei Erreichung der Grenze zwischen den Bereichen II und III der Beharrungszustand erreicht wird und keine weitere Abkühlung des Wassers mehr stattfinden kann. Dieser Zustand wird durch Kühlung oder Erwärmung des Wassers immer erreicht, unabhängig davon, wie die Ausgangstemperatur des Wassers war. Die so erreichte Temperatur des Wassers nennt man die Kühlgrenze. Alle Luftzustände, die auf der Verlängerung der Nebelisothermen liegen, haben die gleiche Kühlgrenze.

Eine Anwendung dieses Prinzips wird zur Messung des Feuchtigkeitsgehalts von untersättigter Luft im Aspirationspsychrometer genutzt. Dieses einfache Messgerät mit einem komplizierten Namen wird in Abb. 8.13 schematisch dargestellt. Durch einen Ventilator wird ein Luftstrom angesaugt. Im einen Schenkel des Geräts wird die Temperatur der Luft $t_L$ gemessen. Im anderen Schenkel strömt die Luft über einen feuchten Docht, der die Messstelle des Thermometers umhüllt. Die geringe Wassermenge in diesem Docht wird auf die Kühlgrenze $t_K$ heruntergekühlt. Durch die Verlängerung der zugehörigen Nebelisotherme $t_K$ bis zum Schnittpunkt mit der Isotherme $t_L$ wird der Zustand der angesaugten Luft im $h,x$-Diagramm, wie in Abb. 8.14 dargestellt, bestimmt.

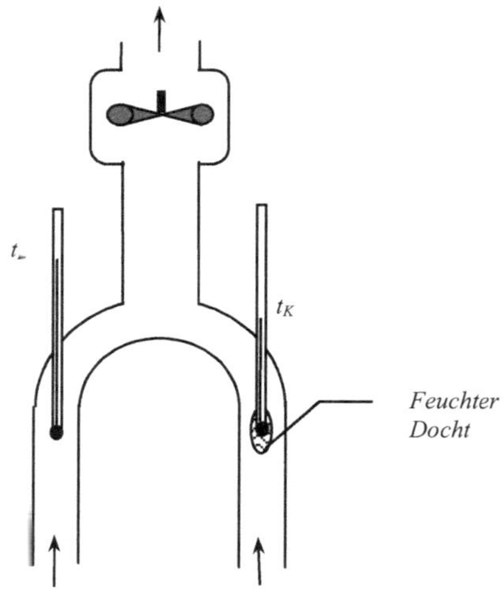


*Abb. 8.13: Aspirationspsychrometer*

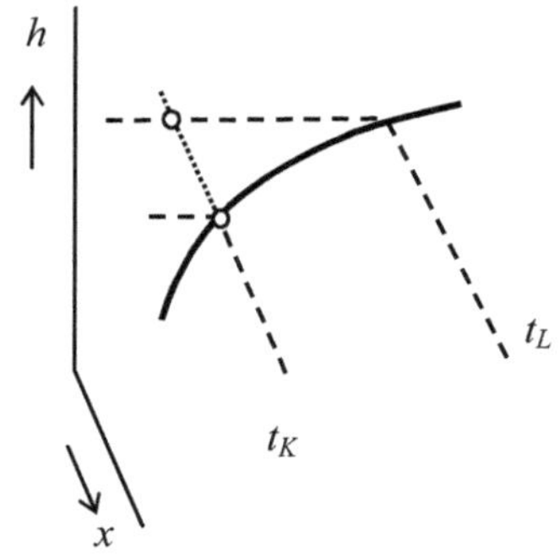


*Abb. 8.14: Kühlgrenze*

Nach diesem Prinzip lassen sich in Gegenden mit heißer, trockener Luft Flüssigkeiten kühlen (Verdunstungskühlung). Hängt man ein mit Wasser gefülltes poröses Tongefäß in den Wüstenwind, so verdunstet Wasser von der Oberfläche des Tongefäßes und es wird dem Wasser so lange Wärme entzogen, bis sich die Kühlgrenztemperatur eingestellt hat. Das Prinzip wird auch bei Weinkühlern angewendet. Der Abkühlungseffekt ist umso höher, je trockener die Luft ist.

Die Geradengleichung für die Nebelisotherme in Mollier-Koordinaten wird bestimmt durch den Sättigungszustand mit der Enthalpie $h'_{MK}$ und dem Feuchtigkeitsgehalt $x'_K$ sowie der Enthalpie in einem beliebigen Abstand $\Delta x$ vom Sättigungszustand

$$h_{MK2} = h_M\left(t_K, x'_K + \Delta x\right)$$

und lautet

$$h_{MK}\left(x\right) = \frac{h_{MK2} - h'_{MK}}{\Delta x}\left(x - x'_K\right) + h'_{MK} \ . \tag{8.46}$$

Mit guter Näherung kann auch die Linie $h'_K = const.$ nach Gl. (8.20) verwendet werden. Der gesuchte Feuchtigkeitsgehalt der Luft wird aus $h_M(t_L, x) - h_{MK}\left(x\right) = 0$ iterativ bestimmt.

In nassen Rückkühlwerken fließt warmes Wasser an Plattenstrukturen entlang filmförmig ab und es regnet vom Ende der Einbauten ab. Im Gegenstrom wird Luft aus der Umgebung durchgeleitet mit dem Ziel, das Wasser teilweise zu verdunsten, die Verdampfungswärme an die Luft abzuführen und durch treibende Temperaturgefälle zwischen Wasser und Luft das Wasser zusätzlich konvektiv abzukühlen. Dabei wird durch die Einbauten angestrebt, eine möglichst große Wasseroberfläche zu erzeugen, ohne dass zu kleine Tropfen entstehen, die mit der Luft mitgerissen werden. Durch Temperaturerhöhung und Befeuchtung erfährt die Luft gegenüber der Umgebungsluft einen Auftrieb, so dass sich in geeigneten Bauwerken freie Durchströmung einstellt (Naturzug-Kühltürme). Bei der Verwendung von Ventilatoren oder Gebläsen herrscht erzwungene Luftströmung.

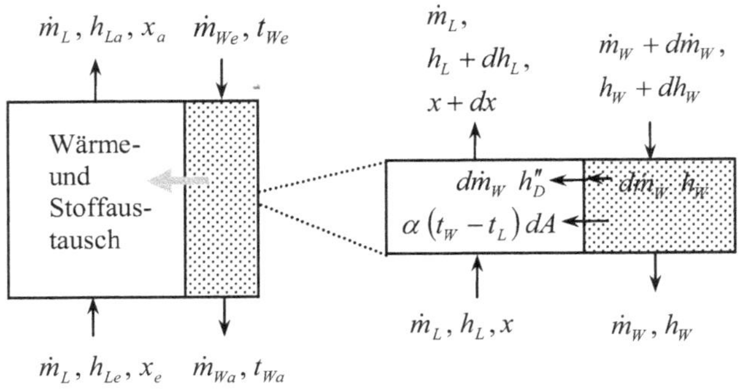


*Abb. 8.15: Prinzip eines nassen Rückkühlwerks: Gesamtsystem und differentielles Element*

Das in Abb. 8.15 dargestellte Prinzip des nassen Gegenstrom-Rückkühlwerks[54] arbeitet im Bereich *I* der Abb. 8.12: Das Wasser gibt Wärme ab, die zum Teil zur Aufwärmung der Luft und zum anderen Teil zur Verdunstung dient. Zur Vereinfachung wird angenommen, dass die konvektive Wärmeübertragung mit dem treibenden Temperaturgefälle zwischen Wasser und Luft und die Verdampfung bei der Wassertemperatur $\left(t_L' = t_W\right)$ erfolgen. Die differentiellen Bilanzen für das in Abb. 8.15 dargestellte Element lauten für die Energie der Luft

$$\dot{m}_L \; dh_L = h_D'' \; d\dot{m}_W + \alpha \left(t_W - t_L\right) dA \tag{8.47}$$

mit der spezifischen Enthalpie des gesättigten Dampfes

$$h_D'' = r_{D0} + c_{pD} \; t_W \,, \tag{8.48}$$

und für die Feuchtigkeit

$$\dot{m}_L \; dx = d\dot{m}_W \tag{8.49}$$

mit der Beziehung für den Stoffübergang

$$d\dot{m}_W = \beta_x \left(x'(t_W) - x\right) dA \,. \tag{8.50}$$

Für das gesamte Element (Wasser und Luft) gilt die Bilanzgleichung

$$-\dot{m}_L \; dh_L + d\left(\dot{m}_W \; h_W\right) = 0 \quad \text{oder} \quad \dot{m}_W \; dh_W = \dot{m}_L \; dh_L - d\dot{m}_W \; h_W \,. \tag{8.51}$$

Die Feuchtigkeitsbilanz über das gesamte System lautet

$$\dot{m}_{We} = \dot{m}_{Wa} + \dot{m}_L \left(x_a - x_e\right))$$

und für ein beliebiges Element gilt

$$\dot{m}_{We} = \dot{m}_W + \dot{m}_L \left(x_a - x\right).$$

Daraus erhalten wir das Verhältnis der Massenströme von Luft und Wasser:

$$\frac{\dot{m}_W}{\dot{m}_L} = \frac{\dot{m}_{We}}{\dot{m}_L} - \left(x_a - x\right). \tag{8.52}$$

Mit diesen Voraussetzungen wird die Energiestrombilanz für das Gesamtelement zu

$$\dot{m}_W \; dh_W = \left[h_D'' \; \beta_x \left(x' - x\right) + \alpha \left(t_W - t_L\right) - h_W \; \beta_x \left(x' - x\right)\right] dA \,. \tag{8.53}$$

Mit den Definitionen der spezifischen Enthalpie des Wasserdampfs und der Definition der spezifischen Enthalpie der feuchten Luft kann man zeigen, dass

---

[54] Siehe dazu: VDI-Wärmeatlas, Berlin, Heidelberg: Springer Verlag 2002, Abschnitt Mj: Poppe, M., Rögener, H.: Berechnung von Rückkühlwerken.

$$\left(c_{pL}+x\,c_{pD}\right)\left(t_W-t_L\right)=h_L'\left(t_W\right)-h_L-\left(x'-x\right)h_D\left(t_W\right) \tag{8.54}$$

ist. Mit der Definition der spezifischen Wärmekapazität der feuchten Luft

$$c_{px}=c_{pL}+x\,c_{pD} \tag{8.55}$$

nehmen die Energiestrombilanzen für das Gesamtelement die Form

$$\dot m_W\;dh_W=\beta_x\;dA\left[\left(h_D''-h_W\right)\left(x'-x\right)+\frac{\alpha}{\beta_x\;c_{px}}\left(h_L'-h_L-\left(x'-x\right)h_D''\right)\right] \tag{8.56}$$

und für die Luft die Form

$$\dot m_L\;dh_L=\beta_x\;dA\left[h_D''\left(x'-x\right)+\frac{\alpha}{\beta_x\;c_{px}}\left(h_L'-h_L-\left(x'-x\right)h_D''\right)\right] \tag{8.57}$$

an. Dabei hängen die Sättigungsenthalpie des Dampfes

$$h_D''=c_{pD}\;t_W+r_{D0}\,,$$

der Feuchtigkeitsgehalt der gesättigten Luft

$$x'=x\left(t_W,\phi=1\right)$$

und die Enthalpie der gesättigten Luft

$$h_L'=c_{pL}\;t_W+x'\left(c_{pD}\;t_W+r_{D0}\right)$$

nur von der Wassertemperatur ab.

Schließlich benötigen wir noch einen Ansatz für den normierten Quotienten mit dem Wärme- und Stoffübergangskoeffizienten. Nach einem Vorschlag von Bošnjaković[55] wird dieser Quotient durch den Ansatz

$$\frac{\alpha}{\beta_x\;c_{px}}=0{,}865^{\frac{2}{3}}\;\frac{\dfrac{x}{x'}-1}{\ln\left(\dfrac{x}{x'}\right)} \tag{8.58}$$

auf die Parameter $x$ und $t_w$ zurückgeführt. Damit wird das Problem des gekoppelten Wärme- und Stoffübergangs durch rein thermodynamische Parameter beschrieben.

Wenn wir die Änderungen der Enthalpie und des Feuchtigkeitsgehalts der Luft auf die Änderung des Wasserzustandes beziehen, so erhalten wir durch Division von Gl. (8.57) durch Gl. (8.56)

$$\frac{dh_L}{dt_W}=\frac{\dot m_L}{\dot m_W}\,c_W\left[1+\frac{\left(x'-x\right)c_W\;t_W}{\left(h_D''-c_W\;t_W\right)\left(x'-x\right)+\dfrac{\alpha}{\beta_x\;c_{px}}\left(h_L'-h_L-\left(x'-x\right)h_D''\right)}\right] \tag{8.59}$$

und aus den Gln. (8.49), (8.50), und (8.53)

$$\frac{dx}{dt_W}=\frac{\dot m_L}{\dot m_W}\,c_W\left[\frac{x'-x}{\left(h_D''-c_W\;t_W\right)\left(x'-x\right)+\dfrac{\alpha}{\beta_x\;c_{px}}\left(h_L'-h_L-\left(x'-x\right)h_D''\right)}\right]. \tag{8.60}$$

55 Bošnjaković, F.: „Technische Thermodynamik Teil II" Dresden: Steinkopff Verlag 1971, 5. Auflage

Damit steht ein System von zwei gekoppelten Differentialgleichungen für $h_L$ und $x$ zur Verfügung, das numerisch z.B. mit Hilfe eines Runge-Kutta-Verfahrens gelöst werden kann.

**Beispiel 8.4 (Level 4):** In einem Kühlturm wird Wasser, welches mit einer Temperatur von *34 °C* eintritt, abgeregnet und von Luft, die im Gegenstrom (siehe Abb. 8.15) mit einer Temperatur von *16 °C* und einer relativen Luftfeuchtigkeit von *60 %* von unten einströmt, auf *24 °C* abgekühlt Das Verhältnis der Massenströme des zuströmenden Wassers zur zuströmenden trockenen Luft sei *1,25*. Welche Temperatur und welchen Feuchtigkeitsgehalt hat die Luft am Austritt? Wie groß ist der Massenstrom des Wassers, der zugeführt werden muss, wenn ein Wärmestrom von *900 MW* abgeführt werden soll? Welche Wassermenge ist verdunstet und muss ersetzt werden? Wie ändern sich die Verhältnisse, wenn das Verhältnis von zuströmendem Wasser zur zuströmenden trockenen Luft auf *1,75* erhöht wird?

**Gegeben:**

$$qmp_{e1} := 1.25 \qquad qmp_{e2} := 1.75 \qquad t_{Le} := 16 \cdot °C \qquad \phi_e := 0.6 \qquad t_{We} := 34 \cdot °C \qquad t_{Wa} := 24 \cdot °C$$

**Lösung:** Mit den Konstanten und Funktionen für feuchte Luft aus den vorangegangenen Beispielen ergibt sich der Eintrittszustand der Luft aus

$$x_e := x_\phi(t_{Le}, \phi_e) \qquad x_e = 0.0069 \qquad h_{Le} := h(t_{Le}, x_e) \qquad h_{Le} = 33.46 \frac{kJ}{kg}$$

Zunächst wird ein Wert für den Feuchtigkeitsgehalt beim Austritt der Luft abgeschätzt, der mehrmals korrigiert werden muss, bis sich am Ende der Rechnung der gleiche Wert einstellt:

$$x_a := 0.02 \qquad x_a := 0.02374542$$

Mit den Funktionen für das Verhältnis von Wärmeübergangszahl zum reziproken Wärmeleitwiderstand durch den Stoffübergang und für das Massenverhältnis von Wasser zu Luft

$$q\alpha\beta(t_W, x) := \left| \begin{array}{l} qx \leftarrow \dfrac{0.622 + x_\phi(t_W, 1)}{0.622 + x} \\ 0.865^{\frac{2}{3}} \cdot \dfrac{qx - 1}{ln(qx)} \end{array} \right. \qquad \begin{array}{l} qmp_e := qmp_{e1} \\ qmp(x) := qmp_e - (x_a - x) \end{array}$$

werden die Ableitungen nach der Wassertemperatur in dimensionsloser Form für den Feuchtigkeitsgehalt

$$AB\chi(\theta_W, x, \varepsilon_L) := \left| \begin{array}{l} t_W \leftarrow \theta_W \cdot °C \\ h_L \leftarrow \varepsilon_L \cdot \dfrac{kJ}{kg} \\ xs \leftarrow x_\phi(t_W, 1) \\ \Delta x \leftarrow xs - x \\ \Delta h_L \leftarrow h(t_W, xs) - h_L \\ B \leftarrow \dfrac{\Delta x}{(h_D(t_W) - h_W(t_W)) \cdot \Delta x + q\alpha\beta(t_W, x) \cdot (\Delta h_L - h_D(t_W) \cdot \Delta x)} \\ c_W \cdot qmp(x) \cdot B \cdot K \end{array} \right.$$

und für die spezifische Enthalpie der Luft

$$AB\varepsilon_L(\theta_W, x, \varepsilon_L) := \left| \begin{array}{l} t_W \leftarrow \theta_W \cdot °C \\ h_L \leftarrow \varepsilon_L \cdot \dfrac{kJ}{kg} \\ xs \leftarrow x_\phi(t_W, 1) \\ \Delta x \leftarrow xs - x \\ \Delta h_L \leftarrow h(t_W, xs) - h_L \\ B \leftarrow \dfrac{\Delta x \cdot h_W(t_W)}{(h_D(t_W) - h_W(t_W)) \cdot \Delta x + q\alpha\beta(t_W, x) \cdot (\Delta h_L - h_D(t_W) \cdot \Delta x)} \\ c_W \cdot qmp(x) \cdot (1 + B) \cdot \dfrac{kg \cdot K}{kJ} \end{array} \right.$$

als Funktionen der Parameter Wassertemperatur, Feuchtigkeitsgehalt und spezifische Enthalpie der Luft formuliert.

Mit den Eingabeparametern

$$\varepsilon_{Le} := h_{Le} \cdot \frac{kg}{kJ} \qquad \theta_{We} := \frac{t_{We}}{°C} \qquad \theta_{Wa} := \frac{t_{Wa}}{°C}$$

sind die Funktionen und die Anfangsbedingungen zur Eingabe in das Lösungsverfahren nach Runge-Kutta

$$A(\theta, Y) := \begin{pmatrix} AB\chi(\theta, Y_0, Y_1) \\ AB\varepsilon_L(\theta, Y_0, Y_1) \end{pmatrix} \qquad Y0 := \begin{pmatrix} x_e \\ \varepsilon_{Le} \end{pmatrix}$$

Die Lösungsmatrix wird durch den Aufruf

$$Mat_1 := rkfest(Y0, \theta_{Wa}, \theta_{We}, 100, A)$$

erzeugt. Sie enthält die dimensionslosen Werte der Wassertemperatur $\theta_W$ in der Spalte 0, des Feuchtigkeitsgehalts $x$ in der Spalte 1 und der spezifischen Enthalpie der Luft $\varepsilon_L$ in der Spalte 2. Der Feuchtigkeitsgehalt beim Austritt stimmt mit

$$x_{aa} := Mat_{1_{100,1}} \qquad x_{aa} = 0.02374542 \qquad x_{aa} - x_a = 2.396 \times 10^{-9}$$

mit dem korrigierten Schätzwert zu Beginn der Rechnung überein.

Am Austritt der Luft haben die spezifische Enthalpie und der Feuchtigkeitsgehalt die Werte

$$h_{La1} := Mat_{1_{100,2}} \cdot \frac{kJ}{kg} \qquad h_{La1} = 87.53 \frac{kJ}{kg} \qquad x_{a1} := x_{aa} \qquad x_{a1} = 0.0237$$

Die zugehörige Temperatur wird iterativ bestimmt:

$$t_{La} := t_{We} \qquad t_{La1} := wurzel(h_{La1} - h(t_{La}, x_{aa}), t_{La}) \qquad t_{La1} = 27.35\,°C$$

Mit dem abgeänderten Wert für das Verhältnis von Wasser zu Luft führt die Rechnung zu den Ergebnissen

$$h_{La2} := Mat_{2_{100,2}} \cdot \frac{kJ}{kg} \qquad h_{La2} = 109.15 \frac{kJ}{kg} \qquad x_{a2} := x_{aa} \qquad x_{a2} = 0.03042$$

und

$$t_{La} := t_{We} \qquad t_{La2} := wurzel(h_{La2} - h(t_{La}, x_{aa}), t_{La}) \qquad t_{La2} = 31.54\,°C$$

Die Aufwärmung und Befeuchtung der Luft wird für beide Fälle in Abb. 8.16 wiedergegeben.

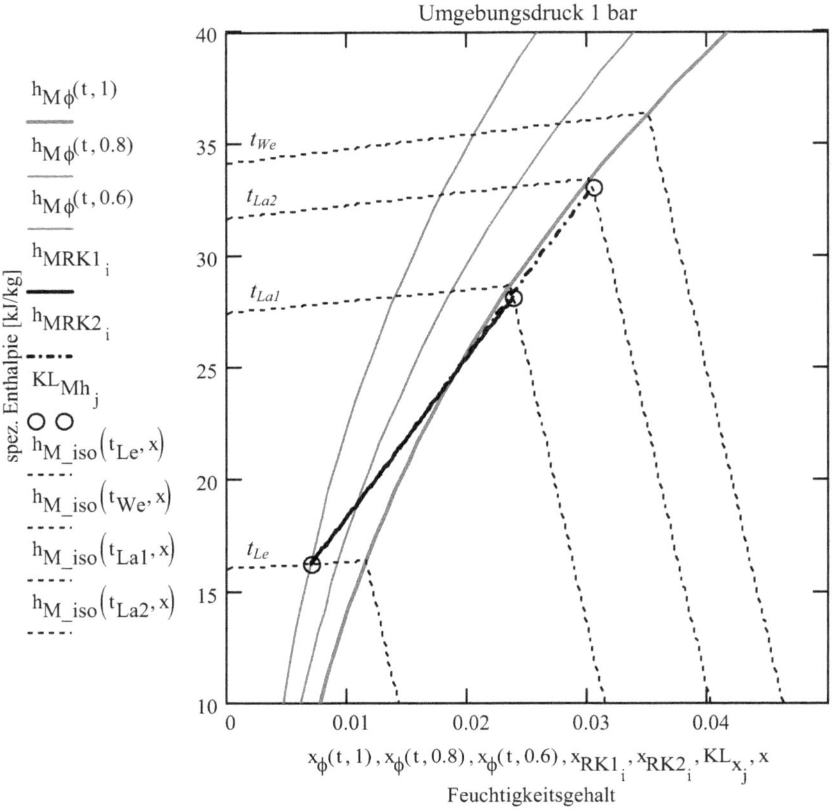


*Abb. 8.16: Zustandsänderungen in einem nassen Gegenstrom-Rückkühlwerk*

Wenn ein Wärmestrom von *900 MW* an die Luft übertragen werden soll, so ist im Fall 1 ein (trockener) Luftstrom von

$$mp_{L1} := \frac{Qp}{h_{La1} - h_{Le}} \qquad mp_{L1} = 16.644\,\frac{t}{s}$$

nötig. Dem Rückkühlwerk muss ein Massenstrom von

$$mp_{We1} := mp_{L1} \cdot qmp_{e1} \qquad mp_{We1} = 20.805\,\frac{t}{s}$$

Wasser zugeführt werden. Es verdunsten

$$\Delta mp_{W1} := mp_{L1} \cdot \left(x_{a1} - x_e\right) \qquad \Delta mp_{W1} = 0.281\,\frac{t}{s}$$

Wasser. Zur Kontrolle der Rechnung wird die Energiestrombilanz über das gesamte Rückkühlwerk aufgestellt:

$$mp_{L1} \cdot \left(h_{Le} - h_{La1}\right) + mp_{We1} \cdot \left(c_W \cdot t_{We}\right) - mp_{Wa1} \cdot c_W \cdot t_{Wa} = -1.671 \times 10^{-6}\,MW$$

Für den Fall 2 ergeben sich die folgenden Werte:

$$mp_{L2} := \frac{Qp}{h_{La2} - h_{Le}} \qquad mp_{L2} = 11.89 \cdot \frac{t}{s}$$

$$mp_{We2} := mp_{L2} \cdot qmp_{e2} \qquad mp_{We2} = 20.808\,\frac{t}{s}$$

$\Delta mp_{W2} := mp_{L2} \cdot (x_{a2} - x_e)$ $\qquad \Delta mp_{W2} = 0.280 \cdot \frac{t}{s}$

**Diskussion:** Mit dem geschilderten Modell wird der komplizierte Vorgang des simultanen Wärme- und Stoffübergangs im nassen Rückkühlwerk auf thermodynamische Parameter zurückgeführt. Die Vernachlässigung des Wärmeleitwiderstands im Wasser an der Wasseroberfläche ist bei moderaten Wassertemperaturen zulässig.

Die Lösung des Systems von gekoppelten Differentialgleichungen mit dem einfachen Runge-Kutta-Verfahren erfolgt in Mathcad auf der Grundlage von Matrizen. Da mehrspaltige Matrizen keine Größen mit unterschiedlichen Einheiten enthalten dürfen, ist bei der Erstellung der Programmblöcke für die Ableitungen $AB\chi$ (Einheit *1/K*) und $AB\varepsilon$ (Einheit *kJ/kg K*) eine Multipikation des Ergebnisses mit den reziproken Einheiten notwendig mit dem Ziel, dass nur dimensionslose Größen übergeben werden. Die vom Runge-Kutta-Verfahren übergebene Matrix kann spaltenweise, wenn erforderlich, mit den entsprechenden Einheiten multipliziert werden.

# 9 Technische Verbrennung

## 9.1 Allgemeine Bemerkungen

Bislang haben wir Systeme analysiert, die aus reinen Stoffen oder Gemischen bestehen, deren Komponenten chemisch nicht reagieren. Von dem großen Fachgebiet der chemischen Thermodynamik sind für unsere Thematik die Verbrennungsprozesse von besonderer Bedeutung, da sie in vielfacher Anwendung die Energie für Wärme- und Verbrennungskraftmaschinen liefern.

Verbrennungsprozesse sind Reaktionen von verschiedenen Elementen mit Sauerstoff. Die chemischen Reaktionen, die in Verbindung mit Verbrennungsprozessen ablaufen, sind stark exotherm und verlaufen nahezu vollständig in einer Richtung bis zum Verschwinden der brennbaren Komponenten des eingesetzten Brennstoffs. Die meisten Brennstoffe, die fest (z.B. Kohle oder Holz), flüssig (z.B. Erdölprodukte oder Methanol) oder gasförmig (z.B. Erdgas oder Biogas) vorkommen, bestehen aus

- Kohlenstoff **C**,
- Wasserstoff **H**,
- Sauerstoff **O**,
- Stickstoff **N**,
- Schwefel **S**.

Die Komponenten C, H und S enthalten gespeicherte chemische Energie, die mit dem im Brennstoff enthaltenen Sauerstoff und mit dem Sauerstoff der Luft, die der Verbrennung zugeführt werden, in thermische Energie umgesetzt wird.

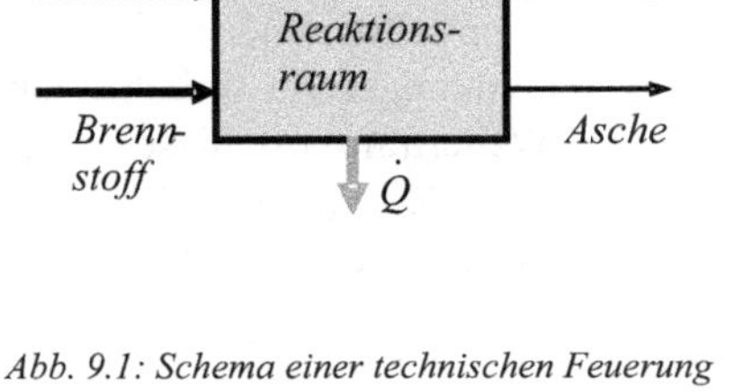

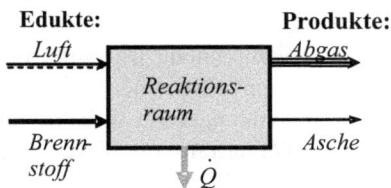

*Abb. 9.1: Schema einer technischen Feuerung*

Das Schema einer technischen Feuerung wird in Abb. 9.1 dargestellt. Wir beschränken unsere Analyse vorwiegend auf solche stationär durchströmten Systeme.

Die zuströmenden Komponenten Luft und Brennstoff sind die Reaktionsteilnehmer oder Edukte, Abgas und Asche sind die Produkte der Reaktion. Ohne Luftzufuhr verbrennen

Sprengstoffe und Treibmittel, die den Sauerstoff chemisch gebunden oder in reiner Form, wie z.B. in Raketen, mit sich führen.

Die Einleitung des Verbrennungsvorgangs erfolgt durch örtliche Energiezufuhr im Zündvorgang. Wenn das bei flüssigen und festen Brennstoffen entstehende gasförmige Gemisch reaktionsfähig ist, setzt die Verbrennung ein. Jeder Brennstoff hat einen charakteristischen Parameter, die Zündtemperatur. Ist die bei der Zündung entwickelte thermische Energie größer als die Wärmeabfuhr durch Wärmeleitung, Konvektion und Strahlung, so breitet sich die Verbrennungszone aus, bis sie den gesamten im Feuerungsraum befindlichen Brennstoff erfasst hat. Trifft diese Bedingung nicht zu, so erlischt die Flamme.

Beim Verbrennungsvorgang wird bei der chemischen Umsetzung die Gesamtmenge der Reaktionsteilnehmer nach und nach erfasst. Die Umsetzung läuft in einer Kette von Einzelvorgängen zum Teil gleichzeitig und zum Teil nacheinander unter Bildung von Zwischenprodukten ab. Diese Reaktionskinetik ist wichtig zum Verständnis der Bildung von Schadstoffen. Solche Schadstoffe sind $SO_2$, das zwangsläufig entsteht, wenn der Brennstoff Schwefel enthält, unvollständige Verbrennungsprodukte wie Kohlenmonoxid (CO) oder Kohlenwasserstoffe ($C_xH_y$) oder die Bildung von Stickoxiden ($NO_x$) aus dem Stickstoff des Brennstoffs oder der Verbrennungsluft. Es liegt auf der Hand, dass die Verbrennungskinetik beim raschen, zyklischen Prozess mit großen Veränderungen der Temperatur im Zylinder einer Verbrennungskraftmaschine eine wesentlich größere Rolle spielt als beim stationär ablaufenden Prozess in einer Feuerung oder in der Brennkammer einer Gasturbine. Ebenso schlüssig ist es, dass die Kinetik der Verbrennung eines flüssigen Brennstoffs nach seiner Zerstäubung langsamer abläuft als die eines gasförmigen Brennstoffs, da sie mit Abdampfvorgängen von der Tropfenoberfläche und Gegendiffusion des Luftsauerstoffs verbunden ist und dass die Verbrennung von Kohlestaub in einer modernen Staubfeuerung noch mehr Sorgfalt bei der Gestaltung der Brenner erfordert, um den Ausbrand möglichst hoch und die Schadstoffbildung möglichst gering zu halten.

Ist bei einem festen Brennstoff der Ausbrand nicht vollständig, so enthält die Asche noch brennbaren Kohlenstoff und man spricht von unvollständiger Verbrennung. Ebenso ist die Verbrennung unvollständig, wenn bei anderen Brennstoffen Rußbildung auftritt. Der ablaufende Verbrennungsvorgang ist auch bei unvollständiger Verbrennung dann vollkommen, wenn alle brennbaren Bestandteile in der Gasphase zu den stabilen Endprodukten $CO_2$, $H_2O$, $SO_2$ oxidiert werden. Die vollkommene Verbrennung erfordert mindestens die stöchiometrisch notwendige Menge von Sauerstoff. Unvollkommene Verbrennung tritt auf jeden Fall bei Luftmangel auf, aber auch bei Luftüberschuss können unvollkommene Verbrennungsprodukte wie CO und $C_xH_y$ auftreten, wenn in der Verbrennungszone örtlich nicht genügend Sauerstoff vorhanden ist und die Temperatur beim Weitertransport dieser Zwischenprodukte so rasch absinkt, dass das vollständige Ablaufen der Reaktionen verhindert wird. Die Verbrennung sollte stets so gestaltet werden, dass vollkommene Verbrennung der Komponenten in der Gasphase bei möglichst hohem Ausbrand stattfindet.

Die wichtige Frage der Schadstoffbildung bei der Verbrennung und der Maßnahmen zur Rauchgas- oder Abgasreinigung vor der Emission in die Umwelt wird hier nicht weiter verfolgt. Wir behandeln im Rahmen der bisherigen Voraussetzungen

- Bedingungen für den integralen Ablauf der Verbrennung und
- Menge und Zustand der Reaktionsprodukte

durch die Aufstellung von globalen Stoff- bzw. Masse- und Energiebilanzen, wobei wir die Irreversibilität von Verbrennungsvorgängen mit Entropie- bzw. Exergiebilanzen analysieren.

# 9.2 Stoffmengenberechnungen bei Verbrennungsvorgängen

## 9.2.1 Gasförmige Brennstoffe

Die Zusammensetzung gasförmiger Brennstoffe wird in Volumenprozent (Vol.-%) angegeben. Damit ist die molare Zusammensetzung festgelegt. Die in der Technik üblichen gasförmigen Brennstoffe setzen sich aus den Komponenten Wasserstoff ($H_2$), Kohlenmonoxid ($CO$), Kohlenwasserstoffe ($C_xH_y$), Schwefelwasserstoff ($H_2S$), Sauerstoff ($O_2$), Stickstoff ($N_2$), Kohlendioxid ($CO_2$), Schwefeldioxid ($SO_2$) und Wasserdampf ($H_2O$) zusammen. Die molare Brennstoffzusammensetzung wird in der einzeiligen Matrix $\chi_B$ mit den Positionen nachstehender Tabelle zusammengefasst:

| i | 0 | 1 | 2 | 3 | 4 | 5 | 6 | 7 | 8 |
|---|---|---|---|---|---|---|---|---|---|
| Komponente | $H_2$ | $CO$ | $C_xH_y$ | $H_2S$ | $O_2$ | $N_2$ | $CO_2$ | $SO_2$ | $H_2O$ |

*Tabelle 9.1: Komponentenmatrix $\chi_B$ eines Brenngases*

Auf Position $i = 2$ mit dem Gehalt an Kohlenwasserstoffen $\chi_{B,2}$ werden, wenn $j$ verschiedene Kohlenwasserstoffe vorliegen, die Mittelwerte für $x$ und $y$ durch

$$x = \frac{\sum_j \chi_{B,j}\, x_j}{\chi_{B,2}} \quad und \quad y = \frac{\sum_j \chi_{B,j}\, y_j}{\chi_{B,2}} \tag{9.1}$$

bestimmt, wobei

$$\chi_{B,2} = \sum_j \chi_{B,j} \tag{9.2}$$

ist.

Brennbar sind die Bestandteile $i = 0$ bis $3$. Es laufen die folgenden Reaktionen unter Bildung der stabilen Endprodukte Kohlendioxid, Wasserdampf und Schwefeldioxid ab:

$$CO + \frac{1}{2} O_2 \rightarrow CO_2$$

$$H_2 + \frac{1}{2} O_2 \rightarrow H_2O$$

$$C_xH_y + \left( x + \frac{y}{4} \right) O_2 \rightarrow x\, CO_2 + \frac{y}{2} H_2O$$

$$H_2S + \frac{3}{2} O_2 \rightarrow SO_2 + H_2O\,.$$

Aus einem *mol* Brenngas entstehen unter Berücksichtigung der Reaktionsgleichungen und des im Brenngas enthaltenen $CO_2$

$$\kappa = \chi_{B\_CO} + x\,\chi_{B\_CxHy} + \chi_{B\_CO2} \tag{9.3}$$

*mol* $CO_2$.

Damit lassen sich, wieder unter Berücksichtigung der Reaktionsgleichungen, die folgenden, auf die Verbrennung von *1 mol* Brenngas bezogenen Größen für den stöchiometrischen Sauerstoffbedarf der Verbrennung

$$\sigma = \frac{\chi_{B\_CO} + \chi_{B\_H2}}{2} + \left(x + \frac{y}{4}\right)\chi_{B\_CxHy} + \frac{3}{2}\chi_{B\_H2S} - \chi_{B\_O2} \tag{9.4}$$

und die aus den Reaktionen folgenden Abgaskomponenten

$$\omega = \chi_{B\_H2} + \frac{y}{2}\chi_{B\_CxHy} + \chi_{B\_H2S} + \chi_{B\_H2O} \quad \text{für Wasserdampf,} \tag{9.5}$$

$$\zeta = \chi_{B\_H2S} + \chi_{B\_SO2} \quad \text{für Schwefeldioxid und} \tag{9.6}$$

$$\nu = \chi_{B\_N2} \quad \text{für Stickstoff festlegen.} \tag{9.7}$$

Mit dem minimalen Sauerstoffbedarf

$$O_{\min} = \sigma$$

ist der minimale Luftbedarf durch

$$L_{\min} = \frac{1}{\Omega} O_{\min} \tag{9.8}$$

festgelegt, wenn

$$\Omega = \chi_{L\_O2} \tag{9.9}$$

der Sauerstoffgehalt der Luft ist. Bei Frischluftzufuhr ist $\Omega$ in der Größenordnung von *0,21*, bei Abgasrückführung treten niedrigere Werte auf.

In der Regel erfolgt die Verbrennung unter Luftüberschuss, wobei das Luftverhältnis

$$\lambda = L / L_{\min}$$

größer als eins ist. Dann gilt für die der Verbrennung zuzuführende Luft

$$L = \lambda\, L_{\min} = \frac{\lambda}{\Omega} O_{\min} = \frac{\lambda}{\Omega}\sigma\,. \tag{9.10}$$

Die Verbrennungsluft enthält die Luftfeuchtigkeit

$$\phi = \chi_{L\_H2O}\,. \tag{9.11}$$

Damit steigt der Gehalt von Wasserdampf im Abgas an um

$$\psi = \phi\frac{\lambda}{\Omega}\sigma\,. \tag{9.12}$$

Das Abgas enthält die Reaktionsprodukte Kohlendioxid, Wasserdampf, Schwefeldioxid, Stickstoff und Sauerstoff. Die Stoffmengen, die aus der Verbrennung von *1 mol* Brenngas entstehen, enthält die in nachstehender Tabelle zusammengefasste Matrix $\Lambda_A$

| i | 0 = $CO_2$ | 1 = $H_2O$ | 2 = $SO_2$ | 3 = $N_2$ | 4 = $O_2$ |
|---|---|---|---|---|---|
| $\Lambda_{A,i}$ | $\kappa$ | $\omega + \phi\frac{\lambda}{\Omega}\sigma$ | $\zeta$ | $\nu + \frac{1-\Omega}{\Omega}\lambda\sigma$ | $(\lambda - 1)\sigma$ |

*Tabelle 9.2: Komponentenmatrix des Abgases*

Die Matrix der Abgaszusammensetzung ergibt sich daraus durch Normierung auf die gesamte Abgasmenge:

$$\chi_A = \frac{\Lambda_A}{\sum_{i=0}^{4} \Lambda_{A,i}}. \tag{9.13}$$

Zusammenfassend stellen wir fest, dass wir mit dem vorgestellten Konzept die Aussage erhalten, welche Stoffmenge Luft ($\lambda\, L_{min}$) zur Verbrennung von *1 mol* Brenngas notwendig ist und welche Stoffmenge Abgas $\left(\sum_i \Lambda_{A,i}\right)$ dabei entsteht.

## 9.2.2 Flüssige und feste Brennstoffe

Flüssige Brennstoffe bekannter chemischer Zusammensetzung werden, wie im vorangegangenen Abschnitt geschildert, aufgrund der chemischen Reaktionsgleichungen behandelt. So ist z.B. bei Methanol die Reaktionsgleichung

$$CH_3(OH) + \frac{3}{2}\, O_2 \rightarrow CO_2 + 2\, H_2O\,,$$

woraus die Kennziffern

$$\kappa = 1; \quad O_{\min} = \sigma = \frac{3}{2}; \quad \omega = 2$$

und die Matrix $\Lambda_{A,i}$ für die Reaktionsprodukte der Verbrennung von *1 mol* Methanol im Abgas ermittelt werden:

| i | $0 = CO_2$ | $1 = H_2O$ | $2 = SO_2$ | $3 = N_2$ | $4 = O_2$ |
|---|---|---|---|---|---|
| $\Lambda_{A,i}$ | 1 | $2 + \frac{3}{2}\phi\frac{\lambda}{\Omega}$ | 0 | $\frac{3}{2}\frac{1-\Omega}{\Omega}\lambda$ | $\frac{3}{2}(\lambda - 1)$ |

*Tabelle 9.3: Abgasmatrix bei der Verbrennung von Methanol*

Bei flüssigen und festen Brennstoffen nicht bekannter chemischer Struktur ergibt die Elementaranalyse die Massenanteile jedes der am Aufbau des Brennstoffs beteiligten Elemente sowie den Wassergehalt und den Ascheanteil, in dem alle unverbrennbaren Feststoffe zusammengefasst sind. Die Matrix für die auf *1 kg* Brennstoff bezogene Brennstoffzusammensetzung $\psi_B$ enthält Tabelle 9.4:

| i | 0 | 1 | 2 | 3 | 4 | 5 | 6 |
|---|---|---|---|---|---|---|---|
| Komponente | c | h | s | o | n | w | a |

*Tabelle 9.4: Brennstoffmatrix $\psi_B$ für flüssige und feste Brennstoffe*

Die Unvollständigkeit der Verbrennung wird dadurch berücksichtigt, dass vom Kohlenstoffanteil $c$ ein Anteil $\alpha$ zu CO umgesetzt wird und ein Anteil $\beta$ nicht an der Verbrennung teilnimmt und in der Asche verbleibt. Damit wird nur der Anteil $c\,(1 - \alpha - \beta)$ in $CO_2$ umgesetzt.

Nun gelten die folgenden molaren Reaktionsgleichungen:

$$(a) \quad C + O_2 \rightarrow CO_2$$

$$(b) \quad C + \frac{1}{2}\, O_2 \rightarrow CO$$

$$(c)\quad H_2 + \frac{1}{2} O_2 \rightarrow H_2O$$

$$(d)\quad S + O_2 \rightarrow SO_2 \,.$$

Der zur Verbrennung von *1 kg* Brennstoff erforderliche molare Sauerstoffbedarf ist dann

$$n_{O2}^{(a)} = \frac{c}{M_C}(1-\alpha-\beta)$$

$$n_{O2}^{(b)} = \frac{\alpha}{2}\frac{c}{M_C}$$

$$n_{O2}^{(c)} = \frac{1}{2}\frac{h}{M_{H2}}$$

$$n_{O2}^{(d)} = \frac{s}{M_S} \,.$$

Damit ist der auf *1 kg* Brennstoff bezogene molare Sauerstoffbedarf bei unvollständiger Verbrennung

$$O^{+}_{\min} = \left(\frac{c}{M_C} + \frac{1}{2}\frac{h}{M_{H2}} + \frac{s}{M_S} - \frac{o}{M_{O2}}\right) - \frac{c}{M_C}\left(\frac{\alpha}{2} - \beta\right) \tag{9.14}$$

und der theoretische Sauerstoffbedarf für die vollständige Verbrennung ist

$$O^{+}_{theor} = \left(\frac{c}{M_C} + \frac{1}{2}\frac{h}{M_{H2}} + \frac{s}{M_S} - \frac{o}{M_{O2}}\right). \tag{9.15}$$

mit der Kennzahl

$$\sigma^{+} = O^{+}_{theor} \,.$$

Für den theoretischen Luftbedarf gilt dann analog zu den Brenngasen

$$L^{+}_{theor} = \frac{\sigma^{+}}{\Omega} \,, \tag{9.16}$$

und mit der Luftüberschusszahl $\lambda$ beträgt der tatsächliche Luftbedarf

$$L^{+} = \lambda \, L^{+}_{theor} \,. \tag{9.17}$$

Definiert man in Analogie zu den Brenngasen die auf den Kohlenstoff bezogene Kennziffer

$$\kappa^{+} = \frac{c}{M_C} \,, \tag{9.18}$$

so betragen die molaren, auf die Verbrennung von *1 kg* Brennstoff bezogenen Abgasmengen für $CO_2$, CO und $SO_2$

$$n_{A\_CO2} = \kappa^{+}(1-\alpha-\beta) \tag{9.19}$$

$$n_{A\_CO} = \kappa^{+}\,\alpha \tag{9.20}$$

$$n_{A\_SO2} = \zeta^{+} = \frac{s}{M_S} \,. \tag{9.21}$$

Der Stickstoff $N_2$ im Abgas entstammt einerseits aus dem Brennstoff

$$n^{B}_{A\_N2} = \nu^{+} = \frac{n}{M_{N2}} \tag{9.22}$$

und andererseits aus der Verbrennungsluft

$$n_{A\_N2}^{L} = \frac{1-\Omega}{\Omega} \lambda \, \sigma^{+} . \tag{9.23}$$

Die Sauerstoffmenge im Abgas setzt sich zusammen aus dem durch die unvollständige Verbrennung nicht in Anspruch genommenen Sauerstoffanteil

$$n_{A\_O2}^{UV} = \kappa^{+} \left( \frac{\alpha}{2} + \beta \right) \tag{9.24}$$

und aus dem restlichen Sauerstoffanteil in der Verbrennungsluft

$$n_{A\_O2}^{L} = (\lambda - 1) \sigma^{+} . \tag{9.25}$$

Die Verbrennungsluft enthält die Luftfeuchtigkeit $\phi = \chi_{L\_H2O}$ und damit hat das Abgas den Anteil

$$n_{A\_H2O}^{L} = \phi \frac{\lambda}{\Omega} \sigma^{+} . \tag{9.26}$$

Außerdem wird aus dem Brennstoff der Feuchtigkeitsanteil $w$ freigesetzt und der Wasserstoff verbrannt, sodass aus dem Brennstoff im Abgas der Wasserdampf

$$n_{A\_H2O}^{B} = \omega^{+} = \frac{w}{M_{H2O}} + \frac{h}{M_{H2}} \tag{9.27}$$

enthalten ist.

Damit hat die aus der Verbrennung von *1 kg* Brennstoff entstehende molare Abgasmenge die in der Matrix $\Lambda_{A,i}^{+}$ (Tabelle 9.5) zusammengefassten Komponenten

| i | $0 = CO_2$ | $1 = CO$ | $2 = SO_2$ | $3 = H_2O$ | $4 = N_2$ | $5 = O_2$ |
|---|---|---|---|---|---|---|
| $\Lambda_{A,i}^{+}$ | $(1-\alpha-\beta)\kappa^{+}$ | $\alpha \kappa^{+}$ | $\zeta^{+}$ | $\omega^{+} + \phi \frac{\lambda}{\Omega} \sigma^{+}$ | $\nu^{+} + \frac{1-\Omega}{\Omega} \lambda \sigma^{+}$ | $\left(\frac{\alpha}{2}+\beta\right)\kappa^{+} + (\lambda-1)\sigma^{+}$ |

*Tabelle 9.5: Abgasmatrix für flüssige und feste Brennstoffe*

Die Matrix der Abgaszusammensetzung ergibt sich daraus durch

$$\chi_{A}^{+} = \frac{\Lambda_{A}^{+}}{\sum_{i=0}^{5} \Lambda_{A,i}^{+}} . \tag{9.28}$$

Bei festen und flüssigen Stoffen erhalten wir die Aussage, welche Stoffmenge Luft

$$\left(\lambda \, L_{\min}^{+}\right)$$

notwendig ist, um *1 kg* Brennstoff zu verbrennen, und welche Stoffmenge Abgas

$$\left( \sum_{i} \Lambda_{A,i}^{+} \right)$$

dabei entsteht.

# 9.3 Energieumwandlung bei Verbrennungsprozessen

## 9.3.1 Heizwert und Brennwert

Die Analyse der energetischen Vorgänge beruht auf dem Satz von Germain Henri Hess, der 1840, noch vor der Arbeit von Robert Meyer zur Begründung des Energieerhaltungssatzes, mit experimentellem Nachweis festgestellt hat:

*Die Reaktionswärme einer zusammengesetzten Reaktion ist gleich der Summe der Reaktionswärmen der einzelnen Teilreaktionen.*

Daraus folgt die wichtige Konsequenz, dass es nicht darauf ankommt, wie der Ablauf der Reaktion ist und in welchen Teilschritten sie erfolgt, sondern es kommt lediglich auf den Anfangs- und den Endzustand an. Damit ist die Reaktionswärme eine vom Weg der Reaktion unabhängige Zustandsgröße.

Wir betrachten zunächst einen unter stöchiometrischen Verhältnissen ablaufenden Verbrennungsvorgang von *1 mol* Brennstoff mit Luft, bei dem die Verbrennungsprodukte wieder auf die Ausgangstemperatur $T_0$ zurückgekühlt werden. Grundsätzlich kann dieser Vorgang in einem geschlossenen, starren Behälter, d.h. isochor, ablaufen, oder der Verbrennungsvorgang läuft in einem Zylinder mit einem Kolben unter konstanter Last isobar ab.

Im Falle der isochoren Verbrennung liefert der 1. HS

$$U_2(T_0,V)-U_1(T_0,V)=Q_{12}=\Delta U_R \qquad (9.29)$$

wobei $U_2$ die innere Energie aller Produkte und $U_1$ die innere Energie aller Edukte ist. $\Delta U_R$ ist die innere Reaktionsenergie der isotherm-isochoren Reaktion.

Im Falle der isobaren Verbrennung folgt analog

$$H_2(p,T_0)-H_1(p,T_0)=Q_{12}=\Delta H_R\,, \qquad (9.30)$$

wobei $\Delta H_R$ die innere Reaktionsenthalpie der isotherm-isobaren Reaktion ist. Die Reaktionsenthalpie wird als **Heizwert** bezeichnet. Der Heizwert wird auf die Temperatur des chemischen Standardzustands $t_0 = 25\ °C$ oder auf die Normtemperatur $t_N = 0\ °C$ mit der Bezeichnung $\Delta H_H^0$ bezogen. Die Angabe erfolgt unter dem Postulat, dass alle Reaktionsprodukte gasförmig vorliegen.

Wenn man die Definition der Enthalpie verwendet, so gilt

$$H_2-H_1=U_2-U_1+p(V_2-V_1)$$

oder

$$\Delta H_R=\Delta U_R+p(V_2-V_1)\,. \qquad (9.31)$$

Die innere Reaktionsenthalpie und die innere Reaktionsenergie unterscheiden sich demnach um die isotherme Verdrängungsarbeit

$$p\,\Delta V=\Delta n\,R_m\,T\,, \qquad (9.32)$$

die bei gasförmigen Reaktionsprodukten der Veränderung der Molzahl proportional ist. Die Stoffmenge der gasförmigen Reaktionsteilnehmer ist bei gasförmigen Brennstoffen

$$n_{RT}=1+L_{\min} \qquad (9.33)$$

und bei flüssigen oder festen Brennstoffen

$$n_{RT}=L_{\min}^{+}\,. \qquad (9.34)$$

Die Stoffmenge der Reaktionsprodukte ist

$$n_{RP} = \sum_i \Lambda_{A,i} \quad bzw. \quad n_{RP}^{+} = \sum_i \Lambda_{A,i}^{+} \,. \tag{9.35}$$

Daraus folgt für gasförmige Brennstoffe

$$\Delta n = \sum_i \Lambda_{A,i} - \left(1 + L_{\min}\right) \tag{9.36}$$

und für flüssige oder feste Brennstoffe

$$\Delta n = \sum_i \Lambda_{A,i}^{+} - L_{\min}^{+} \,. \tag{9.37}$$

**Beispiel 9.1 (Level 1):** Benzin hat die aus der Elementaranalyse folgende Zusammensetzung $c = 0{,}85;\ h = 0{,}15$ und einen Heizwert von *42,7 MJ/kg*. Wie groß ist der auf die Verbrennung von *1 kg* Brennstoff bezogene molare Luftbedarf? Welche isotherme Verdrängungsarbeit tritt auf und wie groß ist die innere Reaktionsenergie?

**Voraussetzungen:** Benzin ist vor der Verbrennung flüssig mit vernachlässigbarem Eigenvolumen. Die Luft mit *21 Vol.-%* Sauerstoff und *0,79 Vol.-%* Stickstoff und die Reaktionsprodukte sind ideale Gase. Die Verbrennung erfolgt vollkommen und vollständig.

**Gegeben:**

$$\psi_B^{\,T} = (0.85 \;\; 0.15 \;\; 0 \;\; 0 \;\; 0 \;\; 0 \;\; 0) \qquad \Omega := 0.21 \qquad \Delta H_H := 42.7 \cdot \frac{MJ}{kg}$$

$$M_B^{\,T} = (12.011 \;\; 2.016 \;\; 32.06 \;\; 32 \;\; 28.01 \;\; 18.015 \;\; 0) \cdot \frac{kg}{kmol}$$

**Lösung:** Alle normierten Größen sind auf *1 kg* Brennstoff bezogen. Der minimale Sauerstoffbedarf bei der Verbrennung beträgt

$$O_{min} := \frac{\psi_{B_0}}{M_{B_0}} + \frac{1}{2} \cdot \frac{\psi_{B_1}}{M_{B_1}}$$

Die Kennziffern der Verbrennung sind

$$\kappa p := \frac{\psi_{B_0}}{M_{B_0}} \qquad \kappa p = 70.8 \frac{mol}{kg} \qquad \sigma p := O_{min} \qquad \sigma p = 108 \frac{mol}{kg} \qquad \omega p := \frac{\psi_{B_1}}{M_{B_1}} \qquad \omega p = 74.4 \frac{mol}{kg}$$

Der Luftbedarf bei stöchiometrischen Verhältnissen ist

$$Lp_{min} := \frac{O_{min}}{\Omega} \qquad Lp_{min} = 514.1 \frac{mol}{kg}$$

Mit den Matrizen für die molaren Massen und den Stoffmengen der aus der Verbrennung von *1 kg* Benzin entstehenden Abgase

$$M_A := \begin{pmatrix} 44.01 \\ 28.01 \\ 64.06 \\ 18.015 \\ 28.01 \\ 32.00 \end{pmatrix} \cdot \frac{kg}{kmol} \qquad \Lambda_A := \begin{pmatrix} \kappa p \\ 0 \\ 0 \\ \omega p \\ \dfrac{1 - \Omega}{\Omega} \sigma p \\ 0 \end{pmatrix}$$

wird die Abgasmenge

$$Sum_A := \sum_{i=0}^{5} \Lambda_{A_i} \qquad Sum_A = 551.3 \frac{mol}{kg}$$

und die Zunahme des Abgasstroms gegenüber der zugeführten Luftmenge

$$\Delta n := Sum_A - Lp_{min} \qquad \Delta n = 37.2 \frac{mol}{kg}$$

berechnet. Die Abgaszusammensetzung wird bestimmt durch

$$\chi_A := \frac{\Lambda_A}{Sum_A} \qquad \chi_A^{\,T} = (0.128\ \ 0\ \ 0\ \ 0.135\ \ 0.737\ \ 0)$$

Für die isotherme Verdrängungsarbeit $W_p = p\,\Delta V$ ergibt sich damit

$$W_p := \Delta n \cdot R_m \cdot T_0 \qquad W_p = 92.224 \cdot \frac{kJ}{kg}$$

Der Heizwert beträgt

$$\Delta H_H^0 = 42{,}7\,\frac{MJ}{kg_B}$$

und die innere Reaktionsenergie der Verbrennung ist

$$\Delta U_R^0 = \Delta H_H^0 - p\,\Delta V = 42{,}6\,\frac{MJ}{kg_B}$$

**Diskussion:** Die innere Reaktionsenergie ist im vorliegenden Fall nur um *0,2 %* kleiner als die Reaktionsenthalpie. Für technische Brennstoffe ist der quantitative Unterschied stets unter *1 %* und damit in der Regel vernachlässigbar. Außerdem erfolgt in technischen Feuerungen und Brennkammern die Verbrennung isobar, sodass die Reaktionsenthalpie ohnehin die geeignete Bezugsgröße ist.

Wir haben bislang postuliert, dass alle Verbrennungsprodukte gasförmig vorliegen. Dies ist bei hohen Temperaturen, wie sie bei der Verbrennung auftreten, sicher der Fall. Bei der Nutzung der Verbrennungswärme durch Abkühlung der Reaktionsprodukte wird für die Komponente Wasserdampf der Taupunkt dann erreicht, wenn der Partialdruck des Wasserdampfs gleich dem Sättigungsdruck ist. Bei weiterer Abkühlung bildet sich durch Kondensation flüssiges Wasser, wobei der Partialdruck des Wasserdampfs stets gleich dem mit der Temperatur abfallenden Sättigungsdruck ist. Die Temperaturabhängigkeit des Sättigungsdrucks wurde in Kapitel 6 ausführlich diskutiert. Für Drücke $p < 1\ bar$ wird die Sättigungslinie ausreichend genau durch die Antoine-Gleichung (8.2) beschrieben. Die Kondensationswärme als latente Wärme des Phasenwechsels ist sehr hoch, sie wird im betrachteten Temperaturbereich ausreichend genau durch Gl. (8.15) erfasst.

Bestimmt man in einem Kalorimeter experimentell den Heizwert eines Brennstoffs, der eine Eigenschaft des Brennstoffs ist und nicht von der Prozessführung abhängt, so müssen Brennstoff und Verbrennungsluft mit der gleichen Temperatur zugeführt werden auf welche die Verbrennungsprodukte abgekühlt werden. Nimmt man als Bezugstemperatur $0\ °C$, so ist nahezu der gesamte Wasserdampf kondensiert und man misst den so genannten Brennwert des Brennstoffs. Brennwert und Heizwert hängen über die Beziehung

$$\Delta H_B^0 = \Delta H_H^0 + \Lambda_{A\_H2O}^{+}\, r(t_0) \tag{9.38}$$

oder, bei einem Brenngas mit molarem Brennwert und Heizwert über

$$\Delta H_{mB}^0 = \Delta H_{mH}^0 + \Lambda_{A\_H2O}\, M_{H2O}\, r(t_0) \tag{9.39}$$

voneinander ab.

In Brennwertkesseln wird angestrebt, die Wärme der Abgase so weit auszunutzen, dass möglichst viel von dem im Abgas enthaltenen Wasserdampf kondensiert wird.

**Beispiel 9.2 (Level 1):** Für die Verbrennung von Benzin aus Beispiel 9.1 ist der Brennwert zu berechnen. Man bestimme die Kondensatmenge, die bei einer Abkühlung der Reaktionsprodukte auf *35 °C* auftritt, wenn der Abkühlungsvorgang isobar bei $p = 1\ bar$ erfolgt und die durch Kondensation gewonnene Energie pro kg Brennstoff.

**Voraussetzungen:** Wie in Beispiel 9.1.

**Gegeben:**

$t_e := 35 \cdot °C \qquad p_0 := 1 \cdot bar$

außerdem Tripelpunktsdruck und Standardtemperatur

$p_{tr} := 611.66 \cdot Pa \qquad t_0 := 25 \cdot °C$

und die Funktionen für den Dampfdruck (8.2) und die Verdampfungswärme (8.15)

$$ps(t) := \left| \begin{array}{l} Arg \leftarrow 8.27947 - \dfrac{1776.102}{237.026 + \dfrac{t}{°C}} \\ 10^{Arg} \cdot 10^2 \cdot Pa \end{array} \right. \qquad c_{pD} := 1.86 \cdot \frac{kJ}{kg \cdot K} \qquad c_W := 4.19 \cdot \frac{kJ}{kg \cdot K}$$

$$r_{D0} := 2500.89 \cdot \frac{kJ}{kg}$$

$$r(t) := r_{D0} + (c_{pD} - c_W) \cdot t$$

**Lösung:** Die Kondensationswärme im chemischen Standardzustand beträgt

$$\Delta H_{Kond0} := \Lambda_{A_3} \cdot M_{A_3} \cdot r(t_0) \qquad \Delta H_{Kond0} = 3274.1 \cdot \frac{kJ}{kg}$$

und damit ist der Brennwert

$$\Delta H_B := \Delta H_H + \Delta H_{Kond0} \qquad \Delta H_B = 45.97 \cdot \frac{MJ}{kg}$$

Der Partialdruck des Wasserdampfs im heißen Abgas ist

$$p_D := p_0 \cdot \chi_{A_3} \qquad p_D = 0.135 \cdot bar$$

Mit einem Schätzwert für die Temperatur des Kondensationsbeginns wird diese Temperatur iterativ berechnet durch

$$t_D := 50 \cdot °C \qquad t_D := wurzel\left(ps(t_D) - p_D, t_D\right) \qquad t_D = 51.804 \cdot °C$$

Unterhalb dieser Temperatur beginnt die Kondensation.

Bei *35 °C* ist der Sättigungsdruck auf

$$p_{De} := ps(t_e) \qquad p_{De} = 0.056 \cdot bar$$

abgefallen. Der Molanteil des Wasserdampfes ist dann

$$\chi_{Ae} := \frac{p_{De}}{p_0} \qquad \chi_{Ae} = 0.056 \qquad \chi_{Aa} := \chi_{A_3} \qquad \chi_{Aa} = 0.135$$

Die molare Bilanz der Stoffströme des Wassers in der Kondensationsphase lautet mit

$$n_A := Sum_A \qquad n_A \cdot \chi_{Aa} - (n_A - n_W) \cdot \chi_{Ae} - n_W = 0$$

woraus die kondensierte molare Menge

$$n_W := -n_A \cdot \frac{(\chi_{Aa} - \chi_{Ae})}{(\chi_{Ae} - 1)} \qquad n_W = 45.96 \frac{mol}{kg}$$

oder

$$m_W := n_W \cdot M_{A_3} \qquad m_W = 0.828$$

in $kg_{Wasser}/kg_{Brennstoff}$ folgt. Mit dem Mittelwert der Verdampfungswärme in dem Temperaturbereich, in dem die Kondensation stattfindet, von

$$t_b := \frac{t_D + t_e}{2} \qquad r_b := r(t_b) \qquad r_b = 2399.8 \cdot \frac{kJ}{kg}$$

wird zusätzlich zum Heizwert die Kondensationswärme

$$\Delta H_{Kond} := m_W \cdot r_b \qquad \Delta H_{Kond} = 1.99 \cdot \frac{MJ}{kg}$$

gewonnen.

Durch die Kondensation hat sich die Abgasmenge verringert. Die neue Zusammensetzung des Abgases wird berechnet mit

$$\chi_{AK} := \frac{n_A}{n_A - n_W} \cdot \chi_A \qquad \chi_{AK_3} := \chi_{Ae} \qquad \chi_{AK}^{T} = (0.14\ \ 0\ \ 0\ \ 0.0563\ \ 0.8037\ \ 0) \qquad \sum_{i=0}^{5} \chi_{AK_i} = 1$$

**Diskussion:** Durch die Ausnutzung der Kondensationswärme bei Abkühlung der Verbrennungsgase auf *35 °C* wird das Potential der Kondensationswärme zu ca. *61 %* ausgeschöpft und eine Brennstoffausnutzung von ca. *108 %* gegenüber einer Heizung erreicht, bei der keine Kondensation auftritt. Es kann noch mehr gewonnen werden, wenn die in der Verbrennungsluft enthaltene Feuchtigkeit berücksichtigt wird.

## 9.3.2 Reaktions- und Bildungsenthalpien

Bei der Verbrennung von gasförmigen, flüssigen und festen Brennstoffen, deren chemische Zusammensetzung bekannt ist, wird die molare Reaktionsgleichung aufgestellt. Als Folge des Satzes von Hess erhält man die Reaktionsenthalpie beliebiger Reaktionen aus den Bildungsenthalpien der Stoffe, die als Edukte zugeführt werden und als Produkte abgegeben werden. Dabei ist die Bildungsenthalpie die Reaktionsenthalpie bei der Bildung des Stoffes. Aus praktischen Gründen bezieht man sich bei Gasen auf die stabilen Moleküle wie $H_2$, $O_2$, $N_2$ usw. und nicht auf die Elemente. Außerdem muss der Aggregatzustand (gasförmig, flüssig oder fest (amorph oder kristallin)) bekannt sein. Diese Bildungsenthalpien werden beim **chemischen Standardzustand von *25 °C* und *1 bar*** in Tabellenform (siehe Anhang 10.1) angegeben. Bezeichnen wir die aus den Reaktionsgleichungen ablesbaren stöchiometrischen Koeffizienten mit $\gamma$ und definieren wir in Übereinstimmung mit der Vorzeichenkonvention die eintretenden Edukte positiv und die austretenden Produkte negativ, so ist z.B. die Bildungsreaktion von Kohlendioxid

$$C + O_2 \rightarrow CO_2$$

$$\gamma_C = 1; \quad \gamma_{O2} = 1; \quad \gamma_{CO2} = -1$$

und mit den Bildungsenthalpien der Komponenten aus Anhang 10.1

$$\Delta H^f_{C,am} = 0; \quad \Delta H^f_{O2,g} = 0; \quad \Delta H^f_{CO2,g} = -393,51 \frac{kJ}{mol}$$

ergibt sich aus

$$\Delta H^0_{mH} = \gamma \cdot \Delta H^f \tag{9.40}$$

dass bei der Verbrennung von *1 mol* Kohlenstoff unter Standardbedingungen dem System der Heizwert

$$\Delta H^0_{mH,C} = 393,51 \frac{kJ}{mol}$$

zugeführt wird.

Bei der Bildungsreaktion von Wasser oder anderen Substanzen, die gasförmig oder flüssig vorliegen, ist die Angabe wichtig, ob gasförmiger oder flüssiger Zustand berücksichtigt wird. Die Bildungsreaktion ist

$$H_2 + \frac{1}{2} O_2 \rightarrow H_2O$$

mit den stöchiometrischen Koeffizienten

$$\gamma_{H2} = 1; \quad \gamma_{O2} = \frac{1}{2}; \quad \gamma_{H2O} = -1$$

und mit den Bildungsenthalpien

$$\Delta H^f_{H2,g} = 0; \quad \Delta H^f_{O2,g} = 0; \quad \Delta H^f_{H2O,g} = -241{,}82 \, \frac{kJ}{mol}$$

$$\Delta H^f_{H2O,fl} = -285{,}83 \, \frac{kJ}{mol} \, .$$

Damit folgt, dass bei der Verbrennung von *1 mol* Wasserstoff unter Standardbedingungen dem System der Heizwert

$$\Delta H^0_{mH,H2} = 241{,}82 \; kJ/mol$$

bzw. der Brennwert

$$\Delta H^0_{mB,H2} = 285{,}83 \; kJ/mol$$

zugeführt wird, je nachdem, ob das gebildete $H_2O$ nach der Reaktion in gasförmiger oder in flüssiger Form vorliegt.

Die Reaktionsenthalpie einer beliebigen Reaktion wird mit Gl. (9.40) ermittelt. Liegt ein Brenngas der in Abschnitt 9.2.1 diskutierten Zusammensetzung $\chi_{B,i}$ vor, so erhalten wir mit den stöchiometrischen Koeffizienten der entsprechenden Reaktionsgleichungen $\gamma_k$ für die brennbaren Anteile

$$\Delta H^0_{mH} = \sum_i \chi_{B,i} \left( \sum_k \gamma_k \; \Delta H^f_k \right)_i \, . \tag{9.41}$$

So sind bei der Verbrennung eines Gemischs aus *60 Vol.-%* Ethan und *40 Vol.-%* Propan die Reaktionsgleichungen

$$C_2H_6 + \frac{7}{2} O_2 \rightarrow 2\, CO_2 + 3\, H_2O$$

$$C_3H_8 + 5\, O_2 \rightarrow 3\, CO_2 + 4\, H_2O$$

gültig mit den Bildungsenthalpien

$$\Delta H^f_{C2H6} = -84{,}68 \, \frac{kJ}{mol}; \quad \Delta H^f_{C3H8} = -103{,}85 \, \frac{kJ}{mol}; \quad \Delta H^f_{O2} = 0;$$

$$\Delta H^f_{CO2} = -393{,}51 \, \frac{kJ}{mol}; \quad \Delta H^f_{H2O,g} = -241{,}82 \, \frac{kJ}{mol} \; bzw. \; \Delta H^f_{H2O,fl} = -285{,}83 \, \frac{kJ}{mol} .$$

Der molare Heizwert folgt mit Gl. (9.41) aus

$$\Delta H^0_{mH} = 0{,}60 \left( \Delta H^f_{C2H6} + \frac{7}{2} \cdot \Delta H^f_{O2} - 2 \cdot \Delta H^f_{CO2} - 3 \cdot \Delta H^f_{H2O} \right)$$

$$+ 0{,}40 \left( \Delta H^f_{C3H8} + 5 \cdot \Delta H^f_{O2} - 3 \cdot \Delta H^f_{CO2} - 4 \cdot \Delta H^f_{H2O} \right)$$

mit dem Ergebnis

$$\Delta H^0_{mH} = 1674{,}2 \, \frac{kJ}{mol} ,$$

wenn die Bildungsenthalpie des gasförmigen Wassers eingesetzt wird und den molaren Brennwert

$$\Delta H^0_{mB} = 1823{,}9 \, \frac{kJ}{mol} ,$$

wenn die Bildungsenthalpie des flüssigen Wassers verwendet wird.

Die vorstehenden Werte beziehen sich auf den chemischen Standardzustand von *25 °C* und *100 kPa*. Die Umrechnung auf den Normzustand mit der Bezugstemperatur von *0 °C*, der manchmal bei Verbrennungsrechnungen zugrunde gelegt wird, erfolgt nach Maßgabe des 1. HS mit $\Delta T = 25\ K$

$$\Delta H_{mH}^{N} = \sum_i \chi_{B,i} \left( \sum_k \gamma_k \left( \Delta H_k^f + c_{pm,k}\ \Delta T \right) \right)_i \tag{9.42}$$

mit den Ergebnissen

$$\Delta H_{mH}^{N} = 1683{,}8\ \frac{kJ}{mol}$$

und

$$\Delta H_{mB}^{N} = 1837{,}0\ \frac{kJ}{mol}\ .$$

**Beispiel 9.3 (Level 1):** Erdgas hat die Zusammensetzung $CH_4$ = *88,5;* $C_2H_6$ = *4,7;* $C_3H_8$ = *1,6;* $C_4H_{10}$ = *0,2;* $N_2$ = *5,0 Vol.-%*. Heizwert und Brennwert im Normzustand sind zu bestimmen.

**Lösung:** Zusammensetzung und Eigenschaften des Erdgases enthält die folgende Matrix:

$$Erdgas := \begin{pmatrix} 0.885 & 1 & 4 & 16.04 & -74.81 & 2.009 \\ 0.047 & 2 & 6 & 30.07 & -84.68 & 1.750 \\ 0.016 & 3 & 8 & 44.09 & -103.85 & 1.667 \\ 0.002 & 4 & 10 & 58.12 & -126.15 & 1.699 \\ 0.05 & 0 & 0 & 28.01 & 0 & 1.0397 \end{pmatrix}$$

für die Komponenten $CH_4$, $C_2H_6$, $C_3H_8$, $C_4H_{10}$ und $N_2$ mit dem Molanteil in Spalte 0, der Zahl der C-Atome x und der Zahl der H-Atome y in den Spalten 1 und 2, der molaren Masse M in *kg/kmol* in Spalte 3, der Bildungsenthalpie in *kJ/mol* in Spalte 4, und der spezifischen Wärmekapazität in *kJ/kg K* in Spalte 5.

Die mittlere Zahl x der C-Atome und die mittlere Zahl y der H-Atome des Gemisches von Kohlenwasserstoffen wird bestimmt durch

$$i := 0..3$$

$$x := \frac{\sum_i \left( Erdgas_{i,0} \cdot Erdgas_{i,1} \right)}{\sum_i Erdgas_{i,0}} \qquad x = 1.089$$

$$y := \frac{\sum_i \left( Erdgas_{i,0} \cdot Erdgas_{i,2} \right)}{\sum_i Erdgas_{i,0}} \qquad y = 4.179$$

Die Kennziffern der Verbrennung mit reinem Sauerstoff unter stöchiometrischen Verhältnissen sind

$$\kappa := x \cdot Sum \qquad \kappa = 1.035$$

$$\sigma := \left( x + \frac{y}{4} \right) \cdot Sum \qquad \sigma = 2.028$$

$$\omega := \frac{y}{2} \cdot Sum \qquad \omega = 1.985$$

$$\nu := Erdgas_{4,0} \qquad \nu = 0.05$$

Den Sauerstoffbedarf und die Eigenschaften des Sauerstoffs und der Reaktionsprodukte $CO_2$, $H_2O$ und $N_2$ enthält die Matrix

$$Reakt := \begin{pmatrix} \sigma & 0 & 32.00 & 0.91738 \\ -\kappa & -393.51 & 44.01 & 0.8432 \\ -\omega & -241.82 & 18.015 & 1.8638 \\ -\nu & 0 & 28.01 & 1.0397 \end{pmatrix}$$

mit den Kennzahlen der Verbrennung in Spalte 0, der Bildungsenthalpie in *kJ/mol* in Spalte 1, der molaren Masse in *kg/kmol* in Spalte 2 und der spezifischen Wärmekapazität in *kJ/kg K* in Spalte 3.
Der Heizwert des Erdgases im chemischen Standardzustand wird berechnet durch

$$\Delta H_{mH0} := \left[ Erdgas^{\langle 0 \rangle} \cdot Erdgas^{\langle 4 \rangle} + \sum_{j=0}^{3} \left( Reakt_{j,0} \cdot Reakt_{j,1} \right) \right] \cdot \frac{kJ}{mol}$$

$$\Delta H_{mH0} = 815.195 \frac{kJ}{mol}$$

Die molaren Wärmekapazitäten der Komponenten sind

$$i := 0..4$$

$$c_{pmE_i} := Erdgas_{i,3} \cdot \frac{kg}{kmol} \cdot Erdgas_{i,5} \cdot \frac{kJ}{kg \cdot K} \qquad c_{pmE} = \begin{pmatrix} 32.224 \\ 52.623 \\ 73.498 \\ 98.746 \\ 29.122 \end{pmatrix} \cdot \frac{kJ}{kmol \cdot K}$$

und

$$j := 0..3$$

$$c_{pmR_j} := Reakt_{j,2} \cdot \frac{kg}{kmol} \cdot Reakt_{j,3} \cdot \frac{kJ}{kg \cdot K} \qquad c_{pmR} = \begin{pmatrix} 29.356 \\ 37.109 \\ 33.576 \\ 29.122 \end{pmatrix} \cdot \frac{kJ}{kmol \cdot K}$$

Damit sind die Korrektur des Heizwerts $\delta H_H$ und der auf *0 °C* bezogene Heizwert $\Delta H_{HN}$ mit der Temperaturdifferenz

$$\Delta T := -25 \cdot K$$

$$\delta H_{mH} := \left[ Erdgas^{\langle 0 \rangle} \cdot c_{pmE} + \sum_{j=0}^{3} \left( Reakt_{j,0} \cdot c_{pmR_j} \right) \right] \cdot \Delta T$$

$$\delta H_{mH} = 0.329 \cdot \frac{kJ}{mol} \qquad \Delta H_{mHN} := \Delta H_{mH0} + \delta H_{mH} \qquad \Delta H_{mHN} = 815.524 \frac{kJ}{mol}$$

Für den Brennwert werden die Reaktionsenthalpie und die spezifische Wärmekapazität für flüssiges Wasser in die Matrix eingegeben:

$$Reakt_{2,1} := -285.830 \qquad Reakt_{2,3} := 4.179$$

und mit den entsprechend abgeänderten Algorithmen erhält man die Ergebnisse

$$\Delta H_{mB0} = 902.555 \frac{kJ}{mol} \qquad \delta H_{mB} = 2.399 \frac{kJ}{mol} \qquad \Delta H_{mBN} = 904.954 \frac{kJ}{mol}$$

## 9.3.3 Energiebilanzen

Zur Erstellung der Energiestrombilanz für den stationär durchströmten Reaktionsraum, in dem die Verbrennung stattfindet, ist es wichtig, alle Größen entweder auf die chemische Standardtemperatur $t_0 = 25\ °C$ oder auf die Normtemperatur $t_N = 0\ °C$ zu beziehen. Man muss nur konsistent verfahren und bei der Formulierung der Funktionen für die kalorischen

Größen die gleiche Temperatur als untere Integrationsgrenze verwenden wie beim Heizwert. Bei der Verbrennung von flüssigen oder festen Brennstoffen wird dem Reaktionsraum Brennstoff mit der spezifischen Wärmekapazität $c_B$ und der Temperatur $t_B$ in °C sowie die Verbrennungsluft mit der Temperatur $t_L$ zugeführt. Den Reaktionsraum verlässt das Gemisch der Verbrennungsprodukte unter Einbeziehung der Asche mit der Temperatur $t_A$. Dann ist die Energiebilanz

$$\Delta H_H^0 + c_B\,(t_B - t_0) + L^+\,h_{mL}^0(t_L) = \sum_i \Lambda_{A,i}^+\,h_{m,i}^0(t_A) + \psi_{B_6}\,c_A\,(t_A - t_0). \tag{9.43}$$

Für einen gasförmigen Brennstoff lautet die Energiebilanz entsprechend

$$\Delta H_{mH}^0 + h_{mB}^0(t_B) + L\,h_{mL}^0(t_L) = \sum_i \Lambda_{A,i}\,h_{m,i}^0(t_A). \tag{9.44}$$

Aus den vorstehenden Bilanzgleichungen kann bei vorgegebener Luftmenge die adiabate Verbrennungstemperatur oder bei Vorgabe dieser Temperatur die erforderliche Luftmenge bestimmt werden. Es wird berücksichtigt, dass die austretenden Abgase in Übereinstimmung mit dem egozentrischen System negativ sind. Für den Brennstoff ist der spezifische bzw. molare, auf die Standardtemperatur bezogene Heizwert einzusetzen. Dann müssen auch die molaren Enthalpien auf diesen Zustand bezogen werden. Vielfach wird der Heizwert von gasförmigen Brennstoffen auf Normkubikmeter bezogen als $\Delta H_{NH}^0$ in $MJ/m_N^3$ angegeben. Die Umrechnung erfolgt durch

$$\Delta H_{mH}^0 = \Delta H_{NH}\,V_N \quad mit \quad V_N = 22{,}4141\,\frac{m_N^3}{kmol}.$$

**Beispiel 9.4 (Level 2):** In einer Anlage zur Erzeugung von Prozessdampf werden Holzhackschnitzel verbrannt. Die Elementaranalyse ergibt *c = 0,4225; h = 0,0507; o = 0,3718; w = 0,1500; a = 0,0050.* Der Heizwert beträgt *15,51 MJ/kg.* Die der Feuerung zugeführte Luft hat die Zusammensetzung $N_2$ = *75,77;* $O_2$ = *20,33;* $H_2O$ = *2,96;* Ar = *0,94 Vol.-%.* Die Luft strömt mit einer Temperatur von *15 °C* zu, der Brennstoff wird mit *10 °C* zugeführt. Die Verbrennungsgase haben eine Temperatur von *1300 °C.*

(a) Mit welcher Luftüberschusszahl $\lambda$ wird die Verbrennung durchgeführt?

(b) Die Verbrennungsgase geben zur Dampferzeugung Wärme bis zu einer Temperatur von *150 °C* ab. Wie groß ist die Nutzwärme pro kg Brennstoff?

(c) Die Anlage wird durch den Einbau eines Luftvorwärmers modifiziert, in dem durch die Abgase die Verbrennungsluft auf *140 °C* aufgewärmt wird. Wie ändern sich die Luftüberschusszahl und die Nutzwärme? Welche Zusammensetzung hat das Abgas?

**Voraussetzungen:** Die Verbrennung erfolgt vollständig. Luft und Verbrennungsgase sind Gemische idealer Gase mit temperaturabhängigen spezifischen Wärmekapazitäten. Brennstoff und Asche sind Festkörper mit den spezifischen Wärmekapazitäten $c_B = 2{,}5\ kJ/kg\ K$ und $c_A = 1{,}0\ kJ/kg\ K$.

**Gegeben:**

$$\psi_B^T = (0.4225\ \ 0.0507\ \ 0\ \ 0.3718\ \ 0\ \ 0.15\ \ 0.005)$$

$$\chi_L^T = (0\ \ 0.7577\ \ 0.2033\ \ 0\ \ 0\ \ 0.0296\ \ 0.0094)$$

$t_B := 10\cdot °C$ $\quad t_U := 15\cdot °C$ $\quad t_A := 1300\cdot °C$ $\quad t_N := 150\cdot °C$

$\Delta H_H := 15.51\cdot\frac{MJ}{kg}$ $\quad c_B := 2.5\cdot\frac{kJ}{kg\cdot K}$ $\quad c_A := 1.0\cdot\frac{kJ}{kg\cdot K}$

$t_{La} := 140\cdot °C$ $\quad t_{Aa} := 80\cdot °C$

**Lösung:** Brennstoffzusammensetzung und Luftzusammensetzung sind in den Matrizen $\psi_B$ und $\chi_L$ enthalten.

Der Sauerstoffbedarf ist

$$O_{min} := \frac{\psi_{B_0}}{M_{B_0}} + \frac{1}{2}\cdot\frac{\psi_{B_1}}{M_{B_1}} - \frac{\psi_{B_3}}{M_{B_3}} \qquad O_{min} = 36.132\,\frac{mol}{kg}$$

und die Kennziffern der Verbrennung sowie der minimale Luftbedarf werden berechnet durch

$$\kappa p := \frac{\psi_{B_0}}{M_{B_0}} \qquad \sigma p := O_{min} \qquad \omega p := \frac{\psi_{B_1}}{M_{B_1}} + \frac{\psi_{B_5}}{M_{B_5}} \qquad Lp_{min} := \frac{O_{min}}{\chi_{L_2}}$$

mit den Ergebnissen

$$\kappa p = 35.176\,\frac{mol}{kg} \qquad \sigma p = 36.132\,\frac{mol}{kg} \qquad \omega p = 33.475\,\frac{mol}{kg} \qquad Lp_{min} = 177.726\,\frac{mol}{kg}$$

Damit werden die von der Luftüberschusszahl $\lambda$ abhängige Matrix für die Verbrennung und die Matrix für die zugeordneten Enthalpiefunktionen $h_m(t)$ aufgestellt:

$$\Lambda_{AV}(\lambda) := \begin{bmatrix} \kappa p \\ 0 \\ 0 \\ \omega p + \lambda\cdot\dfrac{\chi_{L_5}}{\chi_{L_2}}\cdot\sigma p \\ \lambda\cdot\dfrac{\chi_{L_1}}{\chi_{L_2}}\sigma p \\ (\lambda - 1)\cdot\sigma p \\ \lambda\cdot\dfrac{\chi_{L_6}}{\chi_{L_2}}\cdot\sigma p \end{bmatrix} \qquad \varepsilon(t) := \begin{pmatrix} h_{mCO2}(t) \\ 0 \\ 0 \\ h_{mH2O}(t) \\ h_{mN2}(t) \\ h_{mO2}(t) \\ h_{mAr}(t) \end{pmatrix} \qquad M_A := \begin{pmatrix} 44.01 \\ 28.01 \\ 64.06 \\ 18.015 \\ 28.01 \\ 32.00 \\ 39.95 \end{pmatrix}\cdot\frac{kg}{kmol}$$

Damit wird der 1. HS für die Feuerung mit den auf *1 kg* Brennstoff bezogenen Termen formuliert:

$$EBL(\lambda) := \Delta H_H + c_B\cdot(t_B - t_0) + \lambda\cdot Lp_{min}\cdot h_{mL}(t_U) - \Lambda_{AV}(\lambda)\cdot\varepsilon(t_A) - \psi_{B_6}\cdot c_A\cdot(t_A - t_0)$$

wobei die positiven Terme der Feuerung zugeführt werden und die negativen Terme die Feuerung verlassen. Die Nullstelle dieser Funktion wird mit einem Vorgabewert iterativ ermittelt durch

$$\lambda := 2 \qquad \lambda := wurzel(EBL(\lambda),\lambda) \qquad \lambda = 1.743$$

Der molare, auf das *kg* Brennstoff bezogene Strom der Abgase ist

$$\sum_i \Lambda_{AV}(\lambda)_i = 342.273\,\frac{mol}{kg}$$

Bei einer Nutzung der im Abgas enthaltenen Wärme bis $t_N = 150\ °C$ ist die Nutzwärme

$$Qp_{Nutz}(\lambda) := \Lambda_{AV}(\lambda)\cdot(\varepsilon(t_N) - \varepsilon(t_A)) \qquad Qp_{Nutz}(\lambda) = -14.056\,\frac{MJ}{kg}$$

Bei Vorwärmung der Luft auf *140 °C* hat die entsprechend modifizierte Funktion die Nullstelle

$$\lambda_{LV} = 1.910$$

Der molare, auf *1 kg* Brennstoff bezogene Abgasstrom ist dann

$$\sum_i \Lambda_{AV}(\lambda_{LV})_i = 371.993\,\frac{mol}{kg}$$

und die Nutzwärme beträgt

$$Qp_{Nutz}\left(\lambda_{LV}\right) = -15.183 \cdot \frac{MJ}{kg}$$

Mit

$$\chi_{AV} := \frac{\Lambda_{AV}\left(\lambda_{LV}\right)}{\sum_i \Lambda_{AV}\left(\lambda_{LV}\right)_i}$$

ist die Zusammensetzung des Abgases

$$\chi_{AV}^{T} = (0.0946 \;\; 0 \;\; 0 \;\; 0.117 \;\; 0.6915 \;\; 0.0884 \;\; 0.0086)$$

**Diskussion:** Durch die Luftvorwärmung erhöht sich bei konstanter Temperatur der Abgase nach der Verbrennung die Luftüberschusszahl und damit der molare Fluss der Abgase und die übertragene Wärmemenge. Der Nutzen wird um *8,1 %* gesteigert.

## 9.3.4 Prozesse mit innerer Verbrennung

### 9.3.4.1 Der offene, stationäre Gasturbinenprozess

In Abschnitt 5.2 haben wir uns ausführlich mit dem Gasturbinenkreislauf und mit den Möglichkeiten seiner thermodynamischen Verbesserung beschäftigt. Dort haben wir vorwiegend geschlossene Kreisläufe mit Wärmezufuhr und Wärmeabfuhr über Wärmeübertrager behandelt. Wir haben dabei aufgezeigt, wie durch mehrstufige Verdichtung mit Zwischenkühlung sowie durch mehrstufige Turbinenentspannung mit Zwischenwärmezufuhr in Verbindung mit innerer Wärmeübertragung Wirkungsgradverbesserungen erzielt werden können. Diese aufwändigen Schaltungen spielen heute eine untergeordnete Rolle, da sich die einfache, offene Gasturbinenanlage, gekennzeichnet durch kompakte Bauweise, hohe Maximaltemperatur im Prozess und das dadurch bedingte hohe Druckverhältnis weitgehend durchgesetzt hat.

Wir haben in Abschnitt 5.2 auch gezeigt, dass das Berechnungsverfahren für geschlossene Prozesse bei vereinfachenden Annahmen auch für offene Prozesse anwendbar ist. Selbstverständlich beschränken solche Annahmen die Genauigkeit der Aussage. Strebt man eine möglichst hohe Genauigkeit der Berechnung des offenen Prozesses an, so muss man Druckverluste in der Brennkammer und sonstige Druckverluste, Verluste durch Schaufelkühlung und Änderungen der kinetischen Energie beim Zustrom der Luft im Ansaugkanal und beim Abstrom der Abgase im Abströmkanal berücksichtigen. Außerdem müssen der Verbrennungsvorgang und die damit verbundenen Veränderungen der thermodynamischen Eigenschaften der Gase ausreichend genau berücksichtigt werden. Mit der Behandlung der Gase als Gemische idealer Gase mit temperaturabhängigen spezifischen Wärmekapazitäten erhält man bei Berücksichtigung von der Massenzufuhr durch den Brennstoff und von den chemischen Veränderungen der Gase durch die Verbrennung eine recht gute Wiedergabe der tatsächlichen Verhältnisse.

Beim einfachen, offenen Gasturbinenprozess saugt nach Abb. 9.2 ein Verdichter Luft aus der Umgebung an und verdichtet sie. In der Brennkammer wird Brennstoff zugeführt. Die Verbrennung findet bei hohem Druck statt. Die Abgase werden anschließend in der Turbine entspannt.

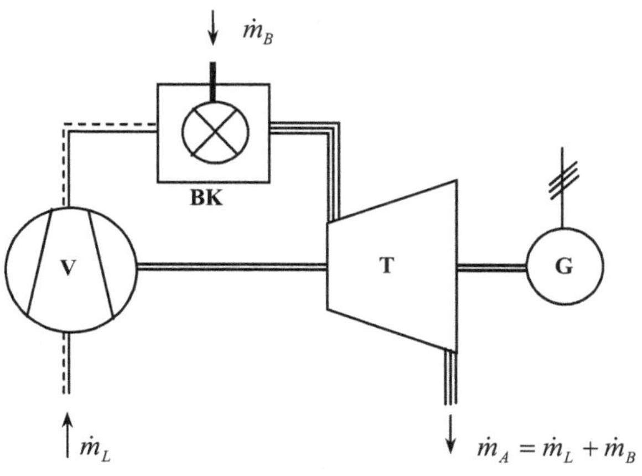


*Abb. 9.2: Offene Gasturbinenanlage*

Zur Berücksichtigung der Effekte, die durch Veränderungen der kinetischen Energie der Strömung verursacht werden, benutzt man die bereits in Gl. (5.29) eingeführte totale Enthalpie, die definiert ist durch

$$h_t(t) = h(t) + \frac{\overline{v}^2}{2}.$$

Danach wird die Enthalpie der Luft beim Eintritt in den Verdichter durch den Aufbau von kinetischer Energie abgesenkt gemäß

$$h_L(t_1) = h_{tL}(t_{1s}) \quad \text{oder} \quad h_L(t_{1s}) = h_L(t_1) - \frac{\overline{v}_{1s}^{\,2}}{2}.$$

Dagegen steigt beim Austritt der Abgase aus der Turbine durch die Rückgewinnung von kinetischer Energie die Enthalpie gemäß

$$h_A(t_4) = h_A(t_{4s}) + \frac{\overline{v}_{4s}^{\,2}}{2}$$

an.

In der folgenden Analyse vernachlässigen wir die Änderungen der kinetischen Energien der Strömung. Die Energiestrombilanz für die gesamte Anlage im stationären Betrieb lautet dann

$$\sum_{i=1}^{3} \dot{m}_i \, h_i + \dot{W}_t = 0$$

oder, unter Berücksichtigung der Massenbilanz

$$-\dot{W}_t = \dot{m}_L \, h_{L1} + \dot{m}_B \, H_B - (\dot{m}_L + \dot{m}_B) \, h_{A4}. \tag{9.45}$$

Der 1. HS für die Brennkammer lautet unter der Voraussetzung, dass durch die Dimensionierung der Strömungskanäle keine Änderungen der kinetischen Energie auftreten

$$\sum_{i=1}^{3} \dot{m}_i \, h_i = 0$$

oder

$$\dot{m}_B \, H_B = (\dot{m}_L + \dot{m}_B) \, h_{A3} - \dot{m}_L \, h_{L2}. \tag{9.46}$$

Das Brennstoff /Luft-Verhältnis wurde in Gl. (5.8) mit

$$\beta = \frac{\dot{m}_B}{\dot{m}_L}$$

eingeführt.

Somit folgt für die auf den Luftmassenstrom bezogene spezifische Arbeit

$$-w = h_{L1} + (1+\beta)\,h_{A3} - h_{L2} - (1+\beta)\,h_{A4}\,.$$

Die dem Verdichter zuzuführende Arbeit ist dabei

$$w_{tV} = h_{L2} - h_{L1} \qquad (9.47)$$

und die Turbine gibt die Arbeit

$$w_{tT} = (1+\beta)(h_{A3} - h_{A4})$$

ab.

Die Brennstoffenthalpie $H_B$ setzt sich aus dem auf den chemischen Standardzustand bezogenen Heizwert $\Delta H_H^0$ und der fühlbaren Wärme des mit der Temperatur $t_B$ zugeführten Brennstoffs zusammen:

$$H_B = \Delta H_H^0 + h_B(t_B) \qquad (9.48)$$

Alle Enthalpien werden mit der Bezugstemperatur des chemischen Normzustands $t_{ref}$ gemäß

$$h(t) = \int_{t_{ref}}^{t} c_p(t)\,dt$$

ermittelt.

Die Effizienz oder der thermische Wirkungsgrad des Prozesses wird ermittelt durch

$$\varepsilon_P = \eta_{th\_P} = \frac{w_{tV} + w_{tT}}{\beta\,\Delta H_H^0} \qquad (9.49)$$

und der effektive Wirkungsgrad ist mit Berücksichtigung der äußeren Verluste

$$\varepsilon_{eff} = \eta_{eff} = \eta_{el}\,\eta_m\,\eta_{th\_P}\,. \qquad (9.50)$$

Für die Verbrennungsrechnung ist es von Vorteil, wieder mit molaren Größen zu arbeiten. Die Durchrechnung einer offenen Gasturbinenanlage wird im nachfolgenden Beispiel durchgeführt.

**Beispiel 9.5 (Level 2):** Eine einfache, mit Methan befeuerte Gasturbinenanlage gemäß Abb. 9.2 arbeitet mit den folgenden Parametern:

| | |
|---|---|
| Zusammensetzung der Luft gemäß Beispiel 5.4 | |
| Zustand der Luft der Umgebung | $t_U = 15\ °C;\ p_U = 1\ atm$ |
| Druckverhältnis des Verdichters | $\Pi_V = 16$ |
| Isentroper Wirkungsgrad des Verdichters | $\eta_{iV} = 0{,}85$ |
| Druckverhältnis der Turbine | $\Pi_T = 15{,}8$ |
| Isentroper Wirkungsgrad der Turbine | $\eta_{iT} = 0{,}90$ |
| Maximale Temperatur vor Turbineneintritt | $t_{max} = 1200\ °C$ |

Das Methan wird aus einem Gasnetz durch Drosselung bei Umgebungstemperatur entnommen. Der Heizwert des Methans, bezogen auf die chemische Standardtemperatur, beträgt *802,34 kJ/mol.*

Am Verdichtereintritt ist der Volumenstrom der angesaugten Luft *100 m³/s*. Der mechanisch-elektrische Wirkungsgrad des Generators beträgt $\eta_{mG} = 0{,}94$.

Wie groß ist das Brennstoff/Luft-Verhältnis? Welche elektrische Leistung liefert die Anlage? Welche Exergieleistung könnte theoretisch aus dem Abgasstrom gewonnen werden?

**Voraussetzungen:** Luft und Abgas sind ideale Gasgemische mit temperaturabhängigen Wärmekapazitäten. Die Verbrennung erfolgt vollständig und vollkommen. Änderungen der kinetischen Energie werden vernachlässigt.

**Gegeben:**

$t_U := 15\cdot °C$ $\quad \Pi_V := 16$ $\quad \eta_{iV} := 0.88$

$t_{max} := 1200\cdot °C$ $\quad \Pi_T := 15.8$ $\quad \eta_{iT} := 0.90$ $\quad \Delta H_{mCH4} = 802.34\cdot \frac{kJ}{mol}$

$Vp_L := 100\cdot \frac{m^3}{s}$ $\quad p_U := 1\cdot atm$ $\quad \eta_{mG} := 0.98$

**Lösung:** Mit den Konstantensätzen $C_G$ und $D_G$ und der Matrix für die Luftzusammensetzung werden die Funktionen $h_m(t)$ für die Komponenten feuchte Luft, $CH_4$, $N_2$, $O_2$, $CO_2$, $H_2O$ und Argon sowie die Funktion $s_{mL}(t)$ für feuchte Luft bereitgestellt. Die Funktion für $CH_4$ wird aus einer Tabelle erzeugt, siehe Beispiel 9.8. Die Bezugstemperatur für alle Funktionen ist die Temperatur des chemischen Standardzustandes $t_0 = 25\ °C$.

Die molare Enthalpie im Ansaugzustand wird berechnet durch

$$t_1 := t_U \qquad h_{mL1} := h_{mL}(t_1) \qquad h_{mL1} = -0.292\cdot \frac{kJ}{mol}$$

Aus der Bedingung für isentrope Zustandsänderung wird die molare Entropie am Verdichteraustritt bestimmt durch

$$s_{mL2} := s_{mL}(t_1) + R_m\cdot ln(\Pi_V)$$

Mit dem Schätzwert aus der einfachen Theorie

$$\kappa := 1.40 \qquad t_{2is} := Tt(t_1)\cdot \Pi_V^{\frac{\kappa-1}{\kappa}} - 273.15\cdot K \qquad t_{2is} = 363.137\cdot °C$$

folgt für die für die isentrope Temperatur am Verdichteraustritt

$$t_{2is} := wurzel\left(s_{mL2} - s_{mL}(t_{2is}), t_{2is}\right) \qquad t_{2is} = 352.439\cdot °C$$

Damit wird die molare Enthalpie am Verdichteraustritt durch

$$h_{mL2is} := h_{mL}(t_{2is}) \qquad h_{mL2} := h_{mL1} + \frac{(h_{mL2is} - h_{mL1})}{\eta_{iV}} \qquad h_{mL2} = 11.149\cdot \frac{kJ}{mol}$$

errechnet und die Temperatur am Ende der Verdichtung beträgt

$$t_2 := t_{2is} \qquad t_2 := wurzel\left(h_{mL}(t_2) - h_{mL2}, t_2\right) \qquad t_2 = 396.80\cdot °C$$

Mit den Kennziffern für die Verbrennung von Methan

$$\kappa_V := 1 \qquad \omega := 2 \qquad \sigma := 2$$

folgt für den minimalen Luftbedarf

$$o_{min} := \sigma \qquad L_{min} := \frac{o_{min}}{\chi_{fL_2}} \qquad L_{min} = 9.852$$

Mit den Matrizen für die Abgasbildung aus der Verbrennung von Methan als Funktion der Luftüberschusszahl $\lambda$ und für die Enthalpiefunktionen der Abgaskomponenten

$$\Lambda_A(\lambda) := \begin{bmatrix} 0 \\ \lambda\cdot L_{min}\cdot \chi_{fL_1} \\ (\lambda - 1)\cdot o_{min} \\ 0 \\ \kappa_V \\ \omega + \lambda\cdot L_{min}\cdot \chi_{fL_5} \\ \lambda\cdot L_{min}\cdot \chi_{fL_6} \end{bmatrix} \qquad \varepsilon_A(t) := \begin{pmatrix} 0 \\ h_{mN2}(t) \\ h_{mO2}(t) \\ 0 \\ h_{mCO2}(t) \\ h_{mH2O}(t) \\ h_{mAr}(t) \end{pmatrix}$$

wird für die Brennkammer die Funktion

$$EBL(\lambda) := \Delta H_{mCH4} + h_{mCH4}(t_B) + \lambda \cdot L_{min} \cdot h_{mL2} - \Lambda_A(\lambda) \cdot \varepsilon_A(t_{max})$$

erstellt. Die Nullstelle dieser Funktion wird iterativ ermittelt durch

$$\lambda := 2 \qquad \lambda := wurzel(EBL(\lambda), \lambda) \qquad \lambda = 2.742$$

Damit ist die Energiebilanz der Brennkammer gelöst.

Die Aufsummierung der Abgasmatrix

$$Sum_A := \sum_{i=0}^{6} \Lambda_A(\lambda)_i \qquad Sum_A = 28.014$$

ergibt die Abgasmenge, die bei der Verbrennung von einer Stoffmengeneinheit Methan entsteht. Der Luftbedarf für die Verbrennung ist mit

$$\lambda \cdot L_{min} = 27.014$$

um genau eine Stoffmengeneinheit geringer. Damit ist nachgewiesen, dass auch die Stoffmengenbilanz der Brennkammer erfüllt wird. Das Brennstoff/Luft-Verhältnis bei der Verbrennung ist

$$\beta := \frac{1}{\lambda \cdot L_{min}} \qquad \beta = 0.0370$$

Die Abgaszusammensetzung wird bestimmt durch

$$\chi_A := \frac{\Lambda_A(\lambda)}{Sum_A} \qquad \chi_A^{\;T} = (0 \;\; 0.7309 \;\; 0.1244 \;\; 0 \;\; 0.0357 \;\; 0.1003 \;\; 0.0087)$$

Mit dieser Abgaszusammensetzung werden für das Abgas die Funktionen $h_{mA}(t)$ und $s_{mA}(t)$ bereitgestellt.

Damit ist die molare Enthalpie des Abgases beim Eintritt in die Gasturbine

$$t_{A3} := t_{max} \qquad h_{mA3} := h_{mA}(t_{A3}) \qquad h_{mA3} = 39.379 \cdot \frac{kJ}{mol}$$

Mit der Bedingung für isentrope Entspannung folgt für die molare Entropie am Turbinenaustritt

$$s_{mA4} := s_{mA}(t_{A3}) - R_m \cdot ln(\Pi_T)$$

Aus dieser Bedingung wird mit einem Schätzwert aus der einfachen Theorie die isentrope Temperatur am Turbinenaustritt iterativ bestimmt:

$$t_{A4is} := Tt(t_{A3}) \cdot \Pi_T^{-\frac{\kappa-1}{\kappa}} - 273.15 \cdot K \qquad t_{A4is} = 396.39 \cdot °C$$

$$t_{A4is} := wurzel\left(s_{mA}(t_{A4is}) - s_{mA4}, t_{A4is}\right) \qquad t_{A4is} = 489.58 \cdot °C$$

Die molare Enthalpie am Turbinenaustritt unter Berücksichtigung des isentropen Wirkungsgrades der Turbine ist

$$h_{mA4is} := h_{mA}(t_{A4is}) \qquad h_{mA4} := h_{mA3} + \eta_{iT} \cdot (h_{mA4is} - h_{mA3}) \qquad h_{mA4} = 16.944 \cdot \frac{kJ}{mol}$$

und die zugehörige Temperatur wird iterativ ermittelt durch

$$t_{A4} := t_{A4is} \qquad t_{A4} := wurzel\left(h_{mA}(t_{A4}) - h_{mA4}, t_{A4}\right) \qquad t_{A4} = 564.96 \cdot °C$$

Das $T,s_m$-Diagramm des Prozesses wird in Abb. 9.3 wiedergegeben. Die gestrichelte Linie ist die Umgebungsisobare.

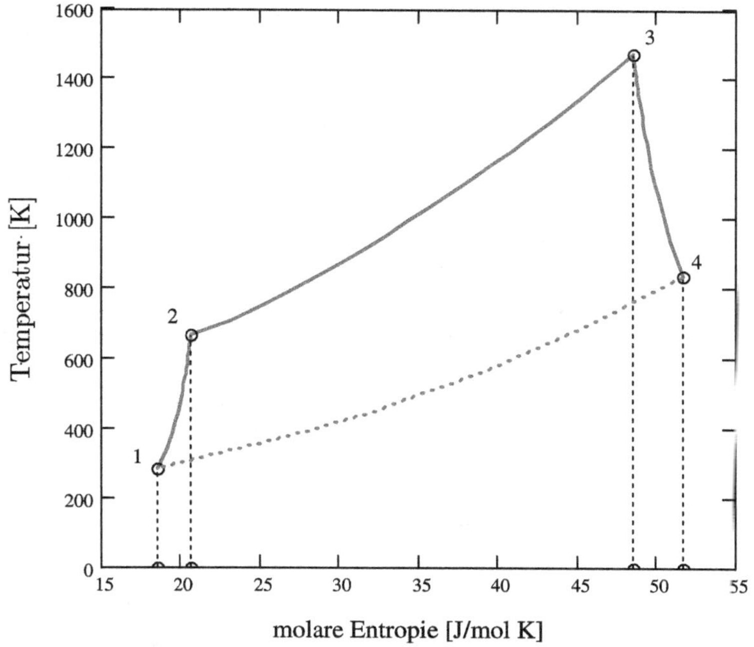


*Abb. 9.3: T, $s_m$-Diagramm eines offenen Gasturbinenprozesses*

Mit den auf den Luftstrom bezogenen molaren Größen für den Verdichter

$$w_{tmV} := h_{mL2} - h_{mL1} \qquad w_{tmV} = 11.44\text{[illegible]} \cdot \frac{kJ}{mol}$$

und für die Turbine

$$w_{tmT} := \frac{Sum_A}{\lambda \cdot L_{min}} \cdot \left(h_{mA4} - h_{mA3}\right) \qquad w_{tmT} = -23.266 \cdot \frac{kJ}{mol}$$

und mit dem durchgesetzten Stoffmengenstrom

$$p_1 := p_U \qquad np_L := \frac{p_1 \cdot Vp_L}{R_m \cdot Tt\left(t_1\right)} \qquad np_L = 4.229 \cdot \frac{kmol}{s}$$

folgt für die abgegebene innere Leistung der Gasturbine

$$P_{brutto} := np_L \cdot \left(w_{tmV} + w_{tmT}\right) \qquad P_{brutto} = -50.01 \cdot MW$$

und für die abgegebene elektrische Leistung

$$P_{el} := \eta_{mG} \cdot P_{brutto} \qquad P_{el} = -49.01 \cdot MW$$

Die Effizienz des Prozesses ist

$$\eta_{th\_P} := \frac{\left|w_{tmV} + w_{tmT}\right|}{\beta \cdot \Delta H_{mCH4}} \qquad \eta_{th\_P} = 0.398$$

und unter Einbeziehung der äußeren Verluste hat die Anlage den effektiven Wirkungsgrad

$$\eta_{eff} := \eta_{mG} \cdot \eta_{th\_P} \qquad \eta_{eff} = 0.390$$

Der Abgasstrom enthält die Exergie

$$Ep_A := np_L \cdot \frac{Sum_A}{\lambda \cdot L_{min}} \cdot \left[h_{mA}\left(t_U\right) - h_{mA4} - Tt\left(t_U\right) \cdot \left(s_{mA}\left(t_U\right) - s_{mA}\left(t_{A4}\right)\right)\right] \qquad Ep_A = -33.75 \cdot MW$$

**Diskussion:** Bei Turbineneintrittstemperaturen $t_{max}$ > *850 °C* wird Schaufelkühlung notwendig. Dabei wird ein Teilstrom der im Bypass um die Brennkammer geführten Verdichterluft als Kühlmittel für die ersten Schaufelkränze der Gasturbine genutzt und schließlich dem expandierenden Verbrennungsgas beigemischt. Außerdem haben wir im Rechenmodell die Änderungen der kinetischen Energie vernachlässigt. Deshalb ist der ermittelte effektive Wirkungsgrad höher als bei einer ausgeführten Anlage mit den gleichen Parametern.

Im vorangehenden Beispiel haben wir festgestellt, dass das Abgas beim Austritt aus der Gasturbinenanlage noch eine beträchtliche Exergie enthält. Man sollte deshalb anstreben, die Exergie des Abgases zu nutzen. Sie kann bei der so genannten Kraft-Wärme-Kopplung zur Gewinnung von Heizwärme oder Prozesswärme in einem nachgeschalteten Abgaswärmeübertrager dienen. Besonders vorteilhaft ist die Nutzung des Abgases in einem kombinierten Gasturbinen-Dampfkraftwerk, bei dem in einem Abhitzekessel durch Wärmeabgabe des Abgases Dampf erzeugt wird, der in einem Dampfkreislauf weitere mechanische bzw. elektrische Leistung abgibt. Solche GuD-Kraftwerke[56] zur Stromerzeugung erreichen höchste Wirkungsgrade bis *60 %* und werden in Leistungseinheiten von ca. *50 MW* bis über *1000 MW* gebaut. Um Exergieverluste bei der Dampferzeugung im Abhitzekessel zu verringern, die durch das Fließen von Wärme unter Temperaturgefälle entstehen, werden Schaltungen im Dampfkreislauf mit zwei oder drei Verdampfungsdrücken realisiert. Der Wärmeschaltplan[57] einer solchen Zweidruckanlage wird in Abb. 9.4 wiedergegeben.

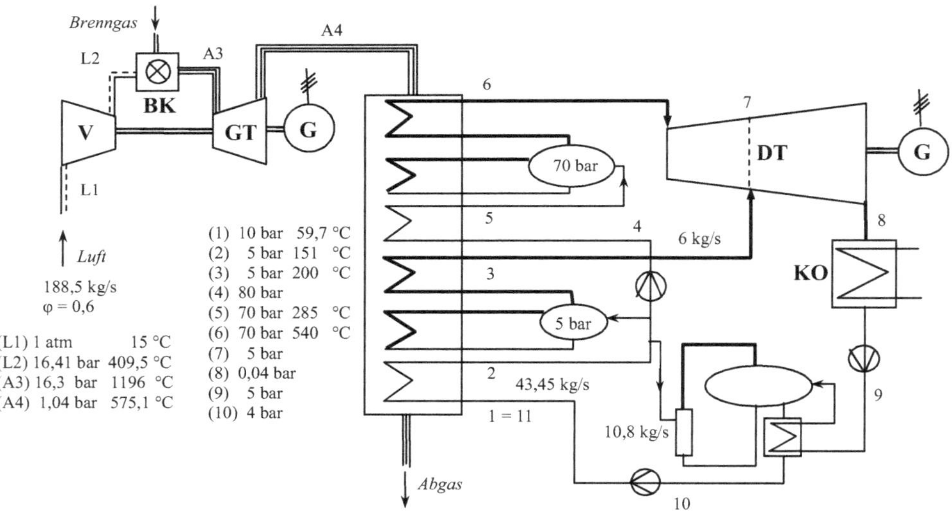


*Abb. 9.4: Wärmeschaltbild eines Zweidruck-GuD-Kraftwerks*

Der Abhitzekessel wird mit dem Abgas aus der Gasturbine versorgt. Es ist darauf zu achten, dass der Druckverlust der Abgase im Abhitzekessel so gering wie möglich ist. Hohe Druckverluste verringern die Leistung der Gasturbine. Weiter sollte die Austrittstemperatur der Abgase aus dem Abhitzekessel möglichst gering sein, um die Exergieverluste durch das ausströmende Abgas gering zu halten.

[56] GuD ist ein eingetragenes Warenzeichen der Siemens AG, Geschäftsbereich Power Generation

[57] Herrn Dr. Dietmar Bies, Evonik New Energies GmbH, danke ich für die Überlassung des Wärmeschaltplanes

Im Wasser-Dampf-Kreislauf wird das Kondensat durch die Kondensatpumpe auf den Druck $p_9$ gebracht und nach Vorwärmung dem Mischvorwärmer zugeführt, der mit Warmwasser durch einen Abzweig nach der ersten Vorwärmstufe versorgt wird, das durch Drosselung zum Teil verdampft. Das rückströmende, vorgewärmte Speisewasser wird durch die ND-Speisewasserpumpe auf den Zustand beim Eintritt in den Abhitzekessel gebracht. Nach der ersten Vorwärmstufe wird ein Massenstrom abgezweigt, dem ND-Verdampfer (*5 bar*) zugeführt, verdampft, auf *200 °C* überhitzt und der ND-Dampfturbine zugeführt.

Das restliche Speisewasser wird über die HD-Speisewasserpumpe auf den Druck $p_4$ gebracht, aufgewärmt, bei *70 bar* verdampft und überhitzt. Der Frischdampf wird in der HD-Dampfturbine auf den Druck $p_3$ entspannt und mit dem überhitzten ND-Dampf vermischt. In der ND-Dampfturbine erfolgt die weitere Entspannung auf den Kondensatordruck.

**Beispiel 9.6 (Level 4):** Mit den im Wärmeschaltplan (Abb. 9.4) gegebenen Daten sollen der gesamte GuD-Prozess durchgerechnet und die Verhältnisse im Abhitzekessel dargestellt werden. Der Brennkammer der Gasturbinenanlage wird Erdgas der Zusammensetzung aus Beispiel 9.3 zugeführt. Welche elektrische Leistung gibt die Anlage ab und wie groß ist der Wirkungsgrad?

**Voraussetzungen:** Luft und Abgas sind ideale Gasgemische mit $c_p(T)$. Die von der Gaszusammensetzug abhängige Enthalpiefunktion $h_{mG}(t,\chi)$ wird bereitgestellt. Die Verbrennung erfolgt vollständig und vollkommen. Änderungen der kinetischen Energie werden vernachlässigt. Für den Dampfkreislauf stehen die Dampftafelprogramme und die Programmmodule für Pumpen und Turbinen zur Verfügung.

**Gegeben (Gasturbinenanlage):**

$$t_U := 15\cdot °C \quad p_U := 1\cdot atm \quad \phi := 0.6 \quad mp_L := 188.5\cdot \frac{kg}{s} \quad \eta_{mG} := 0.98$$

$$t_{L1} := t_U \quad t_{L2} := 409.5\cdot °C \quad t_{max} := 1196\cdot °C \quad t_{A3} := t_{max} \quad t_{A4} := 575.1\cdot °C$$

$$p_{L1} := p_U \quad p_{L2} := 16.41\cdot bar \quad p_{A3} := 16.30\cdot bar \quad p_{A4} := 1.040\cdot bar$$

**Lösung (Gasturbinenanlage):** Mit der Zusammensetzung der trockenen Luft

$$\chi_{tL}{}^T = (0 \;\; 0.7808 \;\; 0.2095 \;\; 0 \;\; 0 \;\; 0 \;\; 0.0097 \;\; 0)$$

und dem Partialdruck des Wasserdampfes und des molaren Anteils in der Luft

$$p_{D1} := \phi\cdot psat\left(\frac{t_U}{°C}\right)\cdot bar \qquad \chi_{H2O} := \frac{p_{D1}}{p_U - p_{D1}}$$

wird die Zusammensetzung der Luft durch

$$Nenn := 1 + \chi_{H2O} \qquad \chi_{fL} := \frac{\chi_{tL}}{Nenn} \qquad \chi_{fL_5} := \chi_{H2O}$$

mit dem Ergebnis

$$\chi_{fL}{}^T = (0 \;\; 0.7729 \;\; 0.2074 \;\; 0 \;\; 0 \;\; 0.0102 \;\; 0.0096 \;\; 0)$$

bestimmt. Damit werden die Funktionen für die molare Enthalpie und Entropie der Luft bereitgestellt:

$$h_{mL}(t) := h_{mG}(t, \chi_{fL}) \qquad s_{mL}(t) := s_{mG}(t, \chi_{fL})$$

Mit den Druckverhältnissen für Verdichter und Gasturbine

$$\Pi_V := \frac{p_{L2}}{p_U} \qquad \Pi_V = 16.195 \qquad \Pi_T := \frac{p_{A3}}{p_{A4}} \qquad \Pi_T = 15.673$$

und den gegebenen Temperaturen werden die molaren Enthalpien am Ein- und Austritt des Verdichters berechnet:

$$h_{mL1} := h_{mL}(t_{L1}) \quad h_{mL1} = -0.292\cdot\frac{kJ}{mol} \qquad h_{mL2} := h_{mL}(t_{L2}) \quad h_{mL2} = 11.503\cdot\frac{kJ}{mol}$$

Der innere Wirkungsgrad beträgt nach iterativer Ermittlung der isentropen molaren Enthalpie *88,4 %*.

Die Zusammensetzung des Erdgases, die Kennziffern für die Verbrennung

$\kappa_V = 1.035$ $\sigma = 2.028$ $\omega = 1.985$ $\nu = 0.05$

und der Heizwert

$$\Delta H_{mE} = 815.19 \cdot \frac{kJ}{mol}$$

werden, wie in Beispiel 9.3 ermittelt, übernommen. Zur vollständigen Verbrennung ist der minimale Luftbedarf

$$o_{min} := \sigma \qquad L_{min} := \frac{o_{min}}{\chi_{fL_2}} \qquad L_{min} = 9.777$$

notwendig. Mit den Matrizen für die Verbrennungsrechnung

$$\Lambda_A(\lambda) := \begin{bmatrix} 0 \\ \lambda \cdot L_{min} \cdot \chi_{fL_1} \\ (\lambda - 1) \cdot o_{min} \\ 0 \\ \kappa_V \\ \omega + \lambda \cdot L_{min} \cdot \chi_{fL_5} \\ \lambda \cdot L_{min} \cdot \chi_{fL_6} \\ 0 \end{bmatrix} \qquad \chi_K := \begin{pmatrix} 1 & 0 & 0 & 0 & 0 & 0 & 0 & 0 \\ 0 & 1 & 0 & 0 & 0 & 0 & 0 & 0 \\ 0 & 0 & 1 & 0 & 0 & 0 & 0 & 0 \\ 0 & 0 & 0 & 1 & 0 & 0 & 0 & 0 \\ 0 & 0 & 0 & 0 & 1 & 0 & 0 & 0 \\ 0 & 0 & 0 & 0 & 0 & 1 & 0 & 0 \\ 0 & 0 & 0 & 0 & 0 & 0 & 1 & 0 \\ 0 & 0 & 0 & 0 & 0 & 0 & 0 & 1 \end{pmatrix} \qquad \varepsilon_A(t) := \begin{pmatrix} 0 \\ h_{mG}\left(t, \chi_K^{\langle 1 \rangle}\right) \\ h_{mG}\left(t, \chi_K^{\langle 2 \rangle}\right) \\ 0 \\ h_{mG}\left(t, \chi_K^{\langle 4 \rangle}\right) \\ h_{mG}\left(t, \chi_K^{\langle 5 \rangle}\right) \\ h_{mG}\left(t, \chi_K^{\langle 6 \rangle}\right) \\ h_{mG}\left(t, \chi_K^{\langle 7 \rangle}\right) \end{pmatrix}$$

wird die Energiebilanz der Brennkammer aufgestellt

$$EBL(\lambda) := \Delta H_{mE} + c_{pmE} \cdot \left(t_B - t_{ref}\right) + \lambda \cdot L_{min} \cdot h_{mL2} - \Lambda_A(\lambda) \cdot \varepsilon_A\left(t_{max}\right)$$

und die Luftüberschusszahl iterativ ermittelt:

$\lambda := 2$ $\lambda := wurzel(EBL(\lambda), \lambda)$ $\lambda = 2.884$

Mit der zur Verbrennung einer Stoffeinheit notwendigen Luftmenge beträgt das Brennstoff/Luft-Verhältnis

$$\lambda \cdot L_{min} = 28.2 \qquad \beta := \frac{1}{\lambda \cdot L_{min}} \qquad \beta = 0.0355$$

Mit der Abgasmenge

$$Sum_A := \sum_{i=0}^{7} \Lambda_A(\lambda)_i \qquad Sum_A = 29.100$$

folgt für die Zusammensetzung des Abgases

$$\chi_A := \frac{\Lambda_A(\lambda)}{Sum_A} \qquad \chi_A^T = (0 \;\; 0.7465 \;\; 0.1306 \;\; 0 \;\; 0.0356 \;\; 0.0781 \;\; 0.0093 \;\; 0)$$

Mit den Funktionen für die molare Enthalpie und Entropie des Abgases

$$h_{mA}(t) := h_{mG}\left(t, \chi_A\right) \qquad s_{mA}(t) := s_{mG}\left(t, \chi_A\right)$$

werden die molaren Enthalpien am Eintritt und Austritt der Turbine berechnet

$$h_{mA3} := h_{mA}\left(t_{A3}\right) \quad h_{mA3} = 39.026 \cdot \frac{kJ}{mol} \qquad h_{mA4} := h_{mA}\left(t_{A4}\right) \qquad h_{mA4} = 17.21 \cdot \frac{kJ}{mol}$$

wobei der innere Wirkungsgrad der Turbine $\eta_{iT} = 0{,}881$ beträgt.

Mit der molaren Masse der Luft

$$M_L := \chi_{fL} \cdot M \qquad M_L = 28.853 \cdot \frac{kg}{kmol}$$

ergibt sich der molare Strom der Luft

$$np_L := \frac{mp_L}{M_L} \qquad np_L = 6.533\,\frac{kmol}{s}$$

und mit den molaren Arbeiten für Verdichter und Turbine

$$w_{tmV} := h_{mL2} - h_{mL1} \qquad w_{tmV} = 11.795\,\frac{kJ}{mol}$$

$$w_{tmT} := \frac{Sum_A}{\lambda \cdot L_{min}} \cdot \left(h_{mA4} - h_{mA3}\right) \qquad w_{tmT} = -22.583\,\frac{kJ}{mol}$$

folgt für die innere Leistung der Gasturbinenanlage

$$P_{brutto} := np_L \cdot \left(w_{tmV} + w_{tmT}\right) \qquad P_{brutto} = -70.514 \cdot MW$$

und, unter Berücksichtigung des mechanisch-elektrischen Wirkungsgrads des Generators,

$$P_{el\_GT} := \eta_{mG} \cdot P_{brutto} \qquad P_{el\_GT} = -69.069\ MW$$

**Gegeben (Dampfkreislauf):**

$$p_1 := 10 \quad t_1 := 59.7 \quad mp_1 := 43.45\,\frac{kg}{s} \quad p_2 := 5 \quad t_2 := 15\text{[illegible]}$$

$$mp_{SP} := 10.8\,\frac{kg}{s} \quad mp_{ND} := 6\cdot\frac{kg}{s} \quad p_3 := 5 \quad t_3 := 200$$

$$p_4 := 80 \quad \eta_{iP} := 0.82 \quad \eta_{iDT} := 0.89 \quad p_5 := 70 \quad t_5 := 285$$

$$p_6 := 70 \quad t_6 := 540 \quad p_7 := 5 \quad p_8 := 0.04$$

$$p_9 := 5 \quad p_{10} := 4$$

Drücke in *bar*, Temperaturen in *°C*.

**Lösung (Dampfkreislauf):** Mit dem nach der Bedingung $t_1 = t_{11}$ korrigierten Temperatur des Speisewassers am Eintritt in den Abhitzekessel

$$t_1 := 59.651$$

sind die Zustände des Speisewassers charakterisiert durch

$$\Gamma_1 := Einphas\left(p_1, t_1\right) \quad h_1 := {\Gamma_1}_2 \quad h_1 = 250.52 \quad s_1 := {\Gamma_1}_1 \quad s_1 = 0.826$$

am Eintritt in den Abhitzekessel und durch

$$\Gamma_2 := Einphas\left(p_2, t_2\right) \quad h_2 := {\Gamma_2}_2 \quad h_2 = 636.578 \quad s_2 := {\Gamma_2}_1 \quad s_2 = 1.852$$

am Austritt aus dem ersten Vorwärmer. Dieser Vorwärmer nimmt die Wärmeleistung

$$Qp_{VW1} := mp_1 \cdot \left(h_2 - h_1\right) \cdot \frac{kJ}{kg} \qquad Qp_{VW1} = 16.774 \cdot MW$$

auf. Der abgezweigte Massenstrom $mp_{ND}$ wird dem Niederdruck-Dampferzeuger zugeführt, verdampft und überhitzt. Der ND-Dampf hat den Zustand

$$\Gamma_3 := Einphas\left(p_3, t_3\right) \quad h_3 := {\Gamma_3}_2 \quad h_3 = 2855.9 \quad s_3 := {\Gamma_3}_1 \quad s_3 = 7.061$$

und wird dem ND-Teil der Dampfturbine zugeführt. Zur Dampferzeugung muss die Wärmeleistung

$$Qp_{DE\_ND} := mp_{ND} \cdot \left(h_3 - h_2\right) \cdot \frac{kJ}{kg} \qquad Qp_{DE\_ND} = 13.316 \cdot MW$$

aufgebracht werden.

Nach Abzweig des aufgewärmten Speisewassers zur Speisewasservorwärmung und zur ND-Dampferzeugung verbleiben

$$mp_4 := mp_1 - mp_{SP} - mp_{ND} \qquad mp_4 = 26.65\,\frac{kg}{s}$$

die der HD-Speispumpe zugeführt werden. Nach der Pumpe ist der Zustand des Speisewassers

$\Lambda_{SP} := Pump(p_2, t_2, p_4, \eta_{iP})$ $\quad t_4 := \Lambda_{SP_0}$ $\quad h_4 := \Lambda_{SP_2}$ $\quad s_4 := \Lambda_{SP_1}$

$t_4 = 152.243$ $\quad h_4 = 646.552$ $\quad s_4 = 1.856$

Zum Betrieb der Pumpe muss die innere Leistung

$$P_{iSP} := mp_4 \cdot (h_4 - h_2) \cdot \frac{kJ}{kg} \qquad P_{iSP} = 0.266 \cdot MW$$

aufgebracht werden. Am Austritt des daran anschließenden Vorwärmers hat das HD-Speisewasser den Zustand

$\Gamma_5 := Einphas(p_5, t_5)$ $\quad h_5 := \Gamma_{5_2}$ $\quad h_5 = 1263.0$ $\quad s_5 := \Gamma_{5_1}$ $\quad s_5 = 3.114$

wofür eine Wärmeleistung von

$$Qp_{VW2} := mp_4 \cdot (h_5 - h_4) \cdot \frac{kJ}{kg} \qquad Qp_{VW2} = 16.427\,MW$$

benötigt wird.

Zur Erzeugung des Frischdampfes mit dem Zustand

$\Gamma_6 := Einphas(p_6, t_6)$ $\quad h_6 := \Gamma_{6_2}$ $\quad h_6 = 3507.6$ $\quad s_6 := \Gamma_{6_1}$ $\quad s_6 = 6.921$

wird dem HD-Dampferzeuger die Wärmeleistung

$$Qp_{DE\_HD} := mp_4 \cdot (h_6 - h_5) \cdot \frac{kJ}{kg} \qquad Qp_{DE\_HD} = 59.82\,MW$$

zugeführt. Die Berechnung der HD-Turbine durch

$\Lambda_{THD} := Turb(s_6, h_6, p_2, \eta_{iDT})$ $\quad h_7 := \Lambda_{THD_2}$ $\quad h_7 = 2870.5$ $\quad s_7 := \Lambda_{THD_1}$ $\quad s_7 = 7.092$

$x_7 := \Lambda_{THD_3}$ $\quad x_7 = 1$

zeigt, dass am Ende der HD-Entspannung überhitzter Dampf vorliegt ($x > 1$). Die HD-Turbine gibt die innere Leistung

$$P_{iHD} := mp_4 \cdot (h_7 - h_6) \cdot \frac{kJ}{kg} \qquad P_{iHD} = -16.978\,MW$$

ab. Die Vermischung des Dampfes mit dem Dampf aus dem ND-Dampferzeuger ergibt

$$h_{73} := \frac{mp_{ND} \cdot h_3 + mp_4 \cdot h_7}{mp_{ND} + mp_4} \qquad h_{73} = 2867.855 \qquad t_{73} := th2(p_2, h_{73}) \quad t_{73} = 205.591$$

$\Gamma_{73} := Einphas(p_2, t_{73})$ $\quad s_{73} := \Gamma_{73_1}$ $\quad s_{73} = 7.086$

Die ND-Entspannung auf Kondensatordruck durch

$\Lambda_{TND} := Turb(s_{73}, h_{73}, p_8, \eta_{iDT})$ $\quad h_8 := \Lambda_{TND_2}$ $\quad h_8 = 2215.3$ $\quad s_8 := \Lambda_{TND_1}$ $\quad s_8 = 7.353$

führt, wie durch

$x_8 := \Lambda_{TND_3}$ $\quad x_8 = 0.861$

nachgewiesen, ins Nassdampfgebiet. Mit dem durch die ND-Turbine durchgesetzten Massenstrom

$$mp_8 := mp_4 + mp_{ND} \qquad mp_8 = 32.65\,\frac{kg}{s}$$

folgt für die innere Leistung der ND-Turbine

$$P_{iND} := mp_8 \cdot (h_8 - h_{73}) \cdot \frac{kJ}{kg} \qquad P_{iND} = -21.307\,MW$$

Mit den Sättigungswerten im Kondensator

$\Gamma T_{KO} := \Gamma_{KO}^{T}$ $\quad h_{sKO} := \Gamma T_{KO}^{\langle 2 \rangle}$ $\quad s_{sKO} := \Gamma T_{KO}^{\langle 1 \rangle}$

ist die aus dem Kondensator abzuführende Wärmeleistung

$$Qp_{KO} := mp_8 \cdot \left( h_{sKO_0} - h_8 \right) \cdot \frac{kJ}{kg} \qquad Qp_{KO} = -68.364\,MW$$

Der Kondensatpumpe wird gesättigtes Wasser zugeführt. Der Zustand nach der Pumpe wird bestimmt durch

$$\Lambda_9 := Pump(p_9, t_{KO}, p_9, \eta_{iP}) \qquad h_9 := \Lambda_{9_2} \qquad h_9 = 121.848 \qquad s_9 := \Lambda_{9_1} \qquad s_9 = 0.422$$

Daraus folgt die innere Leistung der Kondensatpumpe

$$P_{iKP} := mp_8 \cdot \left(h_9 - h_{sKO_0}\right) \cdot \frac{kJ}{kg} \qquad P_{iKP} = 0.0145 MW$$

Nach Vermischung mit dem Wasser aus der Speisewasservorwärmung ergibt sich der Zustand vor der ND-Speisewasserpumpe durch

$$h_{10} := \frac{mp_8 \cdot h_9 + mp_{SP} \cdot h_2}{mp_{10}} \qquad h_{10} = 249.79 \qquad t_{10} := thl(p_{10}, h_{10}) \qquad t_{10} = 59.602$$

und der Zustand nach der Speisewasserpumpe folgt aus

$$\Lambda_{11} := Pump(p_{10}, t_{10}, p_1, \eta_{iP}) \qquad t_{11} := \Lambda_{11_0} \qquad t_{11} = 59.651$$

Die Temperatur stimmt mit der eingangs vorgegebenen Temperatur überein. Der ND-Speisewasserpumpe muss die innere Leistung

$$P_{iSP\_ND} := mp_{10} \cdot (h_{11} - h_{10}) \cdot \frac{kJ}{kg} \qquad P_{iSP\_ND} = 0.032 MW$$

zugeführt werden.

Im Abhitzekessel wird dem Wasserdampfkreislauf der Wärmestrom

$$Qp_{AHK} := Qp_{VW1} + Qp_{DE\_ND} + Qp_{VW2} + Qp_{DE\_HD} \qquad Qp_{AHK} = 106.337 MW$$

zugeführt. Die Bilanz der dem Prozess zu- und abgeführten Energieströme ergibt mit

$$Qp_{AHK} + P_{iSP\_ND} + P_{iKP} + P_{iSP} = 106.649 MW \qquad P_{iHD} + P_{iND} + Qp_{KO} = -106.649 MW$$

präzise Übereinstimmung.

Mit den Wirkungsgraden für die äußeren, mechanischen und elektrischen Verluste

$$\eta_{mT} := 0.97 \qquad \eta_G := 0.99 \qquad \eta_{mel\_P} := 0.91$$

ist die elektrische Brutto-Leistung des Generators des Dampfkreislaufes

$$P_{el\_brutto} := \eta_{mT} \cdot \eta_G \cdot (P_{iHD} + P_{iND}) \qquad P_{el\_brutto} = -36.765 MW$$

und der Eigenbedarf

$$P_{el\_eigen} := \frac{P_{iSP} + P_{iSP\_ND} + P_{iKP}}{\eta_{mel\_P}} \qquad P_{el\_eigen} = 0.343 MW$$

Somit gibt der Generator die Netto-Leistung

$$P_{el\_DT} := P_{el\_brutto} + P_{el\_eigen} \qquad P_{el\_DT} = -36.422 MW$$

ab.

Mit dem Stoffmengenstrom des Abgases

$$np_A := np_L \cdot \frac{Sum_A}{\lambda \cdot L_{min}} \qquad np_A = 6.764 \frac{kmol}{s}$$

sind die molaren Enthalpien und Temperaturen des Abgases nach dem HD-Dampferzeuger

$$h_{mA44} := h_{mA4} - \frac{Qp_{DE\_HD}}{np_A} \qquad h_{mA44} = 8.364 \frac{kJ}{mol}$$

$$t_{A44} := t_{A4} - 50 \cdot K \qquad t_{A44} := wurzel\left(h_{mA44} - h_{mA}(t_{A44}), t_{A44}\right) \qquad t_{A44} = 300.674\,°C$$

nach dem Vorwärmer 2

$$h_{mA43} := h_{mA44} - \frac{Qp_{VW2}}{np_A} \qquad h_{mA43} = 5.936 \frac{kJ}{mol}$$

$$t_{A43} := t_{A44} - 20 \cdot °C \qquad t_{A43} := wurzel\left(h_{mA43} - h_{mA}(t_{A43}), t_{A43}\right) \qquad t_{A43} = 222.101\,°C$$

nach dem ND-Dampferzeuger

$$h_{mA42} := h_{mA43} - \frac{Qp_{DE\_ND}}{np_A} \qquad h_{mA42} = 3.967\frac{kJ}{mol}$$

$$t_{A42} := t_{A43} - 20\cdot°C \qquad t_{A42} := wurzel\left(h_{mA42} - h_{mA}(t_{A42}), t_{A42}\right) \qquad t_{A42} = 157.437\,°C$$

und nach dem Vorwärmer 1 beim Austritt aus dem Abhitzekessel

$$h_{mA41} := h_{mA42} - \frac{Qp_{VW1}}{np_A} \qquad h_{mA41} = 1.487\frac{kJ}{mol}$$

$$t_{A41} := t_{A42} - 20\cdot°C \qquad t_{A41} := wurzel\left(h_{mA41} - h_{mA}(t_{A41}), t_{A41}\right) \qquad t_{A41} = 74.912\,°C$$

In Abb. 9.5 werden für den Abhitzekessel die Temperaturen des Abgases und des Dampfes über der gewichteten Enthalpie aufgetragen.

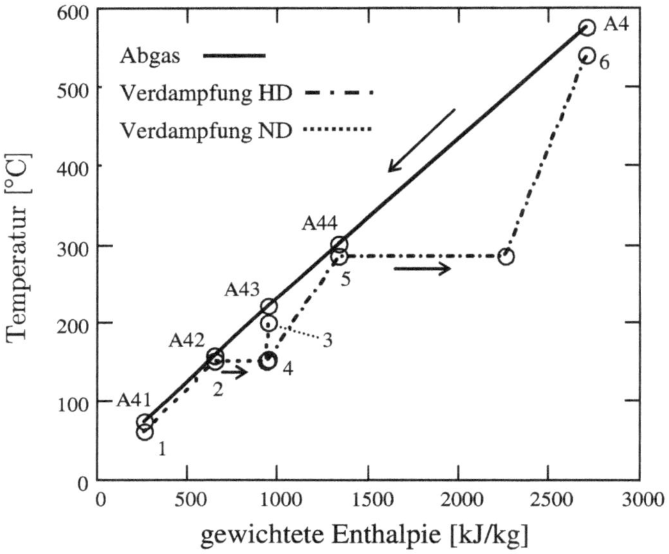


*Abb. 9.5: Wärmeabgabe des Abgases an den Wasserdampfkreislauf im Abhitzekessel*

Das Diagramm zeigt die sorgfältige Anpassung der Vorwärmung und Dampferzeugung an die abnehmende Abgastemperatur. Man erkennt allerdings, dass bei der HD-Verdampfung und Überhitzung immer noch Wärme unter erheblichem treibendem Temperaturgefälle fließt. Noch bessere Ergebnisse werden in Abhitzekesseln mit drei oder mehr Verdampfungsdrücken erreicht, wie es in Großanlagen realisiert wird.

Die Generatoren der hier diskutierten Anlage geben nach Abzweigung des Eigenbedarfs eine elektrische Leistung von

$$P_{el\_ges} := P_{el\_GT} + P_{el\_DT} \qquad P_{el\_ges} = -105.491\,MW$$

bei einem Erdgasverbrauch von

$$np_E := \beta \cdot np_L \qquad np_E = 0.232\frac{kmol}{s} \qquad Vp_{NE} := np_E \cdot 22.4141\cdot\frac{m^3}{kmol} \qquad Vp_{NE} = 5.193\frac{m^3}{s}$$

in *kmol/s* oder *Normkubikmeter/s* ab. Die Anlage hat den effektiven Wirkungsgrad

$$\eta_{eff} := \frac{\left|P_{el\_ges}\right|}{np_E \cdot \Delta H_{mE}} \qquad \eta_{eff} = 0.559$$

### 9.3.4.2 Flugzeugtriebwerk

Eine weitere wichtige Anwendung des Gasturbinenprinzips erfolgt in der Luftfahrt. Ein Strahltriebwerk als Flugzeugantrieb setzt sich, wie in Abschnitt 5.2.3 diskutiert, aus Diffusor, Verdichter, Brennkammer, Turbine und Düse zusammen, wobei die Turbine nur zum Antrieb des Verdichters dient. Diffusor und Düse wurden in Abschnitt 4.5 diskutiert. Die auf das Triebwerk einwirkenden Impulsströme und Kräfte werden in Abb. 9.6 schematisch dargestellt.

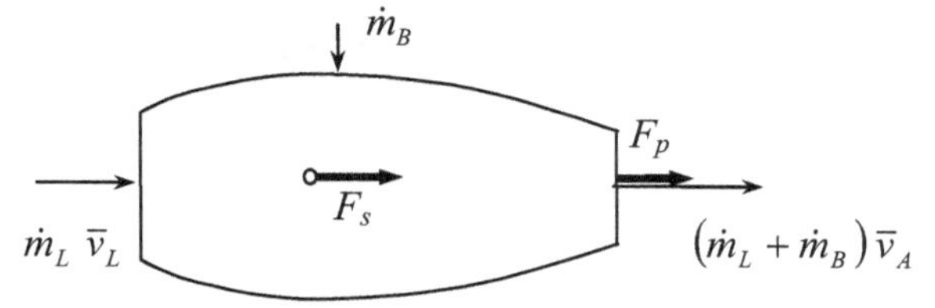


*Abb. 9.6: Impulsströme und Kräfte bei einem Flugzeugtriebwerk*

Der Schub des Triebwerks folgt aus der Impulsbilanz in Flugrichtung. Bei stationären Flugbedingungen ($\bar{v}_F = const$) lautet der Impulssatz nach Gl. (2.18) in horizontaler Richtung, wobei die auf den Kontrollraum wirkenden Kräfte in Abb. 9.6 eingetragen sind,

$$(\dot{m}_L + \dot{m}_B)\,\vec{\bar{v}}_A - \dot{m}_L\,\vec{\bar{v}}_L = \vec{F}_s + \vec{F}_p\,,$$

mit der Schubkraft $F_s$ und der auf den Austritt des Triebwerks wirkenden Druckkraft

$$F_p = (p_U - p_A)\,A_A\,.$$

Bei angepasster Düse ist der Druck des austretenden Gasstrahls gleich dem Umgebungsdruck. Dann verschwindet die Druckkraft und es folgt die auf den Luftmassenstrom bezogene spezifische Gleichung

$$f_s = (1+\beta)\,\bar{v}_A - \bar{v}_L\,. \tag{9.51}$$

Bei nicht angepasster Düse ist der Druck im Austritt größer als der Umgebungsdruck. Dann ist der spezifische Schub

$$f_s = (1+\beta)\,\bar{v}_A - \bar{v}_L + \frac{A_A}{\dot{m}_L}(p_A - p_U),$$

oder, wenn wir auf den Abgasmassenstrom übergehen,

$$f_s = (1+\beta)\,\bar{v}_A - \bar{v}_L + (1+\beta)\frac{A_A}{\dot{m}_A}(p_A - p_U)\,. \tag{9.52}$$

**Beispiel 9.7 (Level 3):** Das Turbojet-Triebwerk aus Beispiel 5.1 mit den dort angegebenen Daten habe die folgenden zusätzlichen Kenngrößen: Verdichterdruckverhältnis *14,5*, Druckverlust in der Brennkammer *5 kPa*, innere Wirkungsgrade des Diffusors *0,80*, des Verdichters *0,85*, der Turbine *0,90* und der Düse *0,95*. Der mechanische Wirkungsgrad des Verdichterantriebs durch die Turbine beträgt *0,98*. Es wird Kerosin der Zusammensetzung $c = 0{,}86$, $h = 0{,}14$ mit einem Heizwert von *43 MJ/kg* und mit einer spezifischen Wärmekapazität von *2 kJ/kg K* verbrannt. Man berechne die Daten des im Triebwerk ablaufenden Prozesses, den spezifischen Schub und die Wirkungsgrade für eine angepasste Laval-Düse und für nicht angepasstes Ausströmen aus einer konvergenten Düse.

**Voraussetzungen:** Luft und Abgas sind Gemische idealer Gase mit $c_p(T)$. Die Verbrennung erfolge vollständig und vollkommen. Da keine Aussagen über die Geometrie der Strömungskanäle im Aggregat vorliegen, werden

Änderungen der kinetischen Energie in Verdichter, Brennkammer und Turbine nicht berücksichtigt. Der Druck in *10 km* Höhe wurde nach Beispiel 1.3 ermittelt.

**Gegeben:**

$t_1 := -65 \cdot °C$ $\quad t_{max} := 1000 \cdot °C$ $\quad p_1 := 0.2428 \cdot bar$ $\quad vel_1 := 800 \cdot \frac{km}{h}$

$\Pi_V := 14.5$ $\quad \Delta p_B := 8 \cdot kPa$

$\eta_{i\_Dif} := 0.80$ $\quad \eta_{iV} := 0.85$ $\quad \eta_{iT} := 0.90$ $\quad \eta_{i\_Düs} := 0.95$ $\quad \eta_m := 0.97$

$c := 0.86$ $\quad h := 0.14$ $\quad \Delta H_H := 43 \cdot \frac{MJ}{kg}$ $\quad c_B := 2.0 \cdot \frac{kJ}{kg \cdot K}$

**Lösung:** Mit den Konstantensätzen für die Polynome werden Funktionen für die molaren Werte der Wärmekapazität, Enthalpie und Entropie in Abhängigkeit von der Zusammensetzung bereitgestellt. Mit trockener Luft der Zusammensetzung

$$\chi_L^{\,T} = (0 \;\; 0.7808 \;\; 0.2095 \;\; 0 \;\; 0 \;\; 0 \;\; 0.0097)$$

und mit der molaren Masse der Luft

$$M_L := \chi_L \cdot M \qquad M_L = 28.962 \frac{kg}{kmol}$$

werden die für Luft gültigen Funktionen

$$h_{mL}(t) := h_{mG}(t, \chi_L) \qquad c_{pmL}(t) := \begin{vmatrix} T \leftarrow t + 273.15 \cdot K \\ c_{pmG}(T, \chi_L) \end{vmatrix} \qquad s_{mpL}(t) := s_{mpG}(t, \chi_L)$$

sowie für die Schallgeschwindigkeit

$$a_{SL}(t) := \begin{vmatrix} T \leftarrow t + 273.15 \cdot K \\ \kappa \leftarrow \dfrac{c_{pmL}(t)}{c_{pmL}(t) - R_m} \\ \sqrt{\kappa \cdot \dfrac{R_m}{M_L} \cdot T} \end{vmatrix}$$

bereitgestellt.

Die kalorischen Daten im Ausgangszustand sind

$$h_{m1} := h_{mL}(t_1) \qquad h_{m1} = -2.621 \frac{kJ}{mol} \qquad s_{m1} := s_{mpL}(t_1) \qquad s_{m1} = -10.467 \frac{J}{mol \cdot K}$$

Schallgeschwindigkeit und Mach-Zahl am Diffusoreintritt werden bestimmt durch

$$a_1 := a_{SL}(t_1) \qquad a_1 = 289.0 \frac{m}{s} \qquad Ma_1 := \frac{vel_1}{a_1} \qquad Ma_1 = 0.769 \qquad vel_1 = 222.222 \frac{m}{s}$$

Die totale molare Enthalpie bleibt im Diffusor konstant:

$$h_{mt1} := h_{m1} + \frac{vel_1^{\,2}}{2} \cdot M_L \qquad h_{mt1} = -1.906 \frac{kJ}{mol} \qquad h_{m1z} := h_{mt1}$$

Damit wird die Temperatur am Diffusoraustritt unter der Voraussetzung vernachlässigbarer kinetischer Energie iterativ bestimmt:

$$t_{1z} := 0 \cdot °C \qquad t_{1z} := wurzel\left(h_{mL}(t_{1z}) - h_{m1z}, t_{1z}\right) \qquad t_{1z} = -40.483\,°C$$

Mit den Funktionen für die Kompression im Diffusor unter Berücksichtigung des Diffusorwirkungsgrades

$$t_{isK}(\Pi) := \begin{vmatrix} t_e \leftarrow 200 \cdot °C \\ s_{me} \leftarrow s_{mpL}(t_1) + R_m \cdot ln(\Pi) \\ t_e \leftarrow wurzel\left(s_{mpL}(t_e) - s_{me}, t_e\right) \end{vmatrix}$$

$$vel_K(\Pi) := \sqrt{2 \cdot \frac{h_{mL}(t_{isK}(\Pi)) - h_{m1}}{\eta_{i\_Dif} \cdot M_L}}$$

wird das Druckverhältnis des Diffusors berechnet:

$$\Pi_{Dif} := 1.5 \qquad \Pi_{Dif} := wurzel(vel_K(\Pi_{Dif}) - vel_1, \Pi_{Dif}) \qquad \Pi_{Dif} = 1.371$$

Der Druck am Austritt des Diffusors beträgt

$$p_{1z} := p_1 \cdot \Pi_{Dif} \qquad p_{1z} = 0.333\ bar$$

Die Berechnung des Verdichters erfolgt in Analogie mit den vorangehenden Beispielen

$$s_{m1z} := s_{mpL}(t_{1z}) \qquad s_{m1z} = -7.219 \frac{J}{mol \cdot K}$$

$$s_{m2\_is} := s_{m1z} + R_m \cdot ln(\Pi_V) \qquad s_{m2\_is} = 15.016 \frac{J}{mol \cdot K}$$

$$t_{2\_is} := 150 \cdot °C \qquad t_{2\_is} := wurzel(s_{m2\_is} - s_{mpL}(t_{2\_is}), t_{2\_is}) \qquad t_{2\_is} = 224.198\ °C$$

$$h_{m2\_is} := h_{mL}(t_{2\_is}) \qquad h_{m2\_is} = 5.851 \frac{kJ}{mol}$$

$$h_{m2} := h_{m1z} + \frac{h_{m2\_is} - h_{m1z}}{\eta_{iV}} \qquad h_{m2} = 7.22 \frac{kJ}{mol}$$

$$t_2 := t_{2\_is} \qquad t_2 := wurzel(h_{mL}(t_2) - h_{m2}, t_2) \qquad t_2 = 269.926\ °C$$

$$p_2 := p_{1z} \cdot \Pi_V \qquad p_2 = 4.828\ bar \qquad w_{mtV} := h_{m2} - h_{m1z} \qquad w_{mtV} = 9.126 \frac{kJ}{mol}$$

Mit den molaren Massen

$$M_C := 12.011 \cdot \frac{kg}{kmol} \qquad M_{H2} := 2.016 \cdot \frac{kg}{kmol}$$

sind die Kennziffern für die Verbrennung

$$\kappa p := \frac{c}{M_C} \qquad \omega p := \frac{h}{M_{H2}} \qquad \sigma p := \kappa p + \frac{1}{2} \cdot \omega p$$

$$L_{min} := \frac{\sigma p}{\chi_{L_2}} \qquad L_{min} = 0.508 \frac{kmol}{kg}$$

Für die Abgaszusammensetzung werden die folgenden Matrizen bereitgestellt:

$$\Lambda_A(\lambda) := \begin{bmatrix} \kappa p \\ \chi_{L_1} \cdot \lambda \cdot L_{min} \\ (\lambda - 1) \cdot \sigma p \\ \omega p + \chi_{L_5} \cdot \lambda \cdot L_{min} \\ \chi_{L_6} \lambda \cdot L_{min} \end{bmatrix} \qquad \chi_K := \begin{pmatrix} 1 & 0 & 0 & 0 & 0 & 0 & 0 \\ 0 & 1 & 0 & 0 & 0 & 0 & 0 \\ 0 & 0 & 1 & 0 & 0 & 0 & 0 \\ 0 & 0 & 0 & 1 & 0 & 0 & 0 \\ 0 & 0 & 0 & 0 & 1 & 0 & 0 \\ 0 & 0 & 0 & 0 & 0 & 1 & 0 \\ 0 & 0 & 0 & 0 & 0 & 0 & 1 \end{pmatrix} \qquad \varepsilon_A(t) := \begin{pmatrix} h_{mG}(t, \chi_K^{\langle 4 \rangle}) \\ h_{mG}(t, \chi_K^{\langle 1 \rangle}) \\ h_{mG}(t, \chi_K^{\langle 2 \rangle}) \\ h_{mG}(t, \chi_K^{\langle 5 \rangle}) \\ h_{mG}(t, \chi_K^{\langle 6 \rangle}) \end{pmatrix}$$

Mit der Matrix $\chi_K$ können die entsprechenden Komponenten des Abgases aufgerufen werden und man benötigt nur noch eine, von der Temperatur und der Zusammensetzung abhängige Enthalpiefunktion, die auch für Luft und Abgas angewendet wird.

Aus der von der Luftüberschusszahl abhängigen Energiebilanz für den adiabaten Brennraum wird die Nullstelle iterativ ermittelt durch

$$EBL(\lambda) := \Delta H_H + c_B \cdot (t_1 - t_{ref}) + \lambda \cdot L_{min} \cdot h_{m2} - \Lambda_A(\lambda) \cdot \varepsilon_A(t_{max})$$

$$\lambda := 2 \qquad \lambda := wurzel(EBL(\lambda), \lambda) \qquad \lambda = 3.347$$

Aus einem Kilogramm Kerosin entstehen die folgenden Abgas-Stoffmengen:

$$\Lambda_A(\lambda) = \begin{pmatrix} 0.072 \\ 1.326 \\ 0.25 \\ 0.069 \\ 0.016 \end{pmatrix} \frac{kmol}{kg} \qquad Sum_A := \sum_{i=0}^{4} \Lambda_A(\lambda)_i \qquad Sum_A = 1.733 \frac{kmol}{kg}$$

woraus durch Umspeichern die für die weitere Bearbeitung notwendige Matrix für die Abgaszusammensetzung entsteht:

$$\chi_{VA} := \frac{\Lambda_A(\lambda)}{Sum_A} \qquad \chi_{VA} = \begin{pmatrix} 0.0413 \\ 0.7652 \\ 0.144 \\ 0.0401 \\ 0.0095 \end{pmatrix} \qquad \chi_A := \begin{pmatrix} 0 \\ \chi_{VA_1} \\ \chi_{VA_2} \\ 0 \\ \chi_{VA_0} \\ \chi_{VA_3} \\ \chi_{VA_4} \end{pmatrix} \qquad \sum_{i=0}^{6} \chi_{A_i} = 1$$

Das Brennstoff/Luft-Verhältnis beträgt

$$L := \lambda \cdot L_{min} \qquad \beta := \frac{Sum_A - L}{L} \qquad \beta = 0.0204$$

Druck und Temperatur am Austritt der Brennkammer sind

$$t_3 := t_{max} \qquad p_3 := p_2 - \Delta p_B \qquad p_3 = 4.748\,bar$$

Mit der molaren Masse des Abgases

$$M_A := \chi_A \cdot M \qquad M_A = 28.958 \frac{kg}{kmol}$$

werden die für das Abgas geltenden Funktionen bereitgestellt:

$$c_{pmA}(t) := \begin{vmatrix} T \leftarrow t + 273.15 \cdot K \\ c_{pm}(T, \chi_A) \end{vmatrix} \qquad a_{SA}(t) := \begin{vmatrix} T \leftarrow t + 273.15 \cdot K \\ \kappa \leftarrow \dfrac{c_{pmA}(t)}{c_{pmA}(t) - R_m} \\ \sqrt{\kappa \cdot \dfrac{R_m}{M_A} \cdot T} \end{vmatrix}$$

$$h_{mA}(t) := h_{mG}(t, \chi_A)$$

$$s_{mpA}(t) := s_{mpG}(t, \chi_A)$$

Die kalorischen Daten am Turbineneintritt sind

$$h_{m3} := h_{mA}(t_3) \qquad h_{m3} = 31.778 \frac{kJ}{mol} \qquad s_{m3} := s_{mpA}(t_3) \qquad s_{m3} = 46.215 \frac{J}{mol \cdot K}$$

Die Turbine treibt den Verdichter an. Aus der Bilanzgleichung

$$w_{mtV} + \eta_m \cdot (1 + \beta) \cdot w_{mtT} = 0$$

wird die molare Turbinenarbeit ermittelt:

$$w_{mtT} := \frac{-w_{mtV}}{\eta_m \cdot (1 + \beta)} \qquad w_{mtT} = -9.22 \frac{kJ}{mol}$$

Damit ist die molare Enthalpie am Turbinenaustritt

$$h_{m4z} := h_{m3} + w_{mtT} \qquad h_{m4z} = 22.558 \frac{kJ}{mol}$$

und die dazu gehörige Temperatur wird iterativ ermittelt:

$$t_{4z} := 500 \cdot °C \qquad t_{4z} := wurzel\left(h_{mA}(t_{4z}) - h_{m4z}, t_{4z}\right) \qquad t_{4z} = 735.84\,°C$$

Die isentrope Enthalpie am Turbinenaustritt beträgt

$$h_{m4z\_is} := h_{m3} + \frac{h_{m4z} - h_{m3}}{\eta_{iT}} \qquad h_{m4z\_is} = 21.534 \frac{kJ}{mol}$$

und damit wird iterativ die isentrope Temperatur

$$t_{4z\_is} := t_{4z} \qquad t_{4z\_is} := wurzel\left(h_{mA}(t_{4z\_is}) - h_{m4z\_is}, t_{4z\_is}\right) \qquad t_{4z\_is} = 705.791\,°C$$

ermittelt. Aus der Bedingung für isentrope Entspannung erhalten wir für das reziproke Druckverhältnis der Turbine

$$Rln\Pi_T := s_{mpA}(t_{4z\_is}) - s_{m3} \qquad \Pi_{Tr} := exp\left(\frac{Rln\Pi_T}{R_m}\right) \qquad \Pi_{Tr} = 0.333$$

Damit sind Druckverhältnis und Enddruck der Turbine

$$\Pi_T := \frac{1}{\Pi_{Tr}} \qquad \Pi_T = 3.002 \qquad p_{4z} := \frac{p_3}{\Pi_T} \qquad p_{4z} = 1.582\,bar$$

Die in der Düse stattfindende Expansion bis zum Umgebungsdruck hat das Druckverhältnis bei konstant bleibender totaler molarer Enthalpie

$$\Pi_D := \frac{p_{4z}}{p_1} \qquad \Pi_D = 6.514 \qquad h_{mt\_Düs} := h_{m4z}$$

Für diese Expansion werden die folgenden Funktionen vorbereitet:

$$t_{is}(\Pi) := \begin{vmatrix} t_e \leftarrow 200 \cdot °C \\ s_{me} \leftarrow s_{mpA}(t_{4z}) + R_m \cdot ln(\Pi) \\ t_e \leftarrow wurzel\left(s_{mpA}(t_e) - s_{me}, t_e\right) \end{vmatrix}$$

$$vel(\Pi) := \sqrt{2 \cdot \eta_{i\_Düs} \cdot \left(\frac{h_{m4z} - h_{mA}(t_{is}(\Pi))}{M_A}\right)}$$

$$h_m(\Pi) := h_{m4z} - \frac{vel(\Pi)^2}{2} \cdot M_A$$

$$t_e(\Pi) := \begin{vmatrix} t \leftarrow t_{is}(\Pi) \\ t \leftarrow wurzel\left(h_m(\Pi) - h_{mA}(t), t\right) \end{vmatrix}$$

Zunächst wird das Laval-Druckverhältnis ermittelt:

$$\Pi_{Lav} := 0.5 \qquad \Pi_{Lav} := wurzel\left(a_{SA}(t_e(\Pi_{Lav})) - vel(\Pi_{Lav}), \Pi_{Lav}\right) \qquad \Pi_{Lav} = 0.521$$

Damit liegen Druck und Temperatur im Hals der Laval-Düse fest:

$$t_{Lav} := t_e(\Pi_{Lav}) \qquad t_{Lav} = 593.5\,°C \qquad p_{Lav} := p_{4z} \cdot \Pi_{Lav} \qquad p_{Lav} = 0.824\,bar$$

Die Durchflussfunktion

$$\psi(\Pi) := \begin{vmatrix} 0 \;\; if \;\; \Pi \le 0.0001 \vee \Pi \ge 1 \\ \left(\Pi \cdot \frac{Tt(t_{4z})}{Tt(t_e(\Pi))} \cdot \sqrt{1 - \frac{h_m(\Pi)}{h_{m4z}}}\right) \;\; otherwise \end{vmatrix}$$

hat beim Laval-Druckverhältnis den Maximalwert

$$\psi_{max} := \psi(\Pi_{Lav}) \qquad \psi_{max} = 0.28$$

Der Funktionswert der angepassten Laval-Düse am Ende der Düsenerweiterung beträgt

$$\psi_4 := \psi\left(\frac{1}{\Pi_D}\right) \qquad \psi_4 = 0.174$$

Damit ist das Verhältnis von Austrittsfläche zu engster Fläche im Hals der Laval-Düse

$$QA = \frac{A_4}{A_{Lav}} \qquad QA := \frac{\psi_{max}}{\psi_4} \qquad QA = 1.608 \qquad QD := \sqrt{QA} \qquad QD = 1.268$$

Temperatur und Geschwindigkeit am Düsenaustritt folgen aus

$$t_4 := t_e\left(\frac{1}{\Pi_D}\right) \qquad t_4 = 373.983\,°C \qquad vel_4 := vel\left(\frac{1}{\Pi_D}\right) \qquad vel_4 = 907.554\frac{m}{s}$$

Der spezifische Schub der angepassten Laval-Düse wird berechnet durch

$$f_S := (1+\beta)\cdot vel_4 - vel_1 \qquad f_S = 703.882\frac{m}{s}$$

Die Arbeitsfähigkeit des Prozesses als Differenz zwischen zu- und abgeführter Wärme beträgt nach dem 1. HS

$$w := \frac{h_{mL}(t_2) - h_{mL}(t_1)}{M_L} + \frac{(1+\beta)}{M_A}\cdot\left(h_{mA}(t_4) - h_{mA}(t_3)\right) \qquad w = -405.3\frac{kJ}{kg}$$

mit der Wärme, die dem Prozess zugeführt wird

$$q_{zu} := (1+\beta)\cdot\frac{h_{mA}(t_3)}{M_A} - \frac{h_{mL}(t_2)}{M_L} \qquad q_{zu} = 870.502\frac{kJ}{kg}$$

führt zum thermischen Wirkungsgrad

$$\eta_{th} := \frac{|w|}{q_{zu}} \qquad \eta_{th} = 0.466$$

Aus dem spezifischen Vortrieb

$$p_V := vel_1\cdot\left[(1+\beta)\cdot vel_4 - vel_1\right] \qquad p_V = 156.418\frac{kJ}{kg}$$

und dem spezifische Nutzen

$$p_N := \frac{1}{2}\cdot\left[(1+\beta)\cdot vel_4^{\,2} - vel_1^{\,2}\right] \qquad p_N = 395.553\frac{kJ}{kg}$$

wird der Vortriebswirkungsgrad berechnet.

$$\eta_V := \frac{p_V}{p_N} \qquad \eta_V = 0.395$$

Die Multiplikation der beiden Wirkungsgrade ergibt den Gesamtwirkungsgrad

$$\eta_{tot} := \eta_{th}\cdot\eta_V \qquad \eta_{tot} = 0.184$$

Bei der nicht angepassten, konvergenten Düse tritt der Strahl mit den Eigenschaften des Laval-Zustandes aus. Mit der Massenstromdichte dieses Zustands

$$\rho vel_{Lav} := \sqrt{2\cdot\frac{h_{m4z}}{M_A}\cdot\frac{p_{4z}\cdot M_A}{R_m\cdot Tt(t_{4z})}}\cdot\psi_{max}$$

wird der spezifische Schub berechnet:

$$f_{S\_Lav} := (1+\beta)\cdot vel_{Lav} + \frac{1}{\rho vel_{Lav}\cdot(1+\beta)}\cdot\left(p_{Lav} - p_1\right) - vel_1 \qquad f_{S\_Lav} = 664.094\frac{m}{s}$$

Die spezifische Arbeitsfähigkeit und der thermische Wirkungsgrad sinken bei gleich bleibender zugeführter Wärme stark ab:

$$w_L := \frac{h_{mL}(t_2) - h_{mL}(t_1)}{M_L} - \frac{(1+\beta)}{M_A}\cdot\left(h_{mA}(t_3) - h_{mA}(t_{Lav})\right) \qquad w_L = -154.357\frac{kJ}{kg}$$

$$\eta_{th\_L} := \frac{|w_L|}{q_{zu}} \qquad \eta_{th\_L} = 0.177$$

Dafür steigt der Vortriebswirkungsgrad stark an:

$$p_{V\_L} := vel_1\cdot f_{S\_Lav} \qquad p_{V\_L} = 147.577\frac{kJ}{kg}$$

$$p_{N\_L} := \frac{1}{2}\cdot\left[(1+\beta)\cdot vel_{Lav}^{\,2} - vel_1^{\,2}\right] \qquad p_{N\_L} = 144.574\frac{kJ}{kg}$$

$\eta_{V\_L} := \frac{p_{V\_L}}{p_{N\_L}}$ $\eta_{V\_L} = 1.021$

Der Gesamtwirkungsgrad nimmt gegenüber der angepassten Laval-Düse mit

$\eta_{tot\_L} := \eta_{V\_L} \cdot \eta_{th\_L}$ $\eta_{tot\_L} = 0.181$

nur um *0,4* Prozentpunkte ab.

**Diskussion:** Wegen der geringen Abnahme des Gesamtwirkungsgrades verzichtet man bei den Triebwerken von Verkehrsflugzeugen in der Regel auf eine Erweiterung der Düse.

Die Berechnung erfordert zahlreiche Iterationen der von Temperatur und Zusammensetzung abhängigen Funktionen. Mit Mathcad stellt dies kein Problem dar, dagegen würde eine gleichwertige Lösung mit Tabellen einen sehr hohen Aufwand erfordern.

### 9.3.4.3 Verbrennungsvorgänge in einem Otto-Motor

Während Gasturbinenprozesse stationär verlaufen, findet im Verbrennungsmotor die periodische Wiederholung eines als Arbeitsspiel bezeichneten Zyklus statt. Durch den Verbrennungsvorgang in den Zylindern eines Motors erreicht das Gas eine sehr hohe Temperatur. Diese Temperatur liegt allerdings unter der Temperatur der adiabaten Verbrennung, da, wie allgemein bekannt, Zylinderkopf, Zylinderwände und Kolben gekühlt werden. Dies ist thermodynamisch ungünstig, aber aus werkstofftechnischen Gründen notwendig.

Wir beschränken uns hier auf den so genannten Hochdruckprozess eines Otto-Motors zwischen dem Schließen des Einlassventils beim Kurbelwinkel $\phi_{Es}$ und dem Öffnen des Auslassventils beim Winkel $\phi_{Aö}$. In diesem Bereich haben wir ein geschlossenes System. Der Ladungswechsel wird hier nicht diskutiert.

Die Funktionen für das Volumen $V(\phi)$ und die Oberfläche $A(\phi)$ der Wände, die den Gasraum begrenzen, müssen bekannt sein.

Da beim Otto-Motor dem Zylinder ein Gemisch aus Brennstoff und Luft zugeführt wird, hat man mit dem Brennstoff eine Gaskomponente mehr, für die eine entsprechende Enthalpiefunktion bereitgestellt werden muss.

Zur Berechnung des Prozesses mit temperaturabhängigen Wärmekapazitäten ist die von der Gaszusammensetzung abhängige Funktion $h(T,\chi)$ erforderlich, woraus die molare innere Energie mittels

$$u(T,\chi) = h(T,\chi) - R\,T \tag{9.53}$$

bestimmt wird.

Zur Beschreibung der Vorgänge im Zylinder benötigen wir Modelle, die den zeitlichen Verlauf der Energiefreisetzung bei der Verbrennung und die zeitabhängige Wärmeabfuhr vom Brennraum an das Kühlwasser beschreiben. Die entsprechenden Funktionen werden zweckmäßigerweise in Abhängigkeit vom Kurbelwinkel $\phi$ formuliert. Man benötigt den Brennverlauf

$$B(\phi) = \frac{dQ_B}{d\phi} \tag{9.54}$$

im Winkelbereich zwischen dem Einsetzen der Verbrennung $\phi_{Va}$ und dem Ende der Verbrennung $\phi_{Ve}$ sowie den Summenbrennverlauf, der sich aus der Integration des Brennverlaufs ergibt:

$$IB(\phi) = \int_{\phi_{Va}}^{\phi_{Ve}} B(\phi)\, d\phi = \frac{Q_B(\phi)}{Q_{B\_ges}} \tag{9.55}$$

Außerdem ist für den gesamten Winkelbereich der Wärmeübergangskoeffizient als reziproker Wärmeleitwiderstand zwischen Gasraum und gekühlten Wänden erforderlich, um den Wärmestrom zwischen Gasraum und gekühlten Wänden gemäß

$$dQ = \alpha\, A\,(t_G - t_W)\, d\tau$$

zu beschreiben. Daraus folgt bei der Drehzahl $n_r$ der Zeitschritt pro Grad Kurbelwinkel

$$\Delta\tau = \frac{1}{360 \cdot n_r}$$

und die in diesem Zeitschritt übertragene Wärmemenge

$$\Delta Q = \alpha(\phi)\, A(\phi)\,(T(\phi) - T_W)\frac{1}{360\, n_r}.$$

Für die Wandtemperatur $T_W$ wird ein über den Zyklus gemittelter konstanter Wert verwendet.

Die weitere Bearbeitung erfolgt nun in einem Differenzenschema. Die Volumenänderungsarbeit pro Grad Kurbelwinkel

$$\Delta W = -p\, \Delta V = -R\, T\, \frac{\Delta V}{V} \tag{9.56}$$

und die Wärme

$$\Delta Q = -\alpha(\phi)\, A(\phi)\,(T - T_W)\frac{1}{360\, n_r} \tag{9.57}$$

liefern nach dem 1. HS die Änderung der inneren Energie

$$\Delta U = \Delta W + \Delta Q\,,$$

für die auch gelten muss

$$\Delta U = m\,(u(T,\chi) - u(T_v,\chi)),$$

wobei $T_v$ die Temperatur aus dem vorangegangenen Rechenschritt ist.

Aus der Bedingung

$$\Delta U - m\,(u(T,\chi) - u(T_v,\chi)) = 0 \tag{9.58}$$

wird die Temperatur $T$ am Ende des neuen Rechenschritts ermittelt. Dies wird so bei der Kompression mit der konstanten Gemischzusammensetzung $\chi_G$ und bei der Expansion mit der Abgaszusammensetzung $\chi_A$ gehandhabt.

Bei der Verbrennung wird die Zusammensetzung des Gases verändert. Die Verbrennungsgleichung für Methan lautet

$$CH_4 + 2\, O_2 \rightarrow CO_2 + 2\, H_2O$$

und zeigt, dass sich die Molzahl im Zylinder durch die Verbrennung nicht verändert. Es verändert sich die Gaszusammensetzung. Methan und Sauerstoff werden verbraucht gemäß

$$\left.\begin{aligned} \chi_{V\_CH4} &= (1 - IB(\phi))\, \chi_{G\_CH4}\ ; \\ \chi_{V\_O2} &= \chi_{G\_O2} - 2\, IB(\phi)\, \chi_{G\_CH4} \end{aligned}\right\} \tag{9.59}$$

und die Verbrennungsprodukte $CO_2$ und $H_2O$ nehmen zu gemäß

$$\left.\begin{aligned} \chi_{V\_CO2} &= \chi_{G\_CO2} + IB(\phi)\, \chi_{G\_CH4} \\ \chi_{V\_H2O} &= \chi_{G\_H2O} + 2\, IB(\phi)\, \chi_{G\_CH4}\,. \end{aligned}\right\} \tag{9.60}$$

Die anderen Komponenten bleiben unverändert.

Die Energiebilanz für den Brennraum wird während des Ablaufs der Verbrennung um die folgenden Terme erweitert:

$$\left.\begin{aligned} u_v &= u(T_v, \chi_V(\phi)) \\ u_a &= u(T, \chi_V(\phi + \Delta\phi)) \\ \Delta\chi_{CH4} &= (IB(\phi+\Delta\phi) - IB(\phi))\,\chi_{G\_CH4} \end{aligned}\right\} \tag{9.61}$$

$$\Delta U_B = n_G\ \Delta\chi_{CH4}\left(\Delta H_{mH}^{ref} - R_m\ T_{ref}\right) \tag{9.62}$$

und ergibt aus der Bilanzgleichung die Bedingung

$$\Delta U + \Delta U_B + m_G\left(u_a - u_v\right) = 0\,, \tag{9.63}$$

aus der die Temperatur $T$ am Ende des aktuellen Rechenschritts ausgehend von der Temperatur des vorangegangenen Rechenschritts ermittelt wird.

Wenden wir dieses Schema auf den gesamten Ablauf an, so ergeben sich Temperaturen in Abhängigkeit vom Volumen. Daraus werden mit der Gasgleichung die Drücke berechnet.

**Beispiel 9.8 (Level 4):** Ein Viertakt-Otto-Motor wird mit einer Drehzahl von *2500 1/min* mit Methan als Brennstoff betrieben. Die Abmessungen eines Zylinders des Motors sind: Bohrung *84 mm*, Hub *85,6 mm*, Kompressionsverhältnis *10,8*, Länge des Pleuels *153 mm*. Die Verbrennung findet mit $\lambda = 1$ statt. Die für die Analyse des Motors notwendigen Steuerungsdaten in Abhängigkeit vom Kurbelwinkel sind: Schließen des Einlassventils bei $\phi_{Es} = 220°$, Beginn der Verbrennung bei $\phi_{Va} = 328°$, Maximum der Verbrennung bei $\phi_{Vmax} = 380°$, Ende der Verbrennung bei $\phi_{Ve} = 414°$, Öffnen des Auslassventils bei $\phi_{Aö} = 500°$. Die Analyse des Motors soll die Kompression, den Verbrennungsvorgang und die Expansion im geschlossenen Zylinder zwischen $\phi_{Es}$ und $\phi_{Aö}$ umfassen. Der thermische Zustand des Gemischs aus Luft und Brennstoff nach Schließen des Einlassventils sei $p = 0{,}9$ *bar*, $t = 30$ *°C*. Das Kühlwasser hat eine Temperatur von *90 °C*.

**Voraussetzungen:** Im Zylinder befindet sich ein Gemisch idealer Gase mit $c_p(t)$ veränderlicher Zusammensetzung. Der dynamische Verlauf der Verbrennung wird durch ein empirisches Model vorgegeben, ebenso wie der Wärmeübergangskoeffizient als reziproker Wärmeleitwiderstand zwischen Gasraum und den begrenzenden Wänden durch Stützwerte vorgegeben wird[58]. Die Verbrennung erfolgt vollständig und vollkommen. Der molare Heizwert des Methans beträgt *802,34 kJ/mol*.

**Gegeben:**

$D := 84\cdot mm \quad H := 85.6\cdot mm \quad L := 153\cdot mm \quad \chi_M := 10.8 \quad nr := 2500\cdot\frac{1}{min}$

$p_0 := 0.98\cdot bar \quad t_0 := 30\cdot °C \quad t_{KW} := 90\cdot °C \quad \Delta H_H := 802.34\cdot\frac{kJ}{mol}$

Die markanten Kurbelwinkel und die entsprechende Nummerierung der Stützstellen in den Lösungsmatrizen bei einem Abstand von *1° KW* sind

$\phi_{ES} := 220 \quad \phi_{Va} := 350 \quad \phi_{max} := 380 \quad \phi_{Ve} := 414 \quad \phi_{Aö} := 510$

$i_{ES} := 0 \quad i_{Va} := \phi_{Va} - \phi_{ES} \quad i_{max} := \phi_{max} - \phi_{ES} \quad i_{Ve} := \phi_{Ve} - \phi_{ES}$

$i_{Aö} := \phi_{Aö} - \phi_{ES}$

$i_{ES} = 0 \quad i_{Va} = 130 \quad i_{max} = 160 \quad i_{Ve} = 194 \quad i_{Aö} = 290$

$\delta\phi := 1$

58 Herrn Prof. Dr.-Ing. G. Merker, Lehrstuhl für Technische Verbrennung der Universität Hannover, danke ich für wertvolle Hinweise zu diesem Beispiel.

**Lösung:** Mit den gegebenen geometrischen Daten ergeben sich die folgenden Werte für die Volumina:

$$V_H := \frac{D^2 \cdot \pi}{4} \cdot H \qquad V_H = 474.375 \cdot cm^3$$

$$V_{max} := \frac{\chi_M}{\chi_M - 1} \cdot V_H \qquad V_{max} = 522.781 \cdot cm^3$$

$$V_{min} := V_{max} - V_H \qquad V_{min} = 48.406 \cdot cm^3$$

Mit dem Kurbelradius

$$r := \frac{H}{2}$$

und der gegebenen Länge des Pleuels beträgt das Schubstangenverhältnis

$$\lambda_S := \frac{r}{L} \qquad \lambda_S = 0.28$$

Der vom Kurbelwinkel $\phi$ abhängige Kolbenweg wird, wie schon in Beispiel 5.5, berechnet mit

$$s(\phi) := r \cdot \left[ 1 - cos\left(\pi \cdot \frac{\phi}{180}\right) + \frac{1}{\lambda_S} \cdot \left( 1 - \sqrt{1 - \lambda_S^2 \cdot sin\left(\pi \cdot \frac{\phi}{180}\right)^2} \right) \right]$$

Mit der Kolbenfläche

$$A_K := \frac{D^2 \cdot \pi}{4}$$

folgen schließlich die Funktionen

$$V_Z(\phi) := V_{min} + A_K \cdot s(\phi) \qquad A_Z(\phi) := 2 \cdot D^2 \cdot \frac{\pi}{4} + D \cdot \pi \cdot \left( \frac{V_{min}}{A_K} + s(\phi) \right)$$

für Volumen und für die den Gasraum begrenzende Oberfläche.

Der Ablauf der Verbrennung im Zylinder wird durch die Funktionen

$$\mu := 1$$

$$B(\phi) := 6.908 \cdot (\mu + 1) \cdot \left( \frac{\phi - \phi_{Va}}{\phi_{Ve} - \phi_{Va}} \right)^{\mu} \cdot exp\left[ -6.908 \cdot \left( \frac{\phi - \phi_{Va}}{\phi_{Ve} - \phi_{Va}} \right)^{\mu+1} \right]$$

$$IB(\phi) := \frac{1}{\phi_{Ve} - \phi_{Va}} \cdot \int_{\phi_{Va}}^{\phi} B(\phi)\, d\phi$$

angenähert mit den in den Abb. 9.7 und 9.8 wiedergegebenen Ergebnissen:

$$\phi := \phi_{Va} .. \phi_{Ve}$$

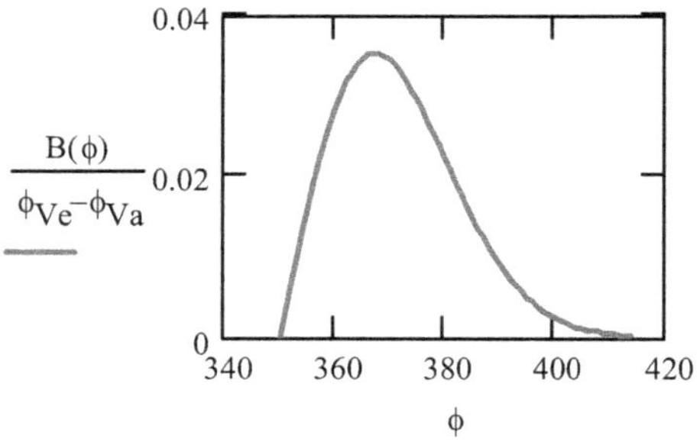


*Abb. 9.7: Brennverlauf*

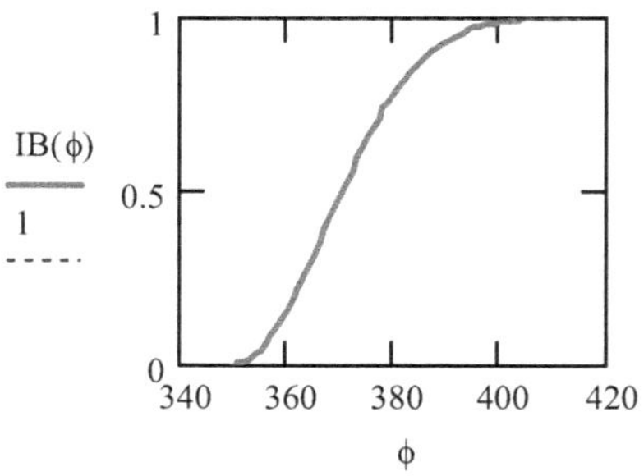


*Abb. 9.8: Summenbrennverlauf*

Für den Wärmeübergang zwischen Gas und den gekühlten Wänden im Zylinder wird aus gegebenen Daten durch lineare Interpolation zwischen den Stützstellen durch

$$\alpha_Z(\phi) := linterp\left(WÜ^{\langle 0\rangle}, WÜ^{\langle 1\rangle}, \phi\right)\cdot\frac{W}{m^2\cdot K}$$

eine vom Kurbelwinkel abhängige Funktion erzeugt. Der Mittelwert im betrachteten Bereich des Kurbelwinkels ist

$$\alpha_{av} := \frac{1}{\phi_{Aö} - \phi_{ES}}\cdot\int_{\phi_{ES}}^{\phi_{Aö}} \alpha_Z(\phi)\, d\phi \qquad \alpha_{av} = 1443.1\cdot\frac{W}{m^2\cdot K}$$

Den Verlauf dieser Funktion zeigt Abb. 9.9.

$$\phi := \phi_{ES} .. \phi_{Aö}$$

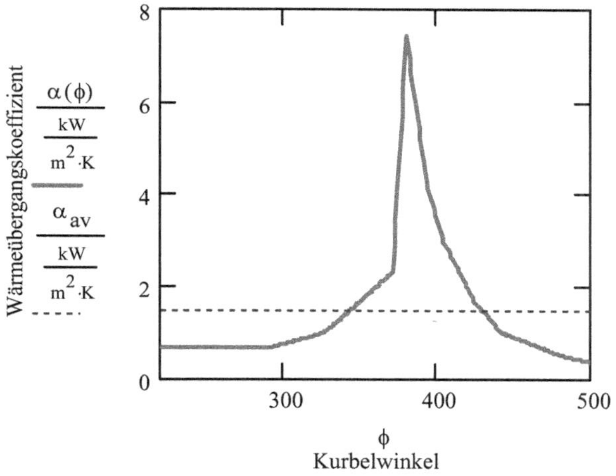


*Abb. 9.9: Wärmeübergangskoeffizient*

Zur Berechnung der Kühlwärme nach der Grundgleichung für die Wärmeübertragung

$$\dot{Q} = kA\left(t - t_W\right) = \alpha\ A\left(t - t_W\right)$$

reicht es aus, beim zyklischen Ablauf des Prozesses mit gemittelten Werten (Index av) zu rechnen. Der aus dem Gasraum an die Wand abgeführte Wärmestrom wird durch Wände, die den Gasraum begrenzen, an das Kühlwasser abgegeben. Der Wärmefluss durch die Wand muss nach dem Wärmeleitwiderstand vom Gas an die Wand einen weiteren Wärmeleitwiderstand durch die Wand an das Kühlwasser überwinden. Es gilt

$$\dot{Q}_{av} = \alpha_{av}\ A\left(t_{av} - t_{W\_av}\right) = k_{W\_av}\ A\left(t_{W\_av} - t_{KW}\right)$$

Mit Schätzwerten für die mittlere Temperatur der Gase und der Wand

$$t_{av} := 1000\cdot °C \qquad t_W := 400\cdot °C$$

die am Ende der Analyse überprüft werden, erhält man nach mehreren Durchläufen des Prozesses und den entsprechenden Korrekturen der Werte schließlich mit

$$t_{av} := 834.9\cdot °C \qquad t_W := 310.3\cdot °C$$

ausreichende Übereinstimmung mit den Ergebnissen am Ende des Prozesses. Dann ist der reziproke Wärmeleitwiderstand von der Innenwand bis ins Kühlwasser

$$k_{W\_av} := \frac{\alpha_{av}\cdot\left(t_{av} - t_W\right)}{t_W - t_{KW}} \qquad k_{W\_av} = 3.436\cdot\frac{kW}{m^2\cdot K}$$

Nach der Reaktionsgleichung

$$CH_4 + 2\,O_2 \rightarrow CO_2 + 2\,H_2O$$

sind zur Verbrennung von *1 mol* Methan *2 mol* Sauerstoff nötig. Die Verbrennung erfolgt stöchiometrisch mit $\lambda = 1$. Da dem Motor ein Gasgemisch zugeführt wird, das bereits Methan enthält, muss die Matrix der Luftzusammensetzung mit den Komponenten $N_2$, $O_2$, $H_2O$ und Ar um eine Position erweitert werden und die in Bezug auf den Sauerstoffgehalt halbe Stoffmenge Methan hinzugefügt werden:

$$\chi_L := \begin{pmatrix} 0 \\ 0.758 \\ 0.203 \\ 0 \\ 0 \\ 0.030 \\ 0.009 \\ 0.1015 \end{pmatrix} \qquad Sum_L := \sum_{i=0}^{7} \chi_{L_i} \qquad Sum_L = 1.101$$

Dann ist die Zusammensetzung des angesaugten Gemisches

$$\chi_G := \frac{\chi_L}{Sum_L} \qquad \chi_G = \begin{pmatrix} 0 \\ 0.6882 \\ 0.1843 \\ 0 \\ 0 \\ 0.0272 \\ 0.0082 \\ 0.0921 \end{pmatrix} \qquad Sum_G := \sum_{i=0}^{7} \chi_{G_i} \qquad Sum_G = 1$$

Die Matrix mit den Konstantensätzen für die Gaskomponenten wird auf 8 Komponenten erweitert und mit Nullen aufgefüllt. Die molare Wärmekapazität von Methan wird durch lineare Interpolation aus tabellierten Stützwerten durch

$$c_{pmCH4}(T) := linterp\left(c_{pmMeth}^{\langle 0\rangle}, c_{pmMeth}^{\langle 1\rangle}, T\right)\cdot\frac{kJ}{kmol\cdot K}$$

gewonnen. Die molare Wärmekapazität eines Gasgemischs unterschiedlicher Zusammensetzung beschreibt man mit der Funktion

$$c_{pmVG}(T,\chi) := \left| \begin{array}{l} a_c \leftarrow C_G\cdot\chi \\ a_h \leftarrow D_G\cdot\chi \\ c_{pm} \leftarrow R_m\cdot \left| \begin{array}{ll} \sum\limits_{i=0}^{4}\left[a_{c_i}\cdot\left(\frac{T}{K}\right)^i\right] & \text{if } T \le 1000\cdot K \\ \sum\limits_{i=0}^{4}\left[a_{h_i}\cdot\left(\frac{T}{K}\right)^i\right] & \text{otherwise} \end{array} \right. \\ c_{pm} \leftarrow c_{pm} + \chi_7\cdot c_{pmCH4}\left(\frac{T}{K}\right) \end{array} \right.$$

Damit erhält man für die molare innere Energie mit der Bezugstemperatur des chemischen Standardzustands

$$T_{ref} := 298.15\cdot K$$

$$u_{mVG}(t,\chi) := \left| \begin{array}{l} T \leftarrow t + 273.15\cdot K \\ \int_{T_{ref}}^{T} \left(c_{pmVG}(T,\chi) - R_m\right)\,dT \end{array} \right.$$

Nach Aufstellung der benötigten Funktionen beginnt nun die Berechnung des Prozesses mit der Kompression des Gemisches. Die während des Verbrennungsvorgangs unveränderliche Füllmenge des Zylinders beträgt

$$n_G := \frac{p_0 \cdot V_Z(\phi_{ES})}{R_m \cdot Tt(t_0)} \qquad n_G = 0.0187\ mol$$

Zunächst wird die Energiebilanz für den Gasraum im Intervall des Kurbelwinkels von $\phi$ bis $\phi + \delta\phi$ formuliert

$$EBL_K(\phi, t_v, t) := \left| \begin{array}{l} W \leftarrow -\left[\dfrac{n_G \cdot R_m \cdot \left(\dfrac{t + t_v}{2} + 273.15 \cdot K\right)}{V_Z\left(\phi + \dfrac{\delta\phi}{2}\right)} \cdot \left(V_Z(\phi + \delta\phi) - V_Z(\phi)\right)\right] \\ Q \leftarrow -\left[\alpha_Z\left(\phi + \dfrac{\delta\phi}{2}\right) \cdot A_Z\left(\phi + \dfrac{\delta\phi}{2}\right) \cdot \left(\dfrac{t + t_v}{2} - t_W\right) \cdot \dfrac{\delta\phi}{360 \cdot nr}\right] \\ \Delta U \leftarrow W + Q \\ \Delta U - n_G \cdot \left(u_{mVG}(t, \chi_G) - u_{mVG}(t_v, \chi_G)\right) \end{array} \right.$$

die im Bereich der Kompression in einer Schleife gelöst wird

$$Temp_K := \left| \begin{array}{l} t_0 \leftarrow t_0 \\ for\ \ i \in 1 .. i_{Va} \\ \quad \left| \begin{array}{l} \phi \leftarrow \phi_{ES} + (i - 1) \cdot \delta\phi \\ t_v \leftarrow t_{i-1} \\ t_{neu} \leftarrow t_v \\ t_i \leftarrow wurzel\left(EBL_K(\phi, t_v, t_{neu}), t_{neu}\right) \end{array} \right. \\ t \end{array} \right.$$

und das Temperaturfeld in Abhängigkeit vom Kurbelwinkel liefert.

Der an die Kompression anschließende Verbrennungsvorgang bewirkt in Abhängigkeit vom Kurbelwinkel die stofflichen Veränderungen

$$\chi_V(\phi) := \left| \begin{array}{l} \chi_{V_7} \leftarrow \chi_{G_7} \cdot (1 - IB(\phi)) \\ \chi_{V_2} \leftarrow \chi_{G_2} - 2 \cdot IB(\phi) \cdot \chi_{G_7} \\ \chi_{V_4} \leftarrow \chi_{G_4} + IB(\phi) \cdot \chi_{G_7} \\ \chi_{V_5} \leftarrow \chi_{G_5} + 2 \cdot IB(\phi) \cdot \chi_{G_7} \\ \chi_{V_1} \leftarrow \chi_{G_1} \\ \chi_{V_6} \leftarrow \chi_{G_6} \\ \chi_V \end{array} \right.$$

Die Energiebilanz im Bereich der Verbrennung

$$EBL_V(\phi, t_v, t) := \left| \begin{array}{l} W \leftarrow -\left[\dfrac{n_G \cdot R_m \cdot \left(\dfrac{t + t_v}{2} + 273.15 \cdot K\right)}{V_Z\left(\phi + \dfrac{\delta\phi}{2}\right)} \cdot \left(V_Z(\phi + \delta\phi) - V_Z(\phi)\right)\right] \\ Q \leftarrow -\left[\alpha_Z\left(\phi + \dfrac{\delta\phi}{2}\right) \cdot A_Z\left(\phi + \dfrac{\delta\phi}{2}\right) \cdot \left(\dfrac{t + t_v}{2} - t_W\right) \cdot \dfrac{\delta\phi}{360 \cdot nr}\right] \\ \Delta U \leftarrow W + Q \\ u_{mv} \leftarrow u_{mVG}\left(t_v, \chi_V(\phi)\right) \\ \Delta\chi_B \leftarrow (IB(\phi + \delta\phi) - IB(\phi)) \cdot \chi_{G_7} \\ \Delta U_B \leftarrow n_G \cdot \Delta\chi_B \cdot \left(\Delta H_H - R_m \cdot T_{ref}\right) \\ u_m \leftarrow u_{mVG}\left(t, \chi_V(\phi + \delta\phi)\right) \\ \Delta U + \Delta U_B + n_G \cdot \left(u_{mv} - u_m\right) \end{array} \right.$$

wird wieder iterativ in einer Schleife

$$Temp_V := \left| \begin{array}{l} t_0 \leftarrow Temp_{K_{i_{Va}}} \\ \text{for } i \in 1 .. i_{Ve} - i_{Va} \\ \quad \left| \begin{array}{l} \phi \leftarrow \phi_{Va} + (i - 1) \cdot \delta\phi \\ t_v \leftarrow t_{i-1} \\ t_{neu} \leftarrow t_v \\ t_i \leftarrow wurzel\left(EBL_V\left(\phi, t_v, t_{neu}\right), t_{neu}\right) \end{array} \right. \\ t \end{array} \right.$$

mit dem Ergebnis der Temperaturen bei der Verbrennung gelöst.

Ebenso verfahren wir nach dem Ende der Verbrennung mit der Expansion des Abgases, das mit der Zusammensetzung

$$\chi_A{}^T = (0 \;\; 0.688 \;\; 0 \;\; 0 \;\; 0.092 \;\; 0.211 \;\; 0.008 \;\; 0)$$

nur noch die Komponenten $N_2$, $CO_2$, $H_2O$ und Argon enthält. Mit dem in Analogie zur Kompression aufgebauten Programmblock $EBL_E(\phi, t_v, t)$ wird das Temperaturfeld $T_E$ bei der Expansion berechnet.
Die drei Lösungsmatrizen $Temp_K$, $Temp_V$ und $Temp_E$ werden zusammengefasst:

$$t_{Proz} := \left| \begin{array}{l} \text{for } i \in 0 .. i_{Va} \\ \quad t_i \leftarrow Temp_{K_i} \\ \text{for } i \in i_{Va} + 1 .. i_{Ve} \\ \quad t_i \leftarrow Temp_{V_{i-i_{Va}}} \\ \text{for } i \in i_{Ve} + 1 .. i_{Aö} \\ \quad t_i \leftarrow Temp_{E_{i-i_{Ve}}} \\ t \end{array} \right.$$

Die zugehörigen Volumina und Drücke sind

$$i := 0 .. i_{Aö} \qquad Vol_i := V_Z(\phi_{ES} + i) \qquad p_{Proz_i} := \frac{n_G \cdot R_m \cdot Tt(t_{Proz_i})}{Vol_i}$$

Die mittlere Temperatur beträgt

$$t_{av\_neu} := \frac{1}{i_{Aö} - i_{ES}} \cdot \sum_{i = i_{ES}}^{i_{Aö}} t_{Proz_i} \qquad t_{av\_neu} = 834.916 \cdot °C$$

Damit wird die mittlere Wandtemperatur berechnet

$$t_{W\_neu} := \frac{\alpha_{av} \cdot t_{av\_neu} + k_{W\_av} \cdot t_{KW}}{\alpha_{av} + k_{W\_av}} \qquad t_{W\_neu} = 310.305 \cdot °C$$

Schließlich werden die Schätzwerte zu Beginn der Prozessrechnung korrigiert, bis Übereinstimmung am Ende der Berechnung erzielt wird.

Das $p, V$-Diagramm des Prozesses in Abb. 9.10 zeigt die Verläufe der Kompression zwischen ES (Einlass schließen) und VA (Verbrennung Anfang), der Verbrennung zwischen VA und VE (Verbrennung Ende) und der Expansion VE bis AÖ (Auslass öffnen):

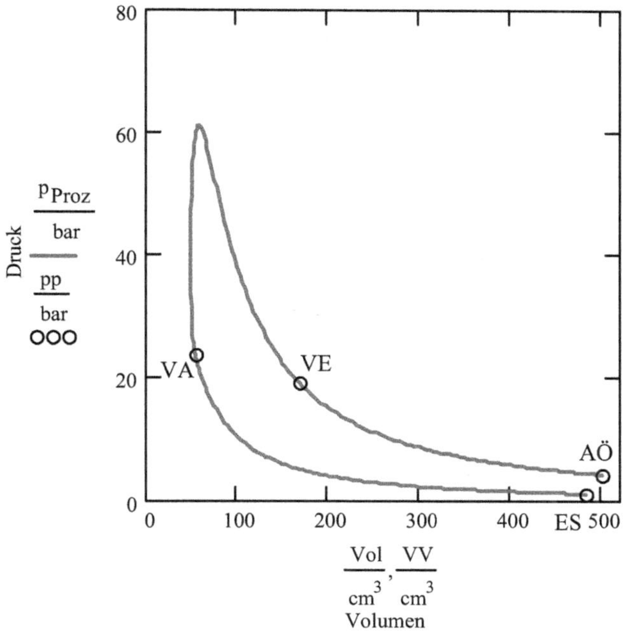


*Abb. 9.10: p, V-Diagramm des Hochdruckprozesses*

Den zugehörigen Verlauf der Temperatur über dem Kurbelwinkel zeigt Abb. 9.11.

$\phi P_i := \phi ES + i$

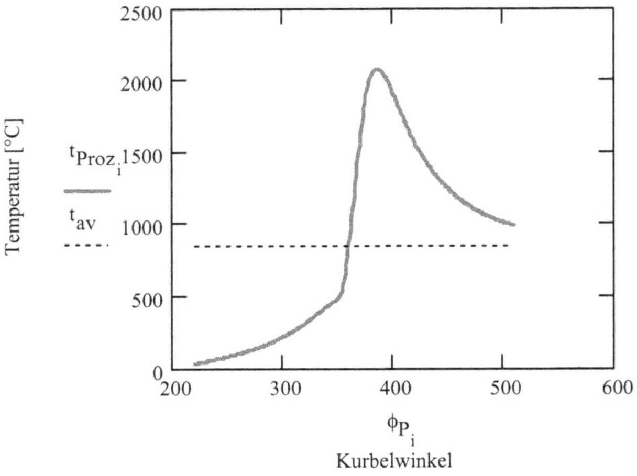


*Abb. 9.11: Verlauf der Temperatur im Hochdruckprozess*

Mit den Funktionen für Druck und Temperatur in Abhängigkeit vom Kurbelwinkel

$$fp\left(\phi_{KW}\right) := linterp\left(\phi, p_{Proz}, \phi_{KW}\right)$$

$$ft\left(\phi_{KW}\right) := linterp\left(\phi, t_{Proz}, \phi_{KW}\right)$$

und der Ableitung des Volumens nach dem Kurbelwinkel

$$ABV(\phi) := \frac{d}{d\phi} V_Z(\phi)$$

werden Volumenänderungsarbeit und Kühlwärme berechnet:

$$W_V := -\int_{\phi_{ES}}^{\phi_{A\ddot{o}}} fp(\phi) \cdot ABV(\phi)\, d\phi \qquad W_V = -481.544\, J$$

$$Q_K := -\frac{1}{360 \cdot nr} \cdot \int_{\phi_{ES}}^{\phi_{A\ddot{o}}} \alpha_Z(\phi) \cdot A_Z(\phi) \cdot \left(ft(\phi) - t_W\right) d\phi \qquad Q_K = -450.685 \cdot J$$

Die zugeführte Wärme beträgt

$$Q_{Verbr} := n_G \cdot \chi_{G_7} \cdot \Delta H_H \qquad Q_{Verbr} = 1383\, J$$

und damit ist der thermische Wirkungsgrad des Prozesses

$$\eta_{th} := \frac{\left|W_V\right|}{Q_{Verbr}} \qquad \eta_{th} = 0.348$$

**Diskussion:** Bereits mit dem geschilderten einfachen Einraum-Modell als Einstieg zur Simulation der Vorgänge im Verbrennungsmotor wird eine realistische Wiedergabe der Energieumwandlungen im Motor erzielt. Bei der Entwicklung von Verbrennungsmotoren werden heute umfangreiche analytische Werkzeuge zur dynamischen Simulation des Verbrennungsvorgangs unter Berücksichtigung der räumlichen Ausbreitung der Flammenfront im Zylinderraum angewendet. Außerdem werden die Wärmeübergangsverhältnisse vom Verbrennungsgas an die umschließenden, gekühlten Strukturen und die instationäre Wärmeleitung in den Strukturmaterialien detailliert modelliert. Eine aktuelle Darstellung des umfangreichen Gebiets der Simulation bieten Merker et al.[59] Im Zusammenwirken von Simulation und Versuch und durch neue Erkenntnisse in der Werkstofftechnik werden heute Fortschritte auf dem Gebiet der Verbrennungsmotoren erreicht.

# 9.4 Entropieproduktion und Exergie bei Verbrennungsprozessen

## 9.4.1 Chemisches Potential, Affinität und Entropieproduktion

Bei der Herleitung von Gl. (3.7) hatten wir festgestellt, dass für reine Stoffe das chemische Potential gleich der Gibbs-Funktion ist. Die Gibbs-Funktion einer chemischen Reaktion hängt nun von den Parametern $p,T$ und von den Molzahlen der beteiligten Komponenten $n_1, n_2, \ldots n_c$ ab. Das chemische Potential der Komponente $i$ ist dann definiert durch

$$\left(\frac{\partial G}{\partial n_i}\right) = \mu_i \,. \tag{9.64}$$

Wir betrachten zunächst eine gasförmige Komponente $i$ des Gesamtsystems. Die Definition der Gibbs-Funktion dieser Komponente lautet

$$g_{m,i}(p,T) = \Delta H_{m,i}^{f\,0} - T\, S_m^0 + h_{m,i}(T) - T\left(s_{mp,i}(T) - R_m \ln\left(\frac{p_i}{p_C}\right)\right). \tag{9.65}$$

Demnach setzt sich die Gibbs-Funktion aus drei Beiträgen zusammen,

- einem Sockelbetrag für die stoffliche Umwandlung $\Delta G_{m,i}^{f\,0}(T) = \Delta H_{m,i}^{f\,0} - T\, S_m^0$,
- einem temperaturabhängigen Term $g_{m,i2}(T) = h_{m,i}(T) - T\, s_{mp,i}(T)$
- und einem Druckterm $g_{m,i3}(p,T) = T\, R_m \ln\left(\frac{p_i}{p_0}\right)$.

Der Sockelbetrag ist die freie Bildungsenthalpie

$$\Delta G_{m,i}^{f\,0}(T) = \Delta H_{m,i}^{f\,0} - T\, S_{m,i}^0$$

mit der molaren Bildungsenthalpie $\Delta H_{m,i}^{f\,0}$ und mit der molaren absoluten Entropie $S_{m,i}^0$ im Standardzustand. Da nun Entropiedifferenzen zwischen den Edukten, die der Reaktion zugeführt werden, und den Produkten, die den Reaktionsraum verlassen, gebildet werden müssen, sind Absolutwerte der Entropie notwendig. Diese Absolutwerte werden unter Einbeziehung von umfangreichen kalorischen Daten und Phasenwechseln durch Integration des Entropiedifferentials ermittelt, wobei am absoluten Nullpunkt $T = 0$ die Entropie jeden Stoffes gleich Null ist. Diese vom absoluten Nullpunkt bis zur chemischen Standardtemperatur $t_0 = 25\ °C$ integrierten Werte sind die benötigten molaren Standardentropien. Für eine Auswahl von Stoffen enthält Anhang 10.1 neben den molaren Bildungsenthalpien die molaren absoluten Entropien und zusätzlich die Angabe des Aggregatzustands im Standardzustand (gasförmig, flüssig, amorph oder kristallin).

59 Merker, G., Schwarz, Ch., Stiesch, G., Otto, F.: „Verbrennungsmotoren – Simulation der Verbrennung und Schadstoffbildung" Stuttgart, Leipzig, Wiesbaden: Teubner Verlag 2004, 2. Auflage

Bei den bisher durchgeführten Berechnungen von Änderungen der Entropie waren die Standardentropien nicht erforderlich, da nur Entropiedifferenzen eines homogenen Stoffes ermittelt werden mussten, so dass sich die Integrationskonstante herausgehoben hat.

Der temperaturabhängige Term der Gibbs-Funktion ist

$$g_{m,i2}(T) = h_{m,i}(T) - T\, s_{mp,i}(T)$$

oder

$$g_{m,i2}(T) = \int_{T_0}^{T} c_{pm,i}(T)\, dT - T \int_{T_0}^{T} \frac{c_{pm,i}(T)}{T}\, dT \,. \tag{9.66}$$

Zur Berechnung dieses Terms benötigen wir, wie bereits früher festgestellt, lediglich die temperaturabhängige molare Wärmekapazität. Differenzieren wir diesen Term, so folgt

$$\frac{dg_{m,i2}(T)}{dT} = -\int_{T_0}^{T} \frac{c_{pm,i}(T)}{T}\, dT$$

und die Integration führt zu

$$g_{m,i2}(T) = -\int_{T_0}^{T} \left[ \int_{T_0}^{T} \frac{c_{pm,i}(T)}{T}\, dT \right] dT = -\int_{T_0}^{T} s_{mp,i}(T)\, dT \,. \tag{9.67}$$

Eine dritte Möglichkeit der Berechnung des temperaturabhängigen Terms des Potentials folgt aus

$$\frac{d}{dT}\left[ \frac{g_{m,i2}(T)}{T} \right] = -\frac{\int_{T_0}^{T} c_{pm,i}(T)\, dT}{T^2} = -\frac{h_{m,i}(T)}{T^2} \,.$$

Die Integration dieser als Gibbs-Helmholtz-Gleichung bekannten Beziehung und Auflösung nach der Potentialfunktion führt zu

$$g_{m,i2}(T) = -T \int_{T_0}^{T} \left[ \frac{\int_{T_0}^{T} c_{pm,i}(T)\, dT}{T^2} \right] dT = -T \int_{T_0}^{T} \frac{h_{m,i}(T)}{T^2} \,. \tag{9.68}$$

Beim linear von der Temperatur abhängigen Druckterm

$$g_{m,i3}(p_k, T) = R_m\, T \ln\left( \frac{p_i}{p_0} \right)$$

ist der Druck $p_i$ der Partialdruck der Komponente $i$ und $p_0 = 1\ bar$ der Standardruck. Wenn wir den Druckquotienten mit dem Gesamtdruck aller Komponenten $k$ erweitern, so folgt

$$g_{m,i3}(p_i, T) = R_m\, T \ln\left( \frac{p_i}{p} \frac{p}{p_0} \right).$$

Nun ist das Verhältnis des Partialdrucks zum Gesamtdruck gleich dem Molanteil

$$\chi_i = \frac{p_i}{p}$$

und somit ist

$$g_{m,i3}(p_k,T) = R_m\ T\ \ln\left(\frac{p}{p_0}\chi_i\right). \tag{9.69}$$

Damit berechnen wir das chemische Potential einer Komponente $i$ mit einer der drei Gleichungen

$$\left.\begin{aligned}
\mu_{m,i}(p,T) &= \Delta G_{m,i}^{f0}(T) + \int_{T_0}^{T} c_{mp,i}(T)\,dT - T\left[\int_{T_0}^{T}\frac{c_{pm,i}(T)}{T}\,dT - R_m\ \ln\left(\frac{p}{p_0}\chi_i\right)\right];\\
\mu_{m,i}(p,T) &= \Delta G_{m,i}^{f0}(T) - \int_{T_0}^{T} s_{mp,i}(T)\,dT + R_m\ T\ \ln\left(\frac{p}{p_0}\chi_i\right);\\
\mu_{m,i}(p,T) &= \Delta G_{m,i}^{f0}(T) - T\int_{T_0}^{T}\frac{h_{m,i}(T)}{T^2}\,dT + R_m\ T\ \ln\left(\frac{p}{p_0}\chi_i\right).
\end{aligned}\right\} \tag{9.70}$$

Wir verwenden nun wieder die Matrix der stöchiometrischen Koeffizienten $\gamma$, die wir in Abschnitt 9.3.2 eingeführt haben[60]. De Donder (1872–1957) führte die aus den chemischen Potentialen der Edukte und Produkte gebildete Zustandsgröße Affinität[61] ein:

$$\mathrm{A}_{\mathrm{mR}}(\mathrm{T},\mathrm{p}) \equiv \sum_{\mathrm{i}} \gamma_{\mathrm{i}}\ \mu_{\mathrm{m,i}}(\mathrm{p},\mathrm{T}) \tag{9.71}$$

Diese Affinität ist das treibende Gefälle für das Ablaufen der chemischen Reaktion. Die Reaktion läuft in einem geschlossenen System so lange ab, bis die Affinität $A = 0$ ist. Bisher haben wir im Rahmen der Gleichgewichtsthermodynamik nur treibende Gefälle **zwischen** zwei Systemen behandelt. Die Affinität beruht auf einem treibenden Gefälle **in** einem System, sie ist gleich der molaren freien Reaktionsenthalpie nach Gibbs.

Für die von der Temperatur abhängige Reaktionsenthalpie folgt

$$\Delta H_{mR}(T) = \sum_i \gamma_i\ \left(\Delta H_{m,i}^{f0} + h_{m,i}(T)\right) \tag{9.72}$$

und die Entropie ändert sich bei der Reaktion gemäß

$$\Delta S_{mR}(T,p) = \sum_i \gamma_i \left(S_{m,i}^0 + s_{mp,i}(T) - R_m\ \ln\left(\frac{p}{p_0}\chi_i\right)\right) \tag{9.73}$$

woraus wieder die Affinität

$$A_{mR}(T,p) = \Delta H_{mR}(T) - T\ \Delta S_{mR}(T,p) = \Delta G_{mR}(T,p) \tag{9.74}$$

aufgebaut werden kann.

Wir wenden nun die unter Beschränkung auf homogene Systeme formulierte Bilanzgleichung (3.7) für die Entropie auf heterogene Systeme an, in denen chemische Reaktionen ablaufen. Im allgemeinen Fall sind die Edukte im System vorhanden und werden von außen zugeführt und die Produkte werden in das System eingespeichert und aus dem System abgeführt.

---

60 Wir verwenden hier die für offene Systeme vorteilhafte Definition, nach der die Edukte dem System zugeführt und die Produkte aus dem System abgeführt werden. In der chemischen Thermodynamik wird vielfach die für geschlossene Systeme besser geeignete Definition verwendet, nach der die Edukte im System verschwinden und die Produkte gebildet werden. Es gilt $\gamma_R = -\gamma$.

61 Siehe dazu Kondepudi, D., Prigogine, I.: „Modern Thermodynamis" Chichester, New York, Weinheim: John Wiley & Sons 1998, p. 103 ff

Nach dem allgemein gültigen Prinzip

$$dS = dS_{irr} + dS_a$$

lautet die differentielle Entropiebilanz mit der Voraussetzung, dass in Übereinstimmung mit der bisherigen Vorgehensweise die Edukte positives *($dn_i > 0$)* und die Produkte negatives ($dn_i < 0$) Vorzeichen haben

$$\frac{dU + p\,dV}{T} + \frac{A_{mR}(T,p)}{T}\,dn_B = \sum_j \frac{dQ_j}{T_{a,j}} + \Delta S_{mR}(T,p)\,dn_{Ba} + dS_{irr}\,. \qquad (9.75)$$

Bei einer Reaktion in einem geschlossenen System, das mit einer isothermen Umgebung Wärme ohne treibendes Gefälle austauscht, folgt

$$dS_{irr} = \frac{dU + p\,dV}{T} + \frac{A_{mR}(T,p)}{T}\,dn_B - \frac{dQ}{T}$$

woraus sich, unter Berücksichtigung des 1. HS,

$$dS_{irr} = \frac{A_{mR}(T,p)}{T}\,dn_B \qquad (9.76)$$

ergibt. Dabei ist $n_B$ die im System vorhandene Stoffmenge des Brennstoffs.

Findet die Reaktion in einem stationär durchströmten System statt, so folgt aus Gl. (9.75)

$$\sum_j \frac{\dot{Q}_j}{T_{a,j}} + \dot{n}_B\,\Delta S_{mR}(T,p) + \dot{S}_{irr} = 0\,, \qquad (9.77)$$

woraus für ein System, in dem eine chemische Reaktion abläuft und das wie das geschlossene System mit einer isothermen Umgebung Wärme ohne treibendes Temperaturgefälle austauscht, unter Berücksichtigung des 1. HS durch

$$\dot{Q} = -\dot{n}_B\,\Delta H_{mR}(T)$$

sich ein analoges Ergebnis wie in Gl. (9.76) ergibt:

$$\dot{S}_{irr} = \dot{n}_B\left[\frac{\Delta H_{mR}(T)}{T} - \Delta S_{mR}(T,p)\right] = \dot{n}_B\,\frac{A_{mR}(T,p)}{T}\,. \qquad (9.78)$$

Dabei ist $\dot{n}_B$ der Stoffmengenstrom des zugeführten Brennstoffs.

## 9.4.2 Reversible chemische Reaktionen

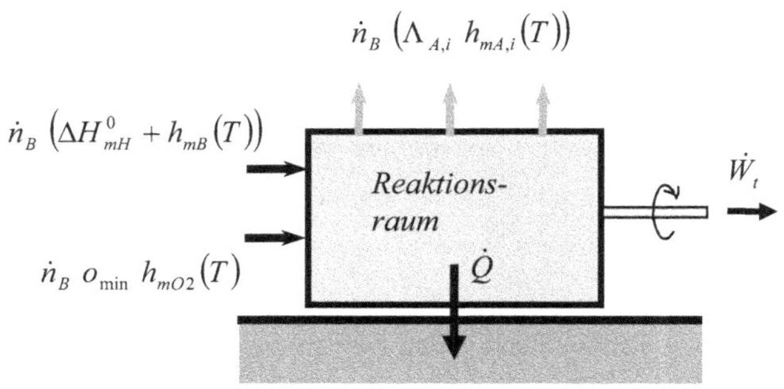


*Abb. 9.12: Reversible chemische Reaktion*

Abb. 9.12 zeigt den Reaktionsraum oder Reaktor, in dem eine isobar-isotherme reversible reversible stationär abläuft. Dieses System ist dadurch gekennzeichnet, dass alle Stoffströme separat mit Standarddruck zu- und abgeführt werden. Unter stöchiometrischer Zufuhr von Brennstoff und Sauerstoff findet Wärmetausch mit dem Wärmereservoir und Abgabe von Wellenleistung statt.

Bezogen auf 1 *mol* Brenngas ist die Matrix der an der Reaktion teilnehmenden Gase

$$\gamma = \begin{pmatrix} 1 \\ o_{\min} \\ -\kappa_V \\ -\omega_V \end{pmatrix}.$$

Mit den molaren Enthalpien

$$h_{mG}(T) = \begin{pmatrix} h_{mB}(T) \\ h_{mO2}(T) \\ h_{mCO2}(T) \\ h_{mH2O}(T) \end{pmatrix}$$

liefert der 1. HS unter Einbeziehung der molaren Reaktionsenthalpie

$$\Delta H_{mR}(T) = \Delta H^0_{mH} + \gamma\, h_{mG}(T)$$

die einfache Beziehung

$$\dot{n}_B\, \Delta H_{mR}(T) + \dot{W}_t + \dot{Q} = 0\,, \tag{9.79}$$

da die Gase mit gleicher Temperatur ein- und austreten.

Der isotherme Wärmetausch mit dem Wärmereservoir wird unter den gegebenen Voraussetzungen beschrieben durch

$$\dot{Q} = -\dot{n}_B\, T\, \Delta S_{mR}(T)\,. \tag{9.80}$$

Damit folgt für die Arbeit

$$\dot{W}_t = \dot{n}_B \left[-\Delta H_{mR}(T) + T\, \Delta S_{mR}(T)\right]$$

oder, wenn wir die Definition der freien Enthalpie anwenden

$$\dot{W}_t = -\dot{n}_B\, \Delta G_{mR}(T)\,. \tag{9.81}$$

Setzen wir den abgeführten Wärmestrom nach Gl. (9.80) in die Bilanzgleichung (9.77) ein, so kompensieren sich die externen Entropieflüsse und die innere Entropieproduktion verschwindet: Die Reaktion verläuft reversibel.

Das Wärmereservoir, das die vom System abgegebene Wärme bei gleicher Temperatur aufnimmt, hat eine höhere Temperatur als die Umgebung. Durch einen Carnot-Prozess, dessen untere Prozesstemperatur die Umgebungstemperatur $T_U$ ist, kann diese Wärme reversibel in Arbeit umgewandelt werden. Die Exergie der isothermen Verbrennung ist demnach

$$\begin{aligned} e_{mt\_B}(T) &= \Delta G_{mR}(T) + (T - T_U)\,\Delta S_{mR}(T) \\ &= \Delta H_{mR}(T) - T_U\, \Delta S_{mR}(T). \end{aligned} \tag{9.82}$$

**Beispiel 9.9 (Level 2):** Es ist die Affinität $A$ bei der Oxidation von Methan in Abhängigkeit von der Temperatur der Reaktionsteilnehmer im Temperaturbereich von *0 °C* bis *1000 °C* darzustellen, ebenso wie für eine reversible chemische Reaktion die Wärmeabgabe aus dem Reaktor und die Exergie des Gesamtsystems.

**Voraussetzungen:** Alle Reaktionspartner sind ideale Gase mit temperaturveränderlichen molaren Wärmekapazitäten. Die Reaktion erfolge isotherm bei der jeweiligen Temperatur und isobar bei Standarddruck. Die Reaktionspartner werden unvermischt zugeführt, die Reaktionsprodukte werden unvermischt abgeführt.

**Lösung:** Die Standardwerte aus der Tabelle des Anhangs 10.1 der molaren Bildungsenthalpien und der molaren absoluten Entropien werden für die Gaskomponenten in gleicher Reihenfolge wie für die kalorischen Funktionen in der Reihenfolge $H_2$, $N_2$, $O_2$, $CO$, $CO_2$, $H_2O$, Ar, $CH_4$ in der Matrix

$$Std := \begin{pmatrix} 0 & 130.68 \\ 0 & 191.61 \\ 0 & 205.14 \\ -110.53 & 197.67 \\ -393.51 & 213.74 \\ -241.82 & 188.83 \\ 0 & 154.84 \\ -74.81 & 186.26 \end{pmatrix} \qquad \begin{aligned} T_{ref} &= 298.15\,K \\ t_{ref} &:= 25\cdot °C \\ p_{ref} &:= 1\cdot bar \end{aligned}$$

zusammengefasst. Die Reaktionsgleichung lautet

$$CH_4 + 2\,O_2 \rightarrow CO_2 + 2\,H_2O$$

Damit wird die Matrix

$$Ox_{CH4} := \begin{pmatrix} Std_{7,0} & Std_{7,1} & 1 \\ Std_{2,0} & Std_{2,1} & 2 \\ Std_{4,0} & Std_{4,1} & -1 \\ Std_{5,0} & Std_{5,1} & -2 \end{pmatrix}$$

für die an der Reaktion teilnehmenden, gasförmigen Komponenten aufgestellt. Die letzte Spalte enthält die stöchiometrischen Koeffizienten $\gamma_i$.

Zunächst werden die Änderungen der molaren Enthalpie und Entropie der Reaktion im Standardzustand bestimmt:

$$\gamma := Ox_{CH4}^{\langle 2\rangle} \qquad \Delta H_{mR0} := Ox_{CH4}^{\langle 0\rangle}\cdot\frac{kJ}{mol}\cdot\gamma \qquad \Delta H_{mR0} = 802.34\frac{kJ}{mol}$$

$$\Delta S_{mR0} := Ox_{CH4}^{\langle 1\rangle}\cdot\frac{J}{mol\cdot K}\cdot\gamma \qquad \Delta S_{mR0} = 5.140\frac{J}{mol\cdot K}$$

Mit den bereits in den Beispielen 6.6 und 6.7 verwendeten Funktionen für die molaren Enthalpien und Entropien der gasförmigen Komponenten wird noch zusätzlich die Funktion für den von der Temperatur abhängigen Teil der molaren freien Enthalpie nach Gl. (9.68) benötigt:

$$\Delta\mu_G(t,\chi) := \left| \begin{array}{l} T \leftarrow t + 273.15K \\ -T\cdot\displaystyle\int_{T_{ref}}^{T}\frac{h_{mG}(T-273.15K,\chi)}{T^2}\,dT \end{array}\right.$$

Die Matrizen dieser Funktionen für die Gaskomponenten, die an der Reaktion teilnehmen

$$\Delta\mu_R(t) := \begin{pmatrix} \Delta\mu_G\left(t, \chi_K^{\langle 7\rangle}\right) \\ \Delta\mu_G\left(t, \chi_K^{\langle 2\rangle}\right) \\ \Delta\mu_G\left(t, \chi_K^{\langle 4\rangle}\right) \\ \Delta\mu_G\left(t, \chi_K^{\langle 5\rangle}\right) \end{pmatrix} \quad \sigma_R(t) := \begin{pmatrix} s_{mG}\left(t, \chi_K^{\langle 7\rangle}\right) \\ s_{mG}\left(t, \chi_K^{\langle 2\rangle}\right) \\ s_{mG}\left(t, \chi_K^{\langle 4\rangle}\right) \\ s_{mG}\left(t, \chi_K^{\langle 5\rangle}\right) \end{pmatrix} \quad \varepsilon_R(t) := \begin{pmatrix} h_{mG}\left(t, \chi_K^{\langle 7\rangle}\right) \\ h_{mG}\left(t, \chi_K^{\langle 2\rangle}\right) \\ h_{mG}\left(t, \chi_K^{\langle 4\rangle}\right) \\ h_{mG}\left(t, \chi_K^{\langle 5\rangle}\right) \end{pmatrix}$$

gestatten nun die Berechnung der Affinität

$$A_{mR}(t) := \Delta H_{mR0} - Tt(t)\cdot\Delta S_{mR0} + \Delta\mu_R(t)\cdot\gamma$$

und den Änderungen der molaren freien Enthalpie

$$\Delta G_{mR}(t) := \Delta H_{mR0} - Tt(t)\cdot\Delta S_{mR0} + \gamma\cdot\left(\varepsilon_R(t) - Tt(t)\cdot\sigma_R(t)\right)$$

der molaren Enthalpie

$$\Delta H_{mR}(t) := \Delta H_{mR0} + \gamma\cdot\varepsilon_R(t)$$

und der molaren Entropie

$$\Delta S_{mR}(t) := \Delta S_{mR0} + \gamma\cdot\sigma_R(t)$$

Damit werden die Kühlwärme

$$q_{mR}(t) := -Tt(t)\cdot\Delta S_{mR}(t)$$

und die Exergie

$$e_{mt\_B}(t) := \Delta G_{mR}(t) + \left(t - t_U\right)\cdot\Delta S_{mR}(t)$$

bestimmt.

Variation der Temperatur zwischen *25 °C* und *1000 °C* führt zu den in den Abb. 9.13 und 9.14 wiedergegebenen Ergebnissen für die isotherme Methanverbrennung. Abb. 9.15 zeigt die im Methan enthaltene Exergie.

$$t := 25\cdot°C, 50\cdot°C\,..\,1000\cdot°C$$

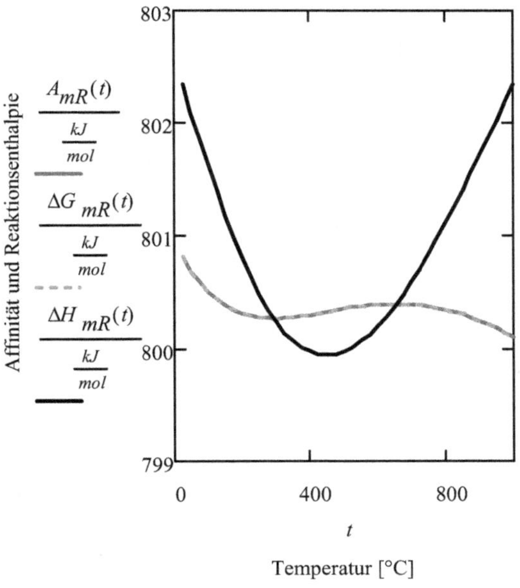


*Abb. 9.13: Affinität und Reaktionsenthalpie der isothermen Methanverbrennung*

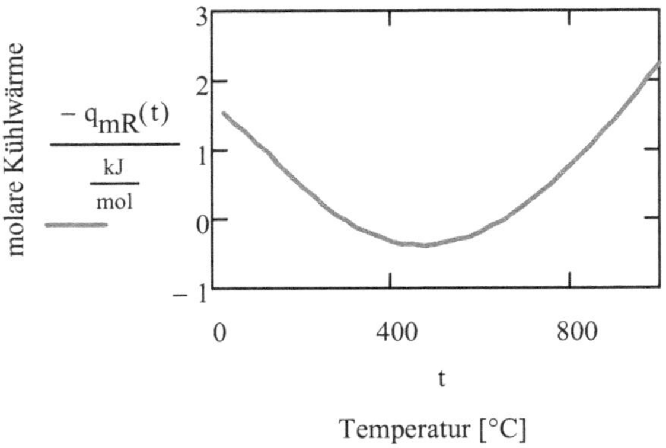


*Abb. 9.14: Wärmeabgabe bei der isothermen Methanverbrennung*

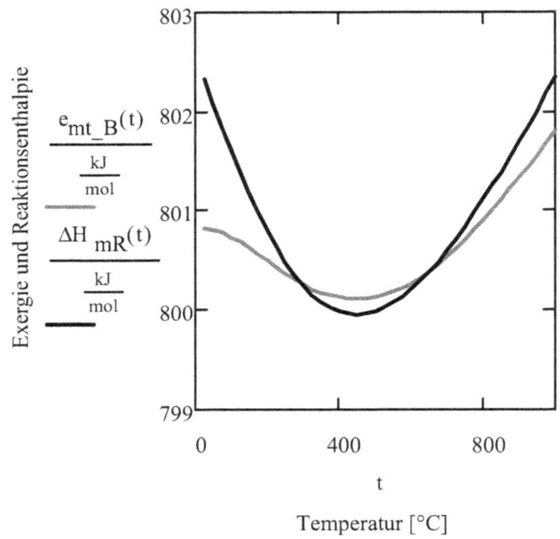


*Abb. 9.15: Exergie der isothermen Methanverbrennung und Reaktionsenthalpie*

**Diskussion:** Affinität, Reaktionsenthalpie und Exergie hängen nur schwach von der Temperatur des Systems ab. Die Wärmeabgabe bei der reversiblen Verbrennung ist gering, teilweise verläuft die Reaktion sogar schwach endotherm. Da die Gaskomponenten alle separat, d.h. unvermischt beim Standard-Druck zu- und abgeführt werden, spielen die vom Druck abhängigen Terme der Entropie und des chemischen Potentials keine Rolle, die bei der Zu- und Abfuhr von Gasgemischen berücksichtigt werden müssen.

## 9.4.3 Brennstoffzellen

### 9.4.3.1 Prinzip

Das Prinzip der Brennstoffzelle ist schon lange bekannt. 1838 stellte Christian Friedrich Schönbein (1797–1868) an der Universität Basel fest, dass zwischen zwei Platindrähten in einem Salzsäurebad, die von Wasserstoff bzw. Sauerstoff umspült werden, eine elektrische Spannung auftritt. Auf dieser Basis entwickelte Sir William Robert Grove (1811–1896) in London die erste funktionsfähige Brennstoffzelle. Damit war die Umkehr der Elektrolyse in Form der elektrochemischen Rekombination von $H_2$ und $O_2$ zu $H_2O$ gelungen. 1884 erkannte der Chemiker Wilhelm Ostwald (1853–1932) in einer theoretischen Arbeit das große technische Potential der damals als galvanische Gasbatterie[62] benannten Brennstoffzelle. Auf dem damaligen Stand der Technik hatten Wärmekraftmaschinen niedrige Wirkungsgrade < *20 %,* während bei Brennstoffzellen in Versuchen bereits Wirkungsgrade bis zu *50 %* erzielt wurden. Da man in der gegen Ende des 19. Jahrhunderts aufkommenden Elektrizitätswirtschaft fast ausschließlich auf das von Werner von Siemens entwickelte Dynamoprinzip zur Umsetzung der von Kraftmaschinen abgegebenen mechanischen Energie in elektrische Energie setzte, wurde die direkte Stromerzeugung in Brennstoffzellen nicht mehr intensiv weiter verfolgt, unter anderem auch deshalb, weil der Bedarf an Edelmetallen als Katalysatormaterial hohe Kosten verursachte und Wasserstoff als Brennstoff nicht im großtechnischen Maßstab zur Verfügung stand. Erst mit Beginn der Raumfahrt wurde das Prinzip der Brennstoffzelle wieder aufgegriffen, da in Raumkapseln und Raumstationen zuverlässige und effektive Stromquellen benötigt werden. Hierbei hat sich in Bezug auf die Energiedichte die mit Wasserstoff und reinem Sauerstoff betriebene Brennstoffzelle im Vergleich mit Batterien oder Wärmekraftmaschinen als weit überlegenes System erwiesen.

Ein weiterer Entwicklungsschub ergab sich aus der zunehmenden Bedeutung des Umweltschutzes. Die Forderung nach schadstoffarmen Fahrzeugantrieben (Ultra-Low-Emission-Vehicles) hat bei vielen Fahrzeugherstellern zu aufwändigen Entwicklungsprogrammen geführt. Seitdem macht die Brennstoffzellenentwicklung sowohl für den Fahrzeugantrieb als auch für stationäre Anlagen zur Stromerzeugung große Fortschritte und es werden einige Systeme bereits quasi-kommerziell angeboten. Allerdings lässt die Markteinführung als Massenprodukt noch auf sich warten[63], da in jüngster Zeit auch bei Verbrennungsmotoren und thermischen Kraftwerken erhebliche Effizienzsteigerungen und Reduktionen der Emissionen erreicht worden sind.

Im Prinzip werden in einer Brennstoffzelle auf elektrochemischem Wege reversible Oxidationsreaktionen angestrebt. Das in Abb. 9.16 dargestellte Funktionsprinzip dient der direkten Umwandlung der im Brennstoff gespeicherten chemischen Energie in elektrische Energie.

---

62 Die Bezeichnung als Batterie ist irreführend, da in der Brennstoffzelle keine Energiespeicherung vorgenommen wird, sondern eine direkte Umsetzung von chemisch gebundener Energie in elektrische Energie. Brennstoffzellen sind aber auch für die Energiespeicherung einsetzbar, wenn man unter Einbeziehung der Elektrolyse ein umkehrbares System aufbaut.

63 Die Prognose des Nobelpreisträgers Wilhelm Ostwalt auf der Jahrestagung 1884 des Verbands der deutschen Elektrotechnik, nach der die Brennstoffzelle „schon bald den Siemens'schen Generator ins Museum verbannen" würde, war wohl etwas voreilig.

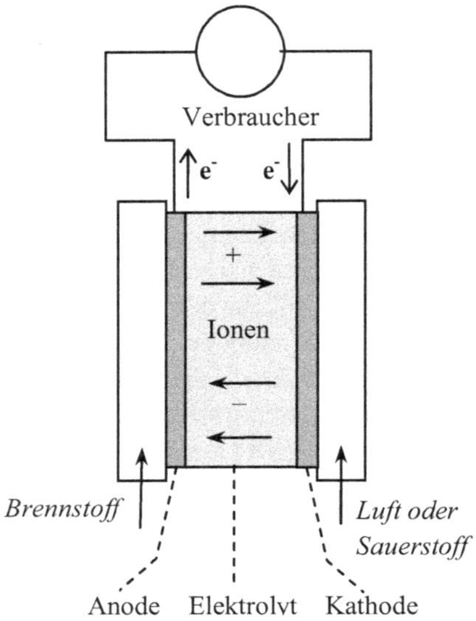


*Abb. 9.16: Aufbau einer Brennstoffzelle*

Der Brennstoff wird in geeignet ausgebildeten Gaskanälen der Anode zugeführt, reiner Sauerstoff oder Luft werden der Kathode zugeleitet. Brennstoff und/oder Sauerstoff werden an den Elektroden mit oder ohne Mitwirkung eines Katalysators in Ionen umgewandelt. Die Elektroden müssen elektrisch leitend und in geeigneter Weise porös sein, um eine große Reaktionsoberfläche zu bieten und den Durchtritt der gebildeten Ionen zu ermöglichen. Läuft die elektrochemische Reaktion bei niedriger Betriebstemperatur nicht von selbst an, so wird katalytisches Material, meist Platin, benötigt. Entweder werden an der Anode unter Abgabe von Elektronen positiv geladene Ionen gebildet oder es entstehen an der Kathode negativ geladene Ionen unter Aufnahme von Elektronen. Die Ionen wandern durch den zwischen den Elektroden positionierten Elektrolyten, und zwar die positiv geladenen Ionen von der Anode zur Kathode und die negativ geladenen Ionen von der Kathode zur Anode. Durch die Ionisation entsteht eine Spannungsdifferenz zwischen den Elektroden und die von der Anode aufgenommenen Elektronen fließen über einen Elektromotor oder einen sonstigen Verbraucher zur Kathode, wo sie im Zuge der elektrochemischen Reaktion oder der Ionisation wieder aufgenommen werden.

Prinzipiell kann die reversible Arbeit in elektrische Energie umgesetzt werden. Für die reversible elektrische Leistung gilt

$$P_{el\_rev} = U_{el\_rev} \, I_{el} = \dot{n}_B \, w_{tm\_rev} \,. \tag{9.83}$$

Die elektrische Stromstärke $I_{el}$ ergibt sich aus dem Strom der Ladungsträger sowie der elektrischen Ladung dieser Träger. Das Produkt aus der elektrischen Elementarladung

$$e = 1{,}60218 \cdot 10^{-19} \; C$$

mit der Ladungseinheit Coulomb

$$1\,C = 1\,A\,s$$

und der Avogadro-Konstante $N_A$ ergibt die Faraday-Konstante

$$F = e\,N_A = 96485\,\frac{A\,s}{mol}\,. \tag{9.84}$$

Damit ist die Stromstärke das Produkt aus dem Strom von elektrischer Ladung mit der Faraday-Konstanten:

$$I_{el} = \dot{n}_{el}\,F\,.$$

Es kommt nun darauf an, wieviel Ladung nach der Ionisierung, bezogen auf ein Molekül des Brennstoffs, durch den Elektrolyten transportiert wird. Bezeichnen wir diese Ladungszahl mit $z$, so ist der elektrische Strom direkt proportional zum Strom der zugeführten Brennstoffmoleküle:

$$I_{el} = \dot{n}_B\,z\,F\,. \tag{9.85}$$

Damit folgt aus Gl. (9.83) die reversible elektrische Spannung der Zelle

$$U_{el\_rev} = \frac{w_{tm\_rev}}{z\,F}\,. \tag{9.86}$$

Betrachten wir als einfachsten Fall Wasserstoff, der in einer Brennstoffzelle bei Standard-Umgebungstemperatur verarbeitet wird, so ist die elektrische Arbeitsfähigkeit

$$w_{tm\_rev} = -\Delta G_{mR0} = -\Delta H_{mR0} + T_0\,\Delta S_{mR0} = -237{,}13\,\frac{kJ}{mol}\,,$$

wenn als Reaktionsprodukt flüssiges Wasser abgegeben wird. Da bei der Ionisierung von Wasserstoff aus einem Molekül zwei Ladungsträger nach

$$H_2 \rightarrow 2\,H^+$$

entstehen, hat eine solche Zelle die reversible Klemmenspannung

$$\left|U_{el\_rev}\right| = \frac{237{,}13 \cdot 10^3}{2 \cdot 96485}\,\frac{W}{A} = 1{,}229\,V\,.$$

Dieses Beispiel zeigt uns, dass wir bei Brennstoffzellen generell mit geringen Spannungen rechnen müssen. Deshalb werden zur Spannungserhöhung Brennstoffzellen in Reihe geschaltet zu Stapeln oder „Stacks“ zusammengefasst.

Brennstoffzellen benötigen hochwertige Brennstoffe, wie z.B. Wasserstoff. Wird z.B. Methan, wie aus Erdgas oder Biogas, eingesetzt, so ist meist eine Vorbehandlung durch Reformierung nach der Reaktionsgleichung

$$CH_4 + H_2O \rightarrow CO + 3\,H_2$$

nötig. Diese Reaktion verläuft endotherm, d.h., es muss thermische Energie zugeführt werden. Wird reiner Wasserstoff benötigt, so ist im 2. Schritt die Shift-Reaktion

$$CO + H_2O \rightarrow CO_2 + H_2$$

erforderlich, die leicht exotherm verläuft. Das $CO_2$ muss abgetrennt werden.

#### 9.4.3.2 Verluste in Brennstoffzellen

Da in der Regel Brennstoffzellen mit Luft betrieben werden, findet auf der Kathodenseite eine Luftzerlegung statt, wobei der Sauerstoff entzogen und der Stickstoff aufkonzentriert wird. Selbst bei reversibler Entmischung ist dafür Arbeit aufzuwenden. Dadurch sinkt die Spannung der Zelle ab. Man erhält die Leerlaufspannung $U_{el\_0}$.

Die Verluste durch dissipative Vorgänge beim Betrieb einer Brennstoffzelle unter Last lassen sich, wie in Abb. 9.17 schematisch dargestellt, grob in drei Gruppen einteilen:

- Mit zunehmender Stromdichte treten, wie in jedem von elektrischem Strom durchflossenen Leiter, durch den Ohm'schen Widerstand Verluste auf.
- An den Phasengrenzflächen zwischen den Elektroden und dem Elektrolyten treten beim Durchtritt der Elektronen dissipative Vorgänge auf, die mit zunehmender Last ansteigen. Diese Elektrodenverluste verstärken den Spannungsabfall.
- Schließlich treten bei höheren Stromdichten Widerstände durch Diffusion auf. Dadurch verlaufen die Anlieferung der Edukte und die Abfuhr der Produkte langsamer als die die Ionisation bzw. elektrochemische Reaktion. Diese Diffusionsverluste nehmen bei weiterer Steigerung der Stromdichte rapide zu und führen schließlich zum vollständigen Zusammenbruch der Zellspannung.

Abb. 9.17 zeigt qualitativ den Abfall der Zellspannung mit zunehmender Stromdichte.

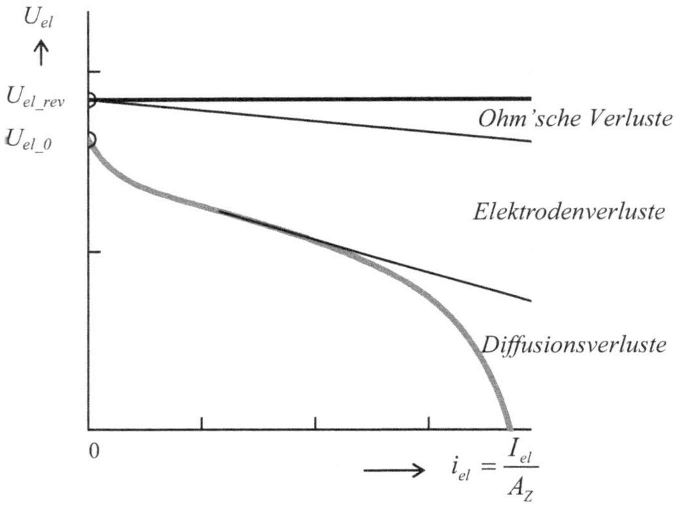


*Abb. 9.17: Spannungsverluste beim Betrieb der Zelle unter Last*

Die Zelle gibt unter Last die elektrische Leistung

$$P_{el} = U_{el}\, I_{el}$$

ab. Mit Gl. (9.83) folgt für den elektrischen Wirkungsgrad der Zelle

$$\eta_{el} = \frac{U_{el}}{U_{el\_rev}} \,. \tag{9.87}$$

Der Wirkungsgrad der Brennstoffzelle als Verhältnis von Nutzen zu Aufwand wird bestimmt durch

$$\eta_{BZ} = \eta_{el}\, \frac{\Delta G_{mR}(T)}{\Delta H^0_{mH}}, \tag{9.88}$$

wobei in Übereinstimmung mit der sonstigen Vorgehensweise der Aufwand durch den Heizwert des Brennstoffs charakterisiert wird.

Die reversible Arbeit oder elektrische Arbeitsfähigkeit der Brennstoffzelle wird aufgeteilt in die tatsächlich entnommene elektrische Arbeit und in dissipierte Energie durch die Verluste in der Zelle. Dann gilt für die Dissipation

$$q_{m\_diss} = \Delta G_{mR}(T) - w_{tm\_el} = (1-\eta_{el})\,\Delta G_{mR}(T).$$

Nützt man bei einer Hochtemperatur-Brennstoffzelle das Temperaturgefälle zwischen der Betriebstemperatur des Zellenstapels und der Umgebung durch einen thermischen Kreisprozess, so wird diesem Prozess der von der Brennstoffzelle abgegebene Wärmestrom gemäß

$$\dot{Q}_{KP\_\max} = \dot{n}_B\,\left[T\,\Delta S_{mR}(T) + (1-\eta_{el})\,\Delta G_{mR}(T)\right] \qquad (9.89)$$

zugeführt, wenn nicht weiterer Wärmebedarf, wie z.B. zur Reformierung besteht. Ist der thermische Wirkungsgrad dieses Kreisprozesses bekannt, so liefert der Prozess, wenn der Anteil $\phi$ der Abwärme dem Prozess zugeführt wird, die mechanische Arbeit

$$\dot{W}_{KP} = -\eta_{KP}\,\phi\,\dot{Q}_{KP\_\max}. \qquad (9.90)$$

Somit ist der effektive Wirkungsgrad der Gesamtanlage

$$\eta_{eff} = \frac{\eta_{el}\,\Delta G_{mR}(T) + \eta_{KP}\,\phi\,\left[T\,\Delta S_{mR}(T) + (1-\eta_{el})\,\Delta G_{mR}(T)\right]}{\Delta H^0_{mH}}. \qquad (9.91)$$

Die elektrische Leistungsdichte ist das Produkt von Spannung und Stromdichte

$$p_{el} = \frac{P_{el}}{A_Z} = U_{el}\,i_{el}. \qquad (9.92)$$

Trägt man in Abb. 9.18 den elektrischen Wirkungsgrad und die normierte Leistungsdichte über der normierten Stromdichte auf, so liegt das Leistungsmaximum kurz bevor der Widerstand durch Ionendiffusion massiv zunimmt.

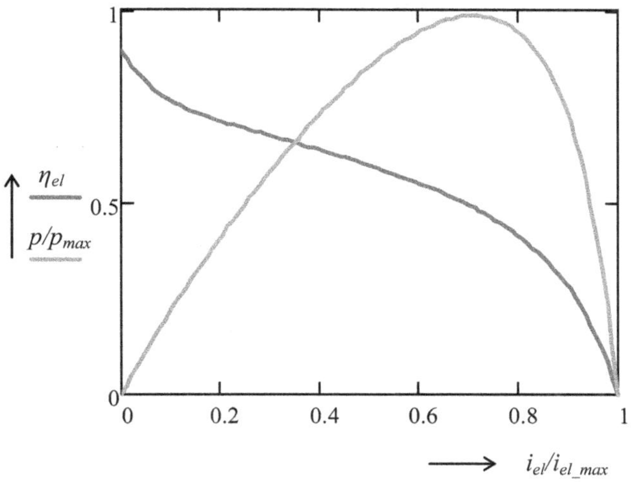


*Abb. 9.18: Wirkungsgrad und normierte Leistungsdichte in einer Brennstoffzelle*

Dieses Verhalten zeigt, dass der höchste Wirkungsgrad bei Nulllast erzielt wird und die Zelle insbesondere im Teillastbereich mit hohem Wirkungsgrad arbeitet Bei der Auslegung muss ein Kompromiss zwischen hohem Wirkungsgrad und hoher Leistungsdichte gefunden werden. Bei Teillast steigt die Zellspannung und damit der Wirkungsgrad von Brennstoffzellen an.

Weitere Verluste, die durch unvollständigen Brennstoffumsatz (Schlupf) auftreten, werden mit dem Faraday-Wirkungsgrad

$$\eta_F = \frac{\dot{n}_{id}}{\dot{n}_{real}} \tag{9.93}$$

erfasst.

#### 9.4.3.3 Brennstoffzellentypen

Zurzeit werden sechs verschiedene Brennstoffzellentypen[64] eingesetzt oder sie befinden sich in einem fortgeschrittenen Entwicklungsstadium. Sie unterscheiden sich in erster Linie durch den verwendeten Elektrolyten. Die optimale Betriebstemperatur der Brennstoffzelle wird durch die Leitfähigkeit für die Ionen im Elektrolyten festgelegt, die von der Temperatur abhängt. Der Elektrolyt kann mobil in flüssiger Form als Säure oder Lauge im Kreislauf durch die Zelle geführt werden oder er ist, wie bei den meisten modernen Anwendungen, als immobiler Elektrolyt zwischen Anode und Kathode fixiert. Dabei sind auch entsprechend dotierte Membranen oder Keramiken als feste Elektrolyten möglich.

Abb. 9.19 zeigt das Prinzip einer **alkalischen Brennstoffzelle** (Alkaline Fuel Cell **AFC**).

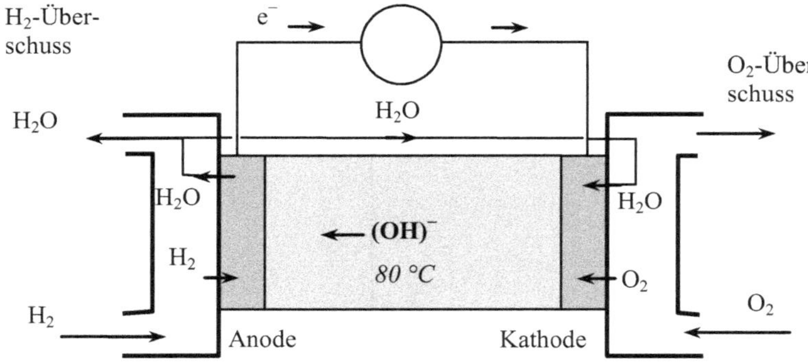


*Abb. 9.19: Alkalische Brennstoffzelle (AFC)*

Bei der AFC werden die Gase durch poröse, katalytisch wirksame Elektroden dem Elektrolyten zugeführt, wobei die elektrochemische Redox-Reaktion abläuft. Als Elektrolyt wird vorwiegend mit Wasser verdünnte Kalilauge verwendet. Für die katalytische Wirkung reicht preiswertes Material (z.B. Ni, Ag) aus. Die Betriebstemperatur liegt bei ca. *80 °C*. Wie aus den Reaktionsgleichungen an Anode und Kathode ersichtlich,

$$Anode: \; H_2 + 2\,(OH)^- \rightarrow 2\,H_2O + 2\,e^-$$

$$Kathode: \; \frac{1}{2}\,O_2 + H_2O + 2\,e^- \rightarrow 2\,(OH)^-$$

[64] Siehe z.B: Zahoransky, R.A.: „Energietechnik“ Braunschweig, Wiesbaden: Vieweg 2002, S. 239 ff

wandern im Elektrolyten negative Hydroxid-Ionen von der Kathode zur Anode. Die Hälfte des entstehenden Produktwassers muss zur Befeuchtung der Kathode verwendet werden. Wegen Karbonatbildung im Elektrolyten ist die AFC hoch empfindlich gegen Kohlenmonoxid und Kohlendioxid. Deshalb wird die AFC hauptsächlich in der Raumfahrt oder in der Militärtechnik angewandt, wo reiner Wasserstoff und reiner Sauerstoff als Edukte zur Verfügung stehen. Anodenseitig entsteht als Reaktionsprodukt Wasser. Dieses Produktwasser kann als Kühlwasser oder Trinkwasser genutzt werden. AFC sind robust und sie erreichen hohe Wirkungsgrade und gutes dynamisches Verhalten, da die Kinetik der Sauerstoffreduktion rasch verläuft.

In einer **Protonenaustausch- oder Polymer-Elektrolyt-Brennstoffzelle** (Protone Exchange oder Polymer Electrolyte Fuel Cell **PEFC**) nach Abb. 9.20 wird der saure Elektrolyt chemisch in eine Kunststofffolie eingebunden. Die Folie ist auf beiden Oberflächen mit Platin als Katalysator beschichtet und mit porösen Kohleschichten überdeckt. Diese Folie ist für Protonen ($H^+$) durchlässig, nicht aber für andere Moleküle. Die Kathode ist hydrophob auszuführen, wenn flüssiges Wasser gebildet wird, das die Poren verstopfen kann. Die Betriebstemperatur liegt bei diesem Typ bei *80 °C* bis *120 °C*. Wie die Reaktionsgleichungen zeigen,

$$Anode: \quad H_2 \rightarrow 2\,H^+ + 2\,e^-$$

$$Kathode: \frac{1}{2}\,O_2 + 2\,H^+ + 2\,e^- \rightarrow H_2O$$

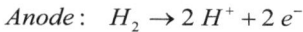

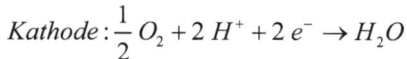

wandern positiv geladene H-Ionen oder Protonen von der Anode zur Kathode.

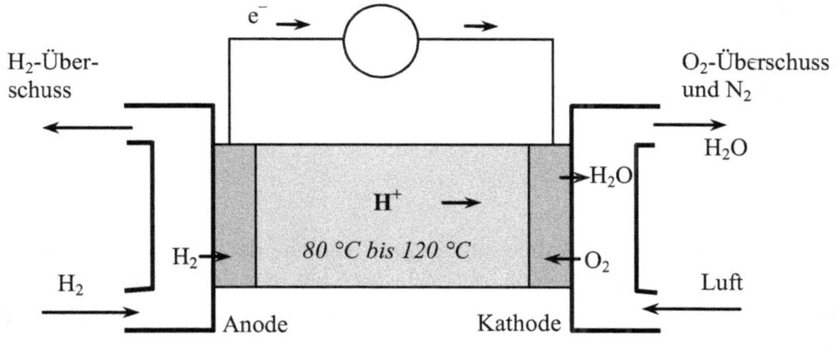


*Abb. 9.20: Polymer-Elektrolyt-Brennstoffzelle (PEFC)*

Auch dieser Typ reagiert sehr empfindlich, wenn CO als Katalysatorgift einwirkt. Bei der Verwendung von Methan oder Methanol sind Reformierung und Shiften nötig, so dass der PEFC wieder möglichst reiner Wasserstoff zugeführt wird. Die Empfindlichkeit dieses Zelltyps gegen $CO_2$ ist weniger ausgeprägt. Die Anwendung der PEFC ist vielseitig und reicht von Kleinanwendungen im Bereich von wenigen Watt über Fahrzeugantriebe bis hin zu Blockheizkraftwerken in der Leistungsklasse von *250 kW*.

In der **Direkt-Methanol-Brennstoffzelle** (Direct Methanol Fuel Cell **DMFC**) wird Methanol als flüssiger Brennstoff mit den Reaktionsgleichungen

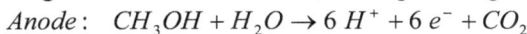

$$Anode: \quad CH_3OH + H_2O \rightarrow 6\,H^+ + 6\,e^- + CO_2$$

$$Kathode: \frac{3}{2}\,O_2 + 6\,H^+ + 6\,e^- \rightarrow 3\,H_2O$$

bei einer Betriebstemperatur von *90 bis 120 °C* direkt verarbeitet. Auch hier ist, wie bei der PEFC, als Elektrolyt eine geeignete saure und mit Platin dotierte Protonenaustauschmembran erforderlich. Da anodenseitig $H_2O$ benötigt wird, ist auf ausreichendes Wasserangebot durch Rückführung oder durch Befeuchtung des Brennstoffs zu achten. Dieses $H_2O$ tritt durch Diffusion in die Folie ein. Da in Bezug auf die Diffusionseigenschaften in der Folie $H_2O$- und Methanol-Moleküle ähnliche Eigenschaften haben, ist der Direktdurchgang von Methanol zur Luftseite durch die Zelle ein derzeit noch nicht ausreichend beherrschtes technisches Problem.

In der **phosphorsauren Brennstoffzelle** (Phosphoric Acid Fuel Cell **PAFC**) (Abb. 9.21) sind die maßgeblichen Reaktionen

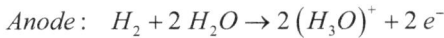

$$Anode: \quad H_2 + 2\,H_2O \rightarrow 2\left(H_3O\right)^+ + 2\,e^-$$

$$Kathode: \frac{1}{2}\,O_2 + 2\left(H_3O\right)^+ + 2\,e^- \rightarrow 3\,H_2O$$

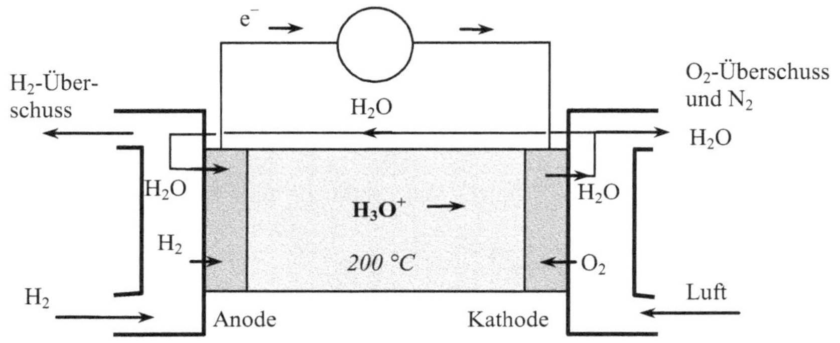


*Abb. 9.21: Phosphorsaure Brennstoffzelle (PAFC)*

Es wandern Hydronium-Ionen von der Anode zur Kathode, für die der Elektrolyt, hochkonzentrierte Phosphorsäure, leitend ist. Wegen der Aggressivität der Phosphorsäure ist es zweckmäßig, Säuregruppen in poröse Platten aus Asbest, Graphit oder Siliziumkarbid einzubinden. Die Betriebstemperatur liegt bei etwa *200 °C*. Bei diesem Temperaturniveau ist immer noch Platin als Katalysator notwendig. Deshalb wirkt CO auch bei diesem Typ als Katalysatorgift und muss durch eine vollständige Shift-Reaktion zu $CO_2$ und $H_2$ umgewandelt werden. Das $CO_2$ stellt bei diesem Typ kein Problem dar und kann durch die Zelle durchgeleitet werden. Wegen des Wasserbedarfs auf der Anodenseite ist ein aufwändiges Wassermanagement notwendig. Die PAFC wird ebenfalls bis zu elektrischen Leistungen von *250 kW* gebaut.

Die **Schmelzkarbonat-Brennstoffzelle** (Molten Carbonate Fuel Cell **MCFC**) arbeitet, wenn als Brennstoff Methan nach einem Reformierungs-Verfahrensschritt eingesetzt wird, mit den Reaktionsgleichungen

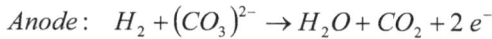

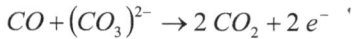

$$Anode: \quad H_2 + (CO_3)^{2-} \rightarrow H_2O + CO_2 + 2\,e^-$$

$$CO + (CO_3)^{2-} \rightarrow 2\,CO_2 + 2\,e^-$$

$$Kathode: \frac{1}{2}O_2 + CO_2 + 2\,e^- \rightarrow (CO_3)^{2-}$$

nach dem Schema in Abb. 9.22. Die Elektroden benötigen keine teuren Edelmetalle als Katalysatormaterial, sie sind aus Nickel gefertigt. Durch den Elektrolyten, ein Gemisch aus geschmolzenem Lithium- und Kaliumkarbonat in einer aus Folien aufgebauten Matrix, wandern die Karbonat-Ionen von der Kathode zur Anode. Für den geschmolzenen Zustand ist eine Betriebstemperatur von mindestens *650 °C* nötig. Ein Shift-Konverter wird nicht benötigt. An der Kathode muss zur Bildung der Karbonat-Ionen neben Luft auch Kohlendioxid zugeführt werden. Zu diesem Zweck muss aus dem anodenseitigen Abgas $CO_2$ abgetrennt und zur Kathode rückgeführt werden. Die Betriebstemperatur der MCFC ist hoch genug, um mit der Abwärme hochwertigen Prozessdampf zu erzeugen.

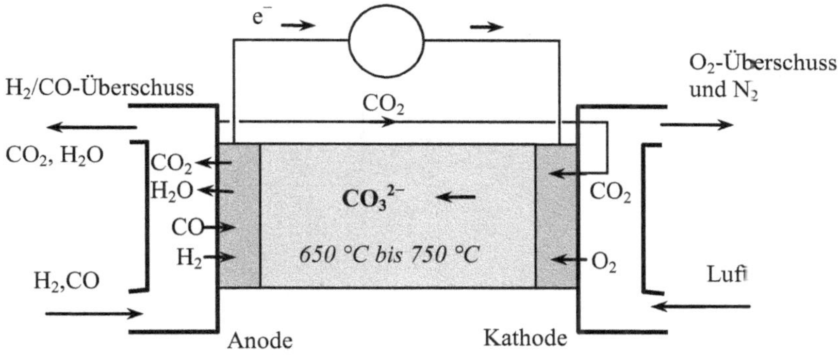


*Abb. 9.22: Schmelzkarbonat-Brennstoffzelle (PEFC)*

Die Schmelzkarbonat-Brennstoffzelle eignet sich für größere, stationäre Anlagen im Leistungsbereich von *250 kW* bis zu einigen *MW*.

Die Kathode der **oxidkeramischen Brennstoffzelle** (Solid Oxide Fuel Cell **SOFC**) (Abb. 9.23) besteht aus einer keramischen Matrix (Strontium-dotiertes Lanthan-Manganat), die Anode aus Nickel und mit Yttrium dotiertem Zirkondioxid leitet Ionen und Elektronen. Der Elektrolyt ist ein keramischer Festkörper aus mit Yttrium dotiertem Zirkondioxid. Bei Temperaturen ab *700 °C* wird dieser Elektrolyt für die Sauerstoffionen leitend. Bei der SOFC ist nur eine teilweise Reformierung nötig. Geht man von reinem Methan als Brennstoff aus, so kann das Methan zum Teil direkt in der Zelle zerlegt werden, da die Betriebstemperatur mit Werten zwischen *800 °C* und *1000 °C* ausreichend hoch ist. Weitgehende Reformierung beschleunigt allerdings die elektrochemische Reaktion in der Zelle. Enthält ein Brenngas

höhere Kohlenwasserstoffe, so ist eine Vorbehandlung nötig, um ein Cracken in der Zelle und damit Kohlenstoffabscheidung zu vermeiden.
Wie aus den Reaktionsgleichungen

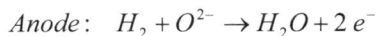

$$\begin{aligned} Anode:\ & H_2 + O^{2-} \rightarrow H_2O + 2\,e^- \\ & CO + O^{2-} \rightarrow CO_2 + 2\,e^- \\ Kathode:\ & \frac{1}{2}\,O_2 + 2\,e^- \rightarrow O^{2-} \end{aligned}$$

hervorgeht, wird an der Kathode der Luftsauerstoff durch Elektronenaufnahme ionisiert, wandert durch den Elektrolyten und reagiert dann nach Elektronenabgabe als atomarer Sauerstoff mit dem Gemisch aus $H_2$, CO und $CH_4$ des Brenngases unter Bildung von Wasserdampf und Kohlendioxid.

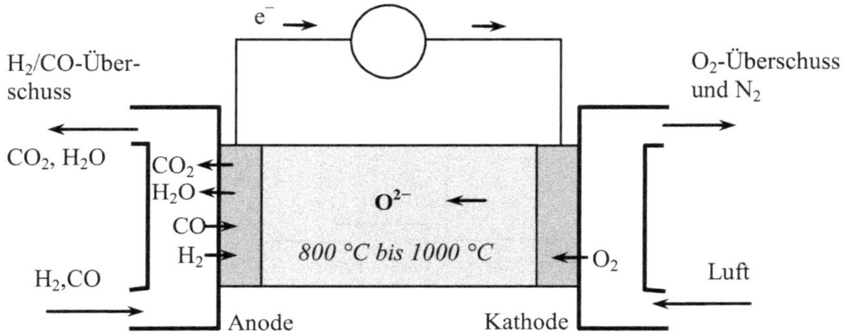


*Abb. 9.23: Oxidkeramische Brennstoffzelle (SOFC)*

Zur Inbetriebnahme ist ein Aufheizvorgang notwendig, so dass die Anwendung vorwiegend im stationären Bereich mit kontinuierlichem Betrieb liegen wird. Da die SOFC bei hoher Temperatur betrieben wird, eignet sie sich zur Erzeugung von hochwertigem Prozessdampf. Beim Betrieb mit hohem Druck kann der Zellenstapel als „elektrische Brennkammer" dienen, wobei die Abgase in einer Gasturbine weitere Arbeit verrichten. Weit fortgeschritten ist die Entwicklung für Großanlagen im MW-Bereich. Andererseits bieten Mikro-KWK-Anlagen im Heizungsbereich, wo der konventionelle Brenner durch eine SOFC ersetzt wird, attraktive Potentiale.

**Beispiel 9.10 (Level 3):** Das in Abb. 9.24 skizzierte Brennstoffzellen-Kraftwerk zur Stromerzeugung besteht aus Reformer, Brennstoffzellenstapel und einer Dampfkraftanlage, die mit der Abwärme aus dem Brennstoffzellenstapel betrieben wird.

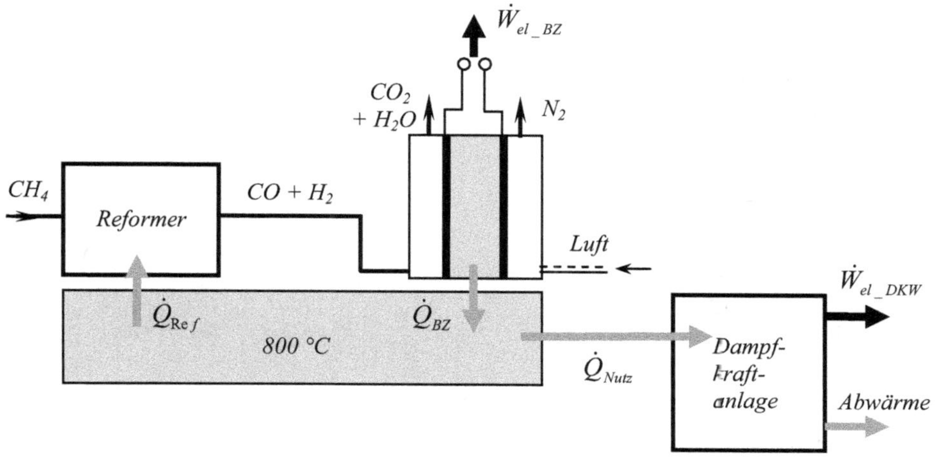


*Abb. 9.24: Anlagenschema eines Kraftwerks mit SOFC und nachgeschalteter Dampfkraftanlage*

- Im Reformer wird Methan mit Wasserdampf in CO und $H_2$ umgewandelt. Wie groß ist der Wärmebedarf des Reformers?
- Die Brennstoffzelle nach dem SOFC-Prinzip arbeitet mit einer Temperatur von *800 °C*. Es wird anodenseitig das Gemisch aus CO und $H_2$ und kathodenseitig Luft zugeführt. Wie groß ist die Leerlaufspannung der Brennstoffzelle?
- Unter Last sinkt die Spannung der Zelle bis auf *0,5 Volt* ab. Welche Abwärme wird von der Brennstoffzelle in Abhängigkeit von der absinkenden Spannung abgegeben?
- Nach Abdeckung des Wärmebedarfs des Reformers wird die Abwärme einer Wärmekraftanlage zugeführt, die mit einem exergetischen Wirkungsgrad von *0,60* elektrischen Strom erzeugt. Wie verändern sich die abgegebene elektrische Arbeit und der Wirkungsgrad der gesamten Anlage?

**Voraussetzungen:** Wie in Beispiel 9.9. Luft ist vereinfacht ein Gemisch aus *21 Vol.-%* Sauerstoff und *79 Vol.-%* Stickstoff. Alle Vorgänge in der Brennstoffzelle laufen isobar beim Standard-Druck ab. Die Reaktionsprodukte treten vermischt aus. Bei der Reaktion wird der Luft der Sauerstoff vollständig entzogen, ebenso wird das zugeführte Gasgemisch vollständig umgesetzt.

**Gegeben:**

$t_{BZ} := 800 \cdot °C \qquad U_{BZ\_min} := 0.5 \cdot V \qquad \zeta_{ex} := 0.60$

**Lösung:** Die Kathode nimmt reinen Sauerstoff auf, denn nur dieser kann unter Ionisation die Kathode durchdringen. Es strömt reiner Stickstoff ab. Damit findet de facto eine reversible Luftzerlegung statt.

Die Matrix mit den Daten im Standard-Zustand wird ebenso wie die Funktionen aus Beispiel 9.9 auch hier verwendet.

Im Reformer läuft die Reaktion

$$CH_4 + H_2O \rightarrow CO + 3\,H_2$$

ab, die durch die Matrix

$$Ref := \begin{pmatrix} Std_{7,0} & Std_{7,1} & 1 \\ Std_{5,0} & Std_{5,1} & 1 \\ Std_{3,0} & Std_{3,1} & -1 \\ Std_{0,0} & Std_{0,1} & -3 \end{pmatrix} \qquad \gamma_{Ref} := Ref^{\langle 2 \rangle}$$

erfasst wird. Der Wärmebedarf wird aus dem 1. HS für den Reformer

$$q_{m\_Ref} + \Delta H_{m\_Ref}(t_{BZ}) = 0$$

unter Verwendung von

$$\Delta H_{m0\_Ref} := Ref^{\langle 0 \rangle} \cdot \frac{kJ}{mol}$$

$$\varepsilon_{Ref}(t) := \begin{pmatrix} h_{mG}\left(t, \chi_K^{\langle 7 \rangle}\right) \\ h_{mG}\left(t, \chi_K^{\langle 5 \rangle}\right) \\ h_{mG}\left(t, \chi_K^{\langle 3 \rangle}\right) \\ h_{mG}\left(t, \chi_K^{\langle 0 \rangle}\right) \end{pmatrix} \qquad \Delta H_{m\_Ref}(t) := \left(\Delta H_{m0\_Ref} + \varepsilon_{Ref}(t)\right) \cdot \gamma_{Ref}$$

mit dem Ergebnis

$$q_{m\_Ref} := -\Delta H_{m\_Ref}(t_{BZ}) \qquad q_{m\_Ref} = 226.148 \cdot \frac{kJ}{mol}$$

ermittelt.

Der Brennstoffzelle strömt demnach ein Gemisch von CO mit dem Partialdruck ¼ $p$ und von $H_2$ mit dem Partialdruck ¾ $p$ zu. Aus der Summengleichung für die Reaktion

$$CO + 3\,H_2 + 2\,O_2 \rightarrow CO_2 + 3\,H_2O$$

wird die Matrix

$$Ox_{BZ} := \begin{pmatrix} Std_{3,0} & Std_{3,1} & 1 \\ Std_{0,0} & Std_{0,1} & 3 \\ Std_{2,0} & Std_{2,1} & 2 \\ Std_{4,0} & Std_{4,1} & -1 \\ Std_{5,0} & Std_{5,1} & -3 \end{pmatrix} \qquad \gamma := Ox_{BZ}^{\langle 2 \rangle}$$

aufgestellt und die molare freie Enthalpie

$$\Delta G_{mBZ}(t) := \left| \begin{array}{l} \Delta G_0 \leftarrow Ox_{BZ}^{\langle 0 \rangle} \cdot \frac{kJ}{mol} - Tt(t) \cdot Ox_{BZ}^{\langle 1 \rangle} \cdot \frac{J}{mol \cdot K} \\ \left(\Delta G_0 + \Delta\mu_{BZ}(t)\right) \cdot \gamma \end{array} \right. \qquad \Delta G_{mBZ}(t_{BZ}) = 754.74 \cdot \frac{kJ}{mol}$$

sowie die Reaktionsenthalpie

$$\Delta H_{mBZ}(t) := \left| \begin{array}{l} \Delta H_0 \leftarrow Ox_{BZ}^{\langle 0 \rangle} \cdot \frac{kJ}{mol} \\ \left(\Delta H_0 + \varepsilon_{BZ}(t)\right) \cdot \gamma \end{array} \right. \qquad \Delta H_{mBZ}(t_{BZ}) = 1027.3 \cdot \frac{kJ}{mol}$$

und die Änderung der Entropie bei der Reaktion

$$\Delta S_{mBZ}(t) := \left| \begin{array}{l} \Delta S_0 \leftarrow Ox_{BZ}^{\langle 1 \rangle} \cdot \frac{J}{mol \cdot K} \\ \left(\Delta S_0 + \sigma_{BZ}(t)\right) \cdot \gamma \end{array} \right. \qquad \Delta S_{mBZ}(t_{BZ}) = 253.94 \cdot \frac{J}{mol \cdot K}$$

berechnet.

Der molare Heizwert des zugeführten Gasgemisches beträgt

$$\Delta H_{mH0} := Ox_{BZ}^{\langle 0 \rangle} \cdot \frac{kJ}{mol} \cdot \gamma \qquad \Delta H_{mH0} = 1008.4 \frac{kJ}{mol}$$

Der 1. HS für die Brennstoffzelle

$$\Delta H_{mBZ}(t_{BZ}) + q_{mBZ\_th} + w_{tmBZ} = 0$$

liefert mit

$$w_{tmBZ} = -\Delta G_{mBZ}(t_{BZ})$$

für die theoretische Kühlwärme

$$q_{mBZ\_th} := -\Delta H_{mBZ}(t_{BZ}) + \Delta G_{mBZ}(t_{BZ}) \qquad q_{mBZ\_th} = -272.516 \cdot \frac{kJ}{mol}$$

die ausreicht, um den Wärmebedarf des Reformers abzudecken.

Für die theoretische Spannung der Zelle folgt

$$U_{BZ\_th} := \frac{\Delta G_{mBZ}(t_{BZ})}{8 \cdot F} \qquad U_{BZ\_th} = 0.978\,V$$

Die obigen Ergebnisse gelten für den Fall, dass der Brennstoffzelle die Edukte CO, $H_2$ und $O_2$ getrennt beim Standard-Druck zugeführt werden und dass die Produkte die Brennstoffzelle als getrennte Stoffströme verlassen. In der Realität sind die Komponenten des Brenngases vermischt, die Luft enthält nur *21 %* Sauerstoff und die Produkte verlassen die Zelle ebenfalls vermischt. Damit sind die Partialdruckverhältnisse der Komponenten

$$\chi_R^T = (0.25 \;\; 0.75 \;\; 0.21 \;\; 0.25 \;\; 0.75)$$

Weiter muss auch der Stickstoff aus der Luft berücksichtigt werden, der zwar nur durch den Kanal auf der Kathodenseite durchtritt, jedoch seinen Partialdruck ändert. Mit diesen Voraussetzungen wird die molare freie Enthalpie durch

$$\Delta G_{mBZL}(t) := \left| \begin{array}{l} \chi_{N2} \leftarrow 1 - \chi_{R_2} \\ \Delta G_{mBZ}(t) + R_m \cdot Tt(t) \cdot \left( \gamma \cdot ln(\chi_R) + \gamma_2 \cdot \frac{\chi_{N2}}{\chi_{R_2}} \cdot ln(\chi_{N2}) \right) \end{array} \right.$$

berechnet. Das Ergebnis der Auswertung und die Zellenspannung

$$\Delta G_{mBZL}(t_{BZ}) = 711.064 \cdot \frac{kJ}{mol} \qquad U_{BZL} := \frac{\Delta G_{mBZL}(t_{BZ})}{8 \cdot F} \qquad U_{BZL} = 0.921\,V$$

sind gegenüber dem theoretischen Wert abgesunken und die abzuführende Wärme ist mit

$$q_{mBZL} := -\Delta H_{mBZ}(t_{BZ}) + \Delta G_{mBZL}(t_{BZ}) \qquad q_{mBZL} = -315.191 \cdot \frac{kJ}{mol}$$

angestiegen. Dabei sei nochmals betont, dass die Vorgänge der Vermischung und Entmischung in diesem Modell alle reversibel verlaufen.

Sinkt nun die Spannung unter Last auf den vorgegebenen Wert von *0,5 V* ab, so ist der elektrische Wirkungsgrad der Zelle

$$\eta_{el} := \frac{\Delta G_{m\_M}}{\Delta G_{mBZ}(t_{BZ})} \qquad \eta_{el} = 0.511$$

Die molare freie Energie und der Wirkungsgrad der Zelle betragen

$$\Delta G_{m\_M} := U_{BZ\_min} \cdot 8 \cdot F \quad \Delta G_{m\_M} = 385.94 \frac{kJ}{mol} \qquad \eta_{BZ} := \frac{\Delta G_{m\_M}}{\Delta H_{mH0}} \qquad \eta_{BZ} = 0.383$$

und die Wärmeabfuhr steigt auf

$$q_{m\_M} := -\left[ (1 - \eta_{el}) \cdot \Delta G_{mBZ}(t_{BZ}) + Tt(t_{BZ}) \cdot \Delta S_{mBZ}(t_{BZ}) \right] \qquad q_{m\_M} = -641.315 \frac{kJ}{mol}$$

an.

Nach Abdeckung des Wärmebedarfs des Reformers verbleiben

$$q_{m\_Nutz} := q_{m\_M} + q_{m\_Ref} \qquad q_{m\_Nutz} = -415.168 \cdot \frac{kJ}{mol}$$

Abwärme zur weiteren Nutzung.

Wird diese Abwärme in dem Dampfkraftprozess mit dem gegebenen exergetischen Wirkungsgrad weiter in elektrische Energie verwandelt, so gewinnen wir aus diesem Prozess zusätzlich

$$w_{mt\_th} := \zeta_{ex} \cdot \frac{t_{BZ} - t_{ref}}{Tt(t_{BZ})} \cdot q_{m\_Nutz} \qquad w_{mt\_th} = -179.894 \cdot \frac{kJ}{mol}$$

Der Wirkungsgrad der gesamten Anlage ist demnach

$$\eta_{tot} := \frac{\left| w_{mel\_M} + w_{mt\_KP} \right|}{\Delta H_{mH0}} \qquad \eta_{tot} = 0.561$$

Variieren wir die Zellenspannung zwischen der Leerlaufspannung und der minimalen Spannung, so ergeben sich die folgenden, in Abb. 9.25 dargestellten Verläufe der Wirkungsgrade der Brennstoffzelle und des Gesamtsystems:

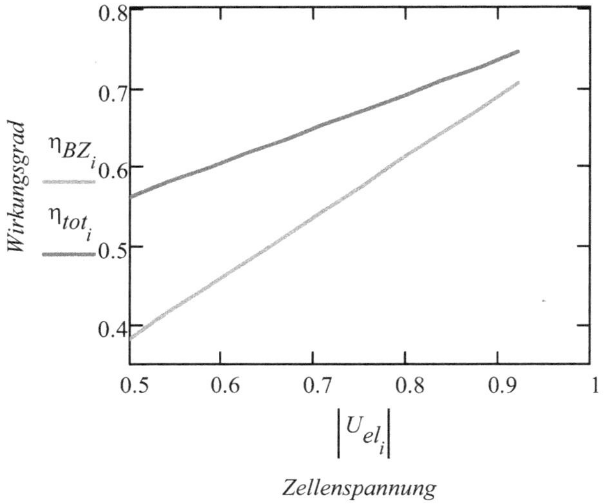


*Abb. 9.25: Wirkungsgrade eines SOFC-Brennstoffzellen-Kraftwerks mit nachgeschalteter thermischer Anlage*

**Diskussion:** Das Beispiel zeigt, wie moderne Kraftwerke mit Hochtemperatur-Brennstoffzellen und mit Nutzung der Abwärme in einem thermischen Prozess hohe Wirkungsgrade erzielen. Diese Wirkungsgrade steigen im Betrieb mit Teillast an.

## 9.4.4 Exergieverlust bei der adiabaten Verbrennung

Im Abschnitt 9.4.2 haben wir in Gl. (9.82) für die Exergie des Brennstoffs

$$ex_{mt}(T) = \Delta H_{mR}(T) - T_U \ \Delta S_{mR}(T)$$

erhalten. Voraussetzungsgemäß wurden zunächst Reaktionen mit reinen, unvermischten Komponenten analysiert. Dabei hängt die Exergie des Brennstoffs nur schwach von der Temperatur ab.

Feuerungen und Brennkammern werden in der Regel nahezu isobar mit Luftüberschuss betrieben. Wir setzen hier voraus, dass die Verbrennungsluft und das Brenngas vollständig vermischt in den Brennraum eintreten und die Verbrennungsgase vollständig vermischt austreten. Durch die geringen Partialdrücke der Edukte und der Produkte wird die Exergie verringert. Fassen wir die zu- und abgeführten und auf *1 mol* Brenngas bezogenen Gasmengen unter Berücksichtigung der stöchiometrischen Stoffumsätze in den Matrizen $\Lambda_Z$ und $\Lambda_A$ zusammen, die von der Luftüberschusszahl $\lambda$ abhängen, so nimmt die Energiebilanz für adiabate Systeme die einfache Form an

$$\Delta H_{mH}^{0} + \Lambda_Z(\lambda)\, h_{mZ}(T) - \Lambda_A(\lambda)\, h_{mA}(T) = 0\,. \tag{9.94}$$

Dabei sind die Funktionen für die Enthalpien der Gaskomponenten ebenfalls in Matrizen zusammengefasst.

Wenden wir Gl. (9.78) auf das adiabate System Feuerung bzw. Brennkammer an, so folgt

$$\dot{S}_{irr} = -\dot{n}_B\, \Delta S_{mR}(T, p)\,.$$

Nach Gl. (3.52) ist der Exergieverlust, der mit einem Prozess einhergeht, festgelegt durch

$$\dot{E}x_{mV} = T_U\, \dot{S}_{irr}\,.$$

Die Änderung der Entropie hängt von den Temperaturen des eintretenden Gasgemischs und der Reaktionstemperatur ab

$$\Delta S_{mT\_irr} = -\left[\Delta S_m^0 + \Lambda_Z(\lambda)\, s_{mZ}(T_{ein}) - \Lambda_A(\lambda)\, s_{mA}(T_R)\right]$$

und außerdem von den Partialdrücken

$$\Delta S_{mp\_irr} = R_m \left[\Lambda_Z(\lambda) \ln\left(\frac{p}{p_0}\chi_Z\right) - \Lambda_A(\lambda) \ln\left(\frac{p}{p_0}\chi_A\right)\right]$$

wobei die Argumente der Logarithmus-Funktionen wieder in Matrizen zusammengefasst werden. Damit ist der Exergieverlust

$$ex_{mV} = T_U\left(\Delta S_{mT\_irr} + \Delta S_{mp\_irr}\right). \tag{9.95}$$

Die austretenden Abgase führen die Exergie

$$ex_{mA} = \Lambda_A(\lambda)\left[h_{mA}(T_U) - h_{mA}(T_R) - T_U\left(s_{mA}(T_U) - s_{mA}(T_R)\right)\right] \tag{9.96}$$

mit sich. Fasst man die beiden Terme zusammen und wendet den 1. HS

$$\Lambda_A(\lambda)\, h_{mA}(T_R) = \Delta H_{mH}^0 + \Lambda_Z(\lambda)\, h_{mZ}(T_{ein})$$

an, so ergibt sich die Exergie der eintretenden Gase mit dem von Eintrittstemperatur und Umgebungstemperatur abhängigen Term

$$Ex_{mB\_T} = \Delta H_{mH}^0 - T_U\, \Delta S_m^0 + \left(\Lambda_Z(\lambda)\, g_{mZ}(T_{ein}) - \Lambda_A(\lambda)\, g_{mA}(T_U)\right)$$

und mit dem von den Partialdrücken abhängigen Term

$$Ex_{mB\_p} = -R_m\, T_U \left[\Lambda_Z(\lambda) \ln\left(\frac{p}{p_0}\chi_Z\right) - \Lambda_A(\lambda) \ln\left(\frac{p}{p_0}\chi_A\right)\right]$$

als Summe dieser beiden Terme

$$Ex_{mB} = Ex_{mB\_T} + Ex_{mB\_p}\,. \tag{9.97}$$

**Beispiel 9.11 (Level 4):** In eine adiabate Feuerung treten Methan und feuchte Luft mit der Zusammensetzung aus Beispiel 9.4 mit einer Temperatur von *25 °C* ein. Die Verbrennung verläuft isobar bei $p = 1\ bar$. Die Verbrennungstemperatur wird zwischen *600 °C* und *1200 °C* variiert. Welcher Luftüberschuss ist in Abhängigkeit von der Verbrennungstemperatur nötig? Wie groß sind die Exergien des Brennstoffs, der realen Verbrennung und des Abgases und welcher Exergieverlust tritt durch den Einfluss der Partialdrücke und durch den irreversiblen Verbrennungsvorgang auf?

**Voraussetzungen:** Gemische idealer Gase. Brenngas und Luft treten vermischt in die Feuerung ein, die Abgase treten vermischt aus.

**Gegeben:**

$$\chi_L^T = (0\ \ 0.7577\ \ 0.2033\ \ 0\ \ 0\ \ 0.0296\ \ 0.0094\ \ 0)$$

$$t_{ein} := 25\cdot °C \qquad t_U := 25\cdot °C \qquad p_U := 1\cdot atm \qquad p_{ein} := p_U \qquad p_{aus} := p_U$$

**Lösung:** Die Matrix mit den Daten im Standard-Zustand wird ebenso wie die Funktionen aus Beispiel 9.8 auch hier verwendet. Die Änderungen der molaren Enthalpie im Standard-Zustand und der Standard-Entropie bei der Reaktion sind

$$\Delta H_{mH0} := \gamma \cdot Std^{\langle 0\rangle} \cdot \frac{kJ}{mol} \qquad \Delta H_{mH0} = 802.34 \cdot \frac{kJ}{mol}$$

$$\Delta S_{m0} := \gamma \cdot Std^{\langle 1\rangle} \cdot \frac{J}{mol \cdot K} \qquad \Delta S_{m0} = 5.140 \cdot \frac{J}{mol \cdot K}$$

Mit der gegebenen Luftzusammensetzung und den Kenngrößen der Verbrennung

$$\kappa := 1 \qquad \sigma := 2 \qquad \omega := 2 \qquad L_{min} := \frac{\sigma}{\chi_{L_2}} \qquad L_{min} = 9.838$$

schreiben wir die Matrizen für die Stoffe, die der Feuerung zugeführt werden und die die Feuerung verlassen, an:

$$\Lambda_{Zu}(\lambda) := \begin{pmatrix} 1 \\ \chi_{L_1} \cdot \lambda \cdot L_{min} \\ \lambda \cdot \sigma \\ \chi_{L_5} \cdot \lambda \cdot L_{min} \\ \chi_{L_6} \cdot \lambda \cdot L_{min} \end{pmatrix} \qquad \Lambda_{Ab}(\lambda) := \begin{bmatrix} \chi_{L_1} \cdot \lambda \cdot L_{min} \\ (\lambda - 1) \cdot \sigma \\ 1 \\ \omega + \chi_{L_5} \cdot \lambda \cdot L_{min} \\ \chi_{L_6} \cdot \lambda \cdot L_{min} \end{bmatrix}$$

Die zugehörigen Matrizen für die Gaskomponenten sind:

$$\sigma_m(t) := \begin{pmatrix} s_{mG}\left(t, \chi_K^{\langle 7\rangle}\right) & s_{mG}\left(t, \chi_K^{\langle 4\rangle}\right) \\ s_{mG}\left(t, \chi_K^{\langle 1\rangle}\right) & s_{mG}\left(t, \chi_K^{\langle 1\rangle}\right) \\ s_{mG}\left(t, \chi_K^{\langle 2\rangle}\right) & s_{mG}\left(t, \chi_K^{\langle 2\rangle}\right) \\ s_{mG}\left(t, \chi_K^{\langle 5\rangle}\right) & s_{mG}\left(t, \chi_K^{\langle 5\rangle}\right) \\ s_{mG}\left(t, \chi_K^{\langle 6\rangle}\right) & s_{mG}\left(t, \chi_K^{\langle 6\rangle}\right) \end{pmatrix} \qquad \varepsilon_m(t) := \begin{pmatrix} h_{mG}\left(t, \chi_K^{\langle 7\rangle}\right) & h_{mG}\left(t, \chi_K^{\langle 4\rangle}\right) \\ h_{mG}\left(t, \chi_K^{\langle 1\rangle}\right) & h_{mG}\left(t, \chi_K^{\langle 1\rangle}\right) \\ h_{mG}\left(t, \chi_K^{\langle 2\rangle}\right) & h_{mG}\left(t, \chi_K^{\langle 2\rangle}\right) \\ h_{mG}\left(t, \chi_K^{\langle 5\rangle}\right) & h_{mG}\left(t, \chi_K^{\langle 5\rangle}\right) \\ h_{mG}\left(t, \chi_K^{\langle 6\rangle}\right) & h_{mG}\left(t, \chi_K^{\langle 6\rangle}\right) \end{pmatrix}$$

Die Energiebilanz (1. HS) für die adiabate Feuerung als Funktion der Luftüberschusszahl $\lambda$ und der Verbrennungstemperatur $t_B$ lautet

$$EBL(\lambda, t_R) := \Delta H_{mH0} + \Lambda_{Zu}(\lambda) \cdot \varepsilon_m(t_{ein})^{\langle 0\rangle} - \Lambda_{Ab}(\lambda) \cdot \varepsilon_m(t_R)^{\langle 1\rangle}$$

Die Nullstellen dieser Funktion in Abhängigkeit von der Verbrennungstemperatur werden mittels der Funktion

$\lambda := 3$

*Vorgabe*

$EBL(\lambda, t_R) = 0$

$\lambda(t_R) := Suchen(\lambda)$

ermittelt. Nach Erzeugung der Temperaturmatrix

$$k := 0..24 \qquad t_{R_k} := 600\cdot °C + k \cdot 25 \cdot K$$

wird diese Funktion aufgerufen durch

$$\lambda_k := \lambda\left(t_{R_k}\right)$$

mit dem in Abb. 9.26 wiedergegebenen Ergebnis.

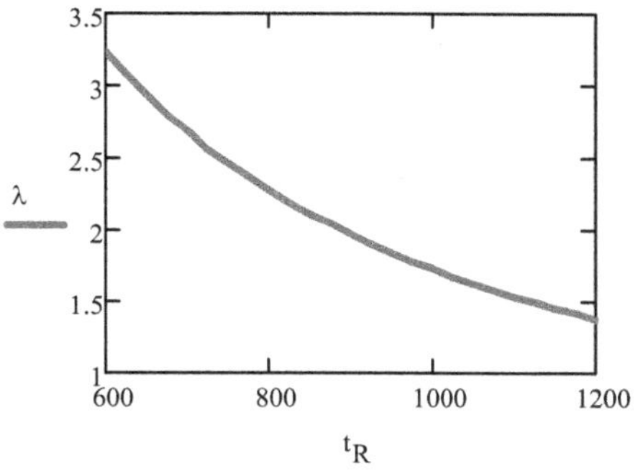


*Abb. 9.26: Abhängigkeit der Luftüberschusszahl von der Verbrennungstemperatur $t_R$*

Nun werden mit der ermittelten Matrix der Luftüberschusszahl spaltenweise für *k* Spalten die Matrix des Brennstoff/Luft-Gemischs $\Lambda_Z$ und die Abgasmatrix $\Lambda_A$ aufgebaut

$$\Lambda_Z^{\langle k\rangle} := \Lambda_{Zu}(\lambda_k) \qquad \Lambda_A^{\langle k\rangle} := \Lambda_{Ab}(\lambda_k)$$

Mit der jeweiligen zeilenweisen Aufsummierung einer Spalte

$$Sum_{Z_k} := \sum_{i=0}^{4} \Lambda_{Z_{i,k}} \qquad Sum_{A_k} := \sum_{i=0}^{4} \Lambda_{A_{i,k}}$$

folgen die Matrizen der Molenanteile des Brennstoff/Luft-Gemisches und des Abgases

$$\chi_{Z_{i,k}} := \frac{p_{ein}}{p_{ref}} \cdot \frac{\Lambda_{Z_{i,k}}}{Sum_{Z_k}} \qquad \chi_{A_{i,k}} := \frac{p_{aus}}{p_{ref}} \cdot \frac{\Lambda_{A_{i,k}}}{Sum_{A_k}}$$

Die Änderung der Entropie in der Feuerung ermitteln wir durch

$$\Delta S_{mR_k} := \left| \begin{array}{l} t \leftarrow t_{R_k} \\ \Delta S \leftarrow \Delta S_{m0} + \Lambda_Z^{\langle k\rangle} \cdot \sigma_m(t_{ein})^{\langle 0\rangle} - \Lambda_A^{\langle k\rangle} \cdot \sigma_m(t)^{\langle 1\rangle} \\ \Delta S - R_m \cdot \left( \Lambda_Z^{\langle k\rangle} \cdot ln\left(\chi_Z^{\langle k\rangle}\right) - \Lambda_A^{\langle k\rangle} \cdot ln\left(\chi_A^{\langle k\rangle}\right)\right) \end{array} \right.$$

und damit wird der Exergieverlust bestimmt:

$$ex_{mV_k} := -\left( Tt(t_U) \cdot \Delta S_{mR_k} \right)$$

Die Abgase haben beim Austritt aus der Feuerung die Exergie

$$ex_{mA_k} := \left| \begin{array}{l} t \leftarrow t_{R_k} \\ -\Lambda_A^{\langle k\rangle} \cdot \left[ \varepsilon_m(t_U)^{\langle 1\rangle} - \varepsilon_m(t)^{\langle 1\rangle} - Tt(t_U) \cdot \left( \sigma_m(t_U)^{\langle 1\rangle} - \sigma_m(t)^{\langle 1\rangle} \right) \right] \end{array} \right.$$

Das in die Feuerung eintretende Gasgemisch hat die von der Verbrennungstemperatur unabhängige Exergie

$$Ex_{mB_k} := \left| \begin{array}{l} Ex \leftarrow \Delta H_{mH0} + \left( \Lambda_Z^{\langle k\rangle} \cdot \varepsilon_m(t_{ein})^{\langle 0\rangle} + \Lambda_A^{\langle k\rangle} \cdot \varepsilon_m(t_U)^{\langle 1\rangle} \right) \\ Ex \leftarrow Ex - Tt(t_U) \cdot \left( \Delta S_{m0} + \Lambda_Z^{\langle k\rangle} \cdot \sigma_m(t_{ein})^{\langle 0\rangle} - \Lambda_A^{\langle k\rangle} \cdot \sigma_m(t_U)^{\langle 1\rangle} \right) \\ Ex \leftarrow Ex + Tt(t_U) \cdot R_m \cdot \left( \Lambda_Z^{\langle k\rangle} \cdot ln\left(\chi_Z^{\langle k\rangle}\right) - \Lambda_A^{\langle k\rangle} \cdot ln\left(\chi_A^{\langle k\rangle}\right)\right) \end{array} \right.$$

Dabei sind die Summe aus Abgasexergie und Exergieverlust gleich der Exergie der eintretenden Gase.

Die Ergebnisse werden in Abb. 9.27 zusammengefasst.

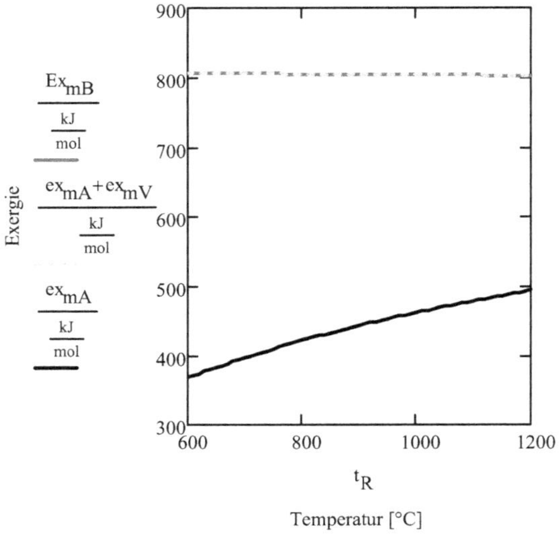


*Abb. 9.27: Exergie des eintretenden Gasgemisches, Exergieverlust und nutzbare Exergie im Abgas*

Der exergetische Wirkungsgrad der Feuerung wird bestimmt mit

$$\zeta_{ex_k} := \frac{ex_{mA_k}}{Ex_{mB_k}}$$

mit dem in Abb. 9.28 dargestellten Ergebnis.

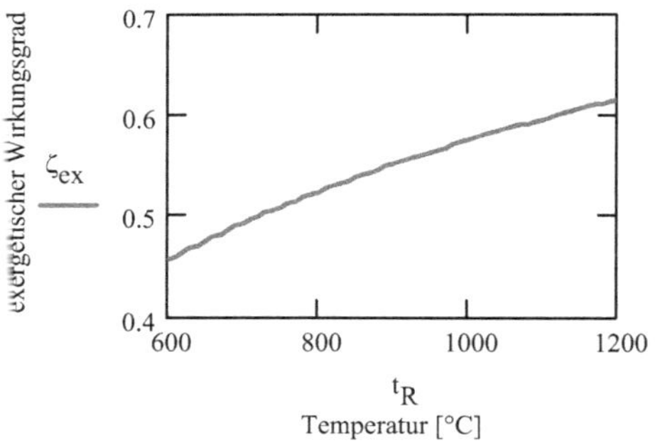


*Abb. 9.28: Exergetischer Wirkungsgrad der Feuerung*

**Diskussion:** Die niedrigen Partialdrücke beim Verbrennungsvorgang mit Luftüberschuss verursachen nur geringfügige Verringerungen der Exergie der Brenngase in der Größenordnung von *10 kJ/mol*. Der Verbrennungsvorgang ist mit starken Exergieverlusten verbunden, die umso höher sind, je höher der Luftüberschuss in Verbindung mit einer niedrigeren Verbrennungstemperatur ist. Der exergetische Wirkungsgrad der betrachteten Feuerung liegt zwischen *45 %* bei *600 °C* und *61 %* bei *1200 °C*.

Die Abgase führen nach der Nutzung, wenn sie die Umgebungstemperatur angenommen haben, immer noch Exergie mit sich, die allerdings praktisch nicht mehr nutzbar ist. Die Vermischung der Abgase mit der Umgebung ist mit weiteren Irreversibilitäten verbunden[65].

**Beispiel 9.12 (Level 2):** Für die Brennkammer der Gasturbinenanlage aus Beispiel 9.5 sind die Exergien der ein- und austretenden Gase sowie der exergetische Wirkungsgrad der Brennkammer zu bestimmen.

**Voraussetzungen:** Wie aus Beispiel 9.5. Die in den vorangegangenen Beispielen verwendeten Funktionen werden hier ebenfalls verwendet.

**Gegeben:** Aus Beispiel 9.5 werden die folgenden Daten übernommen:

$$t_{V2} := 396.80 \cdot °C \qquad t_R := 1200 \cdot °C \qquad p_U := 1 \cdot atm \qquad p_{ein} := 16 \cdot p_U \qquad p_{aus} := 15.8 \cdot p_U$$

Die Umgebungstemperatur ist gleich der Standardtemperatur (*25 °C*).

**Lösung:** Die Standardwerte und Kennzahlen der Reaktion sind die gleichen wie im vorangegangenen Beispiel. Wir bestimmen nun die Matrizen für die ein- und austretenden Gase in der gleichen Anordnung wie für die Funktionen und erhalten

$$\Lambda_Z(\lambda) := \begin{pmatrix} 0 \\ \chi_{L_1} \cdot \lambda \cdot L_{min} \\ \lambda \cdot \sigma \\ 0 \\ 0 \\ \chi_{L_5} \cdot \lambda \cdot L_{min} \\ \chi_{L_6} \cdot \lambda \cdot L_{min} \\ 1 \end{pmatrix} \qquad \Lambda_A(\lambda) := \begin{bmatrix} 0 \\ \chi_{L_1} \cdot \lambda \cdot L_{min} \\ (\lambda - 1) \cdot \sigma \\ 0 \\ 1 \\ \omega + \chi_{L_5} \cdot \lambda \cdot L_{min} \\ \chi_{L_6} \cdot \lambda \cdot L_{min} \\ 0 \end{bmatrix}$$

Die Funktionen für die Gaskomponenten sind in der gleichen Anordnung

$$\varepsilon_m(t) := \left| \begin{array}{l} for \ \ i \in 0..7 \\ \quad h_i \leftarrow h_{mG}\left(t, \chi_K^{\langle i \rangle}\right) \\ h \end{array} \right. \qquad \sigma_m(t) := \left| \begin{array}{l} for \ \ i \in 0..7 \\ \quad s_i \leftarrow s_{mG}\left(t, \chi_K^{\langle i \rangle}\right) \\ s \end{array} \right.$$

$$\mu_m(t) := \left| \begin{array}{l} for \ \ i \in 0..7 \\ \quad \mu_i \leftarrow \Delta\mu_G\left(t, \chi_K^{\langle i \rangle}\right) \\ \mu \end{array} \right.$$

Außerdem werden die Funktionen für Brenngas und Luft benötigt:

$$h_{mCH4}(t) := h_{mG}\left(t, \chi_K^{\langle 7 \rangle}\right) \qquad h_{mL}(t) := h_{mG}(t, \chi_L)$$

Die Energiebilanz für die Brennkammer

$$EBL(\lambda, t_R) := \Delta H_{mH0} + h_{mCH4}(t_U) + \lambda \cdot L_{min} \cdot h_{mL}(t_{V2}) - \Lambda_A(\lambda) \cdot \varepsilon_m(t_R)$$

wird iterativ gelöst mit dem bereits in Beispiel 9.5 ermittelten Ergebnis

$$\lambda = 2.748$$

Wir berechnen nun die Eintrittstemperatur des Gasgemischs in die Brennkammer nach der Vermischung von der Verdichterluft mit dem Methan. Der 1. HS liefert hierfür die Bilanzgleichung

$$\lambda \cdot L_{min} \cdot h_{mL}(t_{V2}) + h_{mCH4}(t_U) - \Lambda_Z(\lambda) \cdot \varepsilon_m(t_{ein}) = 0$$

65 Näheres hierzu siehe: Baehr, H.D.: Die Exergie der Brennstoffe, Z. Brennstoff-Wärme-Kraft 31 (1979), S. 292 - 297

die wieder iterativ gelöst wird mit dem Ergebnis

$$t_{ein} = 377.77 \cdot °C$$

Mit der ermittelten Luftüberschusszahl haben die Matrizen für die zu- und abgeführten Gase die Werte

$$\Lambda_Z(\lambda) = \begin{pmatrix} 0 \\ 20.483 \\ 5.496 \\ 0 \\ 0 \\ 0.8 \\ 0.254 \\ 1 \end{pmatrix} \quad \Lambda_A(\lambda) = \begin{pmatrix} 0 \\ 20.483 \\ 3.496 \\ 0 \\ 1 \\ 2.8 \\ 0.254 \\ 0 \end{pmatrix} \quad \Lambda_Z(\lambda) - \Lambda_A(\lambda) = \begin{pmatrix} 0 \\ 0 \\ 2 \\ 0 \\ -1 \\ -2 \\ 0 \\ 1 \end{pmatrix}$$

und die Differenz der beiden Matrizen ergibt die stöchiometrischen Koeffizienten der Reaktion.

Die Partialdrücke, bezogen auf den Standard-Druck, sind damit

$$i := 0..7$$

$$Sum_Z := \sum_i \Lambda_Z(\lambda)_i \qquad Sum_A := \sum_i \Lambda_A(\lambda)_i$$

$$\chi_{Z_i} := \frac{p_{ein}}{p_{ref}} \cdot \frac{\Lambda_Z(\lambda)_i}{Sum_Z} \qquad \chi_{A_i} := \frac{p_{aus}}{p_{ref}} \cdot \frac{\Lambda_A(\lambda)_i}{Sum_A} \qquad \chi_Z = \begin{pmatrix} 0 \\ 11.8456 \\ 3.1783 \\ 0 \\ 0 \\ 0.4628 \\ 0.147 \\ 0.5783 \end{pmatrix} \qquad \chi_A = \begin{pmatrix} 0 \\ 11.6976 \\ 1.9964 \\ 0 \\ 0.5711 \\ 1.5991 \\ 0.1451 \\ 0 \end{pmatrix}$$

Da die Nullen in den vorstehenden Matrizen zu Schwierigkeiten bei der Bildung der Logarithmen führen, sind Vorausberechnungen mit den Programmblöcken

$$ln\chi_Z := \left| \begin{array}{l} \text{for } i \in 0..7 \\ \quad \left| \begin{array}{l} ln\chi_i \leftarrow 0 \ \text{ if } \Lambda_Z(\lambda)_i = 0 \\ ln\chi_i \leftarrow ln\left(\chi_{Z_i}\right) \ \text{ otherwise} \end{array} \right. \\ ln\chi \end{array} \right. \qquad ln\chi_A := \left| \begin{array}{l} \text{for } i \in 0..7 \\ \quad \left| \begin{array}{l} ln\chi_i \leftarrow 0 \ \text{ if } \Lambda_A(\lambda)_i = 0 \\ ln\chi_i \leftarrow ln\left(\chi_{A_i}\right) \ \text{ otherwise} \end{array} \right. \\ ln\chi \end{array} \right.$$

notwendig.

Die Exergie der in die Brennkammer eintretenden Gase wird mit

$$Ex_{mB}(t_{ein},\lambda) := \left| \begin{array}{l} Ex \leftarrow \Delta H_{mH0} + \Lambda_Z(\lambda)\cdot\varepsilon_m(t_{ein}) + \Lambda_A(\lambda)\cdot\varepsilon_m(t_U) \\ Ex \leftarrow Ex - Tt(t_U)\cdot\left(\Delta S_{m0} + \Lambda_Z(\lambda)\cdot\sigma_m(t_{ein}) - \Lambda_A(\lambda)\cdot\sigma_m(t_U)\right) \\ Ex \leftarrow Ex + Tt(t_U)\cdot R_m\cdot\left(\Lambda_Z(\lambda)\cdot ln\chi_Z - \Lambda_A(\lambda)\cdot ln\chi_A\right) \end{array} \right.$$

berechnet:

$$Ex_{m\_BK} := Ex_{mB}(t_{ein},\lambda) \qquad Ex_{m\_BK} = 909.9\cdot\frac{kJ}{mol}$$

Mit der Änderung der Entropie in der Brennkammer

$$\Delta S_{mR}(t,t_{ein},\lambda) := \left| \begin{array}{l} \Delta S \leftarrow \Delta S_{m0} + \Lambda_Z(\lambda)\cdot\sigma_m(t_{ein}) - \Lambda_A(\lambda)\cdot\sigma_m(t) \\ \Delta S - R_m\cdot\left(\Lambda_Z(\lambda)\cdot ln\chi_Z - \Lambda_A(\lambda)\cdot ln\chi_A\right) \end{array} \right.$$

wird der Exergieverlust bestimmt:

$$ex_{mV}(t,t_{ein},\lambda) := -Tt(t_U)\cdot\Delta S_{mR}(t,t_{ein},\lambda) \quad ex_{m\_V} := ex_{mV}(t_R,t_{ein},\lambda) \quad ex_{m\_V} = 240.372\cdot\frac{kJ}{mol}$$

Die Gase haben nach der Brennkammer die Exergie

$$ex_{mA}(t,\lambda) := -\Lambda_A(\lambda)\cdot\left[\varepsilon_m(t_U) - \varepsilon_m(t) - Tt(t_U)\cdot\left(\sigma_m(t_U) - \sigma_m(t)\right)\right]$$

$$ex_{m\_A} := ex_{mA}(t_R,\lambda) \quad ex_{m\_A} = 669.575\cdot\frac{kJ}{mol}$$

Die Summe der beiden Größen ist wieder gleich der Exergie der eintretenden Gase:

$$ex_{m\_A} + ex_{m\_V} = 909.9\cdot\frac{kJ}{mol}$$

Somit beträgt der exergetische Wirkungsgrad der Brennkammer

$$\zeta_{ex\_BK} := \frac{ex_{m\_A}}{Ex_{m\_BK}} \qquad \zeta_{ex\_BK} = 0.736$$

**Diskussion:** Hohe Temperaturen und Drücke in Brennkammern führen zu hohen exergetischen Wirkungsgraden.

# 10 Anhang

## 10.1 Thermodynamische Basisdaten für chemische Reaktionen

**Tabelle 10.1:** Molare Masse, molare Bildungsenthalpie und molare absolute Entropie im chemischen Standardzustand ($T_0 = 298{,}15\ K$, $p_0 = 100\ kPa$)[66]

| Stoff | Molare Masse *kg/kmol* | $\Delta H_m^{f0}$ *kJ/mol* | $S_m^0$ *J/mol K* | Zustand |
|---|---|---|---|---|
| $C$ | *12,011* | *0* | *5,47* | *Graphit (am)* |
| $CO$ | *28,01* | *-110,53* | *197,67* | *gas* |
| $CO_2$ | *44,01* | *-393,51* | *213,74* | *gas* |
| $O_2$ | *32,00* | *0* | *205,14* | *gas* |
| $N_2$ | *28,01* | *0* | *191,61* | *gas* |
| $H_2$ | *2,016* | *0* | *130,68* | *gas* |
| $H_2O$ | *18,015* | *-241,82* | *188,83* | *gas* |
| $H_2O$ | | *-285,83* | *69,91* | *liq* |
| $S$ | *32,06* | *0* | *31,80* | *Rhombisch (kr)* |
| $SO_2$ | *64,06* | *-296,83* | *248,22* | *gas* |
| $SO_3$ | *80,06* | *-395,72* | *256,76* | *gas* |
| $Ar$ | *39,95* | *0* | *154,84* | *gas* |
| $CH_4$ | *16,04* | *-74,81* | *186,26* | *gas* |
| $C_2H_2$ | *26,04* | *226,73* | *200,94* | *gas* |
| $C_2H_4$ | *28,05* | *52,26* | *219,56* | *gas* |
| $C_2H_6$ | *30,07* | *-84,68* | *229,60* | *gas* |
| $C_3H_6$ | *42,08* | *20,42* | *266,60* | *gas* |
| $C_3H_8$ | *44,09* | *-103,85* | *270,20* | *gas* |
| $C_4H_{10}$ | *57,13* | *-126,15* | *310,10* | *gas* |
| $CH_3OH$ | *32,042* | *-238,66* | *126,80* | *liq* |
| $CH_3OH$ | | *-200,66* | *239,81* | *gas* |

66 Auswahl aus: Thermodynamische Daten bei 25 °C, www.chempage.de/Tab/thermo.htm, Juni 2008

# 10.2 Koeffizientenmatrix für ideale Gase

Grundlage für die Berechnung der kalorischen Eigenschaften von idealen Gasen sind Polynome. Die nachstehend wiedergegebene Matrix enthält die Koeffizienten dieser Polynome. Diese Matrix $\mathbf{A_G}$ hat 14 Zeilen und 5 Spalten[67]. Jeweils zwei Zeilen enthalten die Koeffizienten für die 7 Gase $H_2$, $N_2$, $O_2$, CO, $CO_2$, $H_2O$ und Ar, und zwar gelten die Koeffizienten mit den geraden Zeilennummern für den Temperaturbereich *T < 1000 K* ab *273,15 K* und mit den ungeraden Zeilennummern für den Temperaturbereich *T > 1000 K* bis *3000 K*. Hierbei ist zu beachten, dass die Zählung der Zeilen und Spalten in einer Matrix mit Null beginnt. Die Matrix $\mathbf{M_G}$ enthält die molaren Massen der Gaskomponenten in der oben angegebenen Reihenfolge.

$$A_G := \begin{pmatrix} 2.892 & 3.884\cdot10^{-3} & -8.850\cdot10^{-6} & 86.94\cdot10^{-10} & -29.88\cdot10^{-13} \\ 3.717 & -0.922\cdot10^{-3} & 1.221\cdot10^{-6} & -4.328\cdot10^{-10} & 0.5202\cdot10^{-13} \\ 3.725 & -1.562\cdot10^{-3} & 3.208\cdot10^{-6} & -15.54\cdot10^{-10} & 1.154\cdot10^{-13} \\ 2.469 & 2.467\cdot10^{-3} & -1.312\cdot10^{-6} & 3.401\cdot10^{-10} & -0.3454\cdot10^{-13} \\ 3.837 & -3.420\cdot10^{-3} & 10.99\cdot10^{-6} & -109.6\cdot10^{-10} & 37.47\cdot10^{-13} \\ 3.156 & 1.809\cdot10^{-3} & -1.052\cdot10^{-6} & 3.190\cdot10^{-10} & -0.3629\cdot10^{-13} \\ 3.776 & -2.093\cdot10^{-3} & 4.880\cdot10^{-6} & -32.71\cdot10^{-10} & 6.984\cdot10^{-13} \\ 2.654 & 2.226\cdot10^{-3} & -1.146\cdot10^{-6} & 2.851\cdot10^{-10} & -0.2762\cdot10^{-13} \\ 2.227 & 9.992\cdot10^{-3} & -9.802\cdot10^{-6} & 53.97\cdot10^{-10} & -12.81\cdot10^{-13} \\ 3.247 & 5.847\cdot10^{-3} & -3.412\cdot10^{-6} & 9.469\cdot10^{-10} & -1.009\cdot10^{-13} \\ 4.132 & -1.559\cdot10^{-3} & 5.315\cdot10^{-6} & -42.09\cdot10^{-10} & 12.84\cdot10^{-13} \\ 2.798 & 2.693\cdot10^{-3} & -0.5392\cdot10^{-6} & -0.01783\cdot10^{-10} & 0.09027\cdot10^{-13} \\ 2.5 & 0 & 0 & 0 & 0 \\ 2.5 & 0 & 0 & 0 & 0 \end{pmatrix} \qquad M_G := \begin{pmatrix} 2.016 \\ 28.01 \\ 32.00 \\ 28.01 \\ 44.01 \\ 18.015 \\ 39.95 \end{pmatrix} \cdot \frac{kg}{kmol}$$

Die Matrix $\mathbf{A_G}$ wird transponiert (Vertauschung von Zeilen und Spalten)

$$B_G := A_G^{T} \qquad j := 6..0 \qquad C_G^{\langle j\rangle} := B_G^{\langle 2\cdot j\rangle} \qquad D_G^{\langle j\rangle} := B_G^{\langle 2\cdot j+1\rangle}$$

und dann mit dem Spaltenoperator für Matrizen (siehe Anhang 10.3.3) so bearbeitet, dass die Matrizen $\mathbf{C_G}$ für *T < 1000 K* und $\mathbf{D_G}$ für *T > 1000 K* mit jeweils 5 Zeilen und 7 Spalten die Polynomkoeffizienten so enthalten, dass z.B. für Stickstoff für *T < 1000 K* die molare Wärmekapazität berechnet wird durch

$$c_{pm\_N2}(T) := R_m \cdot \sum_{i=0}^{4} C_G^{\langle 1\rangle} \cdot \left(\frac{T}{K}\right)^{i}$$

---

67 Jones, J.R., Dugan, R.E.: Engineering Thermodynamics, New Jersey, 1986, zitiert in: Cerbe, G., Hoffmann, H.J.: „Einführung in die Thermodynamik" München, Wien: Hanser Verlag 2002, 13. Auflage, S. 470

# 10.3 Erste Schritte mit Mathcad®

## 10.3.1 Vorbemerkung

Mit Mathcad® wird ein umfangreiches Benutzerhandbuch mitgeliefert. Außerdem findet man nach dem Öffnen eines Arbeitsblattes (siehe Abb. 10.1) durch Anklicken von „**Hilfe**" auf der oberen Symbolleiste weitere Unterstützung. Es öffnet sich ein Fenster und durch Anklicken von Mathcad-Hilfe erhält man Unterstützung von ersten Schritten bis zu speziellen Themen. Die Mathcad-Hilfe kann auch über die Tastatur mit **F1** aufgerufen werden. Außerdem findet man im Hilfe-Fenster Verweistabellen über wissenschaftliche Grundlagen, Stoffeigenschaften von Feststoffen, Flüssigkeiten, Gasen und Metallen sowie Lernprogramme, Quicksheets mit Programmierbeispielen und weiteren Hilfestellung bis zu Benutzerforen im Internet. Auf dieses umfangreiche Material sei ausdrücklich hingewiesen.

Die folgenden Ausführungen dienen dem Zweck, eine auf die Bedürfnisse der Anwendungen in diesem Buch zugeschnittene, kompakte Einführung unter Verwendung der Version Mathcad® 14 zu geben. Die behandelten Beispiele wurden teilweise mit älteren Versionen von Mathcad erstellt.

## 10.3.2 Grundlagen des Editierens und das Arbeiten mit Einheiten

Nach Öffnen eines Mathcad-Arbeitsblattes erscheint wie in Abb. 10.1 wiedergegeben, das Fenster:

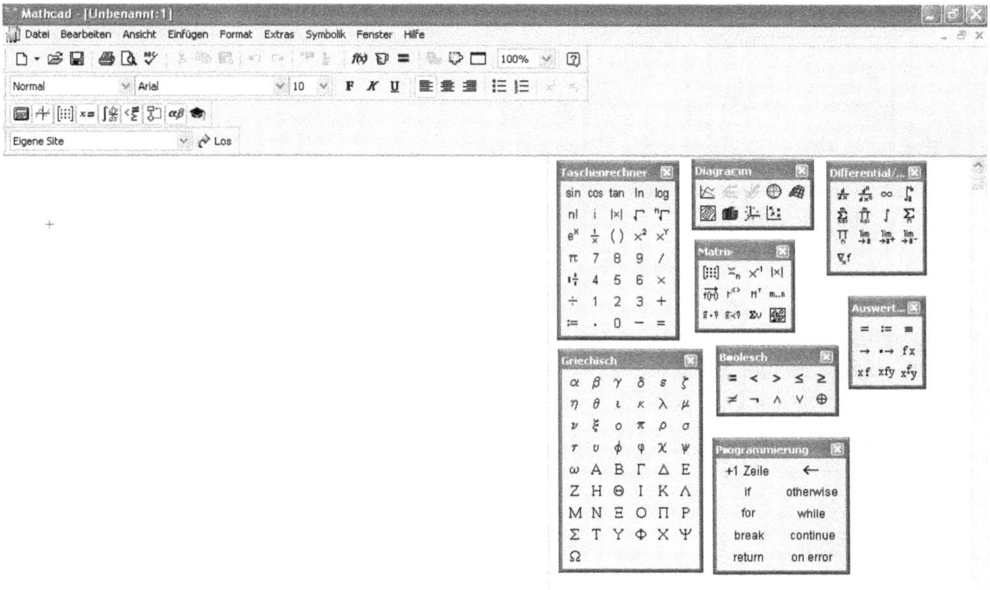


*Abb. 10.1: Mathcad-Arbeitsblatt mit verschiedenen Symbolleisten*

Durch Anklicken einer der vergrößert dargestellten Schaltflächen

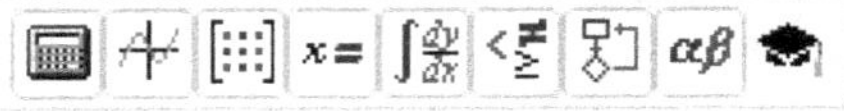

oder, alternativ, durch Auswahl über *„Ansicht > Symbolleisten"* werden weitere Symbolfelder mit Operatoren und Symbolen geöffnet. Acht von diesen Symbolfeldern wurden auf dem Arbeitsblatt in Abb. 10.1 angeklickt und auf der rechten Seite durch Ziehen mit der Maus frei angeordnet.

Klickt man auf dem Arbeitsblatt eine beliebige, leere Stelle an, so erscheint ein kleines, rotes Fadenkreuz. Wenn Text eingegeben werden soll, wird mit dem Menü *„Einfügen"* und der Option *„Textbereich"* (alternativ durch Eingabe von ↑") ein entsprechender Bereich geöffnet. Wenn mathematische Ausdrücke eingegeben werden sollen, so kann man mit der Eingabe direkt beginnen. Jede Gleichung, jeder Text und jede Abbildung stellt einen Bereich dar.

Gibt man zum Beispiel die Sequenz **10 - 5·π/4** ein, so erscheint auf dem Arbeitsblatt

$$10 - 5 \cdot \frac{\pi}{4}$$

Dabei ist die Zahl $\pi$ eine in Mathcad vordefinierte Größe, sie kann entweder über Anklicken des Symbols auf dem Taschenrechner oder auf dem Symbolfeld der griechischen Buchstaben eingebracht werden. Wesentlich ist die Markierung der zuletzt eingegebenen Zahl. Will man nun den gesamten Ausdruck durch 3 dividieren, so verschiebt man die Markierung durch dreimalige Betätigung der Leertaste und erhält eine linksbündige Einrahmung

$$10 - 5 \cdot \frac{\pi}{4}$$

und dann, nach Eingabe des Divisionsoperators / sowie der Zahl **3** und Betätigung des Gleichheitszeichens das Ergebnis

$$\frac{10 - 5 \cdot \frac{\pi}{4}}{3} = 2.024$$

Beim Editieren ist stets darauf zu achten, dass die Einrahmung im logischen Sinne erfolgt. So wird aus der Eingabe **a*x^3+b** etwas anderes als bei **a*x^3 Leertaste +b**:

$a \cdot x^{3+b}$ bzw. $a \cdot x^3 + b$

Durch beliebiges Anklicken eines Zeichens in einem Bereich wird dieses Zeichen linksbündig eingerahmt. Die Taste zum Verschieben des Cursors nach links bewirkt auf dem Arbeitsblatt eine rechtsbündige Einrahmung. In beiden Fällen kann durch Betätigung der Leertaste die Einrahmung bis zum gewünschten Ergebnis ausgedehnt werden.

Durch die Eingabe von **ρ:1000*kg/m^3** entsteht

$$\rho := 1000 \cdot \frac{kg}{m^3}$$

Das mit **:** erzeugte Zuweisungszeichen kann auch alternativ über das Symbolfeld „Auswertung" eingefügt werden. Damit ist die Konstante $\rho$ mit ihrer Einheit festgelegt, bis sie in einem neuen Bereich überspeichert wird. Die Überspeicherung wird optional auf dem Arbeitsblatt durch eine grüne Wellenlinie unter dem Symbol angezeigt. Durch die Eingabe von **p.Stau(vel):ρ*vel^2** wird auf dem Arbeitsblatt die von **vel** abhängige Funktion

$$p_{Stau}(vel) := \frac{\rho}{2} \cdot vel^2$$

erzeugt. Durch Eingabe des Punktes nach **p** erhält man einen tiefgestellten Literalindex, der zur Kennzeichnung der Variablen dient und keine weitere mathematische Bedeutung hat. Solche Indizes müssen sorgfältig von den Indizes von Vektoren und Matrizen unterschieden werden, auf die weiter unten eingegangen wird.

Die Funktion kann nun überall im Arbeitsblatt mit definierten Werten von **vel** aufgerufen werden. So folgt z.B. mit einem vorgegebenen Wert der Geschwindigkeit

$$vel_{init} := 2.273 \cdot \frac{m}{s} \qquad p_{Stau}(vel_{init}) = 2.583 \times 10^3 \cdot Pa$$

Die Zahlenwerte von Ergebnissen können durch Doppelklick auf das Ergebnis formatiert werden. Dann öffnet sich ein Fenster, wobei sich viele Möglichkeiten bieten, eine gewünschte Darstellung zu erreichen. Die Standard-Einstellung beträgt 3 Stellen nach dem Dezimalpunkt und eine Exponentialschwelle von 3. Ändert man z.B. auf 1 Stelle nach dem Dezimalpunkt und setzt die Exponentialschwelle auf 4, so erscheint

$$p_{Stau}(vel_{init}) = 2583.3 \cdot Pa$$

Das Ergebnis hat die Druckeinheit Pascal, die neben vielen anderen Einheiten in Mathcad bereitgestellt wird. Will man das Ergebnis in einer anderen Einheit haben, z.B. in Torr, so stellt man den Cursor auf den Platzhalter nach der Einheit. Durch Anklicken der Schaltfläche mit dem Symbol eines Messbechers in der zweiten Symbolleiste in Abb. 10.1 öffnet sich das Fenster

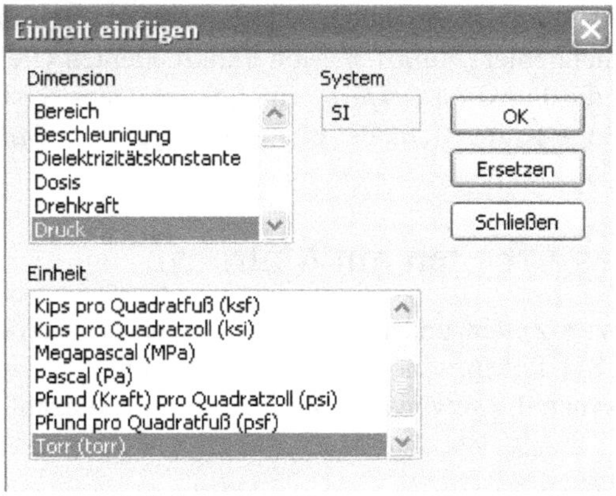


wo man nach Anklicken der Kategorie **Druck** eine Liste von zahlreichen Druckeinheiten vorfindet und **Torr** auswählt. Nach Anklicken von „Ersetzen“ wird das Ergebnis in der neuen Einheit wiedergegeben:

$$p_{Stau}(vel_{init}) = 19.376\, torr$$

Findet man eine gewünschte Einheit nicht im Verzeichnis von Mathcad, so kann man diese Einheit selbst definieren.

Mit dem obigen einfachen Beispiel wurde gezeigt, wie man benutzerdefinierte Funktionen erstellt. Mathcad enthält eine umfangreiche Sammlung von vordefinierten Funktionen. Klickt man auf die Schaltfläche ***f(x)*** in der zweiten Symbolzeile (siehe Abb. 10.1), so öffnet sich das Fenster

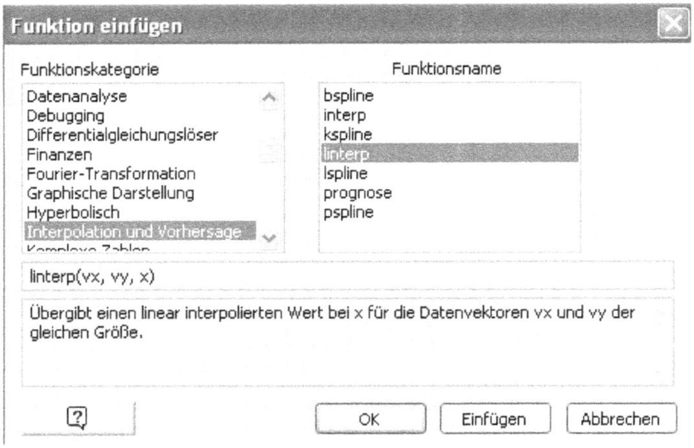


Für eine Rechenvorschrift zur linearen Interpolation werden die Funktionskategorie „Interpolation und Vorhersage" und der Funktionsname „linterp" angeklickt. Im unteren Teil des Fensters erscheint eine Beschreibung der Funktion. Durch Klick auf „Einfügen" wird der Funktionsaufruf mit drei Platzhaltern in der Klammer in das Arbeitsblatt eingefügt.

Von den zahlreichen Funktionen in mehr als 30 Funktionskategorien werden im vorliegenden Buch neben den üblichen Funktionen aus den Themengebieten *„Logarithmus und Exponential"* und *„Trigonometrie"*, sofern nicht auf dem Symbolfeld des Taschenrechners bereits vorhanden, hauptsächlich die Funktion *„linterp"* zur linearen Interpolation, die Funktionen *„suchen"* und *„wurzel"* aus dem Themengebiet *„Auflösen"* von transzendenten Gleichungen sowie in einem Beispiel in Kapitel 8 die Funktion *„rkfest"* zur Lösung eines Systems von Differentialgleichungen nach der Runge-Kutta-Methode im Themengebiet *„Differentialgleichungslöser"* verwendet.

## 10.3.3 Grundlagen für das Arbeiten mit Matrizen

Als Beispiel soll die Matrix $\mathbf{A}_\mathbf{Z}$ mit vier Zeilen und zwei Spalten generiert werden. Nach Eingabe von **A.Z:** klickt man auf das Symbol für eine Matrix im Symbolfeld *„Matrix"* und erhält das nachstehende Fenster, in das man die gewünschte Zeilen- und Spaltenzahl eingibt:

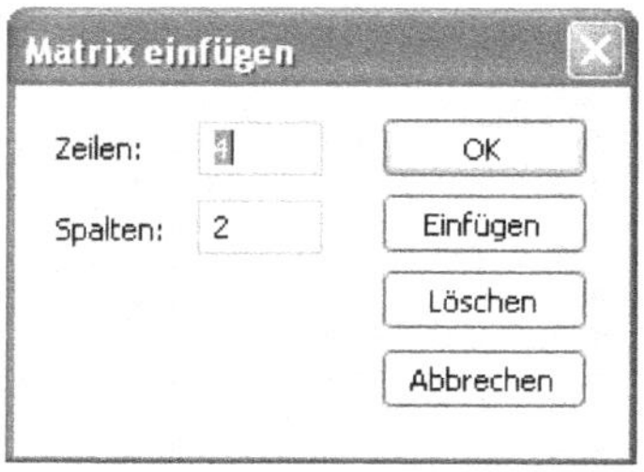

Nach Anklicken von *„Einfügen"* öffnet sich auf dem Arbeitsblatt die formale Matrix

$$A_Z := \begin{pmatrix} \blacksquare & \blacksquare \\ \blacksquare & \blacksquare \\ \blacksquare & \blacksquare \\ \blacksquare & \blacksquare \end{pmatrix}$$

in deren Platzhalter nun die Zahlen eingetragen werden:

$$A_Z := \begin{pmatrix} 0.72 & 4.66 \\ 0.98 & 3.35 \\ 1.42 & 2.12 \\ 3.5 & 0.99 \end{pmatrix}$$

Nun kann auf jedes Element durch Matrixindizes zurückgegriffen werden. So ist z.B. das Element in Zeile 1, Spalte 0 realisierbar durch

$$A_{Z_{1,0}} = 0.98$$

Hier ist unbedingt darauf zu achten, zur Eingabe der Matrixindizes zunächst das Symbol $\mathbf{x_n}$ auf dem Symbolfeld Matrix anzuklicken und dann **1,0** einzugeben. Die Matrizenindizes dürfen nicht wie Literalindizes erzeugt werden, obwohl das Ergebnis ziemlich ähnlich aussieht.

Man beachte, dass die Indizierung der Zeilen und Spalten stets mit Null beginnt, da die in Mathcad vordefinierte Variable ORIGIN gleich Null ist. Definiert man diese Variable neu, z.B. durch ORIGIN:=1, so wird der Beginn der Zählung verschoben. Wir behalten die Standard-Einstellung bei.

Will man bei der Multiplikation von zwei Spalten der Matrix die Elemente der Ergebnismatrix erhalten, so erzeugt man den Index i durch die Eingabe **i:0;3** und erhält die Laufanweisung

$$i := 0..3$$

Die Elemente der Ergebnismatrix und das aufsummierte Ergebnis erhält man durch

| $A_{Z_{i,0}} \cdot A_{Z_{i,1}}$ |
|---|
| 3.355 |
| 3.283 |
| 3.01 |
| 3.465 |

$$\sum_i \left( A_{Z_{i,0}} \cdot A_{Z_{i,1}} \right) = 13.114$$

mit dem Summierungsoperator des Symbolfeldes Differential/Integral. Das gleiche Ergebnis kann man auch direkt durch den Spaltenoperator $\mathbf{M}^{<>}$ im Symbolfeld *„Matrix"* und die Operation

$$A_Z^{\langle 0 \rangle} \cdot A_Z^{\langle 1 \rangle} = 13.114$$

erzielen.

Durch den Operator für das Transponieren einer Matrix $\mathbf{M}^{\mathrm{T}}$ des Symbolfeldes *„Matrix"* werden Zeilen und Spalten vertauscht:

$$A_{ZT} := A_Z^{\mathrm{T}} \qquad A_{ZT} = \begin{pmatrix} 0.72 & 0.98 & 1.42 & 3.5 \\ 4.66 & 3.35 & 2.12 & 0.99 \end{pmatrix}$$

Um einzelne Zeilen aus der Matrix $A_Z$ zu extrahieren, kann die transponierte Matrix $A_{ZT}$ mit dem Spaltenoperator zerlegt werden, z.B.:

$$A_{ZT}^{\langle 2 \rangle} = \begin{pmatrix} 1.42 \\ 2.12 \end{pmatrix}$$

Die Elemente einer Matrix müssen alle die gleiche Maßeinheit haben. Liegen Werte mit unterschiedlichen Maßeinheiten vor, so darf man nur mit den Zahlenwerten arbeiten. Man kann die Matrix in ihre Spalten zerlegen und die zutreffenden Einheiten zufügen. Enthält die Matrix $\mathbf{A_Z}$ zum Beispiel in der ersten Spalte Spannungen in Volt und in der zweiten Spalte Stromstärken in Ampère, so erzeugt man durch

$$U_{el} := A_Z^{\langle 0 \rangle} \cdot V \qquad I_{el} := A_Z^{\langle 1 \rangle} \cdot A$$

zwei Matrizen mit den zugehörigen Einheiten und die oben durchgeführten Multiplikationen führen zu Ergebnissen in der Einheit Watt, wie z.B.

$$U_{el} \cdot I_{el} = 13.114\,W$$

Bei der Multiplikation von zwei Matrizen ist darauf zu achten, dass die Verkettung der Matrizen gewährleistet ist. Hat die Matrix **A** die Ordnung ***p x m*** und die Matrix **B** die Ordnung ***m x q***, so folgt aus der Operation

$$C := A \cdot B$$

die Matrix C mit der Ordnung ***p x q***. Auf das obige Beispiel bezogen liegen für Spannung und Stromstärke zwei Matrizen mit einer Spalte und vier Zeilen vor und mit ***p = 1, q = 1*** und ***m = 4*** ist die Verkettung gegeben. Hier ist es egal, in welcher Reihenfolge die Multiplikation ausgeführt wird. Es ergibt sich als Ergebnis der Ordnung ***1 x 1*** ein Zahlenwert. Bei mehrspaltigen Matrizen, wie bei der Erzeugung der Matrizen für die Koeffizienten der Polynome für die spezifischen Wärmekapazitäten von Gemischen idealer Gase, ist die Reihenfolge der Multiplikation nicht gleichgültig. Multipliziert man, wie in Beispiel 1.7, die Matrix der Zusammensetzung einer Luft $\boldsymbol{\chi_L}$ der Ordnung ***7 x 1*** mit der Matrix der Polynomkoeffizienten $\boldsymbol{C_G}$ der Ordnung ***5 x*** *7* (siehe Anhang 10.2), so führt nur die Operation in der Reihenfolge

$$a_c := C_G \cdot \chi_L$$

zur richtigen Verkettung und damit zum Ergebnis der Koeffizientenmatrix $\boldsymbol{a_c}$ der Ordnung ***5 x 1***. Bei Umkehrung der Reihenfolge bei der Multiplikation erfolgt eine Fehlermeldung.

## 10.3.4 Grundlagen bei der Erstellung von Programmblöcken

Wir fahren mit der Matrix $\chi$ für die Zusammensetzung des Gasgemischs und mit den Koeffizientenmatrizen $\boldsymbol{C_G}$ und $\boldsymbol{D_G}$ fort, die im Bereich von Temperaturen $T < 1000\,K$ und $T > 1000\,K$ gültig sind. Wenn wir die spezifische Wärmekapazität als Funktion der Gaszusammensetzung $\chi$ und der Temperatur $T$ in *Kelvin* bestimmen wollen, so schreiben wir **c.pm(χ,T):** und klicken im Symbolfeld *„Programmieren"* „+ **1 Zeile**" so oft wie nötig an. Dann entsteht auf dem Arbeitsblatt der Block mit der entsprechenden Anzahl von Platzhaltern:

$$c_{.pm}(\chi, T) := \left| \begin{array}{l} \blacksquare \\ \blacksquare \\ \blacksquare \end{array} \right.$$

Nun werden zunächst formal die Koeffizientenmatrizen durch Eingabe von

$$c_{pm}(\chi,T) := \left|\begin{array}{l} a_c \leftarrow C_G\cdot\chi \\ a_h \leftarrow D_G\cdot\chi \\ \blacksquare \end{array}\right.$$

auf den Platzhaltern erstellt. Dabei muss in Programmblöcken stets das formale Zuweisungszeichen ← aus dem Symbolbereich *„Programmieren"* verwendet werden. Das übliche Zuweisungszeichen **:=** ist nicht zulässig.
Im nächsten Schritt wird die Abfrage aufgebaut. Durch Klick auf **if** im Symbolfeld *„Programmieren"* entsteht

$$c_{pm}(\chi,T) := \left|\begin{array}{l} a_c \leftarrow C_G\cdot\chi \\ a_h \leftarrow D_G\cdot\chi \\ \blacksquare \ \text{if} \ \blacksquare \end{array}\right.$$

In den links stehenden Platzhalter wird nun eingetragen, was ausgeführt werden soll, wenn die in den rechten Platzhalter einzutragene Bedingung erfüllt ist. Im vorliegenden Fall erhält man nach erneutem Betätigen von „+ **1 Zeile**" und Eintragung der alternativ auszuführenden Anweisung

$$c_{pm}(\chi,T) := \left|\begin{array}{ll} a_c \leftarrow C_G\cdot\chi & \\ a_h \leftarrow D_G\cdot\chi & \\ \sum_{i=0}^{4}\left[a_{c_i}\cdot\left(\frac{T}{K}\right)^i\right] & \text{if } T \le 1000\cdot K \\ \sum_{i=0}^{4}\left[a_{h}\cdot\left(\frac{T}{K}\right)^i\right] & \text{otherwise} \end{array}\right.$$

wobei „otherwise" alle Fälle außerhalb der vorangehenden Bedingung abdeckt.
Bei der Editierung ist besonders darauf zu achten, dass sich die links oder rechts von einer Abfrage stehenden Ausdrücke vollständig einrahmen lassen. Trifft das nicht zu, so kann man zwar ein ähnliches Bild erhalten, jedoch ist die logische Struktur gestört und man erhält bei späterer Ausführung der Funktion eine Fehlermeldung. Der gesamte Block muss nun noch mit der universellen Gaskonstanten $R_m$ multipliziert werden. Durch mehrmalige Betätigung der Richtungstaste auf der Tastatur zum Verschieben des Cursors nach links erhält man eine Umkehr der Einrahmungsrichtung und durch mehrmaliges Drücken der Leertaste erhält man schließlich eine linksbündige Einrahmung des gesamten Blocks

$$c_{pm}(\chi,T) := \left\|\begin{array}{ll} a_c \leftarrow C_G\cdot\chi & \\ a_h \leftarrow D_G\cdot\chi & \\ \sum_{i=0}^{4}\left[a_{c_i}\cdot\left(\frac{T}{K}\right)^i\right] & \text{if } T \le 1000\cdot K \\ \sum_{i=0}^{4}\left[a_{h}\cdot\left(\frac{T}{K}\right)^i\right] & \text{otherwise} \end{array}\right.$$

Nun öffnet sich nach Betätigung des Multiplikationsoperators vor dem Block ein Platzhalter, in den **R.m** eingegeben und somit die universelle Gaskonstante eingefügt wird.

Die Funktion kann nun unter Vorgabe von aktuellen Zusammensetzungsmatrizen von Gasgemischen und von aktuellen Temperaturen an jeder beliebigen Stelle des Arbeitsblattes aufgerufen werden.

Sollen im Rahmen einer Abfrage mehrere Anweisungen ausgeführt werden, so wird nach Eingabe von **if** auf dem linken Platzhalter „+ **1 Zeile**" angeklickt und man erhält die Struktur

```
c.pm(χ,T) := | a.c ← C.G·χ
             | a.h ← D.G·χ
             | if ▪
             |    | ▪
             |    | ▪
             |    | ▪
             | ▪
```

Durch solche Maßnahmen werden strukturierte Programmblöcke aufgebaut.

Bei dem diskutierten Beispiel wird bei Aufruf der Funktion nur ein Wert übergeben. In einem Programmblock wird stets die zuletzt ausgeführte Anweisung als Lösung übergeben. Mehrere Ergebnisse aus einem Programmblock kann man durch die folgende Struktur in Form von Matrizen übergeben:

```
Subl(p,t) := | v ← ▪
             | h ← ▪
             | s ← ▪
             | Γ0 ← v
             | Γ1 ← h
             | Γ2 ← s
             | Γ
```

In die drei Platzhalter werden die Algorithmen zur Berechnung der Funktionen v(p,t), h(p,t) und s(p,t) eingegeben. Die Ergebnisse werden in den Ergebnisvektor Γ umgespeichert. Durch den Aufruf der Funktion mit den Parametern $p_1$ und $t_1$ steht der Ergebnisvektor Λ mit drei berechneten Elementen durch den Aufruf

$$\Lambda := \mathrm{Subl}(p_1, t_1) \qquad v_1 := \Lambda_0 \qquad h_1 := \Lambda_1 \qquad s_1 := \Lambda_2$$

zur Verfügung.

## 10.3.5 Erstellung von Diagrammen

Im Temperaturbereich $273\ K \leq T \leq 3000\ K$ soll der Verlauf der molaren Wärmekapazitäten für Stickstoff und Kohlendioxid in einem Diagramm dargestellt werden.

Die Diagonalmatrix

$$\lambda := \begin{pmatrix} 1 & 0 & 0 & 0 & 0 & 0 & 0 \\ 0 & 1 & 0 & 0 & 0 & 0 & 0 \\ 0 & 0 & 1 & 0 & 0 & 0 & 0 \\ 0 & 0 & 0 & 1 & 0 & 0 & 0 \\ 0 & 0 & 0 & 0 & 1 & 0 & 0 \\ 0 & 0 & 0 & 0 & 0 & 1 & 0 \\ 0 & 0 & 0 & 0 & 0 & 0 & 1 \end{pmatrix}$$

wird benötigt, um einzelnen Gaskomponenten darzustellen.

Zunächst entsteht durch die Eingabe von **T:273*K,275*K;3000*K** die Laufanweisung für die Temperatur

$$T := 273 \cdot K, 275 \cdot K .. 3000 \cdot K$$

Dabei werden der Startwert, der zweite Wert zur Festlegung der Schrittweite und der Endwert festgelegt. Die Wellenlinie unter T weist darauf hin, dass durch diese Anweisung die vordefinierte Einheit *Tesla [T]* überspeichert wird, die hier nicht benötigt wird.

Durch Anklicken des Symbols zur Erstellung eines 2D-Diagramms auf dem Symbolfeld „Diagramme" erscheint auf dem Arbeitsblatt ein Rahmen mit Platzhaltern. In den Platzhalter an der Abszisse wird T eingetragen und in jenen an der Ordinate der Aufruf der Funktion für Stickstoff. Dann entsteht das Diagramm

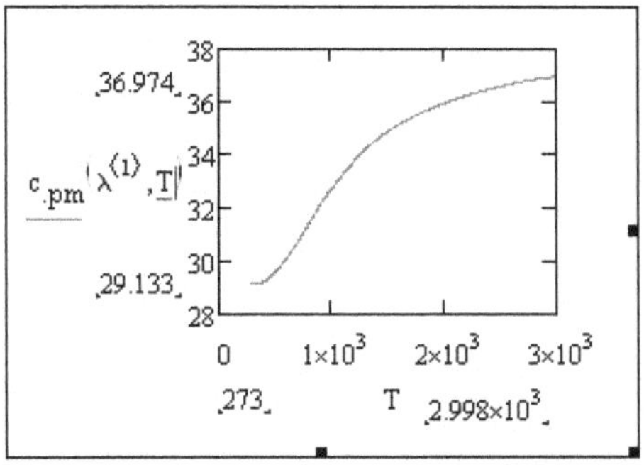


das zunächst die Kurve für Stickstoff mit Hinweisen für Maximal- und Minimalwerte enthält. Rahmt man nun den Funktionsaufruf auf der Ordinate vollständig ein und setzt ein Komma, so wird bei rechtsbündiger Einrahmung ein Platzhalter unterhalb des ersten Funktionsaufrufs und bei linksbündiger Einrahmung ein Platzhalter oberhalb eröffnet, in den der zweite Funktionsaufruf eingegeben wird. Das Diagramm in Rohform

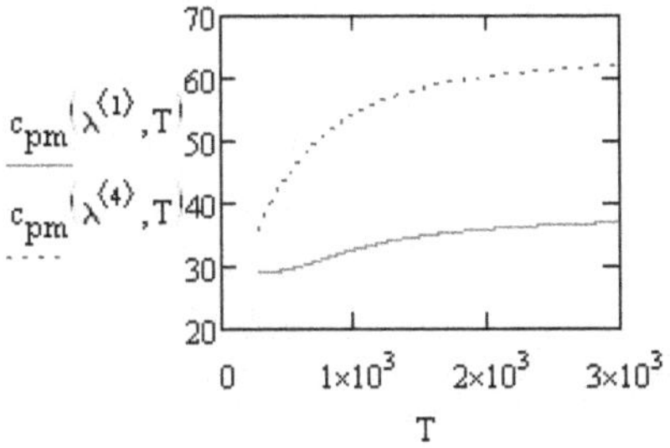


wird nun weiter gestaltet. Durch Doppelklick auf das Diagramm öffnet sich ein Fenster.

Nach Anklicken von „*Spuren*“ werden Farbe, Strichstärke und Linienart der belegten Spuren 1 und 2 festgelegt. Durch Klicks auf „*Zahlenformat*“ und „*Beschriftungen*“ wird das Diagramm weiter gestaltet. Schließlich kann das Diagramm durch Ziehen mit der Maus auf das gewünschte Format gebracht werden:

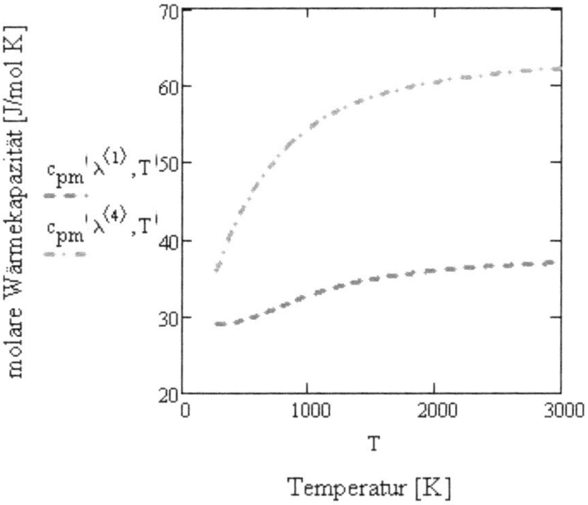


Die Zahlen an den Achsen werden in SI-Basiseinheiten angegeben. Will man abgeleitete Einheiten, wie z.B. die Druckeinheit *bar* verwenden, so dividiert man die entsprechende Variable durch die Einheit.

Die Darstellung von Isothermen der Van-der-Waals-Gleichung (siehe Abschnitt 6.3) mit den Laufanweisungen

$$\Pi(\Theta, X) := \frac{8 \cdot \Theta}{3 \cdot X - 1} - \frac{3}{X^2}$$

$\Theta := 0.4, 0.5 .. 1.6 \qquad X := 0.34, 0.35 .. 15$

ergibt zunächst ein wenig brauchbares Diagramm

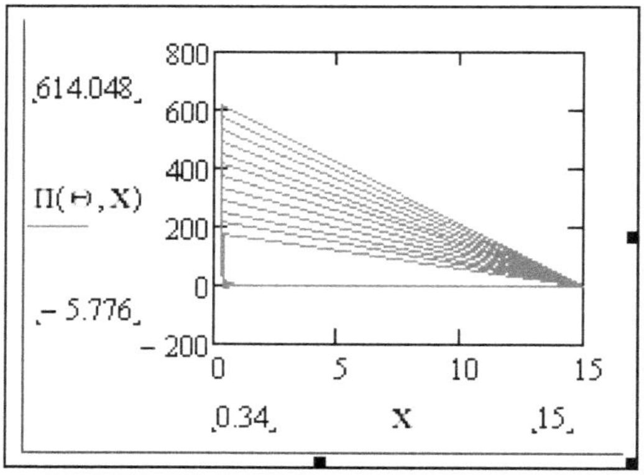


Man erkennt, dass die Funktion für alle Werte von Θ und X in einem Zug gezeichnet wird und dass der Linienfächer durch den Rücklauf vom linken Rand zum rechten entsteht. Außerdem sind die Maximalwerte des Diagramms extrem hoch.

Eine vernünftige Darstellung des Diagramms erhält man durch Zuschneiden. Klickt man die Maximal- und Minimalwerte im obigen Diagramm an, drückt die Taste **Entf** auf der Tastatur und setzt in die entstehenden Platzhalter vernünftige Werte ein, so entsteht das nachstehende Diagramm:

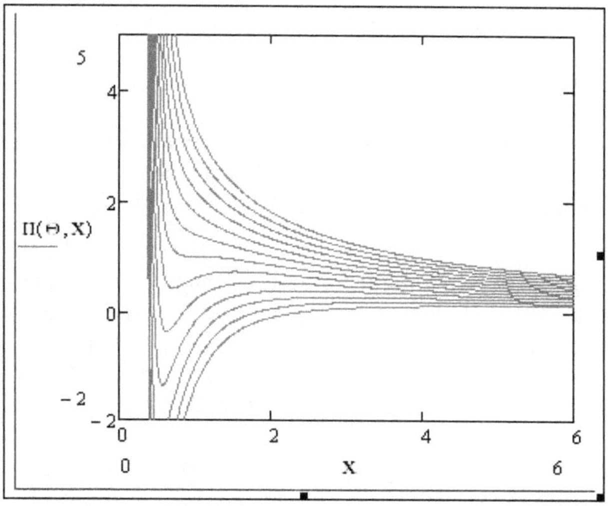


Spuren können auch durch Vektoren belegt werden. Will man in obigem Diagramm die Linie kritischen Volumens bis zum kritischen Punkt mit den Koordinaten 1,1,1 einzeichnen, so erzeugt man den Vektor

$$\Pi_{KP} := \begin{pmatrix} 1 \\ -3 \end{pmatrix} \qquad i := 0..1$$

und gibt nach Zeichnen des Diagramms und Doppelklick auf das Diagramm der 2. Spur die Linienart *„punktiert"* mit dem Symbol *„Kreis"*. Dann entsteht das Diagramm

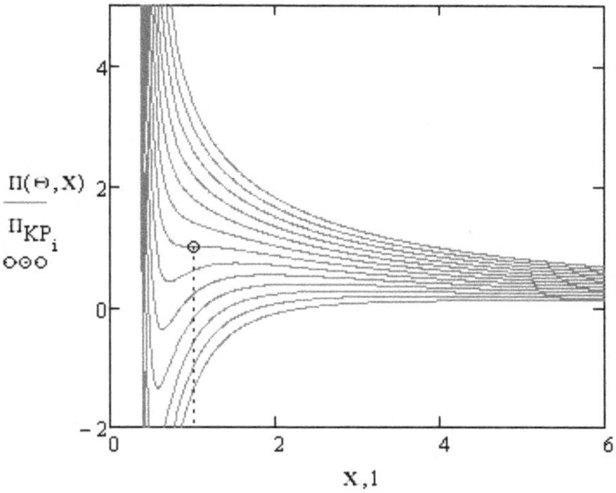


mit Markierung des kritischen Punkts, wobei die Endpunkte der Linie mit Symbolen belegt werden und das untere Symbol außerhalb des Zeichnungsbereichs liegt.

Zur Anfertigung von 3D-Diagrammen und Umrissdiagrammen werden Datenvektoren mit ***n*** Zahlenwerten für die *x-*, *y-* und *z-*Achse erzeugt, die auch in einer Matrix der Ordnung ***n x 3*** zusammengefasst werden können. Klickt man das entsprechende Symbol im Symbolfeld *„Diagramme"* an und fügt im Platzhalter die Datenvektoren in der Form *(vx,vy,vz)* oder die Matrix in der Form *M* ein, so wird die gewünschte Darstellung erzeugt.

## 10.3.6 Symbolische Entwicklungen

Für ingenieurtechnische Berechnungen reicht in der Regel eine numerische Auswertung. Mathcad verfügt jedoch auch über ein erhebliches Potential, symbolische Entwicklungen auszuführen. Schreibt man z.B. die quadratische Gleichung in der Form

$$a \cdot x^2 + b \cdot x + c = 0$$

mit dem Gleichheitszeichen aus dem Symbolfeld *„Boolesch"* an, so steht diese Gleichung zur weiteren analytischen Bearbeitung bereit, wobei keine direkte numerische Bearbeitung erfolgt und folglich eine vorherige Festlegung der Konstanten a und b nicht nötig ist. Klickt man nun in der Gleichung die Variable *x* an, und wählt aus der obersten Symbolleiste die Schaltfläche *„Symbolik"* aus, so öffnet sich ein Fenster. Nach Anklicken der Schaltfläche *„Variable"* öffnet sich ein weiteres Fenster, in dem die Schaltfläche *„Auflösen"* angeklickt wird. Dann erscheint die bekannte Lösung der Nullstellen in der Form

$$\begin{pmatrix} -\dfrac{\dfrac{b}{2} + \dfrac{\sqrt{b^2 - 4 \cdot a \cdot c}}{2}}{a} \\[2ex] -\dfrac{\dfrac{b}{2} - \dfrac{\sqrt{b^2 - 4 \cdot a \cdot c}}{2}}{a} \end{pmatrix}$$

Bereits bei Gleichungen dritten Grades kommt man nicht ohne mathematische Kenntnisse aus. Die direkte Auswertung einer beliebigen Gleichung dritten Grades sprengt das Format des Arbeitblattes. Bringt man die Gleichung jedoch in die reduzierte Form

$$x^3 + 3 \cdot p \cdot x + 2 \cdot q = 0$$

so führt die Sequenz *„Symbolik > Variable > Auflösen"* zu den drei Lösungen

$$\begin{bmatrix} \left(\sqrt{p^3 + q^2} - q\right)^{\frac{1}{3}} - \dfrac{p}{\left(\sqrt{p^3 + q^2} - q\right)^{\frac{1}{3}}} \\[3ex] \dfrac{p}{2 \cdot \left(\sqrt{p^3 + q^2} - q\right)^{\frac{1}{3}}} - \dfrac{\left(\sqrt{p^3 + q^2} - q\right)^{\frac{1}{3}}}{2} + \dfrac{\sqrt{3} \cdot \left[\left(\sqrt{p^3 + q^2} - q\right)^{\frac{1}{3}} + \dfrac{p}{\left(\sqrt{p^3 + q^2} - q\right)^{\frac{1}{3}}}\right] \cdot i}{2} \end{bmatrix}$$

$$\left[\frac{p}{2\cdot\left(\sqrt{p^3+q^2}-q\right)^{\frac{1}{3}}} - \frac{\left(\sqrt{p^3+q^2}-q\right)^{\frac{1}{3}}}{2} - \frac{\sqrt{3}\cdot\left[\left(\sqrt{p^3+q^2}-q\right)^{\frac{1}{3}} + \frac{p}{\left(\sqrt{p^3+q^2}-q\right)^{\frac{1}{3}}}\right]\cdot i}{2}\right]$$

die noch handhabbar sind.

Diese Probleme sind aus der Mathematik bekannt. Möchte man die Nullstellen eines Polynoms beliebigen Grades haben, so geht dies problemlos mit dem Funktionsaufruf „nullstellen(*vz*)", wobei *vz* der Datenvektor der Koeffizienten ist und als Lösung die reellen und komplexen Nullstellen als Datenvektor liefert, so z.B.:

$$3\cdot x^3 + 4\cdot x^2 - 5\cdot x + 2 = 0 \qquad vz := \begin{pmatrix} 3 \\ 4 \\ -5 \\ 2 \end{pmatrix} \qquad \mathrm{nullstellen}(vz) = \begin{pmatrix} -0.451 \\ 1.475 - 1.074i \\ 1.475 + 1.074i \end{pmatrix}$$

wobei die Lösung allerdings numerisch erfolgt.

Die analytische Möglichkeit der Auflösung nach einer Variablen erleichtert allerdings die praktische Arbeit erheblich, wenn umfangreiche Ausdrücke nach einer Variablen aufzulösen sind, siehe Beispiel 2.4.

Differentiation und Integration können immer numerisch und oft symbolisch mit dem symbolischen Gleichheitszeichen → durchgeführt werden. So erhält man z.B. durch

$$\int \frac{1}{a - b\cdot x^2}\,dx \rightarrow \begin{cases} -\dfrac{\mathrm{atan}\left(\dfrac{\sqrt{b}\cdot x}{\sqrt{-a}}\right)}{\sqrt{-a\cdot b}} & \text{if } a < 0 < b \\[2ex] \dfrac{\mathrm{atan}\left(\dfrac{\sqrt{-b}\cdot x}{\sqrt{a}}\right)}{\sqrt{a\cdot b}} & \text{if } b < 0 < a \\[2ex] \dfrac{\mathrm{atan}\left(\dfrac{\sqrt{-b}\cdot x}{\sqrt{a}}\right)}{\sqrt{-a\cdot b}} & \text{if } b < 0 < a \end{cases}$$

die in drei Bereichen für die Konstanten a und b gültigen Lösungen des Integrals.

Weiter besteht die Möglichkeit, mit den Schlüsselwörtern zu arbeiten, die im Symbolfeld „Symbolik" (Öffnen durch Anklicken des Doktorhuts der Schaltflächen in Abb. 10.1) erscheinen:

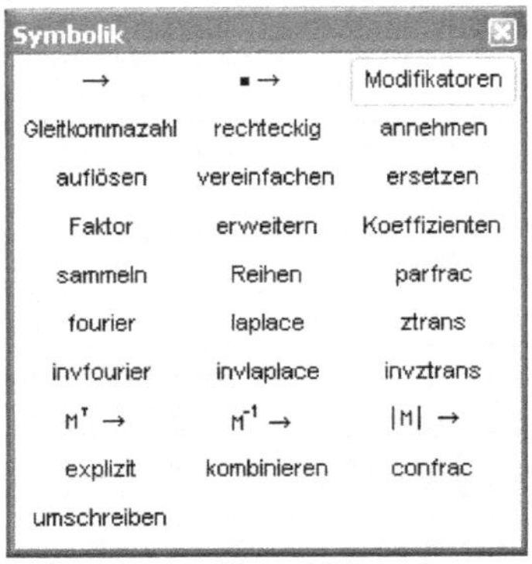


Durch *„auflösen, ▪→"* und Eingabe von *x* in den Platzhalter wird die Sequenz *„Symbolik > Variable > Auflösen"* ersetzt, die bisher verwendet wurde. Von den mannigfaltigen Möglichkeiten, die diese Schaltfläche bietet, sei nur das Beispiel der Entwicklung von

$$(x + a)^3 \text{ erweitern } \rightarrow a^3 + 3\cdot a^2\cdot x + 3\cdot a\cdot x^2 + x^3$$

herausgegriffen.

Im Rahmen des vorliegenden Buches ist nur ein Bruchteil der Möglichkeiten, die in Mathcad angelegt sind, zur Lösung der Probleme nötig. Auf das Potential, das in Mathcad steckt, sei im Hinblick auf andere Problemstellungen ausdrücklich hingewiesen.

### 10.3.7 Bezug zu anderen Arbeitsblättern und Ausblenden von Regionen

Man kann bereits bearbeitete Arbeitsblätter in einem neuen Arbeitsblatt durch *„Einfügen > Verweis"* und durch Auswahl der Datei des einzufügenden Arbeitsblattes aktivieren. Dann stehen alle Funktionen und Ergebnisse im neuen Arbeitsblatt zur Verfügung.

Weiter ist es zur übersichtlichen Gestaltung von Arbeitsblättern zweckmäßig, Bereiche, wie z.B. die Wasserdampfprogramme oder andere Grundlagen auszublenden. Diese ausgeblendeten Bereiche werden weiter berechnet, die dort definierten Funktionen stehen zur Verfügung, wenn sie auf dem Arbeitsblatt aufgerufen werden.

Zum Ausblenden wählt man *„Einfügen > Region"* und erhält zwei Begrenzungslinien:

Diese Begrenzungslinien können durch Anklicken und durch Ziehen mit der Maus verschoben werden.

Hat man den auszublendenden Bereich eingefasst, so klickt man eine der Begrenzungslinien an und wählt nach einem weiteren Klick auf die rechte Maustaste *„Ausblenden“*. Dann verschwindet der eingefasste Bereich und es verbleibt auf dem Arbeitsblatt eine Linie:

Klickt man diese Linie an, betätigt die rechte Maustaste und wählt *„Erweitern“* aus, so wird die Ausblendung rückgängig gemacht.

### 10.3.8 Einfügen von externen Daten

Im vorliegenden Buch werden mit der Software CoolPack Daten generiert, die in einem Mathcad-Programm weiter verarbeitet werden. Erzeugt man zum Beispiel mit dem „Refrigerant Calculator“ von CoolPack eine Datei mit den Sättigungswerten von Ammoniak bei *10 bar* und öffnet diese Datei mit „Editor“, so erhält man

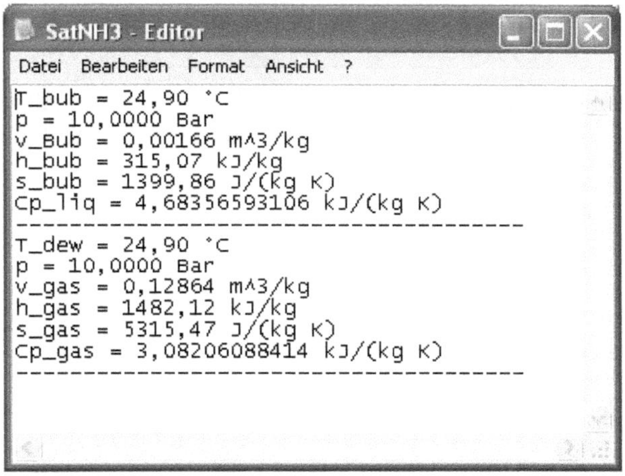


Diese Datei speichert man im txt-Format ab. Sie kann auf dem Mathcad-Arbeitsblatt durch *„Einfügen > Komponenten > Dateiimport-Assistent“* im Dateiformat *„Text mit Trennzeichen“* unter *„Durchsuchen“* ausgewählt werden. Als Option für Trennzeichen klickt man *„Leerzeichen“* an.

Mit den Textoptionen *„Texterkennungszeichen <kein>, Dezimaltrennzeichen <Komma>, Fehlender Wert <Leer>“* ergibt sich

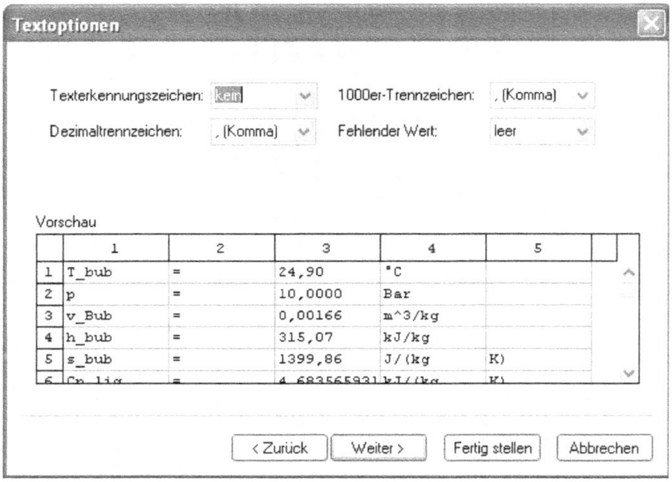


und mit Auswahl des Datenbereichs (*Spalten 3, 4, 5*) im nächsten Schritt erhält man nach Klick auf *„Fertig stellen“* schließlich auf dem Arbeitsblatt die Matrix der Sättigungswerte mit den Einheiten.

| | 0 | 1 | 2 |
|---|---|---|---|
| 0 | 24.9 | "°C" | "" |
| 1 | 10 | "Bar" | "" |
| 2 | $1.66 \cdot 10^{-3}$ | "m^3/kg" | "" |
| 3 | 315.07 | "kJ/kg" | "" |
| 4 | $1.4 \cdot 10^{3}$ | "J/(kg" | "K)" |
| 5 | 4.684 | "kJ/(kg" | "K)" |
| 6 | "" | "" | "" |
| 7 | 24.9 | "°C" | "" |
| 8 | 10 | "Bar" | "" |
| 9 | 0.129 | "m^3/kg" | "" |
| 10 | $1.482 \cdot 10^{3}$ | "kJ/kg" | "" |
| 11 | $5.315 \cdot 10^{3}$ | "J/(kg" | "K)" |
| 12 | 3.082 | "kJ/(kg" | "K)" |
| 13 | "" | "" | "" |

Diese Matrix wird nun auf dem Platzhalter mit einem Namen versehen und kann weiter bearbeitet werden.

Die vorstehenden Ausführungen beziehen sich auf die Version Mathcad® 14. Bei den im Buch behandelten Beispielen wurde eine ältere Version von Mathcad verwendet, wo durch die Sequenz *„Einfügen > Komponenten > Daten lesen-schreiben: Daten aus einer Datei lesen: Öffnen: Fertig stellen“* eine Matrix erstellt wurde, die (mit ORIGIN = 0) in Spalte <2> die Zahlenwerte enthält.

# Lehrbücher der Thermodynamik

*alphabetische Reihenfolge nach Autoren*


Baehr, H.D., Kabelac, S.: „Thermodynamik", 14. Auflage, Berlin, Heidelberg, New York: Springer Verlag 2009

Bosnjakovich, F., Knoche, K.F.: „Technische Thermodynamik" Bd. 1, 8. Auflage, Darmstadt: Steinkopf Verlag 1998

Cerbe, G., Wilhelms, G.: „Technische Thermodynamik", 15. Auflage, München, Wien: Hanser Verlag 2008

Elsner, N., Dittmann, A.: „Grundlagen der Technischen Thermodynamik" Bd. 1, 8. Auflage, Berlin: Akademie Verlag 1993

Hahne, E.: „Technische Thermodynamik", 4. Auflage, München, Wien: Oldenbourg Wissenschaftsverlag 2004

Herweg, H., Kautz, C.H.: „Technische Thermodynamik", München, Boston: Pearson Studium 2007

Kondepudi, D., Prigogine, I.: „Modern Thermodynamics", Chichester, New York: John Wiley & Sons 1998

Lucas, K.: „Thermodynamik", 5. Auflage, Berlin, Heidelberg, New York: Springer Verlag 2006

Lüdecke, C., Lüdecke, D.: „Thermodynamik", Berlin, Heidelberg, New York: Springer Verlag 2000

Moran, M.J., Shapiro, H.N.: „Fundamentals of Engineering Thermodynamics", 3. Auflage, New York: John Wiley & Sons 1996

Stephan, P., Schaber, K., Stephan, K., Mayinger, F.: "Thermodynamik" Bd.1: "Einstoffsysteme", 17. Auflage, Berlin, Heidelberg, New York: Springer Verlag 2007, Bd. 2.: „Mehrstoffsysteme, Chemische Reaktionen", 14. Auflage, Berlin, Heidelberg, New York: Springer Verlag 1999

# Nachweise

Die Qualität von Vorlesungen und auch von Lehrbüchern auf dem Gebiet der technischen Grundlagenfächer hängt ganz wesentlich von den dort abgehandelten Beispielen ab.

Bei einer Reihe von grundlegenden Beispielen (1.1 bis 1.4, 1.10, 2.6, 2.9, 2.11, 3.9, 4.1, 6.3, 6.5), habe ich Themen aufgegriffen, die dem Übungsbetrieb des Lehrstuhls A für Thermodynamik der Technischen Universität München entstammen. Herrn Prof. Dr.-Ing. habil. Johannes Straub danke ich an dieser Stelle nochmals für seine Unterstützung, als ich vor fast drei Jahrzehnten meine Vorlesungen und Übungen aufgebaut habe.

Zwei Beispiele gehen auf Anregungen zurück, die ich von meinen Fachkollegen Prof. Dr.-Ing. Horst Altgeld (4.3) und Prof. Dr.-Ing. Klaus Kimmerle (3.4) an der HTW des Saarlandes erhalten habe.

Die folgenden Beispiele wurden durch das Schrifttum angeregt:

- Beispiele 2.1, 2.4:
  Schütt, E., Nietsch, T., Rogowski, K.: „Prozessmodelle und Bilanzgleichungen in der Verfahrenstechnik und Energietechnik", Düsseldorf: VDI-Verlag 1990, S. 159ff und S. 213ff
- Beispiel 2.2:
  Schmidt, E.: „Thermodynamik", Berlin, Göttingen, Heidelberg: Springer Verlag 1960, S. 328ff
- Beispiel 2.3:
  Grigull, U., Sandner, H.: „Wärmeleitung", Berlin, Heidelberg, New York: Springer Verlag 1979, S. 23f
- Beispiel 4.8:
  Kümmel, W.: „Technische Strömungsmechanik", Wiesbaden: Teubner Verlag 2007, S. 193ff
- Beispiel 8.4:
  Poppe, M., Rögener, H.: Berechnung von Rückkühlwerken, VDI-Wärmeatlas, Berlin, Heidelberg: Springer Verlag 2002, Abschnitt Mj

Für Begriffe, Fakten und historische Daten erwies sich Wikipedia[68] als wertvolle Informationsquelle.

---

68 http://www.wikipedia.de

# Index

www.ingramcontent.com/pod-product-compliance
Lightning Source LLC
Chambersburg PA
CBHW081218220326
41598CB00037B/6822
* 9 7 8 3 4 8 6 5 9 0 8 5 2 *